沥青、重油及其组分表征

Asphaltenes, Heavy Oils, and Petroleomics

【美】 Oliver C. Mullins　Eric Y. Sheu　Ahmed Hammami　Alan G. Marshall　主编

宋智勇　王明波　张　星　译

中国石化出版社
HTTP://WWW.SINOPEC-PRESS.COM

内 容 提 要

对于石油工作者，丰富的稠油资源是避不开的课题和难题，而沥青质更是其关键组分。该问题的复杂程度和难度都不是少数科研人员能够解决的。针对这一现状，本书主要围绕沥青质，展开对石油组学中结构与功能关系的讨论。借用目前已初获成功的基因组学，将其发展历程与石油组学进行对照，讨论了两个领域的相似与差异，为石油研究注入希望，同时指出了建立石油组成与功能的关系将要面临的独特挑战。

本书可供石油生产、炼油或重油加工有关技术人员阅读参考。

图书在版编目（CIP）数据

沥青、重油及其组分表征/（美）奥利弗·C·穆林斯（Oliver C. Mullins）等主编；宋智勇，王明波，张星译．—北京：中国石化出版社，2020．1
书名原文：Asphaltenes，Heavy Oils，and Petroleomics
ISBN 978-7-5114-5625-0

Ⅰ．①沥… Ⅱ．①奥… ②宋… ③王… ④… 张 Ⅲ．①沥青质-研究 Ⅳ．①TE622

中国版本图书馆 CIP 数据核字（2020）第 002415 号

著作权合同登记　图字：01-2018-7805 号

中国石化出版社出版发行
地址：北京市东城区安定门外大街 58 号
邮编：100011　电话：(010)57512500
发行部电话：(010)57512575
http://www.sinopec-press.com
E-mail：press@sinopec.com
北京科信印刷有限公司印刷
全国各地新华书店经销
*
787×1092 毫米 16 开本 26.75 印张 667 千字
2020 年 1 月第 1 版　2020 年 1 月第 1 次印刷
定价：168.00 元

《沥青、重油及其组分表征》
编 委 会

译者序

浏览本书的目录就可以轻易了解书中的主要内容：围绕沥青质，展开对石油组学中结构与功能关系的讨论。石油领域资深专家 Oliver C. Mullins 博士作为主编，出版了这一部既有学术价值又十分有趣的沥青质著作。

首先，由资深专家主编，确保了本书在基础概念和理论上的权威性；同时，在不同的章节上都有年轻科学家的参与，确保了视角和内容的先进性，甚至会有一些概念上的突破。因此，本书适合不同层次的读者，既可以作为建立基本概念的基础入门书，也可以被业内人士作为启发新思路的进阶书。

对于中国的石油工作者和相关科研工作者，丰富的稠油资源利用是避不开的课题和难题，而沥青质更是其关键组分。该问题的复杂程度和难度都不是少数科研人员能够解决的，需要大范围的国际交流甚至合作。本译著的目的正是期望推动我国石油行业在该问题上对国外研究进展的认识，促进国际交流。

当一个问题长期无法取得突破性进展的时候，学术界的活跃程度会大大降低，而缺乏新的理论指导，又进一步放缓了认知的脚步。针对这一现状，本书借用目前已初获成功的基因组学，将其发展历程与石油组学进行对照，讨论了两个领域的相似与差异，为石油组学研究注入希望，同时指出了建立石油组成与功能的关系将要面临的独特挑战。译者也期望该译著能够为我国石油科学的相关研究提供一点星星之火。

由于本书涉及内容广泛，虽经努力翻译校对，但限于译者的语言水平和专业知识，难以做到面面俱到，仍会存在许多不当之处，还请批评指正。

前　言

本书混合了与石油相关的多种不同层次的研究成果。对于一个活跃的技术领域来说，最重要的美德是注入和融合那些专注又专业的年轻科学家，他们要从前辈那里了解科学的迷人之处，并感受揭示未知所带来的无上满足感，从而做出自己的贡献。当然，这些年轻的参与者也要学会挑战前辈的权威。从我自己带学生的经验来看，这好像不是个问题。本书的许多章节都有年轻科学家作为共同作者，为我们的科学领域带来持续的健康活力。确实，我很自豪我的章节是与这些具有巨大潜力的学生和年轻工程师共同完成的。能够引导他们发挥自己巨大的天资是我的荣幸。我们这一代科学家有责任展示未来的图景。在本书中，我们展示了石油组学的过去与未来。过去，医药科学需要汇聚大量的科学发现。但是，革命性的基因组学建立在科学真实性和对底层机理认识的基础上，创造了可预测的医药科学，这在过去只不过是个梦想。类似地，本书的科学先进性在于描述石油组学的基础，对年轻科学家提出了挑战和框架。石油组学体现了结构-功能关系，尤其集中在石油最神秘的组分——沥青质。相关现象正在指引着以石油化学组分为基础的预测科学。本书描述了石油组学发展现状，列出原油的全部组分。正如这里所述，石油和沥青质科学之间的因果关系是在最近才逐渐建立起来的。

本书的目的也包括加强石油科学基础发现与经济领域技术应用的延续性。长远来看，例如流量保障，也在本书中做了严谨的处理。此外，最新的井下流体分析激活了石油科学中更细致的化学研究。石油开发和服务公司处于这些技术发展的前沿。经济问题要求领先的大学和国家机构负责建设准确的科学基础。研究经费太有限，而技术问题太严峻，我们不能在多家机构开发重复的模型，也不能不计后果地开展漫无目的的工作。本书中包含的新模型整合了国际间科研团队的工作，满足科学和技术要求，综合考虑了短期和长期目标。当然，考虑到两败俱伤的科学争斗，知识产权必须得到妥善处理(本书尝试处理一些最为激烈、久拖不决的争斗)。尽管如此，这些新的研究模型提高了人力资源使用效率，考虑了主要的科学和经济影响，投入到工作会使人生经验大为拓展。作为本书的主编，我努力在本书中反映出我的经验，包括因事业发展而访问六大洲，访问全世界的大学，与现场工程师、油藏工程师、大学教授和他们的学生互动，接触了众多多有趣的文化和民族。对于那些有幸参与其中的人来说，科学和技术真的会使人生丰富多彩。

Oliver C. Mullins

目　录

第1章 原油和沥青质的石油化学与结构-功能关系

1.1 简介

纵观全局，石油科技正迅猛发展。人们逐渐认识到，能源的高效开发和利用对经济和环境等社会问题具有重要意义。关于烃类资源的开发、利用极限与人口密集地区经济快速发展的矛盾，需要充足、廉价的燃料运输来满足民众的迫切需求。地缘政治的不稳定性则因强国大规模的油气消耗和油气资源的分散式分布而加剧。在许多情况下油气资源开发已成为国家摆脱贫困的希望。然而，在很大程度上，“容易”开发的油气资源已经枯竭，剩余资源开采对技术的要求则持续提升，造成轻质组分在储层中绕流的重油和沥青构成了剩余油气资源的重要组成部分。深水开发油气资源需要投入巨大成本，因而只能通过油气化工方面知识的进步来提高生产效率。对北海油田等基础设施建设较为成熟地区，对边际储量实施开采，完全取决于对油藏开发的准确预测。储层结构和储层动态的准确表征，关键在于对其流体状况的深入了解，这也是一项极具挑战的任务。

综合上述因素，造就了一个受到科学家和技术人员普遍关注的极有价值的挑战——针对原油和沥青质的研究课题。同时，研究方法的日益革新；新技术、更高的实验灵敏度、更高的结果分辨率、加上理论模型更加完善以及更清晰的结果表达形式都根植于物理研究基础之上，这给科学家提供了有利的工具，用来调查、检测我们所关心的含碳物质。石油科技界一直被促使采用最先进、复杂的新技术和方法，并在其各个领域获取成果。原油的最神秘的部分——沥青质终于揭开面纱；现如今，已对沥青质分子的基本结构有了认识，这对于预测石油科学的发展绝对是必要的。简化沥青质的分布机理可揭示出结构-功能关系学的可能发展方向，这是石油化学的一大支柱。沥青质在分子尺度的认识可以作为同尺度上沥青质相变行为研究的基础，从而将不同尺度的研究垂直整合。为沥青质和原油建立结构-功能联系的石油化学正在发展。新质谱等其他分析技术已具有足够的分辨率，得到对石油相关的正确分析已经指日可待，甚至将得到重质原油全部组分的完整列表。沥青质科学和石油科学首次进入科学世界的主流学科行列，其充分发展使得新现象可以被基础理论框架所接受。涉及沥青质和原油的研究是令人激动的。

Francis Crick[1]说：“如果你想了解功能，那就先研究结构。”为了得到正确的可预测的科学知识，一定要了解研究对象的系统结构。这种必要的步骤变使得结构-功能关系得以建立。之后，由进一步的研究揭示过程机理和事物运行规则。一个完美的科学世界中，需要确定事物的结构和它们所遵循的运行规则。结果可以被质疑，但过程不可以。比如，对一种十分重要的非石油流体认识的演变：自从生命出现在这个星球上，水在生命体的一切方面都扮演着非常重要的角色。众生对水的使用远远超过了对这种物质的理解程度。显然，如果不了解水的分子结构和分子间相互作用，要理解和解释水的特性是不可能的。水分子是对称弯曲的3个原子。水中的氧是杂化 sp^3，有两个孤电子对；如果按照惯常推测的四面体结构，这个 H—O—H 键角接近 109.5°，但由于非共享非键电子所增加的斥力，键角实际为 105.5°。构成水元素的巨大电负反差导致了水分子具有大偶极矩和堆积大介电常数，因此水可以溶解大量的离子化合物。氢键的孤电子对给予水非常高的沸点(与甲烷和乙烷相比)，一个水分子为 18amu。固态冰的定向氢键结构还导致晶格被打开，从而使固体比液体密度低。同时，了解了结构，也不代表可以理解水的所有性质。事实上，最近的研究正在改变对液态水分子中氢键的认识[2]。因为目前对纯液态水的研究仍存在争议，石油化学家们可以包容这种多组分、复杂对象的"悬而未解"状态。像沥青这种富含沥青质的物质可能被很好地描述为复合材料。复合材料，如骨骼、钢铁和木材的性质是由其各组分共同作用决定的[3]。原油无疑符合这种特性。因此，无论是水或其他物质，纯的或是其他的，最重要的是要意识到其外在表现取决于其内在结构。

系统的复杂性通常会对科学预测造成阻碍。当然"必要性是发明之母"这种陈词滥调仍会继续盛行。人类对于材料认识的进步可以用来划分古人的不同发展阶段。石器时代、青铜时代以及铁器时代，都对应着人类对自然界掌控的进步，而且这种进步总是领先于人们对物体结构的详细认识。虽然日本武士刀制造商遵循老套的工艺，创造了世界上最好的刀，但对这一过程的科学解释和冶铁炼钢技术的发展则要晚上很多[3]。橡胶被人们利用没过多久，高分子科学就成为一门学科。超导现象在其被认识之前很久就已经被发现了。许多发展过程是很有趣的，它们混合着一些预测性、概念化的东西，外加如同爱迪生一样不知疲倦的探索。很多情况下物体结构不会被优先发现。历史已经教会我们要拥有警醒、敏锐的头脑，它可以用来认识规律、产生有价值的进步，甚至是发现未知的基础结构。然而，改变现有的知识来实现新的认识往往会引起人们的反感和抵制，也许我们都有一点武士刀制造商的思维。总而言之，要了解规律，必须知道一些简单的结构。

医学领域的努力在现象学上十分引人注目。这领域中的主体对象太重要也太复杂，以至于根本等不及进行科学验证。我们看到，萨满教的巫医为我们带来了一些早期天然药物混合的治疗功效。当然，经历了这些年代，医学已经取得了巨大进步，但也还有很多方法并未改变。研制出天花疫苗的 Edward Jenner 智慧地发现，暴露于牛痘中的牛奶女工没有长痘，这只是医学上无数次发生偶然进步中的一次。然而，在很多方面，药物仍是通过症状的反馈而进行实践的。关于健康的问题，我们集中在临床的等待和观察模式中。诊断医学确实在不断改进，并以不断拓展的方式继续探索着。然而，这种方法存在根本性缺陷，疾病一定要等到发病以后，才会被检测到。人们更希望可以在出现症状之前，就得到更好的预测和治疗。症状的早期检测需要大量重复精密又昂贵的测试；没有预测，诊断研究就无法定向。但是，爱迪生式的重复研究不够灵敏，并且太不经济。预测医学的不足之处不是由于缺乏焦点。任何想要得到资金资助的医学家都深知，要先满足医学研究的庞大动力。作为一个研究沥青质的科学家，笔者很难反驳这一优先权的观点。因为业内对沥青质偶然事件的响应仍不够规范。当然沥青质科学也没有直接影响到石油商业，但也不可小视。Crick 在阐述指导原则时提到过，预测医学的最大障碍就是缺乏对结构的了解。

在人们开始医学几千年后，Watson、Crick、Franklin 和 Wilkins 于 1953 年发现了人类生命基因的结构。在 2003 年的人类生命计划中已经可以读出人类基因组，这只用了 50 年时间。这是人类历史上的转折点，但这个伟大成功也伴随着一些失望。C. elegans 蛔虫(一个新兴研究对象)有大约 19000 个基因。自然地，有不少人猜测，我们人类应该有 100000 个基因或者更多，比蛔虫多得多(那时已经知道人类 DNA 的一些限制，所以毫无疑问，这种估计可能高得多)。然而人类仅有约30000个基因。现在我们使用的是以蛔虫为一个指数或因子来衡量我们的基因，它能清楚地显示我们的优势。简言之，读懂人类生命计划是一个巨大的成功。

现在，人类基因组结构已被揭示，医学上的结构-功能关系终将建立。已发现的有害基因将会导致很多医学成果，主要的公众健康问题正在得到处理。例如，New England Journal of Medicine[4]的一篇文章提到，一种特殊的变异基因与导致心脏衰竭的五个风险因素之一有关。在美国因心脏衰竭而住院的人比因癌症的要多，因此引起公共政策关注。基因组学可用来筛选出特定有害基因导致的心脏衰竭、中风和某些癌症。只需要针对那些有害基因，使用特定灵敏度的诊断分析来搜索相应的症状，即可在保持灵敏度的同时控制诊疗成本。

从长期来看，基因组学有希望改变医学的实施方式。通过对有害基因的了解，一方面我们希望能够认识正常和缺陷基因编码的蛋白质，另一方面我们希望通过生物医学途径编排这些蛋白质。这能指导我们对有害基因的影响进行更为准确的认识，并对有害基因进行有效治疗。未来的医学领域将能读出你的基因组(读者也许需要很久才能享受这一成果)，将会生成一幅柱状图，为你提供每种疾病发生几率。如果某种特定疾病的概率很高，那么将针对该问题开展特定治疗。也可以在早于症状发展之前就开始治疗疾病。在这方面，基因组学将变革医学。基因组学的可靠依据就是认识DNA结构，阅读人类基因组。没有结构基础，这种预测方法就不能进行，我们就会返回到现象学中，继续分析症状。

除了直接促进医学发展，基因组学也对公共政策有很大影响。据悉，美国黑人有充血性心脏衰竭的比例高于白人。在发现引起充血性心脏衰竭的有害基因之前，曾有要求确定各种可能因素之间的因果关系，这些影响因素包括社会经济差异，获得健康医疗的途径和其他无数看似合理的理由。然后，美国黑人体系中充血性心脏衰竭的解决方法将以这些“可能的”候选因素为基础。这些忽视了基因学重要性的解决方法对黑人心脏衰竭比例产生的影响很少，或者没有。认识到基因学的重要性对研究充血性心脏衰竭的起因、研发正确的治疗方法都是至关重要的。美国黑人和白人患有的充血性心脏衰竭的原因在很大程度上都与基因有关[4]。事实上，美国政府提供公共基金来解决这些基因起源和相应治疗措施问题，从总体人口来看，是统一且有效的。人们也许希望解决关于社会资源利用和开发方面的种族不平等问题，然而因果关系不明确将导致无效且高度浪费的“解决方案”、产生种族分裂、降低资源分配效率。

人们总是担心，对复杂系统的应用可能会导致失败：当复杂性太强时，选择冒险少的路径是惯常现象。人们不需要精准的听觉去聆听关于石油的预测性表述，就可能会选择一些大胆的方法。众所周知，一系列因素已经帮助人类获得进步，包括大陆的形状、自然植物和动物的变化[5]。然而，E. O. Wilson使十分复杂的人类行为的多种元素可以从基因组学的角度进行理解[6]。十分棘手的一点是，社会科学家对基因组学的忽视对他们而言十分不利。例如，Wilson详细描述了Westermarck效应，便以创造了人类学而得名。该效应简单来说，是指人类的兄弟姐妹以及父母与子女间的近亲繁殖是十分罕见的。事实上，人类社会的封建制度禁止近亲交配。Westermarck效应不仅发现于人类，在已被研究的灵长类动物中也是如此[6]。这种效应的一种可能原因是，近亲繁殖中双隐形有害基因的大量遗传。该提法称Westermarck效应是由遗传控制。但我们也注意到，Freud恋母情结却与Westermarck效应背道而驰。至少，人类行为的基因上的影响应该被社会学家们所理解。所有科学家都理应了解基础以锁定并破解现象论。

1.2 石油行业的演变

按照目前的实际情况，石油科学与医学有很多相似之处。经济学所关心的原油问题的分析往往植根于现象学。例如，石油工业上游的原油相变问题就存在很多问题。图 1.1 展示了原油形成过程中可能的几种相态，除了其中一种之外，其他的都是烃类化合物。原油的这些相态包括沥青质的固体沉淀、蜡、天然气水合物、有机结构以及可能存在的晶体。有机结构的外观形态准确地反映了油藏工程师的预测。为了相的完整，无机性结垢也被展示在图中。

图 1.1　堵塞输油管线的几种固体物质

石油化学所涉及的固体沉淀或絮凝剂的形成是十分复杂的。考察一种新的固相能否形成沉淀、增长并阻塞管材、管道和生产设施的影响因素，不仅涉及石油化学，而且会因油水气、矿物和金属表面的界面作用而改变、也因为自然腐蚀和侵蚀作用改变。与生物系统一样，它的复杂性是显而易见的，但也不是不能排除的。与医学一样，石油科学不得不研究图 1.1 所示问题的解决方案，在这些问题被正确科学地解释之前，这些方法在很大程度上仍是依据现象的。“原油中是否有蜡?”那就把它放在冰箱里，看看是否有蜡形成。“流动的油是否有沥青质沉淀?”那就降低油的压力，看看是否有沥青质沉淀析出。絮凝作用和沥青质的脱稳作用是形成沉淀的必要不充分条件。在高剪力的情况下，沉淀能否形成是很难确定的(见第 23 章)。于是，基础和现象学的方法已经被用来研究石油化工相关问题。

石油科学要求建立能够解释石油中所有现象的基本原理。利用原油的完整化学描述来推测原油的所有性质是石油组学的最终目标。石油学是原油中所有化学组分加上可能的石油组学的全部内容。相行为(见图 1.1)、界面活性、黏弹性和溶解度是沥青质的重要特征，它的研究已经被包含在总体议程内。必须认识原油组分，特别是其神秘组分沥青质的分子结构，作为研究规律的基础。另外，原油和沥青在不同物理尺度上表现出分级聚集的行为；对于更加精确的特性，石油科学需要建立不同层级的因果关系。在最广泛的意义上说，对结构-功能关系的研究必须能够支撑这种纵向整合。归根结底，石油科学的发展依赖于原油每个组分的完整研究。与基因组类似，对石油尽可能完整的研究是通向结构-功能关系的唯一明确途径。在实践中，原油中每一种组分及整体原油或重要大宗馏分的主体结构测定或许足以决定其元素组成。尽管如此，我们的目标仍然是原油组分的全面识别和所有原油层级的结构-功能关系的确定。

1.3 石油的现象学分析

石油化工问题的现象学分析方法已经很好地服务于石油工业很多年，但是由于近些年石油市场的戏剧性改变，这种方法的效果已经大大降低了。根据美国政府掌握的、负责监督石油生产的矿产管理服务(Minerals Management Service)数据，很多专家认为：直到1990年，深水环境下还未产出任何有经济价值的原油。从那时起，较强大的石油运营公司逐渐离开大陆，继续在更深的水域寻找石油。对河海盆地浊积岩的浊流认识已经帮助我们解释了大量深水发现。现在深水油藏在全球范围内发挥重要作用，包括对应的深水盆地的密西西比河、尼日尔河、刚果河、尼罗河、帕拉伊巴河、马哈坎河。其他高成本的市场如北海和加拿大的东部海域都为石油市场的改变做出了很大贡献。一些统计数据显示，世界上50%未开发的石油都在海上。海洋的变化已经关系到新油藏位置的变动。

除了确保资金流动的问题，现在石油的高效生产严重依赖于对石油的分析，但是一个全新的内容(第22章)为科学和技术发展提供了新的机会。石油行业的技术方法通常在油藏开发阶段中，融入了两大物理学错误。尽管有学识渊博的技术专家，石油工业的运营往往是在被迫的、不情愿的情况下，以最乐观的推断去进行原油生产开采的。过去的默认解决方案是，除非被特别说明，油田通常被认为是均质的大型碳氢化合物储罐。当然，气顶、油柱和偶尔的焦油垫被粗糙地划分。尽管如此，业内默认的过于乐观的情况有以下几个原因：首先，没有经济的方法能够获得较为准确的流体组分的变化分析以及在生产前进行精细的区块划分(一口井可以作为单一流体单元即为一个区块)。第二，流体组分和区块的精细划分对于储量和成本预测而言都是“坏消息”，因为这减少了预测储量又增加了成本。在没有数据采集和相关分析程序的情况下，很难明确成本的复杂性。

对油藏的过于乐观的描述，已经成为了一种常态：在开发流体组分的数量和种类上，预测和实际生产很少一致。在低成本的情况下，由于更多井被开采完或投入生产的预测持续更新，人们可以容忍其中存在较大的误差。这很有可能说明，小石油公司的存在，相应地要考虑原油的土地生产成本结构。顺利地勘探开发石油只需要相对较小的资金量。但需要注意，正如Harvard石油公司老板告诉作者的：“石油商业不是为软弱心肠准备的。”

在像深水油藏那种高成本的资源开发过程中，生产预测是最重要的。整个项目必须投入10亿美元的海底设施。在这种情况下，预测错误就会让运营公司在一个项目上浪费10亿美元。建立在频繁无效乐观基础上的错误预测是不能容忍的，经济上也难以维持。相对的，近来深水开发已经改变了陆地上的状况；正确的技术解决方案正在被投入实施。事实上，这代表了全球烃类流体专家的一个巨大的新机会。

关于地下储层中烃类化合物分布的认识，正在发生戏剧性的转变。事实上这个改变是用于运营单元的。技术人员已经意识到这些问题；然而，在规划生产设备和战略之前，是没有经济有效的方法来获取必要数据的。这种戏剧性的思想变化有2个部分：(1)烃类组分分级和(2)划分。过去，一般的假设认为，地下储层中烃类化合物是均质流体，即假设烃类化合物没有空间上的多样性。讽刺的是，在石油业中储层岩石往往被给予充分关注。人们意识到，在横向和纵向的1厘米或者更小的长度尺度上，岩石矿物性质和物理属性很容易发生变化。岩石的多样性包括岩石矿物性质的改变，例如从页岩到砂岩、胶结、晶体尺寸或者形状、黏土含量变化等。但是流动的油柱被认为是不变的，除非另外被说明。事实证明，烃类化合物在地下储层中是频繁高度分级的。新观点是“储层中的烃类化合物在成分上分级，除非被另外证明[7]”。其影响因素包括重力、温度梯度、多储层补充、当前储层补充、可能与压力有关的密封泄漏、生物降解、水洗和补充中储层蚀变等。除了前两个因素外，都能打破烃柱的平衡状态。

认识储层烃类流体组成复杂性的第二个因素关系到区块。在深水环境中，很难确定区块的真正规模。测定区块规模的传统方法，如钻井测试(必要的生产测试)经常由于经费原因被放弃。钻井测试的费用几乎等同于在深水中打一口新井。因此，一般不能采用这种昂贵的解决方案。近些年来，测定区块规模的基本方法变为检测水力(压力)联通。在一口井中，压力联通的检测包括在液柱的不同点获得单个的压力梯度。压力联通被用于表示流体的联通性。然而，地质时间尺度上的压力联通相对于建立生产时间上的流体流通，只是个必要不充分条件。地质时间和生产时间相差 6 个数量级；对于流量压力联通的必需渗透性有几个数量级的不同。因此，标准工业鉴定方法对区块的鉴定偏差会高达 9 个数量级。对于这种鉴定区块的巨大技术失败，也难怪区块划分被认为是当今石油工业的公敌，至少在深水采油是这样。对于技术专家而言，这样一个应用技术上的庞大脱节也是革新的沃土。

井下流体分析(DFA，Downhole Fluid Analysis)是一种有效利用成本的新技术，用于确定流体的成分变化和区块划分。DFA(第 22 章)可以识别地下采样点的不同流体。因此，DFA 也有助于在实验室获得地下流体变化的代表性样品。没有 DFA，必要的随机样品的获得和分析就太昂贵，无法应用于基础流程。此外，DFA 是通过确定烃柱的流体密度倒数来定义区块划分的[7]。也就是说，DFA 通常检出柱内更高的高密度流体。通常，对该现象最可能的解释就是区块划分。这一解决石油工业最重要问题的新技术方案直接涉及了流体的复杂性，同时在石油的认识上提供了新的重点。流体分析的新应用对于关心这一问题的学术领域是很重要的(例如为本书做出贡献的学术作者们)。

1.4 石油组学

我们再一次思考 Francis Crick 的格言“如果你想了解规律，就先研究结构”。首先，Crick 的目标已经完成，沥青质科学的基础结构问题已经得到很好的发展。沥青质科学家理应将他/她自己的结构信息结果应用在相邻尺度中。以前的沥青质文献相当矛盾。因为基础结构不确定，所以结构—功能关系的研究被严重限制。通常只是将一个特定尺度的测量直接外推到其他尺度，并不考虑那个尺度下其他实验室的直接测量结果。这种方法很讽刺的特征可能就是“如果我没有测量它，它就不存在”。然而，依靠一个实验室独立测量所有已知的沥青质特征就太过复杂。由于简单的低成本测量方法总是产生错误的结果，使得这种困难大大加剧。比如，通过蒸气压渗透测定法得到的不正确的沥青质分子量。正如本书所阐述的，现在关于沥青质和石油科学基本问题的解决方案，需要相当程度的一致性。

1.5 建立石油科学——一个简要的提纲

低分子量组分可以在正常的化学框架内进行处理。例如，如果地下碳氢化合物储层包括 H_2S，那么资源利用的各个方面研究都将包括对这种有害化学组分的处理。然而，原油最神秘的组分沥青质的基本化学描述，却一直是几十年来颇具争议的话题。任何化合物的最基本问题都是它的元素组成，对于沥青质应该很容易被确定且作为普遍的共识。然而，在这种想象中的共识里，沥青质的多分散性阻碍了其元素组成的确定。化合物第二重要的基本性质就是它的分子量，沥青质科学中数十年一直在争执其分子量是一个还是数个数量级。结果是分子量依赖于尺寸。量子力学和银行账户也是如此，因此对沥青质分子大小的重要性也不应感到惊讶。在很大程度上，关于沥青质分子量的争辩减弱了对另一个问题的关注：沥青质到底是单体还是聚合物。确定的是，沥青质是多分散的，因此其分子量分布具有空间多样性。这是很重要的，不仅要认识到沥青质分子量的意义，还有分布宽度等。总之，沥青质分子量的争议是从一个到几个数量级的，所以解决这个问题是第一要务。更具体的，已知沥青质具有界面活性。任何关于原油界面科学的问题都可能有一部分(可能是关键部分)涉及沥青质。如乳化剂稳定性，沉淀和润湿性的问题都涉及界面科学。沥青质相变行为的清晰预测就必须要正确认识分子尺度的沥青质。我们相信此书第2章、第3章所述的强有力的证据表明，沥青质是小分子，从而解决了这一长期争议。

在分子量后，下一个问题是认识沥青质分子结构。这个问题有一些交叠。在一开始就承认沥青质的分散度是很重要的。对于沥青质的化学研究焦点可能主要是小分子量的那一部分。虽然这不太可能，但沥青质纳米级聚集体的形成会占上风，至少在一些界面相互作用情况下，这种情形是合理的。然而，高浓度且高能量的沥青质可能是紧密复合的，因此无法应用简单的界面研究方法。关于分子结构，沥青质分子量并不高。这种偶然情况限制了一些可能的备选结构。由许多大型稠环芳烃系统组成的共价聚合结构与测量到的沥青质分子量并不一致。沥青质中稠环芳香烃系统的平均大小是最受关心的基本问题。综合几条研究线索，肉眼看到的沥青质是深色的，且已经延伸到近红外光谱的范围。小的芳香烃系统，甚至包括一些杂原子，在可见光中，都有非吸收性或有非常低的吸收率(例如苯、萘、蒽、二苯并噻吩、芘、菲等)。能够吸光的最小稠环芳烃，如并五苯，在X射线下是渺位缩合的(第5章)，研究结果表明，沥青质是迫位缩合的(第4章)。因此，通常观察到的现象就证明，沥青质环系统包括一些小环。详细的分子轨道计算(第4章)耦合光学研究足以证明预测。沥青质的直接分子成像研究表明，沥青质环系统包含7个稠环(第8章)。沥青质分子的旋转扩散测量与约4~10个环宽度的平均数一致(第2章)。13C NMR研究也表明，内部碳对外部碳的比例与上述结果是一致的。已知的沥青质分子量加上这些稠环系统的确定可以得出结论：通常沥青质分子如手的形状，手掌代表分子中的单芳族稠环系统(和可能的脂环族取代基)，手指代表烯烃取代基。这个描述与沥青质的定义十分一致。沥青质由溶解度分类定义。极化π键环系统的分子间引力是由烷烃取代基的空间斥力所平衡。另外，沥青质的稠环系统的大小和烷基取代基的数量表现出明显相关性。沥青质中的硫和氮已经可通过X射线光谱法进行测定(第6章)。

沥青质分子可产生低浓度聚集，如在甲苯中溶解浓度达150mg/L时会形成纳米聚合体(第9、10、11章)。合理的物理学解释是，纳米聚集体生长直到烷烃和脂环族取代基产生空间障碍，阻碍聚合体中稠环芳烃分子的进一步接近。在该点处，聚合停止，新的纳米聚合体随浓度的增加而增长。基于相应物理学规律，精心研究聚合体和标准胶束的关系(第7章)。小角中子散射和小角X射线散射清楚地显示，沥青质的一个基本长度尺度，即回转半径为几纳米(第14章)。最重要的是，X射线散射数据表明，这些结果也适用于原油，而不仅仅是单独的沥青质(第15章)。这些紧密连接但也可能有些张开的聚集体，会在更高的尺度上进一步聚集。中子和X射线的散射显示出一系列更高的长度尺度(第14章)。涉及到聚集和聚合体的热力学已通过微量方法被直接测量(第13章)。另外这些研究指出，水在沥青质聚集体中扮演着很重要的角色。水总是存在于天然原油系统中，这提供了研究甲苯中沥青质和原油中沥青质关系的新视角，范德华力相互作用的重要性已经通过实验得到认识，并应用到沥青质絮凝体的形成理论中(第16章)。值得注意的是，这一结果与在分子尺度下的沥青质化学检测原则相符(第2章)。主方程式可以用来处理基本物理方法确定的动态光散射的巨大数据量(第17章)。特别地，凝聚动力学的重要变化表明，在每升几克浓度的沥青质中，絮凝变化的基本性质，显示出这一浓度下纳米聚合体的集群(第17章)。沥青质絮体的近红外研究证实了这种浓度依赖的程度(第18章)。另外，测定沥青质相行为的SAFT模型的应用也与这个描述相一致(第12章)。SAFT模型对沥青质相行为性质的成功预测鼓励了更多方法的引入(第12章)。认识烃类化合物可能相行为的复杂性是至关重要的，在过去却未受关注(第19章)。对这些烃类相行为复杂性的认识是十分重要的，但是在过去一直被低估。沥青相行为的控制能使资源利用效率大大增加(第20章)。重油和沥青研究的更多思想进步可发展出新的、具有成本效益的处理方法。含沥青质原油的油水乳化特性是一个重要的话题，涉及到一系列的界面相互作用和乳化稳定性(第20章和21章)。

流动原油样品的研究首先是得到必要的、合适的、有代表性的样品(第22章和23章)。另外，DFA的最新进展表明，流体分析能有效用于解决原油生产的一些重要问题(第22章)。在真实流动状态下，沥青质从这些流动的原油中析出，但却一直很难在实验室中重建。第23章描述了这种问题的最新解决办法。第23章还叙述了许多影响石油生产的流动保障问题。

1.6 沥青质：YEN模型的更新

沥青质是原油中最神秘的组分，当试图分析原油的化学性质时要特别关注。Teh Fu Yen教授提出重油、沥青和沥青质的结构层次[8]。他用胶束来形容沥青质分子中稠环芳烃体系的小型聚集体。这些胶束能够生长到较小的、有限的尺寸。然后他提出当浓度足够高时，这些沥青质胶束能聚集成聚合体。聚合体被认为存在多种结构。沥青质的这种层级结构被称为Yen模型。

本书介绍的现有相当多的证据表明，沥青质的等级结构确实是正确的。现在已知的甲苯中，使沥青质形成聚合体的初始浓度是相当低的。而且，本书解释了沥青质是单体而不是聚合体，大部分沥青质的单个分子只含有一个结合位点。这些概念被逐渐发展成Yen模型、加入边界条件、扩大模型的应用。特别的，低浓度沥青质溶液的动态变化可由沥青质小分子的外加限制来加以解释。正如这里所叙述的，含沥青质的稀甲苯溶液在150mg/L时形成纳米聚合体。如果沥青质分子有很多连接点，那么单个分子应形成多个纳米聚合体。换句话说，纳米聚合体应该彼此共价连接。另外，相对于纳米聚合体，沥青质更应该形成凝胶。这与观察结果相反。相反的，沥青质纳米聚合体在低浓度下形成。当浓度增加10倍以上时，聚集开始。每个沥青质分子参与单个纳米聚合体。环系统的范德华力作用有利于结合的提高。几个分子形成纳米聚合体后，空间位阻效应阻止了更多分子的进入。由于空间位阻效应，浓度越高的聚合体，其中的连结越弱(因此必须是更高浓度)。通过认识分子结构，以及分子内部的次要相互作用，Yen模型能被延伸到沥青质稀溶液中，并作为理解分子结构-功能关系的基本原则。有单个连结点的小分子带来的附加限制，离散了不同浓度下形成的结构形式。

1.7 石油科学的未来展望

处理静态原油(脱气)的标准方法之一是在 SARA(saturate, aromatics, resins, and asphaltenes)分类中表示它们的成分，饱和烃、芳烃、胶质和沥青质(第 23 章)。这些名称都集中在与柱层溶解度和黏着相关的操作程序上(SARA 仍旧是混合的但是相关操作程序十分多种多样)。原油组分并没有明确的化学术语，只能暂时利用主要的化工分类方法。事实上，正如上面所讨论的，除了必要的化学定义，沥青质分子量都尚未统一。SARA 体系能行之有效地对原油进行大致的描述，方法较为常规。因此 SARA 分类被广泛应用。但是，SARA 体系作为预测工具存在严重缺陷，第一，它仅仅利用了静态原油的 4 个组分；第二，它基于粗略的化学性质，不能分辨重馏分的不同化学基团。

得到沥青质分子的基本结构是石油组学应用的必要不充分条件；后续章节中已经完成了大部分研究。该研究赋予我们认识沥青质科学结构-功能关系的能力。需要注意的是，沥青质界面科学强烈依赖于小质量分数组分。石油组学延伸了这些超结构-功能关系的概念。石油组学期望通过观察给定原油的组分，从组分中预测其特性。因此，所需要的是石油基因组结果。例如，重质组分在或不在，缺少氢，含杂环芳烃可能是沥青质沉积问题的前兆等。为了充分利用石油组学，获得原油所有组分的完整清单是十分必要的。当然也有与检测阈值和质量分数有关的实际问题，并显示有害化学组分的不良性状。另一个实际问题就是破译藏身于良性组分中的有害化学成分。但是，人们很容易将密切相关的化学物质混为一谈，形成化学家族从而减少相关参数的数量。例如，人们可以把分子量在 750~850amu 的化学组分放在一起，可以是指定的含碳芳香烃，再除去硫和杂原子。通过这样的过程，人们发展出 60 个化学种类来表征原油。

石油组学的发展进程就和基因组学一样。人们能够为一系列原油结构建立石油组数据库。人们也将通过相关原油性质分析而获得对其功能的认识。相关性质可以包括相行为、界面性质、多相的稳定性(乳化剂稳定性，发泡重油)、腐蚀倾向、酸度和碱度、甚至可能是杂相的稳定性。然后开发出相关结构-功能的模型。化学直觉被用来定义化学成分，而标准化学计量方法的数学工具则用来生成结构-功能模型。基因分析可以确定可能的健康问题，石油组学也可以相同的方式前进。对一个新的石油样品，人们可以获得其石油组分，预测这个原油可能的“健康”问题。原油的健康包括生产、运输、提炼和产品的最后销售等各个方面。石油组学允许整个过程的分子映射。例如，需要预测原油生产和运输过程中的有机沉淀的可能性。石油组学继续像基因学那样前进；和健康问题的定位一样，需要高端实验室提供感兴趣样品的精确信息。除了意外问题的不确定因素，石油组学可以为每个工程提供更精确的经济评价基础。如果开发效率可以准确地监控，可以精确地确定原油价格，那么边际储量的生产就有很大可持续性。

更重要的问题出现了：“我们在哪得到石油组学数据？”如果我们需要成千上万个组分的每一个分子结构，那就要等待这项科技的进步。但是提取石油组学中大量的过程数据对于这种最终解决办法是没有必要的。Alan Marshall 教授及其团队研发的傅里叶变换-离子回旋共振质谱 FT-ICR-MS 已经将分辨率和质量准确度的分析推向了新高度。利用 FT-ICR-MS 分析方法加上均匀磁场可达到超过一百万分之一的分辨能力。个别核素的质量缺陷是在 1~10 毫道尔顿。因此，原油质谱每个峰的特定元素列表是可以获得的，因为最重的原油组分是

1 千道尔顿。

通过一系列技术，原油和其组分的化学结构信息已经可以获得。这些结构信息可用质谱信息来联合获得有效的石油组学。如果石油组学对于表示特定的化学成分是很重要的，那可以设计新的分离程序，这些成分也将受到精细的研究。此外，原油由如此众多的组分构成，特定化合物的特质往往被平均。例如，对于给定的原油，其中最大的稠环系统的数量显示出符合 Urbach 尾部描述，它是系统不同光吸收剂之间的热统计关系。将这一固态物理发现应用于所有原油和沥青质中，显示出综合系统是极为简单的，相当于几个发色团的小集合。当然，石油组学的发展仍然存在一定的技术障碍。获取合适的正常质谱贯穿的质量范围仍是一个挑战。然而，对于质谱，饱和烃最实用的部分是可以利用高温处理的气相色谱（HTGC）和 2D-GC。石油组学数据很可能是依托 FT-ICR-MS 与先进的 GC 方法的结合。

石油组学代表了石油科学的未来，很多组件已经就位。基于石油组学的显示预测科学将在未来硕果累累。石油科学中结构-功能关系的建立正得到很好地发展和进步。关于这些关系具体特征的争论还会继续，但希望不只是关于过程。在石油科学中，技术成功正推动商业成功，社会需要更多的、广泛的探索。在这种情况下，石油科学定会成功到达这一高度，这一挑战本身就是一份馈赠。

参 考 文 献

[1] Crick, F. (1988). What Mad Pursuit, a Personal View of Scientific Discovery, Basic Books, New York.

[2] Wernet, Ph., D. Nordlund, U. Bergmann, M. Cavalleri, M. Odelius, H. Ogawasara, L. A. Naslund, T. K. Hirsch, L. Ojarnae, P. Glatzel, L. G. M. Pettersson, A. Nilsson (2004). The structure of the first coordination sphere in liquid water, Science 304, 995.

[3] Sass, S. L. (1998). The Substance of Civilization, Arcade Publishing, New York.

[4] Small, K. M., L. E. Wagoner, A. M. Levin, S. L. R. Kardia, S. B. Liggett (2002). N. Engl. J. Med., 347, 1135.

[5] Diamond, J. (1997). Guns, Germs and Steel, W. W. Norton & Co., New York.

[6] Wilson, E. O. (1998). Consilience, The Unity of Knowledge, Vintage Books, New York.

[7] Mullins, O. C., G. Fujisawa, M. N. Hashem, H. Elshahawi (2005). Determination of coarse and ultra-fine scale compartmentalization by downhole fluid analysis coupled with other logs, Intl. Petrol. Tech. Conf. Paper, 10036.

[8] Yen, T. F. (1990). ACS Div. Pet. Chem. Preprint, 35, 314.

（Oliver C. Mullins）

第 2 章　时间分辨荧光消偏法测定沥青质分子尺寸和分子量

2.1　引言

2.1.1　综述

化合物最重要的属性是其元素组成。幸运的是沥青质的元素成分均已确定。化合物的第二重要属性是其分子结构和分子量，分子量是分子结构信息的先决条件。尽管沥青质的组成结构是有共识的，如稠环芳烃的数量、脂肪链的长度，和通用的功能结构，沥青质的分子量却一直是个较大且长期的争议话题。在大多数情况下，文献报道的沥青质分子量会相差 10 倍，有些甚至有几个数量级的差异。了解化学基团如何连接是十分重要的。不同沥青质的多变加剧了这种不确定性，从而无法对不同实验室的不同沥青质实验结果进行简单的比较。该争议已阻碍了沥青质科学的发展，如果结构未知，那结构-功能关系的认识就无从谈起。因此，现象学的方法在沥青质科学中已经是寻常的了。

可采用时间分辨荧光消偏法(TRFD，time-resolved fluorescence depolarization)来测量众多不同沥青质的分子旋转相关时间。TRFD 方法允许调查沥青质中产生严格预测的不同发色团类型，来测定分子量和分子结构。研究未加工原油中庚烷沥青质时发现，其分子量分布为：平均分子量 750 g/mol，FWHM 为 500 g/mol 和 1000g/mol，在较高分子量尾部迅速递减。在未加工原油沥青质之间分子量基本没有变化。煤炭沥青质的分子量则明显较小，平均为 500g/mol(或者更小)。其他沥青质样品的变化也将被测定。此外，含少量脂肪链的 4~10 个单稠环芳烃系统的单个沥青质的分子结构，与 TRFD 结果相一致。这些结果被用于研究沥青质的结构-功能关系，讨论了沥青质纳米聚合体的意义。最后，我们注意到沥青质是多分散的，其他的分子结构可能存在，但只占很小的质量分数。

2.1.2　沥青质中官能团的化学键

分子量是化合物的最重要属性之一。虽然它出现时仅作为结构的副产品，但对于包含小型聚合单元的分子，分子量则成为独立于结构的一个关键参数，如聚合物和蛋白质。分子量对化合物的物理性质有显著影响，如溶解度，密度，相行为，流变学和分子内作用力。在其他的重要领域也是如此，如尺寸数量。例如，在量子力学中，控制粒子行为的非经典方程中大小是明确的。化学中，分子尺寸和性质联系密切。从根本上单体不同于相应的聚合系统。化学研究者从来不会认为乙烯和聚乙烯是相同的物质。苯乙烯和聚苯乙烯从流变和相行为角度来说是完全不同的，永远不会被认为是等价的。对于由溶解度等级定义的沥青系统，分子量是至关重要的属性。然而，沥青质的分子量常被过分重视，只要或多或少地了解组分，溶液中这些基本单元是共价连接或者简单聚合则是次要的。当确定在实验室中测定沥青质分子量是受到限制时，这种观点则进一步加强。工作者则倾向于利用存在基本缺陷的技术做出不现实的乐观估计，而非意识到认知上受到的限制。对基本分子性质的有害和不必要的处理，已阻碍了沥青质科学的发展，特别是将研究限制在现象学水平而不是对因果关系的研究。如果基因领域的主流认为 DNA 碱基是共价结合或简单连接在本质上是等效的，那么该领域如今的重大进展将是无法想象的。沥青质科学领域应得到适当的对待并尊重第一原则。于是，这将对解决沥青质分子量争论至关重要。

2.1.3 研究沥青质尺寸的技术

然而，沥青质分子量的核心焦点问题有助于维持对该问题的争议。没有沥青质标准样品来校准全世界不同实验室的结果。另外，不同沥青质的不均匀等级是不确定的，从而不同实验室的结果不具有普遍性。因此，各种实验利用不同技术对不同沥青质的样本测定的结构缺乏对比标准。实际上，这种情况似乎要求每个实验室都确定其所研究沥青质样本的关键属性。因此，一些不同的实验室测量沥青质分子量的常规样本性质，然后再进行不同于其他实验室的特定研究。沥青质分子量的测定问题不是一个简单的任务。文献中报道了利用明显不合适的技术测定沥青质分子量。测定不正确的参数比没有参数更糟；这个思想已经逐渐渗透到沥青质科学。

如气相渗透压法(vapor pressure osmometry，VPO)等的依数技术已广泛应用于沥青质“分子”量的测定。VPO 技术最基本的不同是，其所需的沥青质浓度(约 1%)远远超过沥青质纳米聚合体的最低浓度(CNAC)。如，在甲苯中纳米聚合体的浓度为 100mg/L(第 9~11 章)。同时，必要的 VPO 浓度超过纳米聚合体的聚集浓度(第 17、18 章)。VPO 已被用来报道沥青质分子量，但事实上报道了沥青质总质量。总质量与分子量和总数量有关。一些 VPO 研究报道了溶解度、温度和浓度对分子量的影响。在这里兴趣点为聚集趋势而不只是分子量。当然，沥青质分子量不是这些参数中任何一个的函数，这仅仅证明了 VPO 不适合测定沥青质分子量。同时，将 VPO 结果推广至低浓度也是有问题的。溶液中的沥青质表现为不同浓度、不同尺度的聚合。VPO 实验的浓度范围可推断低于纳米聚合体的聚集浓度，但不低于纳米聚合体的形成浓度。如 VPO 等利用 0 浓度外推表现出快速改变分子量值的技术均不能被认可。

类似地，凝胶渗透色谱(gel permeation chromatography，GPC)已被应用以表征沥青质分子量，但该技术在测量分子量的应用中有许多重要问题。令人惊讶的是，一些研究沥青质的 GPC 结果利用了不能完全溶解沥青质的溶剂，如 *N*-甲基吡咯烷酮(*N*-methyl pyrrolidone，NMP)。显然，这些报道存在基本缺陷。GPC 需要使用标准品，一般为聚苯乙烯。但在某些色谱装置中有理由认为聚苯乙烯和沥青质的表现不同。另外，GPC 研究经常利用非特征浓度，其可能超过沥青质聚集浓度。此外，一些 GPC 柱体材料与甲苯不相容。

质谱法(mass spectroscopy，MS)也许是测定沥青质分子量最显著的备选方法。Mietec Boduszynski 利用了磁化离子质谱法(fieldionization mass spectroscopy，FIMS)对庚烷沥青质进行测试，结果表明其平均分子量约为 850g/mol[1]。这些结果与传统认知不一致，因此在 2 个问题上被质疑，获得大质量组分的气相以及可能的断裂能力。因此，激光解吸质谱(laser desorption mass spectroscopy，LDMS)和基质辅助激光解吸电离(matrix-assisted laser desorption ionization，MALDI)被用于研究沥青质。这些技术的基本问题都是复杂的。文章中相似地报道了沥青质分子量高于 10 倍的差异。一些研究[2,3]得到了与 Boduszynski 相近的结果，其他一些高得多。研究发现，激光能量和沥青质浓度对利用激光解吸离子的质谱有显著影响(包括 LDMS 和 MALDI)。在低激光能量和低沥青质浓度的情况下得到的沥青质分子量约 850 amu。增加激光能量或增大沥青质浓度均可人为地增大分子量[3]。很有可能激光解吸研究报道的高分子量受到人为因素的影响。

其他的离子化技术也已被用于测定沥青质分子量。幸运的是这些技术与原来的 FIMS 和 TRFD 结果一致。近来，电喷雾离子化、离子光谱共振质谱法(electrospray ionization, ioncyclotron-resonance mass spectroscopy, ESI-FT-ICR)被应用于研究沥青质[4]和委内瑞拉重质原油[5]，得到了与 Boduszynski 相符的结果。重要的是要注意到 ESI 测定时沥青质未蒸发(John Fenn 凭借此项技术在 2002 年获得诺贝尔奖)。蒸发使得溶剂离开溶液，从而将溶质留在真空中。库仑力阻止蒸发溶剂液滴中的离子聚集[6]。此外，离子化的方法是温和的并不发生断裂。ESI 能够研究精细的和重型的系统。沥青质尚未将这项技术推向极限。ESI 仅适用于至少包含一种杂原子的分子。

问题出现了，为什么 ESI 研究含有杂原子的沥青质分子的分子量与不含杂原子的沥青质分子的分子量不会有很大差异，而一般认为极性和分子量之间存在负相关[7]。硫通常是沥青质中含量最大的杂原子。沥青质中的硫组分主要为噻吩和硫化物[8-11]。这些硫极性不是很强，因此对分子间作用力影响很小。一个少见的含硫氧化物的沥青质，极性较强(约 4Debye)。正如在这章中之后看到的，该类化学物会影响特定沥青质的平均分子量。因此，ESI 测定众多的沥青质分子量，很大程度上源自与 FIMS 相同的分子量。

大气压化学电离(atmospheric pressure chemical ionization, APCI)已被广泛应用于沥青质科学上，再次得到了相似结果[12,13]。APCI 已完成了不同溶解度等级的沥青质并得到了预期的结果，不溶性组分含有较高的分子量[13]。研究表明沥青质基团大部分位于 1000Da 以下，但确定最大可达 1300Da。然而，高质量分数是否包含一些非共价二聚体是个问题。本质上，除了部分 LDMS 和 MALDI 的所有质谱研究都一致表明质量在约 700g/mol。激光离子化技术与传统领域的离子化测量方法存在一些冲突。然而，沥青质的质谱研究还没有被普遍接受，最新有一些离子化方法的应用。因此利用其他实验方法研究沥青质分子量是十分重要的。

2.1.4 时间分辨荧光去极化(Time-Resolved Fluorescence Depolarization, TRFD)

在本实验室，已采用光学技术研究沥青质分子量，特别是时间分辨荧光去极化(TRFD)。利用这项技术，所选波长的偏振激光能激发沥青质溶液发色团的一个子集。该激发过程产生了净极化向量的分子集合。旋转扩散导致分子极化方向的调整。这会导致整体极化的幅度对时间的净减少，减少比例直接取决于旋转扩散比例。接下来，在激发后的一段时间检测某特定波长的偏振荧光发射。检测偏振荧光发射能够记录分子整体的偏振对时间的函数。激发和发射波长的选择取决于发色团的子集。通过利用激发和发射之间相近的较小波长差异，由此观察可 HOMO-LUMO 过渡，从而避免由于电子合成物激发态的非辐射过程产生的去极化影响(HOMO-LUMO 间隙是指分子最高能量轨道和最低能量轨道间的能量间隔)。不同于 NMR 核偏振技术，单个发色团的激发电子态的偏振矢量遵循确定的分子旋转(对于简并激发态)。由于 HOMO-LUMO 过渡解吸和发射偶极子是共线的，经荧光松弛发射到电子基态的光子偏振与正旋转分子中被解吸光子的偏振相同。这个技术依赖于过渡偶极矩时刻由分子坐标唯一确定这一假设。对于随机旋转游走的分子集合，分子旋转的净效应为损失偏振。足够长的时间内，所有偏振都会消失。

如图 2.1 展示了该观点的示意图。第一步，分子吸收线性偏振的光子，如实验框架中的 Z 方向。该图描述了过渡的偶极矩垂直于分子中光吸收基团的发色团的稠环系统。该分子随机旋转游走或者等价地旋转扩散。分子不断地发生旋转扩散，但在光吸收之前这一过程无法监测。激发态的旋转扩散会导致作为矢量取向的偏振向量的连续重新定向被固定在分子系统内。在某些时候，被激发的分子发射荧光光子从而解激发使分子从激发态变回基态。被发射光子的偏振与分子的新角坐标有关，新的角坐标从光吸收时刻的初始角坐标开始旋转。图 2.1 中表示了从初始方向偏振矢量的 90 °旋转。利用光吸收，吸收偏振光分子的过渡偶极矩方向的统计平均值与零时刻光电场对齐。净偏振矢量会随时间消失，很长时间后，整体中的单个偶极矩在各个方向上都是相同的。因此，系统的发射变为非偏振。水力学体积更小的分子表现出更快地旋转扩散。第二部分将会讨论分子尺寸和相关时间 τ_r 的确定关系。

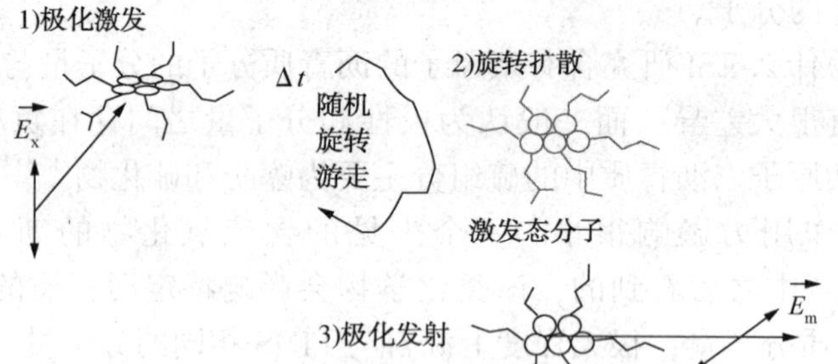

图 2.1　时间分辨荧光消偏法(TRFD)的过程示意图。
偏振光子 E_{ex} 吸收偏振为荧光团激发电子态。发色团旋转随机游走；
电子过渡偶极矩时刻固定在分子框架内。发射荧光团光子反映了旋转分子的偏振。
对于分子整体，旋转随机游走导致净偏振的指数衰减

2.1.5　沥青质研究相关的光学范围

对于沥青质分子的 TRFD 应用，第一要务就是确定与兴趣点相关的可见光谱范围。在可见光甚至是近红外线时沥青质高度吸光，同时，具有 4 个稠环或者更少的标准多环芳烃大多是无色的。沥青质中主导地位的周环[14]，相比于线性杂环系统更倾向于蓝移吸附。更准确地说，沥青质环系统由进行蓝移光学过渡(如第 4 章)的六重碳为主(如第 5 章)。由此可见，沥青质拥有一些大的发色团和相应的小 HOMO-LUMO 间隙。吸光实验受到在长波端的限制。如果超过沥青质的某一长波长仍没有光学解吸，那么这个波长对于 TRFD 的沥青质应用就没有意义。沥青质电子吸收边缘(长波长侧)被表征为费米边缘的“Urbach 尾巴”，与固体物理学的结果相似。图 2.2 表示了一些原油的电子吸收光谱，从很重油至轻质油。Urbach 尾巴是指减少光子能量的光学解吸的指数衰减。与多种表现出热激发材料的电子解吸边缘类似，因此，电子吸收边缘在长波一侧呈 kT 的指数衰减。所有原油[15,16]和沥青质[15,17]均具有相似的电子边缘斜率为 $10kT$。

对于原油和沥青质的长波光谱已有很好的认知。这些含碳材料的电子边缘不是由单个发色团的热激发所决定的：由于热苯的存在，原油并非黑色。相反，原油和沥青质的颜色由来自小发色团的大发色团的热产物决定(干酪根退化过程中)。因此，Urbach 的尺度没有受到 kT 限制。较大发色团吸收较长的波长，符合量子力学的 particle-in-a-box 形式。正如增加吉他弦节点间距离会产生较低音符，较大芳香族盒的电子 π 系统增加的离域区增加了电子

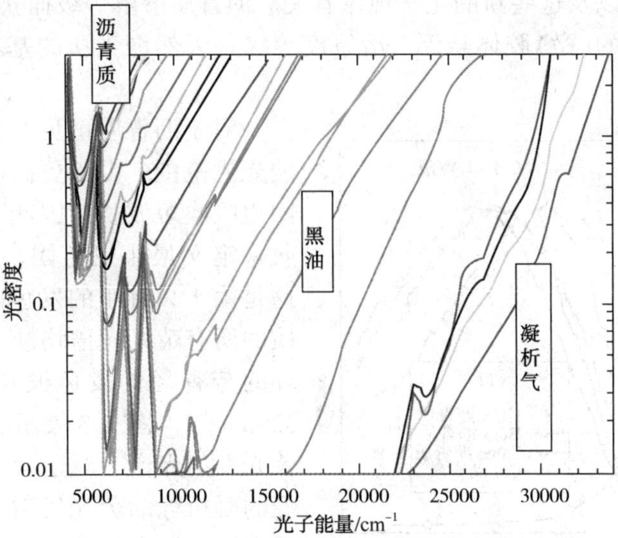

图 2.2　包含非常重质油的原油的电子吸收边缘。
对于每一个样品，吸收的长波长边缘对应 Urbach 尾巴指数减少
（对于光能量）。这种减少反映了分子随低能量过渡的指数减少，也就是大稠环系统

波函数的波长，从而降低了过渡频率。因此，大的芳香族环系统的数量分布决定了在长波范围的可见光吸收参数。大的沥青质发色团由小的发色团经化学反应生成。因此，沥青质中大发色团的数量呈指数形式减少。人们可以将烘烤白面包时颜色逐渐加深作为一个类似的现象。毕竟，干酪根的退化作用被通俗地认为发生在厨房中。烘烤白面包涉及一系列的颜色变化——黄、黄褐色、褐色，如果时间太长最终变为黑色。在较长波长吸收中，所有这些颜色表现为指数衰减（与大发色团的指数衰减一致）。产生的发色团的大小确定颜色（观察到的原油中的绿色是由于部分原油的荧光作用，不是简单的光学吸收）。

对于沥青质来说，其在颜色方面是受限的，所有石油沥青质显示的电子吸收边界为650nm[15,17]。因此，TRFD 不需要用到比 650nm 更长的波长来研究沥青质基团。分子和发色团的这种限制与沥青质的溶解度特性有关。因此溶解度是定义沥青质的必要性质，不能任意地获得大型的环系统。如果稠环芳香烃系统太大，由于大的分子间作用力溶解度会被减少。事实上，范德华力与稠环的数量有关，连接区域越大，连结的能量越大。由于结合能发生在玻尔兹曼因子的指数参数中，因此，任何大小的稠环体系都被简单地排除在任何溶解度级别之外。记录显示，单个较大的稠环系统比具有相等环数的两个较小的稠环系统连接更“紧密”，其中较小的环系统受限于烷烃链。对于单个大稠环系统，结合到表面的单个熵减少。对于 2 个环的系统，每个环与表面的连结处熵大量减少。这些附加的熵缩减降低了连结强度。

这个观点解释了“脱色碳”的物理吸附，与本科有机化学实验所收录的类似。在小产品进行有机合成后，得到的产品溶液经常被假设呈棕色，即使反应物或产物均未着色。这种棕色可能是伴随一些聚合反应的芳香化结果。诺贝尔高分子化学奖得主 P. J. Flory 曾说，“反应容器底部的褐色东西是什么”使他很感兴趣。在任何情况下，为了去除这种颜色物质，加入溶液过滤脱色碳。这种不溶性物质提供了具有高度芳族碳含量的充足表面。包含很多稠环芳烃的有色反应副产物将粘附于脱色碳的芳香表面，从而从溶液中沉淀出来。沥青质溶解性

因素被认为与脱色碳以及这些新的化学规律有关。沥青质溶解等级捕获最大的环系统，仍然能保持地质时期原油的(微)胶体悬浮。溶解度等级是天然沥青质的基本属性，需要从化学结构的角度来理解。

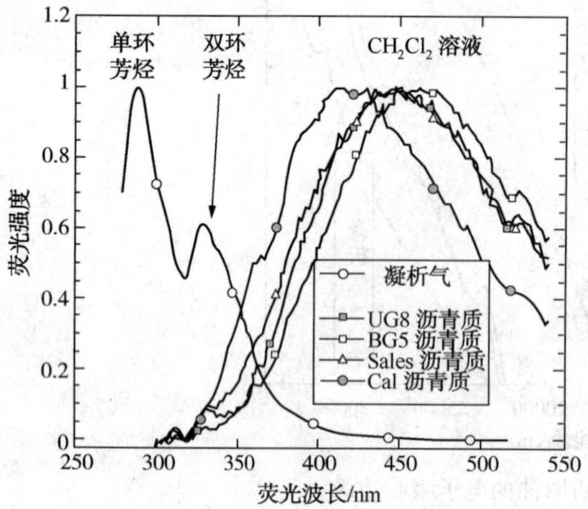

图 2.3　265nm 激发的石油沥青质和凝析气的荧光发射光谱。沥青质光谱中缺少小芳香烃的发射波长，这在凝析气中显而易见。沥青质中没有大量存在这些小环系统

对于沥青质可见荧光的研究，需建立短波光谱范围。由于更高电子态的激发大发色团也吸收短波长，因此不能期待用可见光吸收来定义最小发色团。但可利用荧光发射，这是由于只有小的发色团发射短波光。沥青质的所有荧光光谱均缺乏只含有一个和两个环的芳香烃的发色波长，分别在 290nm 和 320nm[15]。图 2.3 展示了几种类型沥青质的荧光发射光谱，对于含有一个和两个环芳香烃的凝析气的荧光发射是显而易见的。沥青质也缺少 3 个环芳香烃的荧光辐射，但这比含有一个和两个环的芳香烃有更多辐射。这在测量沥青质荧光光谱的实验中已被广泛认识和重复。我们实验室已证明了小稠环系统缺少这种辐射的原因。在沥青质中不存在单环或双环系统，或者即便存在但主要进行无辐射跃迁，如大环系统的荧光共振能量转移(fluorescence resonant energy transfer，FRET)。如果之前的解释是正确的，那么沥青质的 UV 荧光的寿命应匹配软沥青质。如果之后的解释是正确的，小发色团有新的衰减途径(非辐射跃迁)从而减少它们的荧光寿命。我们已经确定，伴随高浓度原油和沥青质的寿命减少[15,18]，存在碰撞传递能量。实际上我们发现，沥青质稀溶液和软沥青质的 UV 发射是有可比性的，因此可认为，沥青质缺少 UV 荧光发射是因为大部分组分缺乏单环、双环和三个环的稠环芳烃[19]。无论哪种方式，沥青质的相关光谱范围被建立在高能量 370nm 和低能量 650nm 之间。

2.1.6　基于 TRFD 的结构预测

本章介绍的 TRFD 是我们用于获得沥青质分子量的方法[20-25]。TRFD 被用来测定极稀溶液中沥青质荧光团的相关旋转时间。这项技术也可测定沥青质分子的大小。用标准理论方法分析测量的 τ_r's(相关旋转时间)来获得分子尺寸。此外，已知尺寸和结构的荧光团可直接对比由 τ_r's 得到的沥青质分子大小。这些已知的荧光团具有可比的烷基-芳烃碳比，以及与沥青质有可比性的稠环芳烃系统。公认沥青质获得的 τ_r's 是小的，相当于 750g/mol 的标准芳香族染料。在尺寸上最小的沥青质分子与烷基卟啉具有可比性，约为 500g/mol。这些结果与没有使用激光解吸的所有质谱结果一致，一些质谱结果使用激光解吸。各种原材料的沥青质和多种沥青质亚组分的溶解度被用于研究。相关样品也被测定。这些样本集被用来测试沥青质结构的普遍性和不变性。此外，这些样品集也被用来设计预测 TRFD 测定结果。

在相关光谱范围内，沥青质表现出作为波长函数的 τ_r's 的数量级呈单调变化，蓝光发色团的旋转扩散比红色发色团快了 10 倍。这种大的差异是对沥青质分子大小的独立和附加核对。其意义是，小的发色团不能连接到大的发色团上；如果是这样，无论相应的数量级是

多少，两种发色团都将表现出巨大的相关性。小发色团对大发色团的交联度会影响它们的旋转相关时间。对于沥青质，短的相关时间和相关时间变化的十分之一，都表明每个分子内存在单个的稠环系统。如果人们构建了这样的一个沥青质分子，有7个稠环系统，含40%芳香族碳，60%饱和碳，有一或两个杂原子，那就可以得到它的分子量约为750g/mol。可以这么认为，溶解度决定结构；如果一种分子中每分子有几个稠环系统，它将不溶于甲苯，类似的在地质时间内原油是不稳定的。现在还处于测试这些概念的阶段。取代由沥青质的结构未知而造成的神秘性质，我们已经有了根据认知结构预测功能的方法，特别是沥青质溶解度。

本章的结果得出结论：关于溶解度，就众所周知的化学原理而言，沥青质特性其实很容易理解。TRFD独一无二地给出了这些简单而有力的概念。这些潜在的原理为特定含碳材料TRFD的结果提供清晰预测，也为其他实验方法的结果提供预测。所有的预测都可以被证实，其中很多会在本书的其他章节出现。

所示的所有沥青质都有确定的关键性质。一些重要的差异被指出，特别是煤和石油沥青之间的差异，为本章中想法的推进提供了严格的测试平台。高温加氢处理的样本表现出与预期煤和石油结果一样的行为，为本文的解释提供了依据。沥青质的特殊杂原子化学也为以下提出的简单论点提供了极好的验证。TRFD结果显示了连续分级的树脂、软沥青以及沥青质溶解度的亚级组分。如从沥青质分子量和分子结构的简单框架中得到的连续性。

沥青质的溶解度行为表现出简单的新鲜化学思想，平衡π键重叠的空间位阻效应和范德华力。这些简单的思想是构建结构-功能关系的基础，是构成石油组学概念的基础。这篇文章中讨论了纳米聚合体的生长基础，特别是沥青质产生的新的超声波。然而，多分散系统的界面形式本质上更复杂，这是由于一些小质量分数组分控制特定的表面性质。无论如何，认识分子结构和纳米聚合体形式都有助于了解沥青质表面化学。

2.2 理论

为了研究溶液中荧光团发射荧光的各向异性衰变的描述方程，应用了很多不同的方法[26-32]。基于Einstein[33,34]和Debye[35]对于布朗运动旋转扩散研究的延伸，该理论最终得以完整呈现，因其涉及到旋转扩散引起的荧光去极化[26]。

下面我们想列出2种不同的方法。第一个是根据参考文献[28]的球模型分子的研究方法。这种方法被广泛用于实验数据分析[36-42]；第二个是基于非对称旋转器算子代数的荧光团各向异性衰减的完整描述[32]。

2.2.1 球模型

下面将假设在黏性介质受到黏性边界影响的条件下，一个球形分子旋转。

用下面的定义[43]：

$$D(t)=I_{\parallel}(t)-I_{\perp}(t) \tag{2.1}$$

$$S(t)=I_{\parallel}(t)+I_{\perp}(t) \tag{2.2}$$

$$r(t)=\frac{D(t)}{S(t)} \tag{2.3}$$

式中，$I_{\parallel}(t)$和$I_{\perp}(t)$分别表示检测光与直线偏振平行、垂直的强度；$r(t)$表示荧光团的各向异性；$S(t)$表示如果两个方向垂直于偏振激发态是可变的，其值等于总的荧光团强度之和，通常发生在各向同性的荧光团中。实验中，$r(t)$来自于时间分辨荧光实验，如实验部分所描述的，分别独立测定$I_{\parallel}(t)$和$I_{\perp}(t)$。假设旋转扩散是各项同性的，$r(t)$是一个单一指数，它的两个参数r_0和τ_r也可以通过 Perrin 方程的温度T或黏度η变化在稳定态荧光实验中确定。显然，依赖时间的方法更直接地得到更多精确的结果。

下面描述荧光团各向异性$r(t)$与分子的流体力学体积怎样联系。我们将假设一个实验装置，如图 2.4 所示。激发光沿实验系统确定的x轴负方向传播，其偏振沿z轴方向。荧光团沿y轴正方向，其偏振将会在z或x轴方向被检出。荧光团的起始位置放在较方便的地方。过渡偶极矩$\vec{\mu}$有相对于该分子轴的任意方向。然而分子系统中$\vec{\mu}$的方向保持常数的时间取决于实验室系统。这暗示偶极矩发射和偶极矩的吸收是共线的。这一假设被 HOMO-LUMO 跃迁证明。$W(\theta, \phi, t)$表示t时刻向量$\vec{\mu}$的可能方向(θ, ϕ)。$W(\theta, \phi, t)$遵循扩散方程：

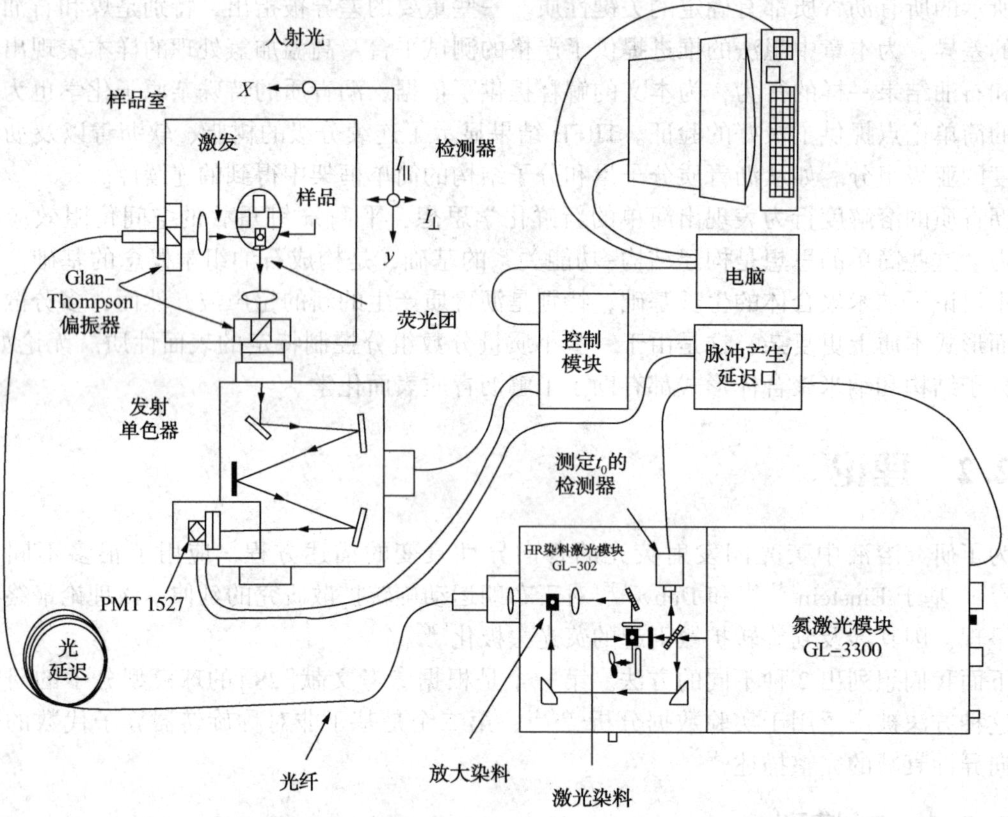

图 2.4　测量荧光去极化的 PTIC-72 系统示意图。脉冲氮激光器注入可调染色激光以提供荧光激发的初始时间。PMT 的高电压脉冲提供了荧光发射的终止时间。荧光强度对不同偏振的延迟时间作图

$$\frac{\partial W(\theta, \phi, t)}{\partial t} = D\,\nabla^2 W(\theta, \phi, t) \tag{2.4}$$

式中，D为体积V的球的扩散常数。基于其格林函数$G(\theta_0, \phi_0 | \theta, \phi, t)$求解该扩散方程，结果为

$$W(\theta, \phi, t) = \int_0^{2\pi} d\phi_0 \int_0^{\pi} \sin\theta_0 d\theta_0 W(\theta_0, \phi_0) G(\theta_0, \phi_0 | \theta, \phi, t) \tag{2.5}$$

$G(\theta_0, \phi_0 | \theta, \phi, t)$被解释为 $t=0$ 时刻 $\vec{\mu}$ 的方向在(θ_0, ϕ_0)时，$W(\theta_0, \phi_0)$可能的时间演变。

因为一个分子的偶极矩 $\vec{\mu}$ 吸收一个光子，其电子向量 $\hat{\varepsilon}$ 在 z 方向偏振，这一可能性是 $|\vec{\mu} \cdot \hat{\varepsilon}|^2 = \mu_z^2$，可以看出的该标准化的初次分布是[28]

$$W(\theta_0, \phi_0, t) = \frac{3}{4\pi}\cos^2\theta_0 = \frac{1}{4\pi}[1+2P_2(\cos\theta_0)] \tag{2.6}$$

其中 P_2 是二阶 Legendre 多项式。

因此，适当扩大 Legendre 函数的格林函数得到[28]

$$G(\theta_0, \phi_0 | \theta, \phi, t) = \sum_{l=0}^{\infty}\sum_{m=-l}^{l} e^{-l(l+1)Dt} Y_{l,m}^{*}(\theta_0, \phi_0) Y_{l,m}(\theta, \phi) \tag{2.7}$$

初始状态下将边界条件和标准条件共同使用，得到唯一的非零膨胀系数 $c_{2,0}(t)$[28]。

$$c_{2,0}(t) = e^{-6Dt} \tag{2.8}$$

因此计算概率 $W(\theta, \phi, t)$为

$$W(\theta, \phi, t) = \frac{1}{4\pi}[1+2e^{-6Dt}P_2(\cos\theta)] \tag{2.9}$$

现在可利用取向概率来计算 2 个不同偏振方向的强度，如下[28]：

$$I_{\parallel}(t) = \iint \sin\theta \mathrm{d}\theta \mathrm{d}\phi \tilde{I}_{\parallel}(\theta, \phi, t) W(\theta, \phi, t) \tag{2.10a}$$

$$I_{\perp}(t) = \iint \sin\theta \mathrm{d}\theta \mathrm{d}\phi \tilde{I}_{\perp}(\theta, \phi, t) W(\theta, \phi, t) \tag{2.10b}$$

式中，$\tilde{I}_{\parallel}(\theta, \phi, t)$和 $\tilde{I}_{\perp}(\theta, \phi, t)$与荧光团衰减成比例，偶极矢量分量跃迁分别在 z 和 x 方向。积分求解得到[26]

$$I_{\parallel}(t) = \frac{F(t)}{3}(1+\frac{4}{5}e^{-6Dt}) \tag{2.10a}$$

$$I_{\perp}(t) = \frac{F(t)}{3}(1-\frac{2}{5}e^{-6Dt}) \tag{2.11b}$$

式中，$F(t)$表示荧光团衰减。各向异性可以通过方程(2.3)来计算

$$r(t) = \frac{2}{5}e^{-6Dt} \tag{2.12}$$

基于爱因斯坦使用的方法[27]，方程[34]可推导扩散张量$\underline{\underline{D}}$，可借助拖动张量[44]$\underline{\underline{\beta}}$估算。对于球形，张量减少为一个标量 D

$$6D = \frac{kT}{V\eta} \tag{2.13}$$

式中，η 为溶剂黏度，其使得荧光各向异性与球体的容积相关联。实验中的参数，各向异性的衰减时间 $\tau_{r,sph}$可以被写为

$$\tau_{r,sph}^{-1} = \frac{kT}{V\eta} \tag{2.14}$$

2.2.2 各向异性旋转体

各向异性旋转体的更多复杂模型都可通过操作理论解决[28,32]。

人们开始寻求所给完全不对称体的扩散方程的解决方法：

$$\frac{\partial W(\vec{\Omega},\ t)}{\partial t}=-(\vec{L}\cdot \underline{\underline{D}}\cdot \vec{L})W(\vec{\Omega},\ t) \tag{2.15}$$

式中，$\vec{L}$ 为量子力学中的角动量算符，单位为 h。$\underline{\underline{D}}$ 为扩散张量，$W(\vec{\Omega},\ t)$ 仍是分子偶极跃迁 $\vec{\mu}$ 在 t 时刻方向角度 $\vec{\Omega}$ 的概率，角度 $\vec{\Omega}$ 为相对于实验室系统所固定坐标系统中的主体方向。

微分等式(2.15)又通过格林函数解得

$$W(\vec{\Omega},\ t)=\int_{\vec{\Omega}} W(\vec{\Omega}_0)G(\vec{\Omega}_0|\vec{\Omega},\ t)\,d\vec{\Omega}_0 \tag{2.16}$$

式中，$W(\vec{\Omega})$ 为 $t=0$ 时刻吸收偶极的分布。

在不对称旋转体的特征函数方面扩大格林函数，对称旋转体的特征方面被扩大 $l\leqslant 2$，得到[32]

$$W(\vec{\Omega}_0,\ t)=P_{\mathrm{abs}} \tag{2.17}$$

式中，P_{abs} 为分子激发的概率，可找到 $W(\vec{\Omega},\ t)$ 的一个解析解[32]。

类似于方程(2.10)，可利用 $W(\vec{\Omega},\ t)$ 得到 $I_{\parallel}$ 和 $I_{\perp}$ 的一个解

$$I_{\parallel}(t)=\int_{\vec{\Omega}} P_{\mathrm{em}}^{\parallel}F(t)W(\vec{\Omega},\ t)\,d\vec{\Omega} \tag{2.18a}$$

$$I_{\perp}(t)=\int_{\vec{\Omega}} P_{\mathrm{em}}^{\perp}F(t)W(\vec{\Omega},\ t)\,d\vec{\Omega} \tag{2.18b}$$

式中，$P_{\mathrm{em}}^{\parallel}$ 和 $P_{\mathrm{em}}^{\perp}$ 分别为荧光发射偏振与入射光平行和垂直的几率。把式(2.18)的解代入式(2.1)~式(2.3)，得出一般情况下各向异性 $r(t)$ 的 5 次衰减指数[32]。

$$r(t)=\sum_{i=1}^{5}\alpha_i e^{-\frac{t}{\tau_j}} \tag{2.19}$$

在假设旋转对称体的情况下，衰减次数有可能减少为 3[28]。在这种情况下，对角扩散张量有 2 个元素，标记为 $D_{\parallel}$ 和 $D_{\perp}$。由于布朗运动分别平行和垂直于对称轴，这两个元素控制分子松弛。各向异性衰减的相关倍数可以被表述为[28]

$$\begin{aligned}\tau_1^{-1}&=6D_{\perp}\\ \tau_2^{-1}&=5D_{\perp}+D_{\parallel}\\ \tau_3^{-1}&=2D_{\perp}+4D_{\parallel}\end{aligned} \tag{2.20}$$

计算扩散系数得[28]

$$D_{\parallel}=\frac{3}{2}\frac{\rho(\rho-S)}{\rho^2-1}D$$

$$D_{\perp}=\frac{3}{2}\frac{\rho[(2\rho^2-S)-\rho]}{\rho^4-1}D \tag{2.21 a, b}$$

式中，D 仍然为

$$D=\frac{kT}{6V\eta}$$

表 2.1　纵横比为 n 的椭球型和相应的球形旋转器的荧光偏振衰减时间，以及实际用于从球形到椭球形过渡的校正因子 $C^{(n)}$，假设椭球形只有一个指数衰减。最后一栏是相同 τ_r 情况下的椭球形(长半轴)和球形的衍生半径比例

$n=1/\rho$	τ_1/τ_r	τ_2/τ_r	τ_3/τ_r	$C^{(n)}$	a/r
2	1.13	1.17	1.30	1.41	1.124
4	1.84	1.90	2.1	2.25	1.211
6	2.65	2.71	2.93	3.09	1.248
8	3.47	3.54	3.77	3.94	1.266
10	4.3	4.38	4.62	4.89	1.269

在与椭球相同体积、温度、黏度情况下计算出球形的扩散系数。ρ 为椭球纵半轴与横半轴的比，以及[28]。

$$S=(\rho^2-1)^{-1/2}\ln[\rho+(\rho^2-1)^{1/2}],\ \rho>1$$

$$S=(1-\rho^2)^{-1/2}\arctan\left[\frac{(1-\rho^2)^{-1/2}}{\rho}\right],\ \rho<1$$

现已证明，扁圆旋转体($\rho<1$)的扩散系数近似相等，因此彼此间基本为 $3\tau_i$'s[26]。因此扁圆球的各向异性衰减可以用相关时间的单一指数衰减来描述[26]

$$\tau_r^{-1}=\frac{3}{2}\frac{kT}{V\eta}\frac{\rho}{\rho^2-1}\left(\rho-\left\{(1-\rho^2)^{-1/2}\arctan\left[\frac{(1-\rho^2)^{-1/2}}{\rho}\right]\right\}\right) \tag{2.22}$$

大多数情况下，未知形状的完全各向异性的旋转体，把 τ_r 分解降低到 5 次方且彼此不独立，这种分析是很困难的[28]。假设旋转对称的椭球体从 5 次方减少到 3 次方，这在幅度上彼此相似，碰撞成单一指数的无限薄的圆盘。对于椭球型很容易确定一个单一的形状参数，ρ 为椭球短轴与长轴的比，因此总小于 1，用来确定形状对旋转相关时间的影响。为了简化符号纵横比 n，将它定义为 ρ 的倒数。表 2.1 比较了不同形状参数的 3 次方衰减倍数。

表 2.1 表明，即使是小的形状参数(n 较大)，它在碰撞成 3 次方衰减时只引入不超过 15%的误差。引入修正因子扩展球体相关时间以得到椭球体的相关时间，提供了两者的体积均为 V。现在给出分子体积和旋转相关时间的关系

$$\tau_{r,obl}=C^{(n)}\frac{V_{obl}\eta}{kT} \tag{2.23}$$

表 2.1 也表示，增加 n，用所给 τ_r 计算出的分子体积减小。通俗地说，假设的分子形状越平坦，它的计算体积越小。这是从 τ_r 取决于分子黏性阻力得到直观理解。这个阻力是分子表面积的函数，球形具有给定表面积的任何形状中的最大体积。然而，计算显示，预测的椭球体较大半轴 a 要比修正后的相同旋转相关时间的球体算出的半径大，修正因子为

$$\frac{a}{r}=\left(\frac{n}{C^{(n)}}\right)^{\frac{1}{3}} \tag{2.24}$$

并且随 n 的增长而增大，尽管实际计算得到的分子体积在减小。表 2.1 中列出了不同形状参数 n 的 a/r 比例。对于 $n=4$ 的椭球，用球形模型计算的半径误差仍然只有 21%。

对于所有激发/发射波长组合的所有沥青质溶解度分数，各向异性衰减的指前因子在 0.27~0.4，0.4 是理论上各向异性幅度能达到的最大值[28]。各向异性的幅度不包括已经确定的尺寸信息[32]，实验中还发现了比测量的 τ_r 更大的误差。对于不同的沥青质馏分，当相

关旋转时间的变化是一个数量级时，指前因子的变化少于两个因素。因此我们发现指前因子不适合描述目标分子种类的各向异性。总之，较大的各向异性表明，沥青质荧光团的大部分行为与预期相同，没有观察到其他各向异性衰减体系的显著特征。

2.3 实验部分

2.3.1 光学方法

为了准备荧光实验的所有溶液，利用 CARY 5 UV-visible-NIR 光谱仪测定光密度。采用 75 瓦 Xe 紧凑型氙弧光源的 PTI C-72 + A-720 荧光光谱仪收集荧光光谱。

图 2.4 为时间分辨荧光消偏法(TRFD)收集衰减曲线的 PTI C-72 体系的示意图。该系统采用 PTI GL-3300 氮激光源和 PTI GL-302 高分辨率染色激光器，用光纤耦合到所述测量单元来激发荧光团。该单元的激发和发射光与垂直偏振彼此呈 90°，被定义为垂直于该平面。PTI 模型 101M 号发射单色器的波长固定在选定的波长，2 个 Glan-Thompson 偏振器被用来选择偏振方向。一个偏振器放在光纤输出处，在所测单元前，另一个在单色发射器入口处，TRFD 曲线由 4 个偏振器收集得到；垂直于光源处，垂直于发射侧(v-v)，垂直-水平(v-h)，水平-垂直(h-v)，水平-水平(h-h)。

下面的步骤用来获得时间衰减光谱；激发激光会触发箱车延迟入口，然后触发已知延迟的 PMT 的高压脉冲。高压脉冲的短时停留导致 PMT 的短时周期。超过 PMT 的这个时间周期的集成电流则被检出。产生荧光衰减曲线的期望时间范围的停留时间被依次扫描。该系统的时间分辨率大约为 80ps。

一个激发和发射波长对的完整数据集对应于上述 4 个偏振数据。通常情况，4 个曲线的总时长为 2h。信号水平的可重复性在验证数据的采集时间内被定期检查。另外，v-h 和 h-h 曲线应重新叠加从而实现高质量控制。对于这两种情况，需要 90°旋转以使源偏振矢量与发射单色仪上的水平接收极化对齐。光纤输出是随机的，因此选择垂直或水平偏振以便输入到单元内提供相同的激发强度。所有波长重复(或更多)运行以确保精度。

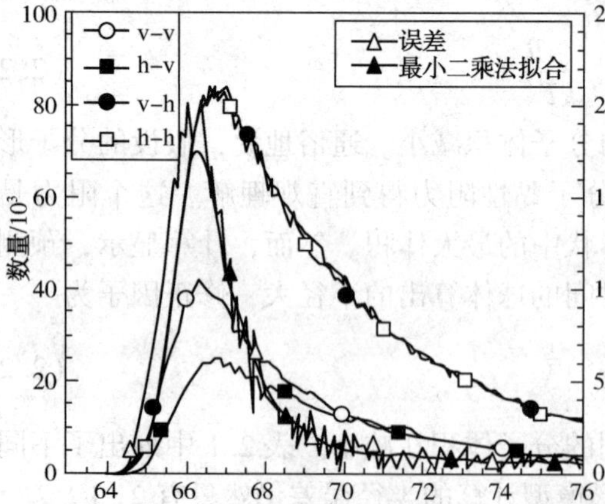

图 2.5 时间分辨荧光消偏法。垂直-水平(v-h)和水平-水平(h-h)曲线重叠。在 h-v 和 v-v 曲线间分离，一段时间后减少并消失，得到偏振

图 2.5 是 530nm 激发和 570nm 发射的波长对的典型数据。染色激光脉冲的时间零点为 66ns。通常情况下，设定激发和发射之间 40nm 的波长变化来排除直接检测散射光的可能性。此外，小的能量间隙确保两个相同电子态间的辐射激发和去激发。h-h 和 v-h 曲线覆盖如预期相同。早期 v-v 和 h-v 曲线的不同是有较大的各向异性。由于分子旋转，这种各向异性衰减为 0。

h-h 曲线比 h-v 曲线具有更高的强度。这是由于水平和垂直偏振光在通过仪器的发射信道时有不同的传输效率。这种影响可以通过引入校准因子来补偿，通常

用大写的 G 表示，被定义为 $G=I_{hv}/I_{hh}$，式中，I_{ij} 表示 i 偏振的激发和 j 偏振的发射。所有实验数据集都被 G 乘以 I_{vh} 校正。然后 I_{VV} 与 $I_{\parallel}$ 有关，$I_{VH}\cdot G$ 与 $I_{\perp}$ 有关。根据式(2.1)和式(2.2)得到 $I_{\parallel}$ 和 $I_{\perp}$ 的和与差的曲线 $S(t)$ 和 $D(t)$，分别符合双倍和单倍指数衰减。通常良好运行情况下，卡方值为1.2或更小。运行期间激光能量的改变与卡方值的改变有关。荧光衰减的双倍指数衰减的假设增加了潜在的准确性，由曲线的信噪比证实。因为在我们的研究情况下，各向异性衰减比荧光衰减快得多，差曲线主要由各向异性衰减控制。因此，差曲线符合单倍指数衰减。荧光强度衰减的寿命可通过总和曲线计算，根据式(2.3)组合和曲线的平均荧光强度寿命和差曲线的衰减时间，可以得到旋转相关时间。

2.3.2 样品准备

我们用的第一个原油样品是 Kuwait（UG8）。用其他的描述方法从该样品中制备庚烷不溶性沥青质[15]。简单地说，UG8 原油样本与其体积 40 倍的庚烷混合。得到的溶液在黑暗中搅拌 24h，然后用 1.2μm 孔径的尼龙 Schleicher 和 Schuell 过滤器过滤。沉淀用热庚烷洗涤至溶剂为无色。然后将这种沥青质的一部分溶于甲苯，沉淀再次按 40∶1 的比例溶于庚烷。搅拌 24h 后，过滤得到沉淀，用热庚烷洗涤直到溶剂为无色。在沉淀过程中庚烷的颜色很淡，表明我们原来的沥青质样品中有很少的污染物质可溶于庚烷。原始和再沉淀的沥青质很显然有相同的旋转相关时间。我们的数据没有受到被截留的胶质的影响。除去沥青质的原油被定义为“软沥青(maltenes)”，或者有时被称为脱沥青质原油。最后得到的庚烷溶解的软沥青被用于分析。

加氢处理是在之前提到的加氢脱硫中试厂进行的[24]。原料是常压蒸馏残余物。在这里，深度脱硫首要去除的是重金属。产品样本在反应器开始后的不同时间间隔收集。反应过程中需要升温以补偿催化剂失活，使脱硫效率保持在某一特定水平。因此样品的存在增加反应温度或反应床寿命。裂解反应开始占主导地位的温度在 380℃左右。裂解反应导致产品的不稳定性增加，进而形成沥青质油泥。原料和产品样本中的沥青质可以通过添加 IP143 标准的过量庚烷(30mL/g 油)来沉淀。所使用的油为阿拉伯重质常压渣油。分别从原料(TR453-00)，加工温度为 359℃（TR453-62）、379℃（TR453-181）、389℃（TR453-253）中得到沥青质样品。

为开展更多研究，真空剩余样品被分成戊烷溶解软沥青质和戊烷沥青质[23]。沥青质馏分(AS)通过分离最低可溶性馏分而分解成溶解度级分。沥青质溶解在甲苯中。另外，将正戊烷加入体积比为 55/45 的戊烷/甲苯中，过滤掉不溶物。将沉淀和滤液干燥或蒸发。沉淀标为沥青质的亚组分 AS6。蒸发后滤液的剩余沥青质经历同一过程，改变戊烷/甲苯比例分别为 65/35(AS5)，75/25(AS4)，85/15(AS3)，95/5(AS2)。剩余滤液的溶质被蒸发，残渣标记为 AS1。最易溶的沥青质亚组分 AS1 比亚组分 AS6 和其他深色亚组分的外观更“亮”。类似地，戊烷沥青质比庚烷沥青质更亮。分馏后，AS6 在甲苯中溶解度十分低。这可能与轻质沥青质分数减少，纳米聚合体的明显改变有关。特别的，胶体悬浊液可以抑制单分散样品产生絮凝，而不是在纳米聚合体的临界浓度产生胶体悬浮液。

所有溶液的光密度都保持在 0.2 OD 以下，以避免自身吸收带来的复杂性(即使天然红色荧光移动，加上所有沥青质在较长波长的吸收减弱，可以减轻这种效应)。此外，在浓度是 0.06g/L 或更高时，衰减曲线表现出额外的各向异性衰减部分，这可能与二聚体的形成有关。因此，我们坚持使用低于 0.025g/L 浓度的沥青质做分析。通常的浓度为 0.006g/L。若分子量为600g/mol，这个浓度就是10μmol。所有的旋转相关时间都是在室温19℃，在甲苯中黏度为0.59cP情况下测定的。从Aldrich Chemicals得到的两种染色剂也被应用到这项研究中，八乙基卟啉(octaethyl porphyin，OEP)和太阳能染料(*N*,*N*′-ditridecyl-3，4，9，10-perylenetetracarboxylic diimide)，结构如图2.6所示。

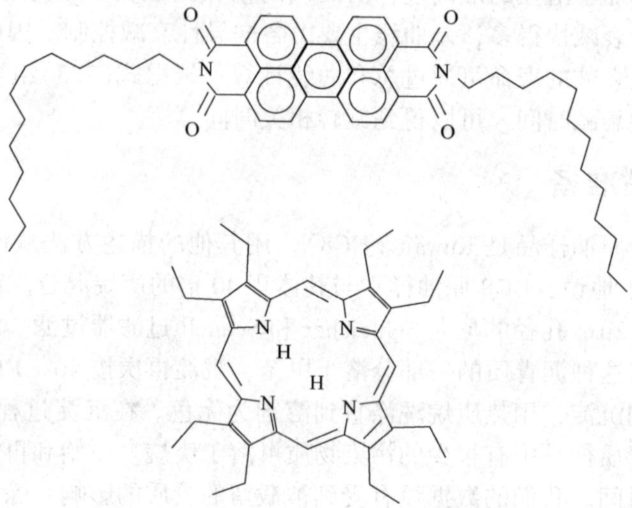

图2.6 太阳能染料和octaethylporphyrin(OEP)的结构。
这些分子大小和沥青质分子相近

2.3.3 荧光溶剂共振淬火

任何具有重原子的溶质或特别溶剂均可淬灭有机分子的荧光。扩散淬火常数 K_q 与扩散控制限度有关[45]，$K_q=\varepsilon k_D$，ε为碰撞中的淬火效率。

$$k_D=4\pi N_{av}(D_1+D_2)R_c \tag{2.25}$$

式中，N_{av}为阿伏伽德罗常数，D_i 为荧光和淬灭剂的扩散常数，R_c 为包含 n 个分子的临界淬灭半径。对于溶剂 CS_2，可发现淬火对于短波长发射或蓝色光发射的存在是次要的。使用各种染料和低浓度的 CS_2作为溶质开展实验。

淬火效率对相近能量状态的需求意味着共振的相互作用。我们假设标准的二级混合方案，其中激发态染料共振与 CS_2混合。

$$\Psi=C_d\phi_d+C_{CS_2}\phi_{CS_2} \tag{2.26}$$

式中，C_i 为纯基础矢量 ϕ_i 对本征态 Ψ 的系数。C_{CS_2}的平方给出了 CS_2对染料的淬火能效 ε。C_{CS_2}由式(2.27)给出(假设没有对角线元素干扰)

$$C_{CS_2}=\sin[1/2\arctan(2W_{12}/\Delta E)] \tag{2.27}$$

式中，W_{12}为耦合作用能量引起的波函数混合，ΔE 为两种兴奋态的能量差。对于这里所研究的情况，ΔE 为 CS_2 最低电子激发态和染料间的能量差。表2.2列出了 CS_2对一系列多环芳烃PAH的淬火依赖。淬火数据(由测量强度和寿命决定)与混合波函数相一致[46]。这种一致很好地表明这种共振相互作用模型占 K_q 所观察能量的基础。耦合相互作用的能量 W_{12} 为419cm^{-1}。

表 2.2　CS_2 荧光的共振淬火

染料	HO-LU 能量/cm^{-1}	寿命/ns	$k_q/M_{CS_2}/s$
Exalite404	30030	0.61	1.25×10^{10}
Exalite411	28902	0.62	5.00×10^{9}
Exalite428	27701	0.53	1.46×10^{9}
Perylene	22779	5.84	3.08×10^{7}
CS_2	31447		

通过一种相对论效应自旋轨道耦合发生重原子淬火。这发生在一个电子穿过重原子的内电子层，暴露于高 Z 无屏蔽的核内。混合波函数表明荧光激发电子怎样找到并进入溶剂原子核的方式。各种其他卤化溶剂已表明具有相似的依赖能量的淬火效应[47]。对于所有的荧光实验，我们使用甲苯作为溶剂以避免来自溶剂的重原子淬火效应。

氧原子是通过激发能量的不依赖单元效应的扩散发生淬火[47]。表 2.3 所示为 3 个不同数量级荧光寿命，氧原子的淬火效应。注意到在 2 个因素内所有淬火比例是相同的。因此，氧已从我们的溶液中排除。荧光单元安装在中心洞的螺丝顶部。有机硅/聚四氟乙烯隔膜密封单元。两个 GC 针用来冲洗有 N_2 的单元。N_2 注射器放置到甲苯测试溶液中。排气针放置在气帽上。N_2 气泡通过舱室 15min，注意不要使溶剂蒸发。

表 2.3　氧分子的荧光淬火

荧光团	寿命/ns	S-V 斜率(Int.)	$k_q/M/s$
Exalite404	0.66	40.4	6.1×10^{10}
Anthracene	3.54	142.7	4.0×10^{10}
Perylene	5.24	201.4	3.8×10^{10}
DiBenzoPent	7.36	237.5	3.2×10^{10}
Ovalene	400	13095	3.3×10^{10}

2.4　结果与讨论

2.4.1　沥青质的 TRFD 基础

图 2.7(a) 是两个标准分子的旋转相关时间 τ_r，分别表示分子量为 534g/mol 的 OEP(octaethyl porphyrin)和分子量为 754g/mol 的 SD(solar dye)，其为一个带有长脂肪链的 7 环芳烃[20]。之后我们讨论的这些模式化合物的分子组成，关于芳香族/脂肪族碳比例和稠环系统的大小，与预期的沥青质结构相似[22]。图 2.7(b)也显示了将被简单讨论的 UG8 沥青质的 τ_r。表 2.4 展示了不同波长下 SD、OEP 和 UG8 沥青质的衍生参数。对于 OEP，我们得到的 τ_r 与一些不同技术得到的参数一致，伽玛射线-伽马射线扰动角相关[49]。不同技术的相同结论使我们的实验结果更具说服力。图 2.8 展示了各种溶剂黏度对 τ_r 的 TRFD 结果[22]。甲苯溶液的($\eta=0.59$cP)和 SD 的乙二醇溶液($\eta=16.1$cP)的各向异性衰减。通过方程(2.14)预测的更长的各向异性衰变时间在乙二醇溶液中是明显的。τ_r's 比例为 23.9，黏度比为 28.8。式(2.14)中预测的这两种比例应该是相等的。它们相近但仍存在差异。我们在乙二醇溶液较长的衰减时间的测量上也许有一些误差，因为事实上各向异性衰减变为类似荧光衰减的比

例。然而，关键的是在 τ_r's 的理论值和黏度影响方面，我们的测量都取得了预期的效果。

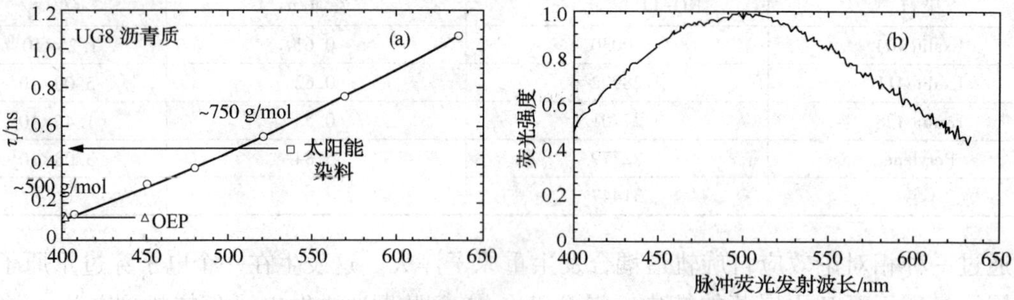

图 2.7 (a)不同波长下太阳能染料、OEP 和沥青质 UG8 的旋转相关时间 τ_r。OEP 和太阳能染料的 τ_r 和这些沥青质类似。蓝色发射发光团在较小分子中是小的。(b)沥青质 UG8 的荧光发射光谱表明了感兴趣的可见光范围；中心对应约 750g/mol

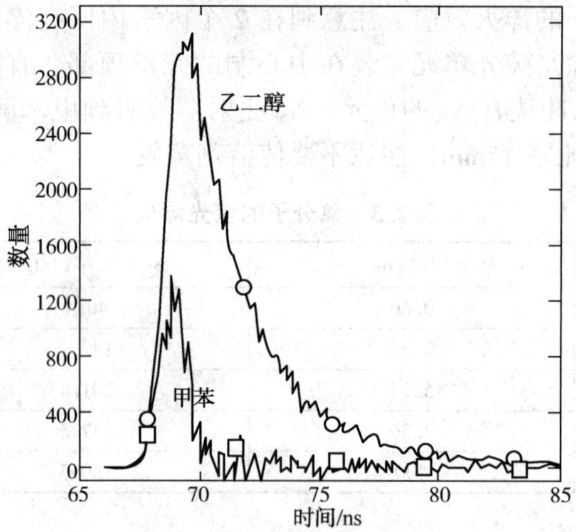

图 2.8 乙二醇和甲苯中的太阳能染料表明了黏度对荧光去极化的影响，与式(2.14)发现的高黏度对应更长的去极化一致

表 2.4 各种激发态和发射波长下的沥青质 UG8 和两种模型化合物的旋转相关时间、各向异性以及计算分子直径

样本	λ_{ex}/nm	λ_{em}/nm	τ/ns	各向异性	球体直径/Å	椭球体直径/Å oblt，sph，$\rho=1/2$
沥青质 UG8	365	410	0.1340	0.5907	12.02	13.50
	406	450	0.3115	0.3389	15.92	17.89
	440	480	0.3561	0.3365	16.65	18.70
	480	520	0.5464	0.2623	19.20	21.57
太阳能染料 OEP	530	570	0.7518	0.2737	21.35	23.9
	595	635	1.0688	0.2963	24.01	26.98
	480	535	0.4704	0.3111	18.26	20.52
	406	450	0.1194	0.4248	11.56	12.99

在图 2.7(a)中，显示了 UG8 沥青质对于不同激发波长的 τ_r's[21]。图 2.7(b)展示 UG8 沥青质的荧光发射光谱，阐明了上述讨论的光谱范围。τ_r's 的两个显著特点立刻显现。首

先，UG8 沥青质的 τ_r's 与 SD 和 OEP 相似。直接显示出沥青质分子大小(包括质量)类似于这两种化合物模型。UG8 沥青质的最大荧光发射光波长大约为 500nm。UG8 沥青质的 τ_r's 对比这一波长下的 SD(如图 2.7)。因此我们得到沥青质的分子量在 750g/mol 左右。第二个显著特征是在相关光谱范围的 τ_r 具有明显的单调变化。整个光谱范围的旋转比例的 10 倍差异表明小发色团(发射蓝光)比大发色团(发射红光)旋转快 10 倍(PAH 的光谱特性和相关发色团的详细实验请见参考文献[15]，理论部分见本书第 4 章)。如果大的和小的发色团有某些明显的刚性连接，那 τ_r's 的差异不会达到 10 倍，因为其不可能彼此独立地旋转。有一个必然结论是大的和小的发色团不能在同一分子内共存。就是说每个分子中只有一个发色团(偶然情况下可能有 2 个)。在这章后面，将会对比其他不同技术得到的平移扩散测量和 TRFD 结果的相关性，证明内部转动松弛对于沥青质不是重要关注点。图 2.7 给出了沥青质分布跨度。如图 2.7 所示，荧光发射曲线有近一半的高度在波长为 400nm 处。UG8 沥青质在这一波长的 τ_r 等于 OEP 的。沥青质在短波长侧分布的近似宽度为 500g/mol，在长波长侧近似为 1000g/mol。在分子量范围的外侧沥青质分子有一个整体的快速减少。

问题出现了，每个分子的单一发色团的解释是否与图 2.7 的观察结果一致，沥青质的平均分子量为 750g / mol。我们从含有 7 个稠环芳烃(六角环形)的简化六苯并苯开始。芳香六角碳与分离的双键碳的比例对于沥青质在六苯并苯中是正确的[50]。含有 7 个稠环的沥青质表明，与用 STM[51,52] 和 HRTEM[53,54] 的直接分子成像与加上周环系统[55,56] MO 估算的光学测量，以及 13C NMR[14] 得到所有沥青质结果一致。质谱结果与这是一致的[16]，但不像其他技术那样列出，这个方法不能分辨哪个是稠环。六苯并苯有 24 个碳。针对杂原子的统计，我们用氮取代六苯并苯表面的一个碳得到含有 23 个芳香碳和一个芳香氮原子的稠环中心。庚烷石油沥青质的芳香碳含量大约为 40%，因此在这一假想沥青质分子中有大约 35 个脂肪碳。这给出了这个分子中总计有 83 个氢原子。这个假想分子 $C_{58}H_{83}N$ 的分子量为 773g/mol(图 2.7)。关于平均分子量和每分子含有一个稠环系统的 TRFD 得出的显著结论与自身完全一致。

图 2.9 对比了各种不同来源的沥青质。观察到相同趋势的所有沥青质来源均独立。图 2.9(a)显示所有的 τ_r's 相对较小，表明所有的沥青质都是小分子。图 2.9(b)表示来自原油的沥青质的荧光光谱是可比的，残余光谱有一点蓝色偏移；煤沥青质光谱有明显的蓝色平移。我们不能证明一些特定原油沥青质含有更大的分子。一直以来长期不确定的是，不同沥青质是否能解释所发表沥青质分子量的数量级不同。我们的数据显示这个建议是错误的。TRFD 结果显示所有石油沥青质在分子量和分子结构上都是相似的。换句话说，随波长的增加 τ_r's 大幅增加表明，所有沥青质都是每分子仅含有一个稠环系统。通过图 2.9 中煤和石油沥青质的明显不同，我们第一次发现了石油沥青质间更微小的差异。

2.4.2 一些未处理的原油沥青质和硫氧化物

在未处理的原油沥青质中，卡尔沥青质(Cal asphaltene)显示出最小的 τ_r's，在所有未处理石油沥青质的荧光发射中有最短波长(图 2.9)。因此，卡尔是最小的沥青质分子，在荧光发射光谱平移中卡尔沥青质分子的中心向更短的波长平移；在短波长的所有 τ_r's 中其较小。此外，卡尔在所有未处理原油沥青质中 τ_r's 最小，综合这些原因，卡尔沥青质分子是我们所测量未处理原油中最小的(未处理原油意思是没有进行处理或热处理的石油和沥青质样品，相对于残留沥青质)。卡尔是我们用来产生沥青质的最重的原油之一。这有一点违反常理，重质原油中包含小的沥青质分子。在所有未处理原油的沥青质样本中卡尔有它独特的性

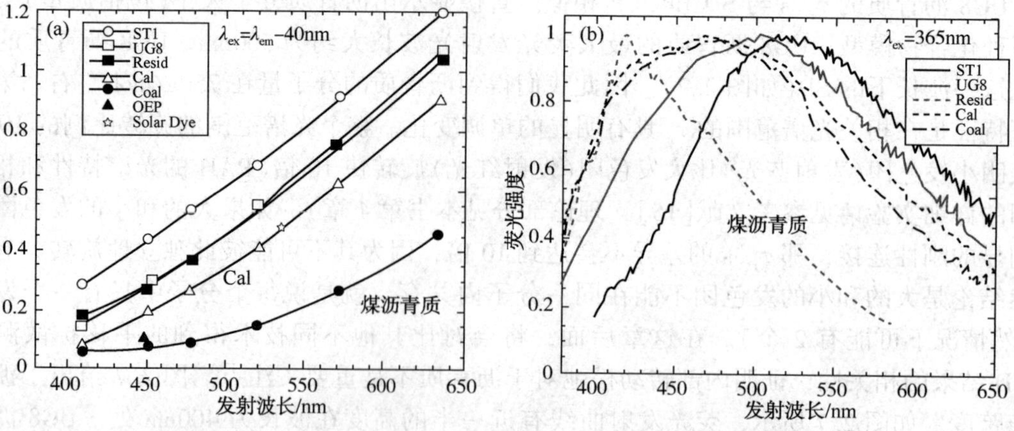

图 2.9 (a)一系列沥青质的 τ_r's。所有石油沥青质都是相似的，但也存在一些差异。煤沥青质比石油沥青质小的多。Cal 沥青质比原油沥青质小，并具有高含硫量。(b)各种沥青质的荧光光谱表明了感兴趣的光学光谱范围

质。卡尔沥青质含有一定质量分数的硫；每个分子平均有一个硫原子，这很不同。然而，卡尔中44%的硫是硫氧化物形式，我们所测量的其他沥青质的硫氧化物都低于5%[9,10]。硫氧化物组分是极性的，约 4 debye。这些硫氧化物组分被认为是烷基硫氧化物[9]。因此，卡尔沥青质类似于双齿配体。烷基硫氧化物是一个结合位点，分子中的单个稠环系统是一个结合位点。硫氧化物由于强极性而属于紧密的结合位点，所以稠环系统一定要小于正常值以维持整体的键能常数——这由沥青质的溶解度等级决定。这使每分子含有一个稠环系统变得有意义。如果每个沥青质分子中含有多于一个环系统，那么分子间键能将由每分子稠环系统的数量和大小决定。硫氧化物的存在可以实现通过等价每分子稠环个数来减少键能。因此，硫氧化物基团不一定要和较小稠环系统配合。

2.4.3 沥青质可溶性亚组分

所准备的未处理原油沥青质中有 6 种亚组分[23]。图 2.10 显示了一种沥青质的一系列亚组分的荧光光谱图。各组分通过他们在不同戊烷-甲苯比例中的溶解度特性得到。荧光光谱的单调变化显示最易溶组分在小稠环系统中有中心位置，然而最难溶组分含最大的稠环系

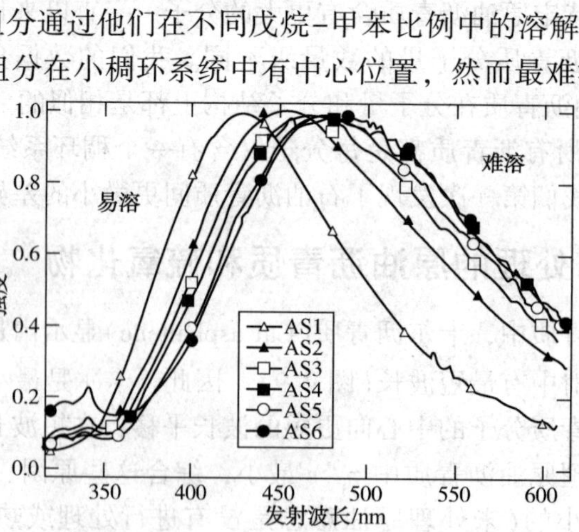

图 2.10 一系列沥青质中可溶亚组分的荧光光谱。庚烷甲苯溶液总可溶组分的减少与红色平移有关表示存在较大芳香环系统

统。图 2.11 显示了在一些发射波长下的 2 种亚组分的 τ_r's。看到 2 种亚组分的相似 τ_r's 行为，类比到其他所有沥青质。小波长对应更小的分子大小。图 2.12 是在某一波长下 6 种亚组分的变化。在所给波长下所有亚组分都近似于分子尺寸，但在特定激发和发射波长下仍然有较小溶解度组分含有较大分子。

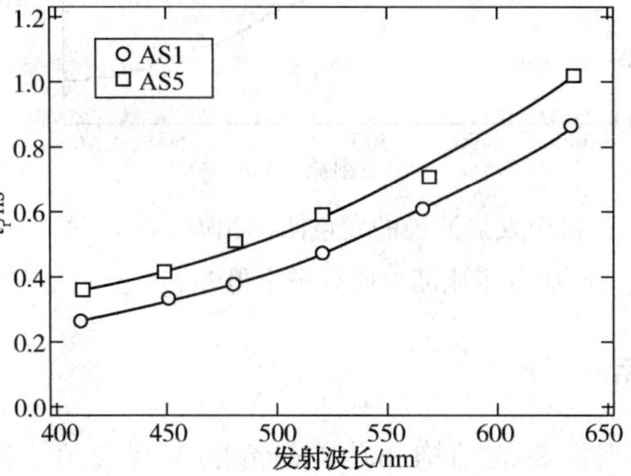

图 2.11　沥青质可溶组分。最易溶(AS1)和最难溶(AS5)样品的 τ_r's。给定波长下难溶组分的分子大小有增加，但对于两种组分分子尺寸对波长有更大的变化。对于难溶样品 AS5，分子团中心被较大发色团(红色平移荧光)和较大分子(较大的 τ_r's)取代

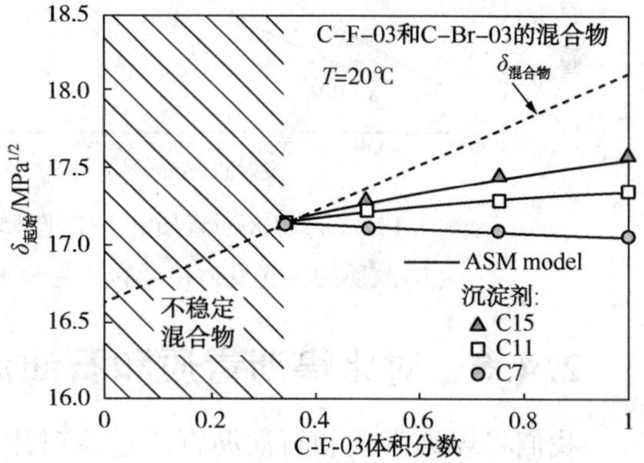

图 2.12　可溶组分的 480nm 发射和荧光发射中值波长(1/2 以上，1/2 以下)的 τ_r's。所有可溶组分的 τ_r's 都是相似的，但对难溶组分差别较大。根据图 2.10 的发射光谱得到分子中值波长

沥青质亚组分的这些单调和连续变化行为不足为奇。第一，包含亚组分的溶剂系统是甲苯和戊烷。这个溶剂系统主要通过极化相互作用；甲苯由于有 π 键而表现为极性，然而戊烷极性较弱，因此是不良溶剂。沥青质絮凝被认为主要取决于 π 键系统的范德华力[57]。越大的稠环系统相互作用越强烈。这就是为什么 PAHs 在甲苯中的溶解度随稠环数量增加而显著增加的一个主要原因。由于用来分离不同沥青质组分的溶剂系统为烷基和甲苯，主要作用是范德华力。因此，沥青质分子大小和稠环大小对于溶剂品质单调变化。沥青质亚组分的这一连续变化特性与沥青质分子量双峰分布的观点相反。

2.4.4　沥青质和胶质

图 2.13 显示的是沥青质和胶质的对比[20]。所准备的胶质溶解在庚烷中，戊烷不溶组分明显与沥青质中的不同。有些可能会参考这个溶解度分割点作为胶质的最重分数。图 2.13(b)中胶质的荧光发射光谱有明显的蓝光平移，因此胶质的平均杂环数量少于沥青质。对于这里定义的胶质，荧光光谱 τ_r 的最大发射值相应的是 500g/mol。无论如何，对于任意给定的光谱范围，胶质分子与沥青质分子大小相近[如图 2.13(a)]。这不足为奇，沥青质和胶质在溶解度上只有微小的差别。沥青质亚组分的持续变化可以延伸应用到胶质组分中。

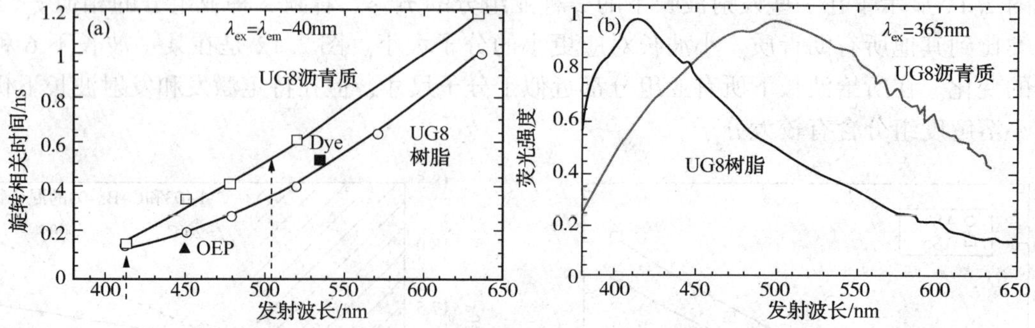

图 2.13 (a) UG8 沥青质和 UG8 胶质的 τ_r's。每个发射波长的发色团都相似。(b) 胶质的荧光发射持续转变为短波长，因此胶质分子比沥青质分子小得多

2.4.5 对比煤沥青质和石油沥青质

我们将煤沥青质和石油沥青质进行对比，以获得沥青质结构和功能研究的宏观视角。这次传统的认识是正确的，煤沥青质通常比石油沥青质小。有趣的是，激光解吸质谱研究证明了这点，我们很快回到这个话题。图 2.14 所示煤沥青质的性质通过短波长发射得到，因此有较小的发色团。图 2.15 所示的给定波长的煤沥青质分子的 τ_r's 要比石油沥青质分子小得多。图 2.9 也给出了不同煤沥青质样品的相同趋势。因此，煤沥青质分子基团的中心是 500g/mol，然而石油沥青质中心是 750g/mol。事实上，煤沥青质也许更小；其 τ_r's 接近我们的最短时间限制。HRTEM 结果也可直观的通过图显示，石油沥青质的环结构平均 1.0nm，然而煤沥青质为 0.7nm。因此，HRTEM 与荧光发射光谱结果一致，煤沥青质环系统明显比原油的小[53,54]。事实上，煤沥青质的颜色比石油沥青质的浅得多，这个可以用肉眼识别。但煤被公认拥有大的环系统。煤毕竟是固体。这十分有趣，煤的甲苯可溶部分只包含相对小的分子，而煤包括物质的分子比石油大得多。

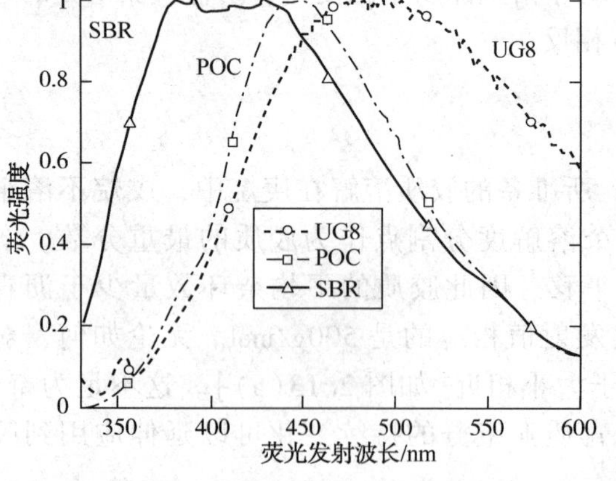

图 2.14 煤沥青质 POC 和 SBR 与石油沥青质 UG8 的荧光光谱。煤沥青质分子团中心向更小的波长转变

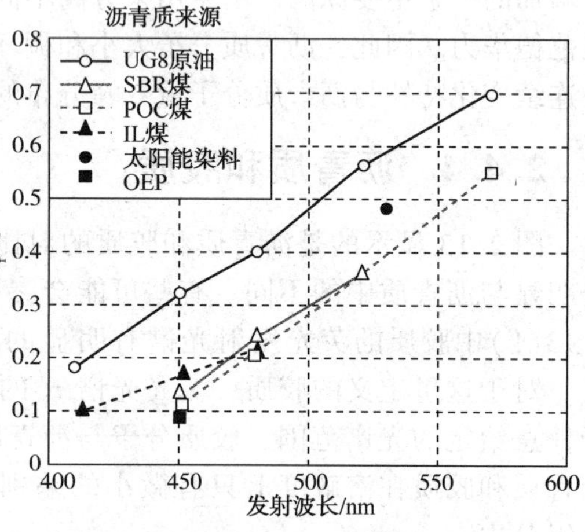

图 2.15 煤沥青质和石油沥青质 UG8 的 τ_r's。煤沥青质的 τ_r's 比石油沥青质的小得多

人们也许猜想，这与两种类型沥青质的不同烷基组分和尺寸上的较大差异有关。

图 2.16为石油沥青质和煤沥青质烷基对于芳香碳的 13C NMR 对比。在 125ppm 处芳香碳吸收比煤沥青质大得多。由于原材料缺少很多烷基碳，煤沥青质缺少烷基碳。这种观念的出现起始很简单。沥青质的溶解度等级在分子间吸引和排斥作用间保持平衡。分子间引力被发现主要是 π 键系统的范德华力。可以想象，分子像薄饼一样无序堆叠，利用稠环系统沿与氮有关偶极矩的极化。沥青质中的所有氮均为吡咯和吡啶，因此存在于环系统。稠环系统中的引力随环数量的增加而增加。斥力主要与由烷基取代的空间受阻效应有关。石油沥青质有大的烷基分数(含碳 60%)，因此这个大的斥力必须有大的引力平衡，所以有大的芳香环系统。煤沥青质有很小的阻碍效应，因为它们小的烷基碳分数。因此，为了维持甲苯溶解度，沥青质的定义中，煤沥青质的稠环系统一定较小。这些新的化学原则被大家熟知；它证明新化学帮助我们认识关于沥青质的大问题。图 2.17 展示了煤和石油沥青质分子结构的一致性，阐述了环尺寸和烷基取代基的不同点。

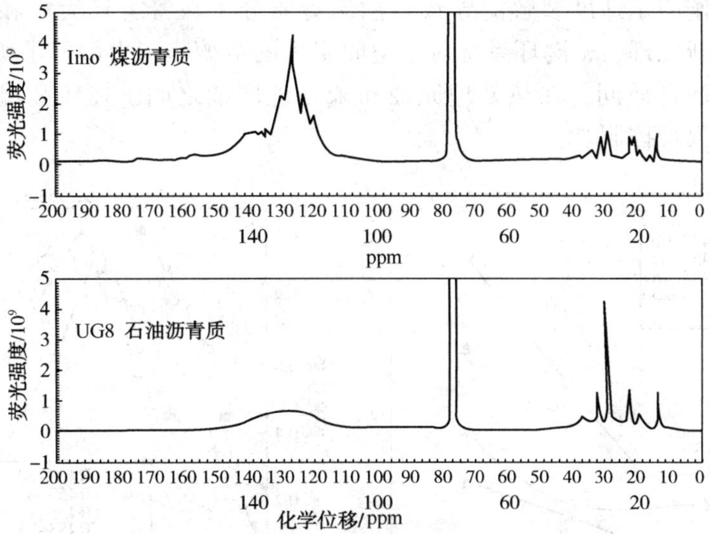

图 2.16　煤沥青质和石油沥青质的 13C NMR 光谱。煤沥青质大多是芳香碳，而石油沥青质除了芳香碳还有大量的脂肪碳

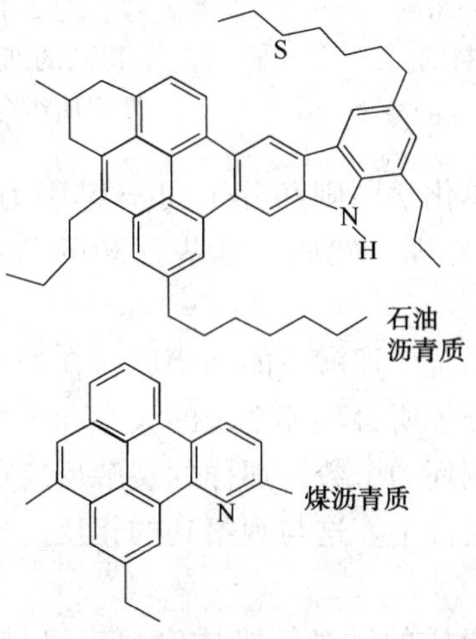

图 2.17　煤和石油沥青质的假设分子结构，表明了两者在分子大小、环大小和烷烃含量上的不同

2.4.6 热加工原料

根据这些想法人们预测，如果碳氢化合物原料是加氢裂解的，那么(1)除去烷基的最小溶解度沥青质组分变为不溶的(焦炭)，(2)之前在胶质中的分子除去烷基取代基后，变成近似于煤沥青质的较小的沥青质。这是在实践中观察到的[24]。图2.18表示了一系列沥青质样品的TRFD的τ_r's，准备的原材料经过了热加工裂解。数据来自于最初原料中分离的沥青质，以及沥青质分离于条件逐渐恶化的原材料。然而，温度保持在400℃以下。温度在380℃时，反应程度大幅提高[58]。不同条件的沥青质样品：初始原料(-00)，359℃(-62)，379℃(-181)和389℃(-253)。随着裂解程度的增加(直到389℃)τ_r's逐渐变小。图2.18所示Iino煤样品也表明适度裂解能导致石油沥青质在分子量上与煤沥青质更相似。图2.19所示，随着进程时间和温度的增加，荧光光谱向短波单调平移。图2.19表示的Iino样品也阐明了适度裂解能导致石油沥青质分子在芳香环大小和分子大小上与煤沥青质更相似。新原理，π键环系统对于空间阻力的范德华引力解释了所观察的变化，在石油沥青质和煤沥青质间，在热处理原油和未处理原油之间。在较高温度下，会发生更多极端反应，将很难控制。

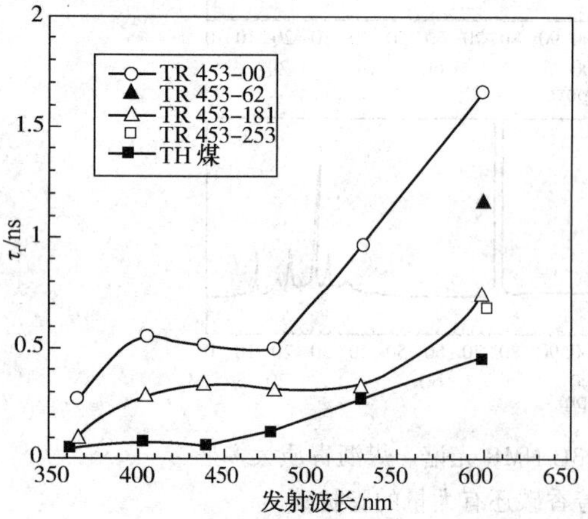

图2.18 热加氢处理的一系列沥青质的τ_r's。原材料的裂解导致相关沥青质分子尺寸的减少

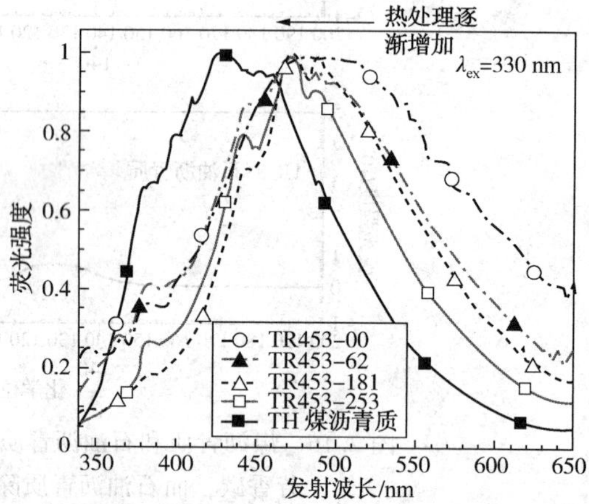

图2.19 从热加氢裂解烃原料得到的沥青质荧光光谱。原料裂解使沥青质组分向小发色团平移(蓝色平移)

可以看出，空间斥力的简单化学原则和分子间π键引力对于预测观察某些复杂过程是有用的，如沥青质的加热加氢处理。然而，这些预测的前提是沥青质分子包含一个稠环系统。

如果沥青质含有多个稠环系统，那就不能期望原料在处理后的沥青质组分中发现更小的稠环系统。分子间结合将由每分子所含稠环系统的大小和个数决定。裂解通过分裂环系统间的烷基链接来减少每分子所含稠环的个数。那样的裂解反应反而会导致溶剂性的增强。仅有的最大的环系统仍然在沥青质组分中。这与观察到的相反。这些数据支持每个沥青质分子含有一个稠环系统的观点。

除此之外，我们注意到沥青质的激光解吸质谱研究已展示出包含广泛的基线信号。然而，聚苯乙烯的激光解吸效果相当好。这也暗示了稠环数量影响气相反应。我们的实验观察到，煤沥青质中更小的环系统可能会产生更小的基线问题[23]。

人们能使用不同的溶剂系统来分离沥青质的亚组分。图 2.20 表示使用丙酮和甲苯作溶剂的沥青质一系列亚组分的 τ_r's。带有极性羰基的丙酮能影响沥青质的极性和可能的带电基团。氧的孤电子对可以参与沥青质相应官能团的氢键。图 2.20 表示了沥青质分子大小对溶剂中丙酮分数的非线性变化。丙酮对于沥青质不同分子特性有它自己的非常不同的交互选择，而不是针对稠环系统的大小。对于沥青质中最重要的相互作用力的候选，包括范德华力和极性相互作用，有一些不同的看法。这种不同看法中的部分是基于已经研究的分子间相互作用的类型。这里我们表明，如果溶剂选择范德华作用力，能发现沥青质的极性参数；如果我们使用丙酮，则能发现非极性的作用力。

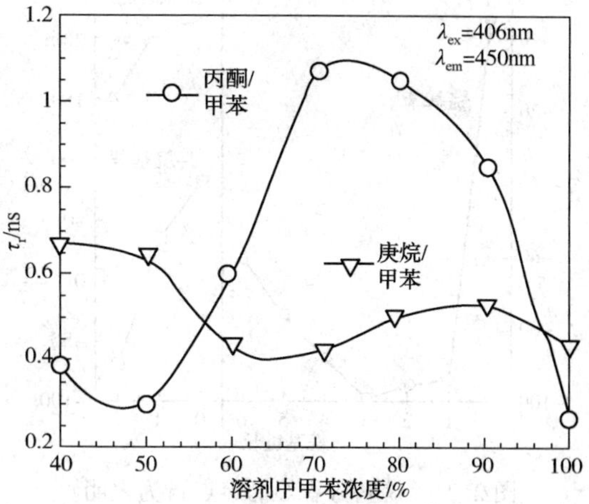

图 2.20　丙酮和甲苯中得到的沥青质可溶亚组分的 τ_r's。非线性行为表明丙酮和甲苯在决定溶解性中起重要作用。庚烷/甲苯组分的 τ_r's 更多是单调的

表 2.5 表示的使用 NMP 也叫作 *N*-甲基吡咯烷酮分离沥青质亚组分的 τ_r's。统计溶剂黏度，测量 NMP 的可溶和不溶组分的 τ_r's。不足为奇的是，可以看到 NMP 的难溶组分的导出分子尺寸比易溶组分更大。观察到的这两个组分横跨了沥青质的整个分子大小范围。

表 2.5　沥青质 UG8 和可溶组分的 410nm 激发，450nm 发射的 τ_r 值

样本	τ_r/ns	溶液黏度/cP	球体直径/Å	椭球体①直径/Å
可溶甲苯	0.32	0.59	16.1	18.1
可溶 NMP	0.65	1.67	14.4	16.2
难溶 NMP	0.47	0.59	18.3	20.6

①长轴，纵横比=2。

1cP=10^{-3}Pa·s；1Å=0.1nm。

TRFD 可以测量发色团旋转扩散率。对于含有一个发色团的分子有约一半的芳香碳，发色团大小和分子大小都直接相关。问题出现了，如果两个发色团由烷基链连结，是否会影响旋转扩散常数和 TRFD 结果。一定程度上，这归于连接刚性问题。对于石油沥青质，有多次报道称，其烷基链的长度是 4~6 个碳[14]。如果沥青质分子有多于一个发色团，那么不同发色团间的烷基链接可能是十分短的，可能是刚性的。环系统和烷基链接的线性排列是十分令人惊讶的；期望更多的交联方式。交联(环系统间的两个或多个连结)会加上明显的刚性。因此，我们相信如果每个沥青质分子中存在多个发色团，那么有理由期待一些分子内刚性的存在。发色团交联的刚性增加将会增加旋转扩散常数。然而，TRFD 结果没有显示这些小模型化合物之外的任何额外刚性或较大旋转扩散。我们可以得到结论，通常每个沥青质化合物中只含有一个发色团。

2.4.7　烷基-芳烃的熔点

图 2.21 展示了范德华力和空间斥力这一新化学原则的例子。所示的烷基芳香烃熔点戏

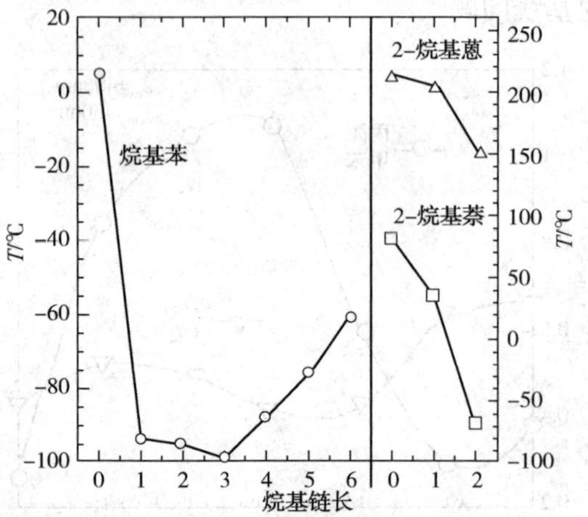

图 2.21 烷基芳香烃的熔点行为表明烷基取代基的空间位阻和大 π 环系统的分子间引力的影响。较长烷基链能破坏大的稠环系统

剧性地取决于烷基取代基和环个数。第一，苯的熔点比萘低得多，萘又比蒽低得多。这表明随着稠环个数的更加，范德华力也增加。第二，这些数据表明烷基取代基的影响。对于一个环系统(烷基苯)，只需要一个甲基来干扰适当的结晶顺序。乙苯的熔点可以类比甲苯。随着烷基变得足够大，熔点开始按照正常预期的那样增加。对于 β-烷基萘，甲基能降低熔点，但乙基能更多地降低熔点。两个环系统连结更紧密，因此需要更多的烷基来扰乱堆叠。最后，对于 β-烷基蒽，需要更长的烷烃链来扰乱堆叠。β-烷基蒽与蒽有几乎相同的熔点。我们没有更多的数据，但是我们猜想更长的烷烃会继续减少 β-烷基蒽的熔点直到链是 3 或 4 个碳的长度。这些简单的概念，π 环系统叠加和空间受阻可被用来描述 β-烷基芳烃的基本原理。相同的原理在定义沥青质溶解度上也扮演重要角色。

一个关键点是未取代的芳环系统通常形成 T 形结构，一个 T 形环边缘插进另一个环中间。这个结构，被认为是结晶结构和范德华力的复合作用，其存在是由于环内 π 轨道的电子密度离开环外的电子缺陷。从而，T 形结构具有很好的静电力。然而，增加环系统周围的烷基取代基会有利于排除 T 形结合，因此堆叠变得更有利。

2.4.8 沥青质分子结构"手形"或"群岛"

沥青质分子结构有两个流行的描述。此处所有数据都支持沥青质分子类似手形的描述，手掌表示单个的稠环系统，手指代表烷基取代基。沥青质分子结构的另一个描述是群岛，每个沥青质分子包含几个稠环系统，彼此通过烷基链相连。然而沥青质也许包括这两种结构的贡献，这里我们讨论沥青质体相的结构。

TRFD。上述我们所展示的所有 TRFD 结果都以每个沥青质分子存在一个发色团相一致。这包括：(1)小分子量和大聚合物结构不相容。(2)小发色团(稠环系统)在小分子中，大发色团在大分子中，从而发色团彼此不交联。(3)通过添加硫氧化物增加键能、减少单个发色团大小来维持溶解度常数。(4)煤沥青质发色团比石油沥青质发色团小，因为煤沥青质中缺少烷基斥力。这些都遵循煤和石油沥青质中每分子有且只有一个稠环系统。(5)热降解导致溶解度的减小而不是增加，焦炭分散聚合物成更小的单体导致溶解度增加。从而沥青质的手形分子结构获胜。我们也有其他方面的考虑。

电子吸收。人们马上注意到群岛结构不符合第 3 章中提到的分子量。平均 750g/mol，需要存在大约 7 个芳香环结构。对于手形描述，平均每分子中有 7 个稠环系统。对于群岛系统，有人会说各有两个或 3 个稠环芳烃的 3 环系统。共有 7 个环的分子分布在孤立的 2 个或 3 个环系统，不具有颜色。最后核对发现，沥青质和沥青都是深颜色的。那沥青质是由无色组分组成的设想是没有意义的。

黏附。小环系统不如沥青有那样强的黏性。例如，甲苯在室温下是液体，甚至不会粘连自己。芳香环系统的粘连是由于很大程度上每个单元具有恒定的结合面积。新化学的主要原理的脱色碳作用于从小分子反应溶液中去除大芳香环系统(前面描述的着色)。脱色碳是黑色的,由于大的稠环芳香系统结合大的有颜色的化合物。大芳香环系统的附着性不仅由于结合的较大面积而且因为结合熵的一次性消耗。相反,对于群岛模型,连接不同的稠环系统都要耗费熵。从而,群岛模型有很小的连结性。考虑极端群岛——聚苯乙烯。无色的聚苯乙烯不是沥青质的好模型。小分子量(800AMU)时它是液体。群岛结构对于沥青质不是好的模型。

分层聚合。本书中第9~11章叙述了在浓度为150mg/L的甲苯中沥青质几何体的形成。这些章通过直接和间接方法得到的聚合体十分小,聚合体的数量是10甚至更小。来自TEM(第8章)和SANS(第14章)结果的直观分子成像与这些纳米聚合体一致。观察到的通用絮凝行为暗示纳米聚合体在高浓度的聚集(第17章)、近红外研究(第18章)和电导率研究(第10章)证实了这些结果。沥青质聚合的这种等级已经暗示了沥青质分子结构与本章中所得结果相一致。换句话说,如果"类似手形"的沥青质分子结构是正确的,那么通常每分子有一个连接点。这可以防止两个纳米聚合体的共价交联。另一方面,如果群岛模型是正确的,那么每分子中存在多个连接点。群岛模型假设中,每个沥青质分子中有多个通过烷基链连结的稠环芳烃系统的小岛。对于聚合体形成,聚集将是共价交联的,整个系统开始胶凝。就是说,每个分子中的所有连接点折叠成自己的堆栈是不太可能的。折叠要求未免太高了。事实上,我们看到的沥青质聚合体分级现象暗示群岛模型是不正确的。

2.4.9 沥青质荧光性的思考

我们已使用荧光方法研究沥青质的分子性质。我们列出几个沥青质和原油荧光性的主要原则。我们的焦点是为了显示的荧光方法应用没有阻碍沥青质研究的有关问题。原油和沥青质光物理的透彻认识可以在其他地方找到[15]。从根本上,原油和沥青质发色团是由能隙规则所控制[59]。众所周知,能隙规则[60]是分子光跃迁中弗兰克-康登Frank-Condon因子的幅度的一个结果。该因子,取决于能源的不匹配,认为是初始和最终状态的振动态重叠。对于无辐射跃迁的低等重叠,这种衰减受到阻碍,从而导致大量荧光量子产生。当跃迁能量ΔE较小的时候通过无辐射松弛(比例常数K_{ic}),荧光强度降低,或者称为内部交流。式(2.28)列出了能隙规则

$$k_{ic}=A\exp(-\frac{\Delta E}{\alpha}) \qquad (2.28)$$

式中,A为指前频率因子,α取决于衰减机制。从根本上,能隙规则被认为大发色团(小的跃迁能量)的量子域减少。因为沥青质有相对大的发色团,沥青质的量子域被或多或少地减少[15]。然而,没有显示沥青质化合物中某一特定等级从荧光的疑问中排除。图2.22表示了能隙规则在原油中的良好应用。类似的结果也在沥青质中发现。由于能隙规则的光物理,沥青质中含有较小的量子域,但这也没有阻止荧光用于沥青质研究,人们简单地使用更高能量的激光。

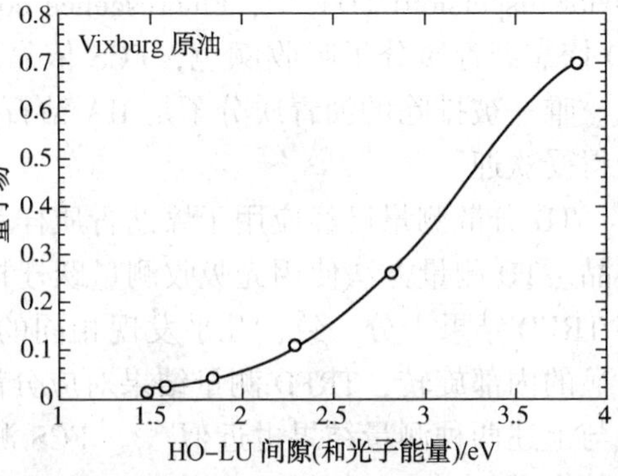

图2.22 原油随激发光子能量变化的量子场。很大范围内的量子场变化取决于光子能量。能量间隙规则符合这些数据

第二个问题出现了。沥青质电子激发是否有分子间松弛？这可能存在潜在的问题。例如，如果分子间淬火发生在单个分子中推定的单独稠环系统间，那么该能量的供体环系统不能通过荧光方法研究。淬火总是增大衰减比例，这已经在原油中明确展示[18]。图 2.23 显示沥青质溶液碰撞淬火的寿命效应随浓度增加而减少。荧光信号对浓度增大表现出越来越小的寿命。图 2.24 表示沥青质稀溶液、软沥青质稀溶液和沥青质浓缩溶液的荧光发射(软沥青是脱沥青质的原油)，没有显示原油溶液中荧光寿命的减少。没人认为软沥青分子含有多个发色团。稀溶液中的软沥青和沥青质还表现出相似的荧光寿命。沥青质中没有观察到分子间松弛。

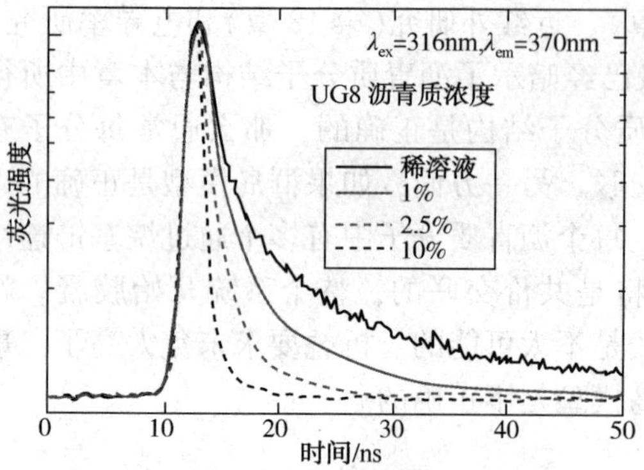

图 2.23 π 系统的分子间相互作用减少了荧光寿命。高浓度创造了明显的沥青质分子间的碰撞松弛和短的荧光寿命。10%溶剂的荧光寿命等同于激发时间宽度；荧光寿命在 100ps 以下

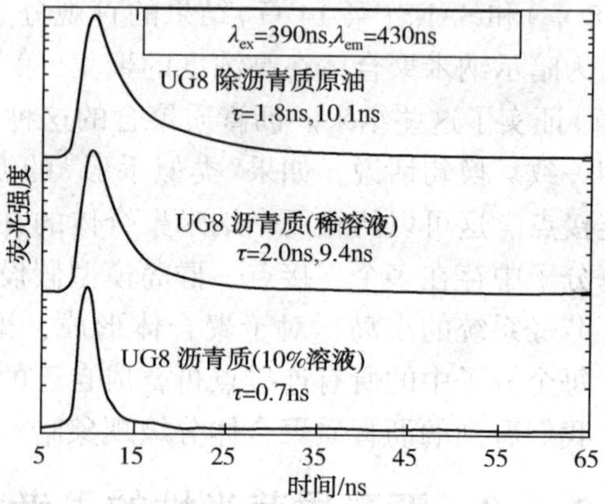

图 2.24 稀溶液沥青质，去沥青质石油和已知浓度溶液的沥青质的荧光寿命。稀溶液表现出长寿命；不能证明沥青质的分子内能量转移或淬火效应，它们与其他原油发色团相似。高浓度允许大量分子间相互作用导致寿命显著减少

2.4.10 沥青质分子扩散：TRFD 和其他方法

很多其他方法被用于测量沥青质扩散常数。所有这些方法均可测量跃迁扩散常数。包括 Taylor dispersion(TD)[61]、Fluorescence correlation spectroscopy(FCS)[62]和 NMR 扩散方法[63]。TD 依靠沥青质分子吸收颜色，FCS 依靠荧光沥青质分子，NMR 测量依靠沥青质分子含有氢。唯一被排除的沥青质分子是 IIA 钻石型。如果这些类型的分子被发现，那沥青质将真会变得受欢迎。

TD 分散测量已经应用于煤沥青质样品(Tanito Harum 或 Iino)，与图 2.9 正是完全相同的样品。TD 测量方法使用光吸收测量跃迁扩散，然而 TRFD 使用荧光测量旋转扩散。TD 结果和 TRFD 结果十分一致，几乎发现相同的分子尺寸[61]。这种对比成立，表明煤沥青质没有明显的内部旋转，TRFD 测量结果对应分散分子旋转。最近的对于同一沥青质样品的 FCS 结果与上述两种测量结果也近似[64]。FCS 测量依赖于分析荧光信号和时间的自相关函数，监测其衰减(与 Dynamic Light Scattering 观点相似，如第 17 章)。这些测量方法都用于极低浓度，因此避免了任何可能的聚合体造成的困难。石油沥青质分子尺寸的 FCS 测量结果与 TRFD 相似，表示沥青质可以类比卟啉[62,64]。因此，对比 TRFD 结果和 FCS 结果，石油和煤沥青质分子没有内部旋转松弛。TRFD 中发现的较大分散显示每个沥青质分子中仅存在一个

发色团。UG8 沥青质的 NMR 结果得到相似的结论，但在分布的尺寸上有稍大差异[63]。NMR 结果使用部分较高浓度，它们的最低浓度约为 50mg/L。这是认为形成二聚物的浓度[65]，因此 NMR 结果可能倾向尺寸稍大。所用应用到沥青质上的 TRFD、TD、FCS 和 NMR 结果接近一致，表明沥青质是小分子，通常每分子含有一个发色团。在所有质谱技术中，包括激光解吸离子化，所有扩散测定结果一致创造了一个令人信服的工作，在很大程度上终止了关于沥青质分子量的争论。

2.5 结论

对 TRFD 结果的解释十分清楚。所有沥青质分子的旋转扩散常数都是小的，因而沥青质分子也是小的。旋转扩散常数和发色团尺寸的数量级变化表明，不同发色团是不交联的。因此，TRFD 数据显示所有未处理原油沥青质的分子量范围是 500~1000g/moL，平均是 750g/mol。在这一范围外沥青质分子数快速减少。测量沥青质分子扩散的 4 种方法 TRFD、TD、FCS、NMR 结果均一致。这些技术借助荧光、颜色吸收或者分子量，从而获得所有沥青质分子。旋转和跃迁扩散常数的近似一致排除了沥青质分子内部旋转松弛。大的依赖旋转扩散波长证明了每个沥青质分子仅有一个发色团。这个分子量数据在所有不使用激光解吸的质谱研究中都是一致的，一些使用激光解吸也得到了这一结果。

TRFD 结果，光吸收和发射数据预测每分子中含有约 7 个稠环。我们分配给每个发色团一个粗略的范围 4~10 个稠环。这里 TRFD 结果与所分配的一致。这个结论与 13C NMR 分析、STM、HRTEM 的直接分子成像相一致。而且，这个结论也与最近的高浓度溶液质谱结果一致，证实每个沥青质分子平均拥有 4~10 个环。最后，对于石油沥青质，含有 7 个环的发色团与必要的烷基和杂原子的组成总重为 750g/mol。因此，TRFD 将分子量和分子结构的数据集合都联系在一起。

一个单一结构被用来认识许多不同沥青质来源的研究。煤沥青质被发现更小；它们有小的多烷基取代基，有比石油沥青质更小的环系统。这个和加热加氢处理样品的系统趋势对比，显示出新化学原则在建立沥青质定义过程中的主导地位。2 个新化学原则保持平衡以决定沥青质溶解度；π 键稠环系统的范德华引力和环系统烷烃取代基主导的空间斥力。这些竞争原则，是从烷基芳香烃的熔点行为认识到的，控制沥青质溶解度，这是沥青质的定义特征。沥青质是烷基芳香烃，所以这种相关性符合预期。

建立沥青质结构-功能关系的目标已经实现；沥青质溶解度与沥青质分子结构有关。这是石油组学的第一步，联系沥青质性质和结构与组分。包含沥青质分子结构的图片的细化将是新数据的任务。无论如何，不同沥青质研究的大量处理方法主要在新化学原则的界限内。TRFD 研究铺平了通向新的简化沥青质科学因果关系的道路，构筑起整合石油科学与化学基础原理的期待，从而实现石油组学的梦想。

参 考 文 献

[1] Boduszynski, M. M. (1984). Asphaltenes in petroleum asphalt: Composition and formation, Chapter 7 in J. W. Bunger, N. C. Li (Eds.) *Chemistry of Asphaltenes*. American Chemical SocietyWashington D. C.
[2] Miller, J. T., Fisher, R. B., Thiyagarajan, P., Winans, R. E., Hunt, J. E. (1998). Subfractionation and characterization of Mayan asphaltene. *Energy & Fuels* 12, 1290.
[3] Hortal, A. R., Martinez-Haya, B., Lobato, M. D., Pedrosa, J. M., Lago, S. (2006). On the determination of molecular weight distributions of asphaltenes and their aggregates in laser desorption ionization experiments.

J. Mass Spec. 41, 960-968.
[4] Rodgers, R. P. (2003). Presentation at*Petroleomics Symp.*, *Astatphys Conference* Puerto Vallarta, Mexico.
[5] Hughey, C. A., Rodgers, R. P., Marshall, A. G. (2002). Resolution of 11, 000 compositionally distinct components in a single electrospray ionization Fourier transform ion cyclotron resonance mass spectrum of crude oil. *Anal. Chem.* 74, 4145.
[6] Rodgers, R. P., Marshall, A. G. (2006). Petroleomics: Advanced characterization of petroleum derived materials by Fourier transform ion cyclotron resonance mass spectrometry (FT-ICR MS). Chapter 3 in this book.
[7] Long, R. B. (1979). *ACS Div. Pet. Chem. Preprints* 24, 891.
[8] George, G. N., Gorbaty, L. L. (1989). Sulfur K-edge x-ray absorption spectroscopy of petroleum asphaltenes and model compounds. *J. Am. Chem. Soc.* 111, 3182.
[9] Waldo, G. S., Mullins, O. C., Penner-Hahn, J. E., Cramer, S. P. (1992). Determination of the chemical environment of sulfur in petroleum asphaltenes by X-ray absorption spectroscopy. *Fuel*, 7153.
[10] Mitra-Kirtley, S., Mullins, O. C., Ralston, C. Y., Sellis, D., Pareis, C. (1998). Determination of the chemical environment of sulphur in petroleum asphaltenes by X-ray absorption spectroscop*Appl. Spectrosc.* 52, 1522.
[11] Mitra-Kirtley, S., Mullins, O. C. (2006). Sulfur chemical moieties in carbonaceous materials. Chapter 6 in this book.
[12] Cunico, R. I., Sheu, E. Y., Mullins, O. C. (2004). Molecular weight measurement of UG8 asphaltene by APCI mass spectroscopy. *Petrol. Sci. and Tech.*, 22 (7-8), 787-798. SpringerNew York.
[13] Desmazieres, B., Merdrignac, I., Laprevote, O., Terrier, P. (2004). *5th Ann. Conf. Phase Behavior*Fouling, Banff, Canada.
[14] Scotti, R, Montanari, L. (1998). Molecular structure and intermolecular interaction of asphaltenes by FT-IR, NMR, and EPR, Chapter 3. In O. C. Mullins, E. Y. Sheu (eds.) *Structures and Dynamics of Asphaltenes.* Plenum Press, New York.
[15] Mullins, O. C. (1998). Optical interrogation of aromatic moieties in crude oils and asphaltenes, Chapter 2 in O. C. Mullins, E. Y. Sheu (eds.) *Structures and Dynamics of Asphaltenes.* Plenum Press, New York.
[16] Mullins, O. C., Mitra-Kirtley, S., Zhu, Y. (1992). Electronic absorption edge of petroleum. *Appl. Spectros.* 46, 1405.
[17] Mullins, O. C., Zhu, Y. (1992). First observation of the Urbach tail in a multicomponent organic system. *Appl. Spectros.* 46, 354.
[18] Wang, X., Mullins, O. C. (1994). Fluorescence lifetime studies of crude oils. *Appl. Spectrosc.* 48, 977.
[19] Ralston, C. Y., Mitra-Kirtley, S., Mullins, O. C. (1996). Small population of one to three fused-ring aromatic molecules in asphaltenes. *Energy & Fuels* 10, 623.
[20] Groenzin, H., Mullins, O. C. (1999). Asphaltene molecular size and structure. *J. Phys. Chem. A* 103, 11237.
[21] Groenzin, H., Mullins, O. C. (2000). Molecular sizes of asphaltenes from different origin. *Energy & Fuels* 14, 677.
[22] Buenrostro-Gonzalez, E., Groenzin, H., Lira-Galeana, C., Mullins, O. C. (2001). The overriding chemical principles that define asphaltenes. *Energy & Fuels* 15, 972.
[23] Groenzin, H., Mullins, O. C., Eser, S., Mathews, J., Yang, M.-G., Jones, D. (2003). Asphaltene molecular size for solubility subfractions obtained by fluorescence depolarization. *Energy & Fuel* 17, 498.
[24] Buch, L., Groenzin, H., Buenrostro-Gonzalez, E., Andersen, S. I., Lira-Galeana, C., Mullins, O. C. (2003). Molecular size of asphaltene fractions obtained from residuum hydrotreatment. *Fuel* 82, 1075.
[25] Badre, S., Goncalves, C. C., Norinaga, K., Gustavson, G., Mullins, O. C. (2006). Molecular size and weight of asphaltene and asphaltene solubility fractions from coals, crude oils and bitumen. *Fuel* 85, 1.
[26] Perrin, F. (1926). *J. de Phys. et le Radium* 7, 390.
[27] Perrin, F. (1936). *J. de Phys. et le Radium* 7, 1.
[28] Tao, T. (1962). *Biopolymers* 8, 607.
[29] Weber, G. (1971). *J. Chem. Phys.* 55, 2399.
[30] Belford, G. G., Belford, R. L., Weber, G. (1972). *Proc. Nat. Acad. Sci. USA* 69, 1392.
[31] Ehrenberg, M., Rigler, R. (1972). *Chem. Phys. Lett.* 14, 539.
[32] Chuang, T. J., Eisenthal, K. B. (1972). *J. Chem. Phys.* 57, 5094.
[33] Einstein, A. (1905). *Ann. d. Phys.* 17, 549.
[34] Einstein, A. (1906). *Ann. d. Phys.* 19, 371.
[35] Debye, P., (1929). Chapter 5. *Polar Molecules*, Dover Publications, Inc.
[36] Rice, S. A., Kenney-Wallace, G. A. (1980). *Chem. Phys.* 47, 161.
[37] Tsunomori, F., Ushiki, H. (1996). *Bull. Chem. Soc. Jpn.* 69, 1849.
[38] Cross, A. J., Fleming, G. R. (1984). *Biophys. J.* 46, 45.
[39] Tsunomori, F., Ushiki, H. (1996). *Polym. J.* 28, 576.
[40] Sasaki, T., Hirota, H., Yamamoto, M., Nishijima, Y. (1986). *Bull. Chem. Soc. Jpn.* 60, 1165.
[41] Horinaka, J., Ono, K., Yamamoto, M. (1985). *Polym. J.* 14, 433.
[42] Chang, M. C., Courtney, S. H., Cross, A. J., Gulotty, R. J., Petrich, J. W., Fleming, G. R. (1985). *A-*

nal. Instr. 14, 433.
[43] Wahl, P. (1975). Chapter 1 in R. F. Chen, H. Edelhoch (eds.) *Biochemical Fluorescence: Concepts*, Vol. 1-2. Marcel Dekker, Inc., New York.
[44] Wax, N. (1954). (Ed.), *Noise and Stochastic Processes*. Dover Publications, New York.
[45] Berry, R. S., Rice, S. A., Ross, J. (1980). *Physical Chemistry*. John Wiley & Sons, New York.
[46] Groenzin, H., Mullins, O. C., Mullins, W. W. (1999). Energy-dependent quenching of fluorescence by CS2. *J. Phys. Chem. A* 103, 1504.
[47] Canuel, C., Badre, S., Groenzin, H., Berheide, M., Mullins, O. C. (2003). Diffusionalfluorescence quenching of aromatic hydrocarbons. *Appl. Spectrosc.* 57, 538.
[48] Andreatta, G., Goncalves, C. C., Buffin, G., Bostrom, N., Quintella, C. M., Arteaga-Larios, F., Perez, E., Mullins, O. C. (2005). Nanoaggregates and structure-function relations in asphaltenes. *Energy & Fuels* 19, 1282.
[49] Mullins, O. C., Kaplan, M. (1983). Perturbed angular correlation studies of indium metalloporphyrin complexes. *J. Chem. Phys.* 79, 4475.
[50] Bergmann, U., Groenzin, H., Mullins, O. C., Glatzel, P., Fetzer, J., Cramer, S. P. (2003). Carbon K-edge X-ray Raman spectroscopy supports simple yet powerful description of aromatic hydrocarbons and asphaltenes. *Chem. Phys. Lett.* 369, 184.
[51] Zajac, G. W., Sethi, N. K., Joseph, J. T. (1994). *Scan. Micros.* 8, 463.
[52] Battina, N. (2003). STM image analysis of asphaltene molecules, *Astatphys Conference*, Puerto Villarta, Mexico.
[53] Sharma, A., Groenzin, H., Tomita, A., Mullins, O. C. (2002). Probing order in asphaltenes and aromatic ring systems by HRTEM. *Energy & Fuels* 16, 490.
[54] Sharma, A., Mullins, O. C. (2006). Insights into molecular and aggregate structures of asphaltenes using HRTEM. Chapter 8 in this book.
[55] Ruiz-Morales, Y. (2002). HOMO-LUMO gap as an index of molecular size and structure for polycyclic aromatic hydrocarbons (PHAs) and asphaltenes: a theoretical study. *J. Chem. Phys. A* 106, 11283.
[56] Ruiz-Morales, Y. (2006). Molecular orbital calculations and optical transitions of PAH's and asphaltenes. Chapter 4 in this book.
[57] Buckley, J., Wang, J., Creek, J. L. (2006). Solubility of the least-soluble asphaltenes. Chapter 16 in this book.
[58] Bartholdy, J., Andersen, S. I. (2000). Changes in asphaltene stability during hydrotreating. *Energy & Fuels* 14, 52.
[59] Ralston, C. Y., Wu, X., Mullins, O. C. (1992). Quantum yields of crude oils. *Appl. Spectrosc.* 46, 1405.
[60] Turro, N. J. (1978). *Modern Molecular Photochemistry*. Benjamin/Cummings, Menlo Park, CA.
[61] Wargadalam, V. J., Norinaga, K., Iino, M. (2002). Size and shape of a coal asphaltene studiedby viscosity and diffusion coefficient measurements. *Fuel* 81, 1403.
[62] Andrews, B., Guerra, R., Mullins, O. C., Sen, P. N. Diffusivity of asphaltene molecules by fluorescence correlation spectroscopy. Accepted *J. Phys. Chem. A*.
[63] Freed, D. E., Lisitza, N. V., Sen, P. N., Song, Y.-Q. (2006). Asphaltene molecular composition and dynamics from NMR diffusion measurements. Chapter 11 in this book.
[64] Guerra, R. E., Ladavac, K., Andrews, A. B., Mulins, O. C., Sen, P. N. Submitted Energy & Fuels.
[65] Goncalves, S., Castillo, J., Fernandez, A., Hung, J. (2004). Absorbance and fluorescence spectroscopy on the aggregation behavior of asphaltene-toluene solutions. *Fuel* 83, 1823.
[66] Mullins, O. C. (2006). Rebuttal to comment by Professors Herod, Kandiyoti, and Bartle on Molecular size and weight of asphaltene and asphaltene solubility fractions from coals, crude oils and bitumen by S. Badre, C. C. Goncalves, K. Norinaga, G. Gustavson and O. C. Mullins. *Fuel* 85(2006), 1-11. Fuel, in Press.

(Henning Geoenzin, Oliver C. Mullins)

第3章　石油组学：利用傅里叶变换离子回旋共振质谱(FT-ICR MS)对石油衍生物质的高级表征

3.1　简介

FT-ICR MS 的高分辨力和质量精度允许确定数千种石油衍生物的溶解度和元素组成。在这里我们论述其在重质原油、相关产物沉淀和孤立沥青质上的应用，以反映复杂混合物特征的最新进展，还有低分辨质谱实验以证实预测多聚体的形成。将讨论电喷雾电离(ESI)，场解吸/电离(FD/FI)，电子电离(EI)，大气压光电离(APPI)FT-ICR MS 结果。ESI 的结果揭示了原油中最大极性种类的组分复杂性。正离子电喷雾揭示了最基本种类的贡献，其中许多含有吡啶型氮。或者，负离子电喷雾表示酸性最强的种类，其中包括吡咯类含氮物质和环烷酸。加拿大沥青质的高样品浓度(>1mg/mL)，低分辨率 ESI 线性离子阱质量分析表明，多聚体(最多 2kDa)可以被分离并从母体单体分配中解离再生。这些结果支持最近的主张，原油和其他多种形式的原油衍生物中的沥青质和其他极性组分大量聚集的浓度大于纳米聚合体临界浓度(CMC)。这也表明质谱观察到的大分子量(大于 2kDa)是由于聚合。ESI FT-ICR MS 结果显示极性沥青质的分子量在 300~1400Da，这种沥青质大部分分子量在 400~800Da。观察到高质量尾巴(在很低的信噪比)延长至最多 1400Da 分离和随后解离的结果(在低内能情况下)是没有分离的，表明这些低丰度高质量物质是单体分布的一部分。SI、FD 和 APPI 质谱表明非极性种类不能由 ESI 得到。原油芳香烃组分的详细类型(如含双键的环数)和碳原子数量分布揭示了：随分子量的增加 PAH 核心显著增长。含硫的非极性物质种类基于等级的趋势也是亮点。旨在得到重质原油的高分子量物质的 FD 结果揭示了稳定单体的分子量分布在 1000~2000Da。所有结果表明：初代油、分离 SARA 的芳香烃、树脂和沥青质馏分的分子量分布低于 2000Da，最大含量组分在 400~800Da。考虑到激光解吸(LD)和基质辅助激光解吸(MALDI)测量沥青质分子量的难点，表明 ESI、FD、FI 是目前极性和混合极性/非极性石油物质分子量精确测量产生最少歧义的方法。

石油物质中质谱作用的演变可追溯到商用质谱的诞生。简单说，质谱早已和石油工业紧密连接，结果，催生了很多技术进步。简单地说，石油公司出售分子，因此石油组分决定了它的经济价值。因此，对成分的认识就等于权力：更有效的油藏开发，预测生产问题，防止管道结垢/失效，减少炼油副产物和浪费，挣钱……是的，并且成为世界油藏的保护者。对于被认为是复杂的中到轻质馏分，需要得到详细的成分信息，推动快速投资和质谱技术的发展。20 世纪五六十年代的进步导致高分辨率双焦扇形质谱仪的发展，耦合气相色谱的质谱以形成最先进的联用质谱技术。即使 90 年代的持续增长和发展，质谱技术还是被由 EI 和 FD/FI 得到相对低沸点非极性的物质限制。挥发样品的传统 70eV 电击碎片限制了它的应用，最终导致低压 EI 的发展以使碎片最小化。在复杂石油样品的分析中，碎片是有害的，因为每个分析物产生一个以上的信号使本来拥挤的质谱更复杂，且阻碍母离子识别。FD/FI 使碎片产生最小化，从而得到更宽的分子量范围，但由于需破碎样品间的体积所限制。

直到2000年，联用质谱技术的共同努力，如GC/MS、LC/MS、高分辨质谱和串联质谱，得到了许多令人印象深刻的石油馏分的组分特征，如汽油、柴油和瓦斯油。然而，相对来说，对于不丰富的极性种类或重质原油和重质馏分的认识还很少，其成分的复杂性远远超过了质谱允许的峰值容量。因此，Boduszynski和其他人推测了重质石油的一个惊人的结论，该过程吸取了多种分析技术[1-4]。

在2000年，Zhan和Fenn[5]指出石油馏分中最极性组分可以被ESI离子化(Fenn凭借此离子化方法获得诺贝尔奖)并可用质谱检测到。因为对原油的极性组分(包括N、S、O杂原子)的认识在石油生产中是重要的。Fenn的观察扩大了原油、石油衍生物，包括极性种类在内的质谱成分的覆盖面，最终引发了石油组学的发展，即确定化石燃料化学组分和其性质、化学活性间的关系。然而，石油组学并非新想法。早在20世纪90年代，Quann和affe指出石油原料和孤立产品的化合物类、种类和碳数分布的详细的定性和定量测量是炼油过程中分子管理的基石。同时从受限组分的可能信息的角度，Quann和Jaffe引入了以结构为导向的思想以简化石油物质的整体复杂性[6-8]。APPI出现以后，允许得到非极性芳香烃的更详细的信息，并通过ESI得到相同的分子类型。总之，复杂石油样品质谱特征之前的努力都依靠离子化和非极性组分检测的基础工作。APPI提供了一个简单、紧凑的常压离子化方法，这很容易连接到现有的质谱仪器。随着ESI的来临，Fenn扩大了包括极性组分的覆盖面。接下来需要让质量分析人员有能力解决石油衍生物分析时共同遇到的质谱复杂性问题，除了最轻馏分。

3.2 FT-ICR MS

早在20世纪70年代FT-ICR MS发展[9,10]让以秒为单位的超高分辨力质谱成为可能($m/\Delta m_{50\%}$>100000，式中$\Delta m_{50\%}$指在最大峰值高度一半处的质谱宽度)。然而，由于ICR表现的很多优势指数在复杂混合物的分子中是有用的，线性或二次方增加磁场强度[11]，FT-ICR的发展可能分析像石油那样的复杂混合物，最终与高磁场、高均匀性、暂时稳定、超导螺旋管磁铁的发展紧密相连。早期的商用FT-ICR质谱基于低场(3T)超导磁体。结果，因复杂石油样品中的单个组分识别的需要，为了得到高分辨率，只能一次性在一个狭窄的质量范围进行分析[12]。然后多谱段被缝合在一起得到宽带质谱。后来版本的仪器中，这一限制通过简单提高磁场到5.6T[13]而被克服，实现了石油馏分的高分辨率、高质量精度、宽带质谱分析。近几年，短暂稳定发展的高场(>7T)，高均匀性的磁场导致超高分辨率FT-ICR MS的快速发展。由于常规质量分辨能力大于300000和亚ppm级的质量精度，即使对很小或不依赖分离科学先进技术的最复杂的物质，FT-ICR MS也能随时准备显示。其固有的高分辨率和高质量精度允许可实现近距离等压物种和通过精确的质量测定进行分子式分配。例如，图3.1所示南美原油的共用正离子(右)和负离子(左)ESI FT-ICR质谱，且无色谱分离。来自同一样品的大于17000种不同化合物被解析和鉴定[14]。然后所得组成信息可以方便地显示在Kendrick[15,16]和Krevelen[17-19]图中(如下)，以突出样品间成分不同和相同的快速直观比较。最近FT-ICR MS的发展以及其在石油组学领域作用的增加已经使其成为大量文章的主角[20-23]。

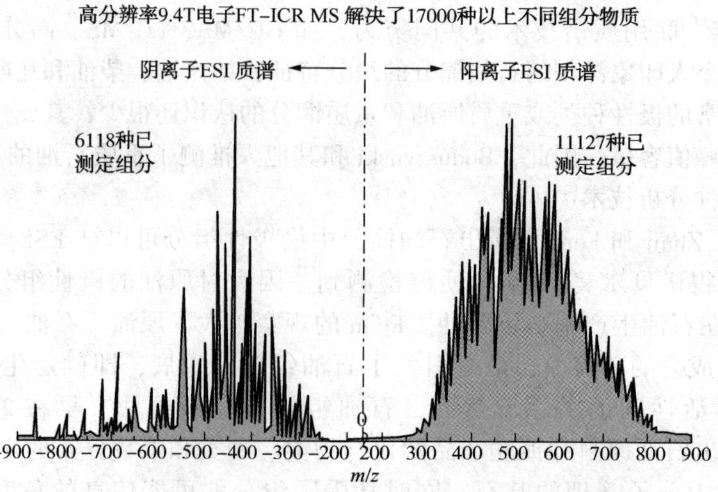

图 3.1 原油的正负电喷雾离子化 9.4T 傅里叶变换离子回旋共振质谱。平均分辨率 $m/\Delta m_{50\%} \approx 350000$，允许分析和明确数千种碱性(右)和酸性(左)物质。11127 个峰(右)代表一个质谱中分析和明确的最复杂混合物[14]

3.2.1 质量精度和分辨率

FT-ICR MS 的超高分辨率允许石油衍生物共同遇到的相近空间峰值的分离基线(如：标定质量为 36，C_3 与 SH_4 元素组成的不同等压线间有 3.4mDa 的分离)。图 3.2 显示，在南美

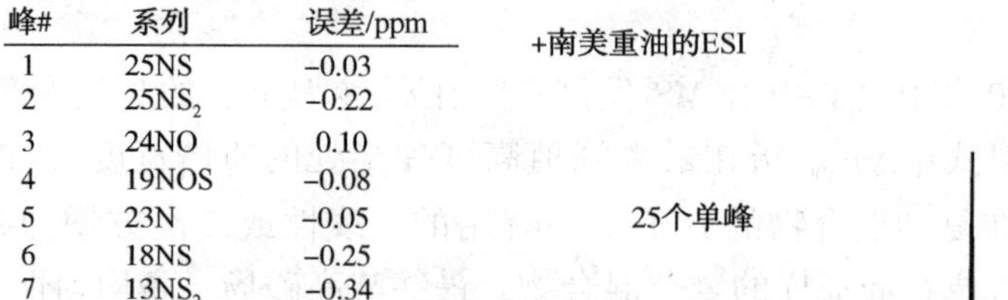

峰#	系列	误差/ppm
1	25NS	−0.03
2	25NS_2	−0.22
3	24NO	0.10
4	19NOS	−0.08
5	23N	−0.05
6	18NS	−0.25
7	13NS_2	−0.34
8	17NO	−0.19
9	17N_2*	−0.25
10	16N	−0.22
11	11NS	−0.32
12	9N	−0.29

*包括^{13}C

图 3.2 图 3.1 右是南美原油的 ESI FT-ICR 质谱的质量放大碎片($m/z \approx 588$)，显示了 25 个单峰的分离基线。简单说，25 个设定元素组分中仅列出了 12 个。标为 10 和 11 的两个峰表示一个常规遇到的等压质量分离(C_3和 SH_4，0.0034Da)对石油组学的应用是十分重要的。根据文中杂原子含量(如 NS，NOS)和双键等价(DBE=含双键的环)标记元素组成

原油中，石油样品的的 C_3 与 SH_4 普遍遇到的分离基线。注意到类似的信息的可能是在每个名义质量(近似整数)的质谱(300<m/z<900)中。这种等压分辨率以及质谱的其他部分，使得其他质量分析方法不能覆盖含有杂原子的种类得以分析。而且，其他组分的确定物质的$^{12}C_c$和$^{13}C\ ^{12}C_{c-1}$形式间的质量间隔反过来允许离子电荷(z)的测定，因为这两个峰在 m/z 比例上由 $1/z$ 分离[24]。用这种方法，所有石油化学物质的电荷被测定是+1(用+ESI. FD. EI)或-1(-ESI)。因此，从这里开始，我们应该考虑测量 m/z，以简化道尔顿的离子质量。最后，同位素精细结构[25](例如，$^{12}C_c$和$^{13}C^{12}C_{c-1}$形式的鉴定或其他组分确定物质中的^{34}S 和^{32}S 形式的鉴定)的分辨率提供了元素组分分配的内部验证。

离子被引入 FT-ICR 单元，位于空间均匀磁场的中心，以与 z/m 成比例的回旋频率绕磁场旋转(式中，z 是每离子中元素电荷的数量，m 是离子质量)。磁场约束径相离子，另外，外加轴向四极静电场阻止了轴向电子的溢出。ICR 单元中多种离子的库仑力贡献的静电场“捕获”潜力通过一个近似常数改变所有离子的回旋频率[26]。综合这些效应得到一个简单的二次方程，联系所观察的回旋频率和 m/z；因此，ICR 频率 m/z 校准 2 种或多种已知 m/z 比例离子，允许质谱中所有其他离子的 m/z 比例测定[27,28]。对于石油的分析中，用先于分析物分析前已知质量离子的独立“外部”校准实验得到校准方程系数，提供质量精度(±5ppm)来分配元素组成到高质量缺陷等级(氢原子含量高)缺陷扫描质量范围的同源烷基化系列的普遍存在离子。分析光谱中所有其他 m/z 值的离子的随后内部校准产生高得多的质量精度，因为所有分析离子取决于相同磁场和电场；因此，高质量精度(<1ppm)也许能得到更广泛的质量范围。精确的质量测量允许最多至 400Da 的离子分子式的明确分配。对于更高质量所观察的这些物质的分配，我们必须依靠质谱和 Kendrick 标准化的有效间隔(见下文)。

3.2.2 Kendrick 质量和图解

石油衍生材料的 FT-ICR 质谱进一步研究揭示了通过整个质谱范围的重复间隔图形。例如，图 3.3 显示了由正离子 ESI FT-ICR MS 分析得到了南非原油的 2 个质量放大的碎片。在图 3.3 底部，渐渐放大的跨越 100Da 范围，一系列 14Da 间距的很容易识别。每个连续的 14.01565Da 间隔都对应一个外加 CH_2。因此，多种 CH_2不同的一系列离子包括同等(N、O、S 杂原子数)和同类(双键环数)的均匀烷化系列(碳数分布)。在更高放大倍数的扩大中(图 3.3顶部)，另一列确定质量间隔为 2.01565(2 个氢原子质量)有相同的等级和碳原子数组成，仅类型不同(双键环数)。

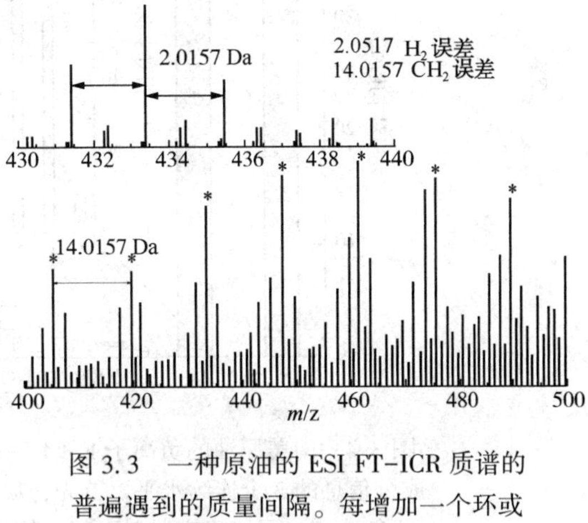

图 3.3　一种原油的 ESI FT-ICR 质谱的普遍遇到的质量间隔。每增加一个环或双键就减少 2.01565Da 的质量(上图)，每增加一个 CH_2基团就增加 14.01565Da 的质量(下图)。明确这种间隔对元素组成的正确分配是至关重要的

Kendrick 质量尺度的研究利用 14.01565 的质量差以确定同一等级和种类的成员，除了碳数变化。IUPAC 质量到 Kendrick 质量的转变涉及一个 CH_2单元的测量质量到 IUPAC 质量的重新缩放[15]。

$$\text{Kendrick mass} = \text{IUPAC mass} \times (14/14.01565) \quad (3.1)$$

因此 CH_2 单元(14.01565)的 IUPAC 质量变为精确的 14。结果，同一等级和类型组成已经明确 Kendrick 质量缺陷(KMD)，因为每增加一个 CH_2 单元就精确地增加 14 的质量，这是那一系列独有的。

$$\text{KMD}=(\text{标准质量}-\text{Kendrick 质量})\times 1000 \tag{3.2}$$

如，一系列简单饱和脂肪酸(戊酸，己酸和庚酸)有相同的等级(O_2)和种类(双键环数是 1)，仅连结羧酸官能团的 CH_2 单元数不同(4、5、6)。Kendrick 标准化产生一个系列，其每个成员都有相同的 KMD，因而在 KMD 图和名义(近似整数)Kendrick 质量中出现了与等间隔点平行的一条线。这是重要的，指出类型和等级通常被简称为确定含有碳原子数分布的成分。在当前例子中，简单饱和脂肪酸被简称为 $1O_2$，式中 1 是类型(也被认为双键当量 DBE 或双键环数)，O_2 是等级(杂原子含量)。这种记录方法是等级和类型的简单缩写，将在本章中使用。

Kendrick 图的应用是，一旦低质量(<400Da)等级的一些成分已经确定，沿相同 KMD 水平数据的延伸允许物质中确定元素组成的分配，否则该物质将位于精确分子式分配范围外，其完全基于精确质量测量[16]。从而，Kendrick 质量范围使对单独元素组分分配的最高质量限制增加 3 倍。Kendrick 质量分析产生元素组成，按顺序提供化学细节的 3 个水平，在图 3.4中列出：杂原子等级($N_nO_oS_s$)，类型(双键当量)和碳分布。对于等级对比，相对丰度百分数是等级丰度的总和除以质谱每个明确峰的总和。对于种类和碳数，为了促进内部类型和碳数的比较，丰度被缩放到种类或碳数分布的最高组分。

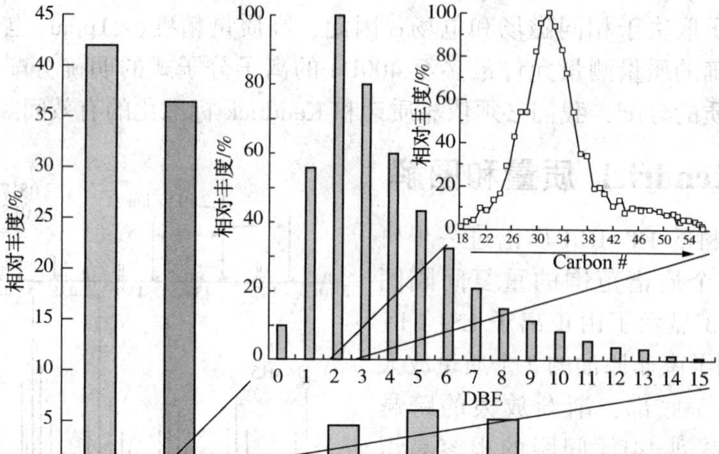

图 3.4 南美原油的负离子 ESI FT-ICR 质谱的 Kendrick 质量分析提供了成分信息的 3 个连续水平。首先，质谱中明确的每种物质的等级或杂原子含量(左)可能确定。对于每个等级，相应的 DBE(类型)分布也可能确定(中)。最后，对于已给等级的每种类型，碳数分布提供一种烷基取代基含量的测量方法(右)。质谱可以确定所给等级的每个种类提供的相似碳数分布

图 3.5 展示了南美原油各种类型的 O_2 等级的 Kendrick 图(KMD 和名义 Kendrick 质量的关系图)。在 O_2 等级内，包括连续的双键环的较高组分的离子与 KMD 图中的相等增量位移彼此垂直。所给水平线的相等间隔点从 CH_2 基团数量的连续增加中得到。因而，所给等级和种类的水平范围能定义碳数分布。事实上，因为每个杂原子等级都有不同的 KMD，有可能在一个 Kendrick 图中表示出所有分配元素组成。

根据质谱中每个元素组成测得的相对丰度进行颜色编码，Kendrick 图可以呈现更多信

息。从而质谱被转化为图像。图 3.6 显示了北美原油中所有确定等级，种类和碳数的完整 3D Kendrick 图。这里显示的所有组成信息，可以通过 FT-ICR MS(现在也包括测量相关丰度)在一张图中进行可视化。因为 Kendrick 图中的垂直变化从增加的芳香烃(双键环)中得到，相关样品的芳香性变化可以被快速可视化。这里，我们以北美原油(图 3.6)和它的相关产物沉淀(图 3.7)为例，分别由阴离子 ESI FT-ICR 质谱得到。图 3.7 中在元素成分和它们增加的相关丰度上有明显的转变，相对于图 3.6 建立芳香烃产物沉淀对比原油相应的增加。因此，产物沉淀明显地从原油中多个芳香物种的选择性沉淀中得到。类似的，图 3.8 展示了北美原油正庚烷沥青质的 3D Kendrick 图。大的 Kendrick 质量缺陷表明确定的大多数物质是高级芳香烃。等级分析揭示了明确物质的大多数是包含多种杂原子的芳香烃。然而，Kendrick 图没有完全揭示等级基础的组成差异。为此，我们采取 van Krevelen 图。

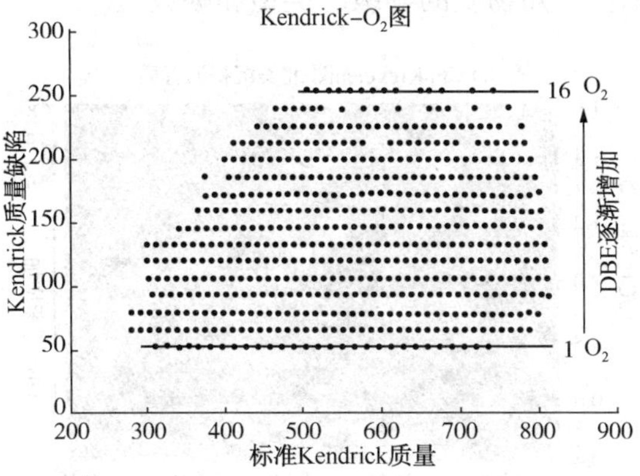

图 3.5　图 3.1 左所示的负离子 ESI FT-ICR 质谱确定的 O_2 等级的 Kendrick 图，在一张图中显示了种类和碳数分布。纵轴表示 DBE 增加，水平轴表示 CH_2 基团增加

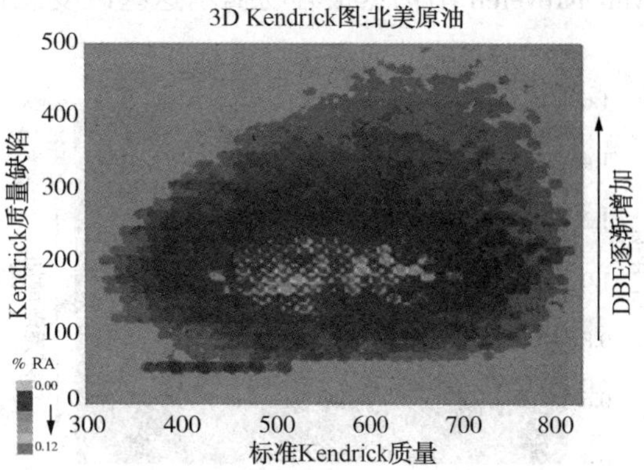

图 3.6　整个宽波段负离子 ESI FT-ICR 质谱产生的北美原油的 3D Kendrick 图，能够快速检测所有已知物质的碳数(x 方向宽度)和双键当量(y 方向宽度)变化。颜色尺度表示每个组分的相对丰度

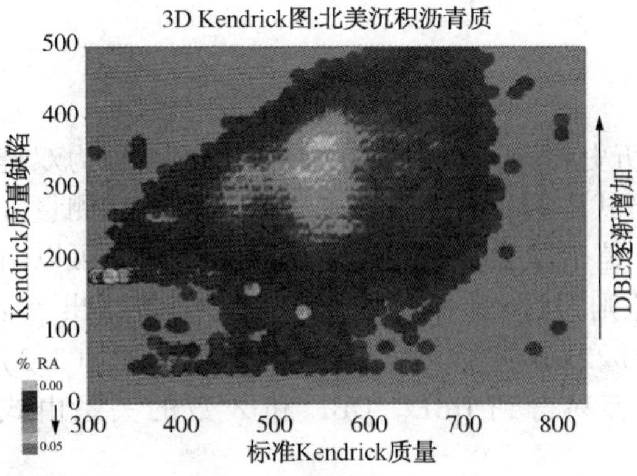

图 3.7　整个宽波段负离子 ESI FT-ICR 质谱产生的北美原油产物沉淀的 3D Kendrick 图。格式与图 3.6 相同。更高 Kendrick 质量缺陷(更高的 DBE)的转变表明更多芳香物质的优先沉淀

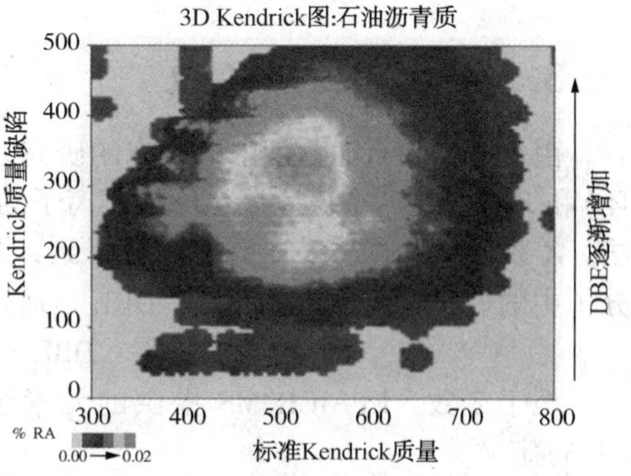

图 3.8　整个宽波段负离子 ESI FT-ICR 质谱产生的北美沥青质的 3D Kendrick 图。格式与图 3.6 相同。更高 Kendrick 质量缺陷(更高的 DBE)的转变表明沥青质是高级芳香物质

3.2.3 van Krevelen 图

vanKrevelen 图是基于每个元素成分的非碳原子(H、N、S、O)和碳原子的比例的图。对于整体元素组成的最初提议(例如每个样品一个数据点)[17]，这个方法已经延伸到用超高分辨率 FT-ICR MS 推导的单个元素组成[18,19]。在 3D van Krevelen 图中，y 轴是典型氢/碳比例，z 轴是反应相对丰度测量的颜色编码。x 轴是 X/碳比例，其中 X 可以根据兴趣杂原子 x(N、S、O)的特定等级成分变化来选择。图 3.9 和图 3.10 显示了原油和沉淀沥青质的 van Krevelen 图，其中 x 轴被选为氧/碳比以突出含氮种类中氧的依赖性变化。原油和沉淀物间的特定等级的不同取决于选择的沉淀物，即更高氧化的含氮物质的数量和相对丰度也增加。相似的信息提供给所有已知等级。即使 3D Kendrick 图揭示了芳香烃和碳数的一般变化，3D van Krevelen 图仍然很容易揭示这些改变怎样体现在已知物质的等级、类型和碳数上。

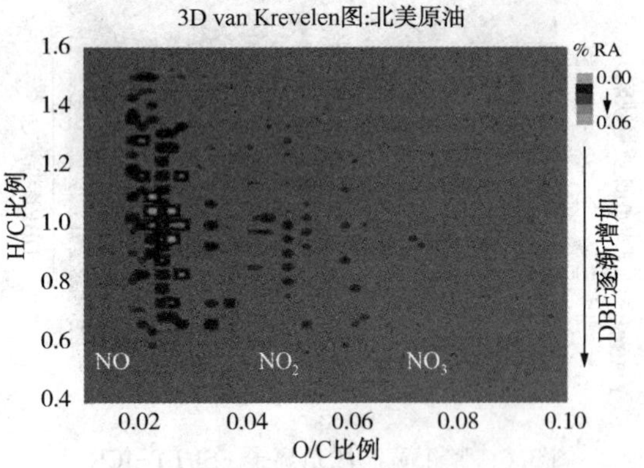

图 3.9 北美原油的负离子 ESI FT-ICR 质谱确定的 NO_x 物质的 3D van Krevelen 图。对于揭示基于等级的变化，van Krevelen 图比 Kendrick 图更合适

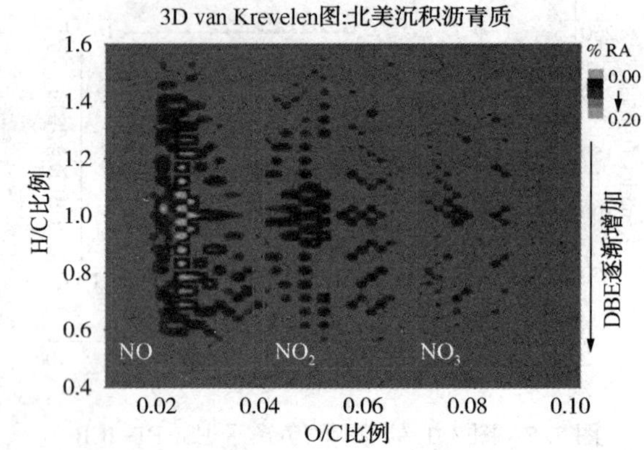

图 3.10 如图 3.9 中的 3D van Krevelen 图，但是对于北美产物沉淀物的已知 NO_x 物质。与图 3.9 比较，提供了含 NO 物质的基于等级的沉淀趋势的直观可视化，表明优先形成或富集了更高含氧量的物质

3.2.4 DBE 和 Z 数

由于质谱和石油化学中缺氢率的研究方法的历史差异，有利于分清 DBE(也被称为双键环)和 Z 数。这两个值应该从所观察离子的中性形式中被报道，并且是缺氢率的直接测量方法。Z 数可以由通式 $C_cH_{2c+z}X$ 计算得到，其中 X 是杂原子含量(N、O、S)。Z 数也可以由分子中的氢和碳数量简单计算。DBE 是通过“氮原则”从通式 $C_cH_hN_nO_oS_s$ 中计算得出[29]：

$$DBE = c - h/2 + n/2 + 1 \tag{3.3}$$

至于 Z 数，FT-ICR MS 提供的元素组成很容易得到 DBE。DBE 和 Z 数的关系由式(3.3)定义。

$$Z = -2(DBE) + n + 2 \tag{3.4}$$

因此式(3.4)表示了 DBE 和 Z 数间的简单关系。

3.2.5 获得极性物质的方法 ESI

ESI FT-ICR 质谱分析石油衍生物有确定的几千个种类，其组成了几十种不同于各种石油衍生材料的化合物[14,21,22,30-39]。虽然质量本身不能分辨结构异构体或确定的包含杂原子等级的化学功能，已知等级的有限化学形态可以根据 ESI 进程的选择推断。阴离子 ESI 有利于酸性物质的离子化，从而体现出酸性氮(吡咯)和环烷酸。同一氮等级(N_1)的不同由自由阳离子 ESI 产生；然而，因为阳离子 ESI 有利于质子化碱性物质的形成，含氮等级现在代表吡啶类。相似的趋势可以用来区分 O_x、SO_x、NS_x、N_x 和 NO_x 的化学功能。因而，没有色谱的预分离，ESI 仅能提供受限等级形态。特定等级的离子化趋势已经通过分析一系列标准被证明，其中的一个子集包括吡咯和吡啶型官能团[34]。FT-ICR MS 确定的物质的结构排列的未来发展将依赖特定等级的化学衍生[40]和色谱分离[41-52]，或者两者联合。

图 3.1(右)展示了原油极性物质 ESI FT-ICR MS 分析成功的一个标杆。一个单一质谱可以确定 11000 多个不同元素组成。FT-ICR MS 的超高分辨率很容易确定正确的杂原子等级，甚至是质量和 3.4mDa(C_3 和 SH_4)一样小的同量异位素物质的不同(见图 3.2)。对于这种紧密间隔的峰、等级、类型和碳数的正确分配能力，对其扩展到更复杂石油馏分，如沥青质的分析是极为重要的。例如，图 3.11 显示了些单一名义质量分辨的 55 个峰的酸性沥青质的 ESI FT-ICR 质谱结果。近几年，那些复杂样品的详细化学组分(等级，类型和碳数)的分析仅用 FT-ICR MS 就可以得到。

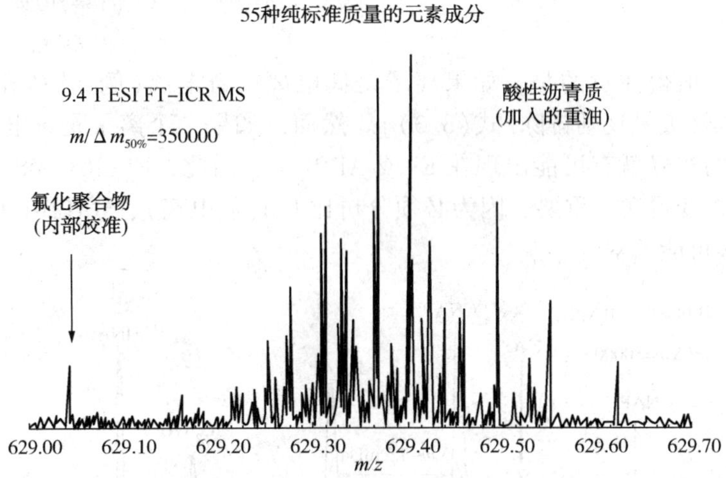

图 3.11 酸性沥青质的阴离子 ESI 选择离子积累 9.4-T FT-ICR 质谱。注意单一标准质量 55 个峰的分辨率

3.2.6 获得非极性物质的方法 EI、FD 和 APPI

原油 ESI FT-ICR MS 的首次成功分析导致其他石油衍生材料[32]、煤[19,35,37]、腐殖酸和富里酸[53,54]分析技术的快速扩张。然而，ESI 选择性仅针对大部分极性物质，因此，其他离子化方法是必不可少的，以增加 FT-ICR MS 对非极性物质的详细成分分析的价值。为此，我们最近已经修改目前的仪器来接受商业电子电离、大气压光电离[55]和场解吸[23,56,57]离子来源。其他研究者已经研究热解吸探头，以及电子电离[58]或金属络合[59-61]以得到获取非极性组分的途径。

EI FT-ICR MS 依赖样品的热解吸，其先于电离惰性加热进口系统。结果，EI FT-ICR MS 不适合如渣油那样极端重质材料的分析。烘箱的限制工作温度和惰性入口涂料的热稳定性阻止工作温度超过 400℃。然而，这项技术很适合轻到中度馏分的分析，其在 FD 真空分

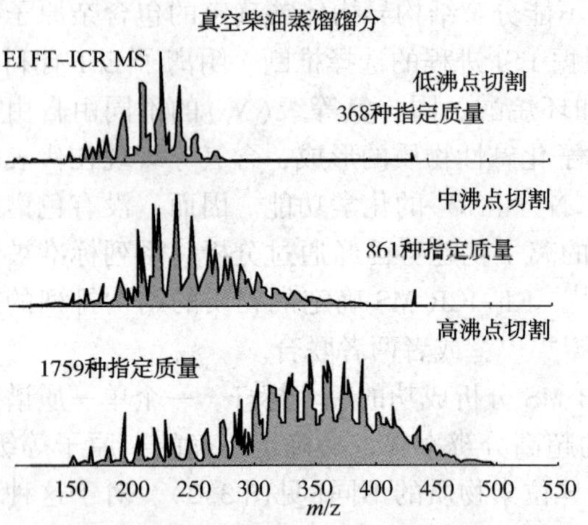

图 3.12 确定实验条件下 VGO 馏分的 10eVEI FT-ICR 质谱，每个质谱代表 100 平均扫描。低沸点馏分(上)，中沸点馏分(中)，高沸点馏分(下)

析中很可能被挥发掉。图 3.12 展示了一系列真空瓦斯油馏分的 EI FT-ICR MS 分析。得到非极性物质分辨成千上万的非极性含硫物质(如苯并噻吩)的过程不能通过 ESI 观察到。

APPI 依赖通过氪灯(10eV)的照射使分析物电离。在光子曝光前加热空气辅助喷雾器，样品解析成气相。APPI 很适合芳香烃类的物质(极性和非极性均可)。FT-ICR MS 的超高分辨率在阳离子 APPI 中是很重要的，因为这一过程产生阳离子自由基和质子物质。因而，所给中性分析物可以产生同量异位素，不同于^{13}C 和^{12}CH 的对比(相应的 0.0045Da 质量差)(图 3.13 上)。近些年，没有其他种类的质量分析方法可以解决那样间隔紧密的同量异位素。即使这样，其他研究学者仍成功地应用低分辨率 APPI MS 估算重质原油材料中分子量的分布[62]。

在这一点上，值得注意的是，如果离子是偶电离或奇电离(例如^{13}C 和^{12}CH，NH_2和 O 等)，一些质量双峰被氮规则排除[式(3.3)]。然而，如果一个离子是奇电离，另一个离子是偶电离，那样的双峰就有可能出现在 EI 或 APPI 中。因此，FT-ICR MS 对 EI 或 APPI 质谱的高分辨率分析变得尤为重要，因为必须分析比 ESI(偶电离)、MALDI(偶电离)或 FD(奇电离)离子化更多可能的双峰。

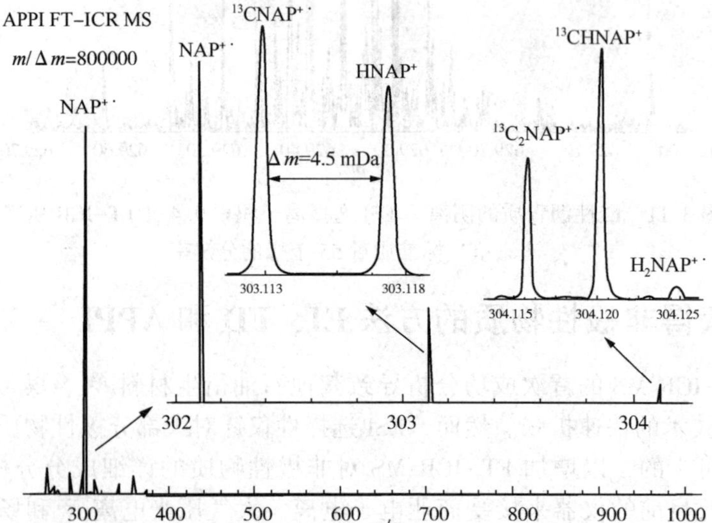

图 3.13 苯并吡(naphtho[a]pyrene)的 APPI FT-ICR 质谱，突出石油衍生物的 APPI 质谱普遍遇到的等量异位素分裂^{13}C 和^{12}CH，由于光离子化进程的趋势形成质子化和自由基正离子

FD/FI 对即使是最重的石油馏分提供热解吸和离子化。图 3.14 所示不包含射极电流(例如很低的解析温度)的原油 FD FT-ICR 质谱分析。一系列烷基苯的内部校准产生了令人吃惊的在整个质量范围内高的质量精度(亚 ppm)。确定的等级包括 S_1、S_2、S_3 和 O_2 等级较低水平分布的大部分碳氢化合物。FD 离子化显示极性和非极性物质离子在相对效率上有很少的等级差异。APPI 和 ESI 得到的质量分辨率和动态范围是相似的,(对于已报道的所有 FT-ICR MS 分析)等级、类型和碳数分布由质谱中所有确定物质决定。

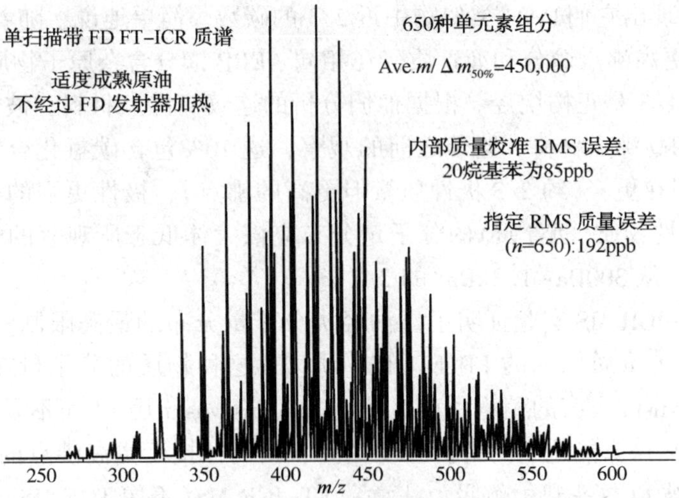

图 3.14 低发射热量下北美原油的宽波段 FD FT-ICR 质谱。质谱是根据 10s 外离子积累的 9 个时间域瞬变现象计算得到的

3.3 质谱测定分子量

如上所述,过去数十年质谱和离子化技术的发展已经允许在一个以前从未预期的水平上表征石油衍生材料。然而,对于过去 50 年石油表征的所有成果,一部分人认为在证明石油材料,如沥青质,分子量真实范围的过程中质谱的作用很小。在发表文献中各种技术(如气相渗透压法,尺寸排除色谱法,荧光法,质谱法)中实验得到的值存在大范围变化。一些人认为原油和它的相关馏分主要由低分子量成分组成(100~2000Da),然而其他人认为分子量要大得多(100~10000Da 甚至 100~1000000Da)。在这一简短的回顾中,我们仅讨论了过去 20 年发表文献出现的质谱结果。有关基于非质量的原油和沥青质分子量的测定问题在这次回顾范围外,也许在其他地方可以找到相关论述[63-68]。

3.3.1 低分子量的石油组分

在今天离子化方法和质谱分析范围内,原油和其相关馏分的分子量分布情况是很好的,意识到这点很重要。例如,ESI FT-ICR MS 观察到的倍增电荷的 DNA(100000000 Da)[69],和 ESI TOF 质量分析的完整 DNA(2300000 Da)[70]。此外,在 19 世纪 80 年代末,Boduszynski 和其他人提出了令人吃惊的复杂石油衍生物的广泛描述[1-4]。他们依赖于分析技术主体,包括 FI 质谱,得出结论,原油中主要物质的质量少于 1.9kDa。Boduszynski 也指出了分子量和结构间的关系是沸点的函数,因而对所有沸点确定组分的物质大小设立了操作限制[3,67]。Boduszynski 和 Altgelt 从 19 世纪 90 年代的一本书里总结了这些和其他相关发现[67]。最明显的是，他们得到结论，对于波斯坎原油(已知最重的原油之一)，其中的 90%(质量)的分子量小于 1900Da。而且，同时广泛持有相反观点，作者进一步陈述表明，高沸点馏分，相应的戊烷不溶物(沥青质)，包括大量的低分子量(即使是高度极性物质)组分。因而，在最重的石油馏分中，到更高的分子量的进展中，纯碳氢化合物可以通过增加更具极性(更轻)物质数量减少或取代。这一想法通过观察被验证，对于给定的大气当量沸点(AEBP)，含有杂原子物质表现出它们 PAH 类似物中近 2/3 的碳数。简单地说，随着极性组分(NSO 含量)的增加，对于更高沸点馏分和沥青质，在相同 AEBP 馏分含杂原子物质的碳数是 PAH 类似物的约 2/3，另 1/3 是正构烷烃。根据他们分析的连续高沸点材料，波斯坎原油被测定仅含有 10%(质量)的高沸点材料。鉴于之前的观察，这 10%包含碳氢化合物分子量很可能是 2kDa 或略高于，但在更轻(约 2/3 极性质量但更高的沸点)，极性更强的杂原子物质中有快速增长。因此，极性物质(沥青质)的分子量分布应该大体低于所观察的烃类，应该对应到的最高质量芳香烃(从 300Da~1.3kDa)的 2/3。

我们的 FD FT-ICR MS 实验证明了重油烃类分子量分布的最高限制。图 3.15 所示高解析(发射)温度的北美重质原油的 FD FT-ICR 质谱。这种物质的分子量在 1000~2000Da 之间，比之前 Boduszynski 发表的稍重一点。然而，Boduszynski 用 FI 而不是 FD 质谱测量分子量，FD 允许比 FI 热探头能达到的解析温度更高，因而，接近更高沸点的材料(未被观察到的 10%)可能没有被 FI 探头热力解吸。注意到 FT-ICR MS(不像 TOF MS)检测效率独立于分子量是很重要的。

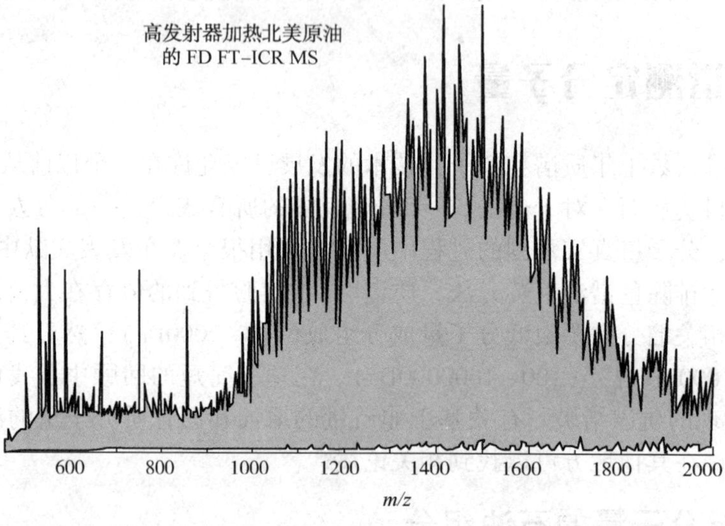

图 3.15 高发射温度下北美重质原油的场解吸 FT-ICR 质谱，得到原油中非常高沸点的组分。注意分子量分布没有扩大到 2kDa 以外

加拿大沥青的另一 FI MS 研究进一步支持了石油物质的低分子量观点。如 Boduszynski，DeRio 和 Philip 所观察的分子量分布都在 2kDa 以下[71]。最近，原油最多极性物质的 ESI FT-ICR MS 结果也支持低分子量理论。将一个质量分辨四级杆加入到 FT-ICR 质谱仪，预选质量片段可以在质量分析前被优先积累，以至于 FT-ICR 单元可以被那些质谱中质量跨度有限的片段(40Da)的离子填充。选择性离子积累可以有效地增加分析的动态范围，允许观察到

在单个宽带质谱中不能观察的低丰度物质(包括高分子量)。然后宽带质谱可以通过单个质量片段"拼接"在一起来实现。最近南美原油的选择性离子积累 FT-ICR MS 研究揭示了含量高的极性物质在 300～900Da 之间，延伸到 1.4kDa(尽管减小了信噪比)，很好地符合 Boduszynski 分子量模型，预测极性芳香烃扩大到之前观察的非极性物质质量的 2/3(即 1.3kDa)。Sheu 最近总结了质谱和其他分析技术的使用，支持沥青质的低分子量分布观点[68]。最后，Mullins 和其同事发表了主体是支持沥青质低分子量的报道。特别地，石油沥青质的场去极化研究[72-75]表明，沥青质的平均分子量约为 750Da，由 FT-ICR MS 测得分子量为 650Da，大多数物质在 350～750Da 之间。

3.3.2 质谱的局限性

正如之前所述，原油和其相关馏分的分析量范围可以很好处于现有质谱技术的分析能力之内。然而，引导分析物进入气相的方法和之后的离子化还存在相应的限制。EI、FI、FD、APPI、APCI 和 MALDI 都依赖离子化前的分析物的热解吸。然而，成分也许不能在离子化前完全挥发(如在 EI、APPI 或 APCI 的加热入口)。FI 和 FD 依靠在真空中电阻加热分析物，因而很有可能得到重质馏分。然而，由于 FD 利用碳微型针枝晶对晶体解吸，它比安装探头的 FI 加热器达到高得多的温度。LD 和 MALDI 依靠激光放射快速加热样品，之后进行离子化。因为都依赖于高能量密度的聚焦和短激光脉冲，所以形成真空中烧蚀材料的等离子体。结果，几种不同的离子化手段形成了人们并不期望的碎片和气相聚合物。形成非期望的产物离子的趋势是分析物等级和种类的函数，因此由大量不同等级种类分析物组成的复杂混合物便造成了明显的困难。降低激光能量也许可以减少非期望产物离子的形成，但反过来又会导致不完全解吸或离子化。增加激光能量(在很多情况下要使能量最大化)也许能确保完全解吸和离子化，但以增加碎片和多聚物的形成为代价，阻碍分子量的测定，使本来就已拥挤的质谱更加复杂化。这些相互矛盾的需求的影响将在下一部分讨论。即使 ESI 通过产生分析物/溶剂的微小液滴避免了所有之前讨论的问题，之后干燥产生仅有分析物的气相，离子化进程依赖酸性/碱性化学物质，因而它的应用受其极性部分失电子(酸)或得电子(碱)的限制。样品挥发是不着边际的，如质量大于 100MDa 的多体物质已经被 ESI 成功观察到[69]。事实上，非挥发组分的广泛应用形成了近代诺贝尔化学的基础，对于 ESI 的发明者 John Fenn。APPI 是用加热的空气辅助雾化器进行的，但是其得到高沸点组分的能力目前还未确定。总之，质量分析技术目前没有限制高沸点石油衍生材料的组分分析，然而，它没有能力在质谱分析前将分析物的所有组分代表性地引入气相和离子化。在现在的离子化方法中，ESI、FD 和 FI 提供最多通常有代表性的分子量测定，有很少或根本没有取决于质量(挥发性)的差异。然而，因为 ESI 被极性物质限制，所以 FD 和 FI 提供了可以测量极性和非极性分子量测量的折中办法。

最后，仅用质量测量不能分辨结构异构体(正异构体或立体异构体)。因为阳离子和阴离子 ESI 不同电离场提供的化学物质被严重受限(明显被包括氮或氧的极性物质限制)，以光谱为基础的，化学形态的化合物组成需要特定等级的分离。此外，每种离子化效率(对所有离子化方法)被其他物质的存在显著影响("矩阵"效果)，不容易观察到离子相关丰度和原始样品中其前体中性物质的相对丰度的关系。最后，必须要校准特定等级的相关离子效率，通过研究已知离子化效率的物质的混合物(各种化学功能，如醇、酮、酯和羧酸、吡啶型、吡咯等)。

3.3.3 石油组分的高分子量

如上所述有力证明，液态石油样品的质量分析(如ESI、FD)显示，含量最多物质的分子量低于1500。这些结果也可高度再现。然而，基于之前LD或MALDI的固体或蒸发的样品的原油和沥青质的质谱分析，阐述了高分子量物质(10000~100000Da)的证据。最近，Winans和其同事发表了对LD和MALDI质谱沥青质分子量测定的公平、系统、全面的评估，用Maya、Khafji、玛雅、海夫吉和伊朗轻质沥青，利用各种分析技术和各种仪器条件进行分析[76]。标准提供了评估母体、碎片和单体离子的形成趋势的基础。作者清晰地列出了由LD和MALDI MS得到的可再生的、精确的沥青质分子量分布的区别。当加入基质(蒽酚)时，可以观察到选择性离子化。也显示了反应模式(使用包括高分辨率和共线模式)中TOF质谱的使用导致高分子量的检测效率低。因此进行共线TOF模式的分析没有蒽酚(LD)加入。选择代表化合物等级的标准突出地显示了沥青质中发现的结构特征，即，芳香环、烷基侧链和桥链，还有杂原子的存在。标准的LDMS分析揭示了等级基础的离子化和产生离子形式的趋势，其为激光能量的函数。芳香烃和烷基取代的芳香烃在相对低的激光能量下离子化，但在基质分子量整数倍的情况下产生大量多聚体及次要碎片离子(烷基取代基芳香烃)。桥链芳香烃标准需要适中的激光能量来离子化；然而，烷基桥链碳的裂解产生大量的碎片离子。包括极性染料(*N*,*N*′-bi-(2,5-di-tert-butylphenyl)-3,4,9,10-perylenedicarboximide)，因为它包含了所有被认为存在于沥青质中的结构特点(杂原子、芳香烃、烷基和桥链结构)。然而，高效离子化需要高的激发能量，随后导致单体碎片离子的形成。基于LDMS标准，“重质”沥青质物质的完全解吸/离子化需要高激光能量。然而，高激光能量会产生多体物质和芳香烃，烷基取代基芳香烃，烷基桥链芳香烃结构的碎片，这些在沥青质中都被认为是丰富的。适中激光能量提供最好的折中办法，因为它产生所有原油沥青质和它们相关GPC副馏分的最高平均分子量。然而，基于标准结果，激光能量表现提高了芳香烃，烷基取代的和桥链芳香烃，以及单体(烷基取代的)和主要的(桥链的)碎片离子的多体和单体碎片。因此，中等激光能量域没有观察到“类似沥青质”的极性染料的信号。

上述例子阐明了用LDMS和MALDI测量沥青质分子量的缺陷和不同点。不幸的是，一个完整的研究需要数十种化合物等级和种类的巨大标准跨度。彼此具有不同的烷基化程度，结果，由于合适标准有效性的限制，目前不存在可行的标准。因此，为了充分了解电离效率和基质效应趋势，需要混合标准，因为PAH分子已经被报道作为非极性物质的MALDI质谱分析的有效基质[77]。因此，在某种意义上，沥青质是它们自己的基质，因此，任何沥青质物质的LD MS分析构成MALDI的一种形式，基质数量(样品中存在PAH物质的数量)与样品有关。最后，控制“空白”样品是必不可少的，因为LD和MALDI能产生高的TOF质谱的分子量“尾巴”，即使没有样品。

从Winans的研究中获得了洞察之前报道的LDMS测量沥青质分子量的新视角。由LD和MALDI MS测得的原油和沥青质分子量变化很广。Winans等注意到在已发表的包括测量激光能量密度(每单元区域Watts)的文章中没有LD和MALDI MS应用在分析中，这些实验不可能对比和重复。Winans等继续提出“投射到样品的激光脉冲能量对光系统和激光器年代的敏感性不同，在发射能量中随之下降”。不同实验室，不同仪器甚至不同时间得到的结果需要进一步完整对比。

3.4 聚合

沥青质在某一浓度以上倾向于在溶液中聚集，这一浓度被称为“沥青质临界胶束浓度CMC”[78-82]，这一术语取自胶体科学中表面活性剂的相似行为。即使聚合体不是真的胶体，这一术语是能反映出相关信息的，因为它确立了最大浓度，这一浓度下将会有纯单体的驱动行为。因此，分析技术需要分析物浓度在沥青质 CMC 以上，必须产生聚合体而不是纯单体特征。Sheu 指出，自相关倾向会危害许多分析技术的相关性(vapor phase osmometry VPO，gel permeation chromatography GPC 等)，这些分析技术通常是测量沥青质分子量的常规方法[68]。在浓度远高于普遍接受的 CMC 限制时，通过低分辨率质谱作用已经证实了原油和沥青质极性组分的聚集体的存在[68]。如上所述，如果实验在足够低的样品浓度下进行，那自身聚集对 ESI MS 就不是问题(如，总样品浓度≤0. 1mg/mL，以至于任意单个分子组分的浓度小于 1mol/L)。

加拿大沥青的质量分析证明了极性馏分的聚集趋势，提供了对真实单体分子量分布的认识。图 3. 16(上)展示了加拿大阿萨巴斯卡沥青的宽带质谱(300<m/z<1200)，其由(高分析物浓度，10mg/mL)低分辨率的线性离子 LTQ 肼质谱得到。高质量限制(4kDa)，高离子生产能力(能够捕获大量离子数量)和串联 LTQ 质谱和 MS(MS^n)质谱能力，很适合检测沥青聚集体。在 1. 2kDa 以下分子量分布明显是双峰的，一直延伸到 2kDa 以上(未显示)。图 3. 16(右上)展示了含有预期多聚体片段的质量范围的 MS^2 隔离。图 3. 16(中)展示了该隔离片段的质谱，证明了质量选择。随后对于原始样品的低质量片段，在已选择的质量窗口中离子碰撞诱导解离(能量太低以致不能打破共价化学键)重新产生相同单体分布(图 3. 16 下)。因为高质量物质的解离重复产生亲代单体分布，使广泛分布的质量片段没有集合，这些高质量物质也许可归因于多聚体。

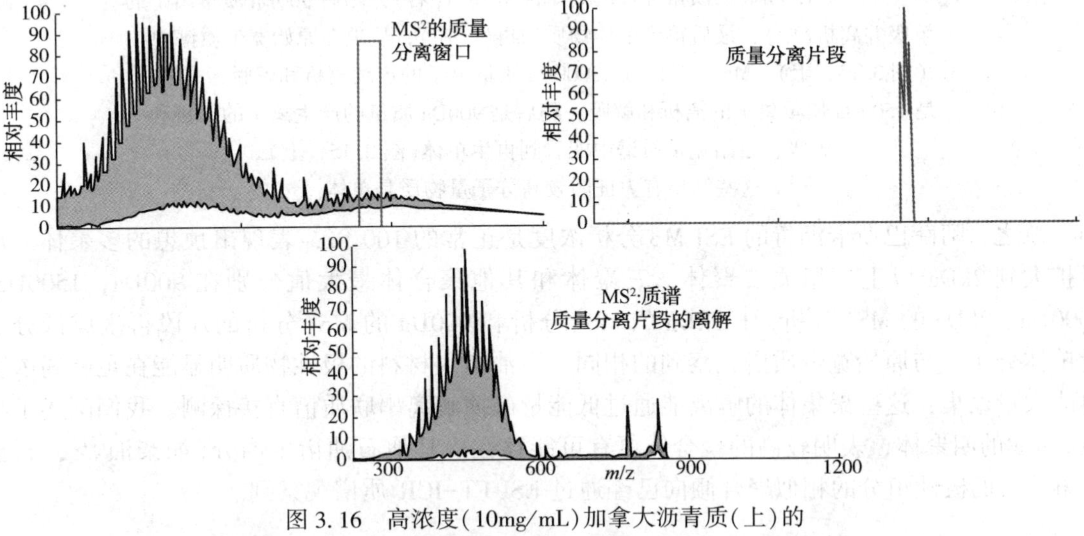

图 3. 16 高浓度(10mg/mL)加拿大沥青质(上)的低分辨率 ESI 质谱，显示出清晰的双峰分布表明多体形成。中间面板展示了质量片段离析选择的质量片段(离析窗口显示在右上)。随后离析物质的适度碰撞诱导解吸(MS^2)导致了与之前宽带质谱(上)观察到的相同的单体物质(下)的再生，有力证明了较高分子量物质是聚合体

高质量物质(1500 和 2000Da)的 MS^n($n=3,4$)实验提供了进一步的辅助证明，高质量物质是多聚体。图 3.17 显示原始质谱中 1500Da 分子量物质解离形成 900Da 的离子形式，其进一步解离形成的离子，与原始宽带质谱的单体具有相同的质量分布。此外，2000Da 的离子也被隔离，连续解离产生 1500Da 的产物，然后是 900Da，最后是单体分布(不是所有离子在每个 MS/MS 阶段都能被发现；因而，最终光谱的信噪比低于原始宽带质谱单体的)。因为解离产生的离子能量太低而不能打破共价键，质量为 900Da、1500Da 和 2000Da 的物质代表了增加的聚集的多聚体物质，其中的单体分子量低于 800Da。

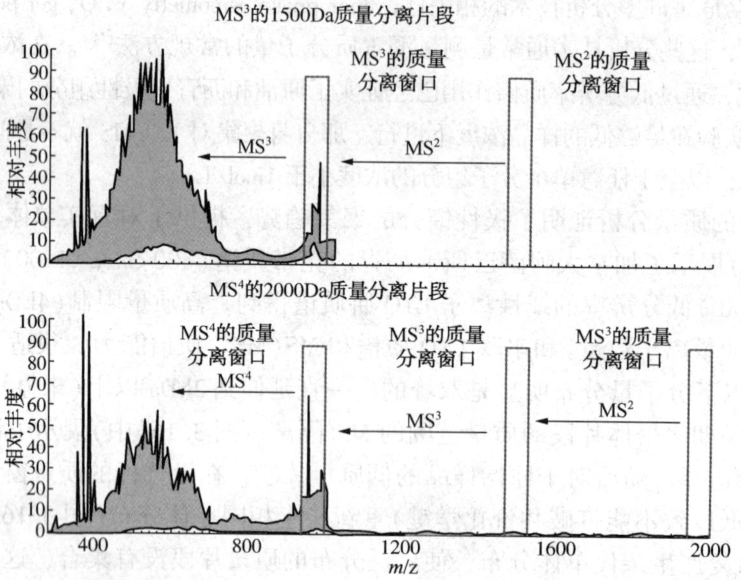

图 3.17　高分析浓度的加拿大沥青中较高质量物质的低分辨率 ESI MS^n 质谱。MS^3(上)，以 1500Da 的质量片段的离子离析开始(右)，随后 900Da 质量离子的解吸并离析(中)，最后得到单体物质的再生(左)，呈现在原始宽带质谱中(图 3.15，上)。MS4(下)，以 2000Da 质量离子的连续离析和解吸，之后是 1500Da 质量离子的离析和解吸，随后是 900Da 质量的产生离子的离析和解吸，原始宽带质谱中能看到再生单体(图 3.15，上)。这些结果有力证明较高分子量物质是单体

总之，阿萨巴斯卡沥青的 ESI MS 分析浓度是正常的 100 倍，表现出预想的多聚体，质量扩大到 2kDa 以上，相关二聚体，三聚体和其他聚合体最大值分别在 900Da，1500Da，2000Da。2kDa 的 MS^4 分析，1.5kDa 的 MS^3 分析和 900Da 的 MS^2 分析的片段再生成低分子量单体分布，与原始宽带质谱观察到的相同。石油衍生材料的极性物质明显能在足够高浓度时能大量聚集，这些聚集体的解离能通过低能量碰撞解离串联质谱直接探测。我们阐述了高达 2kDa 的四聚体，表明较高的聚合体更有可能存在。其他石油衍生馏分(如柴油[32]，石油卟啉[33])的极性组分的相似聚合倾向已经通过 ESI FT-ICR 质谱观察到。

3.5　石油组学

有趣的是我们关注到，蛋白质组学的蛋白质科学演变和沥青质、原油特征的现状的相似

性。蛋白质，如沥青质，我们通常用不同溶解度定义：白蛋白(可溶于水和稀盐溶液)；球蛋白(不溶或微溶于蒸馏水；用半饱和硫酸铵水溶液盐析出)；醇溶蛋白(不溶于水，但易溶于50%~90%的乙醇水溶液)；谷蛋白(不溶于上述所有溶液，但溶解在稀酸或碱溶液)；硬蛋白(不溶液大多数普通溶液)等[83]。类似地，沥青质现在也通过它们在甲苯中溶解度和庚烷中不溶性进行定义。然而，质谱和一些其他技术现在能提供更多基本成分(氨基酸序列)和高阶结构基础以分类和解释蛋白质功能。石油科学的相似进步正开始形成石油组学。单体物质的等级、种类和碳数分布为多聚物研究(在这个例子中，是非共价连接的多聚体)提供结构、功能和进程中上下游环境中行为的洞察力。然而，最近回顾的大纲中[22]，质谱不可能是“石油组学”领域的唯一分析工具。即使原油中极性和非极性物质的特性已经取得了大量进展，饱和烃/烯烃的成分测量还是相对无法捉摸。由于它们倾向于离子化过程中的碎片和经历的气相反应，饱和烃/烯烃对直接质谱特性测量造成了特殊的困难。对于这些物质，高温气相色谱 HTGC 的出现很适合建模。此外，仅仅质量测量不能辨别结构异构体。以色谱为基础的，化学生物形成化合物等级需要特定等级的分离。GC/GC 或 GC/GC/TOF 分析则是认识异构体变化和中到轻质馏分进展所需要的，以指导较重质物质的相似表征。最后，因为(至于 ESI)一个物质(基质效应)的离子化效率受其他物质存在的很大影响，所以不容易关联所观察离子和原始样品中先导中性物质的相对丰度。例如，阴离子电喷雾离子化更喜欢酸性化合物，它的存在可以减少酸性较低物质的相对丰度。很有必要校准基于合适参考化合物(其中很多目前不能合成)的离子化效率(至少是在主要不同等级间)。然而，即使是从各种离子化方法的质谱中推导出定性和定量的组分信息，也还是不够的。最后，所有可能技术的成分数据将会成为石油行为预测模型的基础。因此，信息学和预测模型的发展是至关重要的。

参 考 文 献

[1] Boduszynski, M. M. (1987). Composition of heavy petroleums. 1. Molecular weight, hydrogen deficiency, and heteroatom concentration as a function of atmospheric equivalent boiling point up to 1400°F (760°C). Energy Fuels 1(1), 2-11.

[2] Boduszynski, M. M. (1988). Composition of heavy petroleums. 2. Molecular characterization. Energy Fuels 2(5), 597-613.

[3] Boduszynski, M. M. and K. H. Altgelt (1992). Composition of heavy petroleums. 4. Significance of the extended atmospheric equivalent boiling point (AEBP) scale. Energy Fuels 6(1), 72-76.

[4] Altgelt, K. H. andM. M. (1992). Boduszynski, Composition of heavy petroleums. 3. Animproved boiling point-molecular weight relation. Energy Fuels 6(1), 68-72.

[5] Zhan, D. L. and J. B. Fenn (2000). Electrospray mass spectrometry of fossil fuels. Int. J. Mass Spectrom. 194(2-3), 197-208.

[6] Jaffe, S. B. (2001). Compositional based modeling. In: 222nd ACS National Meeting, Chicago, IL.

[7] Quann, R. J. and S. B. Jaffe (1992). Structure-oriented lumping: Describing the chemistry of complex hydrocarbon mixtures. Ind. Eng. Chem. Res. 31(11), 2483-97.

[8] Quann, R. J. and S. B. Jaffe (1996). Building useful models of complex reaction systems in petroleum refining. Chem. Eng. Sci. 51(10), 1615-1635.

[9] Comisarow, M. B. and A. G. Marshall (1974). Fourier transform ion cyclotron resonance spectroscopy. Chem. Phys. Lett. 25, 282-283.

[10] Comisarow, M. B. and A. G. Marshall (1974). Frequency-sweep Fourier transform ion cyclotron resonance spectroscopy. Chem. Phys. Lett. 26, 489-490. 90 Ryan P. Rodgers and Alan G. Marshall.

[11] Marshall, A. G. and S. Guan (1996). Advantages of high magnetic field for FT-ICR mass spectrometry. Rapid Commun. Mass Spectrom. 10, 1819-1823.

[12] Guan, S., A. G. Marshall, and S. E. Scheppele (1996). Resolution and chemical formula identification of aromatic hydrocarbons containing sulfur, nitrogen, and/or oxygen in crude oil distillates. Anal. Chem. 68, 46-71.

[13] Rodgers, R. P., F. M. White, D. G. McIntosh, and A. G. Marshall (1998). 5. 6 Tesla Fourier transform ion cyclotron resonance mass spectrometer for analysis of volatile complex mixtures. Rev. Sci. Instrum. 69, 2278-2284.

[14] Hughey, C. A., R. P. Rodgers, and A. G. Marshall (2002). Resolution of 11, 000 compositionally Distinct components in a single electrospray ionization Fourier transform ion cyclotron resonance mass spectrum of crude oil. Anal. Chem. 74, 4145-4149.

[15] Kendrick, E. (1963). A mass scale based on CH_2 = 14. 0000 for high resolution mass spectrometry of organic compounds. Anal. Chem. 35, 2146-2154.

[16] Hughey, C. A., C. L. Hendrickson, R. P. Rodgers, A. G. Marshall, and K. Qian (2001). Kendrick mass defect spectroscopy: A compact visual analysis for ultrahigh-resolution broadband mass spectra. Anal. Chem. 73, 4676-4681.
[17] vanKrevelen, D. W. (1950). Graphical-statistical method for the study of structure and reaction processes of coal. Fuel 29, 269-284.
[18] Kim, S., R. W. Kramer, and P. G. Hatcher (2003). Graphical method for analysis of ultrahighresolution broadband mass spectra of natural organic matter, the Van Krevelen diagram. Anal. Chem. 75, 5336-5344.
[19] Wu, Z., R. P. Rodgers, and A. G. Marshall (2004). Two and three dimensional vanKrevelen diagrams: A graphical analysis complementary to the Kendrick mass plot for sorting elemental compositions of complex organic mixtures based on ultrahigh-resolution Broadband FT-ICR mass measurements. Anal. Chem. 76, 2511-2516.
[20] Marshall, A. G. (2000). Milestones in Fourier transform ion cyclotron resonance mass spectrometry technique development. Int. J. Mass Spectrom. 200, 331-336.
[21] Marshall, A. G. and R. P. Rodgers (2004). Petroleomics: The next grand challenge for chemical analysis. Acc. Chem. Res. 37, 53-59.
[22] Rodgers, R. P., T. M. Schaub, and A. G. Marshall (2005). Petroleomics: Mass spectrometry returns to its roots. Anal. Chem. 77, 20A-27A.
[23] Schaub, T. M., C. L. Hendrickson, J. P. Quinn, R. P. Rodgers, and A. G. Marshall (2005). Instrumentation and method for ultrahigh resolution field desorption ionization Fourier transform ion cyclotron resonance mass spectrometry of non-polar species. Anal. Chem. 77, 1317-1324.
[24] Senko, M. W., S. C. Beu, and F. W. McLafferty (1995). Automated assignment of charge states from resolved isotopic peaks for multiply charged ions. J. Am. Soc. Mass Spectrom. 6, 52-56.
[25] Shi, S. D. -H., C. L. Hendrickson, and A. G. Marshall (1998). Counting individual sulfur atoms in a protein by ultrahigh-resolution Fourier transform ion cyclotron resonance mass spectrometry: Experimental resolution of isotopic fine structure in proteins. Proc. Nat. Acad. Sci. U. S. A 95(20), 11532-11537.
[26] Marshall, A. G., C. L. Hendrickson, and G. S. Jackson (1998). Fouriertransform ion cyclotron resonance mass spectrometry: A primer. Mass Spectrom. Rev. 17, 1-35.
[27] Ledford, E. B., Jr., D. L. Rempel, and M. L. Gross (1984). Space charge effects in Fourier transform mass spectrometry. Mass calibration. Anal. Chem. 56, 2744-2748.
[28] Shi, S. D. -H., J. J. Drader, M. A. Freitas, C. L. Hendrickson, andA. G. Marshall(2000). Comparison and interconversion of the two most common frequency-to-mass calibration functions for Fourier transform ion cyclotron resonance mass spectrometry. Int. J. Mass Spectrom. 195/196, 591-598.
[29] McLafferty, F. W. and F. Turecek (1993). Interpretation of Mass Spectra. University Science Books, Sausalito, CA 371.
[30] Qian, K., R. P. Rodgers, C. L. Hendrickson, M. R. Emmett, and A. G. Marshall (2001). Reading chemical fine print: Resolution and identification of 3000 nitrogen-containing aromatic compounds from a single electrospray ionization Fourier transform ion cyclotron resonance mass spectrum of heavy petroleum crude oil. Energy Fuels 15, 492-498. Petroleomics 91
[31] Qian, K., W. K. Robbins, C. A. Hughey, H. J. Cooper, R. P. Rodgers, and A. G. Marshall (2001). Resolution and identification of elemental compositions for more than 3000 crude acids in heavy petroleum by negative-ion microelectrospray high field Fourier transform ion cyclotron resonance mass spectrometry. Energy Fuels 15, 1505-1511.
[32] Hughey, C. A., C. L. Hendrickson, R. P. Rodgers, and A. G. Marshall (2001). Elemental composition analysis of processed and unprocessed diesel fuel by electrospray ionization Fourier transform ion cyclotron resonance mass spectrometry. Energy Fuels 15, 1186-1193.
[33] Rodgers, R. P., C. L. Hendrickson, M. R. Emmett, A. G. Marshall, M. A. Greaney, and K. Qian (2001). Molecular characterization of petroporphyrins in crude oil by electrospray ionization Fourier transform ion cyclotron resonance mass spectrometry. Can. J. Chem. 79, 546-551.
[34] Hughey, C. A., R. P. Rodgers, A. G. Marshall, K. Qian, and W. R. Robbins (2002). Identification of acidic NSO compounds incrude oils of different geochemical origins by negative ion electrospray Fourier transform ion cyclotron resonance mass spectrometry. Org. Geochem. 33, 743-759.
[35] Wu, Z., S. Jernström, C. A. Hughey, R. P. Rodgers, and A. G. Marshall (2003). Resolution of 10, 000 compositionally distinct components in polar coal extracts by negative-ion electrospray ionization Fourier transform ion cyclotron resonance mass spectrometry. Energy Fuels 17, 946-953.
[36] Hughey, C. A., R. P. Rodgers, A. G. Marshall, K. Qian, C. C. Walters, and P. Mankiewicz (2004). Acidic and neutral polar NSO compounds in smackover oils of different thermal maturity revealed by electrospray high field Fourier transform ion cyclotron resonance mass spectrometry. Org. Geochem. 35, 863-880.
[37] Wu, Z., R. P. Rodgers, and A. G. Marshall (2004). Compositional determination of acidic species in Illinois #6 coal extracts by electrospray ionization Fourier transform ion cyclotron resonance mass spectrometry. Energy Fuels 18, 1424-1428.
[38] Wu, Z., R. P. Rodgers, A. G. Marshall, J. J. Strohm, and C. Song (2005). Comparative compositional analysis of untreated and hydrotreated oil by electrospray ionization Fourier transform ion cyclotron resonance mass spectrometry. Energy Fuels 19 (3), 1072-1077.
[39] Wu, Z., R. P. Rodgers, and A. G. Marshall (2005). ESI FT-ICR mass spectral analysis of coal liquefaction products. Fuel 84(14-15), 1790-1797.
[40] Müller, H., J. T. Andersson, and W. Schrader (2005). Characterization of high-molecular-weight sulfur-containing aromatics in vacuum residues using Fourier transform ion cyclotron resonance mass spectrometry. Anal. Chem. 77, 2536-2543.
[41] Barman, B. N., V. L. Cebolla, and L. Membrado (2000). Chromatographic techniques for petroleum and related products. Crit. Rev. Anal. Chem. 30(2-3), 75-120.
[42] Boduszynski, M. M., R. J. Hurtubise, T. W. Allen, and H. F. Silver (1983). Liquid chromatogra-phy/field ionization mass spectrometry in the analysis of high-boiling and nondistillable coal liquids for hydrocarbons. Anal. Chem. 55(2), 225-231.
[43] Conceicao Oliveira, E. V. d. C., M. Cecilia, A. R. V. Sant'Ana Lopes, M. Goreti, and E. Bastos Caramao (2000). Ion-exchange resins in the isolation of nitrogen compounds from petroleum residues. Crit. Rev. Anal. Chem. 30(2-3), 75-120.
[44] Rudzinski, W. E. and T. M. Aminabhavi (2000). A Review on extraction and identification of crude oil and related products using supercritical fluid technology. Energy Fuels 14(2), 464-475.
[45] Roussis, S. G. (1999). Exhaustive determination of hydrocarbon compound type distributions by high resolution mass spec-

trometry. Rapid Commun. Mass Spectrom. 13(11), 1031-1051.
[46] Lundanes, E. and T. Greibrokk (1994). Separation of fuels, heavy fractions, and crude oils into compound classes: a review. J. High Resolut. Chromatogr. 17(4), 197-202.
[47] Li, M., S. R. Larter, D. Stoddart, and M. Bjoroey (1992). Liquid chromatographic separation schemes for pyrrole and pyridine nitrogen aromatic heterocycle fractions from crude oils suitable for rapid characterization of geochemical samples. Anal. Chem. 64(13), 1337-44.
[48] Carbognani, L. and A. Izquierdo (1989). Preparative and automated compound class separation of Venezuelan vacuum residua by high-performance liquid chromatography. J. Chromatogr. 484, 399-408.
[49] Grizzle, P. L. and D. M. Sablotny (1986). Automated liquid chromatographic compound class group-type separation of crude oils and bitumens using chemically bonded silica-NH_2. Anal. Chem. 58(12), 2389-95. 92 Ryan P. Rodgers and Alan G. Marshall
[50] Drushel, H. V. and A. L. Sommers (1966). Isolation and identification of nitrogen compounds in petroleum. Anal. Chem. 38 (1), 19-28.
[51] Radke, M., H. Willsch, and D. Welte, H (1984). Class separation of aromatic compounds in rock extracts and fossil fuels by liquid chromatography. Anal. Chem. 56(13), 2538-46.
[52] Selucky, M., T. Ruo, Y. Chu, and O. P. Strausz (1978). Chromatographic studies on oil sand bitumens. Advances in chemistry series, Anal. Chem. Liq. Fuel Sources 170, 117-27.
[53] Stenson, A. C., A. G. Marshall, and W. T. Cooper (2003). Exact masses and chemical formulas of individual suwannee river fulvic acids from ultrahigh resolution electrospray ionization Fourier transform ion cyclotron resonance mass spectra. Anal. Chem. 75, 1275-1284.
[54] Kim, S. W., L. A. Kaplan, R. Benner, and P. G. Hatcher (2004). Hydrogen-deficient molecules in natural riverine water samples-Evidence for the existence of black carbon in DOM. Marine Chem. 92, 224-234.
[55] Purcell, J. M., R. P. Rodgers, C. L. Hendrickson, and A. G. Marshall (2004). Atmospheric pressure photoionization (APPI) Fourier transform ion cyclotron resonance mass spectrometry for analysis of nonpolar hydrocarbons. In: 52nd American Society for Mass Spectrometry Annual conference on Mass spectrometry and Allied Topics, Nashville, TN.
[56] Schaub, T. M., C. L. Hendrickson, K. Qian, J. P. Quinn, andA. G. Marshall(2003). High-resolution field desorption ionization Fourier transform ion cyclotron resonance high-resolution mass analysis of non-polar molecules. Anal. Chem. 75, 2172-2176.
[57] Schaub, T. M., H. B. Linden, C. L. Hendrickson, and A. G Marshall (2004). Continuous flow sample introduction for field desorption/ionization mass spectrometry. Rapid Commun. Mass Spectrom. 18, 1641-1644.
[58] Miyabayashi, K., Y. Naito, K. Tsujimoto, and M. Miyake (2002). Structure characterization of petroleum vacuum residues by in-beam EI Fourier transform ion cyclotron resonance mass spectrometry. Int. J. Mass Spectrom. 221(2), 93-105.
[59] Roussis, S. G. and R. Proulx (2002). Molecular weight distributions of heavy aromatic petroleum fractions by Ag+ electrospray ionization mass spectrometry. Anal. Chem. 74(6), 1408-1414.
[60] Roussis, S. G. and R. Proulx (2004). Probing the molecular weight distributions of non-boiling petroleum fractions by Ag+ electrospray ionization mass spectrometry. Rapid Commun. Mass Spectrom. 18(15), 1761-75.
[61] Rudzinski, W. E., K. Zhou, and X. Luo (2004). Mass spectrometric characterization of organosulfur compounds using palladium(II) as a sensitivity-enhancing reagent. Energy Fuels 18(1), 16-21.
[62] Cunico, R. L., E. Y. Sheu, and O. C. Mullins (2004). Molecular weight measurement of UG8 asphaltene using APCI mass spectroscopy. Petrol. Sci. Technol. 22(7-8), 787-798.
[63] Nali, M. andA. Manclossi(1995). Size exclusion chromatography and vapor pressure osmometry in the determination of asphaltene molecular weight. Fuel Sci. Technol. Int. 13(10), 1251-1264.
[64] Speight, J. G. (2001). Handbook of petroleum analysis. In: J. D. Winefordner (ed.), Chemical Analysis: A Series of Monographs on Analytical Chemistry and its Applications, Vol. 158. John Wiley and Sons, NY, p. 489.
[65] Strausz, O. P., P. A. Peng, and J. Murgich (2002). About the colloidal nature of asphaltenes and the MW of covalent monomeric units. Energy Fuels 16(4), 809-822.
[66] Lang, I. and P. Vavrecka (1981). Standardization of VPO asphaltene molecular weight. Fuel 60(12), 1176-1177.
[67] Algelt, K. H. and M. M. Boduszynski (1994). Compositional Analysis: Dream and Reality. In: K. H. Algelt and M. M. Boduszynski (eds.), Composition and Analysis of Heavy Petroleum Fractions, Dekker, NY, p. 495.
[68] Sheu, E. Y. (2002). Petroleum asphaltene-properties, characterization, and issues. Energy Fuels16(1), 74-82.
[69] Chen, R., X. Cheng, D. W. Mitchell, S. A. Hofstadler, Q. Wu, A. L. Rockwood, M. G. Sherman, and R. D. Smith (1995). Trapping, detection, and mass determination of coliphage T4 DNA ions of 10 8 Da by electrospray ionization Fourier transform ion cyclotron resonance mass spectrometry. Anal. Chem. 67, 1159-1163.
[70] Videler, H., L. L. Ilag, A. R. C. McKay, C. L. Hanson, and C. V. Robinson (2005). Mass spectrometry of intact ribosomes. FEBS Lett. 579, 943-947. Petroleomics 93
[71] Del Rio, J. C. and R. P. Philp (1999). Field ionization mass spectrometric study of high molecular weight hydrocarbons in a crude oil and a solid bitumen. Org. Geochem. 30(5), 279-286.
[72] Groenzin, H. and O. C. Mullins (1999). Asphaltene molecular size and structure. J. Phys. Chem. A 103, 11237-11245.
[73] Groenzin, H. and O. C. Mullins (2000). Molecular size and structure of asphaltenes from various sources. Energy Fuels 14, 677-684.
[74] Buch, L., H. Groenzin, E. Buenrostro-Gonzalez, S. I. Andersen, C. Lira-Galeana, and O. C. Mullins (2003). Molecular size of asphaltene fractions obtained from residuum hydrotreatment. Fuel 82, 1075-84.
[75] Buenrostro-Gonzalez, E., H. Groenzin, C. Lira-Galeana, andO. C. Mullins(2001). The over riding chemical principles that define asphaltenes. Energy Fuels 15, 972-978.
[76] Tanaka, R., S. Sato, T. Takanohashi, J. E. Hunt, andR. E. Winans(2004). Analysis of the molecular weight distribution of petroleum asphaltenes using laser desorption-mass spectrometry. Energy Fuels 18(5), 1405-1413.
[77] Robins, C. and P. A. Limbach (2003). The use of nonpolar matrices for matrix-assisted laser desorption/ionization mass spectrometric analysis of high boiling crude oil fractions. Rapid Commun. Mass Spectrom. 17(24), 2839-2845.
[78] Merino-Garcia, D. and S. I. Andersen (2005). Calorimetric evidence about the application of the concept of CMC to asphaltene self-association. J. Dispersion Sci. Technol. 26(2), 217-225.

[79] Andreatta, G., N. Bostrom, and O. C. Mullins (2005). High-Q ultrasonic determination of the critical nanoaggregate concentration of asphaltenes and the critical micelle concentration of standard surfactants. Langmuir 21(7), 2728-2736.
[80] Andersen, S. I. and K. S. Birdi (1991). Aggregation of asphaltenes as determined by calorimetry. J. Colloid Interface Sci. 142 (2), 497-502.
[81] Andersen, S. I. and S. D. Christensen (2000). The critical micelle concentration of asphaltenes as measured by calorimetry. Energy Fuels 14(1), 38-42.
[82] Sheu, E. Y., D. A. Storm, and M. B. Shields (1995). Adsorption kinetics of asphaltenes at toluene/acid solution interface. Fuel 74(10), 1475-9.
[83] Mahler, H. R. and E. H. Cordes (1996). Proteins: Classification, properties and purification. Biological Chemistry. Harper & Row Publishers, pp. 18-20.

(Ryan P. Rodgers, Alan G. Marshall)

第4章　分子轨道计算及PAHs和沥青质的光学转换

4.1 简介

为了认识沥青质的化学性质和聚合过程，了解其稠环芳香烃FAR区域的结构和尺寸是必要的。很容易建立沥青质FAR区域与多环芳烃PAHs的相似之处；沥青质分子还额外地包括了杂原子和烷基。表征FAR基团中环的数量和它们在沥青质中的几何位置都是必不可少的。关于几何，渺位缩合和迫位缩合的术语经常被使用；迫位缩合是把单个的桥头碳连结到3个环上，而渺位缩合是把芳香碳最多连接到2个环上。^{13}C NMR和最近的XRRS(X射线拉曼光谱)已经被用于沥青质芳香环缩合类型的研究中。一个不同的方法是利用分子轨道MO计算，特别是加上对于沥青质来说无处不在的光吸收和发射数据。这种方法利用它们电子结构的特点来明确环的几何种类。另外，这种方法自然地给出了环系统的稳定性，因而利用其确定沥青质有确定的环几何的原因。如果人们认为沥青质对于地质时间一定是稳定的，那么有MO计算得到的不稳定芳香结构则是不符合该规则的。沥青质的可见光吸收光谱显示在650nm的邻近区域呈指数增加，表明了有低能量电子吸收的大石墨结构不能组成沥青质的主要馏分。同样，沥青质荧光发射光谱，其在400~650nm范围处表现出明显的强度，反映出沥青质中FAR结构的种类和性质。然而，考虑这些光吸收和发射数据仅对芳香结构的测量使用受限。当对比沥青质几个可能候选结构，渺位缩合和迫位缩合PAHs的电子结构的MO计算时，这种数据的效果被显著扩大。认识不同环几何性质和尺寸对稳定性的影响也能提供关于沥青质芳香烃的重要的启发性信息。

这里我们显示出在动力学和热力学稳定性方面，主要的是FAR系统稳定性的特征。定义渺位缩合和迫位缩合的术语服从于稳定性考虑。Clar模型表示PAH最重要的代表含有不相交π六重峰的最大数量(通过内圆描绘)和混合双键的最小数量，其抓住了利用简单启发式评估稳定性的动力学和热力学稳定性参数的本质。有越多六重峰碳的FARs就有越多芳香性和越高的动力学和热力学稳定性；就是说，由于共振六重峰内π电子的离域作用，使其得到稳定性。FARs越多孤立的双键碳，活性越强，越不稳定；就是说它们的动力学和热力学稳定性较低。这个模型已经利用复杂的芳香烃分类来认识沥青质。我们将其简单地命名为“Y原则”的方法来扩大这个概念。Y原则规定了最重要的，动力学和热力学最为稳定的代表，在π六重峰和双键方面，对于任何迫位缩合的PAH。关于反应活性，PAH的双键位置被攻击，因为相比于打破π六重峰，它只需要很少的能量就能打破这些键。因而Y原则发现的Clar结构也给出了化学反应最有可能发生的位置的信息。这些简单的方法联系到稳定性参数，显示了通过实验发现的沥青质结构。在这种验证的直接方法的框架中，XRRS结果是直观阐明的解释。

特别地，我们发现：(1)并苯类不能作为基于稳定性的沥青质FAR区域；(2)全共振PAHs也不能基于它们的高能量跃迁(除非不现实的大环系统是假定的)，也就是，完全共振系统是无色的或淡黄色的——不像沥青质；(3)大多数完全共振迫位缩合结构是稳定的，和大量光吸收和发射数据是不相容的；(4)有5~10个稠环和2~4个π六重峰的大多数FARs满足：稳定的必要性及光吸收和发射跃迁的必要性，通过直接分子成像和旋转扩散常数的测量，FAR尺寸受其约束。最后，我们确定56个有5~10个稠环的PAHs，除成千上万可能异构体之外，保证所有的实验约束，这是沥青质FAR区域的最可能的结构备选。

沥青质被认为是多环芳香烃化合物，与PAHs相似，但其结构中包括杂原子(NOS)和烷基侧链[1]。在原油中，沥青质胶束是存在的，它们也能像吸收树脂那样聚集，而且，也包括在石油中存在的金属如V和Ni，作为油溶性有机金属化合物[1-6]。大量沥青质的实验研究来测定它们的尺寸和结构，得出的结论是沥青质分子绝对有小的尺寸。Groenzin和Mullins已经利用荧光去极化技术测量了单个石油沥青质分子的旋转相关时间[7-9]。使用简单模型和已知发色团的对比，他们预测了沥青质分子直径在10~20Å的范围，分子量范围500~1000g/mol，平均值为750g/mol。Boduszynski用场离子化质谱发现沥青质分子量在800g/mol[10,11]，Miller用激光解析质谱，发现沥青质分子量范围是200~600g/mol，平均值为400g/mol[12]。最近的阴离子电喷雾离子化耦合高场傅里叶变换离子回旋共振质谱已经被用来确定不同油中极性化合物(如沥青质和树脂)的分子量分布，发现其质量范围是250~1000g/mol[13]。

扫描隧道显微镜(STM)已经被用于沥青质分子的芳香烃系统成像。沥青质中缩合环的比例产生的平均尺度是11Å[14]，这与4~10 FARs的低分子量是一致的。沥青质的高分辨率变换电子显微镜HRTEM分析也显示石油沥青质的芳香环系统的长度是10Å[15]。另外^{13}C NMR分析预测缩合芳香烃结构单元的范围在6~9FARs[14]，这也与STM结果一致。通过固态13C NMR，FT-IR和EPR的应用，已经研究了缩合程度或者芳香环取代基。这些研究结果表明不同芳香烃的沥青质在它们芳香烃环缩合和取代程度上似乎是相似的，缩合芳香环的平均数量的估算值几乎都是7[16]。

对于沥青质芳香烃中心FARs的几何分布，已经通过实验[17,18]、XRRS[17]、理论[19]展示，沥青质FARs区域倾向于迫位缩合。对于沥青质每个芳香系统的稠环数量，Groenzin和Mullins发表了通过对比旋转相关时间和实验的可见光吸收，以及已知PAHs标准和沥青质的荧光发射光谱，得到稠环的估计范围在4~10，平均值是7；沥青质荧光发射的范围明显在400~650nm[7,8]。这项荧光分析仍然十分有利于MO计算的应用，以得出和荧光发射一致的PAHs的精确分类，分子大小数据沿用其他测量分子参数。如果没有沥青质环系统种类的确定(渺位缩合或迫位缩合)，没有MO计算的PAHs电子跃迁的直接研究，仅有质谱数据的分析是不全面的。事实上，相对少数的大PAH环系统已经是综合的了；因而，MO计算是唯一的分析沥青质的系统化方法；沥青质的化学稳定性很有可能是由于它们形成于陆地油气层，并已存在了一个长期的地质年代。这些MO计算是本章的重点。利用MO计算和沥青质实验的可见光吸收和发射数据的方法确定环的几何学类型，通过对比PAHs计算得到的光跃迁，在沥青质光跃迁过程中观察到有不同的几何特征、不同数量的稠环，不同类型的缩合。

沥青质的实验光学跃迁拉近了其稳定性和结构信息的联系。稳定性和结构是两个内部紧密相连的特征，对沥青质来说，它们PAR区域的稳定性与组成它的相关PAH有关。PAHs的稳定性受到结构中存在的共振π六重峰数量的控制，对Clar的描述[17,19-27]或PAHs的Clar的模型中是有用的。这个简单的描述规定，π电子密度分布在电子六重峰中(π六重峰)，通过内切圆表明，分配在苯系PAHs的离散六边形中，剩余的电子形成双键。π六重峰组分

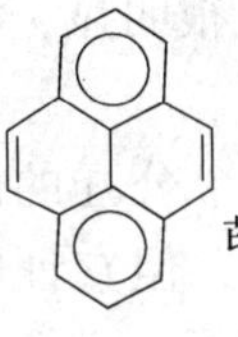

芘

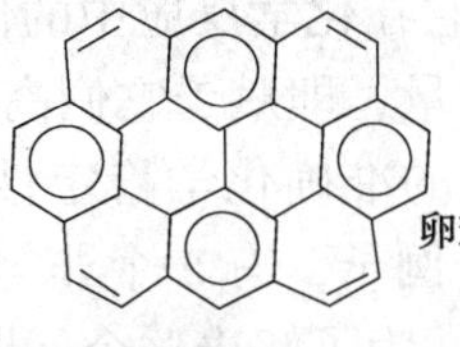

卵苯

图 4.1　芘和卵苯的 Clar 结构

和 CC 双键是共轭的，因而被 CC 单键分离。换句话，Clar 结构提供了一个简单的方法来表示分子中的电子强度的零阶分布。如上，Clar 表述远比 PAHs 普通表述要高级，其中所有的环都被视为与所有六边形内切圆等价；不同环的电子结构远不相同。对于特定的化合物，Clar 结构能被定义为价结构，有尽可能多的 π 六重峰和尽可能少的 CC 双键。图 4.1 中是芘和卵苯的 Clar 结构。这些 PAHs 由单个 Clar 结构表征，其中，除了 π 六重峰包括了 CC 双键数量。描述全离域和孤立六重峰，与双键的差别的关键是认识 PAHs 光谱和活性，例如，多环芳烃中 π 电子的数量和位置很大程度上决定了它们的化学性质。

全共价结构(FRS)[19]，或者完全苯系物[28-33]有且只有一个 Clar 结构，其中所有的 π 密度仅分布在 π 六重峰和没有双键的位置上，因为它是三亚苯或六苯并蔻的情况。图 4.2 所示的这些 FARs 存在 Clar 结构。因此，很多 PAH 化合物有多于一个 Clar 结构，由于存在六重峰迁移[20-27]是共振六重峰的最大数量；就是说，没有唯一的方法确定 Clar 六重峰的最大数，不是所有的 Clar 结构都能准确代表化学活性和 π 电子分布。在图 4.3 中，存在 5 个非等价 Clar 结构，并且共振 π 六重峰的最大数和相等数量的双键数，在同一 PAH 中描述[24]。为了找到其中这 5 个非等价 Clar 结构就是一个目标[24]，它们中不是所有都能提供这一特定多环芳烃电子结构和活性的准确描述。图 4.3 中精确讨论了结构 4Clar 的 NMR 光谱和它的镜像图片[22]。

三亚苯

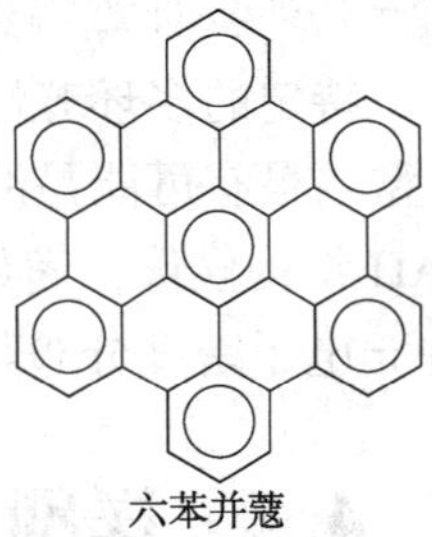

六苯并蔻

图 4.2　两个全共振 PAHs 的 Clar 结构：三亚苯和六苯并蔻

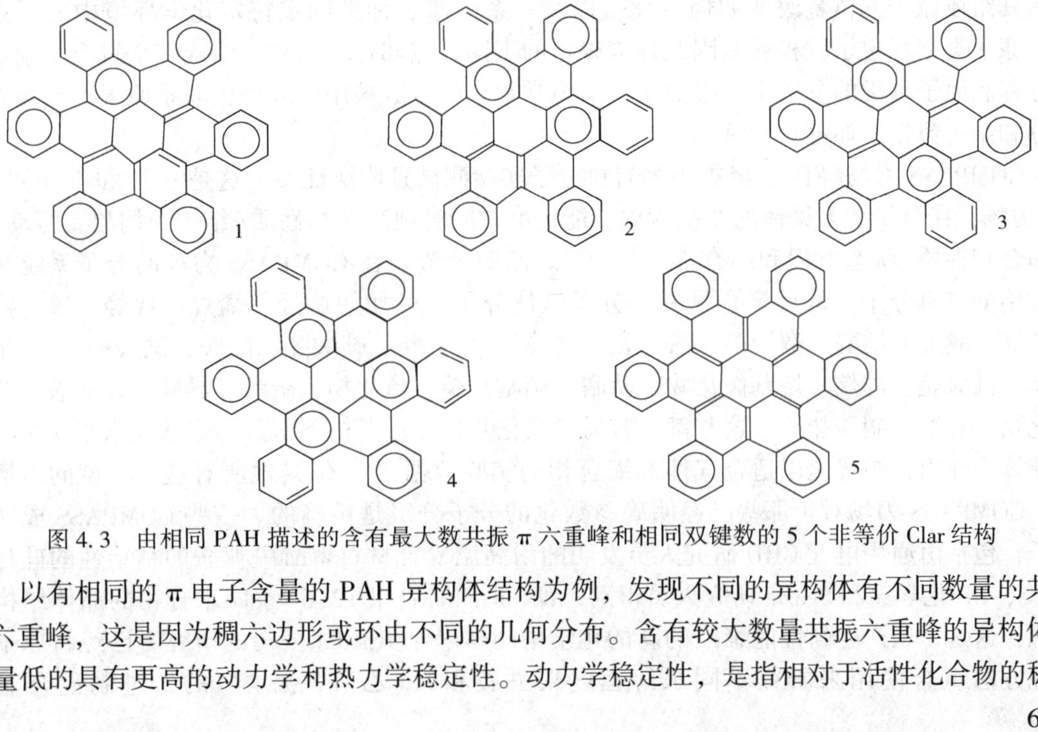

图 4.3　由相同 PAH 描述的含有最大数共振 π 六重峰和相同双键数的 5 个非等价 Clar 结构

以有相同的 π 电子含量的 PAH 异构体结构为例，发现不同的异构体有不同数量的共振 π 六重峰，这是因为稠六边形或环由不同的几何分布。含有较大数量共振六重峰的异构体比数量低的具有更高的动力学和热力学稳定性。动力学稳定性，是指相对于活性化合物的稳定性，即在激活能量方面。分子的高稳定性反映了它在化学反应中的低反应活性。很明显，需要弄清楚沥青质 FAR 区域中共振六重峰存在的数量，即赋予它们高稳定性。

PAHs 的 Clar 结构的建立表示所给多环芳烃的准确化学稳定性和活性是一个公开的问题，涉及到 PAHs 的芳香烃。图 4.3 描述的 PAH 例子，有 5 个非等价 Clar 结构，但它证明了它们中仅有两个是等价的，表示实际电子分布。为了解决这个问题，我们设定了一个简单有用的规则，叫 Y 规则[19,27]，明确了任何大小 PAHs 中迫位缩合的最重要 Clar 结构，以及最重要 Clar 结构的优先位置，如果有大于 1 个的 Clar 结构，就能给出 π 电子分布结果。正如本章节所说，Y 原则的应用是十分容易的。图 4.3 中存在特定的 PAH，Y 原则直接建立了电子结构的真实描述，给出了 Clar 结构 5，其优先位置是 Clar 结构 4，它的等价结构(镜像)是主要的贡献，与 NMR 结果一致。通过对比包括它的 π 电子分布和核独立化学转变[25,34-36]，计算得到的 π 电子分布，Y 原则理论上是有效的[27]。

特定的多环芳烃有确定的 π 电子分布、六重峰和双键，特定的几何构型和特定的缩合类型，最有可能是沥青质芳香中心的候选者。在这章中，我们明确了沥青质芳香烃中心的 PAH 结构候选，满足了所有沥青质的实验约束(光跃迁范围，STM，HRTM，分子量)，呈现的 π 电子密度分布与它们的光跃迁和稳定性一致。这通过 MO 计算耦合实验数据得到。

4.2 详细计算

在 4.3.2 节中，我们解释了为什么使用以下的方法。在 Cerius2 4.6 版本中，用能量最小化面板使基于力场的最小化，Cerius2 包提供 COMPASS(分子势研究中凝聚相优化分子模拟)[37,38]相似力场[39]，进行沥青质结构和 PAH 系统的几何优化。几何优化和最小化的类型是一种分子力学的模拟，其中分级物理的规则被用来预测分子结构和性质。有很多不同的分子力学研究方法，每种都有其特定的力场。力场已经作为一组方程的组成，确定一个分子势能随其组成原子的位置改变如何变化，以及一系列原子种类确定特定化学环境中的元素特性。原子类型规定了一种元素因其环境确定的不同特点和行为，和一个或多个符合实验数据的方程和原子种类的参数集。参数集定义力常数，该常数被用于方程中联系原子特点与能量组分和结构数据，如键长和键角。

COMPASS 力场(FF)已经被很多有机分子实验测试且广泛证实。这是一个“ab initio”(从头)力场，在分子和多聚体的宽范围内，能精准、同时预测气相性质(结构，构象，振动等)和缩合相性质(状态方程和结合能等)[38,39]。已明确覆盖在 COMPASS 力场的分子系统包括最常用的有机分子、常见聚合物和小分子气体分子，例如如烷烃、烯烃、炔烃、苯/芳烃、环烷烃、醚类、缩醛、醇、酚、胺、氨、醛/酮、酸、酯、碳酸酯、酰胺、碳酸酯/氨基甲酸乙酯、硅氧烷、硅烷、烷基卤化物、磷腈、硝基、腈、硫化物、硫醇、异腈、氧化胺、芳族卤化物、甘油、硝酸盐等。这些都很容易参数化并且经过严格测试。参数从高水平从头开始的计算中导出，被优化以适合气体和缩合相的实验数据[39]。像其他所有这一类型的力场一样，COMPASS 力场对于那些已经明确参数化的分子分级是精确的。一些 COMPASS 成功的例子，包括由通用电气 CRD 研究人员发明的耐高温复合材料聚醚酰亚胺的粘结性的硅片测量[40]，BP 化学家和 Searle 研究人员得到，镍(Ⅱ)和钴(Ⅱ)2,6-萘四水合物的晶体结构的认识，这是一项产生高性能聚酯的新的化学中间体[41]；Rhodia 公司的研究者已经将原子和介观方法组合使用来研究不同水解程度聚酰胺和聚(乙酸乙烯酯)的二进制混合兼容性[38,42,43]。COMPASS 力场的分子动态模拟的应用使其能够得到高精度的结合能(和溶解度参数)。

正如我们在 4.3.2 节中所示计算的 π-π* 电子跃迁，与实验数据很好的比较，由使用 COMPASS 力场进行几何优化得到的 PAH 结构与实验数据很吻合。PAH 系统的 COMPASS 几何优化不需要奢华的计算资源，在笔记本上就可以完成。通常 PAHs 的几何优化由半经验的方法如 PM3[44,45]或 AM1[46,47]完成，其使用的参数由实验数据导出。他们解决了薛定谔方程的一个近似形式，其取决于所研究化学系统可能类型的相应参数。然而，使用 PM3 半经验法得到的几何优化的 PAH 结构计算得到的 π-π* 电子跃迁，不能和实验数据很好的对比。PAH 化合物和沥青质的电子激发态(包括 HOMO-LUMO 构造或 π-π* 跃迁)用 ZINDO/S[48]和 COMPASS 力场(FF)的几何优化结构计算，因为它提供了 Gaus-sian 98 package(高斯 98 包)[4]。

通过在高斯 98[49]包中执行 GIAO-DFT[50,51]方法，利用 COMPASS 力场的几何优化结构，得出 NICS[25,34-36]计算。一个虚拟原子在 PAH 结构的每个六边形的几何中心的分子平面上，来计算 NICS(0)，并在分子平面以上 1Å 处计算 NICS(1)。Becke 的 1988 函数[52]，使用包括涉及密度梯度校正的 Slater 变换，和 Lee、Yang、Parr[53]的相关函数一起，其包括本地和外地的术语，如使用的 B3LYP 函数。众所周知，屏蔽张量和 NICS 对所用基础集的质量和大小十分敏感[54,55]。基础集是分子内 MOs(其顺次组合近似于总电子波函数)的数学表达式。基础集被解释为每个电子被限制在的特定空间区域。越大的基础集强加给电子的约束越少，越精确接近真实 MOs，但相应需要更多的计算资源。最小化的基础集包括每原子所需基础函数的最小数量，最小的基础集使用 5 原子轨道。基础集变得更大化的第一方法是增加每个原子基础函数的数量。拆分价基础集，例如 3-21G 和 6-31G，每个价轨道有两个(或者更多)基础函数。拆分价基础集允许轨道改变尺寸，不允许改变形状。极化基础集去除了这一限制，通过增加角动量之外的轨道，这是描述每个电子基态所必须的。例如，极化基础集加 d 函数给碳原子，f 函数给跃迁金属，它们中一些加 p 函数给氢原子。对于 NICS 的计算，Schleyer 等[25,34-36]引进 6-41G(d)的使用，这是将 d 函数加到重原子上的 6-31G 基础集。然而，精确描述化学转变需要一个足够大的基础集。因而，我们使用的基础集是用两个极化函数子集强化的，例如，6-31G(d, p)基础集。这个基础集与 Schleyer 等人[25,34-36]引进的相同，但是氢原子加了 p 函数，重原子加了 d 函数[56]。

单一识别码已经分配给图中所有的结构。阿拉伯数字和字母组合使用。阿拉伯数字代表 PAH 结构(nFAR)中 FARs 的数量，例如结构中六边形的数量；字母代表相同稠环芳香烃(nFAR)数量中不同结构的异构体。

4.3 结果与讨论

沥青质中稠环芳香烃核心区域与带有杂原子和烷基链的多环芳烃相似。在确定沥青质稠环区域的最可能 PAH 结构的进程中，我们首先分析了 PAH 系统的拓扑表征。拓扑表征能给出不同异构体的信息，以及 PAH 系统光跃迁的稠六边形空间分布的影响。PAH 异构体的结构，其光跃迁在沥青质荧光发射实验中回落，在尺寸(最长尺寸)、π 电子分布(芳香性)和缩合百分比方面需要进一步分析。符合所有沥青质实验约束(见“简介”)的这些 PAH 系统被认为是沥青质芳香烃区域最可能的候选结构，将在本章的最后出现。沥青质 FAR 区域的尺寸和结构可以与没有杂原子和烷基链的相关 PAH 的结构和电子特征对比，在这篇文章中我们称其为准“自由”PAH。

4.3.1 PAHs 的拓扑表征

我们仅仅集中研究了含六元环的中性偶数 PAHs，如苯型多环芳烃。苯型多环芳烃包括偶数个碳原子，通常，它们被限制在化学计量范围内；因而，为了确定 PAH 分子的特定类型以计算，我们不得不找到定义苯型多环芳烃和它们分子结构的所有可能化学计量。图 4.4 中展示了一个 *n*FAR 和氢含量图中存在的 PAHs 化学计量。所有苯型多环芳烃化学计量被两个边界曲线或限制曲线分离的区域所限制。边界线外的任何其他化学计量点不能对应一个苯型多环芳烃。较低限制曲线系统由菱形表示，是最少紧凑结构的纯渺位缩合，如线形(例，图 4.5A)或 Z 形结构(例，图 4.5B)。较高的限制曲线系统由星形表示，是最紧凑圆形结构的纯迫位缩合(例，图 4.5C)。图 4.4 的所有其他的化学计量点由实心圆表示，在两条边界线中的化学计量点代表渺位缩合分支、迫位缩合中心的系统。我们发现描述较高边界曲线的最好方程[19]是 $C_A=-\frac{1}{3}+\frac{H_A^2}{6}$(式中，$C_A$ 和 H_A 分别是碳和氢的含量)，Dias[28-33]发现，对于任何苯型 PAH，FARs 和六边形数量可以由方程 $n\text{FAR}=\frac{(C_A-H_A)+2}{2}$给出。

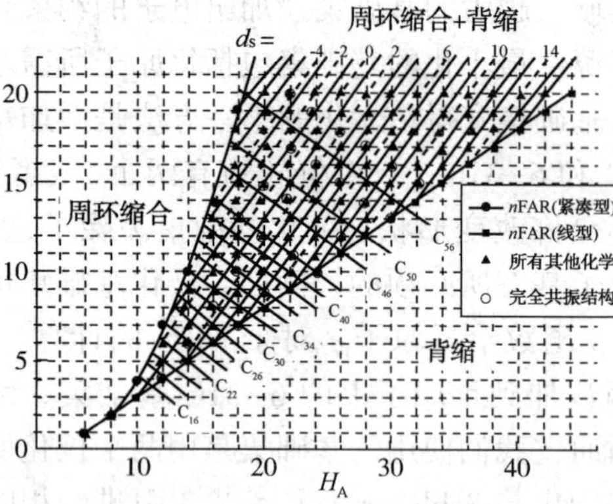

图 4.4 苯型 PAHs 的 *n*FAR 与氢含量 H_A 的关系图。图中对角线表示相同碳含量的所有化学计量点。还标记出了结构中内部边缘(d_s)间的具有相同数量断点的所有化学计量点。经许可转载自 J. Phys. Chem. A，2002，106，11283-11308. Copyright 2002 Am. Chem. Soc.

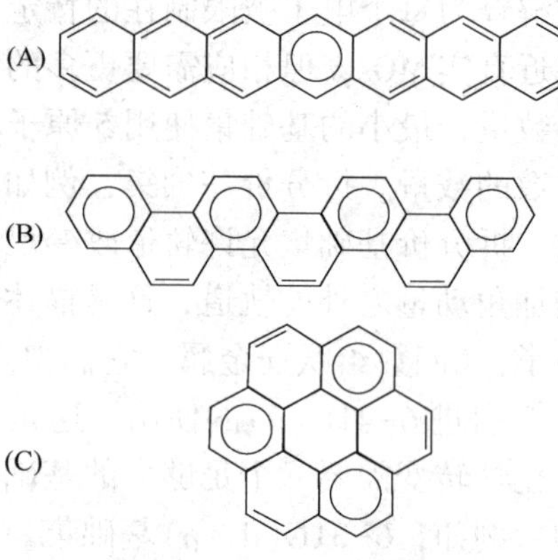

图 4.5 (A)线形 PAH 结构举例。(B) Z 形 PAH 结构举例。线形和 Z 形结构都是渺位缩合系统的例子。(C)紧凑圆的 PAH 结构举例。圆形结构是迫位缩合的

对于每个 *n*FAR 或 *n*FAR 行，都给出一定数量的可能化学计量点。而且，图 4.4 可以看出许多化学计量点代表相同的氢含量但不同碳含量，间隔 2 增加。从图 4.4 中得到的信息列于表 4.1 中，给出了从 2FAR 到 10PAR 苯型 PAHs 的所有化学计量点和它们的紧凑百分比(P_c)。紧凑百分比(P_c)是 PAH 结构缩合程度的一个量度[19,57,58]，例如，它是迫位缩合的一个量度。P_c 的最小值是 0%，最大值是 100%。0%紧凑度的 PAHs 有最低紧凑的结构，以渺位缩合化合物(图 4.5)为例。100%紧凑度的 PAHs 有最紧凑的结构，以纯迫位缩合(圆形)

系统(图 4.5)为例。图 4.4 中边界线内的所有其他化学计量点的紧凑百分数用插值计算[19,57,58]。较低边界线系统(0%P_c)比较高边界线系统(100%P_c)有更多的氢含量；因而，氢含量可以给出缩合百分比。表 4.1 中也给出了拓扑元素。拓扑元素，对于所有给出化学计量点的 PAH 异构体来说是通用的[19,29]，是：(a)σ 键和 π 电子数量；(b)碳和氢含量(C_A 和 H_A)；(c)总分子间桥梁碳 C_{Int}，$C_{Int}=C_A-H_A$，(d)稠环芳烃数量(nFAR)$nFAR=\dfrac{(C_{Int}+2)}{2}$；(e)连结 3 个[28-33]或者 Y 形碳[19]的芳香碳数量，因为它们在顶点的时候看起来像字母 Y，(C_Y)，$C_Y=-2+n\text{FAR}-d_s$；(f)有 3 个连结的外围芳香碳的数量(C_{PA3})，$C_{PA3}=C_{Int}-C_Y=n\text{FAR}+d_s$；(g)内部边缘的断开点的净数量($d_s$)，$d_s=C_{PA3}-n\text{FAR}$。正如所见，这些术语中很多都与数学表达式有关。有相同化学计量点的所有异构体的 d_s、C_Y、C_{PA3}和 C_{Int}的结构参数都是相同的，仅对应 σ 骨架的结构特征(见表 4.1)。

表 4.1 每个 FAR 族的相关化学计量点和相关结构参数。经许可转载自 J. Phys. Chem. A，2002，106，11283-11308. Copyright 2002 Am. Chem. Soc.

nFAR	Stoic.	C_{Int}①	异构体数量	P_c②	结构中的共振六重峰数量(N_R)	结构中的双键数量(N_{DB})	d_s③	C_Y④	C_{PA3}⑤
2FAR	$C_{10}H_8$	2	1	0%	1	2	0	0	2
3FAR	$C_{14}H_{10}$	4	2	0%	2,1	1,4	1	0	4
4FAR	$C_{16}H_{10}$	6	1	100%	2	2	0	2	4
	$C_{18}H_{12}$	6	5(1)	0%	3(完全)，21	0,3,6	2	0	6
5FAR	$C_{20}H_{12}$	8	3	50%	3,2	1,4	1	2	6
	$C_{22}H_{14}$	8	12	0%	3,2,1	2,5,8	3	0	8
6FAR	$C_{22}H_{12}$	10	2	82%	3,2	2,5	0	4	6
	$C_{24}H_{14}$	10	13(1)	33%	4(完全)，3,2	0,3,6	2	2	8
	$C_{26}H_{16}$	10	37	0%	4,3,2,1	1,4,7,10	4	0	10
7FAR	$C_{24}H_{12}$	12	1	100%	3	3	−1	6	6
	$C_{26}H_{14}$	12	9	65%	4,3,2	2,4,7	1	4	8
	$C_{28}H_{16}$	12	12	25%	4,3,2	2,5,8	3	2	10
	$C_{30}H_{18}$	12	123(1)	0	5(完全)，4,3,2,1	0,3,6,9,12	5	0	12
8FAR	$C_{28}H_{14}$	14	8	75%	4,3,2	2,5,8	0	6	8
	$C_{30}H_{16}$	14	58(1)	45%	6(完全)，5,4,3,2	0,3,6,9,12	2	4	10
	$C_{32}H_{18}$	14	295	20%	5,4,3,2	1,4,7,10	4	2	12
	$C_{34}H_{20}$	14	446	0	5,4,3,2,1	2,5,8,11,14	6	0	14
9FAR	$C_{30}H_{14}$	16	3	89%	4,3,2	3,6,9	−1	8	8
	$C_{32}H_{16}$	16	46	60%	5,4,3,2	1,4,7,10	1	6	10
	$C_{34}H_{18}$	16	335	33%	5,4,3,2	2,5,8,11	3	4	12
	$C_{36}H_{20}$	16	1440(1)	16%	6(完全)，5,4,3,2	0,3,6,9,12	5	2	14
	$C_{38}H_{22}$	16	1689	0%	6,5,4,3,2	1,4,7,10,13	7	0	16

续表

nFAR	Stoic.	C_{Int}①	异构体数量	P_c②	结构中的共振六重峰数量(N_R)	结构中的双键数量(N_{DB})	d_s③	C_Y④	C_{PA3}⑤
10FAR	$C_{32}H_{14}$	18	1	100%	4	4	-2	10	8
	$C_{34}H_{16}$	18	34	66%	5,4,3,2	2,5,8,11	0	8	10
	$C_{36}H_{18}$	18	337(3)	49%	6(完全), 5,4,3,2	0,3,6,9,11	2	6	12
	$C_{38}H_{20}$	18	1987	28%	6,5,4,3,2	1,4,7,10,13	4	4	14
	$C_{40}H_{22}$	18	6973	14%	6,5,4,3,2	2,5,8,11,14	6	2	16
	$C_{42}H_{24}$	18	6693(1)	0%	7(完全), 6,5,4,3,2,1	0,3,6,9,12,15,18	8	0	18

① C_{Int}，总内部桥梁碳 $C_{Int}=C_A-H_A=C_Y-C_{PA3}=2(nFAR)-2$，其中 nFAR 是稠芳香环的数量。

② P_c，紧凑百分比。它是 PAH 结构缩合的度量。P_C 的最小值是 0%(三亚苯)，最大值是 100%(蔻)。

③d_s FAR，区域内部边缘间的断点净数量，$d_s=C_{PA3}-nFAR$。

④ C_Y，Y 碳数量，连接 3 个碳的内部芳香碳。对于涉位缩合系统，$C_Y=0$。

⑤ C_{PA3}整个 FAR 区域连接 3 个碳的外部芳香碳。

一个化学计量点(表 4.1)有很多异构体[29,31]。PAH 异构体的数量随稠环的数量增加而快速增加。要研究各种情况下的所有异构体是不可能的。仅需研究异构体中更稳定，并且很有可能成为沥青质稠环区域的良好候选者的那些。这些是有确定数量共振六重峰(见“简介”)的应力-自由的苯型 PAHs，之后我们会讨论。共振六重峰数量(N_R)，也叫作芳香烃六重峰，在我们所有化学结构图形中用圆圈符号描述。不参加芳香烃六重峰的任何 π 电子可用本地化的双键描述。图 4.6 所示的是甲苯的共振六重峰。圆圈符号代表 Ⅰ、Ⅱ 和涉及 6π 电子的共振态。表 4.1 列出了所给化学计量点所达到的共振六重峰数量。这些 PAH 化合物有且仅有一个 Clar 结构(见“简介”)；这个基团中包括 FRS 或“fully benzenoid(充分的苯)”。在 FRS 系统中，π 电子密度仅分布在局部共振六重峰，局部双键中没有。图 4.4 中，表示 FRS 的部分化学计量点被开环封闭。在表 4.1 中，异构体数量栏的下方，括号中给出了 FRS 异构体的数量，而 N_R 栏中 FRS 所能达到的共振环或共振六重峰的总数在标签“完全”下方给出。

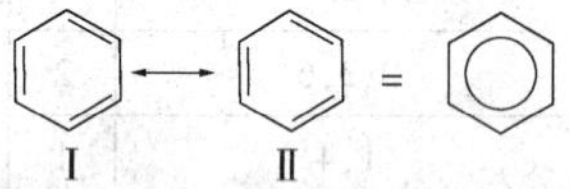

Ⅰ　Ⅱ

图 4.6　共振六重峰或芳香六重峰。共振六重峰赋予苯 36kcal/mol 的稳定性，包括 6π 电子

4.3.2　HOMO-LUMO 光跃迁

这部分研究了自由 PAHs 的理论 HOMO-LUMO 能隙(最高占用分子轨道和最低未占用分子轨道的能量间隙)。分析了几个 PAHs 的 HOMO-LUMO 能隙和结构关系，得到沥青质发色团芳香烃中心的稠环分布和结构。沥青质的荧光发射范围已经由 Groenzin 和 Mullins 实验测得[7,8]。实验的 λ_{0-0}荧光发射带，其对应基态和第一激发态(在所给旋岐管内)的能隙，与 HOMO-LUMO 能隙有关[7,8,59]。HOMO-LUMO 能隙被用作动力学稳定性的直接指标[7,8,59]。HOMO(最高占有分子轨道)和 LUMO(最低未占用分子轨道)是分子 MO 能量水平图的最前的轨道(FOs)。FOs 之间的能量差被认为是 HOMO-LUMO 能隙(H-L 能隙)。大的 H-L 能隙表示高的动力学稳定性和低的化学反应活性，因为它没有能量加电子到高水平的 LUMO 或从低水平的 HOMO 中提取电子。

4.3.2.1　计算方法的验证

这里我们采用理论方法(几何优化方法/激发态计算方法，和几何优化方法/单点计算方法)和相一致的 PAHs 的实验荧光发射数据的最佳组合来验证。用这种思想，计算出了几种熟知 PAHs 化合物的激发态(包括 HOMO-LUMO 跃迁)。为了找到结构几何优化的最好方法，我们测试了 3 种不同的方法：(1)使用基于力场(FF)最小化的 COMPASS(关于这个力场的更多信息请见第二部分“计算细则”)；(2)使用半经验的 PM3 方法；(3)使用密度函数理论和 B3LYP 函数。HOMO-LUMO 跃迁也通过不同方法计算：(1)半经验的电子结构方法 ZINDO/S；(2)半经验 PM3 方法；(3)在 Hartree-Fock(HF)自洽场级使用单点计算；(4)用密度函数理论(DFT)和 B3LYP 函数的单点计算；(5)使用时间为自变量的密度函数理论 TD-DFT 计算跃迁能量。

在表 4.2~表 4.4 中列出了 3 种不同 PAHs(萘 2a、蒽 3a、芘 4b；见图 4.7 和图 4.8)的计算结果。在这些表中，通常这些方法的组合 B3LYP//B3LYP、PM3//B3LYP、PM3//DFT-TD、PM3//ZINDO、FF//B3LYP 和 FF//ZINDO 给出了 HOMO-LUMO 能隙，与实验数据可以做到很好的对比，然而其他方法(B3LYP//HF 或 PM3 和 PM3//HF 或 PM3)得到的结果不好。用 B3LYP 函数进行结构优化，以及用 TD-DFT 的跃迁态计算都是昂贵的。因此，我们决定组合 PM3//B3LYP、PM3//ZINDO、FF//B3LYP 和 FF//ZINDO 来验证计算方法。在图 4.7~图 4.11 中显示了对于含有 1-7FARs 的几种 PAH 化合物的 HOMO-LUMO 能隙计算和计算方法的验证，以及计算能隙和已发表实验 λ_{0-0}荧光发射带的对比。图 4.7-图 4.11 也提供了不同化合物的结构，表 4.5~表 4.9 是这些图中得出的数据。

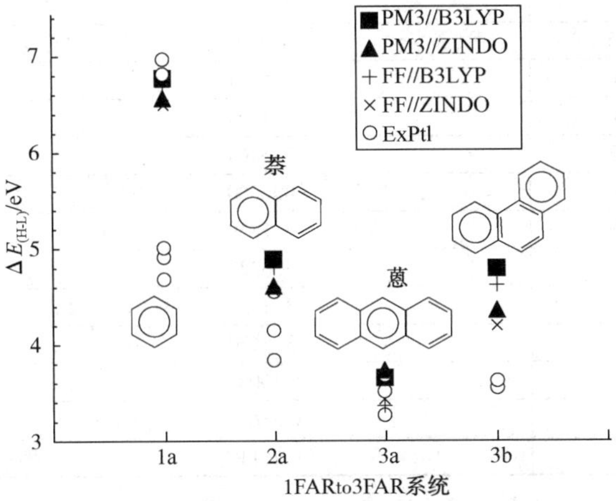

图 4.7 以含有 1 到 3 个稠芳香环(1FAR-3FAR)的 PAH 系统为例，用各种水平的理论(几何结构优化方法//能隙计算方法)得到的实验和计算 HOMO-LUMO 能隙的关系图

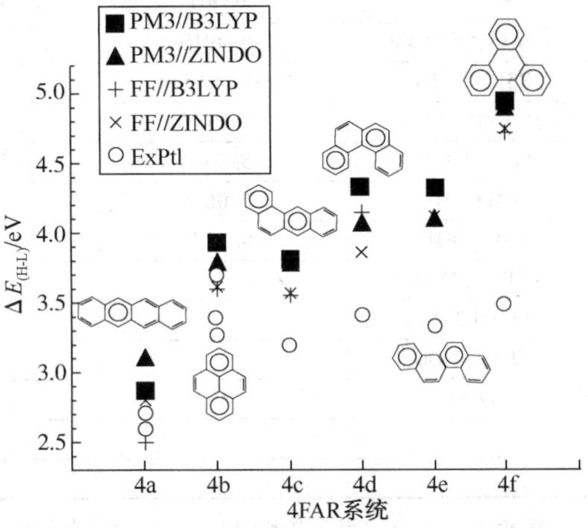

图 4.8 以含有 4 个稠芳香环(4FAR)的 PAH 系统为例，用各种水平的理论(几何结构优化方法//能隙计算方法)得到的实验和计算 HOMO-LUMO 能隙的关系图

表 4.2 使用不同理论水平计算萘(2a，结构见图 4.7)的 HOMO 和 LUMO 的能量和 HOMO-LUMO 能隙(ΔE_{H-L})

计算方法：结构优化//单点计算	能量/eV		ΔE_{H-L}/eV
	HOMO	LUMO	
B3LYP//B3LYP	-6.0557	-1.2539	4.8018
B3LYP//HF	-7.8465	2.3954	10.2419
B3LYP//PM3	-8.8038	-0.4577	8.3461

续表

计算方法：结构优化//单点计算	能量/eV		ΔE_{H-L}/eV
	HOMO	LUMO	
PM3//B3LYP	-6.0769	-1.2177	4.8592
PM3//HF	-7.8886	2.0902	9.9788
PM3//PM3	-8.8348	-0.4089	8.4258
PM3//DFT-TD			4.4462
PM3//ZINDO			4.6065
FF//B3LYP			4.8121
FF//ZINDO			4.5671
实验			4.1308①
			4.6068②
			4.5227③
			3.8504④

①参考文[7]；②参考文献[60]；③参考文献[61]；④参考文献[59]。

表 4.3 使用不同理论水平计算蒽(3a，结构见图 4.7)的 HOMO 和 LUMO 的能量和 HOMO-LUMO 能隙(ΔE_{H-L})

计算方法：结构优化//单点计算	能量/eV		ΔE_{H-L}/eV
	HOMO	LUMO	
B3LYP//B3LYP	-5.4910	-1.9105	3.5802
B3LYP//HF	-7.0195	1.4966	8.5161
B3LYP//PM3	-8.2119	-1.0280	7.1839
PM3//B3LYP	-5.5082	-1.8618	3.6464
PM3//HF	-7.0614	1.5766	8.6380
PM3//PM3	-8.2173	-0.9908	7.1839
PM3//ZINDO			3.6322
FF//B3LYP			3.3759
FF//ZINDO			3.4450
实验			3.4908①
			3.6663②
			3.2611③

①参考文[7]；②参考文献[62]；③参考文献[63]。

表 4.4 使用不同理论水平计算芘(4b，结构见图 4.8)的 HOMO 和 LUMO 的能量和 HOMO-LUMO 能隙(ΔE_{H-L})

计算方法：结构优化//单点计算	能量/eV		ΔE_{H-L}/eV
	HOMO	LUMO	
B3LYP//B3LYP	-5.5887	-1.7502	3.8384
B3LYP//HF	-7.0697	1.6204	8.6683
B3LYP//PM3	-8.1999	-1.0757	7.1242
PM3//B3LYP	-5.6146	-1.7032	3.9132
PM3//HF	-7.1273	1.6976	8.8248
PM3//PM3	-8.2138	-0.0343	7.1795
PM3//ZINDO			3.7936
FF//B3LYP			3.6129

计算方法：结构优化//单点计算	能量/eV		$\Delta E_{\text{H-L}}$/eV
	HOMO	LUMO	
FF//ZINDO			3.6100
实验			3.6946①
			3.7158②
			3.2979③
			3.3134④
			3.3223⑤
			3.3951⑥

①参考文献[62]；②参考文献[59]；③参考文献[64]；④参考文献[63]；⑤参考文献[65]；⑥参考文献[66]。

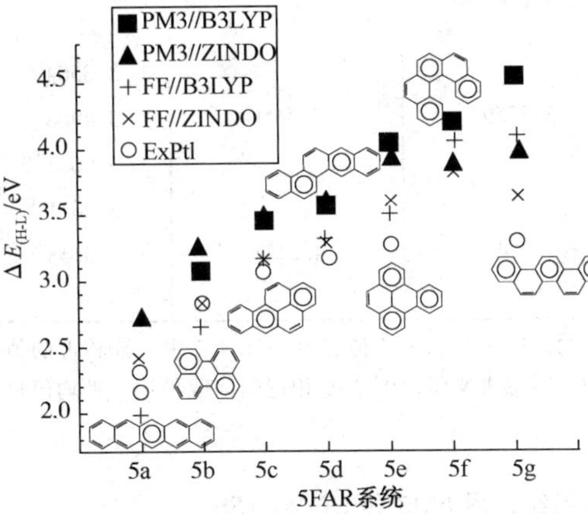

图 4.9 以含有 5 个稠芳香环(5FAR)的 PAH 系统为例，用各种水平的理论(几何结构优化方法//能隙计算方法)得到的实验和计算 HOMO-LUMO 能隙的关系图

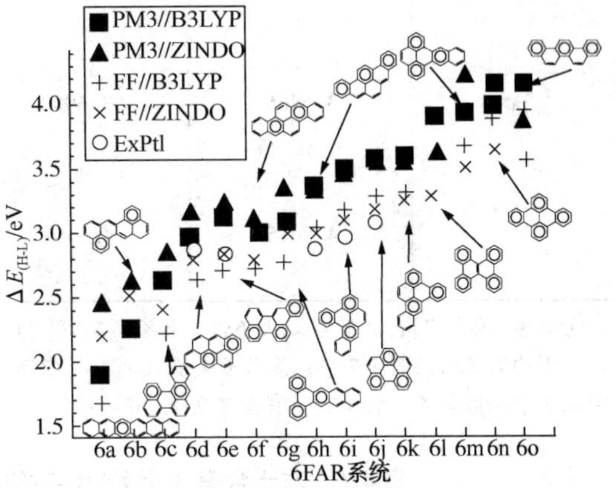

图 4.10 以含有 6 个稠芳香环(6FAR)的 PAH 系统为例，用各种水平的理论(几何结构优化方法//能隙计算方法)得到的实验和计算 HOMO-LUMO 能隙的关系图

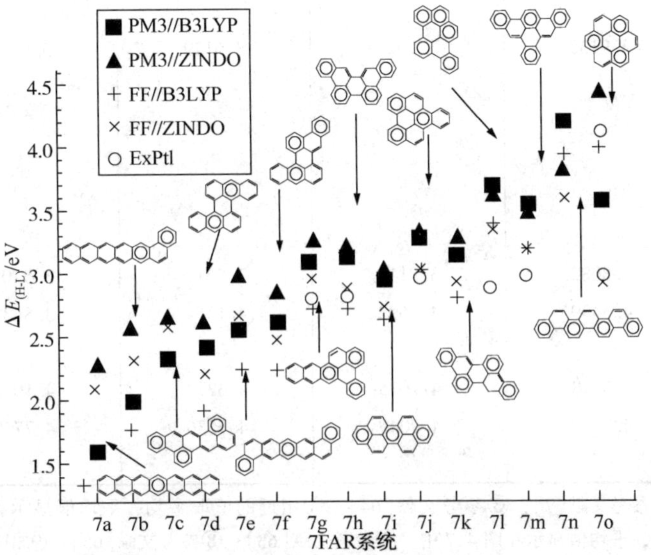

图 4.11 以含有 7 个稠芳香环(7FAR)的 PAH 系统为例，用各种水平的理论(几何结构优化方法//能隙计算方法)得到的实验和计算 HOMO-LUMO 能隙的关系图

表 4.5　对于含有 1 到 3 个 FAR 结构的 PAH 系统，用 PM3 和 COMPASS 力场优化，通过单点 B3LYP 计算和 ZINDO 计算得到的ΔE_{H-L}

系统	PM3 结构的 ΔE_{H-L}/eV		FF 结构的 ΔE_{H-L}/eV		实验/eV
	B3LYP	ZINDO	B3LYP	ZINDO	
1a	6.7495	6.5568	6.6850	6.4949	6.9400[①④]
					6.7716[②④]
					4.6763[③⑤]
					4.9176[①⑤]
					5.0030[①⑤]
2a	4.8592	4.6065	4.8121	4.5671	4.1308[③]
					4.6068[④⑨]
					4.5227[⑦⑨]
					3.8504[⑧]
3a	3.6465	3.6984	3.3759	3.4450	3.4908[③]
					3.6663[⑩]
					3.2611[⑪]
3b	4.8015	4.3498	4.6241	4.2118	3.6448[⑩]
					3.5610[⑪]

①参考文献[67]；②参考文献[68]；③参考文献[7]；④相近的值取平均，平均值显示在图 4.7 中；⑤相近的值取平均，平均值显示在图 4.7 中；⑥参考文献[60]；⑦参考文献[61]；⑧参考文献[59]；⑨相近的值取平均，平均值显示在图 4.7 中；⑩参考文献[62]；⑪参考文献[63]。

表 4.6　对于含有 4 个 FAR 结构的 PAH 系统，用 PM3 和 COMPASS 力场优化，通过单点 B3LYP 计算和 ZINDO 计算得到的ΔE_{H-L}

系统	PM3 结构的 ΔE_{H-L}/eV		FF 结构的 ΔE_{H-L}/eV		实验/eV
	B3LYP	ZINDO	B3LYP	ZINDO	
4a	2.8485	3.1101	2.5283	2.8132	2.7276[①]
					2.6089[②]
4b	3.9132	3.7920	3.6129	3.6100	3.6946[⑤④]
					3.7158[①④]
					3.2979[③⑥]
					3.3134[②⑥]
					3.3223[⑧⑥]
					3.3951[⑪]
4c	3.8082	3.8114	3.5617	3.5708	3.2021[⑦]
4d	4.3499	4.0692	4.1364	3.8632	3.4249[①⑨]
					3.4138[⑦⑨]
4e	4.3278	4.1075	4.3277	4.1078	3.3268[①]
4f	4.9340	4.9049	4.7536	4.7729	3.4963[①⑩]
					3.5006[⑦⑩]

①参考文献[59]；②参考文献[7]；③参考文献[64]；④相近的值取平均，平均值显示在图 4.7 中；⑤参考文献[62]；⑥相近的值取平均，平均值显示在图 4.7 中；⑦参考文献[63]；⑧参考文献[65]；⑨相近的值取平均，平均值显示在图 4.7 中；⑩相近的值取平均，平均值显示在图 4.8 中；⑪参考文献[66]。

表 4.7　对于含有 5 个 FAR 结构的 PAH 系统，用 PM3 和 COMPASS 力场优化，通过单点 B3LYP 计算和 ZINDO 计算得到的ΔE_{H-L}

系统	PM3 结构的 ΔE_{H-L}/eV		FF 结构的 ΔE_{H-L}/eV		实验/eV
	B3LYP	ZINDO	B3LYP	ZINDO	
5a	2.2956	2.7200	1.9693	2.4028	2.1366①
					2.3111②③
					2.2834③④
5b	3.0654	3.2604	2.6458	2.8193	2.8178⑤⑥
					2.8164⑥⑦
					3.0598～
5c	3.4668	3.4812	3.1669	3.1500	3.0225⑧⑨⑩
					3.0598⑦
5d	3.5765	3.6195	3.3065	3.2865	3.1452⑦
					3.2871～
5e	4.0388	3.9286	3.5029	3.6020	3.2440⑧⑨⑪
5f	4.2080	3.8669	4.0477	3.8128	
5g	4.5333	3.9874	4.0861	3.6423	328.71⑦

①参考文献[7]；②参考文献[69]；③相近的值取平均，平均值显示在图 4.9 中；④参考文献[70]；⑤参考文献[59]；⑥相近的值取平均，平均值显示在图 4.8 中；⑦参考文献[63]；⑧取决于溶剂；⑨参考文献[71]；⑩相近的值取平均，平均值显示在图 4.9 中；⑪相近的值取平均，平均值显示在图 4.9 中。

表 4.8　对于含有 6 个 FAR 结构的 PAH 系统，用 PM3 和 COMPASS 力场优化，通过单点 B3LYP 计算和 ZINDO 计算得到的ΔE_{H-L}

系统	PM3 结构的 ΔE_{H-L}/eV		FF 结构的 ΔE_{H-L}/eV		实验/eV
	B3LYP	ZINDO	B3LYP	ZINDO	
6a	1.8961	2.4547	1.6673	2.2080	
6b	2.2781	2.6218	2.2561	2.5232	
6c	2.6175	2.8414	2.2020	2.4027	
6d	2.9831	3.1440	2.6289	2.9716	
					2.8516①⑤
					2.8392②⑤
					2.8752③⑤
					2.8686④⑤
6e	3.1027	3.2533	2.7013	2.8206	
6f	3.0009	3.1036	2.7160	2.7875	
6g	3.0839	3.3627	2.7734	2.9934	
6h	3.3607	3.3790	3.0354	3.0139	2.8686③
6i	3.4912	3.4954	3.1756	3.0823	2.9576③
6j	3.5688	3.5791	3.2934	3.2423	3.0995③⑦

续表

系统	PM3 结构的 ΔE_{H-L}/eV		FF 结构的 ΔE_{H-L}/eV		实验/eV
	B3LYP	ZINDO	B3LYP	ZINDO	
					3.0598~3.0225⑤⑥⑦ 3.1058④⑦
6k	3.6072	3.5912	3.3111	3.2529	
6l	3.1943	3.6323	3.6706	3.2699	
6m	3.9345	4.1893	3.6760	3.5113	
6n	4.1663	3.9798	3.8945	3.6504	
6o	4.1705	3.8797	3.9337	3.5661	

①参考文献[59]；②参考文献[72]；③参考文献[65]；④参考文献[63]；⑤相近的值取平均，平均值显示在图4.10中；⑥取决于溶剂；⑦相近的值取平均，平均值显示在图4.10中。

表4.9　对于含有7个FAR结构的PAH系统，用PM3和COMPASS力场优化，通过单点B3LYP计算和ZINDO计算得到的ΔE_{H-L}

系统	PM3 结构的 ΔE_{H-L}/eV		FF 结构的 ΔE_{H-L}/eV		实验/eV
	B3LYP	ZINDO	B3LYP	ZINDO	
7a	1.5984	2.2802	1.3726	2.0849	
7b	2.0044	2.5696	1.7565	2.3226	
7c	2.3407	2.6541	2.3190	2.6083	
7d	2.3867	2.6314	1.9184	2.2077	
7e	2.5604	2.9811	2.2346	2.6606	
7f	2.5919	2.8428	2.2376	2.4684	
7g	3.0711	3.2648	2.7394	2.9575	2.7911①
7h	3.1201	3.2292	2.7554	2.8680	2.8100①
7i	2.9655	3.0296	2.6346	2.7375	
7j	3.3073	3.3263	3.0224	3.0527	2.9505①
7k	3.1590	3.2695	2.8096	2.9223	
7l	3.6689	3.6199	3.3927	3.3576	2.8819①
7m	3.5095	3.4945	3.1990	3.1961	2.9789①
7n	4.1853	3.8297	3.9416	3.5841	
7o	3.5685	3.1435	3.9909	2.9343	2.9090①④ 3.0131②④ 3.0237③④ 4.1279⑤

①参考文献[65]；②参考文献[63]；③参考文献[70]；④相近的值取平均，平均值显示在图4.11中；⑤参考文献[73]。

根据图4.7~图4.11，可以得出结论，ZINDO/S方法计算的HOMO-LIMO能隙和用COMPASS力场(FF)优化的结构和实验数据很好地对比。随着环数的增加，PAH结构的平面性有轻微变形。对于9FAR以上的，这种变形更明显，但通常结构不是凹的。像PM3这样半经验的方法得到的结构总是平面的，尽管使用ZINDO/S或B3LYP方法计算的HOMO-LUMO能隙和稠环数量，不能和实验值很好地对比(见图4.7~图4.11)。FF//B3LYP计算得到的HOMO-LUMO能隙与实验数据很吻合(图4.7~图4.11)；然而，理论和实验最好的一致性属于FF//ZINDO计算情况。因为在现在的研究中，PAH化合物的电子激发态(包括HOMO-LUMO构造)用ZINDO/S[48]方法计算，因此它被提供在高斯98包[49]中，以及用COMPASS力场(FF)优化几何结构。理论和实验数据存在不同，是由于理论估算是在0K，没有热运动和溶剂效应校正的气相“冻结”分子中推导出的，或者在实验λ_{0-0}带的分配的情况下。

4.3.2.2 多环芳烃和沥青质的HOMO-LUMO能隙

在这节中要计算HOMO-LUMO能隙，分析了4FAR-14FAR的几种PAHs的结构排列，并且对比实验的沥青质荧光发射范围[7-9]，得到关于沥青质发色团芳香烃中心的稠环的分布和结构的结论。在图4.12中给出了不同缩合方式(迫位缩合和渺位缩合)和不同几何分布的各种PAHs系统的HOMO-LUMO能隙(ΔE_{H-L})和稠环个数(nFAR)的关系图。两条水平线内部区域对应实验沥青质荧光发射范围[7-9]，其明显在400~650nm(1.9065~3.0981 eV)范围内。如图4.12中，所有FAR族中最低HOMO-LUMO能隙对应渺位缩合的线形结构(并苯)；这意味着并苯是FAR家族系列的最低稳定性的化合物。即使并苯的计算HOMO-LUMO能隙中部分回落到沥青质荧光实验范围(见图4.12)，并苯也不能被作为沥青质的候选结构，是因为它们比起其他几何构型的低稳定性。沥青质是化学稳定的化合物，因为它们经历了地质时期；因而，它们不能有共线的几何构型。最大HOMO-LUMO能隙对应渺位缩合的Z形结构的PAH系统，对于PAH系统，渺位缩合和迫位缩合都是完全共振的(见4.3.1节和图4.13)。这些在任何PAH家庭中都是最稳定的几何构型；然而，这些PAH化合物的MO计算的稳定性和沥青质的不一致；因而，沥青质没有Z形或完全共振PAH几何结构的芳香烃中心。我们发现，通常沥青质是大部分的迫位缩

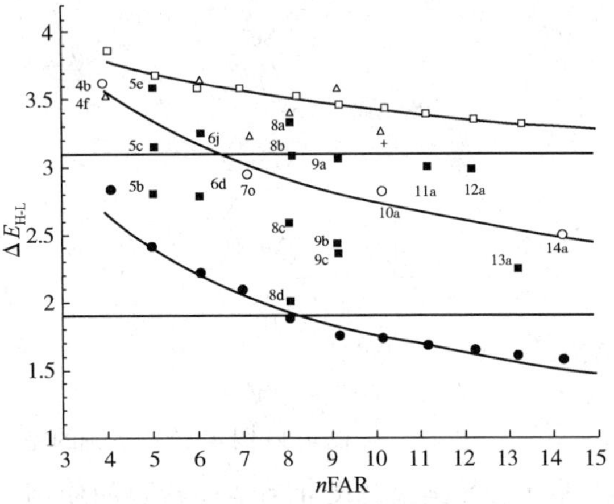

图4.12 几种苯型PAHs的稠芳香环数量与ΔE_{H-L}的关系图。实心圆(•)代表有线形结构的PAH系统。实心方块(•)代表有Z形结构的PAH系统。线形和Z形构型不是迫位缩合，或者说迫位缩合程度是0%。这些系统是渺位缩合的。空心三角(△)代表有完全共振结构(渺位缩合或迫位缩合；图4.13)的PAH系统。里面有空心菱形的空心圆(◎)代表有一个圆形结构的PAH系统。这些系统是100%的迫位缩合，如并苯和蔻。空心菱形(△)代表最高迫位缩合成度的PAH系统。仅对应菱形符号的标签代表相关PAH结构。图4.8~图4.11和图4.14展示了这些结构。两条水平线内的区域对应在实验得到的沥青质荧光发射范围内。[7] 其他曲线是线形、Z形和圆形系统的最好拟合曲线。经准许转载自J. Phys. Chem. A, 2002, 106, 11283-11308. Copyright 2002 Am. Chem. Soc

合，因为大多数迫位缩合的5FAR以上的PAHs(在图4.12中用菱形符号表示)的稳定性与沥青质的稳定性一致。这个结果与已发表的XRRS实验观察结果一致。运用碳K边缘XRRS[17]，得到结论：沥青质芳香中心的FARs的几何分布是迫位缩合。

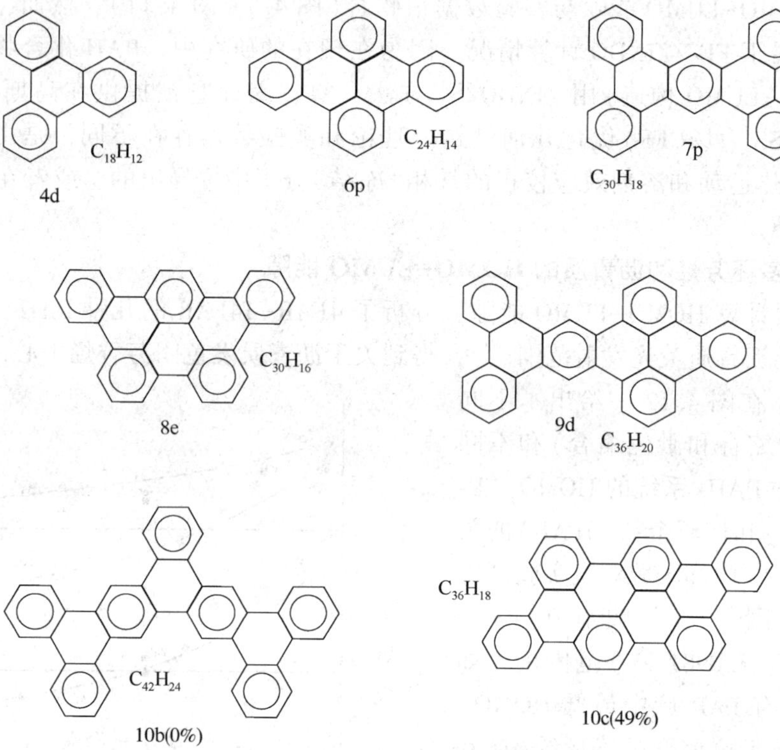

图4.13 图4.12中提到的完全共振PAH化合物(FRS)结构

基于荧光结果及尺寸和结构参数的使用，Groenzin和Mullins得到结论，沥青质的芳香烃区域有4FAR~10FAR的稠环[7,8]。FAHs的迫位缩合以4FAR家族的芘开始，它是唯一存在的4FAR异构体。我们发现芘的稳定性与沥青质的稳定性不一致也不相似。除线形结构外，4FAR构型没有一个落在沥青质的实验范围内。我们只能说，任何排列的4FARs都不是沥青质FAR区域的良好结构候选。以100%(见4.3.1节)缩合的圆系统为例，我们得出7FAR(图4.11，蔻，7o)和10FAR(图4.14，卵苯，7a)的圆结构是沥青质稠环区域可能的候选结构，因为它们的HOMO-LUMO能隙落入沥青质实验范围内，但任何的其他圆结构都是不可能的(图4.12)，因为超过10FAR的尺寸(最长尺寸)和重量都不满足实验的约束条件。

在表4.10中，最紧凑的优化几何结构的计算尺寸(最长尺寸，不考虑氢原子)列在分子尺寸的下部。这列中，提供了最紧凑结构(圆)的尺寸，它代表了所给FAR家族的迫位缩合系统的最小尺寸。通常nFAR家族的最紧凑结构有至少一个的异构体。例如，8FAR家族有8个异构体，其最大缩合百分比$P_c = 79\%$。其中一些比其他的更圆；然而，它们都有相同的紧凑百分数。在表4.10中，同时列出异构体数量和尺寸范围，考虑了除11FAR和以上的所给最圆异构体尺寸的所有异构体。对于10个稠环的最紧凑圆形排列的尺寸是9.86Å，11个稠环的最紧凑排列(图4.13，11a)的尺寸计算得到11.54Å(表4.10)。仅依靠实验尺寸和荧光发射标准，我们得出结论：沥青质在其稠环区域有5~10个稠环，因为在10FAR以外的计算尺寸比STM[14]实验观察的尺寸11Å和HRTM[15]得到的10Å都要更长。然而，10FAR的排列是高度紧凑(有高的紧凑百分数，如 100%迫位缩合)的，得以在实验沥青质尺寸的附近。这与 XRRS 实验结果一致[17]。

表 4.10 含有 4FAR-14FAR 的最紧凑构型的 PAH 化合物的尺寸和分子量

nFAR	公式	P_c①最大值	异构体数量③	分子尺寸/Å②	分子量/(g/mol)	化合物
4FAR	$C_{16}H_{10}$	100%	1	7.04	202	4b
5FAR	$C_{20}H_{12}$	50%	3	7.49~9.27	252	5b 5c 5e
6FAR	$C_{22}H_{12}$	82%	2	7.48~9.24	276	6d 6j
7FAR	$C_{24}H_{12}$	100%	1	9.88	300	7o
8FAR	$C_{28}H_{14}$	75%	8	9.25~11.56	350	8a 8b 8c 8d
9FAR	$C_{30}H_{14}$	89%	3	9.23~9.88	374	9a 9b 9c
10FAR	$C_{32}H_{14}$	100%	1	9.861	398	10a
11FAR	$C_{36}H_{16}$	83%	20	11.54	442	11a
12FAR	$C_{38}H_{16}$	85%	10	11.51	472	12a
13FAR	$C_{40}H_{16}$	99.8%	3	12.26	496	13a
14FAR	$C_{42}H_{16}$	100%	1	11.51	520	14a

① P_C 紧凑百分数，它是 PAH 结构缩合程度的度量。P_C 的最小值是 0%(如三亚苯，4f)，最大值是 100%(如蔻，7o)。

② 不考虑氢原子的最长尺寸。

③ 参考文献[28]。

如果沥青质分子含有 5 个稠环区域(5FAR)，其环区域部分的碳含量是 40%(STM 结果[11])，然后对于最紧凑的圆形 PAH 几何构型(见表 4.10 分子量列)，整个沥青质的分子量在 630g/moL 左右。另一方面，如果沥青质含有 10 个稠环区域(10FAR)，其环区域部分的碳含量是 40%，那么对于最紧凑的圆形排列，整个沥青质的分子量将是 995g/moL 左右。超过 10 个稠环的分子量将比已发表的实验得到的分子量更大(见“简介”部分)。因而，通过对分子量的考虑，我们能说沥青质有 5~10 个稠环芳香烃(5FAR~10FAR)，这与考虑尺寸和光跃迁得到的结论一致。不是所有的 5FAR~10FAR 迫位缩合的 PAHs 都呈现出和沥青质一样的稳定性，但迫位缩合 PAHs 中仅一部分的稳定性可以匹配沥青质。PAHs 稳定性通过结构中存在 Clar 共振六重峰的数量表现(见“简介”)。为了弄清楚和沥青质稳定性匹配的共振六重峰的数量，我们使用 Y 原则，以一种简单的方式预测迫位缩合 PAHs 中芳香碳六重峰的可能位置和总数。在 4.3.4 节中我们将继续研究沥青质芳香碳区域的 PAH 结构候选，但首先我们要继续确定 Y 原则的描述、应用和证明。

4.3.3 多环芳烃和沥青质中的芳香烃：Y 原则的应用

正如简介中所讨论的，PAHs 的 Clar 结构的建立表示所给 PAHs 的准确化学稳定性和反应活性是一个开放问题，涉及 PAHS 中的芳香烃。苯型 PAHs 的 HOMO-LUMO 能隙数量级与它们的芳香性和稳定性有关，就是说，与结构中芳香烃共振六重峰的存在数量有关，其反过来与六边形稠环的空间分布有关。因而，需要知道迫位缩合 PAHs 中存在多少共振环和六重峰，例如，必须认识迫位缩合 PAHs 的芳香烃才能认识沥青质中的芳香烃，之后才能理解它们的反应活性(更多信息见“简介”)。只有甲苯有完美的 6π 离域，这与其高对称性密切相关，而所有环形系统的六边形环呈现不同的 π 局部化的程度。用这种方法，在 PAH 系统和

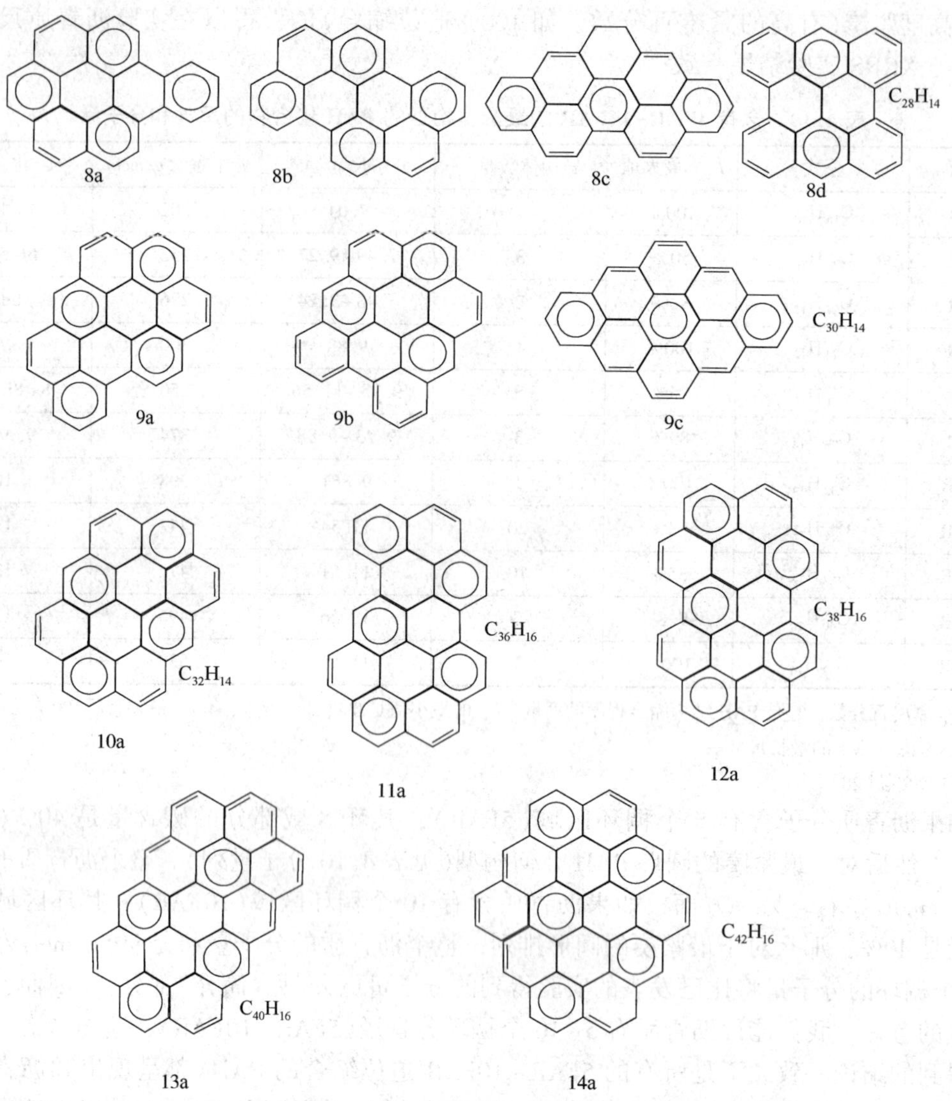

图 4.14　图 4.12 中标签提到的 PAH 结构

沥青质稠环区域每个六边形环内画一个圆的实践不应该被鼓励，事实上它代表了表示芳香六重峰的圆形符号的滥用[19,23,27]。Acree 等[65]没有找到几个系列 PAHs 的点集团(或对称元素)和荧光探测特性的关系，他们没有考虑预测 PAHs 结构将显示探测特性。我们考虑这是由于局部共振六重峰的存在没有被统计进分子对称性的排列，这在很多情况下使对称分子减少。有很多苯型化合物有多于 1 个 Clar 的结构(有共振六重峰的最高数量)[23,27]。应该划清哪一个？其中哪个或哪些是对芳香烃负责的？搞清芳香烃的 Clar 的开创性工作，是通过 Clar 规则熟练使用芳香烃六重峰的位置进行的(见简介)。然而，Clar 结构没有以一种简单的方式告诉我们，对于表示任何迫位缩合的芳香性，哪种是最重要的 Clar 结构。为了解决这个问题，我们已经提出一个新的方法称为 Y 原则。

4.3.3.1　Y 规则确定最重要的 Clar 结构

正如 4.3.1 节中提到的，Y 形碳是有 3 个连结点的 PAH 结构的内部碳原子。我们叫它们 Y 形碳因为顶部看起来像字母 Y。根据观察，通常 Y 形碳(C_Y)也提供 PAHs 和沥青质迫位缩合部分的共振六重峰位置的信息[19,27]。因而，我们想出来一个简单的规则来描绘迫位缩合 PAHs 和沥青质稠环区域的共振环(六重峰)的最可能的位置。我们叫它 Y 原则，因为它涉及 Y 形碳。Y 原则已经被发表[19]和验证[27]。然而，这里我们为了实践目的再次陈述它。Y 原则表述如下："共振六重峰位于含 C_Y(Y 形碳)的六边形内。对应化学计量点的所有 Y 形碳必须被包括，如，被六重峰覆盖。由于内部 Y 形碳的排列，六重峰的位置有不止一种的可能性，其中，提供更高对称性和更高六重峰数量的可能性最大。结构必须包括可能共振六重峰的最大数量。如果发现了共振六重峰和双键的更大数量或最重要的 Clar 结构有多于一种可能性，那么它们的优先位置提供 π 电子分布。"Y 原则仅应用到平面和凹面，或者变形的迫位缩合的苯型 PAHs 和沥青质稠芳香烃区域的迫位缩合部分。Y 原则不能用于渺位缩合的多环芳烃，因为这些结构中没有 Y 形碳。Y 原则的正确性已经证实了[27]。有一个特殊的例子，利用 Y 原则预测了不符合 Y 原则的多环芳烃中的电子结构的分布方式，仍不清楚 8FAR 系统 8a，苯并蔻的 π 电子分布(图 4.15)。对于这个系统，Clar 提出了"更小"的 Clar 结构，为了统计一些观察到的化学行为，代替有最大数量共振六重峰的结构。图 4.15 所示是"更小"的 Clar 结构，在这个结构中，有 3 个本地化共振六重峰，5 个本地化双键和一个空环(中心环)。例 8a 中，这个结构中有渺位缩合的区域，包括标为 6 的六边形(图 4.15)。对迫位缩合区域应用 Y 原则，与 7FAR 蔻(7o)相似，通过绘制仅一个共振六重峰所在的被标为 4 的六边形，有可能使用所有 Y 形碳(图 4.15 中标亮)。但这个观点没有提供高数量的共振六边形。其他选项绘制 3 个共振六重峰占据六边形 1、5、7 或 2、3、8。之后的观点允许我们在渺位缩合区域绘制另一个共振六重峰，如，在编号为 6 的六边形中，没有克服碳原子化合价，这个结构中共有 4 个共振六重峰，2 个本地化双键和 2 个空环(六边形 6 和 5)。因此，Y 原则决定了 8a 中 π 电子分布，图 4.15 所示结构。在这个分布中，标为 6 的六边形有一个共振六重峰，然而"更小"Clar 结构中，这个六边形中不存在共振六重峰。

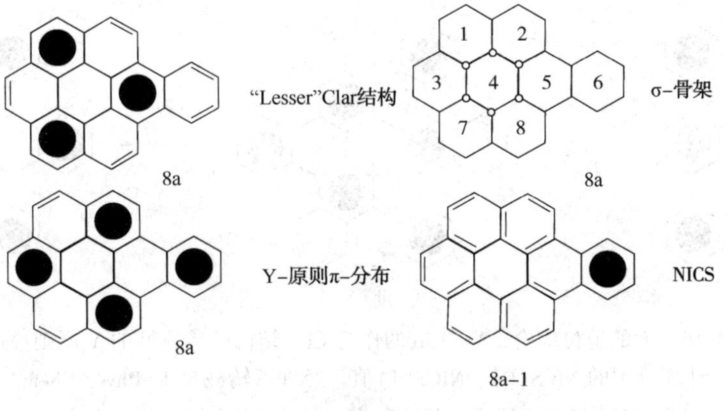

图 4.15　以存争议的 benzocoronene 为例，NICS 计算和 Y 原则得到的 π 电子分布对比 Clar 提出的分布。经许可转载自 J. Phys. Chem. A, 2004, 108, 10873-10896. Copyright 2004 Am. Chem. Soc

对比 Y 原则得到的 π 电子分布和 NICS[25,34-36]计算得到的Π电子分布，Y 原则的表现已经被理论[19,27]证实。NICS 是基于磁性的芳香烃指数，与分子的磁性有关。环状共轭 π 电子系统的分子，如苯和多环芳烃，相比非环共轭 π 电子系统呈现较强的抗磁化率。"磁异常"是由于 π 电子系统的环形电流[74]。NICS 被定义为完全各向同性的磁性屏蔽空间中一些特定点处的负值，如，在环的中心处探测为 NICS(0)，或者探测环的几何中心以上 1Å 为 NICS(1)。NICS 值的负和正分别表示芳香烃和反芳香烃。NICS 值被用来评价小的和大的 PAH 化合物的单个环的相关芳香烃。在文章中已经描述了[23,25,34-36,75,76]，NICS 值代表芳香烃 π 六重峰的 Clar 图的强大理论支持。然而，定性 Y 原则的优点是，对于大迫位缩合多环芳烃的情况特别重要，用下面的方法非常容易，只需几分钟，在共振六重峰的位置上提供了与 NICS 相同的结果，不必进行耗时的理论量子化学计算，而且其花费依赖系统的大小。图 4.15 中代表 8a-1 的 8a 的 π 密度分布的 NICS 结果。这个分布与用 Y 原则得到的 π 电子分布一致。然而，Y 原则和 NICS 计算得到的 8a 的 π 电子分布与"更小"Clar 结构得到的都不一致，事实上，NICS 计算和 Y 原则发现的分布都是正确的。

多环芳烃科学已经发展到大的迫位缩合 PAHs 系统的合成[77]，这些扩展的 π 系统对任何 π 结构的讨论提出了挑战性问题。通过对比由 Y 原则和 NICS 计算得到的 π 电子分布，我们测试了大的多环芳烃 Y 原则的表现[27]。含有 48π 电子的系统 13b 有 6 个 Y 形碳，在图 4.16 中标亮。应用 Y 原则，2 个 π 电子分布或最重要的 Clar 结构分别命名为Ⅰ和Ⅱ，是等价的(图 4.16)。在六边形内部存在 4 个空环的分布，像非，以及包括 6 个共振六重峰和 6

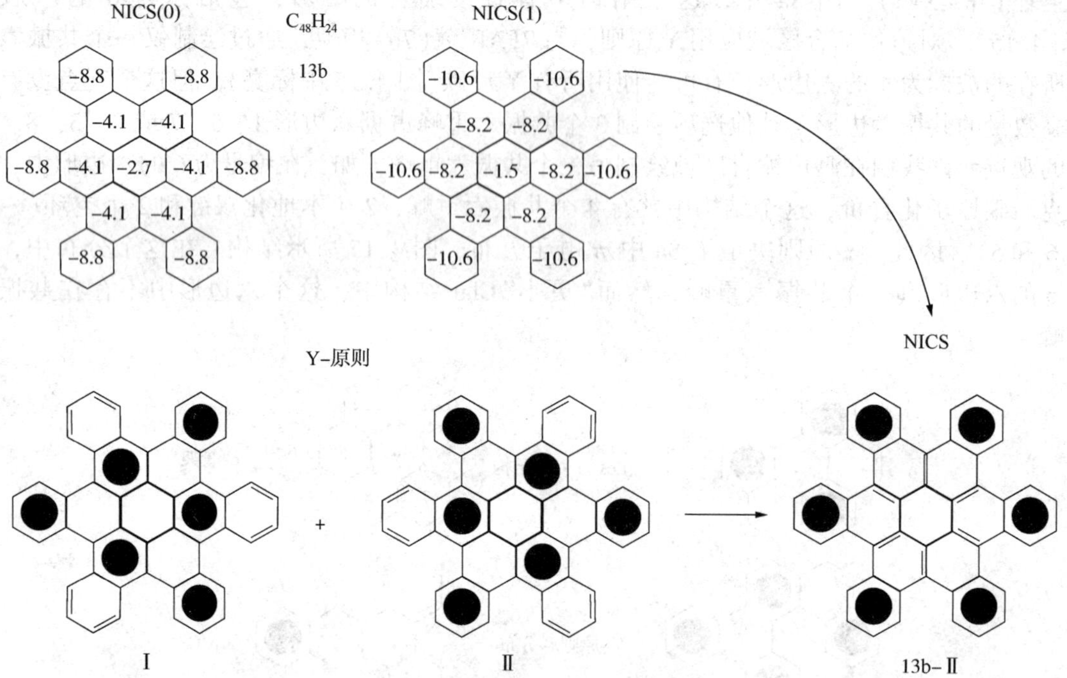

图 4.16　大的迫位缩合 PAH 13b 的作为 Clar 结构的芳香性的 Y 原则描述和计算得到的 NICS(0)、NICS(1)值。经许可转载自 J. Phys. Chem. A, 2004, 108, 10873-10896. Copyright 2004 Am. Chem. Soc.

个双键的分布。在这两个结构中可以看到 Y 形碳被六重峰覆盖了。图 4.16 给出了计算的 NICS(0) 和 NICS(1)。六边形的 3 种类型包括：外部六边形代表最高的 NICS 值；内部六边形和中心六边形。这个化合物的 NICS 分析之前由 Moran 等人[25]研究。在所有外部六边形都有共振六重峰，代表最大 NICS 值。所有内部六边形计算的 NICS 都是相等的，意味着它们的电子环境是相同的。有可能在连接点处共享一个双键力。中心六边形是一个有很小 NICS 值 NICS(1) = -1.5 ppm 的空环(见图 4.16)。由 NICS 计算得到的 π 电子分布在图 4.16 中

13b-Ⅱ给出。由 Y 原则(图 4.16 中Ⅰ和Ⅱ)得到的 π 电子分布的图案求和或叠加后再现由 NICS 分析得到的 π 电子分布。Randic[24]在其文章“大型苯类 Clar 结构的建立”中写道，存在最大共振六重峰数(6)的六苯并蔻(图 4.16，13b)的 18Clar 结构。18Clar 结构中 5 个与对称性不相关(图 4.3)。Clar 讨论了 13b 的 Y 原则发现的两个结构的 NMR 光谱，而不是由 Randic 发现的第 18 结构。Clar 提出了两个结构的叠加，并且 Y 原则发现(图 4.16 中的Ⅰ和Ⅱ)给出的结构 13b-Ⅱ代表六苯并蔻中的真实芳香烃(13b)，因为它也被 NICS 计算结果所支持。

本节中我们已经证明，要理解芳香烃不必找到大型苯类物质的所有 Clar 价结构，但是考虑代表最重要 Clar 结构的 Y 原则得到的这些 Clar 类型 π 电子，以及它们在存在六重峰迁移的情况下的叠加，分布是十分重要的。由 Y 原则得到的最终 π 电子分布与 NICS 计算得到的相同，在非常大的多环芳烃中，NICS 计算非常昂贵和耗时，阐述芳香烃的最好选择是用 Y 原则。我们建议，在迫位缩合苯型 PAHs 的σ框架中的每个六边形画圆，来表示 π 密度分布，这不该被鼓励。由于无法以一种容易的方法得到共振六重峰和双键的位置，这个做法在很久前就开始了[23]。该问题被 Y 原则的应用解决。

4.3.3.2 沥青质的 Y 原则和 NICS

图 4.17 呈现了一种由 Groenzin 和 Mullins[8]提出，并已公布的沥青质-1 结构中芳香烃的 Y 原则 π 电子分布和 NICS 计算结果。在图 4.17(A)中，我们展示了相关自由 PAH 的 Y 原则和 NICS 计算的电子分布。如图所示其分布是一致的。NICS 分布是 Y 原则发现两种分布的叠加的结果。箭头代表六边形间的六重峰迁移。在图 4.17(B)中，展示了整个沥青结构的 NICS 计算。我们发现，沥青质稠环区域的芳香烃通常和相应自由 PAH 化合物的芳香烃紧密相关(见图 4.17)。沥青质-1PAH 中心杂原子(S、N)的存在对相邻稠环芳香烃有直接、较大的影响。在沥青质-1 的 FAR 区域(图 4.17B)，氮原子的存在阻止了分子左侧共振六重峰的迁移、氮原子所在的特定六边形的 NICS 值减小。

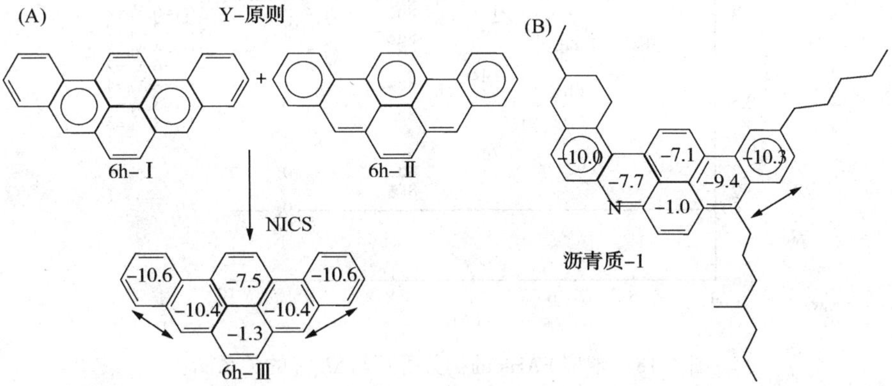

图 4.17 (A)结构 6h(图 4.10)的作为 Clar 结构的 Y 原则描述和计算得到的 NICS(0)值、NICS(1)值。(B)相关 PAH 为 6h 的化合物沥青质-1 的计算 NICS(0)值

4.3.4 沥青质的 FAR 区域

在 4.3.2.2 节，得到结论沥青质稠环中心含有 5~10 个稠环。沥青质稠环区域的排列不是渺位缩合，它们没有完全共振结构。圆形排列的沥青质有蔻(7FAR $P_C = 100\%$，7o，图 4.11)和卵苯(10FAR $P_c = 100\%$，10a，图 4.14)型结构。在这一节中，我们将讨论石油沥

青质中稠环区域的所有其他可能排列，例如，紧凑百分比不同于100%的迫位缩合PAH系统，且不是完全共振类型。不同于100%（图4.12中用菱形符号标出）的最高紧凑百分比的迫位缩合中的部分，不是所有，有HOMO-LUMO能隙落入沥青质的实验范围。最大或最小共振六重峰的异构体没有落入沥青质的实验荧光发射范围（图4.12）。这些异构体是5e（图4.9），6j（图4.10）和8a（图4.14）。我们研究的多环芳烃不包括杂原子。已知实验得到，如果有任何光谱影响，有杂原子的PAH化合物碳的取代会产生典型的荧光最大值的红移（较大波长）[9,59]。因而，以5c为例（图4.12和图4.9），当结构中有一个杂原子时，沥青质的实验范围的上边界线一点的HOMO-LUMO能隙可能落入实验范围。

正如图4.12所见，对于固定数量的FARs或六边形，HOMO-LUMO能隙随共振六重峰数量的增加而增加，反之亦然。例如，8FAR系统的HOMO-LUMO能隙，8a-8b，结构中从2个共振环（8d，图4.14）到4个共振环（8a，图4，14）的跨度为1.32eV（245nm范围）。用Y原则可以发现共振六重峰的数量（见前一节）。通过对比8b和8c、8c和8d的HOMO-LUMO能隙，可以观察到共振六重峰总数的增加，由大约0.4～0.5eV的HOMO-LUMO能隙的开放结果得知，这仅是固定数量稠环芳烃或六边形（nFARs）的例子。图4.18中，列出了紧凑百分比不同于100%的几种迫位缩合PAH化合物的HOMO-LUMO能隙和稠环芳烃数量。图4.9和图4.10、图4.14和图4.19中存在PAH结构的相关标签。PAH结构的共振六重峰（N_R）的数量和Y形碳的含量C_Y相关。两个水平线间表示沥青质实验荧光发射。通常对于每个C_Y和N_R组合，HOMO-LUMO能隙随稠环（nFAR）数量的增加而减少（图4.18）。大数量共振六重峰系统在沥青质较高实验边界线附近，低数量的共振六重峰在沥青质较低实验边界线附近。

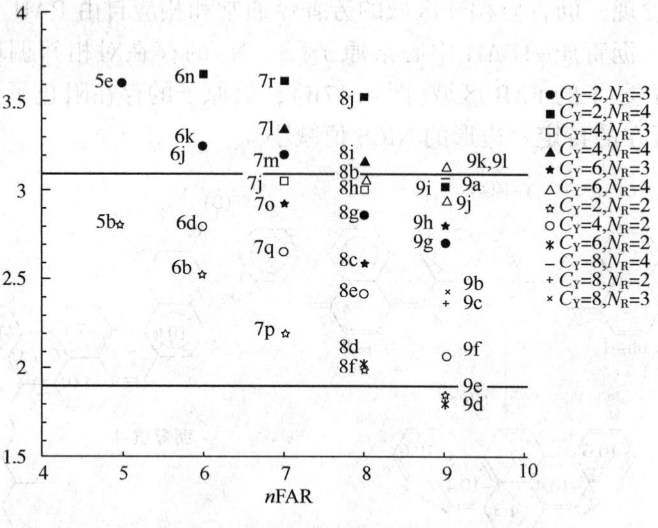

图4.18 苯型PAHs的稠芳香环与ΔE_{H-L}的关系图，
对于几个迫位缩合PAHs的下列结构参数的不同组合：内部Y形碳
的数量（C_Y）和共振六重峰数量（N_R）。下图中
展示了与PAH结构相关的标签：5FAR PAH结构见图4.9，6FAR
PAH结构见图4.10，7FAR PAH结构见图4.11（7j、7l、7m、7o）
和图4.19（7q、7r、7s），8FAR PAH结构见图4.14（8b～8d）和
图4.19（8f～8k），9FAR PAH结构见图4.14（9a～9c）和图4.19（9e～9m）。

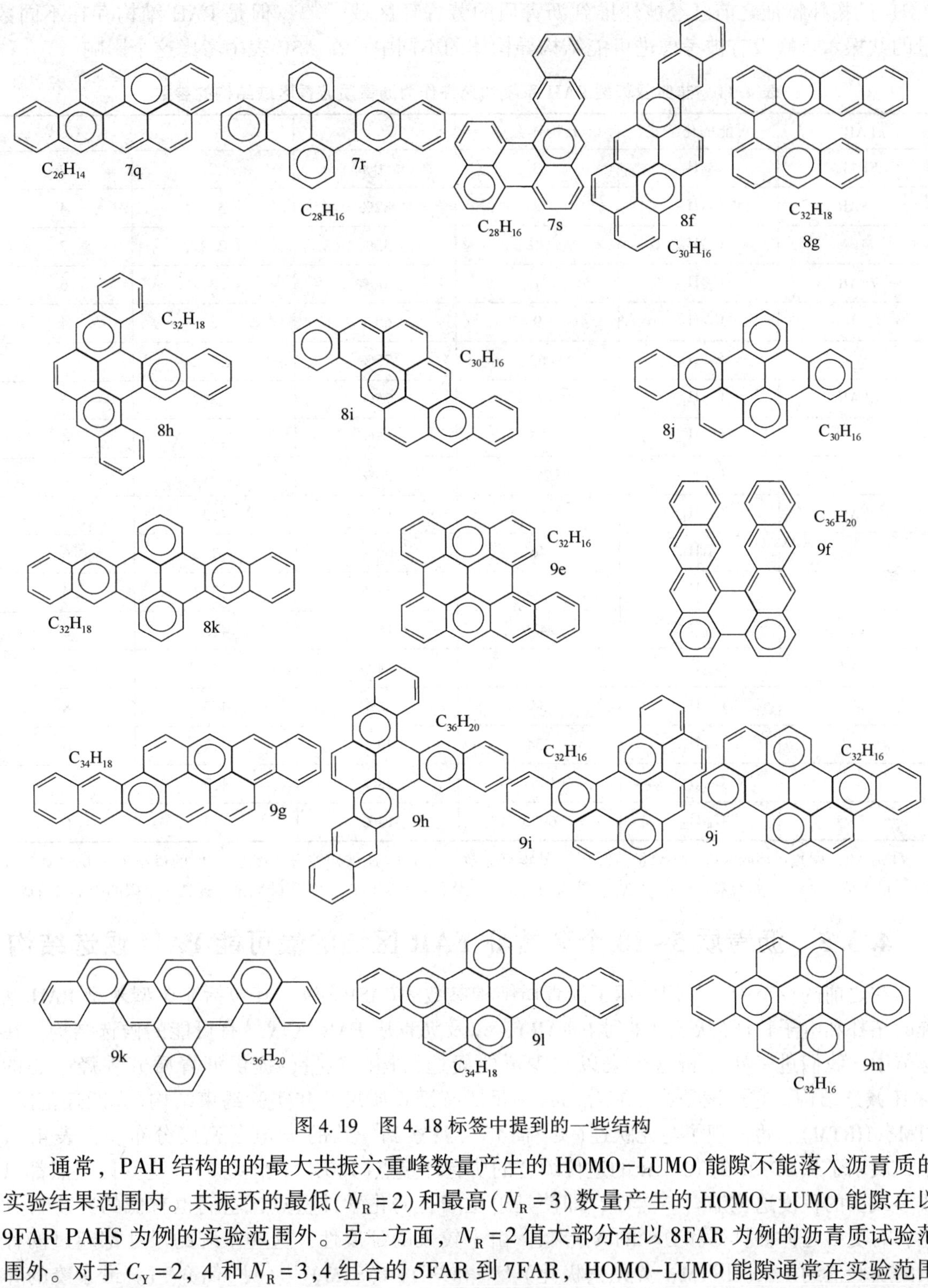

图 4.19　图 4.18 标签中提到的一些结构

通常，PAH 结构的的最大共振六重峰数量产生的 HOMO-LUMO 能隙不能落入沥青质的实验结果范围内。共振环的最低($N_R=2$)和最高($N_R=3$)数量产生的 HOMO-LUMO 能隙在以 9FAR PAHS 为例的实验范围外。另一方面，$N_R=2$ 值大部分在以 8FAR 为例的沥青质试验范围外。对于 $C_Y=2$，4 和 $N_R=3$,4 组合的 5FAR 到 7FAR，HOMO-LUMO 能隙通常在实验范围外(图 4.18)。在表 4.11 中，包括从图 4.18 分析中得到的，呈现了迫位缩合 PAH 系统的结构特征，最有可能是从 5FAR 到 10FAR 沥青质稠环区域的可能结构候选，也包括沥青质中允许或可能的共振六重峰数量。我们叫这个表为沥青质结构参数表或简称 ASP 表。苯型

PAHs的拓扑特征之前已经被外推到沥青质的芳香环区域[78,79]。但是PAH结构存在不同数量的共振六重峰没有被考虑进可能结构异构体的不同中。在ASP表中考虑这个影响。

表4.11 非典型苯型PAH系统和允许作为沥青质芳香区域结构的参数

nFAR①	可能的化学式	异构体数量	P_C②	N_R③	C_Y④
5FAR	$C_{20}H_{12}$	3	50%	2	2
6FAR	$C_{22}H_{12}$	2	82%	3,2	4
	$C_{24}H_{14}$	12	33%	3.2	2
7FAR	$C_{24}H_{12}$	1	100%	3	6
	$C_{26}H_{14}$	9	65%	3	4
	$C_{28}H_{16}$	62	25%	4,3,2	2
8FAR	$C_{28}H_{14}$	8	75%	4,3,2	6
	$C_{30}H_{16}$	57	45%	4,3,2	4
	$C_{32}H_{18}$	295	20%	4,3,2	2
9FAR	$C_{30}H_{14}$	3	89%	4,3	8
	$C_{32}H_{16}$	46	60%	4,3,2	6
	$C_{34}H_{18}$	335	33%	4,3,2	4
	$C_{36}H_{20}$	1439	16%	4,3	2
10FAR	$C_{32}H_{14}$	1	100%	4	10
	$C_{34}H_{16}$	34	66%	4,3	8
	$C_{36}H_{18}$	334	49%	4,3	6
	$C_{38}H_{20}$	1987	28%	4,3	6
	$C_{40}H_{22}$	6973	14%	4,3	6

①nFAR，稠芳香环或六边形的数量。②P_C，紧凑百分数。它是PAH结构缩合的度量。P_C的最小值是0%(如三亚苯)，最大值是100%(如六苯并苯)。③N_R，结构中共振六重峰的数量。④C_Y，Y形碳数量，连接3个碳的内部芳香碳。

4.3.5 沥青质5~10个芳香环FAR区域的最可能PAH候选结构

在之前的章节中，我们展示了沥青质结构参数表(ASP表)，其包括非典型苯型PAH系统的拓扑和电子特征(从5FAR到10FAR)，以及沥青质FAR区域最有可能的候选结构。在这节中，我们进一步分析这个表以减少可能候选结构的数量，提供沥青质芳香烃中心的PAH候选结构，它应该是迫位缩合的且满足所有沥青质尺寸和实验约束结构(光跃迁范围，STM，HRTM)，也呈现了与光跃迁(见"简介")观察到一致的π电子密度分布。在表4.11中，展示了从5FAR到10FAR的迫位缩合的所有计量点(100%≥P_C>0%)。这些计量点都以或多或少的程度迫位缩合。然而，即使是迫位缩合的化学计量点，它们也有低的紧凑百分比，有更多延伸性排列和更少的Y形碳。由于较大的延展性，这些系统的尺寸都超过沥青质的实验值约10Å(HRTM，荧光去极化)[7,15]和约11Å(STM)[14](见"简介")。最紧凑的异构体和有着高紧凑百分比的异构体似乎最可能成为沥青质芳香烃中心的候选结构，由于它们的迫位缩合性质和尺寸限制，那些共振六重峰的数量包括在ASP表中，确保它们的λ_{0-0}电子跃迁落入沥青质实验范围。

表 4.12　5~10 个芳香环的沥青质中 FAR 区域最可能的 PAH 候选结构。图 4.20~图 4.26(除图 4.23)展示了所有异构体结构候选者的结构

nFAR①	可能的化学式	异构体数量	P_C②	N_R③	C_Y④
5FAR	$C_{20}H_{12}$	2	50%	2	2
6FAR	$C_{22}H_{12}$	2	82%	3,2	4
	$C_{24}H_{14}$	7	33%	3,2	2
7FAR	$C_{24}H_{12}$	1	100%	3	6
	$C_{26}H_{14}$	5	65%	3	4
	$C_{28}H_{16}$	16	25%	4,3,2	2
8FAR	$C_{28}H_{14}$	5	75%	4,3,2	6
	$C_{30}H_{16}$	6	45%	4,3	4
9FAR	$C_{30}H_{14}$	2	89%	4,3	8
	$C_{32}H_{16}$	6	60%	4,3	6
10FAR	$C_{32}H_{14}$	1	100%	4	10
	$C_{34}H_{16}$	2	66%	4,3	8

①nFAR，稠芳香环或六边形的数量。②P_C，紧凑百分数。它是 PAH 结构缩合的度量。P_C 的最小值是 0%(如三亚苯)，最大值是 100%(如六苯并苯)。③N_R，结构中共振六重峰的数量。④C_Y，Y 形碳数量，连接 3 个碳的内部芳香碳。

我们已经优化和测定了表 4.11 中从 5FAR 到 10FAR 的大部分异构体的尺寸，它们中很多已经被排除了，因为它们不满足所有的实验约束条件(见“简介”)。在表 4.12 列出了沥青质芳香烃中心的可能 PAH 候选结构的化学计量点、结构参数和异构体数量，它们是迫位缩合的，且满足所有沥青质的尺寸和结构的实验约束条件(光跃迁范围、STM、HRTM、分子量)，呈现的 π 电子密度分布与光跃迁得到的一致。在图 4.20~图 4.26(除了图 4.23)所有异构体都和它们的尺寸(最长尺寸)绘制在一起。5FAR 迫位缩合的化学计量点有 3 个异构体的 $C_{20}H_{12}$(表 4.11)；然而，这 3 个异构体中 2 个是最可能的沥青质芳香烃中心的候选结构(见表 4.12)。它们在图 4.20 中展示。这些异构体中每个都有 2 个 Y 形碳($C_Y=2$)和 2 个共价六重峰($N_R=2$)。第三个异构体结构中有 3 个共振六重峰，其稳定性通过 HOMO-LUMO 能隙反映出，落在实验沥青质范围的最高限上。

5FAR

$C_{20}H_{12}$

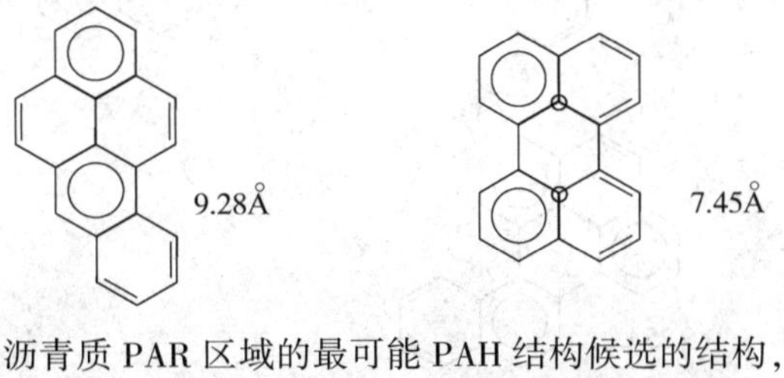

图 4.20　沥青质 PAR 区域的最可能 PAH 结构候选的结构，含有 5 个稠芳香环(5FAR)且满足所有实验约束。还给出了 Y 原则得到的 π 电子分布和优化后的几何尺寸(最长尺寸)。每个结构中的 Y 形碳都被标亮(黑体)或标记了

6FAR 迫位缩合化学计量点是共有 14 个异构体的 $C_{22}H_{12}$ 和 $C_{24}H_{14}$（见表 4.11）。然而，仅有 9 个异构体是沥青质芳香烃中心最有可能的候选结构（表 4.12）。这 3 个异构体中有两个对应 $C_{22}H_{12}$ 的化学计量点，在图 4.21 中展示。这些异构体每个都共有 4 个被标亮的 Y 形碳（$C_Y=4$），两个或三个共振六重峰（$N_R=2,3$）。另一方面，$C_{24}H_{14}$ 化学计量点（表 4.11）的 12 个异构体中不是所有都是最可能的沥青质芳香烃中心的候选结构，但其中有 7 个是（表 4.12）。它们都在图 4.21 中出现，被标出的这些异构体有 2 个 Y 形碳（$C_Y=2$），有 2、3 个共振六重峰（$N_R=2,3$）。所有其他异构体都不满足实验约束条件，或者它们产生 λ_{0-0} 跃迁的 π 电子分布没有落入沥青质的实验范围内。7FAR 迫位缩合化学计量点是共有 72 个异构体的 $C_{24}H_{12}$、$C_{26}H_{14}$ 和 $C_{28}H_{16}$（见表 4.11）。然而，这些异构体中仅有 22 个是沥青质芳香烃区域的最可能结构候选（见表 4.12）。图 4.22 中显示了这些 PAH 系统的结构。其余 50 个不是“良好”结构候选的异构体，呈现出大于 11Å（沥青质的实验尺寸是 10Å）的尺寸或者有更低或更高的共振六重峰数量，见表 4.11。图 4.23 中 PAH 异构体的一些明确部分，通常有大于 11Å 的尺寸。有 7FAR 的 50 个异构体中的大多数不被认为是沥青质芳香烃中心的候选结构，它们结构中存在确定部分尺寸大于 11Å。

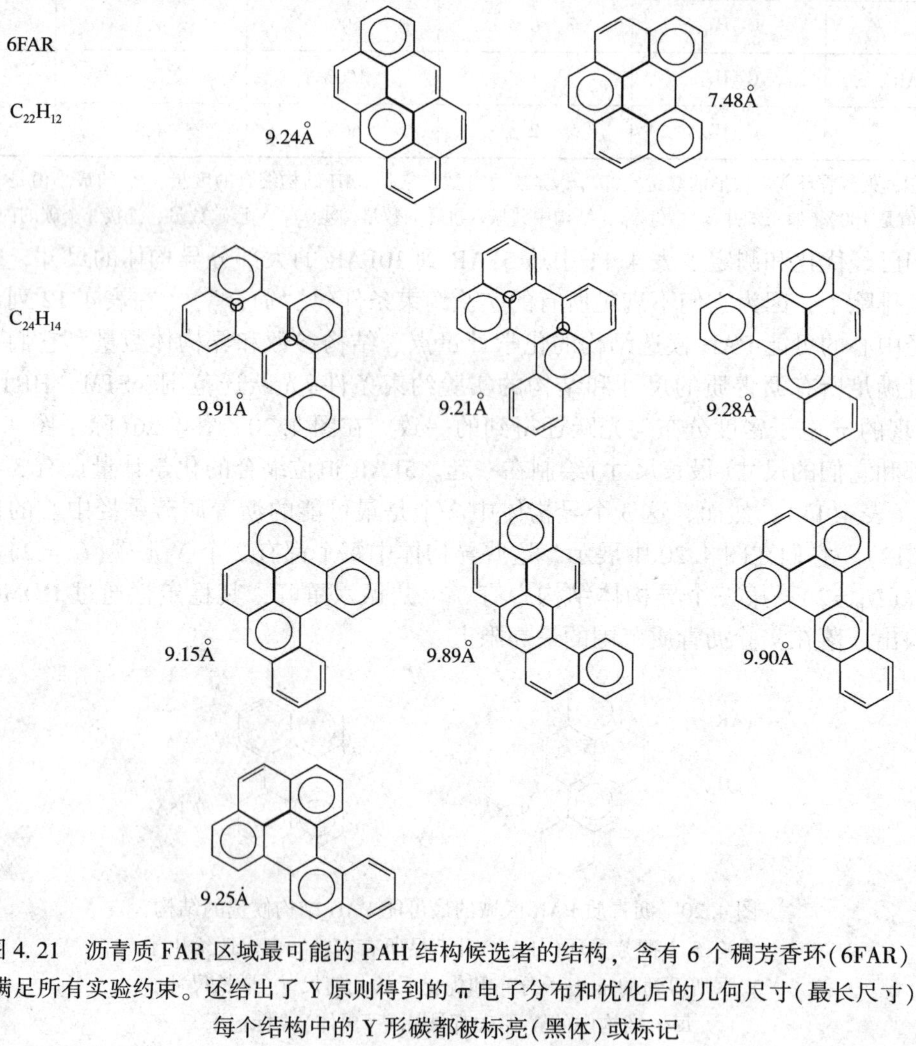

图 4.21　沥青质 FAR 区域最可能的 PAH 结构候选者的结构，含有 6 个稠芳香环（6FAR）且满足所有实验约束。还给出了 Y 原则得到的 π 电子分布和优化后的几何尺寸（最长尺寸）。每个结构中的 Y 形碳都被标亮（黑体）或标记

7FAR

$C_{24}H_{12}$

7.45Å

$C_{26}H_{14}$

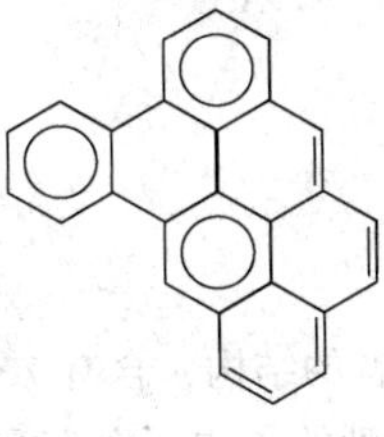

9.29Å

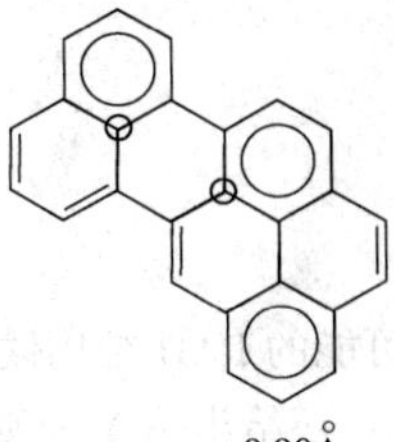

9.90Å

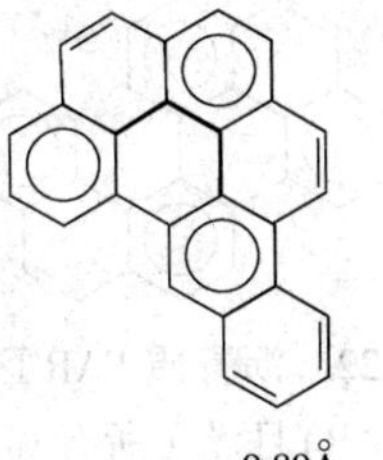

9.89Å

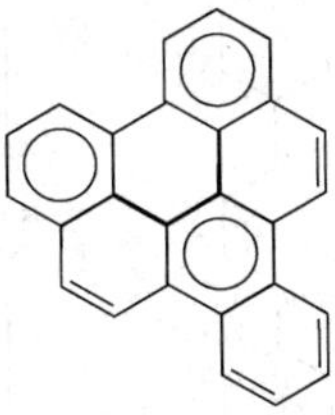

9.27Å

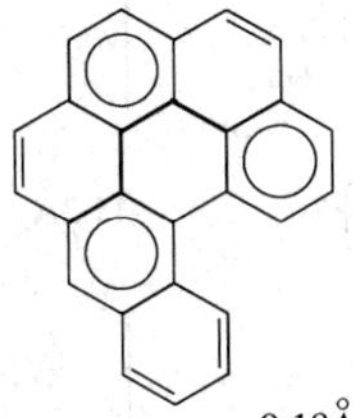

9.18Å

$C_{28}H_{16}$

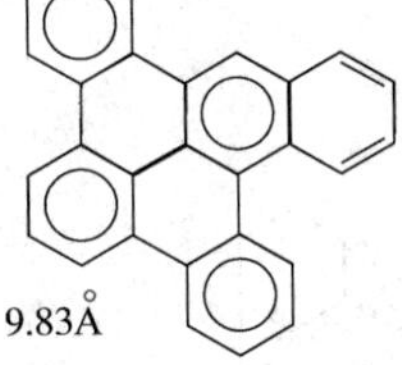

9.83Å

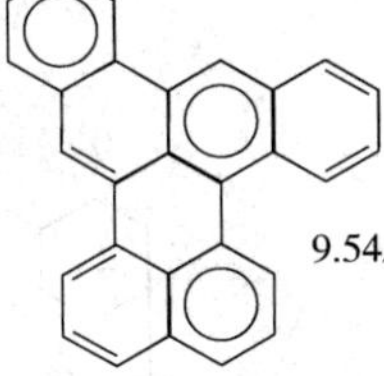

9.54Å

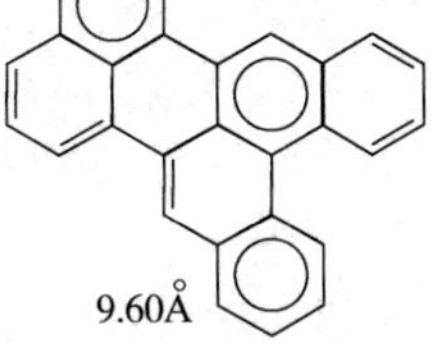

9.60Å

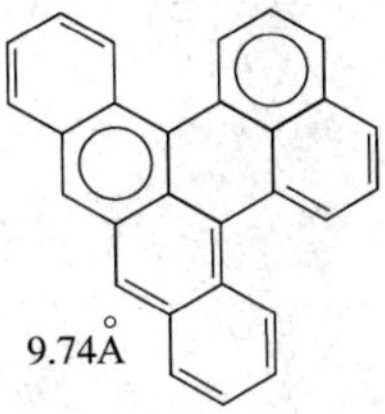

9.74Å

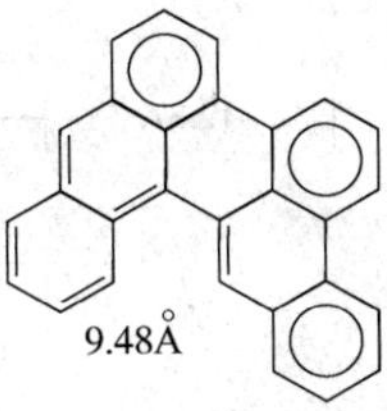

9.48Å

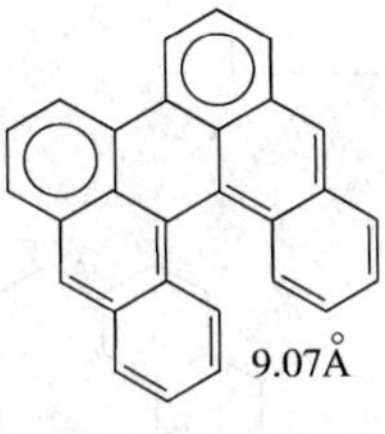

9.07Å

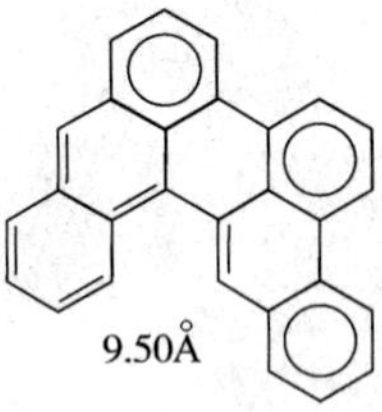

9.50Å

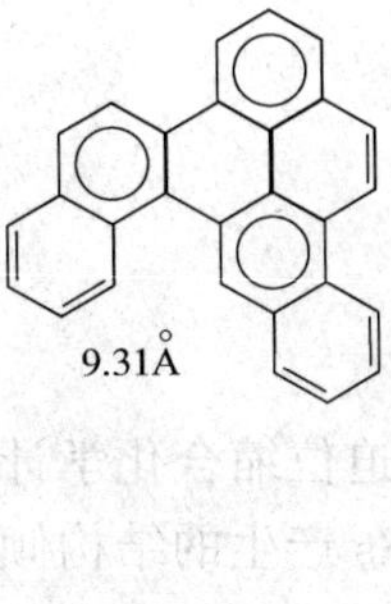

9.31Å

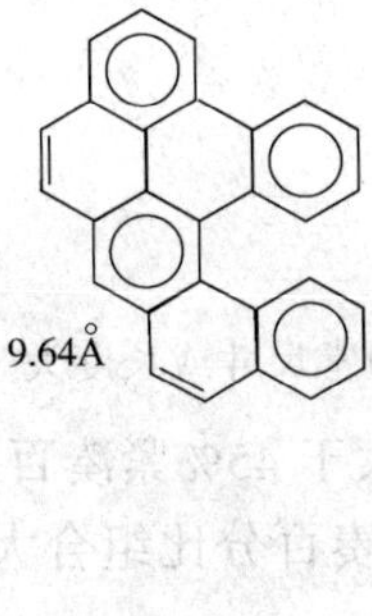

9.64Å

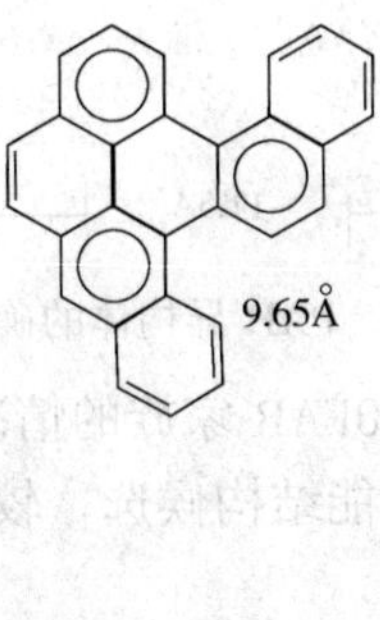

9.65Å

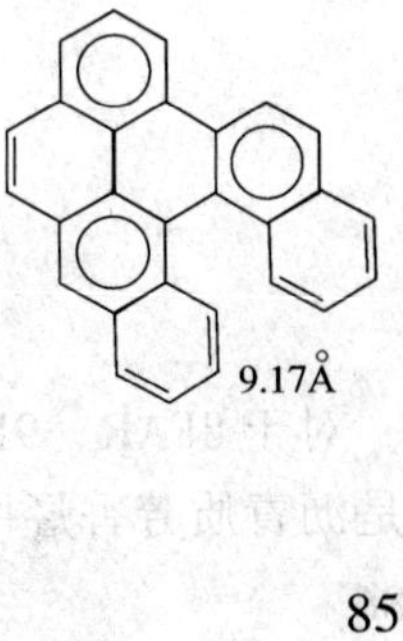

9.17Å

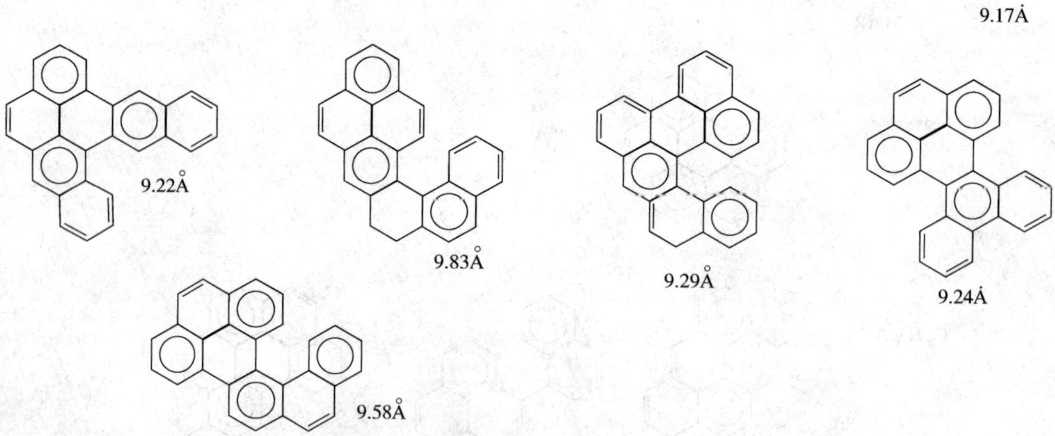

图 4.22　沥青质 FAR 区域最可能的 PAH 结构候选者的结构，含有 7 个稠芳香环（7FAR）且满足所有实验约束。还给出了 Y 原则得到的 π 电子分布和优化后的几何尺寸（最长尺寸）。每个结构中的 Y 形碳都被标亮（黑体）或标记了

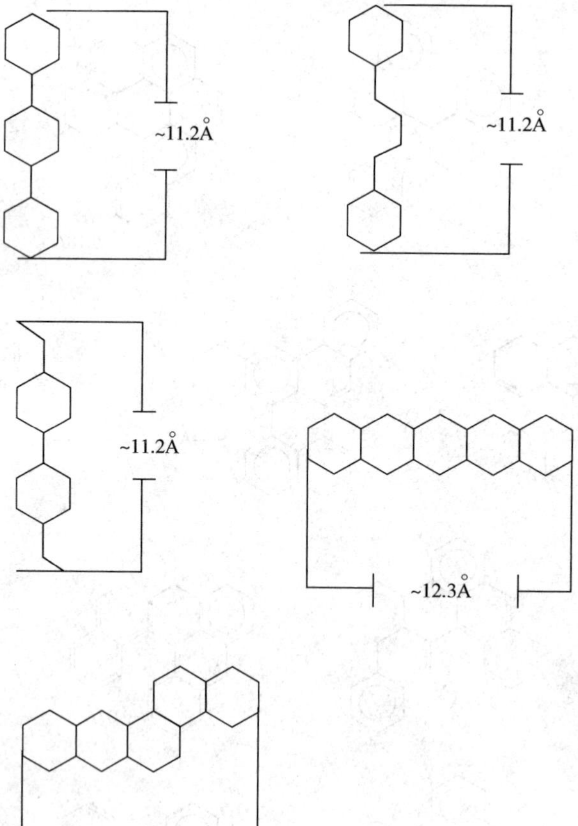

图 4.23　PAH 异构体的确定部分通常尺寸或长度大于 11Å

对于 8FAR、9FAR 和 10FAR 家族的情况，仅大于 45% 紧凑百分比的迫位缩合化学计量点是沥青质芳香烃中心的可能结构候选。较低的紧凑百分比组合大量 FARs 产生的结构倾向

于被延伸，例如尺寸大于 11.2Å，图 4.23 中展示了结构中的确定组分。因而，以下化学计量点不是沥青质稠环区域的良好候选结构：$C_{32}H_{18}$(8FAR)；$C_{34}H_{18}$和$C_{36}H_{20}$(9FAR)；$C_{36}H_{18}$；$C_{38}H_{20}$和$C_{40}H_{22}$(10FAR)(见表 4.11 和表 4.12)。对于 8FAR 的情况，仅有 2 个迫位缩合化学计量点是良好的沥青质的芳香烃的候选结构。它们是$C_{28}H_{14}$和$C_{30}H_{16}$，分别有 5 个和 6 个异构体(表 4.12)。对于 9FAR 的情况也仅有 2 个迫位缩合化学计量点是良好的沥青质芳香烃区域的候选结构，它们是$C_{30}H_{14}$和$C_{32}H_{16}$共有 8 个异构体(见表 4.12)。最后对于 10FAR 情况，仅有 2 个迫位缩合化学计量点是良好的沥青质芳香烃区域的候选结构。它们是$C_{32}H_{14}$和$C_{34}H_{16}$，分别有 1 个和 2 个异构体(表 4.12)。所有其他异构体都不满足实验尺寸和由于 π 电子分布的λ_{0-0}能隙。图 4.24~图 4.26 显示了有 8FAR、9FAR、10FAR 环的可能结构候选的结构。

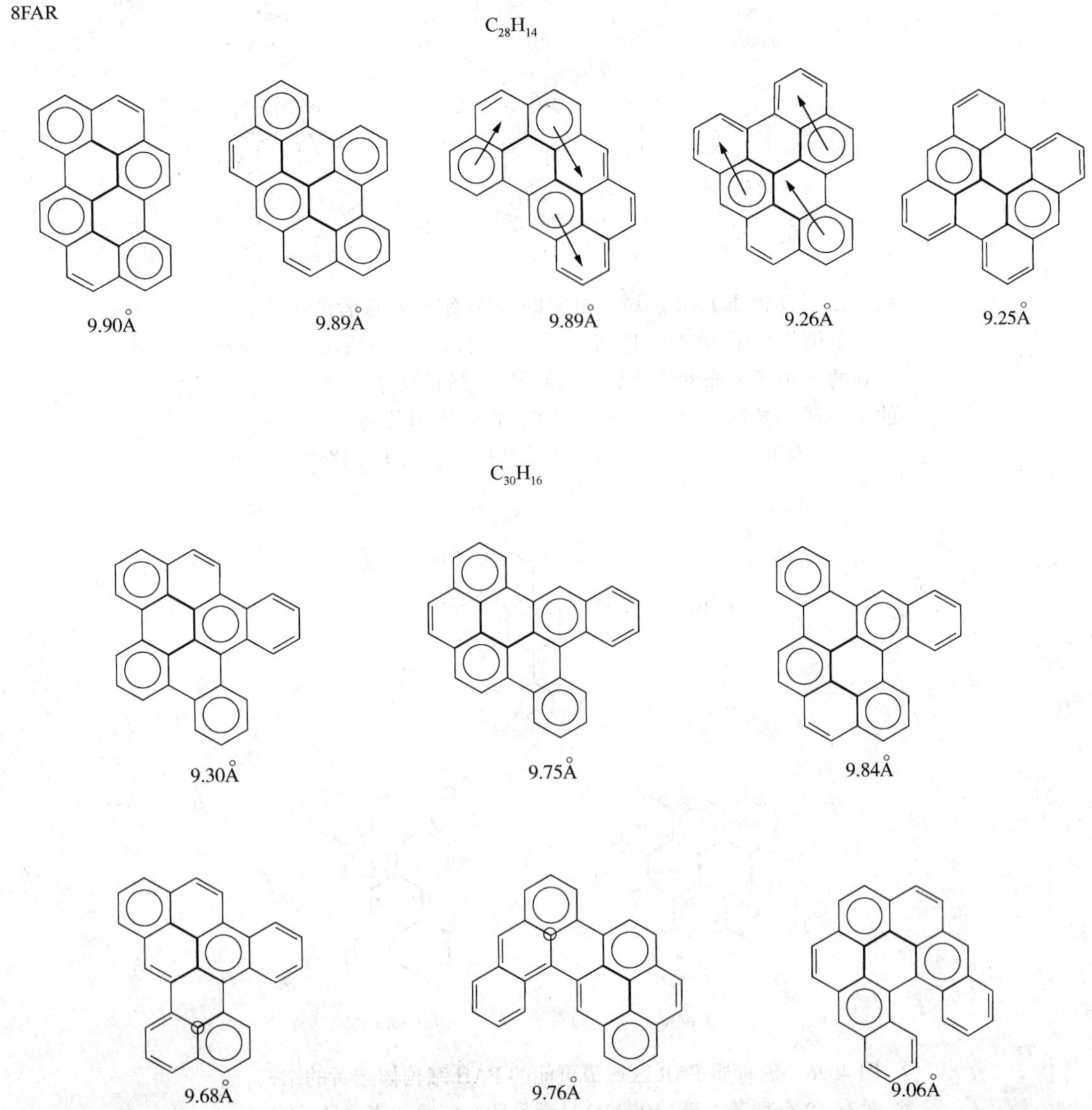

图 4.24 沥青质 FAR 区域最可能的 PAH 结构候选者的结构，含有 7 个稠芳香环(7FAR)且满足所有实验约束。还给出了 Y 原则得到的 π 电子分布和优化后的几何尺寸(最长尺寸)。每个结构中的 Y 形碳都被标亮(黑体)或标记了。箭头表示共振六重峰的移动，仅带箭头的结构代表六重峰移动

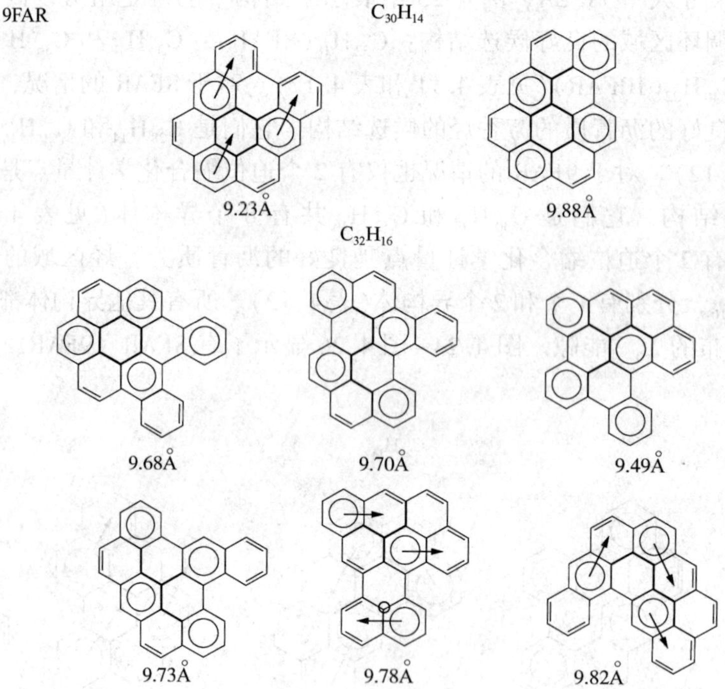

图 4.25　沥青质 FAR 区域最可能的 PAH 结构候选者的结构，含有 9 个稠芳香环(9FAR)且满足所有实验约束。还给出了 Y 原则得到的 π 电子分布和优化后的几何尺寸(最长尺寸)。每个结构中的 Y 形碳都被标亮(黑体)或标记了。箭头表示共振六重峰的移动，仅带箭头的结构代表六重峰移动

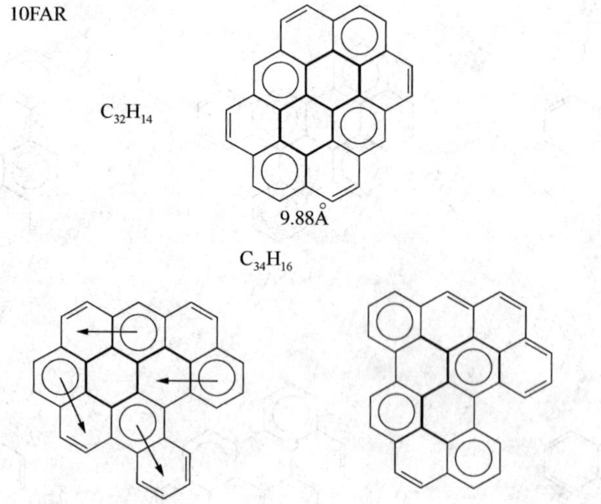

图 4.26　沥青质 FAR 区域最可能的 PAH 结构候选者的结构，含有 10 个稠芳香环(10FAR)且满足所有实验约束。还给出了 Y 原则得到的 π 电子分布和优化后的几何尺寸(最长尺寸)。每个结构中的 Y 形碳都被标亮(黑体)或标记了。箭头表示共振六重峰的移动，仅带箭头的结构代表六重峰移动

在图 4.20~图 4.26(除图 4.23)中 Y 形碳被标亮。如图所见，在点数等于 Y 形碳数量的地方，Y 形碳形成“等高线图”或“线”。因而，为了描绘相同 FAR 家族的异构体，有必要了解所给 Y 形碳含量的所有可能等高线图。有 5FAR-10FAR 稠环芳烃的非典型苯型 PAH 系统，允许作为沥青质的芳香烃中心区域的候选结构，有从 $C_Y=2$ 到 $C_Y=10$ 范围内的 Y 形碳总数(见表 4.11 和表 4.12)。图 4.27 中展示了 Y 形碳总数 2~10 的等高线或图。线有更大的可能性；然而，图 4.27 显示的满足 Y 形碳性质可能被六边形包围，没有产生新的 Y 形碳，又能用 Y 原则得到最后结构。图 4.20~图 4.26(除图 4.23)呈现了最有可能的候选结构有相同的 Y 形碳等高图，其他不是良好候选结构的异构体有相同或不同等高图。图 4.27 中通过使用等高线构建了异构体。例如，为了描绘 $C_{32}H_{16}$ 化学计量点对应的有 9 个稠环芳烃(9FAR)和 6 个 Y 形碳的异构体(见表 4.11 和表 4.12)，有 6 个点的第一个等高图在 8 个可能性选择外，这在图 4.27 中给出。首先画出等高图，然后六边形包围以满足 Y 形碳的性质(内部碳有 3 个连接点)。描绘缺少六边形的完整 9FAR 时小心不要超过 H：C 比。最后根据 Y 原则得到共振六重峰的位置，通过定位其余双键中的 π 电子而完成 π 电子的分布，注意双键的位置不要超过碳原子价。

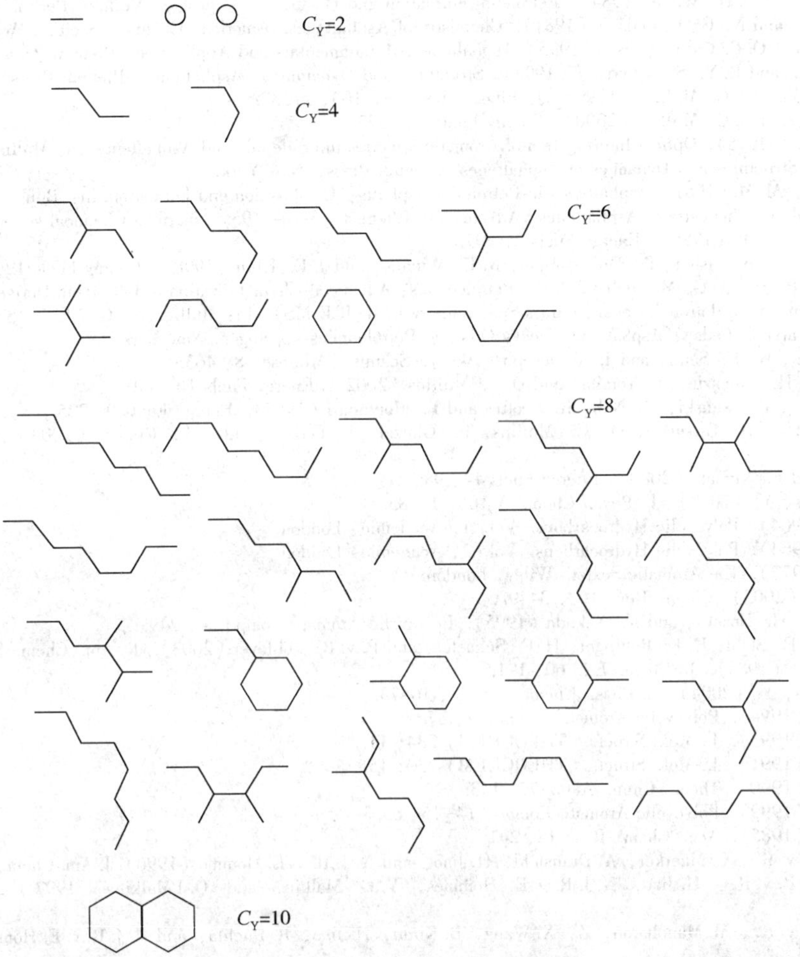

图 4.27　Y 形碳等高图

4.4 结论

计算化学的方法已经彻底改变了我们对分子结构和反应活性的认识，计算已经变成了科学三角形的第三个定点，其他两个定点分别为实验和理论。由于沥青质混合物的困难性质和复杂性，仅依靠实验数据不可能得到所有结论，也不可能仅从理论化学方法中得到结论。然而，正如这章所示，组合计算化学和实验结果，如沥青质的光吸收和荧光发射光谱，可以成功地用于对沥青质中 FAR 区域几何、结构和尺寸等特殊问题的认识。该方法发现的 FAR 区域结构被用来认识沥青质聚合现象和它们与金属、胶质间的相互作用，该信息也可用来设计分离系统、以促使它们分解的催化剂，避免沥青质沉淀，还有对原油中的重质馏分的表征。如果我们想对任何原油中重质馏分实现最优使用，那这些认识是十分重要的。

参 考 文 献

[1] Chilingarian, G. V. and T. F. Yen (eds.) (1978). Bitumens, Asphalts, and Tar Sands. Elsevier.
[2] Speight, J. G. (1980). The Chemistry and Technology of Petroleum. Marcel Dekker, pp. 189 - 252.
[3] Tissot, B. P. and D. H. Welte (1984). Petroleum Formation and Occurrence. Springer-Verlag, Berlin.
[4] Bunger, J. W. and N. C. Li (eds.) (1981). Chemistry of Asphaltenes. American Chemical Society, Washington.
[5] Sheu, E. Y. and O. C. Mullins(eds.)(1995). Asphaltenes, Fundamentals and Applications. Plenum Press, New York.
[6] Mullins, O. C. and E. Y. Sheu (eds.) (1998). Structures and Dynamics of Asphaltenes. Plenum Press, New York.
[7] Groenzin, H. and O. C. Mullins (1999). J. Phys. Chem. A. 103, 11237.
[8] Groenzin, H. and O. C. Mullins (2000). Energy Fuels 14, 677.
[9] Mullins, O. C. (1998). Optical Interrogation of Aromatic Moieties in crude oils and Asphaltenes. In: Mullins, O. C. and E. Y. Sheu (eds.) Structures and Dynamics of Asphaltenes. Plenum Press, New York.
[10] Boduszynski, M. M. (1981). Asphaltenes in Petroleum Asphalts: Composition and Formation. In: Bunger J. W. and N. C. Li (eds.) (1981). Chemistry of Asphaltenes. Advances in Chemistry Series 195. American Chemical society, Washington.
[11] Boduszynski, M. M. (1988). Energy Fuels 2, 597.
[12] Miller, J. T., R. B. Fisher, P. Thiyagarajan, R. E. Winans, and J. E. Hunt (1998). Energy Fuels 12, 1290.
[13] Rodgers, R. P. and A. G. Marshall (2006). Petroleomics: Advanced Characterization of Petroleum Derived Materials by Fourier Transform Ion Cyclotron Resonance Mass Spectrometry (FR-ICR MS). In: Mullins, O. C., E. Y. Sheu, A. Hammami, and A. G. Marshall (eds.) Asphaltene, Heavy Oils and Petroleomics. Springer, New York.
[14] Zajac, G. W., N. K. Sethi, and J. T. Joseph (1994). Scanning Microsc. 8, 463.
[15] Sharma, A., H. Groenzin, A. Tomita, and O. C. Mullins (2002). Energy Fuels 16, 490.
[16] Calemma, V., P. Iwanski, M. Nali, R. Scotti, and L. Montanari (1995). Energy Fuels 9, 225.
[17] Bergmann, U., H. Groenzin, O. C. Mullins, P. Glatzel, J. Fetzer, and S. P. Cramer (2003). Chem. Phys. Let. 369, 184.
[18] Seki, H. and F. Kumata (2000). Energy Fuels 14, 980.
[19] Ruiz-Morales, Y. (2002). J. Phys. Chem. A 106, 11283.
[20] Clar, E. (1964). Polycyclic Hydrocarbons. Vol. 1, Academic, London.
[21] Clar, E. (1964). Polycyclic Hydrocarbons. Vol. 2, Academic, London.
[22] Clar, E. (1972). The Aromatic Sextet. Wiley, London.
[23] Randic, M. (2003). Chem. Rev. 103, 3449.
[24] Randic, M., H. Hosoya, and K. Nakada (1995). Polycyclic Aromat. Compd. 4, 249.
[25] Moran, D., F. Stahl, H. F. Bettinger, H. F. Schaefer, and P. v. R. Schleyer (2003). J. Am. Chem. Soc. 125, 6746.
[26] Belloli, R. C. (1983). J. Chem. Ed. 60, 191.
[27] Ruiz-Morales, Y. (2004). J. Phys. Chem. A. 108, 10873.
[28] Dias, J. R. (1994). Polycyclic Aromat. Compd. 4, 87.
[29] Dias, J. R. (1993). J. Mol. Struct. (THEOCHEM) 284, 11.
[30] Dias, J. R. (1991). J. Mol. Struct. (THEOCHEM) 230, 155.
[31] Dias, J. R. (1990). Theor. Chim. Acta. 77, 143.
[32] Dias, J. R. (1999). Polycyclic Aromat. Compd. 14-15, 63.
[33] Dias, J. R. (1985). Acc. Chem. Res. 18, 241.
[34] Schleyer, P. v. R., C. Maerker, A. Dransfeld, H. Jiao, and N. J. R. v. E. Hommes(1996). J. Am. Chem. Soc. 118, 6317.
[35] Schleyer, P. v. R., H. Jiao, N. J. R. v. E Hommes, V. G Malkin, and O. LMalkina (1997). J. Am. Chem. Soc. 119, 12669.
[36] Schleyer, P. v. R., M. Manoharan, Z. -X. Wang, B. Kiran, H. Jiao, R. Puchta, and N. J. R. v. E. Hommes(2001). Org. lett, 3, 2465.
[37] Sun, H., P. Ren, and J. R. Fried (1998). Comput. Theor. Polym. Sci. 8, 229.
[38] Sun, H. (1998). J. Phys. Chem. B. 102, 7338.
[39] Molecular Simulation Incorporated (1999). Cerius2 Modeling Environment. Release 4. 0. Molecular Simulations Incorporated, San Diego, CA.

[40] Eichinger, B. E., D. Rigby, and J. Stein (2002). Polymer, 43, 599.
[41] Kaduk, J. A. and J. A. Hanko (2001). J. Appl. Crystallogr, 34, 720.
[42] Fraaije, J. G. E. M., B. A. C. van Vlimmeren, N. M. Maurits, M. Postma, O. A. Ever, C. Hoffman, P. Altevogt, and G. Goldbeck-Wood (1997). J. Chem. Phys. 106, 4260.
[43] Spyriouni, T. and C. Vergelati (2001). Macromolecules 34, 5306.
[44] Stewart, J. J. P. (1989). J. Comp. Chem. 10, 209.
[45] Stewart, J. J. P. (1989). J. Comp. Chem. 10, 221.
[46] Dewar, M. J. S., E. G. Zoebisch, and E. F. Healy (1985). J. Amer. Chem. Soc., 107, 3902.
[47] Mora-Diez, N. and R. J. Boyd (2000). J. Phys. Chem. A, 104, 1020.
[48] Zerner, M. C., P. Correa de Mello, and M. Hehenberger (1982). Int. J. Quantum Chem. 21, 251.
[49] Frisch, M. J., G. W. Trucks, H. B. Schlegel, G. E. Scuseria, M. A.; Robb, J. R. Cheeseman, V. G. Zakrzewski, J. A. Jr., Montgomery, R. E. Stratmann, J. C. Burant, S. Dapprich, J. M. Millam, A. D. Daniels, K. N. Kudin, M. C. Strain, O. Farkas, J. Tomasi, V. Barone, M. Cossi, R. Cammi, B. Mennucci, C. Pomelli, C. Adamo, S. Clifford, J. Ochterski, G. A. Petersson, P. Y. Ayala, Q. Cui, K. Morokuma, D. K. Malick, A. D. Rabuck, K. Raghavachari, J. B. Foresman, J. Cioslowski, J. V. Ortiz, B. B. Stefanov, G. Liu, A. Liashenko, P. Piskorz, I. Komaromi, R. Gomperts, R. L. Martin, D. J. Fox, T. Keith, M. A. Al-Laham, C. Y. Peng, A. Nanayakkara, C. Gonzalez, M. Challacombe, P. M. W. Gill, B. G. Johnson, W. Chen, M. W. Wong, J. L. Andres, M. Head-Gordon, E. S. Replogle, and J. A. Pople (1998). Gaussian 98, Revision A. 7. Gaussian, Inc., Pittsburgh, PA.
[50] Ditchfield, R. (1974). Mol. Phys. 27, 789.
[51] Wolinski, K., J. F. Hinton, and P. Pulay (1990). J. Am. Chem. Soc. 112, 8251.
[52] Becke, A. (1988). Phys. Rev. A. 38, 3098.
[53] Lee, C., W. Yang, and R. G. Parr (1988). Phys. Rev. B. 37, 785.
[54] Chesnut, D. B. (1994). In: G. A. Webb (ed.) Annual Reports on NMR Spectroscopy. Vol. 29, Academic Press.
[55] Kutzelnigg, W., U. Fleischer, and M. Schindler (1990). NMR Basic Principles and Progress. Vol. 23, Springer-Verlag, Berlin, p. 165.
[56] Foresman, J. B. and A. Frisch (1996). Exploring Chemistry with Electronic Structure Methods. Gaussian, Inc., Pittsburgh, PA.
[57] Siegmann, K., H. Hepp, and K. Sattler (1995). Combust. Sci. Technol. 109, 165.
[58] Siegmann, K. and K. Sattler (2000). J Chem. Phys. 112, 698.
[59] Berlman, L. B. (1971). Handbook of Fluorescence Specta of Aromatic Compounds. Academic Press.
[60] George, G. A. and G. C. Morris (1968). J. Mol. Spectrosc. 26, 647.
[61] Salama, F. and L. J. Allamandola (1991). J. Chem. Phys. 94, 6964.
[62] Sadtler Research Laboratories Inc. (1975). The Sadtler Handbook of Ultraviolet Spectra. Sadtler Research Laboratories, Inc., Philadelphia, PA.
[63] McKay, J. F. and D. R. Latham (1972). Anal. Chem. 44, 2132.
[64] Karcher, W., R. J. Fordham, J. Dubois, P. G. M. Glaude, and J. A. M. Ligthart (eds.) (1990). Spectral Atlas of Polycyclic Aromatic Compounds. Dordrech, Reidel.
[65] Acree, W. E., Jr. and S. A. Tucker (1991). Polycyclic Aromatic Compounds 2, 75.
[66] Nakashima, K., S. Yashuda, Y. Ozaki, and I. Noda (2000). J. Phys. Chem. A. 104, 9113.
[67] Roos, B. O., K. Andersson, and M. P. Fülscher (1992). Chem. Phys. Lett. 192, 5.
[68] Garrat, P. J. (1996). Aromaticity. John Wiley and Sons, p. 39.
[69] Heinecke, E., D. Hartmann, R. Müller, and A. Hese (1998). J. Chem. Phys. 109, 906.
[70] Halasinski, T. M., D. M. Hudgins, F. Salama, and L. J. Allamandola (2000). J. Chem. Phys. A. 104, 7484.
[71] Waris, R., K. W. Street, Jr., W. E. Acree, Jr., and J. C. Fetzer (1989). Appl. Spectrosc. 43, 845.
[72] Trickey, S. B., G. H. F. Diercksen, and F. Müller-Plathe (1967). UV Atlas of Organic Compounds. Plenum.
[73] Canuto, S., M. C. Zerner, and G. H. F. Diercksen (1991). Astrophys. J. 337, 150.
[74] Fleischer, U., W. Kutzelnigg, P.; Lazzareti, and V. Mühlenkamp (1994). J. Am. Chem. Soc. 116, 5298.
[75] Patchkovskii, S. and W. Thiel (2000). J. Mol. Model. 6, 67.
[76] Schleyer, P. v. R. (2001). Chem. Rev. 101, 1115.
[77] Watson, M. D., A. Fechtenkötter, and K. Müllen (2001). Chem. Rev. 101, 1267.
[78] Masuda, K., O. Okuma, T. Nishizawa, M. Kanaji, and T. Matsumura (1996). Fuel 75, 295.
[79] Hamaguchi, H. and T. Nishizawa (1992). Fuel 71, 798.

(Yosadara Ruiz-Morales)

第5章　多环芳烃和沥青质的碳X射线拉曼光谱

5.1　简介

应用X射线拉曼光谱(XRRS)得到含碳系统的结构位置信息，包括上一章讨论的复杂多环芳烃(PAHs)和沥青质。这一新方法可以在这类系统中直接检测碳的类型，在新的同步X射线和光谱仪创新设计的支持下，这一方法在最近已应用于实践。XRRS是X射线吸收光谱技术(XAS)的能量缺失版，被用于以一种特定元素的方式表征结构位置和化学性质。碳K边缘常规XAS位于被称为软X射线区域，它在大型系统和实验环境中的应用遇到了一些问题，都与软X射线和电子的亚微米路径长度有关。相反，XRRS基于硬X射线(6~10keV)，提供了一种分散碳XAS的方法，其具有更深穿透的探针(~mm路径长度)。我们将讨论XRRS的理论和实验背景，也将展示几个有帮助的例子来说明这样的技术如何认识沥青质和其他相关材料的结构。

油气资源的最优开采要求适当的科学预测。然而，如果基础结构仍然未弄清，那科学预测也很大程度上无法实现。原油效用中缺少正确预测会导致巨大的错误。例如，从非常远和昂贵的地方大量抽取石油，如10000ft深和30000ft深(1ft=0.3048m)的水下。在那样昂贵的环境下，意料外的流体复杂性会产生不可预见的巨大开销；正确的预测是必要的。石油科学的主要焦点是原油的基础分子结构和功能之间的关系，即，它的现象学行为。这被用到新的领域——石油组学。原油中最神秘组分是沥青质馏分；这就是我们焦点所在[1,2]。特别地，一个很困难的任务是揭示沥青质的芳香烃环系统的分散性质。近些年，各种技术已经被用于探索沥青质的稠环芳烃结构。这包括^{13}CCNMR[3]、时间分辨荧光去极化(TRFD)[4,5]、扫描隧道显微镜(STM)[6]、高分辨率透射电子显微镜(HRTEM)[7]。此外，光吸收和发射数据[8]，加上分子轨道计算，已经制约了原油中可能存在的芳香烃基团[9]。与沥青质芳香环系统相关的3个主要问题：(1)每个芳香烃基团中芳香环的平均数；(2)其分布宽度；(3)环系统的几何特征。直观分析图像[6,7]和TRFD[4,5]已经表示，石油沥青质中稠环系统的平均数是7。这些技术通常也表示，对于整体沥青质发色团，环分布跨度为4~10个环。芳香环系统的第三重要主题是环连结的几何学，通常在极端条件下被描述为迫位缩合，其中3个芳香环共用一个桥链碳原子，或者渺位缩合，一个桥链碳由2个芳香环共用。蔻是迫位缩合的例子，并五苯是渺位缩合的例子。并五苯中环的线性排列使其成为渺位缩合芳香烃并苯家族的一员。这样的环几何信息已经越来越难再现。STM可得到沥青质发色团图像，然而，最多几十个分子的研究很难外推到整体性质。^{13}C NMR结果表明，迫位缩合存在于沥青质中[3]。然而，需要直观和系统的证据建立沥青质环系统的几何学。

这里，我们将基于相对较新的光谱工具的结果开展讨论，以获得含碳系统的结构信息。该技术涉及X射线拉曼散射，非共振X射线拉曼散射，X射线拉曼散射光谱和近几年出现的更多相关技术，这本章中我们仅讨论X射线拉曼光谱(XRRS)。XRRS与更好的已知技术密切相关，即X射线吸收光谱(XAS)。事实上，XRRS是XAS的X射线能量缺失版本，类似于内壳电子能量缺失光谱(ISEELS)或EELS。XAS经过过去几十年的发展，现已成为广泛应用于特定元素电子结构和分子位置的研究工具。XAS通常被分为NEXAFS(近边缘X射线吸收精细结构)或者等价的XANES(X射线吸收附件边缘结构)和EXAFS(延展X射线吸收精细结构)区域[10]。在NEXAFS中，一个入射X射线光子促使一个内层电子进入未被占用的分子轨道。产生的吸收光谱对吸收原子的连结点是十分敏感的。在K边缘NEXAFS情况下(在这章中被讨论)，其中1s电子被弹出，偶极选择规则要求探讨主要的P型轨道。在EXAFS中，更大能量的电子被弹出，因此能从周围相邻原子反向散射。结果吸收界面部分在电子动量空间中显示出干涉图案。通过傅里叶变换，可以得到临近原子类型、数量、距离和障碍信息。由于EXAFS震荡的幅度小，就需要很好的数据统计来得到足够高品质的EXAFS光谱。由于XRRS的截面很小，很难得到XRRS模型的EXAFS数据。因此，在本章中，我们将限制基于XRRS的NEXAFS研究的讨论。即使近期已经注意到，有可能在水和冰的研究中的氧K边缘得到高质量XRRS模型EXAFS。[1]将来那样的EXAFS研究也应该被用到含碳系统的研究中。

多年来，常规NEXAFS已被成功用于获取烃类物质详细结构和化学信息[12]。近边缘特点如1s→π^*和1s→σ^*共振包括了分子间键长[14]和键型[13]信息。而且，峰可以用来明确芳香烃的方向，如金属表面[15]。近几年，ab initio计算被以高分辨率被运用到NEXAFS特征，正如在多环芳烃[16]或邻苯二甲酸二甲酯异构体[17]研究中显示的。NEXAFS已经被应用到多聚物研究中。该技术和X射线显微镜的组合已被证明具有强大功能[18]。

轻原子NEXAFS光谱在跃迁中的传统测量，使用了旋转场、电子场、样品光电流或荧光激发模型[12]。由于软X射线的亚微米路径长度，跃迁测量需要非常小的样品，而这种样品很难制备。例如，含碳材料的K边缘能量的吸收长度小于0.1 μm。此外，样品必须横向均匀。为了简化样品制备，经常会用到各种电子检测技术。然而，这些方法探测深度已经小于50Å，因而表面是敏感的[19]。事实上，它们能提供的信息是关于氧化物图层或吸收原子的，而不是整个样品。荧光场可探测样品的更深处，但是在集中系统中，它由于“饱和效应”[20]存在很强的失真，严重限制了定量分析。最后，穿过吸收边缘的荧光场中低Z元素的变化能导致光谱变形[21]。

总结这些潜在问题显示了整体性质所在的大等级系统和实验条件很难用这些传统的NEXAFS方法探索。它们包括异构集中化合物，例如大的多环芳烃，沥青质和煤，有复杂的结构，在极端压力和温度下对表面氧化物质、反应材料、液体和系统具有敏感性，使用更精确的硬X射线(>6 keV)XRRS有更强大的优点。对于含碳材料的研究，它的“整体”(~mm)敏感性和较低的样品环境要求是有利的。仪器如炉、原位腔室、流管和高压单元都能被应用(>6 keV)。因此XRRS是能够保留硬X射线测量所有实验优势的技术，同时可以提供软X射线NEXAFS的独特结构信息。

今天熟知的XRRS在1923年由Smekal首次提出，甚至在拉曼提出非弹性光子散射伴随价电子激发的相似观点之前[22]。直到1967年，Suzuki的实验[23]才得到从Be到C元素的X射线拉曼光谱清晰的、明确的观察，这花费了40多年。同一年早些时候，Mizuno和Ohmura[24]的理论工作建立了XRRS和(XAS关于XRRS发现的简单历史见参考文献[25])间的紧密联系。光谱XRRS的第一次演示出现在20世纪80年代，那时，同步加速辐射(SR)提供的可变X射线资源得到广泛应用[26,27]。近几年，XRRS已经被大量应用在观察从Li到F的K

边缘范围[25,28-31]。这项工作表明 XRRS 现在的清晰度已经超越了演示实验。在最大的第三代 SR 设备中，如 ESRF、APS 和 SP 环-8，XRRS 的潜力被认识到，这项技术大量应用。此外，现在正将最新 3GeV 等级第三代同步加速器，包括斯坦福的 SPEAR3 环和法国的 SOLEIL，应用于常规 XRRS 研究。

5.2 理论

在 XRRS 进程中入射光子是非弹性散射的，其能量的一部分用于激发内层电子进入未占用态。散射中损失的能量对应 XAS 的吸收能量，偶极近似时，所得 XRRS 光谱特征和 XAS 的是一样的。对于使用非极性 X 射线束得到的随机来源样品，XRRS 的跃迁概率 w 可以描述为[27]：

$$\omega=[(4\pi^3 e^4 h)/(m^2\nu_i\nu_j)](1+\cos^2\theta)|\langle f|\exp(iqr)|i\rangle|^2 \times\delta(E_f-E_0-h(\nu_i-\nu_j)) \tag{5.1}$$

式中，$|\langle f|$ 和 $|i\rangle|$ 是最终和最初态波函数，v_i 和 ν_j 是入射和散射 X 射线频率，θ 是散射角，q 是动量转移。矩阵要素必须与 XAS 中的一样，用 q 取代 XAS 中的极化矢量ε。但是，因为过程中不涉及光子的消失而是散射，当 qr 是一阶或更大时有差别。该事实值得研究以认识不同系统的未占用态。例如，K 边缘 XAS 研究了未占用态(因为一个 s 电子被激发)的 P 密度，其中大 q 的 XRRS 对其他系统也是敏感的，如 S 密度。这一额外信息能在很多情况下扩大对键位置的认识，一些作者已于近期发表了相关研究[29]。不过，我们将在这里讨论聚焦在偶极限制的低 q 研究。在 $qr\ll1$ 情况下，可认为偶极近似(也使用 $|k_i|\cong|k_j|$)，上面的方程变为[27]：

$$\omega=[(64\pi^5 e^4 h)/(m^2c^2)](1+\cos^2\theta)\sin^2(\theta/2)|\langle i|r|f\rangle|^2 \tag{5.2}$$

式中，矩阵元素和偶极 XAS 相同[24]。这里的$(1+\cos^2\theta)\sin^2(\theta/2)$反映了非极性 X 射线的 XRRS 的一般角度依赖性。对于使用同步加速辐射的研究，通常水平面的极化 w 和水平面散射的 $\cos^2\theta\sin^2(\theta/2)$成比例，$w$ 和垂直面散射的 $\sin^2(\theta/2)$成比例。因此，理想的 XRRS 实验使用垂直散射面。

此外，XRRS 截面依赖角，通常如 X 射线散射那样取决于散射体积，其反过来又取决于 X 射线能量和样品原子数 Z。对于给出了尺寸为 Z^{-4} 的散射截面能量，表明 XRRS 对于轻元素(低 Z)是最合适的。另外，X 射线能量 E 与 E^3 成比例，表明使用了高能量的 X 射线。然而，这可以通过实验效果补偿，与分析效率和分辨率有关。大多数 XRRS 实验依赖完美晶体弯曲的布拉格光学和装置的效率 ~$E^{-3.2}$。此外，能量分辨率和 E 成比例。因此，决定样品 Z 和需要的渗透度(在高压或原位单元的情况下)典型 X 射线能量，使 XRRS)在 6~10keV 的范围内工作。最后，XRRS 截面与能量损失ΔE 成反比[32]，这有利于低 Z 元素和小能量的吸收边缘，典型的<1keV。

5.3 实验

正如上面所提到的，入射 X 射线能量 E 和散射 X 射线能量 E' 的差ΔE 产生 XRRS 中心电子到 empty state 空白态的激发。为得到该光谱信息，需要了解 E 和 E'。在配有单色器的同步加速器束线中，容易得到已确定的能量、可调能量的 X 射线，例如，对 E 的认识。XRRS

的实验提供了一种有效的方法来测量的散射光子的能量 E'。这是由于 X 射线单色器是基于完美晶体的布拉格光学，通常只接受非常小的立体角。对于入射的水平同步加速器束，这不是问题。另一方面，散射光引导样品进入各个方向，它需要特殊的几何特征来接受总立体角度的一个小部分。基于球面弯曲 Si 布拉格晶体的多晶谱仪，会应用 Rowland 几何排列[33]。图 5.1 中显示了 XRRS 实验的安装示意图和用于测量散射 X 射线的真实光谱仪。

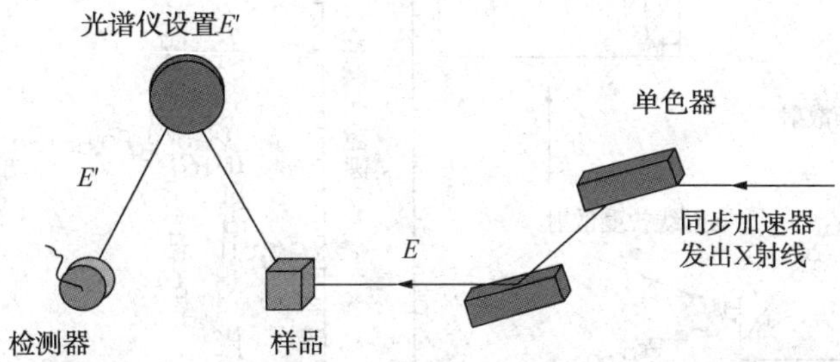

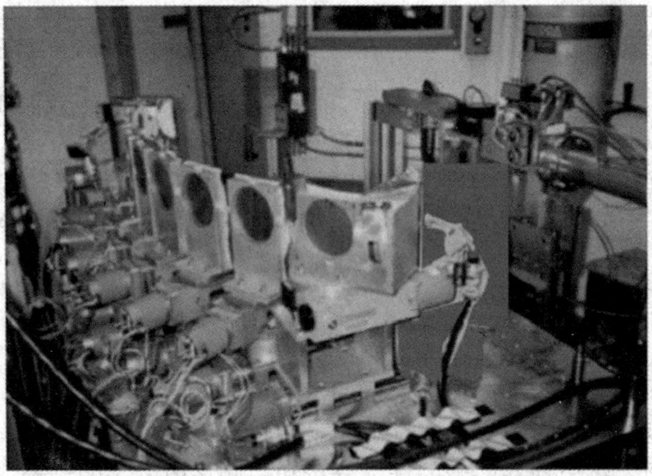

图 5.1 上：XRRS 实验的装置示意图。入射 X 射线束是能量为 E 的单色光，光谱仪(分析仪)选择散射能量 E'。通过变化单色器的 E 和匹配的 E' 得到光谱。下：实验中使用的真实光谱仪图片。8 个分析仪晶体设置为相同能量 E'，聚焦光束进入探测器。使用多相分析仪可以通过捕获更大立体角提高仪器效率

参考文献[33]中描述了该仪器的细节，但是这里还应提到 3 个重要参数：(1)仪器的全立体角是 $4\pi\ sr$ 的 0.5%；(2)当光谱仪在 $E'=6.46\text{keV}$，入射能量为 E，单色器以 Si(111)单变化条件下运行时，总能量分辨率(单色仪和色谱分辨率的卷积)是 1eV；(3)对于碳 K 边缘，多晶光谱仪覆盖的 q 范围对应 $0.27 < r^* q < 0.5$。对比 ISEELS(运行时 q 很低)的 q 范围足够低，以满足所示研究的偶极限制[34]。图 5.2 所示(左)石墨样品的总散射光谱，(右)对比电场中的传统 NEXAFS[35]。所有 XRRS 光谱都采用先进光子源的 BioCAT 束线 18ID，这是 Argonne National Laboratory 的版本，详细实验信息见参考文献[31]。

这里使用的石油沥青质以正庚烷作为溶剂。这些准备工作已在其他地方详述[2]。煤沥青质由 Tohoku University 的 M. Iino 教授提供。该煤沥青质样品是从沥青质煤样品中得来的，其来自印度尼西亚 Indonesia 的 Tanito Harum。沥青质样品从煤的液化残渣中得到。分离吡啶可溶组分，然后分离其甲苯可溶组分，这个馏分的正已烷沥青质也能得到。多环芳烃中的大

部分从 Aldrich Chemical 公司得到，使用时不需要提纯。苯并[c]萘并[gra]并四苯来自 Dr. John Fetzer。

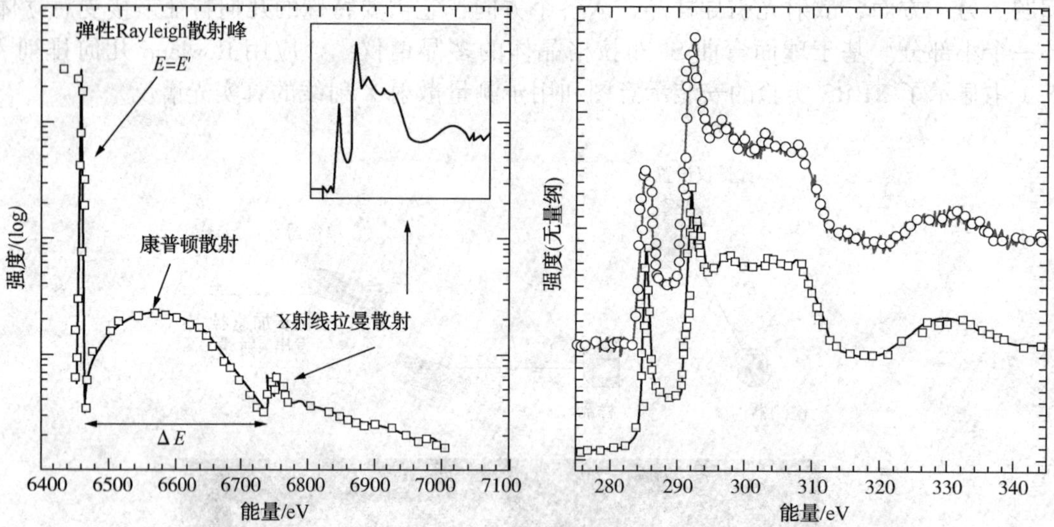

图 5.2　左：石墨的总散射光谱。单色器能量 E 与对应分析仪能量 E' 作图。由康普顿光谱和 K 边缘 X 射线拉曼散射得到类弹性 Rayleigh 峰。右：对比 XRRS（1eV 分辨率）的石墨 NEXAFS 和传统电场 NEXAFS（0.15eV 分辨率）。使用 XRRS 方法光谱特征容易再现。注意到 XRRS 中能量轴对称电场对应ΔE

5.4　结果与讨论

如图 5.2 所示，XRRS 产生了和传统 NEXAFS 等价的光谱。因此，XRRS 的解释同样可以用于建立碳 K 边缘 NEXAFS[12]。现在我们将讨论光谱中包括什么样的结构信息，如何帮助我们理解沥青质。将出现一些新的详细分析和一些之前发表的结论[30,31,34,36]。

XRRS 可以解释的问题之一就是沥青质中芳烃和饱和碳的比例，显示原油沥青质中该比例约为 1∶1[30]。为了证明芳香烃对 NEXAFS 光谱的影响，图 5.3（中）展示了一系列不同芳香烃和饱和碳比例的烃类光谱（从上到下：蔻，1-苯基己烷，太阳能染料，正 28 碳烷 $C_{28}H_{58}$，和 2,2,4-三甲基戊烷）。光谱的众多特征中包括在 285eV 有一个强烈的 1s-π*共振，其随着芳香烃组分减少、全饱和碳的缺失而减少。在 288eV 有尖锐的吸收峰明显是饱和碳。在 293eV 边缘特征有一个 1s-σ*共振，这表示既含有芳香烃也含有饱和烃。另外，蔻光谱在 297~311eV 间显示了更宽的外加 1s-σ*共振。Stöhr[12]已详细讨论了这些共振的位置对应分子内结构（和吸附系统的分子间结构）。我们将使用指纹类型的光谱分析沥青质，通过一系列平方拟合证明该分析结果。图 5.3 右边显示了煤沥青质（上）和 2 个不同原油煤沥青质（中：Venezuela #20，下：KUHM）的光谱。2 种原油沥青质的光谱是非常相似的，但煤沥青质有明显不同。对比左边的图，很明显煤沥青质不含有较大组分的饱和碳，事实上它的光谱看起来有点像蔻。与一系列多环芳烃的扩展对比表明，煤沥青质光谱含有 4~7 个主要迫位缩合的环系统，其饱和碳百分比小于 20%的芳香烃多环芳烃相似（详细分析如下）。另一方面，原油沥青质光谱显示了饱和烃和芳香烃的典型特征。在 285eV 存在尖锐的 1s-π*共振表明芳香烃碳的存在，在 288eV 处的边缘特征是饱和碳的鲜明特征。

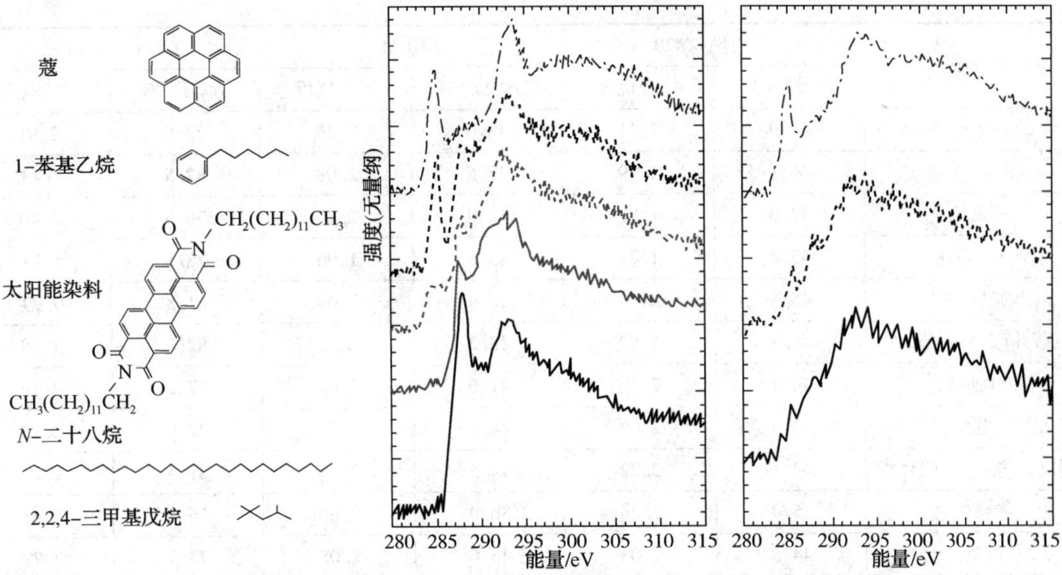

图 5.3　左：对比不同芳香碳和饱和碳比值的烃类光谱。光谱对应左侧的化合物（从上到下依次为：蔻，1-苯基已烷，太阳能染料，$C_{28}H_{58}$，和 2,2,4-三甲基戊烷）。右：沥青质光谱，上：Tanito Harum 煤，中：委内瑞拉#20 原油，下：KUHM 原油

^{13}C NMR 为含碳材料，如沥青质，提供了饱和烃和芳香烃组分含量的准确分析结果。为了提高对 XRRS 技术的认识，我们分析了这一比例下有较大差异的沥青质的 XRRS 数据。石油沥青质被公认含有较大饱和烃馏分，但是煤沥青质中含有较小的饱和烃基团碳组分。这与沥青质因材料来源不同有不同烷基含量的观点一致。为了得到基于 XRRS 的这一比例的定性估算，我们列出了 2 个组分适合使用的化合物组合，如表 5.1 和图 5.3 给出正二十八烷是最为适合的原油沥青质饱和碳的化合物模型。可能的大量—CH_2—官能团需要匹配沥青质中由这一官能团控制的烷基含量。表 5.1 列出了正二十八烷组合一系列芳香烃化合物的拟合结果。表中列出了芳香烃碳的百分比和拟合效果所有沥青质的最佳拟合结果用黑体标出。用这 5 个拟合结果，委内瑞拉#20 中芳香烃碳的平均百分比是 45.4%，KUHM 中是 46.8%，煤沥青质是 79.3%。该数据也显示了良好的拟合既不是苯，也不是含有 3 个或更多碳环的简单 PAH 连结，如蒽和 2，3-苯并蒽（四苯）。指出煤沥青质的最好拟合（优度 = 0.85）是 72.8% 苯并(a)芘和 27.2%太阳能染料的混合物。由于太阳能染料含有 56%的饱和碳，那么基于这一拟合的煤沥青质的芳香烃碳的所得百分比是 84.8%。XRRS 得到的芳香烃碳的值与同一样品的^{13}C NMR 得到的值相近；委内瑞拉#20 是 48%，KUHM 是 53%，煤沥青质是 88%[37]。

表 5.1　用正二十八烷和 PAH 模型化合物①的两组分拟合沥青质光谱

芳香碳	委内瑞拉#20		KUHM		Tantio Harum 煤	
	芳香碳/%	拟合优度	芳香碳/%	拟合优度	芳香碳/%	拟合优度
苯	33.2	2.46	33.9	2.91	61.8	3.85
萘	41.4	1.85	42.5	2.20	76.1	1.37
蒽	41.7	2.26	43.7	2.39	72.8	3.86
菲	**42.8**	**1.80**	44.1	2.09	**78.3**	**1.15**

续表

芳香碳	委内瑞拉#20		KUHM		Tantio Harum 媒	
	芳香碳/%	拟合优度	芳香碳/%	拟合优度	芳香碳/%	拟合优度
2,3-苯并蒽	45.9	2.11	48.0	2.26	79.6	2.91
1,2-苯并蒽	**46.1**	**1.79**	**47.5**	**2.08**	**82.5**	**1.23**
三亚苯	42.0	1.82	42.9	2.20	76.5	1.40
苯并(a)芘	**43.7**	**1.77**	**45.4**	**1.96**	**78.5**	**1.13**
苯并(e)芘	**45.6**	**1.74**	46.9	2.04	**81.8**	**0.99**
萘并(2,3-a)芘	45.9	1.83	**48.2**	**1.91**	82.0	1.38
萘并(ghi)芘	40.2	2.39	41.6	2.68	77.2	2.16
蔻	43.4	2.09	44.9	2.34	77.9	2.13
苯并(e)萘(gra)四环素	43.1	2.22	44.5	2.53	81.4	1.77
喹啉	35.9	2.24	36.9	2.60	66.4	2.48
吖啶	44.3	2.03	46.6	2.08	77.3	2.72
7,8-苯并喹啉	40.6	1.89	**42.4**	**2.06**	**75.5**	**1.09**
咔唑	**48.6**	**1.71**	**50.4**	**1.94**	87.2	1.65
二苯并噻吩	43.2	1.87	44.6	2.15	71.5	3.86

①每种组合的拟合优度和芳香碳百分比。黑体显示了沥青质的5种最佳拟合。

不足为奇的是，最佳拟合属于含有与沥青质有相似的相对狭窄的1s-π* 共振的多环芳烃。例外的是苯的1s-π* 共振太激烈。在那种情况下，与在石油沥青质中观察的相比，仅一个非常小的馏分就足以得到激烈的1s-π* 共振。另一方面，这将导致其他光谱性质的拟合非常差。事实上，苯是石油沥青质中类似芳香烃馏分的最差模型(见表5.1)。它对于详细思考1s-π* 共振线宽具有指导性作用。关于孤立双键和芳香烃六重峰的多环芳烃描述在很多年前Clar就介绍过了[38]。这一描述的目的是提供一个简单的启发式，来认识PAHs中π电子密度的位置和得到PAH稳定性的一些想法。有人表示多环芳烃可以作为PAH内苯环最大数目的组成部分。未被这些苯环占用的所有双键都被明确表示为双键。在这一描述中，多环芳烃的普通表示为，在每个PAH六边形中画一个Kekule圆是错误的。这个描述中，连接六边形一边的两个环不全是芳香烃六重峰(见图5.4，右)。

这个芳香烃六重峰——单双键描述没有方便的速记符号，除非我们简单地称它为Clar模型。但它提供一个非常简单的工作框架，对认识PAHs中的π电子密度位置是有用的。例如，这个描述立刻预测了蔻六边形中心的低π电子密度。通常简单但有用的描述会成为本科课程的一部分以增强学生的理解能力。然而，关于单双键—芳香烃六重峰的描述仍然未知，除了它尴尬的名字外还有很多可能原因。事实上这个描述已经被证明了，它的应用被延伸到PAHs分子轨道计算的最新研究上[9]。此外，多环芳烃的一般特征，如电子跃迁能量和碳类型(孤立双键和芳香烃六重峰)的相关性已经被知晓。例如，相对大的迫位缩合的多环芳烃是无色的，而相对小的渺位缩合的多环芳烃(并五苯)是有色的。相应的，迫位缩合多环芳烃对于氧化降解更有抵抗力。然而，直到多环芳烃的最近XRRS研究，发现碳类型和芳香烃的测量物理参数的直接相关性很难被证明[31]。

已知在含硫NEXAFS中，主要光谱峰的能量位置很大程度上取决于硫氧化态[39,40]。硫的1s-3p共振在硫氧化态(从0到+6)上的线性变化的能量范围直到14eV。还已知芳香氮的

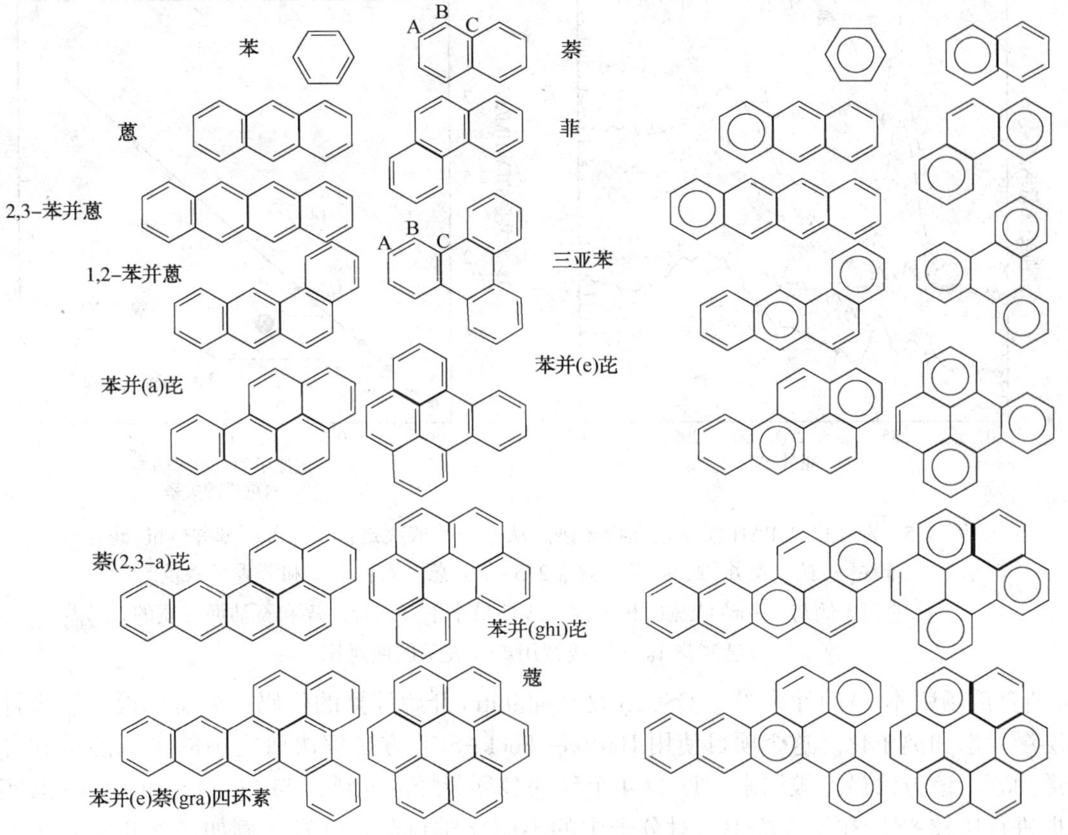

图 5.4　XRRS 研究的 1~7 个环的 PAHs 结构。右图所示单双键-芳香烃六重峰描述。$1s-\pi^*$ 共振宽度和双键与六重峰碳的比例的相关性强烈支持这一描述。不同方法的碳点差异，如萘和三亚苯所示的，用于计算 NEXAFS 光谱。参见如下讨论和参考文献[34]

$1s-\pi^*$ 峰很大程度上取决于氮的类型[41,42]。吡啶型氮是基本的，$1s-\pi^*$ 峰出现在较低能量处，吡咯氮分享其在芳香环系统中的空电子对，创造一个带有少量正电子的氮；吡咯氮的 $1s-\pi^*$ 峰相对于吡啶氮蓝移 3eV。双键碳和六重峰碳是相同的氧化态，不像很多含硫化合物中的硫。两种碳类型的共振影响没有创造吡啶氮和吡咯氮之间大的电子密度差异。因而，XRRS 碳光谱不能期望产生两者完全不同的 $1s-\pi^*$ 共振，一个为孤立双键碳，另一个为芳香烃六重峰碳。然而，人们可以期待随着双键碳馏分从 0(例如，苯或菲)到有限(例如，蒽或四苯)的数的增加，线宽也增加。我们解释了关于芳香烃六重峰—孤立双键描述的 PAHs XRRS 数据[31]。在描述 PAHs 的双键碳和芳香烃六重峰的碳特性时，(图 5.4 右)$1s-\pi^*$ 共振的宽度与双键和六重峰碳比例线性相关。

双键与六重峰碳含量低的化合物有尖锐的 $1s-\pi^*$ 共振。双键与六重峰碳比例大的化合物中，共振分散为几个峰从而导致更大的宽度。我们测量的极端情况是比例为 0 的苯和菲和比例为 2 的 2，3-苯并蒽(四苯)。图 5.5(左)显示了增加双键和六重峰碳比例(从上到下)得到的 PAH 模型化合物的一些光谱。图 5.5(右)展示了相关性和对应的线性拟合，图中所示的水平虚线分别表示测量的煤沥青质(1.39eV)和原油沥青质(1.34eV)的 $1s-\pi^*$ 共振宽度。这表明原油沥青质中芳香烃碳的双键和六重峰比例平均为 0.25，稍高于煤沥青质。那么大比例的六重峰碳通常表明含有更多的迫位缩合环系统。

一个不同的、更详细描述 NEXAFS 光谱对含碳系统电子结构影响的方法是基于 GSCF3

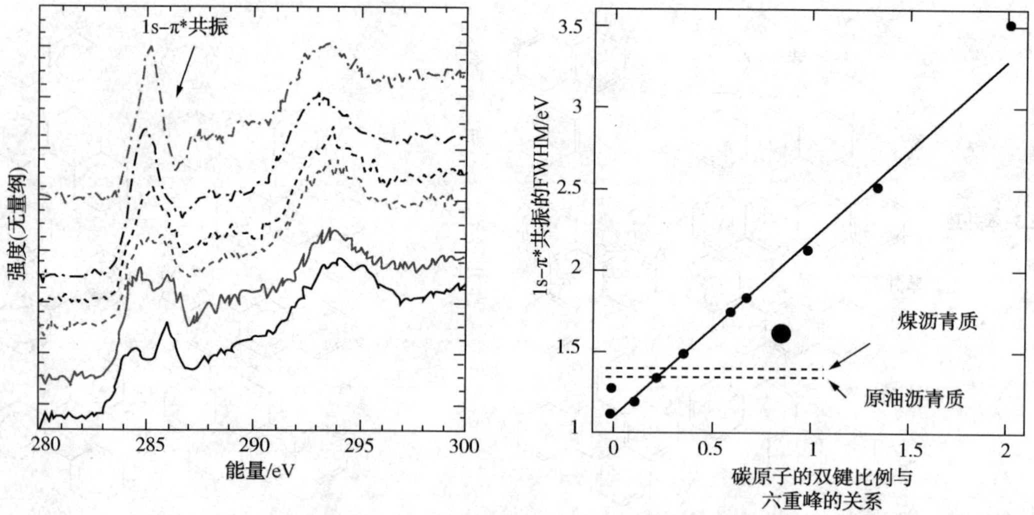

图 5.5　左：已选 PAH 模型化合物光谱。从上开始依次是：三亚苯、苯并[ghi]苝、苯并[a]芘、萘并[2,3a]芘、蒽、2,3-苯并蒽。右：双键和芳香烃六重峰的碳比例与 1s-π* 线宽的相关性，线性最小平方拟合。煤和石油沥青质的已测量 1s-π* 线宽用虚线表示以便对比

(高斯自洽场版本 3)的计算[43]。GSCF3 是从 abinitio 开始计算的代码，被特别设计用来计算内层激发态和离子化。这个项目使用 Hartree-Fock-SCF 方法解决研究中的系统能量和分子轨道问题。该方法最近被用来计算 1~4 个环的多环芳烃的光谱，与 ISEELS 和 XRRS 的实验数据进行比较[34]。在该方法中，对分子中的不同化学点分别计算。例如，萘和菲有 3 个不同的碳点(图 5.4 中的 A、B、C)，结果产生 3 个单独的光谱。然后这些光谱按正确的比例叠加可以得到每个分子的总 NEXAFS 光谱[34]。这是很有趣的，如菲的 3 个点的计算精确地显示在相同能量位置都有一个 1s-π* 共振，结果在总光谱图上是一个尖锐的峰。另一方面，在萘和甚至更明显的蒽二甲苯中，这些共振出现在不同的能量上(产生分散的 1s-π* 共振)。这些结果都与以不同方法得到的双键六重峰描述相一致。在包括较多复杂系统的大 PAHs 子集的进一步理论和实验研究中，将展示简单且有用的 PAHs 双键六重峰描述的适用程度和精度。

沥青质 XRRS 的基本结论之一是它们主要由六重峰碳控制，与沥青质来源无关。这不足为奇，沥青质产生于有机地质化学进程中，发生在地质时代。像含有较大六重峰碳馏分的 PAHs 的稳定分子被预期认为是沥青质的组分；像那些线性渺位缩合的不稳定分子则不被期望。例如，并五苯在实验装置中几个月很容易降级——因而不太可能在白垩纪原油中被发现。已知 PAH 的几何特征，有人最终准备利用 MO 计算和已知的光学特性[8]预测石油沥青质中的稠环数量。发现与其他直接测量的结果一致，石油沥青质由 4~10 个稠环系统组成[8,9]。

已知的是，沥青质中有大量的非碳元素镶嵌在碳环系统中，最明显的是氮和硫。这些化合物对原油的应用特别重要。在炼油时，芳香烃中的硫比饱和烃中的硫的去除要难得多。还有，原油中的钒和镍含量通常由芳族氮螯合在卟啉结构上。NEXAFS 应用于硫[39,40]和氮[41,42]可以提供信息确定沥青质中它们的官能团。现在我们可以回答这两个元素怎么影响 PAHs 的 NEXAFS 碳光谱了。图 5.6(左)展示了 2 个和 3 个环的光谱对比，其中一个碳被氮

取代(灰色光谱)。

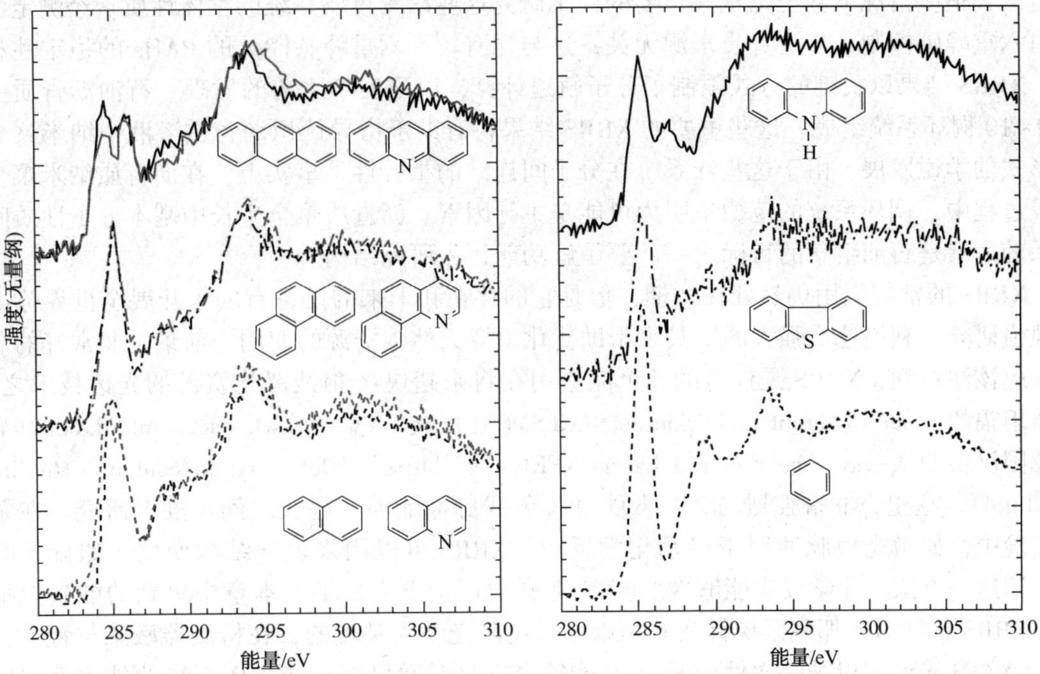

图 5.6　左：2 个和 3 个环光谱的对比，其中一个碳被氮取代(从下至上黑色光谱：萘，菲，蒽，灰色光谱：喹啉，7,8-苯并喹啉，吖啶)。右：2 个或多个分离碳环与苯的混合物对比(从下到上：苯，二苯并噻吩，咔唑)

如图 5.6 所示，对比碳和类似氮系列，与同类 N 系列比较主要的 1s-σ* 共振要稍强一点。此外，碳和类似氮系列的 1s-σ* 共振宽度非常具有可比性。例如，吖啶和蒽有几乎相同的 1s-σ* 共振宽度。这同样适用于菲和 7,8-苯并喹啉。所以，XRRS 数据表明 Clar 模型适用于含芳香环的 6 个氮。

不同情况也适用于五元含杂原子的环。图 5.6 所示，二苯并噻吩(DBT)的 1s-σ* 共振和苯的非常相似。换句话说，DBT 的 2 个苯取代基可以当作六重峰看。这与含硫化合物的 XANES 光谱的原子图像描述一致[39,40]。另一方面，咔唑光谱表现出相当宽的 1s-π* 共振线。这与对应化合物 XANES 光谱所看到的吡咯环的六重峰芳香烃明显一致[41]。因而，咔唑比苯更像蒽(如图 5.6)。XRRS 结果表明包含氮和硫的芳香烃很好地拟合在 Clar 模型中。沥青质中典型的硫和氮是含量最高的杂原子，有很少的质量分数，因为平均一个沥青质分子拥有 1 或 2 个杂原子。在任何事件中，XRRS 都被认为对复杂化合物的特殊芳香烃特征是非常敏感的。XRRS 数据被看作与 K 边缘 XANES 光谱是互补的，如参考文献[39，40，41，44]。正如上述讨论，不幸的是这些传统的软 X 射线方法有无数限制。因而笔者希望将来出现更有效的光谱仪使用以 XRRS 为基础的 NEXAFS 研究这些元素成为可能。

5.5　结论和展望

本章介绍了研究沥青质和其他含碳材料以及 PAHs 结构的新技术。精确的传统 NEXAFS 已经被延伸用来研究含碳材料的硫和氮，现在有相关技术研究碳，是这些材料中已知的最有兴趣的元素。XRRS 技术利用硬 X 射线的大穿刺深度和低 Z NEXAFS 的敏感性。这种结合是有益的，很多情况下甚至是至关重要的，来研究这些昂贵重要系统的整体性质。经测定沥青质由六重峰碳控制，与沥青质来源无关；这与含有较大六重峰碳馏分的 PAHs 的稳定性相一致。XRRS 结果以关键的方式限制了分子轨道计算，以证实了之前的发现，石油沥青质主要由 4~10 稠环系统组成。这些重要的 XRRS 结果将有助于指导认识沥青质溶液中纳米聚合体的形式的学说发展，由于这些环系统在分子间连结的重要性。事实上，在沥青质纳米聚合体形成过程中，稠环系统的范德华引力可能是主导因素。沥青质聚合生长中基本分子性质间的关系的发展是石油组学的目标之一。要了解功能，先研究结构。

XRRS 的常规应用仍然处在初期，但是它的存在和未来的设备有助于开展全世界范围的大规模研究。利用这么强大的工具来帮助优化重要天然碳资源的使用，前景是非常好的。最后，应该注意到，XRRS 是仅有的几个能应用在将来超快 X 射线激光资源的光谱技术之一，如斯坦福的 Linac Coherent Light Source (LCLS)(见 http://www-ssrl. slac. stanford. edu/lcls/) 和德国汉堡的 X-ray Free Electron Laser(XFEL)(见 http://xfel. desy. de/content/e169/index eng. html)。这里，非常强烈的 250 飞秒短 X 射线脉冲能够在超快时间尺度上研究。在泵探针实验中，如激光短脉冲用于启动化学反应，XRRS 可以用来表征结构变化，如分子的解离。用这一方法，化学反应能够像“电影”那样被记录下来。不像本章中提到的能量扫描技术，XRRS 仪器对于那些泵探针实验是以波长色散光学为基础的，在检测器敏感位置上，整个 NEXAFS 光谱可以被一次性记录[45]。能够在飞秒时间尺度探测含碳系统的催化反应确实是个令人振奋的前景。

参 考 文 献

[1] Chilingarian, G. V. and T. F. Yen (1978). Bitumens, Asphalts, and Tar Sands. Elsevier ScientificPub. Co., New York; Tissot, B. P. and D. H. Welte (1984). Petroleum Formation and Occurrence. Springer-Verlag, Berlin; Bunger, J. W. and N. C. Li(eds.) (1984). Chemistry of Asphaltenes. American Chemical Society, Washington, DC; Mullins, O. C. and E. Y. Sheu (eds.) (1998). Structures and Dynamics of Asphaltenes Plenum, New York.

[2] Sheu, E. Y. andO. C. Mullins(eds.)(1995). Asphaltenes: Fundamentals and Applications. Plenum, New York.

[3] Calemma, V., P. Iwanski, M. Nali, R. Scotti, and L. Montanari (1995). Energy & Fuels 9(2), 225; Scotti, R. and L. Montanari (1998). In: Mullins, O. C. and E. Y. Sheu (eds.), Structures and Dynamics of Asphaltenes, Plenum, New York.

[4] Groenzin, H. and O. C. Mullins (1999). Asphaltene molecular size and structure. J. Phys. Chem. A 103(50), 11237.

[5] Groenzin, H. and O. C. Mullins (2006). Asphaltene Molecular Size and Weight by Time-Resolved Fluorescence Depolarization. Chapter 2, this book.

[6] Zajac, G. W., N. K. Sethi, and J. T. Joseph (1994). Scanning Microsc. 8(3), 463.

[7] Sharma, A., H. Groenzin, A. Tomita, and O. C. Mullins (2002). Probing order in asphaltene and aromatic ring systems by HRTEM. Energy & Fuels 16(2), 490; Sharma, A. and O. C. Mullins (2006). Insights into Molecular and Aggregate Structures of Asphaltenes Using HRTEM. Chapter 8, this book.

[8] Mullins, O. C. (1998). Optical interrogation of aromatic moieties in crude oils and asphaltenes, Chapter 2 in O. C. Mullins and E. Y. Sheu(eds.), Structures and Dynamics of Asphaltenes. Plenum, New York.

[9] Ruiz-Morales, Y. (2002). J. Phys. Chem. A 106, 11283; Ruiz-Morales, Y. (2006). Molecular Orbital Calculations and Optical Transitions of PAHs and Asphaltenes. Chapter 4 in this book.

[10] Koningsberger, D. C. and R. Prins(1988). X-rayAbsorption: Principles, Applications, Techniques of EXAFS, SEXAFS, and XANES. John Wiley and Sons, New York.

[11] Bergmann, et al. Submitted.

[12] Stöhr, J. (1992). NEXAFS Spectroscopy. Springer-Verlag, Berlin, New York.

[13] Francis, J. T., C. Enkvist, S. Lunell, and A. P. Hitchcock (1994). Can. J. Phys. 72, 879-884.

[14] Sette, F., J. Stöhr, and A. P. Hitchcock (1984). J. Chem. Phys. 81, 4906-4914.

[15] Yannoulis, P., R. Dudde, K. H. Frank, and E. E. Koch(1987). Orientation of aromatichydrocarbons on metal surfaces as determined by NEXAFS, 519-28.

[16] Oji, H., R. Mitsumoto, E. Ito, H. Ishii, Y. Ouchi, K. Seki, T. Yokoyama, T. Ohta, and N. Kosugi(1998). J. Chem. Phys. 109, 10409-10418.

[17] Urquhart, S. G., A. P. Hitchcock, A. P. Smith, H. W. Ade, and E. G. Rightor (1997). J. Phys. Chem. B, 101, 2267-2276.

[18] Urquhart, S. G., A. P. Hitchcock, A. P. Smith, H. W. Ade, W. Lidy, E. G. Rightor, and G. E. Mitchell(1999). J. Electron Spectrosc. Relat. Phenom. 100, 119-135.

[19] Abbate, M., J. B. Goedkopp, F. M. F. de Groot, M. Grioni, J. C. Fuggle, and S. Hofmann et al. (1992). Surf. Interface

Anal. 18, 65.
[20] Goulon, J., C. Goulon-Ginet, R. Cortes, and J. M. Dubois (1982). J. Phys. 43, 539.
[21] deGroot, F. M. F., M. -A. Arrio, P. Sainctavit, C. Cartier, and C. T. Chen(1995). Physica B208-209, 84.
[22] Smekal, A. (1923). Naturwiss enschaften 11, 873.
[23] Suzuki, T., (1967). J. Phys. Soc. Jpn. 22(5), 1139.
[24] Mizuno, Y. and Y. Ohmura (1967). J. Phys. Soc. Jpn. 22(2), 445.
[25] Bergmann, U., P. Glatzel, and S. P. Cramer (2002). Microchem. J. 71(2-3 SI), 221.
[26] Tohji, K. and Y. Udagawa (1987). Phys. Rev. B (Condensed Matter) 36(17), 9410; Schülke, W., U. Bonse, H. Nagasawa, A. Kaprolat, and A. Berthold (1988). Phys. Rev. B (Condensed Matter) 38(3), 2112; Schülke, W., A. Berthold, A. Kaprolat, and H. -J. Güntherodt(1988). Phys. Rev. Lett. 60(21), 2217.
[27] Tohji, K. and Y. Udagawa (1989). Phys. Rev. B (Condensed Matter) 39(11), 7590.
[28] Watanabe, N., H. Hayashi, Y. Udagawa, K. Takeshita, and H. Kawata (1996). Appl. Phys. Lett. 69(10), 1370; Udagawa, Y., N. Watanabe, and H. Hayashi (1997). J. Phys. Iv 7(C2 PT1), 347; Caliebe, W. A., J. A. Soininen, E. L. Shirley, C. C. Kao, and K. Hamalainen (2000). Phys. Rev. Lett. 84(17), 3907; Bowron, D. T., M. H. Krisch, A. C. Barnes, J. L. Finney, A. Kaprolat, and M. Lorenzen (2000). Phys. Rev. B 62(14), R9223; Soininen, J. A., K. Hamalainen, W. A. Caliebe, C. C. Kao, and E. L. Shirley (2001). J. Phys. (Condensed Matter) 13(35), 8039; Galambosi, S., J. A. Soininen, K. Hamalainen, E. L. Shirley, and C. C. Kao (2001). Phys. Rev. B 6402(2), art. no. -024102; Bergmann, U., P. Wernet, P. Glatzel, M. Cavalleri, L. G. M. Petterson, A. Nilsson et al. (2002). Phys. Rev. B 66, 092107; Wernet, P., D. Nordlund, U. Bergmann, M. Cavalleri, M. Odelius, H. Ogasawara et al. (2004). Science 304(5673), 995.
[29] Krisch, M. H., F. Sette, C. Masciovecchio, and R. Verbeni (1997). Phys. Rev. Lett. 78(14), 2843; Hamalainen, K., S. Galambosi, J. A. Soininen, E. L. Shirley, J. P. Rueff, and A. Shukla(2002). Phys. Rev. B 65(15), 155111; Sternemann, C., M. Volmer, J. A. Soininen, H. Nagasawa, M. Paulus, H. Enkisch et al. (2003). Phys. Rev. B 68(3); Feng, Y., G. T. Seidler, J. O. Cross, A. T. Macrander, and J. J. Rehr (2004). Phys. Rev. B 69, 125402.
[30] Bergmann, U., O. C. Mullins, and S. P. Cramer (2000). Anal. Chem. 72(11), 2609.
[31] Bergmann, U., H. Groenzin, O. C. Mullins, P. Glatzel, J. Fetzer, and S. P. Cramer (2003). Chem. Phys. Lett. 369(1-2), 184.
[32] Caliebe, W. A. (1997). PhD Thesis, Physics, University of Kiel, Germany.
[33] Bergmann, U. and S. P. Cramer (1998). SPIE Int. Soc. Opt. Eng. San Diego Calif. 3448, 198.
[34] Gordon, M. L., D. Tulumello, G. Cooper, A. P. Hitchcock, P. Glatzel, O. C. Mullins et al. (2003). J. Phys. Chem. A 107, 8512.
[35] Anders, S., J. Diaz, J. W. Ager, R. Y. Lo, and D. B. Bogy (1997). Appl. Phys. Lett. 71(23), 3367.
[36] Bergmann, U., H. Groenzin, O. C. Mullins, P. Glatzel, J. Fetzer, and S. P. Cramer(2004). PetroleumSci. Technol. 22(7-8), 863.
[37] Buenrostro-Gonzalez, E., H. Groenzin, C. Lira-Galeana, and O. C. Mullins (2001). Energy &Fuels 15(4), 972.
[38] Clar, E. (1964). Polycyclic Hydrocarbons. Academic Press, New York; Clar, E. (1972). The Aromatic Sextet. John Wiley and Sons, New York.
[39] George, G. N. and M. L. Gorbaty (1989). J. Am. Chem. Soc. 111, 3182.
[40] Waldo, G. S., O. C. Mullins, J. E. Penner-Hahn, and S. P. Cramer (1992). Fuel 71(1), 53.
[41] Mitra-Kirtley, S., O. C. Mullins, J. Van Elp, S. J. George, J. Chen, and S. P. Cramer (1993). J. Am. Chem. Soc. 115(1), 252.
[42] Mullins, O. C (1995). Chapter 2. In: Sheu, E. Y. and O. C. Mullins (eds.), Asphaltenes: Fundamentals and Applications, Plenum, New York.
[43] Kosugi, N. (1987). Theor. Chim. Acta 72(2), 149; Kosugi, N. and H. Kuroda (1980) Chem. Phys. Lett. 74(3), 490.
[44] Kirtley, S. M., O. C. Mullins, J. van Elp, S. George, J. Chen, S. P Cramer et al. (1992). Biochim. Biophys. Acta 0132(3), 249; Mitra-Kirtley, S., O. C. Mullins, J. F. Branthaver, and S. P. Cramer(1993). Energy Fuels 7(6), 1128; Mullins, O. C., S. Mitra-Kirtley, J. Vanelp, and S. P. Cramer(1993). Appl. Spectrosc. 47(8), 1268.
[45] Bergmann, U. and R. Frahm (2001). TDR XFEL workshop series. In: Hastings, J. and Th. Tschentscher (eds.), Methods and Instrumentation for the XFEL, p. 52.

(Uwe Bergmann, Oliver C. Mullins)

第6章 含碳物质中的硫化学基团

6.1 简介

X射线吸收近边缘结构(XANES)光谱已经用来表征干酪根，沥青质和煤中硫的不同化学结构。在这些不同含碳物质中，发现硫的化学共性。硫大多数是有机的，噻吩结构通常是最丰富的，硫化物形式也比较丰富。低品位煤，原油的不同馏分和Ⅰ型干酪根中都发现较少量的氧化有机硫。此外还有煤中的硫铁矿和干酪根中的硫铁矿/元素硫。所示的硫化学是为了反应干酪根和煤中的碳化学。Ⅱ型干酪根比Ⅰ型干酪根有更大的芳香烃和饱和碳比例。同样，较高品质的煤比低品质的煤有更大的芳香烃和饱和碳比例。这里显示，Ⅱ型干酪根和高品煤相似地有较大的芳香烃硫馏分。这一重要结果建立了这些材料碳和硫化学间的关系。含碳物质的氮化学也可用XANES研究。在所有的材料中，含吡咯类氮的芳香烃几乎是含量最丰富的。

含碳样品中硫的存在经常阻碍化石资源的加工利用。这些材料的燃烧过程中，硫氧化物释放到环境中，这已经成为近几十年所关心的问题。含碳物质中硫化学的认识有助于缓和资源利用中产生硫的问题。此外，如干酪根这样的含碳样品中硫结构的阐明有助于理解在地质时代这些材料复杂的成熟过程。现在烃类流体的化学特征已经较大程度应用到解决油气开采中的主要问题。这些流体和其来源材料的化学需要有新的视角。硫也能影响特定的性质，如发生在有机化合物的各种天然的溶解度特征，如原油的不同馏分。对于众多用途，含碳物质的硫化学是非常重要的研究，并且在某些方面是独一无二的，它是化石燃料中除碳外的有机化合物的原则所关注的"其他"元素。

硫分析选择的研究方法是X射线吸收近边缘结构(XANES)光谱。硫XANES方法能特别地选择性探测含硫基团，即使存在小质量的馏分，也对其他元素的存在十分敏感。大部分不同硫化学基团中的硫XANES鲜明特征是十分不同的，相应的解释也十分完善；主要的硫XANES光谱特征是基于原子物理的简单概念。在大量测量中，硫XANES光谱对所有硫基团都有相同的敏感性，由于硫1s电子的不变光电离横截面。XANES方法是非破坏性的，对阐明化学结构十分理想。XANES光谱使用多种同步加速器，公用设备就可以很好地支持。这里，我们利用XANES光谱研究含碳物质中的硫化学。XANES方法应用到探测含碳物质硫化学中的过程有很丰富的历史。这里我们不放一片回顾的文章。相反，我们想概述对不同含碳物质硫化学的统一处理。我们研究硫化学的共同主题，以及和碳化学的可能关系。更多相关问题的广泛认识将有助于更多特定事件的进一步的直接研究。

同时处理多种天然含碳物质，对阐明关于硫的共同主题很有意义。各种含碳物质的粗略概述作为附属于硫化学的特殊发展。通常，含碳沉积物是水文环境中物质逐渐沉淀的结果。有机质中总主要产物出现在沉积物中的量不到1%[1,2]。细菌和浮游植物都是最近和古老沉积物中的主要有机物[3,4]，尽管陆生环境中也发现了大量的高等植物[4]。有机碳在我们感兴趣的沉积物中的占较大比例，如一些页岩、富含有机质的石灰石和煤[4]。最终，我们社会中的化石燃料是依赖这些含碳物质演变而来，虽然仅有一小部分是原始有机材料的产物，如煤。沉淀有机质的大量变化产生了不同来源的材料。例如，陆地(主要是湿地和沼泽)，海洋和湖泊环境间的差异对所得沉积物的有机组分产生显著影响。

在这些有机原始材料沉淀为沉积物后，这些沉积物经历各种生物、化学和物理过程的逐渐演变。这些转变的前两个阶段涉及到成岩作用和退化作用[4,5]。成岩作用是这两相的早期，它的特点是在相对低压和低温条件下进行。成岩作用包括生物进程和非生物进程。退化作用是最后一阶段，特点是大的埋藏深度，高温和高压。这两个阶段的边界被认为是当沉积物温度接近100℃时[4](即使一些资源有较低的温度门槛[4,6])。在退化作用阶段，干酪根开始演变为烃和其他有机物[6]以及石油的早期形成物[4,5,7]。在煤的形成过程中，边界通常发生在煤成熟进程的一个点，在被称为“褐煤”(褐煤和亚烟煤)和“硬煤”(烟煤和无烟煤)之间[5,8]。

在这章中，我们简要概括了有机质的沉淀和改变，特别强调了硫化学。下边是对XANES的描述和各种含碳样品的硫XANES结果，包括干酪根[9]、沥青质[10]和煤[11]。突出显示硫和氮XANES[12,13,14]间的关系。本章还总结了这些含碳物质中不同硫结构的对比讨论。

6.2 含碳物质

6.2.1 有机质的产生和沉积

生产率是单位时间一定区域内产生有机质的数量。光合作用的阳光和水的可用性对该区域的生物质的生产量有很大影响。通常，生产效率随光的强度线性增加，直到达到饱和水平[15]。生产效率也受可用营养物质的影响[16]。一些元素如氮、磷、硅是植物生长所必需的[5]，被称为“生物限制元素”[4]。事实上，陆生产物被沉积在允许空气存在的好氧细菌中，在保存沉积物之前降解有机质[5]。因而，即使陆地生产率与海洋生产率有相同的数量级[17]，沉积物中保存的大多数有机材料在分水性地区被发现[5]。沉积物中有机质的保存取决于生产效率，深度和通过其的有机质必须下降的水体积含氧度[18-20]，水流速度，沉积物的粒径[21]和沉积物本身的含氧度[4,5]。惊人的是，这些因素中，生产率不是有机质在沉积物中含量的最终的决定因素[22]。相反，限制条件是有机材料暴露于氧气中的时间，这导致沉积物中较高的总有机含量[23]。

通常，沉积的有机质自然进入沉积层的过程受很多因素影响[4,5,24]。陆地和海洋有机质间存在明确的潜在化学差异。在海洋环境中，包括开放的海洋、河口和大陆架，单细胞生物是主要的有机质生产者[4,5]。海洋环境中产生的生物量几乎全部(约95%)由浮油植物贡献[4,5,25]，海洋产物的数量占全球生物量的较大比例[4]。然而，许多经济上重要的沉积物源于陆地和湖泊环境，它们的生产来源是主要考虑。浓缩有机质的陆生沉淀发生在多细胞生物质的高生产率地区[17]，和静止或缓慢流动的水体，如湿地和雨林。湖泊仅包含水圈中一小部分的水，但是它们是石油和煤床的重要前体物质[4,5,26]。前体生物质在湖泊的有机沉淀中产生，像海洋环境中通常由单细胞植物组成[17]。

陆地沉积的含碳物质富含木质素和其他树脂物质，其在高等植物的细胞壁的结构材料中被发现[5]。这些木质素在芳香烃碳化合物中有高的比例，也有明显的氧含量。此外，陆生植物材料的衰减通常发生在氧存在的情况下，可以部分地氧化减少碳，产生芳族化合物[4,5]。因而，木质素有高芳香烃含量和由于氧化产生的低氢含量，可产生含有高芳香碳的陆地沉积。此外，主要的杂原子倾向为氧。这些陆生沉积倾向为产生煤。相反，典型缺少富含芳香烃的木质素的有机材料的海洋和湖泊沉积从具有高等植物结构的物质中衍生；它们多数从蛋白质、碳水化合物和脂质中衍生[5]。此外，这些沉积物通常在厌氧或缺氧条件下形成。因而，它们有低的芳香烃含量和低的氧含量。这些沉积倾向产生气和石油[5]。

6.2.2 成岩作用

成岩作用是形成有机材料进程的第一步[5,27]。这涉及有机物的分解，这一过程被称为矿化[4]。物理、化学和生物进程显然都贡献于矿化过程。由于成岩作用的生物因素，矿化度取决于可用氧的数量，因为氧对于好氧细菌和腐生生物的存活是必不可少的[4]。氧的存在允许好养细菌和真菌产生胞外酶，它可以水解和氧化沉积有机材料中蛋白质和多糖[4,5]。这将导致该分解过程的副产物气态 CO_2的释放[4,5]。通过水柱时有机质的逐渐减少，生物活动开始转变。由于该材料稳定存在于沉积矿床，甚至进入埋藏的早期，这些生物因子将继续分解有机物。

生物扰动过程(由于蠕虫和其他腐生动物的挖洞特性，分解材料的物理搅动)能混合沉积物，并允许氧渗透进更深的层中[4,5]。然而，一旦环境变成无氧的，腐生动物不再存活，生物扰动停止[4,5]。氧供给的进一步减少将会终止所有需氧细菌的活动。有机物的生物降解将在厌氧环境中继续，尽管以低的多的速率[4,5]。厌氧细菌继续氧化有机质通过用可用的电子受体，如(按净能量释放递减顺序)锰、硝酸盐、铁、硫酸根和碳酸氢钠，取代氧[4,28,29]。此外，在成岩作用的早期产生会一些天然气作为细菌呼吸的副产物；这个过程涉及生物产甲烷作用[4]。

6.2.3 含碳沉积物中的硫

化学环境显著影响了成岩作用时厌氧微生物的相互作用。通常，海洋环境是富含硫酸根的[4,24]，因而存在硫酸盐还原细菌。因为氮还原菌和甲烷(在缺氧条件下细菌产生甲烷)与硫酸盐还原菌产生不良竞争[30,31]，所以厌氧海洋环境中碳氧化的主要形式是由硫酸盐还原菌决定的[32]。这些细菌活动产生硫化物。如果存在铁，那么硫化物快速与铁结合生成硫化铁[33]。如果铁不存在，将产生硫化氢和其他硫化物。然而，硫倾向于与铁活性物质反应，速度远比与其他有机材料快的多[34]。因而，类似铁物质的存在限制了有机沉积物中硫化程度[4,33]。在陆地湖泊和土壤中，很少存在典型的硫酸盐。在这些环境中，氮还原菌和产甲烷菌将扮演更重要的角色[4]。这些过程中生物甲烷的产生有重要的经济价值。页岩中的石油经常含有少量硫，因为页岩中的铁能减少硫形成硫化铁。来源于碳酸盐的石油经常富含硫，因为很多碳酸盐中缺少铁。原始有机物的硫含量也有贡献。在成岩作用早期无机硫可以参与到对抗生物大分子中(如，脂质)[35]。虽然源于可选择性保存的脂质[4]和碳水化合物[36]中硫的量随来源有机材料的环境变化，但它可以作为沉积物中硫化合物的重要来源。

成岩作用也包括重要的非生物过程。微生物活动停止后留下的有机残渣经常经历压实和缩合反应，其随埋藏深度的增加而减少，形成新的具有复杂交联链的聚合材料。这些反应导致复杂的聚合有机物，称为地聚合物，或腐殖质[4-6]。到成岩作用结束时，这些地聚合物将演变为褐煤或干酪根[37]。当沉积物完全由来源于高等植物的有机质构成时(与矿物质相比)，成岩途径通常经历泥炭然后褐煤[4]。来自于单细胞植物的海洋和湖泊沉积物通常产生干酪根作为成岩作用的结束产物[4,5,22]。

下面阐述从腐殖质到褐煤的变化。在泥炭田中，腐殖质继续成岩，演变为腐殖煤[4,5]。沉积物的酸度通常随埋藏深度的增加而增加[4,38]。这个 pH 梯度限制条件有利于使微生物反应处于近地面层的状态[38]。因而，深层泥炭田有助于有机质的大量保存。成岩作用早期，泥炭层表面的无脊椎动物有利于植物材料的机械解体，这个过程称为生物扰动[4]。随真菌分解组成木质素和纤维素的更耐木质部分，泥炭化作用继续进行[39]。反过来这创造了大量的芳香烃单元、羧酸和酚单元[4]。然后继续生物化学转化，导致发生附加的解聚作用和官能团的缺失。产物如 CH_4，NH_3，CO_2，和 H_2O 在这一阶段产生[4,7,38,40]。随着成岩作用的进行，泥炭中的木质素和纤维素越来越少，腐殖质增加[4,38,40]。脂质虽然是高等植物的次要成分(主要存在于叶、孢子、花粉和果实中)，但由于其抗降解特性存在于沥青质中[5]。到成岩作用后期，泥炭的木质素含量已经减少，含氧官能团的缺失导致残渣高度集中在碳和氢中。到成岩作用结束时，泥炭已经转化为褐煤，有低的 H/C、O/C 原子比[5,41]。褐煤是浅色的，质地较软。

6.2.4 干酪根的形成

随着埋藏深度的增加，成岩作用加速，海洋和湖泊沉积物中的腐殖质变得更大、更复杂、更难溶[5]。这与亲水官能团的缺失有关[4,5]。最后，在几个缩合反应后，腐殖质转化为干酪根，其不溶于(有机)溶剂。干酪根是流体烃类的前身，特别是石油和天然气，它们从干酪根中产生，作为后生作用中热降解的结果。沥青是可溶的有机化合物，主要包含碳和氢；沥青中很多来源于原始有机质的脂质[43]。古沉积物有机碳的几乎 95%都是干酪根形式[5,42]。成岩作用结束时，海洋和湖泊沉积物的有机质大部分是干酪根[4,22]，其余是沥青[4]。有机质的主要杂原子是硫、氧、氮。复杂结构中也包括各种烃类组分，如石蜡链。

6.2.5 煤和干酪根显微组分

煤和干酪根含有显微组分，是保存在沉积物中的植物体的细粒残余物[38]。煤素质被分为两类，物理上独特和化学上彼此不同的类型。煤素质的各种类型经常用它们的光学性质来表征(反射率，透射率或荧光性)[4,5,40,44]。它们通常按反射率的降低分为三大类：惰质组，镜质组和壳质组(或类脂)[4,22,45]。实际上，因为煤素质的成分和演变很难分类，所有这些类别经常重叠，界限也不明确[4]。随煤化程度的增加，不同煤岩组分的特征变得越来越接近[5,46]。

惰质组即使加热也不发生变化(如，它是热惰性的)。惰质组被认为是木质植物材料的炭化残留(因此它加热没有反应)。抛光时它具有高度反射性，高的光吸收，不表现出荧光性。惰质组呈现暗棕色到黑色，且易碎。在显微镜下观察，惰质组煤岩是不透明的，具有角的轮廓[45]。镜质组产生合成碳残余物[4,7]，加热时变为气体[4]；它的潜力是产气量比其他煤岩多[5]。镜质体是木质植物材料的残留(未炭化)[40,47]。它表现出中等反射率和吸收率，通常不表现较多荧光性。物理性质上，镜质体呈现有光泽的棕色到黑色，在放大镜下，它显示角度粒子结构，有时可见蜂窝轮廓[4,40]。壳质(有时也被称为类脂)转化成焦油，加热时变成气体[4,7,46]。这种煤素质来源于富含脂质的外壳，孢子和花粉的外壳，树脂体和藻类残余物[4,46]。它表现出低反射率、低吸收率和强荧光性。它们看起来是半透明的，通常是红色或黄色[4]。镜检这些煤岩，发现其保留了形成它们的材料的形状(孢子通常是扁平球状体，树脂是半透明卵形）[4]。

干酪根通常被分为几种类型，与不同煤素质有关[48]。van Krevelen 图[49]绘制了 H/C 和 O/C 比例，展示了干酪根类型和某些煤的煤素质的相似性[5,37]。真正的Ⅰ型干酪根是相对稀少的[5,50]，表现出非常高的（1.25～1.50 或者更大）的原子 H/C 比和低的（0.03～0.15）O/C 比[4,5,51]。它含有大量的脂质部分，大的脂族基团和低比例的芳族单元[4,5]。这个类型相比于其他类型的干酪根具有最好的产油潜力[4,5,51]。这种干酪根的一些特征可以匹配那些煤素质的类脂特征。Ⅰ型干酪根的氧大部分是醚[4]和酯[4,5]基团。它表现为细的复合颗粒，看起来黯淡无光。Ⅰ型干酪根通常来源于低氧环境的藻酸盐[4]，如湖泊环境中的缺氧有机泥（如，礁湖和浅水湖泊）[4,52]。

Ⅱ型干酪根的 H/C 比例是 1.3，O/C 比例是 0.2，都低于成熟干酪根。这些比例通常对应壳质煤素质[4,5]。到目前为止，Ⅱ型是最普通的干酪根。它比Ⅰ型含有更多芳香烃单元，但是脂族结构仍然重要。酯是这种干酪根的重要官能团[4,5]。Ⅱ型干酪根中存在大量硫[4,5,22,51]。高硫Ⅱ型干酪根经常被分为一个子型，当 S/C 比例大于 0.04 时为Ⅱ-S 型，Ⅱ型干酪根通常源于海洋沉积物[5]，即使在其他环境中也能形成[4]。

Ⅲ型干酪根是十分普通的，它有低的初始 H/C 比（<1.0）和高 O/C 比（高达 0.3）[4,5]。这些值表征了镜质体煤素质。芳香烃碳含量比Ⅰ型和Ⅱ型都要高，Ⅲ型干酪根中存在大量多环芳烃化合物，酮和羧酸[4,5]。这种干酪根中的氧大多在非碳基团中，如杂环、醌类、醚类和甲氧基[5]。Ⅲ型干酪根主要源于缺乏脂类或蜡状物质的维管植物，通常包含可识别的植物残渣[4,5]。这种类型的干酪根相比Ⅰ和Ⅱ型产生油的可能性较小，即使它在足够的埋藏深度下能产生气[4,5]。高硫褐煤（S/C > 0.04），H/C 比低（1.00），O/C 比高（>0.20），被归为Ⅲ-3 型干酪根[54]。

Ⅳ型干酪根兼有惰质组和镜质组煤岩的特点[4]。有非常低的 H/C 比例，主要由多环芳烃组成[22]。它也有低的氧含量[4]。它是黑色、不透明的，源于地面氧化（炭化）的植物体，然后转化为沉积点。它提供了很小的产烃的潜力，经常被认为不是“真正的”干酪根[4]。

6.2.6 后生作用

后生作用是含碳沉积物进程的最后步骤，发生在更大的埋藏深度，更高的温度，更高的压力[4,5]。烃前体到化石燃料转变的这个阶段完全是化学和物理过程——温度太高生物体不能存活。在后生作用过程中，干酪根经历热转变，释放烃类和其他有机物[6]。后生作用中产生热成因得到的天然气和所有石油产物[4-6,51]。在这些温度和压力下，煤经历热和化学成熟，通过各种煤质变化从褐煤最终变为无烟煤[4,5,40,46]。泥炭和褐煤在 100℃开始失去相当数量的水[4]。随着热化学转变的继续，煤变得更黑、更硬、更亮。煤成熟的几个确定阶段被称为等级。从低到高级排序，褐煤（褐煤），次烟煤，高挥发分烟煤，介质挥发分烟煤，低挥发性烟煤，半无烟煤，无烟煤，和最终的元无烟煤[4,5,40]。随着煤的这些等级的发展，含碳量增加，湿度降低[4,5,40]。在最后阶段，无烟煤是所有等级中最硬、最亮、含碳量最高的。镜质体反射率随成熟过程增加，被用来确定煤等级。随着煤的成熟，大量甲烷产生。甲烷的产生已经成为煤矿运行的主要风险。最近，煤床甲烷正逐渐被开发。

当沉积物温度位于“石油窗口（100～150℃）”内，石油主要从Ⅱ型干酪根中产生[4,5,7]。Ⅰ型干酪根也倾向于产生石油，但是对比更普通的Ⅱ型干酪根它相对稀少[5]。在这些温度以上（直到 180℃）热成因的天然气是主要的烃类产物。在更高的温度，200℃左右，任何残留的有机质都被转化成石墨和甲烷(最后阶段有时给一个独立名称，世代交替)[6]。

6.2.7 原油中的沥青质馏分

原油经常被分为4个馏分：饱和烃，芳香烃，树脂和沥青质(SARA)。注意到这些树脂不是之前提到的植物树脂。沥青质的定义基于它们的溶解度特性。沥青质的标准溶解度定义是在正烷烃(如正庚烷)中不溶，溶于甲苯[55,56]。树脂定义的是溶于正烷烃(如正庚烷)，但不溶于乙酸乙酯。这些溶解度定义具有某些化学选择性的；从不同原油资源中得到的沥青质已经被发现具有相似的化学性质[55,57,58]。

石油沥青质的主要组成元素是氢和碳。沥青质的H/C比例约为1.1∶1[55,57,58]。石油沥青质的平均分子量约为750g/mol，稠环芳烃的平均数是7[59,60]。^{13}C核磁共振(NMR)和X射线研究显示，碳的40%是芳香烃，其余的为饱和烃[57]。荧光去极化研究已经显示了沥青质中每分子含有1或2个稠环芳烃系统[59,60]。红外线(IR)和NMR光谱研究显示氢大多数在饱和碳中[61]。沥青质分子是“手形”的，手掌表示芳香烃环系统中心，手指代表周边烷烃取代基(见本书第2章)。

虽然沥青质比原油含有更高的杂原子百分比，但是沥青质中杂原子含量通常有几个原子百分比[5,62]。沥青质的杂原子含量，特别是极性组分，能部分地确定这些馏分的化学性质。原油中含有的少量金属在沥青质中富集[63]。沥青质的更多反应点通常和杂原子有关。因此，必须了解沥青质中的杂原子化学才能充分认识沥青质结构。

6.3 X射线吸收近边缘结构(XANES)

XANES基于原子中内壳或中心电子的激发，由X射线进行持续激发和各种共振[64]。XANES探索了原子价态的研究，因而，能确定样品中原子的不同的化学键态和化学结构。硫K边缘XANES光谱的共振可以用原子图解释。通常，硫XANES光谱的特征是一个窄的、剧烈的共振，表示1s→3p原子水平的电子跃迁，平稳背景步骤重叠表示1s电子的光电离阈值。有一点惊讶的是，化学键中硫原子的价壳仍然可以用原子轨道处理，但这似乎仅在概念上应用。图6.1展示了一个典型的硫K边缘XANES光谱，这是二苯并噻吩的。在二苯并噻吩中硫共振的振幅和位置与其他含噻吩化合物的共振一致。如图所示，主要的共振带有几个较小的共振。

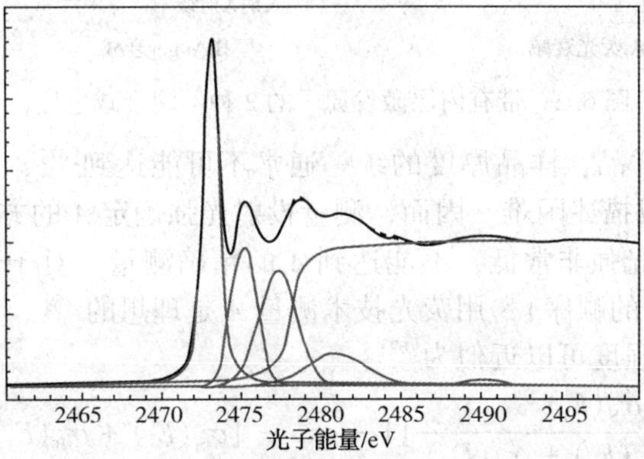

图6.1 二苯并噻吩的硫K边缘XANES光谱

原子的 K 层电子离子化所需能量随 Z^2 变化，Z 是原子数。光子能量比离子化能量大得多，光电离横截面随 E^3 减少，E 是光电子能量。大的振子强度发生在电离阈值附近直接激发的共振内(边缘 30eV 内)[64]。

X 射线被吸收的可能性由吸收参数 μ 给出。如果该光束强度通过厚度为 δx 的样品的一个薄层以 $\delta I/I$ 的比例减少，那么根据 Beer 规则

$$\frac{\delta I}{I} = -\mu\delta x = -\rho\sigma\delta x \tag{6.1}$$

式中，ρ——样品密度；

σ——它的吸收横截面积；

吸收率 A 被定义为：

$$-\lg\frac{I_t}{I_o} = A \tag{6.2}$$

式中 I_t——透射光强；

I_0——入射光强。

X 射线吸收激发原子，形成电子中心水平的空白。在约 $10^{-15} \sim 10^{-13}$s 的时间内[65,66]，通过荧光 X 射线或 Auger 俄歇电子的发射，原子去激发。在荧光模式中，用 X 射线光子发射，一个电子从较高能量态去激发到空白洞。在无辐射 Auger 俄歇过程中，通过去激发一个电子失去能量到较低能量态，另一个电子喷射到连续介质中。这可以被认为高能量水平中两个电子的非弹性辐射(图 6.2)。高原子数的元素是 X 射线荧光主导的，但是低原子数元素是 Auger 俄歇过程控制的。

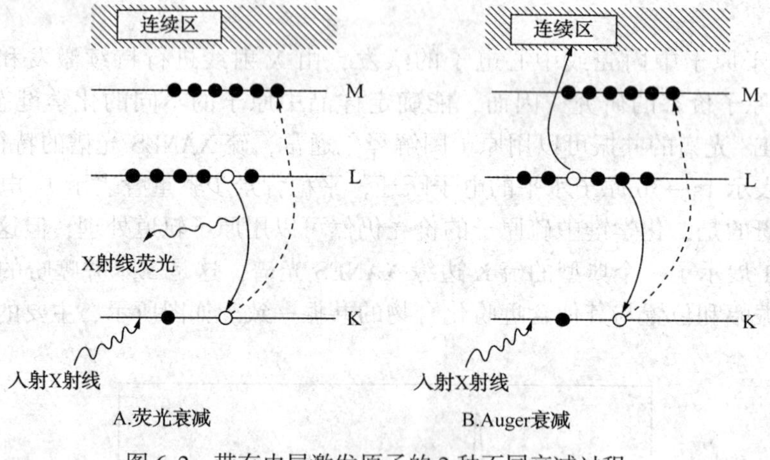

图 6.2 带有内层激发原子的 2 种不同衰减过程。

对于非常薄的固体样品，样品厚度的统一通常不可能达到[67]，样品厚度变化会增加非线性扭曲吸收率 A，造成描述困难。因而，测量投射光强确定 A 的方法不理想。对于厚度统一的样品，投射 X 射线光强非常低，不能达到 A 的精确测量。对于现在研究的低浓度结构的固体(即使在每百万份的顺序)，用荧光技术测量 A 是理想的[68]。

荧光 X 射线信号的强度可以近似为[69]：

$$I_F = \frac{\phi I_0 \sigma_S(E_i)}{\sigma_S(E_i) + \sigma_B(E_i) + \sigma_B(E_F)}[1 - \exp - [\sigma_S(E_i) + \sigma_B(E_i) + \sigma_B(E_F)]] \tag{6.3}$$

这里假设荧光 X 射线轨迹和入射 X 射线轨迹相同，但在相反方向。ϕ 是量子产率，σ_S 和 σ_B

分别是所选元素和样品中所有其他元素的吸收横截面。E_i 和 E_F 分别是入射和荧光光子能量。

对于非常薄的样品可以的得到下面的简单线性关系式：

$$\frac{I_F}{I_O} \propto A \tag{6.4}$$

对于非常薄的样品，其中关注元素的浓度很低，因而，强大的背景近似，$\sigma_S \gg \sigma_B$，有人认为入射光束仅能刺穿样品的薄部分。结果是σ_S 和吸收率 A 间的线性关系，如式(6.4)。在电子场的检测中，对于发射的电子比 X 射线吸收率大，背景吸收横截面积σ_B，再次测到相似的线性关系。

在这里出现的所有 XANES 结果，样品都已经粉碎得到小颗粒尺寸，并在合适的溶剂中稀释，使光谱的失真度最小。样品准备的细节在本章后面描述。

6.4 实验部分

这里所描述的硫和氮 XANES 实验在布鲁克海文国家实验室和国家同步辐射光源中完成。本章中描述了实验的其他方面。

6.4.1 同步加速器束线

同步辐射是由相对论电子弯曲轨道产生的强烈的电磁辐射[64]。这种辐射集中在向前的方向。加速电子轨道保存在存储环中，路径按照弯曲磁体的方法弯曲[70]。同步加速器辐射的特点包括宽光谱范围，非常高的强度和极化。国家同步加速器光资源(NSLS)是第一个专用建成的存储环。NSLS 有 2 个存储环运行：真空紫外(VUV)和 X 射线环。线性加速器使电子束进入 750MeV 能量助推器，依次将电子束分为 2 个环。同步加速器辐射通过切向束线引导进具体的实验装置。图 6.3 是同步加速器辐射 XANES 实验的典型装置。

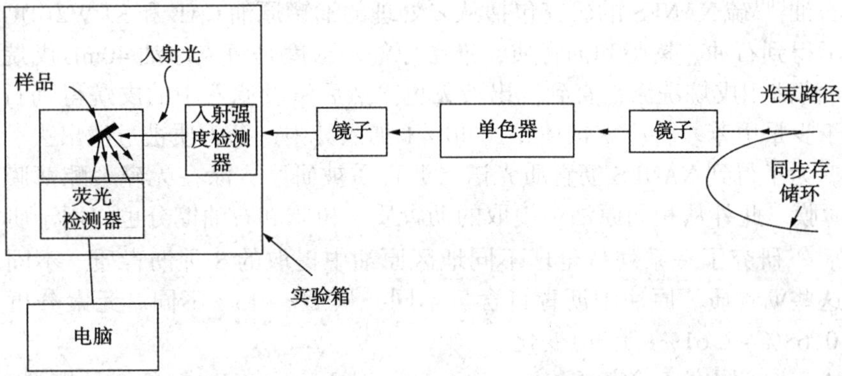

图 6.3　同步加速器辐射设备中典型的 XANES 实验装置示意图

所有光束路径保存在 $10^{-10} \sim 10^{-11}$ torr(1torr = 133.3224Pa)范围的真空环境下，避免残余气体分子的碰撞。电子束在存储环中过长时间(通常超过几个小时)后会恶化，需要倒出残余光束，然后注入新的一批电子进入环中。硬 X 射线环的电子束为期通常为 20h，VUV 环的是 6h。

NSLS X 射线束线 X19A 被这里的大多数硫的研究应用。这个束线跨越的能量范围是 2.1 ~ 17keV。环形和球形反射镜被用来瞄准和聚焦激光束。安装在 X19A 的单色器由 Si [111]晶体组成，有双晶构造。因为硬 X 射线的穿透深度大，波长和晶体的晶格间距有很好的对比性，分散体通过 Bragg 反射实现。

对于 X19A 束线，10 μm 厚的 Beryllium 窗口是束线中 X 射线的入口点。挨着的样品室窗口用氦气吹扫以减少 X 射线的吸收。Canberra 制作的钝化植入式平面硅(PIPS)探测器用于研究干酪根，Stern-Heald[71]探测器用来沥青质和早期煤的研究。这些探测器都使用荧光模型。用装有窗口运行系统软件的奔腾电脑来改变所需的束线参数，以收集 XANES 数据。

对于氮 XANES 工作，应用了 NSLS 的 VUV 同步加速器。NSLS 束线 U4B 由 AT&T Bell 实验室建造[72]。光栅单色器用于实验中，其光栅是 600 lines/mm。用来氮研究的样品室保存在 10^{-9} ~ 10^{-10}torr 压力下。液氮温度中运行的 Ge 多元素探测器[73]用于荧光测量，总的计数率是 1500 计数/通道。一个电子倍增器用于电场数据，在 1000 ~ 1500V 下运行。400eV 的能量分辨率约为 140meV。

6.4.2 样品

我们的干酪根[9] XANES 研究包括以下样品：印地安那(IN)石灰石，巴肯页岩，伍德福德页岩和三个绿河页岩样品 GR-1、GR-2 和 GR-3。绿河页岩是Ⅰ型，已经由 Owen 充分描述[74]。GR-1 从科罗拉多州 Parachute 附近的爱克森殖民地矿得到。GR-2 来自怀俄明州，Rock Springs，组成绿河形成的 Tipton 成员。GR-3 来自于爱克森殖民地矿的 Mahogany 区域的不同地方。未成熟的绿河干酪根 H/C 原子比例通常为 1.5，O/C 比例小于 0.1[37]。IN 样品是Ⅱ型干酪根，从 Indiana Limestone Company 得到。Bakken 和 Woodford 样品是之前描述的Ⅱ型干酪根。

所有含干酪根的样品先被粉碎，然后用 HCl 水溶液处理以除去碳酸盐。得到的固体用甲苯洗涤，去除沥青。沥青样品也用于氮 XANES 研究。GR-3，IN limestone，Bakken 和 Woodford 样品进一步用 HF 处理，去除硅酸盐，之后是标准程序[77]。这些实验所用的最后干酪根样品是粉状，棕到黑色，难挥发的。这些样品用研钵和杵磨碎，涂在蜡纸上，然后将其放置在样品室 X 射线光束的路径上。

我们对石油[10]硫 XANES 的研究包括从未处理的油罐原油 CAL 和 KUW2(UG8)中提取的沥青质。为了得到石油、树脂和沥青质，准备原油的浓度是每克原油 40mL 戊烷。溶液搅拌 24h 后过滤，滤渣用戊烷洗涤，直到洗出液无色。然后蒸发滤液中的戊烷得到石油馏分。分离的固体溶于少量甲苯。将庚烷按体积比 40∶1 加入其中，沥青质被过滤出去。庚烷溶液蒸发得到树脂。为了得到 XANES 沥青质光谱，沥青质被研磨，涂在无硫聚酯薄膜上，或溶于 CCl_4，蒸发薄膜。此外从相同原油中提取的沥青质、树脂和石油馏分也将用于研究。

Waldo 等[78]研究了一系列从全球不同地区原油中提取的 8 种沥青质。不同原油用正庚烷絮凝得到这些沥青质。原油中沥青自含量不同，从 2% ~ 15%不同。元素分析显示沥青质中硫含量从 0.68% ~ 7.61%(质量)变化。

研究了 Argonne 国家实验室 Argonne Premium Coal Sample Bank 的 8 种煤[79]，用于硫[11]和氮[14]的表征。这些样品来自于美国不同地方，等级介于褐煤和低挥发烟煤。低挥发无烟煤从 Pocahontas #3，VA (POC)中得到；中等挥发烟煤来自 Upper Freeport，PA (UF)；4 个高挥发烟煤分别来自 Pittsburg #8，PA(PITT)，Lewiston-Stockton，WV(WV)，Blind Canyon，UT(UT)以及 Illinois #6，IL，(IL)；次烟煤来自 Wyodak-Anderson，WY (WY)；褐煤来自 Beulah-Zap，ND(ND)。样品储存在气密、充氮的胶囊中，在空气中打开胶囊后立刻安置在聚酯薄膜袋中，以确保可以忽略空气氧化。

研究的硫型氧化物[9-11]中一些包括硫铁矿，元素硫，二苄基硫醚，二苯基二硫化物，二苯并噻吩，二苄基亚砜，1，1′-双-2-萘酚二(三氟甲磺酸酯)，二丁基砜，以及硫酸亚铁。所有的化合物从 Aldrich Chemical 公司和 Alfa Aesar 公司获得。有机模型在不同有机溶剂中稀释，无机模型在氮化硼中稀释，两者的硫浓度都是 0.1%(质量)。制备的混合物转移到小型密封袋中，安装在样品保持器中。样品保持器，由聚甲基丙烯酸甲酯 PMMA 组成，被设计成适合主样品室的切槽。我们所有的干酪根和沥青质光谱按照标准在 2471.9eV 处用硫元素 1s→3p 共振进行能量校准。对于煤中硫的研究中，相同共振转变为 0eV，所有其他硫光谱也被校准[11]。在每束光倾斜后，用新光束的标准运行，以监视能量的任何转移变化。

对于干酪根中氮的研究，使用 GR-1，GR-2，GR-3 样品。研究也包括从 GR-1，GR-2，样品和 New Albany（NAB）页岩中提取的沥青。煤样品系列与研究硫的 8 个煤样组成相同[14]。沥青质馏分从 2 种原油 CAL 和 UG8 中得到[13]。干酪根和煤样品安装在无氮双黏胶带上，沥青质样品溶解在甲苯中且在胶带上蒸发。

这组氮模型化合物包括五个吡啶类似物，四个吡啶酮类似物，四个吡咯类似物，二芳胺，二个卟啉化合物，二个吡啶类似物，和两个饱和胺。所有这些样品取自 Aldrich Chemical 公司和 Alfa Aesar 公司。所有模型化合物都是粉末形式，并且被放置在无氮双黏胶带上。

6.4.3 最小二乘法拟合程序

最小二乘法拟合通常用于拟合 XANES 光谱。拟合程序用苹果 KaleidaGraph 软件或微软 WinXAS 软件进行[80]。首先，通过 XANES 前后的线性拟合，将背景从所有光谱中扣除。然后针对每个图的步骤高度，光谱标准化。步骤大小代表核心电子到连续介质的激发，独立于分子中元素的特定化学特性。每个 XANES 用所需的峰数量和一个反正切程序拟合。反正切函数的参数对除砜、磺酸酯和硫酸以外的所有硫官能团都是常数。对于氧化样品，用高能量边缘跳跃。先拟合已知结构的光谱，然后含碳样品的光谱与模型光谱对应特征相似的能量位置进行拟合。图 6.1 展示了一个拟合程序的例子，其中二苯并噻吩的光谱用几个峰和一个反正切步骤拟合。

通过模型光谱不同共振区域的结果，计算含碳物质的各种硫和氮结构的不同相关百分比。如果一个已知的模型结构在 XANES 光谱中显示次级共振，则在计算其他分子结构的贡献之前，注意要减去在碳质物质的光谱中由于该模型产生的次级峰的贡献。所有光谱分析都在可能模型光谱出现的明显共振的能量范围内。图 6.4 展示了干酪根 GR-3 的光谱，用代表

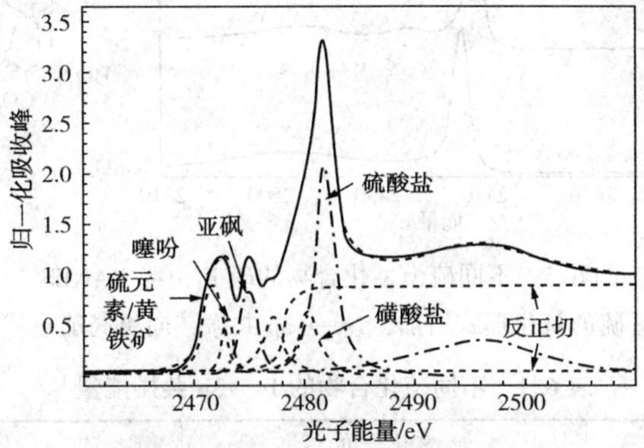

图 6.4 干酪根的硫 K 边缘 XANES 光谱的最小二乘法拟合光谱。按照能量增加的顺序，共振代表元素硫/黄铁矿、硫化物(可忽略)、噻吩、亚砜、磺酸盐和硫酸盐。未标记的共振代表硫还原物质的次级峰

硫元素、硫醚、噻吩、亚砜、磺酸酯和硫酸的共振拟合。共振和步骤的宽度和位置与所有干酪根光谱保持相似。图 6.4 中未标出的峰对应硫还原物质的次级共振。

对于硫，还原形式的硫的量存在一些不确定性。这是由于在硫元素和硫化物之间，硫化物和噻吩之间的 1s→3p 共振的小能量分散，使解析 2 个明显峰变得很困难。

6.5 结果与讨论

图 6.5 展示了几个硫模型的硫 K 边缘 XANES 光谱，Waldo 等[78]研究得到的。随着硫氧化形式数量的增加，强共振位置向光子能量较高处移动[9-11,78,81]。此外，由于增加了 3p 空白，1s – 3p 峰的振幅随硫氧化态的增高而变大。表 6.1 列出了不同结构硫 K 边缘 XANES 光谱的主要共振的能量位置。从硫铁矿(化合价-1)到硫酸盐(化合价+6)的 1s→3p 共振能量之间有大约 10eV 的能量差。对比同一化学物质的硫结构光谱，显示的主要共振的位置有很小的差异。即使脂肪族硫化物和噻吩有相同的化合价，噻吩具有比硫化物更高的 1s→3p 能量。这可以用芳香烃离域解释[14]。噻吩硫的电子密度可能由于噻吩环中 $3p_z$ 电子的离域作用减少；相似的情况出现在氮中[12-14]。

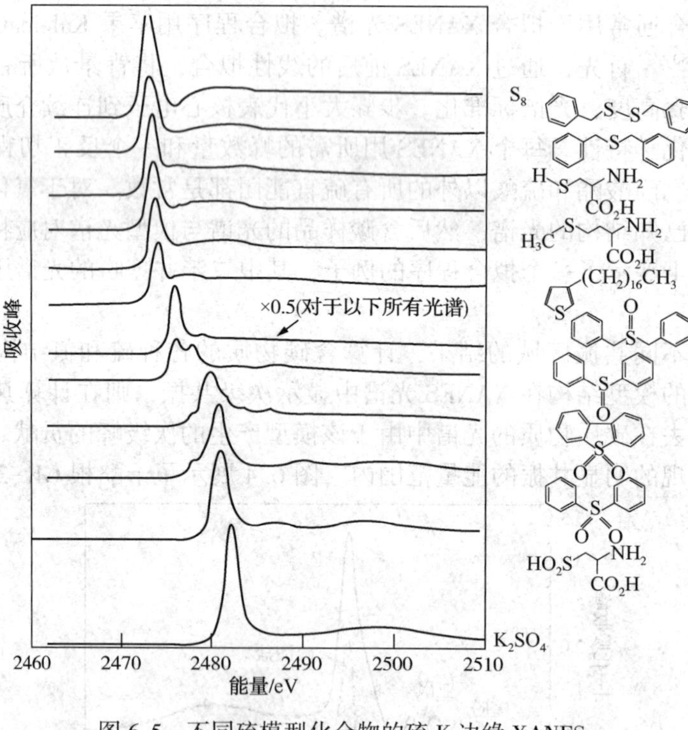

图 6.5　不同硫模型化合物的硫 K 边缘 XANES。
随着硫的氧化形式增加，1s → 3p 共振转向更高能量[78,81]

表 6.1　不同硫化合物的 1s→3p 共振能量①

化合物	S 化合价	1s→3p 位置/eV
黄铁矿	−1	2471.5
元素矿	0	2472.0
二苯二硫	0	2472.2

续表

化合物	S 化合价	1s→3p 位置/eV
二苯硫	0	2472.7
硫芴	0	2473.3
二苄基亚砜	2	2475.4
二丁砜	4	2479.5
磺酸盐	5	2481.1
硫酸盐	6	2482.1

① 按硫氧化形式数顺序列出结构。

6.5.1 干酪根的硫 XANES

图 6.6 所示，6 个干酪根样品的硫 K 边缘 XANES 光谱。即使是在属于相同的亲代形成的绿河页岩样品中，不同样品光谱特征的强度的巨大变化也是显而易见的。不同硫化学结构的相对丰度的最小二乘法拟合程序结果制成表 6.2。Ⅰ型和Ⅱ型干酪根的官能团有系统性差异。Ⅰ型和Ⅱ型干酪根间的噻吩含量有明显不同。所有属于Ⅰ型的绿河样品，相比属于Ⅱ型的 Woodford，Bakken 和 IN limestone 样品，有更小的噻吩馏分。这与从Ⅰ型到Ⅱ型中干酪根脂肪族/芳香族碳比例的减少的事实相一致[5]。因而，硫化学的差异反应了Ⅰ型和Ⅱ型干酪根碳化学的差异。除了 IN limestone 所有的样品都富含硫化物。ⅡS 型（富含硫的Ⅱ型）干酪根 Kimmeridge 的早期 XANES 研究显示，噻吩是主要的硫官能团[82]。

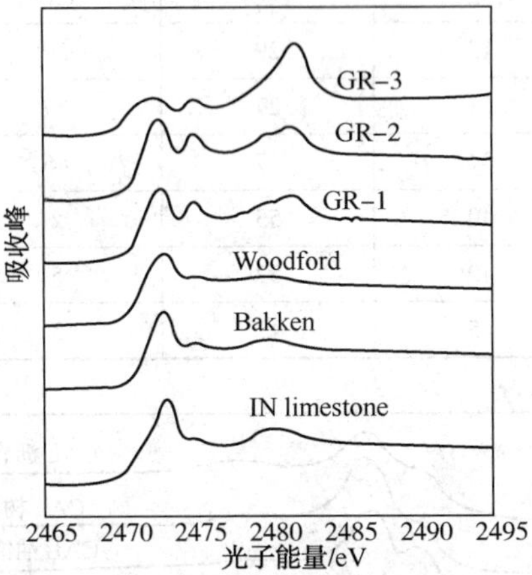

图 6.6 几个干酪根样品的硫 K 边缘 XANES 光谱

表 6.2 不同干酪根中发现的硫结构的相对丰度

干酪根（类型）	硫	硫化物	噻吩	亚砜	磺酸盐	硫酸盐
IN 石灰岩（Ⅱ）	29	2	59	2	9	<1
Bakken（Ⅱ）	11	8	70	2	0	7
Woodford（Ⅱ）	19	9	71	0	0	0
GR-1（Ⅰ）	9	22	39	8	9	11
GR-2（Ⅰ）	14	23	39	12	3	9
GR-3（Ⅰ）	31	4	22	7	11	24

在 IN limestone 中，大多数氧化态形式仍然是较高的硫氧化物，亚砜形式可忽略不计(在我们的误差范围之内)。干酪根样品中也有还原态的无机硫；元素硫或者硫铁矿。这在 IN limestone 和 GR-3 特别明显。在 GR-3 中，也发现了非常可观的硫酸盐数量。关于腐殖质的早期 XANES 研究[83]，发现硫化物、硫酸盐和亚硫酸盐是主要成分，在海洋样品中，硫酸盐和硫化物是丰富的。

IN limestone 中估计存在少量的硫化物，也许是由于分析的不确定性；硫化物的 1s → 3p 共振仅比硫元素的高 0.2eV，硫铁矿和元素硫之间相差大约 0.5eV。高硫干酪根的早期研究没有发表检测它们样品中硫元素的可能性[82,84,85]。在煤中，硫铁矿氧化为元素硫[86]。在干酪根中，硫元素的存在是硫铁矿氧化的结果，或者热化学还原或者硫酸盐的生物还原[83]。这种窘境也许可以被 L 边缘 XANES 研究解决，其中硫的还原态能较好的分离 1s→3p 共振。

6.5.2 石油馏分的硫 XANES

在过去的 20 年间，石油和其馏分的硫 K 边缘 XANES 研究已经很成功[10,78,81]。图 6.7 展示了来自两种不同原油 CAL 和 UG8 的沥青质、树脂和石油馏分，以及几种硫模型化合物的硫 XANES 光谱。首先，从这些原始数据中得到，沥青质的所有硫以噻吩、硫化物和硫氧化物形式存在。其次，两组原油组分中存在主要的差异。在 CAL 组中，硫氧化物峰控制着所有馏分。相反，在 UG8 样品中，硫氧化物是很小的组分。

表 6.3 来自 2 种原油的沥青质、树脂和石油馏分中不同硫物质的相对丰度

样品	硫化物	噻吩	亚砜	砜	硫酸盐
CAL 沥青质	15	29	50	5	1
CAL 树脂	11	27	59	1	1
CAL 原油	24	27	46	1	1
UG8 沥青质	40	55	2	1	1
UG8 树脂	40	52	5	1	1
UG8 原油	45	47	5	1	1

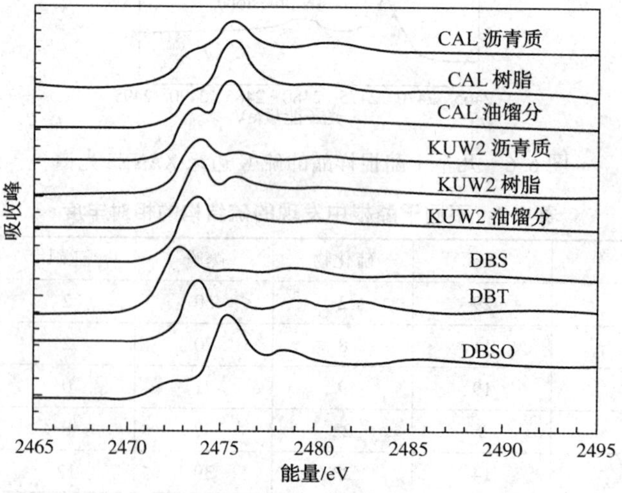

图 6.7 沥青质、树脂和石油馏分的硫 K 边缘光谱。
这些光谱由二苄基硫醚、二苄基噻吩和二苄基亚砜的光谱组成

表 6.3 中显示了 2 种石油中不同原油组分种硫形式的相对丰度。在 3 种 UG8 样品中，噻吩是最主要的，其次是硫化物。同样 CAL 样品都彼此十分相似。CAL 和 UG8 的石油馏分显示出比其他馏分有稍高的硫化物含量，也许因为碳被认为在石油馏分中含有比重质末端更少的芳香烃。此外，UG8 样品显示比 CAL 样品更小的噻吩馏分。CAL 中硫氧化物馏分被认为主要是烷基硫氧化物[78]。这与 CAL 有低的成熟度，存在于浅深度的地方的事实相同。CAL 的 3 个馏分显示出大量的硫氧化物馏分。即使硫氧化物是非常极性的，但它没有被沥青质馏分限制。在近 7 年内，Mitra-Kirtley 等人研究了和 Waldo 等人相同的样本，所得结论十分一致。原油和沥青质的改变没有超出这个范围发现，因而 CAL 硫氧化物形式限制可能是虚假的解释。

6.5.3 煤的硫 K 边缘 XANES

煤和煤素质的硫 K 边缘 XANES 分析方法已经研究了很多年[11,87,88]。图 6.8 显示了一个煤的卷积光谱(deconvoluted spectrum)[11]，其中硫元素的 1s → 3p 共振发生在能量为 0 的地方。表 6.4 按等级降序列出了这种煤的分析结果。这是很明显的，随煤等级的增加，有机硫的噻吩馏分增加，硫化物馏分降低。这再次与碳化学相似，较高等级煤比较低等级煤含有更多的芳香烃。噻吩硫是所有硫样品中最主要的形式。煤也显示出含有一些无机硫。硫铁矿含量与相同煤独立的 Mossbauer 光谱结果一致[89]。Beulah Zap 煤显示出硫酸盐的较大百分比，被认为存在石膏。

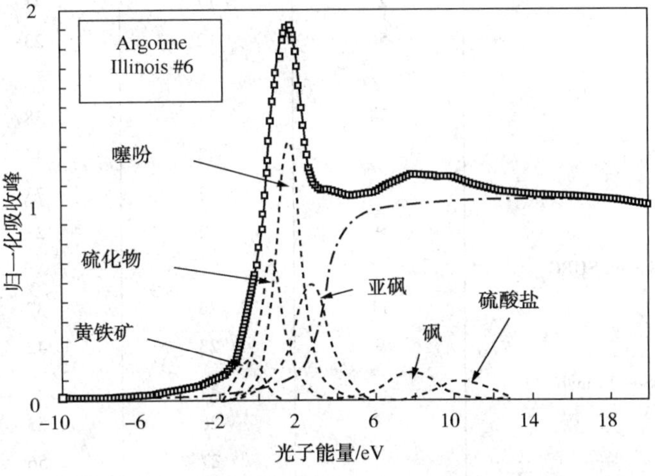

图 6.8　煤的硫 K 边缘光谱。按照能量增加顺序，用拟合程序的共振分别代表黄铁矿、硫化物、噻吩、亚砜、砜和硫酸盐[11]

几个煤素质也可用 XANES 分析研究[11]，壳质被认为比惰质组和镜质体含有更多的硫化物(表 6.5)[11]。这是明显的，壳质组比惰质组和镜质体含有更少的芳香烃，另一个例子是硫化学平行于碳化学。许多煤素质分离物中发现含有黄铁矿。这是有趣的，注意到惰质组通常比镜质体含有较低的噻吩和硫化物比例，因而不与惰质组芳香烃碳的增加一致。惰质组中较高的硫化物组分经常伴随非常高的硫铁矿含量。也许惰质组中一些无机硫与有机物反应产生一些硫化物[35]。煤岩组分中一些显示出硫氧基团的存在，例如亚砜、砜和硫酸盐。

表 6.4　按照煤等级列出其中不同硫结构的相对百分比[11]

煤含量减少	黄铁矿	硫化物	噻吩	亚砜	砜	硫酸盐
Pocahontas No. 3. VA	24	0	75	①	1	①
Upper Freeport, PA	62	6	32	①	1	①
Pittsburgh#8, PA	52	13	35	①	1	①
Lewis Stockton, WV	26	16	56	1	1	①
Blind Canyon, UT	40	15	46	①	①	①
Illinois#6, IL	48	19	33	①	①	①
Wyodak-Anderson, WY	24	29	46	①	①	①
Beulah Zap, ND(新)	29	28	30	2	①	12
Beulah Zap, ND(老化)	37	24	30	2	①	7

①忽略质量，小于1%。

表 6.5　不同煤素质中黄铁矿，硫化物，噻吩的百分比[11]

样本	黄铁矿	硫化物	噻吩	噻吩/硫化物
PSOC 733 PA, Appale, hv Ab				
壳质		32	62	1.93
镜质		13	76	5.85
惰性		17	70	4.12
W. Ky No. 9 hv Ab				
壳质	29	20	38	1.90
镜质	29	17	41	2.41
惰性	56	12	23	1.92
IL #6				
浮煤	34	21	38	1.81
孢壁		43	44	1.02
镜质		23	73	3.17
惰性	59	12	23	1.92
PSOC 1110 UT, So-W. SUBC				
壳质	11	23	37	1.61
镜质	9	23	42	1.83
PSOC 1110 UT, So-W. mvb				
壳质		26	53	2.04
镜质		27	56	2.07
惰性	7	23	50	2.17
Texas Lignite				
浮煤	49	18	30	1.67
孢壁		46	54	1.17
镜质	12	28	55	1.96
惰性	73	10	14	1.40
Wyodak				
微粉	27	25	45	1.80
孢壁		41	56	1.37

续表

样本	黄铁矿	硫化物	噻吩	噻吩/硫化物
镜质		27	72	2. 67
惰性	72	10	16	1. 60

注：hv Ab：高挥发分烟煤；

SUBC：次烟煤；

mvb：中挥发分烟煤；

这些煤和微量组分不是之前涉及的 Argonne 优质煤样品库中的。

6. 5. 4 氮 XANES

分析含碳物质的氮含量的 XANES 方法已经很成功了。Mullins[55] 已经提供了含碳物质的氮 XAES 研究概括。不像硫的情况，这些样品中所有氮都是有机形式。氮 XANES 光谱中主要的共振，由于 1s →π* 和 1s →σ* 跃迁的不同产生的[12-14,90]。就是说，当硫原子轨道在概念上足够大时，分子轨道就需要考虑氮。在芳香烃分子中，几个π* 跃迁可能是明显的，其中饱和结构仅显示σ* 跃迁。图 6. 9 展示了几种模型化合物的氮 XANES 光谱。吡啶、吡咯和芳香族胺结构的典型峰很易分离，这有助于含碳样品的简易分析。吡啶和吡咯中的氮有相同的化合价。然而，吡啶中氮的孤对电子是 sp^2轨道，不涉及芳香烃连结。氮中孤对电子是沿着氮的高电负性的产生吡啶中的氮带少量负电荷。相反，在吡咯结构中，氮不拥有双键形式。吡咯结构中氮的孤对电子是 p_z轨道，存在于五元环系统中。吡咯氮贡献 2 个电子给 π 系统，因而减少了它的电子密度。所以吡啶氮共振比吡咯有较低的 π* 共振能量[55]。

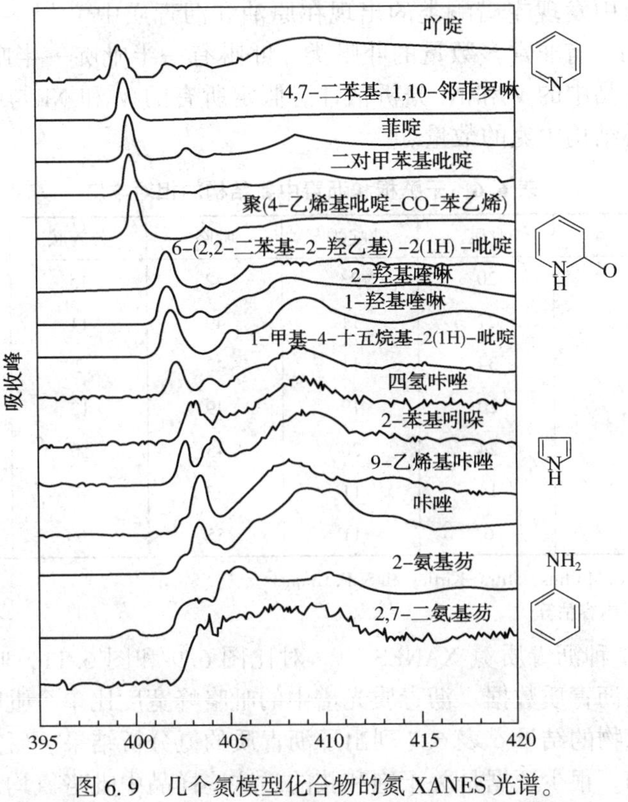

图 6. 9 几个氮模型化合物的氮 XANES 光谱。

相似结构的光谱是相似的，属于其他结构的光谱很容易分离

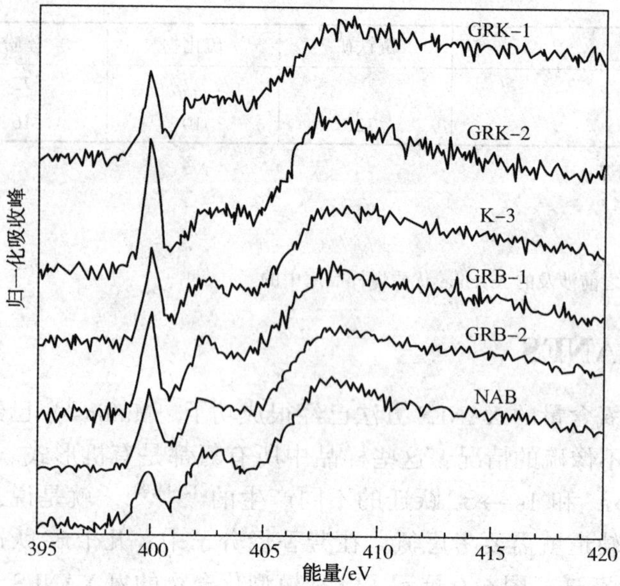

图 6.10　几种干酪根和沥青的氮 XANES 光谱

干酪根和沥青用氮 XANES 方法研究[12]。图 6.10 显示了 3 个石油页岩干酪根和 3 个沥青的氮 XANES 光谱。表 6.6 展示了干酪根和沥青的最小二乘法拟合程序结果。氮大多以芳香烃形式存在；吡咯，其次是吡啶，是干酪根和沥青是最主要的氮结构。这些样品中吡啶和芳香胺馏分是小量的，某一样品中饱和胺的量是明显的。吡啶酮 1s-π* 共振重叠为吡啶盐相同的共振。早期研究中发现喹诺酮类的出现在原油和沥青质中[91,92]。沥青中之一，从 New Albany 页岩中提取的，有非常多数量的卟啉类。卟啉有一半吡啶一半吡咯氮[13]。在这个样品中，卟啉首先用样品中的 V 和 Ni 分析估计。假定所有的 V 和 Ni 与卟啉结构复合，根据氮质量馏分计算卟啉结构中氮的数量。

表 6.6　干酪根和沥青中氮结构的相对丰度

样本	吡啶	吡啶酮①	吡咯	芳族胺	饱和胺	N/%
干酪根 GRK-1	20	23	42	15	0	1.09
沥青 GRB-1	27	11	49	11	2	0.83
干酪根 GRK-1	34	11	42	2	11	1.03
沥青 GRB-2	20	19	49	12	0	1.47
干酪根 K-3	24	20	45	10	0	1.81
沥青 NAB	14	11	67	8	0	2.60
沥青 NAB 21% 卟啉②	6	11	55	9	0	2.60

① 包括吡啶（盐），O. C. Mullins，Mitra-Kirtley 和 S. P. Cramer

② 卟啉组分根据 V. Ni 内容估算。

图 6.11 展示了 7 种沥青质氮 XANES[13]。对比图 6.9 和图 6.11，吡啶和吡咯峰清晰可见，即使是未处理的沥青质数据。沥青质光谱中的吡咯峰宽度比单个吡咯性化合物大，可能是含有大量吡咯类似物的结果。表 6.7 列出了沥青质的氮分析结果。研究的沥青质中几乎所有的氮都是芳香类的。很少证据是关于饱和胺的。这些样品中吡咯氮均匀主导，较小的吡啶馏分有相对大的变化。这些沥青质和硫分析中表现出相同的排列。CAL 沥青质显示出最小

的吡咯和最大的吡啶馏分。吡啶酮被发现在干酪根和沥青中，然而沥青质中没有发现。这表明熟化可能导致沥青质中吡啶酮转化为吡啶。

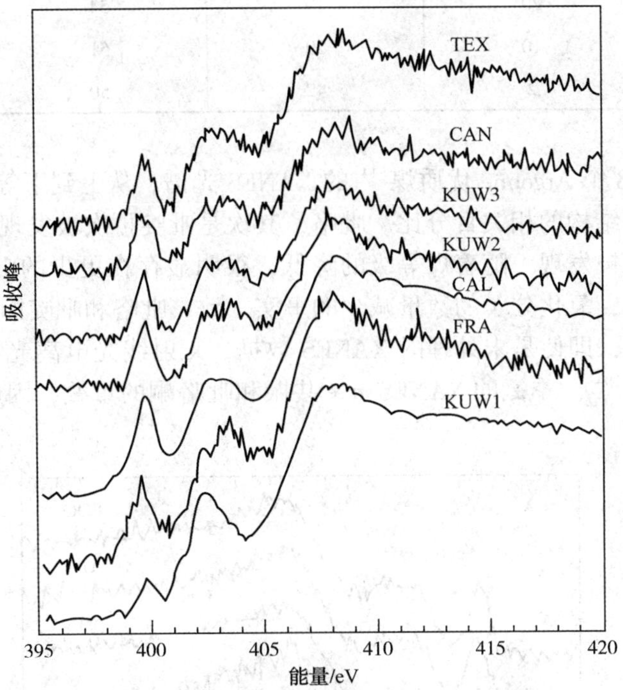

图 6.11　几种沥青质的氮 K 边缘 XANES 光谱

表 6.7　几种沥青质中氮分子结构的相对丰度

沥青质样本	吡咯	吡啶	饱和胺
FRA ST1	76	22	3
Kw1 BG5 7%卟啉①	87	2	2
Can Sales	74	26	0
Kw3 W40	77	22	2
Kw2 UG8	79	22	3
Kw2 UG8b	71	26	3
Tex Frio	80	18	0
CAL 3%卟啉②	65	30	2

①根据金属含量估计。

②从电场检测中得到。所有其他数据来自荧光场。

表 6.8　8 种 Argonne 优质煤组中不同氮结构的相对数量

样本	吡啶	吡啶酮①	吡咯	芳族胺
POC	18	8	66	8
UF	18	8	66	8
PITT	20	6	65	9
WV	20	16	55	9
UT	17	15	60	8

续表

样本	吡啶	吡啶酮①	吡咯	芳族胺
IL	20	19	54	7
WY	10	29	51	10
ND	2	42	50	6

①包括吡啶盐。

图 6.12 展示了 8 个 Argonne 优质煤[14]的 XANES 光谱，从上到下等级逐渐下降。表 6.8 展示了这些煤中不同结构的相关百分比。吡咯，其次是吡啶再次被发现是最主导的，一定量的吡咯酮和芳香胺也被发现。随着煤等级的降低，很明显存在更少的吡啶和更多的吡咯酮。这与随煤等级的增加，氧化分子的数量减少的事实一致。吡咯和吡啶馏分与煤等级函数之间的负相关性是明显的，即使是未处理的 XANES 数据。X 射线光电离光谱(XPS)研究发现煤中含有小数量的季氮[94]。季氮的 XANES π * 共振和吡咯酮的重叠，因此这种方法无法精度区分两种结构的贡献。

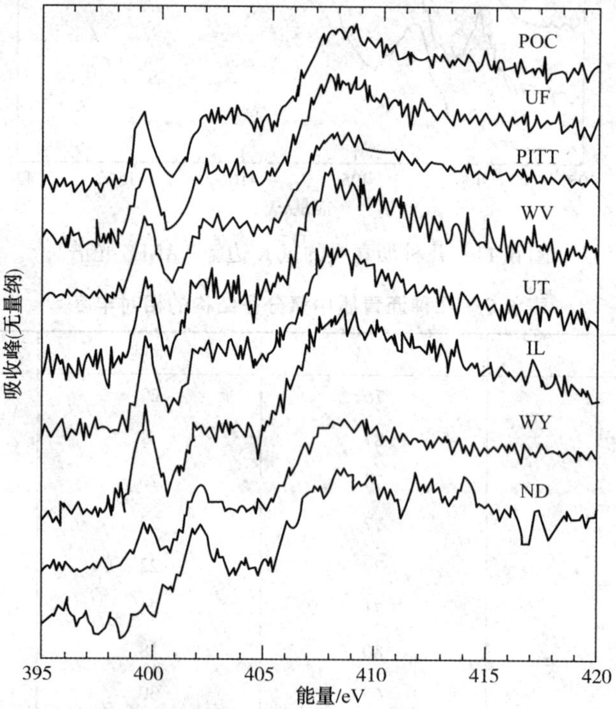

图 6.12　不同煤的氮 XANES 光谱。随着煤等级的增加(从下往上)，吡啶酮标记消失，吡啶标记变得更加突出

6.6　结论

XANES 光谱已经被证实是一种非常灵活的分析工具，用来研究复杂系统中存在的不同杂原子结构的识别和定量。煤、煤素质、干酪根、沥青和沥青质中的硫和氮分子结构已经通过 XANES 分析阐明，提供了这些重要含碳物质的形成和成熟过程的重要信息。在 3 种含碳样品中，干酪根、煤和石油馏分，主要的有机硫结构是噻吩和硫化物形式。少数样品有典型

的硫氧化物和更高的硫的氧化馏分。在所有这些样品中，硫化学与碳化学相似。这些种类间更多的芳香烃样品系统地展示了大量的噻吩硫。研究的煤比干酪根和沥青质有更宽的噻吩含量范围。在煤素质中，发现硫化物的硫在壳质(Ⅱ型干酪根相关)中更多，相比镜质体(Ⅲ型干酪根相关)和惰质组(Ⅳ型干酪根相关)。

硫在煤、干酪根和沥青质中分布的主要不同是煤和干酪根中存在无机硫，沥青质中没有。煤中的无机硫大多是硫铁矿形式，干酪根中是硫铁矿或元素硫和硫酸盐形式。这些馏分的明显变化在 3 个Ⅰ型 GR 页岩干酪根中发现。煤中有相当大量的硫酸盐，可能是由于样品中存在石膏。

含碳物质的氮 XANES 分析显示，这些样品中几乎所有碳都是芳香类的，实际上所有氮都是有机的。吡咯氮控制着大多数样品。低成熟度煤显示的吡咯酮馏分可能在更高等级的煤中转化为吡啶。在煤和可能的干酪根中也存在小量的吡啶盐。

对于复杂含碳样品中硫和氮分析的 K 边缘 XANES 分析方法已经硕果累累。这个方法提供了有个强大且无损的工具，进行这些样品中杂原子化学的定性和定量分析。将来具有更高分辨率和更大光子通量的第三代同步加速器束线将使峰的识别更容易，并提高信噪比。

参 考 文 献

[1] Hedges, J. I. and F. G. Prahl (1993). Early diagenesis: Consequences for applications of molecular biomarkers. In: M. Engle and S. Macko (eds), *Organic Geochemistry: Principles and Applications*. Plenum, New York.

[2] Eglington, G. (1969). The organic chemist's approach. In: G. Eglington and M. T. J. Murphy (eds.), *Organic Geochemistry*. Springer-Verlag, New York.

[3] Welte, D. H. (1969). Organic matter in sediments. In: G. Eglington and M. T. J. Murphy (eds.), *Organic Geochemistry*. Springer-Verlag, New York.

[4] Killops, S. D. and V. J. Killops (1993). *An Introduction to Organic Geochemistry*, 2nd edn. Longman Scientific and Technical.

[5] Tissot, B. P. and D. H. Welte (1984). *Petroleum Formations and Occurrence*. Springer-Verlag, New York.

[6] Rullkotter, J. (1993). The thermal alteration of kerogen and the formation of oil. In: M. H. Engel, and S. A. Macko (eds.), *Organic Geochemistry: Principles and Applications*. Plenum, New York.

[7] White, W. M. (2005). Organic geochemistry. In: *Geochemistry* (an on-line textbook). Johns Hopkins University Press, in press.

[8] International Committee for Coal petrology (1963). *International Handbook of Coal Petrology*, 2nd edn. 1963, 1st Supplement 1971. Centre National de la Recherche Scientifique, Paris.

[9] Wiltfong, R., S. Mitra-Kirtley, O. C. Mullins, B. Andrews, G. Fujisawa, and J. Larsen (2005). Sulfur speciation in different kerogens by XANES spectroscopy. *Energy & Fuels* 19, 1971.

[10] Mitra-Kirtley, S., O. C. Mullins, C. Y. Ralston, D. Sellis, and C. Pareis (1998). Determination of sulfur species in asphaltene, resin, and oil fractions of crude oils. *Appl. Spectrosc.* 52(12), 1522.

[11] Huffman, G. P., S. Mitra, F. E. Huggins, N. Shah, S. Vaidya, and F. Lu (1991). Quantitative analysis of all major forms of sulfur in coal by x-ray absorption fine structure spectroscopy. *Energy & Fuels* 5, 574.

[12] Mitra-Kirtley, S., O. C. Mullins, J. F. Branthaver, and S. P. Cramer (1993). Nitrogen chemistry of kerogens and bitumens from x-ray absorption near-edge structure spectroscopy. *Energy & Fuels* 7(6), 1128.

[13] Mitra-Kirtley, S., O. C. Mullins, J. van Elp, S. J. George, J. Chen, and S. P. Cramer (1993). Determination of the nitrogen chemical structures in petroleum asphaltenes using XANES spectroscopy. *J. Am. Chem. Soc.* 115, 252.

[14] Mullins, O. C., S. Mitra-Kirtley, J. van Elp, and S. P. Cramer (1993). Molecular structure of nitrogen in coal from XANES spectroscopy. *Appl. Spectrosc.* 47, 1268.

[15] Parsons, T. R., M. Takahashi, and B. Hargrave (1977). *Biological Oceonographic Processes*. Pergamon Press, New York.

[16] Ryther, J. H. (1963). Geographic variations in productivity. In: M. N. Hill (ed), *The Sea*. Wiley, New York.

[17] Geider, R. J. et al. (2001). Primary productivity of planet earth: Biological determinants and physical constraints in terrestrial and aquatic habitats, *Global Change Bio.* 7, 849.

[18] Hollander, D., F. Behar, M. Vanderbroucke, P. Bertrand, and J. A. McKenzie (1990). Geochemical alteration of organic matter in eutrophic Lake Greifen: Implications for the determination of organic facies and the origin of lacustrine source rocks. *Am. Assoc. Petroleum Geologists Stud. Geol.* 30, 181.

[19] Canfield, D. E. (1989). *Deep Sea Research* 36, 121.

[20] Glenn, C. R. and M. A. Arthur (1985). *Chem. Geol.* 48, 325.

[21] Premuzic, E. T., C. M. Benkovitz., J. S. Gaffney, and J. J. Walsh (1982). *Org. Geochem.* 4, 63.

[22] Tyson, R. V. (1995). *Sedimentary Organic Matter*. Chapman and Hall, New York.

[23] Hartnett, H. E., R. G. Keil, J. I. Hedges, and A. H. Devol (1998). Influence of oxygen exposure time on organic carbon preservation in continental margin sediments, *Nature* 391, 572.

[24] Berner, R. A. (1980). *Early Diagenesis*. Princeton University Press, New Jersey.

[25] DeVooys, C. G. N. (1979). Primary production in aquatic environments. In: B. Bolin, E. T. Degens, S. Kempe, and P. Ketner (eds.), *The Global Carbon Cycle*. Wiley, Chichester.

[26] Meyers, P. A. and R. Ishiwatari (1993). The early diagenesis of organic matter inLacustrine sediments, In: M. H. Engel, and S. A. Macko (eds), *Organic Geochemistry: Principles and Applications*. Plenum, New York.
[27] Bluck, B. J. (1969). Introduction to sedimentology, In: G. Eglington, and M. T. J. Murphy (eds), *Organic Geochemistry: Methods and Results*. Springer-Verlag, New York.
[28] Nedwell, D. B. (1984). The input of mineralization of organic carbon in anaerobic aquatic sediments, *Adv. Microb. Ecol.* 7, 93.
[29] Nealson, K. H. and D. Saffarini (1994). Iron and manganese in anaerobic respiration: Environmental significance, physiology, and regulation, *Ann. Rev. Microbiol.* 48, 311-343.
[30] Ward, D. M. and M. R. Winfrey (1985). Interactions between methanogenic and sulfate-reducing bacteria in sediments, *Adv. Aquatic Microbiol.* 3: 141.
[31] Widdel, F. (1986). Sulfate-reducing bacteria and their ecological niches in anaerobic bacteria. In: E. M. Barnes, and G. C. Mead (eds), *Habitats Other than Man*, Blackwell, Oxford, p. 157.
[32] Jorgensen, B. B. (1982). Mineralization of organic matter in the sea bed - the role of sulfate reduction, *Nature*, 296 (Apr.), 15.
[33] Hartgers, W. A. J. F. L`opez, J. S. Sinninghe Damst¡ äe, C. Reiss, J. R. Maxwell, J. O. Grimalt (1997). Sulfur-binding in recent environments: II. Speciation of sulfur and iron and implications for the occurrence of organo - sulfur compounds, *Geochim. Cosmochim. Acta.* 61, 4769.
[34] Gransch J. A. and J. Posthuma (1973). The origin of sulfur in crudes. In: B. Tissot, F. Bienner, (eds), *Advances in Organic Geochemistry*, Editions Technip, Paris.
[35] deLeeuw, J. W. and C. Largeau (1993). A review of macromolecular organic compounds that comprise living organisms and their role in kerogen, coal, and petroleum formation. In: M. H. Engel, and S. A. Macko, (eds.), *Organic Geochemistry: Principles and Applications*. Plenum, New York.
[36] Sinninghe Damaste, J. S. M. D. Kok, J. Koster, and S. Schouten, (1998). Sulfurized carbohydrates: An important sedimentary sink for organic carbon? *Earth Planetary Lett.* 164, 7.
[37] Durand, B. and J. C. Monin (1980). Elemental analysis of kerogen (C, H, O, N, S, Fe). In: B. Durand, (ed.), *Kerogen: Insoluble Organic Matter from Sedimentary Rocks*. Editions Technip, Paris.
[38] Teichmuller, M. (1982). Origin of petrographic constituents of coal, In: E. Stach, M-TH. Mackowsky, M. Teichmuller, G. H. Taylor, D. Chandra, and R. Teichmuller, (Translation and English revision by D. G. Murchison, G. H. Taylor, and F. Zierke), (eds.), *Stach's Textbook on Coal Petrology*. Gebruder Borntraeger, Berlin, Stuttgart.
[39] Moore, L. R. (1969). Geomicrobiology and geomicrobiological attack on sediment organic matter. In: G. Eglington and M. T. J. Murphy, (eds.), *Organic Geochemistry : Methods and Results*. Springer-Verlag, New York.
[40] Bustin, R. M., A. R. Cameron, D. A. Grieve, and W. D. Kalkreuth (1983). *Coal Petrology Its Principles, Methods, and Applications*. Geological Association of Canada, Short Course Notes.
[41] Durand, B., M. Parratte, and P. Bertrand (1983). *Rev. lust. Fr. P¡äetr.*, 38, 709.
[42] Hedges, J. I. (1992). Global biogeochemical cycles: progress and problems, *Mar. Chem.* 39, 67-93.
[43] Brocks, J. J. and R. E., Summons (2003). Sedimentary hydrocarbons, biomarkers for early life. In: H. D. Holland, and K. K. Turekian (eds.), *Treatise on Geochem.* 8, p. 63.
[44] Cooper, B. S. and D. G., Murchinson (1969). Organic geochemistry of coal, In: G. Eglington and M. T. J. Murphy, (eds.), *Organic Geochemistry: Methods and Results*. Springer-Verlag, New York.
[45] Senftle, J. T., C. R. Landis, and R. L. McLaughlin (1993). Organic petrographic approach to kerogen characterization. In: M. H. Engel, and S. A. Macko, (eds.), *Organic Geochemistry: Principles andApplications*. Plenum, New York.
[46] Stach, E. (1982). Fundamentals of coal petrology. In: E. Stach, M-TH. Mackowsky, M. Teichmuller, G. H. Taylor, D. Chandra, and R. Teichmuller, (Translation and English revision by D. G. Murchison, G. H. Taylor, and F. Zierke), (eds.), *Stach's Textbook on Coal Petrology*. Gebruder Borntraeger, Berlin, Stuttgart.
[47] Davis, A., W. Spackman, and P. Given (1976). *Energy Sources* 3(1), 55.
[48] Tissot, B., B. Durand, J. Espitalie, Combaz (1974). Influence of the nature and diagenesis of organic matter in formation of petroleum, *Am. Assoc. Pet. Geol. Bull.* 58, 499.
[49] van, Krevelen, D. W. (1961). *Coal*. Elsevier, Amsterdam.
[50] Whelan, J. K., and C. L. Thompson-Rizer (1993). Chemical methods for assessing kerogen and protokerogen types and maturity. In: M. H. Engel and S. A. Macko (eds.), *Organic Geochemistry: Principles and Applications*. Plenum, New York.
[51] Vandenbroucke, M., (2003). Kerogen: From types to models to chemical structure, *Oil Gas Sci. Tech.* 58, 243.
[52] Talbot, M. R. (1988). The origins of lacustrine oil source rocks: Evidence from the lakes of tropical Africa. In: A. J. Fleet *et al.*, (ed.), *Lacustrine Petroleum Source Rocks*. Oxford, Blackwell.
[53] Orr, W. L. (1986). Kerogen/asphaltene/sulfur relationships in sulfur - rich Monterey oils. In: D. Leythaeuser and J. Rullkötter, eds. *Advances in Organic Geochemistry*, 10, 499.
[54] Sinninghe Damste, J. J., X. F. C. de las Hera, and J. W. de Leeuw (1992). *J. Chromatogr.* 607, 361.
[55] Sheu, Y. and O. C. Mullins, (eds.) (1995). *Asphaltenes, Fundamentals and Applications*. Plenum, New York, London.
[56] Pfeiffer, J. H. (1950). *The Properties of Asphaltic Bitumen*. Elsevier, Amsterdam.
[57] Mullins, O. C. and E. Y. Sheu (eds.) (1998). *Structures and Dynamics of Asphaltenes*. Plenum, New York.
[58] Chilingarian, G. V. and T. F. Yen (eds.) (1978). *Bitumens, Asphalts, and Tar Sands*. Elsevier Scientific Publishing Co.: New York.
[59] Groenzin, H. and O. C. Mullins (1999). Asphaltene molecular size and structure. *J. Phys. Chem. A* 103, 11237.
[60] Groenzin, H. and O. C. Mullins (2000). Molecular sizes of asphaltenes from different origin. *Energy & Fuels* 14, 677.
[61] Scotti, R. and L. Montanari (1998). In: O. C. Mullins, and E. Y. Sheu (eds.), *Structures and Dynamics of Asphaltnees*. Plenum, New York, Ch 3.
[62] Chilingarian, G. V. (1981). In: J. W. Bunger, and N. C. Li (eds.), *Chemistry of Asphaltenes*. American Chemical Society, Washington, D. C.
[63] Yen, T. F. (ed.) (1975). *The Role of Trace Metals in Petroleum*. Ann Arbor Science Inc., Michigan.
[64] Stohr, J. (1992). *NEXAFS Spectroscopy*. Springer-Verlag, Berlin.
[65] Wagner, C., W. Riggs, L. Davis, and J. Moulder (1979). *Handbook of X-ray Photoelectron Spectroscopy*. Perkin Elmer Cor-

poration, Eden Prairie, MN.
[66] Newville, M. , *Consortium for Advanced Radiation Sources*. University of Chicago, Chicago, IL.
[67] Pfalzer, P. , J. P. Urbach, M. Klemm, S. Horn, M. L. denBoer, A. I. Frenkel (1999). Elimination of self-absorption in fluorescence hard x-ray absorption spectra, *Phys. Rev. B*. 60, 9335.
[68] Bunker, G. (1988). Biophysics Collaborative Access Team Report: Basic Techniques for EXAFS.
[69] Goulon, J. C. Goulon-Ginet, R. Cortes, J. M. Dubois (1982). *J. Phys.* 43, 539.
[70] Margaritondo, G. (1988). *Introduction to Synchrotron Radiation*. Oxford University Press, New York.
[71] Lytle, F. W. , R. B. Greegor, D. R. Sandstrom, E. C. Marquies, J. Wong, C. L. Spiro*et al.* (1988). *Nucl. Instrum. Methods* 226, 542.
[72] Chen, C. T. (1987). Concept and design procedure for cylindrical element monochromators for synchrotron radiation, *Nucl. Instrum. Methods Phys. Sect. A*. 256, 595.
[73] Cramer, S. P. , O. Tench. , M. Yocum, H. Kraner, L. Rogers, V. Radeka*et al.* (1991). X-ray absorption fine structure. In: S. S. Hassain, (ed.), *Proc. of the 6th International XAFS Conference*. Ellis Horwood, Chichester, p. 640.
[74] Owen, L. B. (1987). DOE Oil Shale Sample Bank, Quarterly Report, July-September 1987, January-March, 1987, Salt Lake City, Utah, Terra-Tek, Inc. Report numbers: TR 87-89 and TR 88-14.
[75] Larsen, J. W. , C. Islas-Flores, M. T. Aida, P. Opaprakasit, P. Painter (2005). Kerogen chemistry 2. Low-temperature anhydride formation in kerogens, *Energy Fuels*, 19, 145.
[76] Zeszotarski, J. C. , R. C. Chromik, R. P. Vinci, M. C. Messmer, R. Michels, and J. W. Larsen (2004). Imaging and mechanical property measurements of kerogen via nanoindentation, *Geochim. Cosmochim. Acta*. 68(20), 4113.
[77] Saxby, J. D. (1970). Isolation of kerogen in sediments by chemical methods, *Chem. Geol.* 6, 173.
[78] Waldo, G. S. , O. C. Mullins, J. E. Penner-Hahn, and S. P. Cramer (1992). Determination of the chemical environment of sulphur in petroleum asphaltenes by X-ray absorption spectroscopy, *Fuel*, 71, 53.
[79] Vorres, K. S. (1990). Theargonne premium coal sample program, *Energy & Fuels* 4, 420.
[80] WinXAS software, Ressler, T. , Fritz-Haber-Institut der MPG, Department of Inorganic Chemistry, Faradayweg, Berlin.
[81] George, G. N. and M. L. Gorbaty (1989). Sulfur K-edge absorption spectroscopy of petroleum asphaltenes and model compounds, *J. Am. Chem. Soc.* 111, 3182.
[82] Sarret, G. , T. Mongenot, J. Connan, D. Sylvie, M. Kasrai, G. Michael Bancroft*et al.* (2002). Sulfur speciation in kerogens of the Orbagnoux deposit (Upper Kimmeridgian, Jura) by XANES spectroscopy and pyrolysis, *Org. Geochem.* 33(8), 877-895.
[83] Vairavamurthy, M. A. , D. Maletic, S. Wang, B. Manowitz, T. Eglington, and T. Lyons (1997). Characterization of sulfur-containing functional groups in sedimentary humic substances by Xray absorption near-edge structure spectroscopy, *Energy & Fuels*, 11, 546.
[84] Olivella, M. A. , J. M. Palacios, A. Vairavamurthy, J. C. del Rio, and F. X. C. de las Heras (2002). A study of sulfur functionalities in fossil fuels using destructive- (ASTM and Py-GC-MS) and non-destructive-(SEM-EDX, XANES and XPS) techniques, *Fuel*, 81(4), 405.
[85] Eglington, T. , J. E. Irvine, A. Vairavamurthy, W. Zhou, and B. Manowitz (1994). Formation and diagenesis of macromolecular organic sulfur in Peru margin sediments, *Org. Geochem.* 22, 781.
[86] Buchanan, H. , K. J. Coombs, P. M. Murphy, and C. Chaven (1993). *Energy & Fuels*, 7, 219.
[87] Spiro, C. E. , J. Wong, F. Lytle, R. B. Greegor, D. Maylotte, and S. Lampson (1984). *Science* 226, 48.
[88] Hussain, Z. , E. Umbach, D. A. Shirley, J. Stohr, and J. Feldhaus, (1982). *Nucl. Instrum. Methods* 195, 115.
[89] Shah, N. , R. A. Keogh, F. E. Huggins, G. P. Huffman, A. Shah, B. Ganguly*et al.* (1990). *Prepr. Pap. Am. Chem. Soc. Div. Fuel Chem.* 5(3), 784.
[90] Mitra-Kirtley, S. , O. C. Mullins, J. Chen, J. van Elp, S. George, C. T. Chen*et al.* (1992). Nitrogen chemical structure in DNA and related molecules by X-ray absorption spectroscopy, *Biochim. Biophys. Acta*, 1132, 249.
[91] Copelin, E. C. (1964). Identification of 2-quinolones in a California crude oil, *Anal. Chem.* 36(12), 2274.
[92] Petersen, J. C. , R. B. Barbour, S. M. Dorrence, F. A. Barbour, and R. V. Hel (1971). Molecular interactions of asphalt. Tentative identification of 2-quinolones in asphalt and their interaction with carboxylic acids present. *Anal. Chem.* 43 (11), 1491.
[93] Mitra-Kirtley, S. , O. C. Mullins, J. van Elp, and A. P. Cramer (1994). *Prepr. Pap. Am. Chem. Soc. Div. Fuel Chem.* 39 (3), 820.
[94] Kelemen, S. R. , M. L. Gorbaty, and P. J. Kwiatek (1994). Quantification of nitrogen forms in argonne premium coals. *Energy & Fuels* 8(4), 896.

(Sudipa Mitra-Kirtley, Oliver C. Mullins)

第7章 胶束

7.1 简介

对比水性和非水性系统的胶束，强调相关过程驱动力性质的差异。在水性系统中，水分子和表面活性剂烃链间的高界面能量是这个进程的主要因素，然而在非极性系统中，极性部分的相互吸引作用充当相关过程的控制力。因此，水溶液的胶束可以被认为是通过几何限制改性的相间分离，然而在油中相应的现象是一种化学平衡，类似于醇那种介质。这种差异的结果是在水中的过程是高度合作的，临界胶束浓度(CMC)的制定是有道理的。另一方面，在非极性环境中，相关进程是渐进的，CMC不能保证。这种情况下，相互作用导致胶束适合用光谱方法分析。

甲苯中沥青质交联的特殊情况不能完全用这些理论解释。最近Mullins提出的纳米聚合体形式的描述似乎是恰当的，这种方法的结果有待评估。

“胡说，McBain，胡说八道”，据传闻，这是大概100年前当年轻的McBain提出水溶液中胶束现象[1]时，会议主席的唯一评论。现在，这个评论已经变成漫画；胶束成为胶体的一部分，并且是最重要的部分。

然而，从声明的时间看，如果不客气，那么是十分合理。这是化学上的时间，当Arrhenius的想法普遍被接受，水溶液中盐离子与分子无关。意识到高浓度离子的活性比预期小不是由于盐离子和分子的相关性，而是由于溶液中它们之间相互作用减少了化学势能。很容易理解先驱化学家的怀疑，当突然进入年轻的McBain所陈述的场景中，肥皂离子不仅形成小的团体，像人们发现的弱酸那样，而且实际上形成几十个分子的团体。

约20年后进一步发展；胶束的引入作为一个重大事件[2,3]也首先遇到了比通常还小的热情。

今天胶束和它的形成作为表面活性剂相科学[4]和胶束现象的一部分，即使重要，但不是这个领域唯一的兴趣特征。

7.2 水溶液中的胶束

虽然胶束的热力学描述是多样[5,6]，但所有实验结果都表明了合作的过程。表面活性剂数量在小浓度范围内增加，导致表面活性剂聚合体的形成，且没有从溶液中分离。

检测团体的最传统和确定最多使用的方法是绘制水溶液表面张力和表面活性剂浓度的对数图。曲线方向的突然变化处对应的表面活性剂浓度叫临界胶束浓度(CMC)。曲线的2个分支形成两条直线的节点表示问题中的浓度，即临界胶束浓度(CMC)(图7.1)。

在描述这个现象的不同分析结果之前，必须认识到该方法的局限性。假设活性能用吉布斯吸收方程的浓度代替

$$\Gamma = -[\mathrm{d}\gamma/\mathrm{dln}(a_S)]/RT \tag{7.1}$$

式中 Γ——表面过剩量；

γ——表面张力；

a_S——表面活性剂活性；

R——气相常数；

T——温度。

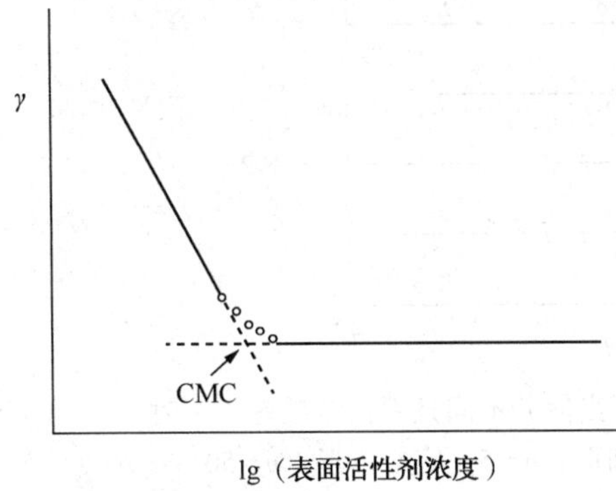

图 7.1　表面张力和表面活性剂对数的关系图，直线交于临界胶束浓度处(CMC)

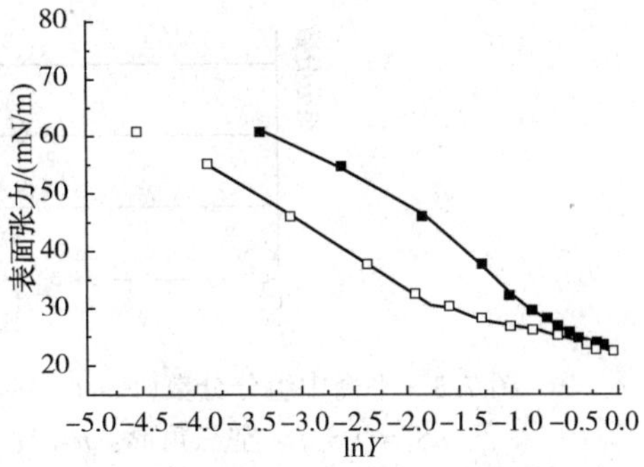

图 7.2　乙醇水溶液的表面张力与酒精浓度对数(空心方形)和活性对数(实心方形)的关系图

表面活性剂在 CMC 以下时可近似为常数，这是足够精确的。然而，对于短链两性物质，如增溶剂[7]，这是不正确的。忽略这一事实已经导致了大量尴尬的错误[8]。一系列醇的表面张力和其浓度对数作图，曲线显示拐点以乙醇的值为例(图 7.2)。这个拐点被解释为水中醇类基团出现的迹象[8]。然而，图 7.2 是醇的活性对数和表面张力的改正图，从它的蒸气压中得到[9]，是没有拐点的流畅曲线。奇怪的是，这个错误并没有花太久时间改正[10]。Srinivas[11]在他阐明增溶剂和表面活性剂之间的差异中提到，通过表面张力和两性物质浓度曲线来避免这个错误。

有很多方法测量表面张力和临界胶束浓度。Mukerjee 讨论了这些方法中的最佳应用[12,13]。

胶束被认为是一个平衡过程，涉及表面活性剂分子的连续团体和一系列平衡常数[5]。

$$S_n + S_1 = S_{n+1};\ K_n \tag{7.2}$$

常数的值根据实验结果调整以提供正确的胶束尺寸分布。

然而，获得所有 K_n 值将是一项艰巨的任务，与所有 K：s 的简化是等价的，但是这样的行为会去除限制胶束尺寸的工具。进一步简化直接应用于实验结果，胶束有确定的尺寸且尺寸分布范围是狭小的。接受这个条件，推测表面活性剂单体和一定量的表面活性剂胶束间的关系方程。

$$nS_1 = S_n \tag{7.3}$$

方程常数为 K。这个简化的优点是它提供了对这一现象的解释，n 的值对团体结构中分子总数的变化有显著影响，以图 7.3 为例；其中，为了进一步简化，平衡常数选择为统一的。图中结果阐明了胶束的最重要特征。

团体结构包括大量分子，表明了当表面活性剂浓度超过某个特定值时，团体结构中表面活性剂从等同于 0 的低浓度变为主导特征的急剧变化。那样的行为类似于经历了相分离和胶束[5,14-16]。这样处理的主要特点是分散相分子化学势能的应用，如水或烃系统作为标准态，这对真实的相分离系统是正确的。对于从水中分离的烃类，化学势能通常与纯烃的化学势能

相等，溶解分子的化学势能变为

$$\mu_1 = \mu_0 + RT\ln a_1 \tag{7.4}$$

然而，这样的处理没有考虑胶束不包括无限聚集的事实。

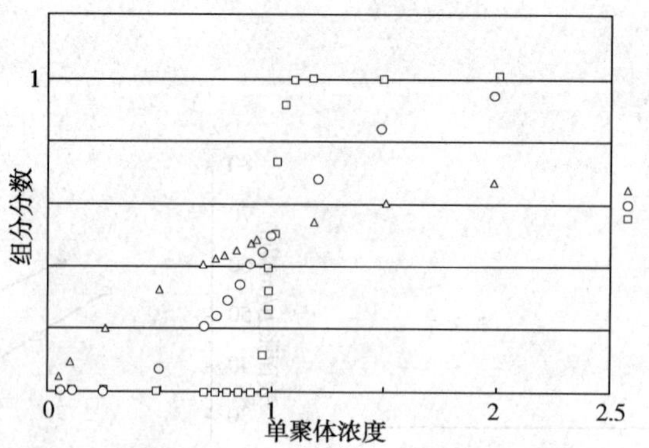

图 7.3 平衡中组分分数(Fract. Assoc.)，当值 n 不同且平衡常数等于 1 时，$nS_1 = (S_n)$。空三角形：$n=2$；实心圆形：$n=5$；实心方形：$n=50$

通过考虑头基团的斥力作为一个平衡因素，这个问题可以克服[17]。澳大利亚的学校[18]引入几何约束以获得有限的聚合数。团体结构的几何特征通过表面活性剂极性部分所占面积和烃链的体积间的平衡来监控。比例

$$R = v_H / a_0 l_H \tag{7.5}$$

式中 v_H——团体结构中烃链所占体积；

a_0——极性部分的面积；

l_H——近似烃链长度，确定胶束的几何特征。

对于 $R<1/3$，图 7.4 所示，理想的几何结构是球，聚合数 N 的估算也从中得到

$$Na_0 < 4\pi l^2 \text{ 和 } Nv_H < 4\pi l^3/3 \tag{7.6}$$

给出

$$N < 36\pi v_H^2 / a_0^3 \tag{7.7}$$

聚集面积的更多贡献是试图呈现相互作用能量的更多细节。Nagarajan[19]列出了其中 5 个：疏水效果，烃中心和水之间的界面贡献，头基团的静电和空间斥力，松弛扩展状态得到的烃链堆积的偏差能量。

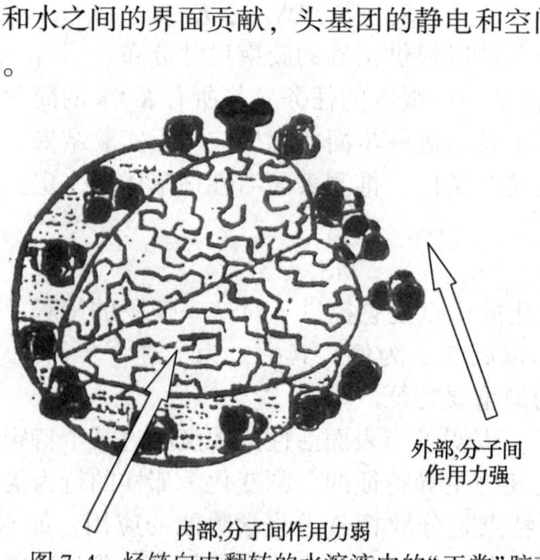

图 7.4 烃链向内翻转的水溶液中的“正常”胶束

总之，这可以陈述为，水溶液系统的胶束是溶剂系统的分子间力强于胶粒内部的结构的结果(图7.4)。简单说，胶束意味着高能量水/烃界面的减少，通过移动烃链到胶束内部(图7.4)。如果单独形成，这个因素将导致相分离，但是胶束尺寸的生长被极性基团的斥力所修改[17,18]。

一个最能说明问题但由于某种原因被忽视的事实证明了这一发现，表面活性剂行为中，头基团间有更少的斥力，如单甘油酯、卵磷脂和短的环氧乙烷链的聚氧乙烯烷基醚、小于5个的氧乙烯基团。对于这些化合物，交联是无限的，相反在液体中形成确定尺寸的聚合体，基团变为无限的并形成分散相。

非极性媒介中反胶束基团提供更多变化的现象，其中包括分散部分。首先使用普通表面活性剂的水中的传统的反胶束没有“临界”现象，这个团体是横跨大浓度范围的逐步过程，对比水溶液条件。

其次，石油中沥青团体反过来是不同的过程。由于后者的现象[20]具有巨大的商业利益并可组成有趣的科学问题[21]，所以它将作为单独部分处理。

7.3 非极性媒介中的反胶束

界面自由能量中没有相应减少，疏水效果是不存在的，在这样的系统中引入临界胶束浓度的早期尝试被反驳了[6]。事实上，应该观察到，将表面活性剂最初加入到烃中，再加入水[22]后形成连续的反胶束，导致界面张力变得十分小，此外，这种减少不是由于分子本身存在的表面活性。不能过分强调：非极性介质中界面张力的测量不能得到预期的和水溶液中相似的胶束信息。

因此，以水中胶束为例，代替关注溶剂的性质，监测到团体变为反胶束的因素是表面活性剂极性组分间的相互作用。对比水中胶束的情况，图7.4，极性基团间的引力导致团体形成(图7.5)发现水进入该结构的溶解度限制为内部分子间力。

这个相互作用的重要性通过选择烃中3种不同溶解度的表面活性剂离子来阐明。前两个样品都涉及钠皂，它本身很难溶于烃中，第三个样品是聚乙二醇醚，其在烃中能完全互溶。

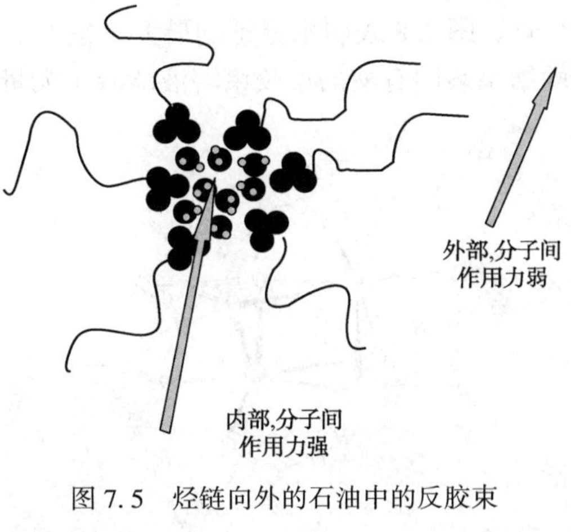

图7.5 烃链向外的石油中的反胶束

选择肥皂，因为它是羧酸和醇的组合，是极性基团间分子间力决定重要性的良好例子。肥皂与醇组合时不溶于烃，但当与对应的羧酸组合时，图7.6，溶解度十分高[23]。这个差异的原因是肥皂羧化物和酸的羧基基团间的氢键与肥皂羧化物和醇羟基基团间的相应键的差异。第一种情况下氢键的特殊长度是由于肥皂/酸在烃中结合产生的，然而，肥皂/醇连结的相互作用不够大不能改变溶解度。

羧化物/羧基基团氢键可用IR和NMR光谱[24]识别，分子量测定[23]给出了4个酸和2个肥皂的组分。结构表明，图7.7，可用量子力学计算确认[25]。图7.7中的结构提供了烃中溶解度的直观解释。结构中心的极性部分被从中心直接延长出来的6个烃链构成的非极性环境保护。乍一看，它很有可能命名为反胶团结构，但是它的尺寸和键涉及到证明指定预胶束聚集。

水的加入增加了反胶束，这表明其巨大的溶于水的能力(图7.6)。提到量子力学计算[25]，可解释通过加入水改变负自由能从而形成反胶束(图7.8)。然而，胶束随逐渐加入反胶束形成，与反胶束形成的总趋势一致(图7.9)。

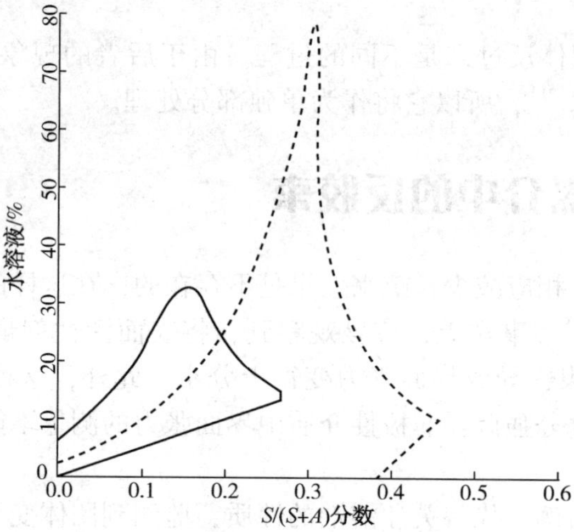

图7.6　加入羧酸(虚线)和醇(实线)时，水和表面活性剂(S)的溶解度是不同的

在肥皂/醇组合中，在烃中有明显的溶解(图7.6)。当水被加入到组合中，溶解度首先被达到。醇/肥皂/水复杂团体和纯物质形式的3种化合之间不同的自由能已经被计算[26]。结果[27]显示4个水分子的最小化对于带自由能差异进入负范围是必需的，如图7.8所示，和实验结果十分一致(图7.6)。图7.8表明水分子的最大数是13，仍保留它主要团体的溶解度。另一方面，图7.6实验结果表明有酸的反胶束溶液能溶于大量水中，乍一看它可能表现计算是不充分的。

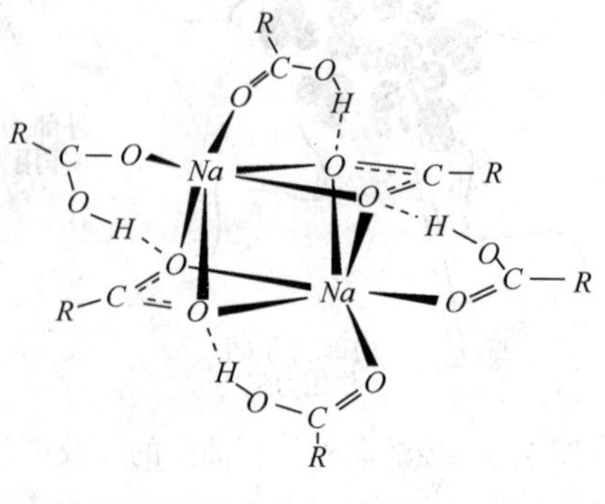

图7.7　两种羧酸根离子和四种羧酸的预胶束聚合体。

酸的OH—基团被氢键连结到离子化的羧酸酯上，酸羰基基团配位钠离子

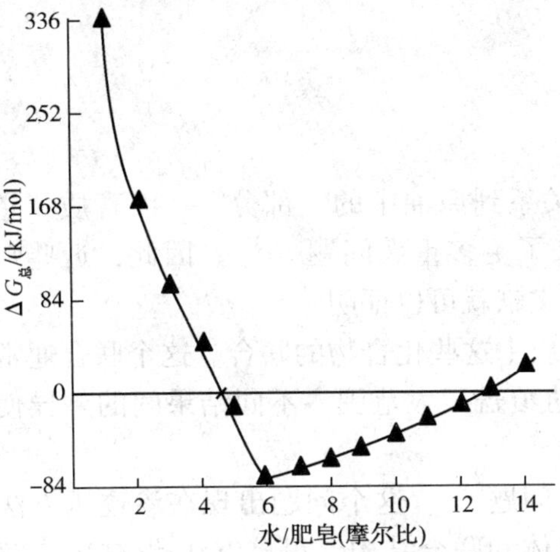

图 7.8　乙醇溶液中肥皂/水基团形式的自由能

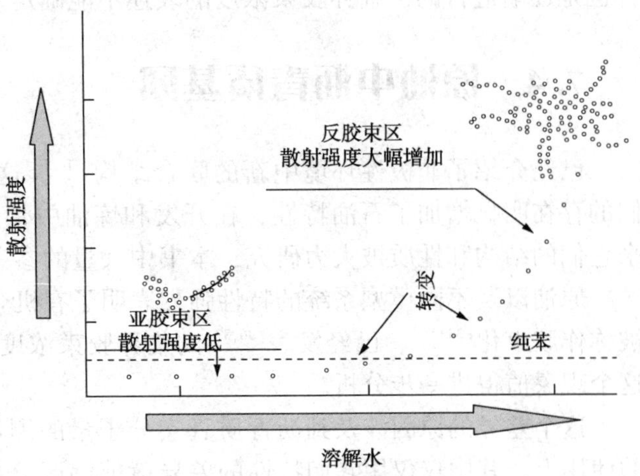

图 7.9　在水、油酸钾和戊醇体系中，随水含量增加反胶束溶液的光散射强度变化，戊醇/油酸酯/苯的比例恒为 1/1/1

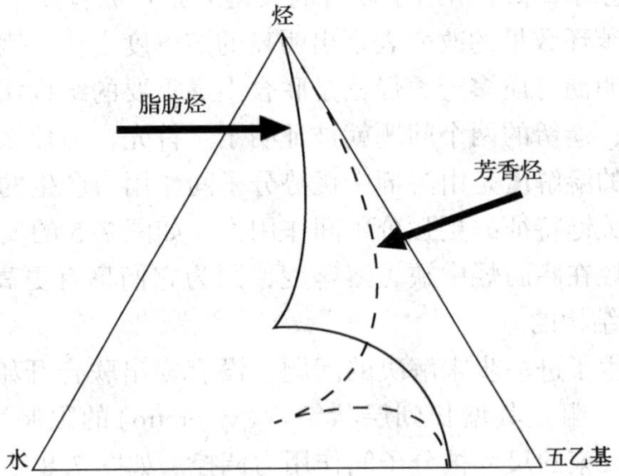

图 7.10　水在非离子表面活性剂稳定的反胶束中的溶解度主要依赖烃类结构。(—)环已烷，(—)苯

不像那种情况。未发表的计算证明，几个肥皂分子组合将按比例接受比一个肥皂分子更多的水，13 个水分子数仅能反映含有 1 个肥皂分子团体的稳定性。正如图 7.9 所描绘的，随着水连续团体数量的增加，形成胶束结构，反胶束。

非离子表面活性剂的反胶束表现出相似的行为，但是现在极性基团的微弱相互作用让这些相互作用对烃电子结构很敏感。图 7.10 展示了该特征的一个例子。水进入非离子表面活性剂的苯溶液的增溶作用的引发需要极高的表面活性剂浓度，大于质量的 50%。相反，环已烷是非极性化合物，增溶作用发生在很小的浓度。

该差异的原因是芳香烃和表面活性剂极性基团间的相互作用。这个惊人的强相互作用由 Christenson[28] 用 NMR 研究第一次发现的，之后被直接热量测定所证实[29]。正如 NMR 实验展示的[28]，直到表面活性剂分子在没有水存在时形成自联合，苯系统的增溶作用才开始。简单说，当极性基团已经开始聚集时，水分子首先被接受进入结构。另一方面，在环已烷系统中，在表面活性物质浓度在自联合之前，水的加入激发了联合。即使是在这种情况下，联合也是逐渐进行的，临界胶束浓度的表述不能确定。

7.4 原油中沥青质基团

已经介绍了非极性环境中新的联合结构[21]。这关系到原油中的一部分——沥青质。它们的存在明显增加了石油特性；在开发和炼油中带来了更多重大问题[30-32]。因此，近些年来它们的结构和性质被大力研究，本书中大量的参考文献就可以证明。

原油以及不同模型系统的特性强烈表明了有机介质中这些化合物的联合。这个联合通常被称作胶束化[33-35]，已经发表[36,37]的临界胶束浓度值覆盖很大范围。不同结果间的差异使这个现象值得进一步分析。

这个差异的原因涉及到沥青质真实分子量的测量问题[21]。这个问题出现在渗透压方法的使用上，其中仅仅用它们特性的差异就能够区分单体和联合结构。很多方法[21]被用来解决这个问题，现在认为沥青质分子量在700g/mol水平。

随着这一结果被接受，似乎可能在非极性溶剂中沥青质自联合的特征上取得进展。主要问题是联合结构和上升到这个现象的基本力。第二个问题是根据第一个问题解释这个矛盾。

本书中 Buckley 在他的章节中指出了联合的关键因素：沥青质溶解度较差。预期的特征是，多芳香烃原子核随苯环数量的改变表现出明显的溶解度变化。因此，例如萘和蒽在芳香烃溶液中溶解度差异表明沥青质多芳香烃核是联合中最重要的结构实体。

接受这个基本理论，遗留的两个问题就被证明了。首先，为什么沥青质的低溶解度不能导致相分离？其次，差的溶解度是由溶剂中优势分子间作用力产生的，如图 7.4 水中胶束的例子或者是增溶作用中关键特征的更强分子间作用力，如图 7.5 的反胶束的例子？之后会给出问题的答案。多核芳烃在脂肪烃中缺乏溶解度，因为它们享有更高的分子间作用力强度，烃中沥青质“胶束”是反结构的。

然而，这个结论产生了进一步未解决的问题。没有提出联合开始后限制其生长的因素。对于水中的“正常”胶束，阻止其增长到层状结构(videretro)的限制因素是极性基团间的斥力。另一方面，传统反胶束的尺寸被分子间作用力调控。如图 7.8 结果中阐述的，更多水分子的加入导致自由能差的最小化，胶束尺寸的限制现在是分子间作用力的问题了。

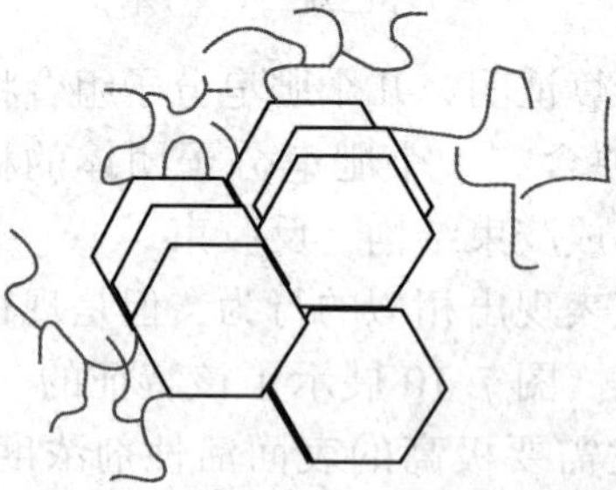

图 7.11 烃中沥青质分子交联结构的堆叠

显然这个观点不适用于甲苯中沥青质的联合，因为没有合理的机制给出分子间作用随着叠加相关结构的加入分子数量的增加而减小。

因此，合理的结论是甲苯中沥青质联合形成有趣的第三种情况。之前提到的，胶束生长的限制条件与水溶液中的情况不相似，因为联合的主要原因是分子间引力，与水溶液中的情况相反。

因此，最合理的结论是烃链的空间阻力限制了联合，正如最近被推导出来的[21]（图7.11）。

然而，接受这个结构和烃中沥青质联合机制产生明显的矛盾。简短的说，如果沥青质分子间作用力强于甲苯–沥青质相互作用力，那为什么沥青质加入后甲苯的界面张力会减少？石油的加入溶解了表面活性剂进入烃中，导致界面张力按预期增加。已经发表了关于沥青质中界面张力减少的文章。此外，引发联合的新结论显示即使联合过程已经开始，界面张力也会减小。

对于今天这些问题没有最终答案，但是以下的考虑也许对将来的工作有用。

首先界面张力和沥青质浓度曲线上观察到的裂点，事实上也许是人为的，因为沥青质分子的活性参数不是常数的事实。如果能得到沥青质的活性参数，曲线上的突然改变也许会消失，正如水中的醇分子的例子[10]。

因此，超过联合浓度的界面张力的减少也许实际上是自身联合的结果。这个特征已经在传统系统中被描述，命名为构象表面活性。石油系统中界面张力的减少以由于极性相互作用产生的构想改变为基础。加水到液体烃/表面活性剂溶液中不能导致界面张力的减少。然而，进一步加入水后，当反胶束的最大溶解水能力被超过时，形成层状液态晶体（图7.12）。这个结构明显有低的表面自由能，尽管它含有较多水的事实[22]。这一减少的原因是从反胶束到层状液态晶体的改变，参见图7.12，意味着表面活性剂分子的构象改变。代替各向同性的完全液体结构，到层状液晶的改变导致甲基基团优先暴露在表面上（图7.12）。一层甲基基团比一层亚甲基基团[38]有明显低的表面自由能，层状液晶比无序液体有更低的表面自由能。

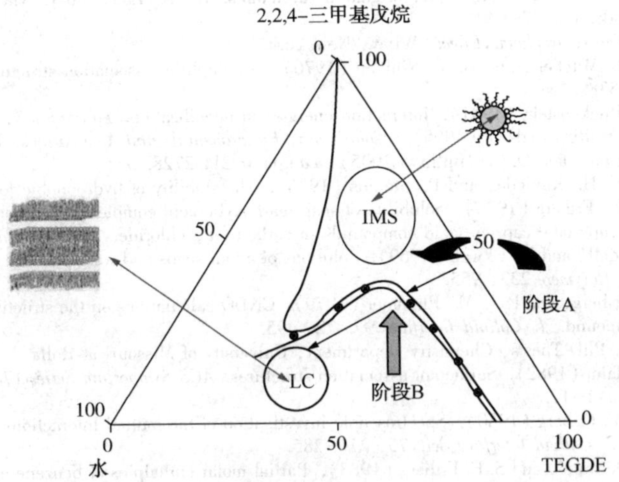

图7.12 加入水到烃/四乙二醇十二烷基醚（TEGDE）溶液形成反胶束（阶段A）。随着水量的增加，相变为层状液晶（阶段B）

这似乎是诱导将烃/沥青质系统减少的界面张力归因为一个类似的机制。沥青质分子的联合是由于多芳烃核间的较大的分子间力，显示了沥青质脂肪族基团以一种有序的方式排列，如图7.11所示，并创造了外围脂肪族基团的纳米结构，在芳香烃环境中有更低的界面张力。

7.5 结论

水溶液中胶束的形成被描述为改性相分离。水分子和表面活性剂烃链间相互作用能量的显著差异促进了完整的相分离。其极性基团间的斥力抵消成为联合结构增长的限制尺寸。

作为对比，油环境中的反胶束联合被表面活性剂的极性基团和水溶分子间的相互引力所决定。这种情况下，相分离可以通过反胶束球形结构中能容纳的最大水量来确定，或者，通过分子间相互作用的减少，减少表面活性剂的含量。

本章展示了非极性环境中沥青质联合不同于其他二类，新机制可用来认识联合体的结构和机制。

参 考 文 献

[1] McBain, J. W., M. E. Laing, and A. F. Titley (1919). *J. Chem. Soc.* 115, 1279.
[2] Ekwall, P. (1927). About the surface activity in solutions of sodium soaps of long chain fatty acids (Diss). *Acta Acad. Abo, Math. Phys.* 4, 1-83.
[3] Jones, E. (1927). *Phil. Mag.* 4, 841.
[4] Laughlin, R. G. (1994). *The Aqueous Phase Behavior of Surf*actants. Academic Press, New York.
[5] Lindman, B. and H. Wennerstroem (1980). Micelles aggregation in aqueous solutions. *Topics Curr. Chem.* 87, 1-84.
[6] Eicke, H.-F. (1980). Surfactants in nonpolar solvents. Aggregation and micellization. *Topics Curr. Chem.* 87, 85-146.
[7] Friberg, S. E. (2004). Hydrotropes-performance chemicals. *J. Dispersion Sci. Technol.* 25, 243.
[8] Kahlweit, M., G. Busse, and J. Jen (1991). Adsorption of amphiphiles at water air interfaces. *J. Phys. Chem.* 95, 5580-5586.
[9] Pemberton, R. C. and C. J. Mash (1978). *J. Chem. Thermodynamics* 10, 867-888.
[10] Strey, R., Y. Viisanen, M. Aratono, J. Kratohvil, Q. Yin, and S. E. Friberg (1999). On the necessity of using activities in the Gibbs equation. *J. Phys. Chem.* 103, 9112.
[11] Srinivas, V. and D. Balasubramanian (1998). *Langmuir* 14, 6658-6661.
[12] Mukerjee, P. (1974). On the experimental determination of cmc. *J. Pharm. Sci.* 63, 972-976.
[13] Mukerjee, P. and A. Y. S. Yang (1976). Experimental determination of cmc. *J. Phys. Chem.* 80, 1388-1394.
[14] Shinoda, K. (1980). Surfactant micellization. *Pure Appl. Chem.* 52, 1195.
[15] Coper, A. (1980). Thermodynamics of surfactant solutions. In: Th. F. Tadros (ed.), Surfactants. Academic Press, New York, pp. 19-52.
[16] Diamant, H. and D. Adelman (2004). Models of gemini surfactants. In: R. Zana and J. Xia (eds.), *Gemini Surfactants.* Marcel Dekker, New York, pp. 37-64.
[17] Tanford, C. (1973). *The Hydrophobic Effect.* Wiley, New York.
[18] Israelachvili, J. N., J. J. Mitchell, and B. N. Ninham (1976). Amphiphilic association structures. Shape factors. *J. C. S. Faraday II* 72, 1525-1538.
[19] Nagarajan, R. and E. Ruckenstein (1991). Interaction energies in micellization. *Langmuir* 7, 2944-2969.
[20] Sheu, E. Y. and O. C. Mullins (eds.) (1995). *Asphaltenes: Fundamentals and Applications.* Plenum, New York.
[21] Andreatta, G., N. Bostrom, and O. C. Mullins (2005). *Langmuir* 21, 2728.
[22] Friberg, S. E., I. Blute, H. Kunieda, and P. Stenius (1986). The stability of hydrophobic foams. *Langmuir* 2, 659.
[23] Soederlund, G. and S. E. Friberg (1970). Solubility of soap-carboxylic acid complexes in different solvents. I. IR and NMR investigations of sodium caprylate-caprylic acid compounds in carbon tetra chloride. *Z. Phys. Chem.* 70, 39.
[24] Friberg, S. E., L. Mandell, and P. Ekwall (1969). Solutions of alkali soaps and water in fatty acids. III. IR and NMR investigations. *Kolloid Z. Z. Polymere* 233, 955.
[25] Bendikson, B., S. E. Friberg, and P. L. M. Plummer (1979). CNDO calculations on the structure of a liquid sodiumcarboxylate-carboxylic acid compound. *J. Colloid Interface Sci.* 72, 495.
[26] Bendiksen, B. (1981). PhD Thesis, Chemistry Department, University of Missouri at Rolla.
[27] Friberg, S. E. and T. Flaim (1982). Surfactant association structures. *ACS Symposium Series* 177. American Chemical Society, Washington, DC, pp. 1-17.
[28] Christenson, H. and S. E. Friberg (1980). Spectroscopic investigation of the mutual interactions between nonionic surfactant, hydrocarbon and water. *J. Colloid Interface Sci.* 75, 276-285.
[29] Nakamura, M., G. L. Bertrand, and S. E. Friberg (1983). Partial molar enthalpies of benzene and water in tetraethylene glycol dodecyl ether-decane solutions. *J. Colloid Interface Sci.* 9, 516-524.
[30] Havre, T. E. and J. Sjoeblom (2003). *Colloids Surfaces* 228, 131-142.
[31] Djuve, J., X. Yang, I. J. Fjellanger, J. Sjoeblom, and E. Pelizzetti (2001). *Colloid Polym. Sci.* 279, 232-239.
[32] Auflem, I. H., T. I. Havre, and J. Sjoeblom (2002). *Colloid Poylm. Sci.* 280, 695-700.
[33] Mack, C. (1932). *J. Phys. Chem.* 36, 2901; Nellensteyn, F. J. (1933). *Proc. World Petroleum Congress* 2, 616.
[34] Pfeiffer, J. P. and R. N. J. Saal (1940). *J. Phys. Chem.* 44, 139.
[35] Andersen, S. I. and S. D. Christensen (2000). *Energy Fuels* 14, 38.
[36] Sheu, E. Y., M. M. De Tar, D. A. Storm, and S. J. DeCanio (1992). *Fuel* 71, 299.
[37] Andersen, S. I. and K. S. Birdi (1991). *J. Colloid. Interface Sci.* 142, 497.
[38] Zisman, W. (1964). Contact angles of Langmuir-Blodget monolayers. In: R. I. Gould (ed.), *Contact Angle, Wettability and Adhesion.* ACS Advances in Chemistry Series 42. American Chemical Society, Washington, DC, pp. 1-19.

(Stig E. Friberg)

第8章 使用HRTEM认识沥青质分子和聚合结构

8.1 简介

最近围绕沥青质分子量和分子结构认识的争议持续增温，这已经能够使我们得到对沥青质行为的认识。已经显示较大的环系统需要更多的烷基取代基以维持环重叠倾向和空间斥力的平衡。这里沥青质和芳香烃环系统的重叠和瓦解可用高分辨透射电子显微镜(HRTEM)研究。TEM成像与石油沥青质芳香环系统直径1nm和煤沥青质0.7nm的存在相一致。表明分子不同的沥青质显示的堆叠不变。溶解度数据表明这些堆叠不变本质上是由于沥青质的溶解度等级。

Francis Crick[1]说："如果你想了解功能，先研究结构。"然而，对于沥青质系统，通过实验的溶解度等级定义(如，溶于甲苯，不溶于正庚烷[2-5])而不是标准的化学结构定义，这使得沥青质物理和化学结构的测定更加困难。不同技术如NMR、IR、XANES、质谱、时间分辨荧光去极化光谱(TRFD)、X射线衍射(XRD)、拉曼光谱、高分辨率透射电子显微镜(HRTEM)，各种散射技术应用于研究沥青质分子的尺寸和纳米级排列。此外，TEM成像揭示了沥青质的分子结构信息。然而，20年来，由于沥青质分子量的巨大争议，Crick的忠告没有应用到沥青质科学中。关于这个争议的最近发现[6,7]证明了早期的质谱研究[8]，不断被各种技术支持[9-12]，Crick的建议已经被沥青质科学研究长期遵循。石油沥青质有相对低的分子量(750amu)，煤沥青质的更小(500amu)[6,7]。这些认识加上整体分子结构信息，导致严格的制约的沥青质结构的提出，从而允许建立结构功能关系。

^{13}CNMR显示，石油沥青质有约40%~50%的碳是芳香烃的[5,10]。一些煤沥青质显著不同，它们的碳有85%是芳香烃的。IR研究显示大于90%的氢被脂肪族基团取代[2-5]。特定沥青质化学特征对原油来源材料和沥青质提取的具体步骤有一定依赖性。煤和石油沥青质的明显差异对挖掘结构-功能关系十分有用。XANES(近边缘结构X射线吸收)和XPS(X射线光电子光谱)[13,14]研究显示硫存在于硫化物和噻吩基团，随着噻吩含量的增加伴随更大的成熟。烷基硫氧化物也存在[15]；对于那样强的偶极矩，芳香环的尺寸减少以维持溶解度[7]。就是说，烷基氧化物和稠环系统的分子中存在2个结合位点。硫氧化物基团的较大偶极矩需要减少稠环系统来保持总键能足够小以维持溶解度。氮XANES研究显示沥青质氮都是以吡咯氮为主导的芳香碳[16]。碳X射线拉曼光谱已经应用在沥青质的研究中[17,18]。这些新结果显示沥青质环系统倾向于被六重峰碳主导[17]，芳香环系统的排列与最稳定环系统的形式一致[19]。石油沥青质结构的最终类型与大量数据得到的一致，沥青质的整体形状"像你的手"。中心核区(手掌)由稠环芳香烃系统组成，外围是烷烃成分和可能的脂肪族取代基(手指)。

利用这个简单结构，已经表明本科化学原则与定义的沥青质溶解度一致，从而定义沥青质[10]。稠环系统由于范德华相互作用(和偶极相互作用等)有叠加的倾向，从而减小溶解度。周围的烷基取代基增加了空间相互作用因而增加溶解度。煤和石油沥青质的对比阐明了这些简单原则的应用方法。有烷基取代基的石油沥青质有较大的环系统，然而(一些)缺少有关烷基的煤沥青质仅拥有小的环系统[10]。就是说，大环系统需要烷基取代基以打破叠加，维持甲烷中的溶解度；小环系统仅有几个烷基取代基或它们能溶于正庚烷。因为煤来源的材料经常包含较少的烷基馏分，相比石油资源材料，对应煤的沥青质馏分仅含有小的稠环系统。当然，不溶于甲苯的整体煤有较大的稠环系统，因而不是沥青质。

对于认识纳米结构，HRTEM 一直是非常成功且理想的技术，由于它能在原子水平直接观察结构的独特特征[20-31]。HRTEM 对于其他衍射技术的优点是能避免平均影响的大范围。然而，HRTEM 得到的碳结构的直接成像被关注，一些问题也随之产生：例如，多芳香层的物理限制是什么，层的叠加怎样定义(定向角和内部层间的 2 层能被认为是叠加吗)？“单层”(如，非叠加层)和“晶粒”或者“统一域名”怎样被分辨？关于层的程度，边缘中断真的一直被认为是多芳香层的边界吗？回答可能是“是”，当环由氢终止时，如，在不连接分子的情况下。然而，在焦碳和沥青质的情况下，多芳香烃结构经常被烷基取代基终止。因而层是连续的，但或多或少被扭曲(平面外)，有单个取代基组成，不是平面表面。该层的一部分在布拉格角度外，在 HRTEM 图像中消失：然后边缘被打破，不再是层。HRTEM 成像分析程序的选择对给出这些问题的答案是非常重要的。

沥青质和其他含碳材料，已有 TEM 直接成像支持了这一观点，叠加破碎对沥青质是非常重要的事[32-34]。HRTEM 沥青质的广泛分析显示沥青质中缺少长范围的排序[32,33]。芳环系统易于成像，并且发现它们在通常仅包含有 2 ~3 个稠环系统的叠层中缔合。这些系统的尺寸在宽度上比 1nm 稍大，叠加高度约为 1nm[32,33]。石油沥青质的芳香烃组分的这个尺寸范围与由荧光去极化得到的总分子尺寸一致[6,7]。测定的环系统的间距比预期的石墨间距 3.35Å 稍大。如果某些含碳材料经历高温后，会发生石墨化。因为碳是耐火的，所需温度要超过 1500℃[32]。石墨化过程可以通过 HRTEM 监测，看到长范围的有序增长。在研究含碳材料，特别关于顺序上 HRTEM 已经表现为有力的工具[20-33]。

关于各种样品的叠加和叠加破碎的简单想法可用 HRTEM 测试[34]。这个方法提供了样品中分子顺序的直接成像，为沥青质叠加特性的重要性的建立提供了严格测试。煤和石油沥青质的 HRTEM 成像已经生成和分析。这些结果和之前利用各种技术工作的发现是一致的，说明分析结果可信。对比沥青质图像和包括烷基取代基和未取代的芳香烃其他模型化合物的图像。烷基取代基对长范围顺序影响的分析提供了沥青质特性中稠环叠加的重要性的直接支持。

8.2 HRTEM 理论和图像分析

8.2.1 HRTEM 基础

Millward 和 Jefferson[20] 详细讨论了晶格边缘图像的理论和历史。Oberlin[32] 给出了 TEM 应有的详细叙述，包括图像中的大量数据。TEM 的图像形成由电子光谱(EM)的三个基本原理决定[20]。

(1) 布拉格规则或衍射原则：符合布拉格条件的那些散射电子能形成衍射图形。

(2) EM 或单衍射的动力学理论：线传输理论，样品应该作为一个弱相位光栅。电子仅应该被衍射一次，两性物质中的衍射光束比直接光束小得多。成像平面的密度分布由相差函数确定。

(3) EM 或多切面方法的动态理论：薄样品根据 EM 的动力学理论被分为若干薄片。这个理论定义了样品的薄度限制。对于动力学理论的应用性，任何可靠的图像的厚度一定要小于 5nm。

图像分析中得到的大量数据的准确性取决于图像的可信度。因此，了解图像形成机制和成像的各种仪器和理论考虑是重要的。

在任何一个成像系统中都有 2 个基本过程要考虑：被测物体的入射辐射和光系统成像平面的散射辐射转移的相互作用。通常，石墨碳的电子的相互作用涉及多种散射(动态理论)，之后的电子光转移过程是重要的。然而，如果切片在电子束方向上足够薄(5nm 或者更小)，那么物体投射潜力的分布和图像强度分布的关系至少在线性传递理论(动力学理论)方面可以定性处理。用这个理论，散射波对成像平面的信息量的传递可以在物体投射潜力的 2 个连续傅里叶变换(FT)上被描述。透镜相差的作用是被合并入理论，通过乘以第一级的傅里叶变换(表示在物镜后焦平面散射波的振幅)，根据一个合适相对比传递函数。这个传递函数最重要的行为取决于球面相差系数和物镜焦点缺陷。

图 8.1 显示了由 TEM 得到的成像示意图。根据布拉格规则，来自样品 S 的散射光束在透镜的后焦平面 A 产生一个衍射图像。这个平面也被叫作 Abbe 图像，它对应物体的衍射图(指其中每束衍射光都带进焦点)。由于这个图非常短的电子波长被认为是相反空间的一部分平面。它代表物体的第一个傅里叶变换，其与 XRD 得到的衍射图像等价。图像 G 的每个点都显示了物体每个点的完美对应。Gaussian 平面(G)意味着，我们得到了第二个傅里叶变换，这给予了我们真实空间。因此，物镜作为傅里叶变换的函数以变换相反空间的衍射图像到真实空间图像。在 TEM 中，高斯平面下是投影仪的镜头，进一步放大高斯平面上形成的图像，并投影在荧光屏上。如果镜头是完美的，物体需考虑衍射光束的相位，其可能被入射或中心光束干涉，那么我们便能自动获取物体的原子结构。然而，没有镜头是完美的，比起近轴光线，对于向所述光轴倾斜的射线更易聚合。这个空间相差 C_s 不能被校正，导致相偏移。物镜焦长度的任何变化都引入与 $(2\theta)^2$ 成比例的相偏移。此外，每个衍射光束有偏射光的 $\pi/2$ 的相偏移。因此我们写出高斯平面上总的相差为：

$$\cos(\chi) = \cos\left(\frac{\pi}{2} - \frac{2\pi}{\lambda}C_s\frac{(2\theta)^4}{4} + \frac{2\pi}{\lambda}\Delta f\frac{(2\theta)^2}{2}\right) \tag{8.1}$$

如果所有 TEM 的其他镜头都聚焦在高斯平面的物镜上，我们能在明亮的显微镜下的荧光屏上看见物体放大后的图像。上述公式表明我们能用有限数量的衍射光补偿 C_s，因此如果 $\cos\chi = \pm 1$，就能直观解析原子结构。这可以通过选择合适的 Δf 的值得到。在碳样品中，衍射光束的数量能干扰的太小，不能用这个技术。因而，对于含碳材料，晶格成像技术被广泛应用。如果我们聚焦投影仪镜头在高斯平面上，在焦平面后放置一个足够大的光圈，让入射或中心光束和 hkl 衍射光束进入通过，我们将在高斯平面上得到一组明暗条纹的边缘。由于短电子波长，布拉格角非常小，因而，当近似平行于入射光束时 hkl 平面仅给出衍射光束。微晶度越低，干涉误差越大，衍射光束强度应该是散射且微弱的。对于碳样品，我们使用 002 衍射光束和入射光束间的干涉，因此我们看到了碳层边缘。如果使用极高的振幅，晶格

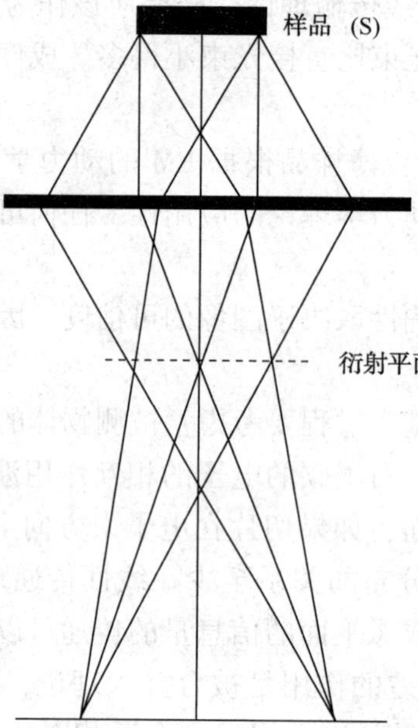

图 8.1　TEM 成像示意图

图像仅显示材料的一小部分，如果样品是不均匀的，那它是不可信的。另一个缺点是晶格边缘仅表示晶格平面的投射，因而，不论它们的第三维度和它们的形状如何，碳层出现暗条纹。如果某些类石墨层不能进行分组或者至少成对叠加，我们必须强调，它们不能通过这个技术被看到。

很多含碳材料包括平面芳香环结构，或多或少用非芳香烃官能团彼此堆叠连结在第三维度空间。在沥青质中，这些链接是非共价键。此外，芳香烃面或者周围取代基中杂原子的存在能在另外平面的芳香层上产生非平面。官能团和周围取代基的存在通过扭曲芳香层方向使芳香层彼此随机存在。芳香层的尺寸，杂原子和脂肪族基团的存在主要取决于 C/H 比，热处理历史和前体的性质。首先，必须要认识到衍射图像怎样通过随机方向的小芳环系统形成。图 8.2(A)显示了 2 个随机取向芳香层的 TEM 衍射图像。这些层仅仅产生从 10~11 平面的衍射斑点。当这些层彼此以一定距离取向，这与乱层碳的 d 间隔特征相同，002 衍射点将出现在 10 和 11，如图 8.2(B)所示。上述结果表明，不论层的取向是否是 d_{002}，10 和 11 反射面总存在。10 和 11 反射面给出芳香层的层尺寸或长度。在图像平面，10 和 11 衍射点将形成一个晶格边缘图像为一个线或点，分别以 0.241nm 和 0.121nm 的 d 空间，决定 TEM 分辨率。图 8.3 显示了由 TEM 图像解释的取向结果的影响。芳香层 B 和芳香层 C 属于同一分子，但是被脂肪族基团连结，扭曲了 2 个层的取向。通过 TEM 观察，不同分子的一部分层 A 和 B 出现堆叠层，它们满足 002 衍射条件，然而层 C 出现了单个层，因为它仅产生 10 和 11 衍射面。即使这是不可能的，在这里也必须强调，层 C 表现单层，由于样品厚度，多重衍射和其他随机取向层的存在，观察起来十分困难。然而，第一次近似，如果人们解释分子尺寸和边缘尺寸，结果将是错误的。分子由芳香层 B 和 C 组成，它们由脂肪族基团连结以使彼此改变方向。因为脂肪族不出现在边缘图像中，分子出现 2 个不同的边缘，仅显示芳香层尺寸，不显示分子尺寸。TEM 提供了关于投射边缘的定向程度和芳香层尺寸的信息。在假设芳香烃结构形状是简单几何后，如芘或六苯并苯系列，通常考虑作为第一次近似，边缘的长度作为芳香层的尺寸。然而，要记住，边缘长度是三维结构正交投影到屏幕上的二维信息。很多情况下边缘长度计算得到的芳香层尺寸也许不是这个层的真实尺寸。芳香层尺寸可能比边缘层长度得到的尺寸要大。因此，更通用的是用边缘长度作为层长度而不是层尺寸。此外，TEM 没有给出脂肪族基团的性质和特征信息。因此，仅通过 TEM 结果估计分子尺寸是不可能的。为了估计分子尺寸，关联从 TEM(芳香层尺寸和取向程度)，NMR(芳香烃和脂肪族基团的比例和性质)，质谱(分子量分布)和化学分析(C、H、N、O、S 馏分)中得到的信息是必须的。以上技术都不能单独使用提供一个含碳材料的分子和物理结构的分析。例如，Aso 等[30,31]利用 TPO(化学分析)技术，TEM 技术，和 XRD 结果来讨论加热的纯碳和无烟煤的分子尺寸、结构和结构变换。通过计算 TPO 分析得到的 C、H、N、O 馏分，和从 TEM 和 XRD 技术得到的层尺寸，他们估算了包括脂肪族基团的分子尺寸。他们发表了 TPO 方法得到的尺寸比 TEM 和 XRD 得到的分子尺寸大得多。TEM 和 XRD 的预期结果给出了仅一个芳香层的计算尺寸。他们建议，不同技术应该与 TEM 和 XRD 联合使用以认识碳结构。

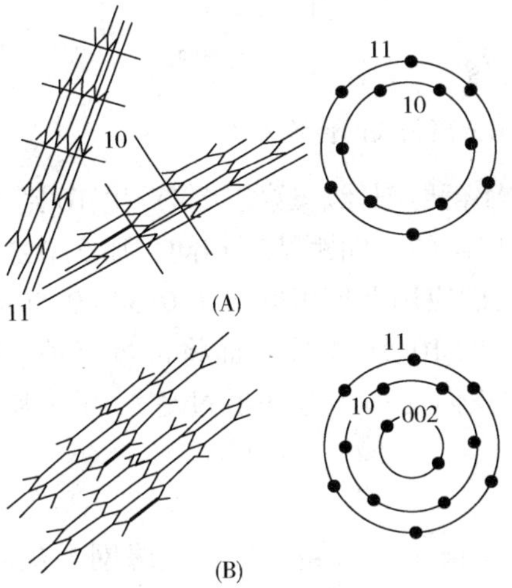

图 8.2　电子衍射图形成的模型，分别来自(A)2 个随机方向层和(B)在 d_{002}间隔的 2 个有序层

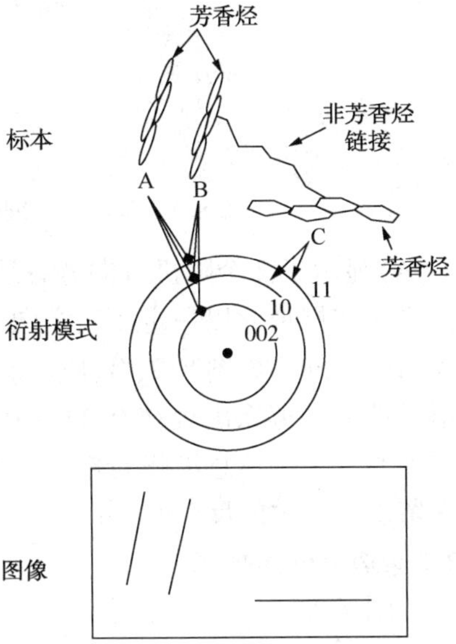

图 8.3　描述小芳香族-脂肪族结构系统条纹图像的模型

8.2.2　TEM 图像的定量信息

图像分析包括：(1)不失真的 TEM 显微照片的降噪过滤；(2)识别和重新连接在过滤步骤中被打破的未连结的边缘层以得到统计分析所需的提取图像；(3)统计分析来计算定量的结构参数。我们开发了新的过滤技术和图像分析计算机算法以得到下面几节中的结构参数。

8.2.2.1　成像过程

图像分析的第一步是 TEM 显微照片的数字化。然后数字化图像进入过滤程序。所有过滤程序必须使用原始图像的傅里叶变换的统一方法，通过反 FT 降噪，这是最重要的步骤。图 8.4 中对比了传统方法和我们的新方法。传统方法使用正方形过滤器得到落在方形过滤范围中的频域图像的频率，例如 FT 域在 0.3~0.50nm 范围内。我们使用的新过滤器是仅有最低限制的步过滤器，在我们的例子中 FT 域是 0.3nm。步过滤器相比方形过滤器的优点如下。

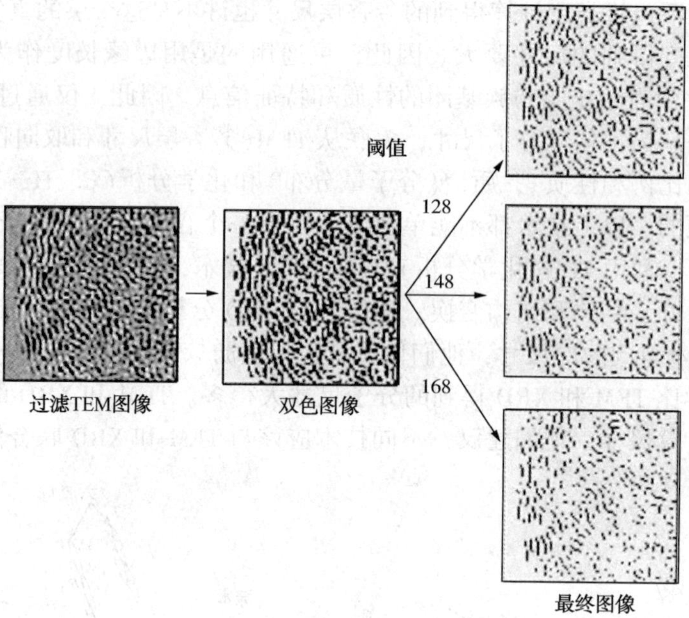

图 8.4　基于可变阈值标准来分离条纹的传统方法

图 8.2(A)显示了 2 个随机方向芳香层的 TEM 衍射图像。这些层仅产生 10 到 11 平面的衍射斑点。当这些层彼此以一定距离定向，与乱层碳的 d 间距特征相同，那么 002 衍射点也会出现在 10 到 11 外，如图 8.2(B)所示。如果人们应用在傅里叶域中 0.30~0.50nm 的频率宽度的方形过滤器，那么出现在 0.242~0.121nm 的 10 到 11 反射面将被过滤掉。结果，使用方形过滤器时，单层信息沿噪音缺失。然而，我们使用步过滤器过滤 0.3nm 和更低的频率，然后保留 10 到 11 的反射面。

8.2.2.2　边缘分离技术

过滤后的图像进行反傅里叶变换，显示出 Y 型或 T 型链路连接的边缘网。灰度 TEM 图像包括 1~256(或 0~255)的像素值，其中像素值 1 是白色，像素值 256 是黑色。如果人们想进行图像分析，这个灰色图像必须被转变成黑白 2 种颜色的图像。通过选在 1~256 间的一个像素值作为截断值或阈值(THV)完成。THV 意味着在图中所有小于 THV 的像素值变为 1 或白色，等于或大于 THV 的像素变为 255 或黑色。因此通过选择 THV，灰度图像被转换成黑白 2 种颜色的的图像，用于进一步的分析，然而，THV 的选择仍然是主观标准。通常，在没有任何限定的标准中，THV 通常取 128，另 1 和 256 的中间值作为默认值。传统方法使用各种阈值标准来分离晶格边缘。在这一事实中能被更好认识，可以从相同的过滤 TEM 图像中通过改变阈值得到不同提取图像。图 8.4 展示了从同一 TEM 图像，通过使用不同阈值为 128、148 和 168 得到的不同图像。这个过程中不仅缺失了小边缘层，也减少了大边缘层的层尺寸。因而即使都来自相同 TEM 图像，所有这些提取图像的统计分析也会给出不同的结构参数。

我们发明了一项新技术，不仅保留了小层也保留了大边缘层的完整大小，同时分离了边缘。通过不连接层的重新连接完成第一次分离边缘层。分离程序如图 8.5 所示。过滤灰度 TEM 图像[图 8.5(A)]第一次被转变为 2 种颜色的图像[图 8.5(D)]，选择 128 的阈值，边缘没有发生分离。然后这种颜色的图像被制成二进制图像以骨架化，如图 8.5(F)所示，能看见几个层的彼此连接。

下一步是这个骨架化二进制图像的复制[图 8.5(F)]，经历节点提取程序。图 8.5(G)显示了节点图像。图 8.5(F)和图 8.5(G)中的图像都是二进制的，可以用数学方法减去。图 8.5(H)是减去后的结果。图 8.5(H)显示所有边缘被分离。一旦边缘层被分离，我们就使用这些层的几何参数和去除点的位置重新连接断开的层。重新连接的图像为层识别和表征过程的最终图像。然而，应该提到和强调这点，重新连接相邻断开的边缘会导致连续层的增加，因而很遗憾地引入缺陷。

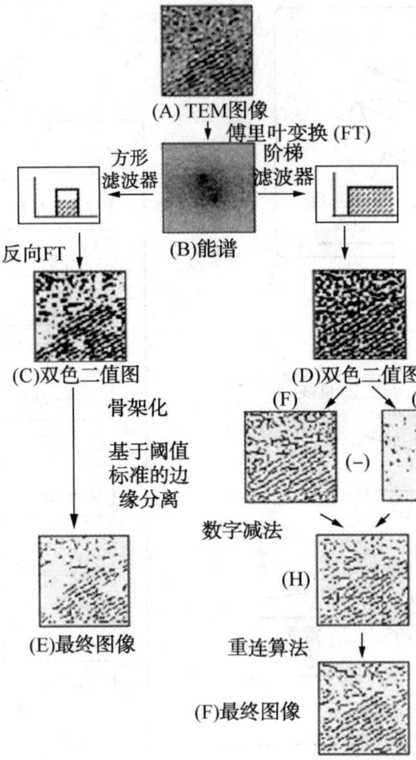

图 8.5　传统和新 HRTEM 方法成像过程的对比

8.2.2.3　图像分析：统计图像分析算法

提取后的图像显示边缘是黑线。这些边缘中一些是曲线形状。NIH 图像软件能够通过初次识别一层然后拟合一个椭圆给这一层来表征这些层。拟合椭圆长轴的中点被指定为 X，Y 坐标，长轴和 X 轴的倾斜角为该层的倾斜角。通过计算像素数，能得到层的真实长度。层总数(N_L)，倾斜角(θ)，XY 坐标轴(x，y)，拟合椭圆的长轴和短轴(r_x，r_y)和层长度(L)为统计分析的图像分析算法的输入数据。算法利用 4 个参数：长宽比、平行度、重叠视图参数和层间距来计算结构参数，如图 8.6 所示。

(1) 长宽比：长宽比被定义为拟合椭圆长轴和短轴的比例。这个参数定义了计算目的的边缘曲线限制。我们取 2 或更大的长宽比来考虑碳结构的组成。

(2) 平行度：这个参数确定层平行于参考层。一个层的倾斜角在±10°内被认为平行于参考层。如果满足这个标准，那么能得到这两个层间的垂直距离。

(3) 重叠视图参数：这个参数识别层能和参考层形成叠加。通过绘制参考层和所选层的

2 个边缘的垂线得到，或者可以使用这些垂线中的任意一条。

（4）层间距：这个参数识别那些垂直距离与典型乱层碳相近的层，如 0.344nm。我们选择那些层间距在 0.3~0.4nm 间的层用于计算。

图 8.7 所示是统计分析图像算法（SIAA）的流程图。资源编码为 FORTRAN 77。算法的证明通过使用相对简单的图像，对比根据算法人工得到的参数，从而证明成立；计算参数和那些人工得到的十分一致。使用这个算法和计算图像系统，可能分析很多图片以得到 TEM 图像的一般信息。这个方法已经应用到各种含碳材料的结构研究中，包括沥青质，来量化不同过程得到的变化，如热解、气化、热处理、焦化和石墨化。

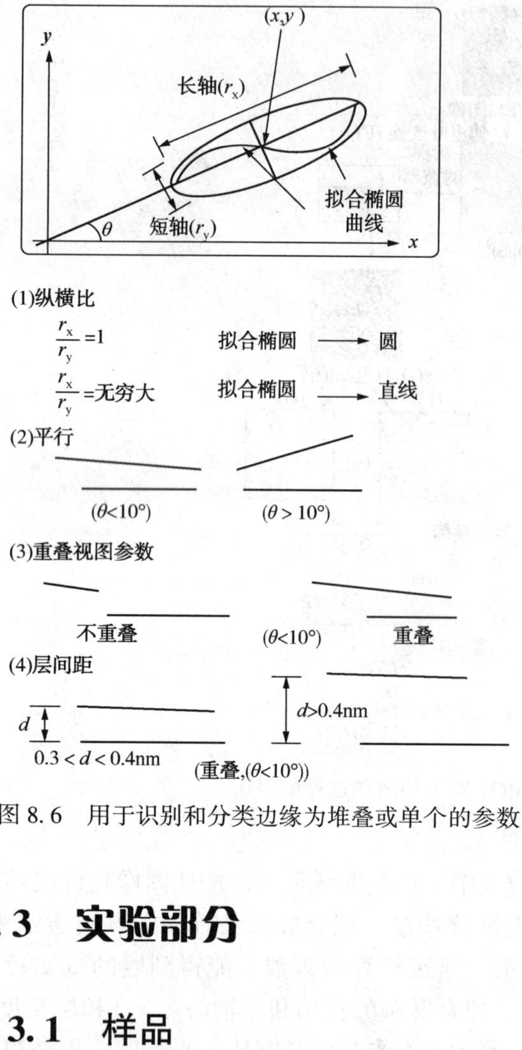

图 8.6　用于识别和分类边缘为堆叠或单个的参数

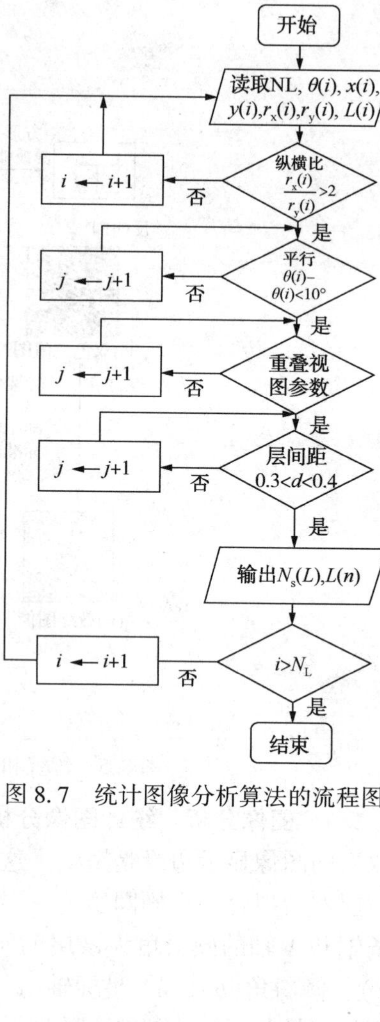

图 8.7　统计图像分析算法的流程图

8.3　实验部分

8.3.1　样品

石油沥青质样品：Ven20 来自 Venezuelan 原油（API 比重=10），UG8 来自 Kuwaiti 原油（API 比重=26），BG5 来自 Kuwaiti 原油（API 比重=29），按之前叙述的准备好[6]。加 40mL 正庚烷进 1g 原油中得到正庚烷沥青质。在 24h 后，过滤溶液，沉淀用热正庚烷洗涤。这些样品分别重新溶于甲苯且再沉淀，观察到这个额外的提纯步骤对我们的数据没有影响。

阿拉伯中重沥青质减压残渣从 Dr. Eric Sheu 那得到，分离为正庚烷沥青质。这个程序之前被描述过[4]。沥青煤样品是 Tanito Harum（TH）来自印度尼西亚。TH 煤样品从 M. Iino

教授那得到，为正己烷沥青质从 TH 煤的液化产品中得到。液化残渣先用吡啶萃取。吡啶溶液馏分被分离，再次溶解在甲苯中，就得到了正己烷沥青质[5]。

8.3.2 HRTEM 方法

HRTEM 边缘图像需要薄样品，大部分能传递电子光束。对无序结构，样品的厚度是产生误差的最大可能原因，因为要消除晶格边缘的叠加是十分困难的[24-32]。在现在的研究中，样品都是在乙醇中手工研磨成细粉末，喷洒在铜微电网上用于 TEM 观察。TEM 观察在 200kV 透射电子显微镜(JEOL，JEM-2010)下进行，每个样品不同点的几个图片可得到整体表观。透射电子显微镜装有抗污染物阱，计算机成像系统和元素分析的 EDS(能谱仪)。对于无序结构或小尺寸晶粒，一定要考虑 TEM 晶格图像的球形像差影响。现在的观察情况是，计算相传递函数为 $\lambda=0.00251$ nm(电子束波长)和 $C_S=0.5$ mm(球形像差参数)。传递函数用来得到平滑度的散焦位置，相比之下，保证了 0.3nm 或更高的层间距。在所有情况下，亚微米尺寸的颗粒第一次在中等程度上放大，且在光学薄层边缘上定位楔形颗粒。衍射图像和元素分离都得到了。然后许多那个区域被高度放大(×500 k)成像。TEM 图像经历图像分析得到半定量信息，如层间距 d，叠加分布和层尺寸分布。

8.4 结果和讨论

图 8.8(A～H)和图 8.9 分别展示了 4 种石油沥青质和煤沥青质的 TEM 和骨架化图像。在这些和之后的图像中，亮的区域对应电子透射，黑的是电子散射。正如之前所示[32]，芳香环系统已经被成像，看到黑色的线，然而烷基不能完全观察到。这些显微图片显示了一些位置顺序和长范围的无序，这与大量之前发表的内容一致[32,33]。这些图像阐明了环系统经常出现 2 或 3 个叠加在一起的情况。这些观察已经在含碳物质中重复观察到，小的叠加更倾向作为基本结构单元[32,33]。结构参数、叠加数量、平均层尺寸和 d 间距都通过这些图的图像分析得到，列在表 8.1 中。3 种石油沥青质和 TH 煤沥青质的每个叠加的平均层数基本相同，为 2.3，石油沥青的层间距也基本相同是 3.7Å。这个间距比石墨间距 3.35Å 略大，表明空间破裂影响间隔距离。比石墨更小的环系统也导致间距增加。石油沥青质的层尺寸比 TH 煤沥青质的大得多，前者为 1nm，后者为 0.7nm。这些结果支持之前的结论，沥青质结构由堆叠和空间位阻的相互作用决定[10]。煤沥青质的较小环系统与较小的烷基馏分一致。这里，我们看到不同沥青质有明显不同的分子尺寸和烷基含量，叠加参数(叠加中的分子数，层间距)几乎为常数。就是说，沥青质的不变定义特征不是分子尺寸或芳香烃和饱和烃的比例。沥青质的不变性是叠加倾向和叠加的空间位阻的平衡的相互作用。

事实上，沥青质通常表现出缺少长范围的排序，表明无序并不是所准备样品一些特点或者某些沥青质的特有性质。这是普遍发现。这里，我们检测了几种沥青质的一些样品，观察到芳香环系统的长度尺度，石油沥青质是 1nm，TH 煤沥青质是 0.7nm。煤沥青质的较小的环系统通过荧光光谱和荧光去极化光谱(FD)清晰地显示[7]。TRFD 从溶液的旋转相对时间得到了分子尺寸，相比 HRTEM 是非常不同的技术。UG8 沥青质的分子直径为 2.1nm，TH 煤沥青质是 1.1nm。TRFD 对于完整分子是十分敏感的，不仅仅是芳香环部分，也给出了某些较大的尺寸。此外，FD 结果对应水动力直径。两种不同方法的合理一致是非常令人鼓舞的，特别是石油和煤沥青质的相关尺寸。

为了检测烷烃对芳环叠加的影响，我们收集了几种由芳环系统组成的模型化合物的 HR-TEM 图像。这些结构在图 8.10 和图 8.11 中展示。图 8.11 展示了未取代的芳香烃化合物萘并[2，3-a]芘的 HRTEM 图像。长范围的排序和芳香环叠加是十分明显的。这个样品的整体曲率相当明显。HRTEM 需要样品非常薄以便得到电子束的小的扭曲，通常是几纳米。因此样品边缘的影响是十分重要的。在图 8.11 中，曲率也许和边缘影响相关，不存在于整体晶体中。尽管如此，我们目的的重要特征还是出现在这个样品的长范围顺序中。

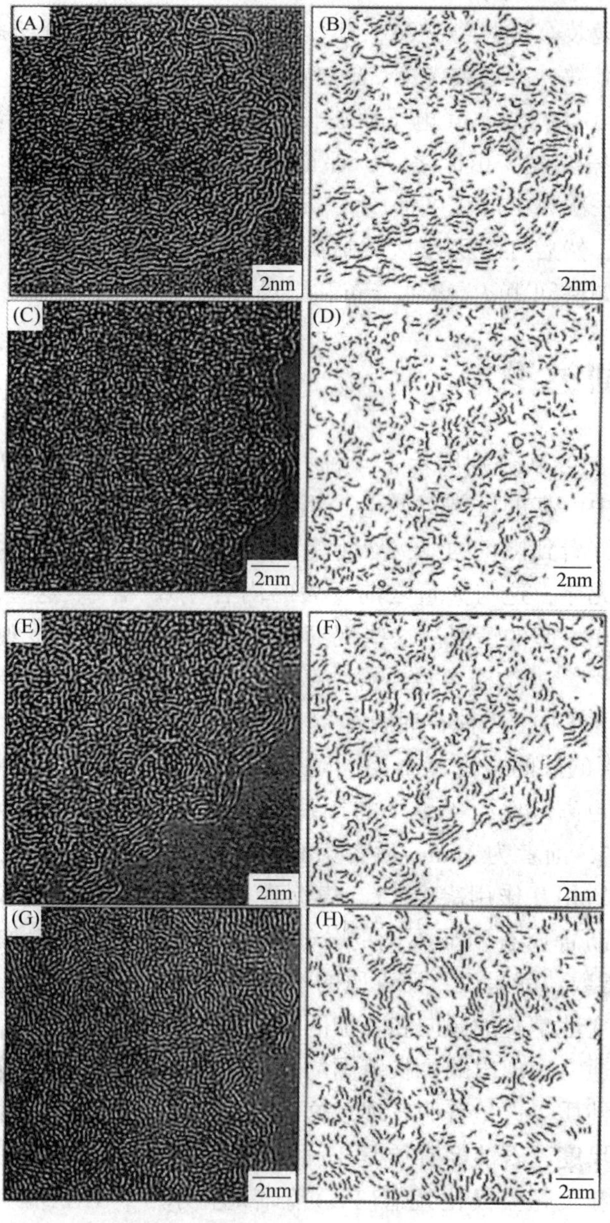

图 8.8　沥青质(A，B)BG5，(C，D)Ven50，(E，F)UG8，(G，H)Arab 残渣的 HRTEM 和骨架化图像

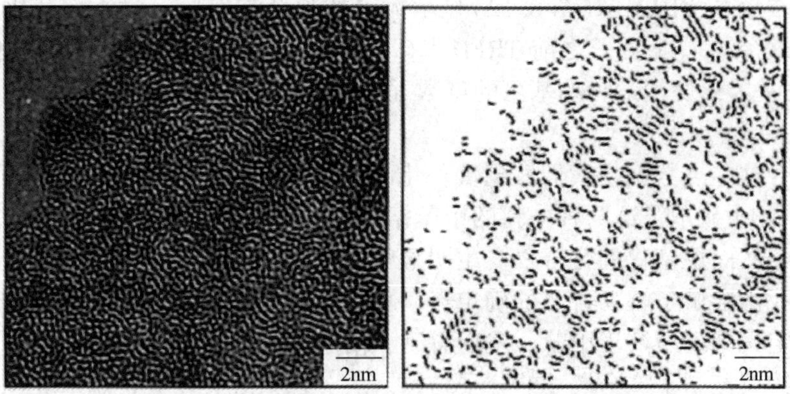

图 8.9 TH 煤沥青质的 HRTEM 和骨架化图像

表 8.1 沥青质的结构参数

样品	结构参数①		
	n	L/nm	d_{002}/nm
BG5	2.1	1.1	0.37
Ven20	2.2	1.0	0.36
UG8	2.3	1.0	0.38
Arab 树脂	2.4	1.0	0.37
TH 煤沥青质	2.3	0.7	0.37

①一个叠加中分子的平均数；L 是分子(边缘)长度；d_{002} 是一个叠加中的边缘间距。

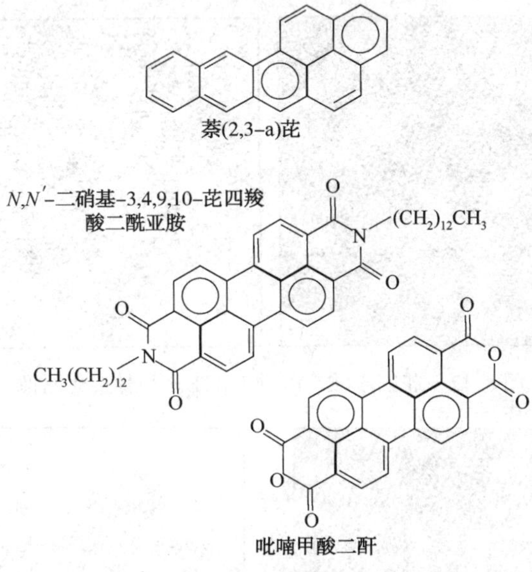

图 8.10 模型化合物的化学结构

之前的工作表明烷烃的存在打破了芳香环系统的叠加[10]。为了检测这个，我们使用 2 个相似的化合物，其中一个有长的烷基链，另一个没有。图 8.12 和图 8.13 分别显示了吡喃甲酸二酐和 N,N'-二硝基-3,4,9,10-苝四羧酸二酰亚胺的 HRTEM 图像。从排序角度看，这两种化合物的主要不同为是否存在 2 个正 C_{13} 碳链；图 8.10 展示了这两个化合物的结构。没有烷基链的芳香烃系统的图像(图 8.12)显示大量的长范围有序。对于烷基化的分子，这个顺序被打破。这个结果证明了之前 TRFD、^{13}C NMR 和 IR 结果，表明烷基取代基能打破叠加[10]。综合烷基苯，烷基萘和烷基蒽的点数据表明了同一件事。HRTEM 结果提供了这一打破的直观观察。

此外，综合这些点数据，我们发现烷基化的化合物在甲苯中的溶解度大于未取代的化合物 100 倍。图 8.14 显示了这两种染料的甲苯溶解的吸收光谱。未取代化合物在甲苯溶液中几乎检测不到，然而烷基化的化合物产生明显吸收。这两种化合物的吸收参数通过漫反射光谱对比。这是我们尝试了解沥青质的确定点。如果分子间作用力太强，那么分子不能溶解在甲苯中。由此定义沥青质溶于甲苯。我们看到，溶解度等级控制叠加行为，每个叠加中 2~3 个分子。这些约束控制了这个尺寸的分子结构。大芳环系统必要大量烷基取代；小环系统必要小烷基取代(或者它们能溶于正庚烷)。

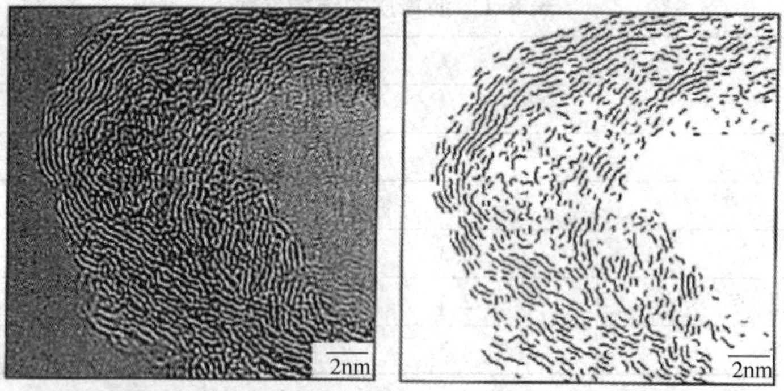

图 8.11　萘并[2,3-a]芘的 HRTEM 和骨架化图像

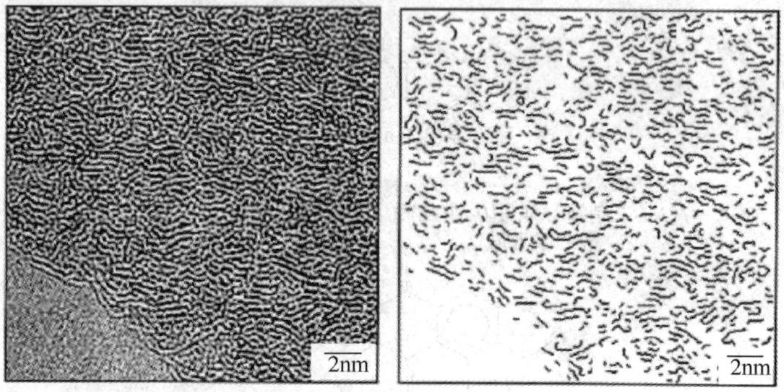

图 8.12　苝四羧酸二酐的 HRTEM 和骨架化图像

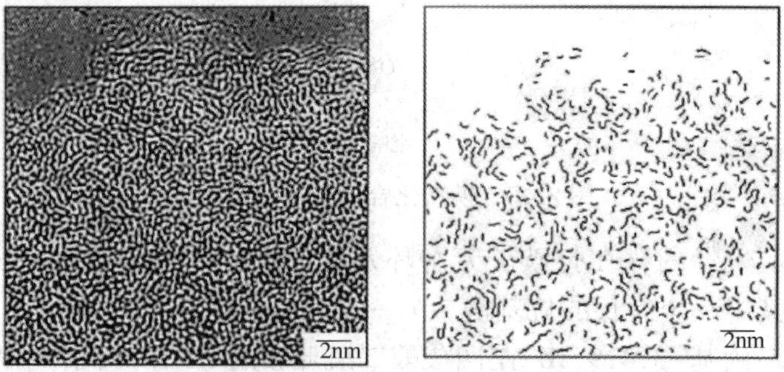

图 8.13　*N*，*N'*-二硝基-3,4,9,10-苝四羧酸二酰亚胺的 HRTEM 和骨架化图像

因为 HRTEM 测量非常薄的边缘，样品准备或其他的错误效果都能影响成像。例如，研磨程度或机械破碎对数据有显著影响。正如人们所猜待的，很容易得到错误的无序。尽管如此，我们检测的所有含有烷基取代基的样品显示无序图像。八乙基卟啉络合物就是一个例子，它被选择是因为它们的尺寸和 TH 煤沥青质相同[7]。TH 煤沥青质拥有非常小的烷基，一直显示无序，因此烷基取代的卟啉表现出无序也不奇怪。我们发现未取代的酞菁不显示有序，这是令人惊奇的。也许是边缘效应控制。2 个烷基取代基的酞菁没有表现出预期的排序。

显著结论是沥青质溶解度等级排除了明显的长范围排序。对于有典型烷烃的石油沥青质，长范围有序被烷基排除，甚至是平均 7 个环的相关大的环系统[7,19]。HRTEM 清晰地显示了石油沥青质芳香环系统直径是 1nm。这对应周环分子中约 7 个稠环系统。例如，蔻在平面中的直径只有 1nm。因此，沥青质环系统的 HRTEM 图像与很多其他测量方法相一致，包括 TRFD 和扫描隧道显微镜(STM)[35]。此外，HRTEM 发现煤沥青质的芳香环系统比石油沥青质 0.7nm 的更小。这也可以从这两种沥青质的荧光发射光谱的对比中得到。对于有非常小的烷基取代基的煤沥青质，长范围有序被排除，由于组成的环系统足够小，分子间键是较弱的。因为芳香环系统的范德华作用力是以环数量为尺度，煤沥青质仅含有小的环系统，平均 4 个环。当然，煤和石油沥青质都拥有环尺寸分布的明显宽度。尽管如此，结构和溶解度间的主导原则仍然被应用。含有长烷基链的石油沥青质可能在溶液或原油中的纳米聚合体中堆叠得更好。在固体中，烷基链倾向形成球形进一步扭曲叠加，然而在溶液或原油中形成石油沥青质纳米聚合体，烷基链更倾向扩张到连续烃(或甲苯)相从而去除一些空间相互作用，负责打破叠加。对于这些非常小烷基馏分的煤沥青质，这个影响十分小。

^{13}C NMR 显示的 TH 煤沥青质有非常小的饱和碳(15%)馏分，然而 BG5 有 60%饱和碳馏分。图 8.15 显示的 XRD 轮廓证明了这个结果。对于 BG5，一个被认为来自饱和碳较大的峰在 20°出现。TH 煤沥青质没有显示这个峰。这些 HRTEM 测量和 TRFD 测量[10]的环系统尺寸一致，且巩固了所有结论。

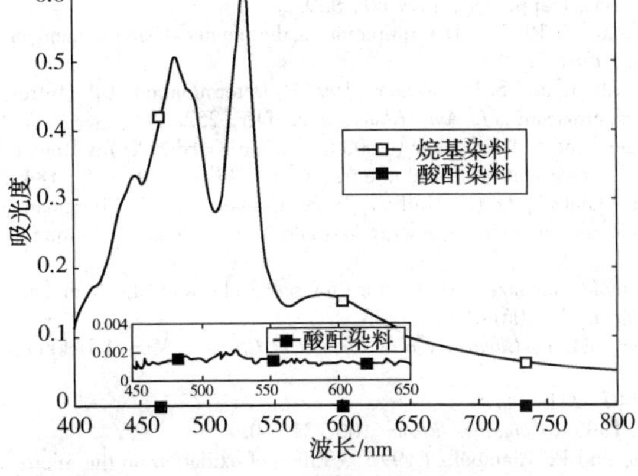

图 8.14　两种"芘"染料饱和溶液的光吸收光谱。烷基化染料易溶，未取代的染料在甲苯中几乎检测不到

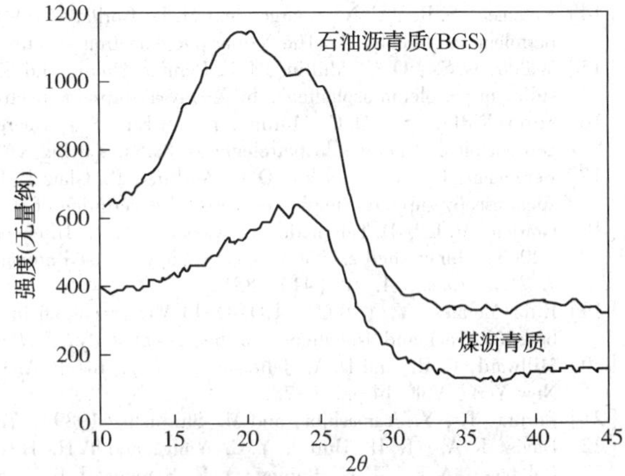

图 8.15　石油沥青质(BG5)和 TH 煤沥青质的 X 射线衍射轮廓

8.5 结论

HRTEM 的目前结果证实了这个想法，简单的化学原理控制沥青质的特性；空间斥力和 π 键叠加相竞争以建立沥青质分子特性。沥青质的溶解度等级需要在沥青质分子的叠加行为，分子间平均距离和叠加中平均分子数上准确不变性。反过来，不变性需要芳香环系统的分子间叠加和烷基产生的空间位阻效应平衡。为了达到这些不变性，较大的环系统需要较大的烷基链，较小的环系统需要较小的烷基链。联系简单化学原理和沥青质特性的能力依赖于 20 年来研究的溶解度，对沥青质分子量量级争议。此外，HRTEM 结果与石油沥青质中存在的稠环系统的 1nm 直径相一致。这些直观分子图和一些其他测量方法得到的结论一致。HRTEM 可用来提供沥青质分子结构和叠加行为的重要信息。此外，HRTEM 显示了已知简单原理的叠加不变性，证明不同沥青质中稠环芳烃系统的不同尺寸。这些结果为认识沥青质奠定了坚实基础。

参 考 文 献

[1] Crick, F. (1988). *What Mad Pursuit, a personal View of Scientific Discovery*, Basic Books, New York.

[2] Chilingarian, G. V. and T. F. Yen (eds.) (1978). *Bitumens, Asphalts, and Tar Sands.* Elsevier Scientific Publishing, New York.

[3] Bunger, J. W. and N. C. Li (eds.), (1984). *Chemistry of Asphaltenes.* American Chemical Society, Washington, DC.

[4] Sheu, E. Y. and O. C. Mullins (eds.) (1995). *Asphaltenes: Fundamentals and Applications.* Plenum, New York.

[5] Mullins, O. C. and E. Y. Sheu (eds.) (1998). *Structures and Dynamics of Asphaltenes.* Plenum, New York.

[6] Groenzin, H. and O. C. Mullins (1999). Asphaltene molecular size and structure, *J. Phys. Chem. A.* 103, 11237.

[7] Groenzin, H. and O. C. Mullins (2000). Molecular sizes of asphaltenes from different origin, *Energy Fuels* 14, 677.

[8] Boduszynski, M. M. (1988). Composition of heavy petroleums. 2. Molecular characterization, *Energy Fuels* 2, 597.

[9] Miller, J. T., R. B. Fisher, P. Thiyagarajan, R. E. Winans, and J. E. Hunt (1998). Subfractionation and characterization of mayan asphaltene, *Energy Fuels* 12, 1290.

[10] Buenrostro-Gonzalez, E., H. Groenzin, C. Lira-Galeana, and O. C. Mullins (2001). The overriding chemical principles that define asphaltenes, *Energy Fuels* 15, 972.

[11] Hortal, A. R., B. Martinez-Haya, M. D. Lobato, J. M. Pedrosa, and S. Lago (2006). On the determination of molecular weight distributions of asphaltenes and their aggregates in laser desorption ionization experiments, *J. Mass Spec.* 41, 960-968.

[12] Sheu, E. Y., M. M. De Tar, and D. A. Storm (1991). Rheological properties of vacuum residue fractions in organic solvents, *Fuel* 70, 1151.

[13] George, G. N. and M. L. Gorbaty (1989). Sulfur K-edge x-ray absorption spectroscopy of petroleum asphaltenes and model compounds, *J. Am. Chem. Soc.* 111, 3182.

[14] Kelemen, S. R., G. N. George, and M. L. Gorbaty (1990). Direct determination and quantification of sulphur forms in heavy petroleum and coals: 1. The X-ray photoelectron spectroscopy (XPS) approach, *Fuel* 69, 939.

[15] Waldo, G. S., O. C. Mullins, J. E. Penner-Hahn, and S. P. Cramer (1992). Determination of the chemical environment of sulfur in petroleum asphaltenes by X-ray absorption spectroscopy, *Fuel* 71, 53.

[16] Mitra-Kirtley, S., O. C. Mullins, J. van Elp, S. J. George, J. Chen, and S. P. Cramer (1993). Determination of the nitrogen chemical structures in petroleum asphaltenes using XANES spectroscopy, *J. Am. Chem. Soc.* 115, 252.

[17] Bergmann, U., H. Groenzin, O. C. Mullins, P. Glatzel, J. Fetzer, and S. P. Cramer (2003). Carbon K-edge X-ray Raman spectroscopy supports simple yet powerful description of aromatic hydrocarbons and asphaltenes, *Chem. Phys. Lett.* 369, 184.

[18] Gordon, M. L., D. Tulumello, G. Cooper, A. P. Hitchcock, P. Glatzel, O. C. Mullins, S. P. Cramer, and U. Bergmann (2003). Inner shell excitation spectroscopy of fused aromatic molecules by electron energy loss and X-ray Raman techniques, *J. Phys. Chem. A.* 107(41), 8512.

[19] Ruiz-Morales, Y. (2002). HOMO-LUMO gap as an index of molecular size and structure for polycyclic aromatic hydrocarbons (PAHs) and asphaltenes: a theoretical study, *J. Phys. Chem. A.* 106(46), 11283.

[20] Millward, G. R. and D. A. Jefferson (1978). In: P. A. Thrower (ed.), *Chemistry and Physics of Carbon.* Marcel Dekker, New York, Vol. 14 pp. 1-78.

[21] Furuta, T., Y. Yamashita, and M. Shiraishi (1989). *Tanso* 140, 241-247.

[22] Davis, K. A., R. H. Hurt N. Y. C. Yang, and T. H. Headley (1995). *Combust. Flame* 100, 31-40.

[23] Palotäas, äA. B., L. C. Rainey, A. F. Sarofim, J. B. V. Sande, and P. Ciambelli (1996). Effect of oxidation on the microstructure of carbon blacks, *Energy Fuels* 10, 254-259.

[24] Sharma, A., T. Kyotani, and A. Tomita (1999). A new quantitative approach for microstructural analysis of coal char using HRTEM images, *Fuel*, 78, 1203-1212.

[25] Sharma, A., T. Kyotani, and A. Tomita (2000). Comparison of structural parameters of PF carbon from XRD and HRTEM techniques, *Carbon* 38, 1977-1984.

[26] Sharma, A., T. Kyotani, and A. Tomita (2000). Direct observation of layered structure of coals by a transmission electron mi-

croscope, *Energy Fuels* 14, 515–516.
[27] Sharma, A., T. Kyotani, and A. Tomita (2000). Direct observation of raw coals in lattice fringe mode using high-resolution transmission electron microscopy, *Energy Fuels* 14, 1219–1225.
[28] Sharma, A., T. Kyotani, and A. Tomita (2001). Quantitative evaluation of structural transformations in raw coals on heat-treatment using HRTEM technique, *Fuel* 80, 1467–1473.
[29] Sharma, A., H. Kadooka, T. Kyotani, and A. Tomita (2002). Effect of microstructural changes on gasification reactivity of coal chars during Low temperature gasification, *Energy Fuels* 16, 54–61.
[30] Aso, H., K. Matsuoka, A. Sharma, and A. Tomita (2004). Evaluation of size of graphene sheet in anthracite by a temperature-programmed oxidation method, *Energy Fuels* 18, 1309–1314.
[31] Aso, H., K. Matsuoka, A. Sharma, and A. Tomita (2004). Structural analysis of PVC and PFA carbons prepared at 500–1000 813℃ based on elemental composition, XRD, and HRTEM, *Carbon* 42, 2963–2973.
[32] Oberlin, A. (1989). In: P. A. Thrower (ed.), *Chemistry and Physics of Carbon*. Marcel Dekker, New York, Vol. 22, p. 1.
[33] Oberlin, A., S. Bonnamy, and P. G. Rouxhet (1999). In: P. A. Thrower and L. R Radovic (eds.), *Chemistry and Physics of Carbon*. Marcel Dekker, New York, Vol. 26, p. 1.
[34] Sharma, A., H. Groenzin, O. C. Mullins, and A. Tomita (2002). Probing order in asphaltenes and aromatic ring systems by HRTEM, *Energy Fuels* 16(2), 490.
[35] Zajac, G. W., N. K. Sethi, and J. T. Joseph (1994). Molecular imaging of petroleum asphaltenes by scanning tunneling microscopy, *Scan. Micros.* 8, 463.

(Atul Sharma, Oliver C. Mullins)

第 9 章　沥青质聚合体的超声光谱

9.1　简介

高 Q 高分辨率超声光谱可用来检测沥青质溶液中聚合体的形成和标准表面活性剂的胶束形成。这种技术允许溶液中百万分之几声速的测定，聚集伴随着可压缩性的变化，使得该超声技术能够确定聚合体的浓度。可以检测临界胶束浓度（CMC）对于不同标准表面活性剂在 2 个幅度内变化使高 Q 的超声波成为一个敏感探针。甲苯中沥青质显示临界纳米聚合体浓度（CNAC）为 100mg/L，这比之前使用其他技术报道的浓度低得多。沥青质形成纳米聚合体的强烈倾向解释了为什么蒸气压渗透压测定法测得的沥青质"分子"量远远超过精确的沥青质分子量。这个发现与被限制的 Yen 模型一致，沥青质分子比平均分子量 750g/mol 相对较小。分子结构的这一限制确定了沥青质行为的关键动力，因而大大延伸了 Yen 模型。

Yen 模型由沥青质溶液聚合体的等级组成[1]。不同等级的聚合体对应不同能量的相互作用。不确定的是什么浓度对应什么聚合体。利用表面张力测量方法[2]和微量热技术[3]的报道显示主要聚合体或临界胶束浓度出现在甲苯沥青质的克每升的浓度上（甲苯中分散水的存在影响这一结果[4]）。这个浓度似乎十分高，问题是这些技术是否有足够的敏感度、有能力检测沥青质中的主要聚合体。关于聚合体和浓度的不确定性如此大，以至于对 Yen 模型本身产生怀疑。围绕沥青质分子量的争议加剧了这种情况，分子结构排除了追溯 Yen 聚合体回到分子间作用力第一原则的想法。

幸运的是，这种情况已经发生戏剧性的改变。我们通过加入被并入的约束条件来修改 Yen 模型。现在已经基本上认识 Yen 模型的基础结构单元——多分散沥青质分子。首先，沥青质分子量已经毫无疑问地建立。未处理原油沥青质分子量达成广泛一致，以 750g/mol 为中心，"FWHM"为 500 ~1000g/mol。在工程应用中，M. M. Boduszynski 使用离子场质谱（FIMS）最初得到这个结果[5]。一系列时间分辨荧光去极化研究（TRFD）得到这个结果，通过测定分子旋转扩散常数和这些扩散常数随波长的分散[6-9]。这些扩散常数研究和传统的利用光吸收检测由 Taylor 分散得到的扩散常数研究总体一致[10]。最近，使用 ESI-FT-ICR-MS（电喷雾离子化傅里叶变换离子回旋共振）[11]、APPI-MS（大气压光电离）[12]、APCI-MS（大气压化学电离）[13]的质谱研究都一致。唯一给出不一致结果的质谱技术涉及激光解吸，现在被认为其对许多人造物质敏感。

TRFD 也显示了主要分子间引力随多环芳烃（PAH）系统尺寸的增加而增加，随烷基取代基的增加而减少[6,9]。这些结果表明主要分子间引力是或多或少一个分子叠加中 π 电子的范德华作用力。像硫氧化物那样的极性基团对分子间相互作用有显著影响，但是硫氧化物经常出现在小浓度中[14]。最近沥青质中的 PAH 系统通过扫描隧道显微镜（STM）[15]和高分辨率透射电子显微镜（HRTEM）[16]成像。STM 直接成像单个沥青质发色团中的稠环，发现对于 PAH 环系统沥青质平均尺寸为 1nm[15]。HRTEM 测定未处理原油沥青质发色团尺寸为 1nm，且预计有 7 个稠环[16]。这个结果与旋转扩散的 TRFD 研究一致，对比已知发色团[6-9]。ESI-

FT-ICR-MS 研究显示沥青质中芳香烃环系统数量从 2 ~12 环变化，每分子平均数为 7 环[11]。给出了沥青质的低分子量，相对大的稠环系统，每分子有 1 或 2 个环系统。

沥青质的分子尺寸和分子等级能用于认识沥青质的主要聚合形式。HRTEM 研究了石墨层分离距离中 PAHs 的小叠加图像(如，每个叠加中 2 或 3 个分子)[16]。特别的，沥青质分子间引力和斥力是很小的范围，可能聚合体越大，空间位阻也增加，因而暗示存在主要聚合物的尺寸限制。当高能量 PAH 环系统有机会叠加时，图像出现了主要沥青质聚合体的结果。然后烷基取代基体积受限，避免叠加干扰。直到烷基取代基的空间斥力阻止了 PAH 环系统的进一步接近，外加高能量 PAH 表面是复杂化的。因为空间斥力是小范围的，预期是这个尺寸限制在小数目分子(5 ~10)处达到。高浓度的蒸气压渗透法(VPO)研究测定的的分子量范围通常存在误差。

这些动态预期构成了现在被研究的认识的沥青质分子结构。首先，主要沥青质聚合体应该在相对低浓度中，由于大 PAH 系统叠加的相对高的键能。第二，纳米聚合体的生长很大程度上应该停止，由于随聚合体尺寸增加，增加了 PAH 系统的接近限制。可以发现对这些纳米聚集体的尺寸的明显限制。纳米聚合体聚集物的形成应该是低得多的能量，因为高能量的相互作用在主要聚合体过程中被消耗。因而聚集形式直到高浓度才出现。问题仍然是，什么技术能提供足够灵敏度以检测主要沥青质聚合体?

高 Q 高分辨率的超声光谱是检测胶束形成的最直观最灵敏的方法之一。声速是整体的直接探针，因此对表面问题不敏感，人们很容易排除测量中的暂态。高 Q 超声光谱已经成功应用到监测溶液中相变化的多种类型。这里，高 Q 超声测量方法在包含标准表面活性剂的水溶液和甲苯溶液中进行，对比已知的可能的值来证明这个方法。给出胶束相平衡的控制方程，这里所有呈现的数据在这个框架内解释。使用的表面活性剂包括 SDS 溶于水，C_{16}TAB 溶于水，Tween80 溶于水，并且分别溶于甲苯以及 Brij35 溶于甲苯。通过超声光谱测定的 CMC 被显示与已知表面活性剂的 CMCs 的范围一致。特别地，使用高 Q 超声测量小 CMC 的表面活性剂毫无困难。我们用这些超声方法来研究几个沥青质-甲苯系统直到每升几克的浓度。此外，对于密度测量，超声结果提供单体和胶束压缩系数的直接测量。对于所有的这些溶液，密度作为溶液中纳米聚合体或胶束压缩系数的测量，在某些情况下，是溶液中单体的压缩系数。强调标准表面活性剂和沥青质间的对比。

9.2 超声光谱

光谱这个词经常和电磁波有关。具体的技术如 UV、IR 和可视光谱、荧光、光散射等等能很好地建成并广泛使用。声波也被应用到流体和材料分析中。超声光谱利用高频率声波，其频谱范围在 20kHz 到几 GHz，以检测材料的不同性质。

超声光谱允许小样品的快速无损分析，在我们的例子中，1 ~2mL。应用的超声波形变振幅极其小以确保不损伤样品。此外，超声波可以在大多数材料中传播，包括不透光材料。

超声波的传播通过速度和衰减表征。高 Q 超声光谱仪给出了一系列共振的频率和带宽。从这些数据中，可以得到声速和衰减。如果在滴定过程中发生相变，超声的速度和衰减将反应这个改变。像沉积、聚合和胶束化的改变都能用这个技术检测到。

9.2.1 超声共振

过去的几十年中发展了很多不同的超声方法。例如，通过一个样品的超声波脉冲的飞行时间可以给出对应衰减的速度和减少振幅。亥姆霍兹共振器技术和圆柱形共振器技术也被应用[17]。在我们的工作中使用平面波共振技术。共振腔是一个平行于共振器的平面(图 9.1)。

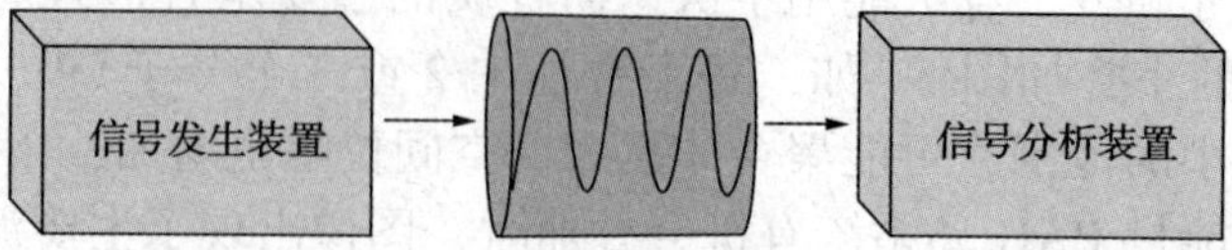

图 9.1　超声共振单元。超声波是可压缩的，因此是纵向的

腔体有两个超声波换能器，一个发射一个接收。超声波发射到单元，受到阻抗界面处反射面的干扰(如单元-流体界面)。在超声单元中，确定频率对应整数倍半波长时，发生透射共振。在共振中，第二换能器的测量振幅大大增加。共振技术在某让人感兴趣的溶液填充单元内的固有频率上建立驻波。

共振技术有较小的信噪比问题，相比脉冲回波技术，因为其信号较持久。共振技术也能更精确，因为它能较容易地非常精确地测量频率，即使持续较长时间，并且在秒的量级上测量声速。使用较慢的测量方法能导致材料在较短时间尺度上发生变化。因为这里的样品在实验时间内不变(大多数情况下是 5~30min)，这个问题不是重要的不便之处。

9.2.2　平面波传播

在液体中，线性超声波通常产生纵向变形，在线性情况下，这些波可以用其速度和衰减来表征。连续超声波实验得到的基本量是超声波衰减和超声速度。衰减是由超声波压缩和稀薄化过程中能量损耗决定的，包括吸收和散射的贡献。密度 ρ 和介质的弹性 E 决定超声波速度 u：

$$u = \sqrt{\frac{E}{\rho}} \tag{9.1}$$

弹性 E 等于液体的体积弹性模量和固体的杨氏模量。E 对介质中分子间作用和分子排列极其敏感，对温度十分敏感。

平面波传播的理想一维单共振已对应这里使用的共振仪单元。这种情况下，衍射和耦合共振可以忽视。之后将展示，这些假设仅在特定频率范围内正确，在其他频率范围中内其他声波模型的耦合不能被忽视。在理想状况下，由于超声波在液体中沿 z 方向传播，形变振幅为

$$A = A_0 \exp(-\alpha z) \cos\left(\frac{2\pi z f}{u} - 2\pi f t\right) \tag{9.2}$$

式中　α——波的衰减；

f——频率；

u——波的速度；

A_0——形变振幅；

l_s——溶液中的路径。

对于共振，f_n 是第 n 次纵向共振的频率，为

$$f_n = \frac{nu}{2l_s} \tag{9.3}$$

因为 l_s 是常数，我们能推导频率和速度间相关变化的关系

$$\frac{\delta u}{u} = \frac{\delta f_n}{f_n} \tag{9.4}$$

每个驻波共振都由共振频率 f_n 和质量因子表征

$$Q = \frac{f_n}{\Delta f_n} \tag{9.5}$$

式中　Δf_n——最大全宽除以 $\sqrt{2}$ 。

峰数可以通过 2 个相邻模式的频率测定

$$\frac{f_{n+1} - f_n}{f_n} = \frac{1}{n} \tag{9.6}$$

9.2.3　实验部分

超声测量通过 Ultrasonic Scientific Ltd 的 HRUS 102 高分辨超声光谱仪进行。声速可以通过共振技术测定，频率在 2~20mHz 范围内。本实验使用 5mHz；光谱仪能够测量 5 个部分为 10^6 的声速。测量通过 2 个体积为 1~2mL 的相同单元得到，一个填充实验溶液，另一个填充溶剂(水或甲苯)。两个单元被安装在同一个块中，并恒温 25℃±0.1℃，能够测量超声速度的微小差异[19]。每个单元是一个共振腔，腔壁是一个玻璃容器，2 个铌酸锂晶体变换器被安装在单元的 2 个相对侧；一个变换器被用作信号源，另一个是接受器[19](图 9.1)。

决定测量分辨率的 2 个主要因素：共振质量(包括大质量因子 Q 和不存在共振峰卫星)和共振稳定性。第一个因素需要单元平行排列和铌酸锂晶体变换器质量的高精度。为了强化干扰，需要在边界处设置高阻抗对比[19]。

频率的测量可以达到非常高的精度[20]。在滴定中，使用式(9.4)进行频率到声速的转变。图 9.2 是典型的水的超声光谱，图 9.3 展示了我们研究的频率范围内几个尖锐的超声共振。图 9.4 和图 9.5 显示了对比的甲苯光谱。在这些图中，所示的输出信号的振幅作为声信号频率的函数。此外的狭窄声信号单位共振，图 9.2 和图 9.4 显示广泛的共振(如在 4MHz、7MHz、10MHz)与单元玻璃壁的超声共振和换能器有关。我们所有的实验都避开了这些光谱区域。蒸馏水 25℃，声速是 u_0 = 1496.7m/s，分辨率为 0.0075/m。甲苯 25℃，声速 u_0 = 1307.1m/s，分辨率为 0.0065 m/s。

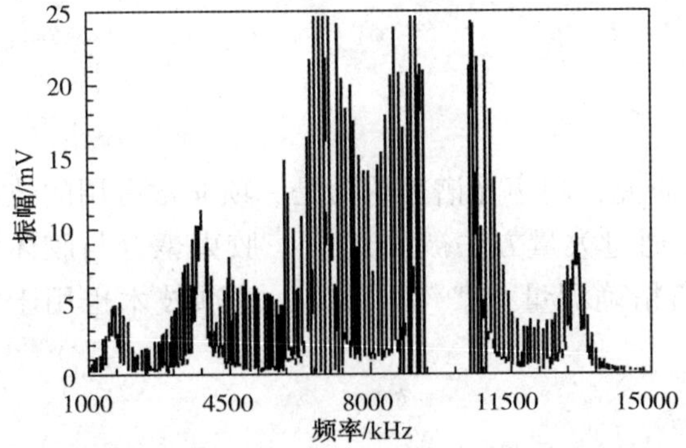

图 9.2　25℃水的超声光谱表现出声学单元谐振

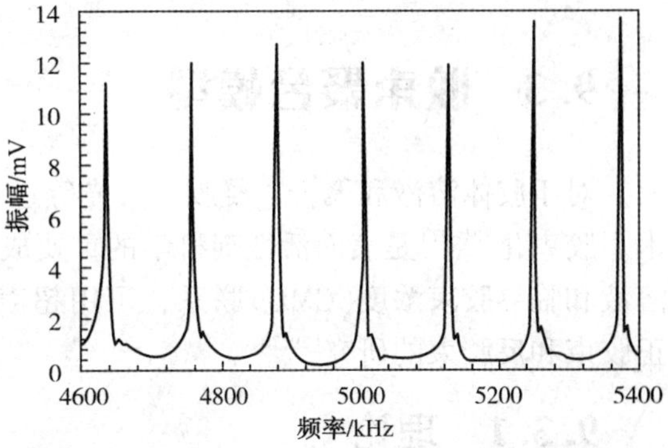

图 9.3　25℃水的超声光谱中的几个声学单元谐振

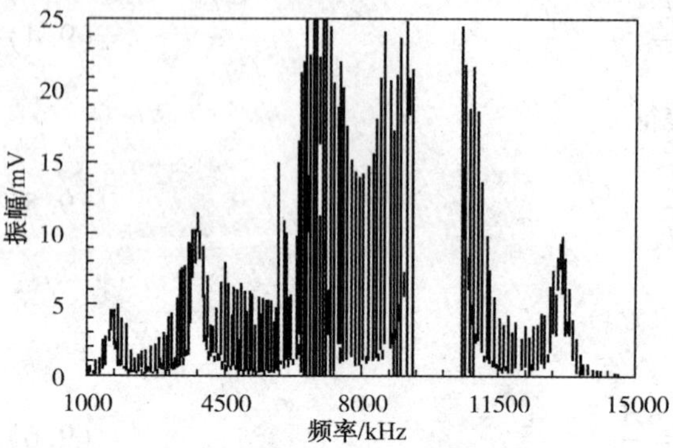

图 9.4　25℃甲苯的超声光谱表现出声学单元谐振

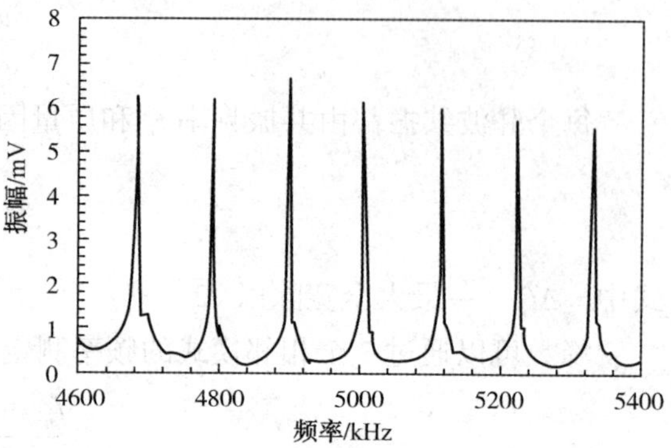

图 9.5　25℃甲苯的超声光谱中的几个声学单元谐振

9.2.4　流体的压缩系数和超声速度

等熵压缩系数 κ_s 被定义为：

$$\kappa_S = -\frac{1}{V}\left(\frac{\partial V}{\partial P}\right)_S \tag{9.7}$$

式中　V——体积；

P——压力。

如果考虑系统的质量守恒

$$\kappa_S = \frac{1}{\rho}\left(\frac{\partial \rho}{\partial P}\right)_S \tag{9.8}$$

式中　ρ——液体密度。

在某一液体中，声速与密度和绝热的压缩系数有关：

$$u^2 = \frac{1}{\rho \kappa_S} \tag{9.9}$$

对于超声光谱，使用绝热压缩系数，因为超声波的压缩和解压缩的热损耗太快。溶液密度和超声速度的测量允许得到溶液的压缩系数；因而，这两个不同的实验(测量密度和测量超声速度)经常一起进行[20-26]。密度本质上是积分量，对于聚合体的变化不敏感。压缩系数是差量，因而对聚合体的变化敏感得多。超声速度的测量需要灵敏的探针，主要由于超声速度取决于压缩系数。

9.3　胶束聚合模型

对于胶体溶液和聚合、凝胶、荧光等过程的研究，超声光谱被认为是一项非常有用的技术。胶束化[21-27]是表面活性剂科学的重要成分，通过大量方法被研究[28]。胶束聚合与胶体溶液和临界胶束浓度(CMC)联系，可用超声光谱精确测量[21-26,29]。此外，这项技术也用于正胶束和反胶束的研究[29,30]。

9.3.1　理论

已发展了不同热力学模型来研究胶束系统，胶束过程被认为是质量行为规则描述的化学平衡或相平衡[31]。

对于稀表面活性剂溶液，超声速度和溶液的密度可表达为表面活性剂浓度的函数[21]。通常，溶液中的表面活性剂分子以单体和胶束形式存在。这里我们遵循 Zielinski 等[21]给出的处理方法。考虑体积 V，如果溶剂 w_0克，表面活性剂 w 克，单体形式的表面活性剂 w_1克，胶束形式的克表面活性剂 w_m，

$$w = w_1 + w_m \tag{9.10}$$

对于体积为 V 的溶液，如果溶剂的比容为 ν_0，$\widetilde{\nu_1} = \partial V/\partial w_1$ 是单体形式的表观比容，$\widetilde{\nu_m} = \partial V/\partial w_m$ 是胶束形式的表观比容，然后

$$V = w_0\nu_0 + w_1\tilde{\nu}_1 + w_m\tilde{\nu}_m \tag{9.11}$$

表面活性剂溶液的质量等于

$$\rho V = w_0 + w_1 + w_m \tag{9.12}$$

溶液的密度 ρ 是

$$\rho = \rho_0 + (1 - \tilde{\nu}_1\rho_0)c_1 + (1 - \tilde{\nu}_m\rho_0)c_m \tag{9.13}$$

式中 ρ_0——溶剂的密度($\rho_0 = 1/v_0$)；

c_1——单体形式表面活性剂的质量浓度；

c_m——胶束形式的表面活性剂的质量浓度；

c——表面活性剂的总质量浓度 $c=c_1+c_m$。

如果假设的相平衡模型在这里被证明[23]，那么

对于 $c < cmc$，$c_1 = c$，$c_m = 0$

对于 $c > cmc$，$c_1 = cmc$，$c_m = c - cmc$

式中 c——溶液的质量浓度；

cmc——临界胶束浓度(CMC)的数值；就是说在 CMC，$c_m = 0$，但是表面活性剂浓度的任何新的增加都对应胶束浓度 c_m的增加。

对于 $c<cmc$

$$\rho = \rho_0 + (1 - \tilde{\nu}_1\rho_0)c_1 \tag{9.14}$$

对于 $c>cmc$

$$\rho = \rho_0 + (\tilde{\nu}_m - \tilde{\nu}_1)\rho_0 cmc + (1 - \tilde{\nu}_m\rho_0)c \tag{9.15}$$

为了得到溶液的绝热压缩常数 κ_S(溶液表面活性剂浓度的函数)，密度在恒定熵下相对于压力 P 微分；

$$\kappa_S = \frac{1}{\rho}\left(\frac{\partial\rho}{\partial P}\right)_S \tag{9.16}$$

微分式(9.13)：

$$\left(\frac{\partial\rho}{\partial P}\right)_S = \left(\frac{\partial\rho_0}{\partial P}\right)_S + \left(\frac{\partial(1-\tilde{\nu}_1\rho_0)}{\partial P}\right)_S c_1 + (1-\tilde{\nu}_1\rho_0)\left(\frac{\partial c_1}{\partial P}\right)_S + \left(\frac{\partial(1-\tilde{\nu}_m\rho_0)}{\partial P}\right)_S c_m + (1-\tilde{\nu}_m\rho_0)\left(\frac{\partial c_m}{\partial P}\right)_S \tag{9.17}$$

假设单体浓度 c_1和胶束浓度 c_m随着仅由溶液体积改变的压力变化而改变，如下：

$$\left(\frac{\partial c_1}{\partial P}\right)_S = c_1\kappa \tag{9.18}$$

$$\left(\frac{\partial c_m}{\partial P}\right)_S = c_m\kappa \tag{9.19}$$

溶剂的绝热压缩系数被定义为

$$\kappa_0 = \frac{1}{\rho_0}\left(\frac{\partial \rho_0}{\partial P}\right)_S \tag{9.20}$$

单体形式表面活性剂的表观绝热压缩系数被定义为

$$\tilde{\kappa}_1 = -\frac{1}{\tilde{\nu}_1}\left(\frac{\partial \tilde{\nu}_1}{\partial P}\right)_S \tag{9.21}$$

以及胶束形式表面活性剂的表观绝热压缩系数被定义为

$$\tilde{\kappa}_m = -\frac{1}{\tilde{\nu}_m}\left(\frac{\partial \tilde{\nu}_m}{\partial P}\right)_S \tag{9.22}$$

考虑式(9.17)和之前的定义：

$$\begin{aligned}\rho_\kappa = {} & \rho_0\kappa_0 + \kappa[(1-\tilde{\nu}_1\rho_0)c_1 + (1-\tilde{\nu}_m\rho_0)c_m] \\ & + \rho_0 c_1\tilde{\nu}_1(\tilde{\kappa}_1 - \tilde{\kappa}_0) + \rho_0 c_m\tilde{\nu}_m(\tilde{\kappa}_m - \tilde{\kappa}_0)\end{aligned} \tag{9.23}$$

其中 κ 是溶液的等熵压缩系数。

从式(9.13)和式(9.23)得到：

$$\kappa = \kappa_0 + (\tilde{\kappa}_1 - \tilde{\kappa}_0)\tilde{\nu}_1 c_1 + (\tilde{\kappa}_m - \tilde{\kappa}_0)\tilde{\nu}_m c_m \tag{9.24}$$

式(9.9)联系液体超声速度和密度以及绝热压缩系数。对于稀溶液($c_1 \ll 1$，$c_m \ll 1$)：

$$u = u_0 + \frac{u_0}{2}\left[\tilde{\nu}_1\left(2-\frac{\tilde{\kappa}_1}{\kappa_0}\right) - \nu_0\right]c_1 + \frac{u_0}{2}\left[\tilde{\nu}_m\left(2-\frac{\tilde{\kappa}_m}{\kappa_0}\right) - \nu_0\right]c_m \tag{9.25}$$

对于 $c<cmc$，

$$u = u_0 + \frac{u_0}{2}\left[\tilde{\nu}_1\left(2-\frac{\tilde{\kappa}_1}{\kappa_0}\right) - \nu_0\right]c_1 \tag{9.26}$$

对于 $c>cmc$，

$$u = u_0 + \frac{u_0}{2}\left[\tilde{\nu}_1\left(2-\frac{\tilde{\kappa}_1}{\kappa_0}\right) - \tilde{\nu}_m\left(2-\frac{\tilde{\kappa}_m}{\kappa_0}\right)\right]c_1 + \frac{u_0}{2}\left[\tilde{\nu}_m\left(2-\frac{\tilde{\kappa}_m}{\kappa_0}\right) - \nu_0\right]c_m \tag{9.27}$$

式(9.26)和式(9.27)显示，超声速度可以通过超声速度和浓度图的2条直线建模；一条线段在CMC下，另一条在上面[21-23,28]。单体形式和胶束形式的表观压缩系数可以从超声速度和质量密度的测量中推测出[21-23,28,31,32]。

9.3.2 表面活性剂的实验结果

这里使用的不同的表面活性剂是来自 Sigma-Aldrich Chemicals 的十二烷基硫酸钠(SDS)，纯度>99%；十六烷基三甲基溴化铵(C_{16}TAB)来自 Sigma-Aldrich，纯度>99%；聚氧乙烯23月桂醚(Brij23)(C12E23)来自 Acros Chemicals，纯度99%；聚氧乙烯脱水山梨糖醇单油酸酯(Tween80)来自 Acros Chemicals，纯度>99%。Milli-Q 水制成的水溶液用来测量密度，蒸馏水用于超声测量。有机溶液为试剂级甲苯 99.8%，来自 Acros and Sigma-Aldrich。图 9.6 显示了 Tween 80 的化学结构。

所有超声光谱所需的稀溶液都是由高浓度逐步稀释得到的。每条曲线由大概 15~25 个点组成。对于每个点进行定量稀释；在记录该浓度的超声频率前，将溶液搅拌，并使其平衡 10~15min。单次运行时间通常为 4~6h。如果平衡时间由 2 个因素增加或减少，那所观察到的光谱没有差异。核查测量方法的重现，这是很好的。所有的超声滴定都表现出曲线上 2 条直线段的间隙，正如式(9.26)和式(9.27)所预期的。根据两条直线段的交点得到不同表面活性剂的临界胶束浓度。

在 25℃±0.1℃条件下测量密度，用分辨率为 5×10^{-5} g/cm^3 的 Anton Paar DMA 4500 的密度仪。每个测量进行 2 次，取平均值。Milli-Q 水和甲苯的密度与预期值十分接近，分别为 0.99704 g/cm^3 和 0.86222 g/cm^3。表观比容可以用式(9.15)根据密度和浓度曲线的斜率计算得到。用 CMC 上浓度点的直线段计算单体、SDS 胶束、C_{16}TAB 和水中 Tween 80、甲苯中 Tween 80 和 Brij35 的表观比容，由于密度仪的分辨率使得这些点比低于 CMC 浓度的数据点更可信。对于水中的 Tween 80，测定了胶束的表观比容，但是这里没有计算出单体的表观比容，是因为在非常低的浓度中测量的分辨率不够。

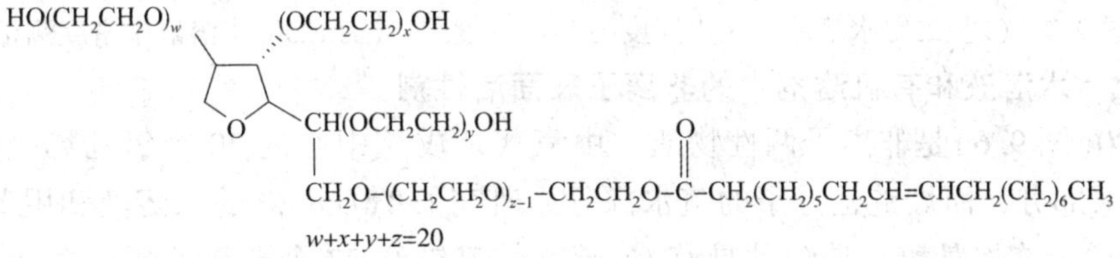

图 9.6 Tween 80 的化学结构

表 9.1 本研究中使用溶剂在 25℃时的声速、密度和绝热压缩系数

溶剂	u/(m/s)	ρ/(g/cm^3)	v_0/(cm^3/g)	κ_0/Pa
水	1496.7	0.99704	1.00297	4.48
甲苯	1307.1	0.86222	1.1598	6.79

表 9.1 呈现了 2 种溶剂，水和甲苯的超声速度和密度。也给出了从式(9.9)推导出的压缩系数。

9.3.2.1 水溶液中的离子表面活性剂

这里研究的是水溶液中 2 个熟知的离子表面活性剂：SDS(阴离子)和 C_{16}TAB(阳离子)。从超声速度与浓度的关系图中推断出 CMCs，是 2 个直线段(CMC 上和下)的交点，发现得到的 CMC 接近文章已给出的。

图 9.7 给出溶液超声速度与 SDS 浓度图(左)和溶液密度与 SDS 浓度图(右)。在所有图中，实心点用作数据拟合(不是空心点)。

图 9.8 给出了溶液超声速度与 C_{16}TAB 浓度图(左)和溶液密度与 C_{16}TAB 浓度图(右)。表 9.2 表示了 25℃时离子表面活性剂 SDS 和 C_{16}TAB 的 CMC，也给出了这些 CMC 的理论值。注意其一致性。

密度测量提供了表观比容；这联合了超声速度测量，允许我们推导出单体和胶束的表观绝热压缩系数。表 9.3 中给出了 SDS 和 $C_{16}TAB$ 的表观比容和推导出的压缩系数，并且对比理论值。

这些结果和参考文献 22-25 中很好的一致。对于水溶液中离子表面活性剂 SDS 和 $C_{16}TAB$，$\widetilde{\kappa_1}$ 是大的，负的[21,23-25]；然而 $\widetilde{\kappa_m}$ 是大的，正的[21,23-25,33]。表 9.3 展示了比容不受胶束形式的较大影响，而表观压缩系数受较大影响。胶束态表面活性剂的高摩尔压缩系数可能是由于胶束内部中心的压缩系数接近相同烃链长度纯烃液体的绝热压缩系数[24]。例如，表 9.1 展示了甲苯的压缩系数是 6.79Pa。

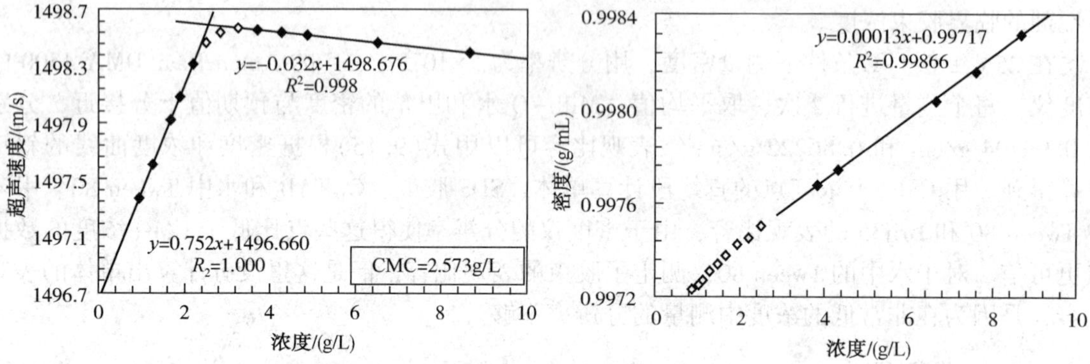

图 9.7 (左)25℃水溶液中超声速度与 SDS 浓度图，(右)25℃水溶液中密度测量

9.3.2.2 水溶液和有机溶剂中的非离子表面活性剂

Tween 80(图 9.6)是非离子两性物质，由氧代环戊烷中心的 20 个氧乙烯基团组成，这是分子的亲水部分，而烃链是分子的疏水部分。研究了 Tween 80 的水溶液和甲苯溶液。Brij 35 是聚氧乙烯十二烷基醚，是一种具有 C_{12} 疏水烷基链和 23 个聚氧乙烯亚单元亲水链的非离子表面活性剂。研究了 Brij 35 的甲苯溶液。图 9.9 显示了 Tween 80 水溶液的超声速度(左)和对应的密度曲线(右)。在 8mg/L 非常低的浓度下，Tween 80 的超声速度曲线上表现出明显改变。因而，超声方法测 CMC 建立在浓度扩大 2.5 倍以上。

2 种非离子表面活性剂溶于甲苯；图 9.10 展示了溶液超声速度与 Tween 80 浓度图(左)和对应的密度曲线(右)。图 9.11 是溶液超声速度与 Brij 35 的浓度图(左)和对应密度曲线(右)。对于甲苯中这些非离子表面活性剂，速度曲线没有明显的间隔不足为奇(即使我们用直线拟合曲线的一部分)。对于图 9.10 和 9.11，我们认为超声速度曲线中斜率的变化为 CMCs 的影响。表 9.4 中列出了标准非离子表面活性剂 CMC 的测定。利用测得的密度，得到表观比容和表观压缩系数，并列在表 9.5 中。

表 9.2 本研究中使用离子表面活性剂在 25℃时的临界胶束浓度值

表面活性剂	本研究中的 CMC/(g/L)	参考文献中的 CMC/(g/L)
SDS	2.573	2.393(文献[28])2.408(文献[29])
$C_{16}TAB$	0.335	0.328(文献[28])0.334(文献[24])

表 9.3 25℃时本实验用的离子表面活性剂的单体和胶束形式的比容和压缩系数

表面活性剂	$\widetilde{v}_1/(cm^3/g)$	$\widetilde{v}_m/(cm^3/g)$	$\widetilde{\kappa}_1$/Pa	$\widetilde{\kappa}_m$/Pa
SDS(本文)	0.822	0.873	-1.97	4.02
SDS(文献)	0.813(文献 33)	0.854(文献 33)	-1.93(文献 23)	4(文献 23)

续表

表面活性剂	$\tilde{v}_1$ /(cm³/g)	$\tilde{v}_m$ /(cm³/g)	$\tilde{\kappa}_1$ /Pa	$\tilde{\kappa}_m$ /Pa
				4.3(文献22)
$C_{16}TAB$(本文)	0.864	0.983	−1.64	4.33
$C_{16}TAB$(文献)	0.962(文献24)	0.989(文献24)	−0.039(文献24)	4.28(文献24)
	0.964(文献25)	0.988(文献25)	−1.25(文献25)	4.24(文献25)
		1.002(文献33)		

表 9.4　本研究中使用的非离子表面活性剂在 25℃时的临界胶束浓度值

表面活性剂	溶剂	CMC(本文)/(g/L)	CMC(文献)/(g/L)
Tween 80	水	0.008	0.013(文献34)
Tween 80	甲苯	7.4①	
Brij 35	甲苯	17①	

①粗略近似。

表 9.5　25℃时本研究中使用非离子表面活性剂的单体和胶束形式的比容和压缩系数

表面活性剂	$\tilde{v}_1$ /(cm³/g)	$\tilde{v}_m$ /(cm³/g)	$\tilde{\kappa}_1$ /Pa	$\tilde{\kappa}_m$ /Pa
Tween 80 水溶液		0.9227		1.37
Tween 80 甲苯溶液	0.8895	0.9162	4.38	3.52
Brij 35 甲苯溶液	0.9269	0.9309	5	3.94

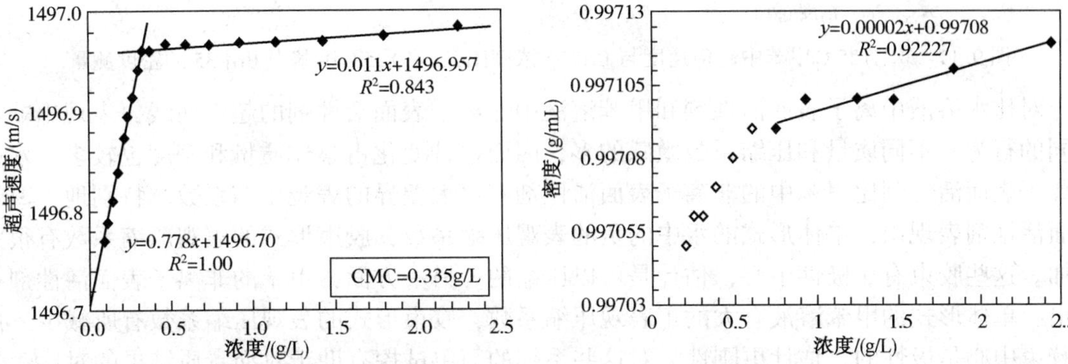

图 9.8　(左)25℃水溶液中超声速度与 $C_{16}TAB$ 浓度图，(右)25℃水溶液中 $C_{16}TAB$ 的密度测量

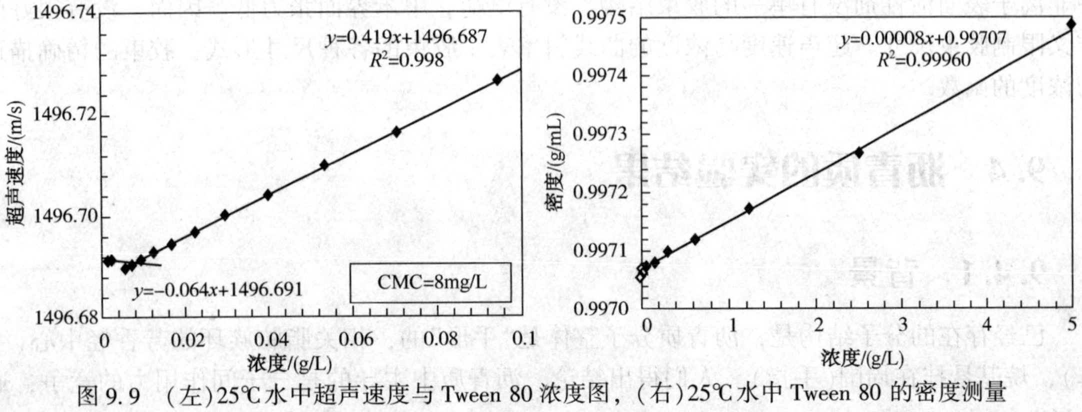

图 9.9　(左)25℃水中超声速度与 Tween 80 浓度图，(右)25℃水中 Tween 80 的密度测量

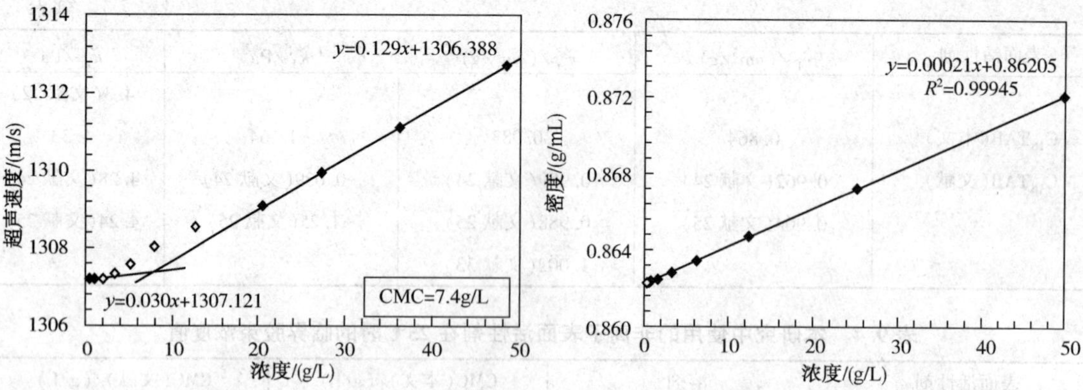

图 9.10 (左)25℃甲苯中超声速度与 Tween 80 浓度图，(右)25℃甲苯中 Tween 80 的密度测量

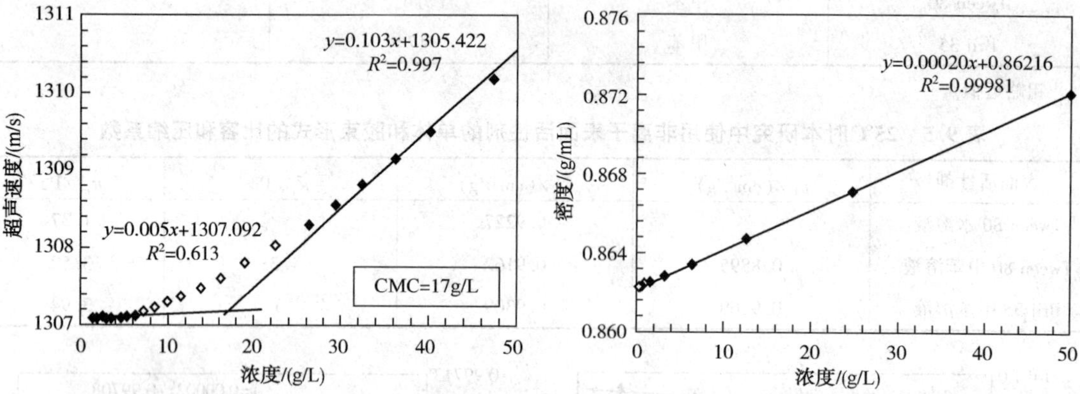

图 9.11 (左)25℃甲苯中超声速度与 Brij 35 浓度图，(右)25℃甲苯中 Brij 35 的密度测量

对比水溶液中离子表面活性剂和甲苯溶液中非离子表面活性剂的超声曲线，表现出非常不同的行为。不同质量和压缩系数敏感的多，因而这种变化占整体质量和密度也较多。水中的离子表面活性剂比甲苯中的非离子表面活性剂有更大差异的表观压缩系数。特别地，离子表面活性剂表现出，单体形式的水中的负的表观压缩系数，胶束形式的表观压缩系数有很大增加。这些胶束有非极性中心，估计是可以压缩的。另一方面，甲苯的非离子表面活性剂表现出，单体形式的甲苯溶液有大的正表观压缩系数，胶束形式的表观压缩系数有所减少。这些胶束中心是极性的，估计更刚性。对这些系统的简单试探有助于对沥青质结果的对比。超声速度与胶束形式的浓度图中，非离子表面活性剂没有表现出单一斜率。可能的解释是甲苯中非离子表面活性剂没有单一的胶束结构，没有电荷，甲苯界面张力低。因而，没有很好的定义限制胶束尺寸。超声速度与浓度的曲线斜率表示胶束的各种尺寸形式，胶束的精确描述为浓度的函数。

9.4 沥青质的实验结果

9.4.1 背景

已经存在的分子结构是，沥青质分子整体是“手形”的，相关脂肪族环的芳香烃中心(手掌)，烷基悬挂在周围(手指)。人们得出结论，沥青质中主导的是分子间作用力的竞争；通过芳香环系统的叠加和烃链的空间斥力的范德华力连结。这些标准的化学相互作用被染料工业利用；为了让芳香烃染料溶解度增大，经常加入烷基取代基。增加的空间斥力能戏剧性地增加溶解度。煤和石油沥青质的对比可以解释这一预期。煤比石油含有更多的芳香烃，更小的烷基馏分。因而，煤沥青质比石油沥青质拥有小得多的烷基馏分[9]。相应地，煤沥青质比石油沥青质有更小的空间斥力。为了维持相同的溶解度(沥青质定义)，煤沥青质必须有较小的范德华引力来维持分子间引力和斥力的平衡。因而，煤沥青质有更小的稠环系统。这已经通过荧光发射和 TRFD 测量显示[9,35]，以及煤和石油沥青质的直观分子图像[36]。这个重要结果联系了该溶解度下分子的结构和功能。

沥青质聚合体存在潜在的不同阶段，例如 Yen 模型中提到的[1]。这个问题出现了，关于溶液沥青质聚合体结构的可能分级的角色。最近的数据表明，甲苯中沥青质分子相关联。沥青质溶液的激光热透镜显示了一个极值，约为 60mg/L[37]。最近荧光研究的强度和红色转变暗示，甲苯中沥青质在 60mg/L 处开始交联[38]。高 Q 超声光谱显示在 100mg/L 处沥青质聚合[32,39]。这貌似很合理，荧光测量看到的沥青质聚合形式在 60mg/L 处开始，超声光谱显示纳米聚合体形式在 150mg/L 处完成。

对于主要沥青质聚合体使用一些胶束形式理论，从分子结构点的角度看貌似是合理的。特别地，纳米聚合体生长到一定小尺寸后停止是由于空间位阻效应，这一思想和大量观察一致，它需要被验证。界面张力测量已经应用到吡啶中“沥青质 CMC”的测量上[40]。界面张力数据中 400mg/L 处出现明显断开[40]。其他研究已经报道的“甲苯中沥青质的 CMCs”比由量热法[3]和界面张力[2,41]得到的每升几克范围内的浓度大得多。与界面张力测量相关的动力学问题也许能帮助解释已发表沥青质 CMC 值的大范围。水中表面活性剂 CMC 的测定标准是通过测量界面张力和浓度关系图得到的。界面张力随浓度的增加而减少，直到界面被表面活性剂完全饱和。表面活性剂增加的浓度高于形成胶束的 CMC，界面张力不再改变。相似的实验已经运用到甲苯中的沥青质上。然而，这些实验都存在基本缺陷[27]。水的界面张力是高的，7.1×10^{-6}N · m，界面上表面活性剂分子低于界面张力。然而，甲烷的界面张力是低的。像沥青质分子那样表面活性剂分子的强烈相互作用将会增加，且不减少界面张力。在任何情况下，界面张力的等级测量都不会产生甲烷中沥青质的“临界胶束浓度”。

9.4.2 各种沥青质聚合体性质的超声测量

使用 Kuwaiti 原油的 UG8 和 UG5 的正庚烷沥青质，提取程序在其他地方已经描述过了[8]。准备的有机溶液是来自 Acros and Sigma-Aldrich 的试剂级甲苯 99.8%。

我们分析沥青质的每项必要技术中都用了 UG8 沥青质。它们的特征是普遍的，因而代表典型的未处理原油沥青质。图 9.12 中最上面的图展示了甲苯中 UG8 沥青质的溶液超声速度和浓度的关系[32]。这个曲线中观察到了一个清晰的断开，这给出了沥青质的“临界纳米聚合体浓度”(CNAC)是 0.164g/L。沥青质速度和浓度曲线与甲苯中其他非离子表面活性剂类似，强化了沥青质的胶束解释[32]。然而，不像甲苯中非离子表面活性剂，超声速度与浓度关系曲线是直的，在高于 CMC 浓度处不是弯曲的。这个结果表明沥青质只有一个尺寸的纳米聚合体。增加沥青质的浓度，沥青质纳米聚合体的数量也会增加，不是尺寸。此外，在高于 CNAC 的浓度上，即使甲苯中沥青质的浓度达到 2g/L，曲线上也没有出现另一个断开。或者直到这个浓度聚合体没有其他改变，或者聚合体任何进一步变化不影响超声速度(因为键能太低不足以改变压缩系数)。从密度测量来看(图 9.12 中下面的图)，我们能根据密度与浓度关系图的斜率，计算出沥青质纳米聚合体的表观比容，但是我们不能得到单体的表观比容，因为对于密度仪的精确度来说浓度太低。然后根据式(9.27)的超声数据，能计算得到沥青质纳米聚合体的表观压缩系数。结果列在表9.6中。沥青质纳米聚合体的表观压缩系数接近非离子表面活性剂的振幅，再次得出可信的沥青质超声数据的CNAC解释[32]。

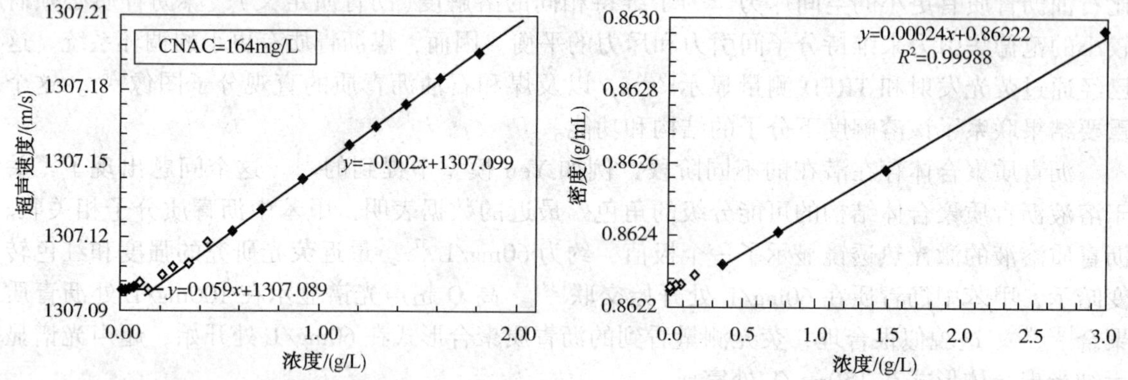

图9.12 (左)25℃甲苯中超声速度与沥青质UG8浓度图，
(右)25℃甲苯中沥青质UG8的密度测量

从Kuwait Burgan5原油中得到BG5沥青质。它们也受到不同类型的质疑，也有典型特征。来自UG8和UG5的沥青质也被称为“普通”沥青质。图9.13上面的图显示了BG5沥青质的溶液超声速度与浓度关系图。这个曲线的断开是明显的，给出CNAC是0.048g/L。[32] BG5的CNAC比BG8的低，另外，两种情况下的CNAC都是明显的。直到3g/mL，超声速度也没有其他变化[32]。和UG8沥青质一样，我们能够根据溶液密度与浓度关系曲线(图9.13，下)的斜率计算纳米聚合体的表观比容，但是我们不能得到单体的表观比容，因为浓度太低。从超声数据中，我们能计算出胶束形式的表观绝热压缩系数。结果列在表9.6中。我们得到沥青质胶束形式的表观压缩系数和其他非离子表面活性剂是相同的。

表9.6 25℃甲苯中纳米聚合体的临界纳米聚合体浓度，表观比容和表观绝热压缩系数值

沥青质	CNAC/(g/L)	$\tilde{v}_m$ /(cm³/g)	$\tilde{\kappa}_m$ /Pa
UG8	0.164	0.8814	3.95
BG5	0.048	0.8582	3.45

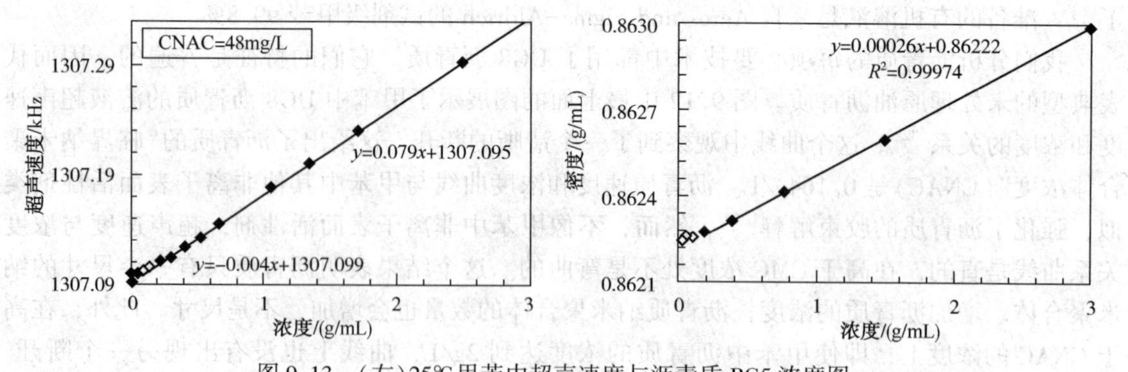

图9.13 (左)25℃甲苯中超声速度与沥青质BG5浓度图；
(右)25℃甲苯中沥青质BG5的密度测量

图 9.14 和图 9.15 展示了沥青质超声速度和浓度的放大倍数以使 CNAC 更清晰。图 9.14 扩大了图 9.12 中的低浓度范围，同时图 9.15 扩大了图 9.13 的低浓度范围。超声速度曲线的断开是十分清晰的；我们将这个断开解释为 CNAC。高于 CNAC 的浓度处，超声斜率没有改变。这表明这些浓度下的纳米聚合体没有改变，仅仅是在较高浓度变多了。就是说，纳米聚合体停止生长。我们也注意到，CNAC 的断开是十分明显的，超声数据不能推导出小于 CNAC 浓度的二聚体和三聚体。

不同沥青质在相似浓度处表现为 CNACs，但是在确定值处呈现一些变化；CNACs 为 50 ~150mg/L[32,39]。沥青质纳米聚合体的表观压缩系数彼此相似，也与甲苯中其他非离子表面活性剂的表观胶束压缩系数相似。这里测定的 CNACs 比其他方法得到的已报道的沥青质-甲苯系统低 1~2 个数量级。在我们看来，其他技术没有记录合适的 CNACs。他们也许记录了一些较高水平的聚合体现象。很多技术不能测量一个精确的参数如表观纳米聚合体压缩系数，和我们所做过的核查。而且，一些其他技术仅解释了 CNAC 的某些性质的改变。如果这些技术没有足够灵敏检测 100mg/L 的 CNAC，那么相应的数据就会误解。

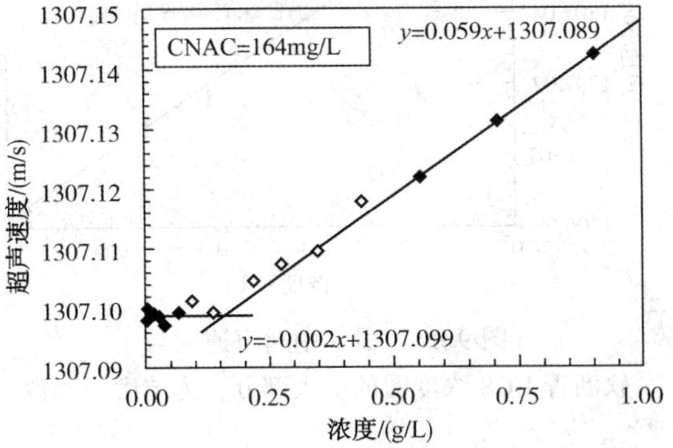

图 9.14　25℃甲苯中超声速度与沥青质 BG8 浓度图

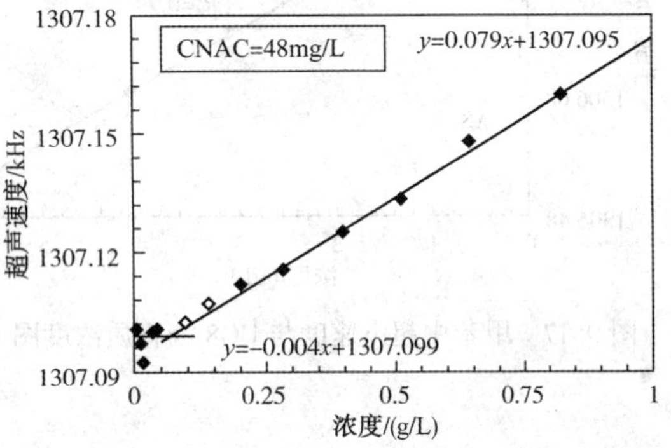

图 9.15　25℃甲苯中超声速度与沥青质 BG5 浓度图

决定溶解度并从而定义沥青质的主导化学原理是，芳香环系统的范德华引力（极性）和它们烷烃链的空间斥力[9]，实质上沥青质分子具有由多环芳烃系统组成的中心和周围环绕烷基链的形状。我们相信是相同的力控制沥青质纳米聚合体。这个想法是，前几个沥青质分子的关联明显接近稠环系统的分子间作用力。然后更多的聚集分子受烷基取代基的空间斥力约束，从而阻碍进一步叠加。在这点上，纳米聚合体和外加分子间的相互作用力变得相对虚弱，可能是由于空间位阻效应。在这个观点上，新的聚合体形式随浓度的增加形成。这个想法是 Yen 模型的核心[1]，我们的数据大体上和这个已知的模型一致沥青质聚合体的可能性见图 9.16。我们的结果延伸了 Yen 模型，通过；①包括沥青质分子的小分子尺寸的限制；②表现了沥青质分子间相互作用力对聚合体形式的动态影响。

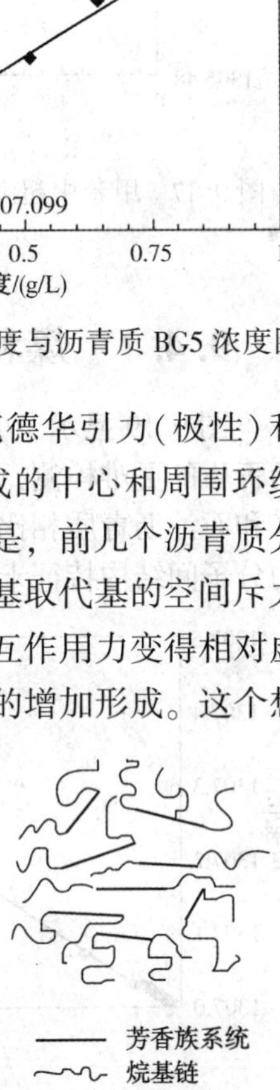

图 9.16　沥青质纳米聚合体的猜想结构

CNACs 的较小值帮助解释了依数技术如蒸气压渗透压法（VPO）为什么总是记录太高的分子量。VPO 和其他依数技术在远远超过沥青质 CNAC 的浓度上进行，因此，VPO 提供的是聚合体的质量。VPO 通常错误的提供决定分子量的 5 个因素，因此，根据我们沥青质 CNAC 结果，VPO 显示沥青质胶束的聚合体数量是 5。

9.4.3 对比 UG8 沥青质和软沥青的实验结果

沥青成分的基本等级和相关含碳物质用它们的溶解度性质定义。来自不同含碳物质(石油，沥青和煤)的沥青质被分离。如之前所述，原油和煤中的沥青质馏分不溶于庚烷，溶于甲苯。软沥青被定义为含碳物质中的溶于庚烷的馏分。

UG8 沥青质曲线的清晰断开(图 9.14 所示)对应于图 9.17 所示的甲苯中 UG8 沥青质的行为，和图 9.18 中的延伸。很难混淆沥青质行为和软沥青行为，软沥青能减少在甲苯溶液中的声速，因而表现和沥青质相反的趋势[39]。此外，软沥青的声速曲线(UG8 是 API 为 25 的油)甚至不表现一丝断开的迹象。图 9.14 和图 9.18 涵盖了相似浓度范围，表明高 Q 超声技术能够检测聚合体的存在与否[39]。为了得到为什么软沥青和沥青质的超声斜率不同的详细认识，我们需要精确的密度数据。

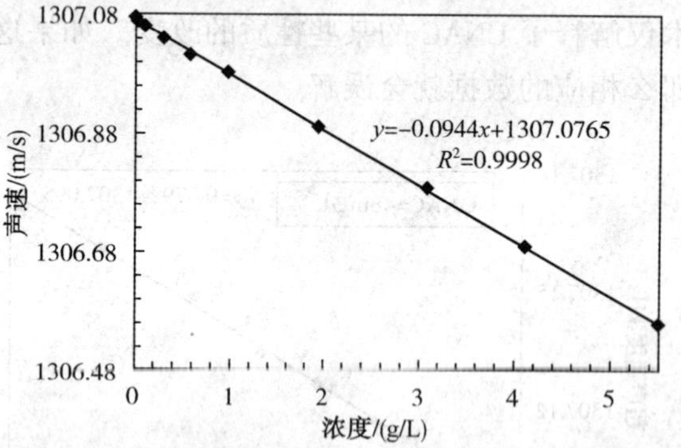

图 9.17 甲苯中超声速度与 UG8 沥青质浓度图

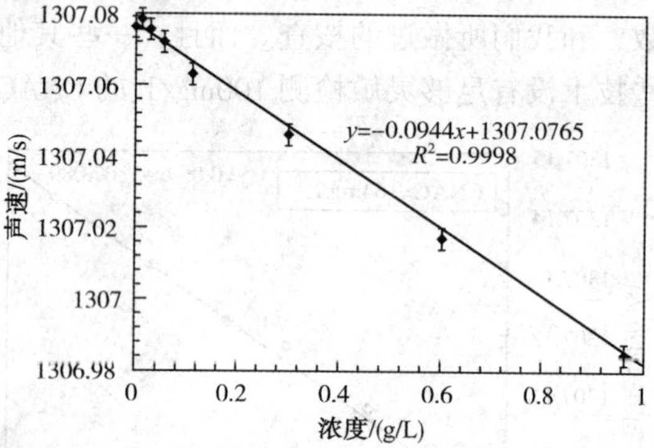

图 9.18 甲苯中超声速度与软沥青 UG8 浓度图的扩大部分，为浓度的函数

9.4.4 煤和石油沥青质的区别

图 9.19 显示了 Iino 煤沥青质的相同曲线，图 9.20 放大了这个曲线。即使这个断开比石油沥青质的更难检测，它仍然是明显的，特别在图 9.20 中，约为 180mg/L[39]。这个沥青质看起来和石油沥青质相比化学结构有很大不同[9]。然而，通过使用高分辨率投射电子光谱发现固体的分子间结构特征十分相似[16,36]。因而，找到煤和石油沥青质的相似聚合趋势，不足为奇。

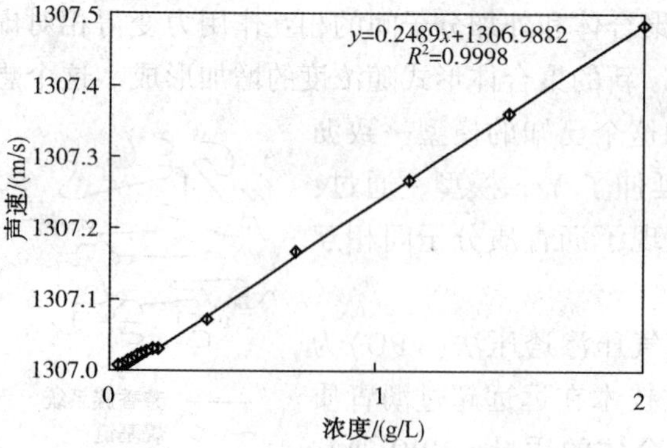

图 9.19 Iino 煤沥青质的超声速度为浓度的函数，间断出现在 180mg/L 为 CNAC

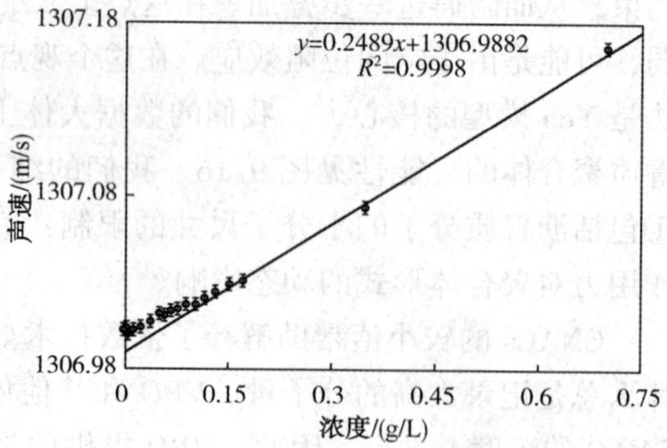

图 9.20 对于甲苯中 Iino 煤沥青质，放大了上图中 CNAC 附近的区域

9.5 结论

在表征已知表面活性剂胶束形式和沥青质纳米聚合体形式上，已证明高 Q 超声光谱是非常有价值的工具。离子和非离子表面活性剂的临界胶束浓度在高和低浓度范围都很容易测量。对于标准表面活性剂，在我们的测量值和 CMCs，表观比容和表观压缩系数的理论值间高度一致。甲苯中沥青质 CNACs 为 100mg/L。胶束的相平衡模型适用于这里所有的数据，如表面活性剂和沥青质数据。因此，推导参数，如沥青质纳米聚合体的压缩系数和非离子表观活性剂胶束的十分相似，从而强化了这个结论，沥青质是非离子表面活性剂，能形成纳米聚合体并呈现 CNACs。大得多浓度的沥青质 CNACs（或 CMCs）的理论报道不是测量的 CNACs，而可能是一些高阶聚合。我们的沥青质 CNACs 解释了，为什么沥青质分子量的 VPO 测量相对太高，VPO 测量的是聚合体的质量。纳米聚合体的生长和最终状态可以从分子结构中直观认识。纳米聚合体的形成本质上是消耗高能量键点。得到的纳米聚合体类似于外边环绕着烷基的"毛茸茸的网球"。这些纳米聚合体是稳定的，且不再生长，可能高能量键点的存在阻止了中等浓度沥青质的絮凝。如果沥青质中最难溶馏分能被分离出来，那么聚合体的生产速度不妨碍产生低溶解度。标准沥青质样品的多分散性保证纳米聚合体从最难溶分子馏分开始，在最多溶解度馏分处终止，从而创造一个稳定的胶束悬浊液。由于原油是更分散的，这意味着原油中能发生相同的纳米聚合体形式和稳定性。很大程度上，这些结果与很多年前引入的 Yen 模型的基本前提是一致的。这些结果延伸了 Yen 模型，阐述了聚合体形式的结构-功能关系。

参 考 文 献

[1] Yen, T. F. (1990). *Am. Chem. Soc. Dic. Petroleum Chem. Prepr.* 35, 312.

[2] da Silva Ramos, A. C., L. Haraguchi, F. R. Nostripe, W. Loh, and R. S. Mohamed (2001). Interfacial and colloidal behavior of asphaltenes obtained from Brazilian crude oils. *J. Pet. Sci. Eng.* 32, 201-216.

[3] Andersen, S. I. and S. D. Christensen (2000). The critical micelle concentration ofasphaltenes as measured by calorimetry. *Energy & Fuels* 14, 38-42.

[4] Andersen, S. I., J. M. del Rio, D. Khvostitchenko, S. Shakir, and C. Lira-Galeana (2001). Interaction and solubilization of water by petroleum asphaltenes in organic solution. *Langmuir* 17, 307-313.

[5] Boduszynski, M. M. (2001). Composition of heavy petroleums. 2. Molecular characterization. *Energy & Fuels* 2, 597-613.

[6] Groenzin, H. and O. C. Mullins. Asphaltene molecular size and weight by time resolved fluorescence depolarization, Chapter 2. This Book.

[7] Groenzin, H. and O. C. Mullins (1999). Asphaltene molecular size and structure. *J. Phys. Chem. A* 103, 11237-11245.

[8] Groenzin, H. and O. C. Mullins (2000). Molecular size and structure of asphaltene from various sources. *Energy & Fuels* 14, 677-684.

[9] Buenrostro-Gonzalez, E., H. Groenzin, C. Lira-Galeana, and O. C. Mullins (2001). The overriding chemical principles that define asphaltenes. *Energy & Fuel* 15, 972-978.

[10] Wargadalam, V. J., K. Norinaga, and M. Iino (2002). Size and shape of a coal asphaltene studied by viscosity and diffusion coefficient measurements. *Fuel* 81, 1403-1407.

[11] Rodgers, R. P. and A. G. Marshall (2006). Petroleomics: Advanced characterization of petroleumderived materials by Fourier transform ion cyclotron resonance mass spectrometry (FT-ICR MS). Chapter 3, This book.

[12] Merdrignac, I., B. Desmazieres, P. Terrier, A. Delobel, and O. Larevote (2004). *Proc. Heavy. Org. Dep.*, Los Cabos, Baja Cal. Sur. Mexico, Nov. 14-19.

[13] Cunico, R. I., E. Y. Sheu, and O. C. Mullins (2004). Molecular weight measurement of UG8 asphaltene using APCI mass spectroscopy. *Petroleum Sci. Technol.* 22, 787-798.

[14] Waldo, G. S., O. C. Mullins, J. E. Penner-Hahn, and S. P. Cramer (1992). Determination of the chemical environment of sulphur in petroleum asphaltenes by X-ray absorption spectroscopy. *Fuel* 71, 53-57.

[15] Zajac, G. W., N. K. Sethi, and J. T. Joseph (1994). Molecular imaging of petroleum asphaltenes by SCM, *Scan. Micros.* 8, 463-470.

[16] Sharma, A. and O. C. Mullins. Insights into molecular and aggregate structures ofasphaltenes using HRTEM, Chapter 8, This book.

[17] Eggers, F. and U. Kaatze (1996). Broad-band ultrasonic measurement techniques for liquids. *Meas. Sci. Technol.* 7, 1-19.

[18] Bolef, D. I. and J. G. Miller. High-frequency continuous wave ultrasonics. In: W. P. Mason and R. N. Thurston (eds.),

Physical Acoustic, Vol. VIII. Academic Press, New York.
[19] Buckin, V. and C. Smyth (1999). High resolution ultrasonic resonator measurements for analysis of liquid. *Sem. Food Anal.* 4, 113–130.
[20] Freyer E. B., J. C. Hubbard, and D. H. Andrews (1929). Sonic studies of the physical properties of liquids. *J. Am. Chem. Soc.* 51, 759–770.
[21] Zielinski, R., S. Ikeda, H. Nomura, and S. Kato (1987). Adiabatic compressibility ofalkyltrimethylammonium bromides in aqueous solutions. *J. Colloid Interface Sci.* 119, 398–408.
[22] Bloor, D. M., J. Gormally, and E. J. Wyn–Jones (1984). Adiabatic compressibility of surfactant micelles in aqueous solutions. *Chem. Soc. Faraday Trans.* 1(80), 1915–1923.
[23] Suäarez, M. J., J. L. Läopez–Font¡ äan, F. Sarmiento, and V. Mosquera (1999). Thermodynamic study of the aggregation behavior of sodium *n*–hexyl sulfate in aqueous solution. *Langmuir* 15, 5265–5270.
[24] Kudryashov, E., T. Kapustina, S. Morrissey, V. Buckin, and K. Dawson (1990). The compressibility of alkyltrimethylammonium bromide micelles. *J. Colloid Interface Sci.* 203, 59–68.
[25] DeLisi, R., S. Milioto, and R. E. J. Verrall (1990). Partial molar volumes and compressibilities of alkyltrimethylammonium bromides. *Solution Chem.* 19(7), 665–692.
[26] Mosquera, V., J. M. del Rio, D. Attwood, M. Garcia, M. N. Jones, G. Prieto, M. J. Suarez, and F. Sarmiento (1998). A Study of the aggregation behavior of hexyltrimethylammonium bromide in aqueous solution. *J. Colloid Interface Sci.* 206, 66–76.
[27] Friberg, S., O. C. Mullins, and E. Y. Sheu (2005). Surface activity of an amphiphilic association structure. *J. Dispers. Sci. Tech.* 26, 513.
[28] Mukerjee, P. and K. J. Mysels (1971). Critical micelle concentrations of aqueous surfactant systems. *NSRDS–NBS* 36. US Department of Commerce, Washington, DC.
[29] Priev, A., S. Zalipsky, R. Cohen, and Y. Barenholz (2002). Determination of critical micelle concentration of lipopolymers and other amphiphiles: Comparison of sound velocity and fluorescent measurements. *Langmuir* 18, 612–617.
[30] Amararene, A., M. Gindre, J.–Y. Le Huerou, C. Nicot, W. Urbach, and M. Waks (1997). Water confined in reverse micelles: Acoustic and Densimetric studies. *J. Phys. Chem. B* 101, 10751– 10756.
[31] Blandamer, M. J., P. M. Cullis, L. G. Soldi, J. B. N. F. Engberts, A. Kacperska, N. M. Van Os, and M. C. S. Subha (1995). Thermodynamics of micellar systems: Comparison of mass action and phase equilibrium models. *Adv. Colloid Interface Sci.* 58, 171–209.
[32] Andreatta, G., N. Bostrom, and O. C. Mullins (2005). High Q–ultrasonic determination of the critical nanoaggregate concentration of asphaltenes and the CMC of standard surfactants. *Langmuir* 21(7), 2728–2736.
[33] Corkill, J. M., J. F. Goodman, and T. Walker (1967). *Trans. Faraday. Soc.* 63, 768.
[34] http://www.sigmaaldrich.com/img/assets/17541/Detergent table2edited.pdf.
[35] Badre, S., C. C. Goncalves, K. Norinaga, G. Gustavson, and O. C. Mullins (2006). Molecular size and weight of asphaltene and asphaltene solubility fractions from coals, crude oils and bitumen. *Fuel*, 85, 1–11.
[36] Sharma, A., H. Groenzin, A. Tomita, and O. C. Mullins (2002). Probing order in asphaltenes and aromatic ring systems by HRTEM. *Energy & Fuel* 16, 490–496.
[37] Acevedo, S., M. A. Ranaudo, J. C. Pereira, J. Castillo, A. Fernandez, P. Perez, and M. Caetano (1999). Thermo–optical studies of asphaltene solutions: Evidence for solvent–solute aggregate formation. *Fuel*, 78, 997–1003.
[38] Goncalves, S., J. Castillo, A. Fernandez, and J. Hung (2004). Absorbance and fluorescence spectroscopy on the aggregation behavior of asphaltene–toluene solutions. *Fuel*, 83, 1823–1828.
[39] Andreatta, G., C. C. Goncalves, G. Buffin, N. Bostrom, C. M. Quintella, F. Arteaga–Larios, E. Perez, O. C. Mullins (2005). Nanoaggregates and structure–function relations in asphaltenes. *Energy & Fuels* 19, 1282.
[40] Sheu, E. Y. (1996). Physics of asphaltene micelles and microemulsions–theory and experiment. *J. Phys. Condens. Matter* 8, A125–A141.
[41] Bouhadda, Y., D. Bendedouch, E. Y. Sheu, and A. Krallafa (2000). Some preliminary results on a physico–chemical characterization of a hassi messaoud petroleum asphaltene. *Energy & Fuels* 14, 845–853.

(Gaelle Andreatta, Neil Bostrom, Oliver C. Mullins)

第10章 溶剂中沥青质的自聚集和沉淀的AC电导率测量

10.1 简介

回顾各种研究沥青质自聚集的技术。简单讨论每种技术的原理，基本差异和限制。提出了使用AC电导率测量法检测沥青质自聚集的新方法，并阐明使用Alberta沥青衍生的沥青质作为模型系统。初步结果显示，AC电导率测量方法对于沥青质自聚集产生的微弱电容变化是敏感的，但是仅在特定的频率范围内。采用具有并联电容电阻电路的渗流模型来建立该方法的理论基础。这个模型预测了AC电导率的功能行为，显现了沥青质自聚集的相转变行为。电导率测量显示了与预测相似的功能形式，甲苯中在近120mg/L处中断，认为此时形成了自聚集。这个值与之前表面张力[1]，激光热透镜[2]和超声[3]测量一致(在数量级上相同)。另外检测了沥青质自聚集体，AC电导率也应用于表征甲苯中的沥青质沉淀，在外加非溶剂中如庚烷，高敏感度且方法简单。这两个实验表明，对于测量荧光，沉淀和石油复杂流体的相分离，AC电导率方法是很好的选择，能提供可选择的正确频率范围。对于其他复杂液体这个方法需要进一步证明。

沥青质是石油的重质末端组分，通常用溶解度等级定义，溶于甲苯，不溶于脂肪族溶剂(如庚烷，戊烷等)。它是很多石油过程(生产，运输，炼油)中的有害组分以及使用重质油的发动机运转。这很大程度是由于它具有絮凝和沉淀的倾向。在传统运行中，沉淀是需要防止的明显现象。沉淀的前身通常是絮凝。因而，很多精力用于研究絮凝，希望在沉淀形成前提供早期警告。压力随深度减小持续减小，会使液体沉淀包络，凝块沿管向下，这在生产中是至关重要的。絮凝通常使用与压力单元相连的简单激光发射信号检测[4]。

理想的是，检测絮凝前体更有利，它是微观粒子形式。这些粒子通常被认为来源于沥青质分子自聚集。它们作为Ostwald熟化样过程或最终沉淀的成核中心的基本粒子。在这2种情况下，沥青质自聚集都是研究和认识的重要现象。在1940年，Pfeiffer和Saal[5]提出了一个假想模型，来描述包括石油液体的原位沥青质的可能方案。在他们的假想中，有较小的多核芳香烃中心或者更长的脂肪族链的沥青质分子能被树脂胶溶。由于沥青质周围是胶溶的树脂分子，沥青质分子在油中保持分散状态。之后Yen[6]提出了进展性模型，精确描述了沉淀中粒子尺寸从纳米聚集到宏观粒子的演变。正如Yen对它的命名，Yen模型以长度尺度和基本粒子为基础，是由分子自缔合(或自组装)产生的纳米级聚集体。这个聚集步骤形成纳米尺寸的前体，之后的絮凝是这章的讨论重点。

这一理论被普遍接受，当浓度超过某个阈值时，溶液中的沥青质分子聚集[1]。这与表面活性剂经历胶束化过程十分相似。用来检测水溶液中临界胶束浓度(CMC)的技术包括表面张力、渗透压、高频电导率、等价电导率、界面张力、密度变化和去污力[7]。这些技术可以被分为界面技术和整体技术。表面活性剂有高的表面活性，因而，界面张力能量对胶束形成十分敏感。这是为什么界面张力广泛用于测量CMC[7,8]。它测量界面张力，涉及通过吉布斯等温方程的分子界面覆盖。根据这个方程，可以检测分子覆盖区域和分子量。

在表面活性剂系统中，分子通常很好定义。一旦聚合体能量(疏水性，聚集，和熵的能量等)精确建模，就能准确描述聚合体尺寸和胶束形状。因为表面活性剂胶束只由疏水能量控制，仅用疏水能量和熵能量就能精确建模。CMC、聚合体尺寸和相变的检测通常用于一些工业系统，或者实验数据的分析或来自分子结构。疏水能量的综合描述，与它相关的表面活性剂极性头部和疏水尾部在Tenford的"疏水效应"[9]和Israelachvili[10]的综述文章中发现。

对于沥青质聚合体，适用于表面活性剂的技术不再适用，简单的原因是沥青质有小得多的表面活性。此外，导致沥青质分子聚集的能量不受疏水能量的控制。相反，范德华能量也许是一个主要因素，即便这个问题仍存在争议。应用到沥青质聚合体检测的技术包括表面张力[1]、量热仪[11,12]、激光热透镜[2]和超声压缩系数[3]。

为了应用表面技术，人们需要认识聚合体能量对表面参数的影响，如表面张力，这比水溶液中疏水能量控制的表面活性剂的影响要小得多。尽管如此，如果溶剂和沥青质的表面张力对比足够高，那么这个能量仍然需要修改表面张力能到可检测的水平。微观上，应用合适的技术，在聚合开始那点表面参数通常经历相变。在表面张力测量中，它首先需要沥青质分子覆盖表面亚层，在聚合时饱和，这与表面活性剂系统类似。此外，根据表面张力仪得到的信号，溶剂表面和沥青质覆盖表面的表面张力应该有显著差异。

基于这个方案，这是一个选择表面张力高于沥青质表面张力的溶剂的方法。随着沥青质分子的加入，它们被溶剂中的疏水部分吸收进入表面亚层，减少了表面张力能，从而减小系统自由能。随着沥青质分子饱和界面，它们作为自由分子整体移动以使熵最大，但是其他自由能将增加。随着浓度继续增加，在某个点熵能量不再有利于其他正自由能，同时自聚集是减少自由能的最好选择。沥青质分子自聚集的这个点，也是表面张力不依赖浓度的点(或者很少依赖浓度)。

这里要考虑的问题是选择合适的溶剂。如果人们将沥青质看作由短脂肪链连接，以多核芳香烃为中心的结构，那么表面张力很有可能是在芳香烃分子和纯脂肪烃分子间。以苯和正己烷为例，沥青质表面张力可能在29×10^{-7}N·m(苯) 和18×10^{-7}N·m(正己烷)之间[13]。因为苯是良好的沥青质溶剂，人们希望沥青质的表面张力近似于苯的表面张力。因而，如果选择正己烷，将给出足够的表面张力对比。不幸的是，沥青质在正己烷和空气表面没有残余，因为空气和正己烷比沥青质更疏水。结果，沥青质仅能在正己烷中达到溶解度限制后沉淀。这导致界面张力几乎不变，表面张力技术也不能检测。这是为什么选择界面张力高于沥青质界面张力的溶剂，使得沥青质的脂肪烃部分在溶剂-空气界面外，朝向空气，同时极性部分留在界面内。就是说，溶剂的表面张力要高于29×10^{-7}N·m。根据这个原理，我们选择Ratawi resid[1]的吡啶，沥青质(假设为30×10^{-7}N·m)和吡啶(38×10^{-7}N·m)的表面张力对比大约为8×10^{-7}N·m[13]。使用这个溶剂，我们发现起始浓度在350 ~500mg/L之间。

很难找到一个合适条件，用表面张力技术精确测量沥青质自聚集。选择了不合适条件时，聚合体的表面张力变化不能被检测到，直到另一件事发生，使表面张力改变到可检测水平。这件事可能是絮凝或更大物体形成。已报道的甲苯中聚合体的起始浓度是没有足够表面张力对比的。[10]甲苯中得到的聚合体起始浓度是吡啶中测量的近10倍[11,12,14-16]。Yen提出这个现象，起始浓度可能是沥青质聚合体的进一步团聚的起始值[6,17,18]。

微量热仪法检测的起始浓度也大约是我们用吡啶得到的10倍。微量热仪测量的是热改变，在沥青质聚集情况下，是非常小的，很难检测。这项技术很难用于检测分子聚合。人们也想使用一个调制的加热斜坡看是否可能增加敏感性。不幸的是，调制后的加热仅能提供材料的动态响应，聚合体和自由分子间的差异太小而不能被检测出，除非聚合体有非常不同的形态。这一定不能应用于沥青质情况，因为沥青质自聚合体不是一次性相变过程，动态是相对慢的，正如我们在时间取决的表面张力测量中指出的[1]。

最近的超声测量方法[3]表现出，可能得到聚合态和纳米聚合态的压缩系数差异。发现起始浓度在 50 ~250mg/L 间。它能够直接测量整体性质，这是优于表面张力技术的。然而，压缩系数是整体参数，由于在零动量传递的结构因素中的多分散效果可能是不准确的。这和第二重要参数影响(可能忽视沥青质起始浓度)一起限制了它测量高浓度系统的能力。

用于表面活性剂 CMC 测量的其他整体技术是等价电导率测量(见参考文献[8]，pp. 284 -285)。DC 电导率仪通常用于这项测量。在等级概念中，电导率通常是溶液中可能电荷数和媒介中它们运动的关系。根据欧姆定律测量电导，校正电极和电极面积间的距离得到电导率。很明显，电导率信号取决于电荷离子的运动。人们期望 N 单体和 N 极扩散有很大不同。这是正确的，因为溶液中总可能电荷是相同的(不考虑电荷缩合)，同时它们的运动是十分不同的。结果，等价电导率(用浓度标准化)随浓度增加将有很不同的斜率。典型表面活性剂溶液在 CMC 之前经常显示大的斜率，在 CMC 以上显示小的多的斜率。这是人们应用等价电导率方法测量 CMC 的过程。

等价电导率测量的精度取决于电荷载体运动的差异，如 N 单体和 N 极间水动力半径的差异，假设它们携带相同量的电荷。如果单体比聚合体的水动力半径小得多，那么这种说法是合理的。然而，如果聚合体是小的，且单体结构十分不对称，它们的水动力半径很可能在同一数量级上，扩散可能太近不能通过电导率测量而区分。在这种情况下，等价电导率不是测量 CMC 的合适选择。不幸的是，这恰恰就是沥青质溶液的情况。此外，沥青质的聚合是很慢的，由于如模拟所示聚合之后阶段的结构排列[19]，以及有限聚合过程的反应证据[20]。这进一步遏制了使用传统 DC 电导率测量方法的可能性。

为了克服这一障碍，提出了新方法，使用各种频率交流电以检测等价电导率作为沥青质浓度的函数。这个技术的显著优势是交流电能有效消除电极附近的电荷聚集，只要等效 RC 电路的松弛时间比半周期时间短。事实上，在沥青质/溶剂系统情况下这种因素不严重，因为相比离子表面活性剂系统，它不是很高的导电系统。然而，人们仍然很小心它的影响。在这项工作中，采取 3 个措施以完全消除这个影响。首先，使用铂黑电极放大总表面积。这在很多已报道的研究中应用过[21-26]。第二，用低电压减小驱动力，这与电荷运动成正比。最后，使用足够高频率的 AC 电流避免电荷聚集。用这三种方法后，没有观察到电极附近的电荷聚集。事实上，使用非铂黑电极的实验得到的电导率是这里得到的近 10 倍[27]。

使用 AC 电导率测量有更重要的优点。通过使用 AC 电位，等价电导率表示系统 RC 电路的衍生量。在沥青质溶液中，这个衍生量通过电容改变而不是电阻改变来预测，因为媒介是高电阻有机溶剂。如果我们推测，改变沥青质浓度一定会改变等价 RC 电路的电容，然后可以推导导电率和浓度间的关系，并且由实验计算出。如果沥青质聚合体开始于电容变化的不连续性，人们也许可以通过简单测量合适频率的等价电导率检测它，该频率对聚合体尺寸很敏感。这项工作的推导是必不可少的。

我们使用从 Alberta 沥青中得到的沥青质，阐述了合适 AC 频率范围的等价导电率能够检测甲苯中沥青质聚合体和加入庚烷的沉淀。我们相信这个想法是合理的。基于这个想法的实验数据显示，Alberta 沥青衍生的沥青质的聚合起始浓度是 120mg/L，在之前表面张力工作和最近的激光热透镜和超声工作报道的范围内。我们相信这个方法是合理的，实验程序是可信的，结果是可靠的。

在第二部分，详细描述了实验步骤，包括使用阻抗和甲苯介电常数的仪器校准。第三部分介绍了我们选择这一理论的简单讨论。第四部分给出了甲苯沥青质聚合体和甲苯/庚烷混合物中沉淀的结果。第五部分讨论了 AC 电导率技术的结果和合理性。

10.2 实验

10.2.1 样品

本研究中使用的沥青质是用传统分离技术从 Alberta 沥青中得到的。戊烷和沥青按 40：1(体积：质量)比例混合，在室温下恒定搅拌 4h。然后用 0.25 μm 孔径的滤纸过滤。滤过固体在氮气中烘干至恒重。

在测量电导率之前，粉末状沥青质再次溶解于所选溶剂中(甲苯，庚烷或者两者混合物)。所有溶剂是 Sigma-Aldrich 提供的试剂级。

10.2.2 仪器

使用 Hewlett-Packard LF4192 impedance analyzer 进行低频率导电率测量。Teflon 和 Pyrex 制作的自定义电池作为外屏蔽进行这些测量。电极线长度减小到它们的最小值，以使电容影响最小化。电极是 4 平面铂黑电极，有 1mm 间隙，总表面积是 $9cm^2$，电池常数是 0.001，适用于石油类系统。电极贡献的电容通过标准开关测量补偿，作为校准的一部分。另一个考虑的因素是由于样品保持器的夹子导致的场不均匀性。为了避免它的影响，对称放置一个圆柱形铝屏蔽以定义场边界。在场边界内电池附近使用没有本地化的金属部件。甲苯样品用作 5~13Hz 的校准曲线，以确保测量电池构造中这个频率范围是电容常数。

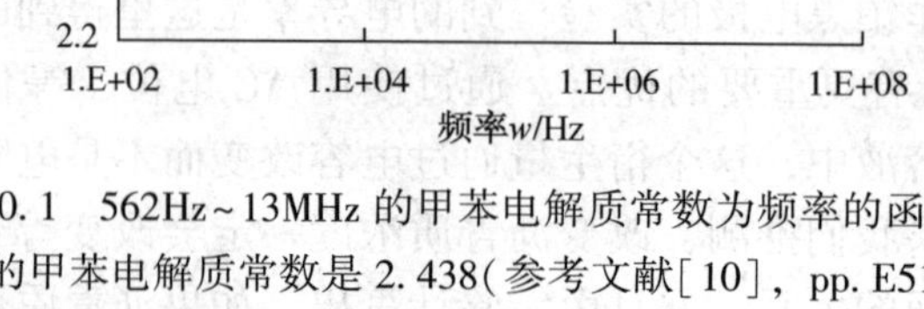

图 10.1　562Hz~13MHz 的甲苯电解质常数为频率的函数。
已发表的甲苯电解质常数是 2.438(参考文献[10]，pp. E51-E53)

10.2.3 测量

仪器设置为并联电路模式，因为电阻超过 25kΩ 时，串联模式的灵敏度减少，此时并联模式能提供更好的灵敏度。此外，并联模式适用于渗流模型系统，如沥青质溶液。

应用电极的电位设置为 0.5V，用甲苯为标准溶液校准频率从 562Hz ~ 13MHz。在测量前，电极的电阻和电容用标准开关电路法校准。首先，电容测量时，电极空负荷开放，乘以电池常数。这个测量值存储到 LF4192 单元作为自动电容补偿。第二，仪器测量电阻贡献时电极关闭，再次存储到 LF4192 单元作为电阻补偿。根据电极补偿测量，甲苯测量在 562Hz ~ 13MHz。得到的介电常数在已发表值的 3%内。图 10.1 显示了结果。所需的其他校准曲线是阻抗曲线，如图 10.2 所示。所有测量样品通过并联电路模式的甲苯贡献进行标准化。

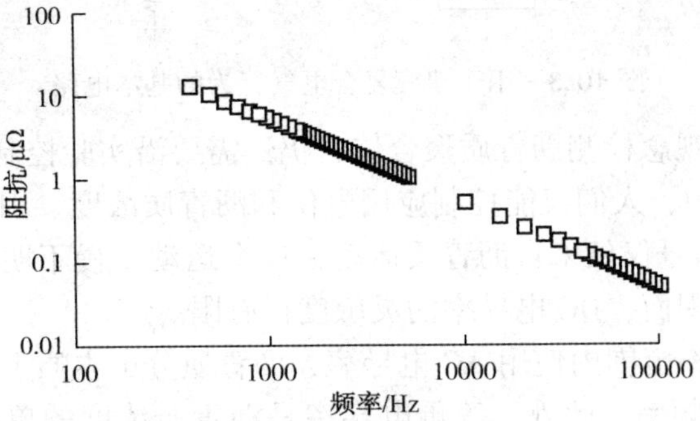

图 10.2　25℃时甲苯的阻抗

10.3　理论

对于复合材料，建立的频率确定的电反应模型通常以两个基本电路开始，即图 10.3 所示的串联和并联。

取电容器 C 的电导率为 $j\omega c$，复杂电导率 $G(\omega)$ 表述为：

$$G(\omega) = \frac{(R_1 + R_2 + \omega^2 R_1 R_2^2 C_p^2) + j\omega R_2^2 C_p}{(R_1 + R_2)^2 + (\omega R_1 R_2 C_p)^2} \tag{10.1}$$

这是并联电路的(图 10.3)。

$$G(\omega) = \frac{\omega[\omega(R_1 + R_2) C_s^2 + jC_s]}{1 + \omega^2 (R_{11}^2 + R_2^2) C_s^2} \tag{10.2}$$

这是串联电路的(图 10.3)。式(10.1)和式(10.2)中，R_1代表溶剂的阻抗，R_2是分散组分的电阻，C_p和 C_s对应为并联和串联线路系统非导热组分产生的保温效应。

在 2D 随机网络模型中，如果假设掺杂材料代表电阻(导电材料)，同时保温材料(溶剂)是电容，电容(分散组分)占据一个点的可能性是 P，然后可以模拟一个频率决定的电导率[28]。

沥青质聚合体 AC 电导率应用的主要问题是怎样用合适等价电路代表沥青质系统。上面的式(10.1)和式(10.2)提供了复合材料的基本信息。然而，认识沥青质分子在溶液和沥青质聚合中扮演的角色是很重要的。根据式(10.1)并对应式(10.2)作为下面结构模型的基础。

在沥青质溶液中，主要组分是溶剂分子，例如，甲苯，沥青质是分散在甲苯分子“海洋”中的“外来”分子。因为甲苯分子有很低的电导率，但是能连接一个电极到另一个(它是主要组分)，它应该被作为电阻建模。另一方面，沥青质分子是分散的，假设彼此没有连接。这相当于电子从沥青质分子的一边移动到另一边的“障碍”墙，除非障碍运动。如果我们应用一个足够高频率的 AC 到系统中，然后沥青质分子被假设是固定的，从而变成绝缘体阻碍电子运动。这与加不导电微观粒子到导电系统相似。如果人们构想了这个模型，串联电路符合这个描述。然而，在连续“孔道”(渗流)中甲苯分子连结他们自己从一个电极到另一个。因此，应该建立图 10.3 所示的一个“渗流”并联电路。

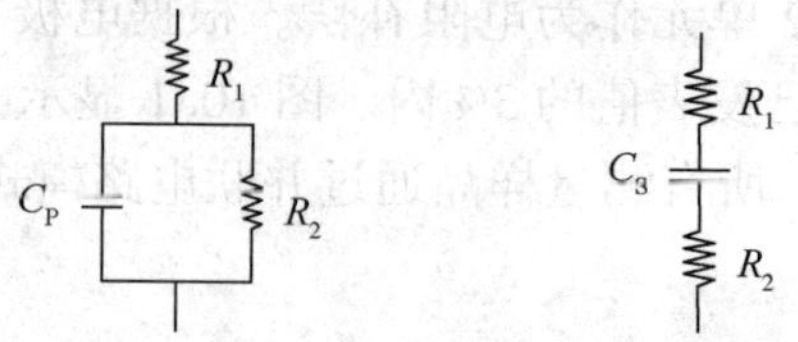

图 10.3　用于建模复合电气行为的基本电路

为了使用等价电路观念检测沥青质聚合体，仍然需要沿实验控制参数的电导率的函数变化。在 DC 电导率实验中，人们仅能控制应用电位和沥青质浓度。因为有机溶剂有很低的传导性和介电常数，DC 信号仅仅来自沥青质运动，这个运动太慢不明显，沥青质分子携带的电荷太弱不能检测出。因而，DC 电导率的灵敏度很有限。

正如人们在合适频率范围内使用 AC 电导率，沥青质分子本质上是停滞的，等价电导率取决于式(10.1)描述的频率。此外，等价电导率是沥青质浓度的单调递减函数，类似于电解质溶液。检测沥青质聚合体的主要问题是等价电导率更依赖频率还是沥青质浓度。就是说，那个参数可以提供更灵敏的测量。我们选择基于以下反应的浓度轴。随着沥青质浓度增加，但小于自聚合开始浓度，等级电导率持续减小，因为引入了越来越多的“单个绝缘体”。这也减慢了电子运动，由于并联电阻中越来越多的电容作为单个单元电路。然而，当它们“叠加”(或聚合)绝缘体的数量减小会导致更小的电阻，因而，减慢了等价电导率的减量。因而我们预测，当沥青质浓度从低于临界浓度增加到其以上时，沿浓度轴发生斜率的变化，临界浓度处沥青质单体发生聚合。

如果选择频率轴，式(10.1)和式(10.2)在较大低频率处，真实部分像 ω^2，虚部分像 ω。结果，使用 DC 或 AC 作为频率函数的电导率测量不能应用到检测聚合体行为上。明显的，浓度轴更明显，提供合适的选择频率，以至于沥青质的运动能被忽视。如果频率太高，在沥青质分子内发生了从费米水平开始的电子跃迁，导致导电率的功率规则依赖性作为频率 ω 的函数。这产生了等价电导率的复杂性，因为它变为有电阻的并联中的导体(沥青质)，以及这个频率分子形似或聚合体形式沥青质的电导率。因而，不能分辨单体和聚合态。这或多或少表明，在太高频率范围内，电导率不能携带聚合体相关的参数。

为了建立等价电导率模型，我们取渗流电路(图 10.3 的并联模式)中关于 C(电容，沥青质浓度)的偏导数。得到的简单代数函数形式表示 AC 导电性真实部分的改变比例，见式(10.3)。为了简化，我们假设 $R_1=0$ 和 $R_2=R$

$$\frac{\partial ReG(\omega)}{\partial C}=\frac{2R\omega^2 C}{1+\omega^2R^2C^2} \tag{10.3}$$

式(10.3)显示在高频率处，这个函数行为为 $1/C$，然而，在低频率范围，它是 ω 决定的。式(10.3)能被近似实验，通过等价电导率，简单划分用沥青质浓度测量的电导率。唯一的区别是 AC 等价电导率对应传统的。我们用式(10.3)检测沥青质聚合体和加入非溶剂的相分离。

图 10.4 和图 10.5 显示了 2 个频率下式(10.3)的理论图，假设在电容(或浓度)范围内没有聚合或相变。图 10.4 和图 10.5 中的曲线根据 $R=25\text{M}\ \Omega$(甲苯中沥青衍生沥青质浓度为

352mg/L 时测量的电阻）计算，作为 10~100pF 的电容的函数。这包括了典型沥青质/甲苯系统的范围（25~50pF）。得到正确范围很重要；此外，可能发生双层形式。此外，由于聚合体的断点可能被忽视。

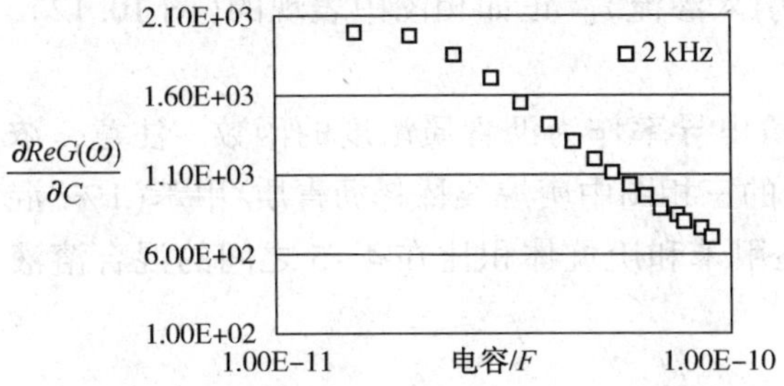

图 10.4　低频处计算的电导率为电容的函数

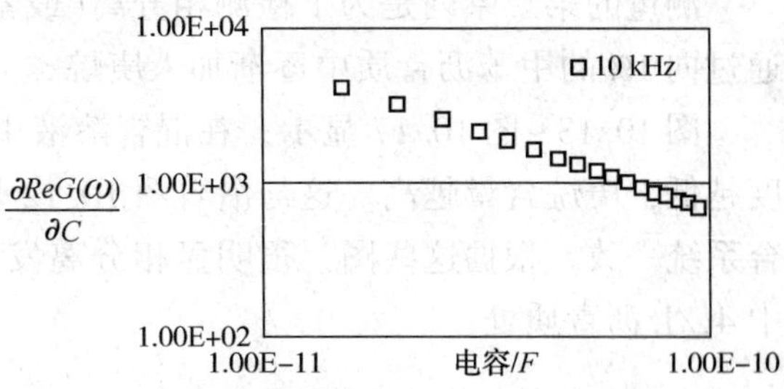

图 10.5　高频处计算的电导率变化为电容的函数

人们可以看到 2kHz 和 10kHz 的不同函数形式。这些曲线没有考虑聚合，聚合可能完全改变函数形式。如果假设沥青质分子没有明显改变整理电阻。那么式（10.3）仅代表电容影响。在这种情况下，当沥青质分子聚集时，等价电路的电容将减小，导致图 10.4 和图 10.5 中电导率的减小速率随电容增加而减少。

10.4　结果

图 10.6 显示了各种沥青质浓度的沥青沥青质电导率真实部分为 AC 频率的函数。观察到 2 种基本趋势。一种是电导率增加作为频率和浓度的函数。另一种是低频率范围电导率随浓度增加，但是高频率范围或多或少依赖浓度。不管渗流或非渗流模型频率依赖性都与式（10.2）和式（10.2）预测的一致。至于低频率范围的电导率行为，用频率作为式（10.2）和式（10.2）中表示的主要参数来提取信息，这是不明显的。如果用等价电导率得到的式（10.3）和近似，在 120mg/L 处可以观察到明显的不连续，如图 10.7 所示。

图 10.7 的曲线至少在定性上和式（10.3）吻合的很好。在 120mg/L 以上，斜率几乎为常数，这是这一浓度沥青质分子聚集的一个有力证据。注意到，这是 4kHz。根据式（10.3），人们期望 120mg/L 处的断点随频率增加消失。

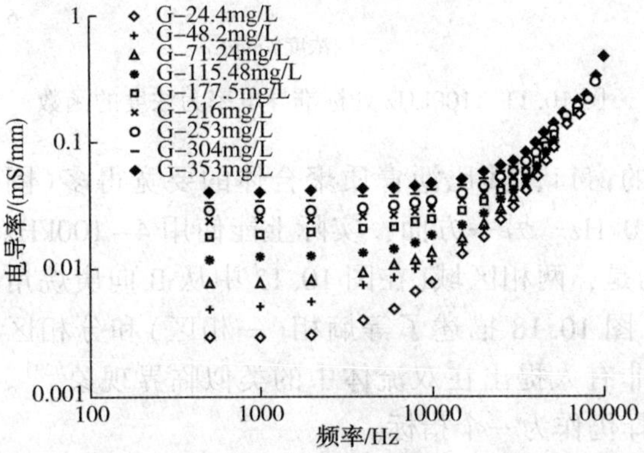

图 10.6　不同浓度处导电率为频率的函数

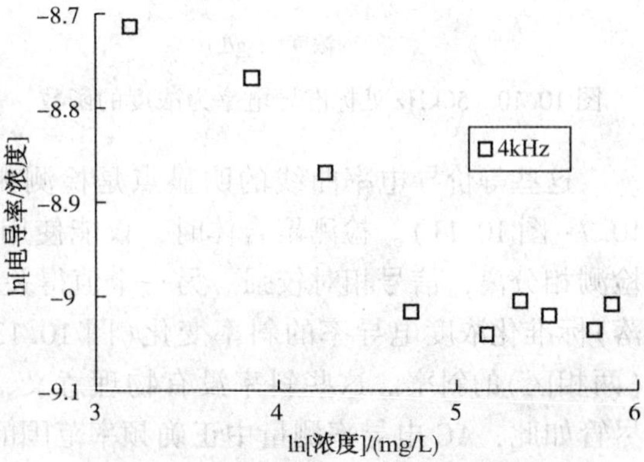

图 10.7　4kHz 处标准电导率为浓度的函数

图 10. 8～图 10. 11 显示了这个趋势。在 100kHz(图 10. 11)，没有观察到断点，基本行为与式(10. 3)预测的一致。这表明，为了得到聚合体信号，应该小心设计实验。如果使用高于 100kHz 的任何频率，都很容易忽视聚合体，这在很多 AC 电导率测量中频繁使用。

测量的第二系列是为了检测相分离(或絮凝引入渗流)。正如相图中表现的(图 10. 12)，通过向 1%的甲苯沥青质中逐渐加入庚烷。

图 10. 13～图 10. 17 显示，在混合溶液中等价电导率作为沥青质浓度的函数。注意，浓度越低，庚烷含量越高。这与沿着图 10. 12 显示的三相图中庚烷线稀释沥青质/甲苯(1%)混合系统一致。根据这些图，很明显相分离发生在甲苯和庚烷体积比在 4～5 之间的混合溶液中 4g/L 沥青质处。

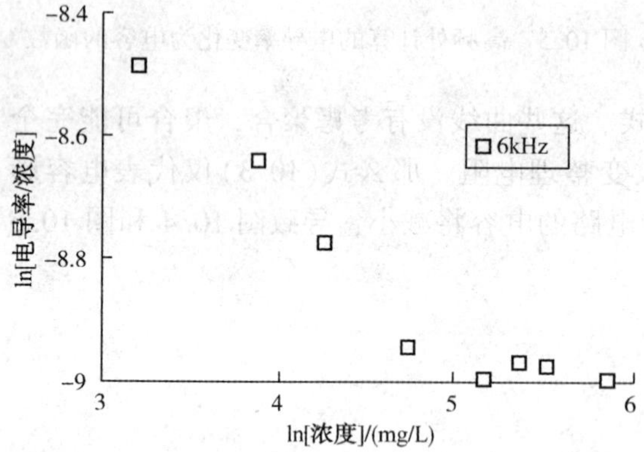

图 10. 8　6kHz 处标准导电率为浓度的函数

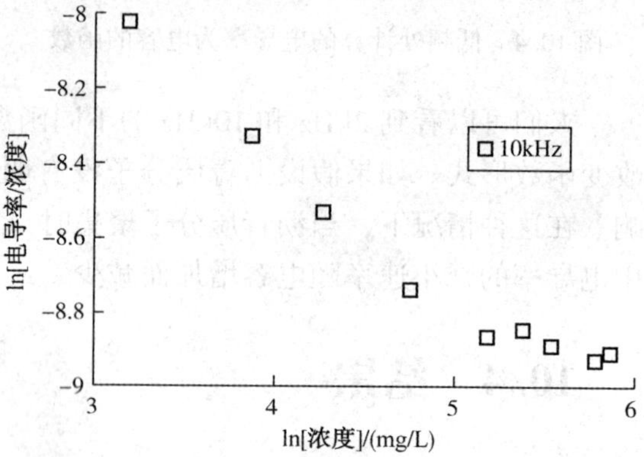

图 10. 9　10kHz 处标准导电率为浓度的函数

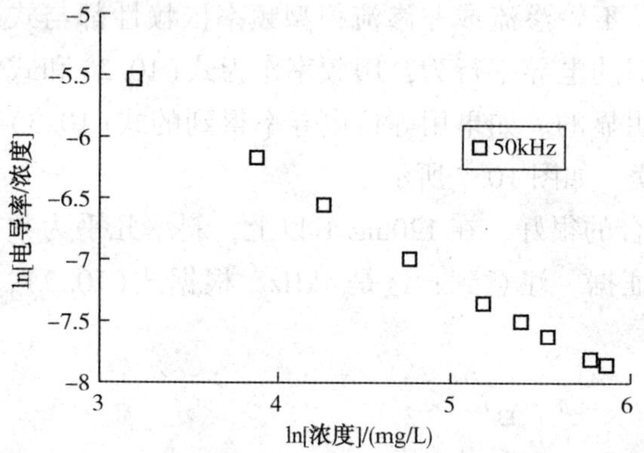

图 10. 10　50kHz 处标准导电率为浓度的函数

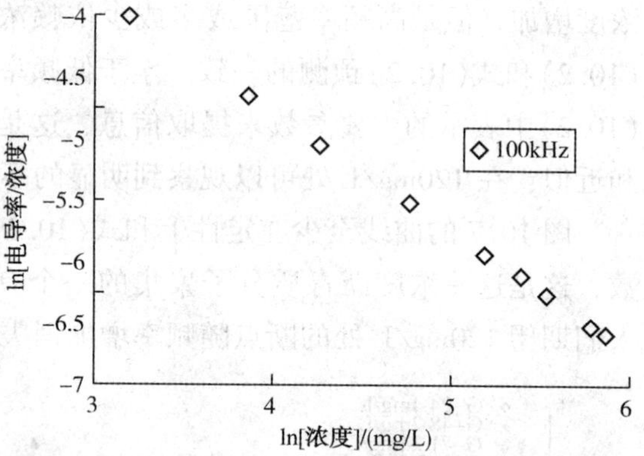

图 10. 11　100kHz 处标准导电率为浓度的函数

这些等价导电率曲线的明显点是检测相变的窗口，其比沥青质聚合体的要宽得多(图 10. 7～图 10. 11)。检测聚合体时，仅能使用到 10kHz。另一方面，实际上能使用 4～100kHz 检测相分离，信号相对较强。另一个值得关注的是，两相区域(在图 10. 12 中从 B 向庚烷角落)标准化浓度电导率的斜率变化(图 10. 13)。图 10. 18 描述了等熵相(一相区)和分相区(两相区)的斜率。这些斜率没有物理意义，除非有人提出在双流体中的类似临界现象[29]。尽管如此，AC 电导率测量中正确频率范围的选择仍作为一个指标。

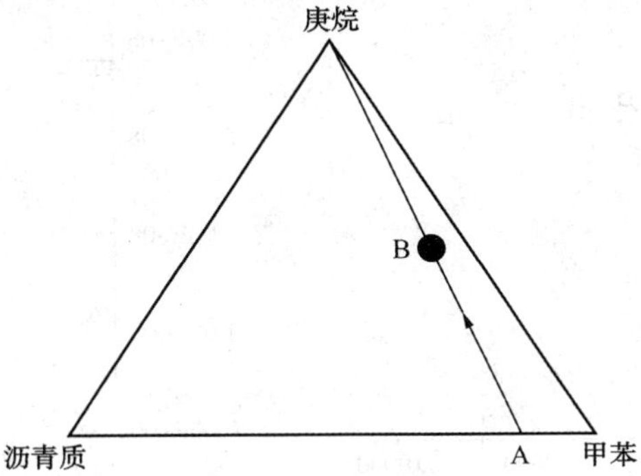

图 10.12　三组分沥青质三元系统。A 点为原溶液(甲苯中 1%沥青质)，沿 AB 线稀释。系统在 B 点处经历相分离(4g/L)

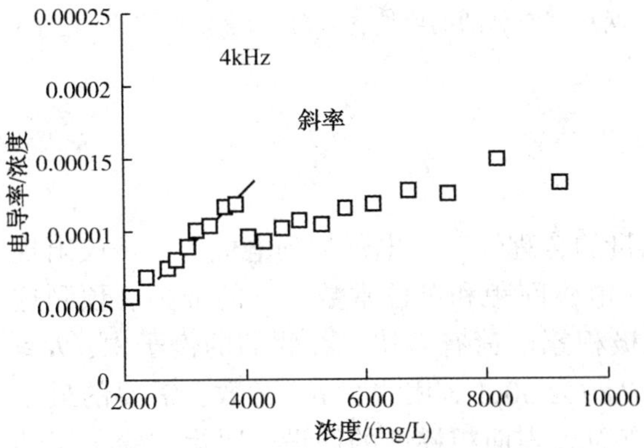

图 10.13　加入庚烷，标准电导率为沥青质浓度的函数(见图 10.12 的稀释线)

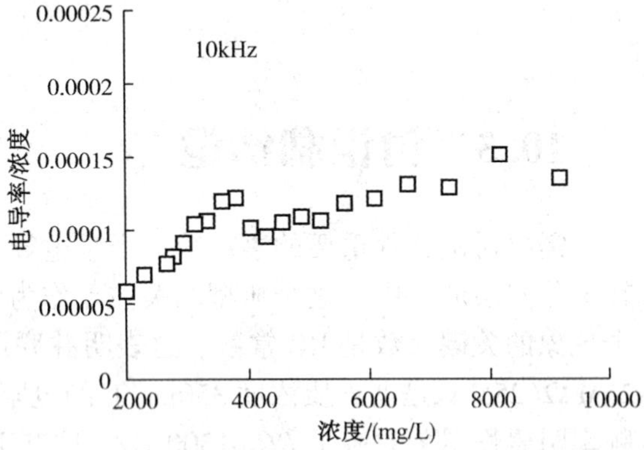

图 10.14　10kHz 处与图 10.13 相同

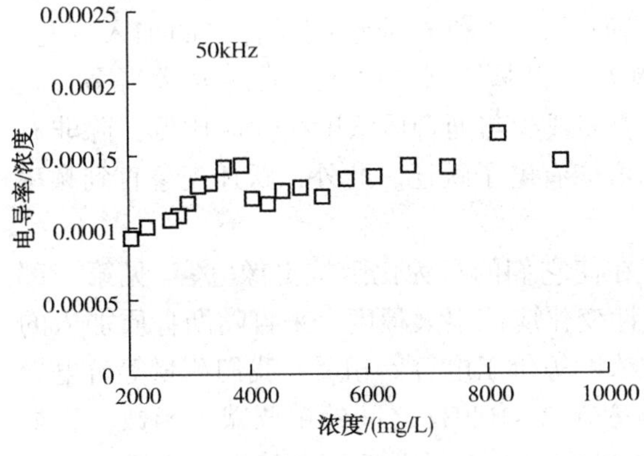

图 10.15　50kHz 处与图 10.13 相同

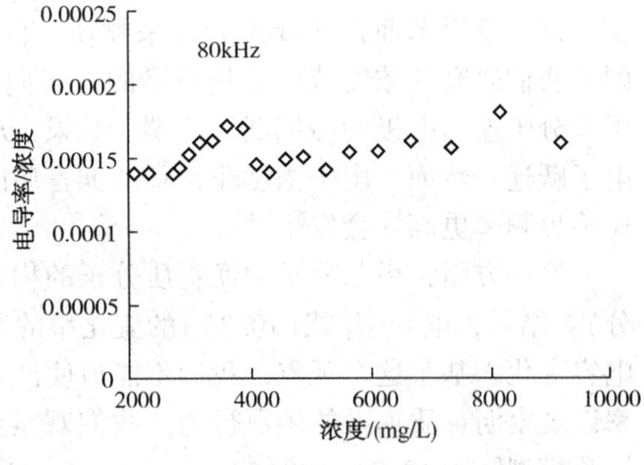

图 10.16　50kHz 处与图 10.13 相同

图 10.18 中，可以清晰看到频率变化时斜率的演变。与聚合研究相似，我们能找到相分离研究的合适频率范围。基于图 10.13～图 10.17，这个范围能从 4～100kHz。然而，如果使用图 10.18 选择频率范围，4～30kHz 可能更理想，因为在一相区和两相区的斜率间有足够差异。

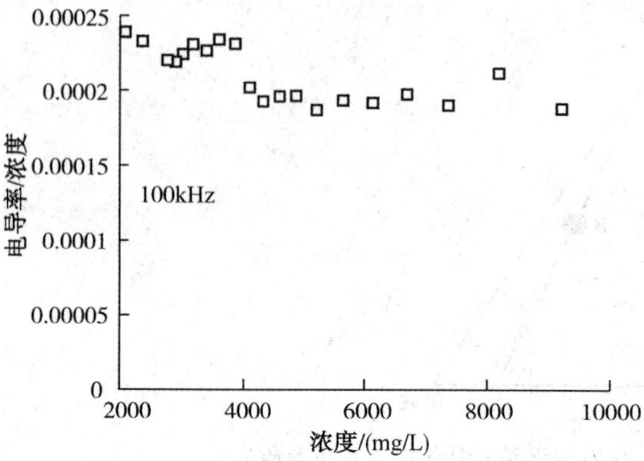

图 10.17　100kHz 处与图 10.13 相同

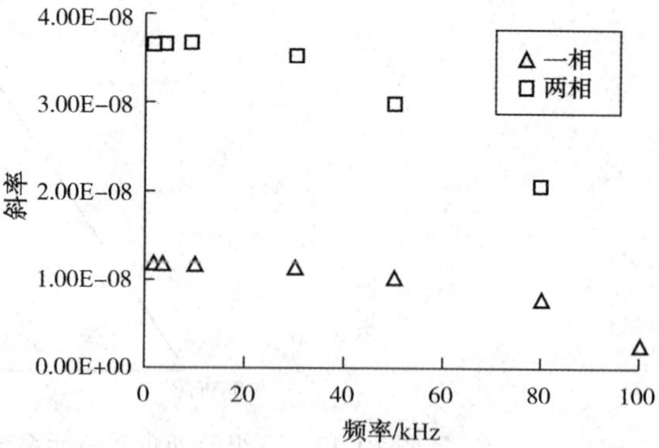

图 10.18　两个区域的斜率。一相区是高含量甲苯的高沥青质浓度(图 10.12 中 A 和 B 间或>4g/L)，两相区有高的的庚烷含量(B 和庚烷角间或<4g/L)

10.5　讨论和结论

需要讨论 2 件重要的事。第一个是电导率测量的合理性。当电位加到电极上，争议出现在电位双层形式中。这个典型的关注点作为电极-电极间距和单位常数设置的准则。预测这个现象的关键参数是 RC 常数。这表明并联层电极积累电荷有多快。在我们的例子中，$R \geqslant$ 25M Ω(25M Ω是沥青质浓度 350mg/L 的电阻)，C 约为 30pF。用这个 RC 常数，需要的最小频率阻碍积累，对应 $1/RC$ ~1300 Hz。这基于没有引入表面粗糙度的假设。因为实验中用的电池是铂黑的，其具有更大的表面积，可用的最低频率远低于 1300Hz。还有，我们选择 4kHz 以避免任何可能的积累。因此，选择频率范围(>4kHz)内的电荷积累应该不是问题。

第二个问题是关于沥青质浓度的增加等价于电容增加的假设。这个假设基于这样的事实，即对于甲苯而言沥青质为外来物质。因而我们提出 R 和 C 应该随沥青质的加入变化。因为我们研究的浓度范围是相对稀的，我们预测 R 由甲苯控制，比沥青质的 R 大得多，且甲苯分子连结电极的一端到另一端。结果，R 应或多或少与沥青质浓度线性成比例，除非有电子跃迁。然而，由于浓度非常稀的沥青质间不可能有电子跃迁。此外，跃迁现象直到频率比临界频率更高才会发生[30]。

另一方面，甲苯分子中沥青质分子的物理存在使它们的行为比阻抗更像电容(见第三部分)。结果，电导率[式(10.3)]的变化率的非线性变化应该很大程度上来自随沥青质加入的电容变化。基于这个观点，我们不能迫使沥青质浓度等价于电容。相反，我们测量等价电导率以观察沥青质加入的函数行为。我们观察到频率在 2 ~10kHz 之间的单调减小函数，正如渗流模型[式(10.3)]预测的。当我们进一步增加频率时，电子跃迁逐渐发生，克服了电容的影响，如图 10.6 和图 10.11 所示，其中我们阐述了频率在 75kHz 以上，浓度和电导率无关。

为了揭示电导率对沥青质浓度的依赖性，我们仅研究了 4 ~10kHz 的频率范围。通过绘制等价电导率图，我们观察到类聚集行为。我们相信这是真实现象，仅当频率出现在正确范围才能观察到。

另一个值得关注的点是如果遵循 CMC 工作，用于 CMC 测定的等效电导率的普及[7,8]。

在我们的例子中，除了我们使用的AC电导率，这是近似相同的方法，而不是标准DC电导率测量。特别当电导率是高的时候，DC电导率测量通常经历电极附近的电荷沉积。这就是为什么很多电导率电池使用铂黑电极，以使表面粗糙[21]。这里用的电极的电池常数是0.001，用电解质溶液校准，研究应用的范围包括了沥青质溶液的。CMC检测的电导率测量不像表面张力那样普遍是因为表面活性剂有非常大的表面活性，这使表面张力是很敏感的技术。相反，沥青质和之前从吡啶中观察到的表面活性不同[1]。因而，人们不能改正整体的表面张力测量。就是说，当沥青质分子在整体中聚集，人们不能测量大量的表面张力转变。因而，应该寻找整体技术以检测整体变化，或者选择正确的溶剂，相对沥青质有更高的表面张力，使得在特定系统中有更大的表面活性。

最后讨论的点是沥青质分子量的VPO测量。已报道的大多数VPO工作从几千到几万。因为VPO仅能在120mg/L以上的浓度运行，我们预测，VPO测量的分子量是聚合体的平均分子量，不是沥青质分子。

结论，我们评价了使用等价AC电导率测量沥青质聚合体和相分离的可能性。这是一项整体技术，适用于检测整体变化。得到的结果让我们相信，这是检测沥青质聚合体和溶液最初相变的合适技术。然而，需要小心选择频率范围。

10.6 展望

AC电导率技术应该对于其他沥青质和石油系统进一步评估。然而，我们相信这是很好的开始，潜在有益于石油研究领域，需要简单的表征技术。使用这个技术的关键点是找到正确的频率范围，进行正确的系统校准。

参 考 文 献

[1] Sheu, E. Y. (1995). Colloidal properties of asphaltenes in organic solvents In: E. Sheu and O. C. Mullins (eds.), *Asphaltene -Fundamentals and Applications*. Plenum, New York.

[2] Acevedo, S., M. A. Ranaudo, J. C. Pereira, J. Castillo, A. Fernandez, P. Perez *et al.* (1999). Thermooptical studies of asphaltene solutions: Evidence for solvent solute aggregate formation *Fuel* 78, 997.

[3] Andreatta, G., N. Bostrom, and O. C. Mullins (2006). *Ultrasonic spectroscopy on asphaltene aggregation*. In: O. C. Mullins, E. Y. Sheu, A. Hammami, and A. G. Marshall (eds.), *Asphaltene*, *Heavy oils and Petroleomics*. Springer Academic Press, New York.

[4] Ferworn, K. and W. Svrcek (1998). Characterization and phase behavior of asphaltenic crude oils. In: O. C. Mullins and E. Y. Sheu (eds.), *Structures and Dynamics of Asphaltenes*. Plenum, New York.

[5] Pfeiffer, J. P. and R. N. Saal (1940). Asphaltic Bitumens as a colloidal system *J. Phys. Chem.* 44, 139.

[6] Yen, T. F. (1988). In: M. Grayson and J. I. Krochwitz (eds.), *Encyclopedia of Polymer Science and Engineering*, 2nd edn., Vol. 1. Wiley, New York.

[7] Rosen, M. (1989). *Surfactant and Interfacial Phenomena*, 2nd edn. John Wiley and Sons, New York.

[8] Hiemenz, P. C. (1977). *Principle of Colloid and Surface Chemistry*. Marcel Dekker, New York, pp. 284-285.

[9] Tanford, C. (1980). *The Hydrophobic Effect*, 2nd edn. Wiley, New York.

[10] Israelachvili, J. N., D. J. Mitchell, and B. W. Ninham (1976). Theory of self-assembly of hydrocarbon amphiphiles into micelles and bilayers. *J. Chem. Soc.*, *Faraday Trans. II* 72, 1525-1568.

[11] Andersen, S. I. and S. D. Christensen (2000). The critical micelle concentration ofasphaltenes as measured by calorimetry. *Energy Fuels* 14, 38.

[12] Andersen, S. I., J. M. del Rio, D. Khvostitchenko, S. Shakir, and C. Lira-Galeana (2001). Interaction and solubilization of water by petroleum asphaltenes in organic solution *Langmuir* 17, 307.

[13] CRC table. (1989-1990). *Handbook of Chemistry and Physics*, 70th edn. Robert C. Weast, David R. Kide, Melvin Astle, and William Beyer, CRC press, Boca Raton, FL, pp. F33-F35.

[14] Loh, W., R. S. Mohamed, and A. C. Ramos (1999). Aggregation of asphaltenes obtained from a Brazilian crude oil in aromatic solvents *Pet. Sci. Technol.* 17, 147-163.

[15] Ramos, A. C. D., L. Haraguchi, F. R. Notrispe, W. Loh, and R. S. Mohamed (2001). Interfacial and colloidal behavior of asphaltenes obtained from Brazilian crude oils *J. Petroleum Sci. Eng.* 32, 201-216.

[16] Bouhadda, Y., D. Bendedouch, E. Sheu, and A. Krallafa (2000). Some preliminary results on a physico-chemical characterization of a Hassi Messaaoud petroleum asphaltene. *Energy Fuels* 14(4), 845-853.

[17] Yen, T. F. (1972). Present status of the structure of petroleum heavy ends and its significanceto various technical applications. *Am. Chem. Soc.*, *Div. Petrol. Chem. Prepr.* 17(1), F102-114.
[18] Yen, T. F. (1981). Structural differences between asphaltenes isolated from petroleum and from coal liquid. In: Chemistry of Asphaltene. Advance in Chemistry seris 195. American Chemical Society, New York.
[19] Brandt, H. C. A., E. M. Hendriks, M. A. J. Michels, and F. Visser (1995). Thermodynamic modeling of asphaltene stacking. *J. Phys. Chem.* 99, 10430.
[20] Yudin, I. K., G. L. Nikolaenko, E. E. Gorodetskii, V. R. Melikyan, E. L. Markhashov, V. A. Agayan, M. A. Anisimov, and J. V. Sengers (1998). Crossover kinetics of asphaltene aggregation in hydrocarbon solutions. *Physica A*, 251, 235-244.
[21] Radiometer analytical technical note. (2004). *Conductivity--Theory and Practice* D61M002, Radiometer Analytical SAS, France 2004-05B.
[22] Jalali, F., M. Shamsipur, and N. Alizadeh (2000). Conductance study of the thermodynamics of micellization of 1-hexadecylpyridinium bromide in (Water + Cosolvent). *J. Chem. Thermodynamics* 32, 755-765.
[23] Sui, G. P., S. R. Coppen, E. Dupont, S. Rothery, J. Gillespie, D. Newgreen *et al.* (August 2003). Impedance measurements and connexin expression in human detrusor muscle from stable and unstable baldders. *Br. J. Urol.*, *Int.* 92(3), 297.
[24] Armstrong, C. M. (March 1999). Distinguishing surface effects of calcium ion fromporeoccupancy effects in Na^+ channels. *Physiology. Proc. Natl. Acad. Sci.* 96, 4158-4163.
[25] Pourghobadi, Z., F. Seyyed-Majidi, M. Daghighi-Asli, F. Parsa, A. Moghimi, M. R. Ganjali *et al.* (2000). Synthesis of a new triazine derived macrocycle and a thermodynamic study of its complexes with some transition and heavy metal ions in acetonitrile solution. *Polish J. Chem.* 74, 837-846.
[26] Ogata, A., Y. Tsujino, and T. Osakai (2000). Selective hydration of alkylammonium ions in nitrobenzene. *Phys. Chem. Chem. Phys.* 2, 247-251.
[27] Kang, K., H. Kim, K. Lim, and N. Jeong (2001). Mixed micellization of anionic ammonium dodecyl sulfate and cationic octadecyl trimethyl ammonium chloride. *Bull. Korean Chem. Soc.* 22(9), 1009.
[28] Sen, A. and A. Gupta (1998). Frequency-dependent (AC) conduction in disordered composites: A percolative study. *J. Cond. Matt. Phys.* 2(6), 282.
[29] Fisher, M. E. (1967). The theory of equilibrium critical phenomena. *Progr. Phys.* 30(Part II), 615.
[30] Sheu, E. Y. and O. C. Mullins (2004). Frequency-dependent conductivity of utah crude oil asphaltene and deposit. *Energy Fuels* 18(5), 1531-1534.

(Eric Sheu, Yicheng Long, Hassan Hamza)

第 11 章　扩散测量中石油的分子组成和动力学

11.1　简介

我们举例讨论了使用 NMR 扩散测量的分析方法，能得到关于分子量、分布和动力学的信息。链长度和扩散常数的尺度关系被推导和测试，用很多样品进行扩散测量，包括饱和烃含量很高的原油。也测量得到沥青质扩散常数为沥青质浓度的函数，表明了浓度约为 0.2g/L 的沥青质聚合体形式，并且得到单个沥青质分子和聚合体的尺寸。本章中讨论的例子和方法为原位原油特征的基础。

原油是包含广泛范围的形状和尺寸的分子的复杂混合物[1-3]。它们包括相对简单的链状的烷烃分子，沥青质是复杂的且彼此相互作用剧烈[4]。成分决定原油的性质，如黏性和相行为。这些性质对于石油的生产十分重要。例如，重油成分能够析出堵塞地层和井，决定了原油怎样开采到地表。

为什么表征原位石油组分也是重要的，有几个原因。第一，流体的很多性质取决于温度和压力，因此它对于井下测量是有利的。在某种情况下，从井下开采和运输到实验室分析，石油样品甚至经历了不可逆变化。第二，已报道的油藏中的流体组分表现出大的异质性和强的组分梯度[5]。因为井下测量在很多不同位置进行，它们可以更好地表征油藏。一些分析技术，如高分辨率 NMR 光谱、气相色谱和质谱，需要精密仪器，现在还不适用于场地应用。相反，NMR 扩散测量方法对于流体分型[6]是有吸引力力的方法，因为它们是无损的且已经在测井中使用[7-9]。在这章中，我们展示了使用扩散表征组分的几个应用。

已知，分子扩散常数(D)取决于分子尺寸[10]。在混合物中，小分子通常比大的扩散的快。所有分子的扩散常数也取决于所有分子创造的普通流体环境。因而，混合物中分子的尺寸分布应在扩散常数的分布中反映出来，即使这个关系不总是简单的。另外，当物质分子尺寸改变时，例如，分子的自聚合期间，这种改变也通过扩散常数反映出来。因而，扩散常数的分布和它的变化也被用于描述混合物中物质间的动力学过程。

本章中，我们集中在流体分析中分子扩散的两个方面。首先，我们显示了怎样使用高烷烃石油中扩散常数的贡献来决定组分。即我们从扩散数据中提取链长度的分布。其次，我们展示了扩散常数的分布和改变怎样反应在溶液中沥青质分子的自聚合动力学。

11.2　分子扩散的通论

分子的扩散常数取决于它的尺寸和环境液体的性质。例如，溶液中一个实心球的黏度是 η_s，由 Einstein - Stokes 关系[10]给出了这个关系式

$$D = \frac{k_B T}{6\pi\eta_s r} \quad (11.1)$$

式中，r 是球的半径。这个关系表明通过测量扩散常数，可以发现扩散分子的半径，提供已知溶剂的黏度。

式(11.1)应用于球体稀释，且比溶剂分子大得多的情况。随着分子尺寸的减小，例如与溶剂分子相同，一旦分母乘以一个微观黏度因子，这个关系仍然成立。相似的，球发生变形，式(11.1)的分母通过取决于分子形状的因子修正，它仍然有效。

一旦分子有内部自由度，扩散常数仍取决于分子尺寸，但是关系式(11.1)不在成立。例如，长的复杂链分子的多体，已知表现出 D 和链长度的尺寸关系[11-15]。这个关系式为

$$D \propto N^{-\kappa} \quad (11.2)$$

κ 的范围 1/2~2，取决于水力半径效应是否明显，以及链是否缠绕。纯烷基也显示出相似的尺寸关系，$\kappa \approx 2$(参考文献[16-19])。

在混合物中，分子尺寸决定的扩散常数变得更复杂。另外如式(11.1)和式(11.2)中分子尺寸衡量的扩散参数，扩散常数也取决于混合物黏度，反过来，也取决于组分。即使在混合物中，分子的自扩散参数也被分成 2 部分。第一部分取决于分子性质，包括形状、尺寸和刚性。对于多体，扩散常数的这第一部分给出了链长度 N 的能量规则。例如，在自由排放限制中，它反比于 N(参考文献[15])，在水力半径效应存在时，相反，它反比于分子旋转半径[20]，也遵循 N 的能量规则。即使对于较短的链，如烷基，扩散系数和链长度成反比，只要分子中排列的唯一作用力是平移不变的电位。

扩散常数的第二部分取决于整体液体性质，如密度和单体的摩擦系数ξ。其对于混合物中所有分子都是相同的。这表明下面的假设，混合物中第 i 个组分 D_i 的扩散常数：

$$D_i = N_i^{-\nu} g(\{N_i\}) \quad (11.3)$$

式中，$g(\{N_i\})$是混合物中所有组分的函数，与黏度有关。在混合物中这个尺寸行为直接反映了单个链动力学，然而不同混合物中所给组分的 D_i 的任何改变都能反映整体性质。

我们注意到，根据爱因斯坦-斯托克斯方程，式(11.3)能应用于实心球和多体。在扩散粒子稀释，溶剂黏度已知的情况下，扩散常数直接给出了粒子尺寸。在第五部分中，我们使用这种关系以确定甲苯中溶解的沥青质分子和聚合体的尺寸分布。对于混合物，例如熔体或者油类，一种混合物中不同分子的尺寸行为仍然能直接反应单个链的动力学。此外，不同混合物所给组分的 D_i 的变化能反映整体性质，其取决于混合物的所有组分。在第四部分中，我们将使用这 2 种关系来确定烷基混合物和原油中的链长度分布。

11.3 实验方法

扩散常数的测量通常用脉冲场梯度(PRG) NMR 进行[21]。它是无创的且能研究不透光样品。PFG NMR 测量分子的位移为扩散时间 t 的函数。由于布朗运动的均方位移($|r|^2$)与时间 t 线性相关，正比于分子的自扩散常数 D：

$$\langle |r|^2 \rangle = 6Dt \quad (11.4)$$

图 11.1 展示了测量扩散的 NMR 实验的简图。它利用具有 2 个磁场梯度脉冲的受激回波脉冲序列[22]：一个在前两个 90°脉冲之间，另一个在第三个脉冲之后。这 2 个梯度脉冲有相同的振幅 G，持续时间 δ，时间间隔为Δ。第一梯度脉冲的作用是根据样品中分子位置失相

磁化。在随后的Δ期间，分子也发生扩散；第二个梯度脉冲用于聚焦相，产生回波。扩散到其他位置的自旋在Δ时期结束时不能完全再聚焦，因而，回波信号被衰减。给出了梯度振幅 G 存在的信号振幅 I 和沿梯度方向扩散常数 D 间的关系[22]

$$\frac{I}{I_0} = \exp\left[-D(\gamma G\delta)^2\left(\Delta - \frac{\delta}{3}\right)\right] \tag{11.5}$$

式中，I_0是 0 梯度的信号振幅，γ 是旋磁比(质子为 $2.675\times10^8\ \mathrm{T}^{-1}\cdot\mathrm{s}^{-1}$)。在这一序列的共同执行中，Δ和 δ 固定不变的，但 G 是变化的。然后回波信号的衰减被测量为 G 的函数；式(11.5)拟合回波振幅给出了扩散系数。

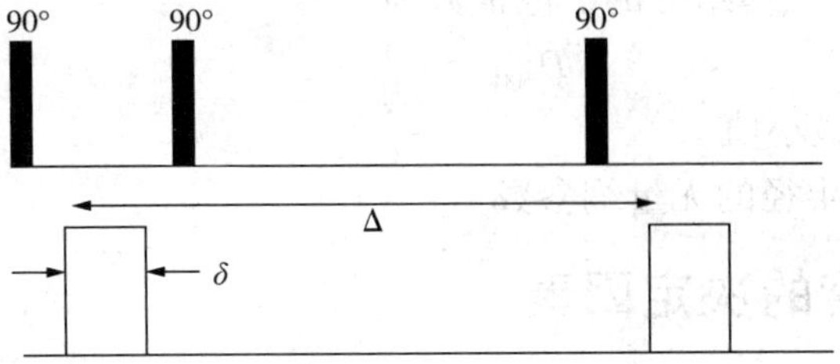

图 11.1 NMR 扩散测量的脉冲序列。梯度脉冲的持续时间 δ 和周期Δ分别为 1.5ms 和 33ms。回波信号的衰减被测量为 G 的函数

在独立扩散物质的混合物中，总信号是所有组分的总和，因此式(11.5)变为

$$\frac{I}{I_0} = \int \mathrm{d}D p(D)\exp\left[-D(\gamma G\delta)^2\left(\Delta - \frac{\delta}{3}\right)\right] \tag{11.6}$$

式中，$p(D)$是扩散常数的分布。扩散质量被定义为 $B = (\gamma G\delta)^2(\Delta - \delta/3)$，因此式(11.6)写为

$$I(B)/I(0) = \int \mathrm{d}D p(D)\exp(-DB) \tag{11.7}$$

在这种情况下，分析数据需要多指数分解。通常用拉普拉斯变换 Laplace inversion 完成。这这些测量中，我们使用定制的扩散探针(Bruker Biospin)，允许应用 1200G/cm(Bruker Biospin)的磁场梯度。

拉普拉斯反转是一个病态的问题，因为它的解是不唯一的，因而它对输入数据的噪音十分敏感。解决病态问题的普通方法是使用叫作正规化的数字技术[23]，这样的算法已经运用到 NMR 中[24-28]。正规化方法能用给定的信噪比提供的稳定反转。对于给定的数据库和噪音，拉普拉斯反转光谱中最小解析结构(或者分散结构)存在限制[28,29]。为了解释拉普拉斯反转的正确结果，关注光谱分辨率是很重要的。

11.4 烷烃混合物

实心球模型和爱因斯坦-斯托克斯方程[式(11.1)]不足以描述石油中的扩散。实心球模型的一个失败例子是通过测量烷基和石油中的扩散和黏度来证明：在 $\lg D$ 和 $\lg kT/\eta$ 图中，无论分子半径如何，所有数据都在一条线上[9,30,31]。这与式(11.1)表明的截距取决于分子半径不一致。

在这部分中，我们将石油模型用烷基混合物代替，考虑此类混合物中分子的自扩散常数 D_i。这个烷基混合物模型在参考文献[32]中有简单描述。一个烷基可以用类似于多体的链

描述，仅仅更短。链长 N 的排列数量和烷基中碳原子数量相同。链的每个排列和它的相邻间相互作用，受到环境液体的布朗力。它也可能受到水动力相互作用。

正如简介中描述的，分子的自扩散系数分为两部分，一个取决于分子的性质，另一个取决于整体液体。然后扩散常数的形式为 $D_i = N_i^{-v} g(\{N_i\})$。我们首先阐明由 N_i^{-v} 给出的混合物中组分间的尺寸行为，然后讨论之后液体 g 的整体性质的依赖性。

原油中也含有甲烷和乙烷那样的气体。这些小分子能够用实心球描述，需要注意的是扩散粒子要有和溶剂分子相同或更小的尺寸。在这种情况下，我们仍然假设，扩散系数大小反比于分子半径，如爱因斯坦-斯托克斯方程，气体分子有相同的内部黏度函数 $g(\{N_i\})$，如在混合物中的其他组分。气体组分的扩散常数为

$$D_{气体} = r_{气体}^{-1} \cdot g \tag{11.8}$$

式中 g——$g(\{N_i\})$ 的最小值；

$r_{气体}$——正比于分子半径的无量纲参数。

11.4.1 链长度的决定因素

根据式(11.3)和式(11.8)，我们猜想在一种混合物中所有分子的 $D_i N^v{}_i$ 和 $D_{气体} r_{气体}$ 都是相同的。我们称这些因素为比例扩散常数(SDCs)。根据一种混合物中所有组分的 SDCs 相同，我们拟合得到 v，$r_{甲烷}$ 和 $r_{乙烷}$ 的值。我们分析了许多二元和三元烷烃混合物的扩散数据。这些混合物包括链长 $N=1\sim30$ 的分子，也有苯和角鲨烯 squalene，共有 207 个数据点。这些数据包括 12 个不同对或三元成分，每组成分有 4 个浓度，大多数样品的每个浓度对应 6 个温度和压力条件。一个参数集内，$v=0.7$，$r_{甲烷}=1.64$ 和 $r_{乙烷}=2.32$，我们发现，如图 11.2 描述的，SDCs 下降至接近 25 个因素的 SDCs 的对角线。

对比烷基和多体融化物的指数 v。例如，已经建立了缠绕长多体物质的 $D \propto N^{-2}$[13,14] 和较短多体融化的 $D \propto N^{-1}$。[15] 对于这些较短的多体物质，Rouse 模型[15] 可以解释比例行为，我将简要回顾这个模型。在 Rouse 模型中[15]，多体被看作 N 段链。键长的高斯分布导致了相邻片段间的弹簧状相互作用。此外，由于周围液体的相互作用每个片段经历了布朗运动。在这个模型中，$D \propto \xi^{-1} N^{-1}$ 即使甲烷太短不能成为高斯链，它们的扩散常数遵循 Rouse 比例，只要片段间的唯一作用力是平行不变电位。然后发现烷基的 $v=1$ 的偏差，是由于片段的相关运动，例如水动力相互作用，不来自平行不变电位。在这种情况下，v 的值反映了链的平衡构型，由于分子性质如链的刚性，包括体积影响。[20] 然后 $v=0.7$ 值与水动力相互作用是一致的，链比高斯链更刚性。

随着链逐渐变长，人们可能期待这个行为接近 Rouse 模型，且 $v \to 1$。然而，对于 C_{12} 和 C_{60} 的混合物[33]，我们测定 C_{60} 的 $v \approx 0.75$，C_{12} 的 $v \approx 0.70$。即使指数随链变长而增加，它仍然在水动力相互作用的局部衰减机制内。在另一个限制中，随着 $N \to 1$，分子变得更刚性，失去它们的分段运动。结果，估计的甲烷和乙烷的半径大于从更大分子中推断出的，从而 $r_{甲烷} > 1$。这个影响对甲烷较强，对乙烷较弱，在庚烷和戊烷的实验误差范围内。

11.4.2 平均链长度和自由体积模型的决定因素

接下来，我们思考函数 $g(\{N_i\}) = \text{SDC}$。在图 11.3 中，我们绘制出了 SDCs 作为很多混合物 $\bar{N}$ 的函数，表明事实上 g 是混合物中 $\bar{N}$ 的函数。这在参考文献[36]中，C_8、C_{12} 和 C_{18}

混合物中观察到。我们这仍然是宽范围混合物的情况，包括升高压力下甲烷或乙烷的混合物，如图 11.3B 所示。在图 11.3A 和图 11.3B 中，SDCs 折叠为一条曲线，为 $\bar{N}$ 的函数。

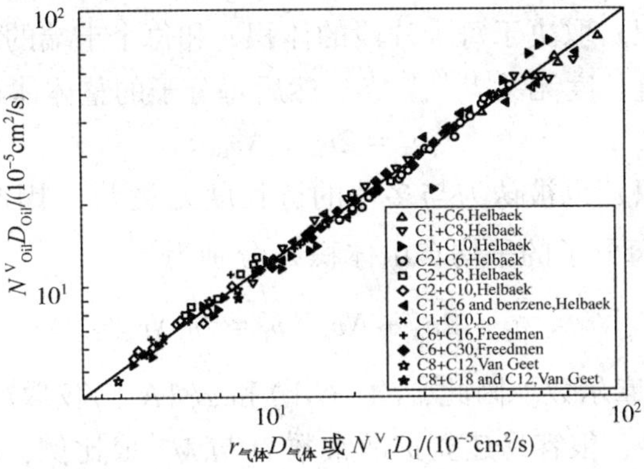

图 11.2　表明二元和三元混合物中 $D_iN_i^{\nu}$ 和 $r_{气体}D_{气体}$ 是常数。

气体组分 $r_{气体}D_{气体}$ 或较轻组分 $N^{\nu}_1 D_1$ 的 SDC 与较重组分作图。黑线是式(11.3)的预测。压力范围 0.1~60MPa，温度范围 25~60℃。甲烷和乙烷(空心符号)混合物数据来自参考文献[34]。C_1~C_{10}混合物的数据来自参考文献[35]，C_6~C_{16}或 C_6~C_{30}混合物来自参考文献[9]，C_8~C_{12}混合物来自参考文献[36]。

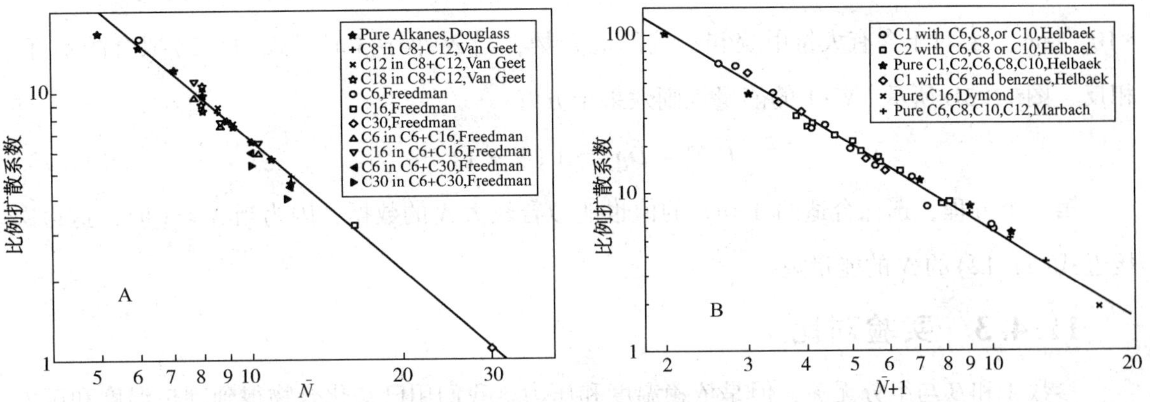

图 11.3 (A)纯烷烃和混合物尺寸扩散常数为平均链长 $\bar{N}$ 的函数。所有数据在 25~30℃和大气压下得到。实黑线表示 C_6~C_{10}纯烷基和 C_8 与 C_{12} 的二元混合物的幂律与平均链长的拟合。与图 11.1 中混合物的数据相同。纯烷基(星形)的数据来自参考文献[16]，纯 C_6、C_{16}和 C_{30}的来自参考文献[9]。

(B)气体组分的尺寸扩散参数是 $\bar{N}+1$ 的函数。数据在 25~30℃和 30MPa 下得到的。黑实线表示二元混合物的幂律与 $\bar{N}+1$ 的拟合。与图 11.1 中混合物的数据相同。纯 C_1、C_2、C_6、C_8和 C_{10}来自参考文献[34]，纯 C_{16}的来自参考文献[37]，纯 C_6、C_8、C_{10}和 C_{12}的来自参考文献[38]

平均链长度的决定因素能被解释为，考虑自由体积模型中链的末端影响[11]。这个模型应用到烷烃中[19]，给出扩散常数

$$D_i = A'N_i^{-\nu}\exp(-E_a/kT)\exp(-B/f(\{N_i\})) \tag{11.9}$$

式中，E_a是分段运动的活化能，认为叠加函数 $B\approx1$ 与链长度无关，A'是常数。vonMeerwall等[19]使用的 Rouse 值是 $v=1$，但是我们将取这些烷基混合物的实验值 0.7。在式(11.9)中，混合物组分的 SDC 的唯一决定因素是自由体积馏分 $f(\{N_i\})$，其中 $f(\{N_i\})$= 自由体积/总体积。烷基每分子体积 v_T取决于每个片段的体积 v_s和每个末端的附加自由体积 v_e。为了很好的近似，这些体积与链长度无关[11,19,39,40]。然后每分子的整体体积给出

$$v_T = 2v_e + Nv_s \tag{11.10}$$

每个片段的自由体积 v_{sf}也被认为与多体的链长度无关[11]。因此，在一个混合物中，每个分子的平均体积 $\bar{v}_T$ 和每分子的平均自由体积 $\bar{v}_f$ 分别为

$$\bar{v}_T = 2v_e + \bar{N}v_s,\ \bar{v}_f = 2v_e\bar{N}v_{sf} \tag{11.11}$$

式中，$\bar{N}$ 是链长度的平均摩尔数。因此，$f(\{N_i\})$ 和 $g(\{N_i\})$ 仅取决于 $\bar{N}$。

对于聚乙烯和纯烷烃，很容易建立扩散常数 D 与 M^{-K}成比例，$\kappa\approx2$[17-19,41]。这意味着，纯烷烃的比例扩散常数 $DN^{-\nu}=g(N)$ 也一定遵循能量规则。换句话说，因为 κ 不等于 v，内部黏度函数也必须遵循 N 的能量规则。因为混合物中的 SDCs 仅取决于 $\bar{N}$，这表明一种混合物中，$D_i N_i^v$ 遵循 $\bar{N}$ 的能量规则。图 11.3A 显示了很好的近似

$$D_i N_i^v = A\bar{N}^{-\beta} \tag{11.12}$$

图 11.3A 中的数据是在 25 ~ 20℃，室压下得到，我们发现 $\beta = 1.62$，$A = 2.73 \times 10^{-3}\ cm^2/s$。对于含有大量甲烷和乙烷的混合物，当 $\bar{N}$ 小于 3 时，式(11.2)拟合的不好。相反，图 11.3B 所示，$\bar{N}+1$ 的能量规则效果十分好：

$$D_i N_i^v = D_i r_i = A(\bar{N}+1)^{-\beta} \tag{11.13}$$

第二个方程，选择合适的 A 和 β 的值也能拟合较大 $\bar{N}$ 的数据，因为当 $\bar{N}\gg1$ 时，这再次接近式(11.12)的 $\bar{N}$ 的能量规则。

11.4.3 实验对比

参数 A 和 β 与组分无关，但是依赖温度和压力。我们用已知化合物得到理想温度和压力下的 A 和 β。更重要的是，一旦 A 和 β 被修正，我们可以通过测量扩散分布直接得到甲烷的任何混合物的平均链长度和链长度分布。特别地，根据式(11.12)，给出平均链长度

$$\bar{N} = (A^{1/v}\ \overline{D^{-1/v}})^{v/v+\beta} \tag{11.14}$$

式中 $\overline{D^{-1/v}}$扩散常数增加到$-1/v$ 能量的平均摩尔数。它可以用扩散分布直接计算。NMR 测量的扩散分布通常用质子数 $p(D_i)$ 表示重量，只要 N_i不太接近 1，这就非常接近质量馏分。在这种情况下，$D^{-1/v}$的平均摩尔数用质子数表示为：

$$\overline{D^{-1/v}} = \frac{\sum p_i}{\sum p_i D_i^{1/v}} \tag{11.15}$$

对于平均链长度，联系式(11.12)给出的 D_i和 N_i间的关系，这些方程可以用来检测任何混合物组分的扩散常数分布。

我们已经应用了比例模型来分子原油样品，图 11.4 是两种样品的结果。如第三部分描

述的，使用传统脉冲场梯度自旋回波技术[21]的核磁共振实验测量扩散常数的分布 $p(D)$。测量了一系列 32 梯度值回波信号，用拉普拉斯反转[27]得到 $p(D)$。

在图 11.4 中，左手边是 2 种不同原油的测量扩散常数分布 $p(D)$。包括超过 85%的大量饱和烃的使用，因此可以应用烷基模型。在右手边，显示了从 $p(D)$ 得到的链长度分布，他们很好地反映了气象色谱测得的主要性质。狭窄和广泛分布的区别在 NMR 扩散数据的链长度分散中清晰反映。我们注意到，气相色谱数据比 NMR 给出的链长度分布更详细，但是仅到 C_{36}。相反，NMR 链长度分布覆盖整个链长度范围，因而能够给出包括原油轻质和重质末端的信息。

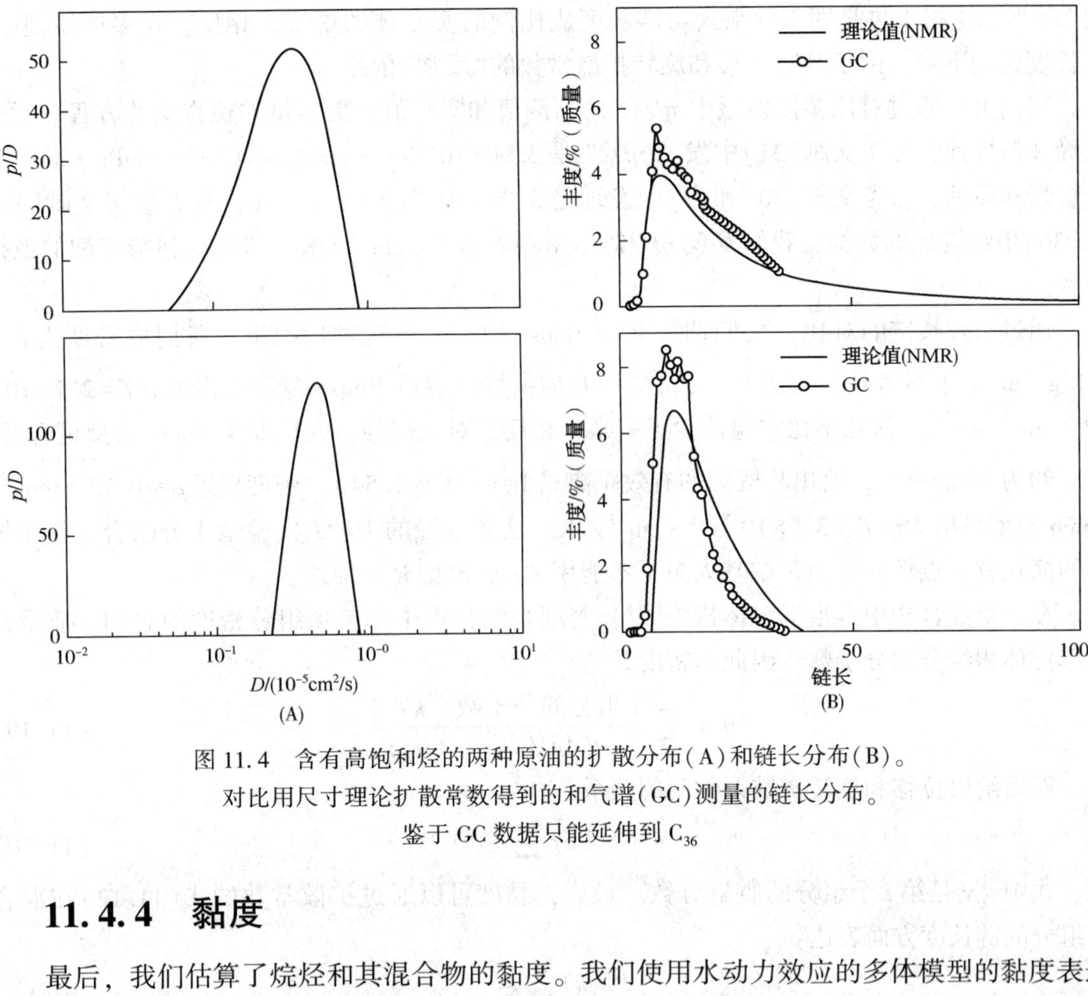

图 11.4 含有高饱和烃的两种原油的扩散分布（A）和链长分布（B）。
对比用尺寸理论扩散常数得到的和气谱（GC）测量的链长分布。
鉴于 GC 数据只能延伸到 C_{36}

11.4.4 黏度

最后，我们估算了烷烃和其混合物的黏度。我们使用水动力效应的多体模型的黏度表达式，Zimm 模型，因为烷烃的自扩散常数与具有水动力效应的多体一致。对比后，我们也能计算 Rouse 模型的黏度，或者自由排水限制，即使严格的说这个模型是为比烷基更长的链准备。

在 Rouse 和 Zimm 模型中，黏度与旋转扩散常数 D_R 有关[11,12]

$$\eta = b' \frac{c}{N} \frac{kT}{D_R} \tag{11.16}$$

在这个方程中，c 是每体积片段的数量，根据 $c=\rho N/M$，与密度 ρ 有关，M 是链的质量。常数 b' 取决于使用 Rouse 或者 Zimm 模型。对于这两种模型，排除体积效应的存在，旋转和

位移扩散常数相关

$$D_{\mathrm{R}} \propto \frac{D}{Nl^2} \tag{11.17}$$

其中 l 是有效片段长度。比例常数取决于使用的模型。联立式(11.16)和式(11.17)给出黏度和位移扩散常数间的关系

$$\eta = cl^2bkT/D \tag{11.18}$$

式中 Rouse 模型 $b=1/36$，Zimm 模型 $B=0.833$。

注意，乘式 $\eta D/T$ 独立或几乎独立于链长度。这就是观察到的烷烃，炼制后的石油和原油[9,30,31]。这将不再是期望的乘式与链长度成比例的实心球的情况。相反，在多体模型中，链长度比例下降，由于其对位移和旋转扩散常数的"反常"依赖。

我们可以通过对比多体模型中 $\eta D/T$ 的预测值和实验值，更定量的检查这些方程。对于烷烃和精炼油，参考文献[31]中发现 $\eta D/T$ 是 3.90×10^{-8}cP · cm ^{2}/sK(1cP = 1mPa · s)，对于烷烃和原油，参考文献[30]和[9]中发现是 5.05×10^{-8}cP · cm ^{2}/sK。拟合参考文献[16]和[36]中纯烷烃的数据，我们发现 $\eta D/T=3.8\times10^{-8}$cP · cm ^{2}/sK，与烷基和精炼油的数据一致。

通过与较长链的对比，人们期待验证 Rouse 模型。在这种情况下，我们取密度为 $\rho\approx0.8$ g/cm ^{3}，有效片段长度为 $l=\sqrt{6.67}\times1.54$Å[42]。然后 Rouse 模型给出 $D\eta/T=2.1\times10^{-8}$ cP · cm ^{2}/s · K。这几乎比实验值少了一半。相反，对于烷烃，人们期望 Zimm 模型更合适。对于约为 10 的链长，给出片段间的有效距离是 $l\approx\sqrt{4}\times1.54$Å，密度接近 $\rho\approx0.75$ g/cm ^{3}，Zimm 模型给出 $D\eta/T=3.6\times10^{-8}$cP · cm ^{2}/sK。这和烷烃的 $D\eta/T$ 实验值十分吻合。给出模型的简化有一点惊喜，但是烷基太短了不能用 Zimm 模型充分描述。

在一个混合物中，根据多体模型[11]，密度是混合物中每一项组分密度的总和，质量是每单位体积组分的分子数。因此总密度是

$$\eta = \sum_i \frac{i\ \text{组分的分子数}}{\text{单位体积}} \frac{kT}{(D_{\mathrm{R}})_i} \tag{11.19}$$

然后给出位移和旋转扩散系数间的关系

$$\eta = bcl^2kT\sum y_i/D_i \tag{11.20}$$

式中 y_i 是第 i 个组分的质量分数。最后，黏度可以通过扩散常数的式(11.12)在混合物组分的链长度方面表达：

$$\eta = \frac{l^2bckT}{A}\bar{N}^{\beta}\sum_i y_iN_i^{\nu} \tag{11.21}$$

如果混合物含有甲烷或乙烷，使用关于 $r_{\text{气体}}$ 的类似等式。

在图 11.5 中，对比式(11.21)计算得到的黏度和实验值。我们使用 Zimm 的值 b 和密度 0.75g/cm ^{3}。图中使用了特定温度数据得到的参数 A 和 β。为了简化，我们不包括取决于链长度的 ρ 和 l。和实验数据十分一致，特别是考虑模型的简化。一致性可能被提高包括 N 决定的 ρ 和 l。注意到，在低黏度处，戊烷和 C_1 与 C_{10} 的混合物在它们的沸点或泡点附近，然后在高尾部，十六烷接近冰点。因而，在高或低末端，预期与实线有一些偏差。

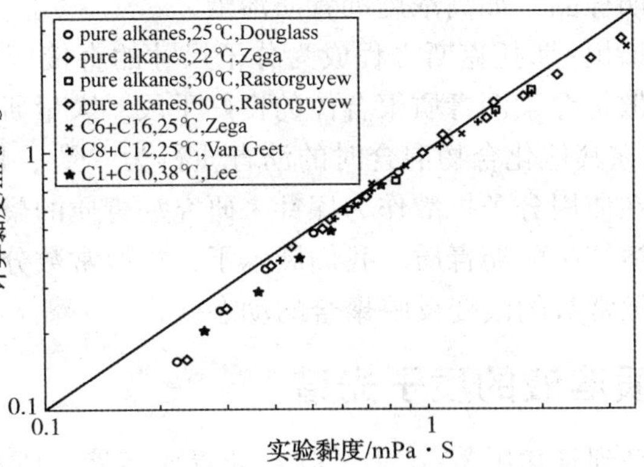

图 11.5　对比纯烷烃和混合物黏度的理论和实验值的对比。
对于纯烷烃，25℃的数据来自参考文献[16]，22℃的数据来自参考文献[43]和[44]，
30℃和60℃的数据来自参考文献[45]。对于混合物，C_6和C_{16}的数据来自参考文献[43]，
C_8和C_{12}的数据来自参考文献[36]，C_1和C_{10}的数据来自参考文献[46]

11.4.5　讨论

结论是，我们已经展示了烷烃混合物的黏度和扩散遵循基于组分链尺寸和简单比例规则。我们已经阐明了这些比例原则能用于扩散常数分布的测量混合物中链尺寸和黏度。这些比例原则也可以用于找到活石油的链长度。

这项技术也有一些限制条件。其一是从原始数据中得到扩散系数分布的固有困难。例如，即使在仅有1个或2个扩散系数的情况下，规律化的反拉普拉斯变换也能够给出链长度的分布。这是由于在有限信噪比处拉普拉斯反转的分辨率受限[29]。梯度或回波间距的正确选择可以提高计算的分布，链长度的直观反向原始数据也许是有用的。松弛时间分布也许对于扩散的测量有惊人的改变。

本章中这个方法的第二个限制因素是，当应用到原油混合物中时，它仅能严格证明直链和气体。原油含有支链分子，芳香烃和沥青质，以及其他物质。对于这些不同类型的分子，也可能是非常长的烷烃。改变 v 值，回转半径 R_g 和链长度间的关系也改变。还有混合物中自由体积的数量也会改变，这些分子的灵活性和易用性与直链有显著差异，如参考文献[47]。在下一部分，我们将注意力转向溶液中沥青质的扩散。这些分子行为不同于烷烃，不仅是上述所给原因，还因为它们是联合的且形成聚合体。

11.5　溶液中沥青质动力学

沥青质是原油和煤中发现的复杂有机化合物，定义为不溶于正烷烃，如正庚烷和正戊烷，在某些条件下溶于甲苯[4]。沥青质分子由芳香烃中心，和周围连结其的脂肪链组成；单个分子可以自聚合，形成聚合体[4]。在测定沥青质结构和聚合体性质上已取得显著进展[4,48-58]，但对自联合现象的认识，特别是分子水平的，仍然不完全。沥青质聚合体的之前研究是基于小角度X射线[53,59-61]，氮[62]和光散射[52,63]，黏度[54,64]和电导率[62]测量，荧光去极化技术[49-51]，以及超声测量方法进行的[48,65]。NMR测量了动态特征(扩散常数和松弛时间)，因而，潜在地更有代表性地描述聚合现象。NMR的另一个优点是它是一项无创技

术，可以研究光学不透明样品，如高浓度沥青质溶液。

分子扩散通过爱因斯坦-斯托克斯方程成为分子尺寸的直接探针。分子的聚合影响它的流动性，这使得分子扩散是探索沥青质聚合体的良好手段。大量研究已经测定沥青质的扩散常数[66-68]，并用其描述在其他化合物混合时的沥青质行为[68,69]，以及絮凝现象[70,71]。在这项工作中，我们的重点在使用分子扩散作为探针来研究沥青质的聚合。

这里，我们研究稀溶液中的沥青质。我们展示了，扩散常数分布用于测量沥青质和聚合体的分子尺寸，同时扩散常数的改变反映聚合的动态变化。

11.5.1 沥青质溶液的质子光谱

溶解固体沥青质样品到氘化甲苯-d_8中，制备沥青质溶液。所有溶液在实验前几个小时平衡化。固体沥青质样品来自正庚烷中原油沉淀，参考文献[48]使用的也是这个。图 11.6A 中显示了甲苯 d_8中沥青质溶液的气氢^{1}H 化学转变光谱。在 7.5ppm 和 2.2ppm 处锋利的峰是由于氢化甲烷，在 0.7ppm 处的峰是由于溶剂中有杂质，可以从甲烷 d_8溶剂光谱的对比中看出。从 0.9~2.2ppm 的广泛光谱特征范围缺少溶剂光谱，因此它与沥青质样品有关。根据它的化学转变，这个特征代表脂肪族质子。根据已提出的沥青质的结构，这个信号是由于连接芳香环的侧链上的脂肪族烃[4]。由于光谱的广泛性，共振的精确排列是不直接的。在我们的扩散分析中，使用这个特征的整体强度，下面的讨论中称它为“沥青质信号”。

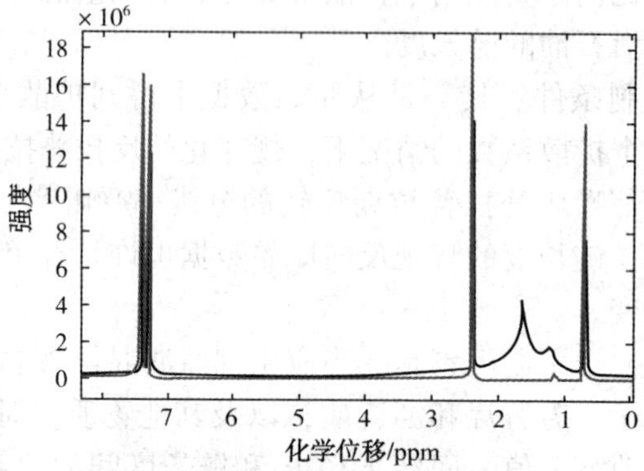

图 11.6 沥青质(2g/L)、氘代甲苯溶液(实线)和氘代甲苯溶剂(虚线)的^{1}H NMR 化学转变光谱。溶剂光谱在 0.7ppm 处出现峰是由于杂质

11.5.2 扩散常数和扩散光谱

沥青质信号的扩散衰减揭示了它的多指数行为(图 11.7A)，图 11.7B 显示了从这个衰减中提取的扩散常数的分布。这个分布从数值逆拉普拉斯变换中得到，已论述过[27]。我们讨论中这个分布为“扩散光谱”。

扩散衰减也能被双指数分解拟合。因为这两种方法拟合的数据都在统计误差范围内，我们不能测量扩散光谱的确定斜率。下面的讨论中，我们用双指数拟合扩散常数范围。2.1g/L 沥青质样品双指数拟合得到的 D 值数量级不同，即 $2.0\times10^{-6}\ cm^2/s$ 和 $5.3\times10^{-7}cm^2/s$。我们分别定义它们为“快”和“慢”组分。图 11.8 中，快和慢组分的扩散常数和平均扩散常数被绘制为沥青质浓度的函数。用单一指数拟合初始扩散衰减得到平均扩散常数(图 11.7A)。

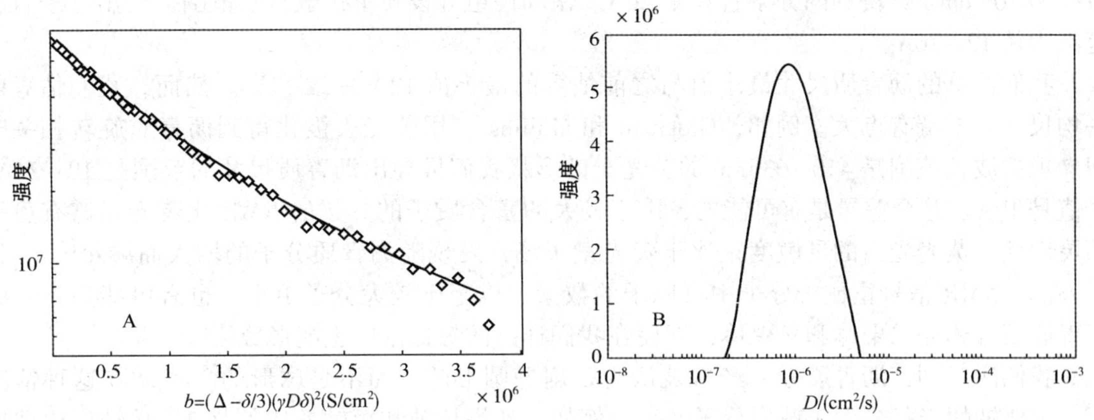

图 11.7 （A）沥青质信号整体的扩散衰减为重量扩散因子B的函数。这条线是用拉普拉斯变换得到的数据拟合。（B）从衰减中提取的扩散常数

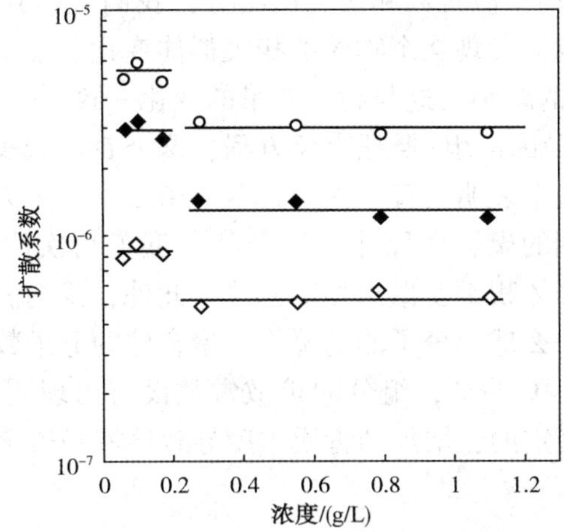

图 11.8 快（圆形）、慢（空心菱形）组分和平均（实心菱形）的扩散常数是甲苯溶液中沥青质浓度的函数。图线给出直观证据

这个图的显著特点是在平均扩散常数 D 处有突变，2 个组分的浓度均为 0.2g/L，在 D 上方和这个浓度的下方都是均一的。D 处浓度突变与超声速度测得的压缩系数和归因于沥青质分子聚合的观点一致[48]。显示了组分的扩散常数在这个浓度上和下都是常数，表明这个物质的分子尺寸中该浓度上和下没有明显变化。

11.5.3 讨论

基于之前的研究，非常低浓度的沥青质溶液含有单个沥青质分子。在高浓度处，可能形成分子聚合体。因而，聚合体和单个沥青质分子中分子尺寸和扩散常数是不同的。因而，不同浓度沥青质测量的扩散常数能提供分子聚合体的信息。

11.5.3.1 非常低浓度

低浓度溶液（<0.2g/L）是单个沥青质分子控制的。扩散光谱反映了这个物质的尺寸分布；单个分子的尺寸分布大部分由样品的异质性确定。如我们假设沥青质分子是球形的，然后爱因斯坦-斯托克斯方程式（11.1）给出了关于扩散常数的分子半径。我们发现从光谱中心

($D=3\times10^{-6}cm^2/s$)得到的分子直径是 26Å。快和慢组分设置了扩散常数范围，给出分子直径范围为从 12~76Å。

我们估算的沥青质尺寸最小值与之前估算的最小值 12Å 一致[49-51]。然而，我们估算的平均尺寸和末端有点大。例如，Groenzin 和 Mullins[51]用荧光去极化得到沥青质旋转相关时间。根据波长范围是 410~635nm 的荧光光谱形状我们推导出沥青质尺寸的范围是 12~24Å，峰值是 19Å。这个差异是有可能的，由于较大的富含质子的分子的 NMR 比荧光光谱有更高的灵敏性。荧光光谱的灵敏度正比于荧光量子场，发现随沥青质分子的增大而减小[72]。另一方面，NMR 信号正比于分子中氢原子的数量，以至于较大分子更重。也有可能是，一些沥青质聚合体如二聚体和三聚体，即使在我们样品的最低浓度也能形成[51]。

我们注意到，沥青质分子经常被认为是扁椭圆形的，而不是球形的[51,73]。在这种情况下，主要轴的半径略大于球形分子半径。例如，如果长轴和短轴的比例是 2，长轴仅比球形中半径大 21%，在无限薄层的限制中，它仅大 57%。

11.5.3.2 中等和高浓度

在 0.2g/L 处，对于平均扩散常数和快、慢组分，我们观察到近似 2 倍的扩散常数的快速减少。在这个浓度处，我们发现 2 个物质的相关群体变化非常小。这个数据明确表示，在浓度 0.2g/L 处有分子动态的减小，这与超声测量的变化一致[48]。对于这个范围的浓度，黏度改变可以忽视[54]。根据爱因斯坦-斯托克斯方程，这个 D 的减少对应分子直径的 2 倍，从而使体积增加 8 倍。这个数据表明沥青质聚合体仅在 0.2g/L 浓度上形成，有 8 个沥青质分子，与荧光去极化测量得到的聚合体尺寸一致[49~51]。我们再次假设沥青质和聚合体是球形的。对于其他形状，半径和体积都要做出相应修改。此外，我们假设沥青质分子是紧密排列的。如果分子间有空隙，那么球形分子的情况下，聚合体的分子数将小于 8。

对于更高的浓度，0.2~1.2g/L，组分的扩散常数没有出现明显变化。这表明在这个浓度范围内 8 分子聚合体是稳定的，增加沥青质浓度导致溶液中聚合体数量的增加，分子动态没有明显变化。

11.6 结论

我们已经展示了位移扩散的 NMR 测量提供的分子尺寸、尺寸分布、分子动态的信息。一些传统的分析技术，如气相色谱，高场 NMR 光谱，质谱很难实现现场应用。另一方面，NMR 扩散测量不需要高磁场，能更便宜，小巧且便携，已经应用在 NMR 测井中[7,74]。本章中讨论的例子和方法为石油开发中原油的原位性质研究提供基础。

参 考 文 献

[1] Brooks, B. T., C. E. Boord, S. S. Kurtz Jr., and L. Schmerling (eds.) (1954). *The Chemistry of Petroleum Hydrocarbons*, Vol. 1. Reinhold Publishing, New York.

[2] Speight, J. G. (1980). *The Chemistry and Technology of Petroleum*. Marcel Dekker, New York.

[3] Tissot, B. P. and D. H. Welte (1984). *Petroleum Formation and Occurrence*. Springer-verlag, Berlin.

[4] Mullins, O. C. and E. Y. Sheu (1988). *Structure and Dynamics of Asphaltenes*. Plenum Press, New York.

[5] Betancourt, S., G. Fujisawa, O. C. Mullins, A. Carnegie, C. Dong, A. Kurkjian *et al.* (2003). "Analyzing hydrocarbons in the borehole", *Oilfield Rev.* 15, 54.

[6] Hurlimann, M. D., L. Venkataramanan, and C. Flaum (2002). "The diffusion-spin relaxation time distribution as an experimental probe to characterize fluid mixtures in porous media", *J. Chem. Phys.* 117, 10223.

[7] Kleinberg, R. (1995). Well logging. In: D. M. Grant and R. K. Harris (eds.), *Encyclopedia of Nuclear Magnetic Resonance*. John Wiley and Sons, New York.

[8] Hürlimann, M. D., L. Venkataramanan, C. Flaum, P. Speier, C. Karmonik, R. Freedman *et al.* (2002). Diffusion-Edi-

ting: New NMR Measurement of Saturation and Pore Geometry. In: 43 rd*Annual SPWLA Meeting*. Oiso, Japan, p. paper FFF.
[9] Freedman, R., A. Sezginer, M. Flaum, A. Matteson, S. Lo, and G. J. Hirasaki (2000). "A New NMR Method of Fluid Characterization in Reservoir Rocks: Experimental Confirmation and Simulation Results", Paper SPE 63214 presented at the 2000 *SPE Annual Technical Conference and Exhibition.*
[10] Einstein, A. (1905). "über die von der molekularkinetischen Theorie der Warme geforderte Bewegung von in ruhenden Flüssigkeiten suspendierten Teilchen", *Ann. Phys.* 17, 549.
[11] Ferry, J. D. (1980). *Viscoelastic Properties of Polymers.* John Wiley and Sons, New York.
[12] Doi, M. and S. F. Edwards (1998). *The Theory of Polymer Dynamics.* Oxford University Press, New York.
[13] deGennes, P. G. (1971). "Reptation of a polymer chain in the presence of fixed obstacles", *J. Chem. Phys.* 55, 572.
[14] Klein, J. (1978). "Evidence for reptation in an entangled polymer melt", *Nature* 271, 143.
[15] Rouse, P. E. (1953). "A theory of the linear viscoelastic properties of dilute solutions of coiling polymers" *J. Chem. Phys.* 21, 1272.
[16] Douglass, D. C. and D. W. McCall (1958). "Diffusion in paraffin hydrocarbons" *J. Phys. Chem.* 62, 1102.
[17] Bachus, R. and R. Kimmich (1983). "Molecular weight and temperature dependence of selfdiffusion coefficients in polyethylene and polystyrene melts investigated using a modified N. M. R. field gradient technique", *Polymer* 24, 964.
[18] Vardag, T., N. Karger, and H. -D. LÜudemann (1991). "Temperature and pressure dependence of self-diffusion in long liquid n-alkanes", *Ber. Bunsenges. Phys. Chem.* 95(8), 859.
[19] vonMeerwall, E., S. Beckman, J. Jang, and W. L. Mattice (1998). "Diffusion of liquid n-alkanes: Free-volume and density effects", *J. Chem. Phys.* 108(10), 4299.
[20] Zimm, B. H. (1956). "Dynamics of polymer molecules in dilute solution: Viscoelasticity, flow birefringence and dielectric loss", *J. Chem. Phys.* 24, 269.
[21] Callaghan, P. T. (1993). *Principles of NuclearMagnetic Resonance Microscopy.* Oxford University Press, New York.
[22] Hahn, E. (1950). "Spin echoes", *Phys. Rev.* 80, 580.
[23] Tikhonov, A. N. and V. Y. Arsenin (1977). *Solutions of Ill-Posed Problems.* JohnWiley and Sons, New York.
[24] Venkataramanan, L., Y. -Q. Song, and M. D. HÜurlimann (2002). "Solving fredholm integrals of the first kind with tensor product structure in 2 and 2. 5 dimensions", *IEEE Trans. Signal Proc.* 50, 1017.
[25] Song, Y. -Q., L. Venkataramanan, M. Hurlimann, M. Flaum, P. Frulla, and C. Straley (2002). "T1-T2 correlation spectra obtained using a fast two-dimensional laplace inversion", *J. Magn. Reson.* 154, 261.
[26] Kroeker, R. M. and R. M. Henkelman (1986). "Analysis of biological NMR relaxation data with continuous distributions of relaxation times", *J. Magn. Reson.* 69, 218.
[27] Fordham, E. J., A. Sezginer, and L. D. Hall (1995). "Imaging multiexponential relaxation in the (y, logT1) plane, with application to clay filtration in rock cores", *J. Magn. Reson. Ser. A* 113, 139.
[28] Borgia, G. C., R. J. S. Brown, and P. Fantazzini (1998). "Uniform-penalty inversion of multiexponential decay data", *J. Magn. Reson.* 132, 65.
[29] Song, Y. -Q., L. Venkataramanan, and L. Burcaw (2005). "Determining the resolution of laplace inversion spectrum", *J. Chem. Phys.* 122, 104104.
[30] Lo, S. -W., G. J. Hirasaki, W. V. House, and R. Kobayashi (2000). Correlations of NMR Relaxation Time with Viscosity, Diffusivity, and Gas/Oil Ratio of Methane/Hydrocarbon Mixtures. In: *Proceedings of the* 2000 *Annual Technical Conference and Exhibition.* Society of Petroleum Engineers.
[31] Straley, C. (2002). *The Low Field NMR of Refined Oils at Elevated Temperature and Pressure* (unpublished).
[32] Freed, D. E., L. Burcaw, and Y. -Q. Song (2005). "Scaling laws for diffusion coefficients in mixtures of alkanes", *Phys. Rev. Lett.* 94, 067602.
[33] vonMeerwall, E. and E. J. Feick (1999). "Diffusion in binary liquid n-alkane and alkanepolyethylene blends", *J. Chem. Phys.* 111(2), 750.
[34] Helbæk, M., B. Hafskjold, D. K. Dysthe, and G. H. Sørland (1996). "Self-diffusion coefficients of methane or ethane mixtures with hydrocarbons at high pressure by NMR", *J. Chem. Eng. Data* 41, 598.
[35] Lo, S. -W., G. J. Hirasaki, R. Kobayashi, and W. V. House (1998). "Relaxation time and diffusion measurements of methane and n-decane mixtures", *The Log Analyst* 39, 43.
[36] VanGeet, A. L. and A. W. Adamson (1964). "Diffusion in liquid hydrocarbon mixtures", *J. Phys. Chem.* 68(2), 238.
[37] Dymond, J. H. and K. R. Harris (1992). "The temperature and density dependence of the selfdiffusion coefficient of n-hexadecane", *Mol. Phys.* 75(2), 461.
[38] Marbach, W. and H. G. Hertz (1996). "Self- and mutual diffusion coefficients of some n-alkanes at elevated temperatures and pressures", *Zeitschrift für Physikalische Chemie, Bd.* 193, 19.
[39] VanGeet, A. L. and A. W. Adamson (1965). "Prediction of diffusion coefficients for liquid n-alkane mixtures", *Industrial Eng. Chem.* 57(7), 62.
[40] Kurtz, S. S. Jr. (1954). Physical properties and hydrocarbon structure. In: B. T., Brooks, C. E. Boord, S. S. Kurtz Jr., and L. Schmerling (eds.), *Chemistry of Petroleum Hydrocarbons.* Reinhold Publishing Corporation, New York, pp. 275-331.
[41] McCall, D. W., D. C. Douglass, and E. W. Anderson (1959). "Diffusion in ethylene polymers. IV", *J. Chem. Phys.* 30 (3), 771.
[42] Flory, P. J. (1969). *Statistical Mechanics of Chain Molecules.* John Wiley and Sons, New York.
[43] Zega, J. A. (1988). Spin lattice relaxation in pure and mixed alkanes and their correlation with thermodynamic and macroscopic transport properties. Master's Thesis, Rice University.
[44] Zega, J. A., W. V. House, and R. Kobayashi (1989). "A corresponding-states correlation of spin relaxation in normal alkanes", *Physica A* 156, 277.
[45] Rastorguyev, Y. L. and A. S. Keramidi (1974). "Experimental study of the coefficient of dynamic viscosity of n-alkanes at high pressures and various temperatures", *Fluid Mechanics Sov. Res.* 3, 156.
[46] Lee, A. L., M. H. Gonzalez, and B. E. Eakin (1966). "Viscosity of methane-n-decane mixtures", *J. Chem. Eng. Data* 11 (3), 281.

[47] Bachl, F. and H. -D. L¡ § udemann (1986). "p, T-dependence of self-diffusion in simple alkanes", *Physica* 139, 140B, 100.
[48] Andreatta, G. , N. Bostrom, and O. C. Mullins (2005). "High-Q ultrasound determination of the critical nanoaggregate concentration of asphaltenes and the critical micelle concentration of standard surfactants", *Langmuir* 21, 2728.
[49] Buenrostro-Gonzalez, E. , H. Groenzin, C. Lira-Galeana, and O. C. Mullins (2001). "The overriding chemical principles that define asphaltenes", *Energy Fuels* 15, 972.
[50] Groenzin, H. and O. C. Mullins (2000). "Molecular size and structure of asphaltenes from various sources", *Energy Fuels* 14, 677.
[51] Groenzin, H. and O. C. Mullins (1999). "Asphaltene molecular size and structure", *J. Phys. Chem.* 103, 11237.
[52] Ralston, C. Y. , S. Mitra-Kirtley, and O. C. Mullins (1996). "Small population of one to three fused-aromatic ring moieties in asphaltenes", *Energy Fuels* 10, 623.
[53] Tanaka, R. , E. Sato, J. Hunt, R. Winans, S. Sato, and T. Takanohashi (2004). "Characterization of asphaltene aggregates using X-ray diffraction and small-angle X-ray scattering", *Energy Fuels* 18, 1118.
[54] Evdokimov, I. , N. Eliseev, and B. Akhimetov (2003). "Initial stages of asphaltene aggregation in dilute crude oil solutions: studies of viscosity and NMR relaxation", *Fuel* 82, 817.
[55] Waldo, G. S. , O. C. Mullins, J. E. Penner-Hahn, and C. P. Cramer (1992). "Sulfur speciation in heavy petroleum: determination of the chemical environment of sulfur in asphaltenes", *Fuel* 71, 53.
[56] Sheu, E. (1992). "Polydispersity analysis of scattering data from self-assembled systems", *Phys. Rev. A.* 45, 2428.
[57] Ravey, J. , G. Decouret, and D. Espinat (1988). "Asphaltene macrostructure by small angle neutron scattering", *Fuel* 67, 1560.
[58] Sheu, E. , M. M. De Tar, D. A. Storm, and S. DeCanio (1992). "Aggregation and kinetics of asphaltenes in organic solvents", *Fuel* 71, 299.
[59] Espinat, D. , D. Fenistein, L. Barré, D. Frot, and Y. Briolant (2004). "Effects of temperature and pressure on asphaltenes agglomeration in toluene. A light, X-ray, and neutron scattering investigation", *Energy Fuels* 18, 1243.
[60] Fenistein, D. and L. Barré (2001). "Experimental measurement of the mass distribution of petroleum asphaltene aggregates using ultracentrifugation and small-angle X-ray scattering", *Fuel* 80, 283.
[61] Siddiqui, M. , M. Ali, and J. Shirokoff (2002). "Use of X-ray diffraction in assessing the aging pattern of asphalt fractions", *Fuel* 81, 51.
[62] Sheu, E. (1996). "Physics of asphaltene micelles and microemulsions-theory and experiment", *J. Phys. : Condens. Matter* 8, A125.
[63] Yudin, I. K. , G. L. Nikolaenko, E. E. Gorodetskii, V. I. Kosov, V. R. Melikyan, E. Markhashov *et al.* (1998). "Mechanisms of asphaltene aggregation in toluene-heptane mixtures", *J. Petroleum Sci. Eng.* 20, 297.
[64] Priyanto, S. , G. A. Mansoori, and A. Suwono (2001). "Measurement of property relationships of nanostructure micelles andcoacervates of asphaltene in a pure solvent", *Chem. Eng. Sci.* 56, 6933.
[65] Andreatta, G. , C. C. Goncalves, G. Buffin, N. Bostrom, C.M. Quintella, F. Arteaga-Larios *et al.* (2005). "Nanoaggregates and structure-function relations in asphaltenes", *energy euels* 19(4), 1282-1289.
[66] Norinaga, K. , E. Wargardalam, V. Takasugi, S. Iino, and S. Matsukawa (2001). 'Measurement of self-diffusion coefficient of asphaltene in pyridine by pulsed field gradient spin-echo 1H NMR", *Energy Fuels* 15, 1317.
[67] Östlund, J. -A. , S. -I. Andersson, and M. Nydén (2001). "Studies of asphaltenes by the use of pulsed-field gradient spin echo NMR", *Fuel* 80, 1529.
[68] Östlund, J. -A. , M. Nyd¡ äen, and P. Stilbs (2004). "Component-resolved diffusion in multicomponent mixtures. A case study of high-field PGSE-NMR self-diffusion measurements in asphaltene/naphthenic acid/solvent systems", *Energy Fuels* 85, 531.
[69] Östlund, J. -A. , M. Nydén, I. Auflem, and J. Sjblom (2003). "Interactions between asphaltenes and naphthenic acids", *Energy Fuels* 17, 113.
[70] Östlund, J. -A. , P. Wattana, and M. Nydén (2004). "Characterization of fractionated asphaltenes by UV-vis and NMR self-diffusion spectroscopy", *J. Colloid Int. Sci.* 271, 372.
[71] Östlund, J. -A. , J. -E. Lofroth, K. Holmberg, M. Nydén, and H. Fogler (2002). "Flocculation behavior of asphaltenes in solvent/nonsolvent system", *J. Colloid Int. Sci.* 253, 150.
[72] Mullins, O. C. (1988). Optical interrogation of aromatic moieties in crude oils andasphaltenes. Chap. II. In: O. C. Mullins and E. Y. Sheu (eds.), *Structures and Dynamics of Asphaltenes*, Plenum, New York, pp. 21-77.
[73] Groenzin, H. and O. C. Mullins (2003). "Molecular size of asphaltene solubility fractions", *Energy Fuels* 17, 498.
[74] Eidmann, G. , R. Savelsberg, P. Blumler, and B. Blumich (1996). "The NMR mouse, a mobile universal surface explorer", *J. Magn. Reson. A* 122, 104.

(Denise E. Freed, Natalia V. Lisitza, Pabitra N. Sen, Yi-Qiao Song)

第12章 沥青质相行为PC-SAFT状态方程的应用

12.1 简介

介绍了使用统计聚合流体理论(PC-SAFT)的乱序链形式表征包括沥青质的原油的方法。这个理论精确预测了原油的泡点、密度和沥青质沉淀的起始。例子表明，这个理论预测了由于压力、温度和流体组成变化导致的沥青质不稳定性。接下来的工作阐明了多分散性和树脂对沥青质相行为的影响。这个方法表明，沥青质相行为的实验室和实地观察仅基于分子大小和范德华相互作用来解释。

本章提供了应用统计聚集流体理论(SAFT)[1-4]的方程态(EOS)来建立压力、温度和组分对原油沥青质相行为和稳定性影响的模型。SAFT是一个通用分子模型，能够预测分子形状、范德华力、极性相互作用及聚集对流体热力学性质和相行为的影响。我们采用的方法是用参数(物理相关)的最小数可能通过包括唯一必不可少的相互作用来描述沥青质的相行为。

所给原油的高度复杂化和组成上的大变化，部分是由于不同原料岩石的性质和迁移历史。人们也许质疑我们现在认识沥青质的轻质分子基础模型的相关性。相信如果我们能修正沥青质的主要物理贡献和在原油中与其他物质的相互作用，那么就能准确描述其整体项行为。使用预测的分子基础EOS模型有很多优点。例如，沥青质相行为的敏感性对温度和压力的影响，沥青质多分散性能被快速准确建模。一个EOS框架也能更容易在现有储层中实现，并且使用热工水力学仿真系统。这个规模的另一个末端，当对比更严格的分子模拟时，EOS方法有快速和使用方便的优势。当然这以分子水平的详细描述为代价。

用SAFT方法的分子基础，这是定义系统建模所必需的。我们的观点在这章第一部分描述和证明。在第二部分，我们详细陈述了用SAFT表征的石油，包括沥青质相行为对储层减压和注气的应用。最后部分提供结论。

12.1.1 沥青质性质和现场观察

目前接受的沥青质定义是基于溶解度进行的(如，沥青质不溶于庚烷或戊烷，溶于甲苯)。如上，它揭示了关于沥青质结构的很小部分。大多数学者赞同，沥青质是多分散混合物，其分子包括多核芳烃、脂肪烃、脂肪族基团，以及少量的分散杂原子，如氧、硫、氮、钒和镍。对比其他原油组分，沥青质是化合物分布(分子量和芳香烃)的最重质馏分，包括较低分子量亚馏分的芳香烃和树脂。已接受的沥青质定义，本质上是分布中任意划分的亚组分。沥青质比其他大多数石油馏分有更多的芳香烃(低H/C比)，较大的分子量和更高的溶解度参数[5]。

通过研究沥青质问题中代表例子的现场经验，推断出石油沥青质中有趣的相行为[6-11]。这些例子不仅阐述了现场和PVT实验室中看到的典型沥青质行为，而且帮助我们得到更好理解沥青质和其他石油物质间的分子相互作用类型。根据这些经历得到结论，在储层环境中泡点压力以上，沥青质通常在较重原油中是稳定的。小沥青质的轻质油最容易引起沥青质问题。现场运行已经报道，储层减压过程中，沥青质在压力范围内通常是不稳定的。更具体的是，压力对沥青质相分离的影响在泡点附近对于轻质油更明显。沥青质在高压和泡点压力以下是稳定的，但是很多情况下，在泡点压力以下或以上一点处不稳定。远远低于泡点时沥青质倾向是稳定的，因为大多数沉淀(甲烷，乙烷，氮等)已经从液体中析出。成分变化如混合油或混相驱有时会产生沥青质沉淀。有趣的是，温度改变也会导致沥青质沉淀或者增溶。例如，在丙烷脱沥青过程中，沥青质随温度增加变得更加不稳定[12]。然而，对于正烷烃(n-C_5^+)滴定，沥青质的稳定性随温度增加而提高[12]。这些例子需要突出标注，通过保证流量和工程生产的原则，预测模型能够解释这些观察。

需要区别开热动力学沥青质稳定性(本章重点)和沥青质相关现场问题。仅因为生产期间沥青质可能变得不稳定，不一定意味着能生成沉淀。因素例如：①沉淀沥青质的性质包括黏性；②沉淀沥青质的数量；③生产系统的流动模式(流动管线，树，立管，内部和上部设施等)，都在决定沉淀沥青质能否产生的问题中起作用。然而，多分散系统的精确模型沥青质的能力将帮助阐明沉淀趋势。最后，重点注意，来自同一个地区的沥青质可能比其他地区的有更不同的性质。

12.1.2 沥青质相互作用的两种观点

在过去50多年，存在两种描述沥青质相行为的观点。在一种观点中，我们称为“分子溶液”方法，沥青质被作为石油中溶解的分子来处理。沥青质沉淀被作为液-液或固-液平衡处理。这个框架中的假设是分子大小和与分子极化有关的范德华相互作用，控制油藏流体中沥青质的相行为；较多极性组分(树脂和芳香烃)溶解在沥青质中，较小极性组分(饱和烃)破坏沥青质。这种观点的支持者已经使用像Flory-Huggins理论[13]或状态方程这样的方法里来建立沥青质相行为模型[14-18]。在本章中，我们依赖SAFT状态方程的应用来建立沥青质相行为模型[19,20]。即使SAFT方法和它的扩展考虑极性和聚集的影响，我们发现分子尺寸和范德华引力的影响足以解释观察到的沥青质相行为。

应用Flory - Huggins规则溶液理论描述沥青质相行为，由Hirschberg等[15]第一次提出。Flory - Huggins规则溶液基础方法已经成功用于室温条件下正烷烃滴定的沥青质溶解建模，但是延伸到油藏条件下沥青质溶解模型的建立是困难的。在某种意义上，这个理论不是“完整的”状态方程；它需要油藏条件下摩尔体积和溶解参数。这些值需要从一个状态方程或经验关系的计算中得到。例如，在Chung等人的工作中[21]，用Flory - Huggins正规溶液模型和Peng-Robinson三次方程建立石油中沥青质溶解模型。在Burke等人的工作中[22]，Flory-Huggins正规溶液模型参数从Zudkevitch-Joffe-Redlich-Kwong方程中得到。根据Flory-Huggins参数拟合室温滴定数据，成功预测油藏条件下沥青质的沉淀已经发表，根据Wang和Buckley的外推[14,23]。

Flory-Huggins模型的另一个限制因素是不能预测相行为的确定等级。例如，模型需要依赖二进制相互作用参数的温度来显示较低临界溶液行为，已知相行为出现在分子尺寸有较大不同的系统中。

另一个受欢迎的沥青质行为模型的经典热动力学方法是使用三次状态方程。在Nghiem等[24]提出的方法中，原油的C_{31}^+重质末端第一次被分为不沉淀和可沉淀亚组分。然后不同相互作用参数(在这些亚组分和轻质末端)被安排再现实验结果。另一个例子中，Akbarzadeh 等[16]通过加入额外聚合体尺寸参数给沥青质来修正 Soave - Redlich - Kwong 三次方程。三次方程有相对简单的基础形式，很容易显示现存储层的拟合，因为三次方程延伸到描述储层液体的热动力行为描述的应用中。然而，三次状态方程主要缺点是它们不能描述大尺寸差距[25]系统的相行为，不能精确描述液体密度。流体密度的精确模型对于预测一定范围液-液平衡的状态方程使必不可少的。然而计算密度可以通过用体积转换技术修正，体积转换不影响相平衡计算。

在我们的方法中，沥青质不稳定性建立为液-液平衡模型。我们选择以 SAFT 状态方程为基础的模型，因为它能够精确地建立流体密度模型以及大量大小不对称混合物的相行为[20,25]。SAFT 和它的扩展也准确地考虑了聚集和极性相互作用。在第二部分讨论模型细节。

如上所述，“分子溶液”方法不是唯一描述石油中相行为的方法。其他方法通常称为“胶束”方法，强调了沥青质和树脂的结构特征，沥青质被认为是稳定的通过和树脂的极性-极性相互作用。这个观点的基础是沥青质和树脂是原油中的最极性馏分，因为它们含有多种比例的杂原子。当加入树脂时，有少量沥青质沉淀。当加入正烷烃时，沥青质沉淀是由于混合物中含有少量树脂。这个论点是树脂稳定沥青质，和表面活性剂稳定水/油混合物中的微乳剂是类似的方式。热动力学模型将胶束看作 Leontaritis 和 Mansoori 提出的固体沥青质胶束模型[26]，Victorov 和 Firoozabadi 提出的可逆胶束模型[27]，以及 Wu 提出的 McMillan-Mayer-SAFT-based 理论[12,28,29]。有趣的是，SAFT 框架足够全面，已经用这两种观点研发模型。

12.1.3 我们的观点和方法

我们建立沥青质相行为模型的基本假设是，分子尺寸和非极性范德华相互作用控制储层流体的沥青质相行为。我们发现现场和在低聚物和多聚物系统中所看到的实验室的相行为相似。如，12.1.1 节描述的储层流体中沥青质的压力、温度和组成行为定性相似于环己烷和 CO_2 的混合物中聚苯乙烯的行为[30]。在这样的系统中，仅考虑分子尺寸和范德华相互作用进行相行为的预测建模。注意，在我们的框架中不考虑或者忽视其他类型的分子间作用力的存在，我们简单地用这种方法描述原油系统中的沥青质相行为，在很大程度上仅考虑分子尺寸和范德华相互作用。

其他证据支持我们的假设。如，Wiehe[31]对超过 40 种极性和非极性溶剂中沥青质溶解度的研究显示，沥青质溶于高场力溶解度参数(是非极性，范德华相互作用力强度的测量值)的溶剂中，不溶于中高复杂溶解度参数(氢键和极性相互作用强度的测量值)的溶剂中。这个观察与范德华作用力决定沥青质相行为的想法一致，它不完全拟合胶束框架。

另一个例子，考虑相似尺寸和结构的相关非极性分子可能是沥青质的沉淀剂或溶剂。甲苯($C_6H_5CH_3$)是沥青质的良好溶剂，而正庚烷(C_7H_{16})是沉淀剂。相似地，二硫化碳(CS_2)和二氧化碳(CO_2)是较弱的极性，有相似的分子结构，但是 CS_2 是沥青质的良好溶剂，而 CO_2 是沉淀剂。在这些例子中，更多极性分子(如甲苯和 CS_2，根据它们的溶解参数有较强的范德华相互作用的分子)对于沥青质是较好的溶剂。

在一些情况下，氢键相互作用或极性的作用是重要的。例如，沥青质能在水-油界面聚合，以水乳状剂稳定存在[32]。而且，加入足够大量的两性物质(如十二烷基苯磺酸)中提取的甲苯能表现出沥青质聚合体[33]。极性相互作用也起作用，我们的假设是储层中的沥青质相行为，例如储层升压，在很大程度上，通过石油中非极性相互作用形成。

沥青质行为[34]的最近结构研究显示，多水平相互作用可能出现在包括沥青质的流体中。在所有的良好溶剂，并接近无限稀释浓度处，沥青质以分子聚合体存在(几个单元，每个是500~800amu大小)，每个聚合体作为一个单个分子运动。基于这种观点，我们方法的假设是，原油系统中沥青质有预聚合，事实上，我们模型中的沥青质表征分子聚合体的性质，以至于我们模型的分子量代表聚合体的MW。这个方法是合理的，因为石油系统(本文中研究的模型系统)不是无限稀释的沥青质，也不是沥青质的良好溶剂。

12.2 介绍SAFT

我们采用SAFT状态方程研究沥青质，由于它能精确描述和预测大分子尺寸差异和聚合对复杂混合物的相行为的影响[25,30,35,36]。SAFT已经大量应用于聚合物溶液和氢键流体。例如，SAFT已经变为预测聚合物相行为的重要工具以阻止聚合物加工过程的结垢[37]。

Chapman等[1-3]基于聚合液体的Wertheim理论的延伸和简化，发展SAFT[38-40,41]。在SAFT中，分子作为连接球形片段的链。如图12.1所示，SAFT决定流体的自由能量，球形"片段"(根据分子构造)整体和"连接"这些球形"片段"自由能的变化的总和，以规定方式形成兴趣分子。自由能的改变能根据Wertheim理论计算。最后，如果分子有聚合点，由于这些方向性的相互作用力，自由能的改变可用Wertheim理论准确计算。

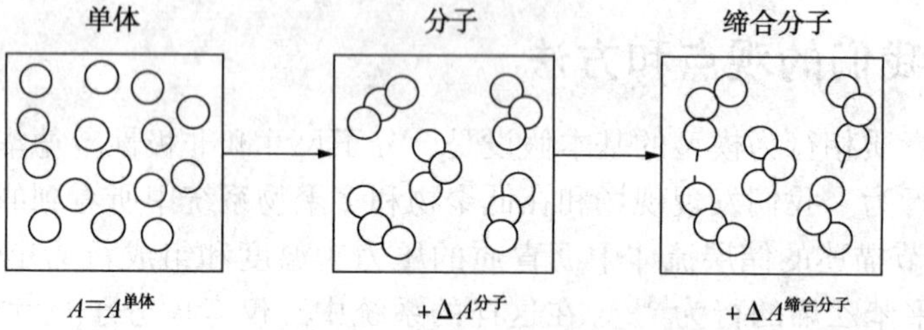

图12.1　关联多原子流体的SAFT状态方程的贡献

像SAFT这样基于统计学机制的理论有几个优势。第一个优势是SAFT发展中的每个近似，如链和聚合，可以用分子模拟结果证实[1]。用这种方法，可以评估状态方程的应用范围和每一项的缺点。第二个优势是SAFT参数有物理意义。如，分子链用直径或片段体积、链中片段数量和片段-片段的范德华作用力表征。通常，这些参数拟合饱和流体密度和纯组分蒸气压。因为状态方程参数的物理性，它们是同系列的系统性行为。此外，新系统的参数可以从那些之前模型系统中估算。用这种方法，饱和烃、芳香烃和树脂参数能够由原油模型决定。

已经提出了SAFT状态方程的多种形式[1-4,42-44]。片段的不同形式仅用来说明分子间的范德华引力，所有使用的相同链和聚合体都由Chapman等人的原始SAFT文章引入[1-3,42]。因为这些SAFT版本中每个都有相同基础形式的状态方程，他们也给出了相似的结果。在这项工作中，我们发表的结果，使用了根据Gross和Sadowski的SAFT的乱序链版本或者PC-SAFT[4]。如果用SAFT的另一个版本代替，我们期待相似的定量结果。

12.2.1 PC-SAFT 纯组分参数

对于 SAFT 中每个非聚合物质，状态方程需要 3 个特定的物理参数：σ，每个分子片段的直径；m，分子中片段的数量；ε/k，每个分子片段间的相互作用能量(范德华引力)。表 12.1 中列出了这项工作感兴趣化合物的 PC-SAFT 参数。

SAFT 的重要特点是拟合的纯组分参数(σ，m 和 ε/k)用不同等级化合物[4,46]分子量的系统方法表现(图 12.2)。因此，具有芳香族和脂肪族特性的物质具有依赖于它们的芳香性或脂肪族的程度以系统的方式位于芳香族和正烷烃之间的 EOS 参数。例如，苯衍生物和环烷烃的参数随着脂肪族程度的增加，接近烷烃纯组分参数。纯组分参数和分子量之间的这些“好行为”相关性有 3 个含义：①原油组分或组分团块(伪组分)的 SAFT 参数可以根据他们的平均分子量估算。②难测量的 SAFT 参数可以用蒸气压或流体密度的物质估算。在沥青质中，脂肪族和芳香烃 SAFT 参数与分子量的相关性提供沥青质 SAFT 参数的最高和最低范围。③“好行为”的纯组分 SAFT 相关性表明 EOS 很容易扩展到多分散影响的模型中。

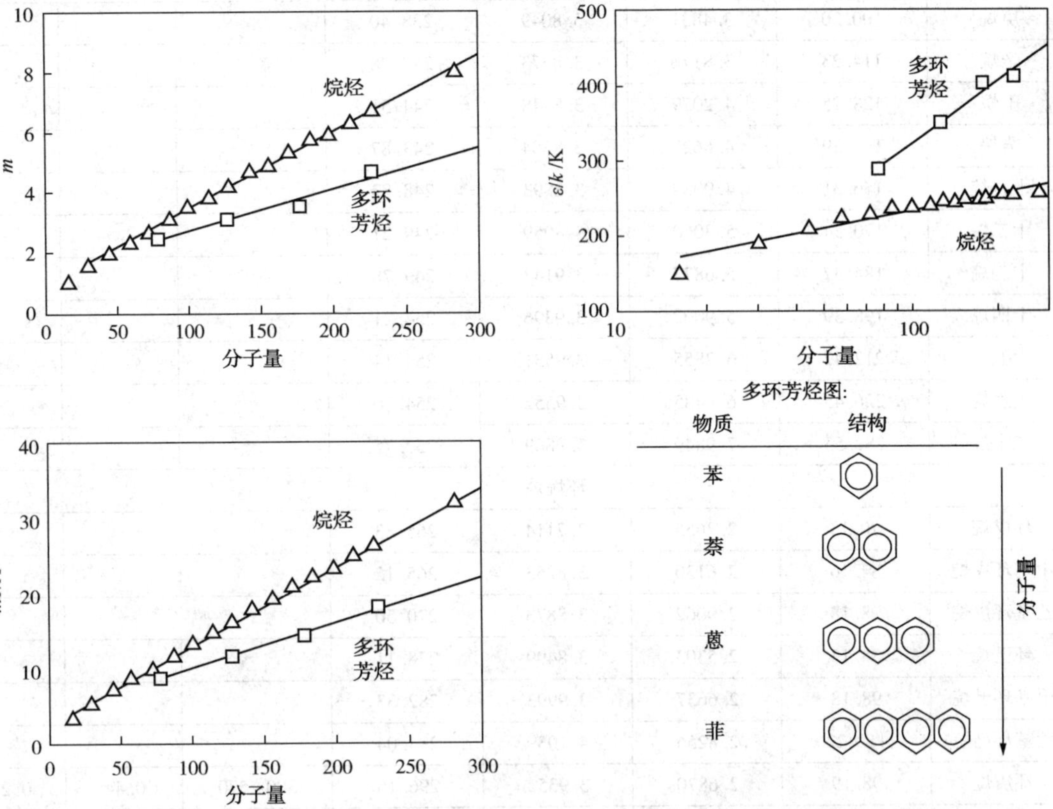

图 12.2 PC-SAFT 纯组分参数与饱和和多核芳香烃分子量的函数关系图

注意，图 12.2 显示的系统行为观察到很多 SAFT 含义(见之前的章节)。根据这点集中讨论 PC-SAFT 的使用。

12.2.2 重组石油的 PC-SAFT 性质

使用 SAFT 状态方程建立流动油系统，我们需要考虑使用真实组分和“真实”伪组分的最小数量的流体(PVT)相行为。在这部分中，我们列出大纲：①用少量真实组分和伪组分建立活油系统模型的方法：②表征 SAFT 模型中沥青质的方法。2.1 节中讨论了①和②相比系统 SAFT 参数分子量行为的优点。

表 12.1 PC-SAFT 纯组分参数①

物质	MW/(g/mol)	m	σ/Å	ε/k/K	T 范围/K	AAPD②	
						P^{sat}	ρ^{liq}
烷烃							
甲烷	16.04	1.0000	3.7039	150.03			
乙烷	30.07	1.6069	3.5206	191.42			
丙烷	44.09	2.0020	3.6184	208.11			
丁烷	58.12	2.3316	3.7086	222.88			
戊烷	72.15	2.6869	3.7729	231.20			
己烷	86.18	3.0576	3.7983	236.77			
庚烷	100.20	3.4831	3.8049	238.40			
辛烷	114.23	3.8176	3.8373	242.78			
壬烷	128.25	4.2079	3.8448	244.51			
癸烷	142.29	4.6627	3.8384	243.87			
十一烷	156.31	4.9082	3.8893	248.82			
十二烷	170.34	5.3060	3.8959	249.21			
十三烷	184.37	5.6877	3.9143	249.78			
十四烷	198.39	5.9002	3.9396	254.21			
十五烷	212.42	6.2855	3.9531	254.14			
十六烷	226.45	6.6485	3.9552	254.70			
二十烷	282.55	7.9849	3.9869	257.75			
环烷烃							
环戊烷	70.13	2.3655	3.7114	265.83			
甲基环戊烷	84.16	2.6130	3.8253	265.12			
乙基环戊烷	98.18	2.9062	3.8873	270.50			
环己烷	84.15	2.5303	3.8499	278.11			
甲基环己烷	98.18	2.6637	3.9993	282.33			
乙基环己烷	112.22	2.8256	4.1039	294.04			
环庚烷	98.19	2.6870	3.9352	296.15	300~570	0.44	0.21
环辛烷	112.22	2.9222	4.0028	304.67	300~620	0.71	1.06
多环芳烃							
苯	78.11	2.4653	3.6478	287.35			
萘	128.17	3.0915	3.8333	348.40	373~633	1.45	0.77
蒽	178.23	3.5291	4.0922	402.13	500~830	1.81	1.57
菲	178.23	3.4890	4.1053	403.06	33~780	1.51	1.39

续表

物质	MW/(g/mol)	m	σ/Å	ε/k/K	T范围/K	AAPD②	
						P^{sat}	ρ^{liq}
并四苯	228.29	4.6432	3.8942	407.60	660~940	0.88	4.23
䓛	228.29	5.1201	3.8400	385.73	580~940	0.81	3.61
芘	202.26	3.6847	4.1151	427.35	450~850	1.37	3.76
芳香族和多环芳烃衍生物							
甲苯	92.14	2.8149	3.7169	285.69			
乙苯	106.17	3.0799	3.7974	287.35			
丙苯	120.19	3.3438	3.8438	288.13			
丁苯	134.22	3.7662	3.8727	283.07			
四氢化萘	132.21	3.3131	3.8750	325.07			
联苯	154.21	3.8877	3.8151	327.42			
1-甲基萘	142.20	3.4064	3.8961	345.71	393~673	0.29	0.50
1-苯基萘	204.27	4.7634	3.8582	336.53	330~780	1.51	1.39
间-三联苯	228.29	5.6273	3.7967	329.18	420~840	1.52	0.26
气体							
氮气	28.01	1.2053	3.3130	90.96			
二氧化碳	44.01	2.0729	2.7852	169.21			
二硫化碳	76.14	1.6919	3.6172	334.82			

①m是组成一个分子的片段数，σ是中片段直径，ε/k是中片段对的相互作用能量。对于 Ting 拟合的物质[20]，给出实验数据的 AAPDs 和温度范围[45]。所有其他 PC-SAFT 来自 Gross 和 Sadowski[4]。

② 平均绝对百分比偏差 $= \dfrac{1}{ndp}\sum_{ndp}\left|\dfrac{\text{计算值}-\text{实验值}}{\text{实验值}}\right| \times 100\%$。

考虑将 PC-SAFT 应用到重组“活”油中(分离油和它的伴生气)，其泡点，GOR、储罐原油密度(API 度)，饱和烃密度和沥青质沉淀起点均已测[47]。为了模拟重组原油的相行为，石油作为6个虚拟组分的混合物处理(图 12.3)。3个亚组分(甲烷，N_2+CO_2和轻烷烃)用来描述分离的气体，用3个亚组分(饱和烃，芳香烃+多核芳烃和沥青质)描述储罐原油。

图 12.3 中给出了每个亚组分的相对含量，用气相色谱(GC)的成分数据，SARA 组分数据和 GOR 数据计算得到。在这种情况下 N_2 和 CO_2 作为团块是合适的，因为存在很少的 CO_2。更普遍的是，我们将 N_2 和 CO_2 作为分离组分。

注意到提出的团块系统引入了流体性质描述的小误差。这是因为不能忽视轻质烷烃的数量，如虚拟组分和饱和虚拟组分中轻质烷烃的丁烷和戊烷部分。然而，发现流体相行为中这个误差的影响是很小的。

12.2.2.1　分离气体的性质

每个虚拟组分的3个 PC-SAFT 参数(σ，m和ε/k)与其平均分子量相关。虚拟组分的参数可以从相关性内推/外推，如图 12.2 所示。例如，“轻烷烃”虚拟组分的 PC-SAFT 参数位于图 12.2 中的正烷烃相关性，平均分子量为 47。对于真实组分，PC-SAFT 参数来自组分的饱和流体密度和蒸气压拟合。表 12.2 中给出了真实和虚拟组分的分离气体的参数。

甲烷 $MW_n=16$

N_2+CO_2 $MW_n=28$	气体密度(3495psi，67. 7°F)= 0. 377g/mL
轻质烷烃 $MW_n=47$	油密度(14. 9psi，67. 7°F)= 0. 857g/mL
饱和烃 $MW_n=47$	油密度(14. 9psi，130. 7°F)= 0. 848g/mL
芳香烃和树脂 $MW_n=222$	$GOR=152m^3/m^3$
沥青质“集团”$MW_n=1700$	p_{sat}(160°F)= 4250psi(1psi = 6894. 757Pa)

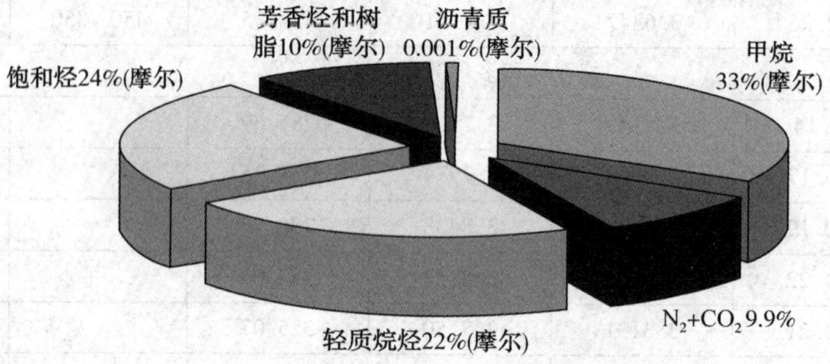

图 12. 3 具有 6 种虚拟组分的重组图示意图

表 12. 2　$GOR=152m^3/m^3$ 的重组油分馏为 6 组分混合物

组分	摩尔分数	平均 *MW*	*m*	σ/Å	ε/k/K
甲烷	0. 3300	16	1. 0000	3. 7039	150. 03
N_2+CO_2	0. 0985	28	1. 2053	3. 3130	90. 96
轻质烷烃	0. 2234	47	1. 9854	3. 6917	206. 12
饱和烃	0. 2445	255	7. 3765	3. 9635	257. 12
芳香烃和树脂	0. 1023	212	5. 3351	3. 7637	323. 7
沥青质	0. 0013	1700①	4. 3000	4. 3000	395. 00

①预聚合沥青质的分子量。

为了精确描述不同分子对间的范德华引力，相互作用能量经常通过二进制相互作用参数的状态方程修正。这项工作中使用的二进制作用力参数用蒸气压-流体平衡数据拟合，值列在表 12. 3 中。

从分离气体的 3 个虚拟组分中得到的 PC-SAFT 计算密度是 $0.3708g/cm^3$，与在24. 13 MPa 和 293K 测量的密度 $0.3773g/cm^3$ 有很好的可比性。

12. 2. 2. 2　储罐油特征

储罐油作为三种虚拟组分的混合物处理(饱和烃，芳香烃+树脂和沥青质)。这个特殊分类一定程度优于 SARA 馏分数据。不像 SARA，把原油破碎为饱和烃、芳香烃、树脂和沥青质，我们把芳香烃和树脂分为一个单个的虚拟组分，因为它们构成分子量和芳香烃(实际上延伸到沥青质)中相同分布的一部分。下面的假设应用到石油组分数据中，以确定图 12. 3 中给出的每个亚馏分的成分。

表 12. 3　本研究中使用的二元相互作用参数

组分	甲苯	N_2+CO_2	轻质烷烃	饱和烃	芳香烃和树脂	沥青质
甲苯	0	0①	0. 01②	0. 03③	0. 03④	0. 03⑤
N_2+CO_2	0①	0	0. 07⑥	0. 01⑦	0. 13⑧	0. 13⑤
轻质烷烃	0. 01②	0. 07⑥	0	0. 006⑨	0. 02⑪	0. 02⑤

续表

组分	甲苯	N_2+CO_2	轻质烷烃	饱和烃	芳香烃和树脂	沥青质
饱和烃	0.03③	0.01⑦	0.006⑨	0	0.01⑩	0
芳香烃和树脂	0.03④	0.13⑧	0.02⑪	0.01⑩	0	0
沥青质	0.03⑤	0.13⑤	0.02⑤	0	0	0

①根据 Kidnary 等人的甲烷-N_2 二进制数据[48]。

②根据 Reamer 等人的甲烷-丙烷二进制数据[49]。

③根据 Grauso 等人的 N_2-丙烷二进制数据[50]。

④根据 Reamer 等人的甲烷-癸烷二进制数据[51]。

⑤根据本文，Elbishlawi 和 Spencer 的甲烷-甲苯二进制数据[52]。

⑥根据 Azarnoosh 和 Mcketta 的 N_2-癸烷二进制数据。[53]。

⑦根据 Joyce 的丙烷-十六烷二进制数据[54]。

⑧ 根据 Miller 和 Dodge 的 N_2-苯二进制数据[55]。

⑨根据 Glanville 等人的丙烷-苯二进制数据[56]。

⑩根据 Messow 和 Engel 的甲苯-十二烷和甲苯-十六烷二进制数据[57]。

⑪假设沥青质和分离气亚组分间的 *kijs* 与芳香烃+树脂和分离气亚组分之间的相同。

我们假设饱和烃可以区别于低于 C_{10}碳馏分的芳烃。因为储罐油质量的 72.3%由饱和烃组分组成(根据样品油的 SARA 馏分分析)，较高碳断点(C_{10}断点，或更高)材料的质量 72.3%假设为饱和组分。剩余材料的 27.7%(质量)假设为芳香烃+树脂(直到 C_{29}断点)或芳香烃+树脂和沥青质(在 C_{30}^+切断)。

沥青质组分占储罐油质量的 2.5%(根据 SARA 分析)，所有的沥青质在 C_{30}^+的亚组分中。

C_{30}^+饱和烃的分子量分布(因此平均分子量)服从摩尔数的指数分布。

饱和烃亚组分中的组成都是正常烷烃。

基于这些假设，先测量平均分子量，随后得到饱和虚拟组分的 PC-SAFT 参数(根据图 12.2 中平均分子量的相关性)。表 12.2 中列出了这个参数。表 12.3 中列出了基于饱和烃的气液平衡数据拟合的二进制相互作用参数。SAFT 是几个精准预测液-液平衡的状态方程之一，其能够基于二进制相关参数用气液平衡数据拟合的。

在芳香烃+树脂虚拟组分的情况下，PC-SAFT 参数不仅取决于平均分子量，也取决于亚组分的平均芳香程度。这是因为芳香烃+树脂亚组分是芳香烃、多核芳烃(PNA)、PNA 衍生物和树脂的混合物。因为这些等级的化合物的 PC-SAFT 参数遵循不同的参数相关曲线，量化这种“芳香程度”很重要。芳香度参数用 PNA 和芳香烃衍生物参数的内插值定义。对于储罐油，芳香度被调整为：①匹配储罐油密度；②不溶于 C_7 的“模型”沥青质能完全溶解于仅由芳香烃+树脂组分组成的液体中。因此，芳香烃+树脂虚拟组分拥有溶解沥青质所需的最低芳香度。饱和烃和芳香烃+树脂虚拟组分的二进制相互作用参数被设置为-0.01，基于 353K 和 333K 的甲苯-辛烷和甲苯-十六烷 VLE 数据[57]的最佳 *kij*。

此时，除沥青质参数外的所有 PC-SAFT 参数已经测定。我们用沥青质的 PC-SAFT 参数拟合储罐油中烷烃滴定的沥青质沉淀数据(图 12.4)。对于这项工作中描述的石油，Wang 和 Buckley(J. S. Buckley and J. Wang, Private Communication, 2003)测量了沥青质沉淀起始点混合物的折射率(P_{RI})。P_{RI}与石油的组成和密度有关，它也可能与石油的溶解度参数相关。在测量 P_{RI}中，储罐油最初用等体积的 α-甲基萘再溶解任何沉淀的物质混合得到。对于给定的石油/沉淀剂对，向石油中加入沥青质溶剂改变所需沉淀剂数量以诱导沥青质沉淀，但是在沉淀起点，折射率没有明显改变[58]。用 PC-SAFT 估计这些参数，我们能拟合沥青质的 3 个 PC-SAFT 参数来再现 P_{RI} 行为。在这些计算中，为了使参数数量最小化，沥青质和其他储罐油成分(α-甲基萘)间的二进制相互作用参数设置为 0。用这些沥青质参数，PC=SAFT 预测了沥青质的溶解度参数是 21. 85MPa$^{0.5}$，与文章中已发表的值一致[5,15,22]。

12. 2. 3 对比沥青质行为的分析和结果

图 12. 4 显示了沥青质参数对滴定数据的拟合，关于沥青质沉淀起始点处混合物的折射率(P_{RI})。即使将沥青质参数拟合到室温条件的烷基滴定实验中(对于用等体积的 α-甲基萘混合的石油)，我们的经验是这些相同的沥青质参数能用于储层条件下未污染油中的沥青质。表 12. 2 中给出了沥青质组分的 PC-SAFT 参数。这个沥青质的 PC-SAFT 计算溶解度参数是 21. 85 MPa$^{0.5}$，摩尔体积是 1437cm^3/mol。估算沥青质密度在 1. 13～1. 20g/cm^3 之间，SAFT 计算的储罐油沥青质的 *MM* 在 1624～1724 之间。因为假设沥青质为石油的预聚合成分，这反应在沥青质预聚合的 *MW* 上。

图 12. 5 显示了一相重组油的 PC-SAFT 预测和实验密度的对比，重组油的气-油比 152m^3/m^3(储层流体)，GOR 为 212m^3/m^3(加入分离气体的油藏流体)。即使 PC-SAFT 对重组油密度的预测稍有不足，仍然与实验值一致。

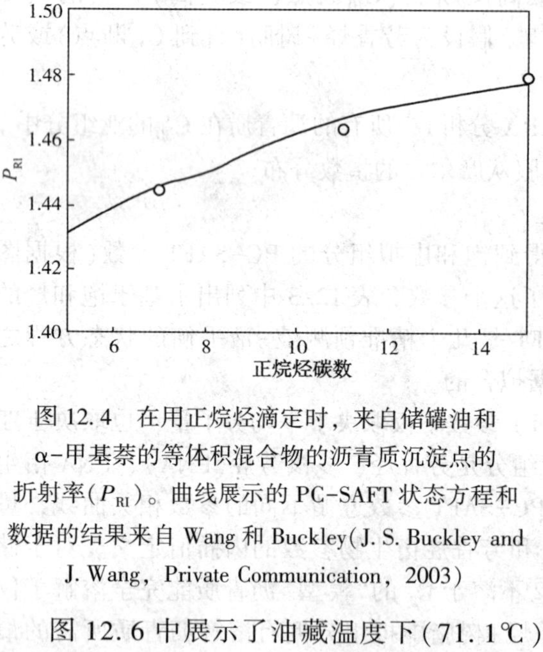

图 12. 4 在用正烷烃滴定时，来自储罐油和 α-甲基萘的等体积混合物的沥青质沉淀点的折射率(P_{RI})。曲线展示的 PC-SAFT 状态方程和数据的结果来自 Wang 和 Buckley(J. S. Buckley and J. Wang, Private Communication, 2003)

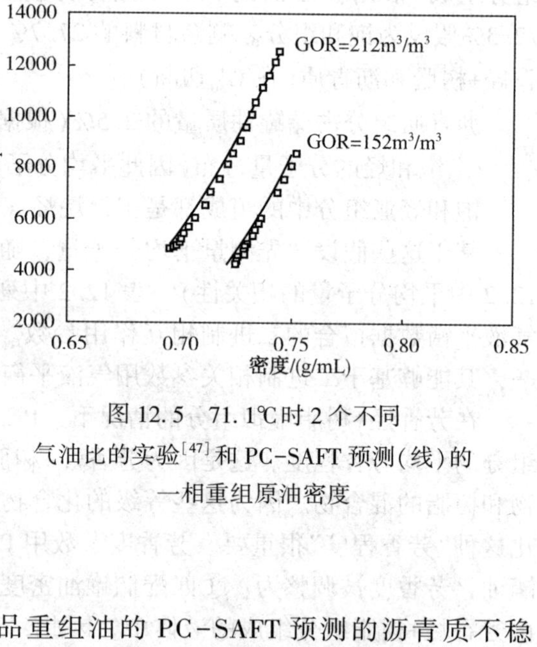

图 12. 5 71. 1℃时 2 个不同气油比的实验[47]和 PC-SAFT 预测(线)的一相重组原油密度

图 12. 6 中展示了油藏温度下(71. 1℃)样品重组油的 PC-SAFT 预测的沥青质不稳定性起点和泡点压力与实验结果的关系图，为分离气体组分的函数(根据 GOR 为 152m^3/m^3 和 212m^3/m^3)。PC-SAFT 精确预测了研究组分范围内这种油的泡点和沥青质不稳定起点。根据状态方程，我们期望沥青质沉淀问题出现在更高压力的更高分离气体浓度处。

图 12. 6 中是储层中降压的预测情况。我们假设储层流体中气体质量分数为 0. 2，压力为 10000psia，沥青质溶于石油中。在油层降压过程中，仅低于 8000pisa，沥青质就开始从溶液析出。进一步降压，当轻质末端开始离开溶液，我们得到了石油的泡点。随着压力进一步减小，更多轻质末端离开溶液直到在 3000pisa 以下，石油中沥青质再一次变为稳定的。这解

释了现场观察到的现象，沥青质沉淀仅在确定温度范围产生。当然，沥青质再溶解动力学的影响，可能是明显的，但是热力学模型中不考虑。

根据 Jamaluddin 等人的研究我们发现了向石油中注入 N_2 的近似相行为[59]。在这个系统中，石油组分的参数由相同的方法确定，本章中之前部分解释过。一个不同是 N_2 和 CO_2 被作为分离组分处理，因为都存在于相当的高浓度中。还有，沥青质组分的参数被拟合到注入 N_2 之前的沥青质不稳定性压力。参考文献[60]中陈述了计算细节。图 12.7 中给出了 PC-SAFT 结果和实验结果的对比。注入 5%，10%，20%(摩尔)的 N_2 能明显增加沥青质不稳定性起点。可能由于高 CO_2 起始含量，石油本来是不稳定的。沥青质起点压力和泡点压力($p_{起点}-p_{泡点}$)的差异随注入 N_2 数量增加而增加。SAFT 预测接近下面的实验发现。

对于注入 N_2 前的相同系统，可以测量相图投影中压力/温度的等值线。在图 12.8 中，我们对比作为温度函数的沥青质起点和实验数据[59]。PC-SAFT 预测，在实验的量化结论中，沥青质在低温和高温时不稳定。这种相边界类型通常在大尺寸差异的组分混合物中观察到。低温时，沥青质分子和溶剂(原油)之间范德华引力和分子尺寸的差异导致相分离。在高温时，石油变为较差的溶剂，溶液分解是因为轻质组分导致石油随温度升高而膨胀。

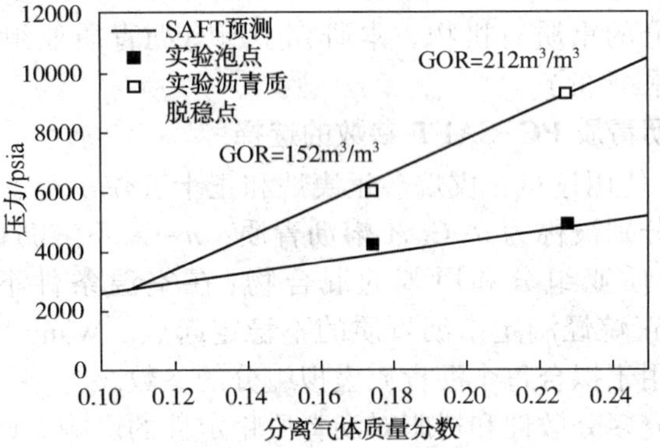

图 12.6　71.1℃时重组油的 PC-SAFT 预测和测量[19,47]的沥青质不稳定性起点和混合物泡点

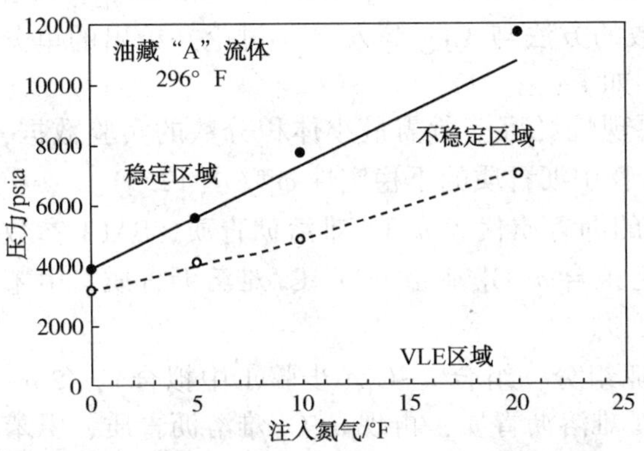

图 12.7　296℉时组合油的 PC-SAFT 预测和测量[59]的沥青质不稳定性起点和混合泡点为氮浓度的函数

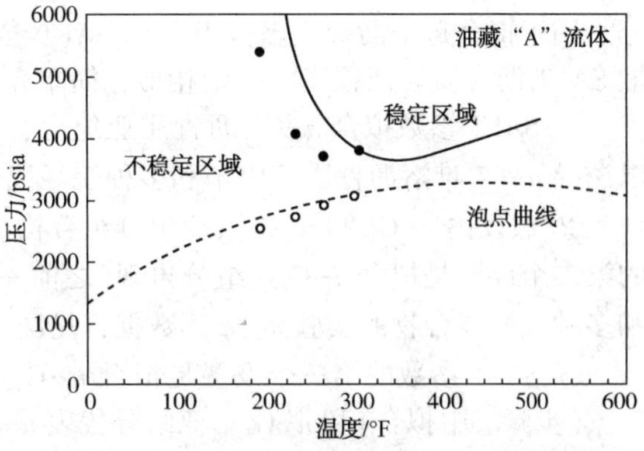

图 12.8　注入氮之前，油藏流体的实验测量[59]和 PC-SAFT 预测的沥青质不稳定性和泡点随温度的变化曲线

12.2.4 沥青质多分散性对相行为的影响

结果显示[19,20,60]，PC-SAFT 足够描述油藏条件下重组油的沥青质相行为。在这些计算中，沥青质被作为石油中的单一的、单分散组分处理。事实上，沥青质是多分散类化合物，其中树脂作为最低分子量亚组分，因此需要考虑沥青质多分散性的影响。

这里我们研究沥青质多分散性对石油中沥青质热动力相行为的影响。我们将显示通过非极性的相互作用，最低分子量的沥青质(含树脂)能稳定较高分子量的沥青质。我们也显示，根据模型分析的不同沥青质(和树脂)亚组分的行为的量化差异。实验室中已经观察到沥青质的多分散性，大量沥青质在各种烷基沉淀剂中沉淀且将沉淀沥青质表征为“硬”或“软”的沥青质。因为管线表面的沉淀倾向经常关系到形态和沉淀沥青质相的组分的变化，对平衡相中多分散沥青质分子量分布的认识有助于帮助我们更好地认识沥青质各种亚组分的沉淀倾向。

在这节中，多分散沥青质在 SAFT 中用 4 个虚拟组分表示。这些虚拟组分被标注为 $n\text{-}C_{i\sim j}$，表示沥青质组分不溶于碳数 $n\text{-}C_i$ 的正烷烃中，但容易 $n\text{-}C_j$ 正烷烃中。因此，虚拟组分为 $n\text{-}C_{3\sim5}$，$n\text{-}C_{5\sim7}$，$n\text{-}C_{7\sim15}$，和 $n\text{-}C_{15}^{+}$。所以，$n\text{-}C_{15}^{+}$沥青质是不溶于十五烷的沥青质馏分。例如，假设没有 $n\text{-}C_{7\sim15}$沥青质随+五烷的加入生成沉淀。我们看到一些共沉淀导致虚拟组分的反复分离。因此我们对多分散性的量化影响感兴趣，考虑这些虚拟组分适合我们的研究。读者应该注意，传统地，$n\text{-}C_{3\sim5}$馏分叫作树脂，传统沥青质提取技术通常定义沥青质为 $n\text{-}C_5^{+}$或 $n\text{-}C_7^{+}$不溶馏分的重质有机物。本研究中所有沥青质亚组分都溶于芳香烃溶剂中(通过 PC-SAFT 状态方程评价)。

12.2.4.1 多分散沥青质 PC-SAFT 参数的选择

Wang[14]的实验中，使用过量正戊烷、正庚烷和正十五烷沉淀，石油沥青质分散为各种溶解馏分，这些亚组分分别被称为 $n\text{-}C_5$ 不溶沥青质，$n\text{-}C_7$ 不溶沥青质，和 $n\text{-}C_{15}$不溶沥青质。对于每个分离沥青质亚组分和甲苯的混合物(在室温条件下，沥青质/甲苯的比例 1g/100mL 甲苯)，测量正烷烃滴定中沥青质的不稳定起点。Wang[14]的 Lagrave 石油的实验沥青质馏分和滴定数据用于拟合每个沥青质虚拟组分的参数。

我们用这个模型研究多分散性和树脂对沥青质稳定性的影响。即使包括树脂的每个亚组分是多分散的，我们也将沥青质建立为 3 或 4 种虚拟组分的模型(取决于是否含有树脂馏分，这包括 $n\text{-}C_{3\sim5}$沥青质馏分)：$n\text{-}C_{15}^{+}$亚组分，$n\text{-}C_{7\sim15}$亚组分，$n\text{-}C_{5\sim7}$亚组分，和 $n\text{-}C_{3\sim5}$亚组分。用于拟合每个沥青质虚拟组分的 SAFT 参数的方法与 Ting 等人[19,20]讨论并给出的单分散 SAFT 沥青质表征程序的原则相似，简单介绍如下：

① SAFT 参数拟合 $n\text{-}C_{15}^{+}$沥青质亚组分，再现烷烃沉淀所需最小体积分数的实验数据，以诱导 $n\text{-}C_{15}^{+}$难溶沥青质、甲苯和多种烷烃混合物中沥青质的不稳定性 ϕ_v^{ppt}(图 12.9)。

② 假设由 $n\text{-}C_{15}^{+}$和 $n\text{-}C_{7\sim15}$亚组分组合构成的沥青质代表 $n\text{-}C_7$ 难溶沥青质，SAFT 参数的第二个设置是拟合 $n\text{-}C_7$亚组分再现(之前一起拟合 $n\text{-}C_{15}^{+}$亚组分) $n\text{-}C_7$ 难溶沥青质，甲苯和多种烷烃混合物的实验 $\phi_v^{ppt}\varphi_v^{ppt}$ 数据，见图 12.9。

③ SAFT 参数的第三个设置是拟合 $n\text{-}C_{5\sim7}$亚组分，组合 $n\text{-}C_{15}^{+}$(步骤①中拟合)，② $n\text{-}C_{7\sim15}$(步骤②中拟合)和 $n\text{-}C_{7\sim15}$亚组分代表 $n\text{-}C_5$ 难溶沥青质，再现 $n\text{-}C_5$ 难溶沥青质、甲苯和正烷烃混合物的实验 ϕ_v^{ppt} 数据，如图 12.9 所示。

④ 由于缺少沉淀数据，树脂($n\text{-}C_{3\sim5}$)亚组分的 PC-SAFT 参数通过减小 $n\text{-}C_{5\sim7}$沥青质亚组分的 PC-SAFT 参数(m 和 ε/k)得到，直到得到一组 PC-SAFT 参数，使树脂难溶于丙烷(在 1MPa 时测试)，溶于正戊烷。

因为没有足够的数据来单独拟合所有多分散沥青质的模型参数，不得不制定某些近似关系：

所有 PC-SAFT 沥青质亚组分的分子量被认为与链长度 m 线性相关。这样做是因为每个沥青质亚组分的实验分子量不完全已知，因为 SAFT 链长度近似与多核芳烃分子量线性相关。本研究中使用的比例常数($MW=m/0.0216$)设置 n-C_{15}^{+}沥青质亚组分分子量为 2500。

所有沥青质亚组分的片段直径设置为 4Å。这是大多数多核芳烃和多核芳烃衍生物的片段直径的平均值。

图 12.9 中对比了状态方程拟合和实验的 ϕ_v^{ppt} 数据，表 12.4 中列出了拟合的 PC-SAFT 沥青质参数。如图所示，PC-SAFT 计算的和测量的 ϕ_v^{ppt} 定性一致。PC-SAFT 能够描述n-C_{15}和 n-C_5 难溶沥青质间 ϕ_v^{ppt} 和烷烃碳数曲线的幅度变化。对于 n-C_7 和 n-C_5 提取的沥青质的沉淀起点，PC-SAFT 低估了用于诱导沥青质沉淀的较大烷烃情况下实验的 ϕ_v^{ppt} 数据。如图，PC-SAFT 预测的最大沉淀体积分数的碳数是 9，与之前实验观察到的一致。

表 12.4 各种沥青质亚组分(包括树脂)的 PC-SAFT 参数

沥青质亚组分	MW	m	SAFT 参数			
			σ/Å	ε/k/K	δ/$MPa^{0.5}$	ρ/(g/cm^3)
n-C_{15}^{+}	2500①	54	4.00	350.5	22.17	1.150
n-$C_{7\sim15}$	1852①	40	4.00	340.0	21.52	1.137
n-$C_{5\sim7}$	1806①	39	4.00	335.0	21.25	1.133
树脂	556	12	4.00	330.0	20.41	1.103
单分散	2080①	46	4.00	350.5	22.13	1.120

①预聚合沥青质的分子量。

各种 SAFT 沥青质亚组分和树脂(n-$C_{3\sim5}$亚组分)的 SAFT 参数 ε/k 与 m 图显示了 ε/k 和 m 间的明确趋势(图 12.10)。被低分子量烷烃沉淀的沥青质倾向于有更小的尺寸和更低的片段能量。注意到很有趣的现象，相同片段尺寸的沉淀，“较重”的沥青质亚组分的片段能量看起来更大。沥青质亚组分的片段能量接近萘和 α-甲基萘的(表 12.1 和图 12.2)，然而，沥青质的链长度 m 要大得多。最后，树脂亚组分的链长度 m 看起来比其他沥青质亚组分小得多。表 12.4 中给出了沥青质和树脂馏分的状态方程参数。

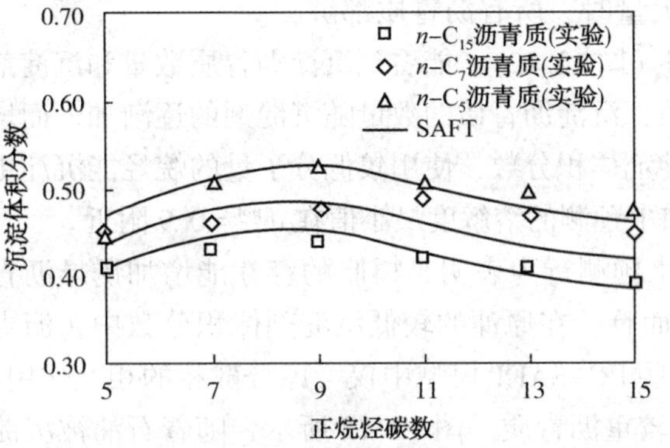

图 12.9 20℃和 0.1MPa 时，沥青质-甲苯-烷烃混合物的沥青质不稳定起点处 PC-SAFT 和测量的沉淀体积分数的对比。沥青质/甲苯比例是 1g/100mL。实验数据来自 Wang[14]

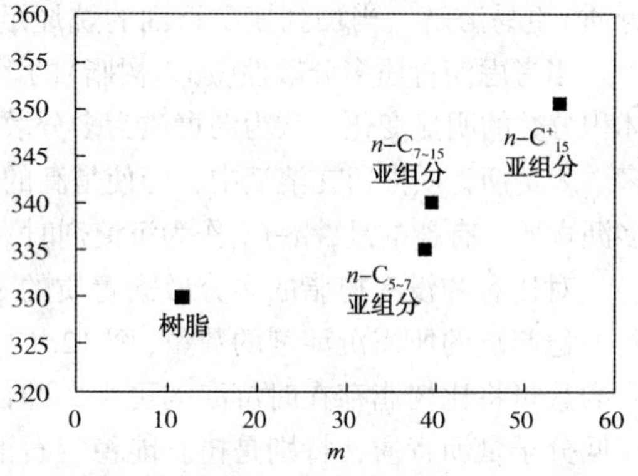

图 12.10 各种 PC-SAFT 沥青质亚组分和树脂的 ε/k 与 m 关系图

12.2.4.2 沥青质多分散性和加入树脂的影响

为了研究树脂和沥青质多分散性在石油中沥青质相行为上的作用，我们对比 4 种模型的混合物的相行为，包括单分散和多分散沥青质。在所有模型系统中，甲苯是石油模型，沥青质的混合浓度是 100mL 甲苯中含沥青质 7.5g。表 12.5 中列出了这些系统的沥青质/树脂含量和性质，下面一段会讨论。对于这些模型系统的研究，焦点是量化趋势/行为，所有物质的所有二进制相互作用参数被设为零(根据 Ting 等[19,20])。

表 12.5 中各种系统间最大的不同是系统 1 和 2 的沥青质是单分散的，系统 3 和 4 的沥青质是多分散的。更具体地，模型系统 1 中使用的沥青质是多分散的，拟合 $n-C_{15}$ 难溶 Lagrave 沥青质[14](也叫作 $n-C_{15}^{+}$沥青质馏分)的实验 ϕ_v^{ppt} 数据。模型系统 2 使用的沥青质是单分散的，拟合 $n-C_5$ 难溶 Lagrave 沥青质的实验 ϕ_v^{ppt} 数据。模型系统 3 中使用的是多分散沥青质，每个沥青质亚组分的 SAFT 参数拟合到沥青质组分的实验 ϕ_v^{ppt} 数据。模型系统 4 和模型系统 3 的差别仅为向系统中加入 10g 树脂/100mL 甲苯(约为 1~2mol 树脂/100mol 甲苯)。加入树脂的数量(10g 树脂每 100mL 甲苯)是随意的。

表 12.5 用于研究沥青质多分散性和加入树脂影响的 4 种代表性原油模型的简介①

模型系统	包括的沥青质组分
系统 1	仅单分散-$n-C_{15}^{+}$亚组分
系统 2	单分散-$n-C_5$
系统 3	$n-C_{15}^{+}$：$n-C_{7\sim15}$：$n-C_{5\sim7}$质量比为 4.5：2.0：3.5
系统 4	$n-C_{15}^{+}$：$n-C_{7\sim15}$：$n-C_{5\sim7}$质量比为 4.5：2.0：3.5 树脂 10g/100mL 甲苯(20℃，0.1MPa)

①所有原油模型中 100mL 甲苯含有 7.5g 沥青质(20℃，0.1MPa)。

图 12.11 和图 12.12 展示了加入烷烃对 4 种原油模型混合物中沥青质数量的影响(20℃和 0.1MPa)。对于含有单分散沥青质的系统(图 12.11)，沥青质溶解度的改变是戏剧性的：当烷烃沉淀剂的体积分数略超过沥青质失稳起点时，沥青质从完全溶解到几乎完全不溶于模型油。按照预期，在满足诱导沥青质失稳的所需沉淀剂量的溶液中，低分子量沥青质(单分散沥青质拟合 $n-C_5$ 难溶沥青质 ϕ_v^{ppt} 数据)比高分子量沥青质(单分散沥青质，$n-C_{15}$难溶沥青质)更易溶解。当加到模型石油的烷烃足够大量时，所有沥青质都沉淀。

当考虑沥青质多分散性(加入树脂)的影响时(图 12.12)，能看到沉淀沥青质数量和沉淀剂体积分数的明显变化。认为沥青质为多分散物质，沉淀沥青质的数量随沉淀剂的逐渐加入而增多。大量沥青质停留在溶液中，即使是高的沉淀剂体积分数，使用较低分子量的烷烃能沉淀更多沥青质。有趣的是，$n-C_{15}$作为沉淀剂时，SAFT 预测的溶解度最小值在 $\phi_v^{ppt}=0.9$ 附近。

对比有和没有树脂的多分散沥青质的 SAFT 预测行为表明，树脂的存在能增加诱导沥青质失稳起点的所需沉淀剂的数量(图 12.12)。而且，在原油的较低沉淀剂体积分数中，沥青质的数量将比树脂存在时沉淀的更少。即使这些 PC-SAFT 模型中仅考虑分散相的相互作用，较低分子量沥青质，特别是树脂能稳定石油中较重沥青质。图 12.12 所示，随着石油被沉淀剂稀释，树脂对沥青质相行为的影响变得不明显。

图 12.13 展示了沥青质亚组分的质量分布与沉淀剂体积分数的函数关系图。如图所示，在初始沥青质失稳起点附近，沉淀相大部分由最重的沥青质馏分组成(在这种情况下是 $n-C_{15}^{+}$亚馏分)。随着沉淀剂数量的进一步增加，越来越多的较轻分子量沥青质沉淀出来。

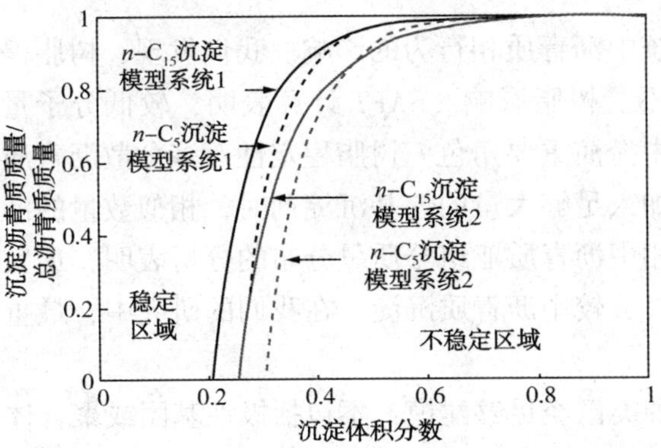

图 12.11　20℃，0.1MPa 时混合烷烃的原油模型
（7.5g 沥青质/100mL 甲苯）中
单分散沥青质的溶解度

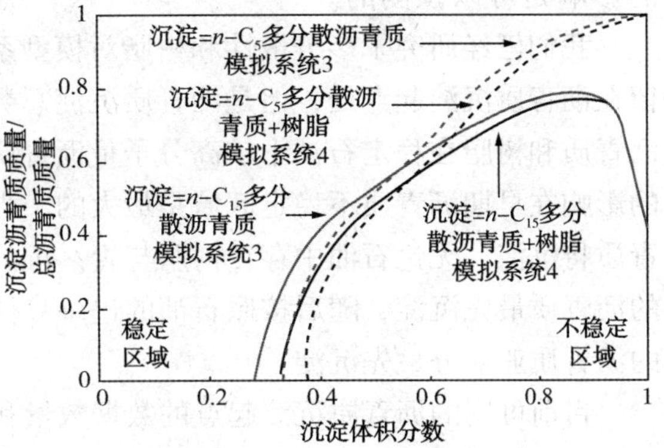

图 12.12　20℃，0.1MPa 时混合烷烃的原油模型
（7.5g 沥青质/100mL 甲苯）中
多分散沥青质（有或无树脂）的溶解度

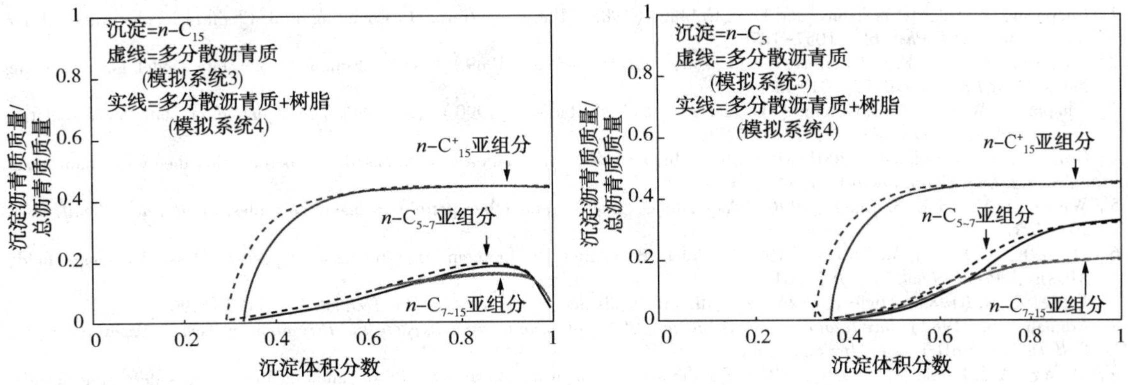

图 12.13　沉淀相中沥青质亚组分的标准分布与原油模型混合物中沉淀体积馏分的函数关系图

12.3　总结和结论

压力、温度和组成对原油系统中沥青质相行为的影响可以解释为，PC-SAFT 状态方程的分子间范德华相互作用力。引入 PC-SAFT 状态方程来表征包括沥青质的 6 种组分混合的重组石油。真实组分和虚拟组分的选择基于饱和烃-芳香烃-树脂-沥青质（SARA）馏分，气相色谱和气油比例信息。每个组分（除沥青质）的状态方程根据分子量的一般关系确定。二进制相互作用参数用来拟合气液平衡数据。沥青质参数通过建立室温条件下烷烃滴定石油中沥青质的沉淀模型来确定。发现 PC-SAFT 能精确预测密度，泡点曲线和沥青质失稳区域，对于一定温度、压力和组分范围内的重组石油。

PC-SAFT 状态方程有力证明了实验室和现场观察到的沥青质相行为。例如，当沥青质在泡点附近沉淀，模型预测沥青质在高于和低于泡点压力是稳定的。在各种烷烃滴定石油的过程中，我们展示了沥青质沉淀所需的沉淀剂体积分数为烷烃沉淀剂碳数的函数，在壬烷处达到最大。模型也预测了沥青质失稳随着温度的增加或减少，取决于石油组分和温度。模型也证明了注入气体（氮气和甲烷）和 α-甲基萘对沥青质稳定性的影响是可以预测的。

我们已经研究了多分散性和树脂对模型系统中沥青质相行为的影响。我们发现，树脂停留在沥青质沉淀起点处，但是沥青质沉淀总数不受树脂影响。SAFT 计算表明，较低分子量沥青质和树脂在稳定石油中较高分子量沥青质中扮演重要角色。树脂稳定性对多分散沥青质的影响在早期沥青质不稳定区域是最大的，当加入足够大量的烷基沉淀剂时，相似数量的沥青质将沉淀，无论石油中存在树脂与否。沉淀相中沥青质亚组分质量分布的分析表明，最大的沥青质最先沉淀，随后按照石油的进一步稀释，较小沥青质沉淀。在我们的研究中，最重的沥青质亚馏分最先沉淀。

目前可用的沥青质沉淀起点的数据数量和种类已经足够建模，不包括极性基团或聚合体的影响。尽管 PC-SAFT 状态方程的扩展考虑了这些影响，现在的可用数据也不足以证明额外的参数需要包括这些影响。

参 考 文 献

[1] Chapman，W. G.，G. Jackson，and K. E. Gubbins (1988). Phase equilibria of associating fluid-Chain molecules with multiple bonding sites. *Mol. Phys.* 65，1057-1079.

[2] Chapman，W. G.，K. E. Gubbins，G. Jackson，and M. Radosz (1989). SAFT：Equation-of-state model for associating fluids. *Fluid Phase Equil.* 52，31-38.

[3] Chapman，W. G.，K. E. Gubbins，G. Jackson，and M. Radosz (1990). New reference equation of state for associating liquids. *Ind. Eng. Chem. Res.* 29，1709-1721.

[4] Gross，J. and G. Sadowski (2001). Perturbed-chain SAFT：An equation of state based on a perturbation theory for chain molecules. *Ind. Eng. Chem. Res.* 40，1244-1260.

[5] Wiehe，I. A. and K. S. Liang (1996). Asphaltene，resins，and other petroleum macromolecules. *Fluid Phase Equil.* 117，201-221.

[6] Haskett，C. E. and M. Tartera (1965). Practical solution to problem of asphaltene deposits - Hassi Messaoud field，Algeria. *J. Pet. Technol.* 17，387-391.

[7] Tuttle，R. N. (1983). High-pour and asphaltic crude oils and condensates. *J. Pet. Technol.* 35，1192-1196.

[8] Adialalis，S. (1982). *Investigation of Physical and Chemical Criteria as Related to the Prevention of Asphalt Deposition in Oil Well Tubings.* PhD Thesis，Imperial College.

[9] Chavez，A. J. L. and M. A. Lory (1991). Estudio sobre la depositacion de material organico en instalaciones de produccion del area marina de Campeche. *Revista del Instituto Mexicano del Petroleo* 22，55-67.

[10] Escobedo，J. and G. A. Mansoori (1995). Asphaltene and other Heavy-Organic Particle Deposition during Transfer and Production Operations. In：*SPE Annual Technical Conference and Exhibition Production Operations and Engineering*，Dallas，TX，pp. 343-358.

[11] von Albrecht，C.，W. M. Salathiel，and D. E. Nierode (1977). Stimulation of asphaltic deep wells and shallow wells in Lake Maracaibo，Venezuela. Advances in Methods of Increasing Well Productivity and Injectivity. *Can. Pet. Technol.*，*J.*，*Oil Sands* PD7(1)，55-62.

[12] Wu，J. (1998). *Molecular Thermodynamics of Some Highly Asymmetric Liquid Mixtures.* PhD Thesis，University of California at Berkeley.

[13] Prausnitz，J. M.，R. N. Lichtenthaler，and E. G. de Azevedo (1986). *Molecular Thermodynamics of Fluid-Phase Equilibria*，2nd edn. P T R Prentice-Hall，New Jersey，U. S. A.

[14] Wang，J. X. (2000). *Predicting Asphaltene Flocculation in Crude Oils.* PhD Thesis，New Mexico Institute of Mining & Technology.

[15] Hirschberg，A.，L. N. J. deJong，B. A. Schipper，and J. G. Meijer (1984). Influence of temperature and pressure on asphaltene flocculation. SPEJ，*Soc. Pet. Eng. J.* 24，283-293.

[16] Akbarzadeh，K.，S. Ayatollahi，M. Moshfeghian，H. Alboudwarej，W. Y. Svrcek，and H. W. Yarranton (2002). Regular solution model for asphaltene precipitation from bitumens and solvents. In：*American Institute of Chemical Engineers Spring National Meeting.* New Orleans，LA，pp. 218-224.

[17] Cimino，R.，S. Correra，and P. A. Sacomani (1995). Thermodynamic Modeling for Prediction of Asphaltene Deposition in Live Oils. In：Proceedings *Soc. Pet. Eng. Intl. Symp. on Oilfield Chem.* San Antonio，TX，pp. 499-512.

[18] Nghiem，L. X.，M. S. Hassam，R. Nutakki，and A. E. D. George (1993). Efficient Modeling of Asphaltene Precipitation In：Proceedings *Soc. Pet. Eng. Annual Tech. Conf. and Exhib.* Houston，TX. pp. 375-384.

[19] Ting，P. D.，G. JHirasaki，and W. G. Chapman (2003). Modeling of asphaltene phase behavior with the SAFT equation of state. *Pet. Sci. Tech.* 21，647-661.

[20] Ting，P. D. (2003). *Thermodynamic Stability and Phase Behavior of Asphaltenes in Oil and of other highly Asymmetric Mixtures.* PhD Thesis，Rice University.

[21] Chung，F.，P. Sarathi，and R. Jones (1991). Modeling of Asphaltene and Wax Precipitation，NIPER-498，DOE Topical Report，Bartlesville，OK.

[22] Burke，N. E.，R. E. Hobbs，and S. F. Kashou (1990). Measurement and modeling of asphaltene precipitation. *J. Pet. Technol.* 42，1440-1446.

[23] Wang, J. X., J. S. Buckley, N. A. Burke, and J. L. Creek (2003). A Two–Component Solubility Model of the Onset of Asphaltene Flocculation in Crude Oils. Paper 15254 presented at the 2003*SPE Offshore Technology Conference*, Houston, May 5¨C7; Wang, J. X. and J. S. Buckley (2001). *Energy Fuels* 15, 1004–1012.
[24] Nghiem, L. X. and D. A. Coombe (1997). Modeling asphaltene precipitation during primary depletion. *Soc. Pet. Eng. J. SPE* 36106, 2, 170–176.
[25] Ting, P. D., P. C. Joyce, P. K. Jog, W. G. Chapman, and M. C. Thies (2002). Phase equilibrium modeling of mixtures of long–chain and short–chain alkanes using peng–robinson and SAFT. *Fluid Phase Equil.* 206, 267–286.
[26] Leontaritis, K. J. and G. A. Mansoori (1987). Asphaltene flocculation during oil production and processing: A thermodynamic colloidal model. In: *Society of Petroleum Engineers of AIME*. San Antonio, TX, pp. 149–158.
[27] Victorov, A. I. and A. Firoozabadi (1996). Thermodynamic micellization model of asphaltene precipitation from petroleum fluids. *Am. Inst. Chem. Eng. J.* 42, 1753–1764.
[28] Wu, J., J. M. Prausnitz, and A. Firoozabadi (1998). Molecular – thermodynamic framework for asphaltene – oil equilibria. *Am. Inst. Chem. Eng. J.* 44, 1188–1199.
[29] Wu, J., J. M. Prausnitz, and A. Firoozabadi (2000). Molecular thermodynamics of asphaltene precipitation in reservoir fluids. *Am. Inst. Chem. Eng. J.* 46, 197–209.
[30] Bungert, B. (1998). Modeling Polymer Systems Using the Perturbed–Chain Statistical Associating Fluid Theory Equation of State. Komplexe Phasengleichgewichte von Polymerlosungen. *Dissertation*, Technische Universitat Berlin, Germany. Gross, J. and G. Sadowski (2002). *Ind. Eng. Chem. Res.* 41, 1084–1093.
[31] Wiehe, I. A. (1996). Two–dimensional solubility parameter mapping of heavy oils. *Fuel Sci. Tech. Intl.* 14, 289–312.
[32] Moore, E. W., C. W. Crowe, and A. R. Hendrickson (1965). Formation effect and prevention of asphaltene sludges during stimulation treatments. *J. Pet. Technol.* 17, 1023–1028.
[33] Chang, C. L. and H. S. Fogler (1993). Asphaltene Stabilization in Alkyl Solvents using Oil – Soluble Amphiphiles. In: *Soc. Pet. Eng. Intl. Symp. on Oilfield Chem.* New Orleans, LA, pp. 339–349.
[34] Groenzin, H. and O. C. Mullins (1999). Asphaltene molecular size and structure. *J. Phys. Chem. A* 103, 11237–11245.
[35] Economou, I. G. (2002). Statistical associating fluid theory: A successful model for the calculation of thermodynamic and phase equilibrium properties of complex fluid mixtures; Economou, I. G. (2002). Molecular Modelling of Materials Laboratory, Institute of Physical Chemistry, National Research Center for Physical Sciences "Demokritos", GR–15310 Aghia Paraskevi Attikis, Greece. *Ind. Eng. Chem. Res.* 41, 953–962.
[36] Muller, E. A. and K. E. Gubbins (2001). Molecular–based equations of state for associating fluids: A review of SAFT and related approaches. *Ind. Eng. Chem. Res.* 40, 2193–2212.
[37] Jog, P. K., W. G. Chapman, S. K. Gupta, and R. D. Swindoll (2002). Modeling of liquid–liquid–phase separation in linear low–density polyethylene–solvent systems using the statistical associating fluid theory equation of state. *Ind. Eng. Chem. Res.* 41, 887–891.
[38] Wertheim, M. S. (1984). Fluids with highly directional attractive forces. I. Statistical thermodynamics. *J. Stat. Phys.* 35, 19.
[39] Wertheim, M. S. (1984). Fluids with highly directional attractive forces. II. Thermodynamic perturbation theory and integral equations. *J. Stat. Phys.* 35, 35–47.
[40] Wertheim, M. S. (1986). Fluids with highly directional attractive forces. III. Multiple attraction sites. *J. Stat. Phys.* 42, 459–476.
[41] Wertheim, M. S. (1986). Fluids with highly directional attractive forces. IV. Equilibrium polymerization. *J. Stat. Phys.* 42, 477–492.
[42] Chapman, W. G. (1990). Prediction of the thermodynamic properties of associating lennard–jones fluids: Theory and simulation. *J. Chem. Phys.* 93, 4299–4304.
[43] Kraska, T. and K. E. Gubbins (1996). Phase equilibria calculations with a modified SAFT equation of state. 1. Pure alkanes, alkanols, and water. *Ind. Eng. Chem. Res.* 35, 4727–4737.
[44] GilVillegas, A., A. Galindo, P. J. Whitehead, S. J. Mills, G. Jackson, and A. N. Burgess (1997). Statistical association fluid theory for chain molecules with attractive potentials of variable range. *J. Chem. Phys.* 106, 4168–4186.
[45] DIPPR Database (2003). Design Institute for Physical Properties, Brigham Young University, UT.
[46] Huang, S. H. and M. Radosz (1990). Equation of state for small, large, polydisperse, and associating molecules. *Ind. Eng. Chem. Res.* 29, 2284–2294.
[47] Ting, P. D. (2003). *Thermodynamic Stability and Phase Behavior of Asphaltenes in Oil and of other highly Asymmetric Mixtures.* PhD Thesis. Rice University.
[48] Kidnay, A. F., R. C. Miller, W. R. Parrish, and M. J. Hiza (1975). Liquid¨Cvapour phase equilibria in the N2–CH4 system from 130 to 180 K. *Cryogenics* 15, 531–540.
[49] Reamer, H. H., B. H. Sage, and W. N. Lacey (1950). Phase equilibria in hydrocarbon systems: Volumetric and phase behavior of the methane–propane system. *Ind. Eng. Chem.* 42, 534.
[50] Grauso, L., A. Fredenslund, and J. Mollerup (1977). Vapour–liquid equilibrium data for the systems C2H6+N2, C2H4+N2, C3H8+N2, and C3H6+N2. *Fluid Phase Equil.* 1, 13–26.
[51] Reamer, H. H., R. H. Olds, B. H. Sage, and W. N. Lacey (1942). Phase equilibria in hydrocarbon systems. *Ind. Eng. Chem.* 34, 1526–1531.
[52] Elbishlawi, M. and J. R. Spencer (1951). Equilibrium relations of two methane–aromatic binary systems at 150F. *Ind. Eng. Chem.* 43, 1811–1815.
[53] Azarnoosh, A. and J. J. McKetta (1963). Nitrogen–n–decane system in the two–phase region. *J. Chem. Eng. Data* 8, 494–496.
[54] Joyce, P. C. (1999). Vapor–Liquid Equilibria for the Hexane+Tetracosane and Hexane+ Hexatriacontane Systems at Elevated Temperatures and Pressures. *Vapor–CLiquid Equilibria for Long–Chain Hydrocarbons in Supercritical Alkane Solvents*. PhD Thesis, Clemson University; Joyce, P. C., J. Gordon, and M. C. Thies (2000). *J. Chem. Eng. Data* 45, 424¨C427. Joyce, P. C. and M. C. Thies (1998). Vapor–liquid equilibria for the hexane+hexadecane and hexane+1–hexadecanol systems at elevated temperatures and pressures. *J. Chem. Eng. Data* 43, 819–822.
[55] Miller, P. and B. F. Dodge (1940). The system benzene – nitrogen: Liquid – vapor phase equilibria at elevated pressures. *Ind. Eng. Chem.* 32, 434–438.
[56] Glanville, J. W., B. H. Sage, and W. N. Lacey (1950). Volumetric and phase behavior of propanebenzene system. *Ind. Eng. Chem.* 42, 508.

[57] Messow, U. and I. Engel (1977). Thermodynamische Untersuchungen an Losungsmittel/nParaffin-Systemen. *Z. Phys. Chem.* 258, 798.
[58] Buckley, J. S., G. J. Hirasaki, Y. Liu, S. von Drasek, J. Wang, and B. S. Gill (1998). Asphaltene precipitation and solvent properties of crude oils. *Pet. Sci. Technol.* 16, 251-285.
[59] Jamaluddin, A. K. M., N. Joshi, F. Iwere, and O. Gurnipar (2001). An investigation of asphaltene instability under nitrogen injection. Presented at the Society of Petroleum Engineers International Petroleum Conference and Exhibition, Villahermosa, Mexico, *SPE* 74393.
[60] Gonzalez, D. L., P. D. Ting, G. J. Hirasaki, and W. G. Chapman (2005). Prediction of asphaltene i nstability under gas injection with the PC-SAFT equation of state. *Energy Fuels* 19, 1230-1234.

(P. David Ting, Doris L. Gonzalez, George J. Hirasaki, Walter G. Chapman)

第13章 沥青质聚合体研究中等温滴定量热法的应用

13.1 简介

在生物化学中，等温滴定量热法(ITC)缺乏在不同组分相互作用研究中的应用。在本章中，我们描述了这项技术在石油组分的研究中的应用，特别是沥青质和树脂及其相互作用。

这项工作报道了我们用ITC研究溶液中沥青质聚合体和相互作用的行为。首先，我们讨论了ITC在易描述化合物中的应用，以及检测沥青质相关的不同聚合机制，根据甲苯溶液中沥青质可能的不同实验的例子。

这个工作特别处理了临界胶束浓度(CMC)的概念分析和它在沥青质溶液中的应用。首先，提出的技术(等温滴定量热仪，ITC)用已知胶束化作用的化合物测试。然后，这项技术进一步应用到甲苯的沥青质溶液中。如之前所陈述的，ITC得到的数据显示了，沥青质CMC的存在不能通过这个方法直接证明，即使当浓度低至34×10^{-6}时也没有检测到胶束化信号。相反，聚合的逐步机制被认为可以更好地解释有机溶液中沥青质的聚合行为，如本章第二部分所示。回顾应用等温滴定量热技术的不同研究。特别地，它可以被联合应用，如光谱技术和化学变化，来研究整体聚合和反应行为的重量，影响和相互作用的类型。特别地，在这种情况下的目的是，认识氢键在沥青质稳定性中扮演的角色，揭示这个结论，在扩大自然稳定性和抑制剂相互作用中天然存在的氢键点是十分重要的。因此，我们陈述了分子灵活性和进入较小分子的特定相互作用能力，以使石油中沥青质更稳定。

13.2 胶束化概念

这是众所周知的现象，当溶质浓度超过一个特定阈值时，液体溶液中的表面活性剂形成胶粒聚合体。这个阈值，取决于表面活性剂的本质和结构，以及溶质和任何其他化合物的存在，甚至是非常小的量。基本上表面活性剂都含有亲油和亲水部分，简单来说，表面活性剂通常被看作亲油烃链和亲水头部的组合。事实上，一些较复杂的分子也拥有相似特征，某种意义上当溶解于水或油相时，他们定向分布在水/油界面处，并形成胶粒聚合体。聚合分子的数量取决于溶剂，大小十分不同。典型地，聚合体数量(或者每个胶粒的化合物数量)在水中是高的，但在非水溶液中是低的。两种不同溶剂中分子的方向也当然是不同的，聚合体形成结构和多分散程度也是不同的。从热力学角度看，胶粒的形成不是真正的相变，因为没有形成宏观相。

然而，相变方法已经用来描述这一现象。最重要的参数之一是临界胶束浓度(CMC)。CMC是一个浓度区域，大于它时，表面活性剂开始通过聚合其他表面活性剂形成胶粒以减小系统能量。因此，CMC是浓度大于CMC时溶液中的真实单体浓度，这个幅度外加入的所有表面活性剂分子都将形成胶粒形式。CMC也可以定义为聚合体中表面活性剂的总浓度，在该浓度下，非常小的部分处于缔合状态，或者在稀释时胶束/聚合体的浓度变为零。胶束化过程是一个动态过程，因而，胶粒在混合物中快速形成和分解。除此之外，CMC 是比固定浓度更大的浓度范围。对于一些化合物，已经报道了高浓度的第二 CMC 与胶粒形状的变化有关(如球形到杆状圆柱形胶粒)[1]。

实验中观察到，在给定测量宏观性质中 CMC 变化是浓度的函数。存在大量方法检测溶液中有自组合性质分子的临界胶束浓度。应用最多的方法包括测量电导率，介电常数，表面/界面张力，渗透压，稀释量热热量和尺寸排除/凝胶渗透色谱[2-4]。所有这些方法在检测清晰的 CMC 时都有它们的不足，这取决于涉及的表面活性剂物质。此外，很多物质水溶液的聚合体数量都是巨大的，很多检测方法都是容易进行。然而，在非水溶液中，聚合体数量倾向是小的，因此，不是所有方法都能检测清晰的 CMC[5]。除此之外，实验进行存在两种程序：①测量各种浓度溶液的一系列物理性质，这是静态测试；②动态测试，测量进行中溶液不断稀释。

ITC 是一项动态技术，记录稀释或添加过程中的持续热量(放热或吸热)。因而，ITC 是一项直观技术，但是当几个不同过程同时发生时，它们对整体热变化的贡献不能分离出，除非盲目进行实验。

13.3 实验

沥青质分离

下面使用的是标准程序，基于修正后的 IP143 方法[6]。溶剂-油的比例是 30mL 庚烷/g，用超声波混合。沉淀在固定温度下形成，通常是室温。最后的过滤用膜过滤器(0.5 μm)真空过滤。滤渣用正庚烷洗涤，沥青质从热甲苯的不溶物中提取得到。过量溶剂用罗塔汽化器去除，在氮气流下完全干燥。这种方法得到的原沥青质用少量庚烷洗涤，再次用超声混合离心和倾析。这个过程直到析出液是无色的。最终干燥在真空烘箱中进行。在大批量分离时，第一步分离在离心机中进行，随后用类似方法处理，但是要缩放材料的量。

量热仪是 Microcal 的 VP-ITC 2000。它保存于可控环境的手套箱内以提升基线稳定性、湿度等。同步荧光光谱用 PC 接口的 MPF-3Perkin-Elmer 荧光光谱仪进行，激发和发射波长差为 20nm。使用同步模式允许比传统激发光谱更详细的光谱或者光谱指纹类型。复杂混合物如原油组分要求相对大的差异 20nm。用 Perkin-Elmer Paragon 1000 FTir 记录液体单元的红外光谱。干燥甲苯作为溶剂，从本底值中扣除。详情在作者的文章或者参考文献中给出。

为了避免微量水存在的相关影响，ITC 和 IR 使用的甲苯溶液使用分子筛并用金属钠接触干燥。文章中表面活性剂的反胶束化确实说明被微量水的存在控制。简单计算表明，在沥青质研究的正常浓度范围内，水-沥青质分子比例是 1，很低的沥青质浓度能接近 20，正如瓶装甲苯中水浓度能接近 200×10^{-6}。因此，在现在工作中，研究的沥青质聚合体反映了最小水量的系统，文章中这些系统经常反映沥青质-水-溶剂系统，其中水是控制聚合体的重要组成。

13.4 表面活性剂的 ITC 应用

已经大量研究了水溶液表面活性剂，报道了使用各种技术得到的临界胶束浓度(CMC)的存在，上面已经提及。量热仪也已经应用到表面活性剂 CMC 的测定中，主要是水溶液。表面张力测定界面性质来推断整体行为，然而量热仪是基于整体性质的直观测量方法，如稀释和分解热量。实验由向纯溶剂中的连续注入表面活性剂组成。注入浓度足够高以确保表面活性剂以胶束态存在。在第一次注入中，溶液被稀释到 CMC 以下。因而，测量的热量是单体稀释的热量和胶束分解的热量和。在注入一定量后，单元中得到的浓度大于 CMC，仅测量了胶束稀释的热量。量热仪收集在峰值处显示的数据。其中每个都表示一次注入，正峰和负峰分别表示吸热和放热过程。峰值和基线间区域的积分表示每次注入热量的变化。因此，混合热和最终浓度曲线也可能用来测量 CMC。典型的图由三部分组成：第一个区域是解胶束作用和单体稀释产生的大量热变化，过渡区域(CMC 区域)和少量热变化的第三区域，对应胶束的稀释。Birdi[7] 用混合量热仪测量了 CMC，其中测量了大量仅稀释实验的稀释热，展示了混合表面活性剂 CMC 的变化。这个技术是乏味的，因为完整的实验需要较大样品体积，且每个有单一终点浓度。后者通过等温滴定量热的应用优化了。

图 13.1 所示，是十二烷基硫酸钠(SDS)和胆酸钠水溶液的滴定数据。第一个图展示了原始数据。正峰表明这个温度的解胶束作用是吸热的。每个峰下面的面积积分给出了每次注入的热量变化，如第二个图。如上所述，当单元中浓度大于 CMC 时，热量增长急剧下降。和预期的一样，CMC 不是一个浓度，而是一个区域或过渡区。对于结构更复杂的胆酸钠我们需要一定程度的外推。CMC 也能根据曲线的一阶导数得到，其中是 CMC 的最小值。也可以应用积累热量和浓度的关系图，如果超过 CMC 的热量没有达到近常数值，但是这些图很难解释。根据图 13.1A，用 ITC 测得的 SDS 的 CMC 值是 2.4g/L，同时 Paula 等[8]、Andersen 和 Christensen[9] 都用同样方法发表了 30℃时是 2.5g/L。ITC 计算的 CMC 也和其他技术得到的一致，如荧光探针和表面张力。计算的胶束化热量是-2.7kJ/mol，Paula 等[8] 发表的是-2.5kJ/mol，Sharma 等[10] 用等温量热法发表的是-2.28kJ/mol。

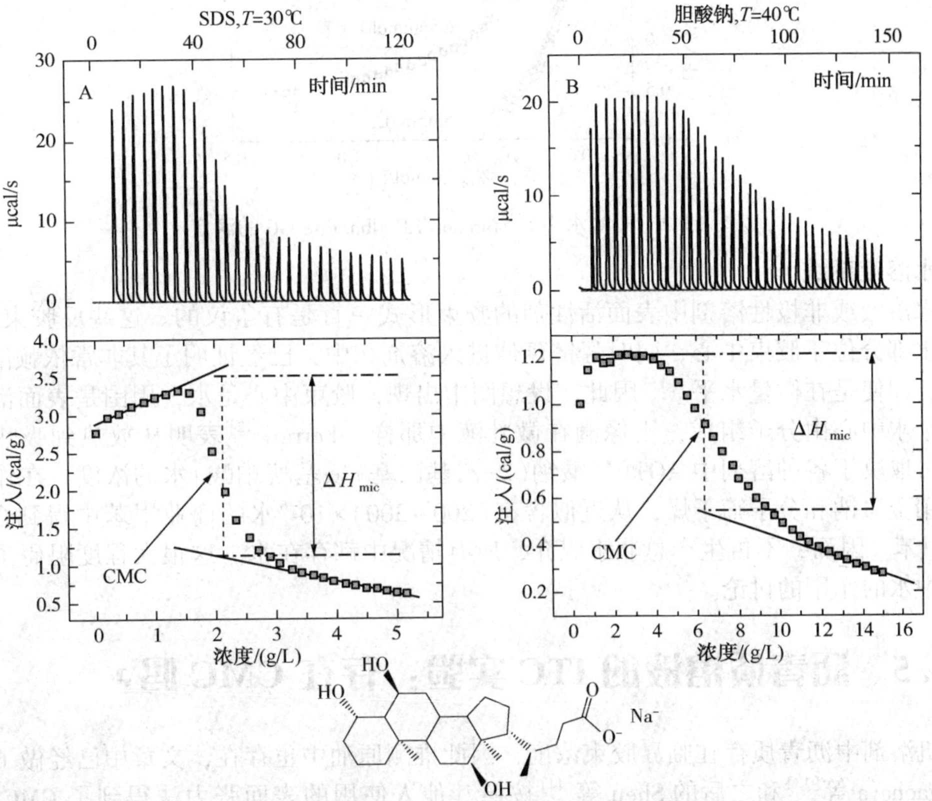

图 13.1 (A)30℃水中 SDS30g/L 的滴定。(B)40℃缓冲液(pH=7)中 80g/L 胆酸钠的滴定。胆酸钠的结构

SDS 是具有亲水和亲油部分的典型表面活性剂，聚合体数量在 50~60 范围内，胆酸钠是一种更复杂的分子，表现出低得多的聚合体数量，因而也有较低的胶束化热量。如图 13.1A 所示，低热量的最终平稳值很难达到，因此 CMC 很难测量。对比表面活性剂，像 Rhodamine 6G 那样的染料不需要严格的浓度控制水溶液中聚合体的形成。它们的逐步关联机制，意味着聚合体数量随浓度增加逐渐增加。图 13.2 中是注入 2 个不同浓度的 Rhodamine 6G 染料的 ITC 图例子(焓变图)。第一次注入没有初始平稳值存在，表明聚合体完全分解为单体，和表面活性剂实验观察的一样。热量变化取决于注入的浓度，这是由于随浓度增加染料聚合体的数量逐渐改变。焓变图显示，随单元中浓度的增加，热量变化成指数衰减，由于单元中溶液变得与注射器中相似，更少的聚合体分解。

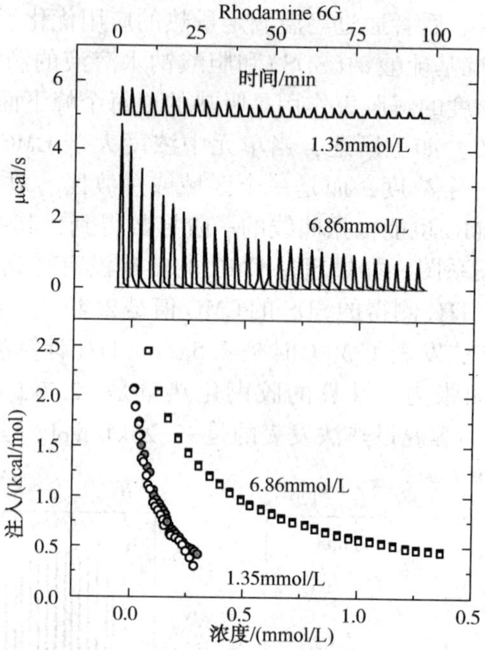

图 13.2　30℃水中 8.86mmol/LRodhamine G6 的滴定

非水溶液系统

非水溶液或非极性溶剂中表面活性剂的胶束形式一直是有争议的。这些反胶束的形式，其中亲水部分位于胶束中心，同时烃链延伸进入溶剂相中，已经证明了其非常依赖溶剂中水的存在，即使是在微量水平。[11]因此，设想图中出现，胶束中心是水，周围是表面活性剂分子。这个水中心由分子组成，不像滴在微乳液中那样。Ferrari[12]表明从放热到吸热过程中反应能量取决于各种溶剂中 AOT[二酸钠(2-乙基已基)磺基琥珀酸]水的浓度。在作者的实验中，用金属钠和分子筛干燥，从近似含有$(200\sim300)\times10^{-6}$水的商业甲苯中得到含水$10\times10^{-6}$的甲苯。因而，不再生产总非水媒介，所有情况中都存在水。这很大程度阻碍了关于胶束形成中水的作用的讨论。

13.5　沥青质溶液的 ITC 实验：存在 CMC 吗?

有机溶剂中沥青质存在临界胶束浓度，因此推测原油中也存在，文章中已经做了很多工作。Rogacheva 等[13]和之后的 Sheu 等[14]按照其他人使用的表面张力法得到了 CMC 的可能值，通常是表面活性剂的。然后，这个技术仅间接报道了整体相的变化，因为测量是直接针对空气和溶液界面的。对于很多沥青质样品，这确实是正确的，表面张力随浓度增加而下降，随后达到恒定值。如果沥青质和表面活性剂的行为是类似的，那么它可以作为 CMC 的清晰迹象。另一方面，在 4~5 个单元范围内(最近 Yarranton 等[15]用其他技术证实)的原始 Yen 模型中隔出来非常低的沥青质聚合体数量，观察到的行为仅是表面饱和烃的一部分结果，或者朝向溶液内部的亲和力比向界面处的更高。其他技术也已经应用[16]，如果甲苯作为溶剂，很多证据观察到在 1~5g/L 范围内存在 CMC[17,18]。

ITC 能够给出测量的通用类型，检测到沥青质在甲苯中存在 CMC。观察到，热量变化取决于注射器内沥青质的浓度(图 13.3)。这表明了沥青质有不同聚合状态，即使所有情况的浓度都大于估算的 CMC。此外，在任何实验中都不可能找到一个初始平稳或间断点，如表面活性剂的实验所示。在图 13.4 中，对比了测量 CMC 的两种分析程序。图 13.4B 中，根据 Andersen 和 Birdi 的应用[19]，存在积累热的使用。如图所示，这个方法导致了偏见，研究者可能用线形曲线拟合沥青质的低和高浓度，即使曲线是平滑渐变的，也能在线交点处得到 CMC。因此，这是明显的，热量/注入和浓度图降低这种错误，认为是理想方法。

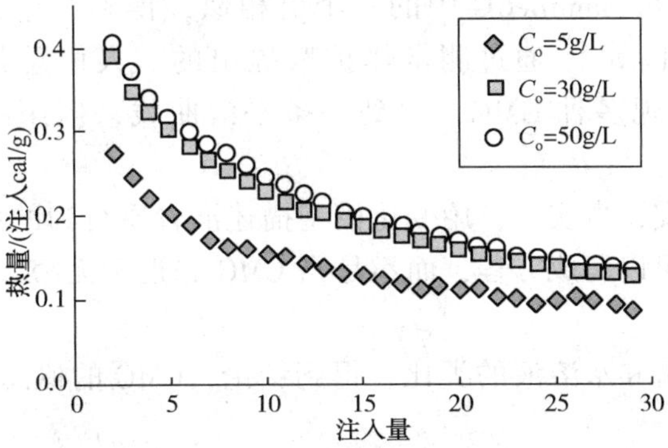

图 13.3　注入溶液中沥青质初始浓度的影响。OMV 沥青质样品

图 13.5(A)展示了是否含有沥青质的热量变化测试对比。参考测试得到的热量减去了之前分析的任何数据。在图 13.5(B)中展示了 8 种不同沥青质在注入浓度为 5g/L 时的滴定。所有试验中达到的最低浓度是 0.07g/L。其中没有一个在低浓度处呈现平稳变化，表明存在 CMC。因而，无需进行从聚合到单体状态的稀释过程，测量的热量能反映从一个聚合态到另一个平衡聚合态的过程。

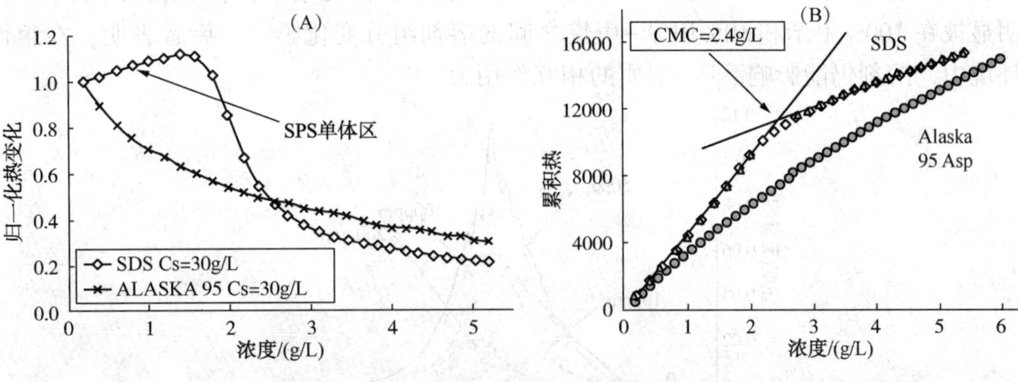

图 13.4　量热数据分析 CMC 的存在。

(A)SDS 和 Alaslca 95 沥青质的焓图，归一化热。(B)相同数据的累积热分析。沥青质的热量乘以 6 进行比较

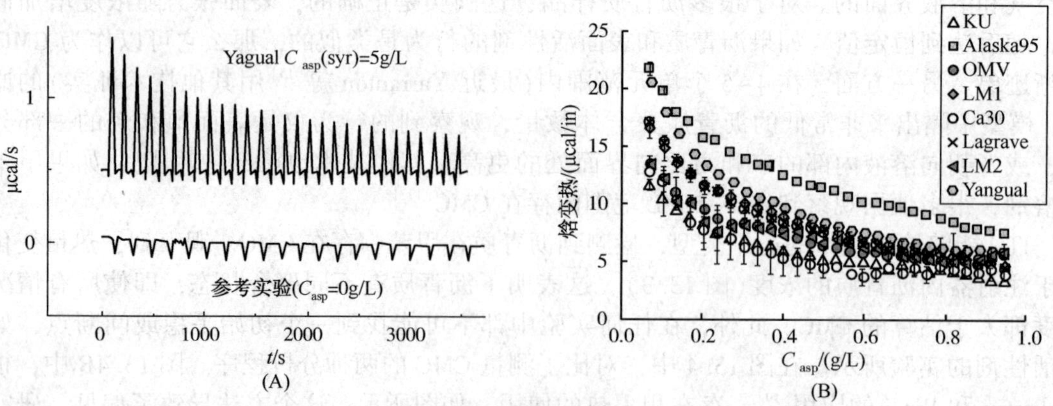

图 13.5 (A)沥青质检测原始数据的一个例子和参考数据。
(B)沥青质 8 的 ITC 实验。30℃时注入干燥甲苯的浓度为 5g/L

图 13.5 看起来和 Rodhamine6G 中的一个更相似，得到结论，沥青质的聚合也是逐步进行的，正如 Acevedo 等[20]通过测量热扩散提出的。人们总是争论，像沥青质那样的多组分混合物应该呈现多种 CMC，得到一条平滑曲线，但用我们的技术不能观察到那样的 CMC。

这个假设没有被证实，事实上，用变化模型描述沥青质行为的用处不大。当 CMC 是唯一的时候，胶束化方法可以写成方程，而不是当 CMC 趋近于无穷大时，在任何情况下模型都能接近一个逐步机制。

基于 ITC 实验的分析和水溶液的类比，得到结论，CMC 的概念不适用于溶液中的石油沥青质，原因如下：

① 沥青质表现出和染料近似的行为，就是说，它们可能是逐步聚合的。

② 聚合体数量太小，以致不能将沥青质聚合体作为典型胶束。

然而，作者承认溶液中沥青质聚合体和聚合的存在，最好的证明是沥青质溶液荧光的淬火和红色偏移，如图 13.6 所示。在荧光光谱实验中，能看到荧光强度是浓度和波长(通常在 5~100ppm 范围)的函数。作为浓度函数的强度(淬火)的减少表明较强的分子间作用力[21]。图 13.6 中的例子，4 种研究的沥青质在溶液 10~50ppm 处都开始有典型的淬火，这与 Goncalves 等[22]最近的研究结果一致。Andersen[23]也发表了相似的结果，在 5ppm 溶液中，荧光信号明显被在 100%甲苯和 10%甲苯-庚烷之间的溶剂组分变化影响。后者表明，在很低的稀释环境中，溶剂仍能影响溶质-溶质的相互作用力。

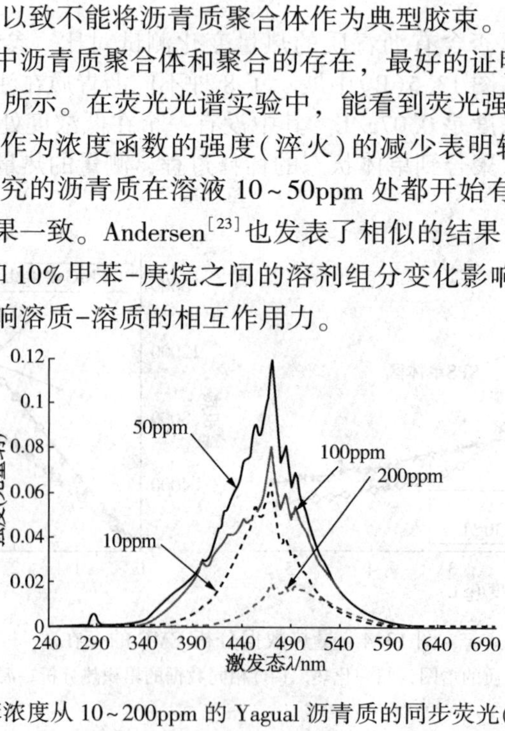

图 13.6 甲苯浓度从 10~200ppm 的 Yagual 沥青质的同步荧光($\Delta\lambda=20$nm)

我们接受大量的数据显示在0.5~5g/L甲苯区域中溶液物理性质的真实改变，但是这个CMC机制是不同的，更像是聚合体含量的相关有限影响。逐步机制表示存在给定浓度的聚合，但是单体和聚合体的比例是变化的。因此，人们不能使用临界浓度的概念，大于它时单体浓度是常数。然而，我们能在稀释实验中接近完全稀释条件，其中聚合体的数量和大小都很小的，以至于实验数据能反应“单体”状态。上述的荧光淬火反映了在增大浓度时，增加聚合体-聚合体相互作用或者聚合状态的合并。

13.6 ITC 建模实验

为了从热量迹线中得到除直观定量性质外的衍生有意义的信息，需要应用模型。因为不能推导CMC，逐步机制是最理想的方法。这里模型的研发基于化学理论。假设，二聚体、三聚体等在平衡状态中形成，考虑所有的热量变化是由于在每次注入后加入更多沥青质的平衡移动。这种模型能应用在沥青质的自聚合以及和树脂或其他组分的相互作用，如抑制剂。在最后的情况中，ITC能通过键能的计算给出这些物质效率的新视角。在现在的工作中，壬基酚作为树脂和典型抑制剂化合物的模型化合物，在下一部分展示。建模的目的不仅是修正数据而且是推导出热力学变化，如聚合体的焓，能应用在不同材料来源的对比中，以及沥青质相行为的预测，为了解决工业问题。因此这种方法直接适应，在生物化学中被认为是生物量热法，如研究蛋白质-配体相互作用[24]。

这个模型的基础是相互作用物质和聚合体形成的平衡，遵循与多聚体生长相同的方法。然后，要记住这个事实，不能暗示假设沥青质的生长为线性的：

$$A_n+A_1 \longleftrightarrow A_n+1 \Rightarrow [A_{n+1}]=K_{n+1}[A_n][A_1]$$

在这种情况下，所有外部影响，如摩擦损失等应该在分析前去除。为了达到这点，需要进行参考实验，其中注射器充满纯溶剂，这个热变化从所有涉及沥青质溶液的实验中扣除。

为了简化，假设所有分子的聚合体焓是相同的(涉及的多种分子物质的平均值)。平衡常数通过单体和二聚体等的浓度计算，根据注射前后时刻浓度的变化计算分解键的数量。然后实验的热变化用下面的方程拟合：

热变化=打破连接点的数量(mol)×($-\Delta H$)

拟合的参数是平衡常数 K_i 和聚合体的平均焓变ΔH。

已经研究了不同模型沥青质，根据所需的复杂程度[25]。在沥青质的自聚合研究中，应用4个假设：

① DIMER模型：假设仅形成二聚体。因此拟合参数中仅有一个平衡常数和一个焓变ΔH。

② EQUALK模型：越多物质反应形成越大的聚合体。为了保持相同数量的参数，假设所有平衡常数相等。

③ ATTENUATED K模型：为了模拟空间效应，根据简单关系：$K=K_{2/2}=\cdots=K_{i/i}$，推导出有大聚合体数量的物质形成的平衡常数。拟合参数的数量仍然仅有2个。

④ TERMINATOR模型：组分被分为2种类型的分子，一类是允许聚合体生长延续的，正如含有多个连接点的(传播者)，另一类表现为终结者的，限制最终聚合体的大小。增加第三个参数，为沥青质组分的终结者和传播者(T/P)的比例。

在上述模型中，认为所有反应中聚合体焓变ΔH相同，因为目的是保持拟合参数尽可能的少。9个单独沥青质模型表现出相同趋势。二聚体模型能很好地拟合，同时ATTENUATED K

已经是较复杂模型的最好拟合。ΔH 的计算值很小（在-2~-7kJ/mol 范围内），比通常氢键的幅度（-8~-40kJ/mol）[26]稍小一点，比一些纯芳香烃化合物叠加也小，如芘（-15kJ/mol）[27]。基于这些实验不可能确定聚合的主要驱动力是什么，因为这两种机制建议的（叠加和氢键）当前的值相同，并相互竞争[28]。然而，这些值的使用应该慎重，仅仅作为平均焓变范围的定向表示，因为ΔH 高度依赖沥青质的假设 MW。在目前的情况下，所有沥青质分子的 MW=1000g/mol 是随意选择的。这个值的增加导致ΔH_a的线性增加。此外，苯酚分子间的相互作用热量作为参考值（$\Delta H_{形式物}$=-16.6kJ/mol），这些实验的热变化是相对低的，表明沥青质组分没有参加这些测试。这希望考虑烷烃溶剂的沥青质沉淀中涉及非特殊力。沥青质的庚烷-甲苯馏分的 SEC 分析也表明在自聚合中大量组分是不活泼的。它们在加入庚烷后沉淀，是由于尺寸不同，不是由于聚合体的问题[18]。自聚合焓变的低估也与所有涉及聚合的过程没有准确考虑有关，如聚合体的解溶剂化，单体的溶剂化，分支的缠绕和构象变化。

然而，在目前阶段，没有发展出能考虑 MW 和结构的多分散性的模型。本研究中推导的聚合体数量表明 $n>5$ 的沥青质浓度是不容忽视的。

13.7 沥青质聚合体和其他物质相互作用的多方面 ITC 应用

在之前几节中，ITC 用来研究有机溶液中沥青质的自聚合。在这部分中，用这项技术的多功能性来论证 4 个不同问题：①研究沥青质中的亚组分；②甲基化阻断沥青质中氢键官能团的影响；③和模型沥青质的相互作用，即壬基酚；④和天然树脂的相互作用。为了做一个统一的研究，仅发表了甲苯溶液的结果，即使其他溶剂的研究也是我们探索的一部分[29]。水对聚合体的影响问题作为研究的一部分讨论。

与普通表面活性剂在非极性/非水溶液中相似的实验证据表明，沥青质聚合体也取决于水的存在[30]。这种影响已经用不同技术在不同程度上观察过了。即使它仍然是一个研究问题，沥青质分子向水油界面的吸收以及油在水中微乳液的稳定性是亲水相互作用存在的直观证据。水存在时，沥青质以更有序的结构固化[31]。因此，它由控制湿度和溶剂可能的干燥程度决定，如上解释。这么做是为了避免大量水存在的相关疑点，如芳香烃溶剂中通常含水100~200μg/g。在石油储层的应用中，水是丰富的，一定要在模型的发展中进一步考虑到。

13.7.1 沥青质亚组分的研究

文章中沥青质化学的很多方面集中在由正庚烷或戊烷沉淀的标准沥青质。然而，事实上，处理的石油中发生的问题通常是由这些沥青质的次要组分导致的。因此，认识不同沥青质亚组分的性质十分重要。这是一个非常重要的话题，关注组分性质和组成的已发表研究数量确实在增加。最受欢迎的组分程序一直使用两种确定溶剂，庚烷和甲苯的不同比例[18,32,33]。然而，这个程序导致了材料化学组成的非常小的表观差异，即使大小排阻层析指示确实表明相关的亲和力有差别。难溶组分表现出较大的联合比例[18]。较强的极性溶剂，如丙酮，也已经应用到获得这些组分的差异上[33-35]。特别地，期望这个程序产生更极性的溶质组分，其中氢键控制相关难溶组分。例如，Takanohashi 等[36]表明，在丙酮中用丙酮和嘧啶得到的煤沥青质组分的溶解部分，是最小的芳香族。

在目前研究中，庚烷沥青质（用上述的标准方法）是室温下丙酮和甲苯混合物中的亚组分。沥青质在流体和超声中放置60min提取出来，静置一夜并离心得到不溶组分(INS)和溶解组分(SOL)。分析两种沥青质LM1和KU。为了给出更好的结果，溶剂混合物选择组分质量1∶1，意味着甲苯和丙酮的溶剂对LM1和KU的比例分别是30∶70、60∶40(体积)。观察到KU中约10%INS组分不完全溶于甲苯。事实上在之前的沥青质提取实验中已经观察到了[35,37]。在分馏后，期待一些沥青质不溶于甲苯，同时我们去除一些可能是共溶剂的分子。如果假设分馏过程中没有化学变化，这证明石油组分间存在微妙的平衡，最终的稳定性取决于其他分子的存在和特殊相互作用。Andersen和Speight[37]发现在40%甲苯/庚烷强力洗涤后，沥青质的一些馏分变为不溶于甲苯了，溶解度的这一变化遵循红外光谱中氢键区域的标志性变化，表明氢键通过较轻化合物相互作用产生稳定性。

对于研究的两种沥青质，溶解组分的热量变化比不溶组分的高得多。为了研究和甲苯相互作用的化学改变的可能性，组分按相同比例混合在原来的沥青质中，发现混合物(SOL+INS)的分解热与原来沥青质的匹配[29]。这表明在分馏期间没有化学变化发生。在这种情况中，KU和SOL又有更多热变化，解释为水对热量迹线有明显影响。

图13.7展示了干燥甲苯和含有约300μg/g水的混合物中的滴定。水的存在明显导致放热反应降级，否则就是控制分解吸热反应。将甲苯注入到10g/L的KU、INS和SOL溶液中显示，仅SOL给出了与分解有关的吸热峰。INS仅显示了当甲苯注入单元时，与摩擦热有关的峰。

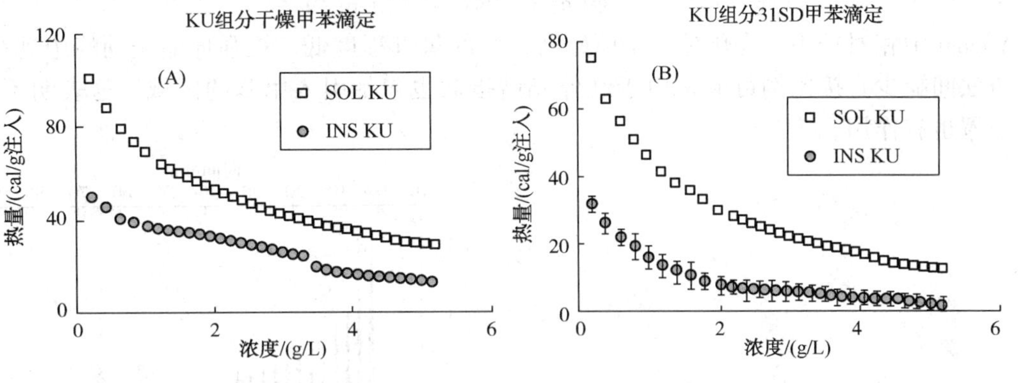

图13.7　庚烷沥青质KU亚组分的研究；30℃注入30g/L。(A)干燥甲苯。(B)水含量300μg/g的甲苯

INS馏分的分解低热量有几种可能解释：①INS表示联合程度低的分子；②相互作用力很强导致稀释没有产生分解。使用红外和荧光光谱的组分研究表明LM1的INS和SOL组分的氢键能力(根据IR推导)是相似的，其中荧光显示INS相对较小。即使这些技术的应用能显示出沥青质亚组分聚集的差异，仍然需要具体的进一步研究。如果设想在石油开发中不溶组分在同族分子中沉淀或沉积更多，这些证据变得甚至更重要。

13.7.2　沥青质甲基化的影响

认识沥青质中不同氧、氮、硫组织的浓度和分子结构特别重要，因为这些能牵涉氧化，降解和分子聚合[38,39]。它们通过氢键和第二结构的形成影响分子间聚合物中沉淀沥青质的性质[40-44]。

因为未修正沥青质(之后叫“原沥青质”)的ITC分析不允许识别相互作用的类型，它取决于沥青质的变化。对比修正和原始沥青质ITC结果，可能确定分子结构中芳香烃区域的叠加和氢键的相关重要性。在发表文章中有一些沥青质变化的例子：Gould等[45]展示了去除氢键点能导致沥青质溶液黏度减小。通过结合光谱的相转移催化甲基化的使用定量测定石油物质中的酸性官能团[46,47]。因此，通过简单去除这些定量影响，联合 ITC 可能扩大相互作用平衡的认识。

此处描述了甲基化对沥青质自聚合的影响。在这个反应中，酸性氢存在于官能团中，如—OH,、—COOH、—SH 和—NH，它们被甲基取代并没有影响烃结构。因此，人们假设芳香烃叠加没有受影响。下面是 Desando 和 Ripmeester[48] 的程序：材料用有机碱(氢氧化四正丁基铵)去质子，所得阴离子与烷基卤化物(甲基碘)反应。对于 LM2 沥青质，反应导致了 3600~3100cm^{-1} 间红外宽带几乎全部去除，表明了酸性烃的定量去除(图 13.8)。3050cm^{-1}的峰与芳香烃结构有关。

这个沥青质的元素分析表明 H/C 比从 1.15 到 1.23 逐渐增加，猜想是引入 CH_3 基团。假设 1000 个单元的分子量，简单代数能得到受反应影响点的数量。这个计算给出了 7.9 个点受 LM2 沥青质甲基化影响。ITC 实验显示，沥青质甲基化导致热变化的明显下降(图 13.9)。潜在氢键点的封锁显著减小了沥青质的自聚集能力。

表 13.1 中收集了 5 种沥庚烷沥青质得到的结果，关于 ITC 实验热变化的改变，以及 IR 光谱中氢键指数的变化。这个指数给出了氢键能力的概念，定义为：

$$I(\mathrm{HB})=\frac{\text{吸光度}(3500\sim3100\mathrm{cm}^{-1})}{\text{吸光度}(3500\sim2740\mathrm{cm}^{-1})}$$

Yagual 中相对较小的变化是由于原始沥青质的氢键程度低。在强伸缩振动峰中观察到，两种方法间缺少直接比例可能是由于红外光谱指数也包括引入甲基的区域。这表明不仅点数，位置也有作用。

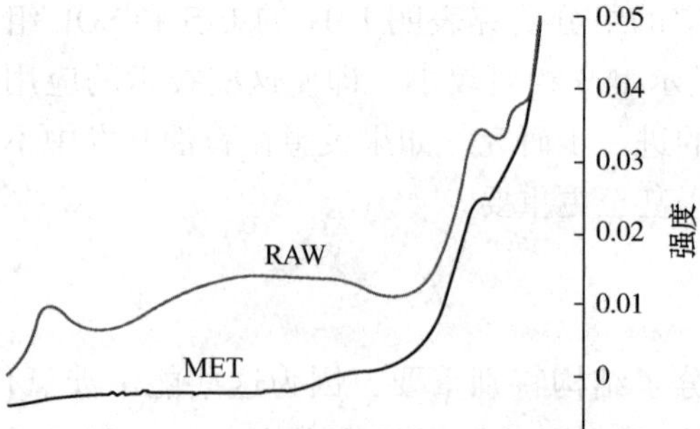

图 13.8　LM2 原庚烷沥青质和甲基化沥青质的氢键区域结果的红外线光谱图

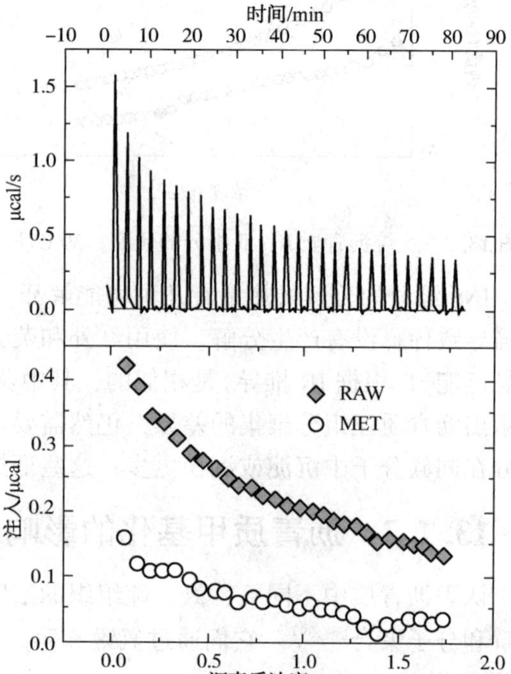

图 13.9　30℃，干燥甲苯中 30g/L，LM2 原沥青质和 MET-hylated 的 ITC 滴定结果

表 13.1 甲苯溶液中 ITC 和红外线光谱分析中甲基化对热变化的影响

	甲基化作用导致的含量变化	
	ITC 实验	IR 中 HB 指数
Alaska 95	-52	-74
Yagual	-27	-9
Ca30	-27	-43
LM2	-62	-75
Lagrave	-26	-62

图 13.10 中，给出了甲基化对荧光光谱的影响。Alaska 95 沥青质甲基化导致带向较短波长的明显转变(蓝色偏移)，然而 Yagual 中仅观察到了很小变化。原则上较短λ发射表明较小的芳香环存在[49]，但反应没有改变沥青质分子中心。如果一些分子在甲基化样品中以短波发出，这是因为它们也在原沥青质中。这些以短波发射的小分子通过氢键连结到原沥青质中，正如聚合体被认为移动到较长波长(红色转变)[50]。

在原沥青质光谱中，这些物质的发射被邻近分子再次吸收，由于材料内存在强相互作用(即使在 2μg/g 浓度甲苯中)。Yagual 有较低的氢键能力，没观察到蓝色转变。这也表明这个特殊原油的沥青质在芳香烃缩合上有不同的结构。有趣的是，Yagual 沥青质来自一种非常不稳定的原油。这导致了其支持证据，即沥青质的氢键结合能力在沥青质的稳定机制中起着重要作用，如大氢键能力能够提升沥青质的稳定性，就像和其他石油组分(树脂和极性物质)的相互作用力抵消沥青质-沥青质的相互作用力。

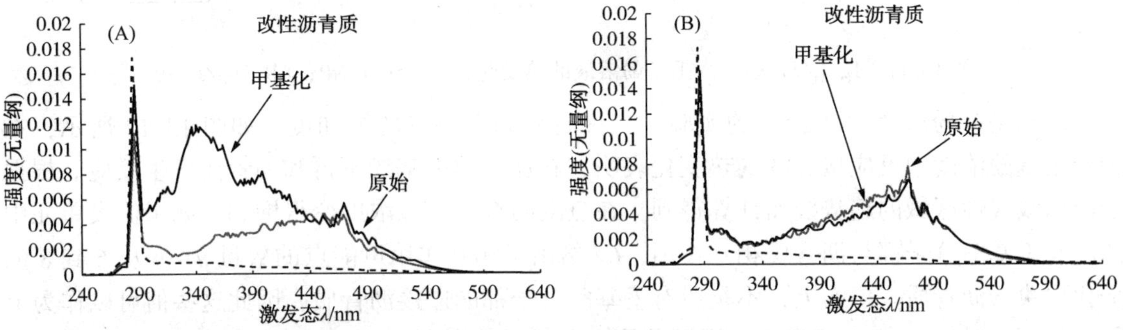

图 3.10 两种来源(2μg/g 甲苯溶液)的原沥青质和甲基化沥青质的同步荧光($\Delta\lambda = 20$nm)

因此，假设即使沥青质通过氢键自聚集，这也仅是这些分子和其他较小物质相互作用的有利方式。根据这点，假设芳香烃-芳香烃中心相互作用经常作为沥青质-沥青质相互作用的主导力，其在树脂类似物(小极性芳香烃)和沥青质间不是很明确。

13.7.3 沥青质和其他化学组分的相互作用

研究甲苯溶液中的沥青质仅是认识这些物质的一步，也许从原油的真实位置看非常遥远。即使这可能提升分子聚合机制的重要认识，认识稳定性问题已经很久了，包括石油整体和其中所有组分的相互作用。为了使 ITC 研究逐步迈向真实问题，需要研究沥青质和其他组分的相互作用。

作为第一种方法，研究了和模型化合物间的相互作用[51]。选择壬基酚有几个原因：它是熟知的两性物质，成功作为沥青质聚合的抑制剂，它的聚合机制和石油树脂中的相似，即氢键和芳香烃π-π相互作用。

实验由将壬基酚注入甲苯沥青质溶液中组成。壬基酚以不同浓度注入甲苯中，范围 5~100g/L。这种实验的热量变化包含几个方面的贡献，包括壬基酚聚合体的分解，壬基酚和沥青质的相互作用，以及分馏损失。为了分离出壬基酚和沥青质相互作用的热变化，需要进行参考实验。其中，将相同浓度的壬基酚注入纯溶剂中，这个测试的热量变化可以从沥青质存在时的数据中提取出来。假设剩余的热量仅由于目标化合物间的相互作用产生。

图 13.11 展示了稳定沥青质如 Alaska95、LM1 和 LM2 比不稳定沥青质(Lagrave、Ca30、NM1 和 Yagual)与壬基酚相互作用有更多的热量变化。KU 是稳定原油但是和 NP 的相互作用不像其他稳定沥青质那样多。Alaska 95 是与 NP 相互作用力最大的沥青质。这表明，与壬基酚相互作用的能力和原油中沥青质稳定性之间可能有关系。因为相互作用的主要机制是氢键，这可能表明有高氢键能力的沥青质通过和周围软沥青的相互作用在原油中更稳定。这与在沥青质化学变化部分显示的证据一致。

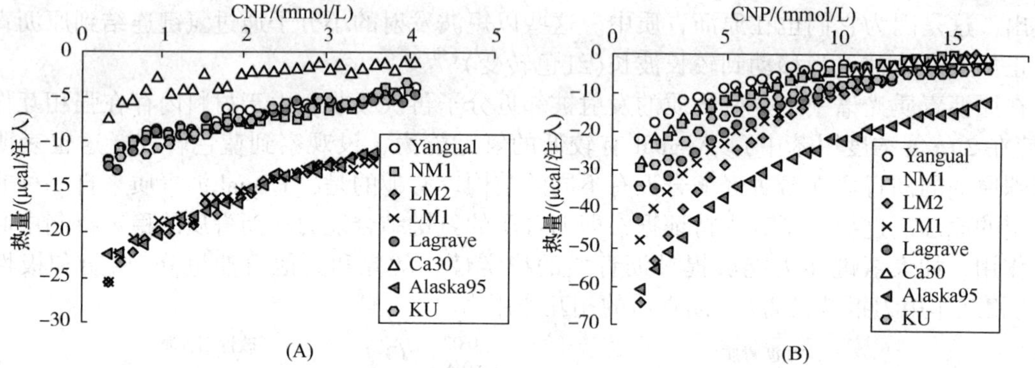

图 13.11　1g/LASP 中注入壬基酚溶液的热变化：(A)5g/L NP；(B)20g/L NP

较高壬基酚浓度(100g/L)的实验，允许研究沥青质点的饱和度。如图 13.12 所示，在特定壬基酚浓度中反应接近零的热变化表明，新加入的壬基酚不再和沥青质发生反应。根据绘出曲线线性区域的趋势线而计算得到，在点上的 NP(C^*)浓度变得饱和。如果假设单元中的所有壬基酚分子都与沥青质相互作用，C^* 给出了相互作用可能点的数量 n。n 从 6 到 8 的变化取决于沥青质。事实上，不是所有壬基酚分子都能连接沥青质，因此这些值可以作为上限。然而，对比在 LM2 沥青质被甲基化影响的这些点的结果是有趣的。一致性很好，表明壬基酚通过氢键连结沥青质：和阻止甲基化是相同的化学键。研究的所有沥青质的量级是惊人的高，考虑正常描述的平均分子结构，其可能小于预期的 4~5 个点。

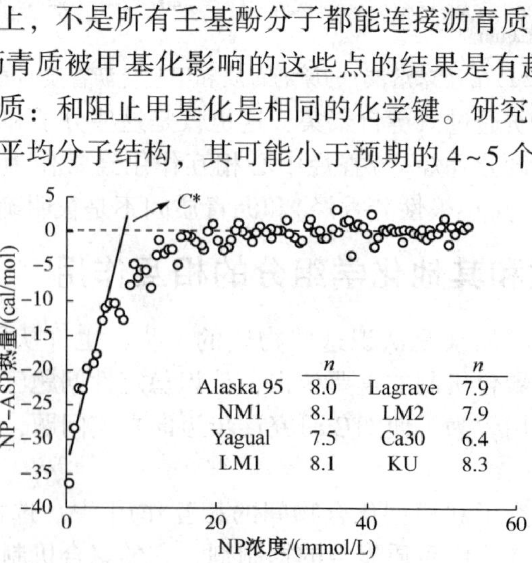

图 13.12　LM2 沥青质单分子点最大数的计算程序。表中收集了其他来源的沥青质实验

在天然树脂的实验中，用相同的方法实验。高浓度树脂溶液注入沥青质溶液中，测量热量变化[52]。进行参考实验，并且提取出涉及树脂和沥青质间相互作用的热量变化。

沥青质被认为是逐步聚合的，在之前的章节中，沥青质自聚合已经用聚合型反应成功建模：

$$A_n+A_1 \leftrightarrow A_{n+1} \Rightarrow [A_{n+1}]=K_{n+1}[A_1][A_n] \quad (13.1)$$

$$A_n+R \leftrightarrow A_nR \Rightarrow [A_n]R=K_{Rn}[R][R_n] \quad (13.2)$$

$$K=K_2=K_3=\cdots=K_{n+1}=K_{R1}=K_{R2}=\cdots=K_{Rn} \quad (13.3)$$

$$\Delta H_a=\Delta H_{a2}=\Delta H_{a3}=\cdots=\Delta H_{an+1} \quad (13.4)$$

$$\Delta H_i=\Delta H_{i1}=\Delta H_{i2}=\cdots=\Delta H_{in} \quad (13.5)$$

为了简化这个方法，考虑这些中间反应的平衡参数是相同的，但是树脂沥青质相互作用用不同的ΔH值建模。沥青质常数根据沥青质自聚集拟合实验选取。

图 13.13 展示了，相同沥青质浓度 Alaska 95 沥青质的所有实验中成功拟合的平均ΔH和K值。尽管所有都是假设的，有可能所有树脂浓度用一个参数集(ΔH_{A-R}=-3.2kJ/mol，K=377l/mol)。焓变与已报道的沥青质与壬基酚相互作用的焓变在同一范围。它们低于典型氢键(-10，-40kJ/mol)一个数量级，且在永久偶极相互作用的较小值内(-4，-20kJ/mol)。这里已发表的值与 Buenrostro-Gonzalez 等[53]建模得到的一致。他们用 SAFT-VR(变化范围)方程建立 Maya 沥青质沉淀模型，得到相互作用的焓是-3.3kJ/mol，作为一个拟合参数。即使 ITC 测量的能量是小的，也要考虑，不仅对于聚合，还有容纳连接的分子构型变化的能量变化。溶剂化效应也被忽视。这是不清晰的，馏分中所有分子在相互作用中都有相同活性。事实上不能发展出考虑系统中所有这些影响的模型，如沥青质和树脂组分的复杂性。为了简化，热量变化被分配到聚合中，但是必须记住不能忽视键能。无论如何，这些实验能够提供数据给最先进的状态模型，即使它们没有考虑沥青质的多分散性本质。

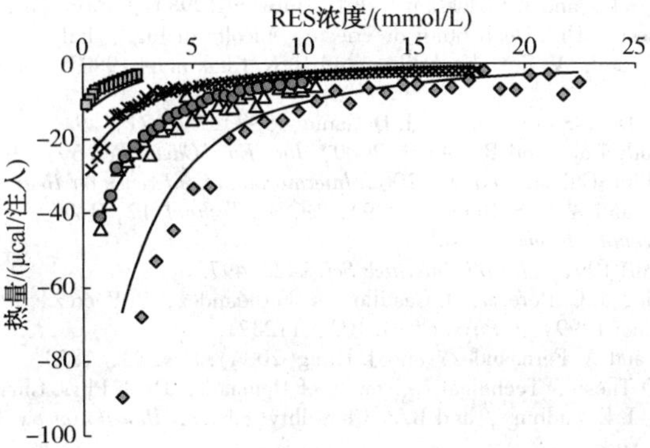

图 13.13　1g/LASP 的 Alaska 95 实验的 TERM 模型拟合预测，用平均 ΔH 和 K。模型拟合(-)；浓缩 RES=9g/L(□)；35.8g/L(＊)；35.9g/L(△)；60g/L(+)；75.3g/L(◇)

13.8　结论

在这章中，我们已经展示了等温滴定量热成功应用到沥青质聚合的研究中，以进一步洞察涉及沥青质稳定性和不稳定性的各种连接机制。使用不同方法都表现出，氢键在沥青质的稳定性中是重要的：从稳定石油中衍生出的沥青质表现出更高的氢键能力程度。此外，甲基化的点封锁在某种情况下降低了甲苯中沥青质的溶解度。因此，猜想氢键点能用于避免或减小分子相互作用的沥青质-沥青质聚合体。

这项工作的一个非常重要结论是，没有检测到单个的特定临界胶束浓度，因此这个概念不适用于沥青质科学。代替的是，提出逐步聚合机制，将沥青质的熟知聚合体作为纳米结构考虑。文章中稀沥青质溶液显示的数据基本接近一条相同的线。然而，通常需要类似水溶液的数据解释，并不推荐 CMC。5~10g/L 以上的区域可能被限制生长效应控制，其中粒子间斥力控制例子进一步增长。这个发现表明下降到甲苯沥青质 50μg/g 也没有检测到单一 CMC。更低浓度处发生的仍然处于讨论中。

因此，ITC 技术被证明是研究添加剂和沥青质间相互作用的有力工具，可能发展为沥青质抑制剂的反映。对于树脂，显示了基于平均相互作用参数和化学-理论基础的模型的建模趋势是怎样。在这方面，该技术也能定义聚合基础模型中参数的幅度范围，因此有助于使其进入预测状态。

鉴于在适当的训练和开发之后容易进行这种类型的实验，这项技术能应用于推导模型输入值标准化或者相互作用化合物的映射。

参考文献

[1] Péerez-Rodríquez, M., G. Prieto, C. Rega, L. M. Varela, F. Sarmineto, and V. Mosquera(1998). *Langmuir* 14, 4422.
[2] Birdi, K. S. (1988). *J. Chromatrogr. Library* 40, 399.
[3] Majhi, P. R. and S. P. Moulik(1998). *Langmuir* 14, 3986.
[4] Goodwin, J. (2004). *Colloid and Interfaces with Surfactants and Polymers* -An Introduction, Wiley, New York.
[5] Eicke, H. F. (1980). *Topics in Current Chemistry* Vol. 87. Springer-Verlag, New York, p. 85.
[6] IP 143/90. (1985). *Standards for Petroleum and its Products*. Institute of Petroleum, London.
[7] Birdi, K. S. (1985). In: D. O. Shah (ed.), *Macro and Microemulsions - Theory and Applications*, ACS Symp. Series 272. American Chemical Society Washington, DC, pp. 67-C74.
[8] Paula, S., W. Sus, and A. J. Blume(1995). *J. Phys. Chem.* 99, 11742.
[9] Andersen, S. I. and S. D. Christensen(2000). *Energy Fuels* 14, 38.
[10] Sharma, V. K., R. Bhat, and J. C. Ahluwalia(1987). *J. Coll. Interface Sci.* 115(2), 396.
[11] Bey Temsamani, M., M. Maeck, and I. ElHassani, H. D. Hurwitz(1998). *J. Phys. Chem. B* 102, 3335.
[12] Ferrari, M. (2002). MSc Thesis, Uni. Degli Studi di Trieste, Facolta di Ing., Italy.
[13] Rogacheva, O. V., R. N. Rimaev, V. Z. Gubaidullin, and D. K. Khakimov(1980). *Colloid J. USSR* (Translated version) 42 (3), 586.
[14] Sheu, E. Y., M. M. DeTar, D. A. Storm, and S. J. DeCanio(1992). *Fuel* 71, 29.
[15] Yarranton, H. W., H. Alboudwarej, and R. Jakher(2000). *Ind. Eng. Chem. Res.* 39, 2916.
[16] Deo, M. D. (2002). In: C. Lira-Galeana(ed.), 2002. *International Conference on Heavy Organic Deposition*, Mexico.
[17] Loh, W., R. S. Mohamand, and A. C. S. Ramos(1999). *Pet. Sci. Technol.* 17, 147.
[18] Andersen, S. I. (1994). *J. Liquid Chrom.* 17, 4065.
[19] Andersen, S. I. and K. S. Birdi(1991). *J. Coll. Interface Sci.* 142, 497.
[20] Acevedo, S., M. A. Ranaudo, J. C. Pereira, J. Castillo, A. Fernáandez, P. Péerez *et al.* (1999). *Fuel* 78, 997.
[21] Groenzin, H. and O. C. Mullins(1999). *J. Phys. Chem.* 103, 11237.
[22] Goncalves, S., J. Castillo, and A. Fernáandez, and J. Hung(2004). *Fuel* 83, 1823.
[23] Andersen, S. I. (1900). PhD Thesis, Technical University of Denmark, Dept. Phys. Chem. (1900).
[24] Bladamer, M. J. (1998). In: J. E. Ladbury, and B. Z. Chowdhry(eds.), *Biocalorimetry Application of Calorimetry in the Biological Sciences*. Wiley, New York.
[25] Merino-Garcia, D., J. Murgich, and S. I. Andersen(2004). *Petroleum Sci. Technol.* 22(7/8), 735.
[26] Prausnitz, J. M., R. N. Lichtenthaler, and E. G. Azevedo(1999). *Molecular Thermodynamics of Fluid Phase Equilibria*. Prentice Hall, New Jersey.
[27] Martin, R. B. (1996). *Chem. Rev.* 96(8), 3043.
[28] Murgich, J. (2002). Petroleum *Sci. and Tech.* 20(9/10), 983.
[29] Merino-Garcia, D. (2004). PhD Thesis, Technical University of Denmark, Dept. Chem. Eng.
[30] Andersen, S. I., J. M. del Rio, D. Kvostitchenko, S. Shakir, and C. Lira-Galeana(2001). *Langmuir* 17, 307.
[31] Czarnecki, J. (2003). In: J. Sjöoblom(ed.), *Proceedings of the 4th International Conference on Petroleum Phase behavior and Fouling*. Trondheim, Norway.
[32] Andersen, S. I., A. Keul, and E. H. Stenby(1997) *Pet. Sci. Technol.* 15(7/8), 611.
[33] Buenrostro-Gonzalez, E., M. Espinosa-Pena, S. I. Andersen, and C. Lira-Galeana(2001). *Energy Fuels* 16(3), 732.
[34] Hillmann, E. S. and B. Barnett(1934). *ASTM Proc.* 37, 559.
[35] Acevedo, S., G. Escobar, M. A. Ranaudo, J. Piñate, A. Amorin, and M. Diaz *et al.* (1997). *Energy Fuels* 11, 774.
[36] Takanohashi, T., M. Iino, and K. Nakamura(1998). *Energy Fuels* 12, 1168.
[37] Andersen, S. I. and J. G. Speight(1992). *Prepr. Am. Chem. Soc. Div. Fuel* 38(3), 1335.

[38] Speight, J. G. and S. E. Moschopedis (1981). Chemistry of asphaltenes. In: J. W. Bunger, and N. C. Li (eds.) *Advances in Chemistry Series*. American Chemical Society, Washington, DC, p. 1.
[39] Snape, C. E. (1989). In: L. D. Field, and S. Sternbell(eds.), *Analytical NMR*. Wiley, New York, p. 65.
[40] Leon, O., E. Rogel, A. Urbina, A. Andujar, and A. Lucas(1999). *Langmuir* 15, 7653.
[41] Murgich, J., J. A. Abanero, and O. P. Strausz(1999). *Energy Fuels*. 10, 278.
[42] Fotland, P. and H. Anfindsen(1996). *Fuel Sci. Tech. Inter;l.* 14, 101.
[43] Acevedo, S., B. Mendez, A. Rojas, I. Layrisse, and H. Rivas(1985). *Fuel* 64, 1741.
[44] Xu, Y., Y. Koga, and O. P. Strausz(1995). *Fuel* 74, 960.
[45] Gould, K. A., M. L. Gorbaty, and J. D. Miller(1978). *Fuel* 57, 510.
[46] Liotta, R. (1979). *Fuel* 58, 724.
[47] Rose, K. D. and M. A. Francisco(1987). *Energy Fuels* 1(1), 233.
[48] Desando, M. A. A. and J. A. Ripmeester(2002). *Fuel* 81, 1305.
[49] Ralston, C. Y., S. Mitra-Kirtley, and O. C. Mullins(1996). *Energy Fuels* 10, 623.
[50] Pesce, A. J., C. G. Rosen, and T. L. Pasby(1971). *Fluorescence Spectroscopy*. Marcel Dekker, New York, p. 54.
[51] Merino-Garcia, D. and S. I. Andersen(2004). *Langmuir* 20(4), 1473.
[52] Merino-Garcia, D. and S. I. Andersen(2004). *Langmuir* 20(11), 4559.
[53] Buenrostro - Gonzalez, E., A. Gil - Villegas, J. Wu, and C. Lira - Galeana (2002). In: C. Lira - Galeana, (ed.), *Proceedings* 2002 *International Conference on Heavy Organic Deposition*. Mexico.

(Daniel Merino-Garcia, Simon Ivar Andersen)

第 14 章 利用小角散射法对沥青质聚合体的石油组学及特性研究

14.1 前言

石油是一类复杂的有机物及其衍生物的混合物，这些分子的分子量越大，碳氢比就越小。这种单调的分子变化使其组分具有不同的溶解特性，可以被不同的溶剂区分开。沥青质是原油中一类不溶于庚烷而能溶于甲苯的有机质。沥青质在石油开采中具有重要意义，同时，石油液体的许多重要性质与沥青质跟其他共存组分的相互作用有关。这些复杂的相互作用影响了石油的相态，进而影响到采油过程。所谓的石油组学，是想要将石油液体中重要组分的分子结构与石油整体性质建立关联的学科，这与生物科学中的蛋白质组学十分相似。尽管沥青质的分子结构和组成与石油液体的宏观性能有着十分重要的关联，然而其聚合体的胶体尺度与石油混合物的特性显示出更密切的关联。在这个问题上，利用先进技术对沥青质聚合体进行详尽表征是十分必要的，如目前在该领域中，X 射线小角散射(SAXS)和小角中子散射(SANS)已被广泛应用于沥青质的分子结构与运行参数之间的关联研究。

石油组学的目的在于，利用石油内各组分的分子结构预测大尺度石油液体及固体的物化性质。这种方法类似于利用统计学方法描述反应体系宏观特性，如利用颗粒间的电位和结构因子来表征黏度[1-3]。而石油组学的有效性是基于足够且有效的分子信息。在表面活性剂化学领域，由于绝大多数情况下分子结构已知，则可以利用石油组学开展研究工作，同时，建立不同热力学条件下的沥青质聚合体结构模型也更加容易。为了将这套理论和技术推广应用于复杂系统研究(如沥青质和石油液体)，需要获取详细的分子信息作为起始点。然而，沥青质作为石油中最耐熔、最复杂的组分，至今仍未准确鉴定其分子结构[4,5]。

既然目前沥青质分子信息的获取具有可行性，石油组学的深入研究正处于合适的时机，尽管该项技术面临着诸多困难。石油组学的发展类似于人类基因组计划，该计划使众多基因被识别并表征。为了将基因信息应用到分子药物和生物技术领域，这就需要对基因和疾病的关系进行详尽的研究。通常某些重大疾病(糖尿病、心血管疾病等)是多种基因共同作用的结果，因此利用简单的一体化处理不能定量的分析所涉及的每一种基因。此外，基因间的联合效应导致了许多疾病呈现出高度的非线性变化，这是由于每一种基因的贡献具有显著的差异。这种既可预测又不可预测的现象，导致了基因疗法及药物开发的发展速度缓慢。

更为复杂的是，为了确定涉及的相关基因，需要对每种疾病进行去卷积。从数学的角度讲，这相当于从其综合价值中提取出一系列参数。正如我们所知，特征函数通常为不定式，因而理论上不可能发现单一系列参数。因此，将基因和分子结构与任何综合效应(例如疾病症状)进行关联看起来是不可能的。

了解到这个关于人类基因组和蛋白质组学的残酷现实后，若要实现石油组学的应用，该领域的工程师们显然需要建立最小尺度(如分子尺度)与宏观尺度的关联。

如果石油分子与整个石油液体特征之间的关联真的存在，利用分子结构对石油液体的性能进行描述是完全可能的。这就像是人类基因组计划中所希望的。之前提到过，人类基因组计划的优势在于，大多数生物反应是具有特异性的并由结构控制。至于沥青质和石油液体，各组分之间的相互关系不像锁钥反应那样意义明确。这就使得相比于人类基因-疾病关系和蛋白质组学，石油组学的研究具有更大的困难。在这种情况下，一套有关分子结构的综合参数显得更具实际意义。这些综合参数将成为基础参数。只要这些综合参数在物理上具有意义，能够与场参数直接相关，那么，分子结构就可以和场建立重要关联。因此，识别出这样的一套参数是十分重要的。

在石油组学中，沥青质因其相态会直接影响石油作业而成为一项重要的组分。20 世纪之前，已有许多关于沥青质性能的重要研究。结果一致显示，在多种石油物质中均有聚合体现象，尤其是沥青质。然而，沥青只是石油液体中的一部分，因此沥青质结构或其他组分结构并不能全面表征石油液体的性能。在这种情况下，尽管综合参数测量方法得到的不是基本参数，但该方法仍是十分重要。这样的一组非基础参数包括尺寸、形状、结构特征和沥青质聚合体的多分散性。可以利用这些参数作为基本参数来获取其他的场和运行参数。这一做法的实现需要两个基础，其一，利用沥青质分子结构对这些参数进行详尽描述；其二，这些参数可以关联到石油液体中的整体性能。

为了鉴定和表征胶体参数，需要利用先进技术手段对胶体的尺度进行准确测量。胶体的尺度范围大致为 10~100nm。SAXS 和 SANS 是两种众所周知的精确技术，正适用于测量该尺度。这两项技术在许多胶体系统内得到了应用，并取得了较为成功的效果[6-11]。SAXS 和 SANS 是两种显微技术，能够提取胶体的形状及结构因子。原则上，通过该技术可生成结构和动力学相关的数据。然而，数据处理及分析相对困难。近年来，统计力学理论的发展使得重要信息的获取变得越来越简单。

在本文中，将综述并讨论小角度散射在沥青质系统中的应用。将对光谱仪构形及数据分析设计进行描述。该技术所使用的工具，以及工具的特征描述。在 14.2 节，综述了沥青质聚合体的基本概念、胶粒的形成以及聚集机制。接下来，在 14.3 节描述了小角度散射理论和对数据的分析设计。14.4 节介绍了目前 SAXS 和 SANS 所使用的仪器，介绍了小角度旋转阳极 X 射线源和同步加速源，与其相关联的仪器。这部分将对提到的特定的光谱分析仪将进行详尽描述。14.5 节，利用 SANS 和 SAXS 测量沥青质系统，并对其结果进行分析。14.6 节，讨论散射曲线，怎样使用所给的散射数据准确判定胶体参数。14.7 节为结论及展望。

14.2 沥青质聚合体

自从 20 世纪早期，沥青质聚合体就被认识并成为了一个热门学科，一部分是由于其在石油加工过程中的重要意义，一部分是由于胶体科学的并行开发。到目前为止，驱使沥青质聚集的能量一直是研究热点。就石油组学而言，沥青质聚合体研究的重点在于，沥青质分子结构及其聚合体性能和聚集的能量之间的关系。由于这是分子结构和其第一要素的联系，使其成为最重要的研究步骤。

应用于检测沥青质聚合体的技术可分为表面技术和本体法技术两大类[12]。本体法技术更适用于聚合体的深入分析，包括热力学性质分析，如渗透压、过量内能和综合动态[13]。热力学性质与沥青质聚合体的结构、尺寸及聚合体的多分散性有关。不幸的是，没有技术能够在检测沥青质聚合体起始的同时表征聚合体的性能。这通常需要用到多种技术。此外，构建聚合体数据与系统热力学性质的关系时，需要使用多种理论。结果表明，这需要从聚合体起始数据中获得热力学性能，而成为一套特定的理论。同时，还需要其他理论来分析其聚合体，以获得该聚合体的其他热力学性能，再与聚合体初始测量中提取到的数据作对比。SAXS 和 SANS 是两种最适用，且其在测量胶体结构时具有强大的能力，十分适合该项研究。在分析过程中，开发了一些统计学理论用来提取 SAXS 和 SANS 数据中的微观信息。结合正确的光谱仪和数据分析方案，能够准确表征沥青质聚合体，以获得与运行参数相关的参数。

14.3 SAXS 和 SANS

SAXS 是利用电子密度的不同，鉴定和测量颗粒尺寸、形状和多分散性的方法。如，沥青质聚合体及其周围物质，既不是良好的溶剂也不是石油液体，其电子密度在本质上具有差异性。在 1940 年，Pfeiffer 和 Saal 提出了 RESINPEPTIZED 模型，该模型能够解释石油液体中沥青质的悬浮物质[14]。如果这一论点是正确的，那么只要沥青质颗粒与树脂及其他轻质组分具有不同的电子密度，就能够检测悬浮的沥青质颗粒。这种对电子密度差的要求成为了 SAXS 技术的限制条件。幸运的是，大多数沥青质分子中包含不同程度的杂环原子，因此在石油液体中其电子密度略微高于普通溶剂和轻质组分。然而，这种差异是微小的，因此，需要长期数据采集以获取具有统计学意义(统计学显著性)的数据。这就需要所使用的仪器具有稳定性，且具有完善的配置。

除了利用中子检测系统中的物体(散射长度密度)外，SANS 原理与 SAXS 相似，需要依靠体系中分子的核子不同。在沥青质系统中，沥青质分子与其周围分子的中子散射截面是不同的。在这种沥青质系统中，没有足够的中子对照物，不能将沥青质聚合体从其周围物质中分辨出来。幸运的是，氢和氘的散射长度密度具有较大差异。因此，将沥青质溶解于氘溶剂中，能够提高 SANS 技术的对比性。除了对照物的不同(SAXS 依靠电子密度，SANS 依靠中子)，SAXS 和 SANS 应用的是同一个散射理论，该理论起源于波恩近似法，其假定在散射过程中没有能量损耗(即弹性散射)。

对于聚集体悬浮在不同散射差异溶剂分子中的沥青质系统，零入射角度的入射光子(SAXS)或中子(SANS)会形成德布罗意平面波，由于悬浮散射体(沥青质和溶剂)的作用该波则以不同的方式分散，因此分散的球面波会在系统中留下不同的散射角度。图 14.1 表示了这种过程，其中 I_0 代表的是光子(或中子)的入射强度。入射光子或中子波以零角度进入系统中，由于击打介体的不同会在系统中留下不同的散射角度。如之前提到过，这里所使用的散射理论是基于波恩近似法。该理论要求入射波只散射一次(无多重散射)，且散射过程不涉及能量的损失和获取(弹性散射)。如果入射波击打一个溶剂分子，这就可能使得 P_θ 在系统中留下角度 θ。这种概率分布(散射分布函数)不同于，击打溶剂中或沥青质聚合体中的自由沥青质分子所呈现出的概率分布。因此，将溶液散射减去溶剂散射的概率分布，剩下的散射分布则全部是由沥青质散射所引起的。散射强度分布可以根据提取到的散射体信息分析得出，如散射体的尺寸、形状、多分散性和其间物质的相互作用。由于这些基本属性取决于系统的热力学性质，同时也能够了解系统的状态(如沥青质的内能、焓、能量等)。

上述描述的散射过程是基于假定散射体(S)没有尺寸。从数学的角度，散射分布函数表

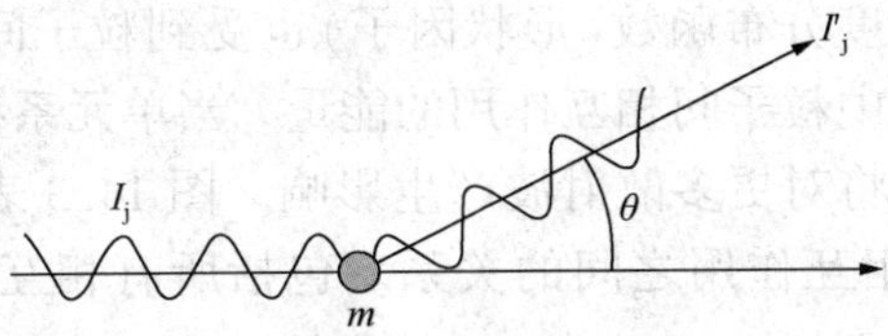

图 14.1　在 m 点散射示意图(假定点 m 没有尺寸)

达式为:

$$f_{\mathrm{m}}(\vec{Q})=\rho_{\mathrm{m}}(\vec{r}_{\mathrm{m}})\mathrm{e}^{i\vec{Q}\cdot\vec{r}_{\mathrm{m}}} \tag{14.1}$$

其中，$\vec{Q}$代表散射矢量(或者从初始至结束的动量交换)，表达式为:

$$|\vec{Q}|=\frac{4\pi}{\lambda}\sin\frac{\theta}{2} \tag{14.2}$$

λ 表示入射波波长，$\vec{r}_{\mathrm{m}}$表示位置矢量，即散射停留在与入射波相互作用时。

在实际情况中，散射体是具有尺寸的。在沥青质中，散射体即为聚合体的尺寸。为简单起见，假定整个聚合体中的组分均匀分布，且电子密度(SAXS)或散射长度密度(SANS)为平均值。因此，可以指定为聚合体的平均电子密度。在此设定下，将会受到波从聚合体不同端散射的干扰。这种干扰来自于同一粒子的散射波。由于，此干扰取决于粒子结构，称作粒内结构因子，包含粒子尺寸和形状信息。图 14.2 表示为粒内散射过程。从散射图形可以看出，大致可以提取到粒子尺寸和形状信息。

从图 14.2 可以看出，散射波(I'_j 和 I'_k)与散射前为非同相位。从散射分布函数中可知，这种相互关系携带了尺寸和形状信息。因此，式(14.1)甚至可以表达粒内相互作用的非零散射体的散射函数，表达式为:

$$f_{\mathrm{M}}(\vec{Q})=\int_{\mathrm{M}}[\rho_j(\vec{r}_j)-\rho_{\text{溶液}}]\mathrm{e}^{i\vec{Q}\cdot\vec{r}_j}\mathrm{d}\vec{r}_j \tag{14.3}$$

本质上来说，式(14.3)是式(14.1)的整合，粒子 M 在散射过程具有尺寸效应。一旦已知散射函数，即可获得散射函数的预期价值为:

$$P(|\vec{Q}|)=<|f_{\mathrm{M}}(\vec{Q})|^2> \tag{14.4}$$

式(14.4)为非零尺寸粒子的散射强度分布函数，称为形状因子。其能够携带系统中粒子的尺寸、形状和多分散性信息，但以成对的形式存在。为了获取单独的尺寸、形状和多分散性信息，需要采用适当的去耦合方法(见图 14.3)。

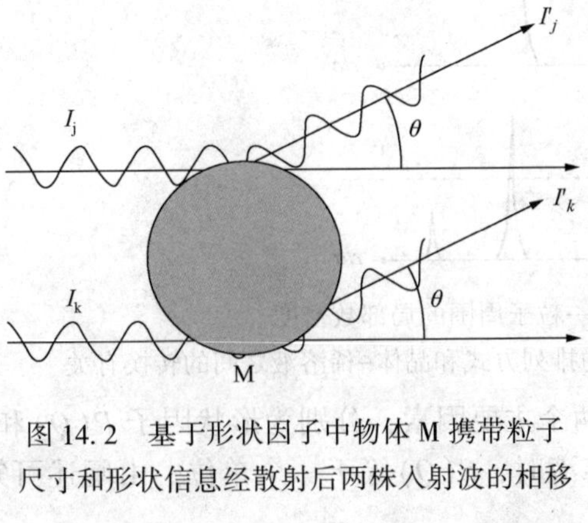

图 14.2　基于形状因子中物体 M 携带粒子尺寸和形状信息经散射后两株入射波的相移

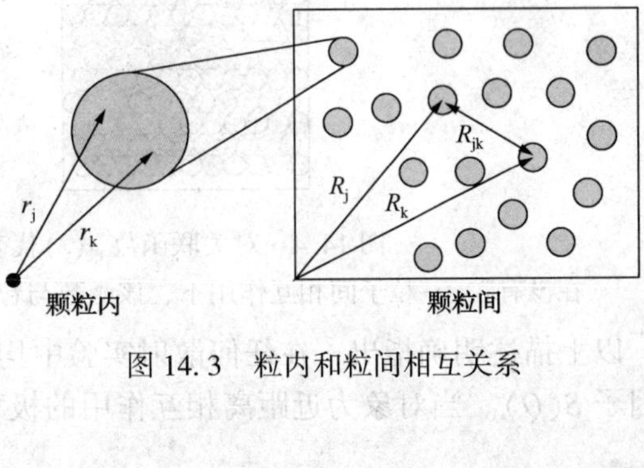

图 14.3　粒内和粒间相互关系

除尺寸效应外，散射强度分布函数(形状因子)也受到粒子间相互作用的影响，也就是说，波的散射同时依靠系统中粒子间相互作用的能量。当单元系统内具有更多粒子时，相互关系变得更加强烈，因此，将对更多散射波产生影响。图 14.3 表示为系统装置图和形状因子(粒内相互作用)与粒间相互作用之间的关系。包括所有相互关系的整体散射函数表达式为：

$$I(\vec{Q}) = \frac{1}{V}\sum_{k=1}^{N_p} < |f_k(\vec{Q})|^2 > + \frac{1}{V} < \sum_{k=1}^{N_p}\sum_{\substack{k=1 \\ j\neq k}}^{N_p} f_k(\vec{Q}) f_k^*(\vec{Q}) e^{i\vec{Q}\cdot(\vec{R}_k-\vec{R}_j)} > \tag{14.5}$$

式中，N_P 代表粒子数量，V 代表系统总体积。式(14.5)的第一部分是由式(14.4)的形状因子组成；第二部分来自于粒子的相互作用，由于其携带了系统中粒子排列方式的信息又称结构因子。

若粒子在尺寸上是单分散的，式(14.5)可简化为：

$$I(\vec{Q}) = n_p < |f_k(\vec{Q})|^2 > + \left[1 + < \sum_{k=1}^{N_p}\sum_{\substack{k=1 \\ j\neq k}}^{N_p} f_k(\vec{Q}) f_k^*(\vec{Q}) e^{i\vec{Q}\cdot(\vec{R}_k-\vec{R}_j)} > \right] \tag{14.6}$$

$$= n_p P(\vec{Q})\, S(\vec{Q})$$

式中，$S(\vec{Q})$ 为结构因子。如果系统是各向同性的，$S(\vec{Q})$ 可用平均角表示为：

$$< S(\vec{Q}) > = S(Q) = 1 + 4\pi n_p \int_0^\infty [g(r) - 1] \frac{\sin Qr}{Qr} r^2 \mathrm{d}r \tag{14.7}$$

式中，$g(r)$ 为成对分布函数，代表了与原始位置的某一颗粒距离 r 位置发现另一颗粒的可能性。本质上来说，其为粒子的局部数密度。$g(r)$ 是最基本的函数，其建立了系统热力学与散射测量的结构因子之间的关联。图 14.4 定性表示了 $g(r)$ 的物理意义。

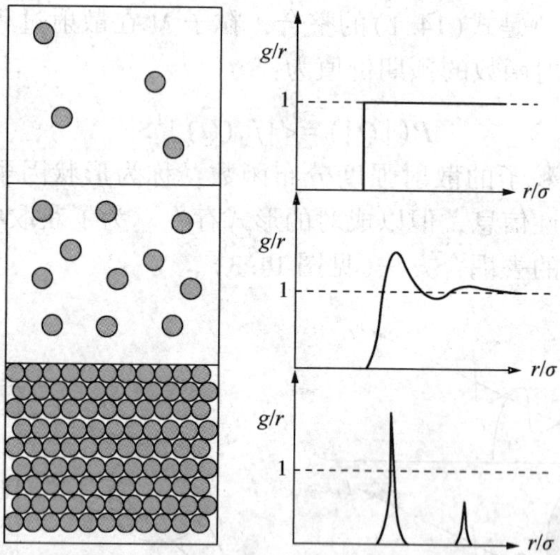

图 14.4　对关联函数 $g(r)$ 代表某一粒子周围的局部数密度。

在没有粒子–粒子间相互作用下，该函数与粒子的排列方式和晶体–稀溶液之间的转换有关

以上描述明确指出，在任何散射实验中均有两个主要因素，分别为形状因子 $P(Q)$ 和结构因子 $S(Q)$。当对象为近距离相互作用的极稀溶液时，$S(Q)$ 等于一个单位。由阐述可知，

当体积分数小于 0.1 时才能发生，以 Stoke - Einstein 方程和 Einstein 黏度方程为例[15]。对于沥青质溶液，其介质为低介电常数的有机质。因此，可以合理地假设，颗粒间相互作用是近距离的且可忽略。在这种情况下，只需处理因素 $P(Q)$。

利用颗粒大小和形状描述近似法，可对散射强度分布函数进行进一步简化。如，利用纪尼厄图的回转半径对 $P(Q)$ 进行估算，其表达式为：

$$I(Q)=I_o e^{-Q^2\frac{R_g^2}{3}} \tag{14.8}$$

依据公式(14.8)将 $I(Q)$ 的对数值对 Q^2 做曲线，用以估算回转半径 R_g。如果颗粒形状已知，一旦确定了回转半径即可估测颗粒的尺寸。不幸的是，纪尼厄图只能提供回转半径，而不能表示颗粒的形状。为了确定颗粒形状，需要利用其他分析手段。共有三种方法可以确定颗粒形状。一方面，利用 Porod plots[9] 找到柱形图或平面粒子图中的线性区。如，当 Q 取值在中间范围时，$QI(Q)$ 对 Q^2 成线性关系，那么该物体形状近似于长圆柱形。短尺寸物体可由线性区斜率进行估算。这种特定的图形是针对长圆柱形物体。另一方面，将 $Q^2I(Q)$ 对 Q^2 进行拟合，在线性区里对 Q 取值较高部分分析其厚度，对 Q 取值较低部分分析其水平尺寸。对这种方法以及不变量(体积表面积比)概念的详细综述参见参考文献[8]。

确定颗粒形状的另一种方法是假定颗粒形状。利用假定形状 $P(Q)$ 可准确估算出内置尺寸参数。之后，利用 $P(Q)$ 对散射数据进行拟合，从散射数据中便可确定颗粒尺寸。然而，必须核对所假定的颗粒形状是合乎情理的。为了修正假定的颗粒形状，需要添加一条特定的坐标轴，该轴线需具有定义明确的功能行为。这样，可以利用提取到的颗粒尺寸和假定形状对特定坐标轴参数进行评估，研究该参数是否真正显示出人们所认定的功能行为。在之前报道中[16]，利用浓度作为轴线，对比度作为参数进行了上述方法的应用。

最后，将假定的颗粒形状用以数据拟合并计算出不变量，进而验证假定的形状是否正确，这同样可确定颗粒形状。该方法在之前报道中已进行了详尽讨论[17]。另一种方法是，直接将散射函数倒置用以获得距离分布函数，这代表了散射密度的分布规律。这种方法可提供分散物体的直接信息，同时可描绘出相应的形状。Brunner-Popela 和 Glatter 对该方法进行了综述[18]。

14.4 SAXS 和 SANS 仪器

SAXS 光谱仪是由 3 部分组成，X 射线源、准直器及几何构型和探测器。X 射线源为一个简单的 X 射线管，利用多种金属材料形成的靶点或同步加速器作为阳极。通常，X 射线管使用钨丝为灯丝来形成电子，随后，电子进行加速并轰击到金属板上(可以为钨、铜或铜-石墨混合体)。单级过程能产生连续的 X 射线，能量范围约为 120eV~120keV。相应的电磁辐射产生的波长范围 λ 约为 0.01~10nm。产生的 X 射线大部分为连续辐射(或韧致辐射)，使用过的目标设备偶尔会出现特征电波。为了运用 X 射线的比能，利用准直器选择特定的 X 射线波长。结果可导致，在瞄准过程中韧致辐射范围内的大多数能量是不被选择的。这一现象限制了 X 射线强度在胶体系统中的应用，通常该系统 λ 约 0.5~3nm。使用金属靶点产生的旋转阳极源为一种更强大射线源。通常利用铜作为靶子。为了产生 X 射线，加热后阳极灯丝会产生电子。这些电子在碰撞金属靶子前将加速形成几千伏特电量。这些电子能量十分巨大从而能够激发 K_α 电子。接下来，激发态衰退，在 X 射线能量范围内产生光子。该过程产生的 X 射线仅仅为一束较狭窄能量分配的特定光子束，因此，同样波长下的 X 射线强度更强。在铜制靶子情况下，光子的波长为 0.154nm(8keV 能量)。对于旋转阳极源，准直器需要敏锐的分辨率。

同步加速器能够产生最强的 X 射线能量。同步辐射源是由大尺寸储存环组成。这些大的闭合环可加速电子束，并利用高功率磁场驱使它们。这些电子可加速至非常小的 GeV 能量范围。在这些能量下，颗粒的相对速度十分接近光速，由于在磁场作用下其会发生弯曲而产生无关的同步辐射。该同步辐射可作为电磁辐射源。波长延伸范围，从红外区经由可见和紫外区至高能量 X 射线区(约 10^{-4} ~ 10^{2}keV)。由于高强度同步加速器是一种具有价值的光源，可表征稀释系统和单层物体的表面性能。

然而，利用同步辐射对沥青质的研究更值得关注。大多数沥青质溶剂具有相当低的沸点(苯 80℃、甲苯 110℃、己烷 69℃)。当样品暴露于同步加速器中，其可能会快速受热，甚至在样品管中蒸发。十分明确的是，利用戊烷溶剂处理 Kapton 窗，进而戊烷分子可从其中渗透过去。在这点上，对于研究沥青质聚合体，旋转阳极 X 射线同步辐射器可能是一种最好的选择。当沥青质与溶剂分子之间的电密度差较小且旋转阳极不能够提供统计学上显著数据时，同步辐射源会发挥作用。然而，在应用同步辐射源之前，必须处理样品蒸发问题。

一旦选定了能量源，光谱仪的第二部分即为瞄准和构型。可利用扁平或弯曲的石墨对 X 射线管或旋转阳极中的波长进行选择。在选择能带之后，光线将通过一系列双反弹(或三重反弹)散射发生进一步聚焦，接下来在碰撞到样品之前，利用一系列小孔定义光线尺寸。通常，将光路置于真空金属管中可避免泄漏和空气散射，后者可导致光路偏移。在许多情况下，小孔放置于样品管之前，认为是光线尺寸定义了孔的大小。这决定了光线尺寸甚至散射量。探测器是第三部分，通过收集线形探测器或 2 维定位灵敏探测器中的散射辐射，可对散射光子进行检测。光谱仪的 Q 范围是其中最为重要的组成部分，其需要在实验之前进行确认，以确保物体的尺度范围在构型的覆盖范围内。探测器半径和样品-探测器距离(SDD)决定了 Q 范围大小[见式(14.2)，其 $\sin\theta$ 为 SDD 与探测器半径函数]。由于在许多光谱仪中 SDD 可进行改变，因此在大多数光谱仪中 Q 范围具有可选择性。

实验室级别旋转阳极是十分常见的，然而，习惯上只有当同步辐射源易用于实际时才会使用其中的大部分仪器。每一种 X 射线源，从其 X 射线能带到分辨率(也就是 $\Delta\lambda/\lambda$)均具有区别。

这里提出的 SAXS 工作是采用 10m 小角 X 射线设备完成，来自橡树岭国家实验室。X 射线源为旋转阳极，强度为 4kV，100mA。采用铜制靶心，入射角为 6°。波长选择单色仪为平面石墨，用来选择 λ=0.154nm 光子。样品架为双倍 Kapton 窗液槽。二维探测器应用连续电线，分割成 64×64 像素。在测量过程中，采用机械泵维持光谱仪中真空压强为 0.0133Pa。利用 Fe-55(24.2%5.9keV 和 2.9%6.5keV)校正探测器像素-像素敏感性，此外，利用与碳和含碳过程测定样品传动装置。获得的散射光谱在绝对温标(cm^{-1})之内，代表样品不同的散射截面。获得绝对强度是十分重要的，由于其有助于测定颗粒形状，并且当模型不正确时通常不能够与数据匹配。进一步保证了数据分析的明确性。

SANS 探测器由于其需要散裂源或核反应堆，通常可购自国家实验室。如表 14.1 所示，目前世界上报道的小角中子散射设备。通常，利用小角中子源对颗粒的胶体尺寸进行表征，为了产生足够的中子密度并对尺度范围进行表征，产生的中子波范围约 0.1~3nm，冷源为液氮或液氢。在大多数反应堆源的光谱仪中，应用于胶体系统的标准波长约 0.5nm，在进入样品前流量可达到约 10^6 中子/cm^2。另一种源，SANS 的光谱仪类似于 SAXS。探测器不同于 SAXS，但同样是像素组成的位置灵敏。

接下来讨论两种应用于生成数据的光谱仪。其一，为散裂源中子设备，称作强烈脉冲中子源(IPNS)，来自于阿贡国家实验室(ANL)。其 Q 范围约为 $0.0008\sim0.03nm^{-1}$，这相当于从几埃至几千埃颗粒大小的空间分辨率。另一种光谱仪采用 30mNG7 光谱设备，来自于美国国家标准与技术研究所(NIST)。其为一种基于反应堆源的 SANS 光谱仪。冷中子波长为 0.5～3nm。由于其光谱仪长 30m，样品-探测器距离可在 1～20m 之间调整，这使得 Q 范围十分宽($0.0002\sim0.07nm^{-1}$)。应用于物品中的石英电池，正是应用中子在石英中具有高水平传动装置这一原理。

表 14.1 世界上应用的 SANS 光谱仪短表

位置	来源	功率	慢化剂	时间/年
Bombay	India，DHRUVA	100 MW	液态 CH_4	1986
Brookhaven	USA HFBR	60 MW	液态 H_2	1977
Grenoble	France RHF/ILL	57 MW	液态 D	1972，1985，1987
Julich	Germany FRJ 2	23 MW	液态 H_2	1972，1985，1987
Gaithersburg	USA NIST	20 MW	sol D_2O，液态 H_2	1987，1995
Tokai Mura	Japan JRR-3	20 MW	液态 H_2	1988
Budapest	Hungary KFKI	15 MW	液态 H_2	1989
Chengdo	China HWRR	15 MW	液态 H_2	1988
Saclay	France ORPHEE/LLB	14 MW	液态 H_2	1980
Leningrad	Russia VVR-M	10 MW	液态 H_2+ 液态 D_2	1985
Berlin	Germany BER 2	10 MW	气态 H_2	1988
Riso	Denmark Pluto	10 MW	气态 H_2	1975
Rutherford	GB ISIS	Pulsed	气态 H_2, 液态 CH_4	1985
Argonne	USA IPNS	Pulsed	sol，液态 CH_4	1986
Los Alamos	USA LANSCE	Pulsed	液态 H_2	1986
Tsukuba	Japan KENS-1	Pulsed	sol CH_4	1987

14.5 SAXS 和 SANS 实验及结果

本文介绍了几组测量方法，分别为 SAXS 及 SANS。应用于测量的沥青质来源于 Ratawi 减压渣油或 Arabian Medium Heavy 减压渣油，利用标准庚烷提取工艺。简单地说，1g 减压渣油沥青质与 40mL 庚烷混合，反应 24h 后，经过 No. 5 滤纸将不可溶组分(沥青质)与剩下组分过滤分离。接下来，将不可溶组分经氮气干燥直至恒重。采用同样方法对庚烷可溶组分进行处理，不同的是利用戊烷作为溶剂。处理后，可获得 3 种组分，包括沥青质(C71)、树脂(可溶于庚烷但不溶于戊烷)和可溶戊烷组分(C5S)。

14.5.1 SAXS 对 Ratawi 树脂和沥青质的测量

该实验由橡树岭国家实验室完成，采用铜制靶目标旋转阳极 X 射线光谱仪测量，波长 0.154nm，Q 范围 0.0007~0.04nm^{-1}，温度控制为 25℃。图 14.5 所示为，散射强度分布函数。简单的纪尼厄图得到回转半径为 0.78nm。假定其为球形物体[17]，那么其半径 R 约为 1nm。以 0.125nm 为 C—C 键长，这相当于小于 7 个碳键长度。与最近报道的沥青质分子结构相比，可明确说明该系统中没有聚合体。该组分大于树脂分子的平均尺寸。

现已证明，利用 SAXS 测量树脂分子尺寸是可行的。首先，利用 Q 范围 $R_g<1$ 导出 R_g，这一过程必须采用 Guinier 理论。第二，在散射过程中为了捕获球形物体，分子结构内会发生旋转现象。因此，假定球形物体范围 $R \sim R_g$ 是合乎情理的。可利用一级近似法明确其真实尺寸。在这里不需强调分子为球形，但需认为球形物体获得 R 的运动是可接受的。荧光发射[4]显示，UG8 树脂具有相似的尺寸。当两种测量方法具有极大差异，一种是光子-电子相互作用产生的散射图谱分析，另一种为弛豫机制原理，测量结果不可能是偶然的。这一结果值得对这类物质的真正尺寸进行深入反思。

图 14.6 所示为，2.07nm 回转半径。此外，假设球形模型获得 2.67nm。该半径远远大于沥青质分子模型，可认为其为聚合体。荧光发射显示直径为 1.97nm[4]。如果将该数值作为沥青质直径，在考虑到荧光波长的蓝翼下沥青质分子半径范围为 1.0~1.2nm。利用这些数据，聚合体与分子的体积比约为 11~19。这是在假设紧凑堆积情况下对聚合体数据的一种粗略估计，实际情况并不是这样。因此，这只是一种虚拟论点，而应该利用一级近似法进行精确分析。如果将这部分空白填补，沥青质数量将低于 30%[17]。另一报道显示，沥青质颗粒尺寸范围约 2.5~4.5nm[11]。单个沥青质分子不会随着聚合体尺寸而变化，而会由于不同组成产生更多差异。因此，2.67nm 的回转半径恰好在此范围内。

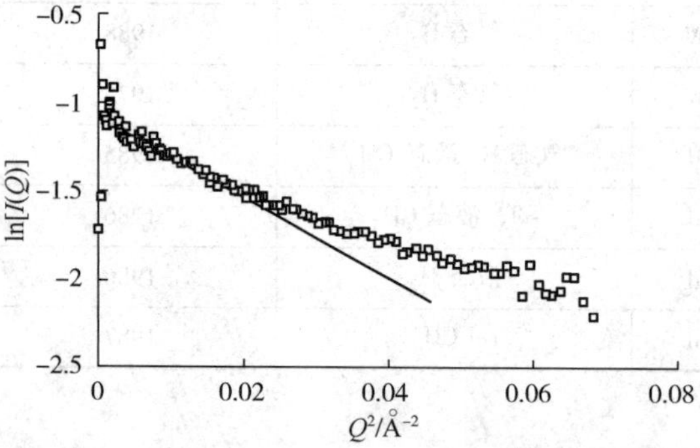

图 14.5 脱沥青油(C5S)中 Ratawi 树脂 SAXS 强度分布函数级尼厄图。回转半径为 0.78nm(1Å=0.1nm)

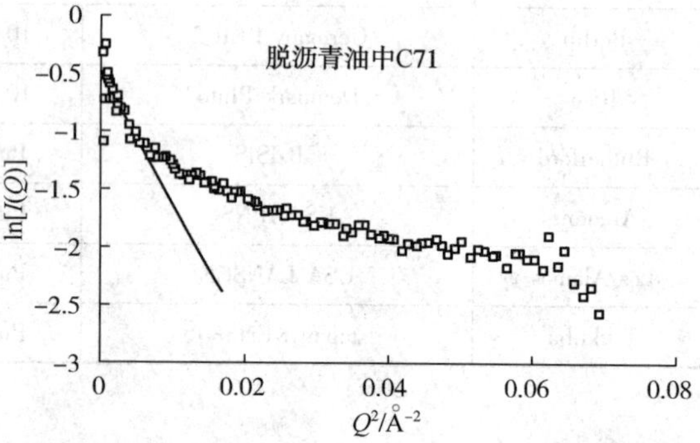

图 14.6 脱沥青油(C5S)中 Ratawi 树脂(可溶庚烷但不可溶戊烷组分)SAXS 强度分布函数级尼厄图。回转半径为 2.07nm(1Å=0.1nm)

为了代替纪尼厄图的使用，可采用结构参数建立形状因子。先前报道中详细讨论了基于多分散性的形状因子[17]。利用形状因子和适当的多分散模型，可对散射强度分布函数、提取半径和多分散程度进行拟合。图 14.7 表示为，利用 Schultz 分布函数作为多分散函数对半径进行提取。正如图中所示，不同来源的沥青质聚合体半径范围均在 2.5~4.5nm 之间。定义真空环境的沥青质浓度为 100%(质量)。在实际情况下，真空环境的沥青质浓度约为 20%。这种低浓度是由于脱沥青油的作用，使得系统为稀释过的 100%体系。在该图中可得到另一个信息是，沥青质尺寸不会像胶束系统那样快速增加。如果考虑到多分散性，这在统计学上是未改变的。

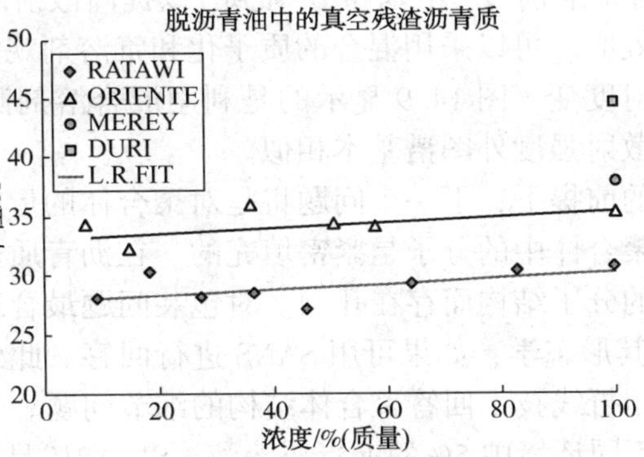

图 14.7 SAXS 导出的减压渣油(100%)和脱沥青油(减压渣油稀释液)系统中 Ratawi 沥青质聚合体半径，以及在减压渣油状态下各种沥青质的聚合体半径(1Å=0.1nm)

Yen[20,21]多年前报道，沥青质尺寸的相对独立性作为一种浓度性能，导致了其结构演化。该报道的第一步是根据聚合体提出了基本粒子的形成。相对于沥青质浓度，这些颗粒相对较轻。然而，这些颗粒会发生进一步聚合而形成更大的颗粒，这其中基本颗粒就包含了其自身性能和粒内结构。聚合的第二步比聚合体具有更大的絮凝性。如果这些次级聚合体尺寸大于初级聚合体，那将不能应用之前介绍的 SAXS 技术进行测量，因其超出了 Q 范围所能检测值。为了检测存在的颗粒，需要达到较小的 Q 值。相比于 SAXS 光谱仪，一些 SANS 设备能够检测更低的 Q 值。在接下来的两个 SANS 实验中将对大颗粒指标的检测进行讨论。

14.5.2 SANS 对沥青质聚合体、乳状液和分散剂作用的测量

图 14.8 所示为，含氘甲苯/吡啶混合物的 1%(质量)Ratawi 沥青质。这组曲线清晰地显示出了垂直变化。结果显示，颗粒尺寸在所有混合物中均相似，且在纳米范围内。这些颗粒很有可能为 Yen 模型所描述的基本颗粒，或为最小尺寸的沥青质。

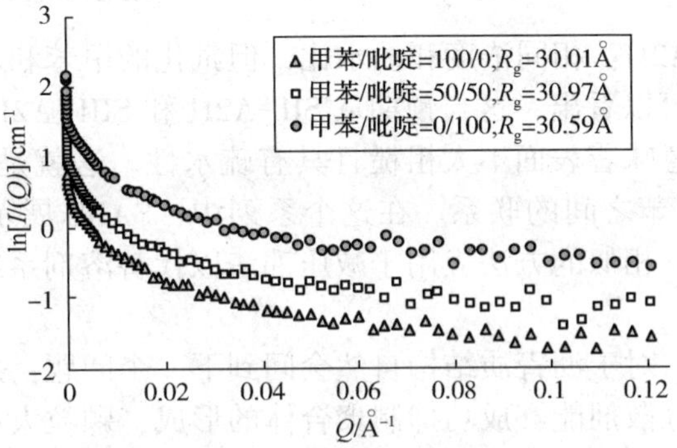

图 14.8 Ratawi 沥青质在甲苯/吡啶混合液中的百分比(1Å=0.1nm)

值得注意的是，图 14.8 所示的回转半径 Q 为 0.0015~0.0023nm^{-1}。设定回转半径为 3nm，可得到 R_gQ=0.45~0.69(小于 1)。正如 Guinier 相似性所适用。由于低 Q(小于 0.0015nm^{-1})情况下强度增加迅速，可指示大多数大尺寸物体。Guinier 分析显示，其大约 12nm。这可能是由于 4nm 的基本颗粒的进一步凝聚。从这组曲线及 Guinier 分析可以得出结

论，甲苯与吡啶具有相同的颗粒大小。另一个重要的结论是，在增加的沥青质浓度下颗粒尺寸不随之增加，与之前报道一致[11]。

由于 SANS 使用了含氘溶剂(D-甲苯和 D-吡啶)以提高散射对比差。通常需要核对氘组分的影响，即为同位素效应。可以采用混合的质子化和氘溶剂观察结果是否发生变化以排除上述干扰，该方法称为衬度变。图 14.9 显示的是利用混合溶剂测得的一系列测量值。由于对比效应，除了强度外散射强度外图谱基本相似。

在忽略氘溶剂效应的前提下，下一个问题将是对聚合体的形态学研究。显然，聚合体不同于表面活性剂系统，聚合体中的分子是紧密填充的。在沥青质聚合体中，由于形成沥青质聚合体过程中广泛分布的分子结构而存在孔洞。对包装问题最合理的回答是，聚合体表面的粗糙性，“核心”尺寸及其形态学，如果可用 SANS 进行回答。此外，这种方法是对照变异技术。本文展示了如何应用折线技术回答聚合体结构的细节问题。

图 14.10 显示，在不同环境中 5%的沥青质溶液，SI-A2H 是 4∶1 的混合液，5%沥青质溶于去质子化甲苯，pH=2 氘水。由于，主结构是沥青质聚合体，但掩埋在大体积质子化甲苯中，因此，相比于环境方面只有氘水区域显示出中子散射。因此，散射主要来源于含水区域。发现水核心回转半径 0.58nm，近似于一个沥青质分子尺寸。值得注意的是，该散射强度非常低。

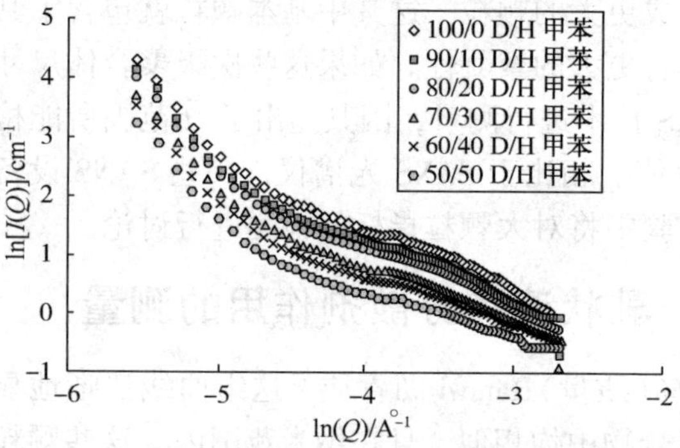

图 14.9　D-甲苯/H-甲苯混合液对比变化的测量值。沥青质浓度 1%(1Å=0.1nm)

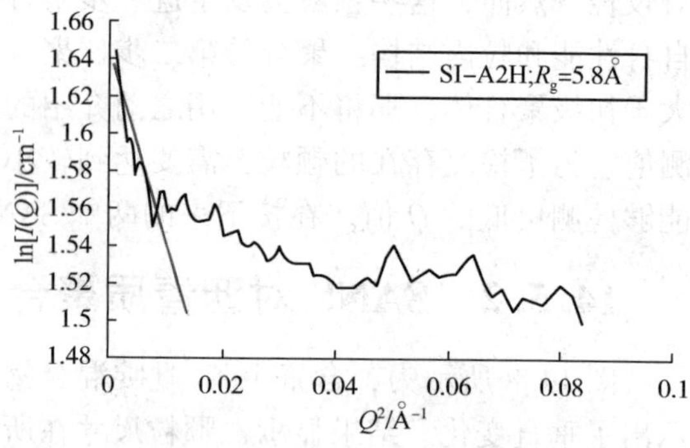

图 14.10　对比变化实验(组分和细节文本)(1Å=0.1nm)

下两个系统为 SII-A2H：相同浓度和油水比，但氘化的甲苯和水质子化；SIII-A2H：氘化的甲苯和氘化的水。可以看出，这与预期从 SII-A2H 和 SIII-A2H 系统中提取的颗粒尺寸是相似的。物理上，这意味着表面不太粗糙且具有疏水性。这就是说，中心具有更大极性，水分子极力减小了水-甲苯之间的联系。在这个系列中，SANS 展示了其独特的研究核心和表面形态的能力。后来，相似的方法应用于减压油渣以代替溶剂系统，并绘制了相似的结论(图 14.11)。

研究了形态学之后，对于沥青质结构自然会问到下一个问题：怎样避免聚合体。一种方法是引入分散剂。如果分散剂能够成功抑制聚合体的形成，颗粒大小则会减小。本文研究了一种简单的表面活性剂，十二烷基硫酸钠(SDS)，并且利用 SANS 技术检测加入 SDS 前后的结构变化。图 14.12 说明了散射强度分布。

显然，SDS 影响了聚合体的结构。低 Q 范围比高 Q 范围有更多的熔断点。可明显看出，SDS 能够降低基本粒子的聚集，但不能影响其结构。这是一个非常重要的结果。这可以认为，涉及到基本粒子聚集的能量是十分小的，且能被外加弱分散剂(如 SDS)驱散。然而，沥青质分子形成的基本粒子具有更加强大的聚合能，因此不能被 SDS 驱散。

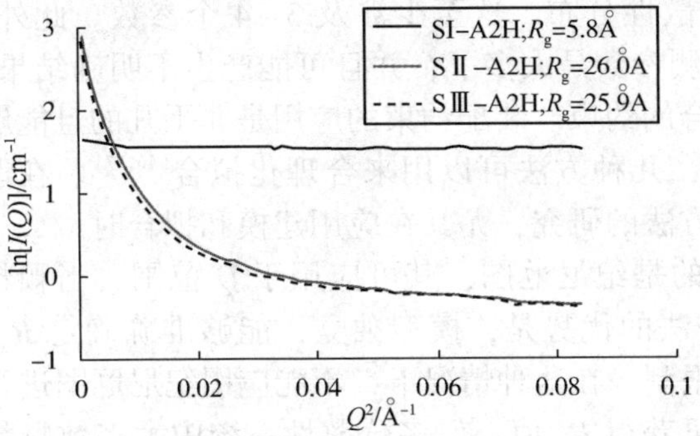

图 14.11　SI−A2H(沥青质/H−甲苯/D−水)、SII−A2H(沥青质/D−甲苯/H−水)和SIII−A2H(沥青质/D−甲苯/D−水)的对比变化研究(1Å=0.1nm)

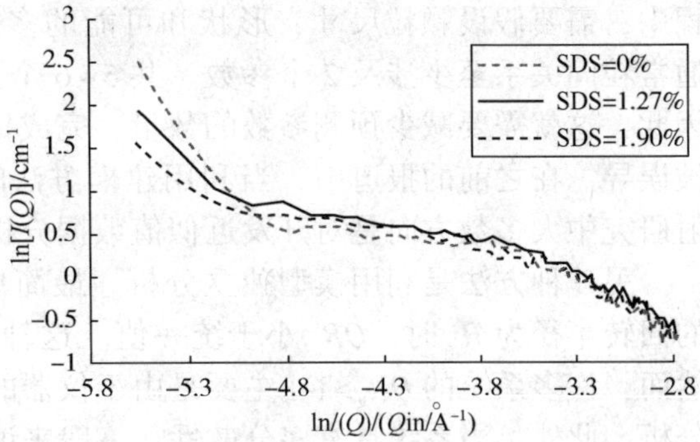

图 14.12　加入 SDS 的 5%沥青质甲苯溶液(1Å=0.1nm)

通过对溶剂系统结果的讨论，有兴趣了解是否可以通过添加少量的氘化溶剂，将 SANS 技术应用于减压渣油中沥青质结构的测量。图 14.13 显示的正是上述研究。与溶剂情况相似，水存在于核心中，而不是与大聚合体(基本粒子的聚类)共存或其中间。在低 Q 范围内，散射强度分布基本上未改变，尺寸保持相似。然而，在高 Q 范围下情况不同，大幅增长使得不连贯的散射小得多。这是一个直接的指示，水分子与基本粒子聚合体核心紧密相连。此外，散射密度分布函数实际上并未改变，意味着水分子只是填充了基本粒子的空隙。没有对聚合体结构状态进行改变。

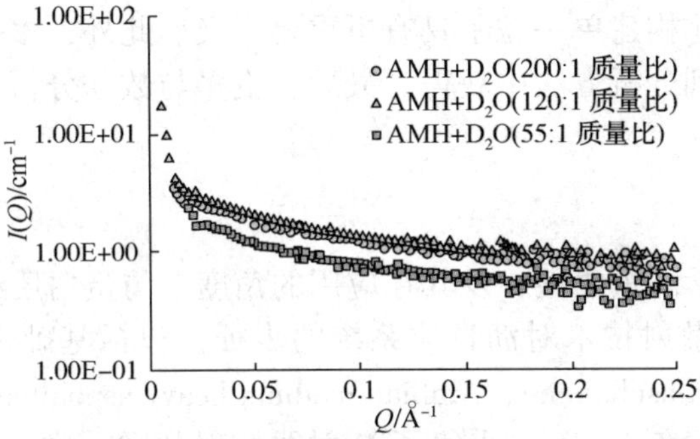

图 14.13　SANS 对添加氘水后减压渣油中阿拉伯中重(AMH)沥青质的检测(1Å=0.1nm)

14.6　讨论

小角散射是一项具有明显优势且精确的显微技术，所携带的信息包括统计力学参数，如粒内和粒间相互关系。这项技术可准确确定成对的分布函数，$g(r)$。可代表局部颗粒数量密度，这是与热力学性能(如过量内能)相联系的唯一数量值。基本上，小角散射能够携带人们需要的关于系统的所有信息。从微观性能到宏观性能。然而，散射密度分配 $I(Q)$ 是利用粒内(形状因子)和粒间(结构因子)散射光谱耦合得到的综合数量。为了提取信息，需要在两个因素中对 $I(Q)$ 去耦合。

为了获得这项目标，可使用正向和逆向的方法。正向方法具有两个结构(粒内和粒间)，接着将两者整合后与实验测量值作对比。这是一种建模方法(对形状因子和结构因子建模)，并且需要与预先设置的参数进行拟合。显然，这种方法的缺点是建模和拟合过程。在建模过程中，需要假设颗粒尺寸、形状和可能的多分散性分布。这至少涉及 3~4 个参数。此外，通常粒间关系至少涉及 2 个参数。共 5~6 个预测参数是太多了，并且可能产生不明确结果。因此，这就需要减少预测参数的数量，完成拟合的约束。装配约束的应用是非平凡的且能够被误导。在之前的报道中，当利用建模方法时，几种方法可以用来合理化拟合[16,17]。在散射研究中大多数方向是对开发近似值数据分析方法的研究，尤其在应用建模和拟合时。

另一种方法是利用模型独立分析。最简单的是纪尼厄图，其可应用于 Q 范围，当颗粒的回转半径为 R_g 时，QR_g 小于统一值。这种方法的优势是，模型独立，能够准确确定 R_g。然而，许多系统的 $QR_g>1$，主要是由于仪器的限制。在这种情况下，不能应用纪尼厄图进行分析。此外，当系统具有多分散性，一般来说可获得 R_g 值，但多分散性系统中大多数颗粒不能达到 $QR_g<1$ 的需要，因此利用纪尼厄图对多分散性系统的分析具有一定可疑性。

另一种方法为不变量方法，其与表面积-体积(S/V)比有关。这种方法具有一个明显的优点，其能够更有效地对颗粒形状进行鉴定。其约束条件为获得 S/V 时数据的整合，在多数情况下，强度接近零时不能进行数据收集。在这种情况下，对 S/V 的估算可能存在误差，不利确定形状的合理性。在之前的工作中，结合建模和不变量的方法对颗粒形状和尺寸进行了鉴定[17]。

逆傅里叶变换法同样可应用于去耦形状因子和结构因子[9,18]。Xu[22] 等利用该方法鉴定了沥青质聚合体为似球形。这种方法较好，但由于傅里叶变换需要对接近于零的数据进行一体化，因此同样面临类似于 S/V 方法的缺点。也就是说，应较好地调整对比和光谱仪，且配置需要面对这些需求。如果系统中不均匀或者在散射粒子之内，这种方法将不适用。

尽管模型独立方法的应用还需处理一些问题，其仍为最适用的方法。由于沥青质是一个混合体系，因此这项研究十分重要，从一个聚合体到另一个的不均匀程度是可以预料到的。以此，获得统计平均值比构建单一粒子具有更重要意义。此外，多数领域的应用只需要统计学参数，其能从简单得到分析方法中获得。最后，更多与数据分析相关的仪器是必要条件。

14.7 结论

本章描述了石油组学的重要性，及其在应用的角度上与蛋白质组学的关系。接下来，介绍了小角 X 射线和中子散射技术对沥青质系统的表征，包括基础理论、使用仪器、样品处理和数据分析。以 Ratawi asphaltene、Arabian medium heavy asphaltene 以及 vacuum residues 为例。自 Oak Ridge National Laboratory 采集了 X 射线散射数据，中子散射数据来自于 Argonne National Laboratory，此外，National Institute of Standards and Technology 对各种沥青质行为进行了阐述。详细地讨论了每种技术的优缺点，以供读者在面对特定系统能够准确选择。

14.8 展望

SAXS 和 SANS 可提供于有关热力学和状态方程式的结构信息。这些技术可测定石油液体及固体形态。利用重要运行参数可对相关参数进行定量测定并进一步控制。在接下来的几十年，石油产品的中心作用将从低硫原油转变为重油，絮凝、沉淀、沉降和其他动力学不稳定情况会主导采油操作。因此，建立一套简单精确的方法用来追踪石油液体及固体的相态是十分重要的。另一方面，相态的控制需要对分子水平到胶体水平均具有了解。石油组学从分子性能开始，胶体尺寸将具有更加重要的作用，至少至今，由于其与相态分割、混合物和统计力学理论的输运性能相关联。因此，诸如 SAXS 和 SANS 这样技术，有助于石油组学的发展和成熟。

致谢

感谢5年来在散射工作过程中所有参与的同事、学生和实验员。感谢 ak Ridge National Laboratory、Argonne National Laboratory 以及 National Institute of Standards and Technology 在技术上的支持。感谢 Ms. De Tar 在样品准备及测量中所做的大量工作。

参 考 文 献

[1] Liu, Y. C. and E. Y. Sheu(1996). Low shear viscosity of a dense ionic micellar solution. *Phys. Rev. Lett.* 76, 700.

[2] Patzold, G. and K. Dawson(1996). Connection of microstructure to rheology in a microemulsion model. *Phys. Rev. E* 54, 1669.

[3] Patzold, G. and K. Dawson(1996). Rheology of self-assembled fluids. *J. Chem. Phys.* 104, 5932.

[4] Groenzin, H. and O. C. Mullins (2000). Molecular size and structure of asphaltenes from various source. *Energy Fuels*. 14, 677.

[5] Ruiz-Morales, Y. (2002). HOMO-LUMO gap as an index of molecular size and structure for polycyclic aromatic hydrocarbons (PAHs) and asphaltenes: A theoretical study. *J. Phys. Chem.* 11283.

[6] Chen, S. H. and R. Rajagopalan(eds.)(1990). Micellar solutions and microemulsions—Structure, Dynamics, and Statistical Thermodynamics. Springer-Verlag, New York.

[7] Skold, K. and D. L. Price(eds.)(1986). *Neutron scattering*. In: *Method of Experimental Physics*, Vol. 23. Academic Press, Orlando.

[8] Feigin, L. A. and D. I. Svergun(1987). *Structure Analysis by Small Angle X-ray and Neutron Scattering*. Plenum, New York.

[9] Glatter, O. and O. Kratky(eds.)(1982). *Small Angle X-ray Scattering*. Academic Press, New York.

[10] Pilz, I. (1982). Proteins. In: O. Glatter and O. Kratky(eds.), *Small Angle X-ray Scattering*. Academic Press, New York.

[11] Sheu, E. Y. (1995). Colloidal properties of asphaltenes in organic solvents. In: E. Y. Sheu and O. C. Mullins(eds.), Asphaltene—*Fundamentals and Applications*. Plenum, New York.

[12] Andreatta, G., N. Bostrom, and O. C Mullins(2006). Ultrasonic spectroscopy on asphaltene aggregation. In: O. C. Mullins, E. Y. Sheu, A. Hammami, and A. G. Marshall(eds.), *Asphaltene, Heavy Oils and Petroleomics*. Springer Academic Press, New York.

[13] Vel'azQuez, E. S. and L. Blum(1999). Variational mean spherical scaling approximation for nonspherical molecules: The case of dimers. *J. Chem. Phys.* 110(22), 10931.

[14] Pfeiffer, J. P. and R. N. Saal(1940). Asphaltic bitumens as a colloidal system. J. *Phys. Chem.* 44, 139.

[15] Hiemenz, P. C. (1977). *Principle of Colloid and Surface Chemistry*. Marcel Dekker, New York, pp. 284 - 285.

[16] Sheu, E. Y., K. S. Liang, S. K. Sinha, and R. E. Overfield (1992). Polydispersity analysis of asphaltene solutions in toluene. *J. Coll. Int. Sci.* 153, 399.

[17] Sheu, E. Y. (1998). Self-association of asphaltenes: structure and molecular packing. In: O. C. Mullins and E. Y. Sheu (eds.), *Structures and Dynamics of Asphaltenes*. Plenum, New York.

[18] Brunner-Popela, J. and O. Glatter(1997). Small-angle scattering of inter-acting particles. I. Basic principles of a global evaluation TechniQue. *J. Appl. Cryst.* 30, 431 - 442.

[19] http://www-als. lbl. gov/als/synchrotron sources. html

[20] Yen, T. F. (1972). Present status of the structure of petroleum heavy ends and its significance to various technical appli-cations. *Am. Chem. Soc.*, *Div. Petrol. Chem. Preprint* 17(1), 102 - 104.

[21] Yen, T. F. (1981). Structural differences betweenasphaltenes isolated from petroleum and from coal liQuids. In: J. Bunger and N. C. Li (eds.), *Chemistry of Asphaltene*. Advance in Chemistry series 195. American Chemical Society, New York.

[22] Xu, Y. N., Y. Koga, and O. P. Strausz(1995). Characterization of athabasca asphaltenes by smallangle X-ray scat-tering. *Fuel* 74(7), 960.

(Eric Y. Sheu)

第15章 沥青质聚合体的自组装：应用于沥青质结构和反应问题的同步加速器、模拟及化学建模技术

15.1 前言

对沥青质结构及化学性质的深入研究，有助于开发减轻沥青质效应的方法，并对其进行破坏或为其找到新用途。沥青质的化学及物理结构具有独特性，且已被广泛研究[1]。然而，关于沥青质起源和结构的一些基本问题仍需解决。本章介绍了利用新的同步加速器WAXS(广角X射线散射数据)和SAXS(小角度X射线散射数据)对Venezuelan及Mexican沥青质进行测量，结果显示，大多数沥青质颗粒尺寸在3~5nm之间。其颗粒在沉淀的沥青质中表现为互相关联的块状，而在起始原油中以单个颗粒存在。此外，本章第二部分介绍了模型化合物中“沥青质”颗粒的自组装。颗粒的自组装性表明颗粒是基本稳定性的，由此引发了关于石油起源这一有趣问题。

逐渐地，重油成为了石油烃类中一种主要来源，与此同时轻质油变得越来越少。轻质油与重油最主要的不同在于原油中沥青质的含量。原油中大多数金属物质存在于沥青组分中，且与原油的其余组分相比，硫和氮的含量较高。沥青质是一种复杂的芳香烃分子的混合物，其包含大量硫、氮和金属元素。沥青质很难转变为轻质组分，此外，所含的金属元素会造成催化剂堵塞而成为处理难题。同时，沥青质会对黏度产生影响，在生产和运输过程中会引起堵塞问题[2]。目前，沥青质可通过在高温和高压下加入氢而进行转化，但十分困难且较为昂贵，或其可通过焦化或其他处理方法来破坏。今后，需要更低廉的沥青质转化处理方式，或开发新的用途使沥青质较燃油更加有价值。这些方法都需要对沥青质的物化性质进行深入了解，尽管其中部分内容已被研究[3]。

沥青质被认为是石油形成过程中生物分子的残余物。因此，在卟啉环状结构中其包含金属元素(如钒和镍)，这让人想起生物分子[4]。然而，沥青质的生物起源和如何聚集生成我们所看到的石油结构一直是一个讨论热点。另外，从传统的胶质学观点讨论石油胶束存在问题。“聚合体”是一种较好描述的结构，可对原油中“胶束”行为进行描述[5]。

沥青质以烃液体中的胶态悬浮体形式存在。原油组分以及物理参数(如压力)决定了沥青质能否在液体中存在。原油在经过生产、运输和炼油后，其组分会发生改变。这些改变经常会导致沥青质发生沉淀，从而引起堵塞或不相容性问题。了解重质原油，需要熟悉生产、运输和炼油过程中相关条件下石油的相态行为。已有多种技术应用于复杂沥青质系统的研究。技术应用包括NMR[6]、STM(扫描隧道显微镜)[7]等。光学上，在含沥青质的石油残余物中常出现各向异性结构，这表明沥青质中分子序的程度。通常，这些技术可描述芳香型凝聚物的平均程度，近似为7个环。如，在引用的文献中，利用STM对Maya沥青质进行表征，该技术使用THF溶液和高定向热解石墨。STM技术可观察沥青质的尺寸及结构。观察

到不对称结构，尺寸平均为 1.04nm±0.19nm。此类研究确定了以芳香族为核心的沥青质的直径。

然而，本报道的主要内容是关于沥青质中较大结构的存在状态，以及这些结构的“自组装”能力。X 射线和中子散射研究显示，原油中存在的离散粒子约 3~5nm。已假设这些和更大的结构(聚集体约 20nm 和超级聚集体)用于解释各种絮凝沥青质中的散射数据，并对其相关文献进行全面综述[8]。新式同步加速器 WAXS 和 SAXS 对 Venezuelan 和 Mexican 沥青质的报道研究显示，这些“沥青质颗粒”普遍存在。此外，本报道的第二部分论述了基于模型化合物对沥青质颗粒自组装的研究。沥青质颗粒的自组装性表明了颗粒的基本稳定性，并强调 Yen 的原模型基本上是正确的[9]。

15.2 WAXS 同步加速器研究及样品处理

利用 WAXS 技术对 Mayan 原油进行研究，显示了所获得的相关信息。基于同步加速器设备的 X 射线散射技术，可直接确定液体及固体状态下的重油相行为。研究样品为 Mayan 石油原油，*Miguel Hildago* 为一种典型的 Mexican 重油。研究了原油和原油中庚烷不溶部分，其定义为原油的沥青质部分。散射技术是由其他的同步加速器技术所补充，如 XAFS(X 射线吸附精细结构)。XAFS 可确定各种状态下沥青质中 Ni 和 V 的化学相和分子结构。

同步加速器研究由 SSRL(斯坦福同步辐射实验室)完成，2000-2003 年由 DoE(能源部) BES(基础能源科学)授权。WAXS 数据采用光束 2-1，辐射强度为 10keV。在早期已完成了部分研究，如引文中所示。利用标准样品准备技术，具体操作见参考文献。

WAXS 沥青质数据提取的信息如图 15.1 所示。具有三点基本特征：

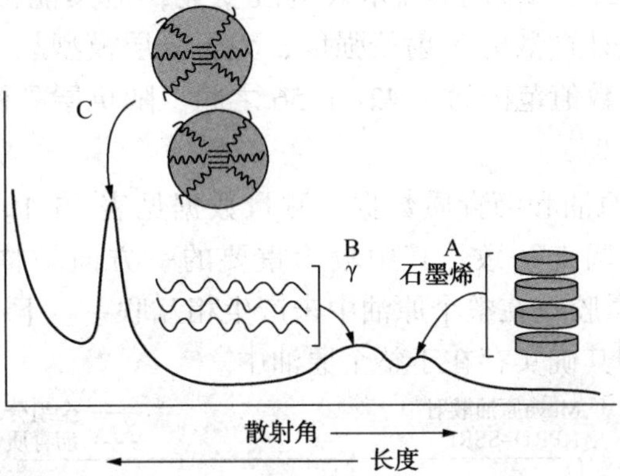

图 15.1 沥青质 WAXS(广角 X 射线散射)信息图。区域 A：芳香堆(石墨 002 通常称为石墨烯堆)；区域 B：石蜡相互作用的相关性(γ 来自 Yen)；区域 C：胶束聚合体直径

- 低角度峰(C)代表沥青质聚合体(3~4nm)。
- 峰(B)出现在 0.4~0.5nm 之间。该峰称为 γ 峰，反应了沥青质中烷烃链之间的相干性。
- 峰(A)出现在 0.34~0.35nm 之间(L_g=石墨堆直径)。该峰称为石墨烯峰，反映了沥青质核心中的石墨堆。

石墨峰 10(100)和 11(110)为更高的峰值，反映出石墨板的平面有序参数，通常以“直径”表示，利用线形分析进行测量，芳香核心为 0.8~1.7nm(L_a=芳香堆直径)。

WAXS 数据来源于 SSRL，采用光束 2-1。利用 Si(111)探测器获取同步加速器光束的垂准和高亮度，适于解决 0.1%数量级的晶格变化。聚焦光束尺寸为 2mm×1mm，入射至样品上的光子约 10^{11} 个。WAXS 模型直射光束的收集尽可能接近。通常，直射光束干扰为 $2\theta=2°$。在 ZnK 边界下(9.659keV)，数据收集扫描持续至 $2\theta=120°$。

对于大量原子，可利用 X 射线散射强度获取其定量信息，表达式为：

$$I_{eu}=\sum_{m}\sum_{n}f_m f_n e^{iS\cdot R_{mn}}$$

式中，f_m 为 m 型原子的 X 射线原子散射因子，S 为 X 射线散射波矢量($S=|S|=4\pi\sin\theta/\lambda$)，矢量 R_{mn} 连接原子 m 和原子 n。假设结构相对于入射 X 射线束随机(粉末)排列，基于球平均的 Debye 散射方程式为：

$$I_{eu}=\sum_{m}\sum_{n}f_m f_n\frac{\sin SR_{mn}}{SR_{mn}}$$

为了近似石墨板的微晶尺寸，可利用 X 射线模型中 002 峰半峰值(FWHM)的全宽进行直接测量，在 C 轴方向上应用 Debye - Scherrer 关系为：

$$D_{002}=\frac{k_{002}\lambda}{\beta_{002}\cos\theta}$$

式中，D_{002}为沿着叠加方向的颗粒尺寸，λ 为 X 射线波长($\lambda=0.12836$nm)，θ 为衍射角，β_{002}(或 FEHM)为角线宽度。形状因子 k_{002}取决于颗粒形状且随机层晶体的 k_{002}为 0.76，可应用于沥青质结构[10]。如 Yen 所描述，石墨堆和石墨板的结果为沥青质核心的一部分。

利用 Debye - Scherrer 方程式可对沿基底方向的晶体序列进行评估，该方程适用于(110)衍射峰的扩展。正如(002)峰，(110)峰未被不完全叠加或图层的弯曲度/可折叠性影响。在这种情况下，形状因子 k_{110}随 β_{110}角线宽度变化，但其能被下面的价值所决定，如 Liang 等报道，利用计算机计算散射 X 射线强度，为了分层模型晶子结构。根据本实验所测的实验上的角线宽度，k_{110}数值范围为 1.42~1.56 之间。随机层晶格散射分析的详细阐述见 Perez De la Rosa 等的描述[11]。

图 15.2 所示为 Maya 原油和沥青质数据。测量数据见表 15.1。所有参数与之前参考文献中 Yen 对沥青质的原始调查一致。其中较为重要的一方面是整个原油中未出现低角度(3.2nm)峰，这表明沥青质胶粒在整个原油中未产生相互联系。下一部分讨论了小角 X 射线散射(SAXS)，进一步证明其确实存在于整个原油中。

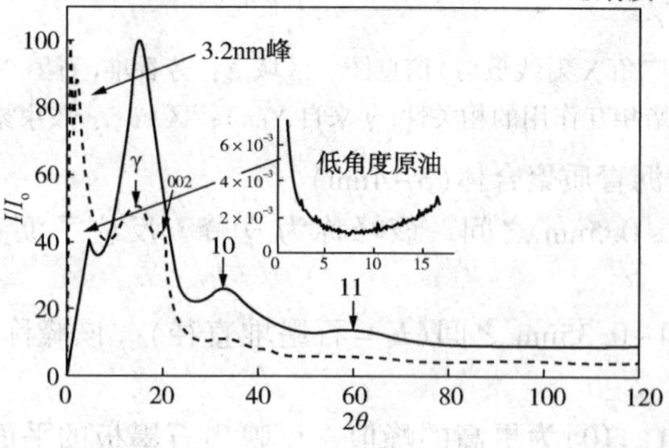

图 15.2. Maya 整体原油及沥青质的 WAXS，为了整个原油不出现 Bragg 反射插入背景接近直射光束

表 15.1 Maya 沥青质 WAXS 数据总结

WAXS 峰	d(石墨)	$\omega\cos\theta$	L	#重复
低角度	$d=32$	0.0174	111Å	~3
饱和	$d_{\gamma}=4.78$	0.336	4.2Å	~1
石墨烯	$d_{(石墨烯)}=3.53$	0.052	14.0Å	~4
100	$d_{(100)}=2.03$	0.2485	9.17Å	~4
110	$d_{(110)}=1.23$	0.2563	9.00Å	~7

注：1Å=0.1nm。

15.3 SAXS

小角 X 射线散射可应用于研究 1nm 或更大的尺寸结构。尤其，该技术适用于提供关于如前所述的沥青质的胶束结构的信息。

对该技术进行了简短描述，以下是其对沥青质的应用研究，详细描述见参考文献[12]。记录形式为，研究材料的 SAXS 强度(q)与散射角度($2Q$)的函数，其中，q 为倒晶格空间散射矢量，与真实空间几何关系表达式为：

$$q=(4\pi/\lambda)\sin\theta$$

考虑到 Bragg 法则：

$$\lambda=2d\sin\theta$$

式中，d 为真实空间距离。q 与 d 呈反比关系，表达式为：

$$qd=2\pi$$

单色 X 射线从样品处散射并聚集到 CCD 照相机上。差分散射截面被表示为散射矢量 q 的函数。数值 q 与尺度的倒数成正比(nm^{-1})。每当样品包含散射长度密度尺寸不均匀性大于约 1nm 时，可在小角范围内观察到散射，该研究需要利用 SAXS 技术。小角散射 X 射线强度分布图中包含相对大尺寸结构的信息，通常在小于 2°的 2θ 处。散射物体尺寸与 q 之间的互易性意味着小 q 下的 $I(q)$ 包含了相对大尺寸结构的信息。

Guinier 规律：当样品中的粒子形状未知，或形状不规则即不可描述时，基于小 q 限制的散射函数表达式为：

$$I(q)=(\rho_o\nu)^2\exp(-q^2R_g^2/3)$$

式中，$I(q)$代表单个粒子的独立散射强度。这种关系被认为是 Guinier 规律，可根据小角散射的测量确定未知形状尺寸颗粒的回转半径(R_g)。依据 Guinier 规律，当 $I(q)$的对数与 q^2 作图时起始斜率为 $R_g^2/3$。回转半径是粒子中心所有点的均方根距离。

Porod 规律(($\ln I[q]$ vs. $\ln q$)：随着 q 的增加，球体曲线迅速下降且小于盘状或棒状，同时，大 q 强度曲线的渐近形式可表示为：

$$I(q)\propto q^{-a}$$

对于大 q 值，最重要的理论结果与 Porod 规律一致，预测 $I(q)$可能减少至约 q^{-4}。在 $I(q)$ vs. $\ln q$ 图中，指数 4 表明了单个表面光滑的 3D 球形颗粒。数值 2 和 1 分别代表 2D 薄盘状和 1D 细杆状颗粒。因此，大 q 的幂律指数反映了散射物体的维度。

15.3.1 分形物体

大 q 值下球体衰变的散射强度 $I(q)$ 为 q^{-4}，薄盘状为 q^{-2}，细杆状物体为 q^{-1}。因此，大 q 值下的幂律指数与散射物体的维度相关。然而，在许多情况下强度变化是不可预期的，甚至为 q 的分数幂。幂律指数倒数与 1、2 或 4 不同，其可根据分形的概念进行解释。Mandelbrot 根据分形几何学概念公布了自然界中复杂模式的描述[13]。这一概念应用于所有的分支学科中逐渐增加的不规则物体的研究[14-16]。海岸线长度是一个众所周知的分形例子，随着测量尺度的变小测出的海岸线的长度无限增大。另外的例子有，含有细小硅或炭黑颗粒的不规则聚合体、晶体枝状生长模式、电介质的点放电留下的痕迹，聚合物盘绕的形状，等等。分形物体具有扩张对称性，在变换尺度后仍保持自相似。换句话说，如果扩大物体结构的某一部分，放大的部分与原始物体极其相似。数学上对分形物体的定义为，自相似性可从极小尺度延伸到无限大尺度，但在实际物体中，物体最大维度下有一个最大值，同时由于结构的基础构件而具有一个最小值。分形物体的基本性能为分形维度。如，在物体中以一点为中心并以球形半径 r 作图，那么分形物体为：

线型，如果球形质量 $M(r)$ 与 r 成正比；

片状，如果球形质量 $M(r)$ 与 r^2 成正比；

立体，3D 物体，如果球形质量 $M(r)$ 与 r^3 成正比。

因此，分形物体符合以下关系式：

$$M(r) \propto r^d$$

其中，分形维度(d)范围为 1~3。图 15.3 表示的是假定的沥青质结构图。显然，如下讨论，在沥青质起始或随后处理阶段，其形态表现为片状、椭圆形或球形。

分形维度(d)同样可能为分数形式。d 值越小则结构越开放，且当 d 减小至 1 时，如果物体保持单独连接则物体呈现线型。由于球体体积与 r^3 成正比，实际材料密度(r)表达式为：

$$\rho(r) \propto r^{d-3}$$

显示为，密度不再是物体常数，而认为是随着体积减小而逐渐增大。前面所提到的分形对象称为“质量分形”。一些物体表面粗糙并表现出分形性质。这样的对象称为“表面分形”。月亮上各种规模密密麻麻的陨石坑以及一株菜花正是典型的表面分形。具有分形海岸线的岛屿是 2D 空间上的表面分形。

2D(表面分形)比 3D 更易形象化。设想利用边缘长度 l 的方砖完全覆盖岛屿，则标记的方砖至少部分与海岸线重叠。假设 $N(l)$ 为所标记的方砖数量。如果海岸线光滑且接近直线，不同尺寸 l 方砖时 $N(l)$ 与 l^{-1} 成正比。如果海岸线不规则且分形，$N(l)$ 与 l^{-1} 关系更加密切，与 l^{-d_s} 成正比(d_s>1)。则海岸线长度 $L(l)$ 表达式为：

$$L(l) \propto l^{l-d_s}$$

d_s 为 2D 表面分形的分形维度。可利用类似的方式定义 3D 表面分形的分形维数。尤其，当 $S(r)$ 为利用特征面积 r^2 测量的表面积时，则：

$$S(r) \propto r^{2-d_s}$$

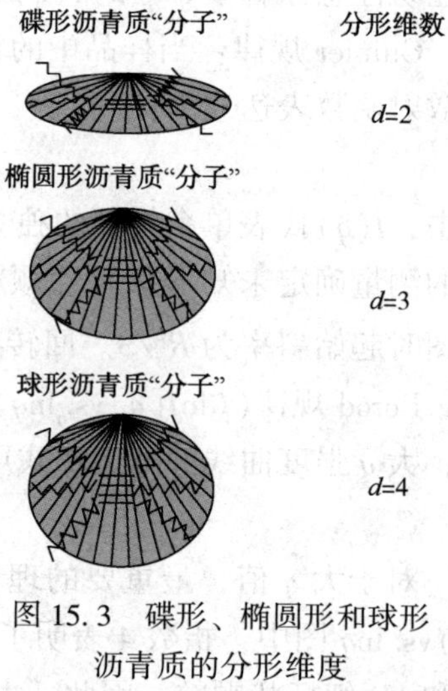

图 15.3 碟形、椭圆形和球形沥青质的分形维度

在3D空间表面分形中，d_s 范围为2~3。当表面完全平滑时 $d_s=2$，当表面完全褶皱时(如完全褶皱的纸巾) $d_s=3$。

15.3.2 质量分形物体的散射信息

如果认为质量分形物体为质点分布，则归一化相关函数 $\gamma(r)$ 为该对象内的给定质点到任意质点之间的距离 r 的概率分布。在选定点周围构建半径为 r、厚度为 dr 的球壳。根据 $M(r)\propto rd$，壳内封闭的质点数量与 $4\pi r^{d-1}\mathrm{d}r$ 成正比。由于壳体积等于 $4\pi r^2\mathrm{d}r$。相关函数表达式为：

$$\gamma(r)\propto r^{d-3}$$

其有效界限 $R>>r>>a$，其中 R 为物体的最大尺寸(约为 R_g)，a 为结构基本构件尺寸，其如中子或分子一样小。若 $1/R<<q<<1/a$ 成立，则散射强度 $I(q)$ 为：

$$I(q)\propto q^{-d}$$

此关系表明质量分形物体散射强度以 q 指数-1和-3形式衰减。

15.3.3 表面分形物体的散射

认为系统为一个典型的两相模型，以不规则分布代替光滑的界面边界。通常第二相为真空相，绘制从相边界每一点的球半径为 r。最大半径为 r，此时表面光滑。其面积 $S(r)$ 表达式为：

$$S(r)\propto S_0 r^{2-d_s}$$

其中，S_0 为常数，当 $d_s=2$(光滑表面)时为其表面积。散射强度 $I(q)$ 为：

$$I(q)\propto q^{-(6-d_s)}$$

因此 $I(q)$ 对 q 的重对数绘图为一条直线，指数等于$(6-d_s)$。由于，3D表面分形下的 d_s 范围为2~3，q 的指数范围为-3~-4(对于光滑界面，后者限制与Porod规律一致)。

15.4 SAXS对Venezuelan和Mexican沥青质的研究

以下描述的各沥青质SAXS数据均采用光束1-4测量，来自斯坦福直线加速中心(SLAC)斯坦福同步加速器辐射实验室(SSRL)，斯坦福，CA。光束1-4聚焦X射线源，流量为1010光子，光斑尺寸0.5mm×1mm(水平)。其为单色辐射，从[111]Si晶体(同时将其弯曲以提供水平聚焦)反射出波长 $\lambda=0.1488$nm。样品安装在两个25μm厚的KAPTON窗(SSRL生产)内，试样材料活跃的路径长度约1mm。利用CCD平面探测器收集16SAXS数据，实验在室温下进行。利用背景散射和样品室的散射对数据进行校正。利用射线集成路线获取一维剖面图数据。q 值取样为 $q_{起始}<q<q_{最终}$(其中 q 散射矢量为：$q=4\pi\sin\theta/\lambda$，波长 λ，X射线光子散射角度为 2θ)。

利用SAXS技术研究了4种Venezuelan和1种Mexican沥青质。已有学者对Venezuelan沥青质进行了详尽表征[17,18]。沥青质研究的总结见表15.2。值得注意的是，可以注意到，研究的烃馏分是最重且最难以转化原料的代表。Maya原油是由3.5%硫黄和33.9%1050+(馏分沸点约1050℉)组成。根据PetroPlan分析表可知，Boscan原油由5.5%硫黄和55.5%1050+组成[19]。

表 15.2　SAXS 研究中所使用的沥青质

原油	样品	备注
Boscan	全组分原油	重油
GU	FEEDGU	减压渣油
GU	HCKGU	加氢裂化减压渣油
S1-O	S1-0	不稳定油
Maya	Miguel Hildago	重油

小 q 与大 q 散射域分别见图 15.4 和图 15.5。图 15.6 和图 15.7 显示的是纪尼厄图[$\ln(I)$ vs. q^2]。图 15.8 和图 15.9 显示的是波罗德图[$\ln(I)$ vs. $\ln(q)$]。纪尼厄图提供的信息是关于大的和小的真实空间距离的回转半径(R_g)。Venezuelan 沥青质核心粒径范围为 3~5nm，大尺寸聚合体为 50nm。Porod 数据表明，基于以前描述的分形维度，3~5nm 核心本质上为盘状或椭圆状结构；然而，50nm 时为球状物体。由图 15.10 可进一步发现，在 3.2~4.1nm 范围内，3 种 Venezuelan 沥青质同时表现出布拉格反射，与纪尼厄图分析结果具有很好的一致性。沥青质中布拉格峰的出现表明，除了加氢裂化沥青质外所有样品的核心之间相互关联。下面对沥青质核心关联性进行了进一步讨论。表 15.3 总结了相关数据，并以图式表达为图 15.11 和图 15.12。通过表 15.3 和图 15.11 可以发现，数据分析表明在 2.01~2.81nm 范围内分形维度(d)为椭圆形核心。根据以上描述的分析结果，可将沥青质核心描述为质量分形($1<d<3$)。随着分形维度的减少，则结构表现为含更多孔隙。因此，Boscan 重油沥青质比大多数减压渣油芳香烃沥青具有更多孔隙，可提示处理过程中的进一步变化。对于以上描述的分形分析是否能够提供了关于沥青质在处理过程中结构变化的真实信息，这方面需要更多的研究工作。然而，先前涉及的 Porod 分析和布拉格反射数据的一致性表明了核心的存在且彼此具有相关性。

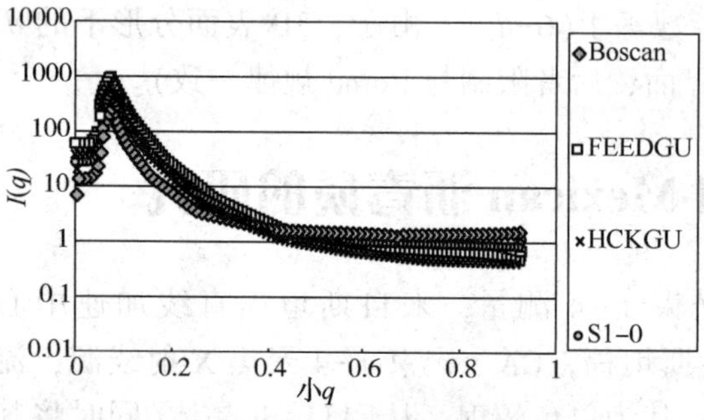

图 15.4　小 q 范围 Venezuela 沥青质 $I(q)$ vs. q

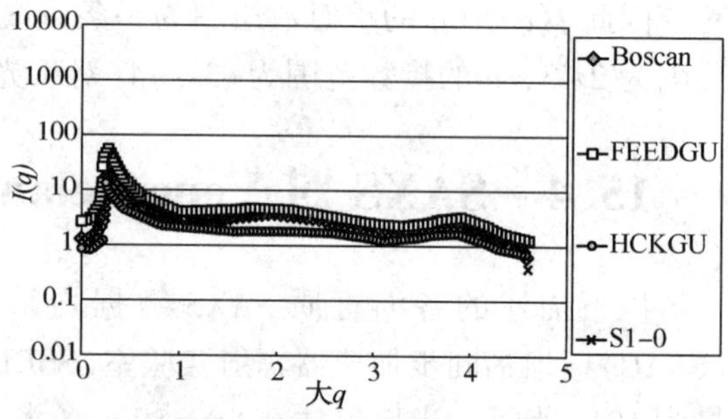

图 15.5　大 q 范围 Venezuela 沥青质 $I(q)$ vs. q

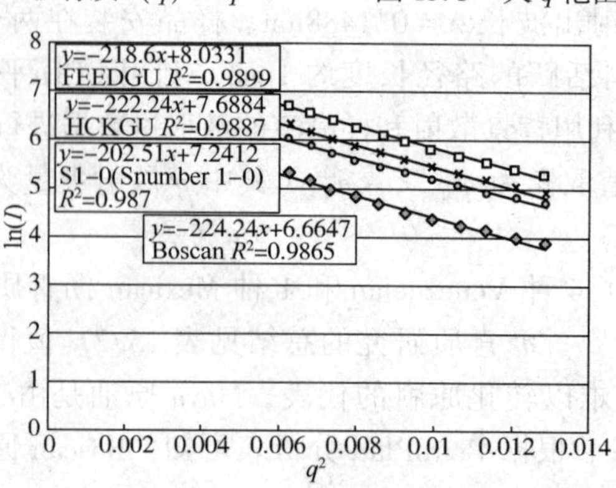

图 15.6　小 q 范围 Venezuelan 沥青质纪尼厄图 $\ln(I)$ vs. q^2

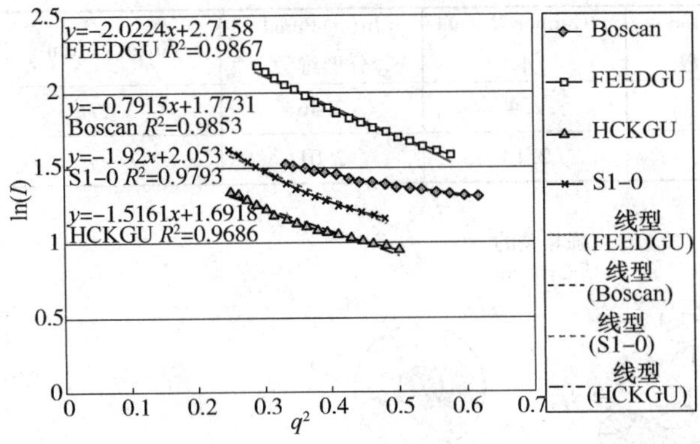

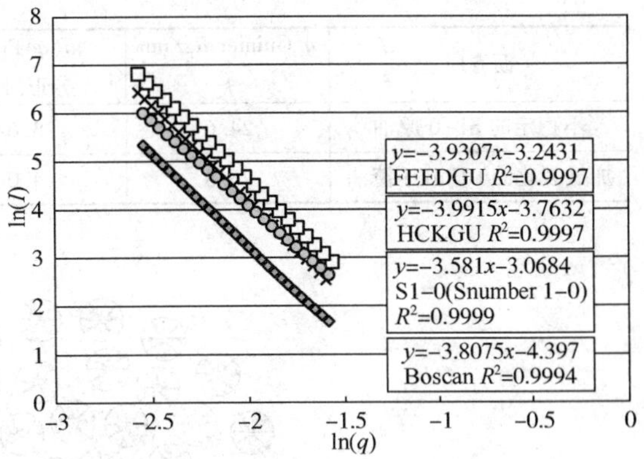

图 15.7 大 q 范围 Venezuelan 沥青质纪尼厄图 $\ln(I)$ vs. q^2

图 15.8 小 q 范围 Venezuelan 沥青质波罗德图 $\ln(I)$ vs. $\ln(q)$

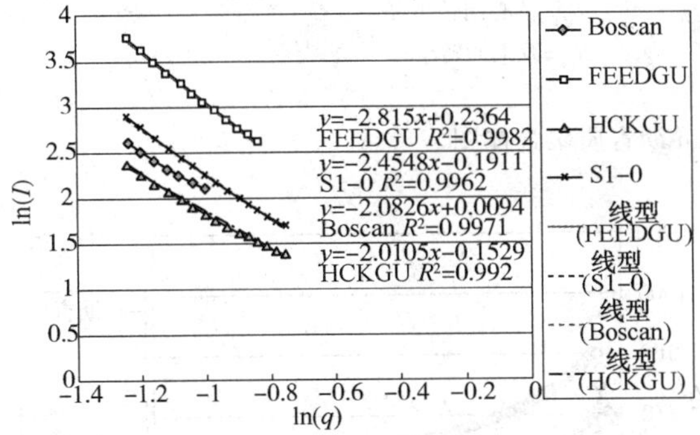

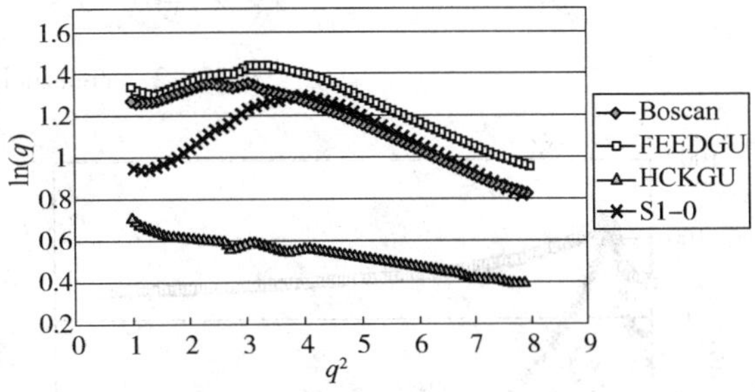

图 15.9 大 q 范围 Venezuelan 沥青质波罗德图 $\ln(I)$ vs. $\ln(q)$

图 15.10 表明胶束形成的沥青质布拉格域 $\ln(I)$ vs. q^2

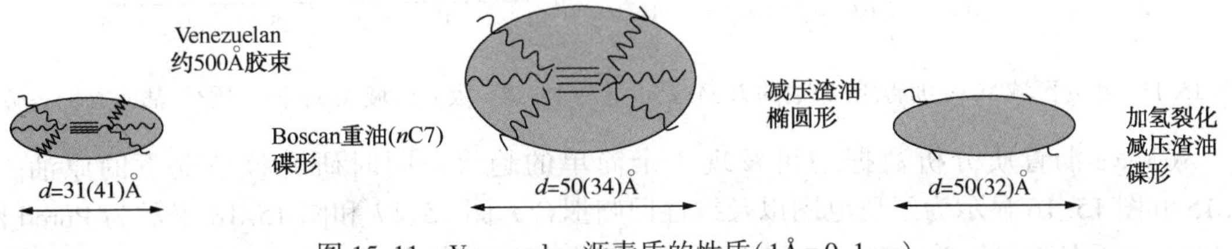

图 15.11 Venezuelan 沥青质的性质(1Å=0.1nm)

在表 15.3 中出示的是较长范围的分析，这表明，在 25.6~25.6nm 范围内存在关联。在这种情况下，分形维度范围为 3.6~4.0。正如先前章节所提到的，在此范围下沥青质表现为表面分形($3<d<4$)。这表明沥青质表现为多孔的或粗糙的，随着分形维度接近 3 其孔隙度逐渐增加。同时，该分析也可依据之前所述的 d_s 进行。然而，为了简单起见，表 15.3 未显示该信息。分析结果显示于图 15.12。

表 15.3 Venezuelan 沥青质 SAXS 数据总结

沥青质	q^2 Guinier R_g/nm 大	$\ln(q)$ Porod 分形维数	q^2 Guinier R_g/nm 小	$\ln(q)$ Porod 分形维数	Bragg 峰/nm
Boscan 重油	25.9	3.8	1.54	2.08	4.06
Feed GU 减压渣油	25.6	3.9	2.46	2.81	3.44

续表

沥青质	q^2 Guinier R_g/nm 大	ln(q) Porod 分形维数	q^2 Guinier R_g/nm 小	ln(q) Porod 分形维数	Bragg 峰/nm
不稳定的 S1-0 原油	24.6	3.6	2.4	2.46	3.17
加氢裂化的 GU 减压渣油	25.8	4.0	2.13	2.01	—

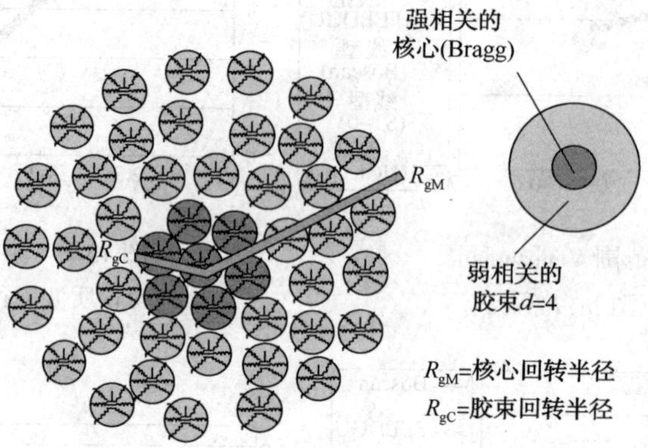

图 15.12 Venezuelan 沥青质聚合体图

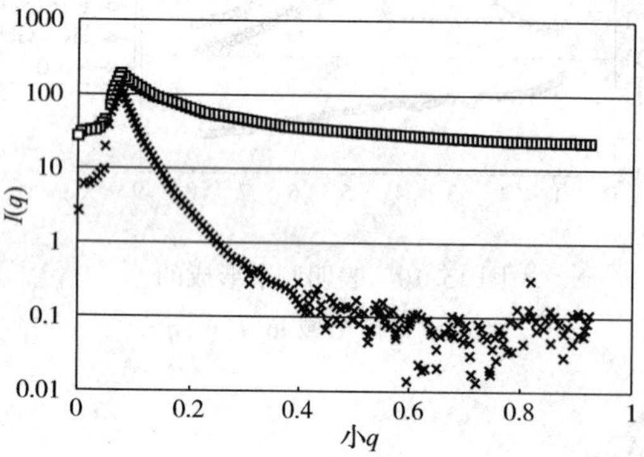

图 15.13 小 q 区域 Maya 沥青质/原油的 $I(q)$ vs. q

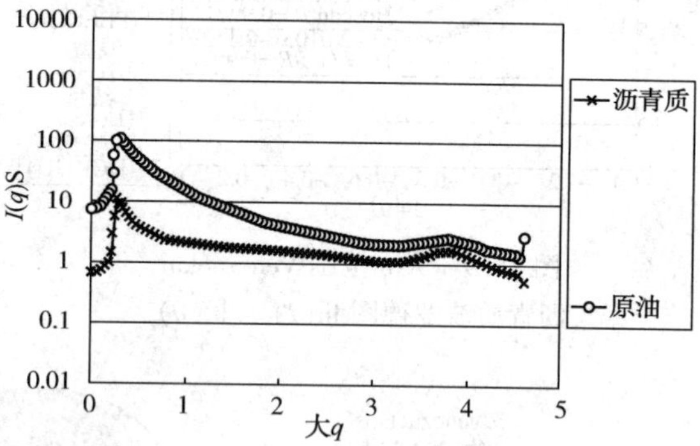

图 15.14 大 q 区域 Maya 沥青质/原油的 $I(q)$ vs. q

从 Maya 沥青质分析数据中可发现一个简单的趋势。同时研究该情况下的原油。图 15.15 和图 15.16 显示为纪尼厄图以及线性回归拟合。图 15.17 和图 15.18 表示为 Porod 图。表 15.4 为所有数据的总结。Porod 分析结果表明，Maya 沥青质具有一个 3.76nm 维度的核心，与 3.22nm 处的布拉格反射位置一致。其核心与在 Venezuelan 沥青质情况时相关。最后，原油 Porod 分析结果显示，在 5.10nm 处确实存在沥青质核心。正如所预期的，悬浮态原油之间不存在相互关系。二次聚集的意义和非常低的分形维数在本文中是未知的，需要进一步研究。然而，SAXS 分析的能力被清楚地表明，并且在研究的所有情况下明确证明了沥青质核的存在，尤其在整体原油中。

表 15.4 Maya 沥青质/原油 SAXS 数据总结

沥青质	q^2 Guinier R_g/nm 大	ln(q) Porod 分形维数	q^2 Guinier R_g/nm 小	ln(q) Porod 分形维数	Bragg 峰/nm
Maya 原油	13.6	1.1	2.55	1.76	—
Miguel hildago					
Maya 沥青质	6.2	4	1.88	1.73	3.2(2)

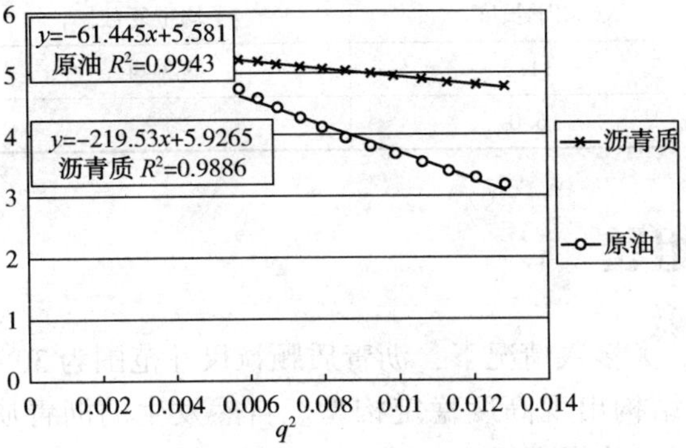

图 15.15　小 q 区域 Maya 沥青质/原油的纪尼厄图 ln(I) vs. q^2

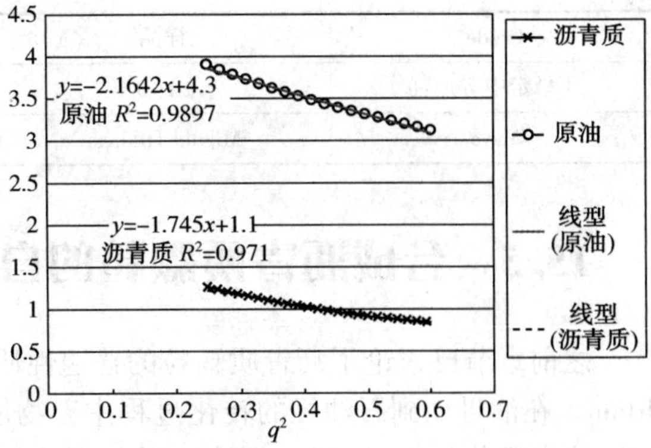

图 15.16　大 q 区域 Maya 沥青质/原油的纪尼厄图 ln(I) vs. q^2

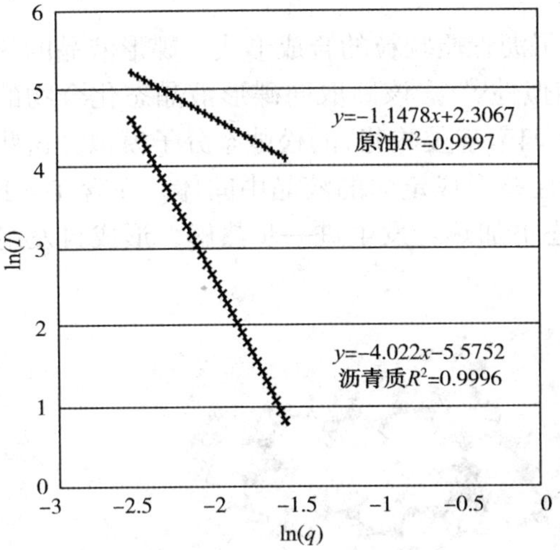

图 15.17　小 q 区域 Maya 沥青质/原油的波罗德图 ln(I) vs. ln(q)

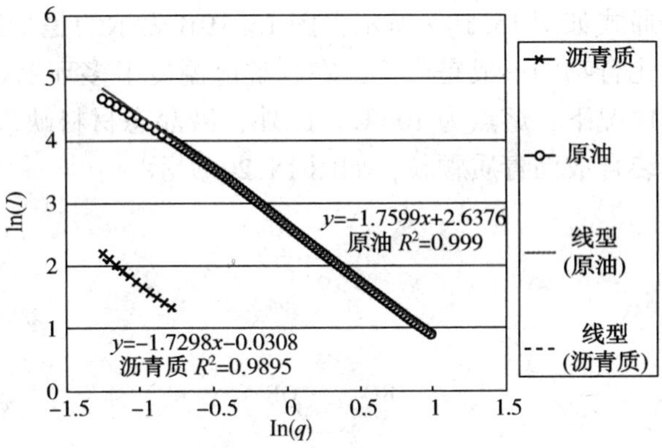

图 15.18　大 q 区域 Maya 沥青质/原油的波罗德图 ln(I) vs. ln(q)

表 15.5 是对聚集沥青质的进一步可能的解释。在该表中提出了重复聚合单元数近似值。表中指出的相干长度，是由先前描述的标准 Debye - Scherrer 等式计算得出。利用芯径分割相干长度计算重复数量。对于 Maya 沥青质，其重复平均数为 2。图 15.12 中所示的模型是利用 X 射线散射技术所理解的沥青质聚合体的合理表征。在 Venezuelan 沥青质中明显更多的重复数表明了其聚合程度更高。至于减压渣油沥青质(FEEDGU)，重复的数量实际上表明沥青质核心的程度大于图 15.12 中所示的程度。对沥青质结构的进一步认识需要对 WAXS 和 SAXS 数据进行深入解读。然而，一个有趣的现象是，相比于“较轻”的 Maya 原油，重 Boscan 原油具有更高的沥青聚合程度。

表 15.5　Maya 沥青质/原油 SAXS 数据总结

Crude	样品	相干长度	平均重复数
Boscan	重油	11.3	约 3~4
GU(减压渣油)	FEEDGU	22.6	约 5~6

续表

Crude	样品	相干长度	平均重复数
不稳定中等原油	S1-0	11.3	约 3~4
Maya	Miguel Hildago	6.0	约 2

15.5 合成沥青质颗粒的自组装

之前章节已讨论了沥青质颗粒的普遍性质。大多数情况下，沥青质颗粒尺寸范围为 30~40nm。在油母质到石油烃的转化过程中，物质结构出现高度稳定构型。自然发生的沥青质实际化学组分是相当复杂，且其衍生源具有差异。为了促进人们对沥青质的形成过程以及合成沥青质物理性质的理解，在“合成沥青质”热模拟模型中应用了多环芳烃盘状分子。在反应性盘状多芳烃和脂族油中间体的存在下热模型可产生缩聚结构，其具有的化学过程与深地下环境沥青质形成条件具有密切的相似性。

接下来，利用热解盘状液晶多烷基化芳烃描述了沥青质颗粒的合成形式。碟形液晶的热分解产物与真实沥青质的物理性质表现出惊人的相似性[20]。该高取向碟形液晶态化合物的通式如图 15.19A 所示，图 15.19B 表示的是 TOCP(四辛基羧酸花)的松弛态分子模拟。这些化合物的形成是由于，在其解链温度下多环缩聚芳烃核形成定向的液晶中间体。在含 TOCP 情况下，熔点为 106℃。此外，液晶态材料缺氧状态下加热可发生进一步热解，形成自发组装合成沥青质颗粒，如图 15.20 所示。

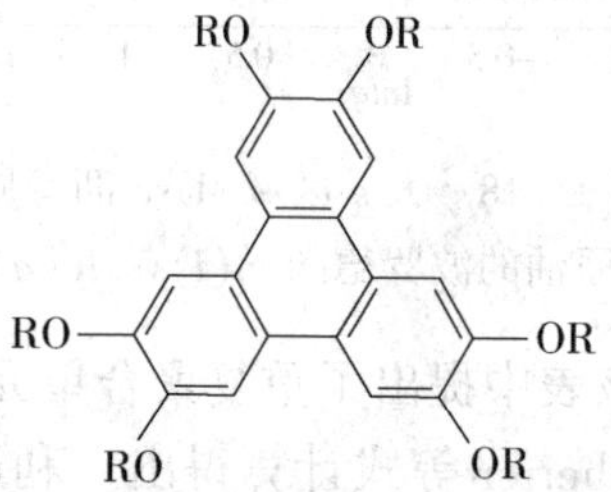

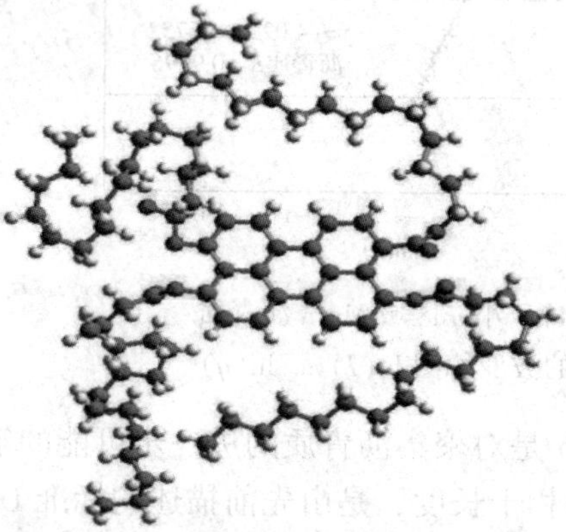

图 15.19 (A)R=十一基、庚基、己基和十一酰的碟形液晶结构。(B)模拟 TOCP 前体分子力场(Cerius2 Accelrys 公司)。分子结构为直径 3~5nm 碟型

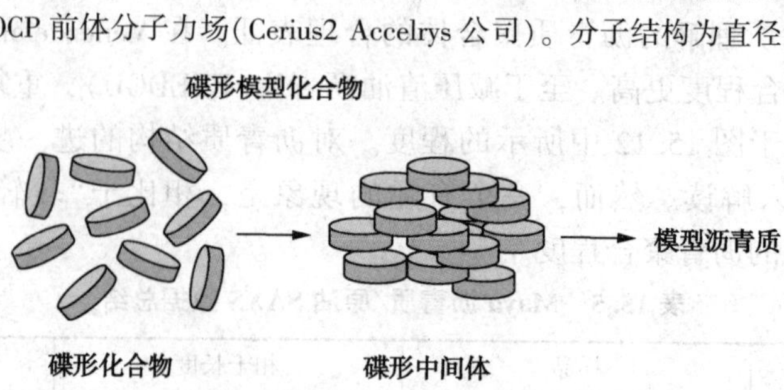

图 15.20 碟形分子→碟形中间体→自主装沥青质转换图

1，6，7，12-四(十八基)苝-四羧酸四乙酯 TOCP(四十八烷氧基羧酸苝)的分子热模拟原理图如图 15.21 所示。通过苝四羧酸钾盐与 1-十八烷基溴的四酯化反应合成 TOCP。缩合芳香烃苝核的平面单元具有较高趋势，即在低于其熔点温度时分子将聚集形成定向液晶中间体，其通过芳香族-芳香族之间的相互作用。在含 TOCP 情况下，106℃时发生熔融转变。苝核具有高度热稳定性。在热处理程序过程中，随着温度逐渐增加至 350℃以上，含两个C—O键和 O—C 的 TOCP 脂族酯中心逐渐变弱，进而发生热断裂。这两个键的热降解生成相应的苝羰自由基与苝羧基自由基，如图 15.21 所示。同时，图 15.22 显示的是其降解过程。

随后该中间体自由基分别发生脱羰反应和脱羧反应，提供了产生 CO 和 CO_2 所需的苝自由基。在热处理过程中，来自 TOCP 释放的脂肪族十八烷基链导致活跃的十八烷基自由基和十八烷基缺氧自由基的生成。缺氧条件下温度达到 420℃以上时，TOCP 酯的完全热转换，生成含芳香族核心和长链烷基碎片的“自由基群体”。现阶段，原位产生的反应自由基合并生成的脂肪族-多环芳烃混合物提供了合适的反应环境，模拟参与天然石油组分缩合转化的反应性中间体。苝基、十八烷基和十八烷氧基的进一步偶合可生成各种脂肪族-多环芳烃组成的凝聚物，其组成与沥青质组分十分相似。相应地，将生成的热产物定义为“人工合成沥青质”。预测在热转换过程中，人造沥青质芳香烃组分可自组装形成颗粒聚合体。

有趣的是，在红外光谱(IR)测量值中观察到人造沥青质与天然沥青质在光学性能上十分相似，如图 15.23 所示。在 $1720cm^{-1}$激发带处的大量强度损失，证明了人工合成沥青质起始物料 TOCP(图 15.22)发生了清晰的化学转化，该条带与羰基光学吸收峰一致。这表明，酯基发生了近乎定量的损失且参与到热裂解反应中。增宽 IR 人造沥青质光谱条带揭示了其为一种合成热残渣的多组分混合物。惊奇地发现，整体光谱的吸收条带与 HAVR(重 Arab 减压渣油)的 IR 光谱中的相应条带位置和强度相匹配。这表明由特殊天然沥青质形成的精确化学模型，在适当碳氮比偶合缩聚反应机制下，利用不同或可能的盘型化合物的混合物可适合脂肪族-多环芳烃凝聚物的增长。合成沥青质与 HAVR 沥青质十分相似。通过表 15.6 的对比得到了进一步证实。利用不同或可能的具有适当碳氮比化合物的混合物，可对任何独特的天然沥青质进行化学建模。

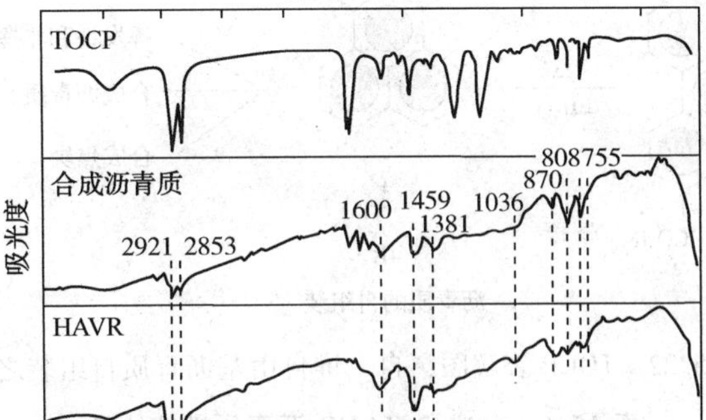

图 15.23　TOCP 前体的红外光谱图，表明合成沥青质和 HAVR(重 Arab 减压渣油)沥青质具有显著相似性

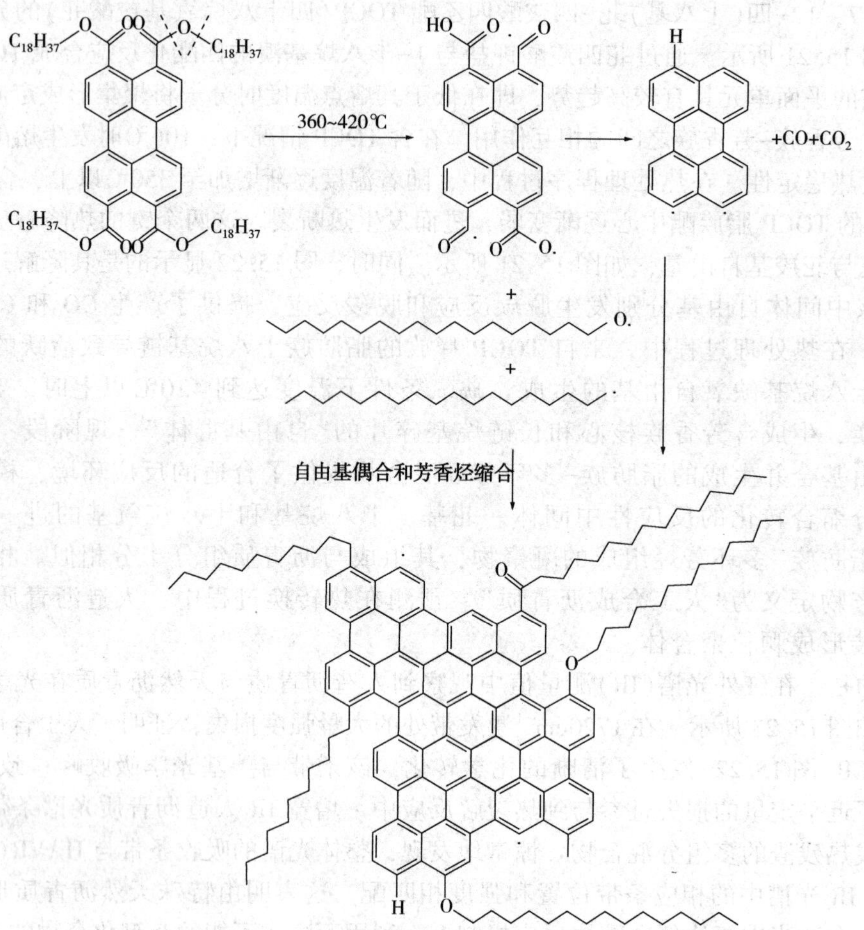

图 15.21　在 360~420℃下 TOCP 热处理脂肪族和多环芳烃热产物描述图，包括自由基的偶合和芳香烃缩合

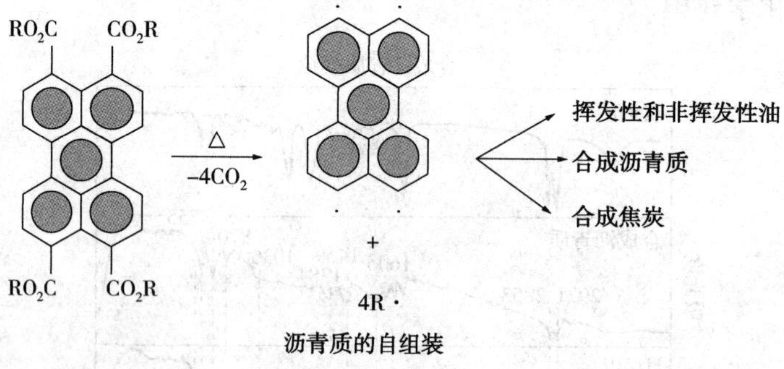

图 15.22　TOCP 裂解图，自一堆自由基沥青质自组装之后

表 15.6　合成和 HAVR 沥青质性能比较

	合成沥青质和 HAVR 的化学性质			
	H/C	$\%C$ 芳烃	$\%C$ 脂肪烃	M_W
合成沥青质	1.06	58	42	2750
HAVR 沥青质	1.10	35~45	55~65	1000~10000

图 15.24 表示的是系统热转换过程的 WAXS 研究结果，该过程包括 TOCP 分子从融化过度、软沥青形成、沥青形成到结焦。在 106℃下收集盘状液晶中间体的第一个 WAXS 图，结果显示具有相对较小芳族-芳族堆积顺序的脂肪链的大排序峰，其散射角范围类似于来自沥青质颗粒的峰的散射角范围。当热解温度上升至 340℃时形成软沥青，在 3.0~4.0nm 范围内检测到，随着石蜡峰、石墨烯峰以及沥青质颗粒峰的增加，典型沥青质 WAXS 峰也逐渐增加。当热解温度升至 420℃，多环芳烃-多环芳烃(石墨的)排序峰和沥青质颗粒峰进一步增强，此时形成沥青质并随后结焦。结果证明，热解过程中用于石墨多环芳烃形成的缩聚芳香烃核，是沥青质自组装形成颗粒形式所必需的。正如利用未含多环缩聚芳香烃核的类似小碟形分子 BH8 进行比较，其热解转换不产生相应的合成沥青质。图 15.25 显示为石墨烯/石蜡的 WAXS 范围。如图所示，炼焦过程伴随着发生合成和 HAVR 沥青质。此外，相似性是显着的，焦化过程的进行是以从合成和天然沥青质中去除脂肪链，同时，可观察到石蜡峰消失。

15.6 结论

通过 WAXS 和 SAXS 研究证实了沥青质颗粒和聚集体的存在，沥青质颗粒核心范围 3.0~4.0nm，聚合体大结构核心区域为 25nm。这一工作已由 T. F. Yen 早前研究证实。该沥青质结构普遍存在且稳定。上述描述的沥青质模型化合物的自组装是了解沥青质结构起源中意义重大的一步。接下来工作将是对任何来源的石油进行建模和沥青质的模拟。这一工作将使我们深入了解沥青质，从其生物起源到石油工业的生产和使用。

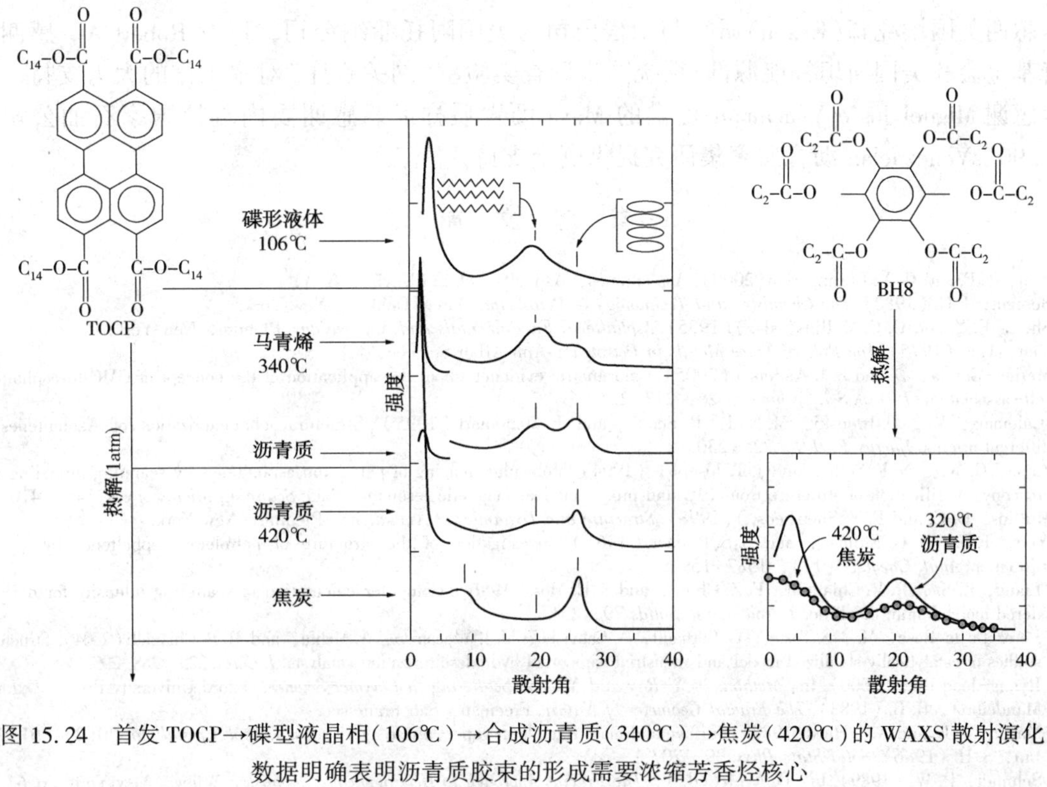

图 15.24 首发 TOCP→碟型液晶相(106℃)→合成沥青质(340℃)→焦炭(420℃)的 WAXS 散射演化。数据明确表明沥青质胶束的形成需要浓缩芳香烃核心

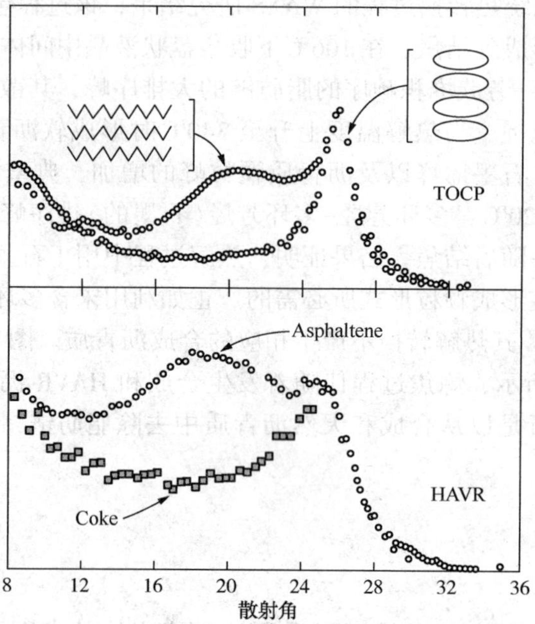

图 15.25　合成和 HAVR 沥青质 WAXS 散射数据，
当发生焦化时石蜡相关性和芳香堆体显示出相似性

致谢

感谢美国埃克森(Exxon)研究与工程公司与美国阿托菲纳公司，以及 Robert A。感谢韦尔奇基金会和美国斯坦福能源部/系统同步调查实验室“网关程序”对本工作的大力支持。同时，感谢 Miguel Jos'e Y'acaman 提供的 Maya 沥青质样品。感谢委内瑞拉国家石油公司对 80 － 90's Venezuelan 沥青质聚集研究提供资金支持。

参　考　文　献

[1] Yen, T. F. and G. V. Chilingarian(2000). Asphaltenes, Asphalts Vol. 2. Elsevier, N. Y.
[2] Speight, J. G. (1980). *The Chemistry and Technology of Petroleum*. Marcel Dekker, New York.
[3] Sheu, E. Y. and O. C. Mullins(eds.)(1995). *Asphaltenes Fundamentals and Applications*. Plenum, New York.
[4] Yen, T. F. (1975). *The Role of Trace Metals in Petroleum*. Ann Arbor Science, MI-USA.
[5] Merino-Garcia, D. and S. I. Andersen(2005). Calorimetric evidence about the application of the concept of CMC to asphaltene self-association. *J. Disp. Sci. Technol.*, 26, 217-225.
[6] Calemma, V., P. Iwanski, M. Nali, R. Scotti, and L. Montanari (1995). Structural characterization of Asphaltenes of different origins. *Energy Fuel* 9, 225-230.
[7] Zajac, G. W., N. K. Sethi, and J. T. Joseph, (1994). Molecular imaging of petroleum asphaltenes by scanning tunneling microscopy: Verification of structure from 13C and proton nuclear magnetic resonance data. *Scanning Microscopy* 8, 463-470.
[8] Mullins, O. C. and E. Y. Sheu(eds.)(1998). *Structure and Dynamics of Asphaltenes*. Plenum, New York.
[9] Yen, T. F., J. G. Erdman, and S. S. Pollack (1961). Investigation of the structure of petroleum asphaltenes by x－ray diffraction. *Anal. Chem.* 33(11), 1587-1594.
[10] Liang, K. S., R. R. Chianelli, F. Z. Chien, and S. C. Moss(1986). Computer calculation of scattering intensity for dis-ordered molybdenum disulfide. *J. Non-Cryst. Solids* 79, 251.
[11] Perez De la Rosa, M., S. Texier, G. Berhault, A. Camacho, M. J. Y'acaman, A. Mehta, and R. R. Chianelli(2004). Structural studies of catalytically stabilized model and industrial-supported hydrodesulfurization catalysts. *J. Catal.* 225, 288-299.
[12] Ryong-Joon Roe. (2000). In: *Methods of X-Ray and Neutron Scattering in Polymer Science*. Oxford University Press, Oxford.
[13] Mandelbrot, B. B. (1983). *The Fractal Geometry of Nature*. Freeman, San Francisco.
[14] Martin, J. E. and A. J. Hurd(1987). Surface and mass fractals in vapor-phase aggregates. *J. Appl. Crystallogr.* 20(2), 61-78.
[15] Liu, S. H. (1986). *Solid State Phys.* 39, 207.
[16] Schmidt, P. W. (1989). In: D. Avnir(ed.), *The Fractal Approach to Heterogeneous Chemistry*. Wiley, New York, p. 67.
[17] Carbognani, L. and E. Rogel(2002). Solvent swelling of petroleum asphaltenes. *Energy Fuels* 16(6), 1348-1358.

[18] Carbognani, L., E. Contreras, R. Guimerans, O. Leon, E. Flores, and S. Moya(2001). Physicochemical characterization of crudes and solid deposits as guideline for optimizing oil production. In: *Proceedings of the SPE International Symposium on Oilfield chemistry*. Houston, Texas(paper SPE 64993), Feb 13-16.
[19] http://home. flash/~celjure/engineering/petroplan/assay/index. htm
[20] Chiang, L. Y., N. A. Clark, K. S. Liang, A. N. Bloch(1985). Highly oriented fibers ofdiscotic liquid crystal. *J. Chem. Soc. Chem. Commun.* 11, 695-696.

(Russell R. Chianelli, Mohammed Siadati, Apurva Mehta, John Pople, Lante Carbognani Ortega, Long Y. Chiang)

第16章 难溶沥青质的溶解度

16.1 前言

研究沥青质相关现象的关键在于，在难溶沥青质开始从原油中絮凝时定量描述其溶解度条件，这通常称作絮凝的初始点。沥青质絮凝物分散在相对较小分子组成大溶质分子的溶剂中的液-液相分离模型，可成功描述实验观察结果，其中溶解度条件变化是由于压力和组分的改变。胶体尺寸下(近似纳米级)，小且分散性较好的沥青质聚合体的形成，不会使模拟沥青质相态行为的热力学方法失效。

溶度参数和沥青的摩尔体积及石油中非沥青质组分是描述沥青质相态行为所需要的参数。实验上无法准确测量相关的重要参数，尤其对于沥青质来说。综述了几种估测初始条件下储罐油(STO)及含絮凝剂混合物溶度参数的方法，包括利用折射率估算溶度参数。讨论了从定义沥青质不稳定趋势(ASIST)的液体烷烃非溶剂实验中，定量并预测沥青质不稳定性的最小数据要求。并展示了应用STO ASIST数据预测活油减压过程中的沥青质不稳定性。最后，应用热力学模型预测石油液体混合物中沥青质的不稳定性。

依据标准测试，沥青质被定义为石油产品中不溶于正庚烷或正戊烷但溶于苯或甲苯的一类物质(如ASTM D2007)。表征沥青质的技术可分为两大类：一类是基于利用标准测试测定的沥青质数量，另一类是基于观察初始沥青质的不溶性，如Oliensis所述[1]。前者指定了具有最差溶解度(如正庚烷：石油=40：1)的极端条件下，生产出沥青质的最大量。然而，在非极端溶解度条件下也可发生沥青质问题。需要了解最低可溶性沥青开始形成单独相时溶解度条件，以及该溶解度条件如何随温度、压力和石油组成的改变而改变。本章着重于量化沥青质絮凝开始时最小可溶性沥青质的溶解度。

16.1.1 难溶沥青质的重要性

稳定的原油是那些其中沥青质良好分散的。极低浓度的沥青质可作为分子形式而存在，但在大多数原油中，沥青质将形成约几纳米的小尺寸聚合体[2]。聚合体在首次出现时足够大可散射光且可借助光学显微镜进行观察，通常被称为沥青质初始絮凝或沉淀。利用过滤和其他技术可确定相似的初始条件。初始点是一个有用的参考值，与在实际感兴趣的各种情况下沥青质的影响变化相关。许多现象与沥青质絮凝初始点相关联，包括：

- 沥青质沉淀的形成[3-6]；
- 油包水乳状液的稳定性[7,8]；
- 催化剂中毒(参照文献[9]及其中参考文献)；
- 热金属表面污垢[10]；
- 润湿性变化程度[11]。

在许多油藏中，生产过程会发生沥青质失稳，导致压力、温度和/或组分改变。稳定的石油和注射剂或提升气混合后将失去平衡。在某些情况下，两种稳定石油的混合也可导致沥青质失稳。包括裂解作用和氧化作用的化学反应能够改变已有沥青质的稳定性，或从最初可溶庚烷的种类中生成新的沥青质。

在特定的原油系统中，沥青质的稳定性可看作具有两个方面。一方面为沥青质组分自身性能，其具有固有的稳定性，取决于沥青质馏分中材料的化学组成和分子性质的分布。第二方面为非沥青质组分对沥青质稳定性的影响。

报道的沥青质初始滴定结果通常依据非溶剂的体积(或团块)，非溶剂的添加用以启动沥青质聚合体。该体积是内在沥青质稳定性和石油中非沥青组分溶剂质量的函数。正如本章接下来所讨论，在没有对起始物质进行更进一步的表征时，将不能从该体积数据中获得石油和初始混合物的溶度参数值。通常，还未见根据溶度参数对初始滴定评估用以获取重要信息的报道。

16.1.2 沥青质不稳定性发生的探测

可在有或无显微镜的情况下对起始条件进行光学检测[1]，通过光散射[12]、传导性[13]、过滤[14]或黏度测量[15]。最近 Correra 等[16]综述了起始测量方法。所有相关技术均能提供相似的信息，但方法却不完全相同。一些方法需要沥青溶剂对石油进行稀释。由于采用的测量原理或沥青絮凝物生长所需要时间量的差异，而可能不会在聚集体生长的相同阶段检测到沥青质，该过程可能非常缓慢，特别是在起始条件附近[17]。同样，蜡晶体、气泡、乳化水和无机颗粒存在的干扰也可对起始测量值产生不确定性。

在任何涉及较差沥青质溶剂与石油的混合过程中，如果不良溶剂局部浓度超过起始条件则可能获得错误的结果。可通过向稳定分散体系中添加不良溶剂所测定的起始点与在絮凝沥青质中添加良好溶剂直至最终沥青质消失点预测主要的差异。Wiehe 和 Kennedy[18]指出，当两种原油混合后所有比例混合物中的沥青质均不稳定，则混合顺序显得极为重要。

各实验室结果的差异可归咎于多种因素，如敏感性的差别、对干扰的反应、特殊实验设定下的絮凝动力学。然而，只要避免考虑上述讨论的问题，利用常见方法对沥青质絮凝产物进行测定可获得可比的结果。本工作所使用的初始方法详见附录Ⅰ。

无起点检测是阻碍实验室之间比较的主要问题，但缺乏对起始溶解条件和起始物料溶剂质量的定量描述。接下来，本章将对石油与初始溶度参数独立测量的重要性进行阐述。

16.1.3 沥青质胶态分散体

多年来，许多石油化学家对沥青质表征描述的巨大努力未能成功。此外，研究的难点通常与复杂混合物有关，沥青质具有强大的自缔合趋势，并且只有在良好溶剂极稀溶液中才可能以非缔合分子形式存在。基于共轭特性的分子量估计给出了多达数十万道尔顿的结果，这取决于分析程序的细节[19]。利用尺寸排阻测量，但由于不能排除沥青质与圆柱物质的相互关系其结果并不准确[20,21]。

利用小角中子或 X 射线散射技术，已经证明了聚集体尺寸的连续增加或减少取决于溶剂质量的变化[22,23]。尽管利用该实验定量聚合体尺寸和形状具有模型依赖性[24,25]，可明显看出胶体尺寸聚合体的存在。这个事实使相位行为计算复杂化，这是由于胶体颗粒之间势能的决定因素超过了简单平衡热力学。

Nellensteyn[26]利用 Tyndall 效应推断了沥青的胶体结构，在高倍放大、透析和超滤下观察颗粒的布朗运动。进一步观察到，利用精细分离的元素碳，可从沥青基油中制备沥青状分散体。通过一系列观察，研制出疏水溶胶(应用术语胶束)沥青质模型，其中似树脂的亲水“保护体”作用下石墨疏水胶体稳定存在[27]。Pfeiffer 和 Saal[28]详细说明了该概念模型，并阐明了流变学的观察结果符合沥青的胶体性质。尤其发现了树脂涂层的不足是由于絮凝或形成凝胶网络。该模型已被多数沥青质研究人员所采纳用以进一步验证，其对后续研究的影响十分重要。

作为胶体，系统必须具有从纳米至微米尺寸范围内的一个尺寸。对于这样的系统，表面积/体积比高，因此表面力是显著的，并且对于相同材料的较大物体来说重力不是很重要。胶体颗粒间的力取决于其尺寸、形状和分隔距离以及物料性能。由于胶体的存在，系统不可作为均匀、真溶液处理。除此之外，胶体尺寸颗粒存在的意义明显不同，取决于胶体物质、连续相、其相互作用和胶体稳定化的方式。热力学考虑适用于胶体系统，但由于相互作用能依靠胶体颗粒的尺寸和形状而使得其应用十分复杂。一些胶体表现为单独相(疏液胶体)，然而另一些可作为连续相(亲液胶体)部分处理。尽管胶束(其结构通过两亲分子形成进而最小化自由能)是胶体，但不是所有的胶体均能形成胶束。

类似于胶束形式的表面活性剂[29]，可能不适用于碳氢化合物分散体中的沥青质。Cimino 等[5]的综述，对沥青质胶束的假定结构进行了优化。解释了为什么树脂被认为是模型中一个重要部分，提出了在完全缺乏树脂的情况下沥青可溶于芳香族溶剂。为什么石蜡稀释剂存在时树脂覆膜可从沥青质核中分离出来，这一问题未被充分解释，以及沥青质/树脂胶束模型也没有解释作为压力函数的沥青质絮凝。由于自关联趋势，沥青质在原油、沥青和重油产物中以胶体状颗粒存在，但由于暗含沥青质的相关问题几乎没有实验观察基础，相关事实已被广泛误解。

16.1.4 沥青质作为亲液胶体

聚合物科学提出了许多研究亲液胶体的成功案例，通过热力学计算明确叙述了溶剂和胶体状溶质之间尺寸的差异。Flory - Huggins 方法的开发是用以描述聚合物溶解性，Hirschberg[30]等首次将其应用于沥青质研究。然而，该方法的实施仍具有一定阻碍。键合型聚合物能够合理明确分子量分布。沥青质缔合产生的聚合体，大多数的分子量测量方法会影响其尺寸的判断，因此定义不明确。鉴于所涉及流体的复杂性，简化假定条件是至关重要的。对于模型预测的准确性，所提出假设的影响是一些潜在问题的来源。然而，通过将沥青质作为亲液胶体处理，有助于理解和描述沥青质的溶解性。

16.1.5 大分子的溶解性

Flory - Huggins 方法是多种预测沥青质不稳定性方法的基础[5,30,31]。由于与周围溶剂分子相比聚合物相对较大，混合自由能的正规溶液理论方程式适用于解释尺寸差异效应。对于沥青质聚合体，应用该方法表达式为等式(16.1)：

$$\Delta G_{混合}=RT(\eta_m\ln\varphi_m+\eta_a\ln\varphi_a+\eta_m\varphi_a\chi) \tag{16.1a}$$

式中，

$$\chi=\frac{v_m}{RT}(\delta_a-\delta_m)^2 \tag{16.1b}$$

式中，η 为摩尔数量，φ 为体积分数，v 为摩尔体积，δ 为溶度参数，R 为通用气体常数，T 为绝对温度。下标 a 和 m 分别代表沥青质和除沥青质外所有组分的混合物。溶解度取决于浓度、摩尔体积以及组分 a 和 m 的溶度参数。由溶度参数绝对值的差异增加的 Flory - Huggins 相互作用参数(χ)提高了混合自由能(ΔG_{mixing})，相当于溶解度的减小。随着石油混合物摩尔体积的增加混合自由能也随之提高。

事实上，在石油中分子大小的宽度范围是多种的，“沥青质”与“混合物”组分之间的区别是人为设定的。然而，上述方法能够捕获沥青质初始行为的基本特征。

16.1.6 溶度参数

16.1.6.1 纯组分的溶度参数

具有可测量的蒸发能和摩尔体积的混合物溶度参数(δ)可通过实验进行计算，由于 δ 被定义为：

$$\delta=\sqrt{\frac{\Delta U}{v}} \tag{16.2}$$

式中，ΔU 为理想气体状态蒸发能。

混合物的溶度参数是独立组分溶度参数的体积加权平均[32]，表达式为：

$$\delta_{混合物}=\sum_i \varphi_i \delta_i \tag{16.3}$$

式中，φ_i 和 δ_i 分别代表种类 i 的体积分数和溶度参数。溶度参数单位为 $MPa^{1/2}$ 或 $(cal/cm^3)^{1/2}$，$1(cal/cm^3)^{1/2}=2.0455MPa^{1/2}$。

16.1.6.2 溶解/沉淀实验对溶度参数估计

将未知溶解度性能物质与已知溶度参数物质混合，可估算出未知物质的溶度参数。Mitchell 和 Speight[33]测量了大量由 Athabasca 沥青中添加不同溶度参数液体产生的沉淀物。Burke[34]等估算了某沥青污泥的溶度参数约 $20.5MPa^{1/2}$。Wiehe[35]研制出一整套重油组分的二维溶解度测量方法。一维测量相当于 Wiehe 所称作的“场力”(非极性力，如范德华力没有优先的方向性)，另一种为络合作用(极性或定向力，如氢键)。来自 Cold Lake 沥青的庚烷沥青质具有最高的溶解度，溶剂中场力组分溶度参数为 $17\sim20MPa^{1/2}$ 且络合组分为 $0\sim5MPa^{1/2}$。由于总溶度参数平方值等于各组分平方的和[36]，这样的沥青质能够溶于溶度参数 $18.8\sim21.3MPa^{1/2}$ 或平均 $20.1MPa^{1/2}$ 的混合物中。在饱和烃、芳香烃和树脂组分的相似实验中，通常溶解度区域跨越适宜测试溶剂场强分量的整个范围，使该技术对石油溶度参数的评估变得较为困难甚至不可能。这样的实验十分耗时，受到准确度的限制，不能对石油流体进行常规测量。在标准石油特征描述中，对石油或其沥青质溶度参数的估算是与众不同的。

16.1.6.3 稀释实验对溶度参数估计

多数研究发现在初始条件下，溶剂与非溶剂量之间具有简单的线性关系。该量可表示为每单位体积(或质量)油样品的体积(或质量)，如图 16.1 所示。等式(16.4)描述的是 V_n/V_o 与 V_s/V_o 初始值之间的经验关系(其中，V 为体积，下标 o、s、n 分别代表油、溶剂和非溶剂，S 为斜率，I 为实验数据所得直线的截距)：

$$\frac{V_n}{V_o}=S\frac{V_s}{V_o}+I \tag{16.4}$$

已报道了多种溶剂/非溶剂对的相似线性关系[5,12,37-39]。

Mertensa 首次提出了溶剂与非溶剂体积之间的线性关系，其依据是临界溶度参数(δ_{Cr})，并且该方法最近得到了应用[18,40]。这种分析手段是基于假设在沥青质絮凝初始阶段存在一个临界溶度参数，且该参数不受稀溶液的影响。在引入另一种更直接的测量方法后，即通过测量混合物折射率估算溶度参数，再回到“临界溶度参数”假设。

对大量曾报道的滴定数据进行总结，结果显示不同作者阐述之间具有共同点，如 Donaggio 等[41]所报道，补充总结见附录Ⅱ。

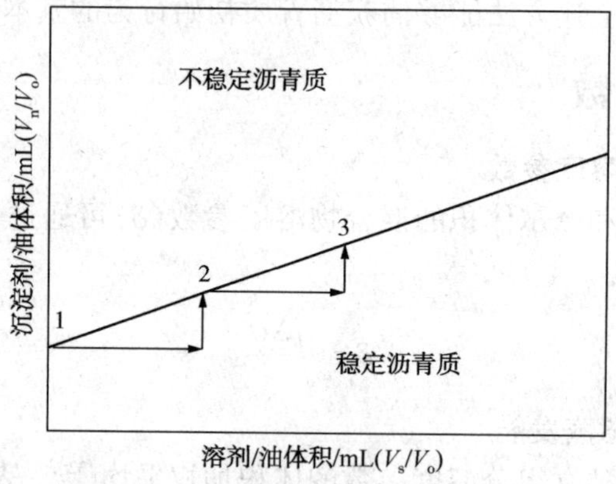

图 16.1　在起始条件下溶剂和非溶剂的量之间典型关系示意图(适于 Mertens)[37]。
在点 1，$V_{s1}=0$ 和 V_{n1} 是引发沥青质絮凝所需的沉淀剂的最小量。在点 2 和 3 处，将溶剂加入油中，增加引发絮凝所需的沉淀剂的量。起始点 1、2 和 3 限定了沥青质不稳定的直线

16.1.6.4　RI 对溶度参数估计

Buckley 等[42]提出了折射率(RI)测量方法，即表征油和初始混合物溶剂条件的一种可选择方法。在系统中其相互作用由 London 色散力主导，表明这些相互作用力与两种物质折射率不同有关(假设物质具有相似的吸收率)[43]。根据 Lorenz - Lorentz 等式，RI 的可见光频介体测量方法与媒介的电子极化率(α_0)有关，表达式为：

$$\frac{n^2-1}{n^2+2}=\frac{\alpha_0}{3\bar{v}\varepsilon_0} \tag{16.5}$$

式中，n 为 20℃钠-D 线 RI，ε_0 为真空状态的介电常数，$\bar{v}$为每个分子占据的体积。对于密度 ρ 分子量 M 的介体，

$$\bar{v}=\frac{M}{\rho N_0} \tag{16.6}$$

其中，N_0 代表 Avogadro 常数。因此，等式(16.5)可表示为：

$$\frac{n^2-1}{n^2+2}=\frac{\alpha_0\rho N_0}{3M\varepsilon_0} \tag{16.7}$$

在可见光波段范围内，n^2 约等于介电常数 ε。电子极化率 α_0 为分子的固有性质，其代表由于外部电场 E 在分子内电子云的位移而产生的诱导偶极矩的程度。式(16.7)的一般表达式为：

$$\frac{n^2-1}{n^2+2}=\frac{\rho}{M}R \tag{16.8}$$

式中，$R=\alpha_0N_0/(3\varepsilon_0)$，代表物质的摩尔折射率并独立于温度和压力。因此，对于纯物质，折射率是密度的函数。实验室测量结果表明，室温下式(16.7)对于非极性或极性分子是准确的[43]。

对于非极性物质，内聚能大致与$[(n^2-1)/(n^2+2)^{3/4}]^2$ 成比例。当$(n^2-1)/(n^2+2)$时，

δ与F_{RI}之间具有一个更加简单的经验关系，如图 16.2 所示[44]。对于非极性材料，在室温下利用等式(16.9)，RI 可转化为溶度参数，等式如下所示：

$$\delta(MPa^{1/2})=52.042F_{RI}+2.904 \quad (16.9)$$

估算液体混合物溶度参数的技术，如 STOs，其可高效测量 RI。Taylor 等[47]研究表明，利用稀溶液的外推测量值可估测重油的 RI。具有轻质组分混合物的 RI 值可由已公开摩尔折射率的成分计算而得[48]。如果已知气体组分，可由 STO 的 RI 计算得出活油的 RI，利用常规 RVT 测量的气-油比和体积系数是压力的函数。

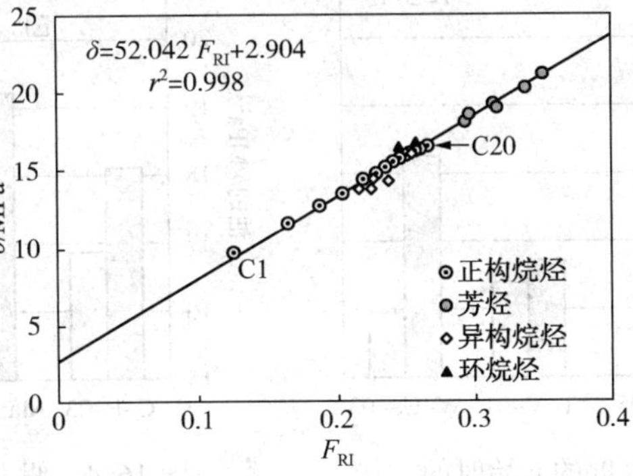

图 16.2　δ和F_{RI}之间的经验相关性(Buckley 和 Wang[44]之后)。

基于其部分摩尔体积计算甲烷、乙烷和丙烷的 RI[45]，其他数据来自 Barton[46]

16.1.6.5　“临界溶度参数”假设

如图 16.1 所示的是遵循线性趋势的实验结果，该结果来源于包括本实验室的多个实验室。实验观察结果是毋庸置疑的，线性关系的认定表明在沥青质絮凝初始阶段存在临界溶解度状态，并且稀释问题不会影响初始状态。

等式(16.4)表达了体积V_n与V_s之间的线性关系，可改写为：

$$V_n-SV_s-IV_o=0 \quad (16.10)$$

利用$V_t(V_t=V_o+V_s+V_n)$划分后表达式为：

$$V_n-SV_s-IV_o=0 \quad (16.11)$$

式中，ϕ_i为组分i的体积分数，并且

$$\phi_n+\phi_s+\phi_o=1 \quad (16.12)$$

根据等式(16.3)，初始条件的起始溶度参数为各组分溶度参数的体积-质量的平均值：

$$\delta_{起始}=\delta_n\phi_n+\delta_s\phi_s+\delta_o\phi_o \quad (16.13)$$

结合式(16.11)~式(16.13)生成等式为：

$$\delta_{起始}=C_1\phi_s+C_2 \quad (16.14a)$$

式中

$$C_1=\delta_s-\frac{1+S}{1+I}\delta_o+\frac{S-I}{1+I}\delta_n \quad (16.14b)$$

$$C_2=\frac{\delta_o+I\delta_n}{1+I} \quad (16.14c)$$

如等式(16.14)所示，除了当$C_1=0$的特殊情况时，所观察到的线性关系[等式(16.4)]并不意味$\delta_{起始}$为常数。$\delta_{起始}$是稀释度的函数；其随稀释可增长或降低且依靠符号C_1。值得注

意的是，$\delta_{起始}$取决于石油的溶度参数δ_0，必须独立测定。当甲苯未稀释（$\varphi_s=0$）时，如果δ_0已知则可由C_2计算得出$\delta_{起始}$。只有当设定等式（16.11）~式（16.13）中φ_o等于0（相当于极稀溶液）时，通过假设δ_{Cr}的存在以获得$\delta_{起始}$的减少[18,40]。利用上述两种方法所得的初始溶度参数之间差异的比较如图16.3所示，共选择5种可溶于甲苯不可溶于正庚烷的原油样品。在所有情况下，δ_{Cr}均低于$\delta_{起始}$。计算得到的石油溶度参数（$\delta_{o,Cr}$）与δ_{Cr}一致，且低于根据等式（16.9）的实测RI值估计的溶度参数（$\delta_{o,RI}$），如图16.4所示。

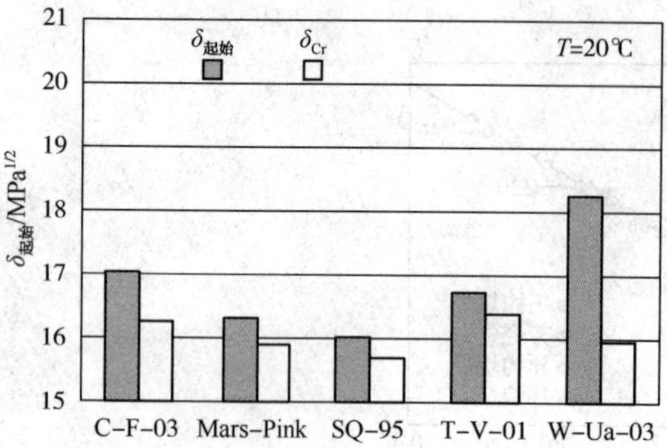

图16.3 假设在不同稀释度的起始时的恒定溶解度参数，导致油/甲苯/正庚烷混合物的起始条件（$\delta_{Cr}<\delta_{起始}$）的过度乐观估计

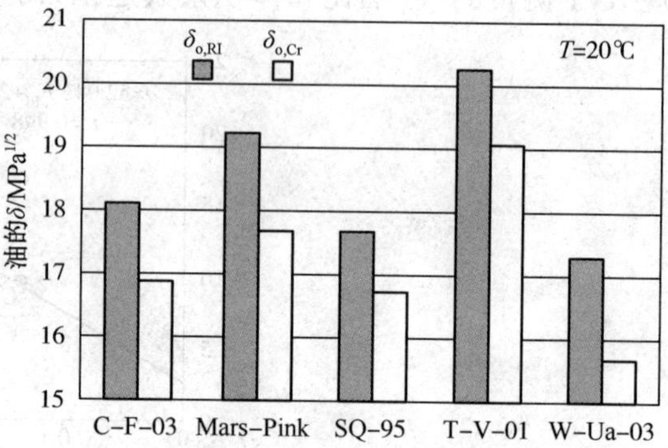

图16.4 假设在开始时具有不同稀释的恒定溶解度参数，导致油/甲苯/正庚烷混合物的油溶解度参数（$\delta_{o,Cr}<\delta_{o,RI}$）过低估计，其中$\delta_{o,Cr}$为根据RI测量计算假设的$\delta_{Cr}$和$\delta_{o,RI}$的常数值的溶度参数

附加实验证明，初始絮凝时的溶度参数（基于RI测量结果）由稀释物而变化显著[49,50]。如图16.5结果表明，初始溶度参数随甲苯稀释的增加而逐渐降低。

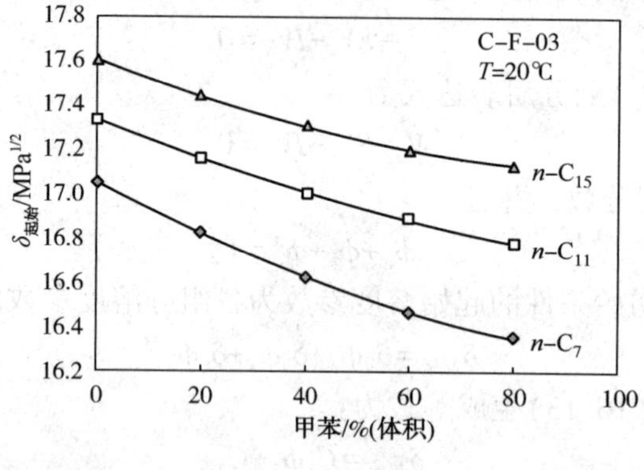

图16.5 起始溶解度参数（$\delta_{起始}$）随着向C-F-03STO、甲苯和三种非溶剂的混合物中添加甲苯而逐渐降低，在20℃下测试（注意：溶解度参数由RI的测量值计算，如前面部分所述）

16.1.6.6 EOS运算对溶度参数估计

尽管没有标准选择，但δ可由状态方程计算而得。在71℃测定由甲苯和正庚烷组成的C-R-00 STO初始混合物的实验值，由此可计算得出溶度参数。经相同油田的旧样品调整后，20℃下现存石油的PVT描述与STO密度相匹配。进行两种不同模拟。利用基于Chevron Peng Robinson的内部EOS模拟器计算来自偏差函数的溶度参数[51]。工业PVT模拟器[52]不

具有计算溶度参数程序，但可产生计算所需信息(见附录Ⅲ)。如图 16.6(左图)所示，在 71℃时根据甲苯与正庚烷的变化量测量 C-R-00 STO 混合物的初始体积。利用两种模拟器计算得到的各组分溶度参数如图 16.6(右图)所示。两种模拟器均证实 $\delta_{起始}$ 为不变量，但随稀释度而发生改变，这与之前报道的趋势一致[49]。

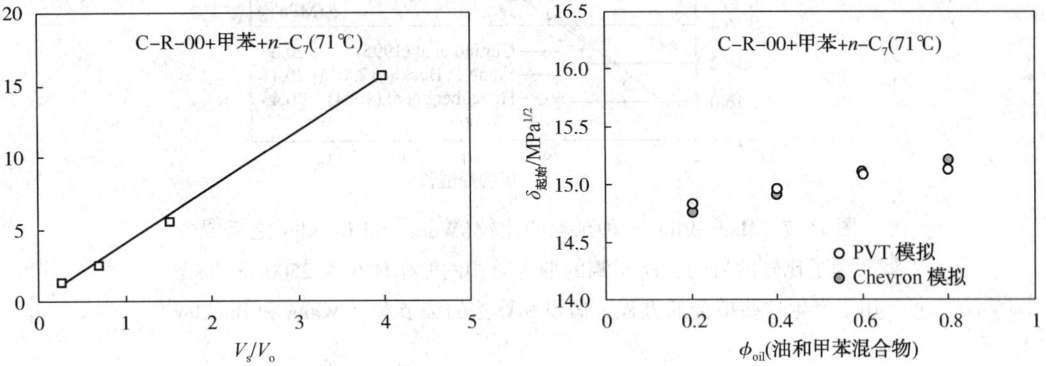

图 16.6　来自 C-R-00 STO 与甲苯和正庚烷的混合物，
实验开始观察的起始溶解度参数(如左图所示)的初始溶度参数(如右图所示)EOS 计算值

16.1.7　Flory - Huggins 预测：沥青质溶解度模型(ASM)

原则上，可以利用石油组分的组成物、溶度参数和摩尔体积，得到混合物的最小自由能状态[等式(16.1)]。然而，实际上 Flory - Huggins 模型应用于沥青质预测时还具有一些重要问题。最简单的方法是将原油作为两个拟组分的混合物处理，分别为含沥青组分的沥青质拟组分，以及包括其他成分(饱和烃、芳香烃和树脂)的石油拟组分。然而，沥青质不是一类定义明确的化学种类；文献中出现的分子量估计值变化范围广泛[19,53]。沥青质的摩尔体积、溶度参数和摩尔浓度是未知的，如果其能够测量，毫无疑问这将取决于分离过程中所采用的非溶剂。简化计算液-液相行为的假设具有重要的意义。因此，不难发现这种描述沥青质稳定性的方法与其一样。

有时利用不同的简化假设产生的结果也是不同的。Hirschberg[30] 等和 Boer[54] 等假定，在不稳定初始阶段形成的富含沥青相为“纯”沥青质并且该油在储层条件下被沥青质饱和[54]。Cimino[5] 等假定，溶剂相的沥青浓度为 0，且富含沥青相包含 80%沥青质和 20%油。Wang 和 Buckley[31] 未简化假设。相反，其利用沥青质溶解度模型(ASM)测量初始条件，采用 7 个 STOs 约束所选择的计算自由能曲线，这与实验上观察的初始条件十分一致。

图 16.7 表示为，Mars-Pink 原油的实验初始条件，利用正戊烷到正十五烷的非溶剂进行测定，并比较了三种 Flory - Huggins 方法的最适数据。这个及接下来的所有案例中，溶度参数均由测量的 RI 值计算而得。如之前所示[31]，就耦合变量 δ_a 和 v_a 而言 ASM 可产生一系列溶液。为了比较，设定所有情况下沥青相的摩尔体积为 2500cm^3/mol，基于最近对沥青质分子量的测量，该数值可代表 3～5 个沥青质分子的聚合体[53]。根据非溶剂碳链长度，Hirschberg 模型不能得到正确的初始溶度参数斜率；可改变沥青质溶解度参数(δ_a)以允许预测曲线匹配不同的数据点，但是斜率保持太小以至于不能匹配多个测量值。另外两种模型能够与实验数据相适应。

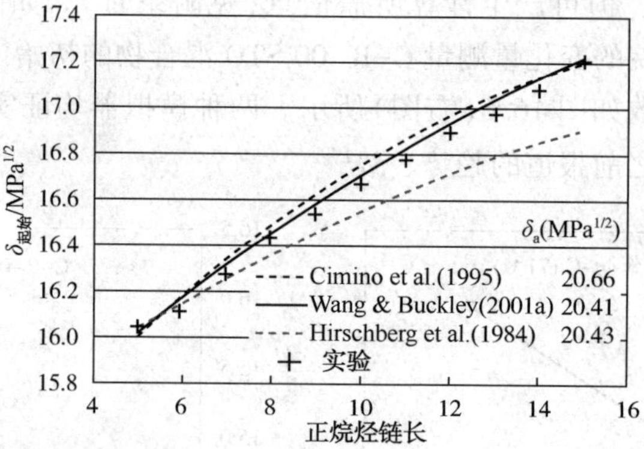

图 16.7 Mars-Pink 三种预测的比较(Wang and Buckley 之后[31])。
为了比较的目的，所预测的沥青质相的摩尔体积为 2500cm³/mol。
用于产生这些拟合的方程，假设和算法的细节参见 Wang 和 Buckley[31]

16.2 沥青质不稳定趋势(ASIST)

16.2.1 正烷烃滴定法对 ASIST 的建立

初始时的溶解度条件，随着用于使沥青质不稳定的非溶剂中正烷烃链中的碳数目呈线性变化，如图 16.7 所示。结果表明，在非溶剂的摩尔体积与初始溶解度情况之间具有更加简单的关系。图 16.8 的 Mars-Pink 数据显示，重建 $v_p^{1/2}$ 函数，其中 v_p 为正构烷烃沉淀剂的摩尔体积。实验上的溶度参数与 $v_p^{1/2}$ 呈线性趋势，定义了这一十分有用的关系，称沥青质不稳定趋势(ASIST)。利用少于两种正构烷烃滴定可测定 ASIST，尽管测量至少 3 个点时才更加可靠，包括液体正构烷烃趋势，因此，可检测到可能由实验不确定性导致的与线性的偏差。迄今为止，已确立了 40 多种原油样品的直线 ASIST 关系。各温度下原油性能及 ASIST 参数见附录Ⅳ。

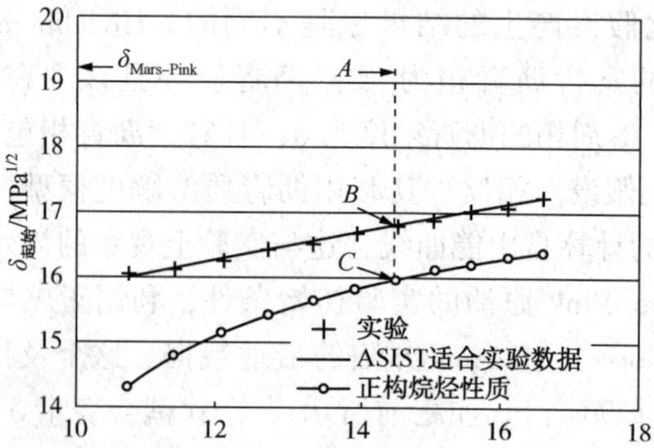

图 16.8 由正链烷烃非溶剂的 $\delta_{起始}$ vs. $v_p^{1/2}$ 定义的线形沥青质稳定性趋势(ASIST)，用于 20℃下正戊烷到正十五烷烃的 Mars-Pink STO 和正烷烃的数据。实验起始溶解度参数是 $v_p^{1/2}$ 的线性函数，其中 v_p 是正烷烃非溶剂的摩尔体积。体积数据可使用公式(16.3)从起始曲线图中提取，以及 STO 和正烷烃的已知 δ 值。如，用常规正十一烷滴定 Mars-Pink 中，在开始加入的 n-C_{11} 的体积分数与线段 AB/AC 的长度的比成比例；在开始混合物中的 Mars-Pink STO 的体积分数，由 BC/AC 给出

ASIST主要是对沥青质稳定性部分的测量，由于沥青质自身的化学性能。取决于剩余油中溶剂性能的稳定性与该油溶度参数有关。对于同一分子量，饱和烃的RI较低而芳香烃较高；树脂和沥青质较饱和烃或芳香烃组分，其分子量及RI均较高。整体沥青质稳定性，取决于起始条件下油和油-沉淀剂的溶度参数与非溶剂的摩尔体积之间的差异。

通过比较$\delta_{起始}$值与已知$v_p^{1/2}$值可对沥青质进行排序。高$\delta_{起始}$值与不稳定的沥青质一致。在20℃和60℃下的最高至最低y轴截距的样本，其测量的趋势范围如图16.9所示(来自表A-IV-2数据)。

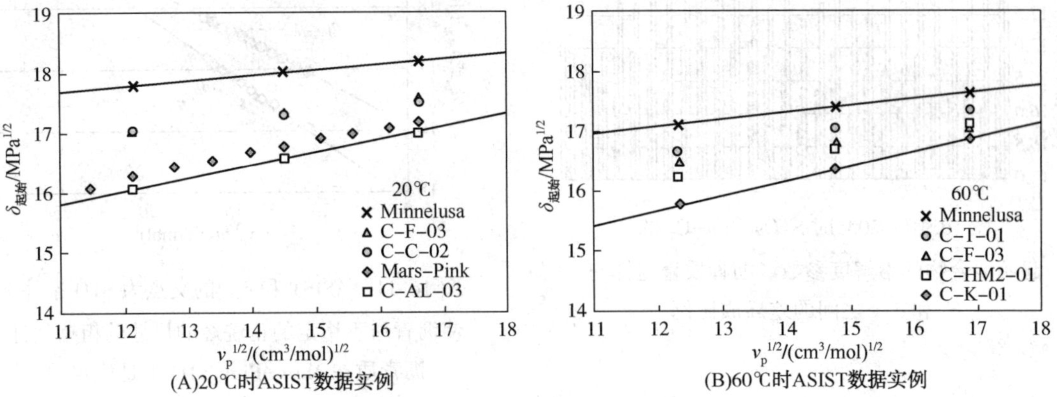

图16.9　通过样品说明对于不同油观察到的ASIST关系范围，
其中y截距代表迄今为止测量的最小值和最大值，以及在(A)20℃和(B)60℃的几个中间实施例。
一般来说，具有较高y截距的样品具有较低的斜率

石油溶度参数有助于了解沥青质的稳定性。可利用SARA分析估测石油溶度参数[55]。由于RI的相对贡献，因此各化学分组的溶度参数近似于常数。总的来说，通过比较母油溶度参数的初始条件可评估沥青质的稳定性。如图16.10所示为27种不同的STO样品，最稳定样品(左侧)具有高δ_o且低$\delta_{起始}$值，相反，最不稳定样品(右侧)具有低δ_o且高$\delta_{起始}$值。然而，在两个极端值之间样品的趋势并不明显。如，$\delta_o=17.6\text{MPa}^{1/2}$的油较$\delta_o=18.6\text{MPa}^{1/2}$油更加稳定，由于后者含沥青质而不稳定，如$n-C_7\delta_{起始}$值所示(分别为$16\text{MPa}^{1/2}$和$17.8\text{MPa}^{1/2}$)。

大多数情况下，STO的溶度参数高于n-C_7沥青质絮凝产物的初始溶解度状态，如图16.10所示。然而，STO样品中经常可检测到沥青质絮体。ASIST与某一特殊STO的溶度参数相交处溶度参数可解释该检测结果，如图16.11所示的两种原油。尽管n-C_7沥青质的$\delta_{起始}$低于$\delta_{\text{Lagravve STO}}$，只有稍微大的正烷烃(仅含12~13碳的碳链)可使沥青质失稳，事实上，Lagrave STO可观察到沥青质。Mars-Pink状态具有差异：$\delta_{\text{Mars-Pink STO}}$大于其$n$-$C_7$沥青质的$\delta_{起始}$。实际上，Mars-Pink的ASIST预测，大于46 C的正烷烃(基于Mars-Pink的δ_{oil}与ASIST交集的v_p值)才能使沥青质失稳，样品只可代表任一原油中的极低浓度。Wang和Buckley[49]报道显示，δ_{STO}与ASIST相交且摩尔体积大于28C的大多数油在STO中不含有沥青质，然而，在STO样品中许多27C或低碳相交样品至少具有少量的絮凝沥青质。

ASIST可预测正烷烃沥青质的初始条件。任意两种正构烷烃的初始测量与其他值之间的

线性插值，均位于正构烷烃中间。基于正构烷烃混合物的平均摩尔体积，可估测代表两种或更多正构烷烃混合物的稳定性。更加有趣的应用是，利用外推法预测低分子量线型烷烃的效应，由于其处于气体环境而极难观察。由于活油的轻馏分含有大量气体物质，与其初始状态相关的性能以及 ASIST 对液态烷烃测量具有巨大的潜力。

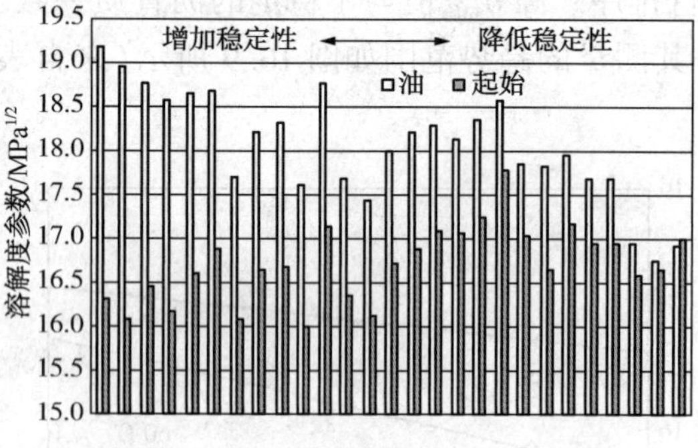

图 16.10　20℃时 STOs 和 n-C_7 的起始混合物的溶解度参数。沥青质稳定性与 δ_o 和 $\delta_{起始}$ 之间的差异成比例

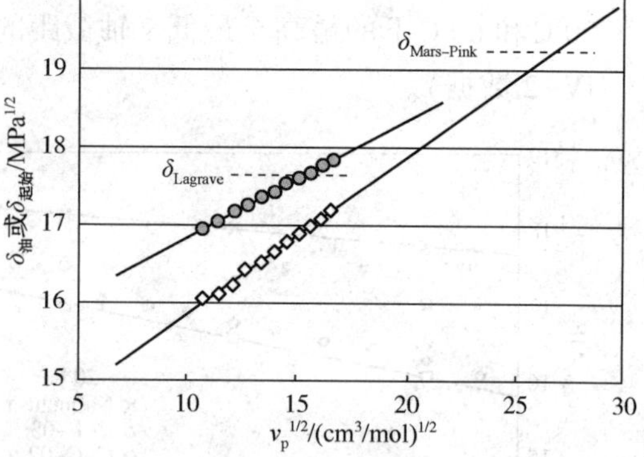

图 16.11　ASIST 和 δ_{STO} 的交点为 STO 条件下使沥青质不稳定的正烷烃的尺寸的粗略估计。沥青质在 Mars-Pink STO 中是稳定的，但在 Lagrave STO 中有絮凝的沥青质

16.2.2　ASIST 对起始压力的预测

在活油中，含甲烷沥青质与其他轻质、饱和烷烃组分的不相容性引起沥青质沉淀。在减压过程中，活油混合物的溶度参数随密度的降低而降低，直至达到泡点压力。因此，在多数情况下，活油溶度参数可降低至沥青质不稳定趋势以下，且沥青质开始絮凝。Wang 和 Buckley[48] 详细描述了如何推断液体烷烃滴定实验结果，进而估测活油减压过程中的起始压力。关键的假设为 ASIST 下的外推法，正如液体烷烃滴定法所确立。以模型石油为底物，利用 Ting[56] 的减压起始结果检测该假设，由溶于甲苯的沥青质组成并加入不同量的甲烷。图 16.12 所示为液体滴定法结果，推测了沥青质溶液中甲烷的偏摩尔体积。实验及预测的起始压力结果如图 16.13 所示。起始压力取决于溶入模型石油中的甲烷量。匹配结果显示，与测量的起始压力有偏差，但可准确预测溶入甲烷量起始压力的趋势。该结果在支持假说上提供了强有力的证据，甲烷通过与庚烷和其他液体烷烃相同的机理沉淀沥青质。

当油藏压力降低，流体性质以影响沥青质稳定性的方式变化。当石油从油藏压力降低至泡点压力，摩尔质量分量为常量，但石油整体密度降低且体积分量改变。C_6^- 组分占据的体积比 C_7^+ 组分更快增长的更快，其由石油的不可压缩组分组成。无论由于沥青稳定性而变得不稳定的沥青质，石油的溶剂性能是压力的函数。沥青质的初始条件（$\delta_{起始}$）可根据滴定结果、轻馏分组成和石油的传统 PVT 描述进行评估。活油的溶剂性能（$\delta_{活油}$）可根据 STO 的 RI 测量和活油的 PVT 描述进行估测。通过比较 $\delta_{起始}$ 和 $\delta_{活油}$，可根据与压力的函数来预测沥青质的稳定性。活油减压计算以及提升气体和 CO_2 注入效应预测的案例近来已被发表[57]。在高温高压和实际结果下，利用固体检测系统（SDS）得到的初始测量值表示了两者的对比。

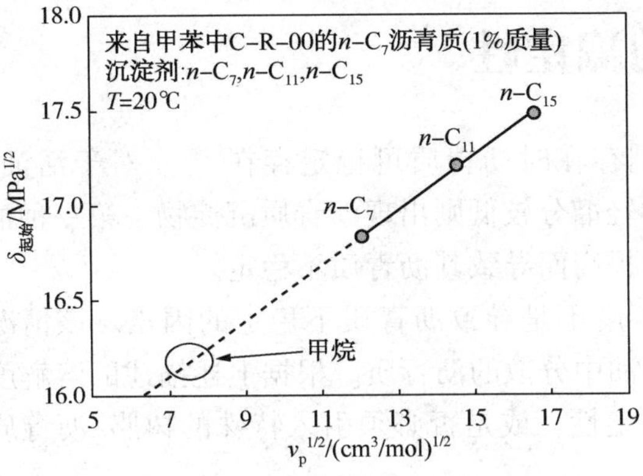

图 16.12 来自溶于甲苯的 C-R-00 STO 中 1%n-C_7 沥青质的混合物的初始表征。所示为甲烷的部分摩尔体积的大致范围，其为压力、温度和组分的函数

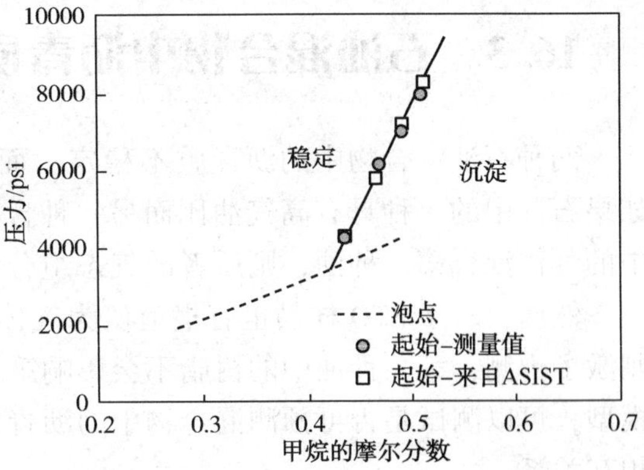

图 16.13 来自 C-R-00 STO、甲苯和甲烷的一系列 n-C_7 沥青质混合物的实验和预测的起始压力。[来自 Ting 的实验数据[56]，利用位于埃德蒙顿(现在是斯伦贝谢)的 DBR 的固体检测系统测量]

注：1psi = 6895Pa

某活油减压的初始压力($p_{起始}$)预测，如图 16.14 所示。石油 C-AG3-02 为轻质油，且在减压至约泡点值时沥青质沉淀中 n-C_7 沥青质含量低于 0.5%。基于 20℃的滴定结果，预测油藏温度下的初始压力约为 8500psi(如图 16.14 中 $\delta_{活油}$ 曲线与 $\delta_{起始}$ 曲线交叉时的压力)。叠加的 SDS 线段(图 16.14 虚线部分)显示，在 2500psi 时出现急剧下降，这相当于泡点。在 SDS 线段上开始偏离线性趋势(在该情况下大约为 6500psi)的点通常被认为是沥青质的初始压力。两种技术之间具有多种差异，包括检测方法、实验周期、温度效应(影响 ASIST 数据的推断)和解释 SDS 痕迹的困难，这些可很好地说明两种评估方法之间的不同。任何一种方法均不能预估初始压力的精确测定。与此同时，这两种方法可提供一系列压力值，超过该值则会出现沥青质不稳定形态。关于利用 ASIST 数据预测 $p_{起始}$ 的细节补充见附录 V。

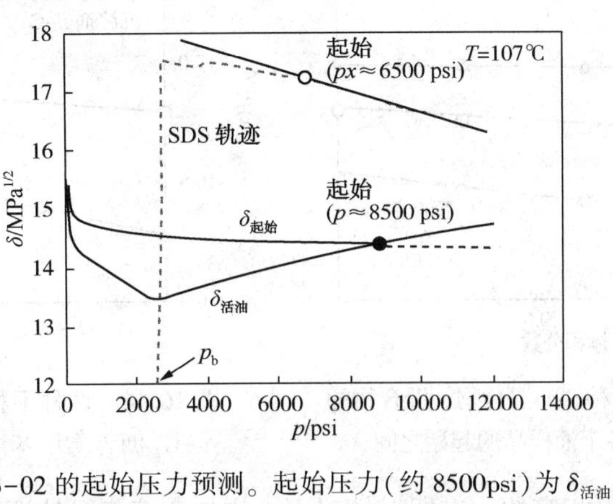

图 16.14 油 C-AG3-02 的起始压力预测。起始压力(约 8500psi)为 $\delta_{活油}$ 下降至低于 $\delta_{起始}$ 的最高压力。在约 6500psi 下 SDS 痕量(来自 DBR)偏离线性趋势，给出了更加乐观的沥青质稳定性的估计

注：1psi = 6895Pa

16.3 石油混合物中沥青质的稳定性

两种石油混合物中的沥青质不稳定，而分别存在时沥青质可稳定存在[18]。对于活油，如果石油中的一种具有高气油比而另一种含有的轻馏分较低则出现沥青质沉淀物。第一种油中的气体混合第二种油，则后者的气态组分浓度提高而导致其沥青质不稳定。

然而，对于 STO 样品也有报道认为气体的溶解不是导致沥青质不稳定的因素。该情况刺激了推测，第一种油中的树脂不会影响第二种油中分散的沥青质。根据上述描述的溶解度模型，可以测试是否可预测混合物中的沥青质稳定性，或是否必须引入特殊的树脂/沥青质相互关系。

ASIST 关系不能提供关于沥青质稳定性的可靠预测，由于 STO 混合物中的主要的非溶剂不是正烷烃。相反，沥青质溶度模型(ASM)，包括沥青质和非沥青质组分的溶度参数和摩尔体积，根据两种不同石油的性能可计算混合物的自由能且可预测混合物中单独沥青质相态的出现。图 16.15 显示的是，来自含 n-C_7、n-C_{11} 和 n-C_{15} 的同一平台的两种石油的滴定实验初始数据。任意两种油组成的三种混合物具有的初始性能为未混合石油端点的中间值，几乎位于直线的端点处。如图所示，上述结果与 ASM 结果一致。值得注意的是，含有三种正烷烃的所有混合物的滴定结果均能利用 ASM 表示，只要为每一种石油找到合适的参数(沥青质溶度参数。)

不需要特殊的相互作用解释这些观察结果，但由于石油可能具有共同的来源而不能利用这些结果进行消除。然而，完全不同来源的两种石油混合物，当利用 n-C_7 进行滴定可得到相似的结果，如图 16.16 所示。在这种情况下，无论是实验结果还是 ASM 计算的混合物初始值均略低于连接端点的直线。显示了 n-C_7 沥青质的另一组数据，分离自相同的两种油，溶解于甲苯且 1%质量比。值得注意的是，与 STO 样品中沥青质相比，n-C_7 沥青质与另一种更加相似。需要无特殊相互关系解释这些结果，尽管油是完全不相关的。

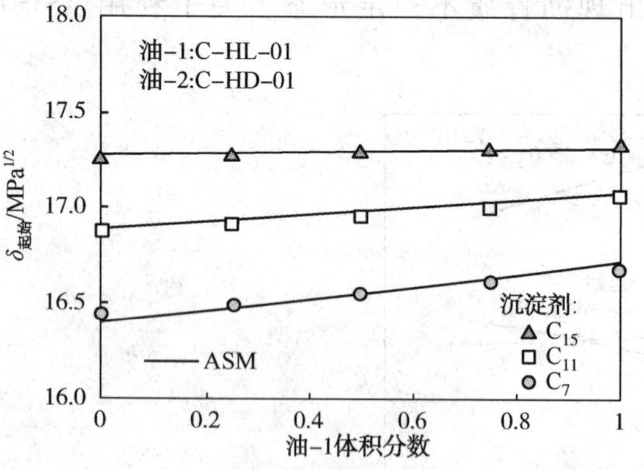

图 16.15 来自相同平台的两种油的混合物。混合物的沥青质不稳定性发生在各个油样品的起始之间

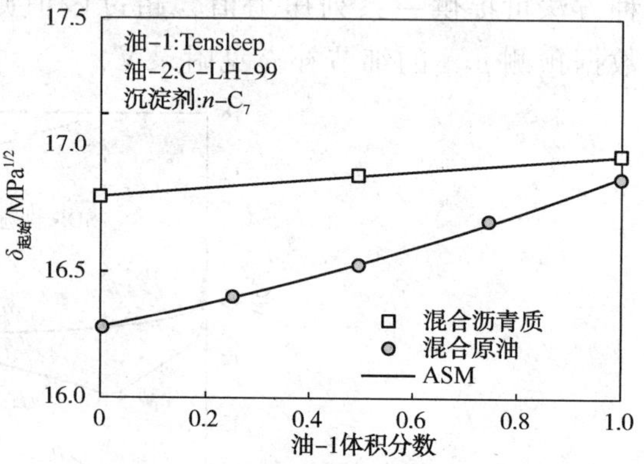

图 16.16 两种不相关的油的混合物以及其 n-C_7 沥青质甲苯溶液(1%质量)的混合物

上述样品的混合物是相容的，在所有情况下，添加非溶剂可使沥青质不稳定。正如这些案例，如果沥青质稳定性总是在母油稳定性之间起媒介作用，很难想象不可预测的不相容性会怎样发生。然而，石油具有相似数量的沥青质这一特殊情况(C-HD-01 含 2.7%，C-HL-01 含

2.3%，Tensleep 含 3.2%和 C-LH-99 含 2.8%的 $n-C_7$ 沥青质；甲苯中沥青质溶液均含 1%沥青质）。含有十分不同沥青质组分的石油混合物表现出差异性，由于混合物溶度参数改变了混合石油体积分数的直线型[式(16.3)]，但沥青质性能由含大量沥青质的石油控制。由另一个案例阐述(图 16.17)。如之前案例，两种石油(C-F-03 和 E-1XO-00)来自不同的地理位置。然而，在这种情况下，石油具有明显不同的沥青质组成($n-C_7$ 沥青质：C-F-03 含 6.0%和 E-1XO-00 含 0.8%)。实验测量和 ASM 预测(利用每一石油的 $\delta_{沥青质}$ 值与不添加适宜参数的实验数据进行匹配)均证实了两种石油混合物初始条件具有非线性插值。

在上述案例中，所有石油混合物均具有相容性，由于石油混合物的溶度参数($\delta_{混合物}$)高于初始条件($\delta_{起始}$)，且需添加沉淀剂而达到初始条件。然而，可能会出现一些状况，如果每种油的溶度参数仅仅高于其沥青质初始条件，当具有明显不同沥青质组成的两种稳定石油变得不相容。可利用 ASM 探索沥青质稳定性怎样影响石油混合物。图 16.18 所示为三种不同案例中的沥青质初始条件。连接油 1 和油 2 初始点的直线是由假设两种油具有等量的沥青质计算得到。对于两条曲线，油-2 与油-1 中沥青质数量减少至 1/3 和 1/10，沥青质或石油性能方面没有任何改变。当油-2 中沥青质数量降低，由油-1 沥青质主导的沥青质性能逐渐加强。当油-2 中沥青质数量为油-1 的 1/10 时，ASM 预测的混合物初始线穿过混合时候的溶度参数线；认为 $\delta_{起始}$ 大于 $\delta_{混合物}$ 的混合物中存在不稳定的沥青质。变化石油的摩尔体积也可预测相似的失稳效应。

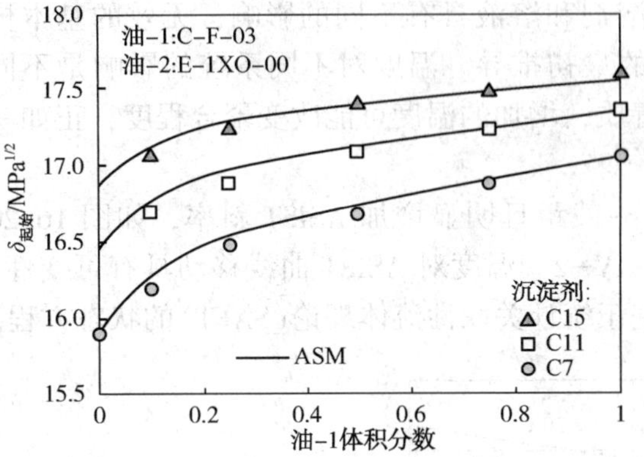

图 16.17　含不同量沥青质油的混合物($n-C_7$ 沥青质：C-F-03 为 6.0%，E-1XO-00 为 0.8%)

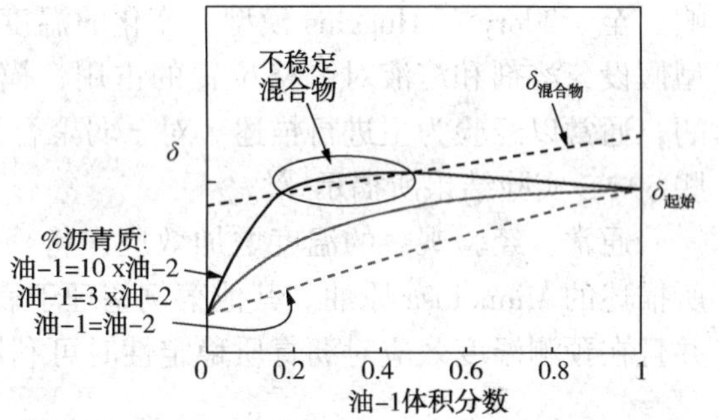

图 16.18　含不同量沥青质油的假定混合物。不对称混合物是不稳定的，即一种油所含沥青质的量高于另一种油

沥青油(C-F-03)和浓缩物(C-Br-01)形成不稳定混合物中的沥青质稳定性，如图 16.19 所示。不添加任何非溶剂时，多于 65%浓缩物的混合物是不稳定的。低于 65%浓缩物的混合体可进行滴定进而确定混合物的初始条件。沥青质絮凝体对应浓缩物和正烷烃的混合物，因此，所有三条正烷烃曲线均汇集于一点，该点单独浓缩物可引起不稳定。如在相容油的情况下，混合物的沥青质稳定性可通过沥青油和浓缩物的性质由 ASM 进行预测。

16.4　存在问题

简单的双组分热力学方法，利用溶度参数和摩尔体积描述石油中沥青质和非沥青质组分，在复制最不稳定沥青质稳定方面具有显著作用。然而，这样简单的模型并不能捕获沥青质相态行为方面的信息。具有一些重要且突出的问题，包括温度怎样影响沥青质的相态行为，在溶解度条件下生成多少沥青质沉淀，在油藏、生产设备、管道和炼油厂中什么会影响沥青质稳定性。

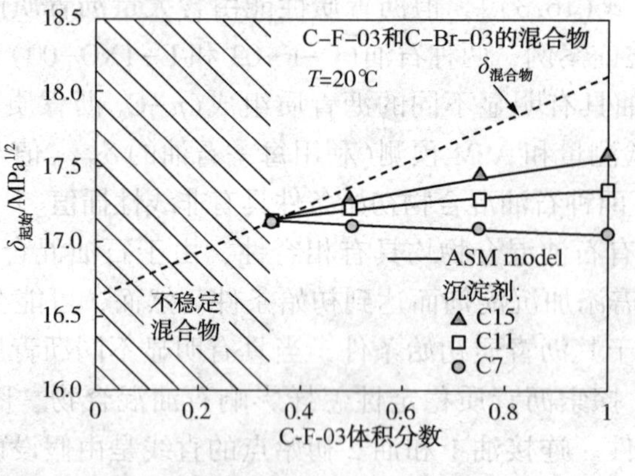

图 16.19 如果冷凝物的量超过 65%，沥青油(C-F-03)与冷凝物(C-Br-01)的混合物是不稳定的。ASM 预测了观察到的稳定混合物的起始条件

16.4.1 ASIST 中温度的影响

目前，没有理论(包括 Flory - Huggins)能够预测变化的温度对优先聚合物稳定性的影响。至于 Flory - Huggins 模型，变化的温度对溶剂和溶液具有不同的影响，无效的基本模型假设，溶剂和溶液对晶格位置的占用，模型的最初推导。温度对不同系统的影响是不同的，通常以经验为主进行描述。对于弱聚合沥青质，增加的温度可能改变聚合程度，正如一些 SANS 实验结果所揭示[58]。

通常，经验观察的温度增加效应，将降低 γ-截距且明显增加 ASIST 斜率，如图 16.20 所描述的 Minnelusa 原油。其他案例整理于表 A-IV-2。温度对 ASIST 曲线移动具有可变性，并且在预测温度效应对沥青质稳定性时可利用基于统计关联性流体理论(SAFT)的状态方程。

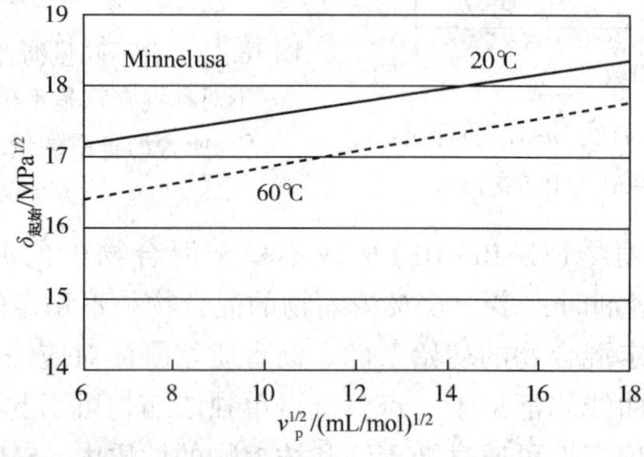

图 16.20 提高温度会降低 γ-截距溶解度参数。ASIST 斜率通常随着温度的升高而略微增加

16.4.2 沥青质的多分散性及数量

采用 Flory - Huggins 方法进行讨论的沥青质相态行为热力学模型，其受到两种拟组分的限制，考虑到原油及其沥青质组分的真实复杂性并进行十分严格的简单化。最少的表征数据和适宜的参数可成功描述沥青质不稳定性的初始条件，但不可预测在任何溶解度条件下均

可分离的沥青质数量，这是由于需要更多关于材料性能分布规律的信息。Correra 和 Donaggio[60]以及 Alboudwarej 等[61]报道了利用更加广泛特征描述的模型。同时，SAFT 在处理多分散沥青质系统方面逐步发展并成熟[56,59]。发展的模型能够逐步提高对沥青质数量的预测，且超出初始的不稳定而根据溶解度条件分离。

16.4.3 润湿、沉积物和共同沉淀

量化沥青质稳定性是系统研究沥青质相关现象的第一步。如之前的报道显示，沥青质效应对润湿性的改变随其稳定性而变化[11]。相似地，絮凝过程中毛细管中会产生沉积物[6]。

在"精炼"沥青质方面已做了诸多工作，去除共沉淀或共沉积物并不能符合溶解度标准，定义的沥青质不溶于正庚烷而溶于甲苯。如此做，可能会忽略沥青质、蜡状物之间重要的相互关系，其他物质倾向于形成富集沥青质相，可能扩大不稳定沥青质的影响。对实际石油中沥青质的全部相态行为的研究仍需大量的研究工作，而不是沥青质从石油系统的残余物中分离出来这一问题。

16.4.4 模型系统和标准

利用模型系统可能有最好的解决问题，如果模型与现实情况在本质上具有差异则可能会发生误差。对于原油中的沥青质，其中包含了多种化学物质的复杂混合物。溶于甲苯和庚烷混合物中的分离沥青质仍保留沥青组分的一些复杂性，但失去石油中非沥青组分的所有复杂性。图 16.16 明显揭示了，母油中沥青质稳定性与利用正庚烷沉淀物提取出的沥青质稳定性之间的差异。不溶于甲苯的分离沥青质稳定性差于 STOs 中的相同沥青。推测得出，在 STO 中未与 n-C_7 沥青质分离的柏油和树脂物质有助于 n-C_7 沥青质的稳定性。就稳定性而言，来自两种石油的分离沥青质之间较与其在母油中的沥青质之间的相似性更加显著。

另一种方法，利用个体模型化合物，其有助于解决有关似沥青质分子之间的问题，但不能用于原油复杂环境的研究，前提条件是选择正确的模型且回答正确的问题。

16.5 结论

尽管沥青质由种类极其复杂的混合物组成且以化学方法无法明确定义，其相态行为的一些方面可利用直接热力学模型进行描述，考虑到溶液与溶剂组分之间尺寸大小的不同进而建立模型。热力学描述上把出现的最不溶沥青质作为分离相，其可利用光学显微镜进行检测。

不同实验室的观察结果之间差异具有多种原因。其中最重要的原因有样品之间本质上的差异，以及实验上的细节问题包括检测灵敏度和与沥青质絮凝动力学相比的实验持续时间，其中，靠近沥青质不稳定性的初始条件时用时最长。

对初始条件的溶度参数及实验中稀溶液原油的检测是不可能的；初始条件的溶度参数为变量，但随稀释度变化。原油溶度参数的独立测量对初始实验数据的解释具有重要意义。

由于大多数原油为非极性，且初始不稳定时沥青质颗粒之间的相互关系主要为非极性范德瓦尔斯相互关系，可利用折射率估测石油及初始溶度参数。

初始溶度参数与正烷烃非溶剂摩尔体积平方根之间的线性关系可由实验证明和热力学上的预测。称该线性关系为沥青质不稳定趋势或 ASIST，且已报道了多于 40 个石油样品的数值。

利用 ASIST 预测活体减压过程中沥青质的初始压力，已有模型流体和活石油进行验证。

未混合石油的沥青质稳定性可预测混合物种的沥青稳定性。即使两种母油中的沥青质均稳定的情况仍可预测其不稳定性。需要引入与其他原油组分无特殊的相互关系的组分(如树脂)对沥青质稳定性进行解释。

致谢

感谢 NPTO(美国 DOE)、Chevron 和 Deepstar Consortium 的支持，以及其莱斯大学的合作伙伴(George Hirasaki、Walter Chapman、David Ting 和 Doris Gonzales)和 Oilphase-DBR(斯伦贝谢公司某部门)在讨论、数据和仪器上的帮助。同时，感谢 Oliver Mullins 对本章所做的贡献。

参 考 文 献

[1] Oliensis, G. L. (1933). In: ASTM, Proceedings. of the 36th Annual Meeting, Chicago 33, Part II, p. 715.
[2] Mullins, O. C. (2004). In: 5th International Conference on Petroleum Phase Behaviour and Fouling, Banff.
[3] Haskett, C. E. and M. Tartera(1965). J. Petrol. Technol. 17, 387.
[4] Tuttle, R. N. (1983). J. Petrol. Technol. 35, 1192.
[5] Cimino, R., S. Correra, A. Del Bianco, and T. P. Lockhart(1995). In: E. Y. Sheu and O. C. Mullins(eds.), Asphaltenes: Fundamentals and Applications. Plenum, New York, p. 97.
[6] Wang, J. X., J. S. Buckley, and J. L. Creek(2004). J. Disp. Sci. Tech. 25, 287.
[7] Førdedal, H., Ø. Midttun, J. Sjöblom, O. M. Kvalheim, Y. Schildberg, and J. -L Volle(1996). J. Coll. Interface Sci. 182, 117.
[8] McLean, J. D. and P. K. Kilpatrick(1997). J. Colloid Interface Sci. 196, 23.
[9] Silverman, L. D., S. Winkler, J. A. Tiethof, and A. Witoshkin(1986). In: NPRA Annual Meeting, Los Angeles.
[10] Asomaning, S. and A. P. Watkinson(1999). In: T. R. Bott(ed.), Understanding Heat Exchanger Fouling and its Mitigation. Begell House, New York, p. 283.
[11] Al-Maamari, R. S. H. and J. S. Buckley(2003). SPE REE 6(4), 210.
[12] Hotier, G. and M. Robin(1983). Revue de l'IFP 38, 101.
[13] Fotland, P., H. Anfindsen, and F. H. Fadnes(1993). Fluid Phase Equilibria 82, 157.
[14] amaluddin, A. K. M., N. Joshi, M. T. Joseph, D. D'Cruz, B. Ross, and J. Creek et al. (2000). Paper # 2000 - 68. In: Canadian International Petroleum Conferences.
[15] Escobedo, J. and G. A. Mansoori(1995). SPE Prod Fac. 10(2), 115.
[16] Correra, S., F. Capuano, and N. Panariti(2004). In: 5th International Conference on Petroleum Phase Behaviour and Fouling, Banff.
[17] Yudin, I. K., G. L. Nikolaenko, E. E. Gorodetsky, V. I. Kosov, V. R. Melikyan, and E. L. Markhashov et al. (1998). J. Pet. Sci. Eng. 20, 297.
[18] Wiehe, I. A. and R. J. Kennedy(2000). Energy Fuels 14, 56.
[19] Speight, J. G., D. L. Wernick, K. A. Gould, R. E. Overfield, B. M. L. Rao, and D. W. Savage(1985). Revue de l' IFP 40, 51.
[20] Altgelt, K. H. and M. M. Boduszynski(1994). Composition and Analysis of Heavy Petroleum Fractions. Marcel Dekker, New York.
[21] Andersen, S. I., A. Keul, and E. Stenby(1997). Petrol. Sci. Technol. 16, 611.
[22] Ravey, J. C., G. Decouret, and D. Espinat(1988). Fuel 67, 1560.
[23] Tanaka, R., E. Sato, J. E. Hunt, R. E. Winans, S. Sato, and T. Takanohashi(2004). Energy Fuels 18, 1118.
[24] Maham, Y., M. Chodakowski, X. Zhang, and J. M. Shaw(2004). In: 5th International Conference on Petroleum Phase Behaviour and Fouling, Banff.
[25] Sirota, E. B. (2004). In: 5th International Conference on Petroleum Phase Behaviour and Fouling, Banff.
[26] Nellensteyn, F. I. (1924). J. Inst. Petrol. Technol. 10, 211.
[27] Nellensteyn, F. I. (1938). In: A. E. Dunstan(ed.)The Science of Petroleum, Vol. 4. Oxford University Press, London, p. 2760.
[28] Pfeiffer, J. P. and R. N. Saal(1940). J. Phys. Chem. 44, 139.
[29] Andersen, S. I. and K. S. Birdi(1991). J. Colloid Interface Sci. 142, 497.
[30] Hirschberg, A., L. N. J. deJong, B. A. Schipper, and J. G. Meijer(1984). SPEJ 24, 283.
[31] Wang, J. X. and J. S. Buckley(2001). Energy Fuels 15, 1004.
[32] Hildebrand, J. H., J. M. Prausnitz, and R. L. Scott(1970). Regular and Related Solutions—The Solubility of Gases, Liquids, and Solids. Van Nostrand Reinhold, New York.
[33] Mitchell, D. L. and J. G. Speight(1973). Fuel 52, 149.
[34] Burke, N. E., R. D. Hobbs, and S. F. Kashou, (1990). J. Petrol. Tech. 1440.
[35] Wiehe, I. A. (1996). Fuel Sci. Tech. Int. 14, 289.
[36] Wiehe, I. A. (1995). Ind. Eng. Chem. Res. 34, 661. Solubility of the Least-Soluble Asphaltenes 429
[37] Mertens, E. W. (Dec. 1960). Predicting weatherability of coating grade asphalts from asphaltene characteristics. ASTM Bulletin (TP 218 - 222), 40 - 44.
[38] Waxman, M. H., C. T. Deeds, and P. J. Closmann(1980). SPE 9510, ATCE, Dallas.
[39] Reichert, C., B. J. Fuhr, and L. L. Klein(Sept. - Oct. 1986). Measurement of asphaltene flocculation in bitumen solutions. J. Cnd. Pet. Tech., 33 - 37.
[40] Andersen, S. I. (1999). Energy Fuels 13, 315.

[41] Donaggio, F., S. Correra, and T. P. Lockhart(2001). Petrol. Sci. Technol. 19, 129.
[42] Buckley, J. S., G. J. Hirasaki, Y. Liu, S. Von Drasek, J. X. Wang, and B. S. Gill, (1998). Petrol. Sci. Technol. 16, 251.
[43] Israelachvili, J. N. (1991). Intermolecular and Surface Forces, 2nd edn. Academic Press, San Diego.
[44] Buckley, J. S. and J. X. Wang(2002). J. Pet. Sci. Eng. 33, 195.
[45] Prausnitz, J. M. and F. H. Shair(1961). Am. Inst. Chem. Eng. J. 7, 682.
[46] Barton, A. F. M. (1991). CRC Handbook of Solubility Parameters and Other Cohesion Parameters, 2nd edn. CRC Press, Boca Raton, FL.
[47] Taylor, S. D., J. Czarnecki, and J. Masliyah(2001). Fuel 80, 2013.
[48] Wang, J. X. and J. S. Buckley(2001). In: SPE 64994, Oilfield Chem. Symposium, Houston.
[49] Wang, J. X. and J. S. Buckley(2003). Energy Fuels 17, 1445.
[50] Wang, J. X., J. S. Buckley, and J. L. Creek (2004). In: 5th International Conference on Petroleum Phase Behaviour and Fouling, Banff.
[51] Reid, R. C., J. M. Prausnitz, and T. K. Sherwood (1977). The Properties of Gases and Liquids, 3rd edn., McGraw Hill, New York.
[52] PVTSim(Ver. 11)(2002). Calsep.
[53] Groenzin, H. and O. C. Mullins(2000). Energy Fuels 14, 677.
[54] de Boer, R. B., K. Leerlooyer, M. R. P. Eigner, and A. R. D. van Bergen(1995). SPE Prod. Fac. 10(1), 55.
[55] Fan, T., J. X. Wang, and J. S. Buckley(2002). In: SPE 75228, SPE/DOE IOR Symposium, Tulsa.
[56] Ting, P. D. (2003). PhD Thesis, Rice University, Houston.
[57] Wang, J. X., J. S. Buckley, N. E. Burke, and J. L. Creek(2004). SPE Prod Fac. 19, 152.
[58] Thiyagarajan, P., J. E. Hunt, R. E. Winans, K. B. Anderson, and T. Miller(1995). Energy Fuels 9, 829.
[59] Gonzalez, D. L., D. P. Ting, G. J. Hirasaki, and W. G. Chapman (2004). In: 5th International Conference on Petroleum Phase Behaviour and Fouling, Banff.
[60] Correra, S. and F. Donaggio(2000). In: SPE 58724, Int. Symp. on Formation Damage, Lafayette.
[61] Alboudwarej, H., K. Akbarzadeh, J. Beck, W. Y. Svrcek, and H. W. Yarranton(2003). AIChE J. 49, 2948.
[62] van Kerkvoort, W. J., A. J. J. Nieuwstad, and M. van der Waarden, (1952). In: IV Congr. Intern. Chauffage Ind. (Preprint No. 220), Paris.
[63] Heithaus, J. J. (1962). J. Inst. Petrol. 48(458), 45.
[64] Bichard, J. A. (1969). in: 19th Canadian Chem. Engr. Conf. and 3rd Symp. on Catalysts, Edmonton, Alberta.
[65] Kesler, M. G. and B. I. Lee(1976). Hydrocarbon Processing, 55, 153.

附录 I　利用批示滴定法对沥青质起始检测

在该工作中用于确定沥青质絮凝开始的程序在图 A-Ⅰ-1 所述。

步骤 1. 显微镜观察。在高放大倍数(约 320X)下用显微镜观察一滴 STO 油。如果样品不含任何颗粒，则不需要特殊的预处理。继续执行步骤 3。

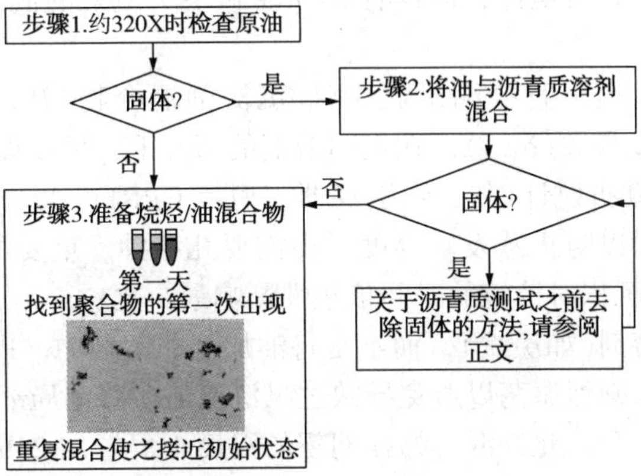

图 A-Ⅰ-1　沥青质起始确定方案的概述

通常原油含有聚集的沥青质、蜡晶体、乳化水以及其他未鉴定的固体颗粒。通常可以通过以 90°的偏振滤光片观察油滴中的两种物质，来区别沥青质与蜡晶体。结晶蜡颗粒透射偏振光并显现为亮点。无定形沥青质不透射偏振光。高度球形的物体可能是乳化液体。现有的聚集体或颗粒均可模糊起始观察。在步骤 2 中概述了消除干扰源的策略。

步骤 2. 处理样品以去除干扰源。预先存在的沥青质聚集体、蜡和其他颗粒可以通过过滤或离心除去。然而，为了避免组成的改变，更好的策略是通过加入良好溶剂[如甲苯或 1-

甲基萘(1-MN)]来再分散沥青质聚集体。1-MN是较强的溶剂，但它比甲苯更黏稠，因此分散时间更长。为了再分散沥青质聚集体，推荐以下步骤：

① 制备油与最小量所选溶剂的混合物。将混合物超声处理几小时，随后将混合物60~70℃加热几个小时，并使混合物在室温下平衡1天。在这些处理期间使用密封的小瓶以防止蒸发。

② 显微镜检查混合物。如果沥青质聚集体残留，向混合物中加入更多的溶剂；重复如上，直到找到完全再分散沥青质所需的最小体积分数的溶剂。

在发现最小溶剂量之后，至少再制备一种具有比最低要求更多的溶剂的油/溶剂混合物，并测量每种混合物在起始条件下的体积比。利用 V_n/V_o 和 V_s/V_o 之间的线性趋势[公式(16.4)]推断无溶剂油的初始体积比 V_n/V_o。起始条件下油的混合物+非溶剂(没有添加溶剂)的折射率(P_{RI})可以通过以下公式计算：

$$P_{RI}=\frac{1}{1+x}(x\cdot RI_n+RI_o) \tag{A-Ⅰ-1}$$

式中，x 为不含溶剂的 V_n/V_o 的外推值，RI_n 和 RI_0 分别表示非溶剂和油的折射率。制备额外的油+溶剂混合物可以提高外推的精度。

如果在油中存在可见的蜡晶体，则优选在高于蜡熔点的温度下进行起始测量。蜡溶解回溶液有助于减少在开始观察期间的干扰并恢复所有链烷烃组分(包括重馏分)对沥青质不稳定性的贡献。

乳化水可能需要通过离心和/或用蒸馏水洗涤来另外处理，特别是如果沥青质与油/水界面(由褐色指示)缔合。

步骤3. 开始测定。通过检查在组合物中变化1%(体积)的油(或油/溶剂混合物)和沉淀剂的混合物，可以以分批模式将起始条件确定为合理的公差。如，如果在由50%油和50%庚烷组成的混合物中观察到聚集体，但具有51%油和49%庚烷的混合物是澄清的，则50：50混合物是起始混合物。

如果涉及到非溶剂，则可直接测量起始油/沉淀剂混合物(P_{RI})的RI，利用来自等式(16.9)的近似初始溶解度参数($\delta_{起始}$)。在使用溶剂的情况下，可以如步骤2中所述间接获得 P_{RI}。使用温度控制的自动折射计(如，索引仪器，型号GPR11-37)测量RI。将混合物转移到折射计棱镜；立即密封以防止蒸发。温度平衡需要几秒钟。重要的是记录初始稳定的RI以使沥青质的吸附和/或沉积对棱镜的时间依赖性影响最小化。

始终向油中加入非溶剂(如庚烷)，而不是将油加至非溶剂中。PTFE内衬盖密封的玻璃小瓶是良好的混合容器。剧烈振荡以避免导致过早沉淀的非溶剂局部浓度过高。在超声波浴中搅拌小瓶几分钟加强混合。允许混合物在期望的温度下静置约24h~任意周期，其应适应慢絮凝动力学，而不会不适当地延长分析。可以重复如上所述的显微镜检查以发现絮凝的开始。混合物中的一些组分是挥发性的，因此应当快速进行检查。差异蒸发速率可导致溶剂质量和沥青质稳定性的变化。一旦确定了正庚烷的起始，该值可用于估计其他正烷烃的起始条件，减少了定位其起始值所需的混合物的数量。

附录Ⅱ：正烷烃滴定数据的历史解释

表A-Ⅱ-1中给出了用于确定稀释溶液中沥青质不稳定性的起始滴定的历史解释的总结，所有这些均基于溶剂和非溶剂的体积或质量。

附录Ⅲ：利用 PVTsim 计算溶度参数

液体的 Hildebrand 溶解度参数 δ 定义为内聚能密度的平方根：

$$\delta=\sqrt{\frac{\Delta U}{v}} \tag{A-Ⅲ-1}$$

式中，ΔU 为蒸发能，v 为液体摩尔体积。根据定义，ΔU 为在相同温度下将 1mol 给定物质从其液态蒸发为理想气态所需的能量，

$$\Delta U=U^{理想气态}-U^{液态} \tag{A-Ⅲ-2}$$

式中，$U^{理想气态}$ 和 $U^{液态}$ 分别为处于理想气体状态和液体状态的内部能量。从热力学关系，我们知道

$$U^{理想气态}=H^{理想气态}-RT \tag{A-Ⅲ-3}$$

$$U^{液态}=H^{液态}-pv \tag{A-Ⅲ-4}$$

其中 $H^{理想气态}$ 和 $H^{液态}$ 分别为处于理想气体状态和液体状态的焓，p 表示压力，R 为气体常数，T 为绝对温度。将式(A-Ⅲ-3)和式(A-Ⅲ-4)代入式(A-Ⅲ-2)得：

$$\Delta U=(H^{理想气态}-H^{液态})-RT+Pv \tag{A-Ⅲ-5}$$

我们知道焓是相对于参考点的物理性质。其变化具有物理意义。如果我们选择理想的气体状态作为参考点，我们可以将液体分解为两部分：

$$H^{液态}=H^{理想气态}+H^{残余} \tag{A-Ⅲ-6}$$

并简化式(A-Ⅲ-5)为：

$$\Delta U=-H^{残余}-RT+pv \tag{A-Ⅲ-7}$$

其中 $H^{残余}$ 为残余焓，其等于从理想气体到液态的焓变(负)。

在 PVT_{sim} 中使用等式(A-Ⅲ-6)来计算总焓。不幸的是，只有总焓 $H^{液态}$ 输出，而其组分 $H^{理想气态}$ 和 $H^{残余}$ 没有给出。让我们首先分析如何计算这两个分量。

理想气体焓，$H^{理想气态}$，计算如下：

$$H^{理想气态}=\int_{T_{ref}}^{T} C_p^{理想气态}dT \tag{A-Ⅲ-8}$$

式中，T_{ref} 为参考温度，T 为有益温度，$C_p^{理想气态}$ 为等压热容，其根据经验公式计算：

$$C_p^{理想气态}=C_1+C_2T+C_3T^2+C_4T^3 \tag{A-Ⅲ-9}$$

系数 C_1、C_2、C_3 和 C_4 可从文献获得(Reid 等[51]，对于纯化合物)或由正常沸点、相对密度和偏心因子(Kesler 和 Lee[65]，对于 65 重烃)估计得到。在 PVT_{sim} 中选择 T_{ref} 为 0℃(273. 15K)，但可以设置为任何其他温度。换句话说，由 PVT_{sim} 计算的焓是相对于 0℃下的焓的总焓。

另一方面，通过以下公式从状态方程计算残余：

$$H^{残余}=-RT^2\ \frac{\partial 1nf}{\partial T} \tag{A-Ⅲ-10}$$

式中，f 为逸度系数。换句话说，只要 EOS 是调整好的，残余焓 $H^{残余}$ 可以由等式(A-Ⅲ-10)计算而得，或者是纯化合物或各组分的混合物。

上述分析表明，如果我们可以设置 $H^{理想气态}$ 等于零，PVT_{sim} 的输出将是 $H^{液态}=H^{残余}$。在概念上，这可以通过在等式(A-Ⅲ-8)中设置 $T_{ref}=T$ 来完成，但这不是一个选项，因为用户不

能改变 T_{ref}。或者，我们可以设置$C_p^{理想气态}=0$。由于用户可以访问系数 C_1、C_2、C_3 和 C_4，可以通过设置等式(A-Ⅲ-9)中的所有四个系数来迫使$C_p^{理想气态}$ 为零。在这一点应该强调，在设置 C_1、C_2、C_3 和 C_4 等于零之前，我们应该首先调整 PVT 模型参数以匹配实验测量(密度，泡点等)以获得 $H^{残余}$。一旦调整 PVT 数据集，则对于所有分量和伪分量将 C_1、C_2、C_3 和 C_4 设置为等于零不影响除了理想气体焓之外的物理性质的计算。一旦我们有残留，溶解度参数可以很容易地从式(A-Ⅲ-7)和式(A-Ⅲ-1)计算得到。

附录Ⅳ：石油及沥青质性能

表 A-Ⅳ-1 为石油性质的总结；表 A-Ⅳ-2 列出了适合起始数据的 ASIST 参数。

附录Ⅴ：ASIST 对活油沥青质稳定性的预测

从 PVT 数据计算活油 RI：如先前所示[42]，利用等式(A-Ⅴ-1)，可从 PVT 数据和 STO 的测量的 RI 计算活油的 RI，其表达式为：

$$\left(\frac{n^2-1}{n^2+2}\right)_{活油}=\frac{1}{B_o}\left(\frac{n^2-1}{n^2+2}\right)^o_{STO}+7.52\times10^{-6}\frac{R_s}{B_o}\sum_i x_iR_i \tag{A-Ⅴ-1}$$

式中，n 为折射率，无量纲；B_o，地层体积因子，rb/stb；R_s，气/油比，scf/stb；X_i，轻馏分中组分 i 的摩尔分数，无量纲；R_i，轻组分 i 的摩尔折射率，cm³/mol；STO，储油罐；上标°表示标准条件(1atm，60°F)。

式(A-Ⅴ-1)右侧第一项中的括号表示在标准条件下测量 STO 的 RI。

轻馏分 v_p 的计算：每桶 STO 1atm 下从 60℉至储层温度的热膨胀为[B_o(1)-1]，其中 B_o(1)为 1atm 的 B_o。假设这个体积变化不依赖于压缩。

由于压缩引起的体积变化也可从 PVT 数据估计，如以下两个步骤所示。

对于一桶 STO，在 60℉和给定压力 p 下的体积，不考虑热膨胀

$$V=\rho_o/\rho \tag{A-Ⅴ-2}$$

式中，ρ_o 为标准条件(1atm，60℉)下的密度，ρ 为 60℉和压力 p 下的密度，其可以从诸如 PVTsim 的 EOS 模拟器计算。

现在，假设储层温度和压力下溶解气体的体积为 $V_{气体}$；在储层条件(包括气体)下一桶 STO 的总体积由下式给出：

$$B_o(P)=\rho_o/\rho+[B_o(1)-1]+V_{气体} \tag{A-Ⅴ-3}$$

其重新排列后表达式为：

$$V_{气体}=B_o(P)-B_o(1)-\frac{\rho_o}{\rho}+1 \tag{A-Ⅴ-4}$$

由于一桶等于 1.5899×10⁵cm³，并且一个 scf 等于理想气体的 1.1957mol，储存条件下溶解气体的近似部分摩尔体积，表达式为：

$$v(\mathrm{cm^3/mol})=\frac{V_{气体}\times1.5899\times10^5}{R_s\times1.1957} \tag{A-Ⅴ-5}$$

溶解气体假定为沉淀剂。因此，储层条件下活油中非溶剂的部分摩尔体积 v_p，可由等式(A-Ⅴ-5)得到。

评估活油中的沥青质稳定性：在两个温度下从起始测量至少建立两个 ASIST 趋势。储层

温度下的 ASIST 可从这两个测量的 ASIST 趋势外推。利用 v_p 推测储层温度下 ASIST 的潜在起始条件($\delta_{起始}$)。根据等式(A-Ⅴ-1)，计算的活油 RI 用于近似 $\delta_{活油}$。最后，比较每个压力下的 $\delta_{活油}$ 和 $\delta_{起始}$。如果 $\delta_{活油}>\delta_{起始}$，沥青质是稳定的，否则会发生沉淀。沿着减压路径，$\delta_{活油}$ 线与 $\delta_{起始}$ 的第一个交叉点代表起始压力。

表 A-Ⅱ-1. 滴定数据解释总结与式(16.4)对比

观察表达为	解释	$S=$	$I=$	参考文献及备注
$FR=V_s/(V_s+V_n)$ $X=(V_s+V_n)/V_o$ FR_{max} is the value of FR 当 $V_o \longrightarrow 0$ X_{min} is the value of X 当 $V_s=0$	沥青质的可聚合性： $p_a=1-FR_{max}$ 分散介质的溶胶能力： $p_o=FR_{max}(X_{min}+1)$ 溶胶作用状态： $P=p_o/(1-p_a)=X_{min}+1$	$\dfrac{1-FR_{max}}{FR_{max}}$	X_{min}	van Kerkvoort *et al.*,[62] c. f. also Heithaus[63]
$V_n/M_o=S_1(V_s/M_o)+I_1$	最小可溶性沥青质的分散性： $p_a=V_n/(V_n+V_s)$ 当 $V_o \longrightarrow 0$ $p_a=(\delta_s-\delta_{Cr})/(\delta_s-\delta_n)$	$\dfrac{V_n-V_{n\,min}}{V_s}$	$\dfrac{V_{n\,min}}{V_o\rho_o}$	Mertens[37]
$V_s/M_o=S_2(V_n/M_o)+I_2$	溶液质量： $\cot\phi=(V_n-V_{n\,min})/V_s$	$\dfrac{V_n-V_{n\,min}}{V_s}$	$\dfrac{V_{n\,min}}{V_o\rho_o}$	Bichard[64] cf also Waxman *et al.*[38]
$\sum \alpha_i V_i=0$	按照约定： 溶液 $\alpha<0$，沉淀剂 $\alpha>0$	$-\alpha_s/\alpha_n$	$-\alpha_o/\alpha_n$	Hotier and Robin[12]
$M_n/M_o=c_o+c_1M_s/M_o$		$c_1\rho_s/\rho_n$	$c_0\rho_o/\rho_n$	Cimino *er al.*[5]
$\sum \delta_i\phi_i=\delta_{Cr}$		$\dfrac{\delta_s-\delta_{Cr}}{\delta_{Cr}-\delta_n}$	$\dfrac{\delta_{o,Cr}-\delta_{Cr}}{\delta_{Cr}-\delta_n}$	Andersen[40]
$\sum \delta_i\phi_i=\delta_{Cr}$ $\dfrac{100V_s}{V_n+V_s}=I_N+\dfrac{100V_o}{V_n+V_s}\left[\dfrac{I_N-S_{BN}}{100}\right]$	$I_N=\dfrac{\delta_{Cr}-\delta_n}{\delta_s-\delta_n}$ $S_{BN}=\dfrac{\delta_{o,Cr}-\delta_n}{\delta_s-\delta_n}$	$\dfrac{100-I_N}{I_N}$	$\dfrac{S_{BN}-I_N}{I_N}$	Wiehe and Kennedy[18] Note：(1)S and *I* reduce to the same solubility parameter ratios as in Andersen above; (2)*S* and *I* also reduce to the Heithaus[63] expressions.

V=体积(cm^3)，M=质量(g)，ρ=密度(g/mL)，ϕ=体积分数(无因次)，δ=溶解性质($MPa)^{1/2}$。下标：Cr=临界的，o=油，o，Cr=油(计算假设 δ_{Cr})，s=溶剂，n=非溶剂，n min=最小数量的非溶剂(当 $V_s=0$)。S 和 I 由公式(16.4)定义，其他斜率和截距由下标 1 和 2 表示。所有其他符号在 1、2 列中定义(详细解释见参考文献)。

表 A-Ⅳ-1 原油性质

油 ID	°API	$\delta_{油}$ 在 20℃/$MPa^{1/2}$	n-C_7 沥青质/%(质量)	酸	碱	平均分子量(Da)	饱和烃①/%(质量)	芳烃①/%(质量)	树脂①/%(质量)
				(mg KOH/g 油)					
A-93	25.5	18.65	5.4	0.14	2.42	255	56.0	18.2	18.1
A-95	25.2	18.54	8.7	0.24	2.20	236	51.0	20.5	19.7
B-BQ-02	29.7	18.09	3.7	0.01	1.73	240	65.6	20.5	10.1
Black Mtn-04	21.8	18.77	5.0	0.59	2.73	315	52.6	19.6	21.8

续表

油 ID	°API	$\delta_{油}$ 在 20℃/$MPa^{1/2}$	n-C_7 沥青质/%(质量)	酸	碱	平均分子量(Da)	饱和烃①/%(质量)	芳烃①/%(质量)	树脂①/%(质量)
				(mg KOH/g 油)					
Blindberry	39.8	17.43	0.4	0.07	0.72	183			
C-AG1-02	43.6	16.90	0.4						
C-AG2-02	45.7	16.74	0.2	0.30	0.70	165			
C-AG3-02	43.5	16.95	0.2	<0.01	0.74	175			
C-AL-03	18.7	18.95	2.4	1.79	4.94	484	53.8	18.4	25.2
C-B2-01	36.3	17.51	1.3	0.50	2.67	196	68.5	17.5	12.7
C-Br-01	48.0	16.64	0.1	0.08	0.11	148	74.8	24.5	0.7
C-BrR-04	33.0	17.68	0.9	0.23	0.56	246	73.2	16.1	9.8
C-C-02	31.2	17.85	3.7	0.29	1.75	232	63.3	20.3	13.4
C-CM1-02	16.8	19.12	3.5	1.82	5.83	382			
C-CM2-02	17.2	19.04	3.0	2.18	5.46	386			
C-CS3-02	28.7	17.98	4.4	0.39	2.74	310			
C-F-03	29.5	18.14	6.0	0.16	1.52	282	61.7	18.4	13.5
C-F2-03	27.9	18.20	2.0	0.70	1.32	335	63.2	17.9	16.2
C-GC-T1-03	31.1	17.88	4.6	0.03	1.69				
C-GC18A-02	26.5	18.41	11.2	0.12	2.20	266	62.0	15.1	13.3
C-GC21A-02	27.2	18.30	8.2	0.08	2.06	259	62.8	18.6	11.6
C-GC21B-02	30.3	18.06	6.5	0.03	1.84	236	68.8	15.9	9.4
C-GC237-32-02	30.7	17.67	3.7	2.15	2.08	232	64.9	16.3	12.6
C-HD-01	20.7	18.78	2.7	0.91	2.58	346	64.1	14.5	17.9
C-HL-01	29.2	18.00	2.3	<0.01	1.80	259	67.3	14.9	15.1
C-HM2-01	23.0	18.69	8.8	0.13	3.59	306	49.8	18.5	21.2
C-K-01	18.9	18.95	3.5	2.44	5.19	319	52.8	19.0	24.8
C-L-01	34.0	17.63	1.4	0.21	2.30	216	66.3	16.7	13.2
C-LH-99	22.6	18.56	2.8	1.90	6.05	268	49.5	21.5	25.6
C-P-01	31.9	17.81	3.8	0.54	1.55	236	63.5	16.7	16.0
C-R-00	31.1	17.82	1.9	0.25	0.49	235	70.6	16.3	11.4
C-T-01	26.2	18.35	9.8	0.38	1.87	280	60.6	17.0	11.6
C-T-02	34.2	17.71	1.4	0.01	1.30	214	61.1	22.8	14.6
C-T1-00	31.6	17.87	2.7	0.10	3.60	210	63.4	16.5	17.4
C-T2-00	31.2	17.92	2.6	0.22	3.58	233	62.8	15.8	18.7
Cottonwood-03	26.4	18.32	2.5	0.04	1.87	262	57.9	22.7	16.5
E-1XO-00	21.9	18.57	0.8	3.42	2.57	264	57.8	22.1	19.4
Mars-Pink	16.5	19.19	4.8	3.92	2.30	309	38.4	29.8	25.8
Minnelusa	24.6	18.58	9.0	0.17	2.29	280	60.1	18.9	11.3

续表

油 ID	°API	$\delta_{油}$ 在 20℃/ $MPa^{1/2}$	$n-C_7$ 沥青质/%(质量)	酸	碱	平均分子量(Da)	饱和烃[①]/%(质量)	芳烃[①]/%(质量)	树脂[①]/%(质量)
				(mg KOH/g 油)					
Minnelusa-02	24.3	18.57	8.8	0.01	2.01	264	58.0	20.2	13.9
S-A5-01	32.5	17.94	8.6	<0.01	1.17	239	61.1	21.2	9.0
S-A6-01	28.4	18.22	7.1	0.08	1.78	267	60.2	19.7	13.0
S-Ven-39	28.8	18.15	5.8	0.14	1.68	240	51.1	28.3	14.5
SQ-95	37.2	17.60	1.3	0.17	0.62	213	65.2	18.3	13.9
Tensleep	31.2	17.89	3.2	0.16	0.96	271	69.3	16.0	9.4

①在正己烷沥青质沉淀后测量饱和烃、芳烃和树脂含量。$n-C_6$ 沥青质的质量分数约等于[100-(饱和烃+芳烃+树脂)]

表 A-IV-2　沥青质不稳定趋势综述(ASIST)

油 ID	T/℃	斜率	截距/$MPa^{1/2}$	R^2	油 ID	T/℃	斜率	截距/$MPa^{1/2}$	R^2
A-93	20.0	0.1440	14.85	0.915	C-GC237-32-02	20.0	0.1192	15.50	1.000
A-95	20.0	0.1966	14.70	0.966	C-GC237-32-02	60.0	0.1356	14.75	1.000
B-BQ-02	71.0	0.1311	15.44	0.998	C-HD-01	20.0	0.1839	14.20	1.000
Black Mtn-04	20.0	0.2054	14.64	0.956	C-HD-01	60.0	0.2052	13.37	1.000
Blindberry	20.0	0.1351	14.49	0.981	C-HL-01	20.0	0.1499	14.86	0.999
C-AG1-02	20.0	0.0779	16.06	0.998	C-HL-01	60.0	0.1719	13.97	1.000
C-AG1-02	60.0	0.0951	15.22	0.999	C-HM2-01	20.0	0.1446	15.13	0.999
C-AG2-02	20.0	0.1037	15.37	1.000	C-HM2-01	60.0	0.2041	13.69	1.000
C-AG3-02	20.0	0.1400	14.89	0.993	C-K-01	60.0	0.2403	12.80	1.000
C-AL-03	20.0	0.2110	13.51	0.999	C-L-01	60.0	0.1944	13.22	1.000
C-B2-01	60.0	0.1979	13.16	1.000	C-L-01	70.0	0.1981	13.02	1.000
C-BrR-04	20.0	0.1404	14.65	0.997	C-LH-99	20.0	0.2148	13.55	0.992
C-BrR-04	50.0	0.1386	14.45	0.998	C-P-01	20.0	0.1858	14.38	1.000
C-BrR-04	60.0	0.1443	14.23	0.999	C-R-00	71.1	0.1562	14.17	1.000
C-C-02	20.0	0.1060	15.74	0.998	C-T-01	20.0	0.1369	15.57	1.000
C-C-02	60.0	0.1238	14.96	0.999	C-T-01	60.0	0.1494	14.83	1.000
C-CM1-02	40.0	0.2275	12.63	1.000	C-T-02	20.0	0.1566	14.20	1.000
C-CM1-02	73.3	0.2507	11.80	1.000	C-T-02	60.0	0.2077	12.90	1.000
C-CM2-02	40.0	0.2269	12.64	1.000	C-T1-00	60.0	0.1668	13.96	0.999
C-CM2-02	73.3	0.2532	11.77	1.000	C-T1-00	70.0	0.1733	13.73	0.999
C-CS3-02	40.0	0.1798	13.61	1.000	C-T2-00	60.0	0.1659	14.01	1.000
C-CS3-02	73.3	0.1956	12.87	1.000	C-T2-00	70.00	0.1705	13.80	1.000
C-F-03	20.0	0.1240	15.54	1.000	Cottonwood-03	20.0	0.1787	14.51	0.979
C-F-03	60.0	0.1281	14.92	0.998	Mars-Pink	20.0	0.1999	13.87	0.997
C-F2-03	20.0	0.1600	14.68	0.998	Minnelusa	20.0	0.0932	16.64	1.000

续表

油 ID	T/℃	斜率	截距/MPa$^{1/2}$	R^2	油 ID	T/℃	斜率	截距/MPa$^{1/2}$	R^2
C-GC-T1-03	60.0	0.1138	15.20	0.999	Minnelusa	60.0	0.1133	15.72	1.000
C-GC-T1-03	80.0	0.1140	14.99	0.999	Minnelusa-02	60.0	0.1104	15.76	1.000
C-GC18A-02	60.0	0.1280	15.25	0.999	S-A5-01	20.0	0.1300	15.59	0.999
C-GC18A-02	80.0	0.1271	14.94	0.996	S-A6-01	20.0	0.1720	14.79	1.000
C-GC21A-02	60.0	0.1366	15.03	1.000	S-Ven-39	60.0	0.1293	14.95	0.986
C-GC21A-02	80.0	0.1440	14.66	0.999	SQ-95	20.0	0.1729	13.89	0.992
C-GC21B-02	60.0	0.1121	15.42	0.999					
C-GC21B-02	80.0	0.1048	15.32	0.999					

（Jill S. Buckley，Jianxin Wang，Jefferson L. Creek）

第17章 原油及烃溶液中沥青质聚合体的动态光散射监控

17.1 前言

本章主要的研究内容为碳氢化合物及原油中沥青质聚合体的动态光散射(DLS)。设计并验证了一套特殊的光学方案，即使“非透明”光吸收胶体的光散射测量成为可能。模拟DLS是一种实时监控石油胶体的有效技术。结合准确的黏度测量，DLS是研究原油胶体性质、重油组分和沥青质溶液的一种有利工具。利用DLS技术研究了原油和烃混合物中的不同状态。在沥青质的烃溶液中观察到了反应限制凝聚与扩散限制凝聚之间的交叉。检测到沥青质胶体结构，其最初存在于一些原油中。利用正庚烷作为沉淀剂，研究了关于沥青质聚合体原油的稳定性。研究发现，具有不同芳香烃/饱和烃比的石油表现出不同的聚合动力学。同时，研究了稳定的沥青质聚合体的形成，其来自超声搅拌和表面活性剂的添加。证明了原油的DLS微观流变学。

原油和重油组分是复杂的多组分流体，在考虑到性能和原始条件下具有分子溶液或胶体的相关特性。石油系统的非牛顿理论(尤其是具有高含量沥青质和石蜡)表明了超分子介观结构的存在。然而，这种结构的物理特性还没有被完全了解。通常认为介观结构与沥青质有关。习惯上将沥青质定义为原油中似胶体的重质组分，其易溶于甲苯或苯这类芳香烃化合物而不溶于正烷烃。后者性质可用来提取沥青质[1-3]。尽管，沥青质表征并不完全，上述定义显得比较任意，其在炼油过程中常表现为特殊的种类[4]。石油沥青质是由复杂的芳香烃大环分子包围，且可能与烷烃有关。沥青质分子结构的变化与诸多因素有关，如起源、石油采收的方法以及提取历史[5]。在尝试找到沥青质结构泛数据与其胶体性能之间关系方面还未取得成功。

沥青质是石油液体中最有趣的组分。沥青质的极性和复杂结构决定了原油的黏度，同时影响石油开采和精炼过程中的絮凝和沉淀趋势。吸附沥青质堵塞储集岩石的多孔介质，导致井筒区域的渗透率严重下降。由于原油流变性的改变以及井筒和辅助设备形成的沉积物，沥青质胶体导致石油流量严重减少。同时，沥青质可诱发炼焦和催化剂失活，进而影响炼油过程。沥青质含量直接影响原油的物理性质，特别是，它决定了其非牛顿流变学[1,2]。

对有机溶剂和石油中胶体沥青质形成的研究起源于半个多世纪以前[6-8]。在芳香烃溶液中，当沥青质大于某一浓度时会形成胶束状聚合体，临界胶束浓度(CMC)通常可通过表面活性剂溶液进行观察。基于之前观察可得到以下结论：(a)原油为一个胶体系统；(b)在形成石油胶束过程中，沥青质和树脂分子为两种主要成分。

当前实验数据分析表明，原油和石油液体组分之间缔合体的形成更加复杂，且不能由某一简单的机制所描述[9-12]。仍不能明确，低于CMC的良好溶剂中的沥青质为真实分子溶液还是稳定的分子缔合体。Andersen和Speight[13,14]讨论了沥青质和树脂的胶束化能力。得到的结论为，溶于各种溶剂中不同起源的沥青质超过一定浓度形成胶束是一个典型现象，在石油的其他组分中未发现相似现象[15]。显然，在胶束形成中沥青质为活性组分，但对于树脂该问题仍然存在。来自众多研究者的沥青质 CMC 数据差异较大，如，报道的甲苯 CMC 范围可达到 0.1～3.24g/L。这可能的原因是技术的多元化，以及所研究沥青质的差异(原始、提取物、杂质)。最近，Andreatta 等[17]利用高 Q 超声光谱仪，精确检测出各种沥青质的甲苯 CMC 约 0.1g/L。该临界值称为"临界纳米聚合体浓度"。似乎合理的是，之前报道的高甲苯 CMCs 值可能对应于高水平的沥青质聚合体。

溶于甲苯和正庚烷混合物中的沥青质溶液适用于观察沥青质的稳定性和沉淀物，可作为模型系统研究胶束化石油液体中的聚合现象。当正庚烷/甲苯比达到临界值时，沥青质溶液开始不稳定且沥青颗粒开始聚集。尽管在过去十几年已有大量实验研究胶体颗粒的聚合动力学，但聚合机理、不规则聚合体形成过程以及不同聚集体之间的交叉仍未完全被了解，尤其是对于沥青溶液这类复杂的胶体系统。显而易见的是，需要利用先进的物理技术和基本原理的新科学方法，对沥青质的胶体性能及其絮凝和沉淀机制进行研究。

该研究中的重任之一是，实时监控沥青质聚合体的动力学，测量聚合体的变化尺寸。动态光散射(DLS)，也被称作光子相关光谱(PCS)，是执行该监控最有希望的技术[18]。这项技术直接测量悬浮在黏性介质中布朗粒子的扩散系数，如果动力学足够缓慢，可监控粒子的增长情况。然而，由于原油和沥青溶液几乎不透光，光散射在该系统的应用仍具有重大挑战。

17.2 动态光散射技术

DLS(与 PCS 同义)一般是通过测量光散射密度起伏动态，确定悬浮液中纳米颗粒尺寸。悬浮在液体中的胶体颗粒和大分子物质经受布朗运动。这种运动会引起颗粒的局部浓度波动，进而导致局部的折射率不均匀。反过来会导致所谓的瑞利光散射。散射光按时间的自相关函数 $G(t)$ 是延迟时间 t 的函数，对于单指数衰减的表达式为：

$$G(\tau)=b\left[1+\varepsilon\exp(-\tau/\tau_c)\right] \tag{17.1}$$

其中，基线("次要方面")相关水平 b 与总密度 I 成比例。系数 ε 取决于杂散光和孔的数量，但该系数通常小于一个单位。

有两种技术测量动态相关函数：外差作用和零差探测。在外差法测量中，其最适于小强度，散射光由前后一致的静态光源入射波长混合而成，在探测器中静态场中加入散射场。零差测量中探测器只接受散射光。零差测量最适于强散射(如，胶体颗粒或临界乳光)。颗粒的扩散系数 D 与时间自相关函数中衰减率 t_c 直接相关。零差探测中，D 与 t_c 关系表达式为[18]：

$$D=\frac{1}{2\tau_c k^2} \tag{17.2}$$

其中，k 为散射光的波数，$k=\frac{2\pi n}{\lambda}\sin\frac{\theta}{2}$，$n$ 为溶剂的折射率，λ 为真空中入射光波长，θ 为散射角。$2\pi/k$[18]。颗粒的平均流体力学半径 R，可由 Stokes - Einstein 等式计算而得：

$$D=\frac{k_B T}{6\pi\eta R} \tag{17.3}$$

其中，k_B为 Boltzmann 常数，T 为温度，η 为溶剂的切变黏度。等式(17.3)计算得到的是水力半径。由于溶剂的可能层、表面活性剂分子或(对于带电粒子)吸附离子，其可能会大于光粒子半径。在大多数情况下，这些层对尺寸增加了可忽略的校正，除了可测量的最小尺寸。等式(17.1)和式(17.2)对互不影响的球形颗粒是有效的。如果颗粒涉及聚合过程，其必然相关。然而，当聚合动力学特征时间远大于测量时间时，上述等式仍适用于监控表面("有效")颗粒尺寸的改变。

研发了一套原始技术，用来研究非透明分散系统，包括石油体系，当强不透明体系使光散射颗粒尺度测量成为一个挑战性问题[19-21]。该问题涉及两个相关的障碍：样品中的强光吸收使散射光的检测较为困难，以及复折射率使测量值的解析较为困难[22]。对不透明液体中颗粒尺寸测量的两种光学方案，尤其是对石油沥青质聚集现象的研究，如图 17.1 所示。

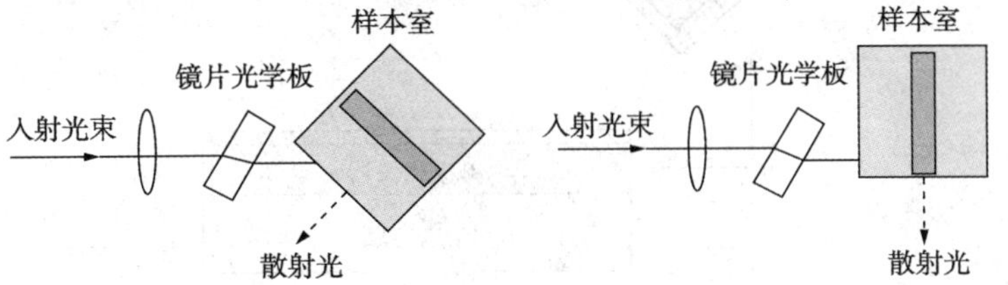

图 17.1　用于非透明流体的动态光散射的两种光学布置(上视图)："反向散射"(左)和"角"(右)

在"反向散射"几何中，将矩形样品室放置在低强度 He-Ne 激光的入射激光束下(约 2mW，632.8nm)，入射角为 45°。光子计数系统的光轴垂直于样品室的前平面。入射光从激光束进入样品时开始收集。利用光学板单元获得散射光聚集的最优条件，以及对入射激光束的适当校准。光学板单元是基于 10mm 厚度的精密平行窗口。调整(转)该窗口可精确地转变入射激光束。利用光学板单元，可调整散射体积位置，从而对接近墙位置的光散射进行研究(墙的距离不低于 0.1mm，排除表面和杂散光的外差作用的影响)。通过对距样品室墙不同距离的颗粒尺寸进行测量来验证零差体的有效性。该方案可测量多种表面非透明液体中颗粒的大小。

"角落"几何适用于半透明乳液。该方法可减少杂散光。同时，值得注意的是，对于不透明系统，就单光子散射而言不具有对动态光散射数据解释的问题，这是由于强光吸附消除了所有多层的散射光。本研究所用的是由 Hellma Inc. 生产的标准平方 4mm 长宽的光学玻璃。

Photocor 复杂 DLS 装置的[23]主要图显示于图 17.2。在研究静态(强度)和动态(时间相关函数)光散射过程中，其具有典型的多功能设备这一典型的特点。光具座和精密测角仪是基于一个大的底座。将 He - Ne 激光和聚焦系统固定在工作台上。恒温器和电池座与测角仪轴同轴。接收系统(光子计数系统)位于旋转测角仪臂处。光子计数系统由一系列孔隙选择的针孔、低噪声光电倍增管(PMT)和放大器-鉴别器组成。当一系列标准脉冲对应失去的电子时，发出由光子计数系统产生的输出信号。由单板相关器 Photocor-FC[23]分析光子计数系统的原始信号，其可连接个人电脑。由个人电脑进行数据分析和仪器控制。相关器是一个多通道装置，执行实时数据处理和积累光散射波动的相关函数。相关器 Photocor-FC 具有两个时间尺度的操作模式，即测量相关函数等距点的线性模型，和时间相关点对数阶的 Multiple-tau 模型。Multiple-tau 模型中相关器的操作不需要时间尺度的微调，其适用于多峰颗粒分布的测量值。相关器的线性标度可达到最大精度，适用于纳米模型窄分布的测量。

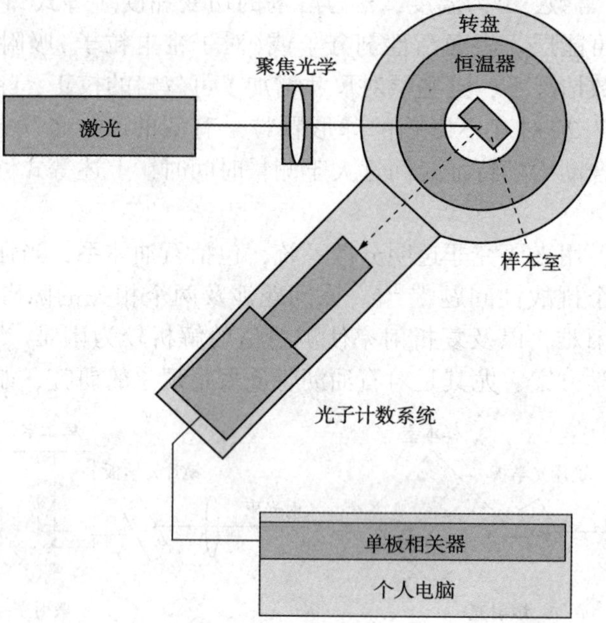

图 17.2　非透明流体中颗粒尺寸的动态光散射设置示意图

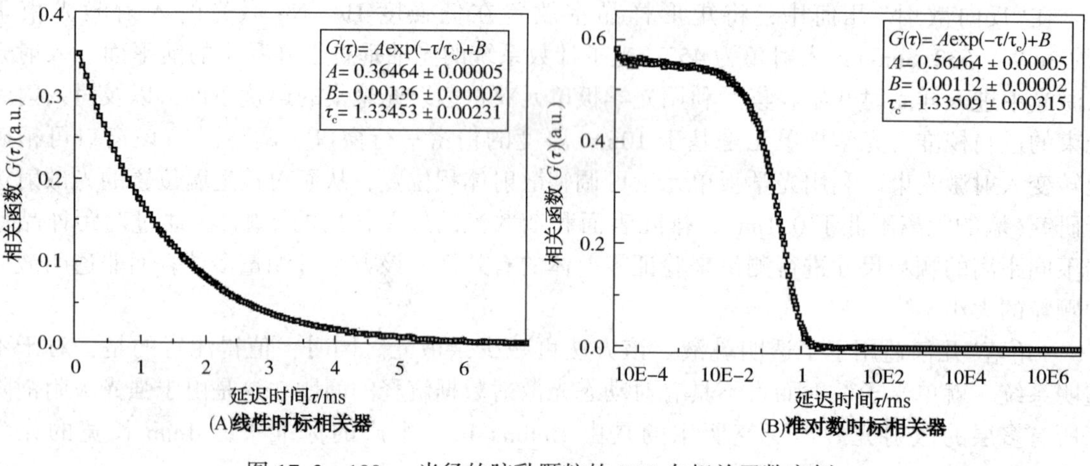

图 17.3　100nm 半径的胶乳颗粒的 DLS 自相关函数实例

Photocor-FC 测量相关函数的两个操作模型如图 17.3(A 和 B)所示。这些相关函数式由透明样品的单分散聚苯乙烯乳胶累积而得，可证明理想状态下的 DLS 测量具有高精准度。指数函数正适用于这种状况。等式(17.1)的拟合结果显示于图 17.3。对于等质量样品，这不仅可获得平均相关时间，也就是颗粒的平均尺寸，以及多分散样品的粒度分布。不幸的是，在任何意义上石油不透明系统不是简单的光散射研究。这就是为什么只能明确得到颗粒(聚合体)的平均半径。两个原油中聚合过程的 DLS 相关函数，如图 17.4(A 和 B)所示。两者相关函数的累积时间是相同的。初始阶段的聚合粒子的粒径和浓度相对较小。因此，相关函数的精准性较差(图 17.4A)。由于正在生成的聚合过程是由大颗粒尺寸和浓度表征，因此，相关函数的精准性相对较高(图 17.4B)，然而，不能充分获得聚合物的多分散分布。此外，随着粒度不断上升，从统计学上不可能通过增加积累时间而提高测量数据的质量。

由于样品局部过热，不透明石油的强光吸收可引起热效应。由于温度梯度和发生的流体定向运动，在这种情况下，测量相关函数不是指数函数，更像是洛伦兹曲线，其可完成简单的热透镜效应外观的识别。为了避免该效应，通过中性玻璃过滤器减弱激光功率。

虽然，动态光散射是一个测量颗粒尺寸的绝对方法且不需要初步校正，大量实验表明，其为不透明分散体的正确操作。研究了两个具有不同光吸收性质的不透明系统：(1)具有光吸收分散颗粒；(2)具有光吸收分散介质。如图 17.5 为光吸收的颗粒(分散的黑苯胺染料)溶于水中的尺寸测量的结果。使用用于纺织的商业苯胺染料。在 537nm±16nm 时，测量的颗粒尺寸显示出独立的染料浓度。事实证明了该方法的精确性和适用性。

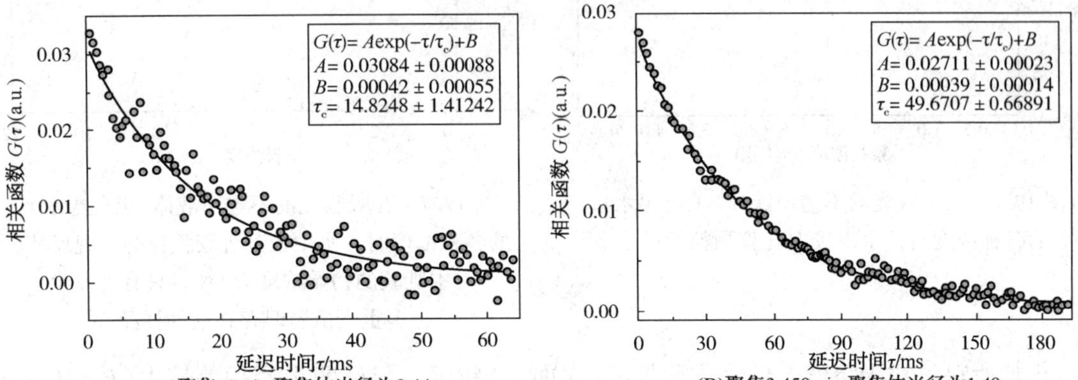

(A)聚集13min,聚集体半径为0.44μm　　(B)聚集3,450min,聚集体半径为1.49μm

图 17.4　加 5%正庚烷 Unocal Swanson River 原油中，沥青质聚合体的 DLS 自相关函数

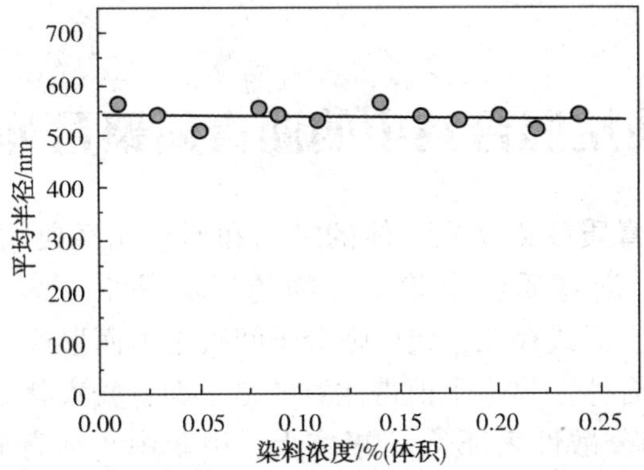

图 17.5　各种染料浓度时，水中光吸附胶体粒子(黑色苯胺染料)的尺寸

如图 17.6 所示，显示的是溶有黑色墨水的标准乳胶粒子的测量结果。在这种情况下，乳胶未吸收的胶体颗粒溶于可吸收的溶液中。粒子的证明半径为 R = 100nm±3nm。不透明溶剂的测量半径为 101. 0nm±3. 6nm。

染料和油墨浓度的改变对应完全透明至完全不透明溶液的变化。在后者情况下，光线渗透到样品的距离不超过 0. 1mm。可从图 17.5 和图 17.6 看出，对于所有染料和油墨的浓度来说，半径的测量值稳定在±5%。测量值显示出“反向散射”135° 几何学。利用圆柱样品的传统 90° 几何学，对应透明溶液的某一个浓度。

研究了高浓度不透明分散体的多重光散射的可能影响因素。对于多重散射，当接收的散射光的真实波矢量与接收器设置的角不一致时，测量的相关函数的正确解释具有问题。对于许多随机散射行为，是不可能知道多重散射光子的真实波向量。利用单散射方程描述多重散射数据会导致计算的颗粒尺寸大于真实值。在已准备好的约5%高颗粒浓度的乳胶样品中，只表现出多重光散射。各种不透明溶液的粒度测量结果显示于图17.7。

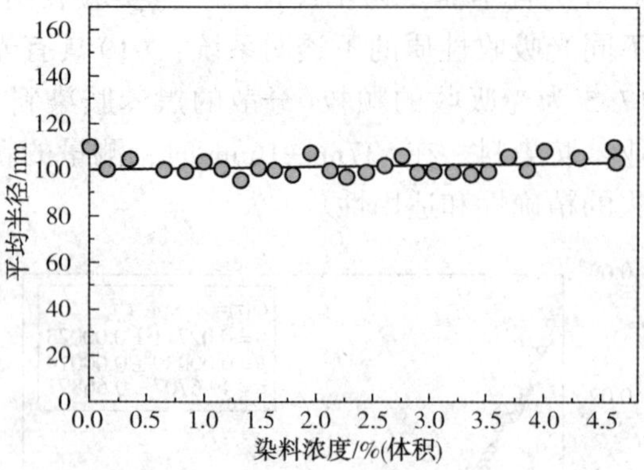

图17.6 在吸收光的不透明液体(黑色墨水)的各种浓度时，水中校准乳胶颗粒的尺寸

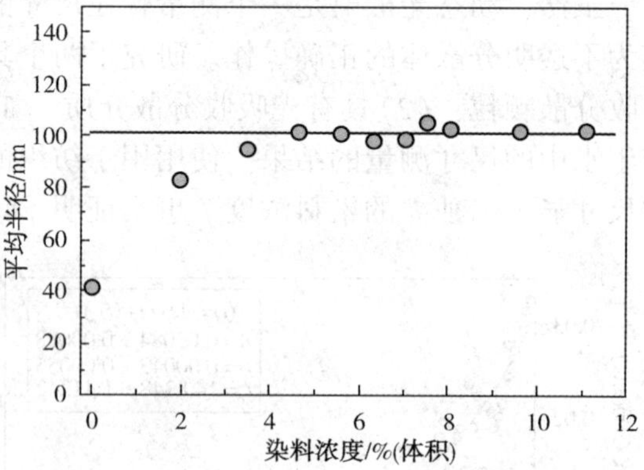

图17.7 在吸收光的不透明液体(黑色墨水)的各种浓度时，水中校准乳胶颗粒的表观尺寸。水中乳胶的初始浓度为5%。只有光发生多重光散射时存在这种样品

正如所料，对于溶液的低吸收测量的(表面上)粒度，与证明半径相差较大($R=100\text{nm}\pm3\text{nm}$)。然而，对于油墨浓度约4%的不透明系统，可忽略多重散射，测量的尺寸与证明半径相等。上述结果证明，修正的动态光散射方法研究光吸收胶体时具有有效性和准确性，包括对各种石油系统的研究。

17.3 甲苯-庚烷混合物中的沥青质聚合体

根据近几年研究，沥青质胶束状聚合体的结构和形状比经典的表面活性剂胶束更加复杂[24-26]。这些研究表明，沥青质胶束状聚合物的形成是由于多次相互作用的结果：约4.5nm大小的聚合体以分子形式存在，或由强分子间吸引力而形成，其中大颗粒是由弱引力势的小聚合体形成的自聚合体。另一个值得注意的是，沥青胶束状聚合体，其在甲苯中高于CMC时形成，并由重要的分散性表征[27]。事实上，甲苯中小沥青质聚合体问题较难研究，会存在小于4.5nm的颗粒(DLS不能检测)(O. C. Mullins, Private communication)。

分子热力学方法[28-30]，在沥青质沉淀存在时需考虑到原油的相平衡。热力学计算描述少量原油实验结果合理可靠。然而，沥青质沉淀行为的普遍预测依然不具可能性，仍急切需要特定原油的实验数据。

沥青质溶液的复杂性导致了在光散射实验中存在许多局限性。这就是为什么要在实验中采取一系列措施以提高测量数据的质量[31]。石油需进行脱水和显微孔过滤。过滤后的正庚烷作为沉淀剂。使用中性玻璃滤光片避免热透镜效应。每个实验均使用新鲜样品。在添加正庚烷后立即开始粒子筛选。为了获得合理的高质量相关函数，根据聚合过程的速率设置每次测量的累积时间持续1~15min。每个实验总的持续时间变化范围为10min至几天不等。所有实验在室温下进行。

实验过程包括光散射强度测量和零差态动态自相关函数的累积。将得到的相关函数拟合为一个具有累积量的单指数衰减；接着，推导了有效扩散系数以及由等式(17.3)计算粒子

的平均半径[23]。

从不同地区的原油中提取用于测量的沥青质：阿拉伯和委内瑞拉是由 Institut France du Petrole 提供；Alaskan 是由 Shell 公司提供；Siberian 和 Kazakhstan 来自莫斯科石油天然气技术大学。因此，可比较不同起源的胶体性质和沥青质聚集现象。

从 Kazakhstan 原油(哈萨克斯坦)提取出的沥青质得到了下列结果[33,34]。这类原油中沥青质含量为 6.2%。溶于甲苯中的沥青质初始浓度分别为 1g/L、5g/L 和 10g/L。这些浓度远高于大多数 CMC 值。然而，沥青质自聚合的下一个程度可能约为 3~4g/L[13-16]。可以看出，沥青质胶体粒子(“胶束”)最初存在于甲苯中，添加沉淀物后会影响聚合现象。

对于每一个沥青质的初始浓度，以下列方法确定正庚烷阈值浓度：将庚烷逐渐添加到沥青质溶液中直至沥青质开始聚合。观察溶液中正庚烷阈值浓度内的沥青质聚合体的增长，以及高于阈值浓度的其他正庚烷浓度的溶液。作为一个整体，研究了 3 种不同正庚烷浓度(沥青质初始浓度 1g/L)和 7 种不同正庚烷浓度(沥青质初始浓度 10g/L)的聚合动力学[34,35]。

一般来说，聚合过程可能涉及两个特征时间：扩散时间 t_D 和反应时间 t_R。如果 $t_D>>t_R$，聚合动力学由扩散控制，称为扩散限制聚合(DLA)。当 $t_R>t_D$ 时，在这种情况下，聚合动力学是由“反应”速率决定，称为反应限制聚合(RLA)[36-38]。遵循溶液的 Smoluchowski's 方程[39]，DLA 和 RLA 动力学过程由下列简单的公式描述为：

$$\text{DLA}: N=1+t/\tau_D R=R_0\ (1+t/\tau_D)^{1/d_f} \tag{17.4}$$

$$\text{RLA}: N=\exp(t/\tau_R) R=R_0\exp(t/\tau_R d_f) \tag{17.5}$$

其中，N 为聚合体中颗粒的平均数量，R 为聚合体的平均半径，R_0 为初始颗粒尺寸，t 为时间。在式(17.4)和式(17.5)中 d_f 为分形维数，根据定义 $N=(R/R_0)^{d_f}$。值得注意的是，对于 DLA 和 RLA 来说 d_f 和 R_0 是不同的。

表 17.1 甲苯-庚烷混合物中沥青聚集动力学参数

	沥青质/(g/L)	正庚烷/%(体积)	R_0/μm	τ_{char}/min	d_f
DLA	1.0	55[a]	0.1(固定所有浓度)	1.8	1.49
	1.0	60		0.15	1.83
	1.0	65		0.09	1.68
	1.0	70		0.04	1.77
RLA	10.0	52[a]	0.11	58.3	2(固定所有浓度)
	10.0	53	0.2	28.9	
	10.0	54	0.35	11.9	
	10.0	55	0.29	5.17	
	10.0	56	0.21	3.93	
	10.0	57	0.41	3.74	
	10.0	58	0.24	1.07	
交叉	5.0	55[a]	0.14	$\tau_D=1.04$，$\tau_R=18.9$	2(固定)

a：近极限浓度。

在图 17.8 中，显示了聚合体平均半径与时间的函数，由加入 4 种不同量的正庚烷甲苯溶液形成，沥青质初始浓度 1g/L。固体曲线表示调整至 DLA 的幂次定律(17.4)。沥青质的特征时间 t_D 取决于正庚烷浓度。等式(17.4)中系数 R_0 和 d_f 可作为可调参数处理至适合值

(表 17.1)。分形维数 d_f 几乎与所有适应值相同，其平均值 d_f 约 1.7±0.2。这与经典的胶体结果相一致，d_f 约 1.7±0.05[37,39]。根据正庚烷改变浓度从 55%体积的接近阈值至 70%体积，聚合速率增加了 50 倍。正庚烷浓度为 70%时，对应较高的聚合速率，在给定的实验条件下可进行测量(尤其是对完全不透明样品的解释)。

在沥青质初始浓度 10g/L 的溶液中，聚合过程的性质如图 17.9 所示，可发现明显的不同。在这种情况下，聚合体的平均半径以指数的方式增长，时间适用于等式(17.5)的 RLA。值得注意的是，聚合速率强烈取决于添加到沥青质-甲苯溶液中的正庚烷的量，并且从接近阈值的 52%至 58%时体积增加了 50 倍。

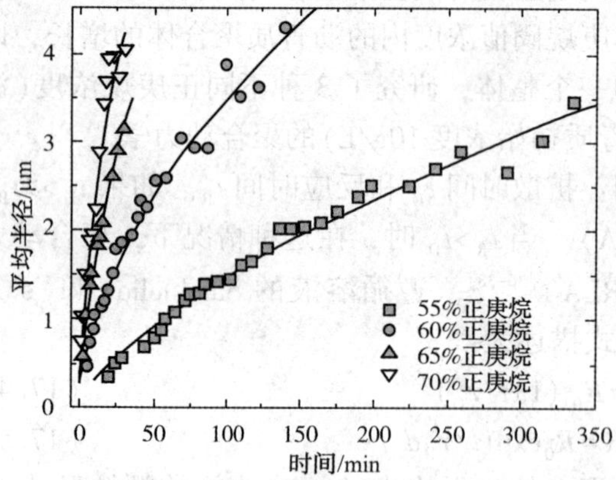

图 17.8 沥青质初始浓度 1g/L 时聚合体平均半径与时间的函数，分别为加入体积分数为 55%、60%、65%和 70%正庚烷的甲苯溶液。实线代表的是 DLA 的幂律[方程(17.4)]

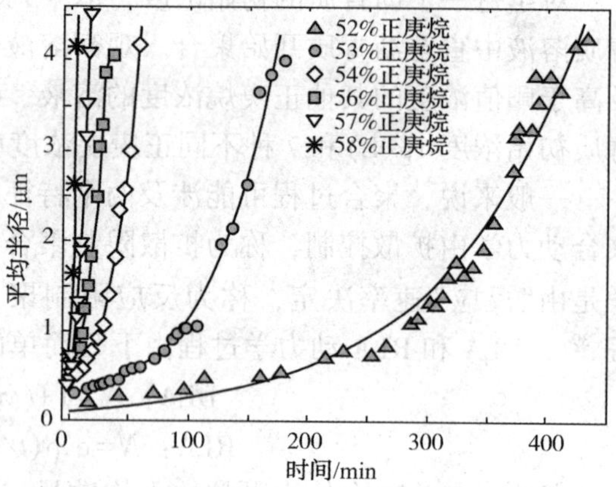

图 17.9 沥青质初始浓度 10g/L 时聚合体平均半径与时间的函数，分别为加入体积分数为 52%、53%、54%、56%、57%和 58%正庚烷的甲苯溶液。实线代表 RLA 的指数生长[方程(17.5)]

低、高和中间 3 个沥青质初始浓度实验结果，如图 17.10 所示。中间浓度表现出了纯 DLA 和 PLA 的动力学行为。相反，RLA 和 DLA 的交叉表明监控时间的实验范围。

描述实验数据，这里提到了一个简单方程，其包含了从 PLA 至 DLA 的交叉行为[40]，表达式为：

$$\frac{dN}{d\tau}=\frac{N}{\tau_D\gamma N+\tau_R} \tag{17.6}$$

其中，$\gamma=(R/R_{0(D)})^{d_f}$为常数。$\tau_D\gamma N$ 远小于 t_R，该方程暗含了 PLA。当 N 增加，$\tau_D\gamma N$ 大于 t_R。最后，当 $\tau_D\gamma N>>t_R$，DLA 占优势。等式(17.6)的整合得到了下列聚合体数量 N 的相交等式：

$$(N-1)\left(\frac{\tau_D\gamma}{\tau_R}\right)+\ln N=\frac{\tau}{\tau_R} \tag{17.7}$$

对于平均半径 R：

$$\tau_D\left(\frac{R}{R_{0(D)}}\right)^{d_f}+\tau d_f\ln\left(\frac{R}{R_{0(R)}}\right)=\tau \tag{17.8}$$

图 17.10 中的实曲线符合等式(17.4)对应 DLA，RLA 为等式(17.5)，交叉行为是等式(17.8)。

聚合体的2个限制区域和5g/L沥青质溶液之间的交叉表现出一个普遍的行为，如图17.11所示。如果对于RLA和相交曲线，利用标度变数 R/R_0 和 $\tau^*=\tau/\tau_{char}$ 表征时间 $\tau_{char}=\tau_R$，对于DLA曲线 $\tau_{char}=\tau_D$ 时，4个DLA曲线和6个RLA曲线变化成两个主曲线，两个主曲线之间的交叉曲线易于观察(固体圈)。比例因子，$\tau_D\gamma/\tau_R=1/43$，两个特征时间的比例，适于等式(17.8)至数据存在交叉行为。对于DLA，聚合体数量 N 与聚合体中沥青质“基本粒子”的平均数量一致，而RLA和交叉聚合，聚合数 N 是聚合体中高水平聚合体的平均数。这两个数量与比率 γ 相关。

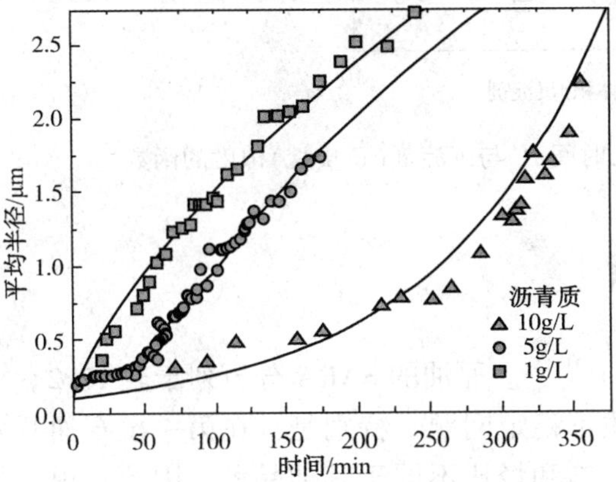

图 17.10 甲苯中沥青质初始浓度1g/L、10g/L、5g/L时聚合体平均半径与时间的函数，正庚烷的近极限浓度后。实线表示适合性，式(17.4)符合DLA，式(17.5)符合RLA，式(17.8)对应交叉行为

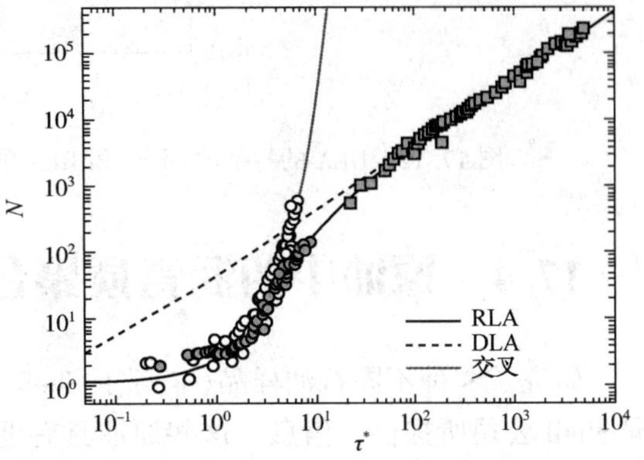

图 17.11 聚合体数量 N 与散射时间 t^* 的函数。空心圆代表10g/L沥青质/甲苯溶液时的RLA；实心正方形代表1g/L沥青质/甲苯溶液时的DLA；实心圆表示5g/L沥青质/甲苯的数据溶液时的交叉聚集动力学。粗实曲线为式(17.7)所述的交叉行为

尽管，交叉方程是两个极限的纯现象学插值，对于DLA和RLA其后面具有一个自然物理图像。随着甲苯中沥青质浓度的上升，初始聚合体的大小 R_0 也随之增加。另外，非平衡态聚合体的聚集现象(存在沉淀剂时)随着时间增加。与此同时，聚合体的浓度也可随着浓度和时间变化。此外，在甲苯沥青质溶液中添加正庚烷能够改变初始聚合的尺寸及其结构。注意到，特征反应时间远大于特征扩散时间。在一个合理的假定下，可以想象RLA“屏障”为内在初始聚合扩散，其充当限速步骤直至 R 远大于 R_0。这就可以解释为什么DLA和RLA的交叉点随甲苯中沥青质浓度的增加而增加(增加的 R_0)，并且DLA较多时受到大聚合体数量(增加的 R)的限制。

匹配的结果显示于表17.1[34]。甲苯中沥青质浓度较低时，1g/L(但高于CMC，约为0.1g/L)[17]，非平衡聚合体是由初级沥青纳米聚合而成，聚合特征完全取决于聚合体的扩散。高于5g/L，非平衡聚合体是由大的平衡的聚合体而形成。当沥青质浓度增加，聚合体变得更大且位垒更高。这就是为什么RLA速率随着沥青质浓度的增加而降低。

图17.12描述的是，基于正庚烷浓度 C 的DLA和RLA表征时间的曲线。这些相关性可通过幂次法粗略的描述。$\tau_{D,R}\propto(c-c_0)^{-x}$，其中 c_0 为正庚烷的阈值浓度，DLA时 $x=1$，$c_0=54.5\%$，RLA时 $x=2.3$，$c_0=51\%$。

值得注意的是，经典的胶体聚合理论能够合理地描述甲苯-庚烷混合物中沥青质的聚合动力学。对于从其他原油中提取出的沥青质，也观察到了相似的聚合行为，如Alaskan和A-rabian原油[24,34,41]。

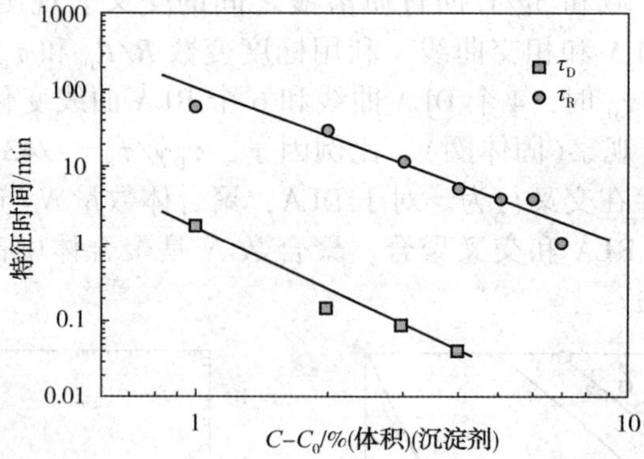

图 17.12 DLA 的特征时间 τ_D 和 RLA 的特征时间 τ_R 与沉淀剂(正庚烷)浓度的函数

17.4 原油中的沥青质聚合体

研究了 3 种不同石油样品(来源于 Shell 公司)[41,42]。原油的 SARA 分析列于表 17.2。根据 Shell 公司所提供的信息，这些原油具有沥青质不稳定问题。特别是，在第一次石油开采和运输过程中会造成许多麻烦。该石油中芳香烃/饱和烃比不同于其他品种，因此，预测其会有不同的聚合行为。

表 17.2 原油样品的代表性 SARA 值

	原油	饱和烃/%	芳香烃/%	树脂/%	沥青质/%
1	Swansin River	53.1	35.2	7.2	4.53
2	Europe SkyBlue	27.13	56.72	9.4	6.75
3	Mars A12	24.3	55.6	14.9	5.15

在 Swanson 河油中发现的有效布朗扩散系数，随着监控时间的变化而变化。最初，扩散系数约为 $5\times10^{-10}cm^2/s$，对应的颗粒尺寸约 1μm，但 5 天后粒度增加了 2 倍(图 17.13)。当单独测量样品的剪切黏度时，可利用等式(17.3)获得平均粒度(见第 6 节)。在实验过程中，激光束不断地进入到样品中，激光辐射会影响粒子尺寸的增长。因此，这种效应需进行进一步的研究。排除任何热透镜效应，利用 12 倍衰减的中性密度滤光片降低激光功率。

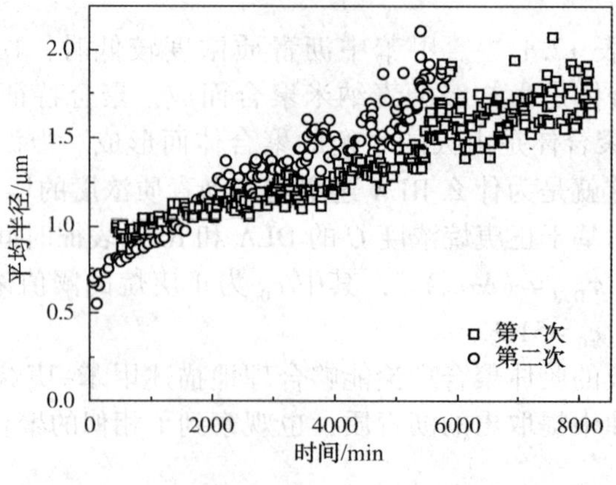

图 17.13 Unocal Swanson River 原油中，聚合体尺寸与监测时间的函数

在加入正庚烷的石油混合物中可观察到强烈的聚集动力学。不同正庚烷浓度油/沉淀剂混合物的典型曲线代表了双重对数尺度中粒度的缓慢增加，如图 17.14 所示。

在实验中发现了散射强度的增加。认为该过程是一个胶体颗粒的聚合过程并代表了颗粒尺度的指数增长。聚集速率十分依赖于沉淀剂浓度(图 17.15)。指数拟合与实验数据具有较好的一致性，得到了该油样品的“特征阈值浓度”，等于约 3%的正庚烷。沉淀剂的添加降低了聚合反应的能垒，同时，大量沉淀剂导致了更高的聚集速率。在沥青质的甲烷/庚烷溶液中观察到，这些行为与反应限制的聚合相一致。

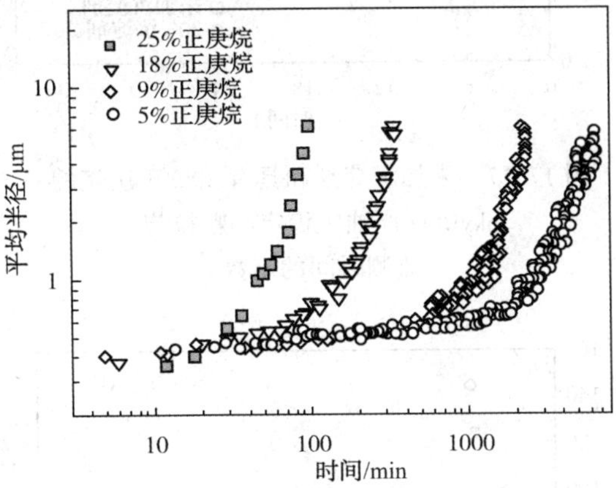

图 17.14 不同沉淀剂浓度的石油混合物中，平均半径与监测时间的函数

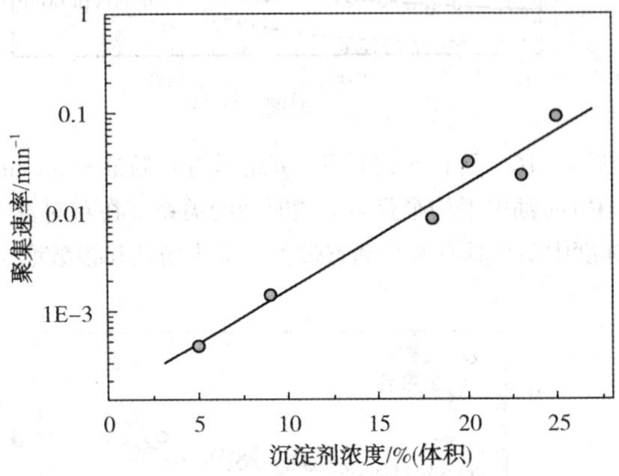

图 17.15 Unocal Swanson River 油/沉淀剂混合物中聚集速率的指数生长与沉淀体积浓度的函数

在具有 5%，9%和 18%正庚烷的混合物中，粒度生长涉及两个不同的阶段。实验数据的初始部分符合接近 1/3 指数的幂律。这个极慢的过程类似于纯油中观察到的过程。实验数据的第二部分代表了 5%混合物中 2300min 特征时间下的指数增长(图 17.16)。然而，当大颗粒主导时，能量方程暗含了指数增长的初始阶段。这种重叠区域使我们不能用动态光散射来区分这两个过程。这两个过程的截距移动至沉淀剂浓度增加的低倍处(图 17.14)。

发现该石油接近聚合不稳定性。不能明确定义聚合初始阶段时沉淀剂的阈值浓度。在正庚烷浓度低至 3%的溶液中观察沥青质颗粒增长。

Unocal Swanson 河油明确揭示了内在胶体结构，并表现出动力学的不稳定性。含正庚烷石油混合物显示出剧烈的聚集现象，其速率取决于油/沉淀剂比率[41]。根据 SARA 分析，该油的成分与其他油(大比例的饱和烃，参见表 17.2)完全不同。因此，分析结果对原油稳定性具有良好的指示作用，代表了沥青质的聚集。

EuropeSkyBlue 原油中测得的有效扩散系数，在至少 24h 监测时间内保持在约 2×10^{-9} cm^2/s。扩散系数对应 20nm 维度的颗粒。在添加 20%沉淀剂的混合物中，扩散系数的增加高达 $10^{-8}cm^2/s$，但粒度保持相同。实验用混合物持续 24h，整个过程中颗粒尺度和散射强度均未表现出显著变化(图 17.17)。

在正庚烷浓度为 25%或更高的溶液中，通过分析不同相关时间尺度的动态相关函数检测到了两个有效的颗粒大小。虽然，系统中含有小颗粒但仍能形成相对大的聚合体。即使散射光的强度随着时间降低，但扩散率的变化未超过 2 倍。这种变化是由于实验条件有限，即低散射强度。含 44%正庚烷的混合物的相关过程显示于图 17.18(A 和 B)。较大的聚合体尺寸取决于添加的沉淀剂的量并增长至几微米(图 17.19)。

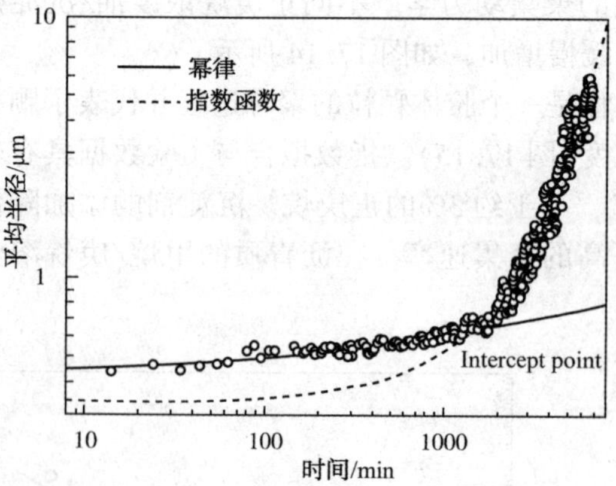

图 17.16 具有 5%(体积)沉淀剂的 Unocal Swanson River 油中平均半径与监测时间的关系。在双对数标度中明显具有两个动态过程，幂律增长和指数增长

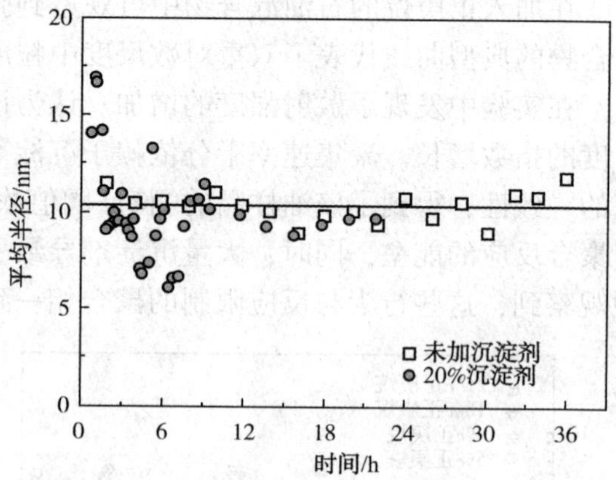

图 17.17 未加沉淀剂和具有 20%正庚烷的 SkyBlue 原油中稳定小颗粒与监测时间的函数

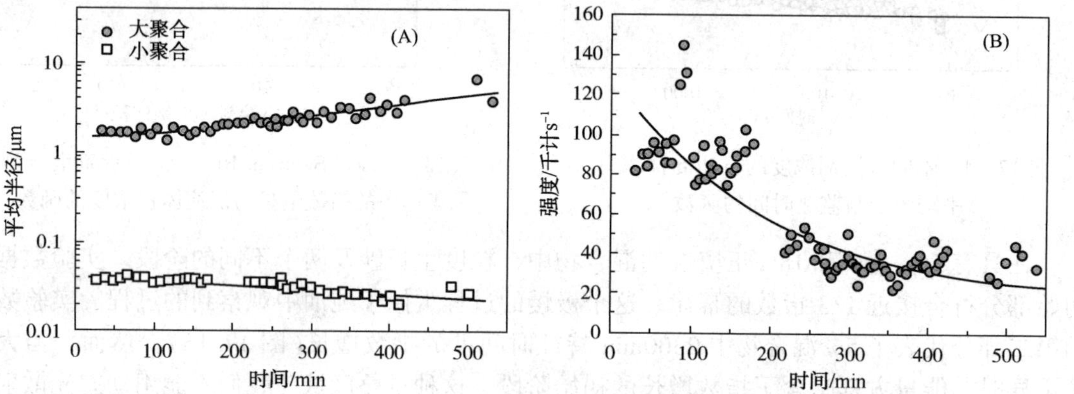

图 17.18 具有 44%(体积)沉淀剂的 SkyBlue 油中平均半径(A)和光散射强度(B)与监测时间的函数

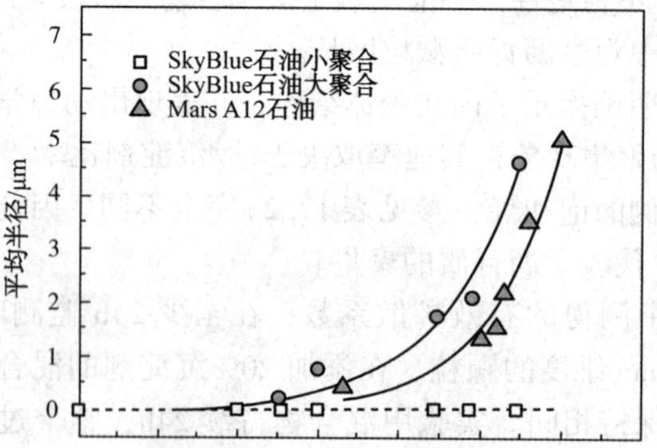

图 17.19 各种沉淀剂浓度时沥青质颗粒的平均尺寸

根据沉淀剂的浓度可测量颗粒大小，30%正庚烷浓度超过 20h，对于 44%正庚烷浓度小于 10h，49%正庚烷浓度小于 6h，53%正庚烷浓度小于 2h。经过上述时间，散射强度变得极低以至于不能进行测量。摇动样品后可恢复有效颗粒尺度，并在 15h 内消失。在该原油样品

中未观察到颗粒尺寸的缓慢变化。

从上述结果我们可以得出以下结论，Europe SkyBlue 石油具有内在胶体结构。该结构在纯油和含高达20%沉淀剂的溶液中均保持稳定。悬浮在石油介质中的沥青质颗粒尺度约20nm。在浓度高于阈值浓度下，添加沉淀剂可快速启动聚合反应。由于聚合体生长较快，不能测量其尺寸随时间的变化。加入正庚烷后可导致大尺寸(几微米)聚合体的形成；然而，其尺寸可保持稳定。聚合反应后发生最终沉降，且散射体积中的颗粒数量随时间减少。沉降速率取决于沉淀剂浓度。高的沉淀剂浓度可导致较快的沉降速率，反之亦然。该石油样品的阈值浓度约25%(体积)正庚烷。

在 Mars A12 原油样品和含20%正庚烷的 Mars A12 溶液中均未检测出布朗扩散系数。在30%~60%正庚烷浓度的溶液中观察到较低的扩散率，表明颗粒尺寸较大。这并没有明显的改变监测时间。对于具有不同油/庚烷比的混合物，扩散率约 $6\times10^{-10}cm^2/s$。然而，对于33%(体积)正庚烷浓度时粒度约从1μm 开始增长，60%时为10μm。大于60%的沉淀剂将导致大尺寸簇状物形成而无法测量。关于 Sky-Blu 和 Mars A12 原油的沉淀剂浓度对用的聚合物尺寸，显示于图 17.19。两种原油显示出相似的聚合行为。明确观察到聚合的阈值浓度。

得到以下结论，Mars A12 石油未检测到胶体结构。加入正庚烷可诱导形成稳定的胶体颗粒。其形成的阈值浓度约20%正庚烷。添加相对大量的沉淀剂(大于60%)将破坏体系的稳定性，并导致颗粒絮凝成巨大的簇状物。

17.5 沥青质胶体的稳定性

在许多情况下，沥青质胶体是动力学不稳定的。然而，在表面活性剂或/和超声搅拌的作用下，其甚至可在如水一样不良溶剂中保持稳定。沥青质胶体的稳定性是石油工业中一个重要的问题，并受到了广大研究者的关注[43-45]。在聚合的不同阶段，表面活性剂的添加和超声搅拌作用都将影响沥青质的稳定性。本节得到的许多研究的实验结果为首次发现。

图 17.20 显示了沥青质颗粒尺寸的 DLS 测量结果，其在甲苯(35%)-庚烷(65%)的混合物中生长。从 Arabian Light(由法国杜佛石油公司提供)提取的沥青质溶于甲苯中的初始浓度为1g/L。曲线1表示的是不受限制的沥青质，导致了沥青絮凝物的最终沉积。曲线2表示，在加入0.4g/L 双十二烷基二甲基铵溴化物(DDAB)的相同溶液中颗粒的生长情况。添加后导致了颗粒尺寸最终稳定在0.12μm。

图 17.21 显示了机械扰动对沥青质聚合的影响。在甲苯中沥青质的初始浓度为1g/L。加入65%正庚烷后，初始振荡1min 后开始测量混合物的粒度。聚合过程开始后约400min，再次振荡1min 后聚合体尺寸降低了至少一半。振荡结束后，其以更高的速率恢复聚集。约540min 时，施加超声波搅拌2min。搅拌作用使聚合体尺寸减小至0.2μm。搅拌停止后，聚合体以初始速率恢复。这种定量实验操作可对不同机械扰动下生长的聚合体稳定性进行评估，其为一种初步结果。

然而，在良好溶剂/沉淀物混合物中，超声搅拌只能阻止其作用过程中的沥青聚集，在不良溶液中，强度(44kHz，1~10W)2min 超声搅拌可生成动力学稳定的胶体沥青质溶液。

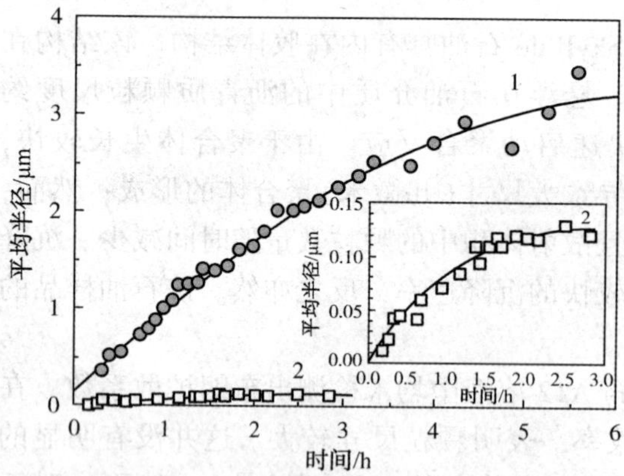

图 17.20　甲苯-庚烷混合物(35/65)中的沥青质聚合体

1—不受限制的聚合；

2—添加表面活性剂(DDAB)的聚合(也显示为插入物)；沥青聚合体尺寸稳定在 0.12μm

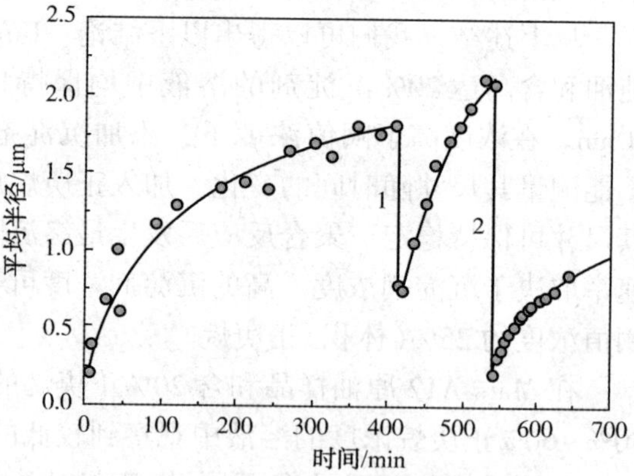

图 17.21　甲苯(35%)与正庚烷(65%)和 1g/L 的沥青质的甲苯溶液混合物中沥青质聚合体对力学摄动的影响

1—通过摇动破坏沥青质聚集体(1min)，随后重新聚集；

2—通过超声搅拌(2min)破坏沥青质聚集体，随后重新聚集

图 17.22 展示的是在不同溶剂中沥青质聚合行为。曲线 1 表示了甲苯(35%)和正庚烷(65%)混合物中不受限制的沥青质聚合过程。在甲苯中沥青质的初始浓度为 1g/L。曲线 2 为超声搅拌下，正庚烷中稳定沥青质颗粒的平均尺寸。曲线 3，强烈超声搅拌后水中稳定沥青质颗粒的平均尺寸。在 2~5min 范围内搅拌时间的增加不会显著改变聚合体的尺寸。

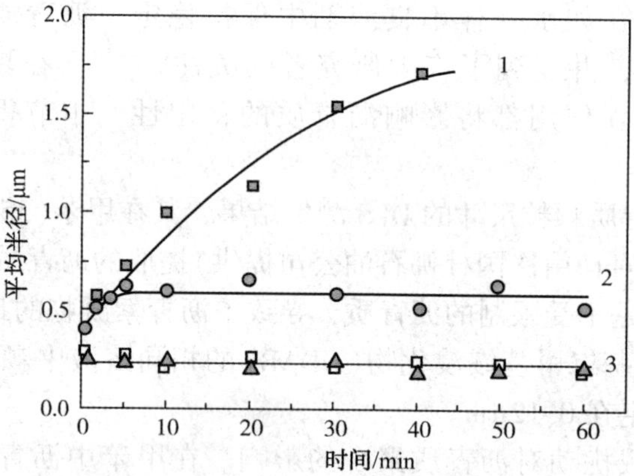

图 17.22　在环境条件下沥青质在各种溶剂中的聚集

1—在甲苯(35%)-正庚烷(65%)混合物中沥青质的无限聚集；

2—通过超声搅拌在正庚烷中形成稳定的沥青质颗粒；

3—通过超声搅拌在水中形成稳定的沥青质颗粒(三角形—搅拌 2min，正方形—搅拌 5min)

同样值得注意的是，在不良溶剂中稳定的沥青质胶体与纯溶液中具有几乎一样的光学透明度。通过强烈搅拌后沥青质聚合体的稳定机制尚未解析。可能的是，在不良("疏水性沥青质")溶剂中的超声搅拌导致了聚合体的重构，以及在聚合体表面形成了两亲性的表面活性剂样层。

17.6 石油系统的黏度和微观流变学

从动态光散射实验数据获得粒子尺度，需确定介质的剪切黏度。经典的黏度测量方法广泛用于沥青质聚集现象的研究[46-48]。在本研究中，利用流变仪流体光谱仪(RFS II)研究了原油和油/沉淀剂混合物的剪切黏度。RFS II 为实验室级别仪器，用于研究结构化和非结构化流体的黏性和黏弹性。该仪器采用稳定旋转，或动态振荡剪切，或任何形式的剪切方式测试材料。通过测量经过材料的转矩，可获得材料的储存(弹性)模量、损耗(黏度)模量和剪切黏度。

大多数原油的光散射实验是在室温下进行，在两个接近室温的不同温度下测量原油黏度。然后，推测所需温度下的黏度。黏度测量过程如下所示。当盖子和元件温度稳定时，原油传输至盖子上并混合一定时间。之后便可获得原油的黏度值。逐渐添加正庚烷，则可获得不同油/沉淀物比的混合物黏度。Swanson River 和 SkyBlue 石油的油/沉淀物混合物的剪切黏度，如图 17.23 所示。

通常原油为黏弹性的非牛顿流体。原油的这种性质常常导致难以对黏度的测量值进行解析。在图 17.24 中，Mars A12 的表观黏度为测量时间的函数。在旋转状态下进行测量。如图所示，黏度随着时间稳定增加，在恢复旋转后可继续增加。转速的变化(最多 8 次)和旋转方向不会引起任何黏度的显著变化。其中一种推测是，稳定的剪切速率导致了超分子结构的形成，进而引起了黏度的增加。通过比较旋转和振荡状态下的黏度测量值，可支持上述解析(图 17.25)。由于振荡不可能导致超分子结构的形成，该范围测量的黏度值整体上较低。

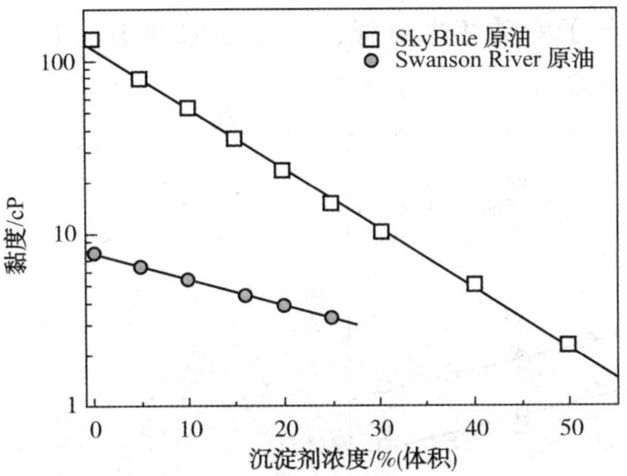

图 17.23 在环境温度下原油-正庚烷混合物的黏度

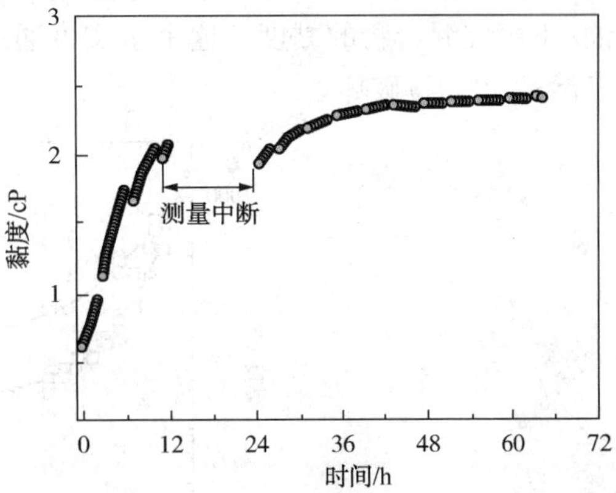

图 17.24 在环境温度下由剪切速率诱导的黏度动力学

近年来，通过来自校准布朗尼颗粒的动态光散射测量剪切黏度，对中尺度软物质材料流变性质的研究变得较为普遍。这种方法称作“微流变学”[49,50]。根据分散在液体中已知尺寸颗粒的扩散系数测量值，再利用 Stokes - Einstein 方程(17.3)可计算黏度。值得注意的是，颗粒必须是球形或非交互的。由于在原油和重油组分系统中难以校准悬浮布朗颗粒，因此微流变学的应用受到了限制[51]。通过利用含水的原油(Utkinskaya，俄罗斯)可以解决这个问题。这种油是含水天然稀释的微乳液。该油的 DLS 尺寸显示，存在 70nm 的稳定水滴。加热和超声波搅拌均不会破坏液滴。然而，当油样完全脱水后液滴将消失。乳液微滴呈球形。由于水的痕量浓度非常低，可认为乳胶液滴为不相互作用的粒子。同样，这意味着乳液的痕量浓度不会影响原油黏度。通过旋转黏度计测量脱水油黏度，并利用该黏度获得微滴半径，其表达式为等式(17.3)。然后，假设其尺寸与温度无关，根据等式(17.3)可求出黏度，为温度函数。“宏观黏度”(由黏度计测量)和“微观黏度”(由 DLS 测量)的比较列于图 17.26。通过比较可以发现，DLS 微流变学和经典宏观流变学具有一致性。

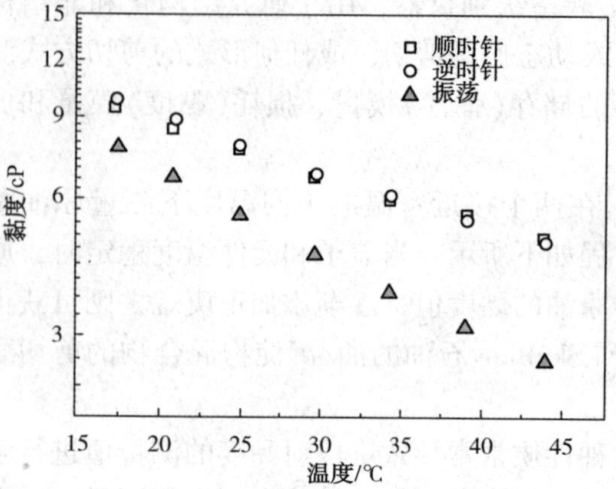

图 17.25　旋转(圆和正方形)与振荡(三角形)方案对黏度测量的比较

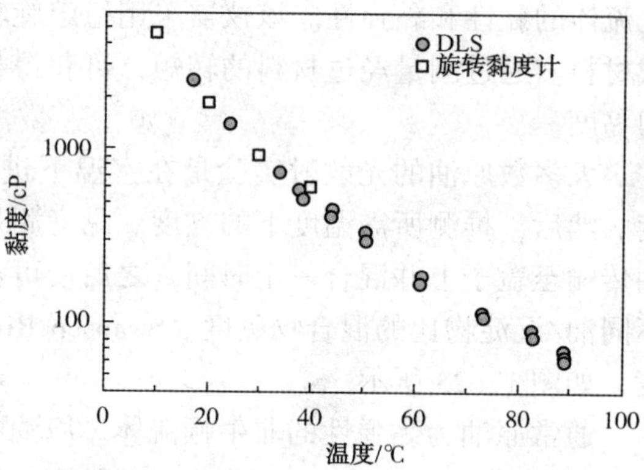

图 17.26　通过 DLS 微流变学测量的原油-溶剂混合物的黏度(近界)。空心方块-用旋转黏度计测量的黏度结果

在图 17.27 中，混有甲苯和正庚烷两种不同溶剂的 Utkinskaya 原油黏度，是溶剂浓度的函数。通过 DLS 微观流变学可获得黏度。有趣的是，在系统上石油/甲苯混合物的黏度低于石油/正庚烷混合物的黏度。这个事实可通过超分子的破坏来解释，在超黏原油中的沥青质被良溶剂(甲苯)破坏。

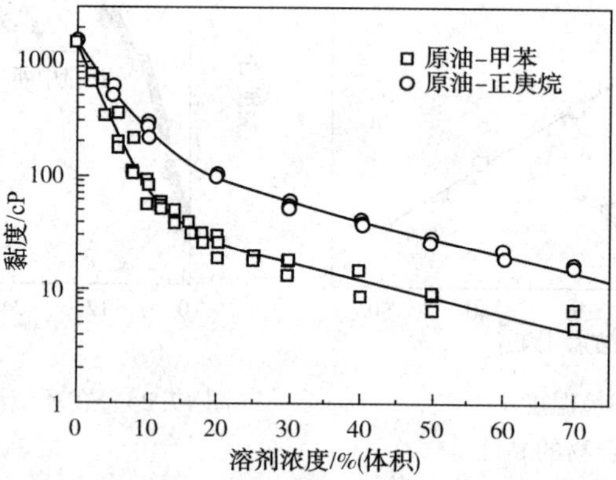

图 17.27　在环境温度下通过 DLS 微流变学测量的原油-正庚烷和原油-甲苯混合物的黏度

17.7　结论

本文证明了动态光散射是一种实时监测石油胶体稳定性的有效技术。结合精确的黏度测量，其在研究原油胶体性质和含重油组分(如沥青质)的溶液时是十分有力的工具。为了使光散射测量能够在不透明(强吸光)胶体中应用，已设计并测试了特殊的光学系统。

研究发现，在烃溶液中沥青质颗粒的聚合遵循两种不同的动力学定律，即扩散限制的聚合和反应限制的聚合。对于浓度远高于纳米尺度缔合阈值的沥青质溶液和正庚烷浓度接近沉淀阈值，可观察到这两个体系的交叉现象。在经典的胶体中也可观察到类似的现象。正如预期，在缩放变量方面，所得到的数据明确表明了可能存在于其他胶体系统中的通用行为。

此外，本章还研究了胶体性能，并利用应用于不透明流体中的动态光散射方法分析了原油样品的沥青质聚合动力学。对于含两种油样品，存在固有的胶体状结构，所含颗粒尺寸分别约 0.02μm 和 1μm。实验表明，对于单一样品该结构会受到激光辐射的影响，然而，由光化学引起的局部沥青沉淀，包括可能的共振光吸收或原油中的局部过热现象需进一步研究。在接下来的实验中，可利用含各种可见光和红外波长的激光器，研究光辐射效应对沥青质稳定性和沉淀的影响。

假设观察到的颗粒为沥青质/树脂的胶体颗粒。利用正庚烷作为沉淀剂，研究了沥青质聚合过程中原油系统的稳定性。其中的一种原油表现出极为缓慢的聚合过程。加入沉淀剂的量越大，聚合速率随之越快。该油的沉淀剂阈值浓度还未明确，在本质上接近不稳定。另两种石油却表现出不同的行为，其中第二个样品聚合速率较快，其在沉淀剂的阈值浓度时开始沉淀且持续时间较短。该过程导致了具有稳定沥青质聚合体的胶体结构的形成。第三个样品没有初始胶体结构，但当溶液中正庚烷浓度为 20%时发生聚合并保持稳定。添加大于 60%(体积)的沉淀剂后可完全破坏结构的稳定性，并导致颗粒絮凝成大尺度簇状物，且不能利用 DLS 测量。研究结果表明，高芳香烃/饱和烃比的石油具有更稳定的结构，并表现出较快的聚合速率，而具有较低速率的石油处于稳定的边缘且表现为十分缓慢的聚合动力学。

关于沥青质的未来研究方向，通过动态光散射对高温和宽温度范围下聚合体的测量是十分必要的。利用超声波搅拌法对不良溶剂中沥青质聚合体稳定性的阐明，对其在工业应用是十分重要的。微观流变学(根据校准的布朗粒子的动态光散射对中尺度颗粒剪切黏度的测量[51])在原油和石油系统中的应用将有较大的发展前景。

致谢

感 谢 V. A. Agayan、Y. Briolant、Y. G. Burya、A. I. Chernoutsan、V. A. Dechabo、I. A. Dmitrieva、D. Frot、E. E. Gorodetskii、V. I. Kosov、E. L. Markhashov、V. R. Melikyan、V. V. Nikitin、G. L. Nikolaenko、J. V. Sengers 和 H. Toulhoat 在本研究中所作的重大贡献，以及 O. C. Mullins 的帮助。感谢 Shell International E&P－Westhollow 技术中心、法国 du Petrole 和莫斯科石油天然气技术大学为我们提供了各种原油和沥青质样品。

参 考 文 献

[1] Sheu, E. Y. and D. A. Storm(1995). Colloidal properties of asphaltenes in organic solvent. In: E. Y. Sheu and O. C. Mullins (eds.). Asphaltenes: Fundamentals and Applications. Plenum, New York, p. 1.
[2] Yen, T. F. (1998). Asphaltenes: Types and sources. In: O. C. Mullins and E. Y. Sheu(eds.). *Structure and Dynamic of Asphaltenes*. Plenum, New York, p. 1.
[3] Long, R. B. (1981). The concept of asphaltenes. In: J. W. Bunger and N. C. Li(eds.). *Chemistry of Asphaltenes*. Advances in Chemistry, Series 195. American Chemical Society, Washington. DC.
[4] Storm, D. A. and E. Y. Sheu(1993). *Fuel* 72, 233.
[5] Groenzin, H. and O. C. Mullins(2000). *Energy Fuels* 14, 667.
[6] Mack, C. (1932). *Phys. Chem.* 36, 2901.
[7] Nellensteyn, F. J. (1933). *Proc. World Petroleum Congress*. 2, 616.
[8] Pfeiffer, J. P. and R. N. J. Saal(1940). *J. Phys. Chem.* 44, 139.
[9] Buckley, J. S., G. J. Hirasaki, Y. Liu, S. Von Dracek, J－X. Wang, and B. S. Gill (1998). *Petroleum Sci. Technol.* 16

(34).
[10] Wang, J. (2000). *Predicting Asphaltene Flocculation in Crude Oils*. PHD thesis, New Mexico Institute of Mining & Technology, Socorro, New Mexico, 87801.
[11] Mason, T. G. and M. Y. Lin(2003). *Phys. Rev. E* 67, 050401(R).
[12] Mason, T. G. and M. Y. Lin(2003). *J. Chem. Phys.* 119, 565.
[13] Andersen, S. I. and J. G. Speight(1993). *Fuel* 72, 1343.
[14] Andersen, S. I. and S. D. Christensen(2000). *Energy Fuels* 14, 38.
[15] Sheu, E. Y., M. M. De Tar, D. A. Storm, and S. J. DeCanio(1992). *Fuel* 71, 299.
[16] Andersen, S. I. and K. S. Birdi(1991). *J. Colloid. Interface Sci.* 142, 497.
[17] Andreatta, G., N. Bostrom, and O. C. Mullins(2005). *Langmuir* 21, 2728.
[18] Oliver, C. J. (1974). Correlation techniques. H. Z. Cummins and E. R. Pike(eds.). *Photon Correlation and Light Beating Spectroscopy*. Plenum, New York, p. 151.
[19] Anisimov, M. A., I. A. Dmitrieva, and I. K. Yudin(1988). *Optika i Spectroskopiya* (in Russian)49, 144.
[20] Yudin, I. K., G. L. Nikolaenko, E. E. Gorodetskii, and V. I. Kosov(1996). Colloid Aggregation Kinetics in Opaque Pet-roleum Mixture. In: *Photon Correlation and Scattering*. OSA Technical Digest Series. OSA, Washington DC, 14, p. 128.
[21] Yudin, I. K., G. L. Nikolaenko, V. I. Kosov, V. A. Agayan, M. A. Anisimov, and J. V. Sengers (1997). *Int. J. Thermophys.* 18, 1237.
[22] Yudin, I. K. and G. L. Nikolaenko(1997). Photon correlation spectroscopy of opaque fluids. In: E. R. Pike and J. B. Abbiss (eds.), *Light Scattering and Photon Correlation Spectroscopy*. Kluwer Academic Publishers, The Netherlands, p. 341.
[23] http://www.photocor.com.Opaque-dispersions.htm
[24] Herzog, P., D. Tchoubar, and D. Espinat(1988). *Fuel* 67, 245.
[25] Ravey, J. S., G. Ducouret, and D. Espinat(1988). *Fuel* 67, 1560.
[26] Anisimov, M. A., I. K. Yudin, V. V. Nikitin, G. L. Nikolaenko, A. I. Chernoutsan, H. Toulhoat*et al.* (1995). *J. Phys. Chem.* 99, 9576.
[27] Sheu, E. Y., K. S. Liang, S. K. Sinha, and R. E. Overfield(1992). *J. Colloid Interface Sci.* 153(2), 399.
[28] Wu, J., J. M. Prausnitz, and A. Firoozabadi(1998). *AIChE J.* 44, 1188.
[29] Wu, J., J. M. Prausnitz, and A. Firoozabadi(2000). *AIChE J.* 46, 197.
[30] Firoozabaddi, J. A. (1999). *Thermodynamics of Hydrocarbon Reservoirs*. McGraw-Hill, New York.
[31] Burya, E. G., I. K. Yudin, V. A. Dechabo, V. I. Kosov, M. A. Anisimov(2001). *Appl. Opt.* 40, 4028.
[32] Yudin, I. K., G. L. Nikolaenko, E. E. Gorodeskii, V. I. Kosov, V. R. Melikyan, E. L. Markhashov *et al.* (1998). *J. Petrol. Sci. Eng.* 20, 297.
[33] Nadirov, N. K., L. H. Batrakov, S. M. Burkitbaev, and S. B. Nurzhanov(1987). *Dokl. Akad. Nauk* (in Russian, available in English), 295, 1177.
[34] Yudin, I. K., G. L. Nikolaenko, E. E. Gorodetskii, E. L. Markhashov, D. Frot, Y. Briolant*et al.* (1998). *J. Petrol. Sci. Technol.* 16, 395.
[35] Yudin, I. K., G. L. Nikolaenko, E. E. Gorodeskii, E. L. Markhashov, V. A. Agayan, M. A. Anisimov *et al.* (1998). *Physica A* 251, 235.
[36] Weitz, D. A., J. S. Huang, M. Y. Lin, and J. Sung(1985). *Phys. Rev. Lett.* 54, 1416.
[37] Weitz, D. A. and M. Y. Lin(1986). *Phys. Rev. Lett.* 57, 2037.
[38] Lin, M. Y., H. M. Lindsay, D. A. Weitz, R. C. Ball, R. Klein, and P. Meakin(1990). *Phys. Rev. A.* 41, 2005.
[39] Von Smoluchowski, M. (1916). *Phys. Z.* 17, 593.
[40] Yudin, I. K., G. L. Nikolaenko, E. E. Gorodetskii, E. L. Markhashov, V. A. Agayan, and M. A. Anisimov(2000). Crossover from reaction-limited aggregation to diffusion-limited aggregation of asphaltenes in hydrocarbon solutions. In: *Porous Media: Physics, Models, Simulation*. World Scientific, Singapore, p. 75.
[41] Burya, E. G., I. K. Yudin, V. A. Dechabo, and M. A. Anisimov(2001). *Int. J. Termophys.* 22, 1397.
[42] Yudin, I. K., V. I. Kosov, V. A. Deshabo, E. E. Gorodetskii, Y. G. Burya, and M. A. Anisimov(2000). Aggregation phenomena in petroleum colloids studied by dynamic light scattering. In: *Photon Correlation & Scattering*. OSA Technical Digest Series. OSA, Washington, DC, p. 30.
[43] Clark, J P. F. and B. B Pruden(1997). *Fuel* 76, 607.
[44] McLean, J. D. and P. K. Kilpatrick(1997). *J. Coll. Interface Sci.* 189, 242.
[45] McLean, J. D. and P. K. Kilpatrick(1997). *J. Coll. Interface Sci.* 196, 23.
[46] Escobedo, J., and G. A. Mansoori(1995). *SPE Production Facilities* May, 115.
[47] Escobedo, J., and G. A. Mansoori(1997). *SPE Production Facilities* May, 116.
[48] Fenistein, D., L. Barre, D. Broseta, D. Espinat, A. Livet, J-N. Roux*et al.* (1998). *Langmuir* 14, 1013.
[49] Mason, T. G. and D. A. Weitz(1995). *Phys. Rev. Lett.* 74, 1250.
[50] Crocker, J. C., M. T. Valentine, E. R. Weeks, T. Gisler, P. D. Kaplan, A. G. Yodh*et al.* (2000). *Phys. Rev. Lett.* 85, 888.
[51] Williams, D. F. and C. H. Byers(1986). *J. Phys. Chem.* 90, 2534.

(Igork. Yudin, Mikhail A. Anisimov)

第18章　近红外光谱对溶液中沥青质聚合体的研究

18.1　前言

石油中的沥青质十分复杂，并难以表征。沥青质代表了一种溶解度类别，定义为石油中(或有机物)溶于甲苯而不溶于正庚烷的那部分(有时，其他的烷烃溶剂也可定义为该溶解度等级，最常见的是正戊烷)。由于原油组分谱具有较高的极性和分子量端，沥青质在产生、运输和原油加工过程中会出现大量问题。因此，这种溶解度级别已被广泛研究。关于沥青质的各种方面的文章十分广泛，包括其化学性质、分子量、溶解度、相行为、反应性等[1-4]。

原油是一种数千种极性和非极性化合物的混合物。沥青质是原油组分中极性最高的，通常可与大的两亲分子相比。两亲分子的自聚集特性已被确定。在这方面，经常会提到这样的问题——沥青质分子如何自聚集？如果有此行为，在多少浓度时会表现出这种行为？聚合体的其他性能和尺寸？基于表面张力的测量，Sheu 等[5]验证性解释了第一个问题。观察了沥青质-溶剂混合物中表面张力的明显断裂点是其浓度的函数。其工作的浓度范围为0.1~10g/L。自那时起，便承认了沥青质聚合体的存在；然而，对聚合体及其聚合过程的描述具有不同的术语。为了与两亲性分子的比较，"胶束"这一概念广泛被用来描述沥青质聚合体。利用术语胶束描述所谓的沥青质-树脂的复杂性以及沥青质分子的自聚合性。由于沥青质的多分散性，一些研究人员[6-8]认为胶束不是聚合体的适当定义。一些研究组[9]认为，沥青质不具有自聚集性。最近，Groenzin 和 Mullins[10]在较低浓度下观察到了沥青质聚合体，范围约10~60mg/L。认为该聚合体的性质是不同的，且可能与二聚体-三聚体-四聚体类型结构的形成有关。同时，当其溶于石油或有机溶剂时，具有沥青质行为的差异问题。

因此，在溶剂和石油中的沥青质可能具有不同的聚合/缔合状态。本研究主要集中对有机溶剂中沥青质聚集行为的研究，在克/升浓度水平上，有时被称为细观聚集[11]。大量有关沥青质聚集的文献以及研究表明，在0.1~10g/L浓度范围内存在临界胶束浓度(CMC)[9,12-15](这里所指的CMC仅为历史参考，其可能不适用于沥青质)。这些研究表明了沥青质为两亲性分子的事实，即使它们是多分散的，也显示出与表面活性剂共有的性质。溶剂中沥青质的行为是一种复杂现象，与该溶剂中沥青质的溶度参数以及聚合行为有关。在以沥青质聚合体测量为目标的文献中，通常不对其溶解度方面进行检测。如，甲苯及吡啶中沥青质的表面张力值，显示出关于沥青浓度的明显分隔点。这些分界点可以用来解释沥青质混合物中CMC型现象的存在[1]。在黏度测量中也观察到了这种突变性质改变现象[1,15]。近来研究对超过浓度范围才发生聚集行为这一观点表示质疑，并且认为可在更低浓度下观察到CMC型行为(1~60mg/L范围内)[6-8,10]。然而，在更高浓度范围下更易于观察到其性质的转变(特别是就表面张力而言)。

本章讨论的是利用近红外(NIR)光谱法研究沥青质的聚集行为。该项技术除了具有快速、准确和无损性外，还可提供关于沥青质稳定性的附加信息。关于溶液中混合物的沥青质初始浓度下，沥青质沉淀开始的测量值提供了一种确立过渡点的方式。测得的临界浓度可称为临界聚集浓度(CAC)，将其与较低浓度现象进行区分。测量的CAC值相当于文献中通过表面张力或量热研究获得的CMC值(历史定义)[1,9,12-15]。该方法可进一步分析沥青质亚组分。

18.2 文献

报道的沥青质分子量范围可达500~1000000g/moL[16]。其中的一些差异是由于沥青质的来源不同。然而，只能通过考虑沥青质-溶剂混合物中的聚合程度，以解释测量变化的范围。

自20世纪20年代以来，就已假设沥青质可能以胶体相的形式存在[17]。沥青质被认为是高分子量的分子可被低重质组分胶溶，如树脂或芳香族化合物。Pfeiffer和Saal[18]认为，胶溶沥青质形成了沥青质胶束。Dickie和Yen[3]提出了4种沥青质实体：(1)单元稠合芳香薄片(分子)；(2)颗粒；(3)胶束；(4)聚合体。在该陈述中，在溶液中沥青质的分子缔合形成了堆叠的芳香族片，其通过π-π缔合体和氢键结合在一起。可能会出现偶尔的电荷相互作用。存在于石油中的沥青质分子与树脂和其他芳香族化合物共同缔合而形成沥青质胶束。最后，沥青质胶束的聚集形成沉淀。因此，可以假定沥青质沉淀发生了以下步骤：

(1) 分子自缔合形成二聚体或四聚体状分子；

(2) 利用树脂和芳香族化合物进行假微胶粒化；

(3) “胶束”聚集形成沉淀。

已有的文献中，关于各种有机溶剂中沥青质的临界胶束浓度的测量值数据较多。获得CMC值的方法有，测量表面张力和界面张力[1,12-15]或利用微量热计测量热效应[9,19]。最近也有关于超声波测量的报道[11]。大多数已报道的CMC值，对应的沥青质浓度范围为0.1~10g/L。Rogel等[14]报道，当沥青质浓度高达30g/L时才出现CMC值。然而，有关沥青质胶束形成这一概念还未被完全接受。Yarranton等[15]利用蒸汽压渗透法(VPO)，发现了在10~20g/L浓度下具有2~6个沥青质分子聚合体，并且从界面张力数据中不能证明胶束化的存在。这可能是由于，利用分馏的沥青质完成的CMC分析(如，庚烷不溶物)，其不具有足够的树脂材料以形成胶束。在任何情况下，沥青质的自聚集基本上不同于传统的胶束化，这是由于假定的沥青质胶束具有不均匀性。然而，一些其他的文献表明，沥青质分子水平的聚集是在较低的浓度下进行的[6-8,10]。

Groenzin和Mullins[10]利用了荧光去极化测量法检测了沥青质的分子量，并发现其数值在500~1000g/moL之间。基于观察该浓度下的信号移动，其认为在甲苯溶液中沥青质自聚集(二聚体形成)的浓度为60mg/L。Acevedo等[8]观察到沥青质的热光扩散率的最小浓度为50mg/L。其认为最小值是沥青质分子聚集的证据。Evdokimov等[6,7]逐步提出了从沥青质二聚体到更大聚集体的沥青质聚集现象，通过测量逐渐增加的沥青质浓度下的NMR弛豫时间。其认为，无缔合沥青质溶液中的分子可能仅低于1~2mg/L，并且约在100mg/L时形成沥青质分子纳米簇(四聚体或二聚体)。

在尝试阐释低浓度缔合体(浓度约为1~60mg/L)和高表观CMC值(0.1~10g/L)之间的差异时，常具有复杂性。发生在低浓度时的沥青质自聚合，甚至不能代表沥青质的表观CMC值。一些研究人员测量到了两种机理转变点。Priyanto等[20]提出了在1-甲基萘溶液中的浓度为0.1~10g/L范围内，两种不同的沥青质聚合步骤。其认为CMC值对应的是较低浓度，并且胶束凝聚点(MCP)对应的是较高浓度的聚合体。其第一转变点可能与分子缔合现象有关，而第二转变点可指CMC型聚合体。Pietraru和Cramb[21]发现了在某些沥青质浓度下的荧光光谱转移。观察到与早期研究中的值相比，移动时的浓度值相当高[10]。他们认为，在临界聚合浓度(CAC)时发生转变(范围0.2~1.5g/L)，并表明CAC是由较小沥青质分子聚集形成较大尺寸沥青质分子过程中引起的。本研究中报道的CAC值接近MPC值，是由Priyanto等测量[20]。然而，这篇文献中报道的MCP和CAC值均接近CMC值。VPO测量值[15]和小角度中子散射[5]表明，在高浓度时沥青质聚合体具有有限的尺寸。

Yudin等[22]报道了庚烷诱导的沥青质聚合过程也受到初始沥青质浓度的影响。准备了低浓度(1g/L)和高浓度(10g/L)的沥青质-甲苯混合物，并利用光子相关光谱法测量0.2~4.5μm范围内的沥青质颗粒尺寸。当添加的庚烷量大于起始浓度时，观察到了快速的粒径增长。在低浓度(1g/L)沥青质-甲苯混合物(低于CMC值)中观察到了扩散限制颗粒聚合动力学，以及在高浓度(10g/L)沥青质-甲苯的聚集混合物(CMC值以上)中报道了速率限制的颗粒聚合。

在本研究中，采用的是Rangely field沥青质，并利用NIR光谱和显微镜观察方法测量沉淀起始值。起始值定义为能够诱导沥青沉淀的最少庚烷量。这些起始数据提供了沥青质在各种有机物中的溶解度。同时，提供了一些表面张力的测量方法。

18.3 实验

本研究共利用了3种类型沥青质，分别为2种Rangely field沥青质(A1和A2)以及由Rangely原油提取的庚烷不溶沥青质(C7-沥青质)。Rangely油为中等重力，由科罗拉多州西北部Rangely油田生产的低沥青原油。Rangely油田采用CO_2提高原油采收率。本文中，A1和A2为固态，其沉积在地下油管和泵以及地面设备上。通过改进的IP143/57预先描述石油中提取的C7-沥青质[23,24]。将Rangely油与正庚烷以1∶30的体积比混合，并在室温下搅拌16h。利用a-2.7μm孔径的滤纸过滤C7-沥青质，接着用正庚烷洗涤并干燥。获得的沥青质储存于实验室中常温环境。原油中沥青质的原始含量为1.7%(质量)。本研究中，共使用了4种有机溶剂[甲苯、三氯乙烯(TCE)、四氢呋喃(THF)和吡啶]。所用的溶剂为99%纯度并可回收。

分别将一定量的A1(精准度为±0.0001g)溶解在溶剂中。每种沥青质-溶剂混合物搅拌24h以上，浓度范围为1~15g/L。将初始浓度15g/L(20g/L吡啶)的混合物稀释成不同浓度，备用，并确定每种溶液中含有相同性质的沥青质。将所有溶液进行两两比较。同时，准备含A2和C7-沥青质的甲苯混合物溶液，浓度范围分别为1~15g/L和1~10g/L。

在给定浓度下，需要用一定量的沉淀剂(如庚烷和戊烷)起始沥青质的沉淀，通过NIR测量。利用庚烷滴定法测量沥青质沉淀的初始状况，所用仪器为NIR光谱仪(Quantum-1200plus，来自LT industries，Inc.)。路径长度为6mm。用40mL沥青质-溶剂混合物进行滴定，并采用蠕动泵控制流速。将探针直接插入到混合物中，并用NIR光谱记录初始测量值。收集每分钟1600nm波长下的光密度(OD)。当庚烷量对应于最小OD值时测定起始状态。当测量的庚烷体积与最小OD一致时，接近初始数据处记录OD值，间隔30s。一旦大于验证起始值便开始进行起始测量。在每一起始数据测量点的误差为±0.0125mL庚烷/mL-混合物。

在60℃吡啶溶剂中测量表观分子量(气相渗透法，Knauer，K-7000)。对于标准品(苄基，聚乙烯)和2%~3%的沥青质，分子量测量值的误差范围(重复性)小于1%。

利用Whilhelmy板(KrüssK10T)测量沥青质溶液的表面张力，实验在室温下进行。利用CHNS-932(Leco Corp.)分析沥青质中碳、氢、氮和硫的浓度。在氮气和氧气中，利用含少量沥青质(约20mg)的TGA Q500(TA仪器)进行热重分析。

18.4 结果与讨论

18.4.1 沥青质的聚集或自缔合

当溶液的某种物理化学性质突然转变值一个窄的浓度范围时，该溶液被称为为以临界胶束浓度(CMC)为特征。这种性质变化是由于聚集体的形成。在某一浓度下，水溶液中表面活性物质[如十二烷基硫酸钠(SDS)]显示出这些性质变化。水中表面张力数据与SDS浓度的函数具有不连续的点。可清楚地观察到，在CMC之前表面张力快速下降，随后缓慢下降至CMC值。据报道，在水溶液中进一步加入SDS会产生胶粒，而不是在已有的胶束上进一步生长[25]。

图18.1显示的是表面张力数据，分别为十二烷基硫酸钠-水体系和三氯乙烯(TCE)系统中的场-沥青质(A1)。在水相中，SDS是由约60个缔合分子形成的球形胶束[26]。在SDS-水系统中，表面张力值的浓度范围为62.7~27.3mN/m，此外，在浓度2.5g/L(对数轴为0.92，0.0087mol/L)时观察到了最小值。报道中SDS的CMC值为0.008mol/L。这种差异可能是由于假定在Miles和Shedlovsky石油中含杂质[26]。在A1-TCE混合物中，观察到的表面张力数据范围为29~28.7mN/m。表面张力值的变化较小，结果导致难以记录表面张力的断点。如，SDS-水混合物的表面张力值的变化约为30mN/m。A1-TCE混合物的表面张力断点浓度为5.3g/L。已有报道中的各种沥青质-溶剂混合物的CMC值浓度范围为0.1~10g/L[9,12-15]。

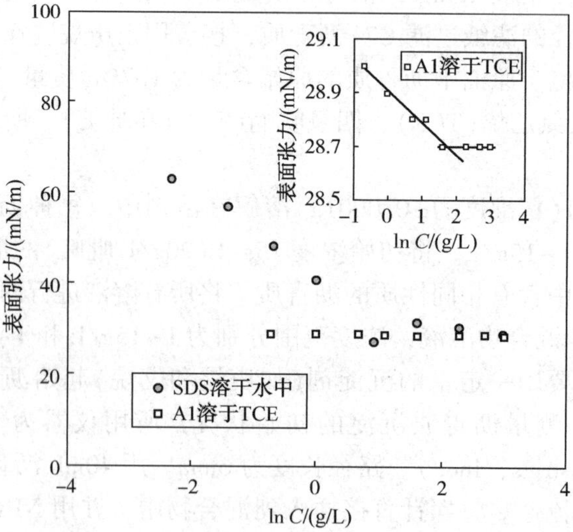

图18.1 水中十二烷基硫酸钠和三氯乙烯(TCE)中A1沥青质的表面张力数据

图 18.2(A)中显示的是，表面张力测量值对吡啶中场沥青质 A1 浓度的曲线图。在 9.0g/L 时出现一个断点，记录为表面张力数据斜率的变化。在之前文献中，表面张力的断点值被定义为 CMC，在本研究中被解释为开始形成中沥青质聚合体(以促进沉淀)临界数的浓度。同时，在相同的沥青质-吡啶混合物(已报道了表面张力数据)中获得了 NIR 沉淀起始测量值。图 18.2(B)显示的是起始数据与浓度的函数。在该图的 8.2g/L 时，出现了类似于用表面张力测量观察到的断裂点。NIR 数据是在不同沥青质浓度下对沥青质沉淀起始时的直接测量值。

从图 18.2(B)可以清楚地看出，随着沥青质浓度的增加，起始时所需的沉淀剂与溶剂的比(PSR)降低。然而，在断点处这种依赖性会发生改变，图像的斜率减小。断点后与断点前相比，浓度的增加所需的 PSR 降低幅度减小。这表明，可能达到了临界聚合点。如今，在一定程度上聚集受到浓度以外的因素的限制。这可能是速率限制聚集的过渡期，正如 Yudin 等[22]的描述。此后，在本实验中断点被称为临界聚集浓度(CAC)，Pietaru 和 Cramb[21]的研究中也使用了相同的术语。观察到的表面张力降低相对较小，范围为 36.1~35.5mN/m。对于某些溶剂混合物，表面张力的差异较低，远低于仪器的检测范围。本研究中采用了 NIR 起始技术，提供了清晰可靠的检测 CAC 方法。

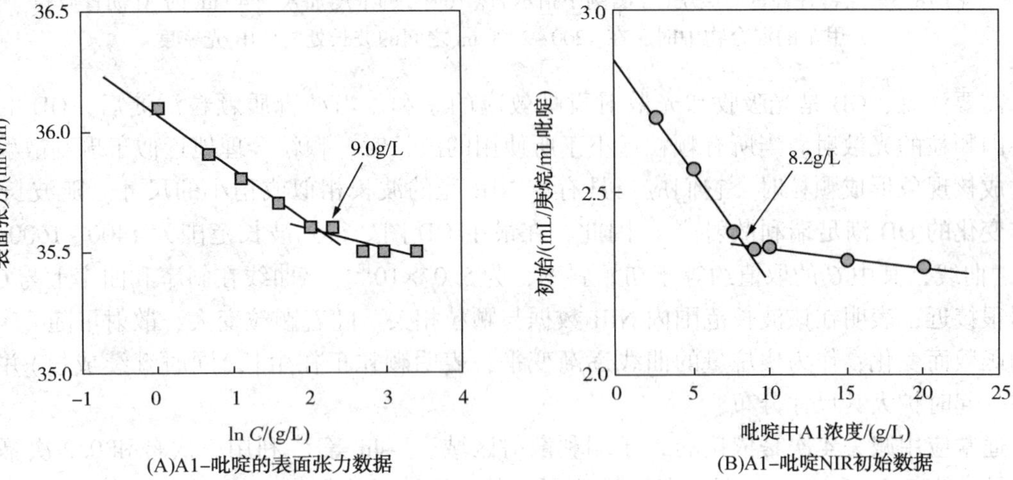

图 18.2 A1-吡啶混合物的表面张力数据和 NIR 起始数据。利用庚烷流速 1mL/min 测量起始条件

18.4.2 沥青质沉淀的初始条件

图 18.3 显示的是波长范围为 1200~2200nm 的 NIR 光密度，由各种量的庚烷加入到 40mL 10g/L 的 A1-甲苯混合物中产生。显示的是加入 31~100mL 庚烷时出现光谱，当加入 31mL 时开始沉淀。由于加入庚烷对混合物进行稀释，光密度逐渐降低到最低点，然后由于沥青质颗粒的产生，光密度增加。然而，加入庚烷不同于真正的稀释，这是因为，在尚未沉淀之前，加入庚烷就已经逐渐使混合系统生成颗粒。

目前已有一系列论文详细研究了不同组分对应的峰[27,28]。Joshi 等[28]发现存在与波长有关和与波长无关的粒子颗粒生长现象。在较小颗粒的生长期间，颗粒的生长要考虑到波长因素。NIR 光密度在较短波长区域(约 1400~1600nm)处，比较长波长区域(约 1800~2100nm)处更大。在较大颗粒的生长期间，颗粒的生长则与波长无关，此时在所有波长范围内 OD 的变化均相同。图 18.3 中的数据显示，在接近起始值时，颗粒的生长与波长相关，之后，则观察到与波长无关的颗粒生长现象。图 18.3 中的数据是在 10g/L 混合物中实验得到，当用庚烷滴定较低浓度的沥青质溶液时，波长依赖区域和波长无关区域并没有明显的界限。

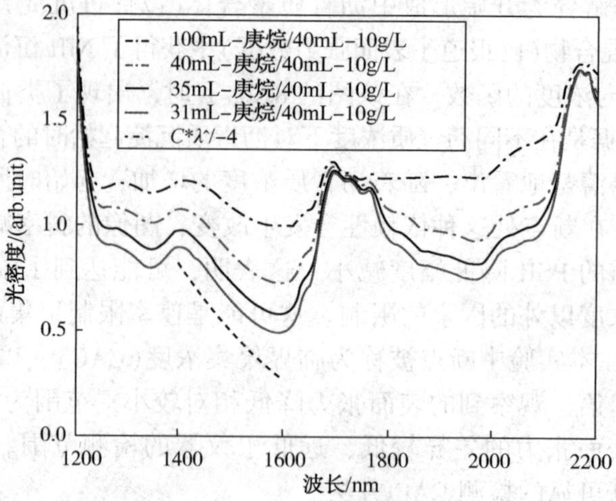

图 18.3　当将各种量的庚烷（在图例中指示）以 10g/L 的浓度加入到 40mL 的 Al 沥青质和甲苯的混合物中时，在 1200~2200nm 之间的波长处的 NIR 光密度

需要注意，OD 是光吸收和光散射贡献效应的总和。当沥青质颗粒沉淀后，OD 的增加主要因颗粒的光散射。当所有颗粒远小于所使用的波长时，颗粒合理地近似于瑞利散射。当通过成核现象形成颗粒时，它们应当具有与 NIR 光的波长相似或稍小的尺寸。随波长的-4 次方变化的 OD 满足瑞利散射[29]。因此，在最小 OD 图处得到波长范围为 1400~1600nm 的 $C^*\lambda^{-4}$曲线，其中 C 的取值约等于初始斜率，为 5.07×10^{12}。该曲线在斜率和曲率上与 OD 的数据很接近，表明在该波长范围内 NIR 数据与颗粒相关。随着颗粒变大，散射可随 OD 与波长的函数而变化；作为庚烷量的曲线逐渐变平，表明颗粒正在生长（同时继续成核）并且聚集在一起时扩大其尺寸分布。

通常应用减去 4 次幂依赖的 λ 于瑞利散射区域。Joshi 等[28]利用 2 次幂和 0.2 次幂来描述尺寸约为 0.85 和 2.3μm 的颗粒，这些颗粒的光谱波长均在 1000~2500nm。当颗粒尺寸远大于所使用的波长时，幂函数拟合方法的适用性开始下降，即图 18.3 里起始点后的光谱情况。Yudin 等[22]使用光子相关光谱研究了沥青质颗粒的生长，通过该技术可测量到的最大粒径为 4.5μm。研究发现起始点后的颗粒生长速度很快，并且存在两种不同的聚合机制；低浓度下的扩散限制以及高浓度下的速率限制。图 18.3 显示了起始点处和起始后粒径的状况，但无法从这些数据中得到精确的粒径。当使用 4 次幂函数来拟合起始曲线时，先假设了粒子尺寸小于 100nm，也即适用于瑞利散射。因此，采用-4 次幂的函数来拟合起始点后的曲线。但推测颗粒尺寸范围约为 10μm，从而超过了所使用的波长范围（1200~2400nm）。

当加入固定量的庚烷（最小量，根据起始点的研究确定）时，将沥青质沉淀量与时间的关系曲线绘制在图 18.4 中。图 18.4（A）显示了浓度为 1g/L 溶液的数据，图 18.4（B）显示了浓度为 10g/L 溶液的数据。在右侧 y 轴显示了相同时间内 1600nm 波长的 OD 值变化。从这些图中可以看出，在一定时间内，OD 与沥青质沉淀量十分接近（1g/L 溶液为 3h，10g/L 溶液为 2h），然后分离为两条曲线。沥青质的沉淀量曲线变平，而 OD 则显示出轻微增加。该数据清楚地表明，在一定时间（两条曲线重合的时间）内产生颗粒，但是颗粒持续生长直至超出沉淀量。在颗粒生长的初始阶段，光谱受颗粒产生和生长的影响。因此，很难仅从 NIR 光谱推导出颗粒生长的信息。

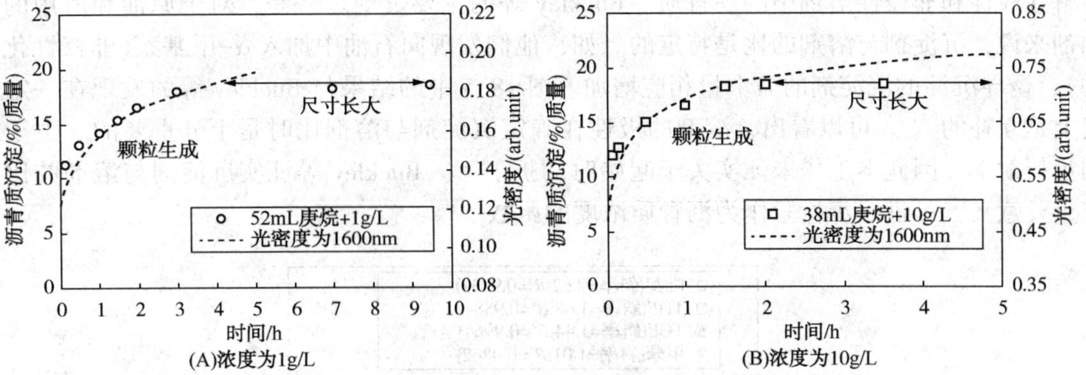

图 18.4　当加入固定量的庚烷(最小量，根据起始点的研究确定)时，沥青质沉淀量与时间的关系。右端为波长为 1600nm 的光密度值

图 18.5 显示了用正庚烷滴定五种不同混合物时 OD 的变化，显示的是 1600nm 波长下的光密度。此前已有文献给出 1600nm 波长的研究[30-32]。随着沥青质浓度的增加，OD 值相对较高。OD 值最初减小并达到最小点，这是由于庚烷的混入。NIR 信号受许多因素的影响，且不随溶剂的增加而线性地降低。沥青质-溶剂混合物中的吸附分子经历变化并影响 NIR 吸收率。OD 的最小值对应于沥青质的聚合[30-32]。重复该实验过程以获得大量数据。

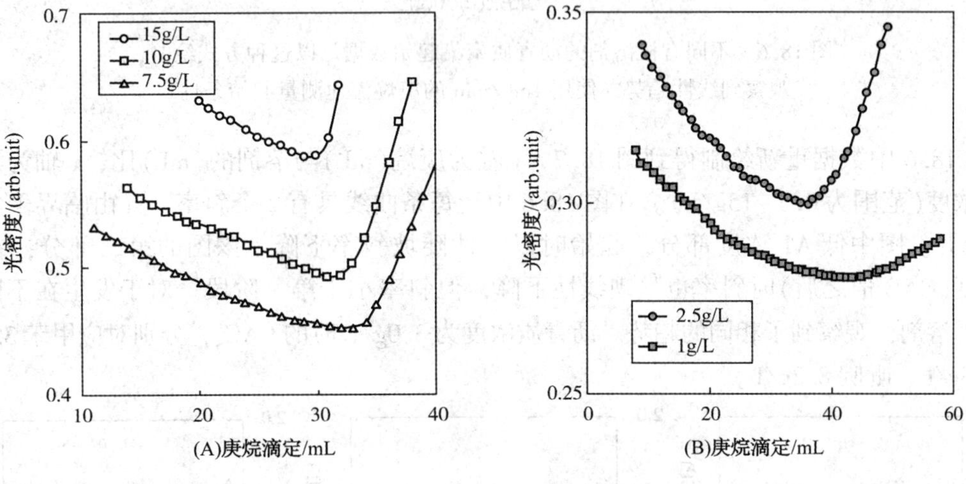

图 18.5　在 1600nm 波长下的 NIR 光密度与加入庚烷的关系曲线，所加入庚烷的流速为 1mL/min

18.4.3　溶剂效应

图 18.6 显示的是溶剂(L)/沥青质(g)对庚烷(L)/沥青质(g)的起始点图。之前报道的文献中也观察到了这类线性趋势[33,34]。该斜率与甲苯、TCE、THF 和吡啶的斜率明显不同，并随着溶剂溶解参数的增加而增加。Buckley 等[35]发现，当向原油中加入不同的溶剂时，需要不同量的沉淀剂。然而，初始阶段的混合物折射率大致相同。Buckley 等[35]主要研究了非极性混合物中所谓的极化率，如石油。研究认为，当大量的极性物质加入到混合物中，则假

定的 London 分散力的优势将无效。在本研究与 Buckley 等[35]发表的结果之间存在两个显著差异。Buckley 等主要研究石油、主要碳氢化合物(非极性)添加剂和溶剂。本文所测数据为溶解在极性和非极性溶剂中的沥青质。Buckley 等的主要发现之一是，对于原油和所用的添加剂来说，沉淀剂与溶剂的比是特定的。如，他们发现向石油中加入 α-甲基萘(非极性化合物)，诱导沉淀的沉淀剂的需求量相应增加。图 18.5 中的结果与 Buckley 等的发现在一定程度上是互补的[35]。可以看出，溶剂的极性在确定沉淀剂与溶剂比时是十分重要的。由于未测量折射率，因此本工作未证实关于起始时的折射率。Buckley 等证实沉淀剂与溶剂的比具有重要意义，可进一步检验作为沥青质浓度的函数[33]。

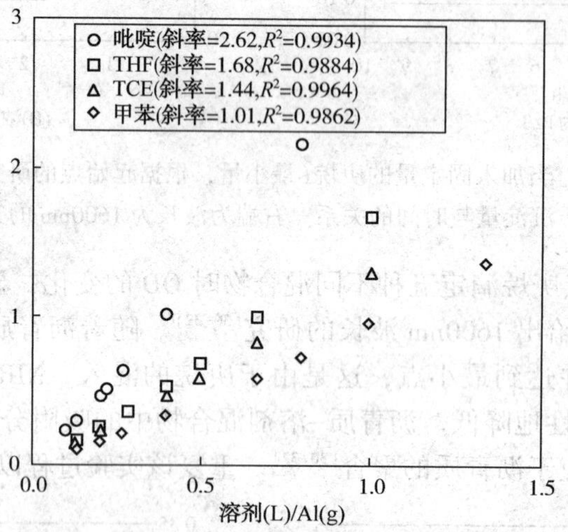

图 18.6　不同有机溶剂的沥青质聚集起始数据。以这种方式绘制，观察到线性趋势。使用 1mL/min 的庚烷流速测量起始条件

图 18.6 中数据重新绘制得到图 18.7，y 轴为庚烷(mL)与溶剂的(mL)比，x 轴为溶剂中 A1 的浓度(范围为 0.5~15g/L)。在图 18.6 中，每条曲线具有 2 个斜率，并由临界聚集浓度 CAC 分开。图中低 A1 浓度部分，起始时以线性陡坡斜率下降。该图的第二部分，在较高 A1 浓度(CAC 值之后)时斜率也呈现线性下降，但斜率小于第一阶段。对于发生在不同位置的 CAC_S溶剂，观察到了相同的趋势。沥青质浓度为 3.0g/L 时的 CAC_S，分别对应甲苯 3.7g/L、TCE7.5g/L、吡啶 8.2g/L。

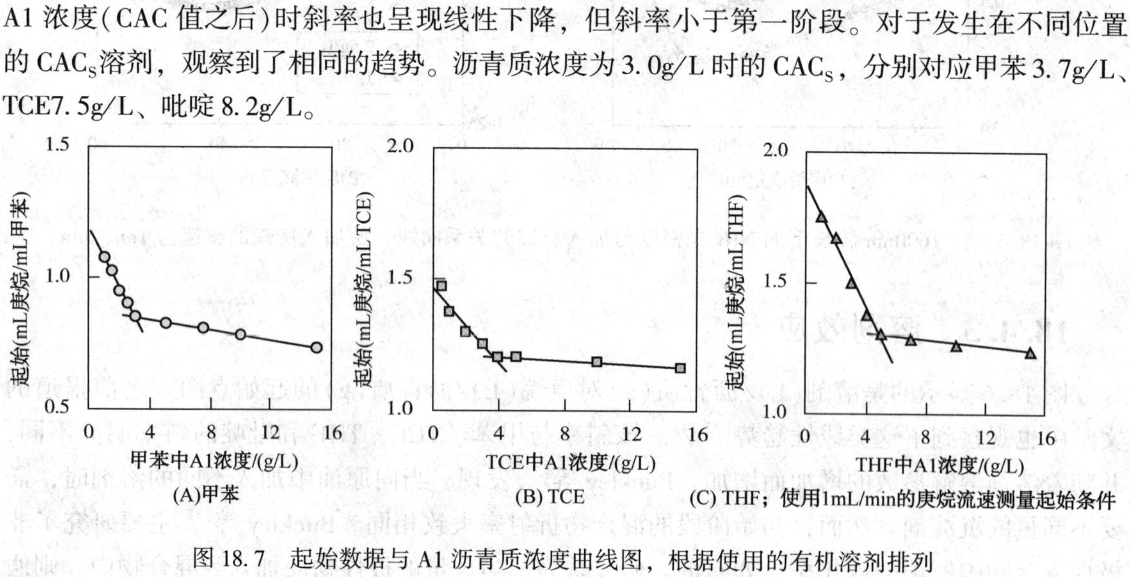

图 18.7　起始数据与 A1 沥青质浓度曲线图，根据使用的有机溶剂排列

图 18.8 显示了利用庚烷滴定的 A2-溶剂混合物的起始数据。在 1~10g/L 浓度范围时也观察到了类似的 CAC_S 值。将结果与图 18.2(B)和 18.7 比较。图 18.9 所示为，所有的 CAC 值对溶液溶解度参数作图。观察到了 CAC 值呈线性增加。

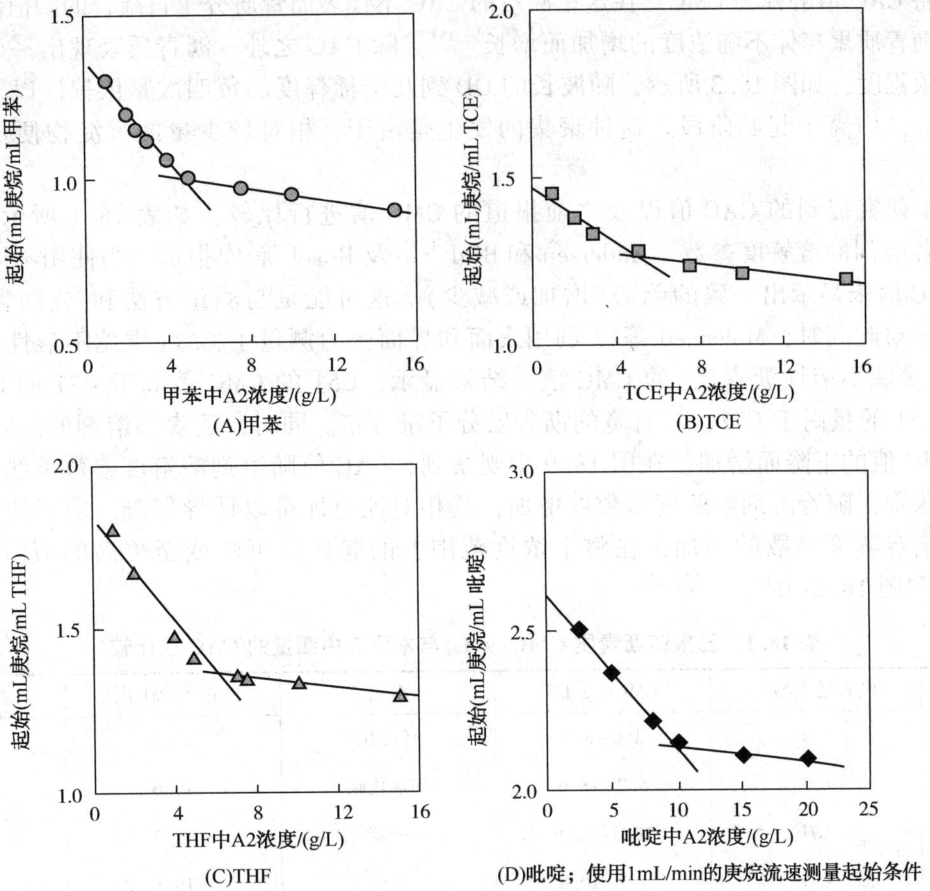

图 18.8 起始数据与 A2 沥青质浓度曲线图，根据使用的有机溶剂排列

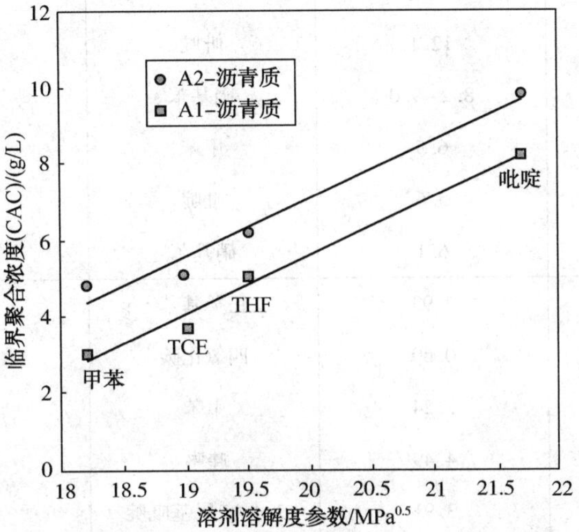

图 18.9 线性起始趋势对溶剂溶解度参数图

图 18.2(B)、图 18.7 和图 18.8 中的 CAC_S 可解释为表示机制转移，由于在初始值与沥青质浓度的关系中观察到了明显的变化。在低浓度时，需要相对大量的沉淀剂诱发沉淀，由于沥青质能够更加有效地溶解在溶剂中。随着浓度的增加可达到一个阈值(CAC)。大量之前文献将 CAC 值解释为 CMC。在这里测量的 CAC 不代表沥青质分子自缔合的阈值浓度。据报道，沥青质聚集体不随浓度的增加而增长[5,15]。除 CAC 之外，沥青质表现出一个颗粒增长的受限程度，如图 18.3 所示，随波长的 OD 到几个稀释度的负四次幂依赖性以及大量的粒子聚合，均高于起始阶段。这种聚集的发生是由于，相对较少量的沉淀物便足以诱导絮凝。

将本研究提到的 CAC 值以及之前报道的 CMC 值进行比较，如表 18.1 所示。同时，列举了各溶剂的溶解度参数。Andersen 和 Bird[9] 以及 Rogel 等[14] 报道，当使用不同的溶剂时，CMC 值未显示出一致的趋势(增加或减少)。这可能是与测量方法和/或沥青质的性质有关。与此同时，Mohamed 等[13] 利用表面和界面张力测量了 C5I(戊烷不溶性沥青质)和 C7I(庚烷不溶性沥青质)的 CMC 值。结果显示，C5I 的 CMC 值高于 C7I 的 CMC 值。通常，C5I 的量高于 C7I，具有宽的沥青质分子量分布。同时，还表明溶剂的溶解度参数随着 CMC 值的下降而增加。在图 18.9 中观察到，CAC 值随溶剂溶解度参数呈线性增加。这就意味着，随着溶剂溶解度参数的增加，其相对地更加难以诱导絮凝。值得注意的是，随着溶剂溶解度参数的增加，在整个浓度范围上的起始值可转变至更高的值[图 18.7，图 18.8和图 18.2(B)]。

表 18.1　已报道沥青质 CMC(g/L)与本研究中测量的 CAC 值比较

参考	沥青质类型①	CMC/(g/L)	溶剂	S. P.②/$MPa^{1/2}$	方法③
[14]	C7I	1.0~5.9	环己烷	16.7	ST
	C7I	5.2~18.6	四氯化碳	17.6	ST
	C7I	10.5~22.9	甲苯	18.2	ST
	C7I	1.7~10.8	THF	19.5	ST
	C7I	0.9~30.7	硝基苯	21.8	ST
[13]	C5I	14.8~15.4	甲苯	18.2	ST，TFT
	C5I	12.1	吡啶	21.7	ST
	C5I	8.2~9.0	硝基苯	21.8	ST，TFT
	C7I	6.5	甲苯	18.2	ST
	C7I	5.6	吡啶	21.7	ST
	C7I	6.1	硝基苯	21.8	ST
[9]	C7I	2.93	正癸基苯	17.3	CAL
	C7I	0.60	四氯化碳	17.6	CAL
	C7I	3.24	甲苯	18.2	CAL
	C7I	4.49	喹啉	22.0	CAL
	C7I	3.91	2,4-二甲基吡啶	22.2	CAL

续表

参考	沥青质类型①	CMC/(g/L)	溶剂	S. P. ②/$MPa^{1/2}$	方法③
本研究	A1	3.0	甲苯	18.2	Onset
	A1	3.7	TCE	19.0	Onset
	A1	5.3	TCE	19.0	ST
	A1	5.0	THF	19.5	Onset
	A1	8.2	吡啶	21.7	Onset
	A1	9.0	吡啶	21.7	ST
	A2	4.8	甲苯	18.2	Onset
	A2	5.1	TCE	19.0	Onset
	A2	6.2	THF	19.2	Onset
	A2	9.8	吡啶	21.7	Onset

① C5I：戊烷不溶性沥青质；C7I 庚烷不溶性沥青质；A1 和 A2：油田沥青质，沉积在石油生产井中油田沥青质。

② S. P.：溶液度参数。

③ ST：表面张力；IFT：界面张力；CAL：量热仪。

图 18.10 显示的是 C7-沥青质的聚集起始点。在该实验中利用甲苯作为溶剂。Y 轴上所有 C7-沥青质的起始值均高于甲苯中 A1 或 A2 值。这意味着，C7-沥青质较甲苯中场沥青质(A1 和 A2)更加稳定。可能是由于相比于场沥青质，C7-沥青质相对较轻(具有较高浓度的相对较轻化合物)。利用热重量损失分析方法测试该假设。图 18.11 显示，在惰性(氮气，高达 700℃)和氧气(高于 700℃)气压下，A1、A2 和 C7-沥青质的热重量损失。场沥青质的重量损失曲线始终高于 C7-沥青质的重量损失曲线，表明总体较轻的组成。在 3.1g/L 浓度时，观察到了甲苯混合物中 C7-沥青质的 CAC 测量值。

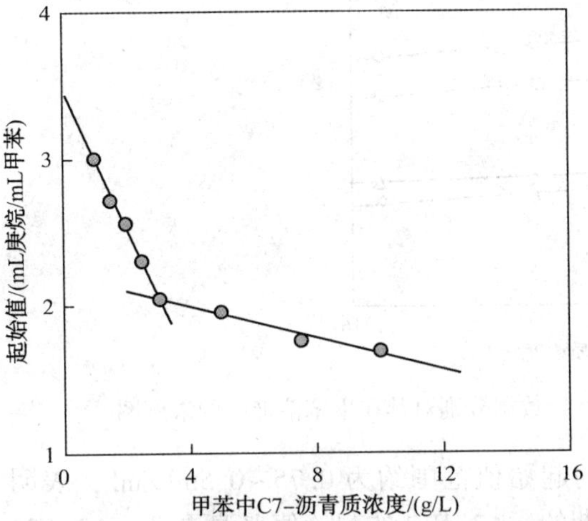

图 18.10　甲苯中 C7-沥青质的初始数据对沥青质浓度作图。使用流速 1mL/min 的庚烷测量起始条件

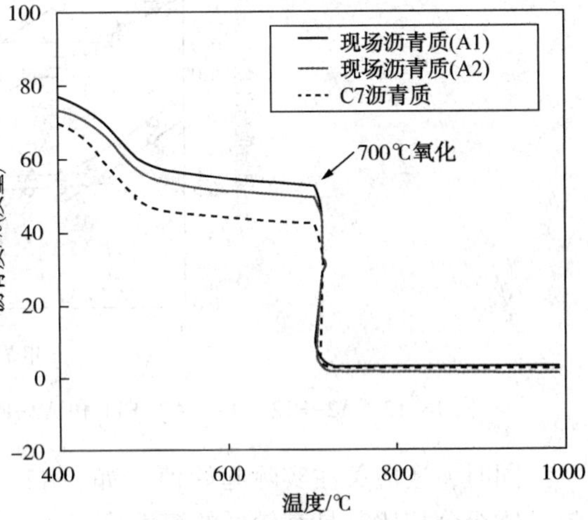

图 18.11　A1、A2 和 C7-沥青质的热重量分布图，温度范围 400~1000℃

18.4.4 沥青质分级

图 18.7(A)和图 18.8(A)结果表明，与 A1 相比甲苯溶液中的 A2 沥青质相对更稳定。观察到 A1 的起始断点为 3.0g/L，A2 为 4.8g/L。利用蒸气压渗透压计(Knauer，K-7000)测量两种沥青质的平均分子量。A1 的平均分子量为 1149，A2 为 930。

为了获得沥青质的亚级组分，以二氯甲烷(DCM)作为溶剂并以戊烷作为沉淀剂。DCM 与戊烷的体积比为 1∶2.5。将固定量的 A2(10g)溶解于 DCM(200mL)中。溶液混合(使用磁力搅拌装置)约 12h，随后将 500mL 戊烷加入到混合物中。所得系统混合至少 6h。随后，利用 11μm 过滤器纸在真空下过滤混合物。过滤后的沥青质称为 A2-F11。剩下的混合物在真空条件下干燥以蒸发去除溶剂。留下的部分命名为 A2-F12。A2 的质量约等于 A2-F11 和 A2-F12 之间。当 DCM 与戊烷具有不同的体积比(1∶2)时，用于 A2 的分馏，在第一级组分(A2-F21)中约有 42%(质量)的沥青质发生沉淀。A1 和 A2 的碳氢比基本相同，分别为 1.02 和 1.01。A2-F11 和 A2-F21 中较重馏分具有较高的氮和硫含量。在沥青质溶解中，杂原子在大多数极性馏分中起主要作用[36,37]。基于分级分离顺序，A2-F11 比 A2-F12 具有更多的芳香族化合物，并且通过元素分析证实两种组分的 H/C 比分别为 0.88 和 1.15。同时，通过 VPO 分子量测量证实，预测到 A2-F11 比 A2-F12 更重。

4 种沥青质/沥青质馏分(A2、A2-F11、A2-F12 和 A2-F21)的起始条件，如图 18.12 所示。观察到 A2-F21、A2-F11、A2 和 A2-F12 的起始断点分别为 3.1、3.6、4.8 和 5.9g/L。沥青质的 CAC 值随用于聚集的溶液和沥青质的来源而变化。A2-F11，含芳香族和重质级越多，其起始断点越低，而 A2-F12 的情况却相反。A2 的起始断点在这两个值之间。

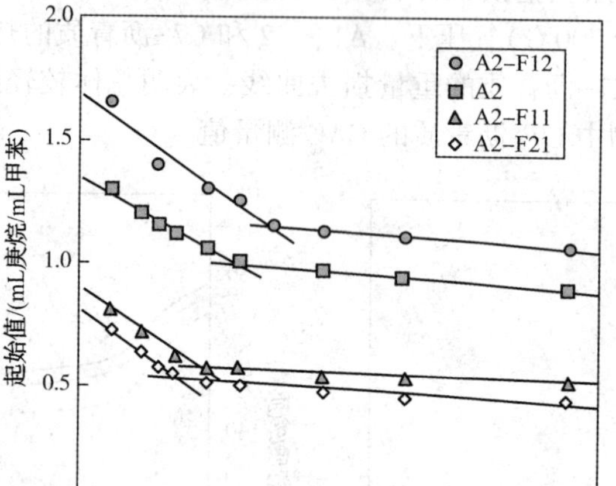

图 18.12 A2-F12、A2、A2-F11 和 A2-F21 的开始数据分别对其在甲苯溶液中的浓度图

同时，还应关注实际起始值。如，A2-F11 的起始值范围约为 0.75~0.5mL/mL，表明与母体级分相比其具有较低的溶解度。正如所预期的，A2-F12 的起始值普遍更高。A2-F21 的起始断点发生在 3.1g/L。值得注意的是，这两种固体具有十分不同的特性(表 18.2)。Andersen 和 Christensen[38]报道了沥青质亚级组分的 CMC 值(本研究中称为 CAC)。通过溶解度获得较低分子量亚级组分，基于间隔体具有较高 CMC 值和较高的溶解度，并且较高分子量亚级组分具有较低的 CMC 值和较低的溶解度。因此，不同来源或起源的沥青质可能具有

相似的CAC值，可认为CAC值可能不是评价沥青质溶解度的唯一因素。A1的起始值的范围为约1.25~0.75mL/mL，而A2-F21的起始值为约0.8~0.5mL/mL。这加强了该观点，即沉淀剂与油(或在沥青质-溶剂混合物的情况下的溶剂)比是石油或沥青质类型的表征[35]。与A2-F21相比，A1更易溶于甲苯。与A2-F21相比，A1具有更宽的分子分布，其具有较重且窄的分子量分布。

表18.2 元素分析和沥青质的分子量

	C%	H%	N%	S%	H/C	VPO-MW①
A1	83.34	7.11	0.83	3.53	1.02	1149
A2	87.13	7.33	0.79	2.81	1.01	930
A2-F11	87.33	6.39	0.91	3.50	0.88	3601
A2-F12	82.90	7.92	0.62	2.27	1.15	523
A2-F21	87.40	6.33	0.94	3.64	0.87	3756
C7-沥青质	86.45	8.25	0.71	3.18	1.15	975

①VPO-MW：通过VPO测量的数均分子量。

18.5 结论

已知的沥青质可发生聚集。多年来，不同的聚集机制已成为研究的主题。该研究处理的沥青质聚合体溶解于主要的极性溶剂中，浓度为1~10g/L。利用NIR光谱测定沥青质的聚集起始点。当起始点对沥青质浓度作图时，数据中存在断点。这种转变定义为临界聚集浓度，表明该转变代表从较小聚集体形成较大的簇，而不是较低浓度下假设的分子水平现象。基于起始沥青质聚集的CAC测定也提供了关于沥青质溶解度的数据。当溶剂溶解度参数增加时，沥青质溶解度增加。这些CAC值相对于溶剂溶解度参数呈近似线性。早期的研究表明，极化率在保持沥青质存在溶液中是重要的。这项研究表明，当沥青质在混合物的极性溶剂中时，通过添加沉淀剂诱导聚合体，溶剂极性是在确定沥青质溶解度和沥青质聚合体的性质是十分重要的。同时，观察到甲苯中庚烷不溶性沥青质的CAC值。相比于表面张力测量值所测的CMC值，通过起始测量观察到了CAC值略低。

此外，还可利用沥青质亚级组分进行聚集研究。来自母体沥青质的较低分子量(VPO数据)级分具有更高的溶解度和更高的CAC值。高分子量(通过VPO值)级分具有较低的溶解度和较低的CAC值。精细分馏的沥青质的起始数据研究确定，具有不同性质的两种沥青质可具有相同的CAC值。如，窄分子量分布的重馏分与不同母体馏分可能具有相同的CAC值，其为较宽分子量分布的较轻馏分。这项工作表明，由于CAC数据不是确定沥青质沉淀和聚集的唯一因素，需仔细评估。

致谢

感谢美国能源部在资金上的支持，合同号为DEAC26-98BC15107。感谢雪佛龙-德士古Rangely办公室对油和沥青质样品的提供。此外，感谢犹他州州政府的支持，以及犹他大学石油研究中心(PERC，www.perc.utah.edu)的资助。

参 考 文 献

[1] Sheu, E. Y. and D. A. Storm (1995). In : E. Y. Sheu and O. C. Mullins (ed.), *Asphaltenes: Fundamentals and Applications*. Plenum Press, New York, pp. 1-52.
[2] Speight, J. G. (1999). *The Chemistry and Technology of Petroleum*, 2nd(edn.). Marcel Dekker, New York.
[3] Dickie, J. P. and T. F. Yen(1967). *Anal. Chem.* 39, 1847.
[4] Ancheyta, J., G. Centeno, F. Frejo, G. Marroquín, J. A. García, E. Tenorio, and A. Torres (2002). *Energy Fuels* 16, 1121.
[5] Sheu, E. Y., D. A. Storm, and M. M. De Tar(1991). *J. Non-Crys. Solids* 131-133, 347; Sheu, E. Y., M. M. De Tar, D. A. Storm, and S. J. DeCanio(1992). *Fuel* 71, 299.
[6] Evdokimov, I. N., N. Yu. Eliseev, and B. R. Akhmetov(2003). *J. Pet. Sci. Eng.* 37, 135.
[7] Evdokimov, I. N., N. Y. Eliseev, and B. R. Akhmetov(2003). *Fuel* 82, 817.
[8] Acevedo, S., M. A. Ranaudo, J. C. Pereira, J. Castillo, A. Fernàndez, P. Pérez, and M. Caetano(1999). *Fuel* 78, 997.
[9] Andersen, S. I. and K. S. Birdi(1991). *J. Colloid Interface Sci.* 142, 497.
[10] Groenzin, H. and O. C. Mullins(1999). *J. Phys. Chem.* A 103, 11237; Groenzin, H. and O. C. Mullins(2000). *Energy Fuels* 14, 677.
[11] Mullins, O. C. Personal Communication.
[12] Rogacheva, O. V., D. K. Rimaev, V. Z. Gubaidullin, and D. K. Khakimov(1980). *Colloid J. USSR* 490.
[13] Mohamed, R. S., A. C. S. Ramos and W. Loh(1999). *Energy Fuels* 13, 323.
[14] Rogel, E., O. León, G. Torres, and J. Espidel(2000). *Fuel* 79, 1389.
[15] Yarranton, H. W., H. Alboudwarej, and R. Jakher(2000). *Ind. Eng. Chem. Res.* 39, 2916.
[16] Speight, J. G., D. L. Wernick, K. A. Gould, R. E. Overfield, B. M. L. Rao, and D. W. Savage (1985). *Rev De L' Inst Français Du Pétr.* 40, 51.
[17] Nellensteyn, F. J. (1924). *J. Inst. Pet. Tech.* 10, 311.
[18] Pfeiffer, J. P. and R. N. J. Saal(1940). *J. Phys. Chem.* 44, 139.
[19] Andersen, S. I. and S. D. Christensen(2000). *Energy Fuels* 14, 38.
[20] Priyanto, S., G. A. Mansoori, and A. Suwono(2001). *Chem. Eng. Sci.* 56, 6933.
[21] Pietraru, G. -M. and D. T. Cramb(2003). *Langmuir* 19(4), 1026.
[22] Yudin, I. K., G. L. Nikolaenko, E. E. Gorodetskii, E. L. Markhashov, V. A. Agayan, M. A. Anisimov, and J. V. Sengers (1998). *Physica* A 251, 235.
[23] Satndards for Petroleum and Its Products. Standard no. IP143/57. Institute of Petroleum, London.
[24] Speight, J. G., R. B. Long, and T. D. Trowbridge(1984). *Fuel* 63, 616.
[25] Evans, D. F. and H. Wennerstr¨om (1994). *The Coloidal Domain—Where Physics, Chemistry, Biology, and Technology Meet.* VCH Weinheim.
[26] Miles, G. D. and L. Shedlovsky(1944). *J. Phys. Chem.* 48, 57.
[27] Siesler, H. W., Y. Ozaki, S. Kawano, and H. M. Heise(2002). *Near-Infrared Spectroscopy: Principles, Instruments, Applications.* Wiley-VCH, Weinheim.
[28] Joshi, N. B., O. C. Mullins, A. Jamaluddin, J. Creek, and J. McFadden(2001). *Energy Fuels* 15, 979.
[29] Kerker, M. (1969). *The Scattering of Light and Other Electromagnetic Radiation.* Academic Press, New York.
[30] Leontaritis, K. J. (1997). *World Oil* Nov., 101.
[31] Fuhr, B. J., C. Cathrea, L. Coates, H. Kalra, and A. I. Majeed(1991). *Fuel* 70, 1293.
[32] Oh, K. and M. D. Deo(2002). *Energy Fuels* 16, 694.
[33] Cimino, R., S. Correra, and P. A. Sacomani(1995). *SPE International Symposium on Oilfield Chemistry*, Society of Petroleum Engineers, San Antonio, TX, USA, Feb. 1995, Paper SPE28993.
[34] Reichert, C., B. J. Fuhr, and L. L. Klein(1986). *J. Can. Pet. Tech.* Sept. -Oct. 33.
[35] Buckely, J. S., G. J. Hirasaki, Y. Liu, S. Von Drasek, J-X. Wang, and B. S. Gill(1998). *Pet. Sci. Technol.* 16 (3&4), 251.
[36] Nalwaya, V., V. Tangtayakom, P. Piumsomboon, and S. Fogler(1999). *Ind. Eng. Chem. Res.* 38, 964.
[37] Kaminski, T. J., H. S. Fogler, N. Wolf, P. Wattana, and A. Mairal(2000). *Energy Fuels* 14, 25.
[38] Andersen, S. I. and S. D. Christensen(2000). *Energy Fuels* 14, 38.

(Kyeongseok Oh, Milind D. Deo)

第 19 章　重油的相行为

19.1　前言

稠油的相态变化和物理性质是很复杂的，对实验和建模提出重大挑战。必须综合一系列试验方法，如 X 射线传输视频和小角度 X 射线散射（SAXS）以及量热法，对其不同尺度下的表征和处理以阐明该材料的行为。可用的数据往往是碎片化的，结论也存在不明确性。然而，重质稠油和粗馏分（如 Maya 原油和 Athabasca 真空塔底产物）在大尺度范围下显现出至少两种相态，并且与轻质烃混合时，可观察到四种流体相。在这些相中的沥青质的行为仍然是进行中的研究主题，常以普通的烃形态来分析，可用常见的烃形态来分析，因此在本质上相态变化与物理性质模型保持相关性。

大型重油沉积逐渐成为全世界范围内的重要资源，其中包含高沥青质和杂环原子成分的稠密黏性原油，主要存在于加拿大和委内瑞拉，墨西哥和亚洲以及其他一些地区也有分布。目前，加拿大的可回收矿床产量和精炼率日益增长，已超过 3000 亿桶。在生产和精炼的过程中，对这些混合物的组成、相态变化和物理性质进行研究显得尤为重要。如，尽管一些储层易于泵采，但是基于气驱、化学驱和蒸汽热采（如蒸汽辅助重力排水 SAGE、蒸汽提取 VAPEX 等）的注入生产技术以及直接挖采（浅层沥青沉积储层）的技术已经大规模投入应用。在精炼末期，脱沥青技术逐渐成熟。稠油开采之后的流储和质量保证问题也是特别复杂的，并且风险很高。

稠油的相行为完全可视为烃类混合物产业利益中的一部分。早期许多关于稠油的物理性质和相态行为的研究都发表在一系列由阿尔伯塔油砂技术研究局（AOSTRA）赞助的出版物中[1,2]。这种混合物包括若干具有不同物理化学性质的组分[3,4]，并且经常显示出多相变行为。储层流体可在其自身或加入其他流体时显示出多相平衡[5,6,7]。特别地，如在许多生产和二氧化碳封存工艺方案中所设想的，将二氧化碳、氮气和轻质烃气体注入储层，则可在含烃储层的压力和温度条件下诱发或增强复杂相态行为。如，Shelton 和 Yarborough[6] 发现，向富含冷凝物的储层中注入二氧化碳或甲烷、乙烷和丙烷的等分子混合物，将在三相区（固-液-液和固-液-蒸汽）和中间压力条件下产生四相区（固-液-液-蒸汽）。在储层开发末期也可发生固体流失、固-液或固-气的相态变化行为[8]。在稠油或沥青+稀释剂[9-11] 以及典型储层系统也观察到存在固体的多相变行为[12]。此外，含有大量重油组分的沥青质定义也不明确。从石油混合物中分离的沥青质的性质和量随沉淀剂的类型和量、温度、压力和过滤器的孔径而变化[13]。沥青质具有自缔合以形成聚集体的倾向。检测在分子和聚集物水平下的平均摩尔质量、形状和结构，以及涉及沥青质的相变可逆性问题在现有研究中仍未得到解决[14]。如下所述，这些因素的不确定性，以及与蜡和矿物质的沉淀[15]，再加上实验技术的限制，都使得稠油的相态行为变得难以测量、解释和预测。需要利用多种技术来尽可能地确定稠油的相态变化行为。

19.2 烃混合物中多相行为的起源

由于相律原理，在平衡时具有给定组分数量的混合物存在最大可能数量的相态。这一规律在一个世纪前由 Gibbs 以初级形式推导出来，又随着时间的推移不断被修正更新以满足磁场以及其他的场效应，其增加了自由度(相关的)和临界点的量，其中超过一个相态具有同样组分和物理性质时可减少自由度的数量。在石油工程与科学中，关键现象所施加的约束是重要的，相关的相律更改为：

$$F=N-\pi+2 \qquad (k=0) \tag{19.1a}$$

$$F=N-\pi+2-(k-1) \qquad (k=2,3,\cdots) \tag{19.1b}$$

其中，F 为自由度的数目，N 为组分的数量，π 为相态的数量，k 为极为相同相态的数量。对于二元混合物，两个非临界相可在固定温度下的一定组成和压力范围内共存，或在固定压力下的一定组成和温度范围内共存。相比之下，二元混合物可能仅显示出两个临界相态，如液-液或液-气，这是由于组分-压力-温度曲线中只有一个自由度，因此一旦组合物的压力固定，温度也是固定的。当投影到压力-温度平面时，该曲线成为临界曲线。最终，二元混合物可表现出最多四个非临界平衡相态或存在两种相同临界的三种平衡相态。显示多相变行为的简单混合物包括显示液-液-气相变行为的甲烷+己烷[16]和显示五个共存相(一个汽相+四个液相)的苯酚-水-正己烷；苯酚-水-正己烷混合物的体系在平衡中表现出最多三种相[17]。

当温度低于二元混合物中一种或两种组分的熔融温度时，其中可能出现固相。包含组分摩尔比固定的复合固体甚至可在高于单个组分熔点温度下保持稳定。凝固对相位投影和图的外观具有显著的影响[18-21]。图 19.1(A)和(B)显示了凝固对 I 型二元相位投影的影响，其仅出现简单的固体。在图 19.1(A)中，固-液-气曲线(S_ALV，S_BLV)分别从纯组分 A 和 B 的三相点即空心三角形处出现，并且会聚在四相共晶点即实心正方形处，其中 S_AS_BLV 相变行为产生于特定的组分、温度和压力条件。S_AS_BL 和 S_AS_BV 曲线也出现在投影内。如果组分 A 的三相点发生在远高于组分 B 临界温度的温度时，则 S_ALV 曲线与临界曲线 L=V 相交，并且得到图 19.1(B)所示的曲线。因此，即使对于二元混合物，固-固-液-气相状态也是常见的四相状态。除了四相共晶(S_BLV)，在二元混合物中也出现 Q 点($S_AL_1L_2V$)和其他多相现象。同时值得注意的是，如果组分 A 的三相点温度足够高，则出现在 II 型至 VI 型二元体系中的 LLV 相变行为可通过固化全部或部分地抑制[20]。

多组分混合物具有额外的自由度，并且在一定的温度、压力和组成范围内可产生多种多相变行为。这种混合物的相图是多维的。在实践中，多组分系统的相图的构成和形态类似于并基于二元系统的相图[23-26]。固定组分或三角相的温度-压力图版是已有的。然而，由于这种混合物的高自由度，相的数量或性质的可能随着压力、温度或组分的小变化而急剧变化[27]。这常见于在这种混合物的泡点压力附近。如，Vengu[28]研究了储层流体+注入气混合物从 L 到 SLLV 相变行为的转变。

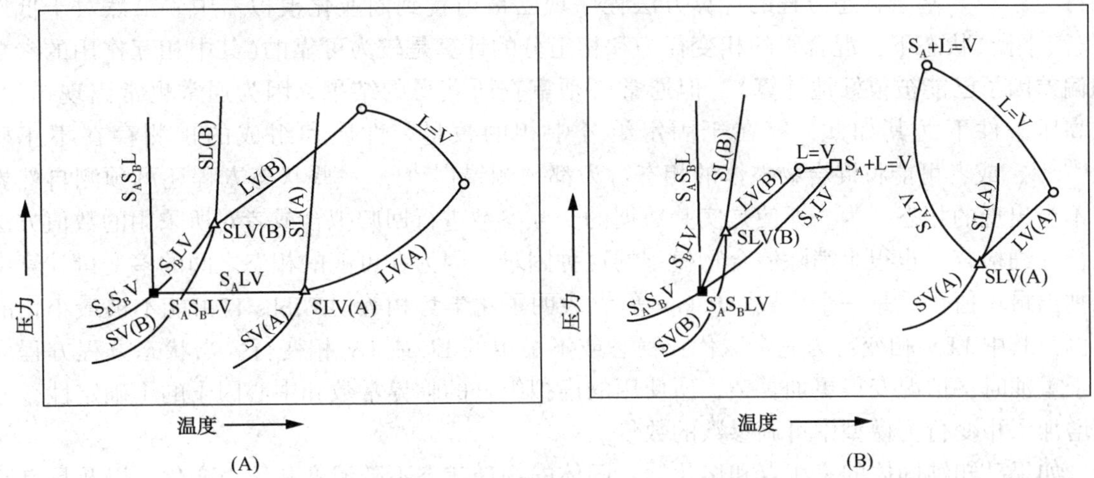

图 19.1　含固二元混合物的 I 型相态投影曲线：(A)两种组分的熔点相近；(B)A 组分的熔点明显大于 B 组分的熔点。在两种图像中，液-气的临界点记为 L=V。标记(A)和(B)的曲线分别指纯组分 A 和 B 的相态行为

19.3　相行为预测

19.3.1　烃类混合物的相变行为预测

当整体范围内混合物的 Gibbs 自由能最小(G_{mix})，并且其中的每个相中各个组分的化学势(μ_i)都相同时，则达到了相平衡。在一定的温度和压力下，可根据状态方程计算任意组分的气体和液体 Gibbs 自由能，以在组分变量中创建 Gibbs 自由能表面。对于单相情况，每种组分的化学势与混合物的 Gibbs 自由能及其组分的相对 Gibbs 自由能相关。对于双组分单相混合物而言，组分 1 的化学势可表述为：

$$\mu_1 \equiv G_{mix} + \left.\frac{\partial G}{\partial x_1}\right|_{x_{1,mix}} (1 - x_{1,mix}) \tag{19.2a}$$

组分 2 的化学势为：

$$\mu_2 \equiv G_{mix} - \left.\frac{\partial G}{\partial x_1}\right|_{x_{1,mix}} (x_{1,mix}) \tag{19.2b}$$

如果存在多于一个相时，则利用各相的组分替代混合物的组分代入方程(19.2a)和(19.2b)，并分别计算每个相中两种组分的化学势。由于多相混合物的 Gibbs 自由能是其中各相 Gibbs 自由能的线性组合，由各相的摩尔数或质量分数加权。若各相共享相同的切线(二元情况)，且其切线不与 Gibbs 表面相交，则混合物整体的 Gibbs 自由能取得最小值。对于多组分混合物，相对于组分变量的切线变成 Gibbs 表面的切线超平面。因此，对于一个单相的多组分混合物而言，其切线超平面仅在一个点处与 Gibbs 表面相切，并且其中的组分不与 Gibbs 表面相交。如果不是这种情况，则如果混合物分裂成具有不同组分/密度但共享相同的切线超平面的两个或多个相，则可降低混合物整体的 Gibbs 自由能。

通常，利用状态方程与 Gibbs 自由能和上述切平面标准结合，用以预测烃类混合物的相

态行为[29,30]。基于状态方程的计算方法程序现已被内置到商业化模拟器中。虽然对于低压(气液平衡)状态下，混合物的相变行为和相组分的计算是较为可靠的(其中相互作用的参数和偏差因子已能被很好地计算)，但通常必须审查所获得的结果，因为通常也常出现错误。在高压条件下尤其如此，存在于固定组分中相的数量、性质和组成的预测存在不正确性[10,31]，或者可能将混合物整体的相态行为都预测错误[32]。一些状态方程还可预测自然界中不会出现的相态行为。即使是实验数据的交互参数进行回归拟合或者对所采用的数值方法进行仔细检查，也很难消除混合物模型的这种困难，因为在可能的相态之间的多变量计算中识别出最小值仍然是一个挑战。Baker 等[31]表明了化学势相等但 Gibbs 自由能不被最小化的实例，其中 LLV 相变行为完全取代亚稳态或不稳定的 LL 或 LV 相变行。当状态方程方程应用于重油时，情况变得更加复杂，所使用的虚拟组分的临界常数和中心因子的不确定性，显著增加了相变行为模型中可调参数的数量。

如果已知纯固体的三相点和熔化焓，固体的物理状态不随温度和压力变化，以及具有已知系数的逸度模型，则可在理论上模拟纯固-液相变行为，并可应用于固体组分。即使是对于简单的混合物也很难遇到这些条件，因此很难概括多相变行为预测结果，甚至是涉及明确定义的固体[12]。结晶体、固-固转化和固相化合物的存在也可增加预测建模难度例如，冰、气体水合物和固态烃都具有多种不同形式。

由于涉及组分的数量，工业相关混合物的组分计算通常被简化为伪组分的计算。在如何集总问题上，储层流体和稠油文献仍存在分歧[6]。对于储层流体，典型的方案是基于碳数，单独处理低摩尔质量物质和中间烃为伪组分。如，不明确的轻质馏分包含一种或多种伪组分和一种或两种沥青质等。对于沥青和稠油混合物，通常忽略最轻的组分(氢气，硫化氢，甲烷)，且归为伪二元和更典型的三元相图，其中组分是沥青质和一或两种烃馏分。因此，在储层流体相变行为中高摩尔质量组分相行为变化的影响在文献中常被明显地忽略，同时，另一类文献中重质原料相变行为时忽略了低摩尔质量组分的影响。如上所述，采用通用的相变行为建模观点来预测烃类混合物的相变行为不易成功。因此，各个混合物的相变行为和相图主要从实验中获得。

19.3.2 沥青质沉淀和沉积模型

沥青质沉淀和沉积与计算多相变行为相关。可以使用基于状态方程的 WinProp(CMG)，PVTsim(Calsep)或 DBR(Schlumberger-Oilphase)等商业工具为数据集插值。De Boer[33]指出，基于储层流体密度、储层压力与泡点压力之差以及泡点压力时储层流体的最大饱和度，沉淀和沉积问题的相关可能性是不明确的。目前没有适用于先验的预测沉淀或沉积物形成的模型。在实验中，沉积常在某些多相区部分出现，如 L_1L_2V 和 L_1L_2 区域倾向于产生附着的富含沥青质沉积物，而其他区域出现的影响较小[34]。所形成沉积物的物理状态表现为易变性(黏性液体，固体，浆料)[35,36]。压力、温度以及易于沉淀的相行为变化所呈现的组成边界，提供对沥青质沉淀区域的保守预测。通常，可能导致粘附沉积物形成的相变行为只存在于相图内的很小一块区域，很难观察和计算[12,37]。基于 SAFT 状态方程的沥青质沉淀的直接计算方法[38](遗憾的是目前尚未出现在商业模拟器中)和分子热力学[39]为此提供了可能。由于在实验室或现场，沉淀并不总是导致形成粘附沉积物，含沉积物区域的进一步修复需包含相关的水动力学、动力学和表面物理化学。相关的工作正在进行[40-42]。

19.4 实验方法和限制

通常利用可见光和红外光的可变体积视图观察烃类混合物的大量相态行为。基于这些技术的复杂相态行为测量装置和服务可从世界各地的供应商处获得[43]。沉淀相的量可通过过滤直接测定，或利用热传递、电导率和黏度间接测定。初始沥青质和蜡沉积可以利用光散射[44]、显微镜可视化[45]、表面张力测量[46]、lieegang 环测试[47]和折射率分析等方法来鉴别。由于混合物的不透明性，上述的非接触性技术通常不能识沥青质质量分数超过总质量5%的所有相态变化。

近来，可变体积视图细胞技术逐渐得到应用，该技术基于不受此组成限制的 X 射线透射视频。这种技术具有广泛的适用范围(从室温至 720K，压力可从大气压至 30MPa)，且可为高沥青质含量的流体提供相体积和密度的快速实时测量，同时，可检测分散状的固相。该装置包括可以发射 K、L 和 M 带辐射的多色钨 X 射线源，X 射线透射铍视图单元，X 射线检测器和图像处理系统。该方法类似于医学放射摄影，在其他地方另有详细描述[48]，在此仅描述一些关键内容。观察室为长 0.15m、外径 0.17m 和内径 0.05m 的铍管，用螺栓连接到不锈钢底板上。不锈钢波纹管连接至顶板，使得体积可调整变化。连接到基板的铍插入物有助于相密度的内部校准，并允许检测稠油或稠油+稀释剂混合物中经常出现的小体积致密液相[49]。磁力驱动的混合器位于插入件的顶部。

与可见光类似，X 射线的特定波长会被不同的元素(碳，氢，硫等)不同程度地吸收。同时，其吸收率与质量密度成正比。因此，如果采用多色 X 射线，且特定波长的相对密度是变化的，则只要路径长度固定且散射 X 射线下不存在固体，便可确定样品的密度和元素组成。如果采用固定的射线强度，并且流体的大体成分范围已知，则相密度可根据标准进行校准，但具有与上述相同的限制。图 19.2 所示为对可见光不透明的例子，蒸气 V 和两种液体 L1 和 L2 均可使用 X 射线来加以鉴别。气相只吸收很少的能量并可反射光。可较清晰的分辨蒸气与低密度液体(L1)之间，以及低密度液体(L1)与高密度液体(L2)之间的边界。后一边界与混合器相交(黑色圆圈)。限制在腔体底部的视图单元体积的插入，其在视频静止图像中也清楚可见。由于利用高度校准视图单元的体积，并且检测器的响应由相对于烃类液体的相密度而校准，因此混合物的实际密度(插入的质量除以占用的体积)与利用 X 射线透射得到的表观密度相比表明存在分散的固体，或是能够散射 X 射线的高度有序结构。图 19.3 所示为，在 50℃和 159kPa 下液相内所有高度，饱和戊烷液体的表观密度和实际密度之差能控制在实验误差(0.005g/cm^3)以内(图 19.3A 显示)，而在 130℃和 35kPa 下的 50%(质量)的 Athabasca 真空塔底产物(ABVB 原油，525℃+32%的沥青质)加上癸烷的混合物的实际密度和表观密度在所有高度处则基本不同，表明存在液相和分散的固相或有序结构(图 19.3B)。没有密度校准，将很难检测到分散的固相。这种分散的固相对可见光是不透明的，且通常只能利用破坏性技术(如过滤)来检测。

量热法和高分辨率显微镜检测法也可在确定稠油的相变行为中起到重要作用，特别是在低温下，其中混合物的一部分可经历玻璃转变或者热循环而呈现出结晶行为[50-52]。

可直接通过中子和 X 射线散射[46]或间接使用黏度测定法获得稠油中沥青质的物理状态和聚集状态[53]，但散射实验非常昂贵且包含有多种限制[46,54]。就目前而言，能用于研究的沥青质浓度和聚集体尺寸范围的技术仍有待发展。在接近大气压的稀释系统中，已取得一些

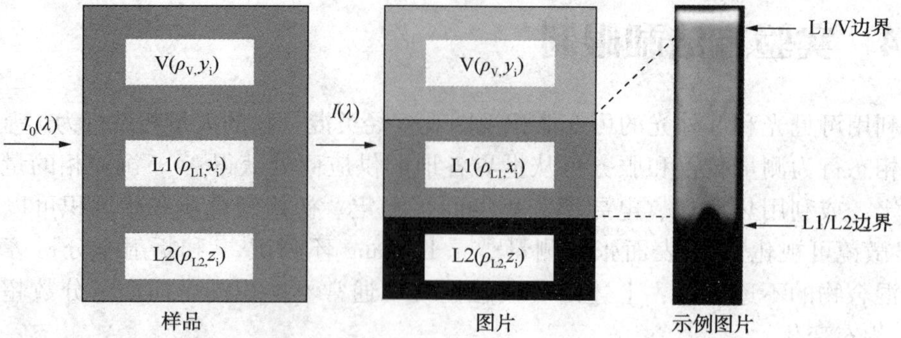

图 19.2　X 射线视图单元技术对三相混合物的检测的示意图

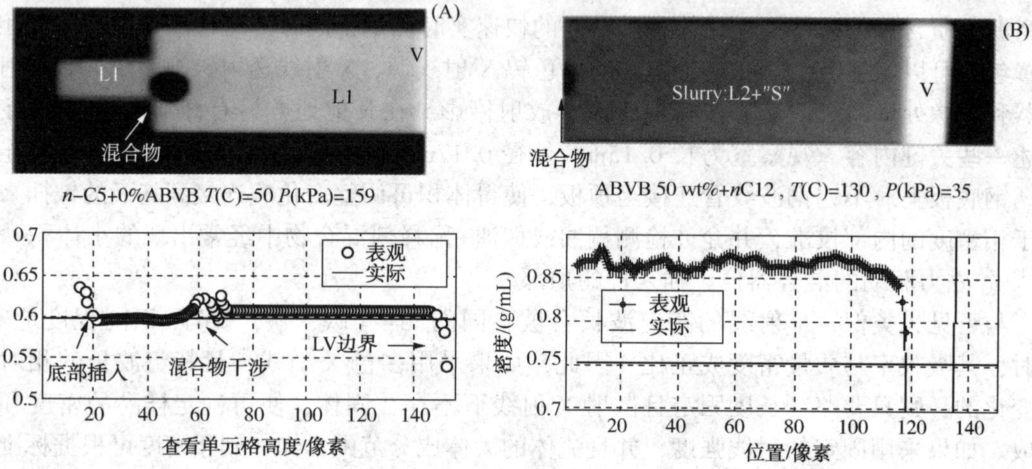

图 19.3　凝聚相的表观密度与实际密度值

(A)在 50℃和 159kPa(液体)的纯戊烷；(B)50%(质量)的 ABVB+十二烷 130℃和 35kPa(固体+液体)

与沥青质结构有关的数据。然而，人们越来越认识到，在烃类混合物中沥青质存在形式十分复杂，因此不能将在理想条件下获得的结构数据以任何程度的确定性外推到相关的储层或精炼情况中。目前还没有十分适合的技术能够同时对富含沥青质的混合物的相态行为与沥青质状态或聚集态进行测量。这样的技术目前仍在发展，较好的结果可能会首先从协同同步加速器和常规或 X 射线视图细胞实验中出现，其中在特定阶段沥青质的结构能够被单独地评估。

19.5　相态行为的观察和问题

19.5.1　稠油

关键的物理性质和热力学数据在其他地方另有详述，如密度、蒸气压和黏度，以及轻质气体的溶解性等[1,2,55-57]。该部分重点是在较大的尺度范围和温度下稠油自身的相变行为。由于这些混合物对于可见光和红外光而言是不透明的，因此必须依靠其他技术来检测已有的相态数目和性质。稠油(如玛雅原油)和稠油馏分[如 Athabasca 真空塔底产物(ABVB 原油)]，戊烷沥青质的含量分别为 15%和 32%。在大尺度范围下均一致可逆散射 X 射线。图

19.4 显示了这两种流体的小角度 X 射线(SAXS)测量值。将样品从室温加热到 310℃随后降温，得到图 19.4(A)与(B)中所显示的直方图。图 19.4(C)显示，在温度变化的情况下，直方图的变化和散射体质量的变化不剧烈且可逆。通过将球体的均匀直方图与 SAXS 发射数据拟合，进而确定的散射体的尺寸，表示 SAXS 测量的半径检测范围(0.5~50nm)。图 19.4 中显示了每个类别的最大取值。从 ABVB 原油中散射体的尺寸分布的形态可以看出存在大于 50nm 的结构。显然，需要广角 X 射线散射(WAXS)或同时进行 SAXS 和 WAXS 测量，来检验稠油中所包含的全部状态。

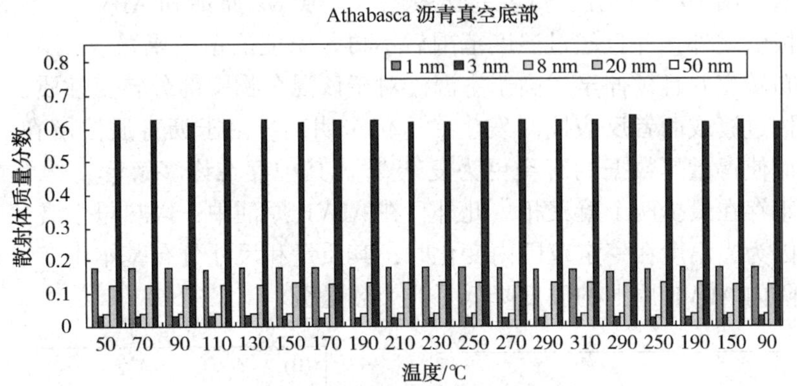

(A)Athabasca真空塔底物

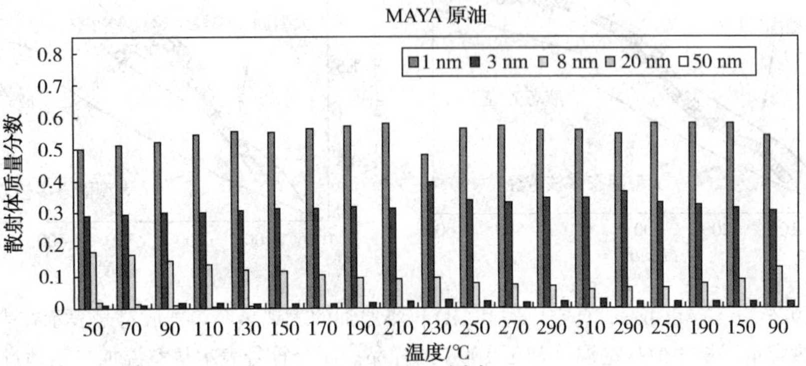

(B)Maya原油

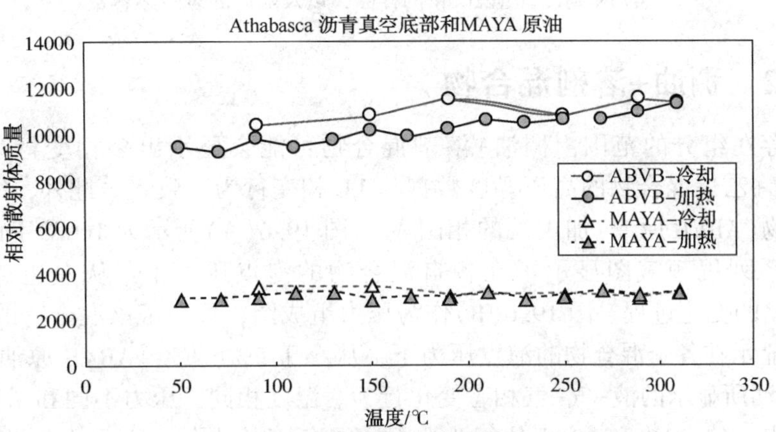

(C)散射体的相对质量

图 19.4　在加热和随后冷却时，沥青质聚集体在 0~50nm 尺寸范围内的前导尺寸

关于这些散射体是否存在分离相这一问题没有唯一答案。ABVB 原油+烷烃混合物的表观密度和实际密度之间的差异表明，一部分散射体包含单独的固相。表明多晶型的量热数据[50,51]，以及 ABVB 原油和 Maya 原油的表观热容值检测过程中的吸热和放热现象[52]（如图 19.5）也显示了在较大温度范围内存在两个或多个相态。在未发生相变的情况下，无定形和结晶有机固体的热容值是简单的、单值以及定义明确的温度函数。热容值可根据振动光谱计算[58,59]。正烷烃是最灵活的有机分子并具有最大的热容值；多核芳族分子的柔性最弱，并且在固体和液体状态下都具有最低热容值。长正烷链和多核芳族片热容的渐近值为纯固体和纯液体烃的极值，图 19.5 给出了两者的比较图[52]。Maya 原油和 ABVB 原油的表观热容值都分布在这些极值之外，并且超过温度范围后不再是温度的单值函数。从大于 200K 开始便明显地服从分布转变并且延伸至远高于室温。对于该混合物中部分转变性质，可能是塑性过渡或固体至液体过渡或两者反应同时发生，这仍未明确。由于沥青质溶解在“良好溶剂”中时会释放能量而使得量热数据的解释更为复杂[60]。其中存在许多解释，然而在较大温度范围的条件下似乎存在最少两个凝聚相。此外，在 ABVB 原油中，以热量学观察的变化似乎与散射体无关，因为当温度在一定范围内变化时，其质量和尺寸分布基本不变。相比之下，在相同的温度间隔内 ABVB 原油的黏度降低了几个数量级。

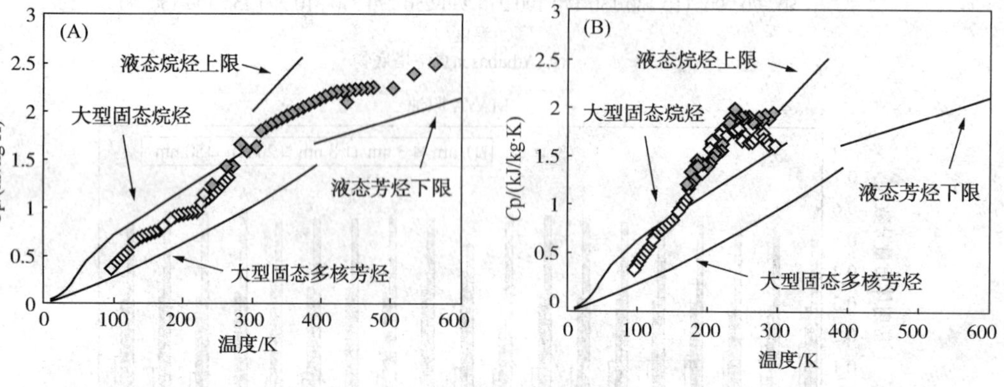

图 19.5 （A）Athabasca 真空塔底和（B）玛雅原油的表观热容。开放符号表示在表观热容量测量之前从室温冷却至 100K 的样品。闭合符号表示从室温加热至超过 473K 到冷却至 100K 的样品，以及随后的表观热容量

19.5.2 稠油+溶剂混合物

考虑到存在组分的范围，稠油+溶剂混合物可能会显示出多相变行为。Athabasca 和 Peace 河沥青+乙烷混合物的高压黏度数据与 LL 相变行为一致[2]。此外，绘制了 Athabasca 真空塔底产物（ABVB 原油）加戊烷的相图[11]。图 19.6（A）所示为 160℃ 下的代表性等温曲线，作为一系列视频截图显示了在各自混合物的泡点压力下，从左边纯戊烷到右边纯“ABVB 原油”的变化过程。图 19.6（B）作为压力组成图，显示了该混合物的复杂相变行为。图 19.6（A）显示在各个混合物的泡点压力下，从小于 5%（质量）ABVB 原油至大于 50%（质量）ABVB 原油所显示的液-气-气相态变化行为。温度相同、压力不同和温度、压力均不同的结果未给出。L1、L2 和 L3 相位行为分配不是任意给出的，而是由这些观察结果决定。如，戊烷+45%（质量）的 ABVB 原油在较小的压力范围内，表现出 L1L2L3V 相变行为，如图 19.6（C）所示。因此，应存在三种液相，并且在相图中得到反映。通过检测压力变化时相的

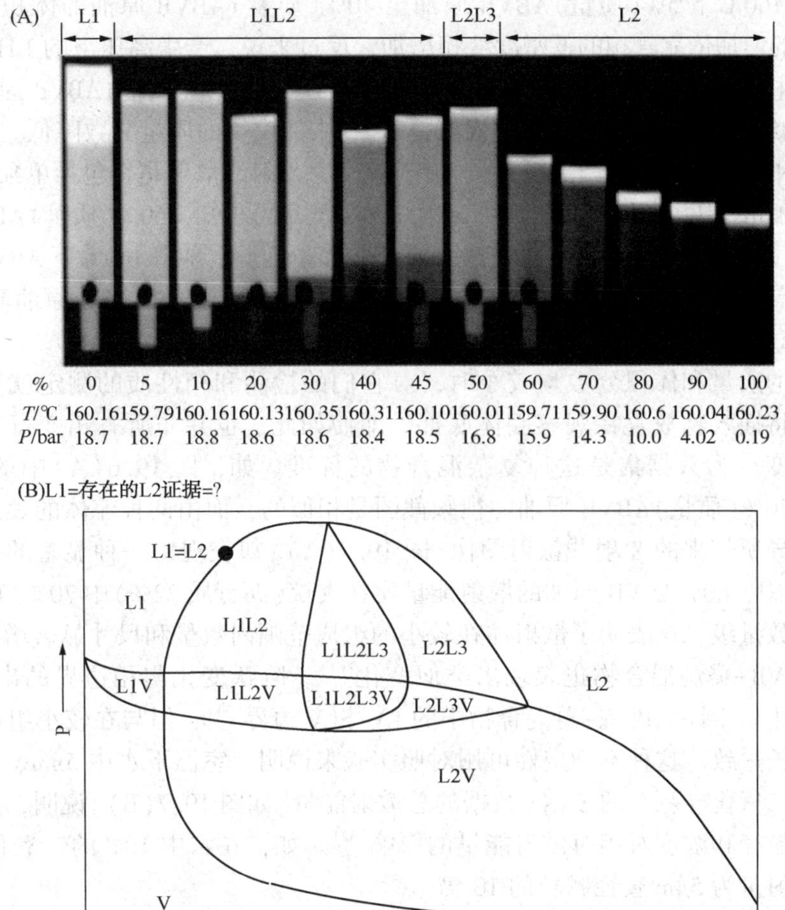

图 19.6 混合物戊烷+ABVB 的示例相变行为数据

(A)160℃，刚好低于混合物的泡点压力；(B)160℃，ABVB+戊烷的压力—成分示意图。仅显示流体相；(C)45%(质量)的 ABVB+戊烷，在 120℃下的 L1L2L3V 相变行为

体积，测定在160℃下5%(质量)ABVB原油至40%(质量)ABVB原油的体积变化，可观察到，随着压力的增加依靠气相的低密度液相增加，反过来说，产生高压下的L1L2相变行为和低压下的L2V相变行为。L2相的体积随压力变化很小。在50%(质量)ABVB原油中，随着压力降低L3中的组分与L2中的组分发生混溶，即L3中的戊烷的质量分数降低。得到低压下的L2V相变行为和高压下的L2L3相变行为。由于不清楚X射线散射是否包括单独的相，因此图19.6(B)所示的相图中并未包括固体。从X射线透射测量可得知，60%(质量)ABVB原油的L2相密度比50%(质量)ABVB原油的L3相密度要小得多。因此，随着160℃下ABVB原油质量分数的增加，观察到相变为：L1V→L1L2V→…→L2L3V→L2V。随着ABVB原油质量分数增加，未观察到向L1L2L3V相变行为的转变，但在其他温度下必定可以观察到。

当某种相的质量和体积分数均较小时，对它们的检测和相性质的测定就变成了一种挑战，这是由于将插入物放置在观察腔体底部。即使如此，也并非所有相变行为均能被观察到。不完全相变行为数据集是这种复杂混合物的标准。如，图19.6(A)中的60%(质量)ABVB原油和70%(质量)ABVB原油的视频截图是相似的，而由两种流体的表观密度和实际密度之间的差异所带来的X射线散射图像[图19.7(A)]却表现出一种显著的差异。在戊烷(沥青质18%)中，60%ABVB原油的散射能量比在戊烷(沥青质22%)中70%ABVB原油的散射能量小一个数量级，这表明了散射体在较小的组成范围内数量和尺寸显著增加。在相同组成范围内，ABVB+癸烷混合物也表现出类似变化[61]。阶跃变化与相边界的出现一致，如，利用该阶跃变化用于评估戊烷+蒽混合物中的LV/SLV边界[34]，但与在较小组成范围内存在的聚集体的生长一致。这种不确定性可用对照实验来说明。室温下水中5nm、15nm和20nm直径的单分散二氧化硅颗粒的SAXS数据的总散射能量[如图19.7(B)]说明，超过相同粒径和浓度范围时粒径和浓度对相对散射能量的影响[62]。如，在水中10%的二氧化硅中，20nm直径颗粒的散射量为5nm直径颗粒的10倍。

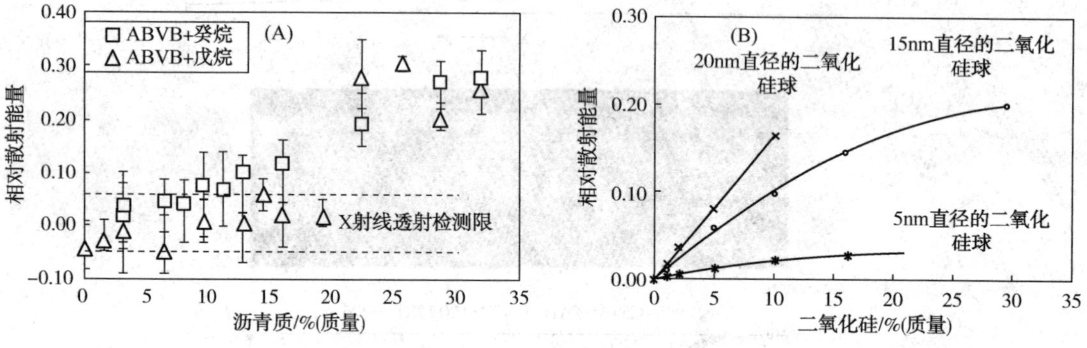

图19.7 (A)基于X射线透射数据，对于300~580K的温度范围内的Athabasca真空塔底物(沥青质32%)+烷烃混合物的相对散射能量，每点至少33个测量值，具有如图所示的平均值和范围。还显示了差值测量的检测限制。(B)基于SAXS射线，直接测量5nm、15nm和20nm直径的单分散二氧化硅球在水中的散射能量

19.5.3 相变行为的可逆性

相变行为可逆性是一个重要问题，由于其在预测相变行为发生之前就是一个明确的预测。如，用于解决沥青质沉积问题的补救方案取决于相变行为是否可逆以及相变的时间尺度

等因素。稠油+溶剂混合物的体变行为对压力、温度和组分组成的变化较为敏感，如图 19.6 所示。同时，沥青质的聚集状态随相态组成而变化(如图 19.4(A)中的 ABVB 原油，对比于图 19.8(A)，在癸烷中 2% ABVB，以及图 19.8(B)，在 1-甲基萘中 2% ABVB)。根据图 19.8(C)可以看出，这两种情况下散射体的总质量相近但两者的分布明显不同。在癸烷中，分布由小散射体占主导，而在 1-甲基萘中，分布由较大的散射体控制。尽管利用 SAXS 未检测出半径小于 0.5nm 或大于 50nm 的散射体，但由于平均聚集体尺寸的差异，人们总期望一些相中的沥青质比在其他由于平均粒度差异的相中更容易通过过滤器。因此，如果沥青质质量分数

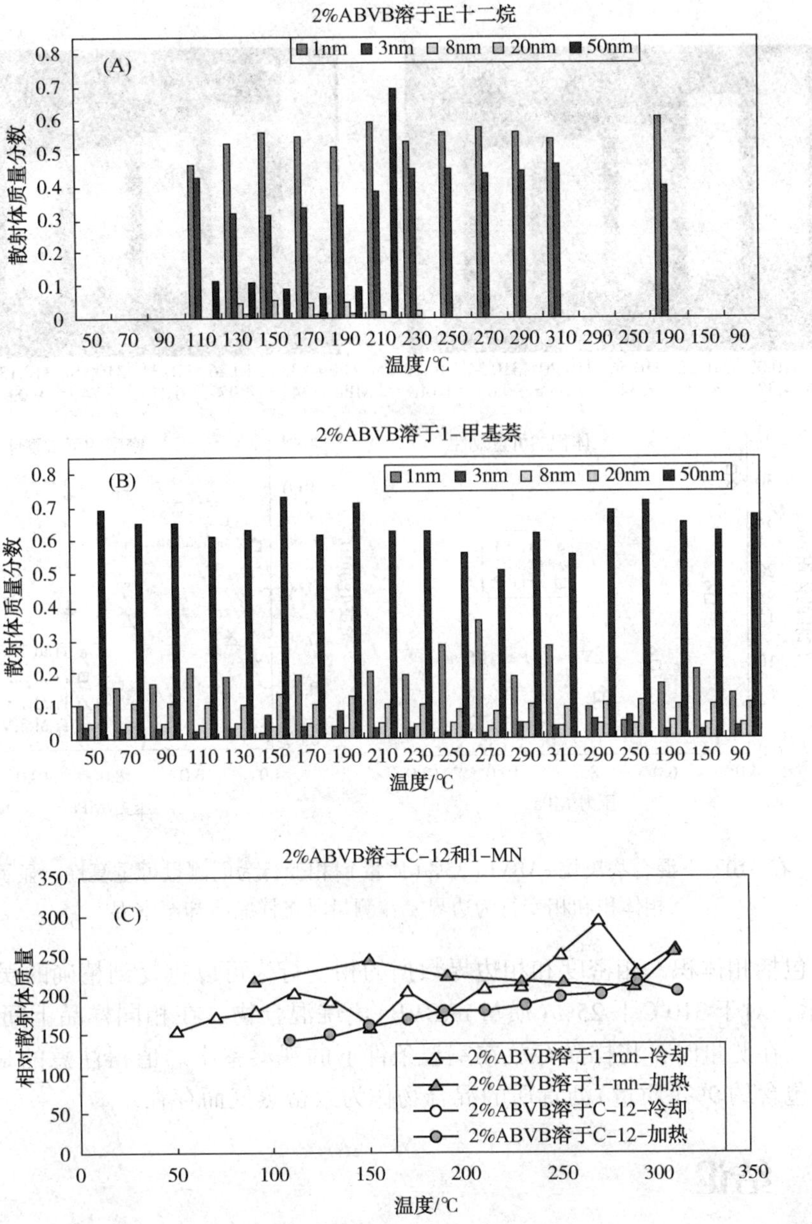

图 19.8　在加热和冷却时，尺寸范围为 0~50nm 的沥青质聚集体的前导尺寸

(A)在十二烷中 2%(质量)的 ABVB；(B)在 1-甲基萘中 2%(质量)的 ABVB；(C)相对散射体在(A)和(B)中的情况

是基于过滤得到，则存在的相态相对含量的变化可以产生相对于沥青质相行为的明显不可逆性。这种变化出现在可视腔体以及压力控制困难的采样系统中，分离条件的变化可以部分地解释沥青质相变行为的表观不可逆性或部分可逆性[63]。同时，随操作条件变化的相位分离动力学也可作为部分解释。非侵入性方法表明，在一定温度下沥青质凝聚压力可得到可逆地鉴定[65]。不可明确的是这些“变化”的阈值是否反映了相变行为本身的转变，或者仅仅将物质生长聚集到能够利用特定的实验技术手段进行观测。对于2%ABVB+1-甲基萘混合物，如图19.8B和C所示，SAXS测量表明，在冷却阶段高温下发生的解聚是可逆的，只是非常缓慢。只有当样品重新冷却至接近室温时，总散射体质量和散射体尺寸的分布才返回到低温时的取值。

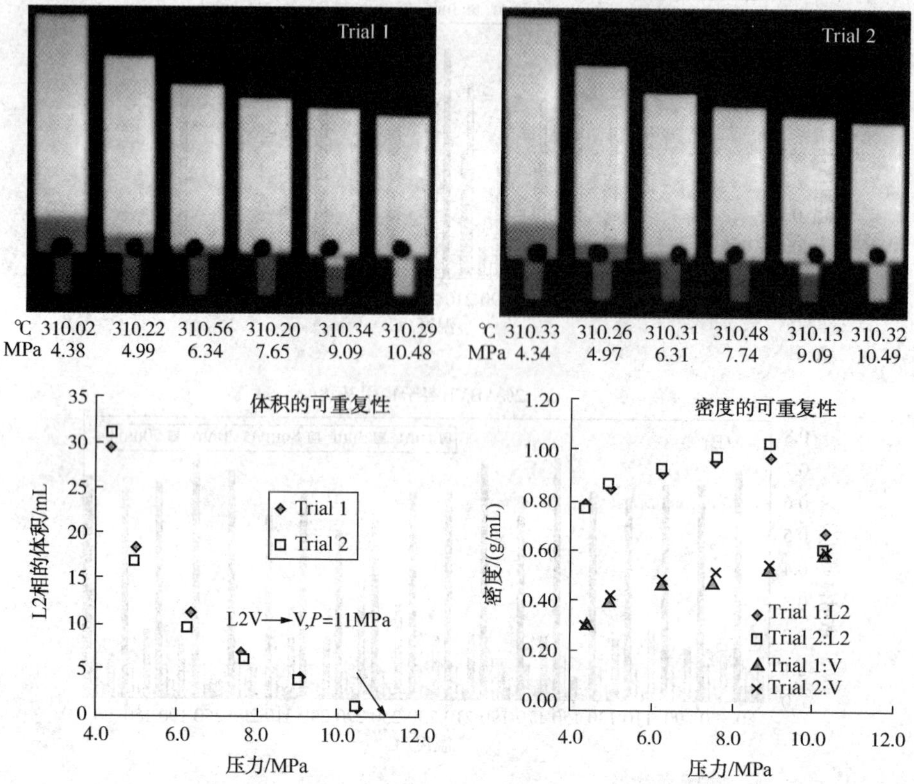

图19.9 在310℃下混合物庚烷+ABVB[35%(质量)]相变行为的测量可重复性。显示了相密度、相体积和相变行为边界。在测量时将样品冷却至室温

相反，包括相体积、相密度和相边界数据的相变行为可以重复到精确的误差范围内，如图19.9所示，对于310℃下25%(质量)ABVB+庚烷混合物。在相同样品上间隔3个月进行了两次实验。在测量时，将样品存放在室温条件下的观察室中。值得注意的是，在310℃和高压条件下包含约9%(质量)沥青质的混合物作为致密蒸气而存在。

19.6 结论

在稠油或稠油混合物中检测相变行为是一项具有挑战性的研究工作，必须利用多种新式的方法。量热数据清楚地表明，稠油在较大的温度范围内包含两个或多个相。这些相，如玻

璃体、液体和固体的可能组合似乎独立于通过X射线散射显示出的纳米结构，通常将之解释为沥青质或沥青质的一部分。稠油+正烷烃混合物的相变行为对于在较高温度和压力下的稠密蒸气，以及在非极端条件下的液-液-气相的相变行为等同样显示出了复杂性。这些混合物中的沥青质随温度、压力和组分组成的不同，表现出不同程度的缔合。然而，对于沥青质所获得数据的解释是不明确的，这是由于沥青质聚集体的平均尺寸的变化并不等于相态的改变。将聚集体作为同一相态内的缔合结构或作为单独相态进行适当处理的研究在现有文献中仍未得到解决，这是目前一个较为活跃的研究领域。

稠油和稠油+溶剂/反溶剂混合物的相变行为预测模型的成功与否，受到相变行为复杂性(与其相关是急剧的相变行为转变，通常可用的相变行为数据并不完整)的限制，也与碳氢化合物形态和状态方程模型相关[10,63]。现有文献未解决的问题，如超出SAXS和WAXS的限制范围进行沥青质物理状态和聚集状态的测量、沉淀相的状态和性质等也值得进一步研究。已商业化的相关工具可用于在现有数据集内插入相变行为，但还没有可用于含沥青烯烃混合物的相变行为或粘附沉积物形成的预测模型。未来的成功还将取决于目前正在尝试的马来烯馏分的详细组成分析，马来烯馏分的组分研究对于烃类混合物的相变行为的性质和复杂性研究将具有巨大的影响[27]。

致谢

感谢美国能源部科学办公室的基础能源科学办公室提供的高级光子源技术，根据合同号：W-31-109-ENG-38。此外，感谢阿尔伯塔同步加速器研究所以及所使用的主机APS-BESSRC-CAT 12的支持。

NSERC石油热力学工业研究所主席包括：阿尔伯塔省能源研究所，Albian Sands能源公司，计算机模拟集团有限公司，Con℃oPhillips，帝国油资源，NEXEN公司，加拿大自然资源，CIMM石油学会，Oilphase-DBR，Oilphase-a Schlumberger Company，Schlumberger，Syncrude Canada Ltd.，NSERC。

参考文献

[1] Robinson, D. B. (ed.). (1984). *The Thermodynamic and Transport Properties of Bitumens and Heavy Oils*. AOSTRA, Edmonton, Canada. p. 229.
[2] Hepler, L. G. and C. Hsi(ed.). (1989). *Technical Handbook on Oilsands, Bitumens and Heavy Oils*. AOSTRA, Edmonton, Canada. p. 376.
[3] Speight, J. G. (1999). In: J. G. Speight(ed.), *PetroleumAnalysisandEvaluation*, *PetroleumChemistry and Refining*. Taylor & Francis Press, Washington, DC.
[4] Henry, C. M. (2003). Fine look at crude oil. *Chem. Eng. News* 81(13), 39.
[5] Robinson, D. B. (1989). The interface between theory and experiment. *Fluid Phase Equilib*. 52, 1-14.
[6] Shelton, J. L. and L. Yarborough(1976). Multiple phase behavior in porous media during CO2 or rich-gas flooding. Presented at *SPE-AIME Conference*, Tulsa, OK, March 22-24, 1976. Paper #SPE
[7] Turek, E. A., R. E. Metcalfe, and R. E. Fishback (1988). Phase behaviour of several CO2/West Texas reservoir oil systems. *SPERE SPE* 13117, May 1988, 505-516.
[8] Burke, N. E., R. E. Hobbs, and S. F. Kashou(1990). Measurement and modeling of asphaltene precipitation. *JPT* November 1990, 1440-1446.
[9] Abedi, S. J., S. Seyfaie, and J. M. Shaw (1998). Unusual retrograde condensation and asphaltene precipitation in a model heavy oil system. Pet. *Sci. Technol*. 16(3, 4), 209-226.
[10] Cartlidge, C. R. L. Dukhedin-Lalla, P. Rahimi, andJ. M. Shaw(1996). Preliminaryphasediagrams for ABVB + n-dodecane + hydrogen. *Fluid Phase Equilib*. 117, 257-264.
[11] Zou, X-Y. (2003). Selective removal of fine inorganic solids, heavy metals and sulfur from heavy oils/bitumen. PhD Thesis, University of Toronto, Toronto.
[12] Shaw, J. M. and E. Béhar(2003). SLLV phase behavior and phase diagram transitions in asymmetric hydr℃arbon fluids. *Fluid Phase Equilib*. 209, 185-206.

[13] Hu, Y-F. and T. M. Guo(2001). Effects of temperature and molecular weight of n-alkane precipitants on asphaltene precipitation. *Fluid Phase Equilibr.* 192, 13-25.
[14] Cimino, R., S. Correra, A. Del Bianco, and T. P. L℃ khart (1995). In: E. Y. Sheu and O. C. Mullins (eds.), *Asphaltenes: Fundamentals and Applications.* Plenum Press, New York, p. 126.
[15] Kotlyar, L. S., B. D. Sparks, and J. R. Woods (1999). Solids ass℃ iated with asphaltenes fraction of oil sands bitumen. *Energy & Fuel* 13, 346-350.
[16] Chen, R. J. J., P. S. Chappelear, and R. Kobayashi(1976). Dew-point l℃i for methane-n-hexane and methane-n-heptane binary systems. *J. Chem. Eng. Data* 21(2), 213-219.
[17] Heidemann, R. A. and R. M. Abdel-Ghani(2001). A ternary system with five equilibrium phases. *Chem. Eng. Sci.* 56(24), 6873-6881.
[18] Peters, C. J. (1994). In: E. Kiranand J. M. H. Levelt Sengers (eds.), *Multi phase Equilibriain Near Critical Solvent. Supercritical Fluids: Fundamentals for Application.* Kluwer Academic Press, Dordr
[19] Miller, M. M. and K. D. Luks(1989). Observations on the multiphase equilibria behavior of CO2 rich and ethane rich mixtures. *Fluid Phase Equilib.* 44, 295-304.
[20] Wisniak, J., A. Apelblat, and H. Segura(1998). Prediction of gas-solid equilibrium using equations of state. *Fluid Phase Equilib.* 147, 45-64.
[21] Poot, W., K-M. Krüger, and T. W. de Loos(2003). High-pressure phase behavior of the binary systems(butane + adamantane) and(butane + diamantane). *J. Chem. Thermodyn.* 35(4), 591-604.
[22] van Konynenburgh, P. H. and R. L. Scott (1980). Critical lines and phase equilibria in binary van der Waals mixtures. *Philos. Trans. R. Soc. London* 298, 495-540.
[23] Gregorowicz, J., Th. W de Loos, and J. A. de Swaan(1992). Unusual retrograde condensation in ternary hydr℃ arbon systems. *Fluid Phase Equilib.* 73, 109-115.
[24] Gregororwicz, J., Th. W. deLoos, andJ. A. deSwaan (1993). Liquid - liquid - vaporphaseequilibria in the system ethane + propane+eicosane: Retrograde behavior of the heavy liquid phase. *Fluid Phase Equilib.* 84, 225-250.
[25] Shaw, J. M., Th. W. de Loos, and A. J. de Swaan(1993). Prediction of unusual retrograde condensation in model reservoir fluids. *Fluid Phase Equilib.* 84, 251-266.
[26] Shaw, J. M., Th. W. de Loos, and A. J. de Swaan(1997). An explanation for solid-liquid-liquid-vapor phase behavior in reservoir fluids. *Pet. Sci. Technol.* 15(5/6), 503-521.
[27] Shaw, J. M. (2002). Towards common generalized phase diagrams for asphaltene containing hydr℃ arbon fluids. *ACS Pet. Chem. Div. Prepr.* 47(4), 338-342.
[28] Vengu, T. (1983). Propriétés thermodynamiques d'un pétrole brut en presence de gaz carbonique. Application à la récupération assistée. Ph. D. thesis, Université Pierre et Marie Curie, Paris VI.
[29] Michelsen, M. L. (1982). The isothermal flash problem. Part I: Stability. *Fluid Phase Equilib.* 9, 1-19.
[30] Michelsen, M. L. (1982). The isothermal flash problem. Part II: Phase-split calculation, *Fluid Phase Equilib.* 9, 21-40.
[31] Baker, L. E., A. C. Pierce, and C. D. Luks(1982). Gibbs energy analysis of phase equilibria. *SPE J.* 22, 731-742.
[32] Minicucci, D., X-Y. J. Zou, and M. Shaw(2002). The impact of liquid-liquid-vapor phase behavior on coke formation from model coke precursors. *Fluid Phase Equilib.* 194-197, 353-360.
[33] De Boer, R. B., K. Leerlooyer, M. R. P. Eigner, and A. R. D. van Bergen(1995). Screening of crude oils for asphalt precipitation: Theory, practice and the selection of inhibitors. *SPE Prod. Facil.* February 1995, 55-61.
[34] Zou, X-Y. and J. M. Shaw(2004). Dispersed phases and dispersed phase deposition issues arising in asphaltene rich hydr℃ arbon fluids. *J. Pet. Sci. Technol.* 22(7/8), 759-771.
[35] Kokal, S. L., J. Najman, S. G. Sayegh, and A. E. George(1992). Measurement and correlation of asphaltene precipitation from heavy oils by gas injection. *J. Can. Pet. Technol.* 31(4), 24.
[36] Yarranton, H. W. and J. H. Masliyah(1996). Molar mass distribution and solubility modeling of Asphaltenes. *AIChE J.* 42, 3533-3543.
[37] Zou, X. Y. andJ. M. Shaw(2004). Challenges inherent in the development of predictive deposition tools for asphaltene containing hydr℃ arbon fluids. *J. Pet. Sci. Technol.* 22(7/8), 773-786.
[38] Ting, P. D., G. J. Hirasaki, and W. G. Chapman(2003). Modeling of asphaltene phase behavior with the SAFT equation of state. *J. Pet. Sci. Technol.* 21(3/4), 647-661.
[39] Wu, J., J. M. Prausnitz, and A. Fasabooti(2000). *AIChE J.* 46, 197-209.
[40] Alboudwarej, H. (2003). Asphaltene deposition in flowing systems. Ph. D. thesis, University of Calgary.
[41] Branco, V. A. M., G. A. Mansoori, L. C. De Almeida Xavier, S. J. Park, and H. Manafi(2001). Asphaltene fl℃ culation and collapse from petroleum fluids. *J. Pet. Sci. Eng.* 32(2-4), 217-230.
[42] Mansoori, G. A. (1997). Modeling of asphaltene and other heavy organic depositions. *J. Pet. Sci. Eng.* 17(1/2), 101-111.
[43] Fujisawa, G., O. C. Mullins, C. Dong, A. Carnegie, S. S. Betancourt, T. Terabayashi, S. Yoshida, A. R. Jaramillo, andM. Haggag(2003). Analyzing reservoir fluid composition in situ in real time: Case study in a carbonate reservoir. *In: SPE Meeting*, Denver CO, October 5-8, 2003. SPE 84092.
[44] Ferworn, K. A. and W. Y. Svrcek(1998). In: O. C. Mullins and E. Y. Sheu(eds.), *Structure and Dynamics of Asphaltenes.* Plenum Press, New York. p. 227.
[45] Keinitz, W. and S. I. Anderson (1997). Paper presented at the 8th *Symposium on Oil Field Chemistry*, Geilo, Norway, March.
[46] Sheu, E. Y. (1998). In: O. C. MullinsandE. Y. Sheu(eds.), Structure and Dynamics of Asphaltenes, *Plenum Press*, New York. p. 115.
[47] Sheu, E. Y. (2002). Asphaltene precipitation and Liesegang ring. In: *International Conference on Heavy Oil Deposition*, Puerto Vallarta, Mexico, November 2002.
[48] Abedi, S. J., H-Y. Cai, S. Seyfaie, and J. M. Shaw (1999). Simultaneous phase behavior, elemental composition and density measurement using X-rays imaging. *Fluid Phase Equilib.* 158-160, 775
[49] Zou, X. Y., L. Dukhedin-Lalla, X. Zhang, and J. M. Shaw(2004). Selective rejection of inorganic fine solids, heavy metals, and sulfur from heavy oils/bitumen using alkane solvents. *Ind. Eng Chem.* 43, 7103-7112.
[50] Masson, J. -F. and G. M. Polomark(2001). Bitumen microstructure by modulated differential scanning calorimetry, *Thermo-*

chim. *Acta* 374, 105-114.
[51] Masson, J. -F. and G. M. Polomark(2004). Erratum to Bitumen microstructure by modulated differential scanning calorimetry, *Thermochimica Acta* 374(2001) 105-114. Therm℃him. Acta 413, 273.
[52] Maham, Y., M. G. Chodakowski, X. Zhang, and J. M. Shaw (2005). Asphaltene phase behavior: Prediction at a crossroads. *Fluid Phase Equilib.* 227, 177-182.
[53] Escobedo, J. andG. A. Mansoori(1998). Viscometric principles of the onset of colloidal asphaltene fl℃culation in paraffinic oils and asphaltene micellization in aromatics. *SPE Prod. Facil.* May 1998, 116-122.
[54] Scotti, R. andL. Montanari(1998). In: O. C. MullinsandE. Y. Sheu, (eds.), *Structure and Dynamics of Asphaltenes.* Plenum Press, New York. p. 79.
[55] Schwarcz, B. J. and J. M. Prausnitz (1987). Solubilities of methane, ethane and carbon dioxide in heavy fossil-fuel fractions. *Ind. Eng. Chem. Res.* 26, 2360-2366.
[56] Schwarcz, B. J., J. A. Wilhelm, and J. M. Prausnitz(1987). Vapour pressure and saturated liquid densities of heavy fossil fuel fractions. *Ind. Eng. Chem. Res.* 26, 2353-2360.
[57] Cai, H-Y., J. M. Shaw, and K. H. Chung(2001). Hydrogen solubility measurements in heavy oil and bitumen cuts. *Fuel* 80, 1055-1063.
[58] Pyda, M., M. Bartkowiak, and B. Wunderlich(1998). Computation of heat capacities of solids using a general tarasov equation. *J. Thermal Anal.* 52, 631-656.
[59] Wunderlich, B. (2003). In: S. Z. D. Cheng(ed.), *Heat Capacity of Polymers*, *Handbook of Thermal Analysis and Calorimetry*, *Volume* 3: *Applications to Polymers and Plastics*, (1), pp. 1-95.
[60] Zhang, Y., T. Takanohashi, S. Sato, T. Kondo, and I. Saito(2003). *Energy Fuels* 17, 101-106
[61] Zhang, X. (2005). *The Impact of Multiphase Behaviour on Coke Deposition in Heavy Oil Hydroprocessing Catalysts*, Ph. D. thesis, University of Alberta.
[62] Chodakowski, M. (2005). Ph. D. thesis, University of Alberta (in progress).
[63] Szewczyk, V. and E. Béhar(1999). Compositional model for predicting asphaltenes fl℃culation. *Fluid Phase Equilib.* 158-160, 459-469.
[64] Anderson, S. I. and J. G. Speight (1999). Thermodynamic models for asphaltene solubility and precipitation. *J. Pet. Sci. Eng.* 22, 53-66.
[65] Joshi, N. B., O. C. Mullins, A. Jamaluddin, J. Creek, and J. McFadden(2001). *Energy Fuels* 15, 979-986.

(John M. Shaw, Xiangyang Zou)

第20章 用于稠油乳化处理的选择性溶剂脱沥青工艺

20.1 前言

通常利用溶剂处理稠油乳液，比如从油砂中回收沥青时所产生的沥青泡沫。已发现，溶剂的芳香性和溶剂与沥青的稀释比(S/B，以质量计)对沥青包水乳液的稳定性具有显著影响。在某种S/B下的脂族溶剂，不仅能从溶剂稀释的沥青溶液中沉淀出沥青质，并且可同时促进乳化水滴(WD)、分散的固相(DS)和沥青质沉淀(PA)的聚集。WD/DS/PA聚集体在溶剂稀释的沥青中表现出区域沉降，并且在沉降期间形成不同的区域和相对的界面。代表性的，顶部区域通常为清洁油相，其所含水加固体的量少于0.1%(质量)，中间为含有WD/DS/PA聚集体的乳液区，底部区域为沉淀的WD/DS/PA聚集体所形成的压实区。油相和乳液区域之间形成的界面清晰区域，可借助适当照明进行可视化观察。同时开发了一种通过光纤电缆与分光光度计耦合的在线透反射探针，用于监测WD/DS/PA聚集体的沉降。沉降速率取决于多种因素和条件，包括溶剂类型、S/B、温度和混合条件。利用脂族溶剂对沥青乳液的处理不仅能产生纯沥青，而且可导致沥青质含量、焦化倾向以及金属、硫和氮的含量明显下降。同时沥青质的黏度随之降低，反过来需要减少与沥青质混合的轻稀释剂的量，以满足液体的黏度要求。因此，选择适当的溶剂、S/B以及其他工艺条件，使之能够满足不同规格沥青产品的生产需要。

稠油通常是指API比重小于20°的原油。API比重小于10°的稠油也称为超稠油(储层条件下黏度小于10Pa·s)或沥青(储层条件下黏度高于10Pa·s)[1]。由于常规石油储量下降，稠油的开采变得越来越重要。世界上超稠油和沥青的储量与常规油的储量相当。在委内瑞拉东部的奥里诺科油带有大约1.2万亿桶的特稠油。据估计，在加拿大油砂的原油中含有的沥青含量约为1.7万亿桶，基于现有的技术可回收约3000亿桶沥青[2]。主要的油砂矿床是加拿大阿尔伯塔北部的Athabasca、Cold Lake和Peace River矿床[3,4]。

由于委内瑞拉超稠油的储层温度较高，与常规油生产类似的冷生产是可行的，尽管可使用各种其他技术来提高回收率。在储层温度下，加拿大沥青具有十分高的黏度(如，在11℃下>1000Pa·s)。对于约75m深的浅油砂矿，沥青可通过露天开采。对于超过400m深的油藏，目前可通过热采方式开采沥青，如循环蒸汽注入和蒸汽辅助重力排水(SAGD)[2,5]。目前，加拿大油砂稀释产品中日产沥青量约110万桶，包含原油75万桶以及热产沥青35万桶。该工业在2012年之前达到每天生产聚合物200万桶[5]。预计到2030年，加拿大油砂的沥青日产量将达到500万桶[5]。目前通过露天采矿方式从油砂中开采沥青的成本约为每桶8美元[6]。

反乳化作用是超稠油开采以及沥青加工过程中的主要挑战之一，这是由于原油中含有的大量腐蚀性氯化物[6]和分散的固体(不利于下游的沥青质加工过程)可导致乳化水出现各种问题。在本章中，对沥青化学和沥青包水乳液的稳定性进行了综述，讨论了沥青中沥青质的部分析出，沥青包水乳液的破乳以及这两者之间的关系。

20.2 沥青化学

现已有大量表征沥青的文献[3,7-9]。表 20.1 列出了典型 Athabasca 沥青的元素组成和性质[7,9]。在许多方面沥青不同于常规原油，但最显著的差异为其具有高黏度和高分子量，还包含有害的杂原子，如硫、氮、钒和镍。沥青的氢碳原子比(H/C)低于常规原油。

表 20.1 典型 Athabasca 沥青的元素组成和性质

元素组成/%(质量)			
碳	81~84	硫	4.6~5.6
氢	10.0~11.0	钒	160~300μg/g
氮	0.3~0.6	镍	60~100μg/g
氧	0.8~1.6	H/C①	1.46~1.50
性能			
API 重度	8.05°	黏度(24℃)	323Pa·s
Ramsbottom 碳	10~13.7%	平均分子量②	490~620g/mol

① 氢碳的原子比。

② 利用 VPO 确定。

图 20.1 显示了多个 Athabasca 沥青样品的沸点分布(通过 GC 模拟蒸馏获得)。平均而言，Athabasca 沥青的正常沸点低于 250℃时只含约 3%(质量)的轻馏分，当正常沸点高于 550℃时重馏分超过 45%(质量)。显然，沥青是一种十分重的原油。

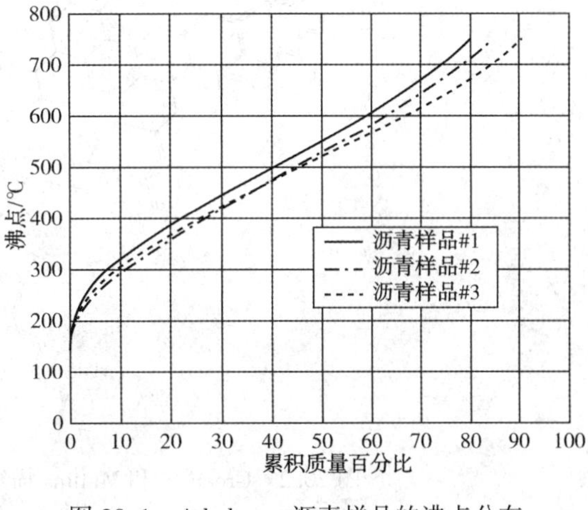

图 20.1 Athabasca 沥青样品的沸点分布

通常，通过对沥青烃类化合物组分来进行化学表征，如饱和烃-芳烃-树脂-沥青质(SARA)含量[9]。沥青质是一种可溶性组分，其不溶于轻质脂族溶剂(如，正戊烷或正庚烷)，但可溶于芳香族溶剂(如，甲苯)。在本研究中，利用正戊烷作为沉淀剂并通过标准步骤确定沥青质含量[9-11]。脱沥青原油(DAO)通常称为软沥青。树脂是软沥青中的极性组分。代表性的 Athabasca 沥青含约 17%的饱和物、40%的芳烃、26%的树脂和 17%(质量)的沥青质[9]。显然，沥青中沥青质的含量相对较高；沥青质还可导致各种问题，如沥青水乳液的高稳定性，传输过程中沥青的高黏度，以及在沥青改质和精炼过程中的高焦化倾向和催化剂中毒。

沥青质并非明确定义的化学分类，但有大量关于沥青质结构的文献[12-15]。尽管关于沥青质的化学和物理性质的研究已有数十年，采用的技术包括 VPO、SEC、FTIR、NIR、NMR、MS、荧光去极化、光谱荧光显微镜、流变学、界面张力、折射率、STM、SAXS 和

SANS，但沥青质在各种系统中的分子结构和热力学状态仍然存在争议。Pfeiffer 和 Saal[16] 曾将沥青质溶液与脂稳定的胶体悬浮液作图。随后，Sheu 等[15,17-19] 描述了沥青质溶液的溶剂化模型。根据溶剂化模型，沥青质基本上可通过烃介质而溶剂化。

沥青质分子量的问题是一个长期存在争议的主题。据报道，沥青质的平均摩尔质量范围为 400~10000g/mol，这取决于所采用的测定分子量的技术[12,13,20,21]。根据最近的研究，沥青质的平均分子量约为 750[12]。Groenzin 和 Mullins[12] 提出了沥青质的理想化分子结构，如图 20.2 所示。从该结构来看，沥青质分子平均具有约 7 个稠合芳环，且沥青质分子的直径为 1~2nm[22]。由于沥青质分子中包含相对较大的共轭 π 体系，如果溶剂不具有足够的溶剂化能力，沥青质分子之间的 π-π 相互作用便可导致沥青质聚集体的形成，甚至形成沥青质沉淀。

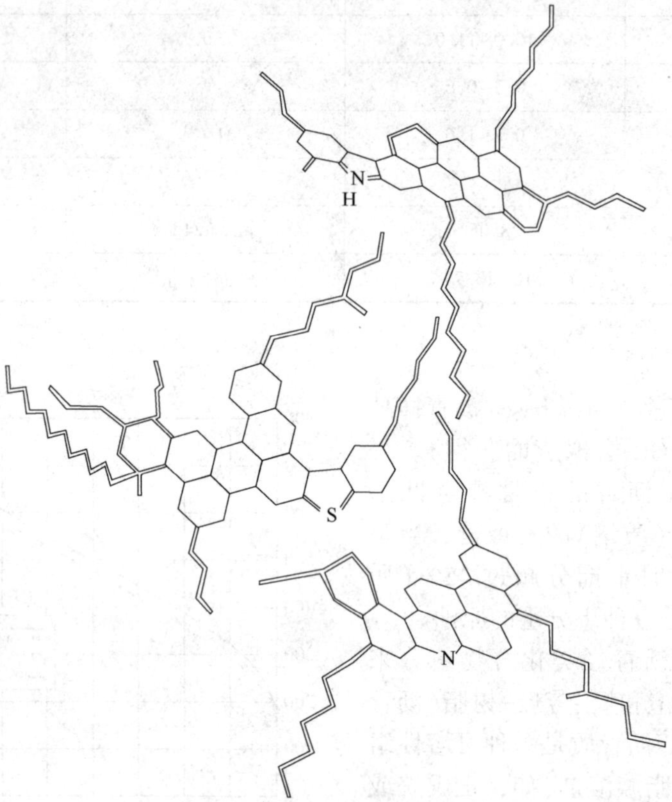

图 20.2　Groenzin 和 Mullins 描绘的沥青质的理想分子结构[12]

表 20.2　几种典型原位沥青乳液的组成　　%(质量)

原位沥青乳液样品	乳液	水	固体
原位沥青乳液#1	82.5	17.3	0.2
原位沥青乳液#2	66.3	33.3	0.4
原位沥青乳液#3	69.1	30.3	0.6
原位沥青乳液#4	90.7	8.3	1.0

20.3 沥青水乳液的稳定性

20.3.1 原位沥青乳液和沥青泡沫

原位沥青开采的SAGD方法，是将成对叠置的平行水平井钻入油砂地层中，将蒸汽连续注入上部井中以加热油砂层。接着，沥青软化并流入下层生产井。在SAGD中，开采出的流体为含沥青、水和砂的复杂混合物。在除砂和去除游离水之后，连续的油相即为沥青水乳液(本研究中是指原位沥青乳液)。表20.2显示了来自Cold Lake区域的几种典型原位沥青乳液样品的成分。原位沥青乳液含有大量的水，但其固体含量通常低于1%(质量)。

在开采油砂的过程中，会通过Karl Clark等[23]首创的热水工艺提取沥青。由空气浮选工艺生产的中间材料被称作沥青泡沫。在进一步处理之前，先要去除空气中的充气沥青泡沫，但脱气后的材料仍被称为沥青泡沫。表20.3列举了几种典型沥青泡沫样品的成分。平均来说，沥青泡沫含有约60%沥青，30%水和10%(质量)固体。在本研究中，将原位沥青乳液和沥青泡沫统称为沥青乳液。

表20.3 几种典型沥青泡沫的组成 %(质量)

沥青泡沫样品	乳液	水	固体
沥青泡沫#1	47.7	39.2	13.1
沥青泡沫#2	58.8	30.9	10.2
沥青泡沫#3	44.2	36.5	19.3
沥青泡沫#4	68.3	20.2	11.5

在沥青进一步提质或精炼之前，必须除去原位沥青乳液或沥青泡沫中的污染物，如水(携带腐蚀性氯化物)和固体。如，总水和固体含量(BS&W，利用离心分析底部固体和水)必须小于0.5%(体积)，以满足传输过程的规格。此外，如果沥青用作高液体转化加氢裂化工艺的原料，则沥青必须仅含有最少量的杂质(如，小于几百ppm的灰分)[24]。

通常在环境条件下，沥青密度为1.01g/mL[9,25]，且黏度的数量级为100Pa·s[26]。因此，因此，沥青乳液的处理常常涉及到有机溶剂的稀释，通过降低油相的黏度而促进水和固体的分离，且同时增加油相和水相之间的密度差。有时，沥青乳液在高温(如高于120℃)下处理以增强破乳。目前Syncrude Canada Ltd. 和Suncor Energy Inc. 的商业油砂操作是利用挥发油进行沥青泡沫处理，溶剂与沥青质量比(S/B)为0.6~0.7[25]。经多级离心(离心力高达2500g)并添加破乳剂之后，该溶剂稀释的沥青仍含有2%~5%的水和0.3%~1%(质量)的矿物固体(以灰分含量测定)[6,25]，这表明沥青泡沫中大量的水和固体都难以除去。这部分水十分稳定地保存在稀释沥青水乳液中，剩余的固体是在油相中分散较好的细颗粒。

20.3.2 乳化水滴和分散固体的尺寸分布

在经溶液稀释的沥青乳液沉降期间，稀释沥青中的残余水含量是水滴尺寸、分散相和介质的密度、连续相的黏度、水滴的总数和外力作用下的加速度的函数。本实验开发了一种基于来自沉降实验的实验数据确定水滴尺寸分布的方法。本章并未对该方法进行详细讨论，但却发现了在各种经溶剂稀释的沥青泡沫中存在两种主要类型的水滴尺寸分布曲线。图20.3

和图 20.4 显示了由泡沫样品 A 和 B 显示出的两种类型的实例。由此，可将经溶剂稀释的沥青乳液中的水分为三类：(1)乳化水的水滴直径小于 10μm；(2)分散水的液滴直径在 10~60μm 之间；(3)游离水的液滴直径大于 60μm。当 S/B = 0.7 时，用挥发油稀释的沥青泡沫 A 中的总水含量为 17.6%(质量)，其中 3.2%为乳化水，其余为游离水(14.4%)，如图 20.3 所示。该类型沥青乳液中没有明显的分散水。另一方面，用 S/B = 0.7 的挥发油稀释的沥青泡沫 B 含 28.5%(质量)的水，其中 4.0%为乳化水，如图 20.4 所示。在该样品中含有超过 11%的分散水和约 13.5%的游离水。

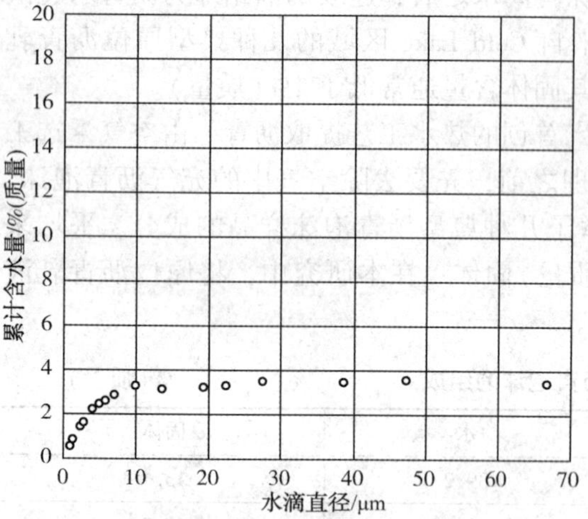

图 20.3　溶剂稀释沥青乳液中水滴的尺寸分布，沥青泡沫 A

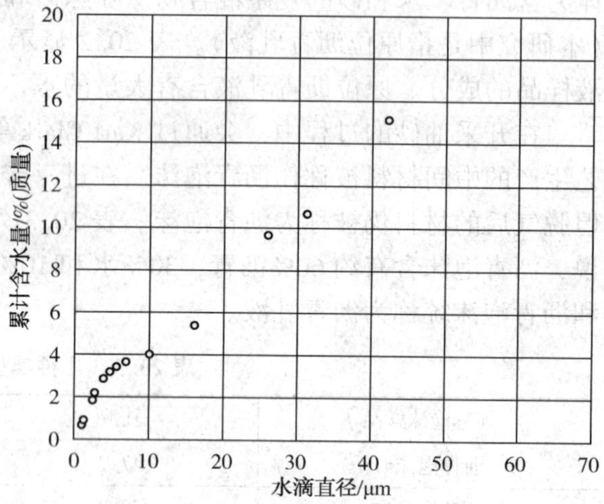

图 20.4　溶剂稀释沥青乳液中水滴的尺寸分布，沥青泡沫 B

对于微米尺寸的水滴，通过稀释沥青沉降后，水很少甚至没有分离。因此，除非经过水滴的聚结或聚集以获得更大的液滴，否则乳化的水不能从油相中分离。如果在小水滴之间没有有效的聚集或聚结，则沥青乳液处理后，系统中乳化水的含量将最终决定经过溶剂稀释后的沥青产品中的含水量。油相中的分散水比乳化水更快地沉降，但需要足够的时间或额外的外部加速力(如，离心力)。过量的分散水将导致沥青乳液处理得较为困难。另外，当用溶剂稀释沥青乳液时，游离水几乎立即沉降，且对破乳现象没有显著的负面影响。

有迹象表明，乳化水和分散水可通过不同的机理形成。Dabros 等[27]描述了一种新的乳化-发育机制。他们发现，当微米尺寸的水滴在经过甲苯稀释的沥青(>10%沥青)中收缩时，可与较大的水滴分离(如>10μm)。在工业操作中，即使在温和搅拌下，水滴也会变形。因此，新乳液的液滴可以通过比常规分离所需的剪切速率低得多的剪切速率下形成[6]。换句话说，沥青乳液中存在微米尺寸的水滴可能是系统的天然特性。

沥青泡沫中含有大量的矿物固体。沥青泡沫中的原始固体的颗粒直径分布从亚微米到 500μm[25]。向沥青泡沫中添加溶剂可使大部分固体从溶剂稀释的沥青中分离出来，但许多细小的固体仍然被保留。在 67000g 的离心力作用下，用甲苯洗涤溶液，可将固体从油相中分离出来。图 20.5 显示了利用 XDC(X 射线盘离心机)分析得到的细微固体的粒度分布。大多数细微固体都被是亚微米直径。应当注意的是，这些分散在油相中的小颗粒有很明显的布朗运动。据报道，细微固体主要是具有一些微小的石英、金属氧化物、硫化物和碳酸盐的黏土[25,28,29]。

20.3.3 沥青乳液的稳定化机理

沥青乳液是一个十分复杂的系统，含有多种天然表面活性组分(如沥青质、树脂和细微固体)，这些组分有利于保持沥青水乳液的稳定性[30]。Alberta 沥青通常含有 15%~21%(质量)的沥青质，许多研究人员研究了它们在稳定油包水乳液中的作用。如，Gu 等[31]通过水提取和多速离心测试，发现沥青质是经甲苯稀释的沥青乳液中起关键作用的稳定剂，并且水/油界面附近的沥青质具有较低的 H/C 比值，同时体相中的沥青质的氧-碳原子比(O/C)较高。Kloet 等[32]利用微量移液管技术研究了水滴的聚结，发现在经溶剂稀释的沥青中，沥青质起到稳定水滴的主导作用。他们还发现细微固体可增强水滴的稳定性，但对液滴聚结不一定提供有效阻碍作用。Yan 等[33]得出结论，沥青质和细微固体是稀释沥青稀释乳液的重要稳定剂，当沥青质和细微固体存在时，乳液是最稳定的。Sjoblom 等[30]指出，沥青质和树脂之间的相互作用可以解释大部分的稳定性。

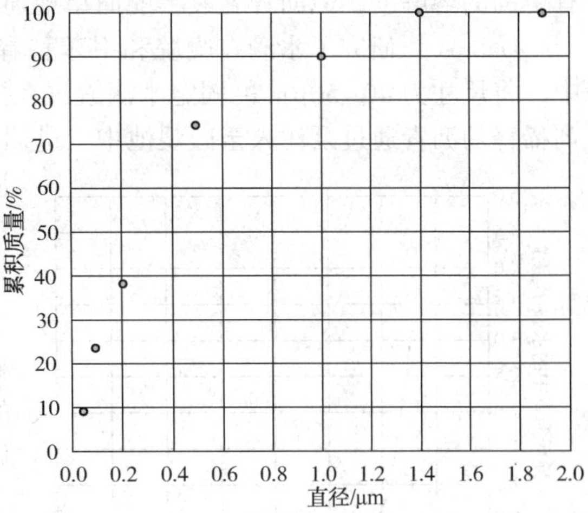

图 20.5 在溶剂稀释的沥青乳液中细微固体的粒度分布

Yeung 等[34-36]利用微量移液管技术，研究了经甲苯稀释的沥青中水滴的界面性质。他们发现在某些条件下水滴周围存在硬性表面，这是由于在水/油界面处存在吸附层。如 Czarnecki 所述，吸附层对空间中的液滴聚结起到阻挡作用[6]。

20.4 溶剂对沥青乳液稳定性的影响

对于沥青乳液的处理，溶剂最初是通过增加油相和水相之间的密度差异，同时降低油相黏度，从而产生用于沥青水乳液破乳的驱动力。由于认为沥青质与沥青乳液的稳定性密切相关，溶剂芳香性应在沥青乳液的破乳中起重要作用，因此需考虑沥青质的相变行为取决于溶剂的芳香性。

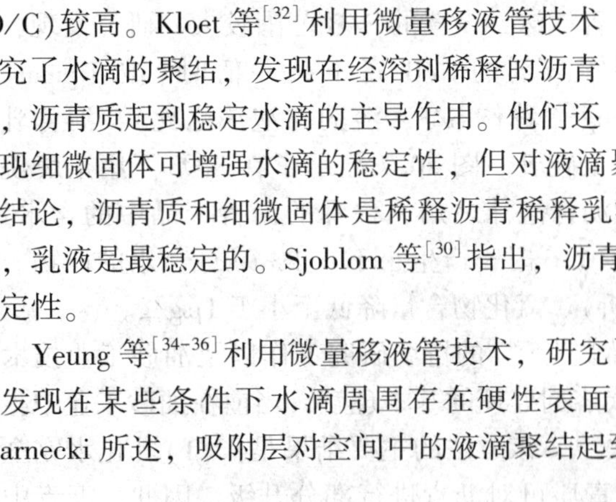

图 20.6 在 80℃和 S/B=0.70 下，用庚烷、甲苯和庚烷/甲苯混合物稀释的沥青泡沫中的水分离

Tipman 和 Long[37]在 80℃ 及 S/B=0.70 下，利用沥青泡沫和庚烷/甲苯溶剂进行了一系列沉降试验。图 20.6 显示了稀释沥青中含水量与沉降时间的函数。与具有较低芳香性(庚烷)的溶剂相比，具有较高芳香性(甲苯)的溶剂可明显加速油相中的水分解率，但总体而言，稀释沥青产品中的残余水含量高达 4%(质量)左右。这些结果表明，虽然沥青质在芳族溶剂中比在脂族溶剂中具

有更高的溶解度，但沥青乳液不能简单地通过提高溶剂芳香性来有效地处理。

Dabros[38]研究了水滴在庚烷和甲苯稀释的沥青(10%沥青)中的相互作用。在他的实验中，将尺寸为40~50μm的固定水滴放置在微观细胞中。然后将含有微米大小乳化水滴的溶剂稀释的沥青通过泵注入至微观池中，进而研究经过稀释的沥青乳液中微米级水滴与较大的固定水滴之间的相互作用。研究发现，当溶剂是甲苯时，微米级水滴在移动过程中没有被固定的水滴截断或聚集，这表明经甲苯稀释的沥青乳液是稳定的。当反应体系切换到庚烷溶剂时，结果显示，固定水滴可以拦截庚烷稀释的沥青乳液中的微米级水滴，并形成水滴聚集体，这表明脂肪族溶剂促进了水滴的聚集。

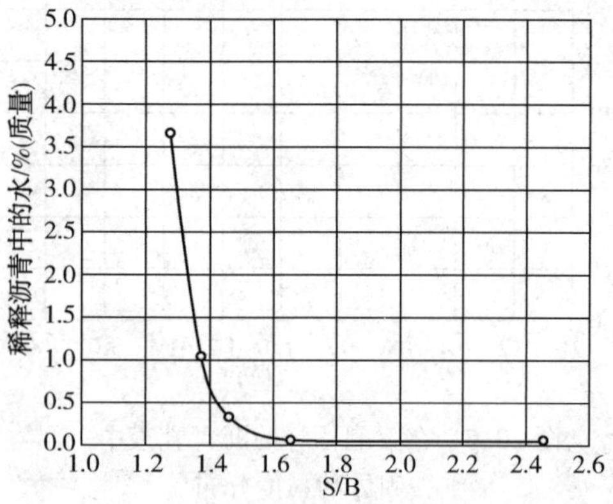

图 20.7 在 80℃下，用正庚烷处理沥青泡沫样品后稀释的沥青产品中含水量，沉降时间为 30min

Tipman 和 Long[37]利用各种脂肪族溶剂处理沥青泡沫，设置的 S/B 范围较大。研究发现，当脂族溶剂的 S/B 高于某一值时(被 Tipman 和 Long[37]称作 S/F，溶剂与泡沫之比)，沥青乳液完全破乳。图 20.7 显示了在 80℃下用正庚烷处理沥青泡沫之后，稀释的沥青产品中的含水量。利用该方法可知，在测试条件下，当 S/B 高于 1.6 时，产生小于 0.1%(质量)水的产物。沥青产品含有小于 0.1%的固体(以灰分含量分析)。氯化物含量降低至小于 1μg/g。

通过 CANMET 能源技术中心的 Devon[10,11,39-41,43,47]的持续研究工作以及油砂工业技术的共同协作努力，已大大提升对沥青乳液的脂族溶剂处理的基本理解，当前在油砂工业中，采用的技术是一种有效的新型替代泡沫处理方法[5]。该方法的主要结果是：(1)乳化水完全破乳以及固体完全去除；(2)通过选择去除的沥青质可对沥青进行部分升级。因此，沥青中的金属、硫和氮的浓度显著降低[10,11,39-41]。此外，沥青改质/精炼作业可位于远离采矿/生产地点，因为沥青产品是可流水生产的。

Yeung 等[34]利用微量移液管技术研究原油中微米级水滴的界面性质。他们注意到，在甲苯和庚烷的 50/50 溶剂混合物中沥青含量小于 0.1%(体积)时，沥青/水界面显示出表面刚性。在约 1%(体积)沥青浓度时，界面是柔性的。这些结果表明，在某些沥青浓度下的经甲苯稀释的沥青的沥青/水界面性质发生了改变。

已有研究显示，石脑油溶剂(链烷烃、环烷烃和芳烃组分的混合物)也可以在 S/B 比使用脂族溶剂时高得多(如>4)的情形下实现沥青乳液的完全破乳[42]。因此，利用较宽范围的溶剂可有效地破坏沥青乳液。通常，没有芳族和环烷烃组分的较轻溶剂(如正戊烷)需要较低的 S/B，而具有芳族和环烷烃组分的较重的溶剂(例如石脑油)需要较高的 S/B。

20.5 脂族溶剂对沥青乳液的处理

20.5.1 在稀释时沥青乳液的行为

将沥青泡沫样品与甲苯或正庚烷在 25℃下，以各种 S/B 值进行混合。在游离水和粗糙固体沉降之后，使用光学显微镜观察经过溶剂稀释的沥青乳液。图 20.8 显示的是在明场照明下，在 S/B=1.0 时用正庚烷稀释的沥青乳液的显微照片。甲苯(芳族)和正庚烷(脂族)溶剂对这种 S/B 的沥青乳液具有类似的影响；大量的水[约 4.0%(质量)]作为移动水滴停留在油相中，直径小于 5μm。尽管在光学显微镜下经较长时间观察到了水滴彼此碰撞，但未观察到水滴的聚结或聚集。图 20.9 是用正庚烷稀释的沥青乳液的暗视野显微照片，S/B=1.0。在来自上方的暗场照明下，较暗的背景中显示出一些明亮的物体，这是由于固体颗粒的反射光。在使用正庚烷溶剂稀释且 S/B=1.0 时，固体颗粒(主要是亚微米至微米级的黏土)很好地分散并且似乎在油相中自由移动。

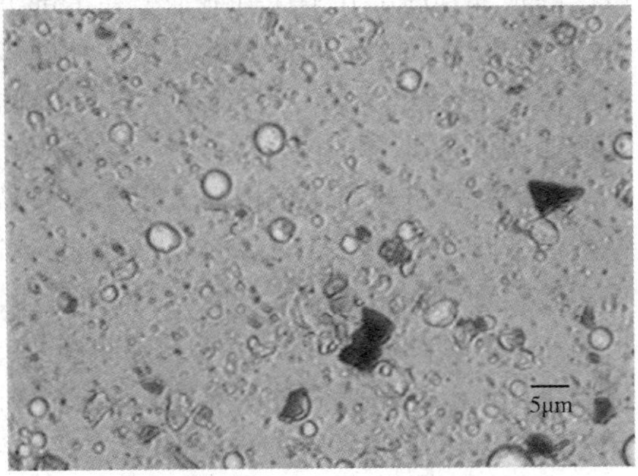

图 20.8　在 S/B=1.0 时，正庚烷稀释的沥青乳液的明场显微照片

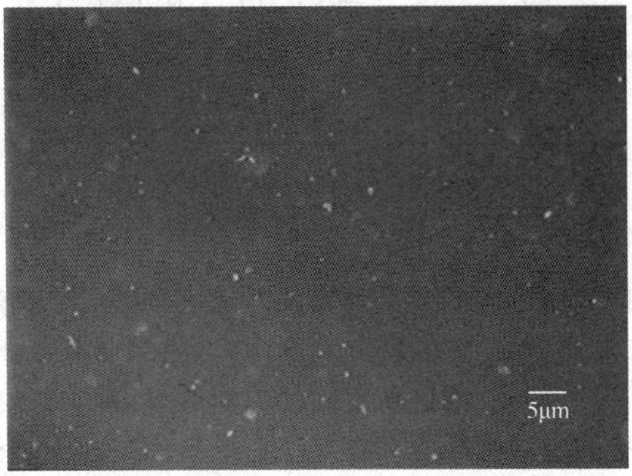

图 20.9　在 S/B=1.0 时，正庚烷稀释的沥青乳液的暗视野显微照片

在 S/B=2.0 时进行与上述相似的实验。发现在该 S/B 下，经甲苯稀释的沥青乳液的结果，与在 S/B=1.0 时甲苯或正庚烷溶剂稀释的结果非常相似。图 20.10 显示了用正庚烷在 S/B=2.0 稀释的沥青乳液的明场显微照片。一部分沥青质在这种 S/B 下发生沉淀。全部水滴(WD)、分散固体(DS)和沉淀沥青质(PA)形成聚集体，表明该 S/B 下的脂族溶剂导致乳液体系的性质发生了剧烈变化。WD/DS/PA 聚集体比原始水滴和固体大得多。在沥青乳液的溶剂处理期间，经稀释沥青的聚集体沉降可以使我们得到不含水和固体的稀释沥青产品。

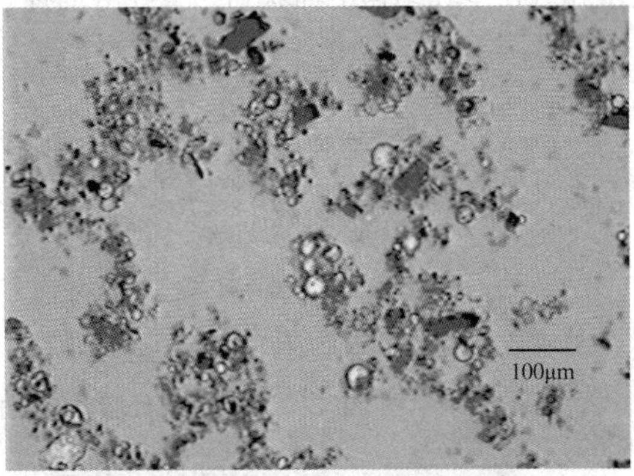

图 20.10　在 S/B=2.0 时，正庚烷稀释的沥青乳液的明场显微照片

20.5.2　脂族溶剂稀释后沥青乳液的沉降特性

已知当悬浮液稀释时，颗粒会发生沉降，且速度与尺寸和密度有关。随着较大的颗粒积累在沉降器的下部，而较小的颗粒滞留在上部，将形成浓度梯度(即偏析)。随着悬浮液浓度的增加，对于给定的足够窄的颗粒尺寸分布，颗粒独立于单独的尺寸沉积。这种行为称为区域稳定。由于经过区域沉降的上清液不含颗粒，区域沉降模式具有重要的实际意义。

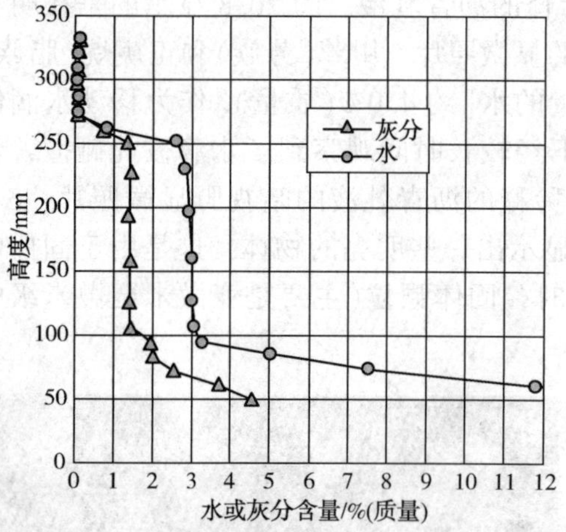

图 20.11　正庚烷稀释的沥青泡沫中水和灰分含量的分布，S/B=3.0，25℃，沉降时间为 20min

图 20.11 显示了在 S/B=3.0 以及 25℃ 条件下，经正庚烷稀释的沥青泡沫沉降过程中，水和灰分含量分布的实例。在沉降期间形成三个不同的区域。上部是含有少量水和固体(<0.1%)的清洁油相。中间层是含有 WD/DS/PA 聚集体(在测试条件下，约含有 3%的水和 1.4%的固体)的乳液区。乳液区的特征之一是在沉降期间，水和灰分含量从该区的顶部到底部几乎保持恒定。在上部上清液和中间乳化区之间的界面处，水和固体的浓度存在突然变化。底部是含有沉降的 WD/DS/PA 聚集体的压实区。

利用摄像机或显微镜拍摄经脂族溶剂稀释的沥青泡沫中的 WD/DS/PA 聚集体沉降期间所形成的各个区域的图像。图 20.12 描述的是实验装置，采用光纤电缆照亮沉降器。图 20.13 给出了在 25℃ 和 S/B=3.0 条件下，经正庚烷稀释的沥青泡沫沉降期间，乳液区域和上清液与乳液区域之间的界面的显微照片。图像摄制采用了 Infinity™ 显微镜。在上部油相和中间乳液区域之间存在明显的界面。在该显微照片中可以鉴定单独的 WD/DS/PA 聚集体。

典型的 WD/DS/PA 聚集体的暗视场显微照片如图 20.14 所示[10]。利用具有图 20.12 所示的相同的光学显微镜装置拍摄图像。聚集体由初级颗粒(WD，DS，PA)组成并且也是高度多孔。在多孔结构中捕获到大量经溶剂稀释的沥青。

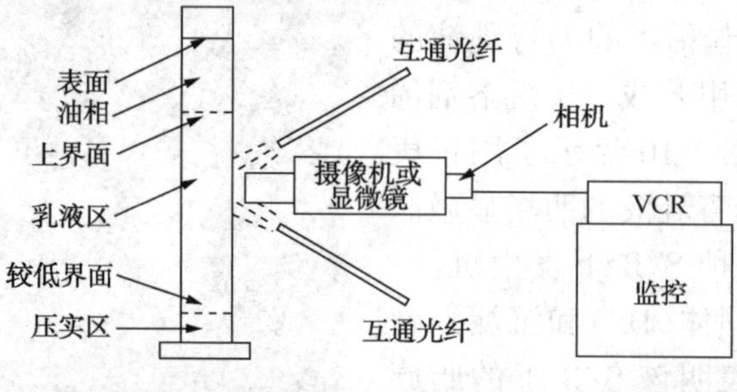

图 20.12　用于研究经脂族溶剂稀释的沥青乳液沉降的实验装置图

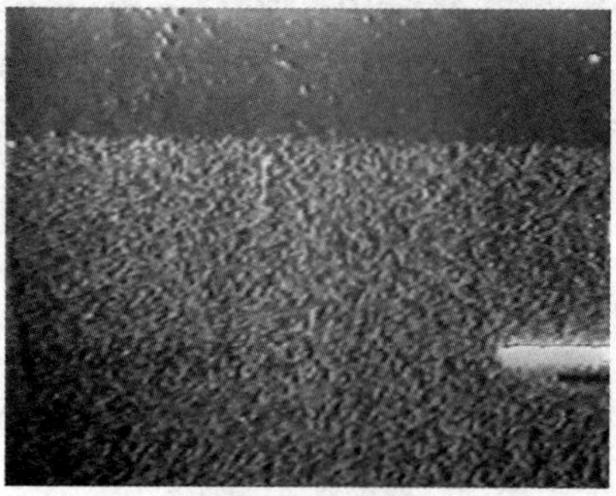

图 20.13　乳液区和油相与乳液区之间的上界面的显微照片。利用 InfinityTM 显微镜拍摄

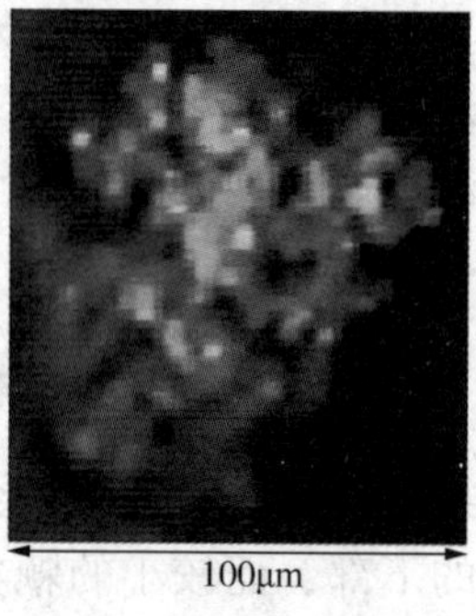

图 20.14　典型 WD/DS/PA 聚集体的显微照片。利用光学显微镜拍摄的图象

20.5.3 WD/DS/PA 聚合体的沉降曲线与沉降速率

在经过脂族溶剂稀释的沥青中，WD/DS/PA 聚集体的区域沉降显示出特征界面。采用图 20.12 所示的实验装置，可通过可视化观察来跟踪沉降期间的界面位置。图 20.15 显示了在 22℃和 S/B=2.8 条件下，用正戊烷/正己烷溶剂（50/50 质量比混合物）稀释的沥青泡沫的典型沉降曲线。曲线 1 和 2 分别代表了向下移动的油相/乳液区界面和向上扩展的乳液区/压实区界面的位置。这两个界面在点 A 处合并，在该点开始压缩。相应的，曲线 3 表示沉降的 WD/DS/PA 聚集体的压实过程。

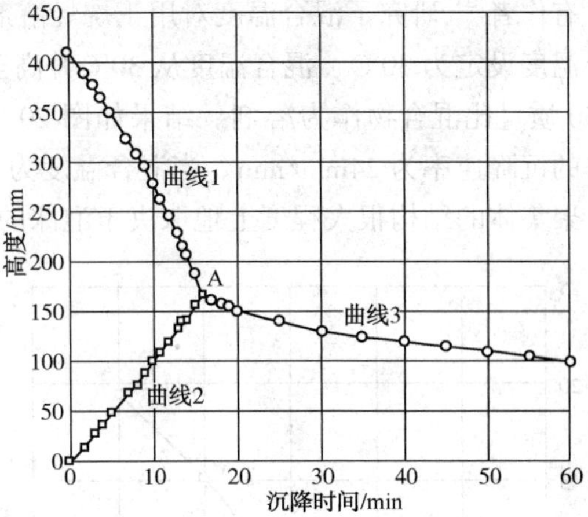

图 20.15 在 S/B=2.8，22℃下，用正戊烷/正己烷溶剂（50/50 质量比混合物）稀释的沥青泡沫的沉降曲线

WD/DS/PA 聚集体的沉降速率是脂族溶剂处理沥青乳液过程中最重要的参数之一。其决定了达到一定吞吐量所需的沉降器尺寸。从图 20.15 所示的实验沉降曲线中，可对实验数据点拟合出线性方程，进而计算聚集体的平均沉降速率，即曲线 1 的斜率。在用脂族溶剂稀释的沥青中，WD/DS/PA 聚集体的沉降速率取决于许多因素和变量，包括溶剂类型、S/B、温度和混合条件。

图 20.16 显示了用脂族溶剂稀释的沥青泡沫的实验沉降速率与溶剂碳数的函数。对于这些实验，将正烷烃（正戊烷，正戊烷与正己烷 50/50 质量比混合物，正己烷和正庚烷）作为溶剂，S/B=2.8，温度为 22℃。在同一 S/B 下，轻烷烃产生的沉降速率比较重烷烃大得多。显然，随着溶剂变化，油相（介质）的密度和黏度发生改变。假设当用于处理沥青泡沫的溶剂从正戊烷到正戊烷变化，而所有其他参数（即，WD/DS/聚集体结构、介质中聚集体的浓度、聚集体之间的相互作用）不变，可以根据蠕变流动状态下（雷诺数：$Re \geqslant 1$）的斯托克斯定律[式（20.2）]计算沉降驱动力的变化。图 20.17 比较了实验得到的相对沉降速率，与通过仅考虑油相的密度和黏度变化的影响而计算得到的相对沉降速率。结果表明，油相的密度和黏度变化不能说明沉降速率的差异。因此，WD/DS/PA 聚合体的结构差异必定是主要因素。

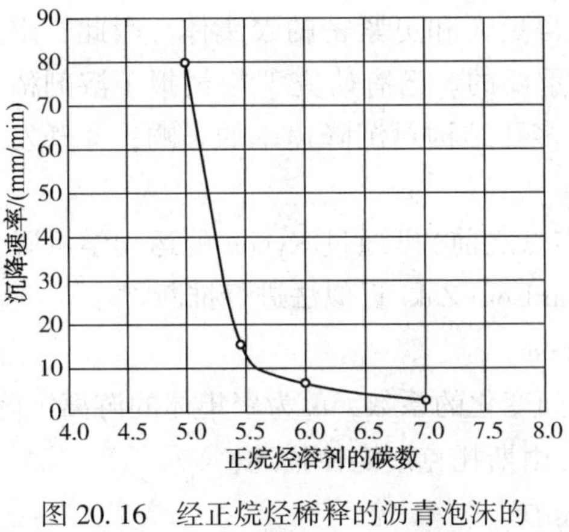

图 20.16 经正烷烃稀释的沥青泡沫的沉降速率，S/B=2.8、22℃

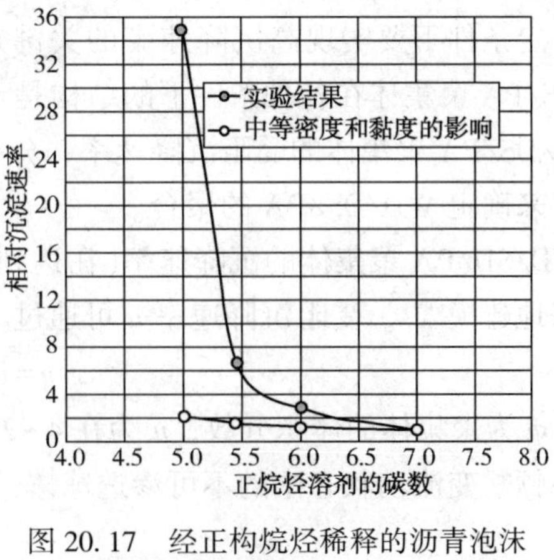

图 20.17 经正构烷烃稀释的沥青泡沫的相对沉降速率，S/B=2.8，22℃

图 20.18 显示了，在 22℃下，对用正戊烷/正己烷溶剂(50/50 质量比混合物)稀释的沥青泡沫来说，S/B 对沉降速率的影响。对于给定的溶剂，较高的 S/B 导致 WD/DS/PA 聚集体沉降得更快。与上述的分析类似，为了说明 S/B 使沉降速率增加，就必须考虑 WD/DS/PA 聚集体结构的差异。

有作者[43]研究了混合温度对用正烷烃溶剂稀释的沥青泡沫沉降速率的影响。在实验中，沉降温度设定为 30℃，混合温度从 30℃升高至 100℃。使用 S/B = 2.0 的正戊烷和正己烷的 50/50 质量比混合物作为溶剂。结果如图 20.19 所示，混合温度为 30℃时，WD/DS/PA 聚集体的沉降速率为 24mm/min。当混合温度为 100℃时，沉降速率增加至 98mm/min。结果表明，聚集体的结构很大程度上地取决于泡沫的混合条件以及溶剂。

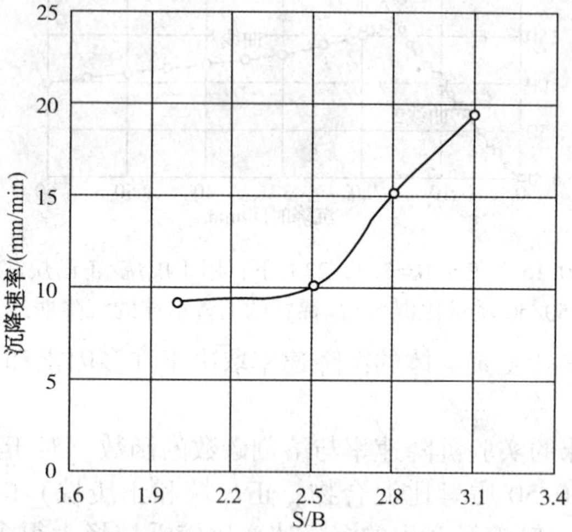

图 20.18 在 22℃下，沉降速率与经正烷烃溶剂(50/50 质量比正戊烷/正己烷)稀释的沥青泡沫 S/B 的曲线

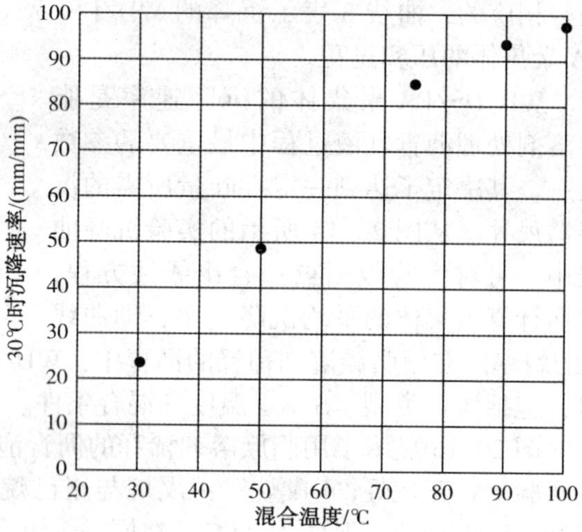

图 20.19 混合温度对正烷烃稀释的沥青乳液的沉降速率的影响；沉降温度为 30℃；50/50 正戊烷/正己烷溶剂，S/B = 2.0

20.5.4 WD/DS/PAP 聚合体的结构参数

如上所述，在溶剂稀释的沥青中 WD/DS/PA 聚集体的沉降速率取决于许多因素和条件，但在一定条件下要实现高沉降速率的关键是获得更大和更紧密的聚集体。因此，定量描述 WD/DS/PA 聚集体在各种条件下的结构是十分重要的。已有研究[10,43]模拟了溶剂稀释沥青中 WD/DS/PA 聚集体的受阻沉降速率，分析了多孔结构对沉降速率的影响，并开发了一系列程序来确定 WD/DS/PA 的聚合。

WD/SD/PA 聚集体的沉降速率(在达到压实点之前)可通过 Kynch 的运动学沉降理论进行良好地建模[44]。受阻沉降速率 u 可通过 Richardson-Zaki 近似法进行推断[45]：

$$u = u_0 \ (1-\phi)^n \tag{20.1}$$

式中，ϕ 为聚集体的体积分数，n 为在 4~22 之间变化的系数，u_0为聚集体的游离沉降速率。对于牛顿蠕变流动状态中的不可渗透球体，u_0可由斯托克斯定律描述：

$$u_0 = \frac{g\Delta\rho D^2}{18\eta} \tag{20.2}$$

式中，g 为重力常数，$\Delta\rho$ 为聚集体有效密度和连续介质密度之差，D 为聚集体的直径，η 为连续介质的黏度。对于孔隙度为 ξ 的多孔聚集体：

$$\Delta\rho=(\rho_E-\rho_m)=(1-\xi)(\rho_P-\rho_m) \tag{20.3}$$

式中，ρ_E为聚集体的有效密度，ρ_P为聚集体的初级粒子成分的密度，ρ_m为介质的密度。将等式(20.3)代入等式(20.2)并考虑等式(20.1)，不可渗透聚集体的受阻沉降速率 u 表示为：

$$u=\frac{g(1-\xi)(\rho_P-\rho_m)D^2}{18\eta}(1-\phi)^n \tag{20.4}$$

实验表明，WD/DS/PA 聚集体是高度多孔的，因此必须描述聚集体的渗透性对沉降速率的影响。对于可渗透的聚集体，沉降速率(u_p)可表示为

$$u_p=u/\Omega \tag{20.5}$$

其中，Ω 说明了由于多孔结构引起的阻力的减小，它被定义为：可渗透球体与相同直径不可渗透球体所受的流体动力学阻力之差。Brinkman 对达西定律的延伸已被认为是针对 Ω 最适当的模型之一[46]：

$$\Omega=\frac{2\beta^2\left(1-\frac{\tanh\beta}{\beta}\right)}{2\beta^2+3\left(1-\frac{\tanh\beta}{\beta}\right)} \tag{20.6}$$

其中

$$\beta=\frac{D}{2\sqrt{\kappa}}$$

κ 为渗透率。Brinkman 模型适用于从低到高不同孔隙度的情形

$$\kappa=\frac{d_P^2}{72}\left[3+\frac{4}{1-\xi}-3\sqrt{\frac{8}{1-\xi}-3}\right] \tag{20.7}$$

式中，d_P为初级颗粒的直径。图 20.20 显示了根据 Brinkman 模型计算的 Ω 与由 5μm 初级粒子组成的 100μm 聚集体的孔隙度的函数[43]。对于小于 0.80 的孔隙度而言，Ω 值保持在 0.97 以上。仅当其孔隙度大于约 0.80 时，聚集体的渗透性对沉降速率的影响才是较为显著的。下面的结果显示，典型的 WD/DS/PA 聚集体的孔隙度小于 0.75。因此，等式(20.4)对于 WD/DS/PA 聚集体的沉降速率建模是有效的。

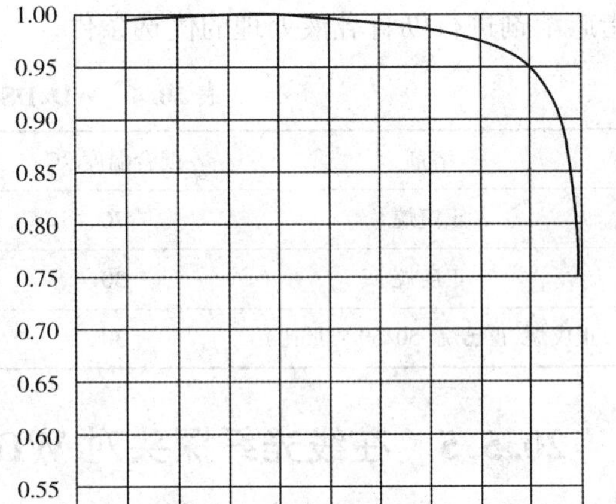

图 20.20 Ω 与聚集体孔隙度的函数，根据 Brinkman 方程建模。$D=100\mu m$；$d_P=5\mu m$

根据方程(20.4)，沉降速率的确定参数为聚集体的结构参数(ϕ，n，ρ_P，ξ 和 D)和油相的性质(η 和 ρ_m)。介质的黏度和密度可以直接测量。为了确定 WD/DS/PA 聚集体的结构参数，通过沉降制备含有 WD/DS/PA 聚集体的悬浮液，然后与各种比例的稀释沥青混合以获得一系列稀释的悬浮液。首先将容

器倒置 10 次来混合稀释的悬浮液，随后静置使其沉降。追踪界面并计算沉降率。假设在制备稀释的悬浮液(或悬浮液稀释后聚集体结构恢复)时，聚集体结构没有明显变化，则稀释悬浮液相对于原始悬浮液的沉降速率 u_α 为：

$$u_\alpha = \left(\frac{1-\alpha\phi}{1-\phi}\right)^n \tag{20.8}$$

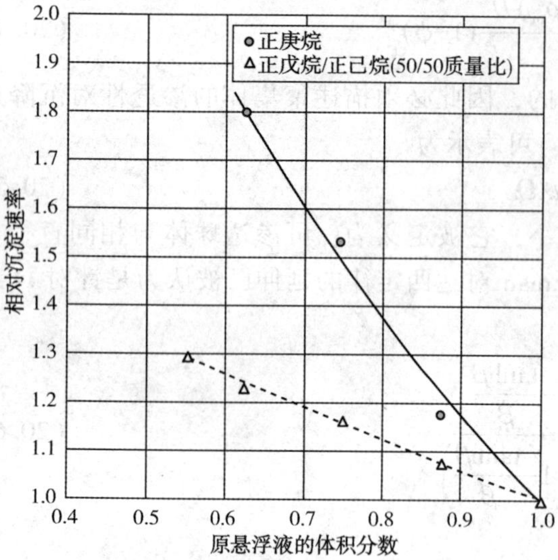

图 20.21　相对沉降速率(u_α)与原悬浮液体积分数(α)的函数，温度为 30℃

式中，ϕ 为原始悬浮液中 WD/DS/PA 聚集体的体积分数，α 为稀释悬浮液中原始悬浮液的体积分数。因此，u_α 与 α 的一系列实验数据便可以确定沉降速率计算所需的 n 和 ϕ。图 20.21 给出了 u_α 与 α 的实验数据的实例。表 20.4 列出了确定的 ϕ 和 n 值的实例[43]。较轻的溶剂(正戊烷/正己烷混合物)比较重的溶剂(正庚烷)具有更小的 n 值，这表明，较轻的溶剂意味着更多紧凑聚集结构。

可通过分析已知水滴、固体和沉淀沥青质的原始悬浮液的组成，来确定 WD/DS/PA 聚集体的 ρ_P 值。通过分析压实的 WD/DS/PA 聚集体的组成可确定 ξ 值，由于 WD/DS/PA 聚集体具有相对柔软和多孔的结构，假设聚集体网络经过较长的压实时间之后崩溃，形成具有类似于单个聚集体的总孔隙度的结构。因此，可利用等式(20.4)确定聚集体直径 D。表 20.5 显示了采用这种方式确定的聚合体直径和聚合体孔隙度的几个实例。结果清晰地表明，较高的混合温度将形成较大的聚集体，较轻的溶剂会形成更紧密的聚集体。因此，相对于沉降速率，轻脂族溶剂和高温是利用脂族溶剂进行沥青乳液处理的优选条件。

表 20.4　WD/DS/PA 聚合体的 ϕ 和 n 值

溶剂	混合温度/℃	沉降温度/℃	ϕ	n
正庚烷	70	30	0.127	7.02
正庚烷	30	30	0.123	11.43
正戊烷/正己烷(50/50 质量比)	30	30	0.121	4.27

20.5.5　在线光纤探头对 WD/DS/PA 聚合物沉降速率的测量

尽管 WD/DS/PA 聚集体的沉降速率可通过图 20.12 中所示的实验设置进行可视化观察而准确确定，但该方法难以应用于温度或压力升高时的测定。此外，它也不适用于监测现场设备的沉降器中聚集体沉降。Long 和 Dabros[47] 成功地使用了在线透射电子探针来监测溶剂稀释沥青中的 WD/DS/PA 聚集体的沉降。探针通过光纤电缆与近红外(NIR)分光光度计结合。图 20.22 所示为实验装置。经过特别设计的漫反射探针水平插入沉降器中的侧开口，因此浸入经溶剂稀释的沥青乳液中，从而提供了沉降过程的直接在线监测。入射单色光被溶液和 WD/DS/PA 聚集体部分散射和吸收。散射光由在线探测器检测。因此，返回的分光光度计信号就包含了反映溶剂稀释的沥青乳液瞬时局部的信息。

表 20.5　聚集体尺寸和孔隙度

溶剂	正戊烷/正己烷(50/50 质量比)		正庚烷	
混合温度/℃	30	75	30	70
沉降温度/℃	30	30	30	30
聚集体直径/μm	62	114	56	90
聚集体孔隙度	0.404	0.437	0.716	0.748

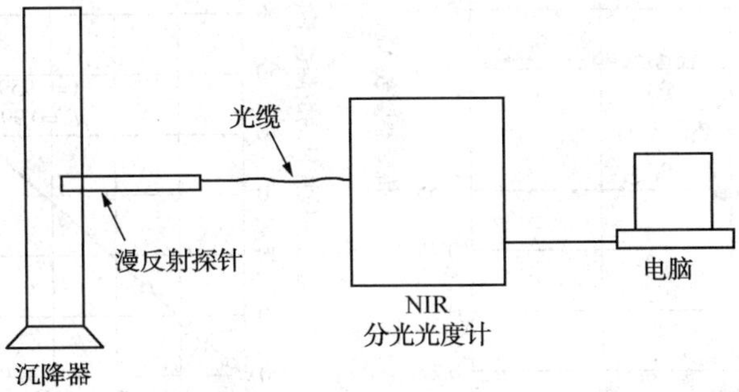

图 20.22　用于监测溶剂稀释沥青中 WD/DS/PA 聚集体沉降的实验装置图

图 20.23 显示了，在 S/B=3.1 和 22℃条件下，用正戊烷/正己烷溶剂(50/50 质量比混合物)稀释的沥青泡沫沉降期间获得的一系列 NIR 光谱。在波长 $i(A_i)$ 处的表观吸光度定义为：

$$A_i = \lg(1/R_i) = \lg(I_i^0/I_i) \tag{20.9}$$

其中 R_i 为波长 i 的透射率，I_i^0 和 I_i 分别是入射光和检测光的强度。图 20.23 中的结果显示，存在两组 NIR 光谱信号。当探针在乳剂区域中时，探针得到组 1 光谱，当其在清洁的经溶剂稀释的沥青中时，探针得到组 2 光谱(即，由于 WD/DS/PA 聚集体的沉降，界面已经通过探针下方)。值得注意的是，每个组中的所有光谱重叠，这表明了区域沉降的特征，即在沉降期间乳液区域和清洁油相的组成是恒定的。利用漫反射探针获得的乳液区域的 NIR 光谱特征是许多因素共同导致的。然而，可识别 1200nm 下的二阶 C—H 泛音带、1750nm 下的一阶 C—H 泛音峰和约 1400nm 下的组合带。

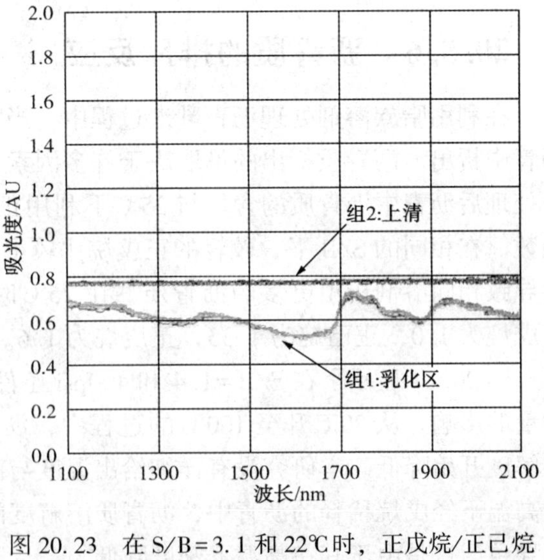

图 20.23　在 S/B=3.1 和 22℃时，正戊烷/正己烷溶剂(50/50 质量比混合物)稀释的沥青泡沫沉降过程中利用在线探针获得的 NIR 光谱

图 20.24 比较了可视化观察到的沉降曲线与在 1650nm 下的探针读数。探头位于 210mm 处。探针读数与观察结果一致，在 11min 时具有跳跃，表明在线探针可有效检测上清液和乳剂区的界面通过探针的时间，从而可用于监测沉降的 WD/DS/PA 聚合。

了解了在沉降器中的在线 NIR 探针的位置和界面通过探针的时间，即可很容易地计算 WD/DS/PA 聚集体的平均沉降速率。图 20.25 显示了通过在线 NIR 探针测定的沉降速率与利用可视化观察界面获得的沉降曲线确定的沉降速率。这两种不同方法所获得的结果具有良好的一致性。

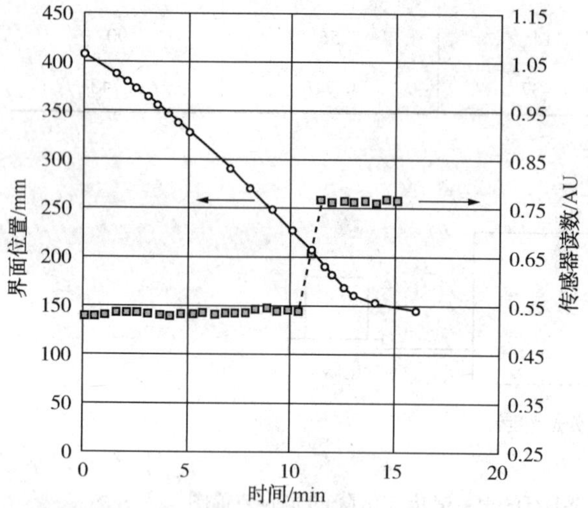

图 20.24　1650nm 下在线 NIR 探针读数与沉降时间(实心正方形)和通过在沉降过程中目视追踪界面获得的沉降曲线(空心圆)的函数；正戊烷/正己烷溶剂(50/50 质量比混合物)，S/B＝3.1 和 22℃。在线探针位于 210mm

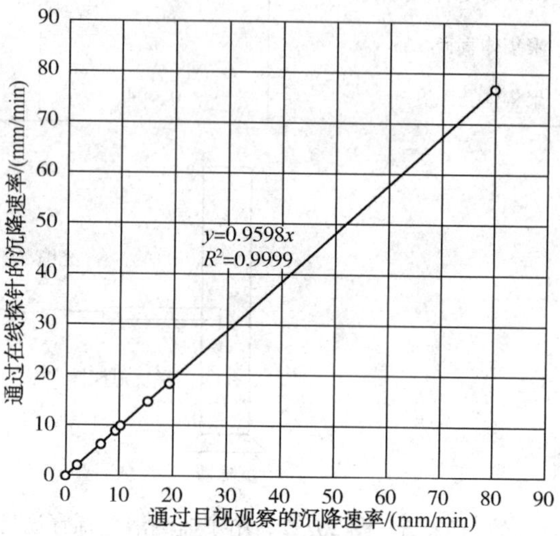

图 20.25　在线 NIR 探针确定的沉降速率与通过视觉跟踪界面测量的沉降速率

20.5.6　沥青质的排斥反应

在利用脂族溶剂处理沥青乳液过程中，当实现完全破乳的同时，一部分沥青质可从原始沥青中析出。沥青质析出的量取决于许多因素，包括溶剂类型、S/B 和温度。图 20.26 显示了处理后沥青中沥青质的含量与 25℃ 下利用正戊烷、正己烷和正庚烷溶剂稀释后的 S/B 的函数。在相同的 S/B 下，较轻的正戊烷比较重的正庚烷析出更多的沥青质，并且较高的 S/B 会导致相同溶剂析出更多的沥青质。在 25℃ 时，沥青质开始沉淀时的临界 S/B 值分别是：正戊烷为 1.0、正己烷为 1.35、正庚烷为 1.6。

图 20.27 显示了在 S/B＝1.4 和 400psi 条件下，用正戊烷处理后，温度对沥青中沥青质含量的影响。从 30℃ 升至 100℃ 的过程中，沥青质的溶解度逐渐升高，但在超过 100℃ 时，溶解度开始降低。本研究没有详细给出温度与沥青质溶解度之间的函数关系。然而，可以认为高温下经戊烷稀释的沥青中，沥青质溶解度的降低可能是由于溶剂的溶剂化能力过度降低而导致，这是由于其在高温下密度降低。

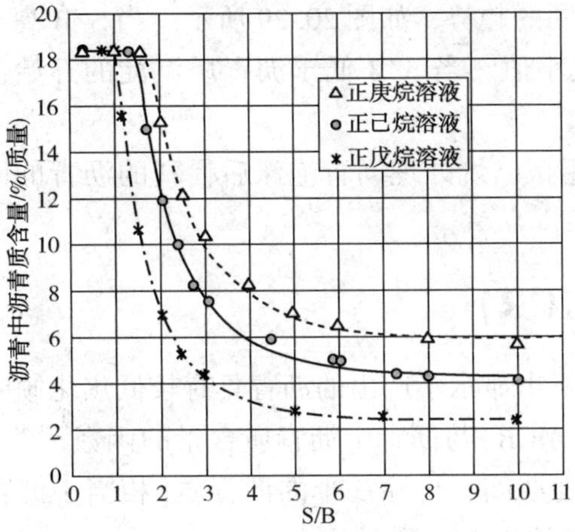

图 20.26 在25℃时，脂族溶剂处理后沥青中的沥青质含量

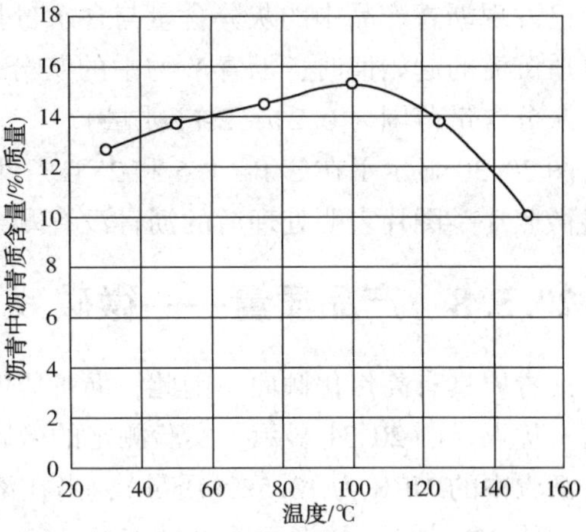

图 20.27 正戊烷溶剂处理后沥青中沥青质含量与温度的关系曲线，S/B = 1.4

20.5.7 产品质量——水及固体含量

对沥青乳液处理后产品质量评价的主要标准有，经溶剂稀释的沥青中，含水量和沥青中的固体含量。通常利用 Karl Fischer 滴定法分析含水量，固体含量则利用灰分含量进行分析。图 20.28 显示了在25℃下，用各种正烷烃溶剂处理沥青泡沫后，稀释的沥青产品中的含水量。当每种溶剂的 S/B 高于某一值时，水含量可达到约 0.05%(质量)。比较图 20.26 和图 20.28 中的结果，产生无水稀释沥青所需的最小 S/B 总是与每种溶剂的沥青质沉淀开始时的 S/B 一致。目前并未完全清楚的是，沥青质沉淀是水滴和固体聚集的前提条件，还是沥青质与沥青质水乳液恰好在大约相同的 S/B 下才变得不稳定。然而，实验观察已证明，沥青质总是与水滴和分散的固体一起形成聚集体，只要满足沥青质沉淀的起始条件即可。图 20.29 显示了稀释的沥青产品中的含水量与沥青产品中的沥青烯含量的关系。只要在脂族溶剂处理期间存在部分沥青质析出，则可一直产出无水产品。

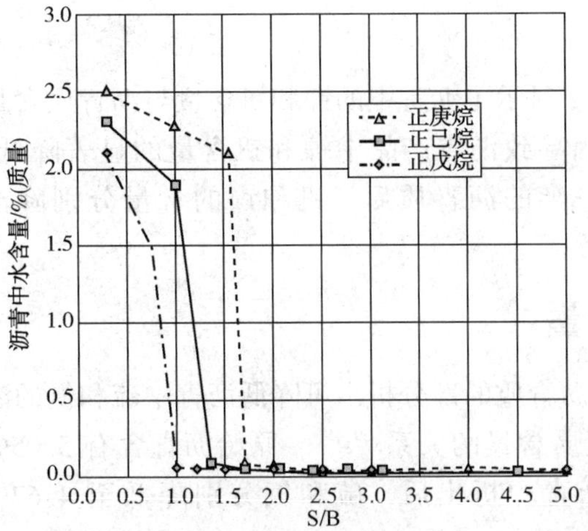

图 20.28 沥青泡沫溶剂处理后沥青产品中的含水量与 S/B 关系曲线

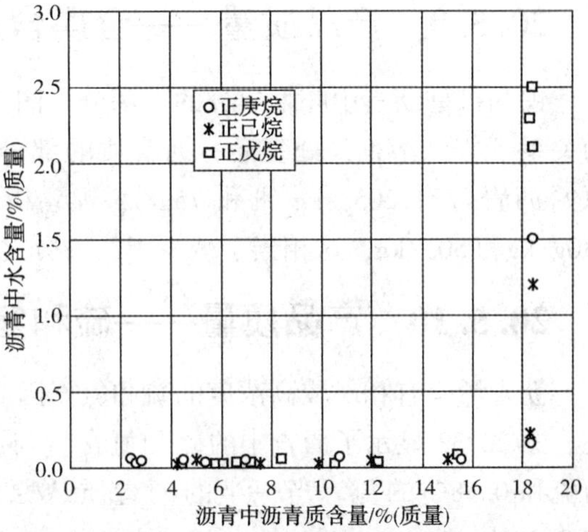

图 20.29 沥青泡沫溶剂处理后沥青产品中的含水量与沥青产品中沥青质含量的关系

已发现沥青产品中的灰分含量与含水量具有相同的趋势，如图 20. 29 所示。当 S/B 高于沥青质沉淀的起始值时，沥青产物中的灰分总是最小值。当 S/B 低于沥青质沉淀的开始值时，灰分含量范围为 0. 2%~2%(质量)。

图 20. 30 显示了在 S/B=1. 5 和 25℃条件下，用正己烷处理沥青泡沫后稀释的沥青的明场显微照片。图片表明处理后的沥青没有剩余水滴。

20. 5. 8 产品质量——微碳残留(MCR)

沥青质具有高焦化倾向。因此，沥青质的部分析出显示了产出的沥青具有较低焦化倾向的这一优点。图 20. 31 显示了实验测定的微碳残留(MCR)与沥青中沥青质含量的函数[39,41]。原始沥青中的 MCR 为 13. 5%(质量)，当在溶剂处理期间，排除一半的沥青质[相当于沥青产物中约 9%(质量)的沥青质含量]时，MCR 降低至约 9. 7%(质量)。

图 20. 30 用脂族溶剂处理沥青乳液后，清洁稀释沥青产品的明场显微照片

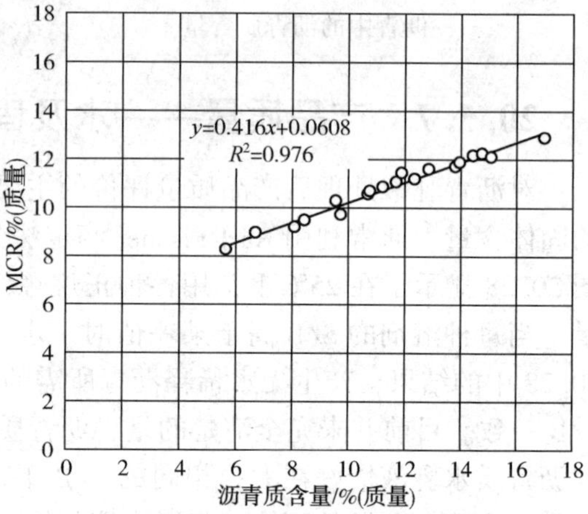

图 20. 31 微碳残留与沥青中沥青质含量的函数

20. 5. 9 产品质量——金属含量

镍和钒是沥青中卟啉组分的一部分。图 20. 32 显示了沥青中的镍和钒含量与沥青质含量的关系[39,41]。溶剂经处理后，沥青质的部分析出导致沥青产品中镍和钒含量的显著降低。原始沥青含有 205g/kg 钒和 75g/kg 镍。析出一半的沥青质后，钒和镍的含量分别降至 130g/kg和 50g/kg，这相当于减少了约三分之一。

20. 5. 10 产品质量——硫和氮含量

沥青烯含有相对较高浓度的硫和氮。因此，沥青质的部分析出可降低沥青中硫和氮的浓度。图 20. 33 显示了沥青中的硫和氮含量与沥青质含量的关系[39,41]。原始沥青含有 5. 05%的硫和 0. 38%的氮。当一半的沥青质从原始沥青中析出后，硫和氮分别降低至 4. 67%和 0. 30%。

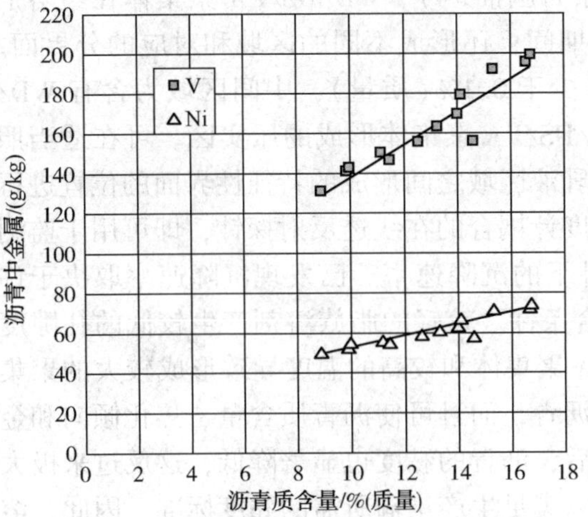

图 20.32　沥青中的镍和钒含量与沥青质含量的函数

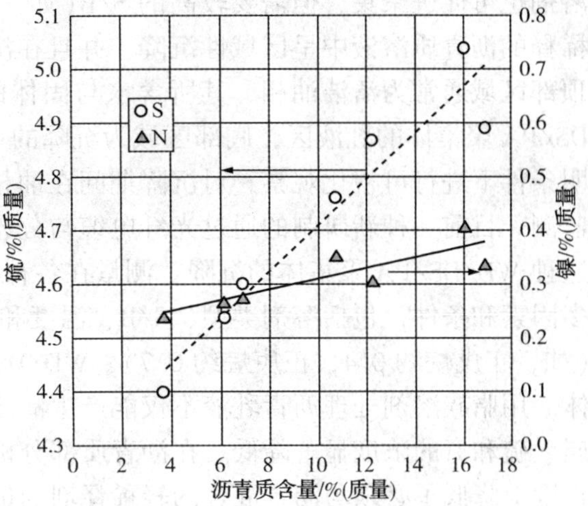

图 20.33　沥青中硫和氮含量与沥青质含量的函数

20.5.11　沥青黏度

沥青质是沥青中最重的组分，并且已知其可极大程度增加原油黏度[48]。由于沥青中沥青质的浓度相对较大[15%～21%(质量)]，导致沥青黏度较高。为了满足生产集输的标准(在管线温度下<350cSt，$1cSt=10^{-6}m^2/s$)，通常混合20%～30%(体积)的轻稀释剂(如，天然气冷凝物)[5]。如上所述，用脂族溶剂处理沥青乳液不仅产生清洁产物[<0.1%(质量)水加固体]，同时析出了部分沥青质。图20.34显示了沥青质含量对沥青黏度的影响的实例。在50℃下，沥青的黏度为2800mPa·s，当沥青质减少至6%(质量)时，沥青的黏度降至约200mPa·s。因此，明显需要更少的溶剂[如，<15%(体积)的己烷]与该沥青混合，以达到满足标准的黏度。

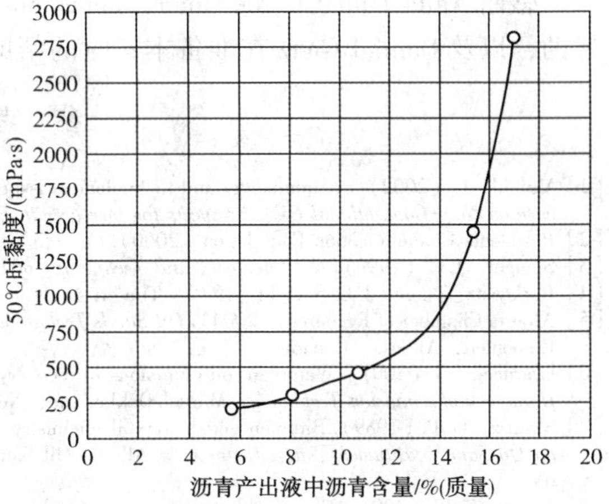

图 20.34　沥青的黏度与沥青质含量的函数

20.6　结论

稠油乳液常常用溶剂来进行处理，例如从油砂中回收沥青时所产生的沥青泡沫。经研究发现，溶剂的芳香性和溶剂与沥青的稀释比(S/B，以质量计)对沥青包水乳液的稳定性具有较大影响。在某种S/B下的脂族溶剂，不仅能从经溶剂稀释的沥青质溶液中沉淀出沥青质，并且可同时促进乳化水滴(WD)、分散的固相(DS)和沥青质沉淀(PA)的聚集。用于实现油相中的水滴和固体的聚集的S/B最小值总是与沥青质析出沉淀开始所需的S/B最小值一致。对于沥青质沉淀和WD/DS/PA聚集体的形成，与较重的脂族溶剂(如，正庚烷为1.6)相比，较轻的脂族溶剂具有更低的S/B最小值(如，正戊烷为1.0)。含有芳族和/或环烷烃组分的溶剂也可促进聚集，但需要较高的S/B(如，对于石脑油>4)。WD/DS/PA聚集体在经溶剂稀释的沥青质溶液中呈区域性沉降，并且在沉降期间，还形成不同的区域和对应的分界面。顶部区域通常为清洁油相，其所含水与固体的量少于0.1%(质量)，中间区域为含有WD/DS/PA聚集体的乳液区，底部区域为沉降的WD/DS/PA聚集体形成的压实区。可在适当照明条件下进行可视化观察，对沉降期间在油相和乳液区域之间形成的特征性界面的位置进行监测。目前一种新研制的通过光纤电缆与分光光度计耦合的在线透反射探针，即可用于监测这种WD/DS/PA聚集体的沉降。测量在各种条件下的沉降速率。已发现沉降速率取决于许多因素和条件，包括溶剂类型、S/B、温度和混合条件。较轻的脂族溶剂产生较低的孔隙度(如，正戊烷约0.4，正庚烷约0.7)，WD/DS/PA聚集体和较高的温度导致形成较大的聚集体。用脂族溶剂处理沥青乳液不仅能产生清洁的沥青，而且可使沥青质含量、焦化倾向和金属、硫和氮的浓度显著降低。在沥青质部分析出后，沥青的黏度也显著降低，这反过来极大程度上降低了必须与沥青混合的轻稀释剂的量，以满足生产集输所需的黏度标准。因此，溶剂、S/B和其他工艺条件的适当选择可使开采的沥青产品满足各种标准。得到的新方法允许沥青处理、精炼场所远离采矿/生产地点，自此沥青产品可以流水线式地生产。

致谢

感谢Anita Jahn、Derek Chao、James Mason、John Ioannides和Tom Kratchmer在实验中的帮助，以及Conrad Gietz在准备本章时的帮助。

参 考 文 献

[1] Mandil, C. (2002). Environmental and technological issues associated with non-conventional oil. In: *Proceedings, IEA Conference on Non-Conventional Oil: Prospects for Increases in Production*, Calgary, Alberta, Canada, November 25-26, 2002.
[2] Petroleum Communication Foundation (2000). *Canada's Oil Sands and Heavy Oil*. PCF, Calgary, Alberta, Canada.
[3] Speight, J. G. (1999). *The Chemistry and Technology of Petroleum*, 3rd edition, Marcel Dekker, Inc., New York.
[4] Berkowitz, N. and J. G. Speight (1975). The oil sands of Alberta. *Fuel* 54, 138-149.
[5] Alberta Chamber of Resources (2004). *Oil Sands Technology Roadmap: Unlocking the Potential*. Alberta Chamber of Resources, Edmonton, Alberta, Canada.
[6] Czarnecki, J. (2001). Water-in-oil emulsions in recovery of hydrocarbons from oil sands. In: J. Sjoblom (ed.), *Encyclopedic Handbook of Emulsion Technology*. Marcel Dekker Inc, New York.
[7] Strausz, O. P. (1989). Bitumen and heavy oil chemistry. In: L. G. Hepler and C. Hsi (eds.), *AOSTRA Technical Handbook on Oil Sands, Bitumens, and Heavy Oils*. Alberta Oil Sands Technology and Research Authority, Edmonton, Alberta, Canada.
[8] Angle, C. W. (2001). Chemicaldemulsification of stable crude oil and bitumen emulsions in petroleum recovery—A review. In: J. Sjoblom (ed.), *Encyclopedic Handbook of Emulsion Technology*. Marcel Dekker Inc., New York.
[9] Peramanu, S., B. B. Pruden, and P. Rahimi (1999). Molecular weight and specific gravity distributions for Athabasca and Cold Lake bitumens and their saturate, aromatic, resin, and asphaltene fractions. *Ind. Eng. Chem. Res.* 38, 3121-3130.
[10] Long, Y., T. Dabros, and H. Hamza (2002). Stability and settling characteristics of solvent-diluted bitumen emulsions. *Fuel* 81, 1945-1952.
[11] Long, Y., T. Dabros, and H. Hamza (2004). Analysis of solvent-diluted bitumen from oil sands froth treatment using NIR spectroscopy. *Can. J. Chem. Eng.* 82, 776-781.
[12] Groenzin, H. and O. C. Mullins (2000). Molecular size and structure of asphaltenes from various sources. *Energy Fuels* 14, 677-684.
[13] Sheu, E. Y. (2002). Petroleum asphaltene—Properties, characterization, and issues. *Energy Fuels* 16, 74-82.
[14] Dabir, B., M. Nematy, A. R. Mehrabi, H. Rassamdana, and M. Sahimi (1996). Asphalt flocculation and deposition III. The molecular weight distribution. *Fuel* 75, 1633-1645.
[15] Storm, D. A. and E. Y. Sheu (1995). Characterization of colloidal asphaltenic particles in heavy oil. *Fuel* 74, 1140-1145.
[16] Pfeiffer, J. P. and R. N. J. Saal (1940). Asphaltic bitumen as colloid system. *Phys. Colloid Chem.* 44, 139-149.
[17] Sheu, E. Y., M. M. De Tar, and D. A. Storm (1992). Structure, interaction and phase transition of vacuum residue in apolar solvents. *Fuel Sci. Technol. Int.* 10, 607-647.
[18] Storm, D. A. and E. Y. Sheu (1993). Rheological studies of Ratawi vacuum residue at 366 K. *Fuel* 72, 233-237.
[19] Sheu, E. Y., M. M. De Tar, D. A. Storm, and S. J. DeCanio (1992). Aggregation and kinetics of asphaltenes in organic solvents. *Fuel* 71, 299-302, and *Fuel* 73, 1368, (1994).
[20] Andersen, S. I. (1994). Effect of precipitation temperature on the composition of*n*-heptane asphaltenes. *Fuel Sci. Technol. Int*

12, 51-74.
[21] Miller, J. T. , R. B. Fisher, P. Thiyagarajan, R. E. Winans, and J. E. Hunt (1998). Subfractionation and characterization of Mayan asphaltenes. *Energy Fuels* 12, 1290-1298.
[22] Groenzin, H. and O. C. Mullins (1999). Asphaltene molecular size and structure. *J. Phys. Chem. A* 103, 11237-11245.
[23] Clark, K. A. and D. S. Pasternak (1932). Hot water separation of bitumen from Alberta bituminous sand. *Ind. Eng. Chem.* 24, 1410-1416.
[24] Baldassari, M. C. (2003). Influence of partially deasphalted feed on LC-FINNING unit performance. In: *Proceedings of the 3rd NCUT Meeting on Upgrading and Refining of Heavy Oil, Bitumen, and Synthetic Crude Oil*, Edmonton, Alberta, Canada, September 22-23.
[25] Tipman, R. N. and R. C. Shaw (1993). Recent advances in the treatment of oil sands froth. In: *Proceedings of Oil Sands Our Petroleum Future Conference*, Edmonton, Alberta, Canada, April 4-7.
[26] Schramm, L. L. and J. C. T. Kwak (1998). The rheological properties of an Athabasca bitumen and some bituminous mixtures and dispersions. *J. Can. Petrol. Technol.* January-February, 26-35.
[27] Dabros, T. , A. Yeung, J. Masliyah, and J. Czarnecki (1999). Emulsification through area contraction. *J. Colloid Interface Sci.* 210, 222-224.
[28] Mikula, R. J. , V. A. Munoz, and W. W. Lam (1989). Microscopic characterization of oil sands processing emulsions. *Fuel Sci. Technol. Int.* 7, 727-749.
[29] Axelson, D. E. , R. J. Mikula, and Z. M. Potoczny (1989). Characterization of oil sands mineral components and clay-organic complexes. *Fuel Sci. Technol. Int.* 7, 659-673.
[30] Sjoblom, J. *et al.* (2003). Our current understanding of water-in-crude oil emulsions. Recent characterization techniques and high pressure performance. *Adv Colloid Interface Sci.* 100-102, 399-473.
[31] Gu, G. , Z. Xu, K. Nandakumar, and J. H. Masliyah (2002). Influence of water-soluble and waterinsoluble natural surface active components on the stability of water-in-toluene-diluted bitumen emulsion. *Fuel* 81, 1859-1869.
[32] Kloet, J. V. , L. L. Schramm, and B. Shelfantook (2001). The influence of bituminous froth components on water-in-oil emulsion stability as determined by the micropipette technique. *Colloid Surfaces A: Physicochem. Eng. Aspects* 192, 15-24.
[33] Yan, Z. , J. A. W. Elliott, and J. H. Masliyah (1999). Roles of various bitumen components in the stability of water-in-diluted-bitumen emulsions. *J. Colloid Interface Sci.* 220, 329-337.
[34] Yeung, A. , T. Dabros, J. Czarnecki, and J. Masliyah (1999). On the interfacial properties of micrometer-sized water droplets in crude oil. *Proc. R. Soc. Lond.* A 455, 3709-3723.
[35] Yeung, A. , T. Dabros, and J. Masliyah (1998). Does equilibrium interface tension depend on method of measurement. *J. Colloid Interface Sci.* 208, 241-247.
[36] Yeung, A. , T. Dabros, J. Masliyah, and J. Czarnecki (2000). Micropipette: a new technique in emulsion research. *Colloids Surfaces* A 174, 169-181.
[37] Tipman, R. N. and Y. Long (1999). Solvent process for bitumen separation from oil sands froth. Canadian Patent 2, 149, 737. Also US Patent 5, 876, 592, (1999).
[38] Dabros, T. Private technical communication.
[39] Hamza, H. A. (2003). Effect of solvent selection on froth treatment for mining operations. In: *Proceedings of the 3rd NCUT Meeting on Upgrading and Refining of Heavy Oil*, Bitumen and Synthetic Crude Oil, Edmonton, Alberta, Canada, September 22-23, 2003.
[40] Long, Y. Modelingasphaltene phase equilibria in solvent-diluted bitumen. *Fluid Phase Equil.* submitted.
[41] Long, Y. , T. Dabros, and H. Hamza (2001). Asphaltene rejection from bitumen/heavy oil upon dilution with aliphatic solvents. presented to the 2001 *CSChE Conference*, Halifax, Nova Scotia, Canada.
[42] Yang, X. and J. Czarnecki (2002). The effect of naphtha to bitumen ratio on properties of water in diluted bitumen suspensions. *Colloid Surface A: Physicochem Eng. Aspect* 211, 213-222.
[43] Long, Y. , T. Dabros, and H. Hamza (2004). Structure of water/solids/asphaltenes aggregates and effect of mixing temperature on the settling rate in solvent-diluted bitumen. *Fuel* 83, 823-832.
[44] Kynch, G. J. (1952). A theory of sedimentation. *Trans. Farad. Soc.* 48, 166-176.
[45] Richardson, J. F. andW. N. Zaki (1954). Sedimentation and fluidization I. *Trans. Inst. Chem. Engs.* (*London*) 32, 35-53.
[46] Tang, P. and J. A. Raper (2002). Modeling the settling behaviour of fractal aggregates - A review. *Powder Technol.* 123, 114-125.
[47] Long, Y. and T. Dabros (2005). Monitoring settling of water-solids-asphaltenes aggregates using in-line probe coupled with near infrared spectrophotometer. *Energy Fuels* 19, 1542-1547.
[48] Sheu, E. Y. , M. M. De Tar, and D. A. Storm (1991). Rheological properties of vacuum residue fractions in organic solvents. *Fuel* 70, 1151-1156.

(Yicheng Long, Tadeusz Dabros, Hassan Hamza)

第 21 章　沥青质在稳定原油的水乳液中的作用

21.1　前言

原油生产期间，在分离设施中，采出水可能与原油混合，因而形成稳定的油包水乳液。这种油包水乳液带来了新的技术挑战，必须解决这一问题以提升采油的质量。原油中固有的沥青质和脂类被认为是可以稳定界面、以防聚结的最重要的组分。细微固体(以及环烷酸)也可有利于产油稳定。这些组分综合构成了提升油包水乳液稳定性的机制。此外，还可确定的是，压力条件也能影响活性组分的行为和界面的性质。为了成功地解决乳液稳定性的问题，必须从普通环境到高压环境下，对组分性质、行为、相互作用和对油水界面性质的影响做全面了解。本章旨在解释与这些问题相关的最新研究成果。

最近，对于在油基体系中产生的缔合现象，以及分子相互作用的理论和实验结果带来了一些新的见解。可以说，这些需求大量出现于原油工业中，其中许多实际问题都与胶体化学研究密切相关。在本章中，将集中介绍原油(或典型油样)中的乳液和相关问题。

从工艺和产品质量的观点来看，以乳液形式产出的油水混合物是非常不经济的。当原油从井口加工到歧管时，在阀门的压力梯度下存在明显的压降，其中油水的混合可能是非常强烈的。之后采出物进入分离器，大部分水能与原油分离。最终处理还包括电聚结器，之后水的含量应当低于 0.5%。油和水的混合加工导致了可能形成乳液。然而，这并不足以解释产出物不同但工艺条件类似时乳液稳定性的差异。显然，原油中的原生成分可能为乳液的稳定性带来差异和影响。我们目前的观点是，沥青质和脂类之间的相互作用可以解释大部分的稳定性差异。此外，细微固体(有机和无机)也将有助于乳液稳定化[1-3]。

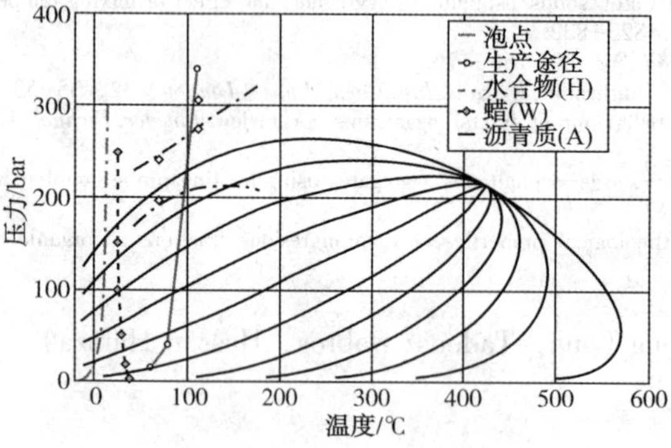

图 21.1　原油系统的压力-温度相图

(1bar = 10^5Pa)

沥青质的化学性质取决于压力、溶解性和有机分散剂。在从储层到井口的途中，采出物将经历相当大的压降和轻微的温度降。随着压力向泡点压力降低，轻组分(如甲烷、乙烷和丙烷)相对于其他组分将逐渐占据越来越大的体积(参见图 21.1)。这当然会改变流体的溶解度等参数。在某一点，这可能导致沥青质絮凝和沉淀。在泡点压力以下，轻组分将形成气相。当进一步压降时，轻组分对溶解度的影响将降低。因此，在某一点，沥青质聚集体可能再次变得可溶。在没有有效分散剂的情况下，可能发生大规模沉淀。然而，分散剂会将小沥青质颗粒悬浮在原油中。随着注水的增加和油水界面的形成，组分之间的相互作用模式将发生转变。由于分散剂通常对油水界面具有很高的亲和力，因此可能形成初始单层。若没有保护性的分散剂层，沥青质颗粒将沉淀，并积聚在水滴的表面。这就是形成混合界面层的基础。为了得到高稳定性的聚结，界面流变性必须恰当。相对于黏性，该层更应该具有弹性。如此一来，界面将更迅速地松弛。这些研究解释了基于稠油组分的油水乳液的稳定性问题[4-8]。空间和颗粒稳定性通常说明了最终乳液的稳定性。除了这些机理之外，酸性原油还具有环绕水滴的多层稳定性，这是由于部分游离的和部分未解离的环烷酸与其 pK_a 发生特殊缔合所导致的[9-14]。

为了理解实际工艺条件下水包油乳液稳定性的复杂性质，在环境压力和高压下的实验研究应涉及原油组分(主要是稠油组分)的性质、它们在油水界面处容易聚积的性质、它们对压力和温度变化的敏感性，另外还包括油水系统中酸性组分及其缔合结构的特征，以及这些组分本身或通过错综复杂的相互作用形成的高弹性界面保护液滴免于聚结的机理等。本章试图阐明这些内容的最新研究成果。

21.2 原油和沥青的化学性质

21.2.1 原油组分的分离分析

原油具有复杂的性质，它不可能确定个别分子形成的组分。组成研究通常通过分馏成预定义化学组分来进行。SARA 类型分馏将原油分成以下组成：饱和烃，芳烃，脂类和沥青质。SARA 馏分的定义已是公认的，这里不再详细描述。Speight[15]对原油的化学性质和组成结构进行了全面介绍。沥青质定义为在脂族溶剂中沉淀但在原油中溶解的成分，而脂类级分定义为可溶于轻质烷烃但不溶于液态丙烷的成分[15]。沥青质和脂类是由稠合芳族环体系和杂原子如硫、氮和氧组成的极性多核大分子。随着沥青质和脂类对稠油总体性质影响的深入认识，人们已经对两者的研究愈加关注。

虽然 SARA 分馏法仅仅是原油成分的粗略分选，但它也给出了原油的重要组成。从本章其他应用实例中可以看出，当讨论不同原油的性质时，经常使用 SARA 划分方法。SARA 分馏方法与高效液相色谱(HPLC)组合使用是非常有益的[16-20]。在正相液相色谱法中，非极性流动相在通常为小均匀颗粒形式的多孔固相(极性)中渗流，然后填充到圆柱中。将样品注入流动相中，通过圆柱，期间可能由于极性而被固定相吸附。样品组分、流动相和固定相之间的吸附相互作用可以通过调整流动相和固定相以及流动条件来调节。

作为 SARA 分馏方法的实例，我们将从 Hannisdal 和其同事的研究中讨论该方法[21]。

在本研究中，分别取得了位于挪威大陆架和位于巴西、法国、南中国海、大西洋和墨西哥湾的勘探地点的不同温度和压力系统的 20 个原油样品。利用正己烷中的沥青质沉淀和制备型 HPLC，将这些油定量分馏成饱和烃、芳族化合物、脂类和沥青质(SARA 方法)。

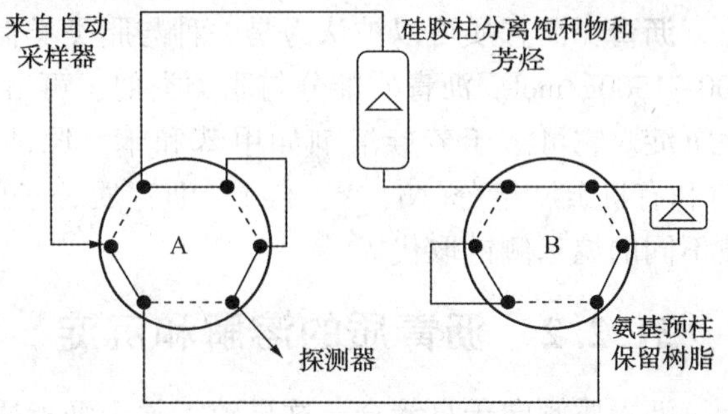

图 21.2 具有主要模块的 HPLC 系统的示意图

本研究中使用的 HPLC 系统根据图 21.2 中显示的示意性模块构建。使用两个圆柱：一个 21.2mm×250mm 圆柱，填充有未改性的二氧化硅(15μm)；和一个 21.2mm×50mm 圆柱，填充有氨基(10μm)。使用二氯甲烷(99.8%)和正己烷(95%)作为流动相。通常，在有机样品的分离时，使用未改性的二氧化硅作为填充材料比较好[22]。然而，二氧化硅圆柱上的实验表明，二氯甲烷没有足够的强度来脱去重质原油中最具极性的组分。这些脂类不可逆地吸附在二氧化硅材料上。与此相对，圆柱强度较弱的氨基圆柱可用于本研究中。所示的两个选择阀允许重新装载两个圆柱。阀 A 控制流体通过柱的流动方向(正常/反冲洗)，而阀 B 控制前柱的是否打开。

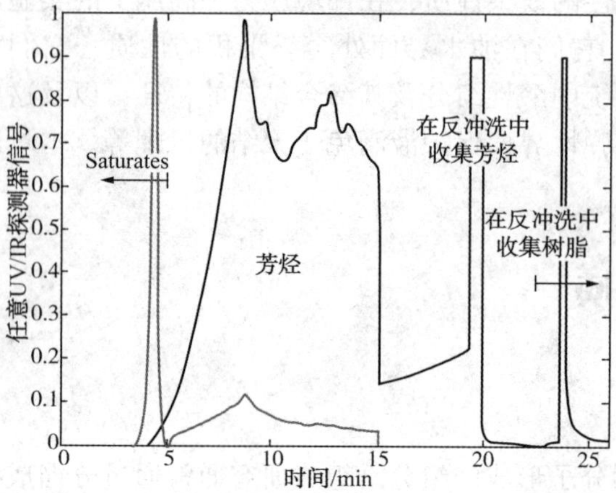

图 21.3　制备 HPLC 分析得到的典型色谱图。实线表示 RI 信号，虚线表示 254nm 波长的 UV 色谱图。波峰被切割以便更好地观察

将 5mL 不含沥青质的原油(即 0.6g 原油)作为样品注入到 20mL/min 流动(等度)过滤和脱气的正己烷中。原油组分通过圆柱，由于极性而发生吸附。根据 RI 信号(3~5min)判断流体的饱和度(圆柱上是否吸附流体)。15min 后，所有芳族化合物都流出氨基前柱，但一些黏稠的多环芳环体系尚未从二氧化硅柱中洗脱。这些流体可通过二氯甲烷反冲洗(<23min)，从制备柱中收集；而脂类成分可通过二氯甲烷反冲洗，从氨基预柱中释放(在样品注入后 23~26min)。这一实验过程得到了图 21.3 中的色谱图，其中三个组分被很好地分离。在氮气-空气中调整蒸发溶剂后，通过重量分析可测定组分的 SAR 质量分数。

下面的实例显示了如何通过沥青质预沉淀，利用自动化制备高效液相色谱法来测定 SARA 值。所讨论的 HPLC 方法对应于 0.6g 重质原油的样品质量。由于 SARA 组分的测定是通过重量分析进行的，较大的样品质量将意味着更高实验精度。此外，大样品容量也会允许进一步表征单个 SARA 组分。

饱和烃和芳烃：饱和烃(或脂族化合物)是不含双键的非极性化合物，包括烷烃和环烷烃。蜡是饱和烃的子类。芳族化合物由包含一个或多个苯环的化合物组成。这些环可以与萘环和/或脂肪族侧链连接。

脂类：该馏分由通常含有杂原子，如氮、氧或硫的极性分子组成。在实际操作上，脂类的一个常见定义是可溶于轻质烷烃如戊烷和庚烷，但不溶于液体丙烷的成分[15,23,24]。环烷酸也是该馏分的一部分。

沥青：沥青质可以被认为是一种与脂类类似的极性分子，但具有更大的分子量，通常为 500~1500g/mol。沥青质馏分与脂类类似，可溶解于轻烷烃如戊烷，而在己烷或庚烷中则发生沉淀。它可溶于芳族溶剂如甲苯和苯。原油中的沥青质含有最大比例的杂原子(O，S，N)和有机金属组分(Ni，V，Fe)。沥青质分子的结构被认为由多环芳族簇组成，而且环可被不同的烷基侧链取代[15,23]。

21.2.2　沥青质的溶解和沉淀

沥青质倾向于自缔合，这导致了关于沥青质分子量的许多争议。如今已经有从几百至几百万的沥青质分子量的研究报告[15,25-27]。这是由分子结构、杂原子含量和分子量等多重因素共同导致的。沥青质的自缔合受溶剂条件、压力和温度的影响，这已经由几个作者做出详

细研究[5,6,77-36]。通常，增加脂族溶剂的量和降低压力，如接近泡点压力，是增加沥青质聚集体尺寸的主要途径。

通常认为，沥青质以胶体形式悬浮在由纳米尺寸颗粒组成的原油中。每个颗粒由一种或多种芳族沥青烯单体片组成，脂类吸附其上，并作为表面活性剂来稳定胶体悬浮液。在较差的溶剂条件下，脂类从沥青质解吸，导致沥青质聚集体尺寸增加，并最终沉淀出大量的沥青质聚集体。该沥青质聚集模型是由 Leontaritis 和 Mansoori[37-39]基于 Nellensteyn 等的早期研究而定义的所谓空间稳定模型[40-42]。

关于沥青质稳定化的另一种观点被称为热力学模型，首先由 Hirschberg 等提出。在该模型中，脂类没有被明确地考虑，而是作为溶剂介质未分化的部分而处理。该模型假设沥青质单体和聚集体处于热力学平衡，并且通过周围介质溶剂化。因此，热力学和空间稳定模型之间的关键区别在于，沥青质胶体是溶剂化还是悬浮在烃类介质之中。沥青质聚集模型已经由 Andersen 和 Speight 进行综述。

沥青质聚集体的可逆性也是现有文献中的一个争议问题。Hirschberg 等认为，聚集是可逆的，尽管可能非常缓慢。而 Joshi 等[45]发现，来自活性原油的沉淀在几分钟内是可逆的，除了对于原油进行第一次减压时观察到了微弱的不可逆性。他们还讨论了从原油中沉淀出的沥青质的不同行为，其中大量的烷烃和沥青质都包含在原始原油中。Hammami 等[46]还发现，聚集通常是可逆的，但再溶解的动力会根据系统物理状态的不同而变化。Peramanu 等发现特定的溶剂和温度可使聚集的可逆性得到显现。

由于沥青质聚集行为具有如上所述的不确定性，对聚集行为的预测成为一项困难的任务。在原油混配过程和油藏压力下降过程中都会遇到聚集问题[45,46]。沥青聚集和沉淀可能引起一系列问题，例如储层污染、设备堵塞、催化剂失活等。另外，沥青聚集对油藏水的乳化稳定性也有很大的影响[48]。

21.2.3 通过近红外光谱对原油进行表征

在过去 30 多年中，近红外光谱已经愈来愈多地用作分析工具，特别是食品和农业工业，以及除了石油工业之外的纺织和聚合物工业等[49]。由于这种方法具有许多优点，如快捷、简单，可针对单个光谱进行多重分析，以及不会消耗样品，因此越来越受到欢迎。NIR 光谱的主要缺点是对微小组分不敏感以及吸收带较大。然而，这些缺点通过多变量分析的先进方法和高级软件的快速发展得到了弥补。近红外光谱法在原油特性研究中非常重要(参见本章节)。NIR 的主要优点使我们获得关于化学和物理信息的可能性大大增加。下文中将给出红外光谱的简介。

当使用诸如原油的胶体系统时，近红外光谱的主要优点之一就是能够获得关于系统状态的信息。除了吸附之外，由于溶液中的聚集或颗粒的光散射，将使近红外光谱显示基线高度。对于在瑞利极限内略有损耗的电介质颗粒，散射和吸附过程分别贡献消光系数[51]：

$$\sigma_{tot}=\sigma_{abs}+\sigma_{sc} \tag{21.1}$$

式中，σ_{tot}、σ_{abs}和σ_{sc}分别表示总的消光系数以及吸附和散射所贡献的消光系数。此外，散射与吸附贡献量的比 r^3，表明了粒度对总消光系数的重要性。因此，随着颗粒直径的增大，散射的影响显著增加。图 21.4 显示了粒径对 NIR 光谱的影响。在硅胶颗粒组成的溶胶-凝胶制备过程中，由于颗粒尺寸增加，NIR 可观察到的时间间隔和增加的基线水平是清楚可见的。

几位作者使用 NIR 光谱进行了粒度测定[52-55]。近红外光谱也广泛用于原油及相关材料的物理化学性质测定实验之中[49,56-61]。

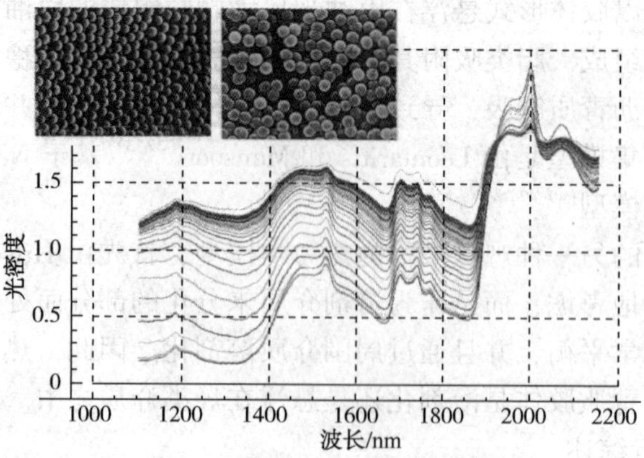

图 21.4 通过溶胶-凝胶法形成的二氧化硅颗粒的 NIR 光谱，以及 $d=330$nm 和 $d=630$nm 的单分散二氧化硅颗粒

21.2.4 高压 NIR 光谱对沥青质的聚合研究

利用高压 NIR 系统研究了沥青质的聚集行为，如图 21.5 所示[62]。该系统由高压透射 NIR 电池设备提供精确的压力和温度控制。专门设计的软件能够对光谱直接进行主成分分析（PCA），以便快速检测沥青质聚集。通过在所谓分数图中绘制主分量，可以基于各自的 NIR 光谱的细微差异来区分组分。例如，样品中的可压缩性颗粒聚集也可以通过主成分分析来识别。

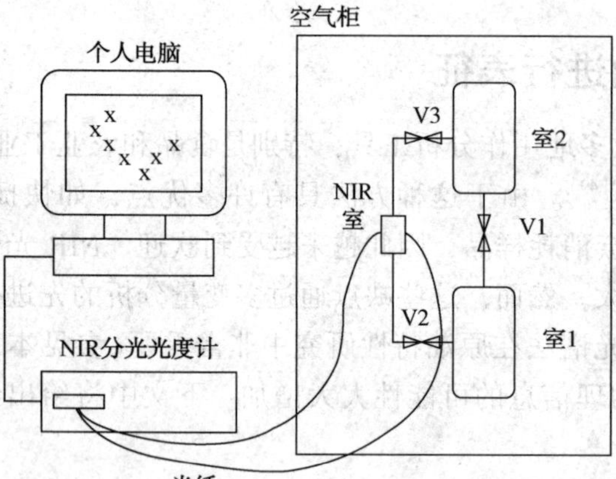

图 21.5 高压近红外光谱仪设置

对重组分原油和戊烷、甲苯和砷化氢的模型系统都进行了研究。模型系统被设计为接近沥青质沉淀，以 35%（质量）和 40%（质量）的戊烷-甲苯溶剂制备两种系统，其中沥青质为 1.2%。原油含有 0.8%的沥青质，储液罐压力为 155bar，并且通过压降使沥青质沉淀。将系统加压至 100bar 或 300bar，并升温至 100~150℃。然后系统逐步减压，并且通过 PCA 程序分析每个压力水平下产生的 NIR 光谱。在每个压力水平下，保持约 20min 的平衡。发现在沥青质聚集开始时的压力下，能看到 PCA 分数图中发生明显偏移。进一步降低压力，由于气体逸出，NIR 光谱显示出低吸光度，并检测到气泡。在图 21.6 中，显示了通过 PCA 分析从 NIR 光谱对原油的沥青质开始检测程序对相位包络的影响。在高压下，由于原油的可压缩性，存在由于压力损耗导致的光密度降低。一旦聚集体开始生成，光密度由于光散射的增加而增加。虽然这很难直接从光谱看到，但从分数图中可以清楚地看到。在相位包络中，压力降低过程与检测到的沥青质聚集的 180bar 初始压力同样被显示出来。

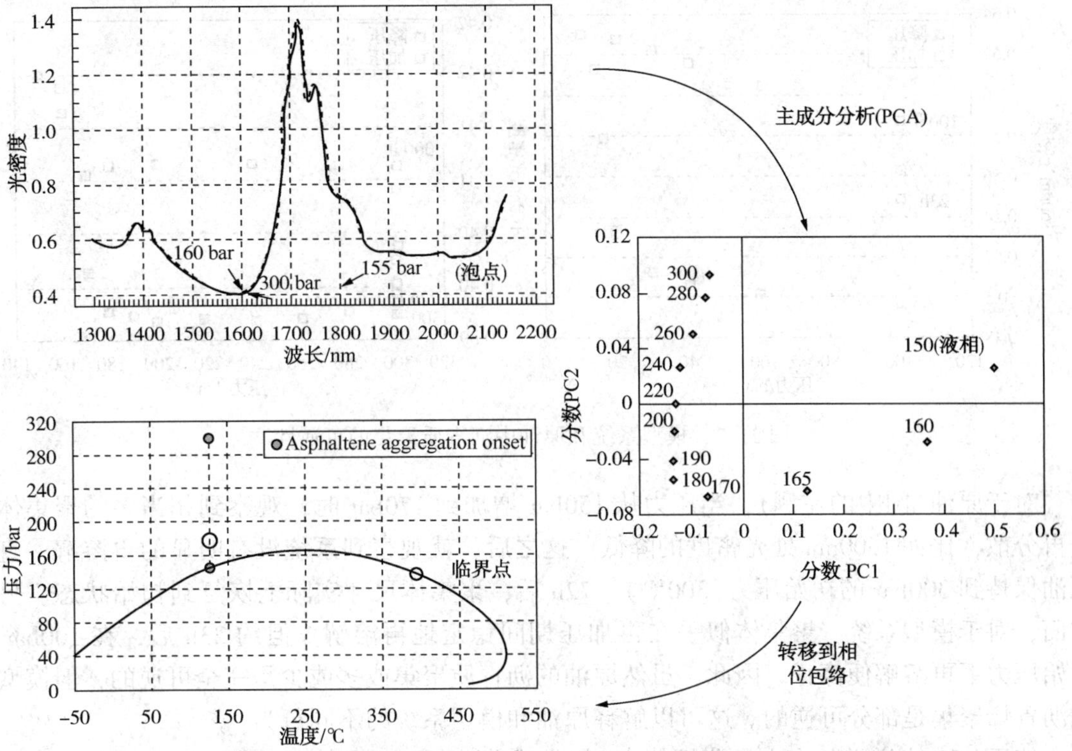

图 21.6　利用高压 NIR 光谱和 PCA 方法对沥青质聚集初始压力进行检测效果图

(1bar = 10^5 Pa)

在一定的模型系统(除了溶剂之外仅含沥青质)上进行相同类型的实验，产生了相同类型的结果，因此证实了分数图的移动确实是由沥青质聚集引起的。在没有沥青质的模型系统中，降压时分数图没有发生移动。表 21.1 总结了实验条件和检测到的初始压力和泡点压力。低温模型系统的泡点压力太低，以致于无法检测。如所预期的，40%的戊烷溶剂的初始压力高于 35%的戊烷体系的初始压力。另外还发现，150℃时的初始压力要高于 100℃时的初始压力。

表 21.1　泡点压力和沥青质聚集的起始压力

系统	温度/℃	泡点/bar	起始压力/bar
原油	125	155	180
35%戊烷	100	<2.5	20
35%戊烷	150	10	30
40%戊烷	100	<2.5	40
40%戊烷，无沥青质	150	14	—

在 150℃下 35%的戊烷体系中，沥青烯聚集反应并不完全。这可通过将系统从泡点压力逐步再加压至 100bar 和 300bar 来进行观察。当达到初始压力时，使系统保持平衡，并以一定间隔记录 NIR 光谱，直至观察到光谱没有进一步变化。在图 21.7 中，显示了对于两个系统减压和再加压过程中，在 1600nm 的光密度。

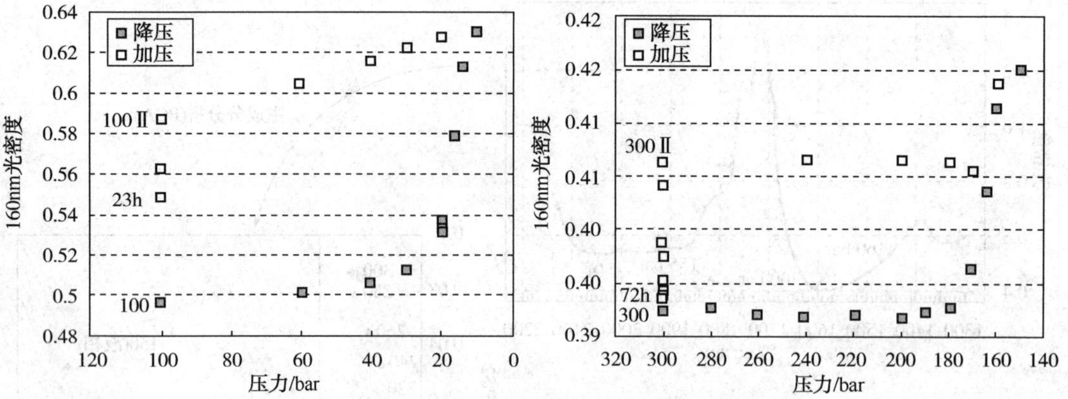

图 21.7　模型系统和原油中沥青质聚集的可逆性

对于原油(图中的左侧)，当压力从 150bar 增加到 170bar 时，观察到相当多的聚集体发生再分散，比如 1600nm 处光密度的降低。这之后，就观察到系统没有明显的再溶解，直到原油保持到 300bar 的初始压力(300℃)。72h 后，聚集体尺寸实际上恢复到初始状态。另一方面，对于模型系统，聚集体似乎在再加压期间稳定地再溶解，但约 23h 后，在 100bar 的初始压力下再溶解便停止。因此，虽然原油的沥青质聚集或多或少是完全可逆的，但模型系统沥青烯聚集是部分可逆的。这可以解释原油和模型系统的不同行为。

使用 NIR 光谱学与多变量分析技术(如主成分分析)相结合，已被证明是研究沥青质聚集行为非常有效的工具。在分数图中检测到非常小的光谱变化能够精确确定初始压力。另外，可以很容易地从光谱特征中检测出泡点。

21.2.5　通过近红外光谱学研究沥青质的分解

目前认为沥青质是由具有 π-π 相互作用的芳族化合物组成，其通过酸碱相互作用和氢键的自缔合而生成[63,64]。因此，沥青质聚集体分解的主要过程是破坏这些键并使较小的沥青质从沉淀中聚集。脂类通常被认为在原油中作为沥青质的分散剂。Auflem 等[65]引入近红外光谱(NIR)作为研究化学药剂对沥青质聚集体分散剂的影响。在表 21.2 中总结了各种化学药剂的结构和分子量。

表 21.2　研究中用作添加剂的两亲物和环烷酸的概述

名　　称	分子量	化学结构	来源	纯度/%(质量)
5-β(H)-胆烷酸(CHOL)	361	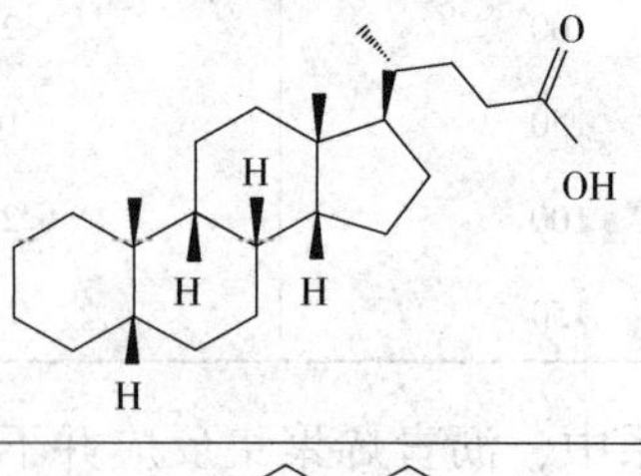	Chiron AS	>95
1-萘戊酸，十氢化萘(2C4)	238	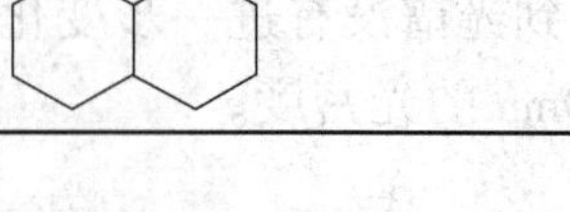	Chiron AS	>90

续表

名 称	分子量	化学结构	来源	纯度/%(质量)
1-萘甲酸，十氢-2-丁基(C42)	238	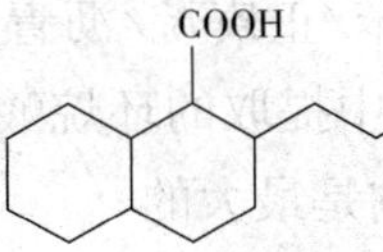	Chiron AS	>90
粗环烷酸(CNA)	250	混合物	Con van der	—
Fluka 环烷酸(Fluka)	240	混合物	Locke	—
来自北海的环烷酸(北海)	400	混合物	Fluka	—
2-乙基-1-己醇	130.23	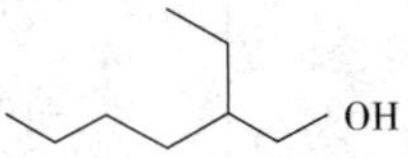	Merck	>99
1-辛醇	130.23	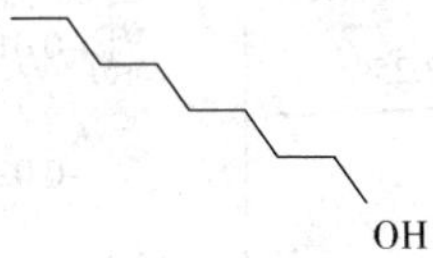	Merck	>99
苯甲醇	108.14	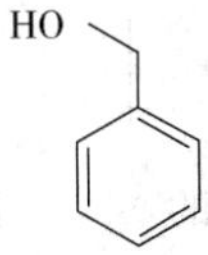	Fluka	>98
己胺	101.94	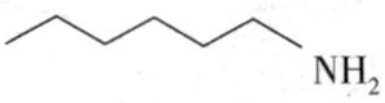	Merck	>98
正烷基苯磺酸，($n=C_{10}\sim C_{13}$)(ABSA)	385.5	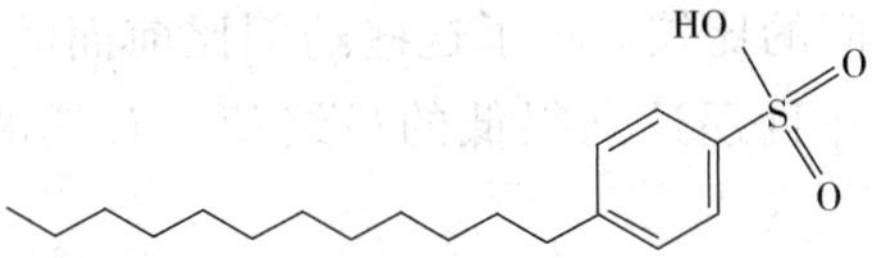	Alfa Aesar	96+
抑制剂 A	—	混合物	Tros/Dyno	—
正庚烷	100.21		Merck	>99
甲苯	92.14		Merck	>99

环烷酸：在原油中，环烷酸通常包含在脂类分子中。通常认为这些酸是稠环结构的复杂混合物，其中饱和与不饱和环及烷基部分的数量随着 COOH 基团的排列和亲水-亲油的平衡性而变化，可能与沥青质发生相互作用。通常认为，相互作用发生在沥青质分子中的酸基团和碱性组分之间。因此，分散能力由分子结构决定，具有不同结构的环烷酸将具有不同的分散能力。在本研究中，我们研究了以下单分散和多分散的环烷酸：5-β(H)-胆烷酸(CHOL)，1-萘戊酸，十氢(2C4)，1-萘酸，十氢-2-丁基，粗环烷酸(CNA)，Fluka 环烷酸和北海萘酸。

抑制剂 A：这是在极性溶剂中由脂肪胺和酸组成的商用混合物。

对庚烷/甲苯(体积比为 7∶3)中的沥青质溶液中加入化学药剂，连续测量在 1600nm 波长下的光密度(OD)散射变化。在该芳族/链烷烃比率下，沥青质应该可以形成较大的聚集体，并且对尺寸的任何影响应该都是容易检测的。

图 21.8 显示了，具有不同量 CNA 的甲苯/正庚烷/沥青质混合物在 1600nm 波长下相对 OD 随时间的变化。添加剂对聚集体尺寸的影响可描绘为散射随时间而降低的函数。在图 21.9 中，绘制了具有各种环烷酸的甲苯/正庚烷/沥青质混合物的相对 OD 与时间的关系曲线。商用的 Fluka 环烷酸和从北海原油中提取的环烷酸似乎仅在很小的程度上影响沥青质的状态。CAN 对这些多分散环烷酸的影响是最大的。

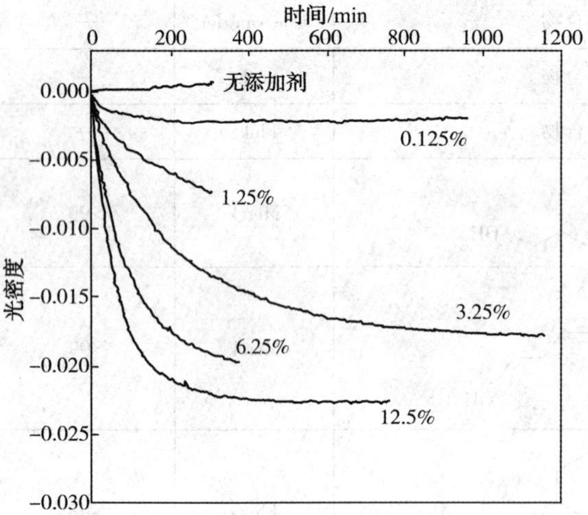

图 21.8　以各种浓度加入粗环烷酸(CNA)的 70/30正庚烷/甲苯混合物在沥青质含量 0.125(质量)%的 1600nm 波长下的 NIR 散射测量

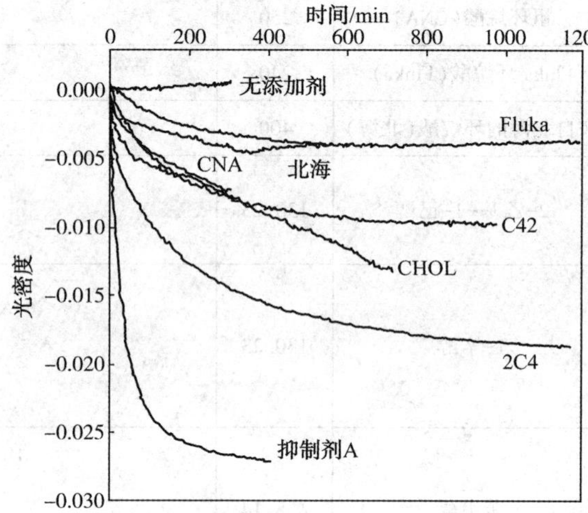

图 21.9　以 1.25%(质量)的量加入各种环烷酸的 70/30 正庚烷/甲苯混合物在沥青质 0.125%(质量)的 1600nm 波长下的 NIR 散射测量

2C4，C42 和 CHOL 之间的比较显示了这些药剂比前面的组更加有效。特别地，2C4 分子具有非常有效的初始值并且还达到很低的最终值。有趣的是，分子结构也对结果有所影响。

研究表明，NIR 光谱法是一种用于检测沥青质聚集体在加入化学药剂时发生分解的非常有效的方法。该方法基于对较大的聚集体散射进行优先检测。NIR 技术非常快速和准确，是用于初步筛选用于沥青质抑制剂的良好选择。结果表明，有效替代氢键的添加剂具有分散能力并可用作抑制剂。活性分子的商业混合物给出了最好的结果。此外还值得一提的是，NIR 技术可以区分出不同环烷酸的效率。

应该提及的是，沥青质聚集体的分解对相应的乳液稳定性具有较大的影响。在加入化学药剂之前，乳液显示出较高的稳定性，而聚集体的破碎则导致完全不稳定。

21.2.6　通过 NMR 研究沥青质的聚集

Östlund 等研究指出[66]，将 PFG-SENMR(脉冲场梯度-自旋回波核磁共振)测量与 NIR(近红外)光谱结合，以评价沥青质和环烷酸之间潜在的相互作用。在沥青质略高于沉淀点的系统上进行 NIR 实验，与低于该点的 PFG-SENMR 实验正好相反。对从酸性系统粗提取的沥青质(沥青质 1)和从中性系统粗提取的沥青质(沥青质 2)进行实验。在实验中使用的环烷酸是合成的单分散酸(CHOL 和 2C4)。还制备并研究了在纯甲苯中有沥青质的浓度，以获得关于沥青质分子自缔合的信息。

溶解在甲苯-d_8中的沥青质 1 浓度的 PFG-SENMR 测量呈现在图 21.10 中。可以看出，沥青质的中间扩散系数随着沥青质浓度的增加而降低。Östlund 等[67]表明，由于沥青质具有盘状形状结构，沥青系统中的阻塞效应很大。然而，在该系统中观察到的减少显著大于先前所报道的。因此，可能的原因是，沥青质不仅遭受阻塞，而且在 0.1%(质量)的沥青质中还发生自缔合。

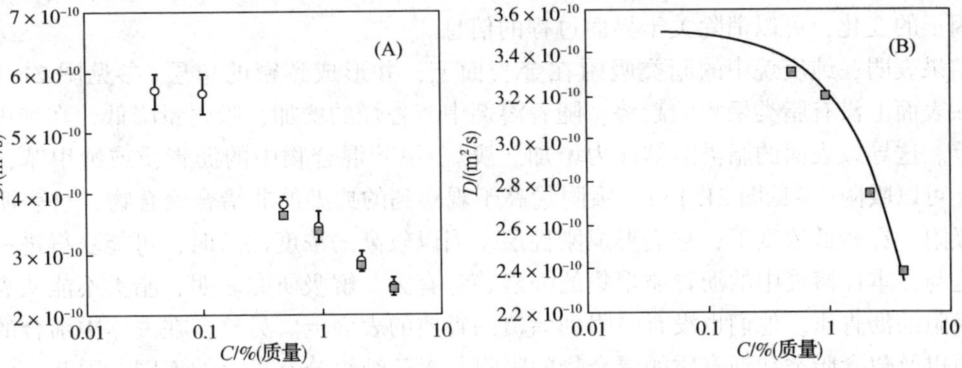

图 21.10 中值扩散系数作为沥青质浓度的函数呈现，还包括通过沥青质胶束计算的扩散系数

此外，从图 21.11 所示的结果可以注意到，沥青质 2 的扩散在所有情况下都降低，与所加入的环烷酸无关。这表明，CHOL 和 2C4 都与沥青质 2 发生相互作用。另外，沥青质 1 的扩散系数没有改变，因此似乎在环烷酸和沥青质 1 之间没有或只有很弱的相互作用。

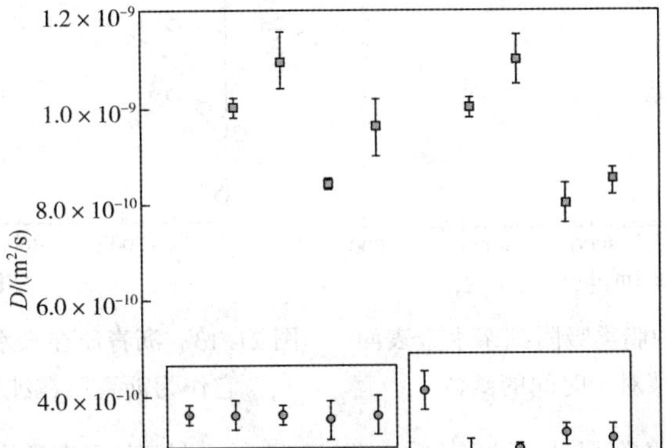

图 21.11 含有环烷酸和沥青质样品的结果，对应于环烷酸(含重 0.5%或 2.4%的 CHOL 或者 2C4)的扩散，和沥青质 1(A1)或沥青质 2(A2)的扩散。仅包括沥青质 1 或 2 在甲苯-d8(参考样品)中的扩散。结果仅围绕来自相同类型的沥青质(A1 或 A2)的扩散系数

21.2.7 利用耗散石英晶体微量天平研究沥青质和脂类的吸附(QCM-DTM)

Ekholm 等研究了沥青质和脂类在亲水性金表面上的吸附与体积浓度之间的函数关系[68]。这一研究利用具有耗散测量(QCM-DTM)的石英晶体微量天平进行，它允许同时测量频率 f 和能量耗散因子 D。频率的变化与吸附到传感器晶体表面上的质量有关，并且由于耗散因子的变化，可以消除关于界面过程的信息。

结果表明，纯庚烷中的脂类吸附在金表面上，并形成致密的单层(参见图 21.12)。然而，在表面上没有脂类聚集的趋势。随着溶剂中芳香烃的增加，吸附量降低，在纯甲苯中几乎为零。这导致表面的脂类溶解能力增加。庚烷/甲苯混合物中的沥青质或纯甲苯，在较大程度上可以吸附(参见图 21.13)。吸附量高于观察到的典型的非缔合聚合物，这表明聚集体发生吸附。在较低浓度下，它们形成刚性层。当以较高的浓度注入时，可能获得进一步的吸附，这与在本体溶液中的沥青质聚集的强烈趋势有关。解吸研究表明，脂类不能从表面解吸出预吸附的沥青质。他们也没有吸附到涂覆沥青质的表面上。另外，在液体中缔合的脂类和沥青质以及包含脂类和沥青质的混合物的吸附与对于纯组分有显著的不同。因此，可以得出结论，预形成的脂类-聚集体可以吸附到表面。

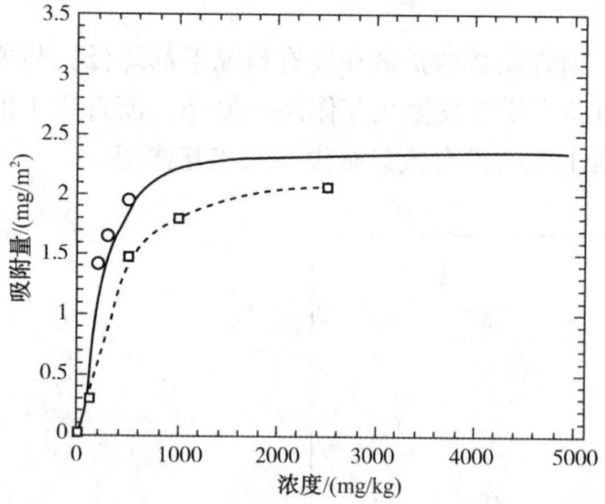

图 21.12 正庚烷溶液中的脂类吸附到亲水金表面上的频率和耗散偏移对于时间的函数

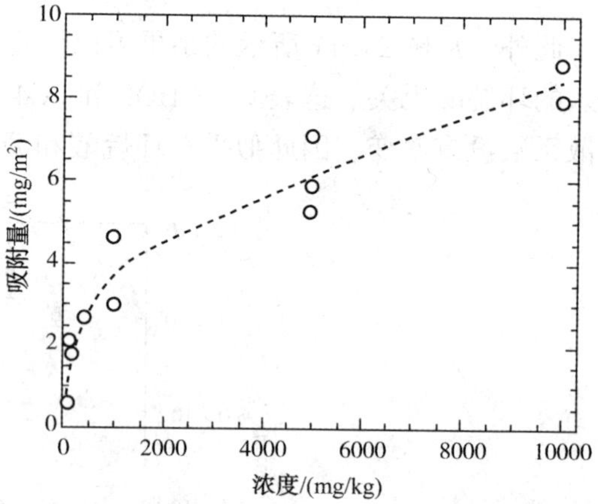

图 21.13 沥青质在亲水金表面上的等温吸附线，它作为沥青质在纯甲苯中的浓度的函数

原油溶液的不可逆吸附量小于沥青质和脂类混合物的不可逆吸附量，但非常接近于单独馏分的吸附量。当不考虑其他组分如石蜡和蜡时，脂类和沥青质分子以不同的方式排列在吸附层中。这些组分可以结合在吸附层中，或影响原油本体中的相互作用力。

显然，QCM 技术可以提供不同组分在原油中的吸附行为和亲和力的一些结论。应该注意的是，虽然金和水表面/界面的性质有所不同，但吸附的驱动力应当是类似的。

21.2.8 沥青质的界面行为和弹性

已经表明，原油中不同组分对于油水界面具有不同的亲和力。为了理解原油中油包水乳液的稳定性，必须了解不同种类的界面结构的形成。从界面张力的测量中(如图 21.14 所示)可以得出这样的结论：脂类部分对油水界面具有最高的亲和力。脂类可以将 IFT 降低至接近 15m/Nm。沥青质以 25m/Nm 作为极限值。整个原油在 30m/Nm 的取值上显示出，存在影响 IFT 的自身组分，且不是脂类和沥青质。在油水界面处可能存在阻塞现象，显示出实际系统和模型系统中的不同分子结构。

通常，当具有吸附的界面活性分子的界面被拉伸时，产生界面张力梯度。梯度将阻止拉伸并试图恢复均匀的界面张力状态，即界面将表现出弹性。这就是所谓的吉布斯马兰戈尼效应。界面活性分子的主要功能并非它们能使界面张力降低，而是它们的存在能抵消界面张力的梯度。在实践中，被拉伸的乳液液滴可由于弹性膜而抵消聚结，从而为液滴界面提供自我修复机制[69]。

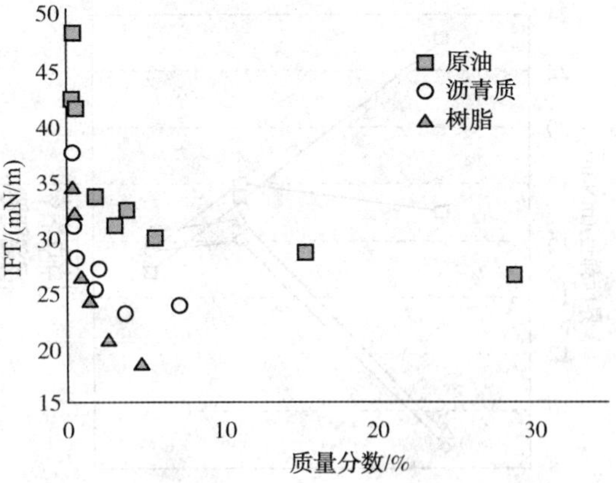

图 21.14　蒸馏水和原油中提取的沥青质和溶解在环己烷中的脂类之间的界面处的 IFT 的测量(从文献[123]中取材)

界面流变性通过所谓的界面膨胀模量测量。这一性质给出了对产生界面张力梯度的抗性的度量，以及在变形之后这种梯度变化的速率。界面膨胀模量 ε 定义为表面积在增加单位界面张力时的增量[70]：

$$\varepsilon=\frac{\mathrm{d}\gamma}{\mathrm{dln}A} \tag{12.2}$$

式中，γ 是界面张力，A 是界面面积。对于该区域的小变形，界面张力的变化可以写为弹性和黏性贡献的总和

$$\Delta\gamma=\text{弹性}+\text{黏性}=\varepsilon_{\mathrm{d}}\Delta\ln A+\eta_{\mathrm{d}}\frac{\mathrm{dln}A}{\mathrm{d}t} \tag{12.3}$$

式中，ε_{d} 和 η_{d} 分别是界面膨胀弹性和黏度。可以通过对界面以给定频率施加小的周期性振荡来分别测量这两个贡献量。在振荡实验中，界面面积随时间 t 而变化

$$\Delta\ln A\propto\exp(i\omega t) \tag{12.4}$$

式中，ω 是振荡的频率。基于上述方程，界面膨胀模量可以写成复数

$$\varepsilon=\varepsilon_{\mathrm{d}}+i\omega\eta_{\mathrm{d}} \tag{12.5}$$

其中第一项将等于弹性贡献，并且第二项将与黏性贡献成比例。下面仅讨论弹性作用。

为了测量界面的膨胀模量，使用振荡垂滴设备。它能以恒定频率振荡水相中的油滴。连续拍摄液滴轮廓的照片，通过测知两相的密度并使用拉普拉斯方程来计算界面张力。由于界面面积和界面张力的变化都是已知的，因此可以计算界面弹性。

对于乳液体系，由于形成的小液滴能产生较大的界面面积，表面活性剂的界面浓度将较低。因此，在实践中，将研究的原油系统用一些溶剂稀释，以更好地模拟实际的界面浓度。图 21.15 的左侧显示了作为稀释原油的原油浓度和溶剂组成的函数的测量弹性[4]。将样品在含有 0、50%、95%和含庚烷 100%[庚醇(0)-庚醇(100)]的庚烷/甲苯溶液中稀释，溶剂浓度为 0.002、0.01 和 0.02mL 油/mL。此外，所有溶液通过 NIR 光谱法进行表征。在图的右侧显示出原油溶液的 NIR 光谱在 1600nm 波长相应的光密度。该值代表了溶液中沥青质聚集的水平。

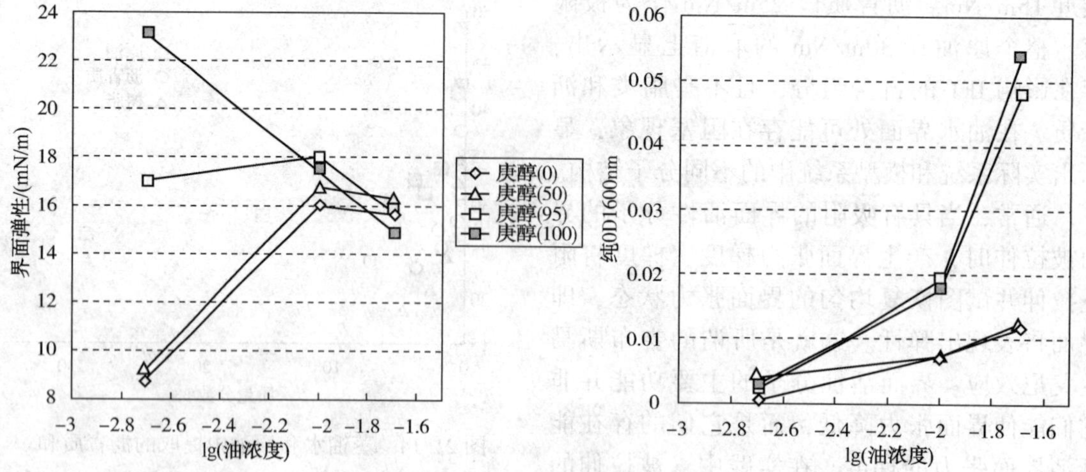

图 21.15　各种比例的庚烷和甲苯稀释的原油的界面弹性和光密度

在条件较差的溶剂(高庚烷含量)中，界面弹性随着原油浓度的增加而降低。在良性溶剂中，界面弹性通常随着原油浓度的增加而增加。从光密度结果来看，较大聚集体在浓度较低的溶剂中生成得更为显著。界面弹性的降低似乎是由大的、弱界面活性的沥青质聚集体的形成而引起的。在最低原油浓度下，可在最低的原油表面活性剂溶剂中获得最高的弹性值。在这些溶剂中，脂类和沥青质的界面活性最高，并且或多或少没有发生从光密度值中所能看见的聚集。在较高的原油浓度下，界面活性的影响似乎与沥青质聚集体的形成过程是相反的。

对于其他原油，也已发现与上述相似的结果，证明对原油系统界面流变性的测量是高度依赖于原油浓度和用于稀释的溶剂的[4]。高界面活性的影响在于，当增加原油浓度时，脂族溶剂迅速地被沥青质聚集抑制。当比较不同原油的界面流变性质时，必须考虑这两种效应。研究结果与 Kilpatrick 等提出的沥青质聚集模型相一致[5,6,72]。沉淀沥青质具有较低的形成弹性界面的能力，这归因于这种沉淀的聚集体较低的界面活性以及可能存在于沉淀材料膜中的缺陷。

不同的原油系统中，乳液稳定性高度依赖于油水界面的流变性质。通常，高弹性将增加稳定性的水平。

21.3　环烷酸的化学性质

鉴于酸性原油副产物的不断增加，有必要研究环烷酸衍生物的化学性质[73,74]。众所周知，环烷酸在尺寸和结构上都显示出某种离散性[75]。在 pH 值约等于 5 时，最小的分子较易溶解在水中，而较大的分子则多为油溶性，这些同系物中的大多数都易溶于 pH 值约 10~11 的水中[76-78]。

许多重要的原油生产问题都与环烷酸有关。当原油加工时，它们在炼油厂中引起腐蚀问题。这个过程的机理并没有详细地研究，因为它发生在油相环境中[79]。由于环烷酸及其脂肪酸盐是表面活性剂，因此将在油水界面积聚，形成稳定的胶体结构[75,78,80,81]。从实践的观点来看，最坏的情况就是形成稳定的油包水乳液，这将在顶侧分离器中引起一系列问题[82]。

如果形成 Ca-或 Mg-脂肪酸盐，则会产生低水溶性的颗粒状脂肪酸盐的沉淀。金属脂肪酸盐倾向于在水/油界面处积聚。这些颗粒与大量沉淀物的聚结将在密闭分离过程中引起许多问题，在此期间必须进行彻底的清洗。最近 Rousseau 等研究了在深海地区形成的环烷酸盐混合垢颗粒[74]。

与此相对，低分子量和水溶性的衍生物又将导致废水引发的环境问题。

在这种背景下，显然需要更好地理解环烷酸及其衍生物的化学性质。尽管相应的链烷烃脂肪酸在水中的缔合和胶束化、相平衡、结晶和微乳液的生成、单分子膜性质等方面[83-91]已经得到很好的解释，但对环烷酸的研究却很少。

21.3.1 环烷酸的结构

环烷酸是一元羧酸，通式为 RCOOH，其中 R 表示脂环族结构。“环烷酸”一词通常用于解释存在于原油中的所有羧酸，包括无环酸和芳族酸。几乎所有的原油都含有一些环烷酸。在沉积时间较短的地层中，重质原油的含酸量较高，而石蜡原油的含酸量通常较低[92]。环烷酸在石油烃油藏内，通过生物降解过程而产生[93]，它们被认为是一种与成熟度和生物降解程度密切相关的生物活动标志。

环烷酸是非常复杂的混合物。在过去已经使用许多不同的方法和分析技术对其进行分析[75,81,94-97]。概述地说，它们是 0~6 个稠合饱和环连接具有短侧链环的羧酸基团的 C_{10} ~ C_{50} 的化合物。碳数和环含量的分布随着原油和馏出物的馏分而变化。具有相似总酸值(TAN)和平均分子量的环烷酸可以表现出显著不同的形态[99]。

21.3.2 相平衡

Stig E. Friberg 教授是将水/油/稳定剂体系中相平衡的重要性与乳液稳定性相联系的先驱。他非常清楚地记录了层状晶体存在的重要性(所谓的 D 相)和相应增加的乳液稳定性[9-12]。

他的基本思想是用多层表面活性剂/水覆盖乳液液滴，以增强油水界面层的刚性，通过这种方法来形成防止聚结的屏障。目前尚没有关于环烷酸(不同的 pH)/水/油或环烷酸钠/环烷酸/水/油详细而完整的相平衡研究公布出来。Horváth-Szabó 与埃德蒙顿的团体合作，研究了环烷酸钠在水溶液中的定性相平衡[100]和环烷酸钠/甲苯/水复杂体系[101]，并发现了层状液晶存在的证据。

我们认为，水/十六烷酸钠(NaC_{16})/十六烷酸(HC_{16})系统在 70℃下的相平衡，也属于典型的环烷酸系统。这个系统的相图经 Skurtveit 等研究，如图 21.16 所示[83]。

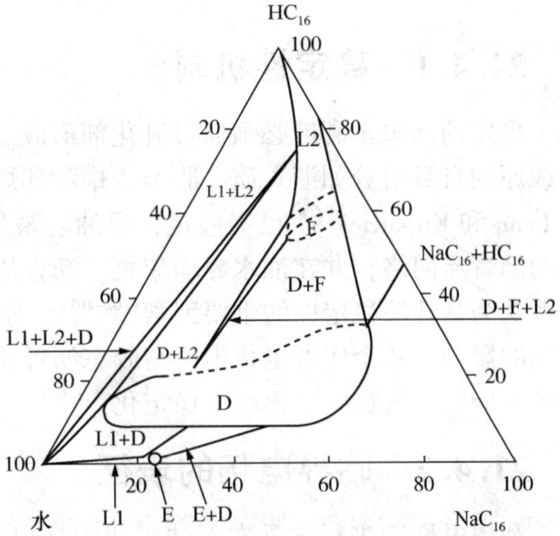

图 21.16 在 70℃下，水/十六烷酸(HC_{16})/十六烷酸钠(NaC_{16})系统中的相平衡[83]。该图以质量分数表示

从该系统中可以观察到，存在四个或五个各向同性的相。这些是胶束 L1 相(具有普通胶束)，六边形液晶 E 相(在水性环境中为

长条状)，层状液晶 D 相(具有双层结构)和反相溶液相 L2(具有反胶团)。如果存在具有反六边形结构的 F 相，则是有问题的。在该图中可以看到 D 相引起的水/油乳液的稳定化。[83]

出于实践上的原因，重要的是确定层状 D 相。在图 21.16 中可以看出，包含 D 相的相平衡的上限似乎是 $HC_{16}/NaC_{16} \approx 85/15$，下限是 $HC_{16}/NaC_{16} \approx 15/85$。故可认为，在等效的环烷酸体系中，当环烷酸与环烷酸钠的比例为 0.1~6 时，可以存在 D 相。只有 10%的环烷酸盐能够发现 D 相。

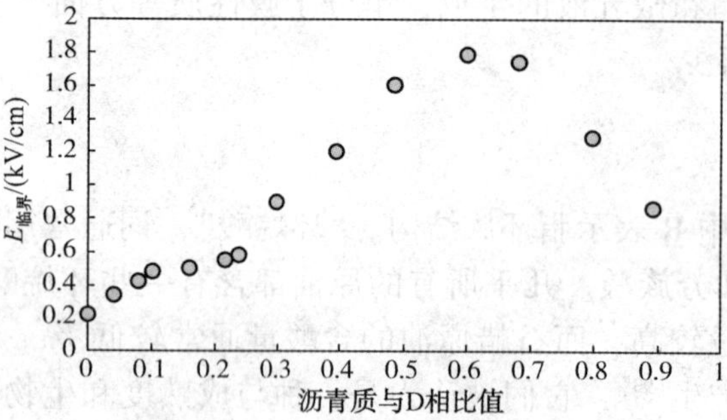

图 21.17　$E_{临界}$ 作为沥青质与正癸烷乳液中 D 相之比的函数[14]

为了观察水/油乳液的 D 相稳定化与沥青质颗粒稳定化之间的影响，进行以下实验。基于图 21.16 中的相平衡，制备了 D 相。将溶有沥青质的二氯甲烷溶液与 D 相混合，并蒸发溶剂。24h 后，可明显看到，D 相中有沥青质颗粒。采用不同沥青质溶解量的 D 相作为稳定乳液，为了测量乳液稳定性，测定其 $E_{临界}$。结果如图 21.17 所示。

显然，添加沥青质颗粒对比仅含有 D 相时，水/油乳液的稳定性更高。但过高的沥青质颗粒含量也将导致不稳定。60%的沥青质颗粒和 40%的 D 相组合似乎是最佳的。图 21.17 中的实验对于研究含有大量沥青质和环烷酸的原油中，乳液稳定之后的不同机理是非常重要的。这其中的代表物就是重质原油和沥青。

图 21.17 中的实验对于老化系统特别相关，如果在这样的系统中含有多层和沥青质颗粒，那么根据层状 D 相就可以建立油水界面处所逐渐形成的复杂效果的函数。

21.4　油包水乳液

21.4.1　稳定性机制

稳定的油包水乳液必须通过乳化剂形成。这些药剂包括鳞片和黏土颗粒、加入的化学药剂或原油自身组分如沥青质、脂类、蜡和环烷酸。沥青质被认为是乳液稳定性的主要因素，McLean 和 Kilpatrick[5,6]已经假定，原油乳液能够稳定的主要机制是通过形成黏弹性的、交联的沥青质网络，并在油水界面聚集。沥青质和脂类形成弹性油水界面的能力已被其他几位作者认为是乳液稳定性的重要因素[102-105]。原油中沥青质的聚集状态对乳液的稳定性具有决定性的影响。几个作者也指出，与胶态沥青质聚集体对稳定化乳液能力相比，单独的沥青质分子也能使乳液在一定程度上稳定化[5,106-109]。

21.4.2　临界电场的表征

利用电聚结进行破乳在石油工业中是很常见的技术：通过施加 1~10kV/cm 的高电场，使水滴在油相中絮凝和聚结，从而将水从乳液中分离[110]。电诱导聚结的原理是，电场通过诱导聚结使分散相的液滴变大。在初始阶段后，水相在重力作用下加速沉降。许多因素都能影响电诱导聚结的效果，例如分散相和连续相的介电性质、分散相的体积分数、电导率、分散液滴的尺寸分布、电极的几何形状、电场强度、电场(AC 或 DC)的性质等[111]。

引起这种聚结所需的电场强度可以衡量乳液的稳定性。在低电场中，由刚性界面膜包围的水滴将形成链状构型。增加电场强度，则液滴将桥接电极之间的间隙。最终，液滴之间的界面膜将发生不可逆的破裂，从而增加乳液样品的电导率[107,110]。然后可以将其定义为乳液稳定性的量度，即 $E_{临界}$。图 21.18 显示了电场强度增加对乳液的影响。

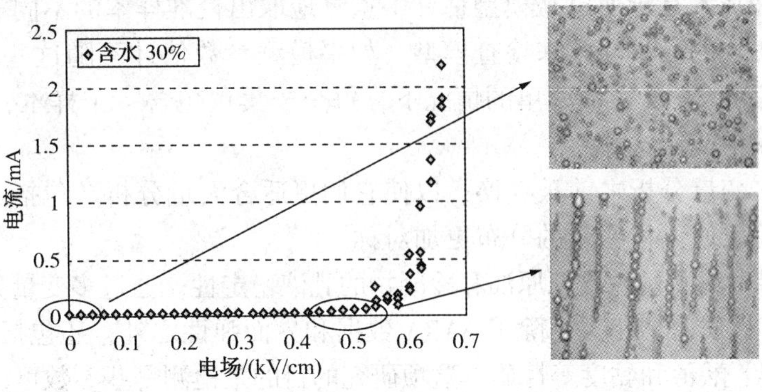

图 21.18　电场强度增加对乳液的影响

近来有研究使用了一种用于测定乳液稳定性的电场电池[12]。该方法与 Kallevik 等采用的方法类似[113]。它由一个在每一面的中心设置直径为 10mm 小孔的特氟隆板组成。板之间的距离为 0.5mm，并且上黄铜板上有注入样品用的两个小孔。黄铜板连接电源，可以根据用户需要增加电压。该系统与分离的有机玻璃板固定在一起。电源提供的最大电压为 100 VDC，对应于最大 2.0kV/cm 的电场。将乳液注入到腔体中，并且增加乳液样品的电场，如增加电导率，直到电场达到 $E_{临界}$。

21.4.3　多变量分析和乳液稳定性

主成分分析(PCA)是一种投影方法，可用于对数据集中所包含的最重要的信息进行可视化检验。PCA 可找到能描述数据集中主要趋势的组合变量。在数学上，PCA 利用数据集中变量的协方差矩阵的特征向量进行求解。给定具有 m 行样本和 n 列变量的数据矩阵 X，则 X 的协方差矩阵被定义为

$$\mathrm{cov}(X)=\frac{X^{\mathrm{T}}X}{m-1} \tag{12.6}$$

PCA 方法将数据矩阵 X 分解成为权重和加载向量的主分量

$$\mathbf{X}_{n\times m}=t_1\,p_1^{\mathrm{T}}+t_2\,p_2^{\mathrm{T}}+t_i\,p_i^{\mathrm{T}}+\cdots+t_k\,p_k^{\mathrm{T}}+E_{n\times m} \tag{12.7}$$

其中 t_i 是权重向量，p_i 是加载向量，E 是残差矩阵。权重和加载向量包含了样本和变量相互关联的信息。第一主分量(t_1，p_1)的方向可最完整地描述数据矩阵 X 的变化。第二主分量的方向可最完整地描述第一分量未能描述的方向，以此类推。因此，可以使用少量正交主分量而非原始变量来完整地描述原始数据集，而没有明显的信息损失。当寻找主分量时，便容易检测样本之间的关系。

通过数学回归将模型拟合为数据，以便量化两组变量之间的关系。使用回归模型来预测其他样本的性质。由于数据集中的强关联和冗余信息，X 数据和映射 y 之间的关系通常不能通过普通的最小二乘法来回归。这个问题对于光谱数据集而言是特别重要的。对此，一个解决方案

是 X 矩阵分解，如等式(21.7)所示，对得到的权值向量和映射进行回归。PCA 分解后的回归称为主成分回归(PCR)。偏最小二乘法(PLS)技术是另一种很好的选择。在 PCA 中，权重和加载向量是最好地描述 X 矩阵的方差的向量。在 PLS 中，权重和加载向量(称为潜在变量)是与映射向量 y 具有最高协方差的向量。分解之后进行潜在变量和映射变量之间的回归。

由于拟合回归模型存在一定误差，需要确定所使用变量的最优数量。一种方法是交叉验证技术。交叉验证技术是指通过从模型估计中重复地取出校准样本的不同子集，并且利用它们作为临时局部集合的测试样本来检查模型。如果模型参数估计不随这些重复扰动而变化，则表明模型是可靠的[115]。在最简单的情况下，每个子集仅包含一个样本，这称为全交叉验证，可在回归建模中使用这项研究。

数据可以在多变量分析之前被变换，以使它们更适合大量分析。包括 xy-变换、对数变换等，这些变换可以使偏移变量的分布更加对称。

通过上述临界电场测量并表征原油和冷凝物的乳液稳定性。通过多变量分析，乳液稳定性与样品的物理化学性质密切相关。除了 SARA 数据和界面弹性之外，还包括已知样品的密度、界面张力、分子量、酸值和黏度等性质。这项研究的目的是检测哪些参数可以控制原油乳液的稳定性。另外，原油的 NIR 光谱也作为一项输入参数。表 21.3 显示了其生成的数据矩阵，其中包括 20%和 30%含水率样品的临界值 $E_{临界}$。t_1 和 t_2 是通过 NIR 光谱主成分分析得到的第一和第二权重变量。这两个变量组合说明了在 NIR 光谱中发现的样本间的大部分变化。

表 21.3　原油和冷凝物的数据矩阵

来源	WC20/(kV/cm)	WC30/(kV/cm)	S/%(质量)	A/%(质量)	R/%(质量)	Asph/%(质量)	(S+Asph)/(R+A)	R/(R+Asph)
1 West Africa	0.58	0.47	47.9	36.5	15.2	0.4	0.93	0.97
2 North Sea	0.87	0.61	48.0	37.5	14.2	0.3	0.93	0.98
3 West Africa	2.00	0.68	41.2	36.4	20.4	2.1	0.76	0.91
4 North Sea	0.00	0.00	82.7	13.4	3.9	0.0	4.78	1.00
5 North Sea	1.00	0.64	62.7	23.6	12.2	1.5	1.79	0.89
6 North Sea	0.91	1.03	45.5	37.1	16.0	1.4	0.88	0.92
7 North Sea	2.00	1.50	35.3	36.8	24.5	3.5	0.63	0.88
8 North Sea	0.55	0.45	56.0	29.6	14.1	0.3	1.29	0.98
9 North Sea	0.84	0.59	41.8	38.8	18.7	0.6	0.74	0.97
10 North Sea	0.53	0.33	50.9	34.6	14.0	0.5	1.06	0.97
11 West Africa	2.00	1.85	40.6	32.1	20.6	6.6	0.90	0.76
12 North Sea	0.00	0.00	79.8	16.5	3.6	0.1	3.98	0.97
13 West Africa	0.61	0.45	57.3	27.9	13.5	1.3	1.42	0.91
14 North Sea	0.59	0.08	60.6	30.0	9.2	0.2	1.55	0.98
15 West Africa	0.85	0.40	42.4	36.1	20.5	1.0	0.77	0.95
16 North Sea	0.00	0.00	65.0	30.7	4.3	0.0	1.86	1.00
17 North Sea	0.47	0.42	44.1	41.6	13.8	0.5	0.81	0.97
18 North Sea	0.93	0.43	50.3	31.4	17.5	0.7	1.04	0.96
19 North Sea	2.00	2.00	54.5	28.8	14.9	1.8	1.29	0.89
20 West Africa	0.91	0.72	55.4	28.3	12.9	3.4	1.43	0.79
21 France	2.00	1.70	24.4	43.4	19.9	12.4	0.58	0.62

续表

来源	t_1	t_2	OD. 1600nm	黏度/(mN/m)	密度/(g/cm^3)	IFT/(mN/m)	M_w/(g/mol)	黏度(25℃)/(kg/ms)	TAN
1 West Africa	-5.45	0.11	0.168	11.5	0.914	20.5	234	18.7	1.10
2 North Sea	-3.16	0.26	0.240	7.3	0.916	24.8	279	57.4	3.10
3 West Africa	8.91	0.16	0.659	7.8	0.916	26.4	310	143.0	1.50
4 North Sea	-7.42	0.17	0.107	-1.1	0.839	37.1	166	1.8	0.69
5 North Sea	-3.62	-0.43	0.236	16.5	0.844	12.8	201	5.4	0.18
6 North Sea	-0.39	0.52	0.332	3.7	0.862	31.9	244	14.5	0.02
7 North Sea	5.99	0.81	0.544	11.7	0.945	27.4	333	386.6	2.30
8 North Sea	-5.02	-0.10	0.185	6.7	0.850	24.7	216	6.6	0.17
9 North Sea	-3.53	0.28	0.229	8.4	0.914	11.8	284	51.0	3.10
10 North Sea	-4.54	0.12	0.197	5.0	0.885	22.8	234	11.6	2.70
11 West Africa	17.50	-0.49	0.9991	10.6	0.888	29.0	260	27.8	0.49
12 North Sea	-5.84	-0.60	0.165	-1.4	0.796	34.2	157	1.7	0.01
13 West Africa	-2.87	-0.05	0.257	—	0.873	24.6	235	17.7	0.50
14 North Sea	-5.11	-0.39	0.186	0.2	0.857	22.9	227	10.5	0.04
15 West Africa	1.33	-0.02	0.395	9.2	0.921	16.2	295	105.8	3.60
16 North Sea	-7.36	0.18	0.107	-0.6	0.796	27.6	142	1.2	0.02
17 North Sea	-4.94	-0.37	0.192	8.1	0.847	19.9	223	11.7	0.15
18 North Sea	-4.24	0.14	0.206	14.8	0.898	19.5	249	19.1	1.20
19 North Sea	9.54	0.11	0.684	24.9	0.840	27.4	298	63.1	0.36
20 West Africa	4.91	-0.41	0.525	5.6	0.873	19.0	248	15.3	0.44
21 France	15.31	0.00	0.893	12.9	0.939	13.4	303	278.9	0.20

采用20%和30%含水率时的平均临界值作为映射，建立PLS回归模型。由于变量的偏差分布，临界值在建模之前应进行对数变换。这就从模型中排除了冷凝物，因为它们的$E_{临界}$值为零。图21.19显示了回归系数和预测结果与测量数据的对比。模型的R_2值为0.93。从回归系数看，沥青质含量和界面弹性的增加可被认为是提高乳液稳定性的主要影响因素。此外，NIR光谱(通过权重t_1可知)似乎包含乳液稳定性的许多信息。与此相对，芳烃和脂类/(脂类+沥青质)的增加似乎是降低乳液稳定性的两个主要因素。

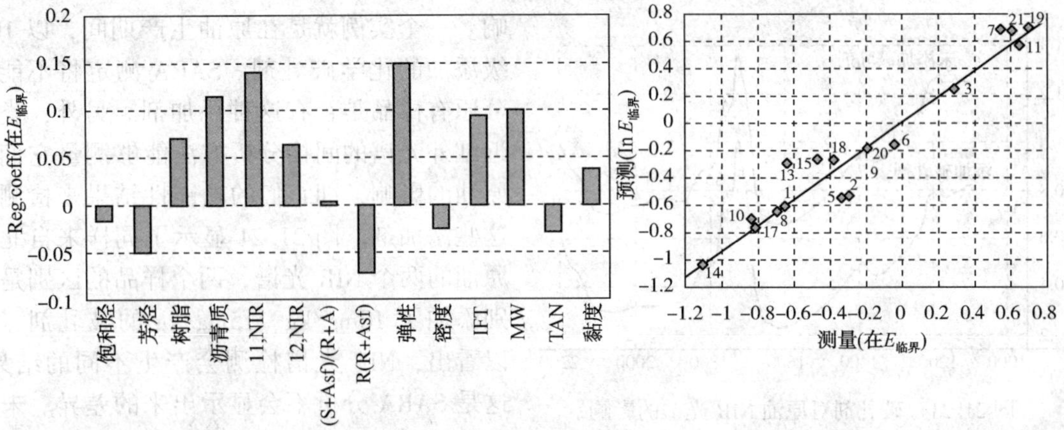

图21.19 乳液稳定性模型的回归系数和预测以及测量得到的图(来自参考文献[112])

基于完整模型，可构建简化模型，简化模型仅包含几个最重要的变量。这些变量保留了完整模型的五个参数：四个SARA参数和界面弹性。之所以完全保留四个SARA参数，是因为它们是在相同实验中被测定。该模型产生的R_2值为0.82。这意味着仅利用两个实验(SARA分离和界面弹性测定)的数据就能够合理估计出原油乳液稳定性。早期尝试将乳液稳定性与SARA数据和数据矩阵中其他一些变量相关联的尝试并不成功，这也就意味着，当讨论乳液稳定化/去稳定化时，需要测知原油界面性质。原油19可以作为稳定乳液的实例，尽管它具有相对较低的沥青质含量(质量分数1.8%)。然而，从数据表中可以看出，这种原油目前具有最高的界面弹性。

由于t_1回归系数的值较高，NIR光谱似乎包含关于原油乳液稳定性的信息。基于此，构建了使用原油的NIR光谱作为X数据的第三PLS模型。使用1300~2200nm的波长来预测与其他两个模型中相同的临界值。图21.20显示了所得模型的NIR光谱回归和预测与测量得到的图。该模型产生的R_2值高达0.95，这说明近红外光谱是检测原油性质的非常好的信息来源。我们以前已经证明SARA参数可以利用NIR光谱预测[116]，此外NIR光谱已被证明包含原油中沥青质聚集状态的信息[62]。这些都是有助于检测乳液稳定性的因素，并解释了近红外光谱的良好预测能力。

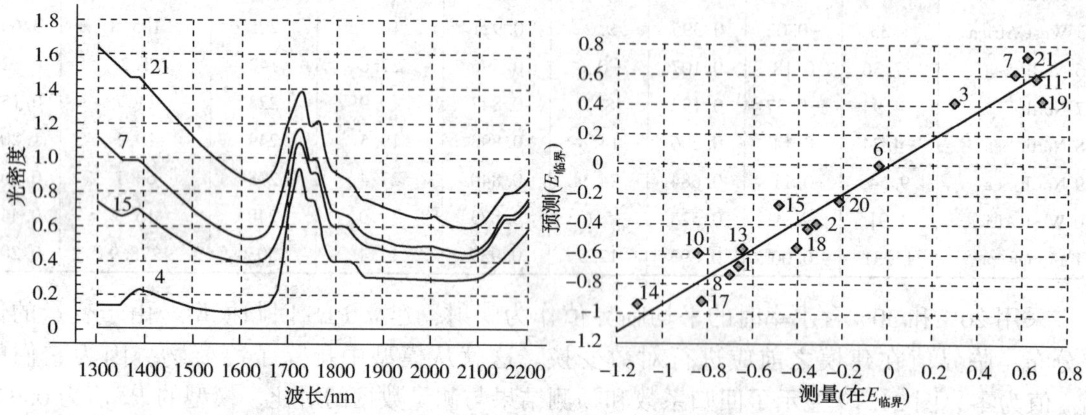

图21.20 NIR模型的实例：NIR光谱和预测与测量得到的图(来自参考文献[112])

利用单一参数如SARA、弹性、黏度等预测乳液稳定性的问题之一是：检测原油中浓度非常低的成分的影响可能是很困难的。然而，这些成分可能却对乳液稳定性具有显著的影响。一个实例就是在原油生产期间，以10^{-6}级添加的化学破乳剂。SARA测定将不能区分原有样品是否有这种添加剂。另外，类似近红外光谱的间接分析方法能够测量它们对原油的影响，即它们的功能性结果来检测出这些添加剂。图21.21显示了同样来自北海原油的两个NIR光谱，两个样品的区别是分别添加了10mg/kg、15mg/kg的破乳剂。可以看出，NIR光谱检测会产生不同的结果，这是SARA分析不会显示出来的差异。未添加破乳剂(通过$E_{临界}$测量)的原油乳液稳定

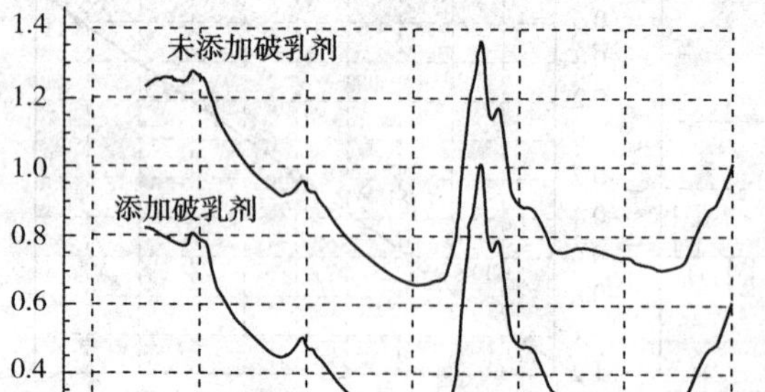

图21.21 破乳剂对原油NIR光谱的影响

性是加入破乳剂样品的乳液稳定性的两倍。

21.4.4 水/油乳液的高压特性

21.4.4.1 高压钻机的乳液稳定性研究

为了研究实际条件下的乳液分离，在 Statoil 的研发中心构建了高压分离设备。钻机可用于制备乳液并在水平批式分离池中监测油水的分离和泡沫的生成。分离器池由蓝宝石玻璃制成，确保分离过程完全可见，它的体积为 0.5L，可承受高达 200bar 的压力。图 21.22 给出了气缸实例的示意图。大容量活塞泵由四个电机驱动，因此水和油可从样品气缸泵送，通过阻风阀进入分离器。四个泵可以独立控制，但总流量通常保持恒定。通过阻风阀的压降是背压控制的。为了控制分离压力，分离单元用气体、惰性气体或天然气加压，并且压力由另一个背压控制阀调节。为了确保系统的温度也能控制，将分离单元置于恒温箱中，它可提供-7~175℃范围内的恒温。

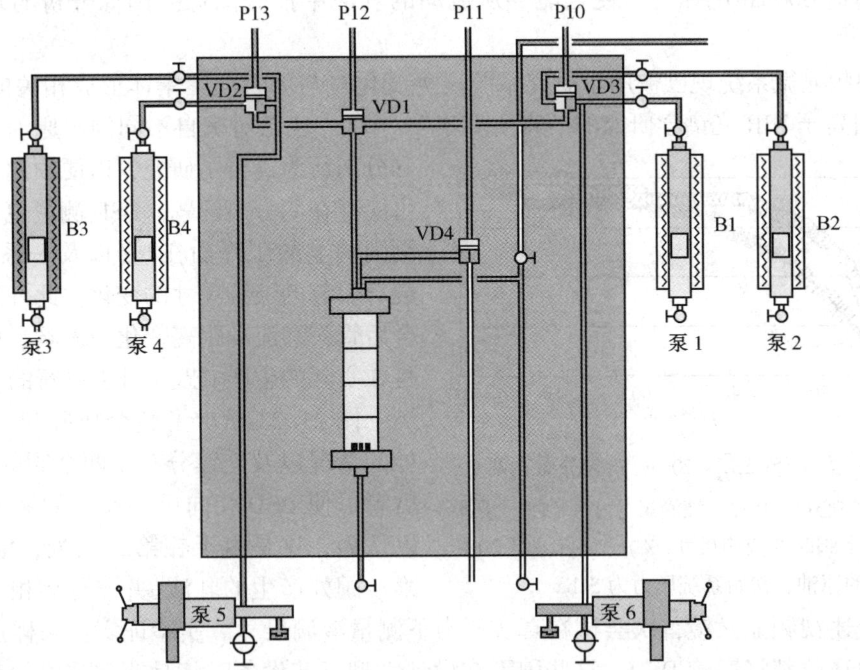

图 21.22 高压分离设备示意图

钻机的原理是两个加压流体流会合并流过阻流阀(VD1)，流入批量分离器。当流体混合物通过阻风阀时，压力下降，这能使油相和水相之间产生更多界面所必需的剪切力，并形成水滴分散到油中。如果压力下降到泡点压力以下，则出现气相。出现的气体可以形成泡沫层，影响水滴的沉积和聚结。不同的相，包括泡沫、油相、乳液/分散体和水相的量随后可以记录为时间相关的函数。将摄像机连接到钻机以监控全程。在给定的分离时间后，对油、水和乳液层进行取样和分析。在节流阀 VD1 的上游还有两个其他的节流阀，每个单独的管线(VD2 和 VD3)上各有一个。通过这些节流阀，进行与 VD1 所述相同的过程，并且可以制备油和水的分散体。为了研究乳液和泡沫抑制剂或破乳剂的效果，钻机配备有两个独立的高精度泵 5 和 6，其输送体积低至 0.03mL/h。以这种方式，低浓度化学药剂可以注入到任何流动管线中，也可以通过池的底部注入，其中可以使用搅拌器来分配化学药剂。

高压分离装置是批量分离器，因此得到的结果并不适用于连续分离的实际分离过程。然而，它的结果可以显示出温度、压力、压降和流体混合的趋势。它还可以指示是否需要化学处理（如破乳剂，泡沫抑制剂等）。

21.4.4.2　高压下乳液中液滴尺寸分布（DSD）的显微镜动态观测

在海上油田开采原油期间，油水从生产平台上的油库输送到下游的分离设施。储层压力变化很大，且由于是在非常深的水域的储层开采生产，故需要在远不同于普通实验室设施条件的压力下形成乳液。实际上，系统压力确实影响沥青质（与乳液稳定性最为相关的原油组分）的状态，例如聚集体尺寸。沥青质聚集体和颗粒能吸附到界面膜上，产生高液滴聚结，影响乳液的稳定性。过大的颗粒不会被吸附，非常小的聚集体和单体只能产生较弱的、稳定性较差的薄膜。现在通过高压分离设备（参见“用于乳液稳定性研究的高压钻机”部分），可以在实际工艺和高压条件下，对乳液进行取样，并在相同的压力下测量DSD，其优点是避免在压力释放（和DSD中的后续变化）期间可能发生的再变化。视频显微镜装备有流动池，能够承受高达600bar的压力，使之能够从流动的乳液中捕获图像。图像分析与环境压力的研究相同。

高压视频显微系统现已被用于研究系统压力变化对与沥青质聚集体形成相关的DSD影响（另见“利用高压NIR光谱学研究的沥青质聚集”一节）。现已对来自不同油田原油的混合作用和分离行为进行了研究，以便预测原油流动时可能存在的分离问题。DSD测量也已经用于监测因阀上的压降而在阀（以及一系列的阀）处混合引起的液滴尺寸的变化。此外还研究了混合后管长和流动距离变化的影响。所有研究都是在实际的生产实践条件下进行的。

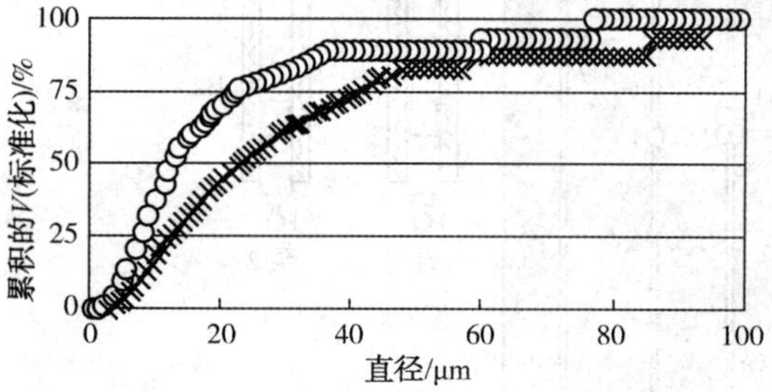

图21.23　当压降（$\Delta p_{总}=20bar$）均匀分布在两个连续的阀（空心圆）上时，液滴尺寸小于当整个压降仅位于一个阀时的液滴尺寸（%），该乳液是30%的原油，初始系统压力为31bar

图21.23显示了整个压降仅位于一个阀处的情况以及连续分布于两个阀的对比情况，后者可使DSD朝向更小尺寸的液滴偏移。可以认为，这是由于在第二阀处，混合的是在第一阀处产生的乳液（并非分离相所产生）。

利用上述视频显微镜首次尝试在真实压力下测量液滴尺寸。实验证实：采样过程、乳液加工和压力释放都将影响DSD。这些因素在设计大型工艺设备时将是非常重要的考虑因素。

21.4.4.3　水/油乳液的高压实验

本章的内容是研究分离压力、压降、溶解性以及气泡对原油乳液稳定性的影响。在下一节（“新的不稳定机制”）中总结结论。

Auflem等[117]做出实验研究，将北海原油与天然气干气重新结合并送入分离器，压力为11bar。然后通过连接到样品室圆筒的活塞泵将样品进一步机械加压至100bar，或在另一些情况下加压至182bar。在高压分离设备中进行实验，该设备在“用于乳液稳定性研究的高压钻机”部分中有详细描述。在钻机中，可以在类似于歧管/上游的条件下混合水和油（阻气阀混合），然后泵送到另一个节流阀，再进入垂直分批分离器单元。

在实验中，观察到产生分离的几种影响：（1）随着压力下降，分离增加，压力低于泡点压力；（2）压降增加，超过了泡点压力，得到更稳定的乳液；（3）原油的稀释导致较不稳定的乳液。

(1)和(2)中的结果可通过气泡对稳定性溶液的浮选效应来解释。随着油相减压，轻质分子的溶解度降低，并以气相逸出。气相以小气泡的形式上升，通过溶液，这将从水-油界面上剥离出表面活性物质。

由于压降较大、输入能量较高，生成的水滴也很小，因此在分离压力高于泡点压力时，观察到较慢的分离过程。能量输入和液滴尺寸之间的关系已经被一些研究者[118-122]给出，因此并不少见。还能利用甲苯稀释粗产物来产生去稳定作用。McLean 和 Kilpatrick[5]在 1996 年(以及 Førdedal[108])指出，随着油相中芳香烃含量增加，沥青质聚集体溶解，乳液的稳定性降低。另外，起泡性也受到甲苯添加物的影响。当增加油相中甲苯的含量时，由于稳定组分溶解，系统形成泡沫的能力降低。更奇特的是，对(1)重组油相和(2)已经脱气和机械再加压的重组油相进行的比较实验。也就是说，将重组的油相减压至大气压，同时使气相蒸发。然后使用活塞泵将脱气的样品机械地再加压至初始压力(100bar)。此后，将两种类型的油样进行相同的乳化程序。油通过两个阻塞阀发生压降并与加压的地层水(含量为 35%)混合：从 100~11bar 再从 11bar 至分离器中的分离压力(7bar 或 1bar)。对于重组的样品，在 7bar 和 1bar 下，对于两次分离都有显著的泡沫形成，也有相对快速的分离。有趣的是，在第二节流阀上具有最大压降的实验中分离得最快。对于脱气的样品，并没有泡沫形成，并且在 7bar 和 1bar 下的分离同样很差，如图 21.24 所示。

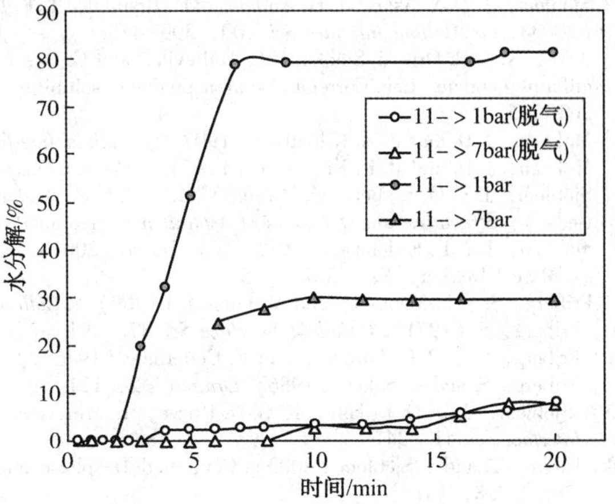

图 21.24　在 7bar 和 1bar 的分离压力下由来自重组样品和脱气重组样品的油包水乳液中的水分离

21.4.4.4　新的不稳定机制

破坏油-连续乳液机理(如图 21.25)的建议是：

液滴破裂效应：溶解在水中的极性气体将在压力降低至小于泡点压力时，快速聚结并形成小气泡。由于重力原因，这些气泡将在乳化液中传输。当气泡离开水滴时，它们必须通过极性组分(沥青质，脂类和蜡)所构成的界面膜。因此，该界面将破裂。如果 CO_2(g)气泡带有来自界面的表面活性物质(浮选效应)，则界面改性的时间很可能比合并时间要长得多。因此，系统会分出水相和油相。根据这种化学性质和整个工艺设计，施加的压力可以约为 60bar。

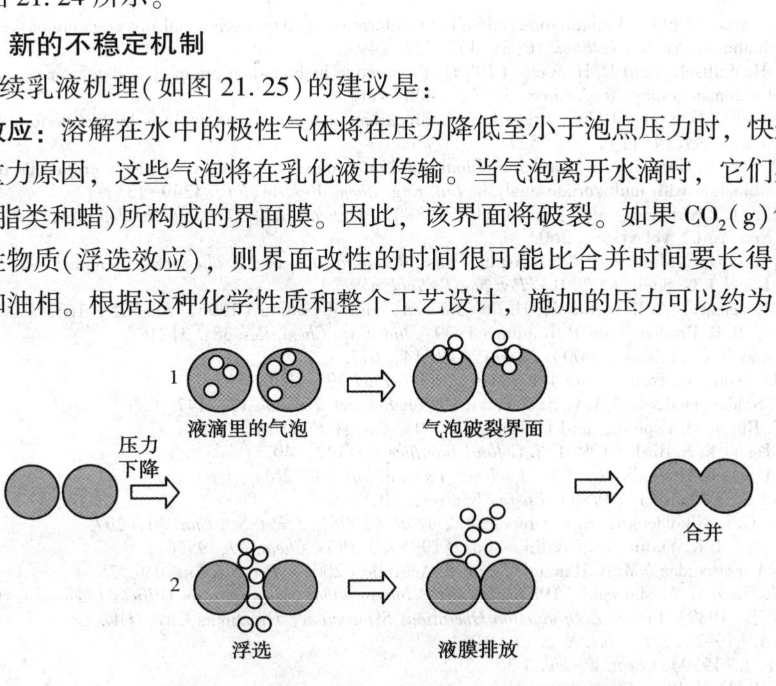

图 21.25　CO_2气泡对油—连续相中水滴的影响

致谢

感谢我的前博士生 Narve Aske、Inge Auflem、Trond Havre 和 Øystein Sæther 的协助。感谢与 Chalmers 大学在 NMR 领域、YKI / KTH 领域的 QCM 和 Norsk Hydro 研发中心在界面弹性领域的合作。

参 考 文 献

[1] Sjöblom, J. (ed.). (1996). *Emulsions and Emulsion Stability*. Marcel Dekker, New York.
[2] Sjööblom, J. (ed.). (2001). *Encyclopedic Handbook of Emulsion Technology*. Marcel Dekker, New York.
[3] Sjöblom, J., N. Aske, I. H. Auflem, Ø. Brandal, T. E. Havre, Ø. Sæther, A. Westvik, E. E. Johnsen, and H. Kallevik (2003). *Adv. Colloid Interface Sci.* 100, 399-473.
[4] Aske, N., R. Orr, J. Sjöblom, H. Kallevik, and G. Oye (2004). Interfacial properties of watercrude oil systems using the oscillating pendant drop. Correlations to asphaltene solubility by near infrared spectroscopy. *J. Dispersion Sci. Technol.* 25 (3), 263-275.
[5] McLean, J. D. and P. K. Kilpatrick (1997). *J. Colloid Interface Sci.* 189, 242.
[6] McLean, J. D. and P. K. Kilpatrick (1997). *J. Colloid Interface Sci.* 196, 23.
[7] Sjöblom, J., Ø. Sæther, Ø. Midttun, M. -H. Ese, O. Urdahl, and H. Førdedal (1998). In: E. Sheu and O. C. Mullins (eds.), *Structures and Dynamics of Asphaltenes*. Plenum Press, New York, Ch. 11.
[8] Sjöblom, J., E. E. Johnsen, A. Westvik, *et al.* (2001). In: J. Sjöblom (ed.), *Encyclopedic Handbookof Emulsion Technology*. Marcel Dekker, New York, p. 595.
[9] Friberg, S., L. Mandell, and M. Larsson (1969). *J. Colloid Interface Sci.* 29, 155.
[10] Friberg, S. (1971). *J. Colloid Interface Sci.* 37, 291.
[11] Friberg, S., P. O. Jansson, and E. Cederberg (1976). *J. Colloid Interface Sci.* 55, 614.
[12] Friberg, S. and C. Solans (1986). *Langmuir* 2, 121.
[13] Sjöblom, J., O. Urdahl, K. G. N. Børve, L. Mingyuan, J. O. Sæten, A. A. Christy, and T. Gu (1992). *Adv. Colloid Interface Sci.* 41, 241.
[14] Havre, T. and J. Sjöblom (2003). Combined D-phase and particle stabilization of water-in-crude oil emulsions, *Colloid Surf.* A 228, 131.
[15] Speight, J. G. (1998). *The Chemistry and Technology of Petroleum*, 3rd edn., Marcel Dekker, Inc., New York.
[16] Ali, M. A. and W. A. Nofal (1994). Application of high performance liquid chromatography for hydrocarbon group type analysis of crude oils. *Fuel Sci. Technol. Int.* 12(1), 21-33.
[17] Fan, T. G. and J. S. Buckley (2002). Rapid and accurate SARA analysis of medium gravity crude oils. *Energy Fuels* 16(6), 1571-1575.
[18] Hammami. A., *et al.* (1998). Asphaltenic crude oil characterization: Anexperimental investigation of the effect of resins on the stability of asphaltenes. *Pet. Sci. Technol.* 16(3, 4), 227-249.
[19] Radke, M., H. Willlsch, and D. H. Welte (1980). Preparative hydrocarbon group type determination by automated medium pressure liquid chromatography. *Anal. Chem.* 52(3), 406-411.
[20] Suatoni, J. C. and R. E. Swab (1976). Preparative hydrocarbon compound type analysis by highperformance liquid chromatography. *J. Chromatogr. Sci.* 14(11), 535-537.
[21] Hannisdal, A., P. V. Hemmingsen, and J. Sjöblom (2005). Group-type analysis of heavy crude oils using vibrational spectroscopy in combination with multivariate analysis. *Ind. Eng. Chem.* Res. 44(5), 1349-1357.
[22] Snyder, L. R., J. J. Kirkland, and J. L. Glajch (1988). *Practical HPLC Method Development*, 2nd edn. John Wiley and Sons, Inc., New York, vol xvi, p. 260.
[23] Sheu, E. Y., and O. C. Mullins (1995). Asphaltenes: *Fundamentals and Applications*. Plenum Press, New York.
[24] Andersen, S. I. and J. G. Speight (2001). *Pet. Sci. Technol.* a19, 1.
[25] Dabir, B., M. Nematy, A. R. Mehrabi, H. Rassamdana, and M. Sahimi (1996). *Fuel* 75, 1633.
[26] Peramanu, S., B. B. Pruden, and P. Rahimi (1999). *Ind. Eng. Chem. Res.* 38, 3121.
[27] Groenzin, H. and O. C. Mullins (2000). *Energy Fuels* 14, 677.
[28] Rogel, E., O. Leon, G. Torres, and J. Espidel (2000). *Fuel* 79, 1389.
[29] Loh, W., R. S. Mohamed, and A. C. S. Ramos (1999). *Pet. Sci. Technol.* 17, 147.
[30] Leon, O., E. Rogel, J. Espidel, and G. Torres (2000). *Energy Fuels* 14, 6.
[31] Andersen, S. I. and K. S. Birdi (1991). *J. Colloid Interface Sci.* 142, 497.
[32] Andersen, S. I. and E. H. Stenby (1996). *Fuel Sci. Technol. Intl.* 14, 261.
[33] Park, S. J. and G. A. Mansoori (1988). *Energy Sources*, 10, 109.
[34] Yudin, I. K., G. L. Nikolaenko, E. E. Gorodetskii, *et al.* (1998). *J. Pet. Sci. Eng.* 20, 297.
[35] Anisimov, M. A., I. K. Yudin, V. Nikitin, *et al.* (1995). *J. Phys. Chem.* 99, 9576.
[36] Castillo, J., A. Fernandez, M. A. Ranaudo, and S. Acevedo (2001). *Pet. Sci. Eng.* 19, 75.
[37] Leontaritis, K. J. and G. A. Mansoori (1987). In: *SPE International Symposium on Oilfield Chemistry*, Richardson, TX.
[38] Leontaritis, K. J. (1989). In: *SPE Production Operations Symposium*, Oklahoma City, OK.
[39] Mansoori, G. A. (1997). *J. Pet. Sci. Eng.* 17, 101.
[40] Nellensteyn, F. J. (1939). *Chem. Weekblad* 36, 362.
[41] Swanson, J. (1942). *J. Phys. Chem.* 46, 141.
[42] Pfeiffer, J. P. and R. N. Saal (1940). *Phys. Chem.* 44, 139.

[43] Hirschberg, A., L. N. J. DeJong, B. A. Schipper, and J. G. Meijer (1984). Influence of Temperature and Pressure on Asphaltene Flocculation. *Soc. Pet. Eng. J.* 24(3), 283-293.
[44] Andersen, S. I. and J. G. Speight (1999). *J. Pet. Sci. Eng.* 22, 53.
[45] Joshi, N. B., O. C. Mullins, A. Jamaluddin, J. Creek, and J. McFadden (2001). *Energy Fuels* 15, 979.
[46] Hammami, A., C. H. Phelps, T. Monger-McClure, and T. M. Little (2000). *Energy Fuels* 14, 14.
[47] Peramanu, S., C. Singh, M. Agrawala, and H. W. Yarranton (2001). *Energy Fuels* 15, 910.
[48] Spiecker, P. M. and P. K. Kilpatrick (2002). In: *3rd International Conference on Petroleum Phase Behavior & Fouling*, New Orleans, LA.
[49] Blanco, M., S. Maspoch, I. Villarroya, X. Peralta, J. M. Gonzalez, and J. Torres (2001). *Anal. Chim. Acta*, 434, 133.
[50] McClure, W. F. (1994). *Anal. Chem.* A 66, 43.
[51] Mullins, O. C. (1990). *Anal. Chem.* 62, 508.
[52] Gossen, P. D., J. F. MacGregor, and R. H. Pelton (1993). *Appl. Spectrosc.* 47, 1852.
[53] Frake, P., I. Gill, C. N. Luscombe, D. R. Rudd, J. Waterhousea, and U. A. Jayasorriya (1998). *Analyst* 123, 2043.
[54] Pasikatan, M. C., J. L. Steele, C. K. Spillman, and E. Haque (2001). *J. Near Infrared Spectrosc.* 9, 153.
[55] Santos, A. F., E. L. Lima, and J. C. Pinto (1998). *J. Appl. Polym. Sci.* 70, 1737.
[56] Parisi, A. F., L. Nogueiras, and H. Prieto (1990). *Anal. Chim. Acta* 238, 95.
[57] Kelly, J. J. and J. B. Callis (1990). Nondestructive analytical procedure for simultaneous estimation of the major classes of hydrocarbon constituents of finished gasolines. *Am. Chem. Soci.* 62(14), 1444-1451.
[58] Hidajat, K. and S. M. Chong (2000). *J. Near Infrared Spectrosc.* 8, 53.
[59] Chung, H. and M. -S. Ku (2000). *Appl. Spectrosc.* 54, 239.
[60] Ku, M. -S. and H. Chung (1999). *Appl. Spectrosc.* 53, 557.
[61] Kim, M., Y. -H. Lee, and C. Han (2000). *Comput. Chem. Eng.* 24, 513.
[62] Aske, N., H. Kallevik, E. E. Johnsen, and J. Sjöblom (2002). Asphaltene aggregation from crude oils and model systems studied by high pressure NIR spectroscopy. *Energy Fuels* 16(5), 1287-1295.
[63] Chang, C. -L. and S. H. Fogler (1994). *Langmuir* 10, 1758.
[64] Chang, C. -L. and S. H. Fogler (1994). *Langmuir* 10, 1749.
[65] Auflem, I. H., T. E. Havre, and J. Sjöblom (2002). Near infrared study on the dispersive effects of amphiphiles and naphthenic acids on asphaltenes in model heptane-toluene mixtures. *Colloid Polym. Sci.* 280, 695-700.
[66] Ostlund, J. - A., M. Nyden, I. H. Auflem, and J. Sjöblom (2003). Interactions between asphaltenes and naphthenic acids. *Energy Fuel* 17 (1), 113-119.
[67] Ostlund, J. -A., S. -I. Andersson, and M. Nyden (2001). *Fuel* 80, 1529.
[68] Ekholm, P., E. Blomberg, P. Claesson, I. H. Auflem, J. Sjöblom, and A. Kornfeldt (2002). *J. Colloid Interface Sci.* 247, 342.
[69] Lucassen-Reynders, E. H. (1996). In: P. Becher (ed.), *Encyclopedia of Emulsion Technology*, Vol. 4. Marcel Dekker, New York, p. 63.
[70] Lucassen-Reynders, E. H. (1993). *Food Struct.* 12, 1.
[71] Benjamins, J., A. Cagna, and E. H. Lucassen-Reynders (1996). *Colloids Surf.* 114, 245.
[72] Kilpatrick, P. K. and P. M. Spiecker (2001). In: J. Sjöblom (ed.), *Encyclopedic Handbook of Emulsion Technology.* Marcel Dekker, New York, p. 707.
[73] Goldszal, A., C. Hurtevent, and G. Rousseau (2002). Scale and naphthenate inhibition in deepoffshore fields. In: *SPE Oilfield Scale Symposium*, Aberdeen, UK.
[74] Rousseau, G., H. Zhou, and C. Hurtevent (2001). Calcium carbonate and naphthenate mixed scale in deep offshore fields. In: *SPE Oilfield Scale Symposium*, Aberdeen, UK.
[75] Hsu, C. S., G. J. Dechert, W. K. Robbins, and E. K. Fukuda (2000). *Energy Fuels* 14, 217.
[76] Rudin, J. and D. T. Wasan (1992). *Colloids Surf.* 68, 67.
[77] Rudin, J. and D. T. Wasan (1992). *Colloids Surf.* 68, 81.
[78] Sjöblom, J., E. E. Johnsen, A. Westvik, L. Bergflødt, I. H. Auflem, T. E. Havre, and H. Kallevik (2000). Colloid chemistry in sub sea petroleum and gas processing. In: *Second International Conference on Petroleum and Gas Phase Behaviour and Fouling*, Copenhagen, Denmark.
[79] Slavcheva, E., B. Shone, and A. Turnbull (1999). *Br. Corros.* J. 34(2), 125.
[80] Marquez, M. L. H. (1999). Interfacial activity of native acids in heavy crude oil. In: *AICHE Spring National Meeting Session T6005*, Houston, TX.
[81] Acevedo, S., G. Escobar, M. A. Ranaudo, *et al.* (1999). *Energy Fuels* 13(2), 333.
[82] Pathak, A. K. and T. Kumar (1995). Study of indigenous crude oil emulsions and their stability. In: *Proceedings of PETRO-TECH-95, Technology Trends in Oil Industry*, New Delhi.
[83] Skurtveit, R., J. Sjöblom, and H. Høiland (1989). *J. Colloid Interface Sci.* 133(2), 395.
[84] Sjöblom, J., R. Lindberg, and S. E. Friberg (1996). *Adv. Colloid Interface Sci.* 95, 125.
[85] Gillberg, G., H. Lehtinen, and S. E. Friberg (1970). *J. Colloid Interface Sci.* 33(1), 40.
[86] Friberg, S. E., L. Mandell, and P. Ekwall (1969). *Kolloid-Z. Z. Polym.* 233(1, 2), 955.
[87] Lindman, B. and H. Wennerstroem (1980). *Top. Curr. Chem.* 87, 1.
[88] Wennerstrom, H. and B. Lindman (1979). *Phys. Rev.* 52, 1.
[89] Ekwall, P., I. Danielsson, and P. Stenius (1972). In: M. Kenken (ed.), *MTP Rev. Sci. Phys. Chem. Ser.* 1, Vol. 7. Butterworths, London, p. 97.
[90] Ekwall, P. (1975). In: G. H. Brown (ed.), *Advances in Liquid Crystals*, Vol. 1. Academic Press, New York, p. 1.
[91] Ekwall, P., L. Mandell, and K. Fontell (1969). *Mol. Cryst. Liq. Cryst.* 8, 157.
[92] Brient, J. A., P. J. Wessner, and M. N. Doyle (1995). In: K. Othmer (ed.), *Encyclopedia of Chemical Technology*, John Wiley & Sons, New York. p. 1017.
[93] Meredith, W., S. -J. Kelland, and D. M. Jones (2000). *Org. Geochem.* 31(11), 1059.
[94] Fan, T. -P. (1991). *Energy Fuels* 5(3), 371.
[95] Koike, L., L. M. C. Reboucas, F. D. A. Reis, A. J. Marsaioli, H. H. Ichnow, and W. Michaelis (1992). *Org. Geochem.* 18

(6), 851.
[96] Tomczyk, N. A., R. E. Winans, J. H. Shinn, and R. C. Robinson (2001). *Energy Fuels* 15(6), 1498.
[97] Qian, K., W. K. Robbins, C. A. Hughey, H. J. Cooper, R. P. Rodgers, and A. G. Marshall (2001). *Energy Fuels* 15 (6), 1505.
[98] Robbins, W. K. (1998). *Prepr-Am. Chem. Soc. Div. Pet. Chem.* 43(1), 137.
[99] Brient, J. A. (1998). *Prepr. Am. Chem. Soc. Div. Pet. Chem.* 43(1), 131.
[100] Horvath-Szabo, G., J. Czarnecki, and J. Masliyah (2001). *J. Colloid Interface Sci.* 236, 233.
[101] Horvath-Szabo, G., J. Masliyah, and J. Czarnecki (2001). *J. Colloid Interface Sci.* 242, 247.
[102] Strassner, J. E. (1968). *J. Pet. Technol.* 20(3), 303.
[103] Eley, D. D., M. J. Hey, and M. A. Lee (1987). *Colloids Surf.* 24, 173.
[104] Mohammed, R. A., A. I. Bailey, P. F. Luckham, and S. E. Taylor (1993). *Colloids Surf.* 80, 223.
[105] Mohammed, R. A., A. I. Bailey, P. F. Luckham, and S. E. Taylor (1993). *Colloids Surf.* 80, 237.
[106] Førdedal, H., E. Nodland, J. Sjöblom, and O. M. Kvalheim (1995). *J. Colloid Interface Sci.* 173, 396.
[107] Førdedal, H., Y. Schildberg, J. Sjöblom, and J. -L. Volle (1996). *Colloids Surf.* 106, 33.
[108] Førdedal, H., Ø. Midttun, J. Sjöblom, O. M. Kvalheim, Y. Schildberg, and J. - L. Volle (1996). *J. Colloid Interface Sci.* 182, 117.
[109] Djuve, J., X. Yang, I. J. Fjellanger, J. Sjöblom, and E. Pelizzetti (2001). *Colloid Polym. Sci.* 279, 232.
[110] Chen, T. Y., R. A. Mohammed, A. I. Bailey, P. F. Luckham, and S. E. Taylor (1994). *Colloids Surf.* 83, 273.
[111] Førdedal, H. (1995). WyO emulsions in high electric fields as studied by means of time domain dielectric spectroscopy. Ph. D. thesis, University of Bergen, Norway.
[112] Aske, N., H. Kallevik, and J. Sjöblom (2002). Water-in-crude oil emulsion stability studied by critical electric field measurements. Correlation to physico-chemical parameters and nearinfrared spectroscopy. *J. Pet. Sci. Eng.* 36(1-2), 1-17.
[113] Kallevik, H., O. M. Kvalheim, and J. Sjöblom (2000). *J. Colloid Interface Sci.* 225, 494.
[114] Wise, B. M. and N. B. Gallagher (1996). *J. Proc. Cont.* 6, 329.
[115] Martens, H., and M. Martens (2001). *Multivariate Analysis of Quality. An Introduction.* John Wiley & Sons, Chichester.
[116] Aske, N., H. Kallevik, and J. Sjöblom (2001). *Energy Fuels* 15, 1304.
[117] Auflem, I. H., H. Kallevik, A. Westvik, and J. Sjöblom (2001). *J. Pet. Sci. Eng.* 31(1), 1.
[118] Hinze, J. O. (1955). *AIChE J.* 1(3), 289.
[119] Karabelas, A. J. (1978). *AIChE J.* 24(2), 170.
[120] Davies, J. T. (1985). Chem. *Eng. Sci.* 40(5), 839.
[121] Sleicher, C. A. J. (1962). *AIChE J.* 8(4), 471.
[122] Meijs, F. H. and R. W. Mitchell (1974). *J. Pet. Technol.* May, 563.
[123] Eiken, M. B. (1999). M. Sc. thesis, Norwegian University of Science and Technology, Trondheim.

(Johan Sjöboom, Pål V. Hemmingsen, Harald kallevik)

第 22 章　活油样品采集和井下流体分析

22.1　前言

原油生产的所有方面均取决于地下石油样品的适当采集和分析。对勘探井中获取的碳氢化合物样品的分析，可指导后续生产策略和设施设计。然而，烃样品采集和分析是一个相当不确定性的学科，从而导致常常不能准确预测流体(和体积)的生产参数。在一些重要的生产领域(如，深水石油开发)中，这种不匹配性可导致十分昂贵的生产成本，因此亟需新的解决方案。最近开发的井下流体分析技术(DFA)显著改善了涉及流体样品的几个有问题的过程。在许多经济环境中，该技术的常规使用具有足够的成本效益。DFA 可识别多余的相变，并确定不可接受的污染水平，因此对于样品采集是必不可少的。此外，DFA 可容易地识别储层(已被井穿透)中各点的流体差异，因此，其可揭示一些现存常见流体的复杂性。长期以来已认识到，流体分析可识别称为隔室的不同储层生产单元。然而，由于本质上盲目采集样品的高成本，地球科学家们在这一任务中受到极大的阻碍。DFA 是该链中的“缺失链接”，可鉴定表征储层架构时所需的样品。最后，正如在法医学中，样品起源和有效性的证明是一个典型的目标，但在油田中几乎不存在。DFA 已经实现了油藏碳氢化合物样品的“监管链”。监管链提供了定量证据，甚至是对运移数千英里和移动到其他大陆的精细碳氢化合物样品进行分析，实际上这反映了原始储层流体的性质。本章描述了样品采集的设置和技术的各个方面。介绍了 DFA 概念，以及对应其各种程序的特定技术。提供了现场实例，并记录 DFA 所取得的主要进展。这个多产的新领域为石油科学家提供了新的机会，以建立实用性和成本意识的行业。

在烃流体生产中必须解决的基本问题包括：“每个含烃区的尺寸、结构和特性”“生产的含烃流体的性质是什么?”以及“岩石和流体之间的相互作用是什么?”这些难解决的目标包括，对固体和流体物质的所有物化性质的表征及其在地下的相互作用。高效生产天然气和石油需要对这些问题进行正确解答；在这一任务中，对油藏流体的适当分析起着至关重要的作用。在某些情况下，如油田的低价土地开发，在开始生产后，仍可纠正来自对烃生产的不当预测的错误。例如，在这种环境中，如果由于储层分隔而使得实际石油产量小于预期，则可相应地修改和依比例决定生产计划。若出乎意料地形成沥青质沉积物，则可能在经济上可行条件下进行定期修复以解决问题。在某些经济环境中，可优选修复出现问题的井筒的子集，而不是在每口井的生产之前确定适当的分析。然而，在诸如深水石油开发的某些设置中，由于非预期干预的成本过高，需要相当完整的正向建模。深水中个别油田的开发成本可能超过 10 亿美元。海底设施设计或生产战略的后期生产追溯变化可能会破坏盈利能力。因此，生产正向建模的准确性变得至关重要。在开发计划到位之前，必须明确流体性质，包括相变、气油比和黏度。此外，关于储层结构的不确定表征的风险必须降低。对于这两个目标，必须对流体样品进行适当采集和分析。对于样品采集和分析来说，井下流体分析技术都是必不可少的。

为了研究地下烃流体的性质，对活油并具有代表性的流体样品的获取是不可取代的。由于其在不断地形成而存在活的并具有代表性的样本；因此，其含有溶解的气体、溶解的蜡状物和稳定悬浮的沥青质。然而，代表性烃流体的采集是困难的，并且需要复杂的方法。多种原因可导致不适当的取样，包括添加杂质(如钻井流体)、从原始组分(如 H_2S 或沉淀的沥青质)的脱除、或差分流的多相爆裂导致过程中产生不正确的组分比例。从新钻井获取样品的方法主要包括两类。一种方法是利用电缆或电缆悬挂的适当工具包以收集井下样品。样品的有线采集具有花费时间较短且成本较低的优势。获得流体样品的另一种方法是利用钻柱，称为钻孔测试(DST)。装置封隔器以隔离目标可渗透区域，并且过控制钻柱杆内的压力，可将大量的地层流体采至地面。在某些地区，如深水石油开发，与 DST 取样相关的大量成本和环境问题阻碍了其程序化部署。DST 的成本可接近新井的成本，且新井可能更有价值。通常，有线采样成本远低于 DST 成本的 10%，特别是在深水中。因此，DST 采样经常被有线流体采样取代[1,2]。

在钻探完成之后立即开始标准的有线作业。在这个阶段井是“裸眼”的，即还未装入钢管(至少在具有利益的井深处)。井中充满钻井泥浆。泥浆保持井眼压力，在钻井期间将岩屑输送到地面，并且还具有润滑钻孔功能。将钻井泥浆重力可保持井眼压力高于地层流体压力，以防止井喷。将黏土和其他固体加入到泥浆中，以便限制流体流入渗透区。在可渗透层，钻井泥浆最先流入地层。在井壁上将泥浆设计成不渗透的泥层以限制流体损失。然而，一些泥浆滤液渗入地层。可依据水基泥浆(WBM)或油基泥浆(OBM)配制钻井泥浆。OBM 提供更好的润滑、稳定反应性页岩、并建立更好质量的泥层，因此通常深水钻井优选该方法。样品采集和分析时，必须同时采用 WBM 和 OBM 设置。

本章讨论有线流体取样的新创新。尤其是，在样品采集过程中，光谱学形式下的 DFA 具有无可估量的价值。此外，探讨了 DFA 创新的和令人惊讶的应用，解决了原油生产中最重要的问题。流体通常以不均匀的方式分布在储层中。DFA 提供了一种有效的方法来识别流体的重要空间变化。此外，流连通性或其逆分割通常难以识别。由于通常不同的隔室填充有不同的流体，烃的异质分布可有助于识别流动单元。同时，DFA 还引用了监管链的法医概念以获取碳氢化合物样品。DFA 测量指纹提供了一种定量方法来证明样本有效性。通过提高效率和新型流体应用，DFA 显著提高了流体样品采集和分析的价值。

22.2 钢丝流体取样工具

Schlumberger MDT*(模块化地层动力学测试仪)是一套典型的有线流体采样工具。图 22.1 显示了 MDT 的探头模块，用于与地层建立液压或流动连通。本章利用 MDT 工具作为示例来解释有线流体采样过程。用于 DFA 和样品采集的典型 MDT 工具配置以及压力测量如图 22.2 所示。从底部到顶部，工具串由两个单探头模块 LFA*(活流体分析器)、泵出模块、CFA*(组成流体分析器)、样品室模块以及电源和遥测盒组成。模块含有用于流体流动的流动管线，且当它们组装和连接时，流动管线形成了 MDT 工具的主干。电源盒将通过有线线路从地面发送的交流电源转换为直流电源，以供连接在工具串中的所有模块供电所需。单探针模块包含的探针组件可将地层流体与 MDT 流线内部液压连接，使得地层流体可以流入工具串。通常，采样口是由厚壁管组成，该管以较大的力推靠地层。该管或端口由橡胶封隔器包围，该封隔器将样品点与周围钻孔环境液压隔离。液压模块(图 22.2 中未表示)提供设置所需的液压动力，收回探针和操作泵出模块。图 22.2 显示的是，在工具串中集成的两个单探针模块，实现了一系列高级应用并提供了一些冗余。LFA 模块是 DFA 模块之一，并配备有光谱仪和用于气体检测的光学折射计[3]。CFA 模块具有瞬间、不同的光谱仪和荧光池[4]。LFA 和 CFA 分析仪监测流入 MDT 工具串的地层流体。抽出模块引起的压力降低称为压降，在流动管线中可使流体流动。流体可流入钻孔中或被引导到样品瓶中。在 MDT 套件的不同样品模块中排列有各种类型的样品室。高级样品模块是单相多采样室(SPMC)，由六个独立的样品室组成。每个 SPMC 瓶包含活塞组件和氮气装料，允许样品无限期地保持在井下压力。需要防止沥青质絮凝和其他不利的相分离。重建沉淀的沥青质是十分困难的，特别是如果与无机固体和通常存在于样品瓶底部的水混合时。

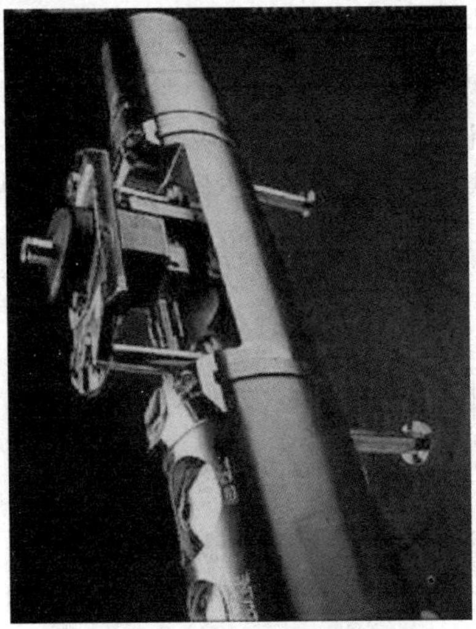

图 22.1　MDT 工具，探针模块部分的照片。接触钻孔壁的探头，一个厚的突出的金属管，在照片的最左边。在图片的右侧看到的两个支座用于压靠相对的钻孔面以平衡力。利用高施加的力，探针的内部与钻孔的内部液压隔离。围绕探针的橡胶封隔器推动地层帮助密封

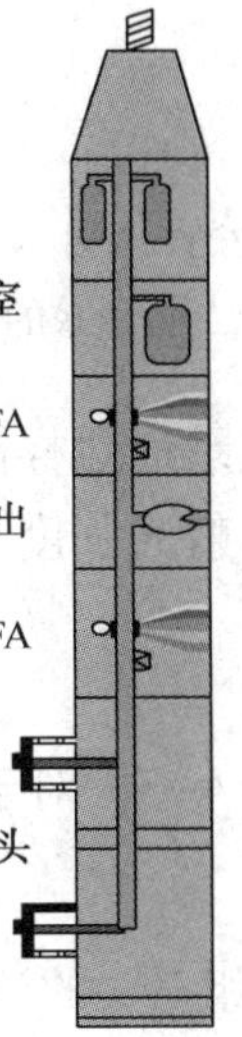

图 22.2　有线流体采样工具配置的示例。井下流体分析工具为 LFA 和 CFA

22.3　井下流体分析与钢丝绳工具

22.3.1　测量物理

在许多工业设置中，利用可见光(VIS)和/或近红外(NIR)吸收光谱以满足各种目的。如，食品中组成的大量化学物质含量[5]，BTU 天然气含量[6]，和原油的气油比(GOR)[7]均适合于 NIR 光谱和分析。NIR 光谱记录了含氢化学键的振动泛音，其在有机物中普遍存在。在典型油藏条件下，NIR 是实施光谱测量的一种自然选择，这是由于其利用了更为简便的长样品光程，以及适当的光源。此外，检测器容易获得且强大。对于诸如原油材料，其中颜色表达了其有效的组成信息，NIR 光谱测量可扩展到可见光谱范围，包括基本上相同的仪器。对于原油，VIS/NIR 范围内的光吸收由两种不同的分子机制引起：振动模式激发和电子激

发。图 22.3 所示为原油光谱，描述了相关分子科学和简要的光谱原理，许多标准教科书中有更详细的描述[8]。

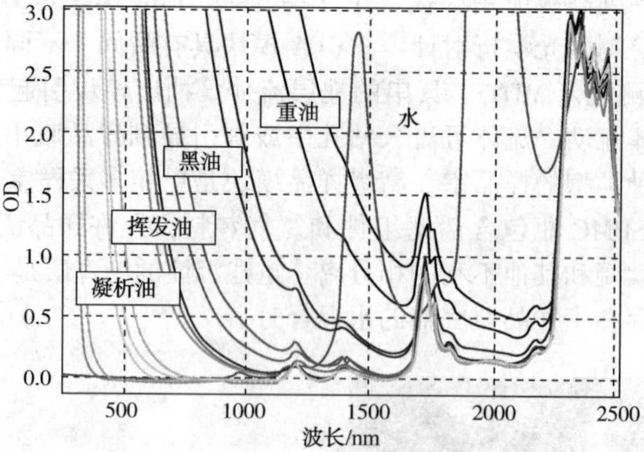

图 22.3　VIS/NIR 原油和水的光谱图。在该图中可以看到振动模式吸收峰和电子激发吸收分布。油和水的光谱分化是容易的。原油具有类似的 NIR 峰，但非常不同的电子吸收曲线

光谱记录通过样品的光透射与波长的函数。入射光的强度 I_0 由于吸收 A 和散射 S 而减小，产生出射光强度 I。光透射定义为 $T=I/I_0$。样品的光密度(OD)表达式为：

$$OD \equiv -\lg\left(\frac{I}{I_0}\right) \tag{22.1}$$

通常，$OD=A+S$。对于没有散射的均匀样品($S=0$)，可使用比尔定律

$$A = \sum \varepsilon_i c_i l \tag{22.2}$$

式中，ε_i 为组分 i 的消光系数，c_i 为组分 i 的浓度，l 为通过样品的光程长度。A 和 ε_i 均为波长的函数。材料的光谱特征在于其组分的消光系数和浓度。光散射具有另外的复杂性，当样品不均匀性可比于或大于光的波长时其光散射较强。乳液、泡沫、雾、砂、泥浆和沥青质絮凝可以并确实产生井下光散射。

分子振动可被认为是机械振荡器；原子为质量，键作为弹簧。相应的谐振频率 ω 表达式为：

$$\omega = \sqrt{\frac{k}{\mu}} \tag{22.3}$$

式中，k 为结合力常数，μ 为模的质量减少。涉及氢原子的模具有较高频率，这是由于其质量小且键强度适度。有机分子的这些基本振动模的共振频率存在于中红外区域。

图 22.4 显示了在谐波近似和实际电位中，振动状态的分子势和能量与键长度参数 ξ 的关系。在低激发能量下，振动电位接近谐波振荡器。

振动状态可被量化，仅在离散能量处出现。这些能量在状态 n 对应的振动波函数 ψ_n 下产生，并满足势阱边界条件。在低能量下，振动能态是等间隔的(参见图 22.4)。尽管称为基本模式的最低能量转变过程中携带了关于分子结构的丰富信息且已经被广泛研究，但由于多种原因其并不十分适合于 DFA 应用。在中间 IR 中，可允许在能量相邻状态之间的转变。对于烃液体来说，这种基本模式的较强吸收需要非常短的路径长度(约 10μm)；这个短路径长度不便于体积流分析。在谐波近似中，形式上禁止非相邻分子振动级之间的转变。实际

上，分子电位的非谐性(图 22.4)修改振动波函数，从而在非相邻振动能级之间产生非零跃迁横截面用于光激发。此外，键电偶极矩对键长度参数 ξ 的非线性变化也引起泛音幅度。在势阱中的最低能量处，振动能量和波函数与谐波近似的偏差是微小的(参见图 22.4)，因此第一泛音，即地面振动状态到第三振动状态的光学激励是相当小。对于第二谐波，甚至出现更小的横截面，将基态连接到第四振动态的光激发。观察到烷烃 CH 拉伸模式的第一和第二泛音均被禁止，图 22.3 中显示的是以波长约 1.7μm 和约 1.2μm(组合带 CH“双拉伸+弯曲”也可以在约 1.4μm 处看到)。注意随着泛音增加，峰高减小(横截面)。这些 NIR 的禁阻跃迁约比中红外的基本振动带弱 100 倍。相应地，对于显著的光吸收，NIR 带需要更长的路径长度(约 1mm)，这对于 DFA 的应用十分方便。

图 22.5 显示了 CH 拉伸模式的第一个谐波。甲烷的光谱与正庚烷的光谱具有显著差异。由—CH_3(甲基)基团产生的正庚烷带在 1725nm 峰的高能量区出现两个肩峰。1725nm 处的最大峰主要由—CH_2—(亚甲基)基团产生。此峰值对 DFA 的用途非常有用。

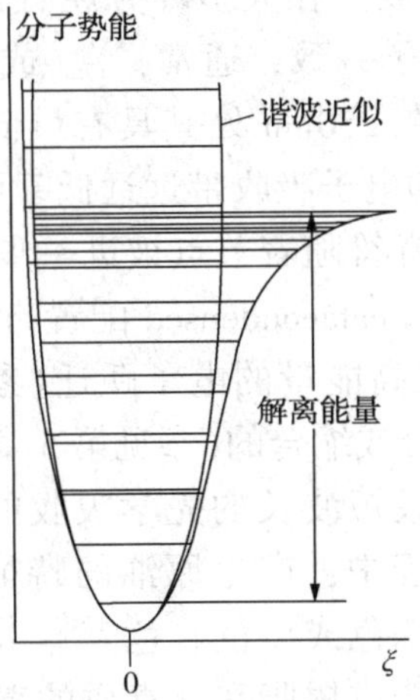

图 22.4 谐波振荡器的势能和实际分子势能与键长度参数 ξ 绘图。还示出了针对两个不同电位的量化振动电平。实际电位曲线与谐波模型不同；从而产生光激发泛音模式

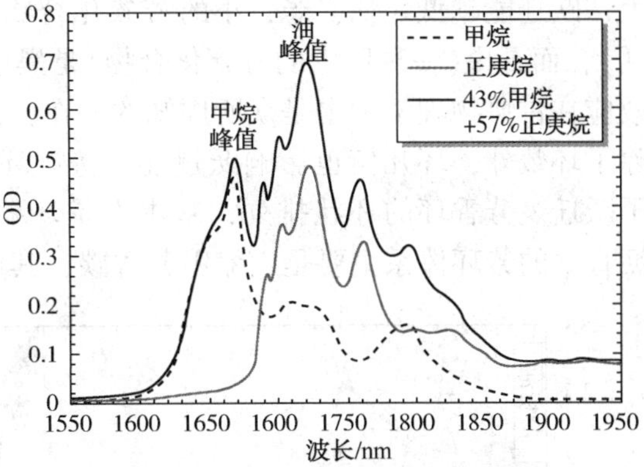

图 22.5 NIR CH 双拉伸。甲烷峰与烷烃峰不同。该 CH 双伸缩谱的详细分析产生原油的组成信息

利用正常模式分析可较好描述基本振动转变；许多原子参与协调的振动运动。利用局部模式分析可较好描述从地面到高激发态的振动转变；所有激发能量基本上被转储到含两个原子的单个 CH 振动器。除了其他缺点之外，高泛音太弱，无法用于 DFA。涉及 CH 振动的低泛音既不是正常模式也不是局部模式。这使得它们的分析有些复杂，这是由于单独的共振峰通常不与特定的官能团明确地相关联。尽管有这种复杂性，但 NIR 非常适用于化学分析。

用于 VIS/NIR 的光源和检测器比中红外(MIR)的光源和检测器更有效，特别是在高温操作下。Stefan-Boltzmann 定律表明黑体辐射器的发射功率 E(每单位时间每单位面积的辐射能)随着温度 T 的四次方增加，$E \propto T^4$。维恩的位移定律，$T\lambda_M = 0.2898\text{cm} \cdot \text{K}$，表示对于黑体辐射器，最大发射 λ_M 的波长与温度 T 成反比变化。对于钨卤灯(约 3000K 散热器)，λ_M 约 1μm，源光谱覆盖 VIS/NIR 范围。由于较低的源温度，用于 MIR 中的峰值发射的等效辐射源具有低得多的发射功率。由于硅(Si)和砷化铟镓(InGaAs)检测器可用于 VIS/NIR，因此检测器技术对于 VIS/NIR 区域比 MIR 可更好地开发。Si 检测器具有在约 1.1μm 的检测截止波

长，而 InGaAs 检测器具有约 1.7μm 的截止波长，其可稍微延长。因此，这些光电检测器具有相当大的能带隙以限制热噪声。此外，VIS/NIR 光传输的二氧化硅光纤技术比 MIR 等效光纤要简单得多。

关于在高压和高温下的活烃类流体谱的一系列研究[7,9-11]已表明，在本质上烷烃光谱与组成分子的浓度呈线性关系，即，适用于比尔定律。频带上的压力(p)和温度(T)的主要影响是通过流体密度效应，与油藏中相关的 p 和 T。对于低于 4000psi(1psi=6894.757Pa)气体样品中的甲烷，在线宽处会出现不平衡 p 和 T 效应。在低于 2000psi 的甲烷光谱中发生大的压力依赖性变化。泛音振动模式可用于测量近似流体组成，这是由于不同的化学官能团具有不同的共振波长。CH_4、—CH_3和—CH_2—基团具有一些相似但仍然不同的吸收光谱(参见图 22.5)，并且它们的浓度可通过光谱测量直接测定。这些化学基团反过来可映射成化学成分。CH_4基团唯一地映射到甲烷，—CH_3官能团主要映射到非甲烷气态烃(乙烷、丙烷等)，但也存在于液体烃中，并且—CH_2—官能团主要映射到液体烃，也在一些烃气体中发现。

原油 VIS/NIR 中发生的另一分子吸收机制是电子激发。在大多环芳烃(PAH)中，π 电子离域，从而降低其跃迁能。这与盒子中熟悉的量子粒子一致；通常，盒(或芳环体系)越大，跃迁能越低。如，苯，小的芳族化合物是无色的(在 250nm 处其具有最低的 π 电子跃迁)，而石墨(一种巨大的芳族化合物)是黑色的。石墨的电子吸收带远远低于可见光。这种效应在古典物理学中也是众所周知的；在吉他上演奏的音符随着节点被进一步移开而降低。除了环数外，环几何也影响跃迁能。芳族环的线性排列(catacondensed 配置)产生低能量电子跃迁。芳香环的环状排列，基本上是环缩合，产生较高能量的电子跃迁(参见第 4 章)。沥青质的芳环体系主要是六缩甲芳香碳，其可以是环缩合或缩合的(参见第 5 章)。

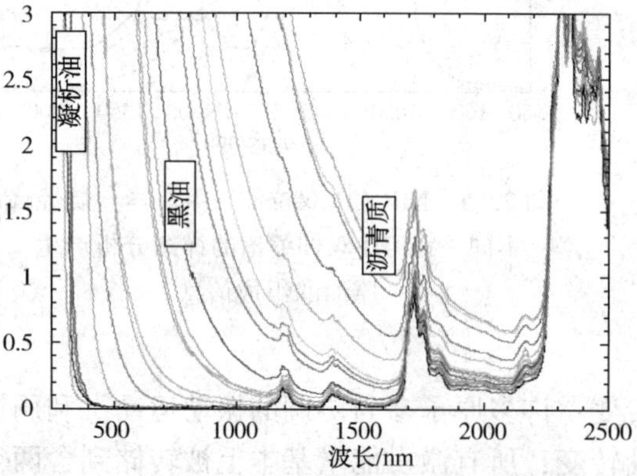

图 22.6　多种原油的 VIS/NIR 光谱。不同原油的“颜色”吸收非常不同，但非常系统

在较短波长的光学吸收的光谱无结构增加过程中，产生原油的特征性黄色、棕褐色、棕色或黑色着色[12]。这种相同的吸收机制造成树脂和沥青质的着色[12]。原油颜色延伸超出可见光进入而进入重质原油的 NIR[12,13]。图 22.6 显示了许多原油的 VIS/NIR 光谱；原油着色是非常系统的并被视为延伸到 NIR。

已表明，原油的特征着色发生是由于在这些多分散系统中来自许多构成多环芳烃(PAH)的重叠光谱[12]。然而，原油着色不是随机的而是非常系统。原油着色表现出“Urbach 尾”，最先在半导体中出现[12-14]。在半导体中，吸收光谱中的 Urbach 尾部对应于热活化电子吸收体位置的 Boltzmann 分布。热激发的电子吸收位置具有相对较低的电子跃迁能量，其量相当于热激发。原油着色不是由热激发的苯引起的。相反，来自小 PAHs 与烷基化 PAH 耦合的大 PAHs 的热产物溶解度指定了任何给定原油的最大环系统的群体分布。这个过程类似于烤白面包。初始加热产生黄色或棕褐色着色。继续烘烤产生深棕色至黑色着色，与从小 PAH 制备大的 PAH 环系统一致。原油和沥青质确实有另外的复杂性：这种蒸煮方法包括未成熟干酪根进入流体烃加成熟干酪根或油变成较轻油和不可移动的焦油沥青的歧化反应[15]。另一个复杂性是，在原油中较大的 PAHs

具有相对低的溶解度。然而，原油电子光谱显示 Urbach 尾巴，如图 22.7 所示。也就是说，当以相对于光子能量(1/波长)的对数标度绘制光学密度时，电子吸收边是线性的。这种吸收光谱直接反映了原油中多环芳烃的总体分布，并对应于含有越来越大的 PAHs 的分子数量呈指数减少[12]。所有原油和沥青质的系统着色对于实现取样目标是有用的。另外，赋予流体颜色的较大芳族化合物是氢缺乏的，从而具有较高的密度。因此，原油密度和颜色之间存在近似相关性，即流体颜色越暗，流体密度越大，如图 22.8 所示。

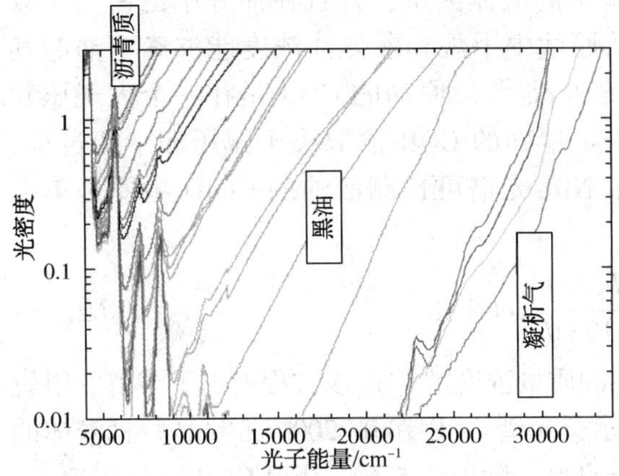

图 22.7 原油光谱显示 Urbach 尾部，所有原油的电子吸收边缘的斜率是相同的，但边缘的光谱位置不同

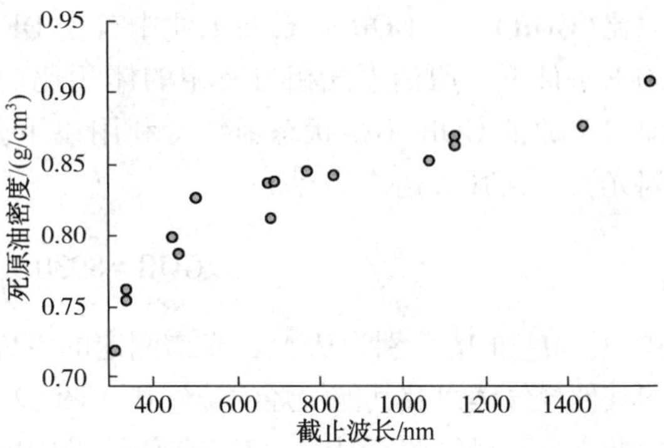

图 22.8 截止波长和质量密度之间的相关性示意图。这里，截止波长定义为对于 a-2mm 路径长度，电子吸收等于 OD=1 的波长。原油越致密，截止波长越长。更致密的原油含有吸收更长波长光的较大部分的大芳族化合物

最后，值得注意的是一些原油具有绿色外观。绿色着色，一种众所周知的光谱，但在任何原油吸收光谱中从未见过。一些原油的绿色外观最有可能是由源照明的蓝色/UV 含量诱导的一些荧光发射与光学吸收原油。因此，当用白炽灯(3000K 散热器)、日光(6000K 散热器)或荧光灯(具有显着蓝色含量的强线源贡献)照明时，这些原油将具有非常不同的外观。

DFA 测量套件包括荧光。荧光可跟随光激发的辐射过程。光吸收是荧光过程中必要的第一步；不吸收激发光的材料将不发荧光。如，对于可见激发，无色材料将不发荧光。荧光是一个动态过程，受许多因素的影响[16]。实质上，荧光是一个缓慢的过程，纳秒级或以上。在原油中，其他电子去激发过程与荧光竞争，如碰撞能量转移[17]和猝灭[18]、系统间交叉(随后淬火)、热诱导猝灭[19]和来自络合物形成的猝灭。如，含比轻质原油高得多的荧光团浓度的重质原油，由于各种淬灭机制而具有低得多的荧光量子产率[18]。这些机理还对应来自重油的荧光的暗红色，相反的，当由 UV/蓝光激发时逐渐更轻的原油时，分别对应更亮的橙色、黄色或甚至蓝色荧光颜色。原油荧光的主要控制原理已经制定出来并在其他地方提出[12]。如，原油是已经证明遵守众所周知的指数能量间隙法的少数系统之一[18]，控制荧光强度和颜色。原油和沥青质在它们的荧光性质中表现出广泛的系统，其已经在油田中使用了几十年，并且对于 DFA 目标也是非常适用。

22.3.2 DFA 在有线工具中的实现

LFA 和 CFA 工具均采用 VIS/NIR 光谱以实现井下流体分析目标。对电缆工具内的活流

体执行光谱分析存在许多挑战，包括高温、高流体压力、机械冲击和振动以及有限的可用空间。需对有线光谱仪工具进行设计以满足其可在这样恶劣条件下执行。在硬件设计方面，LFA 和 CFA 工具有一定的相似性。均使用钨卤灯作为光源。它们采用光学滤波器耦合随机化的、分叉的光纤束，以检测选择波长的透射光。这种方法产生坚固的光谱仪，但其限制了波长通道的数量以及光谱分辨率，特别是当每个通道需要高光通量，即高动态范围时。

LFA 工具测量特定波长下的流体光密度，以测量流体颜色(电子激发)、水量、甲烷浓度和(液体)油浓度。采用 NIR 区分烃与水是最基本的流体测量，并且在油井中已使用了数十年以识别流体类型(水或烃)[3]。测量单相活的原油中甲烷和液体油浓度能够确定油的气油比(GOR)[7]。GOR 是石油工业中首个 DFA 答案产品[20]。原油的 GOR 是在一个大气压和 60℉条件下，原油中气相与液相的体积比(定义)。精确的 GOR 值取决于减压和平衡过程，即对于原油 GOR 不是状态函数。利用以下公式，NIR 光谱可预测活油的 GOR(主要是单级闪光)[20]，其表达式为[21]：

$$\mathrm{GOR}=8930\,\frac{M_{\mathrm{m}}}{M_{\mathrm{o}}-0.193M_{\mathrm{m}}}\,\mathrm{scf/bbl} \tag{22.4}$$

式中，M_{m}和 M_{o}分别为从 NIR 光谱测定的甲烷和油的质量浓度[20,21]。该方程考虑了溶解的甲烷和其他烃气体以及其他烷烃的蒸气压。图 22.9 显示，光谱 GOR 在 0~2000scf/bbl(每桶液体的标准立方英尺气体)范围内与实验室闪光 GOR 匹配良好。除以约 5.6 以获得 GOR(m^3/m^3)。

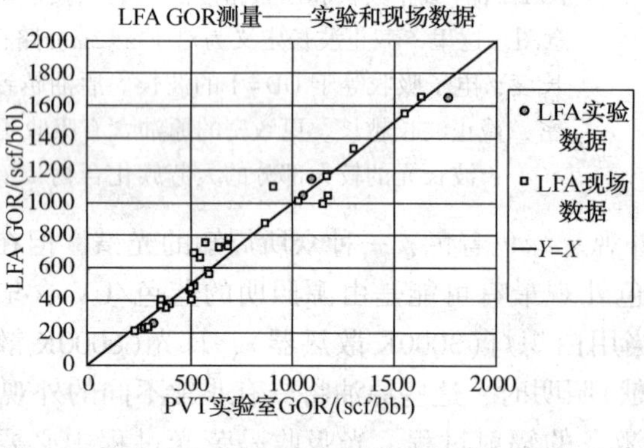

图 22.9　实验室 GOR 和 LFA GOR 比较。LFA GOR 数据均来自车间测试和井下现场测试

CFA 工具测量 NIR 光谱，重点在于 CH 双伸展泛音波峰[4]。由于已知组成分析的目标问题大致表现为线性系统[7,9-11]，认为基于线性代数的化学计量技术可给出较好的结果。在这里，利用主成分分析(PCA)和主成分回归(PCR)对数据分析和模型建立，然而，其他技术如偏最小二乘法(PLS)可得出这类问题类似的结果。在许多标准化学计量学教科书和相关文献中，对这些分析技术进行了详尽的解释[22]。烃类流体是对四种成分或假组分进行分析，包括甲烷(C_1)、非甲烷烃气体(C_2~C_5)、液体(C_6^+)和二氧化碳(CO_2)[11]。

实际的 CFA 分析算法由如下方法构成。首先，在 20~150℃以及 4000~15000psi 压力下，测量 20 个不同的已知烃样品的 NIR 光谱。可构建校准数据矩阵 $D_{t\times m}$，其中 t 表示通道的数目，m 表示校准光谱的数目[11]。表示为具有粗体大写字母的矩阵，后跟两个表示矩阵大小的后缀数字。向量用粗体小写字母表示，标量用正常小写字母表示。为了一致性，还对向量和标量添加后缀数。遵循标准 PCA 过程，$D_{t\times m}$矩阵被分解为两个正交矩阵，$R_{t\times t}$(载荷)和 $C_{t\times m}$(分数)。

$$\boldsymbol{D}_{t\times m}=\boldsymbol{R}_{t\times t}\boldsymbol{C}_{t\times m} \tag{22.5}$$

通常，样品数多于通道数($t<m$)，这对于实验室中的光谱仪是不寻常的，但由于通道数量有限而适用于电缆工具光谱仪。在 t 个主成分中，只有 f 个可用于预测组合物组的浓度。因此，我们可以减小 $R_{t\times t}$和 $C_{t\times m}$的尺寸，而不会丢失具有意义的信息。如今，数据矩阵 $D_{t\times m}$ 近似于

$\underline{D}_{t\times m}$，因此

$$\boldsymbol{D}_{t\times m}\sim\underline{\boldsymbol{D}}_{t\times m}=\underline{\boldsymbol{R}}_{t\times f}\underline{\boldsymbol{C}}_{f\times m} \tag{22.6}$$

式中，$\underline{R}_{t\times f}$和$\underline{C}_{f\times m}$分别代表减少的加载矩阵和减小的分数矩阵。在 PCR 模型中，通过回归向量 b，每个化学成分 y 的浓度独立地与光谱的分数相关。利用 m 校准数据集，关系如下：

$$\boldsymbol{y}_{1\times m}=\boldsymbol{b}_{1\times f}\underline{\boldsymbol{C}}_{f\times m} \tag{22.7}$$

由于 $y_{1\times m}$和$\underline{C}_{f\times m}$都是已知量，因此可使用最小二乘法来确定回归矢量 $b_{1\times f}$。一旦从校准数据集确定回归向量 $b_{1\times f}$，则通过以下模型方程式预测未知储层流体中的每个组合物组的浓度：

$$\boldsymbol{y}_{1\times 1}=\boldsymbol{b}_{1\times f}(\underline{\boldsymbol{R}}^{T}_{t\times f}\underline{\boldsymbol{R}}_{t\times f})^{-1}\underline{\boldsymbol{R}}^{T}_{t\times f}\boldsymbol{m}_{t\times 1} \tag{22.8}$$

其中 $m_{t\times 1}$为用 t-通道钢丝绳光谱仪测量的储层流体的光谱[11]。

基于该模型的 CFA 分析与实验室分析吻合良好，如图 22.10 所示。CFA 为高 GOR 流体(如逆流气体)提供更准确的流体 GOR。对于相对低 GOR 流体，由于 $C_2\sim C_5$ 基团浓度对总流体 GOR 的影响对于这样的流体是非常小的，自然地 LFA 和 CFA 工具给出类似的分析结果。对于非常低的 GOR，由于其能够说明用于 GOR 分析的烃峰处的油着色，认为 LFA 更准确。

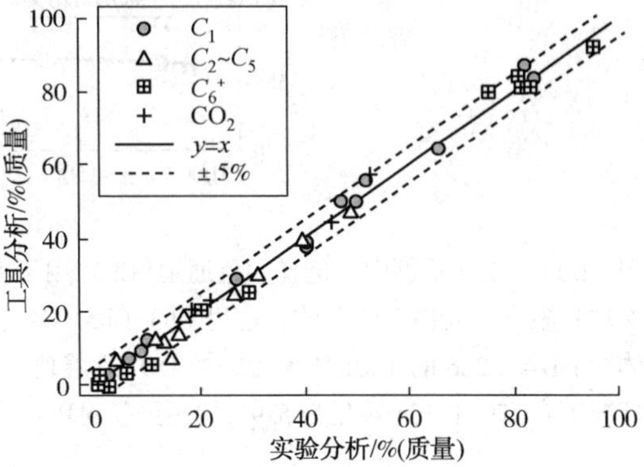

图 22.10　CFA 组分测量与实验室结果的比较

22.4　活油取样过程

22.4.1　污染

有线流体取样的第一业务是获得大量压力点与深度的函数(50 是不常见的)。将图 22.2 中所示的工具串设与井眼壁对立，建立与地层的压力连通，并测量地层压力。通过绘制压力与真实垂直深度的关系，获得压力梯度，从而得到地层流体密度，并且只要存在垂直的压力连通即可识别流体柱内的油、水和气体。利用这些知识，就可以建立一个抽样程序。

接下来，MDT 工具再次抵靠墙壁设置，但这是为了提取地层流体。泵出模块将流管线压力降低到地层压力以下，从而启动流动；该压力差称为下降压力。流线流体或排放到钻孔中或在样品瓶中获得。由于井眼附近的地层被钻井液滤液侵入，流入工具的第一流体是原始储层油加滤液(也称为污染物)的混合物，并且作为流体样品是没有价值的。由于其与原油混溶，因此 OBM 过滤剂是十分不确定的。随着泵送时间的持续，污染减少。清理地层流体所需的时间取决于许多因素(如，侵入深度、流速、地层渗透率)，并且难以预测；清理通常需要超过 1h。因此，利用 DFA 强制监视流线内容。基本流体类型(油，气和水)可以通过光谱测量容易地区分[3]。利用油色[23](OBM 滤液通常比原油颜色更浅)和溶解甲烷含量[20](OBM 滤液不含气体)监测易混合污染。利用净化过程的近似方程式假定点汇，可定量地计算污染水平[20]。这种油基污物污染监测(OCM)算法便于样品的有效采集。图 22.11 显示了清理过程的示例；流线液体着色和溶解甲烷含量随着泵送时间增加。基于 OCM 算法的实时

污染预测与随后的实验室分析结果一致。

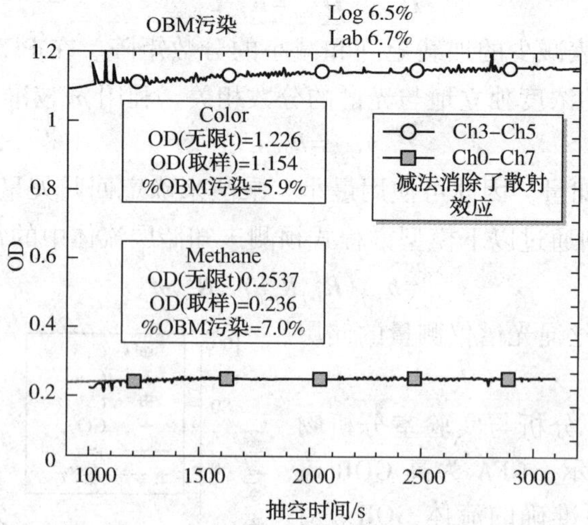

图 22.11　在该示例中，选择颜色通道“Ch3”用于实时 OBM 污染监测(OCM 算法)。首先通过通道减法消除波长独立的光散射的影响，这里 Ch3-Ch5。名为“Ch3-Ch5”的无散射积累曲线的渐近线表示对于该流体为 OD=1.226 的无 OBM 无污染的 OD(或着色)。当前的 OBM 污染水平从当时的 OD 值估计。在这种情况下，OD=1.154 转化为 5.9%的污染。对甲烷通道的类似分析产生 7%。后工作实验室测量非常一致

22.4.2　相变

另一个重要的抽样参数是适当的下降压力。过小的下降使流速产生不必要地降低，从而增加清洁时间。如果牵伸压力太大，样品可分裂成两相。若发生这种情况，则高迁移率相可能优先流动，产生非代表性样品。通过流线流体的折射率测量来检测气体逸出[24]。由于液体部分是高度富集的多环芳烃，可利用荧光检测逆行水滴。露水形成后液体覆盖窗口，进而增加了荧光信号[25]。在泵出模块中的相分离大大增强了检测相变的能力[25]。通过光散射(优选的实验室方法[26])井下检测沥青质脱落，但该信号在井下是不唯一的。当明显没有光散射时最适宜进行样品采集。DFA 对于建立有效单相样本的采集是非常重要的。

一旦满足上述两个标准，则储层流体被捕获在样品室中；可接受的低滤液污染以及单相流。通常，为了达到冗余和质量控制目的，利用多个样品瓶采集每一深度的流体。用于流体采样位置的精确深度和数量应在作业之前做好计划，但可使用 DFA 进行实时优化。这种优化通常变得必要，以确认由 DFA 实时观察到的流体的空间变化。如，在实际工作之前，不可能知道组成或 GOR 中的流体梯度的存在，并且不可能计划采样作业以对其进行量化。如果在作业期间 DFA 怀疑存在这样的流体梯度，则需要改变计划以确认观察。在满足所有采样目标后，工具跳回到地面。流体温度经冷却后，样品可分裂成两相。将样品瓶与 MDT 分离，并且在重新调节后转移样品以反转可能的相变，用于井场分析和装运(如果需要不同的瓶)。最佳做法需要对 DFA、现场以及随后的实验室分析进行比较。对于实验室分析，在样品转移之前需用加热和搅拌来重新调节流体。如果所有上述过程都正确完成，则样品可用于分析。

通常，在样品采集、转移和分析过程中存在诸多问题。沥青质可能从流体中沉淀出来，并与瓶子中的固体和水不可逆地混合。多相流体的一部分可能在样品室中的死体积中或在流

体转移过程中损失。瓶子可能泄漏，如果相应的样品是两相，则瓶子泄漏使样品失效。在过去，通过在不同瓶子中表面上相同的流体进行重复运行以完成质量控制。有时利用不同的实验室会出现差异，但此过程无法识别并处理。在更一般的意义上，从有线样品预测的油性质与从(最终)生产的样品获得的油性质之间通常存在大的差异。这些差异可能涉及许多不同的因素；然而，减少在获取和分析有线样本中的不确定性只能起到一定的作用。

相变可用于识别流体类型。图 22.12 显示了逆行冷凝物 DFA 记录的一部分。通过将压力降至可疑露点以下并观察相分离，确定了逆行露水的存在。相应的工具配置如图 22.2 所示。将取出该记录的 CFA 单元放置在紧靠泵出模块的下游。多相和流体由于密度对比而分离，同时驻留在泵出模块内部。流体根据密度顺序流动，离开抽出模块，并流入 CFA 模块。由于抽出模块在流体输送管线中具有两个室和一些死体积，准确的流体情况相对复杂。对不同相的时间和体积的详细分析见其他文献[25]。在对数实施例的该部分中，首先观察水，然后是少量逆行液体(高荧光，低 C_1/C_6^+ 组成比)，随后是大量的气体(低荧光，高 C_1/C_6^+ 组成比)。

22.4.3 监管链

DFA 提供样品的初始分析并提供用于质量控制的新方法，大大减少了所需的样品冗余和流体取样操作成本。消除样品采集和分析过程中的不确定性的一种方法是在流体进入采样工具时立即“指纹”该流体[27]。然后可在随后的任何时间重复检查该指纹。如果样本完整性未被破坏，则指纹将保持不变。DFA 测量套件提供此指纹。这些最佳实践构想体现在“监管链”方法中，目前正在开发油田样本[27]。监管链在其他领域如法医科学中是强制性的。

图 22.13 显示了利用 LFA 工具获取的 DFA 光谱与实验室几个月后获得的相应等效光谱的比较。使用高分辨率 Cary 5 UV-VIS-NIR 光谱仪获得实验室光谱。相应的光谱采用模拟 LFA 的井下光谱仪的专有过滤算法。井下和实验室 NIR 指纹之间的良好匹配验证了样品转移和储存正确进行。

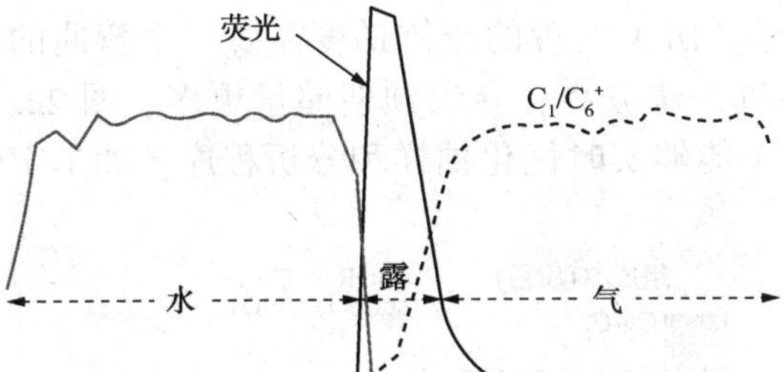

图 22.12　对数显示多相流体流如何通过 C_1 浓度/C_6^+ 浓度，荧光强度和水浓度的比率测量随时间变化。水最初在该对数截面中流动。然后，如强荧光信号和低 C_1/C_6^+ 组成比所示，观察到逆行露水。最后，气相到达如由低荧光信号和高 C_1/C_6^+ 组成比所示

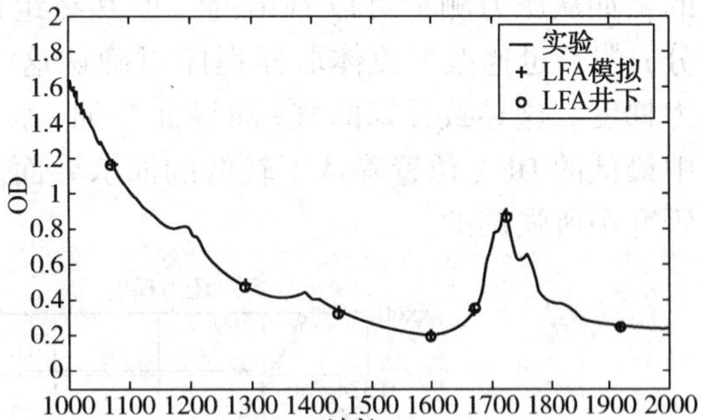

图 22.13　LFA 模块在井下测量的流体谱与在实验室测量的流体谱一致，表明流体被正确处理和转移

22.5 “烃类流体的性质是什么?”

烃流体可以以非常不均匀的方式分布在地层中。从单一源岩演化的烃类型随时间变化；更高的成熟度与更高的 GOR 相关[28]。通常，显著不同来源的不同烃源岩可能对各个油田贡献碳氢化合物。由于重力、热梯度、生物降解、实时装料、水洗、泄漏密封(其通常是压力依赖性的)、与无机物的高温反应和烃相变化，烃流体发生垂直和横向地变化(如，第二烃装料时形成的沥青垫)。这些因素中的一些会影响流体不平衡。扩散和对流促进平衡，但具有大不相同的时间常数。因此，储层中的烃流体通常处于动态通量中。如，生物降解可产生大的垂直组成变化[29]。微生物生活在水域，优先消耗油-水界面处的烷烃，从而将重馏分浓缩在油柱底部。扩散在色谱柱中垂直混合，但通常生物降解速率超过垂直混合速率，导致产生的梯度较大[29]。由于大量复杂因素可确定储层内流体变化，精确的流体描述必须数据驱动。这里存在一个问题：虽然地球科学家发现地层中的流体可能存在复杂性，但来自不同深度位置的重复流体采样成本太昂贵，而没有强大的先验知识能够说明能够发现流体复杂性。因此，操作注意事项导致了简化的假设，即储层油是均质的。

对这种状态的解决方案是在样品采集期间有意义地实时识别不同的烃。DFA 正好可实现此目标。DFA 在采集流体时提供流体的实时分析，从而能够获取独特且值得详细分析的高质量样品。如，若油柱含单一烃流体，则仅需要一个样品。如果在油柱中观察到两个或三个不同的样品，则应对每种流体进行取样和分析。

图 22.14 显示了一个评价井的示例，其中 DFA 检测到了大的流体梯度[30]。在进行有线流体采样作业之前，运行常规电缆测井以评估地层性质，并确定含烃区。该区域似乎没有明显的不渗透层，并且在该阶段没有任何流体梯度的指示。然后，进行钢丝绳压力试验以测量该间隔中多个点处的地层压力。压力测量显示，从顶部到底部的三个不同压力梯度斜率分别对应气体、油和水(图 22.14，左侧部分)；然而，仍没有迹象表明中间段的油柱具有剧烈的流体组成变化。DFA 用于调查该区间的储层流体，很快显而易见的是，油柱区段不是均匀的，如从压力测量可以看出的，但其在组成和 GOR 方面具有显著变化(图 22.14，中间部分)[30]。迅速改变流体取样程序以确认这一观察。DFA 发现的流体梯度需要一个弯曲的压力梯度。这导致计算的气-油界面和油-水界面进一步分离，导致预期储量更多。图 22.14 中最低的 DFA 位置确认了较低的油水界面。DFA 能够实时优化抽样和分析程序，如本案例研究中所强调的。

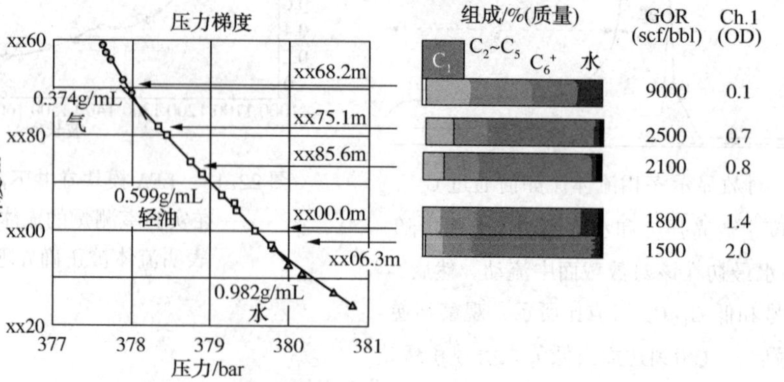

图 22.14　DFA 检测到大流体梯度，而压力测量错过了该梯度。颜色测量的趋势证实了 GOR 的趋势

22.6 “碳氢化合物承载区的尺寸和结构是什么?”

这可能是石油公司上游业务最根本和重要的问题，由于其与可回收碳氢化合物的数量直接相关。地震勘测提供了可能含有碳氢化合物的地质单元的总体尺寸信息。电缆测井提供近井眼测量，以识别地层和油柱的性质。最困难回答的问题之一是，涉及油藏中的各个流动单元或隔室的尺寸。油藏可能包含许多小隔间或几个大隔间。显然，几个大隔间(或更好，单个巨型隔间)比许多小隔间容易排水。识别区室化程度的最佳技术方法是进行井的延伸流动试验——钻杆试验(DST)。然而，在最高成本设置中，DST的成本可以接近井的成本且不能产生新井的价值，因此通常不采用该方法。地震勘测可揭示主要断层，但一般来说，它不能辨别这些断层是否是密封的。地震学也不能识别对于评估舱室尺寸至关重要的小的不可渗透的障碍。地层的近井眼测量不能可靠地预测密封屏障，这是由于地层可以改变远离井眼。石油工业已经确定压力连通等于流动连通这一假设。如果不同的层遵循单个压力梯度，则假设层是流动连通的。这个假设的问题是压力连续可以在地质时间(约 10^7年)发生，而流动通信必须在生产时间(约10年)发生。此外，流动连通需要比压力连通具有更高的渗透性。基于压力通信的预测可生产高达九个数量级的不准确性，自然地导致了过度乐观的生产预案。

由于分隔而出现了非常少见的问题。典型的情况是，由于压力连通，储层被假定由一个或几个非常大的隔室组成。公布大的储量估算，建造昂贵的生产设施，签署保证市场的大型合同，然后在初始阶段产出会出现短暂的急剧下降，通常在几个月内。罪魁祸首通常是分隔。这个问题仍然是如何以成本效益的方式解决分区问题。尤其是，流体分析和DFA提供了这个机会。由于流体通常是非均匀分散的[28,29]，不同的隔室可能填充不同的流体。众所周知，实验室地球化学分析可以揭示不同的流体，从而允许检测不同的隔室。问题是需要确定，地层中的哪些流体可以在实验室中采样和分析。DFA是这个链中的“缺失链接”，以确定哪些流体值得进行实验室分析[31]。

DFA可通过流体密度逆转这种简单的方式识别隔室。图22.15显示了通过流体密度反演确定流动障碍的示例。也就是说，在油柱中存在较低密度的流体。CFA确定甲烷和单相活流体中 $C_2 \sim C_5$ 馏分的质量密度。同时，CFA还确定了单相活流体中液体部分的质量密度。高密度的流体中，液体部分密度较高而气体部分密度较低，这决定了全部流体密度。图22.15所示为，对×100ft深度和×250ft深度下流体的比较，观察到了密度反演。强烈的指示代表了中间页岩的密封屏障[32]。

在分隔的不同案例中，与压力测量结合的DFA证明了隔室的体积相当小。图22.16显示了在圆柱中以页岩分隔的几个砂体。利用DFA表明三种烃(表示为两种DFA标记)。在环境压力(约10000psi)下，这些烃不能处于平衡，意味着存在不同的室。也就是说，10000psi压力有效地排除了油上方的气帽。同时，没有压力信号证明了流动信号的缺乏。在气砂中，当从地层中采集样品(和去除)少于一个桶时，地层压力降低了50psi。通过估算该气态烃的可压缩性，获得600桶的隔室容积。这不是经济的数量级。

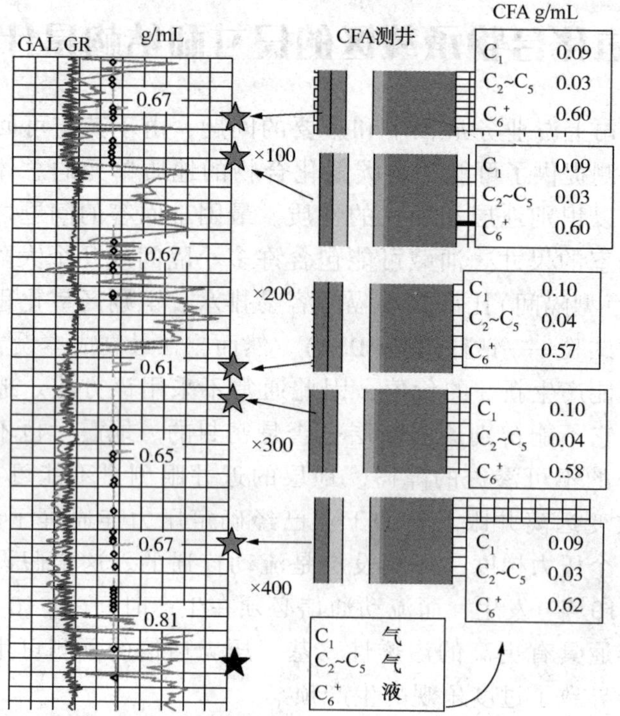

图 22.15 DFA 通过流体密度反演显示区域化。流体在×100 深度比×250 处的更密集深。这从图中所示的液体对气体(C_1 和 C_2-C_5 的总和)部分密度辨别。因此，在这些深度之间存在流动障碍，根据观察到的页岩。在×250 和×400 深度之间观察到微妙的组成梯度

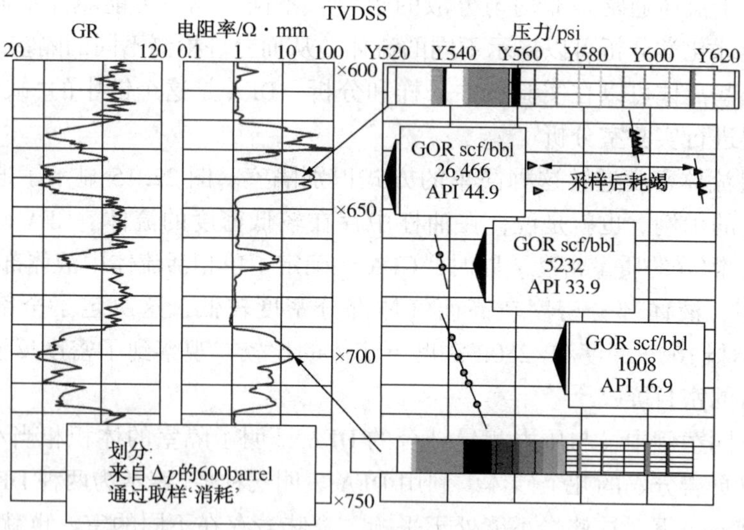

图 22.16 DFA 与压力测量结合证明了非常小的隔室体积。DFAs 在三个砂中显示三种不同类型的烃(示出了两个 FAlog)。非常高的压力决定了这些分离的相不处于平衡。还观察到在这些砂中缺乏压力连通。当除去少于一桶的流体时，含气体的砂遇到 50psi 的压降。通过估算这种轻质烃的可压缩性，获得的隔室容积仅为 600 桶，这是一个非常小的数量。这种深水砂是不经济的数量级

操作单个井中的DFA时，需相同的工具、相同的操作者、相同的时间、相同的温度和相同的校准来执行。因此，地层中两个采样点处的两种流体之间的测量差异是十分准确的。绝对流体测量具有较大的误差棒，但测量的相对偏差是精确的。因此，可确定微小的密度差异。如果储层中的高密度流体高于低密度流体，则最可能的解释是分隔。气-油比作为流体密度的代表；富气的流体具有较低的密度。对于重油，GOR约为零，对于干燥气体，GOR为无穷大。这种无限动态范围使GOR非常适合于检测密度反演。在发展的自然过程中，自然本性产生密度逆转(在不同的隔室中)。在最小深度获得的油母质，其最小化产生重烃[15]。干酪根的高温退化引发广泛的裂解，产生轻质烃。通常，最深的烃对象为干气，而浅层储层(如Athabasca焦油砂)含有最重的烃。DFA可使用其精确的差分测量来找到密度反演。

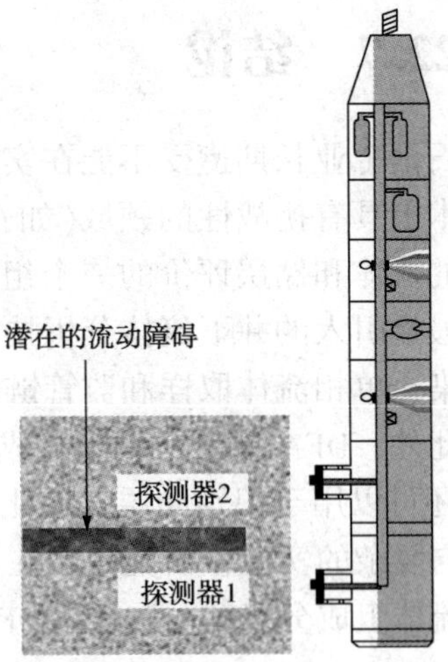

图22.17 用于测试两个紧密间隔，可能划分区域之间的流体连通的优选工具配置。该工具跨越潜在的流动阻挡。流体样品取自潜在流动屏障的上方和下方，用于通过切换有源探头而不移动工具串进行直接比较

若屏障足够薄，则可使用单个工具组来测试垂直分隔。为此使用两个单探头，如图22.17所示。在这种特殊情况下，可能存在薄(<6ft)的屏障[34]。利用跨越潜在渗透性屏障的两个单探针设置MDT。首先，通过下部探针时开始流动，在势垒下方。在长的清除期后获得样品。然后，通过位于势垒上方的探针组开始流动。获得图22.18中所示的对数。测井的第一部分(最多5400s)对应于列中较低的流体。5400s后，流体通过较高的探针进入工具，因此在柱中流体较高。在短时间之后进行评估，获得GOR反转，并且屏障事实上是流动屏障[34]。在相同时间点且相同工具时，两种流体的相对比较可进行敏感流体对照。该工作显示了DFA的强大功能。运营公司将在任何情况下获得样品。对于小的额外泵送时间的小成本增加，操作公司确定了流体指示的垂直分隔区。有较多案例表明，在列中较低GOR可大幅增加。这些情况中的一些还表现出在柱下部的高GOR流体与浅低GOR流体之间缺乏压力连通。显然，涉及垂直划分。其他情况表现出单个压力梯度，但流体的密度反转表明缺乏流动连通。现如今，DFA与压力和其他测量的整合被认为是油藏评价的关键。

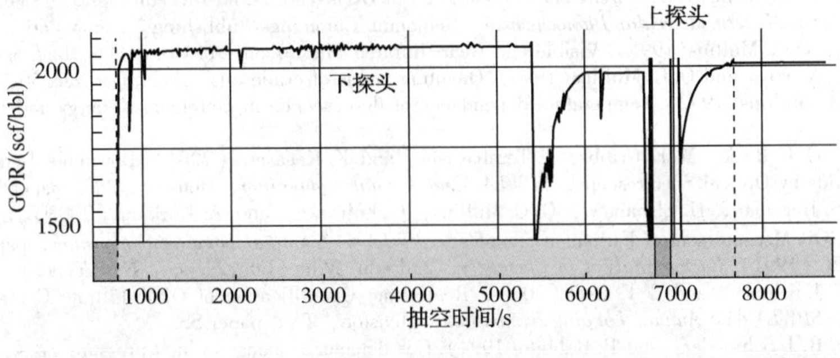

图22.18 从屏障下方的探针采样第一流体(高达5400s)，并具有比屏障上方取样的第二流体(t>5400s)更高的GOR。柱中较高的和不同的密度的流体表明，阻挡层事实上是对流动的密封，是分隔的直接证据

22.7 结论

石油工业长期遭受不能在实际生产之前可靠和准确地表征储层和所含的流体的能力。由于技术上具有挑战性的领域(如石油的深水生产)日益重要，这些技术缺点的成本因而加剧。适当的流体和储层评价的一个组成部分是对裸眼电缆测井中获得的活地层流体样品进行分析。最近引入的井下流体分析技术，以各种方式改善了油藏评估的多个方面。通过保证低滤液污染、单相流体取样和监管链的法医学概念，证明 DFA 可改进有线流体样品的采集和处理。此外，DFA 是识别流体组成变化的关键。基于 DFA 结果，可原位优化样品采集程序。DFA 还可以用于识别储层分隔化，这是石油工业中主要关注的主题。DFA 是将高效的样品采集与复杂的实验室研究联系在一起的缺失环节，可以解决许多重要的生产问题，如流动保证，流体组成分级和分隔化。DFA 正在迅速成为表征油藏不可或缺的组成部分。

参 考 文 献

[1] Witt, C. J., A. Crombie, and S. Vaziri(1999). A Comparison ofWireline and Drillstem Test Fluid Samples from a Deepwater Gas-Condensate ExplorationWell, *SPE Annual Technical Conference and Exhibition*, SPE 56714.

[2] Whittle, T. M., J. Lee, and A. C. Gringarten(2003). Will Wireline Formation Tests Replace Well Tests, *SPE Annual Technical Conference and Exhibition*, SPE 84086.

[3] Smits, A. R., D. V. Fincher, K. Nishida, O. C. Mullins, R. J. Schroeder, and T. Yamate(1993). In-Situ Optical Fluid Analysis is an Aid toWireline Formation Sampling, *SPE Annual Technical Conference and Exhibition*, SPE 26496.

[4] Fujisawa, G., O. C. Mullins, C. Dong, A. Carnegie, S. S. Betancourt, T. Terabayashi, S. Yoshida, A. R. Jaramillo, and M. Haggag(2003). Analyzing Reservoir Fluid Composition In-Situ in Real Time: Case Study in a Carbonate Reservoir, *SPE Annual Technical Conference and Exhibition*, SPE 84092.

[5] Williams, P. and K. Norris(2001). *Near-Infrared Technology: In the Agricultural and Food Industries*, 2nd ed. American Association of Cereal Chemists, St. Paul, MN.

[6] Brown, C. W. and S. -C. Lo(1993). Feasibility of on-line monitoring of the BTU content of natural gas with a near-infrared fiber optic system, *Appl. Spectrosc.* 47, 812.

[7] Mullins, O. C., T. Daigle, C. Crowell, H. Groenzin, and N. B. Joshi(2001). Gas-oil ratio of live crude oils determined by near-infrared spectroscopy, *Appl. Spectrosc.*, 55, 197.

[8] Atkins, P. W. (1983). *Molecular Quantum Mechanics*, 2nd ed. Oxford University Press, NewYork.

[9] Mullins, O. C., N. B. Joshi, H. Groenzin, T. Daigle, C. Crowell, M. T. Joseph, and A. Jamaluddin(2000). Linearity of alkane near-infrared spectra, *Appl. Spectrosc.* 54, 624.

[10] van Agthoven, M. A., G. Fujisawa, P. Rabbito, and O. C. Mullins(2002). Near-infrared spectral analysis of gas mixtures, *Appl. Spectrosc.* 56, 593.

[11] Fujisawa, G., M. A. vanAgthoven, F. Jenet, P. A. Rabbito, and O. C. Mullins(2002). Near-infrared compositional analysis of gas and condensate reservoir fluids at elevated pressures and temperatures, *Appl. Spectrosc.* 56, 1615.

[12] Mullins, O. C. (1998). Optical interrogation of aromatic moieties in crude oils and asphaltenes. In: O. C. Mullins and E. Y. Sheu(eds.), *Structures and Dynamics of Asphaltenes.* Plenum Press, New York, Ch. 2.

[13] Mullins, O. C., S. Mitra-Kirtley, and Y. Zhu(1992). Electronic absorption edge of petroleum. *Appl. Spectrosc.* 46, 1405.

[14] Mullins, O. C. andY. Zhu(1992). First observation of the Urbach tail in a multicomponent organic system, *Appl. Spectrosc.* 46, 354.

[15] Tissot, B. P. and D. H. Welte(1984). *Petroleum Formation and Occurrence*, 2nd rev. edu. Springer-Verlag, New York.

[16] Turro, N. J. (1978). *Modern Molecular Photochemistry.* Benjamin/Cummings Publishing, Menlo Park, CA.

[17] Downare, T. D., O. C. Mullins(1995). Visible and Near-Infrared Fluorescence of Crude Oils. *Appl. Spectrosc.* 49, 754.

[18] Ralston, C. Y., X. Wu, and O. C. Mullins(1996). Quantum yields of crude oils, *Appl. Spectrosc.* 50, 1563.

[19] Zhu, Y. and O. C. Mullins(1992). Temperature dependence of fluorescence in petroleum, energy and fuels, *Energy & Fuels* 6, 545.

[20] Mullins, O. C., G. F. Beck, M. E. Cribbs, T. Terabayashi, and K. Kegasawa(2001). Downhole Determination of GOR on Single Phase Fluids by Optical Spectroscopy, *SPWLA 42nd Annual Symposium*, Houston, TX, paper M.

[21] Dong, C., P. S. Hegeman, H. Elshahawi, O. C. Mullins, G. Fujisawa, and A. Kurkjian(2003). In-Situ Contamination Monitoring and GOR Measurement of Formation Samples, *SPWLA 44th Annual Logging Symposium*, paper FF.

[22] Malinowski, E. R. (1991). *Factor Analysis in Chemistry*, 2nd edn. Wiley-Interscience, New York.

[23] Mullins, O. C., J. Schroer, and G. F. Beck(2000). Real-time Quantification of OBM Filtrate Contamination in the MDT using OFA data, *SPWLA 41st Annual Logging Symposium*, Houston, TX, paper SS.

[24] Mullins, O. C., R. J. Schroeder, and P. Rabbito(1994). Gas detector response to high pressure gases, Applied Optics, *Appl. Opt.* 33, 7963.

[25] Betancourt, S. S., G. Fujisawa, O. C. Mullins, K. O. Eriksen, C. Dong, J. Pop, and A. Carnegie(2004). Exploration Applications of Downhole Measurement of Crude Oil Composition and Fluorescence, *SPE Asia Pacific Conference*, SPE 87011.

[26] Hammami, A., C. H. Phelps, T. Monger-McClure, andT. M. Little(2000). Asphaltene precipitation from live oils: An experimental investigation of onset conditions and reversibility, *Energy & Fuels* 14, 14-18; N. B. Joshi, O. C. Mullins,

A. Jamaluddin, J. Creek, J. McFadden, Asphaltene Precipitation from Live Crude Oils, Energy & Fuels 15, 979, (2001)
[27] Betancourt, S. S., J. Bracey, O. C. Mullins, G. Gustavson, G. Syriac. Chain of Custody via Spectroscopy for Oil Field Samples, Submitted to Applied Spectroscopy.
[28] England, W. A. (1990). The organic geochemistry of petroleum reservoirs, *Org. Geochem.* 16, 415-425.
[29] Koopmans, M. P., S. R. Larter, C. Zang, B. Mei, T. Wu, and Y. Chen(1999). Biodegradation and Mixing of Crude Oils in the Liaohe Basin, In: *Proceedings of the 19th International Meeting on Organic Geochemistry*, Istanbul, extended abstract 63-64.
[30] Fujisawa, G., S. S. Betancourt, O. C. Mullins, T. Torgersen, M. O'Keefe, T. Terabayashi, C. Dong, and K. O. Eriksen (2004). Large Hydrocarbon Compositional Gradient Revealed by In-Situ Optical Spectroscopy, *SPE Annual Technical Conference and Exhibition*, SPE 89704.
[31] Elshahawi, H., M. N. Hashem, O. C. Mullins, G. Fujisawa(2005). The missing link—identification of reservoir compartmentalization by downhole fluid analysis, SPE 94709.
[32] Mullins, O. C., H. El-Shahawi, M. Hashem, and G. Fujisawa(2005). Identification of Vertical Compartmentalization and Compositional Grading by Downhole Fluid Analysis: Towards a Continuous Downhole Fluid Log, *SPWLA 46th Annual Logging Symposium*, paper K.
[33] Mullins, O. C., G. Fujisawa, M. N. Hashem, and H. Elshahawi(2005). Identification of Vertical Compartmentalization and Compositional Grading by Downhole Fluid Analysis: Towards a Continuous Downhole Fluid log, *Int. Petrol. Technol. Conf.* Nov. 2005, Qatar, paper 10036.
[34] Mullins, O. C., M. Hashem, H. Elshahawi, G. Fujisawa, C. Dong, S. S. Betancourt, and T. Terabayashi(2004). Hydrocarbon Compositional Analysis In-Situ in Openhole Wireline Logging, *SPWLA 45th Annual Logging Symposium* paper FFF. June 6-9, The Netherlands.
[35] Hashem M. N., H. Elshahawi, G. Ugueto(2004). A Decade of Formation Testing—Dos and Don't and Tricks of the Trade, *SPWLA 45th Ann. Log. Symp.* June 6-9, The Netherlands.

(Go Fujisawa, Oliver C. Mullins)

第23章　在生产系统中沥青质沉淀和沉积：流动保证概述

23.1　前言

近年来，随着石油生产向深水和海底环境转移，增加了流体性质相关的流动保证问题的重要性。沥青质的沉淀和沉积是这些潜在问题之一。虽然沥青质不像蜡或垢一样普遍，但通常其影响是灾难性的。沥青质可能导致储层损坏，通过沉积而堵塞出油管线，分离困难，以及在设备中的污垢。近海面处，补救意外的沥青质问题的成本过高。必须在项目的设计阶段清楚海上生产系统中沥青质的行为。从一开始就必须在系统中建立适当的控制和补救策略。在本章中，将回顾目前的采样和分析过程，提供油藏流体中沥青质稳定性的初步评估。将实验室中的这些测量数据与现场的预期行为联系起来，并解决不确定性。之后，讨论如何改进表征，降低沉积物测量的不确定性，并允许不太保守的设计和操作策略。最后，将简要回顾沥青质沉降模型的类型，并讨论它们各自的基本假设。

过去几十年来，陆基常规原油和天然气的来源一直在减少。因此，石油工业已经转向从更具挑战性的领域探索、开发和生产碳氢化合物流体，包括深海和超深海近海区域，如北海、墨西哥湾、西非和加拿大东海岸[1]。这些区域处于极端条件，其中温度几乎接近冰点，并且从储层到生产设施的压降相当大。这些条件常常导致普通有机固体(即蜡、沥青质和水合物)以及无机垢的沉淀和沉积。一些较少的共同固体包括类金刚石、元素硫和环烷酸盐[2]。

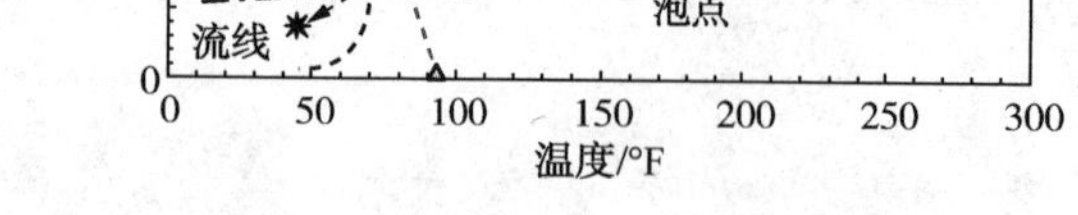

图23.1　墨西哥湾黑色油相图[2]

(1psia=6894.757Pa，$t_{F}=\frac{9}{5}t_{C}+32$)

根据生产系统的设计和操作，当流体从储存器通过流动管线移动到主机设施处的到达条件时，可以交叉一些或全部固相边界。图23.1显示了典型的墨西哥湾深水黑油的相图[2]。更重要的是，这些固体的沉降和沉积可能对生产系统的盈利能力产生不利影响，特别是在海上作业中。这些固体可沉积在表面上，在低能量区域中聚集或增加流动流体的有效黏度。净效应是通过流动面积减小或黏度变化，使得给定速率下压降的增加。在某些情况下，系统可能完全阻塞。因此，有必要在设计过程早期，对有机固体沉积问题的潜力和严重性进行评估[3-5]。如果可能沉积，在早期阶段需将控制和修复战略纳入系统设计和运行策略中。这些措施的风险和成本可能影响继续开发前景的决定。因此，必须基于代表性样品获得的可靠实验室数据而做出一系列决定。

流动保证是一个自我描述概念。流动保证学科解决了一系列流体特性相关问题，其影响了经过生产系统的油、气和水流动。流动保证工程师的目标是确保流体按设计流过系统。对于石油生产、运输和加工的所有方面，有必要了解所考虑的石油流体的性质和行为。由于石油产品、组成以及操作条件的温度和压力而具有不同的异质性，必须理解具有宽范围的物理和化学性质中复杂混合物组分的行为。在实验室中，测量这些性质的最小数量并随后基于测量的数据预测其他性质对石油工业具有至关重要的经济价值。

在讨论石油流体相行为和相关流动保证研究的细节之前，提供石油流体化学概述以及对理解影响一般有机固体和特别是沥青质稳定性的关键参数是有用的。

23.2 石油流体化学

石油是一类主要为烃类，硫、氮和氧的有机化合物以及含钒、镍和铁的金属元素等化合物的混合物。在轻质石蜡油中，烃含量高达 97%，或在重质沥青质原油中低至 50%。尽管进行了这种批量表征，原油中的非烃分子通常是以仅含一个或两个取代的杂原子的大的烃结构的形式存在。因此，仍然假定至少含 50%烃组分的重质原油保留了烃的大部分基本特性[6]。根据文献中获得的数据可以发现，尽管石油的来源和总体特征具有高度不同的性质，而其中元素的比例变化并不明显[7,8]。这种一致性见表 23.1。

表 23.1 最终元素组成范围的原油

元素	组成范围	元素	组成范围
碳	83.0%~87.0%	氧	0.05%~1.5%
氢	10.0%~14.0%	硫	0.05%~6.0%
氮	0.1%~2.0%		

从 20 世纪 30 年代便开始从原油中分离纯烃组分，伴随轻质石蜡分子的分离[9]。然而，很快显而易见的是，由于存在渐增数量的同分异构体，来自原油的重质单个石蜡分子的分离是不可能的。如，虽然甲烷、乙烷和丙烷仅可能存在一种结构，但对于丁烷可以存在两种结构：直链正丁烷和支链异丁烷。如表 23.2 所示，随着碳数的增加，可能结构的数量显著增加。

表 23.2 石蜡烃的可能异构体

碳原子石蜡分子	可能的导构体	碳原子石蜡分子	可能的导构体
6	5	12	355
7	9	18	60523
9	35	40	6.24×10^{13}

在对石油的表征和性质预测中，另外两个困难来自石油分子的大量异构体。首先，具有相似分子量但不同结构的分子可具有十分不同的性质。如，在链烷烃戊烷的三种异构体之间的正常沸点具有显著差异(图 23.2)。

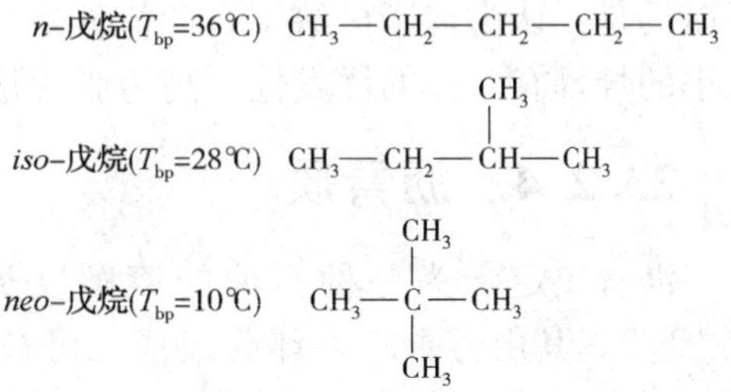

图 23.2 戊烷异构体的沸点

第二，表 23.2 中所示的异构体的数目仅限于可用于链烷烃的那些结构。如果同时考虑环烷和芳族异构体以及可能的取代非烃组分，显而易见的是，即使每个单独的组分通过实验来区分，组分的数量和数据要求也会使热力学模型不堪重负。此外，值得注意的是，在典型的真实沸点蒸馏或模拟蒸馏分析中给出的分数，代表给定的链烷烃化合物范围内沸腾的所有结构(链烷烃、环烷烃和芳族化合物)的浓度。如，在典型的原油分解中，C_{10}馏分包含了n-C_9和n-C_{10}的标准沸点之间可沸腾的所有烃，而不考虑分子量或结构。具体来说，典型原油的345~425℃(653~797℉)馏分可包含分子量为282~380g/mol的正链烷烃和分子量明显更低的正烷基萘(240~296g/mol)。因此，最全面的表征方案似乎应该包括分子量的测量(或分子量分布)协同结果分析。

尽管没有绝对的规则来描述较高沸程的原油特性变化，Speight[9]研究表明，随着石油样品中的沸程(或成比例的分子量)增加，链烷烃分子的浓度降低。这种降低与多环芳烃和聚环烷烃(多环烷烃)的增加并行。

在后续章节中，利用常规分类方法定义石油流体中发现的各种组分。该方法经过特定设计用以解决特殊相行为和固体沉积问题。一般来说，石油成分分为两大类，即良好定义的并具挥发性的C_6^-馏分以及不良定义的且相对不挥发的C_6^+馏分。

C_6^-馏分由碳数高达C_5的所有纯烃组分(和非烃)组成。包括每个碳数范围内的所有异构体；每种纯组分物质的物理性质在文献中已有较好的介绍和记录。另外，由于其可用于具有增加的链长度的烃的多种异构体组合，C_6^+馏分而复杂得多[8]。这组组分分为链烷烃(P)、环烷烃(N)、芳烃(A)、树脂(R)和沥青质(A)。链烷烃和环烷烃的组合馏分也称为饱和(S)馏分。

23.2.1 饱和度

饱和烃是非极性的，由正构烷烃(正链烷烃)、支链烷烃(异链烷烃)和环烷烃(也称为环烷烃)组成。该类别化学品中每一种的实例以及芳香族化合物、树脂和沥青质已在别处报道[10-12]。饱和烃是烃或石油蜡中最大的单一来源，其通常被分类为石蜡、微晶蜡和/或凡士林[13]。其中，石蜡是原油中大多数固体沉积物的主要成分。

23.2.2 芳烃

芳烃是一类碳氢化合物，其在化学和物理上与烷烃和环烷烃具有显著差异。其含有一个或多个类似于苯的环结构。原子通过芳族双键连接。

23.2.3 树脂

树脂被认为是沥青质的分子前体。树脂的极性头部包围沥青质，而脂肪族尾部延伸到油中。树脂可用于稳定沥青质颗粒的分散，并可通过氧化反应转化为沥青质。然而，不同于沥青质的是，认为树脂可溶于石油流体中。纯树脂是重液体或黏性(无定形)固体，并与相同大小的烃具有一样的挥发性。高树脂含量的石油流体相对稳定。

23.2.4 沥青质

沥青质定义为一种石油的溶解度类别，其不溶于轻质烷烃但可溶于甲苯或二氯甲烷[1,5,10]。其由芳香族多环簇组成，可被烷基和含有杂原子(N，S，O)以及痕量金属(如，Ni，V，Fe)可变取代。沥青质的实际化学结构难以使用现有的分析工具来定义，并且它仍然是较为前沿的研究和争论性辩论的主题[15-21]。最近Creek[8]认为，结构是重要的，只要它与功能和反应性相关。他建议考虑采用一个综合方法，而不是一个程式化“分子”的沥青质。

通常认为沥青质不溶于石油，而是作为胶体分散/悬浮在流体中(该证据是复杂的)。沉淀的沥青质的量、化学组成和物理结构随沉淀剂类型、压力和温度而变化(图23.3)。纯沥青是黑色干粉且具有非挥发性；其往往在沸腾前裂开。

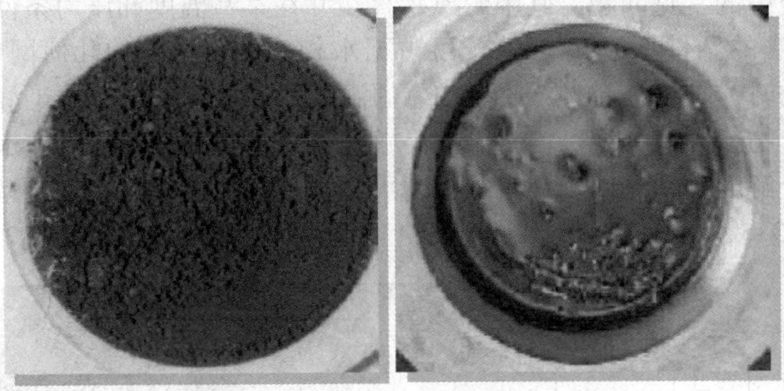

戊烷诱导　　CO_2诱导 Pres & Tres　　压力诱导 Psat & Tres

图23.3　沥青质质地和特性的变化与去稳定化方法和/或条件

23.3　石油沉淀物和沉积物

在现场烃系统中固体材料的沉淀物，很少是由来自上述普通组群之一的组分组成。相反，通常烃沉淀物是来自不同馏分的组分的混合物。因此，已经开发了以下子分类来解决固体沉淀问题。

23.3.1　石油蜡

通常将从原油精炼的石油蜡分为石蜡、微晶蜡和凡士林(蜡和油)。通常报道的石油蜡的晶体习性是针、板和结晶物质。这种不同的晶体结构和组成为蜡提供了宽范围的性质。

在现场操作中，沥青质和残油成分可与蜡共沉淀，并导致沉淀固体的外观(颜色)和质地不同。如所预期的，来自冷凝物和湿气体的蜡常常比来自较重原油的蜡更干净和更纯。固体的主要蜡质特性只能基于固体的分析和可用于再溶解这种固体的补救技术来定义。通常，仅少量的芳族组分与蜡共沉淀，并且固体材料通常通过加热熔融。

23.3.2　沥青质沉积

经验表明，现场沥青质沉积物包括来自前面概述的所有组的各种组分。主要的沥青沉积物的定义必须基于固体的分析和重新溶解材料所需的补救技术。通常，大量的蜡、芳族化合物和树脂可与沥青质共沉淀，然而，大多数固体在施加热时不熔融。

23.3.3　金刚石

金刚石类是非常稳定的固体化合物，其通常直接从气相中沉淀。通常，类金刚石固体从已进行热化学硫酸盐还原的气体中沉淀。这些气体倾向于酸性和干燥环境，并与高温和含有无水石膏的碳酸盐结构相关。它们主要含有具有金刚石结构的饱和环状烃化合物，因此命名为菱形。类金刚石的分子量为136至大于270g/mol。形成化合物的碳骨架化学结构主要含有三种固体，即金刚烷、二金刚烷和三金刚烷，如图23.4所示。

23.3.4 气体水合物

水合物是烃生产和运输系统中的常见问题，其中游离水存在并在某些温度和压力条件下与烃流体的 C_6 组分接触。在适当的条件下，C_6^- 烃分子可占据水相中的水分子的几何网格。当这些晶格填充有轻质烃化合物时，在远远超过0℃(32℉)的温度下形成类似于冰的半静态固体化合物。在现场可通过水合物行为对其识别。在没有足够的压力以将烃分子保持在水晶格中的情况下，水合物结构将分解成水和气体。在实践中，可轻易地识别这种行为。典型的天然气水合物结构和纹理如图23.5所示。

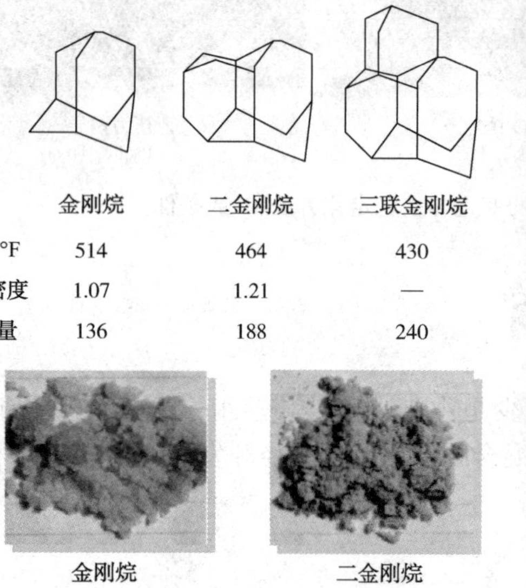

图23.4 主要类金刚石复合结构、性质和样品纹理

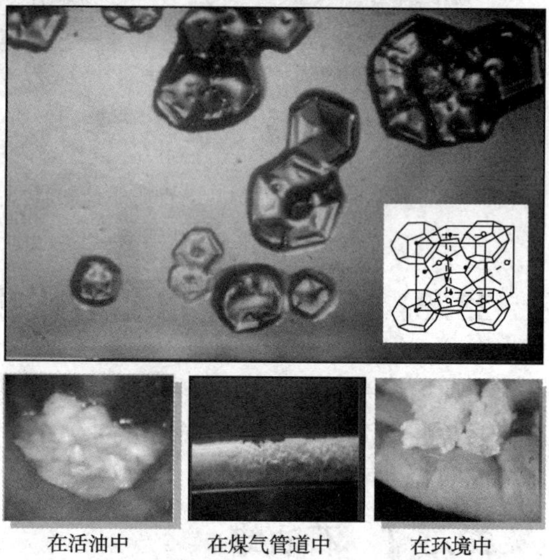

图23.5 典型的水合物结构和纹理

23.4 术语：沉淀与沉积

术语沉积通常用于描述沉淀过程。重要的是阐明两者之间的差异[22]。虽然沉淀可定义为从液相形成固相，但沉积可以描述为沉积固体在表面上的形成和生长。此外，沉积的必要但非充分条件是固相从液体溶液中沉淀。也就是说，沉淀虽然是沉积的前体，但不一定确保沉积。此外，沉淀主要是热力学变量如组成、压力和温度的函数，沉积还取决于流体流体动力学、热和质量传递以及固体和表面-固体的相互作用。本章的范围未涉及沉积问题；主要关注点为沉淀，除非另有说明。

23.5 沥青质沉淀机理：我们认为我们知道什么和为什么?

可用的实验室和现场数据表明，从原油中分离的沥青质中含有各种颗粒，由分子量范围为约700至数千组成。这种大范围的沥青质尺寸分布表明，沥青质可部分溶解并且部分悬浮/胶溶在原油中[23]。第一种情况是相对充分理解的可逆热力学过程，后者是更复杂的胶体不可逆机理。下面的讨论集中在沥青质沉积的胶体方面，并参考图 23.6~图 23.10[1,24-26]。

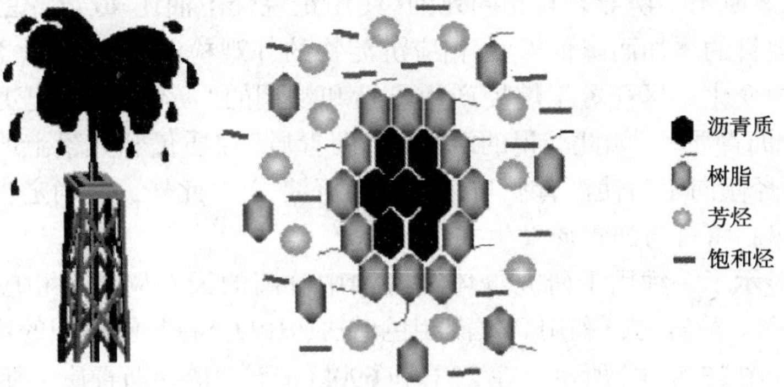

图 23.6　简化的石油视图

23.5.1　胶体模型

图 23.6 是依据所熟知的四种主要 SARA 馏分(即饱和物、芳烃、树脂和沥青质)的原油的简单示意图。认为沥青质分子被树脂包围并作为胶溶剂；即，树脂将沥青质包埋在原油内的胶体分散体(与溶液相反)中。通常，树脂由高极性端基团组成，常含有杂原子如氧、硫和氮，以及长的非极性石蜡基团。树脂通过其端基而被吸引到沥青质胶束上。这种吸引力是通过杂原子的氢键以及由树脂和沥青质的高极性产生的偶极-偶极相互作用的结果。树脂分子的链烷烃组分充当尾部，使得转变为油的相对非极性体积，其中单个分子也存在于真溶液中。对于蜡和沥青质来说，芳烃(如甲苯)为其相对良好的溶剂。

现场经验[5,27-29]和实验观察[1,25,26,30-33]表明，沥青质稳定性取决于各种因素，包括(但不限于)油的组成、压力和温度。进而，一般的共识是，组成效应和压力对沥青质的影响要比温度的影响更强。然而，在文献中仍存在关于温度对沥青质沉淀的影响的一些不同意见[16,31,33]。

23.5.2　组成变化的影响

沥青质沉淀可在不相容的烃流体的混合期间原位发生，利用富气体和/或酸化处理进行混相驱、CO_2 驱和气举操作[1,5]。添加分子尺寸和结构与树脂和沥青质差别很大的的化合物，因此溶解度参数改变了存在于原油中非极性部分的平衡。如，常常在原油中加入正烷烃液体(如戊烷，已烷或庚烷)以试图降低重油黏度。这种引入的结果是改变了原油的整体特性，使其更轻。作为响应，树脂分子从沥青质的表面解吸以试图重新建立存在于油中的热力学平衡[24,26]。这种解吸的树脂迫使沥青质胶束聚集，以便减少其总表面游离能量(见图 23.7)。如果将足够量的特定滴定剂加入到油中，则沥青质分子聚集后使得颗粒克服悬浮液的布朗力并开始沉淀[24,26]。

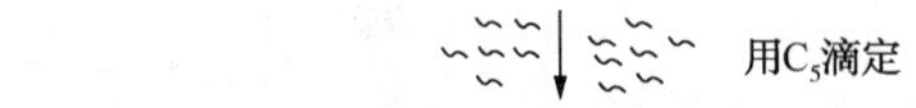

图 23.7　由 n-C_5 滴定的沥青质絮凝机理示意图[24,26]

上述描述表明，加入到原油中溶剂的量和类型对于沉淀的沥青质的量和特性可能是至关重要的。如图 23.8 所示，诱导来自相同死油(使用正烷烃：油比 40：1)总“沥青质”的正烷烃，随着滴定碳数目的增加而降低[25]。相应沉淀物的外观检测，揭示了“沥青质“纹理和字符与滴定剂碳数的变化。尽管短正烷烃产生黏性和黏稠的“沥青质”，但更长的正链烷烃产生粉状和干燥的“沥青质”。如此获得的沉淀的“沥青质”在质量和数量上明显不同。众所周知，短/轻的正烷烃倾向于与使沥青质与树脂共同沉淀[25]。此外，已确定当在室温下进行滴定时，蜡和部分树脂将可与沥青质发生共沉淀。

图 23.9(A)显示了一种用于研究母体北海油中分离的天然树脂对相应沥青质稳定性的影响的实验方法[26]。简言之，利用高效液相色谱法(HPLC)将足够体积的死油分为四个主要的 SARA 馏分。如图 23.9(B)所示，在 25℃和 690kPa 下，诱导沥青质沉淀所需的临界 n-C_5 浓度随着天然树脂浓度的增加而呈线性增加[26]。类似地，已引入利用脱沥青油溶解沉淀的沥青这一概念，并在另一项独立研究中被验证[34]。

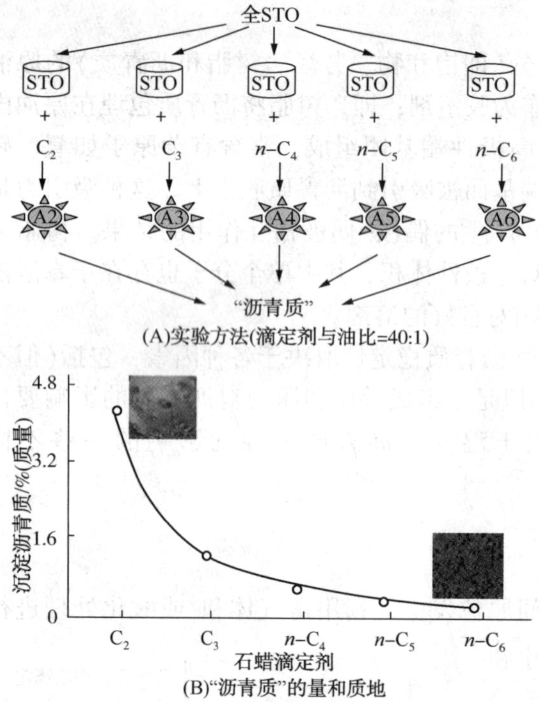

图 23.8　石蜡(滴定剂)碳数对“沥青质”的影响[25]

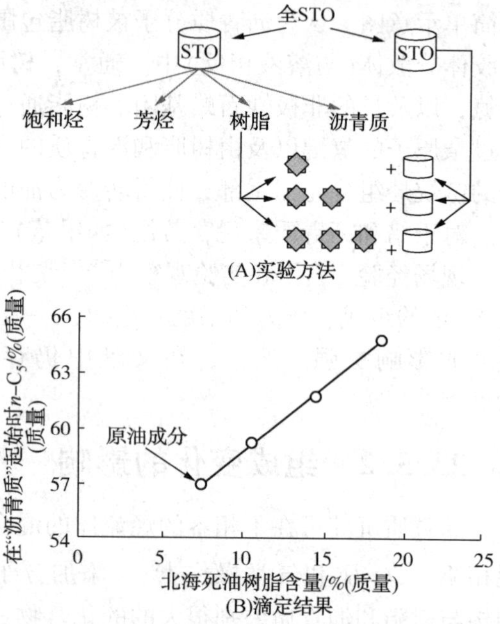

图 23.9　在 25℃和 690kPa 下，树脂对沥青质稳定性的影响[26]

23.5.3　压力变化的影响

沥青质沉淀和沉积也可发生在油井管线中，油变得饱和的深度以下[1-5,28,29,32,35-37]。这种现象主要归因于欠饱和原油中轻馏分和重组分(例如树脂和沥青质)的可压缩性程度存在差异。事实上，当不饱和储层流体的压力接近其泡点时，液相内轻馏分的相对体积分数增加。这种效果类似于向原油中加入低摩尔质量烃(沉淀剂)，导致沥青烯去消沉。这个概念在图 23.10(A)中以图像形式表明，并通过参考图 23.10(B)的 Peng-Robinson EOS 模型模拟结果而被增强。显然，随着系统压力等温下降，易压缩分子(如，甲烷)的部分摩尔体积与戊烷相比变化显著。这种变化对于 $C_7 \sim C_{12}$ 级分的情况甚至更不明显。因此，可以想象，在相同温度下，随着压力的降低，更重的石油馏分(即树脂和沥青质)将表现出相对最小的摩尔体积变化。

已确定，大部分沥青质沉淀发生在不饱和原油的泡点压力附近[1,28,35]。在泡点以下，挥发性烃类作为气相从液体中蒸发，导致液相的密度增加(即，液体组成的变化)。认识到轻馏分以及沥青质在原油中竞争溶解能力，轻馏分的损失意味着沥青质在原油中的溶解性更好[1,24,28,29,35]。早在 1965 年，这种行为在 Hassi Messaoud 领域就被明确地观察到/证实。操作员在高于泡点的压力下遇到了这种相对较轻的原油[约 40API，含 0.01%沥青质(质量)]的主要沥青质生产问题(沉积在生产油管中)。低于饱和压力，堵塞问题“神奇地”消失。

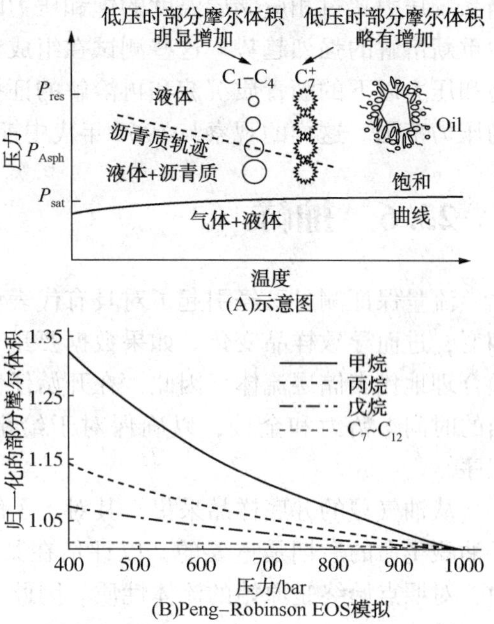

图 23.10　压力对石油组分的摩尔体积的影响[38]

23.5.4　德布尔图

de Boer 等[28]报道并比较了一些来自北海和科威特原油的性质，其中在生产期间遇到沥青质问题的那些原油操作上无问题。通常，轻质原油遇到的问题有，$C_1 \sim C_3$ 含量较高[>37%(摩尔)]、C_7^+ 馏分[<46%(摩尔)]相对低、沥青质含量低[<1%(质量)]，显著的未饱和性(即，储层和泡点压力之间的差值>30MPa)和相对高的压缩性。尽管，Hirshberg 的数据集表明，只有低沥青质含量的原油表现出不稳定性[41]，更完整的数据集显示稳定性和沥青质含量之间没有显著的相关性。活油压缩性与原油的原位密度相关；因此，提出了欠饱和度与原位密度的通用图(以下用 de Boer 图表示)，其具有潜在的无问题到非常有问题的原油的确定区域[28]。因此，预期原油越轻，在生产过程中沉淀沥青质的倾向就越大[1]。通常认为 de Boer 图是用于鉴定非问题油的最保守筛选。

23.5.5　沥青质的可逆性沉淀

许多研究人员认为，沥青质沉淀是不可逆的，主要是由于实验观察到了沥青质悬浮液的胶体行为[39]。Hotier 和 Robin[40]认为滴定实验的结果表明，通过添加沉淀剂沉淀的沥青质，可通过加入溶剂而使其再溶解。然而，这不是可逆性的明确指标，由于添加溶剂不是添加沉淀剂的相反过程。Hirschberg 等[41]假定沥青质沉淀是可逆的，但可能非常缓慢。Fotland[32]和 Wang 等[33]已经推测，由于原油经受了远远超过其起始时的条件，因此沥青质沉淀不大可能是可逆的。

值得注意的是，在 1995 年之前用于研究沥青质的大多数实验技术的压力等级上是有限的；因此，基于死油分析的结果通常是对活油状况的过度推断。基于死油实验难以测试沥青质可逆性，由此样品组成似乎是不可逆的改变。

随着 1995 年高压高温下基于激光的透光技术的发展，Hammami 等[1]首先建立并报告了当系统压力超过相应储层温度的饱和压力时，压力诱导沥青质在墨西哥储层流体未饱和海湾中重新溶解的强烈趋势。这些测试在组成、压力和温度的典型生产条件下进行。还观察到在饱和压力以下的沥青质沉淀和再溶解的证据。也就是说，在恒定温度下测量沥青质不稳定性的压力范围。这样的观察与1960年代中期首次报道的Hassi Messaoud现场经验是一致的[27]。

23.6 抽样

流量保证测量已经引起了对具有代表性样品需求的新认识。压力和温度的变化可能导致相变，进而导致样品变化。如果数据要具有一些实际应用，所有实验室研究中的测试流体必须合理地代表储层流体。因此，在开始任何实验室流体性质测量之前，不可避免地应投入适当的时间、精力和金钱，以确保对于给定的石油流体确保最适当的流体取样和流体制备程序。

从油气藏的井底样品采集，其对于了解要生产的流体是至关重要的。同时，流体样品对于油藏生命的后期是重要的，以评估在某一时间点或在一些生产活动之后流体的状况；然而，对照点始终是原始的流体性质。因此，获取质量且代表性的流体样品以及处理该数据是重要的。

在样品采集过程中引入污染物也可改变流体组成。最常见的污染源是钻井液。通常采用油基泥浆(OBM)用于钻井作业。OBM过滤器经常由于泥浆柱中的过平衡压力而侵入地层，并且反过来可能污染相邻地层流体。污染的程度取决于OBM类型以及地层中的穿透深度(层)。这导致在采集代表性储层流体时常伴随着问题和挑战。因此，在收集的样品中，小浓度的OBM滤液的存在也可显著改变地层流体的相行为和流体性质[42]。

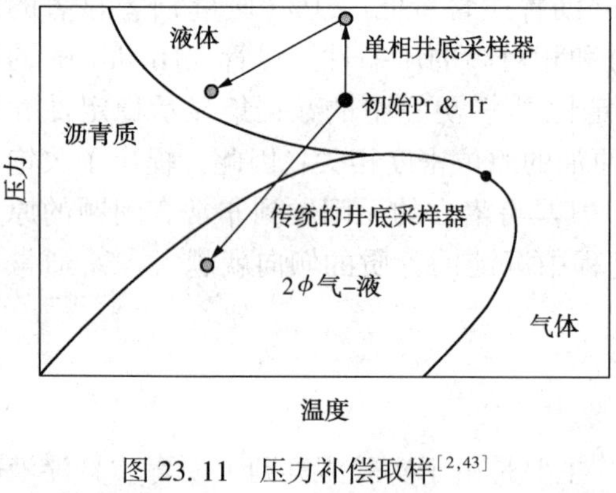

图23.11 压力补偿取样[2,43]

完好的样品将在恒定的温度和压力下从储存器中无污染地收集并且完整地运送到实验室，同时保持温度和压力。以这种方式，消除了与相变、转移或污染相关的改变。在实践中，至今还达不到上述要求。更现实的目标是通过压力和潜在的温度补偿降低相变的可能性。图23.11显示了使用地层测试工具对样品进行压力补偿的影响[2,43]。不幸的是，许多可引起流量保证问题的固体在采样过程中便从溶液中析出，就像其在生产系统中一样。如果发生相变，尽量减少样品残留在多相环境下的时间并避免样品转移是极为重要的。如果样品必须在容器之间移动，则在转移之前必须在储存条件下小心地平衡。每次样品转移后，用甲苯彻底冲洗相应的空样品圆筒，并将洗涤溶液收集在正确标记的运输容器中。取多个样本，并在所有阶段执行一致性检查。一个充分考虑的样品管理程序将包括跟踪从采集点到实验室分析的所有样品条件。需记录压力、温度、验证数据、转移和体积。

沥青质测量对碳氢化合物样品质量有最严格的要求。沥青质在取样期间遇到的压力和温度降低易发生沉淀和损失。沥青质的稳定性也由于污染物的存在而受到很大影响。图23.12显示了从同一采样点采集的三个样品通过光散射测量的沥青质沉淀压力[44]。样品1经压力补偿并仔细平衡并原位转移。样品 2 在取样瓶中直接运送到实验室并在转移之前平衡一段时间。样品 3 在低温(低于 Tres)条件下短时间调节并现场转移。显然，沥青质从样品 3 中沉淀并损失，具有低得多的沉淀压力。

图 23.13 显示了油基泥浆污染对沥青质沉淀压力的影响[38,45]。实际储层流体非常不稳定，其起始点明显高于饱和压力。可以看出，泥浆使系统稳定，使得在 19.4%(质量)的污染物下沉淀点完全消失。在这些样品上收集的数据被输入到设计或监视工具中将产生错误的结果，这可能导致设计和操作程序中的错误。设计和监督工作的有效性取决于用于生成流动保证数据集的样本的初始质量。

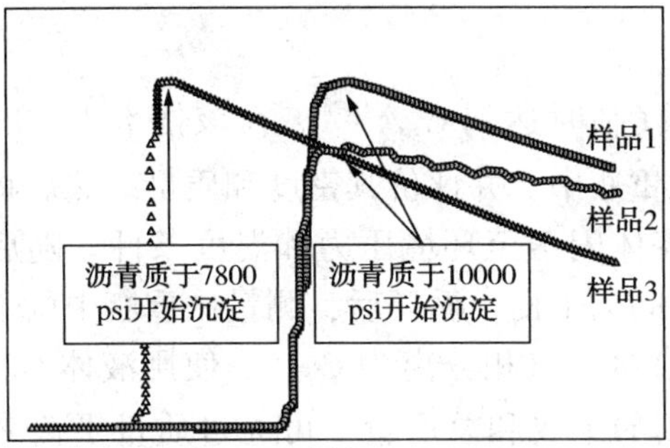

图 23.12 样品处理对沥青质起始压力的影响[38]

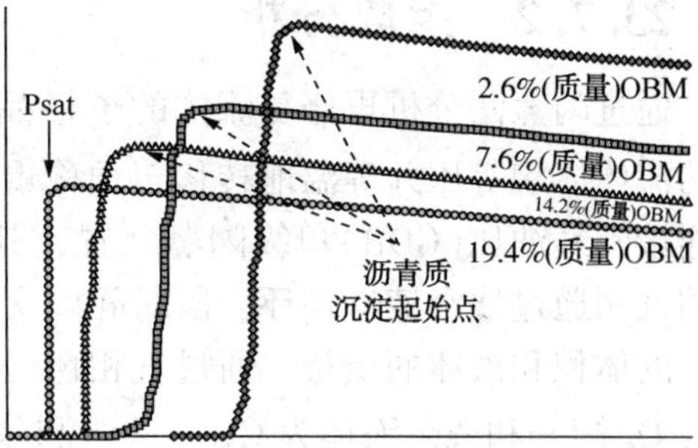

图 23.13 油基泥浆污染对沥青质起始压力的影响[38]

即使在连接良好的储层中，流体性质也会在空间和垂直方向上变化[46]。利用裸眼井形成测试仪获取的样品代表储层中的点值。来自试井的样品代表生产层段的平均值。只要可能，应考虑来自多个深度或空中位置的样品来鉴定和量化变化。理解组成变化的幅度和性质对于系统设计是重要的。

23.7 实验室样品处理和分析

分析阶段包括测量上文讨论的样品的相关流动保证相关流体性质。沥青液的相关流体性质的列表将取决于预期的系统操作条件。通常，采用分阶段法设计分析程序[1-3]。首先进行样品处理和验证，如下所述。

23.7.1 样品处理和转移

在从所讨论的储器接收适当收集的样品后，第一步是适当地制备这些样品用于随后的测试。根据所收集的样品类型，所采用的方法稍有不同；然而，最重要的初始目标是确定来自相同井和/或区的多个样品组成的一致性。

首先，在室温下检查传送样品圆筒的开启压力，放置在空气浴炉中，并使用背压调节器加热至储存器温度，同时保持恒定压力。接下来，在连续摇动下至少 5 天的稳定期后，将其等压和等温转移到合适的高压高温圆筒。该转移包括以下步骤。

第一，将清洁的活塞式实验室气缸抽真空并在活塞下方填充驱替液。然后，用可视玻璃和高压管道将实验室圆柱体连接到运输气缸上。为了开始传送，利用一个泵将油从运送气缸移出到实验室气缸中，而第二泵将用于从实验室气缸中抽出驱替液。在该过程中，转移压力保持在饱和以上以及可能的沥青质起始压力。极力建议在样品传输过程中，两个气瓶之间的压差不超过200psi。此后，每个排空的圆筒将用足够量的甲苯彻底冲洗以溶解全部有机沉积物，并清洁输送滚筒。在合适的预先标记的容器中回收相应的甲苯冲洗液。

最后，对取样室的各甲苯冲洗物进行组成分析，直到 C_{30}^{+}(对于蜡质原油)和/或旋转蒸发，随后是所得残余物(对于沥青原油)的沥青质含量。在蜡质原油的情况下，将漂洗液的 C_{30}^{+}组成与相应的不含甲苯的油的组成进行比较。认为现场样品调节和转移的质量保证/质量控制(QA/QC)是可接受的，条件是证实以无甲苯为基础的漂洗液的 C_{30}^{+}组成和/或残留物的沥青质含量与母体油总成分具有相似性。

23.7.2 组成分析

通过闪蒸法分析再修复流体的子样品的组成(临时达到 C_{30}^{+})[47]。在该技术中，准确测量的流体体积等压并等温地转移至预称重的空比重瓶中，并评价其密度和质量。然后将比重瓶连接到气油比(GOR)单级闪蒸装置，其中将流体闪蒸至环境压力和温度条件。随后，放出的气相通过残余液体循环一段时间以实现相之间的平衡。循环后，测量比重瓶中剩余平衡蒸气的体积和液体的质量。通过气相色谱仪(GC)将蒸汽相分离为 C_5，而使用液体 GC 分析蒸气 C_5^{+} 馏分和残余液体为 C_{30}^{+}。从所测量的各相的组成和总质量，可通过质量平衡来计算原始活流体的组成。

23.7.3 油基泥浆(OBM)污染定量

在储层流体中，用于定量其 OBM 浓度的最常用技术为气相色谱法[42]。气相色谱法提供了 OBM 污染水平的适当的视觉呈现。图 23.14 显示了被合成油基泥浆(OBM)污染的墨西哥湾黑色油的示例组成分布图。为了便于比较，将 OBM 滤液样品的色谱图叠加在同一图上。可以看出，对于未污染的油样品，在碳范围 $C_{11} \sim C_{29}$ 内组分浓度的对数衰减基本上是线性的。在 $C_{15} \sim C_{20}$ 碳范围内观察到的峰表明，原油中存在不同的 OBM 水平。OBM 浓度越高，则出现的对应峰越明显。通常，利用撇去技术(即，基于对数衰减斜率，OBM 碳范围内的组分浓度的线性插值)或减法方法(即，通过优化的 OBM 组分“常数乘法器”，其产生调整后组分的对数衰减斜率的最大 R^2)定量 OBM 浓度[42]。然而，谨慎的一个词，减法和撇取技术依赖于对数线性衰减的假设。生物降解原油和杂化油，由不同油/冷凝物种类的混合物组成的油，不可能表现出对数线性衰减关系，且由这些标准技术的自动应用可产生显著误差。已开发了地层流体中光学(即流体颜色)和 OBM 浓度之间的直接相关性[48]；因此，它已成为在采样期间实时监测样品纯度/质量的工业标准。

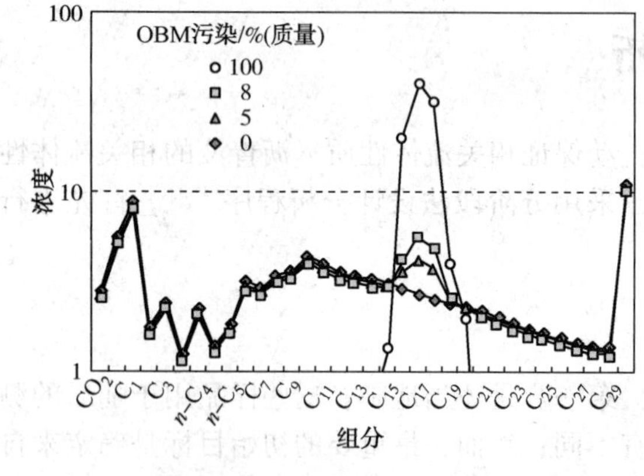

图 23.14 气相色谱法对 OBM 污染的分析

污染水平定义了样品质量。通常难以用 GOR 校正 OBM 的增加。污染主要是对气藏和近临界流体的关注。在黑色油的情况下，对于 PVT 通常认为小于 1%(质量)的 OBM 是可接受的，但不用于流动保证研究[2,37,38,49]。

23.7.4 死油表征

一旦复制的井底样品被证实具有相似的C_{30}^{+}组成、密度、OBM浓度和GOR，将一种流体(随机选择)的子样品(约100cm^3)闪蒸至环境条件。然后利用如下详述的不同分析技术对所得的死油进行一系列筛选试验。

分析方法适用于一段时间内分离和表征重质原油和沥青中的沥青质以及蜡质原油中的蜡[13]。这两种组分类型均可能引起与原油及其产品相关的生产、运输和加工问题。通常需要在其含量和稳定性方面表征沥青质的良好数据，以及关于其含量和碳数分布的蜡，以帮助解决这些问题。在相同的原油中发现了越来越多的沥青质和蜡，并且通常已建立的分离方法对其并不适用。描述了改进的分离技术，并讨论了其对不同粗制类型的适用性[13,50]。下面给出用于表征类型的实施例，其可在分离的沥青质、麦芽糖、蜡和油上进行。

SARA分析

SARA分析是指通过溶剂诱导的沉淀和柱色谱法的组合测定饱和物、芳香族化合物、树脂和沥青质的量[5,13,50]。Fuhr等[50]以及Lira和Hammami[13]公开了用于将原油分离成SARA馏分的各种方法，这取决于所考虑的油的性质和/或特性。由于SARA测定可以在各种分析实验室之间变化，因此对于所有油的相对比较，遵循相同的程序是关键的。全部死油的SARA分馏方案示例如图23.15所示。

理想地，原油最初通过蒸馏(如，在270℃/518℉，其对应于C_{15}的沸点)分馏成两个馏分。该步骤对于分离挥发物是必要的，反过来，在随后的样品分馏过程中建立良好的质量平衡。通过超临界流体色谱-质谱(SFC-MS)分析轻馏分(<270℃)的饱和物(即石蜡、异链烷烃和环烷烃)和芳族裂解，其中N_2O化学电离(Cl)和/或气相色谱-质谱(GC-MS)；然而，残余(>270℃)馏分进行SARA分馏，如下所述。通过组合两种馏分的饱和物和芳香物，确定全油SARA。或者，可以首先在60℃下用流动的氮气将油样品最佳至恒重，以产生无挥发物的“稳定的”油。然后如以下详细描述的那样对顶部油进行SARA分馏。后一种方法需要所有的油在顶部油的基础上进行比较。假设通常基于实验对损失(蒸发)轻馏分在相对饱和度与芳族馏分上的经验，以在全部原油基础上表达SARA。

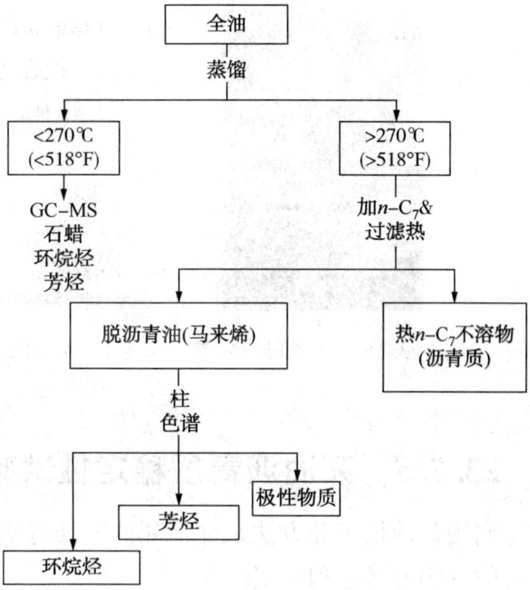

图23.15 用于蜡质原油的SARA分馏方案

(1) 沥青质馏分

已经报道了基于长期存在的分析程序，测定沥青质含量及其变化的几种方法，即ASTM D2007，Universal Oil Products(UOP)614-80和/或IP 143[5,10,13,25,26,50,51]。通常，将残余物或稳定的死油的子样品(1~2g)溶解在40mL石蜡族溶剂(通常为正庚烷或正戊烷)中。此外，也经常在加入40mL石蜡族溶剂之前，首先将1g残余物溶解于1mL甲苯中。然后将所得溶液在氮气覆盖且室温下，黑暗中保持几小时，随后，将溶液加热至接近其沸腾温度(以熔化共沉淀的蜡和/或树脂，如果有的话)，并使用0.45μm过滤器在真空下热过滤。接下来，将过滤器折叠以防止装载到索格利特Soxhlet装置(如图23.16所示)中的沉淀“即沥青质+残余油”，并采用热正庚烷(约75℃)彻底洗涤，直到Soxhlet装置的上部变得清晰。此后，将含有正庚烷的沸腾烧瓶用另一个含有甲苯的烧瓶替换，并在Soxhlet装置中继续萃取，直到所有“沥青质”已从过滤器中溶解。然后通过蒸发浓缩甲苯溶液，并最终转移到称重的小瓶中，在60℃氮气下完全干燥。最后，称量小瓶并定量“沥青质”级分。

(2) 饱和物、芳烃和树脂组分

将如上所述获得的溶解在石蜡溶剂中的脱沥青残渣(即滤液)充分混合；然后如图23.17的示意图所示，利用二氧化硅填充柱对等分试样(约40mg)进行液相色谱分离。简言之，将在石蜡溶剂中稀释的样品作为进料加载到二氧化硅填充柱上。当芳族和极性化合物吸附到二氧化硅珠上时，饱和(S)级分与溶剂(正庚烷或正戊烷)一起洗脱通过柱子到预标记的玻璃广口瓶中。随后，将中极性溶剂和强极性溶剂加载到同一填充柱上(一次一个)，以分别回收/洗脱芳族(A)和树脂(R)级分。相应的流出物收集在单独的玻璃罐中。然后将每种溶液在氮气氛下进行旋转蒸发以除去各自的溶剂。可观察到，如此获得的饱和馏分是白色和不透明的，就像蜡烛蜡；而芳族和极性部分分别显示为棕色和较暗色。

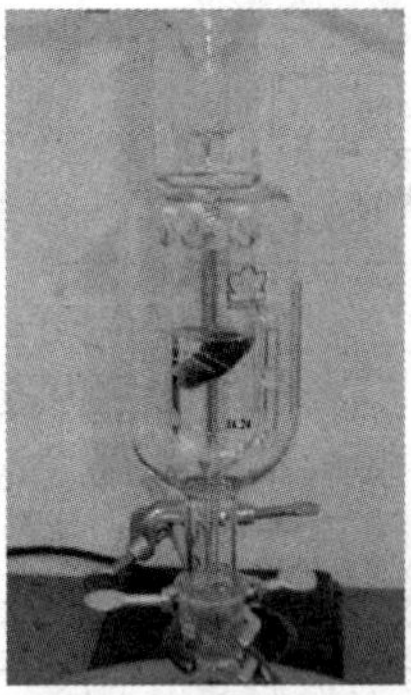

图23.16 索格利特装置

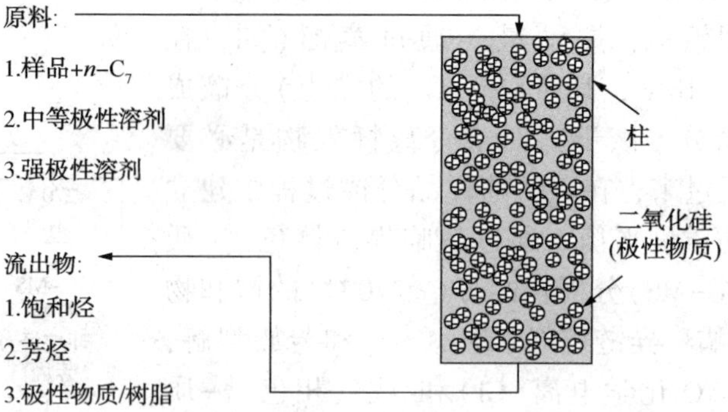

图23.17 利用二氧化硅填充柱进行液相色谱分离的maltene(脱沥青油)的示意图

23.7.5 死油沥青质稳定性试验

利用各种技术和方法来评估死油的沥青质稳定性。通常，包括利用正戊烷、正己烷或正庚烷的SARA筛选和滴定试验。

23.7.5.1 SARA屏幕

值得注意的是，SARA分馏方法和原油的程序有许多变化。因此，必须谨慎使用本文所述的SARA筛选。换句话说，必须确保通过严格遵循所讨论的SARA筛选方法的开发者描述的相同的实验程序和分析技术来获得SARA级分。

SARA筛选为胶体不稳定性指数(CII)，由Asomaning和Watkinson提出[52]。CII定义为不利的级分(沥青质+饱和物)与油的有利的级分(树脂+芳族化合物)的比率。比率大于1意味着不利组分的量超过系统中有利组分的量；因此，沥青质可能不稳定。另一个SARA筛选是由Stankiewicz等[5]提出的，两种比例饱和物/芳族化合物/芳族化合物/树脂的交叉图。饱和物/芳族化合物比是沥青质的样品的溶剂化能力的间接测量(高比率意味着不良溶解倾向)。另外，沥青质/树脂比率涉及沥青质对胶体稳定性的测量(沥青质/树脂的低比率意味着良好的胶体稳定性)。这些比例与来自30个以上的沥青质问题场以及全世界200多种其他流体的数据的交叉图如图23.18所示。基于作者的现场观察和操作经验，分离稳定和不稳定油的曲线。可以看出，容易观察到两种粗分类的原油。一些拟合沿渐近水平曲线，沥青质稳定性主要是芳香性控制。其他的沿着渐近的垂直曲线排列，沥青质的稳定性主要由树脂控制。

23.7.5.2 滴定测试

存在各种脂肪族烃滴定测试[如，P值[5]、折射率测量[33,53]，和测量沥青质固体保持分散在己烷中的倾向的沥青质分散剂测试(ADT)]，其用于评估死油中沥青质的稳定性。一般程序涉及向原油样品中连续(快速)或离散(慢速间歇)添加脂肪族滴定剂。

23.7.5.2.1 连续滴定

在连续滴定的情况下，通常利用近红外激光透射探针剧烈搅拌样品混合物并同时监测沥青质絮凝开始。用于该测试的实验技术通常称为絮凝点设备(FPA)。该系统类似于由Hammami和Raines[47]描述的基于激光的光透射固体检测系统(SDS)。由于滴定剂(通常为庚烷或戊烷)的浓度在油样品中增加，所以得到的混合物光密度降低，穿过样品的光透射率增加。然而，在某些临界滴定剂浓度下，沥青质絮凝物开始出现；相应的光透射信号呈现最大值并开始显著下降。通常，对应于透射率曲线中的最大值的滴定剂浓度被认为是FPA数，其被定义为滴定剂体积与原油的初始质量的比率[4,5]。图23.19显示的是，利用红外光透射探针获得的示例性滴定曲线。

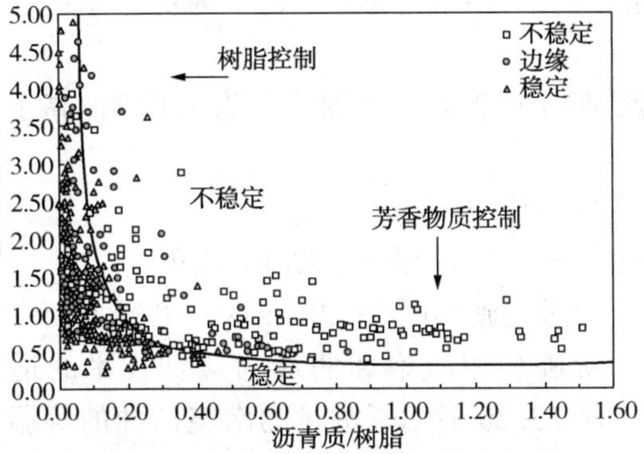

图23.18 壳牌的SARA交叉图稳定性筛选[5]

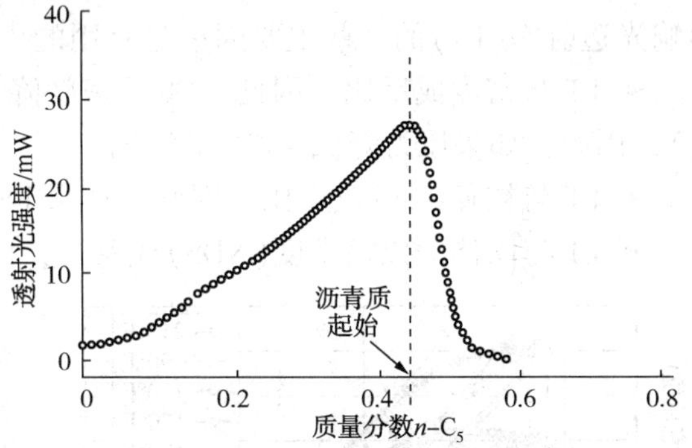

图23.19 恒定温度和压力下的典型透光率滴定曲线

然而，真正的沥青质起始浓度几乎总是低于该值，其对应于在透光率曲线中观察到的最大值。这是由于随着滴定剂浓度的增加，光密度相对于沉淀的沥青质絮凝物的尺寸和量的减少的两个同时竞争(对抗)效应。虽然光密度的降低导致透光率的增加，但沥青质的沉淀导致透光率的降低。因此，沥青质絮凝物必须在光透射率达到最大值之前达到临界尺寸和/或浓度，作为两个竞争因素的净效应。超过观察到的透光率的最大值，沥青质的作用变得比滴定剂稀释的效果更强；因此，随着滴定剂浓度的增加，透光率继续下降。

23.7.5.2.2 离散滴定

离散滴定考虑了沥青质不稳定性的慢动力学，因此提供了更好的平衡测量近似。据报道，通常滴定剂诱导沥青质沉淀的动力学在相对高的稀释速率下相当快(约几秒)[24,54]。然而，在低稀释速率下，Wang[55]观察到在脂肪族滴定剂的环境温度下沥青质沉淀的达到平衡的合理近似所需时间为 24h。Anderson[56] 报道溶液形成是时间依赖性的，这表明颗粒形成和重组中是非常慢的动力学。Long 等[57] 报道了通过添加脂肪族溶剂诱导沥青质从沥青中的沉淀，可发生在两个不同的阶段。第一阶段在沥青与脂族溶剂接触之后需要快速和大量的沥青质絮凝。第二阶段是沥青质继续缓慢沉淀，没有进一步加入脂族溶剂。在第二阶段期间的沥青质沉淀被报道经历三个过程，即诱导(慢成核)、快速生长和分形形成。

Wang 和 Buckley[57] 和 Buckely 等[58,59] 利用折射率测量以及显微观察来评估环境温度下用增量比例的脂族溶剂稀释的各种原油。根据它们的折射率筛选方法，在环境温度下折射率远高于 1.45 的原油相对于沥青质沉淀通常相当稳定。

23.8 活油沥青稳定性技术

流动保障测量领域仍然是一个发展中领域，新技术可定期获得。这有正面和负面的后果。积极的一面是，测量和解释流体行为变化的能力不断提高。这导致更好的设计，既优化性能并降低流动保证风险。然而，测量技术的动态性质导致测量和建模之间缺乏标准化和不一致性。下面将讨论在过去 10 年中引入的三种已建立的用于流量保证测量的新技术。

23.8.1 透光率(光学)技术

第一种是基于激光的光透射技术(通常也称为固体检测系统“SDS”)。在 20 世纪 90 年代后期，SDS 得到了广泛的接受，并成为在活地层流体中筛选沥青质稳定性的行业标准[1-5,35-38,47,60,61]。有关这种技术和相应的测量原理的细节已在别处描述。为此，总结已知影响光透射率(LT)的一些主要因素是有用的[1]：

- LT 与密度成反比；因此，如果密度降低，则 LT 增加。密度与压力成比例(高于泡点)；因此，如果压力降低，则 LT 增加。
- LT 与粒径(PS)成反比；因此，如果 PS 增加，则 LT 减小。
- LT 与固体的成核密度(NDS)成反比；因此，如果 NDS 增加，则 LT 减小。

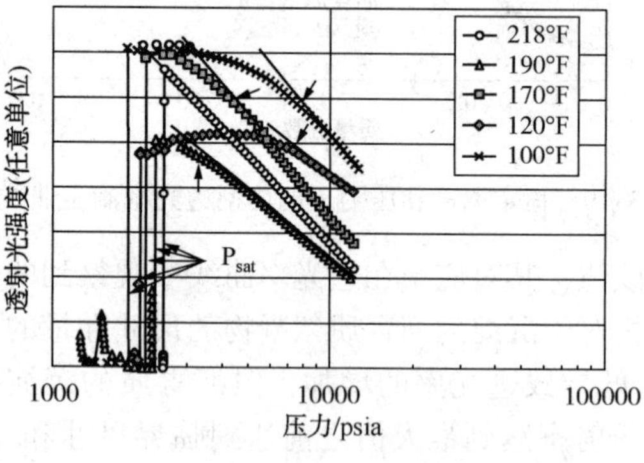

图 23.20　南美原油在不同温度下的等温降压[61]

通过实施例图 23.20 显示，测量上沥青质沉淀轨迹和相应饱和曲线的这种技术的适用性，图 23.20 显示了测量的南美活油的等温光透射率曲线。相应的采样条件和地层流体性质分别列于表 23.3 和表 23.4 中[61]。在储层条件下，南美原油几乎不饱和。它被认为是由 C_7^+ 级分[约 44%(摩尔)]和单级 GOR(约 540scf/STB)表征的黑色油。该流体在储层温度(即，218℉)的压力耗尽期间不可能沉淀沥青质。然而，在等温扫描期间(图 23.21)和/或在较低温度下的等温压力消耗，倾向于沉淀沥青质。观察到沥青质沉淀的开始压力随着温度的降低而增加。相应的 SDS 降压痕迹在质量上类似于具有少量沥青质沉淀问题的墨西哥湾储层流体。相应的 PT 图如图 23.22 所示[1,61]。注意到，在 170℉的等温沥青质开始压力对应于在 4000psi 等压沥青质开始温度存在预期的实验误差。因此，上面的沥青质轨迹是真实的热力学边界。此外，一些测量的性质(如 SARA 分布、原位密度和未饱和度)与北海和科威特油藏报告的没有或次要生产问题的流体性能比较良好[28]。

表 23.3　报道的现场条件[61]

采样点	条件	
	压力/psia	温度/℉
油藏(井底)	2673	218
井口	1114	100
分割器	59	95

表 23.4　井底样品的组成和测量性能[61]

组分	组成/%(摩尔)	组分	组成/%(摩尔)
CO_2	6.383	C_7^+	44.58
N_2	0.113	分子量/(g/mol)	122.7
C_1	0.754	218℉、7014psia 时的密度/(g/cm³)	0.771
C_2	2.638	218℉时的泡点压力/psia	2560
C_3	3.491	STO SARA 质量分数	
i-C_4	1.646	饱和量/%	56.4
n-C_4	2.598	芳烃量/%	26.6
i-C_5	1.823	脂类量/%	10.9
n-C_5	1.529	沥青质(n-C_5 不溶物)量/%	6.1
C_6	4.45		

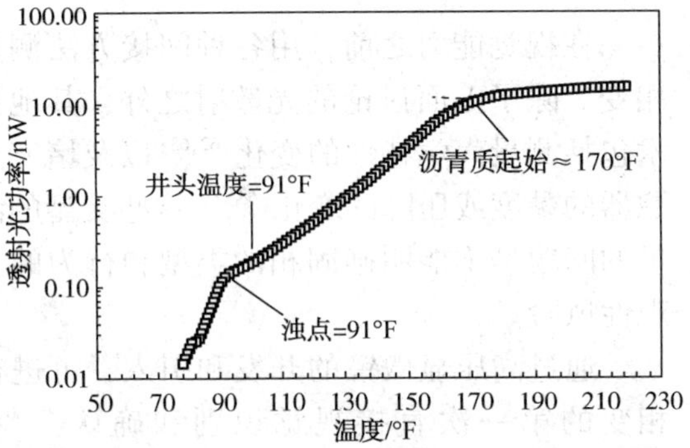

图 23.21　在 4000psi 下南美原油的等压温度扫描[61]

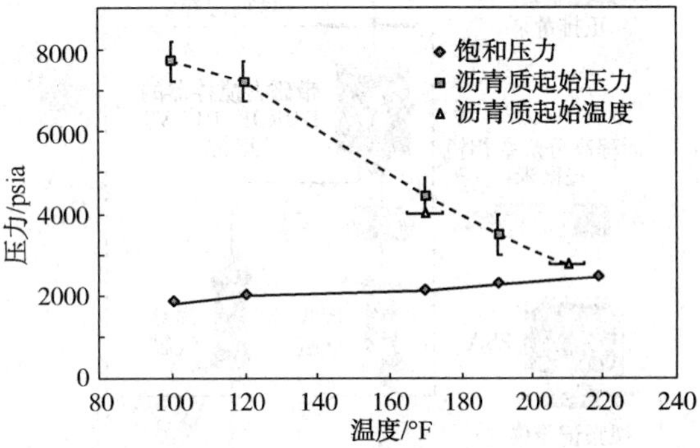

图 23.22　南美原油的 PT 图[61]

图 23.23 描绘了在相应储层温度(即，高于和低于地层流体饱和压力)下不稳定的墨西哥湾流体的完全等温 SDS 压力损耗轨迹的实例。LT 功率对压力的半对数曲线具有明显的三个主要转变。最高转变压力对应于沥青质起始压力。中间过渡压力由气相的出现(即，泡点压力)引起，并怀疑最低转变压力对应于沥青质再溶解压力。据推测，低于饱和压力时，随着溶解气体逐渐释放，出现两种竞争效应。LT 倾向于随着沉淀的沥青质开始再溶解于越来越致密的液相中而增加。同时，随着液相的光学密度继续增加，LT 趋于降低。根据哪种效应更强，最终结果可以是 LT 信号的增加、平稳或降低。基于图 23.23，似乎最初沥青质再溶解的效果比增加液相光密度的效果更强；因此，观察到 LT 的增加。当发生最低转变时，增加液相光密度的效果变得更强，从而观察到 LT 信号的线性减小。

如果上述推测是正确的，必须注意，较低沥青质边界/轨迹不如上沥青质沉淀轨迹那样明确。事实上，经验表明，低于泡点的沥青质再溶解动力学缓慢。通常，在实验室中接收的减压原油样品(即，死油)含有沥青质聚集体，其可通过显微镜检查识别[53]。其在加入甲苯后确实溶解。由于这些限制和/或不确定性，构造不稳定储层流体的示意性相图，如图23.24所示。在此，较低沥青质边界表示为宽区域而不是清楚的轨迹。然而，观察到的总体趋势与报告的Hassi Messaoud油田现场观测非常一致[27]，即最初经历了生产井中的严重沥青质沉积问题，同时产生高于其饱和压力的储层流体。当生产压力降低到流体饱和压力以下时，问题最终消失。

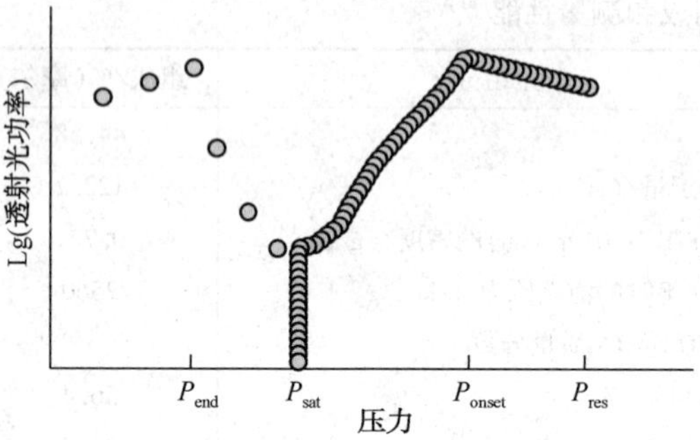

图 23.23　等温离散激光透射压力耗尽迹线，用于不稳定的 GoM 储层流体在 Tres

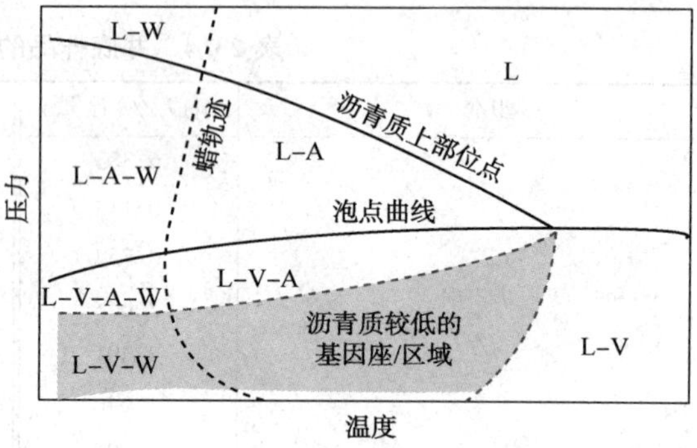

图 23.24　不稳定储层流体的 PT 相图示意图

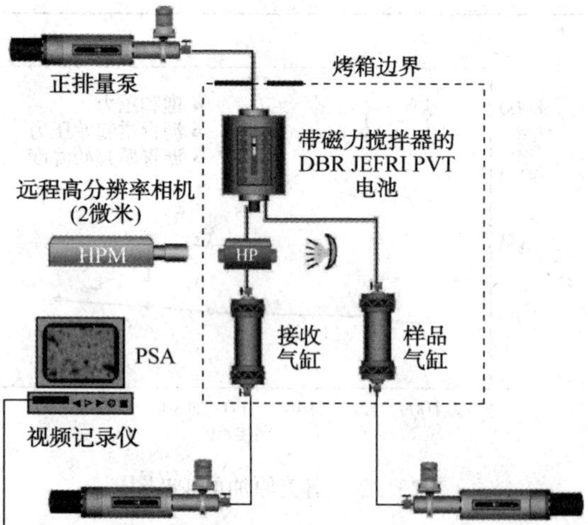

图 23.25　高压显微镜(HPM)+粒度分析仪(PSA)

23.8.2　高压显微镜(HPM)

在视觉能力之前，用各种间接方法测量相变。除了上面讨论的光散射之外，其他技术包括测量声学特性的变化[62,63]以及堵塞过滤器的黏度或压降的变化[64]。这些类型的测量的问题是不能明确固相的类型和行为的主观性风险。

通过高压显微镜的开发和引入，可进行相变的第一次直接视觉识别和确认[35,60]。HPM装置的示意图如图23.25所示。HPM额定为200℃和20000psi(138MPa)，并与装配有磁性混合器(1400r/min)的无汞PVT电池串联安装。HPM包括两个蓝宝石窗口单元、高分辨率(约2μm)的长焦距相机、容积泵、接收筒和空气浴炉。HPM具有低死体积($<1cm^3$)和窗口之间的小的可调节间隙(100~400μm)。薄间隙允许在黑暗原油中可视化；它还可以阻碍/限制大尺寸颗粒和/或水滴的流动(即>400μm)。电池在同一气浴炉内连接到PVT电池的底部。HPM还配备有交叉极，其能够在蜡和沥青质颗粒形成/成核并随后生长时同时检测蜡和沥青质颗粒。通过在等压冷却实验期间旋转偏振器，可容易地观察到蜡和/或沥青质在它们形成和/或共沉淀时的形成过程。在性质上蜡是结晶的，因此在偏振光下是清晰可见的；而沥青质主要是无定形的且在正常光模式下可见。

HPM 由粒度分析仪(PSA)补充，其使用专有的图像分析软件来确定蜡、沥青质和/或水滴在它们形成、成核或生长时的尺寸和分布。PSA 作为 HPM 系统的同步特征操作。该系统已使用不同浓度和尺寸(1~50μm)的颗粒标准物以及微尺度物镜进行校准。PSA 软件以高采样率实时扫描数字 HPM 显微照片图像，并且在逐个像素的基础上在受限制的视场内同时离散这些图像。从这些数据，在由 HPM 电池包含的实验样品的停留时间内连续且频繁地产生粒度分布的直方图，从而提供关于相对丰度，形态变化和起始条件的信息。图 23.26 描述了在储层温度下不稳定的活油的离散减压期间产生的样品 PSA 报告。报告的粒径是具有等于沥青质颗粒的投影面积的圆盘的直径。数量计数是从给定压力下的至少 20 个图像的分析获得的累积值。

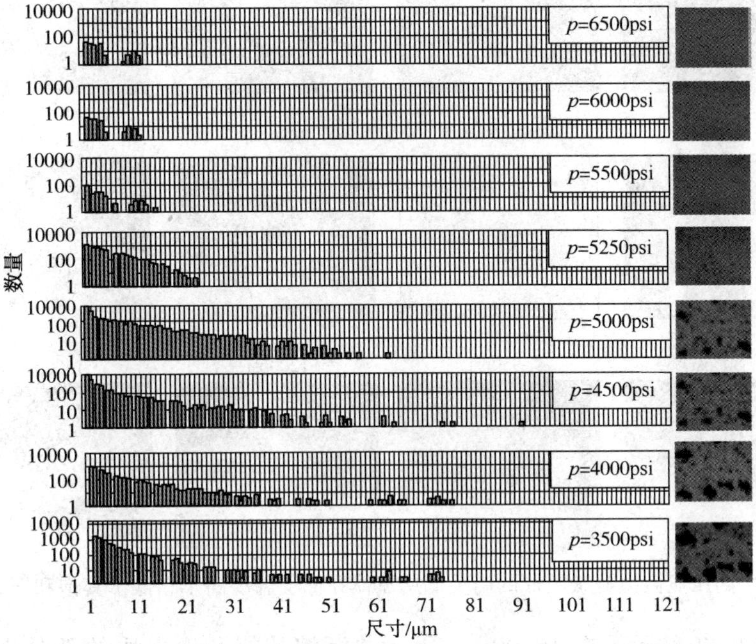

图 23.26　离散减压实验的 PSA 直方图示例

图 23.27 显示了透射光迹线以及沉淀沥青质的系统的显微照片[3]。在沉淀开始时，沥青质以小的分散颗粒存在，易于流过系统。在较低压力下，发生另一个显著变化。现在，颗粒彼此粘在一起形成较大的絮凝物，并开始粘在电池壁上。人们期望在这些条件下沉积的风险大得多[2,3]。

图 23.28 显示了对于图 23.27 所示的相同不稳定油的完全等温压力损耗实验(即，高于和低于饱和压力)的显微照片。显然，

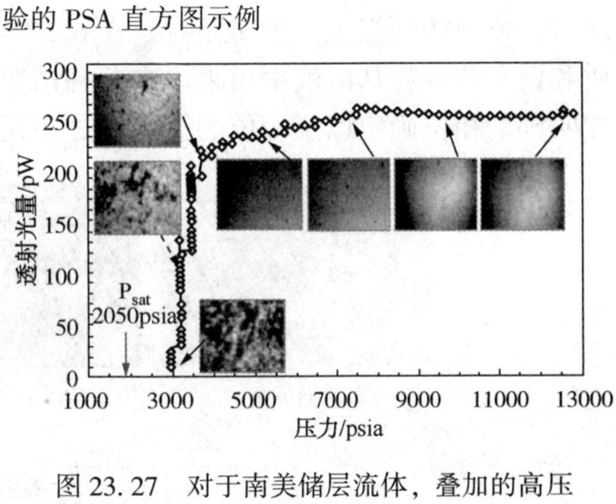

图 23.27　对于南美储层流体，叠加的高压显微镜显微照片的等温压力耗尽透光率迹线[2]

对于该油样品，沥青质不稳定性发生在明确的压力范围上，容易进行三个观察：(1)沥青质在储层温度下开始沉淀远高于泡点压力；(2)沥青质沉淀的最大量出现在泡点压力附近(即，压力诱导的沥青质最不溶于 p_{sat})；(3)在泡点以下沉淀的沥青质开始重新溶解并在 950psi 以下完全消失。这一发现与 SDS 结果以及先前讨论的 Hassi Messaoud 现场经验清楚地一致。

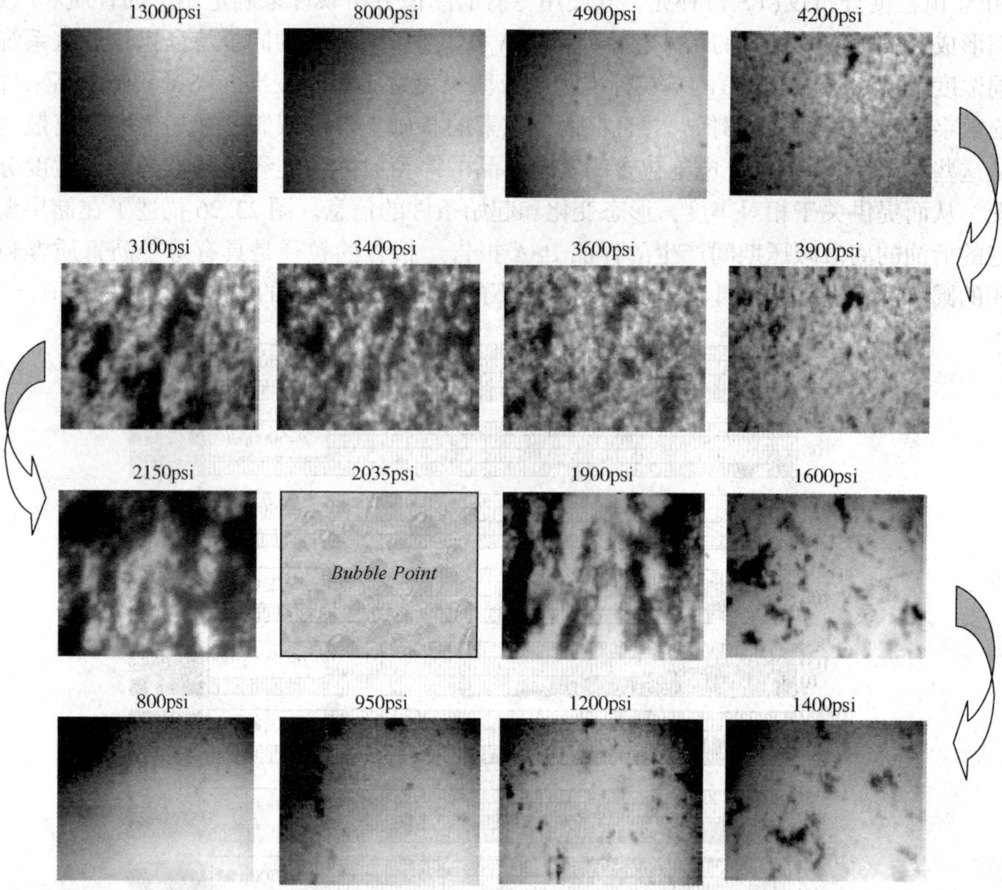

图 23.28　高压显微镜显微照片的南美储层流体在储层温度高于和低于其饱和压力下减压

最后，图 23.29 显示了在 15000psia 下，共沉淀的蜡和沥青质的部分交叉极化图。在 75.5℃，可观察到黑色沥青质颗粒。在 66.7℃下的蜡外观温度(WAT)以下，观察到黑色沥青质和白色蜡颗粒从溶液中出来。在这种情况下，目视识别是确定蜡相边界的唯一的明确方法。明确的相位确定以及相位的行为和分布是流动保证设计和监视过程的关键输入[2]。

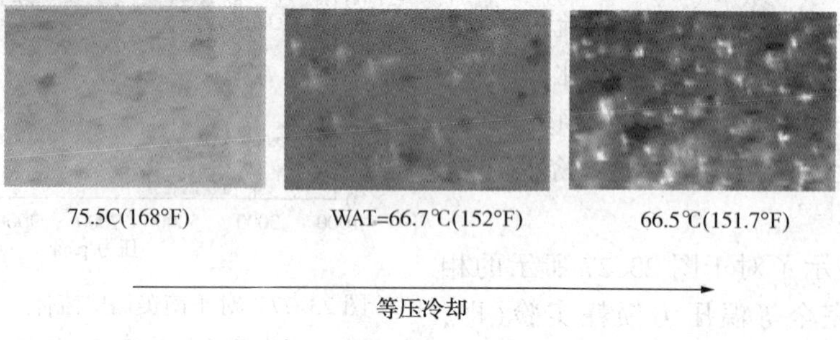

图 23.29　在 15000psia 下，视觉鉴定蜡和沥青质使用不同极化的共沉淀[2]

23.8.3 沉积测量

虽然固体沉淀常常导致不利的流变效应和/或工艺设备的结垢，但沉积或表面上的固体沉积物的生长是与蜡、沥青质和水垢相关在流线和井筒中的堵塞的主要机理。沉积过程不仅是流体的热力学和化学性质的函数，而且还是系统的流体动力学、几何形状和表面特性的函数[35]。目前的实践是在实验室中，在与生产系统中所遇到的条件基本不同的条件下测量沉积趋势。使用经验方法来缩放数据。该方法目前用于蜡沉积。低剪切死油沉积测量被缩放到生产条件。经验缩放往往是保守的。由于沥青质沉积发生在升高的温度和压力下，沉积测量是困难的。因此，通常没有校准的沥青质沉积模型。采取非常保守的方法，假设如果观察到沉淀，沥青质将沉积。还可考虑从视觉观察沥青质行为或沥青质粘附到实验室设备表面的趋势的定性信息[61]。

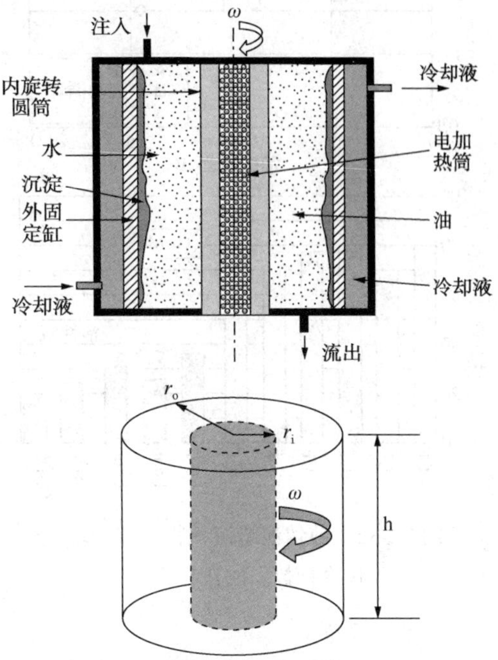

图 23.30 基于 Couette-Tylor 流动的剪切沉积电池的示意图[65]

解决沉积问题的一种新技术是示出的剪切沉积室，如图 23.30 所示[65-68]。在室内可获得跨越流线中的那些完全湍流和壁剪切条件。壁温和系统压力也可独立控制。沉积表面类型和粗糙度可通过插入套筒而改变[65]。图 23.31 是剪切细胞蜡沉积物的图片。图 23.32 显示了剪切池沉积特性和速率与从 2ft 流动环路和低剪切冷指状物实验获得的数据的比较[65-67]。剪切池能够再现与流动环路非常相似的结果，沉积物油含量和正常石蜡沉积速率，只有环路所需的油的一部分。经验缩放过程的不确定性导致蜡沉积的保守预测。这些剪切池沉积数据需要较少的缩放以模拟流动线条件；因此，导致较弱的保守性。

图 23.33 显示了在井眼条件下形成的沥青质沉积物[68]。据我们所知，这是在实验室的流线条件下首次直接形成沥青质沉积物。像这样的测量获得流体沉积沥青质的真实趋势，并且将有希望形成预测性沥青质沉积模型的基础[65]。

图 23.31 剪切沉积细胞蜡沉积[67]

在上述三种技术中，现如今，分析能力和对流动保证数据的理解方面已经取得了重要的改进。然而，由于场动态变化的性质而存在负面影响。标准化和模型开发滞后于测量技术的发展。没有对程序的清楚理解，很难解释数据或将其与来自其他来源的类似数据进行比较。理解测量的意义，并将其正确地纳入设计和监视模型是至关重要的。

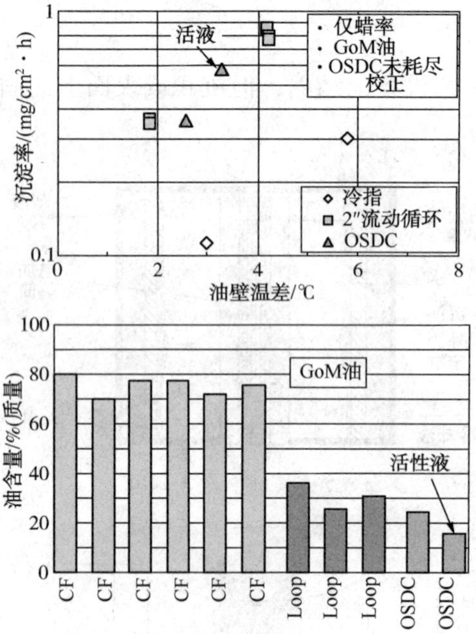

图 23.32 剪切池蜡沉积物与流动环和冷指数据的比较[67]

图 23.33 剪切沉积池沥青质沉积[68]

23.9 沥青质沉淀模型

由于沥青质的复杂和可变的性质，沥青质相行为的热力学模型通常滞后于蜡开发。即使用于稳定或增溶沥青质的机制已经是许多热点辩论的主题。虽然没有人否认沥青质是大的和极性或可极化分子倾向于自缔合，论点持续到沥青质在溶液中的状态：树脂稳定的胶体或溶液溶解的聚集体。系统的复杂性和对稳定机制的不同意见导致了各种各样的模型。以下是大多数主要类型的沥青质模型的简要概述。它不应被视为详尽的调查。与下面提到的相比，更多的研究者对这一领域做出了贡献。

沥青质沉淀/聚集模型可以大致分为两种类型：可逆的和不可逆的。可逆模型是基于平衡热力学，构成最大类型的模型。不可逆模型通常基于树脂稳定的胶体稳定化机制。所有模型可定性描述沥青质经过减压或组成变化时的不稳定。然而，只有包含一些可逆性元素的模型可捕获在许多系统中观察到的沥青质的再溶解。如果系统恢复到其初始单相条件(压力、温度和组成)，严格基于平衡热力学的模型将总是显示完全的再溶解。实验上，这并不总是被观察到，由于慢溶解动力学可能阻止在实验室实验中达到该条件。由于难以表征沥青质馏分，大多数模型的预测能力差。结果，模型被调整为死油和活油滴定数据和/或活油减压数据。

最简单的一类可逆模型是基于常规解的理论。这些模型是严格的非极性色散力支配的解模型。它们不涉及树脂稳定化。Buckley[69]扩展了 Hirshberg 等[41]的原始工作。在 Buckley 模型中，溶解度参数与折射率有关。在该模型中使用临界溶剂折射率来预测沥青质的稳定性已相当成功。

第二类可逆模型基于三次态方程(EOS)。在第一个和最简单的立方 EOS 模型中，沥青质被建模为单个或多个重的伪组分。调节这些组分的关键性质和二元相互作用参数，以在所观察到的沥青质沉淀点处引起液-液相分离[70]。得到的较低液体或沥青质相含所有油组分以及大量的气体组分。虽然一些高气体含量油可表现出这种类型的液-液相分离，但这些结果与典型的沥青质沉淀不一致。为了克服这个问题，固相逸度模型已与状态的三次方程一起使用。类似于用于蜡的那些的结晶固体模型已经应用于沥青质沉淀；然而，定义"无定形"沥青质固体的熔融温度和熔化热是违反直觉的。

更复杂的状态方程已经被提出以并入极性相互作用和沥青质自缔合的效果。在立方加协会(CPA)模型中，将关于极性相互作用的关联项添加到标准立方公式中[73]。统计关联流体理论(SAFT)模型也已被用于并入沥青质自缔合和极性相互作用的效果[74,75]。这些模型在匹配复杂的温度依赖性行为方面提供了更多的灵活性，但需额外的参数来表征结合能。Firoozabadi 和 Pan[76]提出了基于自由能最小化的胶束化模型。该模型明确地涉及树脂稳定的胶体结构，如在缔合模型的情况下。

不可逆模型假定沥青质以沥青质表面上的树脂稳定的颗粒或胶体悬浮体形式存在。随着树脂在溶液中的化学势变化，沥青质表面的分数覆盖率改变。超过某一临界值，在沥青质表面上的树脂量不足以防止颗粒的团聚。凝聚过程被认为是不可逆的[77,78]。Mansoori 和 Leontaritis[77,78]也提出了一个不可逆的分形聚集模型。然而，由于这些模型在固相行为测量技术的最新进展之前已经很好地开发，而较为过时，并不太流行。这些已经产生了关于沥青质沉淀的可逆性的大量实验证据；这个发现与前面章节讨论的现场观察非常一致。

致谢

感谢斯伦贝谢油藏流体中心(以前称为 DBR)和 Oilphase-DBR 产品中心以及实验室的工程师和技术人员在流体取样、分析和建模方面的工作。此外，感谢壳牌全球解决方案(美国)公司和 Chevron 的同行和同事对剪切沉积池部分的宝贵见解。

参 考 文 献

[1] Hammami, A., C. H. Phelps, T. Monger-McClure, and T. M. Little(2000). *Energy Fuels* 14(1), 14-18.
[2] Ratulowski, J., A. Amin, A. Hammami, M. Muhammad, and M. Riding(2004). Flow assurance and sub-sea productivity: Closing the loop with connectivity and measurements. In: *2004 SPE Annual Technical Conference and Exhibition*, Houston, TX, Sept 26-29, 2004, SPE 90244.
[3] Ratulowski, J. and A. Hammami(1999). Planning for organic solids deposition in offshore systems. In: *3rd International Symposium on Colloid Chemistry in Oil Production. Asphaltene and Wax Deposition (ISCOP)*, Huatelco, Mexico, Nov. 14-17, 1999.
[4] Ellison, B. T., C. T. Gallagher, L. M. Frostman, and S. E. Lorimer(2000). The physical chemistry of wax, hydrates and asphaltene. In: *Offshore Technology Conference*, Houston, TX, May 1-4, 2000, OTC 11963.
[5] Stankiewicz, A. B., M. D. Flannery, N. A. Fuex, G. Broze, J. L. Couch, S. T. Dubey, S. D. Iyer, J. Ratulowski, and J. T. Westerich(2002). Prediction of asphaltene deposition risk inE&Poperations. In: *Proceeding of* 3rd *International Symposium on Mechanisms and Mitigation of Fouling in Petroleum and Natural Gas Production*, *AIChE* 2002 *Spring National Meeting*, New Orleans, USA, March 10-14, paper 47C, pp. 410-416.
[6] Gruse, W. A. and D. R. Stevens(1960). *The Chemical Technology of Petroleum.* McGraw-Hill, New York.
[7] Draper, R. G., E. Kowalchuk, and G. Noel(1977). Analyses and characteristics of crude oil samples performed between 1969 and 1976. Report EPR/ERL 77-59, Energy, Mines, and Resources, Canada.
[8] Creek, J. L. (2005). Freedom of action in the state ofasphaltenes: Escape from conventional wisdom. *Energy Fuels* 19(4), 1212-1224.
[9] Hobson, G. D. and W. Pohl(1973). *Modern Petroleum Technology*, 4th edn. Halsted Press/John Wiley & Sons, New York.
[10] Speight, J. G. (1991). *The Chemistry and Technology of Petroleum*, 2nd edn. Marcel Dekkar Inc., New York.
[11] McCain, W. D. Jr. (1990). *The Properties of Petroleum Fluids*, 2nd edn. PennWell Publishing Co., Oklahoma.
[12] Cruse, W. A. and D. R. Stevens(1960). In: *Chemical Technology of Petroleum.* McGraw-Hill Book Publishers Inc., New York City, Chap. XXII.
[13] Lira-Galeana, C. and A. Hammami(2000). In: T. F. Yen and G. Chilingarian(eds.), *Asphaltenes and Asphalts.* Elsevier Science Publishers, Amsterdam., Chap. 21.
[14] Warth, A. H. (1956). In: *The Chemistry and Technology of Waxes*, 2nd edn. Reinhold, New York.
[15] Starusz, O. P., T. W. Mojelski, and E. M. Lown(1992). *Fuel* 71, 1355-1364.

[16] Espinat, D. (1993). In: *SPE International Symposium on Oilfield Chemistry*, New Orleans, LA, March 2-5, 1993, SPE 25187.
[17] Speight, J. G. and R. G. Long(1996). *Fuel Sci. Technol. Int.* 14(1/2), 1-12.
[18] Groenzin, H. and O. C. Mullins(1999). Asphaltene molecular size and structure. *J. Phys. Chem.* A 103, 11237.
[19] Groenzin, H., O. C. Mullins, S. Eser, J. Mathews, M.-G. Yang, and D. Jones(2003). Asphaltene molecular size for solubility subfractions obtained by fluorescence depolarization. *Energy Fuel* 17, 498.
[20] Murgich, J. (2005). Molecular mechanics study of the selectivity in the interaction between some typical resins and asphaltenes. In: *6th International Conference on Petroleum Phase Behavior and Fouling*, Amsterdam, the Netherlands, June 19-23, 2005.
[21] Rakotondradany, F., H. Fenniri, P. Rahimi, K. L. Gawrys, P. K. Kilpatrick, and M. R. Gray(2005). Synthesis and properties of model compounds for bitumen residue. In: *6th International Conference on Petroleum Phase Behavior and Fouling*, Amsterdam, the Netherlands, June 19-23, 2005.
[22] Hammami, A., J. Ratulowski, and J. A. P. Coutinho(2003). Cloud points: Can we measure or model them? *Pet. Sci. Technol.* 21, 345-358.
[23] Leontaritis, K. J., and G. A. Mansoori(1987). Asphaltene flocculation during oil production and processing: A thermodynamic-colloidal model. In: *SPE Symposium on Oilfield Chemistry*, San Antonio TX, Feb. 4-6, 1987, paper SPE 16258.
[24] Ferworn, K. A. (1995). Thermodynamic and kinetic modelling of asphaltene precipitation from heavy oils and bitumens. Ph. D. dissertation, University of Calgary.
[25] Hammami, A., D. Chang-Yen, J. A. Nighswander, and E. Stange(1995). An experimental study of the effect of paraffinic solvents on the onset and bulk precipitation of asphaltenes. *Fuel Sci. Technol. Int.* 13(9), 1167-1184.
[26] Hammami, A., K. A. Ferworn, J. A. Nighswander, S. Over° a, and E. Stange (1998). Asphaltenic crude oil characterization: An experimental investigation of the effect of resins on the stability of asphaltenes. *Pet. Sci. Technol.*, 16(3&4), 227-249.
[27] Haskett, C. E. and M. Tartera(1965). A practical solution to the problem of asphaltene deposits—Hassi Messaoud Field, Algeria. *J. Pet. Technol.*, April 387-391.
[28] de Boer, R. B., K. Leerlooyer, M. R. P. Eigner, and A. R. D. van Bergen(1995). Screening of crude oils for asphalt precipitation: Theory, practice and the selection of inhibitors. *SPE Prod. Facil.*, Feb., 55-61.
[29] Kokal, S. L. and S. G. Sayegh(1995). Asphaltenes: The cholesterol of petroleum. In: *SPE Middle East Oil Show*, Bahrain, March 11-14, 1995, paper SPE 29787.
[30] Fuhr, B. J., C. Cathrea, L. Coates, H. Kalra, and A. I. Majeed(1991). *Fuel* 70, 1293-1297.
[31] Andersen, S. I. (1994). *Fuel Sci. Technol. Int.* 12(1), 51-74.
[32] Fotland, P. (1996). *Fuel Sci. Technol. Int.* 14(1/2), 313-325.
[33] Wang, J. X., K. R. Brower, and J. S. Buckley(1999). In: *SPE International Symposium on Oilfield Chemistry*, Houston, TX, Feb. 16-19, 1999, SPE 50745.
[34] Jamaluddin, A. K. M., T. W. Nazarko, S. Sills, and B. J. Fuhr(1996). Deasphalted oil: A natural asphaltene solvent. *SPE J. Prod. Facil.* 11(3), 161-165.
[35] Karan, K., A. Hammami, M. Flannery, and A. Stankiewicz (2003). Systematic evaluation of asphaltene instability and control during production of live oils: A flow assurance study. *Pet. Sci. Technol.* 21, 629-645.
[36] Joshi, N. B., O. C. Mullins, A. Jamaluddin, J. Creek, and J. McFadden(2001). Asphaltene precipitation from live crude oils. *Energy Fuels* 15, 979.
[37] Joshi, N. B., M. Muhammad, J. Creek, and J. McFadden(2003). Flow assurance: A challenging path to well completions and productivity. In: *Offshore Technology Conference*, Houston, TX, May 5-8, 2003, OTC 15185.
[38] Ratulowski, J., A. Hammami, M. Muhammad, and J. Creek(1999). Considerations for determination of asphaltene stability and control—Effect of oil bases drilling fluid on the asphaltene precipitation onset pressure of live reservoir fluids. In. *IBC Forum Controlling Hydrates Waxes and Asphaltenes*, Aberdeen, UK, Oct. 28-29, 1999.
[39] Pfieffer, J. P. and R. N. J. Saal(1940). *J. Phys. Chem.* 44, 139-149.
[40] Hotier, G. and M. Robin(1983). *Rev. L' institut Fr. P' et.* 38, 101-120.
[41] Hirshberg, A., L. N. J. deJong, B. A. Schipper, and J. G. Meijer(1984). Influence of temperature and pressure on asphaltene flocculation. *SPE J.*, June, 283-293.
[42] Gozalpour, F., A. Danesh, D.-H. Tehrani, A. C. Todd, and B. Tohidi(1999). Predicting reservoir fluid phase and volumetric behaviour from samples contaminated with oil-based mud. *Society of Petroleum Engineers* # 56747, Houston, TX.
[43] Jamaluddin, A. K. M., B. Ross, D. Calder, J. Brown, and M. Hashem(2002). Single-phase bottomhole sampling technology. *JCPT* 41(7), 25-30.
[44] Muhammad, M., M. McFadden, and J. Creek(2003). Asphaltene precipitation from reservoir fluids: Asphaltene solubility and particle size vs. pressure. *SPE International Symposium on Oilfield Chemistry*, Houston, TX, Feb. 5-8, 2003, SPE 80263.
[45] Muhammad, M. *et al.* (2004). Effect of oil based mud on live fluid asphaltene precipitation pressure. In: *5th International Conference on Petroleum Phase Behavior & Fouling*, Banff, Alberta, Canada, June 13-17, 2004.
[46] Ratulowski, F. A., J. T. Westrich, and J. J. Sieler(2003). Theoretical and experimental investigation of isothermal compositional grading. In: *SPEREE*, June, 2003, SPE 84777.
[47] Hammami, A. and M. A. Raines (1999). Paraffin deposition from crude oils: Comparison of laboratory results to field data. *SPE J.* 4, 1-10.
[48] Andrews, R. J., G. Beck, K. Castelijns, A. Chen, M. E. Cribbs, F. H. Fadness, J. Irvine-Fortescue, S. Williams, M. Hashem, A. Jamaluddin, A. Kurkjian, B. Sass, O. C. Mullins, E. Rylander, and A. Van Dusen(2001). Quantifying contamination using color of crude and condensate. *Oilfield Rev.* Autumn, 24-43.
[49] Hashem, M. N., E. C. Thomas, R. I. McNeil, and O. C. Mullins(1997). Determination of producible hydrocarbon type and oil quality in wells drilled with synthetic oil-based muds. Society of Petroleum Engineers #39093, San Antonio, TX.
[50] Fuhr, B. J., L. R. Holloway, and A. Hammami (1999). Analytical considerations related to asphaltenes and waxes in the same crudes. *Energy Fuels* 13, 336-339.
[51] Kaminski, T., H. S. Fogler, N. Wolf, P. Wattana, and A. Mairal(2004). Classification of asphlatenes via fractionation and

the effect of heteroatom content on dissolution kinetics. *Energy Fuel* 14, 25-30.
[52] Asomaning, S. and A. P. Watkinson(1998). Petroleum stability and heteroatom species effects in fouling of heat exchangers by asphaltenes. In: *AIChE Spring National Meeting* 1998, Preprint.
[53] Buckley, J. S. (1996). Microscopic investigation of the onset ofasphaltene precipitation. *Fuel Sci. Technol. Int.* 14, 55-74.
[54] Ferworn, K. A., A. K. Mehrotra, and W. Y. Svrcek (1993). Measurement of asphaltene agglomeration from Cold Lake bitumen diluted with n-alkanes. *Can. J. Chem. Eng.* 71, 699-703.
[55] Wang, J. (2000). Predictingasphaltene flocculation in crude oils. Ph. D. dissertation. New Mexico Institute of Mining and Technology, Socorro, NM.
[56] Anderson, S. I. (2003). The state ofasphaltenes in the region we called CMC! In: *4th International Conference on Petroleum Phase Behavior and Fouling*, Trondheim, Norway, June 2003.
[57] Long, Y., T. Dabros, H. Hamza, andW. J. Power(2001). Continued slowprecipitation of asphaltene from aliphatic solvent-diluted bitumen solutions. In: *Symposium on Stability and Compatibility during Production, Transportation and Refining of Petroleum*, Calgary, Alberta, Canada, Sept. 17-18, 2001.
[58] Wang, J. and J. S. Buckley (2003). Asphaltene stability in crude oil and aromatic solvent—The influence of oil composition. *Energy Fuels* 17(6), 1445-1451.
[59] Buckley, J. S., G. H. Hirasaki, Y. Liu, V. Drasek, J. Wang, and B. S. Gill(1998). Asphaltene precipitation and solvent properties of crude oils. *Pet. Sci. Technol.* 16(3&4), 251-285.
[60] Karan, K., J. Ratulowski, and P. German (2000). Measurement of waxy crude properties using novel laboratory techniques. In: *Annual Technical Conference of Society of Petroleum Engineers*, Dallas, TX, Oct. 1 - 4, 2000, SPE paper 62945.
[61] Allenson, S. J., A. Hammami, H. Maeda, and K. Ohno(1999). Control of asphaltene deposition: Laboratory screening and evaluation of asphaltene inhibitors. In: *3rd International Symposium on Colloid Chemistry in Oil Production. Asphaltene & Wax Deposition* (ISCOP'99), Huatelco, Mexico, Nov. 14-17, 1999.
[62] Sivaraman, A., Y. F. Hu, F. B. Thomas, D. B. Bennion, A. K. M. Jamaluddin, and Y. F. Hu(1997). Acoustic resonance: An emerging technology to identify wax and asphaltene precipitation onset conditions in reservoir fluids. In: *48th Annual Technical Meeting of the Petroleum Society of CIM*, Calgary, Alberta, Canada, June 8-11, 1997.
[63] Kabir, C. S. and A. K. M. Jamaluddin (2002). Asphaltene characterization and mitigation in south Kuwait's Marrat reservoir. *SPE J.* 17(4), 251-258.
[64] Aquino, O., B. E. Gonzales, S. I. Andersen, and C. L. Gaeana (2001). Investigation of inhibition of asphaltene pressure using bottomhole samples. *Energy Fuels* 15, 236-240.
[65] Zougari, M., S. Jacobs, A. Hammami, G. Broze, M. Flannery, J. Ratulowski, and A. Stankiewicz(2006). Novel organic solid deposition and control device for live oils: Design and application. Accepted for publication in *Energy & Fuels*.
[66] Zougari, M., S. Jacobs, A. Hammami, G. Broze, and N. Fuex(2005). Live oils novel organic solid deposition and control device: Wax deposition validation. In: *14th SPIE Middle East Oil & Gas Show and Conference*, Bahrain, March 12-15, 2005, SPE 93558.
[67] Broze, G., P. Cornelisse, M. Zougari, S. Jacobs, A. Hammami, and J. Ratulowski(2003). A comparison of wax deposition under live and stock - tank conditions. In: *4th International Conference on Petroleum Phase Behavior and Fouling*, Trondheim, Norway, June 23-26, 2003.
[68] Flannery, M., P. Cornelisse, M. Zougari, and A. Hammami(2003). Asphaltene precipitation and deposition under live oil conditions in a novel experimental device. In: *4th International Conference on Petroleum Phase Behavior and Fouling*, Trondheim, Norway, June 23-26, 2003.
[69] Buckley, J. S. (1999). Predicting the onset ofasphaltene precipitation from refractive index measurements. *Energy Fuels* 13, 328-332.
[70] Rydhal, A. K., K. S. Pedersen, and H. P. Hjermstad (1997). In: *AICHE Spring National Meeting*, Houston, TX, March 1997.
[71] MacMillan, D. J., J. E. Tackett Jr., M. A. Jessee, and T. G. Monger-McClure(1995). A unified approach to asphaltene precipitation: Laboratory measurement and modeling. In: *SPE International Symposium on Oilfield Chemistry*, San Antonio, TX, Feb. 14-17, 1995, SPE paper 28990.
[72] Chung, T-H. Thermodynamic modeling for organic solid precipitation. In: *SPE Annual Technical Conference and Exhibition*, Washington, D. C. Oct. 4-7, 1992, SPE 24851.
[73] Edmonds, B., R. A. S. Moorwood, R. Szczepanski, X. Zhang, M. Heyward, and R. Hurle(1999). Measurement and prediction of asphaltene precipitation from live oils. In: *3rd International Symposium on Colloid Chemistry in Oil Production, Asphaltenes andWaxes Deposition* (ISCOP'99), Mexico, Nov. 1999.
[74] Wu, J., J. M. Prausnitz, and A. Firoozabadi(1998). *AIChE J.* 44, 1188.
[75] Ting P. D., G. J. Hirasaki, andW. G. Chapman(2003). Modeling of asphaltene phase behavior with the SAFT equation of state. *Pet. Sci. Technol.* 21, 647-661.
[76] Pan, H. and A. Firoozabadi. Thermodynamic micellization model for asphaltene precipitation from reservoir crudes at high pressures and temperatures. In: *SPE Annual Technical Conference and Exhibition*, Oct. 5 - 8, 1997, San Antonio, TX, SPE 38857.
[77] Takhar, S., P. D. Ravenscroft, and D. C. A. Nicholl(1995). Prediction of asphaltene deposition during production—Model description and experimental details. In: *European Formation Damage Conference*, The Hague, Netherlands, May 15-16, 1995, SPE 30108.
[78] Mansoori, G. A. (1994). The occurrance of asphaltene throughout production cycle: A comprehensive description of mechanism and factors influencing heavy organic deposition. In: *6th International Petroleum Exhibition and Conference*, Abu Dhabi, Oct. 16-19, 1994, paper ADSPE # 2. pp. 282-292.
[79] Leontaritis, K. J. and G. A. Mansoori(1987). Asphaltene flocculation during Oil production and processing: A thermod-ynamic-colloidal model. In: *SPE International Symposium on Oilfield Chemistry*, San Antonio, TX, Feb. 4-6, 1987, paper SPE 16258.

(Ahmed Hammami, John Ratulowski)